Periodic Table of the Elements*

Metals

	1	2	3	4	5	6	7	8	9
1							1 H 1.0079		
2	3 Li 6.94	4 Be 9.01							
3	11 Na 22.99	12 Mg 24.31							
4	19 K 39.10	20 Ca 40.08	21 Sc 44.96	22 Ti 47.88	23 V 50.94	24 Cr 52.00	25 Mn 54.94	26 Fe 55.85	27 Co 58.93
5	37 Rb 85.47	38 Sr 87.62	39 Y 88.91	40 Zr 91.22	41 Nb 92.91	42 Mo 95.94	43 Tc	44 Ru 101.07	45 Rh 102.91
6	55 Cs 132.91	56 Ba 137.34	71 Lu 174.97	72 Hf 178.49	73 Ta 180.95	74 W 183.85	75 Re 186.2	76 Os 190.2	77 Ir 192.2
7	87 Fr 223	88 Ra 226.03	103 Lr	104 Rf	105 Db	106 Sg	107 Bh	108 Hs	109 Mt

57 La 138.91	58 Ce 140.12	59 Pr 140.91	60 Nd 144.24	61 Pm
89 Ac 227.03	90 Th 232.04	91 Pa 231.04	92 U 238.03	93 Np

***Molar masses quoted to the number of significant figures given here can be regarded as typical of most naturally occurring samples.**

Nonmetals

Metalloids → (B, Si, Ge, As, Sb, Te)

10	11	12	13	14	15	16	17	18
								2 He 4.00
			5 B 10.81	6 C 12.01	7 N 14.01	8 O 16.00	9 F 19.00	10 Ne 20.18
			13 Al 26.98	14 Si 28.09	15 P 30.97	16 S 32.06	17 Cl 35.45	18 Ar 39.95
28 Ni 58.71	29 Cu 63.54	30 Zn 65.37	31 Ga 69.72	32 Ge 72.59	33 As 74.92	34 Se 78.96	35 Br 79.91	36 Kr 83.80
46 Pd 106.4	47 Ag 107.87	48 Cd 112.40	49 In 114.82	50 Sn 118.69	51 Sb 121.75	52 Te 127.60	53 I 126.90	54 Xe 131.30
78 Pt 195.09	79 Au 196.97	80 Hg 200.59	81 Tl 204.37	82 Pb 207.19	83 Bi 208.98	84 Po 210	85 At 210	86 Rn 222
110 Ds	111 Rg	112 Cn	113 Uut	114 Fl	115 Uup	116 Lv	117 Uus	118 Uuo
62 Sm 150.35	63 Eu 151.96	64 Gd 157.25	65 Tb 158.92	66 Dy 162.50	67 Ho 164.93	68 Er 167.26	69 Tm 168.93	70 Yb 173.04
94 Pu	95 Am	96 Cm	97 Bk	98 Cf	99 Es	100 Fm	101 Md	102 No

Lanthanoids (row 62–70)

Actinoids (row 94–102)

실용무기화학

Descriptive Inorganic Chemistry

Geoff Rayner-Canham · Tina Overton

Sixth edition

역자대표 김시중

자유아카데미

실용무기화학이란 무엇인가?

실용무기화학은 전통적으로 원소와 그 화합물들의 성질을 다루었다. 이러한 주제의 르네상스 시대인 지금, 이 성질들은 화합물의 화학식과 구조에 대한 설명뿐만 아니라 이들이 일으키는 화학 반응을 이해하기 위해 사용된다. 또한 무기화학은 더 이상 단일 주제만이 아니라 과학 전체와 우리 삶에 활용되는 필수적인 과학 지식의 일부가 되고 있다. 따라서 과학적 상황을 좀 더 폭넓게 설명할 필요가 생겼고, 새로운 장이 시작될 때마다 '컨텍스트(context)'를 통해 그 장의 기술이 적용되고 있는 과학적 상황을 제시하였다.

무기화학은 많은 전문대학과 대학교에서 2학년이나 그 하급 과정에서 배우게 된다. 따라서 학생들은 중요하고 관심을 받는 원소와 그 화합물의 근본적인 성질을 알고 있어야 한다. 이러한 지식은 순수화학이나 응용화학 과정을 밟기 위해서도 중요할 뿐만 아니라 약학, 의학, 지질학, 환경과학 및 다른 과학 분야를 전공하기 위해서도 중요하다. 그런 다음 이 실용적인 과정은 전문대학의 2학년이나 대학교의 4학년 과정에서 이론적 원리와 분광학을 활용하기 위한 더 심도 있는 과정으로 이어지게 된다. 실제로 이 이론 과정은 실용 과정을 기초로 이루어진다. 실용적인 기초가 없으면, 이론은 쓸모없게 되고, 재미도 없고, 의미도 없게 된다.

이 책은 실용무기화학에 대한 우리의 열정을 다음 세대에 전해주기 위해 저술하였다. 그러므로 독자인 학생들과 강사들이 비평을 해 준다면 감사하게 받아들일 것이다. e-mail 주소는 다음과 같다.

grcanham@grenfell.mun.ca
T.L.Overton@hull.ac.uk

서문

■ 무기화학은 학문적 관심을 넘어 우리 생활의 중요한 부분이 되었다.

우리 생활에서 무기화학의 역할은 점차 증가하고 있다. 이에 맞춰 이번 제6판에서는 다음의 내용이 보강되었다.

컨텍스트: 각 장은 **컨텍스트**로 시작한다. 컨텍스트는 우리 생활에 영향을 주고 있는 무기화학의 양상을 서술하였다. 이들 각 컨텍스트는 그 장의 내용에 대한 생각을 불러일으킬 뿐만 아니라 결합시키는 역할을 할 수 있도록 서술되었다.

예제: 각 장에 예제를 제시하여 학생들이 공부한 내용을 원리와 연관시키는 방법을 알 수 있게 하였다.

새로운 발견: 일부 내용을 재배열하고 부표제의 사용을 증가한 것 외에 실용무기화학이 21세기 과학적 발전을 반영하고 있음을 나타내기 위하여 새로운 발견을 추가하였다.

지배 도표: 특정한 조건하에서 존재하는 원소와 이온 화학종을 가시적으로 나타내기 위하여 적절한 위치에 상대적인 지배 도표를 추가하였다.

1장: 원자의 전자 구조: 개요
f-오비탈에 대한 설명 추가.

2장: 주기율표의 개요
상대성 효과 포함.
전자 친화도 양상에 대한 설명 보완.

3장: 공유 결합과 분자 분광학
VSEPR 이론을 분자 오비탈 이론까지 전개.
분광학에 관한 설명 보완.

4장: 금속 결합과 합금
합금에 관한 설명 확장.
준결정에 관한 절 추가.

5장: 이온 결합과 고체 상태의 구조
고체 상태의 구조를 이 장에 합병.
결정 결합과 비화학량론적 화합물에 관한 절 추가.

6장: 화합물이 존재하는 이유-무기 열역학
존재하지 화합물에 대한 설명.
격자 에너지와 상대적인 이온 크기와 전하에 관한 새로운 절.

7장: 용매 계와 산-염기 행동
산화물의 산-염기 반응에 관한 절 개정.

8장: 산화와 환원
Frost 도표에 대한 설명 보완.
Pourbaix 도표에 대한 설명 보완.

9장: 주기적 경향성
'기사의 이동' 관계에 관한 절 개정.
란타넘족 관계에 관한 절 개정.

10장: 수소
삼수소 이온에 관한 새로운 절.

11장: 1족 원소: 알칼리 금속
재구성.

12장: 2족 원소: 알칼리 토금속
재구성.

13장: 13족 원소
약간의 개편.

14장: 14족 원소
탄소와 규소의 비교 개정.
MAX 상에 관한 탄화물 세부 절 추가.

15장: 15족 원소: 닉토젠
질소와 인의 비교 개정.
펜타졸과 같은 질소 화학종에 관한 설명 추가.

16장: 16족 원소: 칼코젠
옥타산소와 이산화 이수소에 관한 세부 절 추가.
산소와 대기에 관한 새로운 절.

17장: 17족 원소: 할로젠
재구성.

18장: 18족 원소: 비활성 기체
헬륨, 아르곤 및 크립톤의 화합물에 관한 새로운 절.
다른 제논 화합물에 관한 새로운 절.

19장: 전이 금속 착물
결정장 이론에 대한 더 상세한 설명.
반응 메커니즘에 관한 새로운 절.

20장: 3d 전이 금속
V-Cr-Mn 삼원소에 관한 새로운 절.
Fe-Co-Ni 삼원소에 관한 새로운 절.

21장: 4d와 5d 전이 금속
재구성.

22장: 12족 원소
갱신.

23장: 유기금속 화학
갱신.

24장: 희토류, 악티늄족 및 후악티늄족 원소–홈페이지 제공
갱신.

학생 지원 자료

도서 컴패니언 사이트

실용무기화학 컴패니언 사이트,
http://www.macmillanlearning.com/catalog/studentresources/raynercanham6e
에서는 학생들을 위해 아래와 같은 자료를 제공한다.

- **연습문제 홀수번호 정답**
- **24장** 란타넘족, 악티늄족 및 후악티늄족 원소들에 대한 중요성과 관심이 증가하고 있지만, 이들 원소들을 가르치는 강사들이 별로 없어서 이 장은 on-line으로만 제공한다.
- **부록 9와 10** 자료의 양이 많기 때문에 도서 컴패니언 사이트를 통해 제공한다.
- **실험실습** 학생들이 이 책에서 설명한 화학 반응을 선택하여 실험실습해 보는 것도 가능하다.

실용무기화학 제6판의 미국화학회 전공교육위원회 지침 무기화학 부가 2012 (American Chemical Society Guidelines Committee on Professional Training, Inorganic Chemistry Supplement 2012) 준수

ACS 지침에 따른 각 주제와 연관된 내용이 나오는 해당 장은 괄호 안에 실용무기화학 6판을 의미하는 [DIC6] 다음에 표기하였다.

- **원자 구조.** 스펙트럼과 오비탈, 이온화 에너지, 전자 친화도, 가리움과 유효 핵전하. [DIC6, 1장]
- **공유 분자 물질.** 기하 구조(대칭 점군), 원자가 결합 이론(혼성화, σ, π, δ 결합), 분자 오비탈 이론(동종핵과 이핵 이원자, 다중심 MO, 전자 결핍 분자, π-주개와 받개 리간드) [DIC6, 3장(13장과 21장의 일부)]
- **주족 원소.** 합성, 구조, 물리적 성질, 결합 동기의 변화, 산-염기 특성 및 원소와 화합물의 반응성. [DIC6, 2장, 6~18장, 22장]
- **전이 원소와 배위 화학.** 리간드, 배위수, 입체화학, 결합 동기, 명명법; 리간드장 이론과 분자 오비탈 이론, Jahn-Teller 효과, 자기적 성질, 전자 분광학(항 기호와 분광화학적 계열), 열역학적 양상(생성 상수, 수화 엔탈피, 킬레이트 효과), 반응 속도론적 양상(리간드 치환, 전자 전이, 유연성 행동), 란타넘족 및 악티늄족. [DIC6, 19장, 20장, 21장, 24장]
- **유기금속 화학.** 금속 카보닐, 탄화수소 및 탄소고리 리간드, 18-전자 규칙(포화 및 불포화), 합성과 성질, 반응성 양상(치환, 산화성 첨가 및 환원성 제거, 삽입 및 탈삽입, 리간드에 대한 친핵성 공격, 이성질화, 입체화학적 비강직성). [DIC6, 23장]
- **고체 상태 물질.** 금속과 금속 화합물에서의 조밀 쌓임, 금속 결합, 띠 이론, 자기적 성질, 전도도, 반도체, 절연체 및 결함. [DIC6, 4장, 5장]
- **특별 주제.** 촉매와 중요한 산업적 공정, 생무기 화학, 사슬, 고리, 얇은 층, 새장 및 그물구조를 포함하는 화합물, 초분자 구조, 나노크기 구조 및 효과, 표면 화학, 환경 및 대기 화학. [DIC6, 통합 주제(Topics incorporated throughout)]

감사의 글

이 책의 6판 발간을 위해 수고해 주신 W. H. Freeman사의 직원들에게 감사드립니다. 각 판의 편집을 맡아준 다음 분들, 6판의 Jessica Fiorillo, Heidi Bamatter, Elizabeth Geller, 5판의 Jessica Fiorillo, Kathryn Treadway, Mary Louise Byrd, 4판의 Jessica Fiorillo, Jenness Crawford, Mary Louise Byrd, 3판의 Jessica Fiorillo, Guy Copes, 2판의 Michelle Julet, Mary Louise Byrd에게 감사의 마음을 전합니다. 특히 이 책의 초판 편집을 맡았고, 책을 저술하던 초기에 많은 격려와 용기를 불어넣어 주었던 Deborah Allen에게도 특별히 고맙다는 말을 전하고 싶습니다.

6판을 검토하고, 비평하고, 조언을 해 주신 분들께도 감사드립니다. Ramapo College of New Jersey의 Stephen Anderson, Concordia University Wisconsin의 Jon J. Barnett, Old Dominion University의 Craig A. Bayse, Tuskegee University의 M. A. Salam Biswas, North Central College의 Paul Brandt, Verginia Tech의 P. A. Deck, Alma College의 Nancy C. Dopke, Merrimack College의 Anthony L. Fernandez, Coastal Carolina University의 John Alan Goodwin, The Sage College의 Thomas A. Gray, St. John's University의 Alison G. Hyslop, Olivet College의 Susanne M. Lewis, Fort Valley State University의 James L. Mack, University of Texas-Pan American의 Yuanbing Mao, University of South Florida의 Li-June Ming, Western New Mexico University의 Mahesh Pattabiraman, Elizabethtown College의 Jeffrey Rood, North Carolina Central University의 Shawn C. Sendlinger, Tennessee State University의 Tasneem Ahmed Siddiquee, Lawrence University의 Jay R. Stork, Florida Southern College의 Carmen Valdez Gauthier, University of Maryland Eastern Shore의 Yan Waguespack, California State University, Los Angeles의 Xin Wen, California University of Pensylvania의 Kimberly Woznack, Temple University의 Michael J. Zdilla.

5판을 검토해 주신 분들께도 감사드립니다. Harvard University의 Theodore Betley, Bradley University의 Dean Campbell, Brooklyn College(CUNY)의 Maria Contel, St. Francis College의 Gerry Davidson, Carleton University의 Maria Derosa, Cleveland State University의 Stan Duraj, Nova Southeastern University의 Dmitri Giarkios, Ohio University-Main Campus의 Michael Jensen, University of Scranton의 David Marx, Tennessee State University-Nashville의 Joshua Moore, Butler University의 Stacy O'Reilly, Clemson University의 William Pennington, University of North Carolina at Charlotte의 Daniel Rabinovich, California State University-Fullerton의 Hal Rogers, University of North Carolina at Charlotte의 Thomas Schmedake, Austine College의

Bradley Smucker, Hofstra University의 Sabrina Sobel, Fairleigh Dickinson University-Madison의 Ronald Strange, New York University의 Mark Walters, Albany State University의 Yixuan Wang, Eastern New Mexico University의 Jucho Yan. 사전 검토를 해 주신 분들께도 감사의 말을 전합니다. California State University-Sacramento 의 Londa Borer, Pepperdine University의 Joe Fritsch, Illinois Wesleyan University의 Rebecca Roesner, Sonoma College의 Carmen Works.

4판을 검토해 주신 분들께도 감사드립니다. Bates College의 Rachel Narehood Austin, University of North Carolina-Asheville의 Leo A. Bares, Hamilton College의 Karen S. Brewer, Alma College의 Robert M. Burns, Averett University의 Do Chang, Concordia University의 Georges Dénès, Hollins University의 Daniel R. Derringer, Dordt College의 Carl P. Fictorie, Bucknell University의 Margaret Kastner, University of Natal, Durban의 Michael Laing, Stephen F. Austin State University의 Richard H. Langley, University of North Carolina at Pembroke의 Mark R. McClure, Laurentian University의 Louise Mercier, Andrews University의 G. Merga, Butler University의 Stacy O'Reilly, College Misercordia의 Larry D. Pederson, College of Willam and Mary의 Robert D. Pike, New Mexico State University의 William Quintana, Salisbury University의 David F. Rieck, University of Kentucky의 John Selegue, Alma College 의 Melissa M. Strait, Kennesaw State University의 Daniel J. Williams, Eastern New Mexico University의 Jucao Yan, State University of New York at Cortland의 Arden P. Zipp.

3판을 검토해 주신 분들께도 감사드립니다. Laurentian University의 François Caron, Northern Michigan University의 Thomas D. Getman, State University of New York at Buffalo의 Janet R. Morrow, College of William and Mary의 Robert D. Pike, Cambell University의 Michael B. Wells. 특별히 University of Alberta의 Joe Takats에게는 2판에 대해 포괄적인 평가를 해 주신 것에 감사드립니다.

2판을 검토해 주신 분들께도 감사드립니다. North Carolina State University의 F. C. Hentz, University of California, Los Angeles의 Richard B. Kaner, New Mexico State University의 Michael D. Johnson, Stephen F. Austin State University의 Richard H. Langley, University of Washington의 James M. Mayer, Messiah College의 Jon Melton, Virginia Technical Institute의 Joseph S. Merola, Wabash College의 David Phillips, University of Wisconsin, Eau Claire의 John R. Pladziewicz, University of North Carolina at Charlotte의 Daniel Rabinovich, Salisbury State University의 David F. Rieck, Mercyhurst College의 Todd K. Trout, Virginia Commonwealth University의 Steve Watton, University of Massachusetts, Amherst의 John S. Wood.

초판을 검토해 주신 분들께도 감사드립니다. Boston College의 E. Joseph Billo, Wittenberg University의 David Finster, Oregon State University의 Stephen J. Hawkes, University of Victoria의 Martin Hocking, Bridgewater State College의 Vaké Marganian, Rose-Hulman Institute of Technology의 Edward Mottel, 그리고 Mount Allison University의 Alex Whitla.

Geoff Rayner-Canham은 그의 생애에 중요한 영향을 준 세 분의 스승과 조언자들에게 개인적인 감사의 말을 전합니다. Harvey Grammar School의 Briant Bourne, Imperial

College, London University의 Margaret Goodgame, Simon Fraser University의 Derek Sutton. 그리고 아내인 Marelene의 도움과 격려에 영원한 감사를 표합니다.

Tina Overton은 동료인 Phil King의 귀중한 조언과 도움에 감사를 표합니다. 가족인 Dave, John, Lucy에게 이 책의 저술이 끝날 때까지 참고 견뎌준 것에 대해 고마운 마음을 전합니다.

헌정의 글

화학은 인간적 노력이다. 새로운 발견은 분자 세계를 탐험하려는 열정적인 개인과 그룹의 업적의 결과이다. 독자들이 무기화학에 대한 저자들의 감응을 공유할 수 있게 되기를 바라며, 전혀 다른 이유로 노벨상을 수상하지 못한 두 분께 이 책을 헌정하려고 한다.

■ Henry Moseley(1887~1915)

Mendeleev는 주기율표의 창시자로 인정받고 있지만, 그는 원자 질량의 증가에 기초를 두고 있었다. 그래서 위치에 따른 성질을 일치시키려면 원소의 순서를 뒤집어야 하는 경우도 있었다. 주기율표를 훨씬 더 확고하게 만든 것은 영국 과학자인 Henry Moseley였다. 그는 각 원소에 전자를 충돌시키면 특성적인 파장의 X선이 방출됨을 발견하였다. 이 파장을 이론 식에 입력하면 각 원소에 대한 특정한 정수를 얻게 된다. 우리는 이 수가 양성자 수라는 것을 알고 있다. 원소의 원자 번호가 확립됨으로써 화학자들은 주기율표의 근본적인 구성을 알게 되었다. Moseley는 제일차 세계 대전의 Gallipoli 전투에서 전사하였다. 즉 20세기의 가장 우수한 과학적 재능을 가진 사람 중의 한 사람이 27세의 나이로 죽었다. 유감스럽게도 노벨상은 생존 과학자에게만 수여되고 있다. 1924년 43번 원소가 발견되었고, moseleyum으로 명명되었다. 그러나 Moseley가 최초로 사용한 바로 그 방법에 의해 잘못된 것으로 판명되었다.

■ Lise Meitner(1878~1968)

1930년대에 과학자들은 우라늄과 같은 무거운 원소의 원자에 아원자 입자를 충돌시켜 새로운 원소를 만들고 주기율표를 확장하려고 하였다. 호주 과학자 Lise Meitner는 새로운 원소를 합성하는 연구를 수행하고 있던 독일의 연구팀에서 Otto Hahn과 함께 책임자로 활동하였다. 이들은 스스로 9가지의 새로운 원소를 발견한 것으로 생각하였다. Meitner는 유대인이었기 때문에 발견에 대해 주장한 뒤 얼마 되지 않아 독일을 탈출해야만 했고, 그녀는 스웨덴에 정착하였다. Hahn은 그녀에게 새로운 원소 중 하나는 바륨처럼 행동함을 보고하였다. Meitner가 그녀의 조카인 물리학자 Otto Frisch와 함께 '눈길을 걷는' 동안 원자핵이 물방울처럼 두 개로 쪼개질 수 있음을 알게 된 것은 유명한 일화이다. 생성된 원소가 바륨처럼 행동하는 것은 전혀 이상한 것이 아니었다. 그것은 바륨이었다! 이에 따라 핵분열의 개념이 탄생되었다. 그녀는 Hahn에게 이 사실을 알렸다. Hahn이 이에 대한 연구 보고서를 썼을 때, 그는 대담하게도 Meitner와 Frisch의 핵심적인 기여에 대해서는 언급하지 않았다. 그래서 Hahn과 그의 동료인 Fritz Strassmann이 노벨상을 받았다. Meitner의 빛나는 천재성은 무시되었다. 최근에 와서야 Meitner는 인정을 받게 되었는데, 그녀의 이름을 따서 109번 원소를 meitnerium으로 명명하였다.

■ 참고 자료

Heibron, J. L., *H. G. J. Moseley*. University of California Press, Berkeley, CA, 1974.

Rayner-Canham, M. F., and Rayner-Canham G. W. *Women in Chemistry: Their Changing Roles from Alchemical Times to the Mid-Twentieth Century.* Chemical Heritage Foundation, Philadelphia, PA, 1998.

Sime, R. L. *Lise Meitner: A Life in Physics*, University of California Press, Berkeley, CA, 1996.

Weeks M. E., and Leicester, H. M. Discovery of the Elements, *Journal of Chemical Education,* Easton, PA, 7th edition, 1968.

역자 서문

이 책은 고려대학교 화학과 교수, 과학기술처 장관, 한국과학단체총연합회 회장을 역임한 김시중 박사와 여러 교수들이 참여하여 Goeff Rayner-Canham이 저술한 <Descriptive Inorganic Chemistry 6/e>을 번역한 것이다. 역자들은 대부분의 무기화학 교재가 지나치게 학문 위주로 저술되어 있고, 물질의 제법이나 성질 등 실생활과 관련된 내용을 제대로 소개하지 못하고 있는 점을 안타깝게 생각하던 중, 이 교재를 접하고 무기화학 교재로서 화학을 전공하는 학생들에게 실질적인 지식을 많이 제공할 수 있겠기에 초판을 번역하였다. 그리고 2판과 4판에 이어 6판을 다시 보강 번역하게 되었다.

저자의 서문에서 밝힌 것처럼 무기화학은 이제 학문 수준을 벗어나 우리 생활과 가장 밀접한 관련을 맺고 있는 분야이다. 따라서 화학의 모든 이론을 적용해야 하므로 이론적인 부분이 방대할 수밖에 없다. 하지만 이 교재는 독특한 성질이나 용도 때문에 관심을 끄는 원소나 화합물을 중심으로 실생활에 활용할 수 있는 지식을 제공하고 있을 뿐만 아니라, 이들의 화학적 행동을 기본적인 화학의 원리를 적용하여 가능한 한 쉽게 설명하고 있다. 또한 경제적으로 중요한 화합물은 공업적 제법과 용도를 설명하였고, 각 장의 끝부분에서는 생물학적 양상을 기술하여 광범위한 영역의 화학 원소가 생명체와 맺고 있는 밀접한 연관성을 소개하고 있다.

6판의 번역에서는 대한화학회에서 최근에 개정한 명명법을 사용하여 원소와 화합물을 명명하였다. 영어 발음을 기초로 한 명명이라 처음에는 다소 어색하겠지만, 미래를 위해 개정된 명명법이니만큼 학생들도 하루빨리 이 생소한 명명법에 익숙해지기를 바란다.

좋은 책을 위해 최선을 다했지만 부족한 부분이 있을 수 있다. 출간 후에라도 수정사항이 있을 경우에는 자유아카데미 홈페이지(www.freeaca.com) 자료실에 제공할 예정이다.

끝으로 이 책이 무기화학을 공부하는 독자들에게 조금이라도 도움이 되기를 간절히 원하면서, 출판을 위해 많은 수고를 하신 자유아카데미 여러분께 감사의 말씀을 드린다.

2017년 2월

차례

8장 산화와 환원

9장 주기적 경향성

10장 수소

14장 14족 원소

15장 15족 원소: 닉토젠

16장 16족 원소: 칼코젠

17장 17족 원소: 할로젠

18장 18족 원소: 비활성 기체

19장 전이 금속 착물

20장 3d 전이 금속

21장 4d와 5d 전이 금속

22장 12족 원소

23장 유기금속 화학

24장 희토류 및 악티늄족 원소

홈페이지(www.freeaca.com) 자료실에 탑재

부록

원자의 전자 구조: 개요

1장

무기 화합물의 행동을 이해하려면 화학 결합의 성질을 공부하여야 한다. 결합은 구성 원자들에 있는 전자들의 행동과 연관된다. 그러므로 무기화학을 공부하려면 양자의 확률 모형에 대한 개관과 이 모형을 원자와 이온에 대한 전자 배치에 활용하는 과정부터 시작하여야 한다. 이 장을 공부하게 되면 원자들의 일반적인 물리적 성질에서 나타나는 패턴과 경향성을 설명할 때 이들 전자 배치를 어떻게 사용할지를 알게 될 것이다.

컨텍스트: 란타넘족의 중요성

대부분의 금속 원소들의 재활용은 미흡하다고 알려져 있다. 특히, 란타넘에서 루테튬까지의 란타넘족 원소는 재활용되는 경우가 거의 없다. 그러나 전기에 기반을 둔 오늘날의 문명에서 이들 각 금속들의 독특한 성질이 제공하는 필수적인 지위와 역할은 점점 더 중요해지고 있다. 예를 들면, 하이브리드와 모든 전기 구동 자동차는 에너지를 저장하기 위해 **니켈-금속 혼형**(*nickel-metal hybrid*) 배터리를 사용하고 있다. 여기서 금속은 란타넘이며 하이브리드 자동차 배터리는 대개 10 ~ 15 kg의 란타넘을 포함한다. 하이브리드 전기 모터와 발전기 자체는 네오디뮴, 프라세오디뮴, 디스프로슘, 터븀을 포함하는데, 각 금속은 중요한 역할을 담당하고 있다. 아래의 그림은 전형적인 하이브리드 자동차에서 란타넘족(그리고 이트륨)이 광범위하게 사용되고 있음을 나타낸다.

현대의 고성능 자석은 음향기기의 이어폰에 사용되는 작은 자석이든 상업적인 윈드 터빈의 터빈에 사용되는 거대한 자석이든 상관없이 모두 네오디뮴을 포함하는 합금이다.

전형적인 하이브리드 자동차에 사용되는 란타넘족 원소(그리고 이트륨).

컴퓨터와 텔레비전의 색상 디스플레이의 밝기는 주로 유로퓸 이온(적색), 테르븀 이온(녹색), 세륨 이온(청색)의 방사 때문에 나타난다. 이들 원소들을 의학적으로 활용하는 경우도 많이 있다. 예를 들면, 가돌리늄은 자기 공명 영상(MRI)을 촬영할 때 강한 영상을 볼 수 있게 해 준다. 그러므로 혈관이나 종양의 미세한 구조를 보고자 할 때에는 MRI 촬영을 하기 전에 환자에게 가돌리늄(III) 화합물의 정맥 주사를 먼저 처방한다.

이들 원소의 공통적인 특징은 란타넘으로부터 루테튬으로 가면서 4f 오비탈이 채워진다는 것이다. 그러므로 이 장에서는 기초적인 과정에서 접하게 되는 s, p, d 오비탈뿐만 아니라 f 오비탈에 대해서도 소개하고자 한다.

1.1 양자 역학적 모형에 대한 리뷰

원자 구조에 대한 양자 역학적 모형은 Louis de Broglie의 연구로부터 유도되었다. De Broglie는 전자기파가 입자(광자)의 흐름으로 취급될 수 있는 것과 마찬가지로, 움직이는 입자도 파와 비슷한 성질을 나타낼 수 있음을 증명하였다. 이 사실은 전자를 입자나 파동으로 동등하게 묘사할 수 있음을 의미한다. Erwin Schrödinger는 이 파-입자 이중성을 이용하여 원자핵 주위에 있는 전자의 행동을 나타내기 위한 부분 미분 방정식을 전개하였다.

이 방정식의 유도와 풀이 방법은 물리학과 물리 화학의 영역이지만, 이 방정식 자체의 해는 무기 화학자에게 매우 중요하다. 그러나 명심해야 할 것은 파동 방정식이 간단한 수학식이라는 사실이다. 대부분의 사람들은 아원자 현상을 따지는 것을 딱딱하게 여기기 때문에 여기서는 파동 방정식의 해의 의미만을 알아보겠다. 거시적 세계에서 우리가 만들어 낸 개념적 모형들이 아원자적인 실체를 재현할 수 있다는 기대를 가질 수 없기 때문이다.

양자수

파동 방정식에는 수많은 해가 존재한다. 각 해는 서로 다른 오비탈을 나타내므로, 그 오비탈에 존재하는 전자에 대한 서로 다른 확률 분포를 의미하게 된다. 이들 각 오비탈들은 세 정수로 이루어지는 한 벌의 양자수, n, l, m_l에 의해 한 가지 에너지 상태로 정의된다.

1922년에 발견된 실험 결과를 설명하기 위해서는 원래의 이론으로부터 유도된 세 가지 양자수 외에 네 번째 양자수가 정의되어야만 했다. Otto Stern과 Walther Gerlach는 원자의 빛살을 자기장에 통과시키면 절반은 어떤 한 방향으로 회절되고, 나머지 절반은 그 반대 방향으로 회절되는 현상이 나타남을 발견하였다. 다른 연구자들은 두 가지 서로 다른 전자 스핀의 배향 때문에 이와 같은 현상이 나타난다고 제안하였다. 어떤 스핀을 가진 전자를 포함하는 원자가 한 방향으로 회절되었다면, 반대 스핀을 가진 전자를 포함하는 원자는 그 반대 방향으로 회절된다. 이 스핀 양자수에 대한 기호는 m_s로 정하였다.

양자수의 가능한 값은 다음과 같이 정의된다.

- **주양자수**(*principal quantum number*) n은 1에서 ∞까지 모든 양의 정수값을 가질 수 있다.

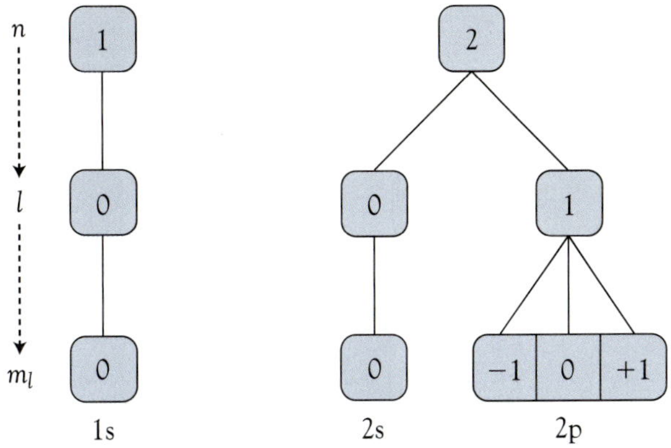

그림 1.1 양자수가 $n=1$과 $n=2$일 때 가능한 세트

표 1.1 각운동량 양자수 l값과 오비탈 명칭

l값	오비탈 명칭
0	s
1	p
2	d
3	f

- **각운동량 양자수**(*angular momentum quantum number*) l은 0에서 $n-1$까지의 모든 정수값을 가질 수 있다.
- **자기 양자수**(*magnetic quantum number*) m_l은 $+l$에서 0, $-l$까지의 모든 정수값을 가질 수 있다.
- **스핀 양자수**(spin quantum number) m_s는 $+1/2$과 $-1/2$의 두 가지 값을 가질 수 있다.

양자수 값

주양자수가 1이면 n, l, m_l이 (1, 0, 0)인 한 벌의 양자수 세트가 가능한 반면, 주양자수가 2일 때에는 네 벌의 양자수 세트, 즉 (2, 0, 0 ; 2, 1, −1 ; 2, 1, 0 ; 2, 1, +1)가 가능하다. 이 상태는 그림 1.1에 도식적으로 나타내었다. 각 양자수들의 세트에 해당하는 전자의 오비탈을 나타내기 위해서 주양자수 n값에 이어서 각운동량 양자수 l의 이름을 적어 준다. 그러므로 $n = 1$일 때 1s 오비탈만 존재할 수 있다.

$n = 2$일 때에는 1개의 2s 오비탈과 m_l 값이 +1, 0, −1에 해당되는 3개의 2p 오비탈이 존재할 수 있다. 문자 s, p, d, f는 스펙트럼선의 종류인 sharp, principal, diffuse, fundamental에서 유래되었으며, 각운동량 양자수와의 관계는 표 1.1에 나타내었다.

주양자수가 $n = 3$일 때 9벌의 양자수 세트가 존재한다(그림 1.2). 이들 세트는 1개의 3s, 3개의 3p, 5개의 3d 오비탈로 이루어진다. 마찬가지로 주양자수가 $n = 4$이면 1개의

표 1.2 각운동량 양자수 l값과 오비탈의 수

l값	오비탈의 수
0	1
1	3
2	5
3	7

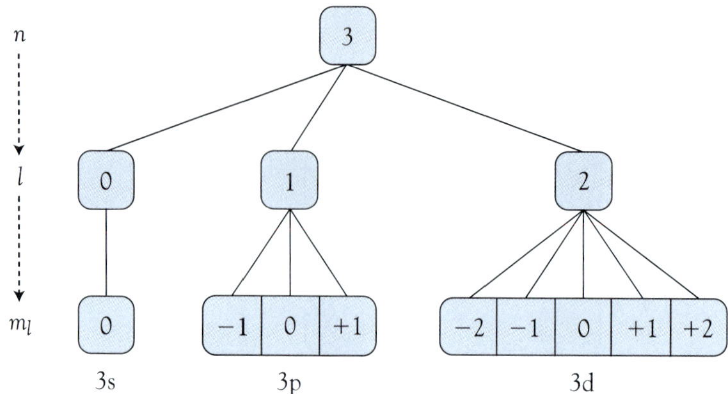

그림 1.2 양자수가 $n=3$일 때 가능한 세트

4s, 3개의 4p, 5개의 4d, 7개의 4f 오비탈로 구성되는 16벌의 양자수 세트가 존재한다(표 1.2).

이론적으로 이와 같은 과정이 계속될 수 있지만, f 오비탈은 주기율표의 원소들이 바닥 상태의 전자 배치에서 가질 수 있는 한계이다.

예제 1.1

4d 오비탈을 묘사하는 양자수 세트를 나타내시오.

해답

4d 오비탈은 주양자수 $n = 4$를 가져야 한다. d 오비탈에 대해 $l = 2$이므로 $m_l = -2, -1, 0, +1, +2$이다.

1.2 원자 오비탈의 모양

파동 방정식의 해를 2차원의 종이에 나타내는 것은 쉬운 일이 아니다. 즉, 각 오비탈의 완전한 해를 나타내기 위해서는 4차원의 그래프 종이가 필요하지만 이런 종이는 존재하지 않는다. 가장 현실적인 방법은 파동 방정식을 지름 함수 부분과 각 함수 부분으로 분리하는 것이다.

파동 방정식으로부터 유도된 세 가지 양자수 각각은 오비탈을 서로 다른 방식으로 나타내고 있다.

- 주양자수 n은 오비탈의 크기를 나타낸다.
- 각운동량 양자수 l은 오비탈의 모양을 나타낸다.
- 자기 양자수 m_l은 오비탈의 공간적인 방향을 나타낸다.
- 스핀 양자수 m_s는 물리적 의미를 거의 갖지 않지만, 같은 오비탈은 최대 2개의 전자만이 점유할 수 있음을 나타낸다.

전자의 에너지를 결정하는 것은 주양자수와, 이보다는 영향이 덜하기는 하지만 각운동량 양자수이다. 전자는 전혀 회전하지 못하지는 않을 것이므로, 회전하면서 회전하는 입자가 갖는 자기적 성질을 가지는 것처럼 행동한다.

s 오비탈

s 오비탈은 원자핵 주위에 구 대칭으로 존재한다. 주양자수가 증가하면 전자는 핵으로부터 더 멀리서 발견된다. 다른 방법으로 이 개념을 표현하면, 주양자수가 증가할수록 오비탈은 더 확산되게 된다. s 오비탈에 있는 전자 행동의 독특한 특징은 핵에 가까이 있는 전자와 심지어는 핵 내에 있는 전자를 발견할 확률이 한정된다는 것이다. 이와 같은 s 오비탈 전자에 의한 침투는 원자 반지름(2장 참조)에 영향을 미치며, 원자 구조를 연구하는 수단이 된다.

오비탈 도표는 어떤 순간과 위치에서 전자를 발견할 수 있는 확률을 나타내는 데 사용된다. 또 다른 접근 방식은 일정한 시간 동안의 전자의 위치를 고려하는 것이다. 전자가 대부분의 시간을 보내는 위치는 **전자 밀도**(*electron density*)가 높은 영역으로 정의된다. 반대로 전자가 드물게 존재하는 위치는 전자 밀도가 낮은 영역을 말한다. 원자에서의 1s와 2s 오비탈의 모양을 같은 척도로 그림 1.3에서 비교하였다. 두 경우 모두에서 핵은 구의 중심에서 작은 부피를 차지한다. 이들 구는 특정한 오비탈을 점유하는 전자를 발견할 수 있는 확률이 99%인 공간 영역을 나타내고 있다. 전자를 발견할 확률은 핵으로부터 무한히 먼 거리에서만 0이 되기 때문에 전체적인 확률은 나타낼 수 없다.

확률은 파동 함수의 제곱으로부터 유도되고, 제곱은 음의 값도 양의 값으로 만들기 때문에, 오비탈 내에서 전자를 발견할 확률은 항상 양의 값이다. 그러나 원자들의 결합을 다룰 때에는 원래 파동 함수와 관련된 부호가 지니는 중요성을 알게 될 것이다. 그래서 각 원자 오비탈을 나타낼 때 원래 파동 함수의 부호를 오비탈에 포개어 적는다. s 오비탈의 경우에는 부호가 +이다.

1s와 2s 오비탈의 크기는 아주 큰 차이가 있을 뿐만 아니라, 2s 오비탈은 핵으로부터 어느 정도 떨어진 지점에서 전자 밀도가 0인 공모양의 표면을 갖는다. 전자를 발견할 확률이 0인 표면을 **마디 표면**(*nodal surface*)이라고 한다. 주양자수가 1 증가하면 마디 표면의 수도 1 증가한다. 핵으로부터 한 방향에 대해 떨어진 거리의 함수로서 방사방향 밀도 분포 함수 그래프를 그리면 마디 면을 더욱 분명하게 가시화시킬 수 있다. 그림

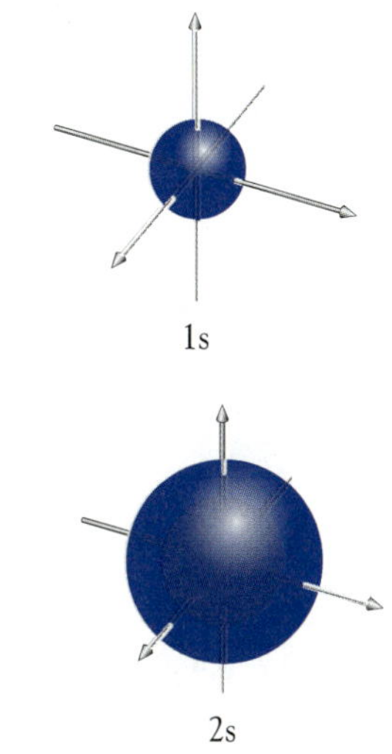

그림 1.3 1s와 2s 오비탈의 모양과 상대적인 크기에 대한 그림(Andrzej Okuniewski의 컴퓨터 그림)

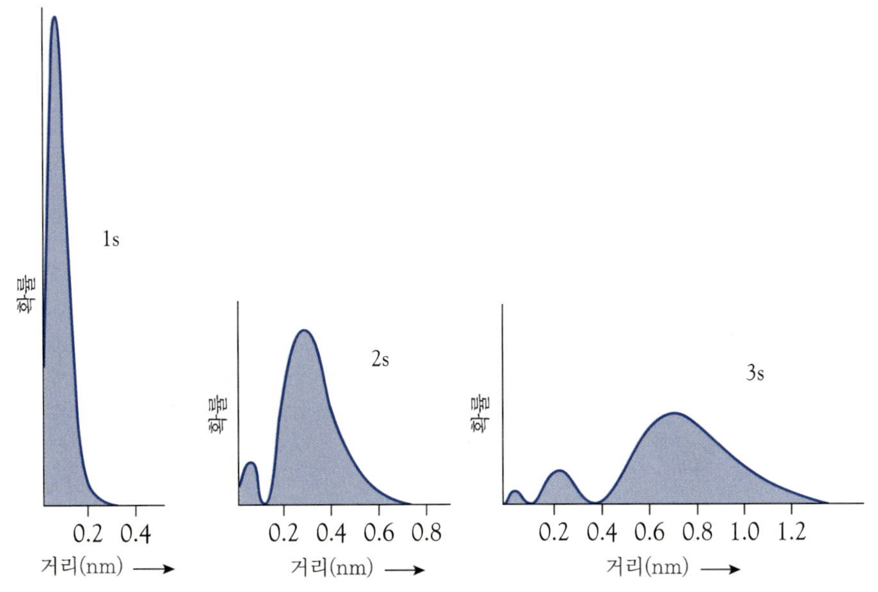

그림 1.4 수소 원자의 1s, 2s, 3s 오비탈의 전자에 대한 핵으로부터의 거리에 따른 방사방향 밀도 분포 함수의 변화

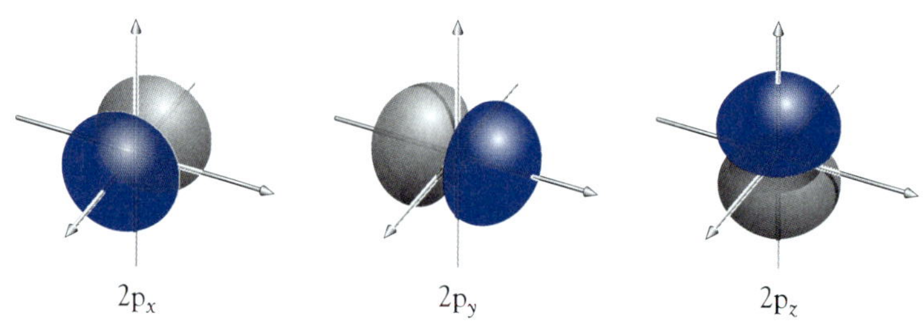

그림 1.5 $2p_x$, $2p_y$, $2p_z$ 오비탈의 모양(Andrzej Okuniewski의 컴퓨터 그림)

1.4는 1s, 2s, 3s 오비탈을 나타낸 것이다. 이들 그림은 주양자수가 증가할수록 전자가 핵으로부터 더 멀리 떨어져 존재하는 경향성을 보여 준다. 이들 세 곡선 아래의 면적은 모두 같다.

p 오비탈

s 오비탈과는 달리 p 오비탈은 구 대칭이 아니다. 즉, p 오비탈은 2개의 분리된 공간 부피(귓불)로 이루어져 있으며, 두 귓불 사이에 핵이 위치하고 있다. p 오비탈은 3개가 존재하기 때문에 직교 좌표 방향에 따라 각 오비탈을 배정하여 p_x, p_y, p_z로 나타낸다. 그림 1.5에 3개의 2p 오비탈을 나타내었다. 확률이 보다 높은 축에 대해서 직각인 지점에 핵을 통과하는 마디 평면이 있다. 예를 들면, $2p_z$ 오비탈은 *xy*면에 마디 표면을 가지고 있다. 파동 함수의 부호는 한 귓불이 양이면 다른 귓불은 음이다.

2s 오비탈과 2p 오비탈에 대해 원자 반지름의 함수로 나타낸 전자 밀도 그래프를 비교하면, 핵에 가까워질수록 2s 오비탈이 2p 오비탈보다 더 높은 전자 밀도를 가짐을 알 수 있다(그림 1.6). 역으로 2s 오비탈의 두 번째 최대 전자 밀도를 갖는 지점은 2p 오비탈에서는 하나뿐인 최대 전자 밀도 지점보다 더 멀리 있다. 그러나 두 오비탈에 대한 최대 확률을 갖는 평균 거리는 같다.

s 오비탈과 마찬가지로 p 오비탈도 주양자수가 증가함에 따라 오비탈 구조에서 마디 표면이 늘어난다. 따라서 3p 오비탈은 정확하게 2p 오비탈과 같은 모양을 갖지는 않는다. 그러나 특정한 각운동량 양자수에 대한 오비탈 모양의 미세한 차이는 기초 무기 화학에서는 거의 의미가 없다.

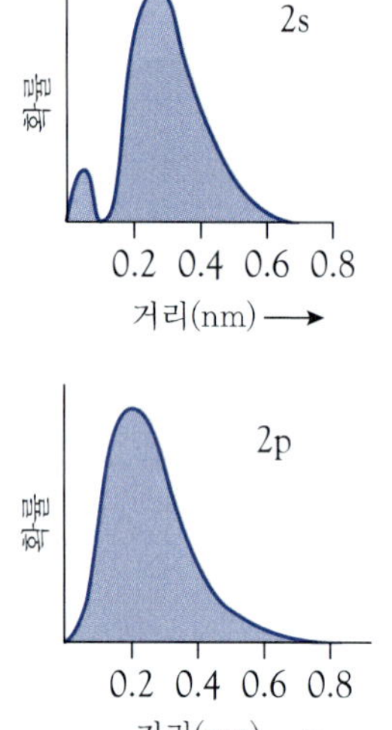

그림 1.6 수소 원자의 2s와 2p 오비탈의 전자에 대한 핵으로부터의 거리에 따른 방사방향 밀도 분포 함수의 변화

d 오비탈

5개의 d 오비탈은 더욱 복잡한 모양을 가지고 있다. 이들 오비탈 중의 3개는 직교 좌표의 축과 축 사이에 있고, 다른 2개는 축방향으로 배열되어 있다. 모든 경우에서 핵은 축의 교차점에 위치한다. 각각 4개의 귓불을 가지고 있는 3개의 오비탈은 축과 축 사이에

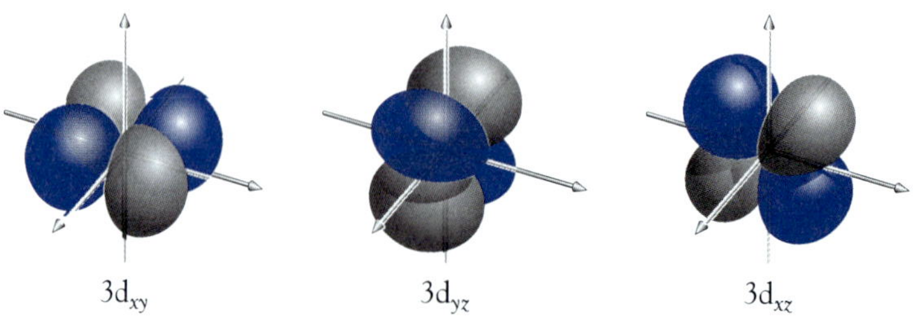

그림 1.7 $3d_{xy}$, $3d_{xz}$, $3d_{yz}$ 오비탈의 모양(Andrzej Okuniewski의 컴퓨터 그림)

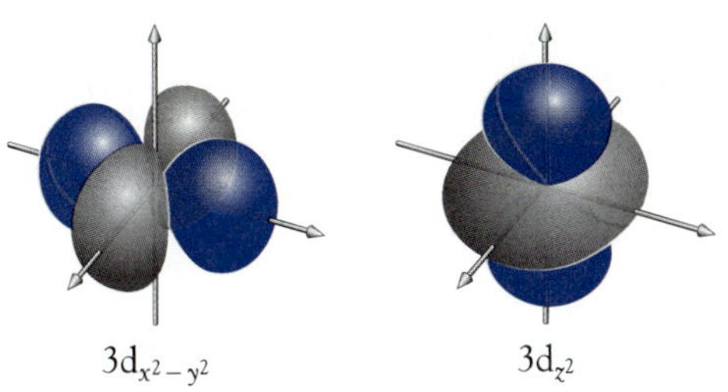

그림 1.8 $3d_{z^2}$과 $3d_{x^2-y^2}$ 오비탈의 모양(Andrzej Okuniewski의 컴퓨터 그림)

놓이게 된다(그림 1.7). 이 오비탈들은 d_{xy}, d_{xz}, d_{yz}로 나타낸다. 다른 2개의 d 오비탈, d_{z^2}와 $d_{x^2-y^2}$는 그림 1.8에 나타내었다. d_{z^2} 오비탈은 *xy*면에 존재하는 높은 전자 밀도 영역인 도넛 모양의 고리를 제외하면 p_z 오비탈(그림 1.5 참조)과 다소 비슷하게 보인다. $d_{x^2-y^2}$ 오비탈은 d_{xy} 오비탈과 동일하나 45°만큼 회전된 것이다.

f 오비탈

이 장을 시작하면서 우리의 생활에서 4f 오비탈을 채우는 원소들의 중요성을 알게 되었다. f 오비탈은 d 오비탈보다 더 복잡하다. f 오비탈은 7개가 존재하기 때문에 $l = 3$에 상응하는 m_l 값도 7개가 가능하다. 오비탈은 파동 방정식으로부터 유도된 수학적인 구성이며, 특히 f 오비탈의 경우에는 해의 서로 다른 세트가 존재하는데, 각 세트는 f 오비탈들의 서로 다른 모양을 나타나게 해 주는 것이다. 그림 1.9는 논리적으로는 d 오비탈과 연관되는 f 오비탈들의 입방 세트를 나타낸 것이다. 먼저, 세 가지 오비탈 세트, f_{x^3}, f_{y^3}, f_{z^3}는 한 가지 축을 따라 놓인 것은 d_{z^2}과 유사하지만 f 오비탈의 경우에는 2개의

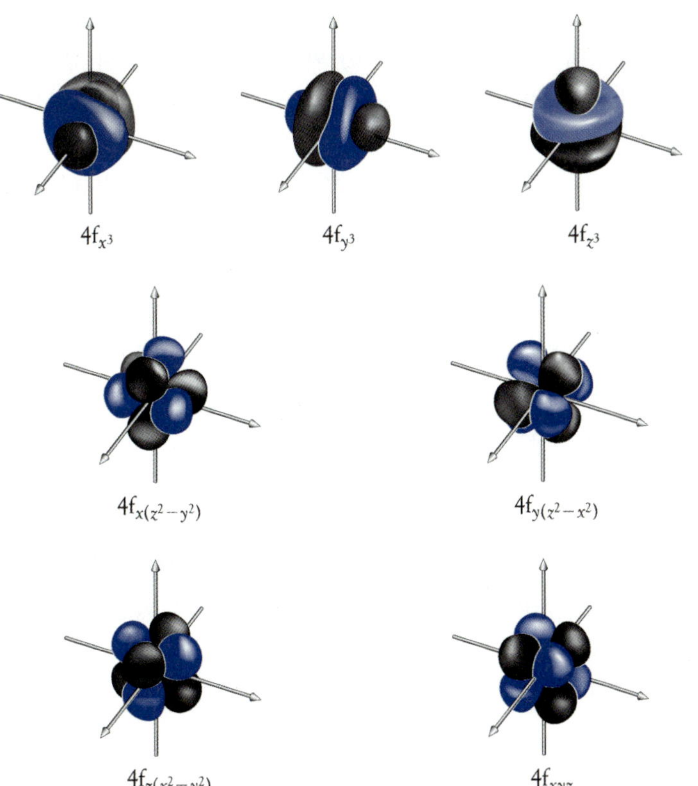

그림 1.9 7개의 f 오비탈들의 입방 세트 모양(Andrzej Okuniewski의 컴퓨터 그림)

도넛 고리를 갖는다. 입방 세트 중의 나머지 4가지 오비탈은 각각 8개의 귓불을 갖는다. $f_{x(z^2-y^2)}$, $f_{y(z^2-x^2)}$, $f_{z(x^2-y^2)}$의 세 가지는 동일하지만 귓불들이 서로 45°씩 회전해 있다. 네 번째 오비탈 f_{xyz}는 8개의 귓불 모두가 모든 축 사이에 존재한다.

1.3 다전자 원자

다전자 원자의 모형에서 전자는 **Aufbau 원리**(*Aufbau principle*)에 따라 원자의 오비탈에 분포된다. 이 원리에 따르면 한 원자의 전자가 모두 바닥 상태에 있을 때 가장 낮은 에너지의 오비탈을 점유할 것이므로, 원자의 전체 전자 에너지는 최소가 된다. 그러므로 원자의 전자 배치는 그 원소가 갖는 전자를 모두 에너지가 낮은 오비탈로부터 차례로 채워나가면 나타낼 수 있다.

전자 배치를 하기 전에 두 번째 규칙, 즉 **Pauli 배타 원리**(*Pauli's exclusion principle*)를 고려하여야 한다. 이 규칙은 한 원자에서 두 전자가 동일한 4개의 양자수 세트를 가질 수 없다는 것이다. 각 원자의 세 가지 양자수 세트는 오직 하나의 오비탈에 해당되는 것이므로, 각 오비탈은 2개의 전자, 즉 $m_s = +1/2$인 전자와 $m_s = -1/2$인 전자로 채워지게 된다.

s 오비탈을 채움

그림 1.10 수소 원자의 전자 배치

가장 간단한 배치는 수소 원자이다. Aufbau 원리에 따르면 수소 원자에 존재하는 1개의 전자는 1s 오비탈에 위치한다. 이 배치는 수소 원자의 바닥 상태이다. 에너지를 가하면 전자는 보다 높은 에너지 상태 중의 하나로 들뜰 것이다. 이 배치를 들뜬 상태라고 한다. 수소 원자의 바닥 상태 도표에서(그림 1.10) 화살표는 전자 스핀의 방향을 나타낸다. 이 전자 배치는 $1s^1$로 나타내며, 상첨자 1은 이 오비탈을 점유하고 있는 전자수를 나타낸다.

2s 2s
1s 1s
(*a*) (*b*)

그림 1.11 헬륨에 대해 가능한 두 가지 전자 배치

헬륨은 2개의 전자를 갖는 원자이며, 두 번째 전자는 1s 오비탈(그림 1.11*a*)이나 그 다음으로 높은 에너지를 갖는 오비탈인 2s 오비탈에 채워질 수 있다(그림 1.11*b*). 두 번째 전자가 1s 오비탈을 채우는 것이 분명한 것처럼 보이지만, 이와 같은 결론을 내리는 것이 그렇게 간단한 것은 아니다. 두 번째 전자가 1s 오비탈을 채운다면, 이 오비탈을 이미 차지하고 있는 전자가 있기 때문에 같은 부피의 공간을 점유하게 된다. 그러므로 매우 강한 정전기적 반발력인 짝지음 에너지(pairing energy) 때문에 동일한 오비탈을 채우기가 어려울 수도 있다. 그러나 핵에 더 가깝게 존재할 확률이 높은 오비탈을 점유하게 되기 때문에, 두 번째 전자는 훨씬 더 강한 핵의 인력을 느끼게 될 것이다. 이와 같은 핵의 인력은 전자 간 반발력보다 더 강하다. 따라서 전자들 간의 짝지음으로 같은 오비탈을 채우는 것이 에너지적으로 더 유리하기 때문에 실제 배치는 $1s^2$로 될 것이다.

리튬 원자에서 1s 오비탈은 2개의 전자로 채워지며, 세 번째 전자는 그 다음으로 높은 에너지의 오비탈인 2s 오비탈에 들어간다. 그러므로 리튬은 $1s^22s^1$의 전자 배치를 가진다. 베릴륨의 경우 전자 배치에 네 번째 전자가 채워져야 한다. 헬륨의 경우와 마찬가지로 s와 p 오비탈들의 에너지 분리가 짝지음 에너지보다 더 크다. 그러므로 베릴륨의 전자 배치는 $1s^22s^12p^1$이 아니라 $1s^22s^2$가 될 것이다.

p 오비탈을 채움

붕소에서부터 2p 오비탈이 채워지기 시작한다. 붕소 원자는 $1s^2 2s^2 2p^1$의 전자 배치를 갖는다. 3개의 p 오비탈은 축퇴(degenerate, 즉 모두 같은 에너지를 갖는다)되어 있으므로, 3개의 오비탈 중 어떤 오비탈에 전자가 배치되는지를 결정할 수 없다.

탄소는 p 오비탈에 전자를 갖는 두 번째 원자이다. 탄소의 전자 배치는 또 다른 문제를 일으킨다. 2개의 2p 전자는 세 가지의 가능한 배열을 가질 수 있다(그림 1.12). 즉, (*a*) 2개의 전자가 모두 같은 오비탈을 채운 것, (*b*) 서로 다른 오비탈을 채웠지만 같은 스핀 방향을 갖는 것, (*c*) 서로 다른 오비탈을 스핀의 방향이 반대로 되게 채우는 것이다. 전자의 반발력을 고려하면, 첫 번째 가능성(*a*)은 곧바로 배제시킬 수 있다. 남은 두 가지 가능성 중에서 한 가지를 결정하는 것은 명확하지 않으며, 양자 이론에 대한 더 깊은 지식을 필요로 한다. 즉, 두 전자가 같은 방향의 스핀을 갖는 경우에는 같은 공간을 점유할 확률은 0이다. 그러나 스핀이 서로 반대이면 두 전자가 공간에서 같은 지역을 점유할 수 있는 가능성이 있기 때문에 반발력이 어느 정도 반영되게 되고, 그 결과 더 높은 에너지 상태로 된다. 그러므로 스핀의 방향이 서로 같은 경우(*b*)가 가장 낮은 에너지 상태가 된다. 이와 같은 동일한 방향의 스핀을 갖는 홀전자에 대한 선호는 **Hund 규칙**(*Hund's rule*)으로 설명된다. 즉, 축퇴된 일련의 오비탈이 채워질 때, 홀전자수는 최대가 되고, 전자들은 같은 방향의 스핀을 가지게 된다.

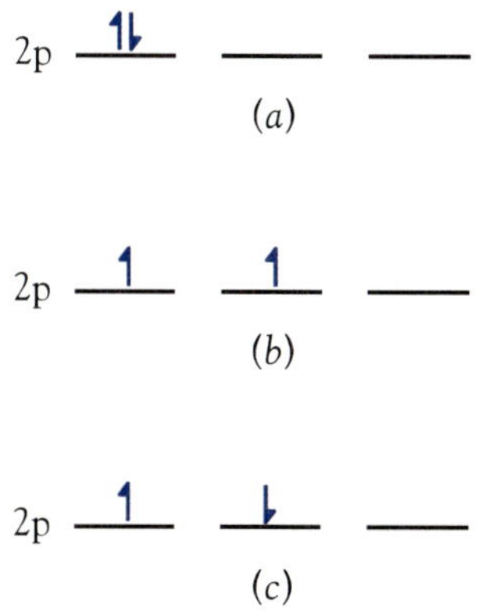

2p ⥮ ___ ___
(*a*)

2p ↿ ↿ ___
(*b*)

2p ↿ ⇂ ___
(*c*)

그림 1.12 탄소의 2p 전자에 대해 가능한 전자 배치

네온($1s^2 2s^2 2p^6$)에서 2p 오비탈이 완전히 채워진 다음에는 3s와 3p 오비탈이 채워지기 시작한다. 여기서부터는 전체 전자에 대한 배치를 쓰기보다는 오히려 약식 표기를 사용할 수 있다. 이 약식 표기에서 내부 전자는 해당 전자 배치를 갖는 비활성 기체의 부호로 나타낸다. 그러므로 완전한 전자 배치가 $1s^2 2s^2 2p^6 3s^2$인 마그네슘은 중심부에 네온 비활성 기체를 소유한 것으로 나타낼 수 있으며, 이 배치는 $[Ne]3s^2$로 표기한다. 비활성 기체 부호를 사용하는 약식 표기 방법의 이점은 가장 바깥쪽의(원자가, valence) 전자를 강조한다는 것인데, 화학 결합에 관여하는 것은 바로 이 전자들이다. 3p 오비탈이 모두 채워지면 아르곤이 된다.

d 오비탈을 채움

아르곤에서 3p 오비탈이 완전히 채워진 다음에는 3d와 4s 오비탈이 채워지기 시작한다. 4s와 3d의 에너지 준위는 아주 가깝기 때문에, 여기서부터 간단한 오비탈의 에너지 준위에 대한 단순한 개념이 무너지기 시작한다. 가장 중요한 것은 단일 전자에 대한 최소 에너지가 아니라 전체 전자에 대해서 내부 전자 간 반발력이 가장 적게 나타나는 전자 배치이다. 포타슘에 대한 이러한 배치는 $[Ar]4s^1$이고, 칼슘은 $[Ar]4s^2$가 된다.

일반적으로 각 전이 금속에 대하여 가장 낮은 전체 에너지는 s 오비탈을 먼저 채운 다음, 남은 전자가 d 오비탈을 채울 때 얻어진다. d-구역과 f-구역 원소들의 전자 배치에 대한 약간의 변형이 있기는 하지만, 전자가 채워지는 순서는 매우 체계적이다. 그러므로 오비탈에 전자가 채워지는 순서는 다음과 같다.

1s 2s 2p 3s 3p 4s 3d 4p 5s 4d 5p 6s 4f 5d 6p 7s 5f 6d 7p

그림 1.13은 원소들을 오비탈이 채워지는 순서대로 나타낸 것이다.

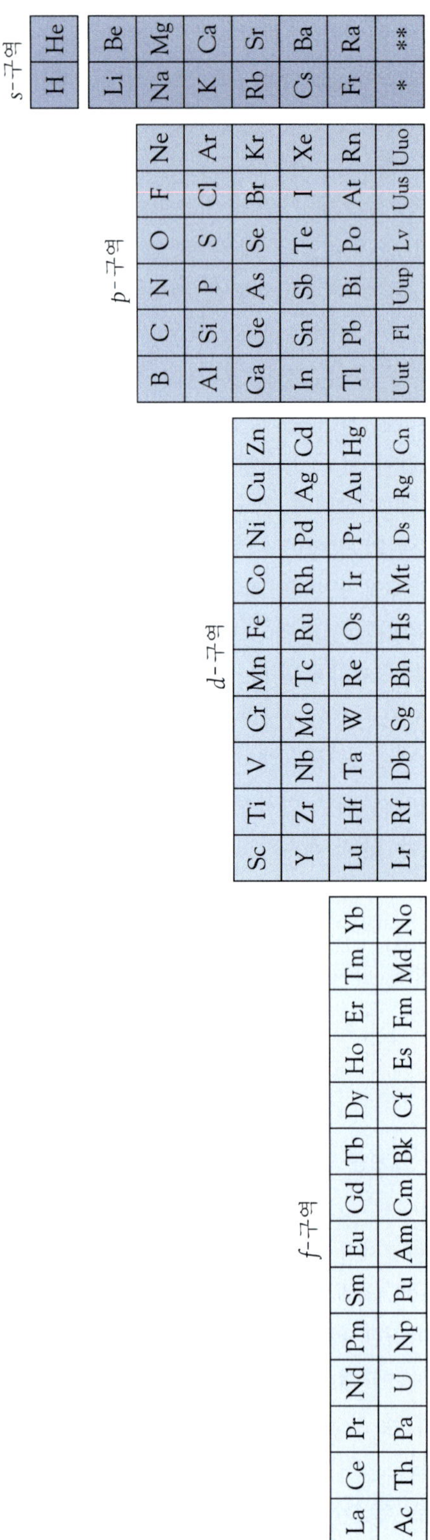

그림 1.13 오비탈 채움 순서에 따라 정리된 화학 원소 주기율표

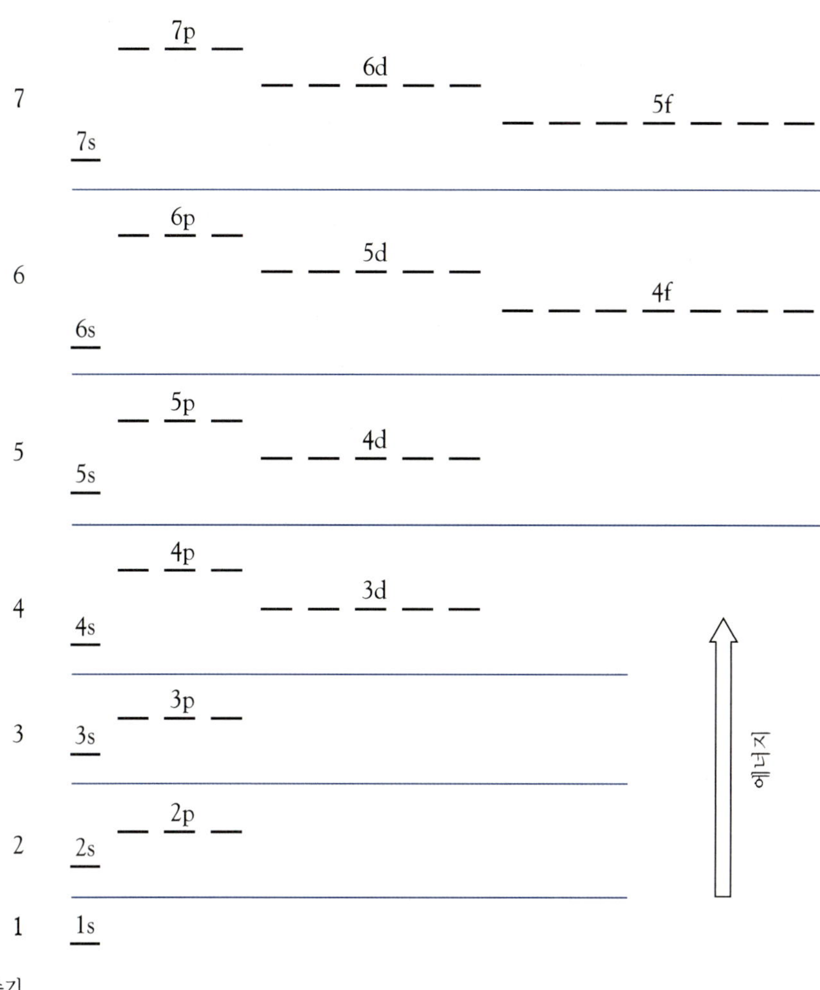

그림 1.14 전자를 채울 때 원자 오비탈들의 상대적인 에너지

이 순서는 그림 1.14의 에너지 준위 도표에 나타내었다. 같은 각운동량 양자수를 갖는 s, p, d, f 오비탈 간의 에너지 차이는 주양자수가 다른 오비탈 간의 에너지 차이보다 n = 2만큼 더 커지게 되므로 이 순서에 따라 오비탈에 전자가 채워진다. 그림 1.14는 전자가 채워지는 순서를 보여 주는 것이지, 특정 원소의 오비탈에 대한 에너지 순서를 보여 주는 것이 아님을 유념하기 바란다. 예를 들면, 4주기를 지나면 3d 오비탈은 4s 오비탈의 에너지보다 훨씬 더 낮다. 그러나 이때의 3d 오비탈은 내부 오비탈이 되므로, 화학 결합에서 아무런 역할도 하지 않는다. 따라서 세세한 순서는 중요하지 않다.

일반적인 규칙이기는 하지만 양성자와 전자의 수가 증가함에 따라 이 정교한 균형이 어떻게 변하는지를 알아보기 위하여 3족에서 12족까지의 원소들의 외각 전자에 대한 전자 배치를 아래에 나타내었다. 이들 전자 배치 자체는 중요하지 않지만, ns와 $(n-1)$d 전자들의 에너지가 얼마나 비슷한지를 나타내고 있다.

어떤 원소에서는 s 오비탈의 전자 1개 또는 2개 모두가 d 오비탈로 이동되었을 때 가장 낮은 에너지 상태가 된다. 첫 번째 계열의 크로뮴과 구리의 전자 배치만으로 결론을 도출해 보면, d 오비탈이 절반만 채워지거나 또는 완전히 채워지는 전자 배치가 더 선호됨을 알 수 있다. 하지만 두 s 전자 간의 반발력은 s^1 배치를 갖는 몇몇 경우에 충분하다고 말하는 것이 더 정확하다.

원자	전자 배치	원자	전자 배치	원자	전자 배치
Sc	$4s^23d^1$	Y	$5s^24d^1$	Lu	$6s^25d^1$
Ti	$4s^23d^2$	Zr	$5s^24d^2$	Hf	$6s^25d^2$
V	$4s^23d^3$	Nb	$5s^14d^4$	Ta	$6s^25d^3$
Cr	$4s^13d^5$	Mo	$5s^14d^5$	W	$6s^25d^4$
Mn	$4s^23d^5$	Tc	$5s^24d^5$	Re	$6s^25d^5$
Fe	$4s^23d^6$	Ru	$5s^14d^7$	Os	$6s^25d^6$
Co	$4s^23d^7$	Rh	$5s^14d^8$	Ir	$6s^25d^7$
Ni	$4s^23d^8$	Pd	$5s^04d^{10}$	Pt	$6s^15d^9$
Cu	$4s^13d^{10}$	Ag	$5s^14d^{10}$	Au	$6s^15d^{10}$
Zn	$4s^23d^{10}$	Cd	$5s^24d^{10}$	Hg	$6s^25d^{10}$

f 오비탈을 채움

6s, 5d, 4f 오비탈들은 모두 비슷한 에너지를 갖기 때문에 란타넘(La)에서 이터븀(Yb)까지의 원소에 대한 상황은 더욱 유동적이다. 예를 들면, 란타넘의 전자 배치는 $[Xe]6s^25d^1$이지만, 그 다음 원소인 세륨은 $[Xe]6s^24f^15d^1$의 전자 배치를 갖는다. 이 열에서 가장 흥미로운 전자 배치는 가돌리늄인데, 예상되는 전자 배치는 $[Xe]6s^24f^8$이지만 실제로는 $[Xe]6s^25d^14f^7$의 전자 배치를 갖는다. 이 전자 배치는 인접한 오비탈이 비슷한 에너지를 가질 경우의 전자 배치 결정에서, 내부 전자 반발의 중요성에 대한 분명한 증거를 제공한다. 악티늄(Ac)부터 노벨륨(No)까지의 원소들 간에도 복잡한 전자 배치가 나타나는데, 이 경우에는 7s, 6d, 5f 오비탈들의 에너지가 비슷하다.

예제 1.2

절반이 채워진 p 오비탈들과 d 오비탈들이 에너지적으로 유리한 것처럼, f 오비탈들도 마찬가지이다. 이를 근거로 하여 퀴륨(Cm)의 전자 배치를 예측하시오.

해답

에너지 준위 채움 순서를 엄격하게 지킨다면 퀴륨의 전자 배치는 $[Rn]7s^25f^8$이 된다. 그러나 절반이 채워진 오비탈의 안정도를 고려하면 퀴륨의 전자 배치는 $[Rn]7s^25f^76d^1$이 되어야 한다.

1.4 이온의 전자 배치

주족 원소

원자 번호가 낮은 주족 원소에 대한 일반적인 이온의 전자 배치는 아주 쉽게 예상할 수 있다. 금속은 바깥쪽 오비탈에 있는 모든 전자를 잃어버리려는 경향을 갖는다. 이와 같은 상황을 소듐, 마그네슘, 알루미늄에 대해 나타내었다. 같은 전자 배치를 갖는 이온들을 **등전자**(*isoelectronic*)종이라고 한다.

원자	전자 배치	이온	전자 배치
Na	$[Ne]3s^1$	Na^+	[Ne]
Mg	$[Ne]3s^2$	Mg^{2+}	[Ne]
Al	$[Ne]3s^23p^1$	Al^{3+}	[Ne]

비금속은 바깥쪽 오비탈을 모두 채우기 위해 전자를 받아들인다. 이 상황을 질소, 산소, 플루오린에 대해 나타내었다.

원자	전자 배치	이온	전자 배치
N	$[He]2s^22p^3$	N^{3-}	[Ne]
O	$[He]2s^22p^4$	O^{2-}	[Ne]
F	$[He]2s^22p^5$	F^-	[Ne]

원자 번호가 높은 몇 가지 주족 금속들은 전하가 다른 두 가지 이온을 형성한다. 예를 들면, 납은 Pb^{2+}와 드물기는 하지만 Pb^{4+} 이온을 형성한다. 2+ 전하는 단지 6p 전자를 잃어버린 것으로 설명할 수 있고, (비활성쌍(inert pair) 효과 9.6절에서 논의함) 4+ 전하는 6s와 6p 전자 모두를 잃어버린 형태의 결과이다.

원자	전자 배치	이온	전자 배치
Pb	$[Xe]6s^24f^{14}5d^{10}6p^2$	Pb^{2+}	$[Xe]6s^24f^{14}5d^{10}$
		Pb^{4+}	$[Xe]4f^{14}5d^{10}$

전자를 잃을 때에는 주양자수가 더 높은 전자를 먼저 잃어버린다. 이 원리는 모든 원소에 대해 적용된다. 전이 금속에서는 금속 양이온이 형성될 때 항상 s 전자를 먼저 잃게 된다. 예를 들면, 아연은 항상 2+ 전하를 갖는 이온을 형성한다.

원자	전자 배치	이온	전자 배치
Zn	$[Ar]4s^23d^{10}$	Zn^{2+}	$[Ar]3d^{10}$

전이 금속

전이 금속의 경우, 금속 양이온이 생성될 때 항상 s 전자를 맨 먼저 잃게 된다. 즉, 전이 금속 양이온의 경우 $(n-1)$d 오비탈의 에너지가 ns 오비탈보다 항상 더 낮다. 첫째 계열 전이 원소의 경우, 망가니즈부터 구리까지의 금속에 대해 2+의 전하가 공통적으로 나타나는데, 이것은 두 개의 4s 전자를 잃어버렸음을 나타낸다. 철은 2+의 전하 외에도 3+의 전하를 갖는 이온을 형성한다. 이와 같은 3+ 이온이 형성되는 이유는 쌍을 이룬 d 전자 간의 반발력 때문에 또 하나의 전자를 잃기 때문이다.

원자	전자 배치	이온	전자 배치
Fe	$[Ar]4s^2 3d^6$	Fe^{2+}	$[Ar]3d^6$
		Fe^{3+}	$[Ar]3d^5$

그러나 이온의 전하를 예측할 때 원자의 전자 배치를 이용하는 것은 좋지 않은 방법이다. 니켈, 팔라듐, 백금을 통하여 이 점을 알아보자. 이들은 원자의 전자 배치는 모두 다르지만, 이온의 전하와 전자 배치는 비슷하다.

원자	전자 배치	이온	전자 배치
Ni	$[Ar]4s^2 3d^8$	Ni^{2+}	$[Ar]3d^8$
Pd	$[Kr]5s^0 4d^{10}$	Pd^{2+}, Pd^{4+}	$[Kr]4d^8$, $[Kr]4d^6$
Pt	$[Xe]6s^1 4f^{14} 5d^9$	Pt^{2+}, Pt^{4+}	$[Xe]4f^{14} 5d^8$, $[Xe]4f^{14} 5d^6$

란타넘족 원소

란타넘족 원소들도 더 높은 주양자수를 갖는 전자들을 먼저 잃게 되는 원소들이다. 3d 전이 금속의 경우, 모든 원소에 대해 가장 공통적인 전하는 2+였지만, 란타넘족의 경우 모든 원소에 대해 3+의 전하가 공통적으로 나타난다. 이와 같은 3+ 전하의 우세함은 화합물의 격자 에너지와 연관시켜 설명할 수 있는데, 여기에 대해서는 6장의 무기 열역학에서 공부하게 될 것이다. 이 규칙에서 벗어나는 두 가지 란타넘족 이온은 세륨(IV)과 유로퓸(II)이다. 네 가지 란타넘족, 즉 란타넘, 세륨, 유로퓸, 루테튬에 대한 전자 배치를 아래에 나타내었다.

원자	전자 배치	이온	전자 배치
La	$[Xe]6s^2 4f^0 5d^1$	La^{3+}	$[Xe]4f^0$
Ce	$[Xe]6s^2 4f^1 5d^1$	Ce^{3+}, Ce^{4+}	$[Xe]4f^1$, $[Xe]4f^0$
Eu	$[Xe]6s^2 4f^7$	Eu^{2+}, Eu^{3+}	$[Xe]4f^7$, $[Xe]4f^6$
Lu	$[Xe]6s^2 4f^{14} 5d^1$	Lu^{3+}	$[Xe]4f^{14}$

예제 1.3

은이 주로 +1의 전하를 갖는 이온을 형성하는 이유를 제시하시오.

해답

구리와 비슷하게, 은은 $[Kr]5s^1 4d^{10}$의 전자 배치를 갖는다. $5s^1$ 전자를 잃게 되면 +1의 전하를 갖는 은 이온은 완성된 $4d^{10}$ 전자 세트를 유지할 수 있게 된다.

예제 1.4

텅스텐이 가질 수 있는 가장 높은 전하의 이온은 무엇인가?

해답

텅스텐(W)은 [Xe]$6s^2 4f^{14} 5d^4$의 전자 배치를 갖는다. f 전자는 항상 남아 있게 되기 때문에 가능한 가장 높은 전하는 $6s^2$와 $5d^4$ 전자를 잃게 되어 나타나게 되며 전하는 +6이 된다.

1.5 원자의 자기적 성질

원소들의 전자 배치를 살펴보면 어떤 원자들은 홀전자를 가지고 있음을 알 수 있다. 원소의 원자에 홀전자가 존재하는지에 대한 여부는 원소의 자기적 성질을 통해 쉽게 판단할 수 있다. 스핀-쌍을 이룬 전자만을 포함하는 원자를 자기장 속에 놓으면 자기장을 약하게 밀어낸다. 이 현상을 **반자기성**(*diamagnetism*)이라고 한다. 반대로 한 개 이상의 홀전자를 포함하는 원자는 자기장을 끌어들인다. 이 홀전자의 작용을 **상자기성**(*paramagnetism*)이라고 한다. 각 홀전자의 인력은 그 원자 내의 스핀-짝진 전자 모두의 반발력보다 몇 배나 더 강하다.

상자기성을 간단히 설명하기 위하여, 전선을 통해 흐르는 전류가 자기 모멘트를 만들듯이 축을 중심으로 전자를 회전하여 자기 모멘트를 만들어 내는 입자로 상상해 보자. 이 영구 자기 모멘트는 자기장의 보다 강한 영역을 끌어당기게 된다. 전자가 쌍을 이루면 이 자기 모멘트는 서로 상쇄된다. 그러므로 짝지어진 전자는 자기장의 자력선을 약하게 밀어낸다. 상자기성 물질에 자기장을 걸어주면 정상적인 불규칙 배열의 전자 스핀들이 걸어준 자기장과 같은 방향으로 배열된다(그림 1.15*a*와 *b*). 자기장과의 인력을 나타나게 만드는 것은 바로 이 배열이다. 공유 결합과 전이 금속 화합물의 결합을 알아볼 때 자기성을 다시 논의하게 될 것이다.

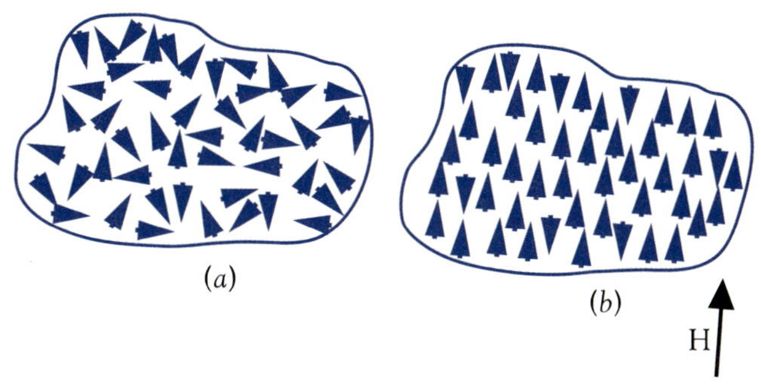

그림 1.15 상자기성 물질의 행동: (*a*) 외부 자기장이 없는 경우. (*b*) 외부 자기장이 존재하는 경우

핵심개념

- 원자에 있는 전자의 성질은 네 가지 양자수로 정의될 수 있다.
- 오비탈(s, p, d, f)의 모양은 다양하며 각운동량 양자수로 정의된다.
- 원자의 바닥 상태에서 전자는 가장 낮은 에너지를 갖는 오비탈을 채운다.
- 전이 금속의 경우 ns와 $(n-1)$d 오비탈의 에너지는 아주 비슷하다.
- 란타넘족 원소의 경우 ns와 $(n-1)$d 및 $(n-2)$f 오비탈의 에너지는 아주 비슷하다.
- 양이온이 생성될 때에는 가장 높은 주양자수를 갖는 오비탈의 전자가 먼저 떨어져 나간다.
- 자기장 내에서 상자기성 행동은 홀전자가 존재함을 의미한다.

연습문제

1.1 다음 용어를 정의하시오.
(a) 마디 표면 (b) Pauli 배타 원리 (c) 상자기성

1.2 다음 용어를 정의하시오.
(a) 오비탈 (b) 축퇴 (c) Hund 규칙

1.3 그림 1.2를 참조하여 주양자수, $n=4$일 때의 양자수 구성도를 그리시오.

1.4 m_l이 +4의 값을 가질 수 있는 가장 낮은 값의 주양자수를 결정하시오.

1.5 $n=5$이고 $l=1$인 오비탈을 확인하시오.

1.6 $n=6$이고 $l=0$인 오비탈을 확인하시오.

1.7 양자수 n은 오비탈의 성질과 어떤 관계가 있는가?

1.8 양자수 l은 오비탈의 성질과 어떤 관계가 있는가?

1.9 탄소 원자에서 두 개의 전자가 p 오비탈을 채울 때 스핀이 같은 방향으로 채워지는 이유를 설명하시오.

1.10 베릴륨 원자에서 바닥 상태의 전자 배치가 $1s^22s^12p^1$이 아니고 $1s^22s^2$가 되는 이유를 설명하시오.

1.11 다음 원자에 대한 바닥 상태 전자 배치를 약식으로 나타내시오.
(a) 소듐 (b) 니켈 (c) 구리

1.12 다음 원자에 대한 바닥 상태 전자 배치를 약식으로 나타내시오.
(a) 칼슘 (b) 크로뮴 (c) 납

1.13 다음 이온에 대한 바닥 상태 전자 배치를 약식으로 나타내시오.
(a) 포타슘 (b) 스칸듐 3+ (c) 구리 2+

1.14 다음 이온에 대한 바닥 상태 전자 배치를 약식으로 나타내시오.
(a) 염소 (b) 코발트 2+ (c) 망가니즈 4+

1.15 탈륨 이온에 대해 가장 흔한 전하를 예측하고, 이 이온에 대한 전자 배치를 이용하여 그 이유를 설명하시오.

1.16 주석 이온에 대해 가장 흔한 전하를 예측하고, 이 이온에 대한 전자 배치를 이용하여 그 이유를 설명하시오.

1.17 은 이온에 대해 가장 흔한 전하를 예측하고, 이 이온에 대한 전자 배치를 이용하여 그 이유를 설명하시오.

1.18 지르코늄 이온이 가질 수 있는 가장 높은 전하를 예측하고, 이 이온에 대한 전자 배치를 이용하여 그 이유를 설명하시오.

1.19 가돌리늄(Gd)의 3+ 이온에 대한 바닥 상태 전자 배치를 약식으로 나타내시오.

1.20 이터븀(Yb)의 3+ 이온에 대한 바닥 상태 전자 배치를 약식으로 나타내시오. 이터븀과 유사한 형태의 이온을 형성할 가능성이 있는 다른 이온은 무엇인가?

1.21 그림 1.11을 참조하여 다음 원자에서 홀전자의 수를 예측하시오.
(a) 산소 (b) 마그네슘 (c) 크로뮴

1.22 그림 1.11을 참조하여 다음 원자에서 홀전자의 수를 예측하시오.
(a) 질소 (b) 규소 (c) 철

1.23 113번 원소와 이 원소의 쉽게 생성될 수 있는 두 가지 양이온에 대한 전자 배치를 쓰시오.

1.24 다음 화학종들 중에서 수소-유사 화학종을 고르시오.
(a) He^+ (b) He^- (c) Li^+ (d) Li^{2+}

응용문제

1.25 f 오비탈 다음의 오비탈은 g 오비탈이다. g 오비탈은 몇 개인가? g 오비탈을 가질 수 있는 가장 낮은 주양자수 n은 무엇인가? d와 f 오비탈이 채워지는 양상을 기초로 하면 g 오비탈이 채워지기 시작하는 첫 번째 원소의 원자 번호를 예측하시오.

1.26 Dirac 파동 방정식을 물리화학 책을 참고로 하여 더 상세히 조사하고, 이를 Schrödinger 파동 방정식과 비교하시오.

1.27 그림 1.12에서, 원소들은 오비탈 채움 순서에 따라 정리되어 있다. 이와 같은 방법으로 원소들을 정리할 때 두 가지 단점을 확인하시오.

1.28 1.3절에서 가돌리늄은 란타넘족 특성에서 벗어나는 전자 배치를 갖는 것으로 설명되었다. 악티늄족 원소들 중에서는 어느 것이 이와 유사한 벗어남을 나타내는가? 이 원소의 전자 배치는 무엇인가?

1.29 전자를 포함하고 있지 않은 경우에도 오비탈이 존재할 수 있는지를 논하시오.

주기율표의 개요

주기율표는 무기 화학을 이해하는 데 기본이 되는 골격이다. 이 장에서는 나중에 나오는 다른 장에서 상세히 논의하게 되는 각각의 족에 대해 필요한 기본적인 정보를 제공한다.

컨텍스트: 생무기 화학

무기 화학은 무기 화합물만을 다루는 것으로 간주될 때도 있지만, 이것은 현실적이지 못하다. 무기 화학은 탄소, 수소, 산소 이외의 생체 대사에 포함되는 원소들에 관한 연구도 포함하고 있으며, 이러한 연구 분야를 **생무기 화학**(*bioinorganic chemistry*)이라고 한다. 어떤 원소가 부족할 때에는 기능 악화가 일어나고, 이 원소를 가해 줄 때 유기체가 다시 건강한 상태로 회복된다면, 이 원소를 필수 원소로 간주할 수 있다. 생물이 살아가기 위해서는 상당한 양의 14가지 원소가 필요하며 아래 그림에 나타내었다.

많은 양을 필요로 하는 이들 원소의 필수성은 쉽게 결정할 수 있지만, 유기체가 아주 작은 양만 필요로 하는 원소(극미량 원소)를 확인하는 것은 매우 어려운 일이다. 필요로 하는 원소의 양이 아주 작기 때문에, 결핍 효과를 조사하기 위해 식품으로부터 이 원소들을 제거하는 것은 거의 불가능하다. 현재, 건강을 유지하기 위해서는 12가지의 미량 원소가 필요하다고 알려져 있다. 신체의 건강 기능을 유지하기 위해서 안정한 원소들의 가지수 중 1/4이나 필요하다는 사실은 놀라운 일이다. 몇 가지 극미량 원소의 구체적인 기능은 아직도 알려지지 않고 있다. 생화학적 기술이 보다 많이 정교해지고 있기 때문에, 필수 원소 목록에 더욱 많은 원소가 추가될 것이다.

거의 모든 필수 원소에 대해서 섭취해야 할 양의 범위가 알려져 있고, 이 양보다 많이 섭취하거나 적게 섭취하면 해로운 효과가 있음이 밝혀지고 있다. 이 원리는 **Bertrand**

H																	He
Li	Be											B	C	N	O	F	Ne
Na	Mg											Al	Si	P	S	Cl	Ar
K	Ca	Sc	Ti	V	Cr	Mn	Fe	Co	Ni	Cu	Zn	Ga	Ge	As	Se	Br	Kr
Rb	Sr	Y	Zr	Nb	Mo	Tc	Ru	Rh	Pd	Ag	Cd	In	Sn	Sb	Te	I	Xe
Cs	Ba	Lu	Hf	Ta	W	Re	Os	Ir	Pt	Au	Hg	Tl	Pb	Bi	Po	At	Rn

■ 대량 생물학적 원소 □ 미량 원소는 박테리아, 식물 또는 동물에 필수적이다. ■ 몇 가지 화학종은 필수 미량 원소이다.

생명체에 필요한 원소

무기염류 결핍은 직접적 또는 질병에 걸리기 쉽게 만듦으로써 전 세계적으로 20억 명의 건강에 영향을 주고 있다.

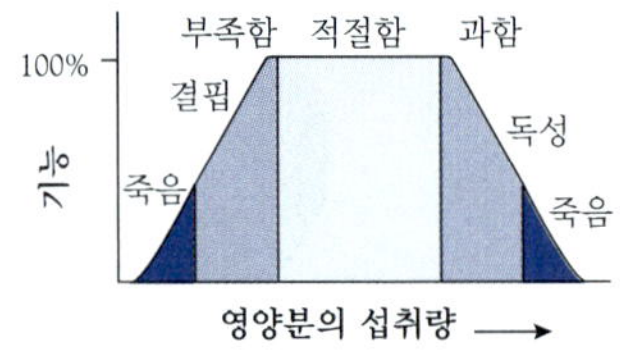

그림 2.1 섭취량에 따른 효과의 변화(Bertrand 규칙)

규칙(*Bertrand's rule*)으로 알려져 있다(그림 2.1). 많은 사람들은 철의 섭취에 관한 Bertrand 규칙을 인지하고 있다. 철을 너무 적게 섭취하면 빈혈을 일으키지만, 어린아이가 철을 너무 많이 섭취하면 죽음에 이를 수도 있다.

최적 섭취량의 범위는 원소에 따라 큰 차이가 난다. 셀레늄은 최적 섭취량이 50 g·day^{-1} ~ 200 g·day^{-1}인데, 섭취량의 범위가 매우 좁은 원소 중 하나이다. 섭취량이 17 g·day^{-1}보다 적으면 건강상의 심각한 문제를 일으켜서 Kashan 병과 같은 질병에 걸리게 되지만 1,600 g·day^{-1} 수준을 섭취하면 만성 셀레늄 중독에 걸리게 된다. 셀레늄 섭취 수준이 높은 쪽 영양 범위에 가까울수록 다양한 형태의 암으로 인한 사망 위험을 낮춘다는 명백한 증거가 있다. 또한 혈액 중의 셀레늄 수준이 높을수록 관절염의 발병률이 낮아지는 것으로 추정되고 있다.

셀레늄은 어떤 작용을 할까? 일반적인 아미노산 중의 하나는 황을 포함하는 시스테인이다(그림 2.2*a*). 주기율표에서 황의 바로 아래에 있는 원소인 셀레늄은 시스테인과 유사한 아미노산인 셀레노시스테인을 형성한다(그림 2.2*b*). 건강을 유지하려면 시스테인 외에 적은 농도의 셀레노시스테인도 필요하다. 셀레노-아미노산과 황-아미노산 간의 차이는 셀레늄은 더 높은 환원 전위를 갖기 때문에 셀레늄을 포함하는 효소는 더 좋은 항산화제로 작용한다는 사실이다. 셀레늄의 이로운 효과는 항산화 작용 때문에 나타나는 것으로 추정된다. 일반적으로 식품에 들어 있는 셀레늄의 수준 정도면 셀레늄 결핍으로 걸릴 수 있는 질병을 예방하기에 충분하다. 일상적으로 먹고 있는 곡물, 시리얼 및 육류 등에서 하루에 필요한 셀레늄의 대부분을 섭취하고 있다.

H
|
H_3N^+—C—COO^-
|
CH_2
|
SH

(*a*)

H
|
H_3N^+—C—COO^-
|
CH_2
|
SeH

(*b*)

그림 2.2 아미노산들의 구조. (*a*) 시스테인; (*b*) 셀레노시스테인

견과류 브라질넛 하나에 하루에 필요한 셀레늄 영양분이 포함되어 있다.

2.1 현대 주기율표의 구성

현대 주기율표에서 원소는 원자 번호(양성자의 수)가 증가하는 순서로 배열된다. 1869년에 러시아 화학자 Dmitri Mendeleev('멘-데-레이-에프'라고 읽는다)가 처음으로 주기율표를 고안한 이후, 오랜 세월에 걸쳐 수많은 주기율표가 고안되었지만, 가장 일반적인 두 가지는 장주기와 단주기 형태의 주기율표이다. 장주기 형태(그림 2.3)는 모든 원소를 원자 번호순으로 나타낸다.

새로운 주기는 항상 새 주양자수의 s 오비탈에 첫 번째 전자가 채워질 때 시작된다. 같은 주기에서는 p 오비탈과 s 오비탈의 주양자수는 같지만, d 오비탈은 주양자수가 1이 더 작고 f 오비탈은 2가 더 작다. 각 주기에 있는 원소의 수는 그 주기에 존재하는 오비탈을 모두 채우는 데 필요한 전자의 수와 같다(그림 2.4).

각 족은 유사한 전자 배치를 갖는 원소들로 이루어진다. 예를 들면, 모든 1족 원소는 최외각 전자의 배치가 ns^1이며, 여기서 n은 주양자수이다. 같은 족에 속하는 원소는 비슷한 성질을 갖지만, 모든 원소는 자기 자신만의 고유한 특징을 갖는다. 질소와 인은 같은

그림 2.3 장주기형 주기율표

																						H									He
Li	Be																									B	C	N	O	F	Ne
Na	Mg																									Al	Si	P	S	Cl	Ar
K	Ca															Sc	Ti	V	Cr	Mn	Fe	Co	Ni	Cu	Zn	Ga	Ge	As	Se	Br	Kr
Rb	Sr															Y	Zr	Nb	Mo	Tc	Ru	Rh	Pd	Ag	Cd	In	Sn	Sb	Te	I	Xe
Cs	Ba	La	Ce	Pr	Nd	Pm	Sm	Eu	Gd	Tb	Dy	Ho	Er	Tm	Yb	Lu	Hf	Ta	W	Re	Os	Ir	Pt	Au	Hg	Tl	Pb	Bi	Po	At	Rn
Fr	Ra	Ac	Th	Pa	U	Np	Pu	Am	Cm	Bk	Cf	Es	Fm	Md	No	Lr	Rf	Db	Sg	Bh	Hs	Mt	Ds	Rg	Cn	Uut	Fl	Uup	Lv	Uus	Uuo

주족			1s	주족 1s
2s				2p
3s			전이 원소	3p
4s			3d	4p
5s			4d	5p
6s	4f	란타넘족	5d	6p
7s	5f	악티늄족	6d	7p

그림 2.4 주기율표에서 오비탈에 전자가 채워지는 순서

족에서 이웃한 원소이지만, 질소 기체는 반응성이 매우 약하고, 인은 반응성이 아주 강하여 대기 중의 산소와 자발적으로 반응한다.

장주기 형태의 주기율표는 폭이 너무 길고, 란타넘에서 이터븀과 악티늄에서 노벨륨까지의 원소들은 화학적 성질이 비슷하기 때문에, 단주기 형태의 주기율표에서는 이들 두 무리의 원소들을 분리하여 주기율표의 아래쪽 공간에 두 행으로 따로 표기해 폭을 줄인다. 그림 2.5는 단주기 형태의 주기율표를 나타낸 것이다.

화학자들은 6주기와 7주기에서 3족에 배치한 원소들의 선택에 동의하지 않는다. 일부 화학자는 란타넘(57번 원소)과 악티늄(89번 원소)을 3족에 배치한 것은 옳다고 간주하지만 다른 화학자들은 루테튬(71번 원소)과 로렌슘(103번 원소)도 3족에 속하는 것으로 주장한다. 이들의 전자 배치는 다음과 같다.

원자	전자 배치	원자	전자 배치
La	$[Xe]6s^2 5d^1$	Lu	$[Xe]6s^2 4f^{14} 5d^1$
Ac	$[Rn]7s^2 6d^1$	Lr	$[Rn]7s^2 5f^{14} 6d^1$

두 주장 모두 일리가 있다. La-Ac 지지자들은 3족의 위에 배치된 원소인 스칸듐($[Ar]4s^2 3d^1$)과 이트륨($[Kr]5s^2 4d^1$)의 전자 배치가 동일하다고 주장한다. Lu-Lr 지지자들은 6주기의 다른 전이 금속들은 모두 $4f^{14}$의 전자 배치를 가지며 7주기는 $5f^{14}$의 전자 배치를 가졌음을 지적하면서 Lu-Lr 쌍이 더 많은 일관성을 갖는다고 주장한다.

IUPAC(국제순수응용화학연합, International Union of Pure and Applied Chemistry)의 권고에 따르면 원소들의 족은 1에서 18까지 번호로 매겨진다. 이 방식은 북미와 나머지 나라들 간의 족의 표기에 대한 혼란을 일으킨, 로마 숫자나 문자를 혼합하여 사용하

1	2	3	4	5	6	7	8	9	10	11	12	13	14	15	16	17	18
								H									He
Li	Be											B	C	N	O	F	Ne
Na	Mg											Al	Si	P	S	Cl	Ar
K	Ca	Sc	Ti	V	Cr	Mn	Fe	Co	Ni	Cu	Zn	Ga	Ge	As	Se	Br	Kr
Rb	Sr	Y	Zr	Nb	Mo	Tc	Ru	Rh	Pd	Ag	Cd	In	Sn	Sb	Te	I	Xe
Cs	Ba	* Lu	Hf	Ta	W	Re	Os	Ir	Pt	Au	Hg	Tl	Pb	Bi	Po	At	Rn
Fr	Ra	** Lr	Rf	Db	Sg	Bh	Hs	Mt	Ds	Rg	Cn	Uut	Fl	Uup	Lv	Uus	Uuo

란타넘족 *	La	Ce	Pr	Nd	Pm	Sm	Eu	Gd	Tb	Dy	Ho	Er	Tm	Yb
악티늄족 **	Ac	Th	Pa	U	Np	Pu	Am	Cm	Bk	Cf	Es	Fm	Md	No

그림 2.5 족의 수를 표기한 단주기형 주기율표. 주족 원소들은 푸른색으로 표시하였다.

는 옛 방식을 대신하는 것이다. 예를 들면, 북미에서 IIIB족은 스칸듐을 포함하는 족을 의미하지만, 나머지 나라들에서 이 표기는 붕소로 시작하는 족을 나타내는 데 사용되었다. 족을 숫자로 나타내는 표기는 란타넘(La)에서 이터븀(Yb)까지와 악티늄(Ac)에서 노벨륨(No) 원소까지의 계열에 대해서는 사용하지 않는다. 이들 원소들은 족에 해당되는 수직으로 나열된 원소들보다, 주기에 해당되는 수평으로 나열된 원소들 간의 성질이 훨씬 더 유사하기 때문이다.

1족, 2족, 13족에서 18족까지는 **주족 원소**(*main group element*)를 나타내고, 4족에서 11족까지는 **전이 금속**(*transition metal*)으로 분류된다. 전이 금속에서는 d 오비탈이 채워지고 있다. 주족 원소에 대한 내용은 화학적, 물리적 성질을 광범위하게 다루고 있기 때문에 이 책에서 가장 많은 공간을 차지한다. 때로는 12족 원소가 전이 금속에 포함되기도 하지만, 화학적으로 이 계열과는 전혀 다르다. 그러므로 12족은 분리하여 고려하여야 한다. 주족은 특정한 이름을 갖는다. 즉, **알칼리 금속**(*alkali metal*, 1족), **알칼리 토금속**(*alkaline earth metal*, 2족), **닉토젠**(*pnictogen*, 15족), **칼코젠**(*calcogen*, 16족), **할로젠**(*halogen*, 17족), **비활성 기체**(*noble gas*, 18족) 등이다. 11족 원소는 **주화 금속**(*coinage metal*)이라고도 한다.

네 가지 란타넘족 원소의 이름은 이 원소들이 처음 발견된 스웨덴 마을 Ytterby에서 유래되었다. 이 원소들은 이트륨, 이터븀, 터븀, 어븀이다.

4f 오비탈에 전자가 채워지는 원소를 **란타넘족**(*lanthanoid*)이라고 하며, 5f 오비탈에 전자가 채워지는 원소를 **악티늄족**(*actinoid*)이라고 한다. 어미에 -화(-ide)가 붙으면 산화(oxide)나 염화(chloride) 이온과 같은 음이온을 의미하는데, 이들은 금속임에도 불구하고 lanthanide나 actinide라는 이름으로 불려졌다. 수년에 걸쳐 IUPAC은 이 이름을 lanthanon과 actinon으로 할 것을 제안하기도 했지만, 어미 *-on*은 비금속을 지칭하는 것이므로, 현재는 어미에 *-oid*을 붙이는 것이 권장되고 있다. 3족 원소인 스칸듐(Sc), 이트륨(Y) 및 루테튬(Lu)의 화학적 성질은 전이 금속보다는 란탄족의 화학적 성질과 더 유사하다. 그래서 이 세 가지 원소는 대개 란타넘에서 이터븀(La ~ Yb)까지의 란타넘족 원소와 함께 설명된다(24장 참조). 3족과 란타넘족 원소들을 함께 지칭하는 명칭은 **희토류 원소**(*rare earth element*)이다.

주기율표에 있는 원소들은 전자 구조에 따라 배열되었지만, 헬륨($1s^2$)은 예외이다. 헬륨은 ns^2 배치를 갖는 원소들인 알칼리 토금속에 배치하는 것보다는 화학적 유사성 때문에 비활성 기체(ns^2np^6 배치를 갖는, 그림 2.4 참조)로 배치한다. 수소는 더 골칫거리이다. 어떤 주기율표에서는 수소를 1족이나 17족, 또는 두 족 모두에 속하는 것으로 나타내기도 하지만, 수소의 성질은 알칼리 금속이나 할로젠과는 다르다(10장 참조). 이러한 이유 때문에 이 책에서는 수소의 특이성을 나타내기 위하여 따로 떼어서 독립적으로 배치하였다.

2.2 원소의 존재

어떻게 이 많은 원소들이 존재하는지를 이해하고, 또 이 많은 원소들에 대한 자연 존재비의 양상을 설명하기 위해서는, 가장 폭넓은 지지를 받는 우주의 기원에 대한 이론을 살펴보아야 한다. 이 이론은 빅뱅 이론인데, 우주는 한 점으로부터 시작된 것으로 가정하고 있다. 우주가 존재하게 된 후 약 1초 동안의 온도는 양성자와 중성자가 존재할 수 있는 온도인 약 10^{10} K가 유지되었다. 그 다음 3분 동안에 수소-1, 수소-2, 헬륨-3, 헬륨-4, 베릴륨-7, 리튬-7 핵이 생성되었다[하이픈 다음의 수는 양성자와 중성자의 질량의 합인 동위원소들의 **질량수**(*mass number*)를 나타낸다]. 이렇게 몇 분이 지난 후, 우주는 팽창되었고 핵융합 반응이 더 이상 일어나지 않는 온도로 냉각되었다. 이렇게 하여 우주의 대부분은 수소-1과 헬륨-4로 이루어지게 되었고, 이 존재비는 오늘날까지도 유지되고 있다.

중력 효과 때문에 원자들은 우주에서 작은 부피를 갖게끔 압축되었는데, 이와 같은 압축은 엄청난 발열 핵반응을 일으키기에 충분한 것이었다. 이러한 원자들의 집합체를 **별**(*star*)이라고 한다. 별에서는 수소핵이 융합되어 더 많은 헬륨-4 핵을 만든다. 현재 우주에 존재하는 헬륨의 약 10%는 별들의 수소 융합을 통해 생긴 것이다. 별이 더 커지고 시간이 흐름에 따라, 생성된 헬륨-4 핵과 추가적인 중력의 작용으로 헬륨핵은 베릴륨-8, 탄소-12, 산소-16이 생성되게끔 결합된다. 동시에 부서지기 쉬운 헬륨-3, 베릴륨-7, 리튬-7은 파괴된다. 대부분의 별에서 생성될 수 있는 가장 큰 원소(원자 번호가 가장 높은 원소)는 산소-16과 미량의 네온-20이다. 그러나 아주 큰 별은 온도가 최대 10^9 K까지 증가되고, 이들의 밀도는 약 $10^6\ g \cdot cm^{-3}$까지 증가될 수 있다. 이 조건하에서는 탄소와 산소핵의 높은 양의 전하 간의 엄청난 반발력이 극복될 수 있기 때문에 모든 원소를 철로 바꾸어 놓는다. 그러나 철을 지나면 합성(융합)은 발열이 아니라 흡열 과정으로 진행되기 때문에 철이 한계점이다.

더 무거운 원소가 별의 중심부에 축적되고 핵합성으로부터 나온 에너지와 거대한 중력 간의 균형이 깨어지면, 대이변의 붕괴가 일어난다. 이 붕괴는 불과 수초 내에 일어날 수 있다. 이와 같은 폭발이 일어나고 있는 짧은 시간 동안에만 초신성을 볼 수 있는데, 이 초신성에서는 흡열 핵반응에서 양성자의 수가 26개 이상인 큰 원자핵의 생성을 일으키기에 충분한 자유 에너지가 존재한다. 우주의 초기에 일어났던 초신성으로부터 생성된 모든 원소는 전 우주를 통해 퍼졌다. 태양계를 구성하고 있는 원소들은 바로 이들 원소들이다. 작곡가나 시인이 우리를 우주의 먼지라고 읊조리는 것이 실제로 사실인 것이다.

2.3 원소와 그 동위원소의 안정성

우주에는 80개의 안정한 원소가 있다(그림 2.6). 이들 원소의 동위원소는 자발적인 방사성 붕괴를 일으키지 않는다. 납을 지나면 모든 동위원소는 안정하지 않으며, 납보다 앞에

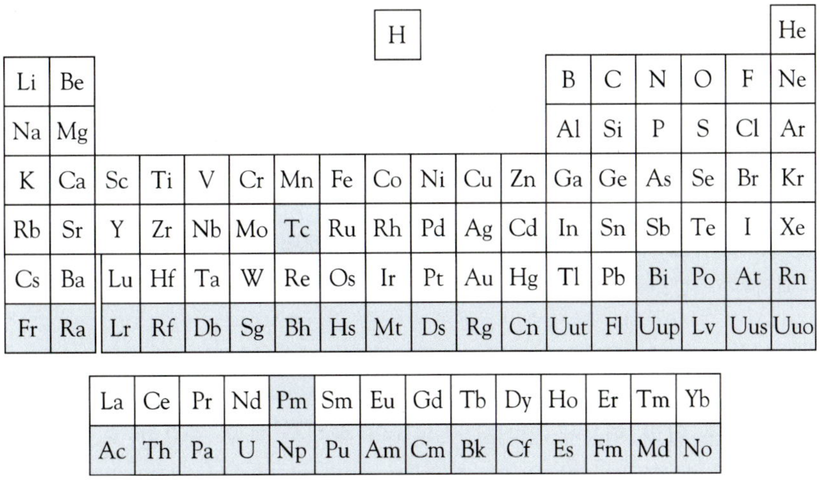

								H									He
Li	Be											B	C	N	O	F	Ne
Na	Mg											Al	Si	P	S	Cl	Ar
K	Ca	Sc	Ti	V	Cr	Mn	Fe	Co	Ni	Cu	Zn	Ga	Ge	As	Se	Br	Kr
Rb	Sr	Y	Zr	Nb	Mo	Tc	Ru	Rh	Pd	Ag	Cd	In	Sn	Sb	Te	I	Xe
Cs	Ba	Lu	Hf	Ta	W	Re	Os	Ir	Pt	Au	Hg	Tl	Pb	Bi	Po	At	Rn
Fr	Ra	Lr	Rf	Db	Sg	Bh	Hs	Mt	Ds	Rg	Cn	Uut	Fl	Uup	Lv	Uus	Uuo

La	Ce	Pr	Nd	Pm	Sm	Eu	Gd	Tb	Dy	Ho	Er	Tm	Yb
Ac	Th	Pa	U	Np	Pu	Am	Cm	Bk	Cf	Es	Fm	Md	No

그림 2.6 방사성 동위원소만을 갖는 원소들(푸른색으로 표시)

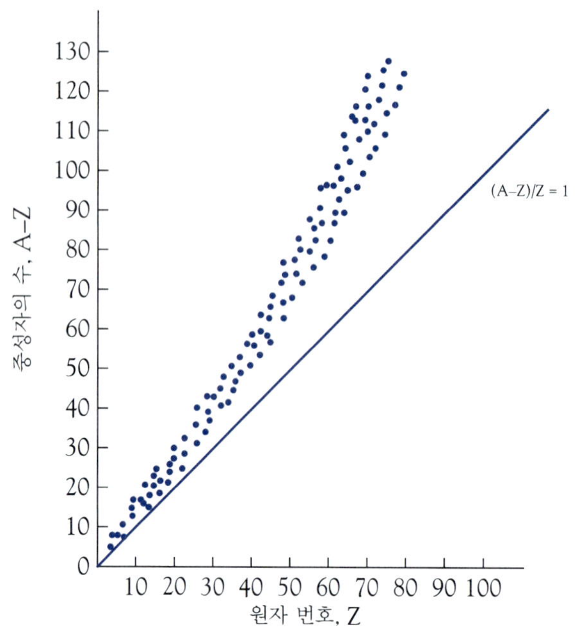

그림 2.7 원자 번호 증가에 따른 중성자·양성자 비율의 변화

있는 두 원소인 테크네튬과 프로메튬은 방사성 동위원소로서만 존재한다. 비스무트, 더 정확하게는 비스무트-209는 주기율표에서 맨 마지막으로 안정한 동위원소라고 간주되었다. 1949년부터 비스무트는 이론적으로는 안정할 수 없는 동위원소로 예측되어 왔지만, 2003년 비스무트의 안정한 동위원소의 방사성 붕괴가 관찰되었고, 지금은 1.9×10^{19}년의 반감기를 갖는 것으로 확립되었다. 방사성 동위원소로만 존재하는 우라늄과 토륨은 반감기가 지구 나이만큼이나 긴 10^8~10^9년이기 때문에 지구에 아주 풍부하게 존재한다.

안정한 원소의 수가 한정되어 있다는 사실은 양전하를 띤 양성자를 포함하는 핵을 통해 설명할 수 있다. 즉, 1장에서 논의한 전자들 간의 반발력과 마찬가지로 양성자들 간에도 반발력이 존재한다. 중성자는 단순히 양성자의 양의 전하를 분리시키는 물질로 가정할 수 있다. 그림 2.7은 양성자수가 증가함에 따라, 각 원소의 가장 흔한 동위원소에서 중성자수가 빠른 비율로 증가하는 것을 보여 준다. 양성자수가 126인 납을 지나면, 핵의 양전하의 수가 커져서 핵이 더 이상 안정성을 유지하기가 힘들게 되며, 반발력이 더 우세해진다. 이 이후의 원소들은 모두 방사성 동위원소들을 형성한다.

핵을 보다 더 잘 이해하기 위해서 핵에 대한 양자(또는 껍질) 모형을 고안할 수 있다. Neils Bohr가 전자를 양자 준위에 존재하는 것으로 묘사한 것과 같은 개념으로 양성자와 중성자[합쳐서 **핵자**(*nucleon*)라고 함]의 층을 가정할 수 있다. 그러면 핵 내에서 양성자와 중성자는 주양자수, n에 해당되는 에너지 준위를 독립적으로 채울 것이다. 그러나 전자에 대한 것과는 달리 각운동량 양자수 l에 대한 제한은 없다. 즉, 핵자는 1s, 1p, 2s, 1d…의 순서로 오비탈을 채우기 시작한다. 각 핵에너지 준위는 전자에 대한 것과 동일한 자기 양자수 규칙을 따르며, 따라서 1개의 s 준위, 3개의 p 준위, 5개의 d 준위가 존재한다. 두 핵자는 $+1/2$ 혹은 $-1/2$의 스핀 양자수를 가진다.

핵스핀 짝지음

전자의 행동과는 달리 핵자에 있어서 스핀쌍의 형성은 매우 중요한 요소이다. 실제로 273개의 안정한 핵 중에서 양성자와 중성자수가 둘 다 홀수인 것은 네 가지밖에 없다.

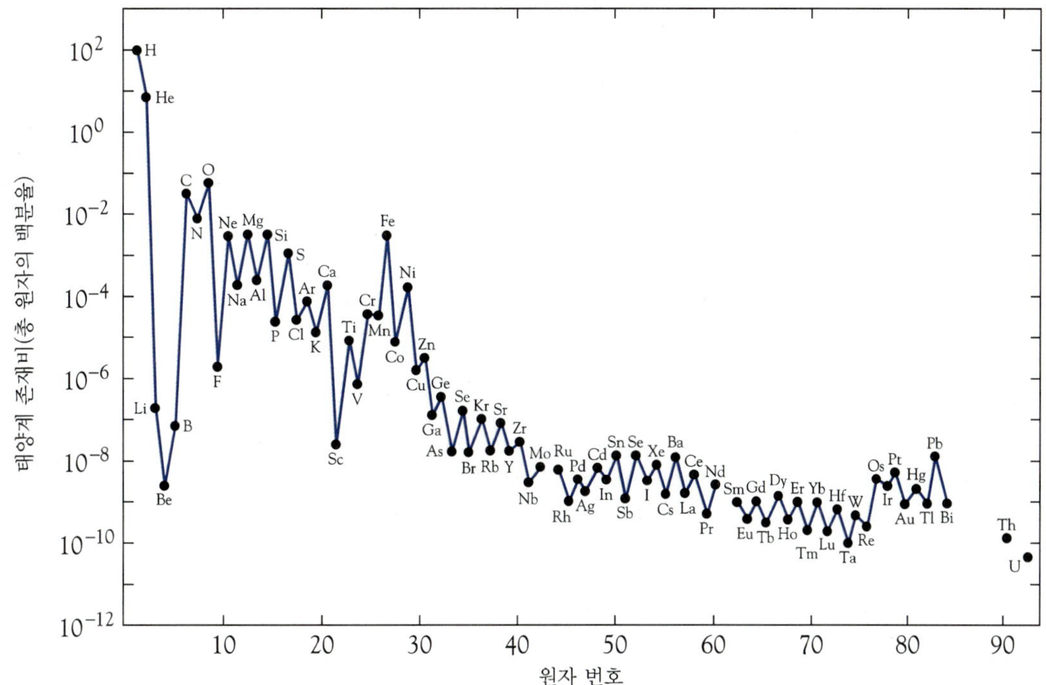

그림 2.8 로그 척도의 백분율로 나타낸 원소들의 태양계 존재비[(P. A. Cox, *The Elements* (Oxford, UK: Oxford University Press, 1989), p. 17.]

양성자의 수가 짝수인 원소는 많은 수의 안정한 동위원소를 갖는 경향이 있는 반면, 양성자의 수가 홀수인 원소는 하나 혹은 두 개의 안정한 동위원소를 갖고 있다. 예를 들면, 양성자가 55개인 세슘은 단지 한 가지의 안정한 동위원소를 갖지만, 양성자의 수가 56개인 바륨은 일곱 가지의 안정한 동위원소를 갖는다. 비스무트보다 앞에 위치하면서도 방사성 동위원소인 테크네튬과 프로메튬은 양성자와 중성자의 수가 모두 홀수이다.

양성자수가 짝수인 핵의 큰 안정도는 지구상에 존재하는 원소들의 자연 존재비와 관련되어 있다. 원자 번호가 증가함에 따라 존재량이 감소하는데, 양성자의 수가 홀수인 원소의 존재비는 양성자의 수가 짝수인 이웃 원소에 비해 1/10 정도임을 알 수 있다(그림 2.8).

핵껍질

Meyer-Jensen 껍질 모형을 사용하면, 핵에 대해 완성된 양자 준위는 같은 종류의 핵자를 2, 8, 20, 28, 50, 82, 126개씩 포함하고 있음을 알 수 있다. 전자에 대해서는 2, 10, 18, 36, 54, 86개를 포함하는 양자 준위가 존재했었다. 그러므로 첫 번째로 완성된 양자 준위는 $1s^2$ 배치와 일치하며, 그 다음은 $1s^21p^6$ 배치이고, 이어지는 배치는 $1s^21p^62s^21d^{10}$이다. 이들 준위에는 양성자와 중성자가 각각 독립적으로 채워진다. 전자의 양자 준위와 마찬가지로, 완성된 핵자 준위는 핵자에 대하여 특정한 안정성을 주는 것을 알 수 있다. 예를 들면, 납보다 무거운 모든 방사성 원소의 붕괴는 납의 동위원소를 생성하게 되는데, 이 동위원소는 모두 82개의 양성자를 가지고 있다.

채워진 에너지 준위의 영향은 안정한 동위원소를 살펴보면 명확해진다. 50개의 양성자를 갖는 주석은 가장 많은 수의 안정한 동위원소(10가지)를 갖는다. 마찬가지로, 82개의

핵에 대한 껍질 모형의 기원

핵이 구조를 갖는다는 주장은 전자의 에너지 준위에 대한 Bohr의 연구가 있은 지 한참 뒤에야 제기되었다. 이 사실의 발견에 공헌한 사람들 중에서 가장 중요한 일을 한 사람은 아마도 Maria Goeppert Mayer일 것이다. 1946년에 Mayer는 우주에 존재하는 각기 다른 원소의 존재량을 연구하고 있었는데, 어떤 핵은 원자 번호가 비슷한 다른 핵보다 훨씬 더 많은 양이 존재함을 알았다. 존재비가 더 많다는 사실은 핵이 더 안정함을 반영하는 것이다. 그녀는 양성자와 중성자를 원자의 중심에 있는 고체로 생각하지 말고, 전자처럼 에너지 준위를 구성하는 입자로 고려하면 핵의 안정성을 설명할 수 있음을 알게 되었다.

Mayer는 자신의 생각을 발표하였지만 완전한 것은 아니었다. 그녀는 각 에너지 준위를 완성시키는 핵자의 수가 왜 2, 8, 20, 28, 50, 82, 126개여야 하는지를 이해할 수 없었다. 이 문제를 연구하기 시작하여 3년이 지난 어느 날의 저녁 무렵, 영감이 순간적으로 떠올랐고, 그녀는 양자 준위와 부준위들을 이론적으로 유도해 낼 수 있었다. 같은 해에 물리학자 Hans Jensen은 핵의 껍질 모형에 관한 Mayer의 발표를 읽고는, 독자적으로 Mayer와 동일한 이론적 결과를 유도하였다. 그리하여 Mayer와 Jensen은 공동으로 원자의 핵구조에 대한 책(*Elementary Theory of Nuclear Shell Structure*)을 쓰기 시작하였다. Mayer와 Jensen은 좋은 친구가 되었으며, 1963년에 핵구조의 발견에 대한 공로로 노벨 물리학상을 공동 수상하였다.

중성자를 포함하는 동위원소가 존재하는 원소는 7가지가 있으며, 50개의 중성자를 가진 동위원소가 존재하는 원소는 6가지가 있다.

한 가지 핵자로 완성된 양자 준위를 갖게 되면 핵은 안정해진다. 만약 두 핵자 모두에 의해 양자 준위가 완성된다면 핵은 더욱 안정해질 것으로 예상할 수 있다. 특히 양성자와 중성자의 배치가 모두 $1s^2$인 헬륨-4는 우주에서 두 번째로 가장 많이 존재하는 동위원소이며, 많은 핵반응에서 헬륨-4 핵(α 입자)이 생성된다. 마찬가지로 양성자와 중성자가 각각 8개로 이루어진 핵, 산소-16(8p, 8n)은 지구의 산소 중 99.8%를 차지한다. 칼슘은 원소의 97%가 칼슘-40(20p, 20n)으로 존재한다. 그림 2.8에서 알 수 있는 것처럼 중성자수는 양성자수보다 더 빨리 증가한다. 그러므로 이 다음으로 두 핵자의 완성된 양자 준위를 갖게 되는 동위원소는 납-208(82p, 126n)이다. 이 동위원소는 납의 동위원소 중 가장 안정하고 자연계에 가장 흔하게 존재하는 것이다.

새로운 원소의 합성

화학자와 물리학자는 새로운 화학 원소를 합성하기 위해 노력해 왔다. 새로운 원소를 합성하려면 높은 원자 번호를 갖는 표적에 합성하기를 원하는 원소의 원자 번호가 되게 만들 수 있을 만큼의 중성자를 많이 갖는 원자를 충돌시킨다. 천연 칼슘에는 칼슘의 일반적인 이중 요술수 동위원소인 칼슘-40뿐만 아니라 중성자가 풍부한 이중 요술수 칼슘-48(20p, 28n)도 약 0.2%가 존재한다. 중성자-양성자 비가 1.4인 칼슘-48은 많은 새로운 원소를 합성하기 위한 핵심 물질이 되고 있다. 물리학자들은 칼슘-48 핵을 발사체로 사용하여 플루토늄-244로부터 114번 원소(Fl), 아메리슘-243으로부터 115번 원소(Uup), 퀴륨-248로부터 116번 원소(Lv), 버컬륨-249로부터 117번 원소(Uus), 그리고 캘리포늄-249로부터 118번 원소(Uuo)를 합성하려고 시도하고 있다.

지금은 주기율표에 나타낸 최종 주기 다음에 올 주기의 첫 번째 원소를 합성하는 것을 목표로 하고 있다. 이것은 도전적인 과제가 될 것이다. 더 높은 짝수 원자 번호를 갖는 표적 동위원소들 중에서 수명이 긴 원소는 존재하지 않을 뿐만 아니라, 가장 가능성이 있는 더 높은 원자 번호를 갖는 발사체인 타이타늄-50조차도 중성자-양성자 비율이 1.27에 불과하기 때문에 원하는 원자 번호를 가지면서 반감기가 긴 원자들을 생성할 가능성이 줄어든다. 또한 높은 중성자-양성자 비율을 가짐에도 불구하고, 새로운 원소의 어떤 동위원소라도 그 반감기가 너무 짧아서 화학적 성질을 연구하는 것이 불가능할 것이다.

2.4 원소의 분류

원소는 여러 가지 방법으로 분류할 수 있다. 가장 명확한 분류는 SATP(standard ambient temperature and pressure)라고 하는 **표준 온도**(25°C)와 **압력**(100 kPa)에서의 상에 따라 분류하는 것이다. SATP는 STP, 즉 0°C와 101 kPa 압력인 이전의 표준 상태와 혼돈하면 안 된다. 모든 원소들 중에서 SATP 상태에서 액체인 원소는 2개가 있고, 기체인 원소는 11개가 존재한다(그림 2.9). 금속들 중에서 두 가지는 녹는점이 표준 온도 바로 위이기 때문에(세슘, 녹는점: 29°C; 갈륨, 녹는점: 30°C), 온도를 정밀하게 정의하는 것이 중요하다. 방사성이 높은 프란슘은 실온에서 액체일 것이지만 많은 연구가 이루어진 원자들의 수가 너무 적어서 전반적인 성질은 확립되지 못하고 있다.

금속과 비금속

또 다른 일반적인 분류는 원소를 금속과 비금속의 두 범주로 나누는 것이다. 어떤 것을 금속이라 하겠는가? 비금속으로 분류되는 규소와 아이오딘 등의 여러 원소들도 표면 광택을 가지고 있기 때문에, 표면의 광택은 좋은 기준이 아니다. 광택 때문에 가짜 금이라 부르는 황철광, FeS_2과 같은 몇 가지 화합물도 금속성을 갖는 것처럼 보인다. 밀도도 좋은 지표가 아니다. 리튬의 밀도는 물의 절반에 불과하며, 오스뮴의 밀도는 리튬의 40배이다. 알칼리 금속은 매우 연하기 때문에 경도도 좋은 지표가 못된다. **전성**(*malleability*)과 **연성**(*ductility*)은 금속의 일반적인 성질로 자주 인용되지만, 어떤 전이 금속은 쉽게 깨어진다. 높은 열전도성도 금속의 일반적인 성질이지만, 비금속인 다이아몬드는 가장 높은 열전도성을 갖는 원소 중의 하나이다. 그래서 이 성질도 분류의 기준으로 적합하지 않다.

3차원적인 전기 전도성이야말로 금속의 가장 좋은 기준이 된다. 탄소의 동소체인 흑연이 2차원적으로 높은 전기 전도성을 가지고 있기 때문에, 3차원적인 전기 전도성을 금속에 대한 분류 기준으로 규정하여야 한다. 전기 전도성이 가장 좋은 금속(은)과 가장 나쁜 금속(플루토늄) 간의 차이는 10^2배이다. 그러나 플루토늄의 전기 전도성은 전기 전도성

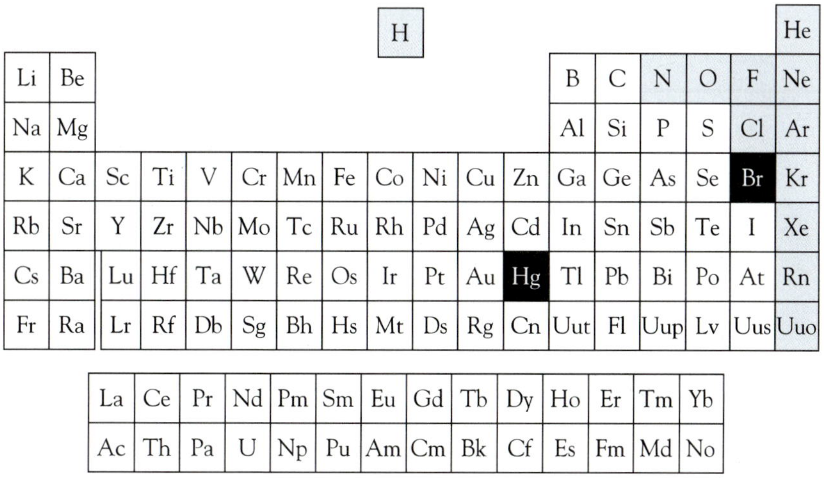

								H									He
Li	Be											B	C	N	O	F	Ne
Na	Mg											Al	Si	P	S	Cl	Ar
K	Ca	Sc	Ti	V	Cr	Mn	Fe	Co	Ni	Cu	Zn	Ga	Ge	As	Se	Br	Kr
Rb	Sr	Y	Zr	Nb	Mo	Tc	Ru	Rh	Pd	Ag	Cd	In	Sn	Sb	Te	I	Xe
Cs	Ba	Lu	Hf	Ta	W	Re	Os	Ir	Pt	Au	Hg	Tl	Pb	Bi	Po	At	Rn
Fr	Ra	Lr	Rf	Db	Sg	Bh	Hs	Mt	Ds	Rg	Cn	Uut	Fl	Uup	Lv	Uus	Uuo

La	Ce	Pr	Nd	Pm	Sm	Eu	Gd	Tb	Dy	Ho	Er	Tm	Yb
Ac	Th	Pa	U	Np	Pu	Am	Cm	Bk	Cf	Es	Fm	Md	No

그림 2.9 25°C에서 기체(푸른색), 액체(검정) 및 고체(흰색)로 분류한 원소

이 가장 좋은 비금속 원소보다 약 10^5배 더 크다. 좀 더 정확하게 분류하기 위해서는 100 kPa 압력과 25°C의 SATP 조건을 규정해야 한다. 주석의 안정한 동소체는 18°C 이하에서는 전기를 전도하지 않기 때문이다. 또한 압력을 가하면 아이오딘도 전기를 전도하게 된다. 온도가 증가하면 금속의 전도성은 감소하며, 비금속은 증가하기 때문에 더 구체적인 분류의 물리적 기준은 전기 전도성의 온도 의존성이다.

준금속

금속-비금속을 구분하는 경계 영역에 자리하는 몇 가지 비금속 원소들은 금속에 더 가까운 몇 가지 성질을 갖는다. 이 원소들은 원래 **반금속류**(*metalloids*)라고 하였는데, 지금은 **준금속**(*semimetal*)이라는 용어가 더 일반적으로 사용된다. 유감스럽게도 현재 물리학자들은 준금속이라는 용어를 반도체 성질을 갖는 원소나 화합물을 확인하는 데 사용하고 있다.

그렇다면 준금속 범주에 속하는 원소들을 결정하기 위해 사용되어야 할 기준은 무엇이 되어야 할까? 분명한 점은 금속과 비금속의 중간적인 성질들에 초점이 맞춰져야 하겠지만, 그 성질은 무엇일까? 예를 들면, 전기 음성도와 이온화 에너지 값이 전형적인 금속과 비금속에 대한 값의 중간 영역에 속하는 값을 갖는 몇 가지 원소들이 존재한다. 측정된 성질에 상관없이 대부분의 무기 화학자들은 붕소, 규소, 저마늄, 비소, 안티모니와 텔루륨은 준금속으로 분류될 수 있다는 사실에 동의한다(그림 2.10). 준금속의 특성 중의 한 가지는 최소한 두 가지의 동소체를 갖는 고체라는 것인데, 이 동소체들은 상당히 다른 구조와 전기 전도도를 가져야 한다. 예를 들면, 저마늄의 한 동소체는 다이아몬드와 동일한 구조를 갖지만 다른 한 동소체는 주석의 금속성 동소체와 동일한 구조를 갖는다. 어떤 화학자들은 셀레늄을 준금속에 포함시키기도 한다. 셀레늄은 구조와 물리적 성질이 매우 다른 세 가지 동소체를 갖기 때문에 동소체 기준을 사용한다면 준금속으로 분류될 수 있다.

약한 금속

그러면 원소를 세 가지 범주로 분류할 수 있게 된다. 경계선에 가장 가까이 있는 몇 가지 금속들은 음이온성 화학종의 생성과 같은 준금속의 전형적인 성질을 나타낸다. 이와 같

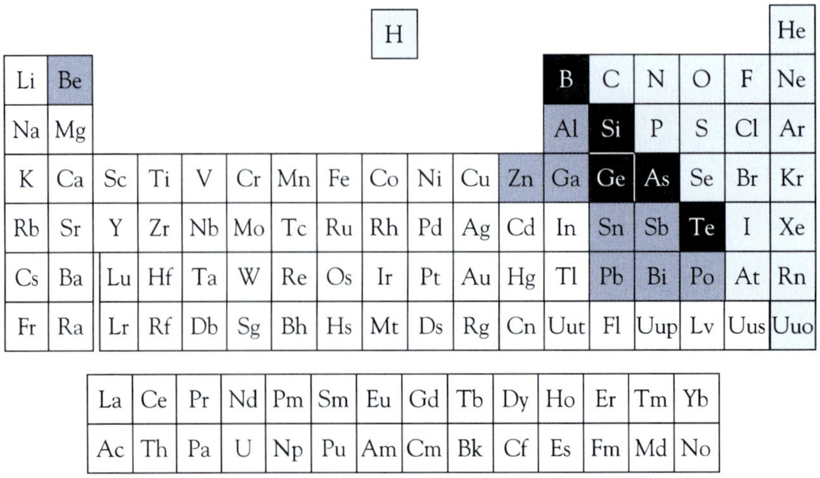

그림 2.10 금속(흰색), 약한 금속(진한 푸른색), 준금속(검은색), 비금속(연한 푸른색)으로 분류한 원소

								H									He
Li	Be											B	C	N	O	F	Ne
Na	Mg											Al	Si	P	S	Cl	Ar
K	Ca	Sc	Ti	V	Cr	Mn	Fe	Co	Ni	Cu	Zn	Ga	Ge	As	Se	Br	Kr
Rb	Sr	Y	Zr	Nb	Mo	Tc	Ru	Rh	Pd	Ag	Cd	In	Sn	Sb	Te	I	Xe
Cs	Ba	Lu	Hf	Ta	W	Re	Os	Ir	Pt	Au	Hg	Tl	Pb	Bi	Po	At	Rn
Fr	Ra	Lr	Rf	Db	Sg	Bh	Hs	Mt	Ds	Rg	Cn	Uut	Fl	Uup	Lv	Uus	Uuo

La	Ce	Pr	Nd	Pm	Sm	Eu	Gd	Tb	Dy	Ho	Er	Tm	Yb
Ac	Th	Pa	U	Np	Pu	Am	Cm	Bk	Cf	Es	Fm	Md	No

은 **화학적으로 약한 금속**(*chemically weak metals*)은 8가지가 있는데, 베릴륨, 알루미늄, 아연, 갈륨, 주석, 납, 비스무트와 폴로늄이다. 음이온성 화학종의 한 가지 예로 알루미늄을 들 수 있다. 13장에서 다루겠지만 염기성이 강한 용액에서 알루미늄은 알루미늄산 $Al(OH)_4^-$(*aq*)(때로는 AlO_2^-(*aq*)로 표기된다)를 생성한다. 금속성이 약한 다른 금속들도 알루미늄처럼 베릴륨산, 아연산, 갈산, 주석산, 납산(plumbates), 안티몬산, 비스무트산, 폴로늄산을 생성한다.

화학적으로 약한 금속이란 용어는 '보통' 금속과 구분하는 화학적 기준에 따라 이 무리에 속한 원소들을 규정한다. 그러나 문헌에서는 **후전이 금속**(*post-transition metal*)과 **불충분한 금속**(*poor metal*)이라는 용어가 사용되기도 하여 **약한 금속**(*weak metals*) 용어와 혼란을 일으키기도 한다. 그러나 이러한 기준은 주기율표에서의 위치에 따른 것이다. 그러므로 후전이 금속은 12 ~ 16족의 모든 금속을 일컫는 것이고, 불충분한 금속은 p-구역(13 ~ 16족)의 금속들을 특정적으로 지칭하는 것이다.

생무기 화학과의 관계

생무기 화학에서 매혹적인 분야 중의 하나는 원소 치환이다. 예를 들면, 해양 생물 중의 한 무리인 피낭동물(멍게류)은 매우 높은 농도의 바나듐을 함유하고 있는 경우가 많다. 그러나 때에 따라서 이들 생물들은 생물학적으로 동일한 작용을 위해 나이오븀을 활용할 수도 있는데, 나이오븀은 주기율표에서 바나듐의 바로 아래에 위치하고 있다. 어떤 박테

의약 무기 화학: 개론

무기 화학은 우리 생활에 직접적인 두 가지 방식으로 영향을 미치고 있다. 첫째, 이 장의 서두에서 설명하고 있는 것처럼 생명체가 살아가기 위해서는 많은 화학 원소들이 필요하다. 둘째, 무기 원소와 화합물은 오래전부터 의약품으로 사용되어 왔다. 이 책에서도 간헐적으로 약물로 사용되는 무기 화합물의 예를 제시하고 있지만 개괄적으로 살펴보는 것도 중요하다.

많은 무기 화합물들은 오랫동안 의약품으로 사용되고 있다. 유럽 국가들에서는 온천 물을 마시는 것이 유행하기도 하였다. 어떤 온천물은 무기물이 풍부하였는데, 예를 들면, 프랑스 Vichy의 물(지금은 상품화되었다)은 설사에 효능이 있는 마그네슘 이온이 풍부하다. 그러므로 이 물은 소량을 마셔야만 한다. 고체염, 황산 마그네슘 칠수화물, $MgSO_4 \cdot 7H_2O$는 같은 효과를 갖는다. 이 염은 처음 발견된 영국의 마을 이름을 따서 Epsom염이라고 한다. 19세기 동안 영국의 한 병원에서는 매년 2.5톤의 이 염을 환자들에게 사용하였다.

어떤 지역에서는 흙, 주로 점토를 먹기도 한다. 14장에서 설명하겠지만 점토는 복잡한 종류의 무기물로 구성되어 있다. 점토의 한 가지 형태는 흡수성이 우수한 것으로 알려진 고령토이다. 배탈을 치료하기 위하여 몇 가지 알약에 고령토를 사용하고 있는데, 고령토는 섭취된 유해 박테리아 때문에 생긴 독소를 표면에 흡수할 수 있는 것으로 여겨진다. 다른 점토와 흙은 소량의 영양소를 제공할 수 있다. 그러나 흙을 지속적으로 섭취하면 위벽에 들러붙어 영양분의 흡수를 방해할 수도 있기 때문에 바람직한 것이 아니다. 자연에 존재하는 점토는 납과 같은 유해한 원소들을 높은 농도로 포함하고 있을 수도 있다.

무기 의약 화학은 매우 비정상적인 상황에서 부각되기도 한다. 예를 들어 계관석, 이황화 이비소(As_2S_2)로 만들어진 종교적인 조각상은 열성적인 중국의 도교 신자들에게 인기가 있다. 이들은 조각상을 만지면 건강을 얻는다고 믿고 있다. 이와 같은 특별한 경우에 종교보다는 화학이 더 많은 공헌을 가질 수 있다. 즉, 열대지방의 많은 사람들은 기생충 때문에 고통을 받고 있는데, 조각상을 만지면 피부를 통해 비소가 흡수되어 기생충을 죽이게 된다. 그러나 너무 많은 양이 흡수되면 사람이 죽을 수도 있기 때문에 주의하여야 한다.

이 책에서는 무기 화합물의 여러 가지 현대 의학적 용도에 적용하는 경우를 설명하고 있다.

제산제(7장)
이극(bipolar) 혼란을 처리하는 리튬(11장)
붕소 중성자 포획 치료(13장)
항암제로 사용되는 백금 착물(19장)
방사성 의약품으로 사용되는 테크네튬(21장)
류마티스성 관절염 치료에 사용되는 금(21장)

리아는 일부 효소에서 몰리브데넘을 활용하는데, 높은 온도 환경에서는 텅스텐을 포함하는 효소를 활용하기도 한다. 이는 텅스텐 함유 효소가 호열성 작용을 하여 생존에 유리하기 때문인 것으로 추측된다.

주기율표의 d 구역에 있는 모든 원소는 금속이기 때문에 생물들이 어떤 환경에서 다른 원소들이 더 유리한 점을 갖는다면 같은 족과는 다른 금속을 활용하게끔 선택할 수 있다는 점은 그다지 놀라운 사실이 아니다. 이 장의 처음에 나오는 '컨텍스트'에서는 황-아미노산과는 다르게 생명체에 중요한 역할을 하는 셀레노-아미노산에 초점을 맞추었다. p 구역에 있는 모든 족에서 아래로 내려가면 비금속에서 금속으로 바뀌게 된다. 그러면 다음과 같은 의문이 생긴다. 칼코젠 계열에서 텔루륨으로 한 단계 내려가면 어떤 일이 일어날 것인가? 유사한 텔루륨-아미노산이 존재할까? 그림 2.10을 보면 텔루륨은 준금속임을 알 수 있다. 그러나 과학자들은 비금속과 준금속 간의 경계보다는 단순하게 금속/비금속을 구분하는 것이 더 확실하다고 여긴다. 최근의 연구에서는 텔루로-시스테인과 테루로-메싸이오닌이 실제로 존재함을 입증하였다. 즉, 어떤 곰팡이는 텔루륨 유사체를 합성하기 위해 황보다는 텔루륨을 먹고 산다.

2.5 주기적 성질: 원자 반지름

가장 체계적인 주기적 특성 중 하나는 원자 반지름이다. 원자 크기의 의미는 무엇일까? 전자는 단지 확률적인 항으로만 정의될 수 있기 때문에 원자에 대한 실제적인 경계는 없다. 그렇지만 원자 반지름을 정의할 수 있는 일반적인 방법은 두 가지가 있다. 우선, 공유 결합을 하고 있는 두 원자의 핵 간 거리의 절반으로 원자 반지름을 정의할 수 있는데, 이를 **공유 반지름**(*covalent radius*), r_{cov}이라고 한다. 다른 하나는 이웃한 분자에 있는 두 원자의 핵 간 거리의 절반으로 원자 반지름을 정의할 수 있는데, 이를 **van der Waals 반지름**(*van der Waals radius*), r_{vdw}이라고 한다(그림 2.11). 이외에도 금속 원소에 대해서는 고체 상태의 금속에서 이웃한 두 원자의 핵 간 거리의 절반으로 정의되는 **금속 반지름**(*metallic radius*)도 측정이 가능하다.

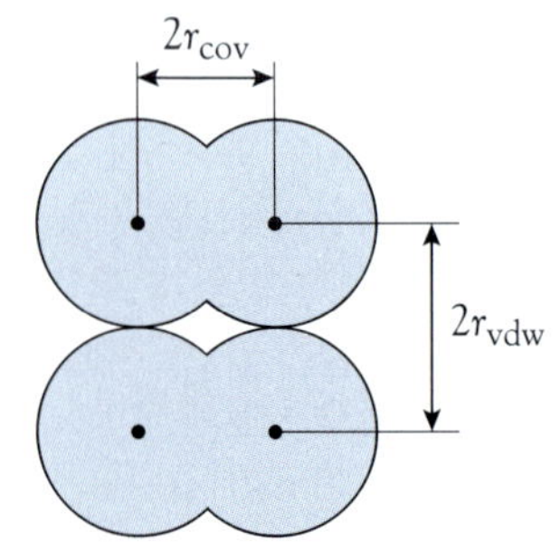

그림 2.11 공유 반지름, r_{cov}와 van der Waals 반지름, r_{vdw}의 비교

공유 반지름은 실험값이고 다른 방법으로 측정한 값과는 상당한 차이가 있게 된다. 예를 들면, 원자가 극성 공유 결합성 분자에 들어 있다면, 결합에는 이온성 성분도 존재할 것이기 때문에 결합 길이는 더 짧아진다. 다른 요인들도 공유 반지름에 영향을 미치는데, 공유 반지름은 결합 차수에도 의존하며, 전이 금속 이온의 경우에는 홀전자의 수에 따라서도 달라진다. 경향성으로부터 외삽하여 얻은 값도 있다. 예를 들면, 많은 일반 화학 교재에는 모든 비활성 기체에 대한 공유 반지름을 열거하고 있다. 그러나 헬륨, 네온, 아르곤의 분리된 화합물은 합성된 적이 없기 때문에, 이 값들은 가장 최선의 방법으로 추정된 값이거나 이론적인 값임이 명백하다. 마찬가지로 금속 원소들에 대한 공유 반지름도 타당성에 문제가 있으며, 인용된 값들은 금속 반지름인 경우가 많다. 그림 2.12는 17족 원소들과 2주기의 비금속, 준금속 및 '약한' 금속에 대한 신뢰성 있는 공유 반지름(pm, 10^{-12} m 단위)을 나타낸 것이다. 출처에 따라 숫자값이 차이가 날 수는 있지만 그 경향성은 항상 같다. 즉, 몇몇 예외가 있기는 하지만 반지름은 주기에서 왼쪽에서 오른쪽으로 갈수록 감소하고, 족에서는 아래로 내려갈수록 증가한다.

주기율표에서 가장 큰 원자는 프랑슘이다.

이들 경향성을 설명하기 위해서는 원자의 모형을 살펴보아야 한다. 예를 들면, 리튬 원

Be 106	B 88	C 77	N 70	O 66	F 64
					Cl 99
					Br 114
					I 133

그림 2.12 주족과 단주기에서의 공유 반지름(pm)

자는 세 개의 양성자를 가지고 있으며, 전자 배치는 $1s^2 2s^1$이다. 외형적인 원자의 크기는 채워진 최외각 오비탈의 크기에 의해 결정된다. 이 경우에 최외각 오비탈은 2s 오비탈이다. 2s 오비탈에 있는 전자는 1s 오비탈에 있는 전자에 의해 양성자와의 인력이 가려지게 된다(그림 2.13). 그러므로 2s 전자가 느끼는 **유효 핵전하**(*effective nuclear charge*), Z_{eff}는 3보다 작게 되고, 오히려 1에 더 가깝다. 즉, 2s와 1s 오비탈이 겹치는 공간이 존재하기 때문에, 내부 오비탈에 있는 전자에 의한 2s 전자의 가리움은 완전하지 않게 되어 Z_{eff}는 1보다 약간 더 크다. 실제로 이 값은 1.3 전하 단위를 갖는 것으로 추측될 수 있다.

베릴륨 핵은 네 개의 양성자를 가지며, 베릴륨의 전자 배치는 $1s^2 2s^2$이다. 이 경우에는 두 가지 요인을 고려하여야 한다. 즉, 양성자수가 증가하였기 때문에 Z_{eff}가 증가될 것이고, 음의 전하를 띠는 두 전자들 간의 반발력이 생긴다. 2s 전자 각각은 더 강한 Z_{eff}를 느낄 것이고, 핵으로부터의 평균 거리도 같기 때문에 가리움 효과도 서로에게 거의 제공하지 않을 것이다. 핵 인력이 전자 반발력보다 더 우세하게 작용하는 것으로 확인되었기 때문에 2s 오비탈의 수축이 일어나며, 주기를 따라 이와 같은 수축은 계속된다.

주기를 따라서 수축이 계속되고 이러한 경향은 Z_{eff}의 효과로 설명할 수 있다. Z_{eff}가 증가하면 핵전하가 증가하고, 오비탈에 추가되는 전자에 대한 효과는 더 커지게 되므로, 실질적인 겹침이 증가하게 된다. 즉, 실제로 나타나는 외부 오비탈의 크기를 결정하는 외부 전자에 대한 Z_{eff} 값을 고려할 수 있기 때문에 주기를 따라 원자 반지름도 예측할 수 있다.

족에서 원자 반지름은 아래로 내려갈수록 더 증가한다(그림 2.12). 이런 경향도 가리움 효과의 영향과 오비탈 크기의 증가로 설명할 수 있다. 양성자수가 3개인 리튬 원자와 11개인 소듐 원자를 비교하여 보자. 소듐은 더 많은 양성자를 가지므로 더 큰 핵전하를 나타낼 것이고, 따라서 원자 반지름은 줄어들어야 할 것이다. 그러나 소듐은 '내부' 오비탈에 전자 배치가 $1s^2 2s^2 2p^6$인 10개의 전자를 가지며, 이들은 $3s^1$ 오비탈에 있는 전자에 대한 핵전하를 가린다. 이 결과, 3s 전자는 훨씬 더 감소된 핵 인력을 느끼게 될 것이다. 따라서 소듐의 최외각 오비탈은 꽤 커지게 될 것이므로(방사상으로 확장되어), 리튬보다 소듐의 공유 반지름이 더 크게 측정됨을 설명할 수 있다.

이와 같은 주기적인 경향성에도 약간의 예외가 존재한다. 예를 들면, 갈륨은 족에서 바로 위에 위치하는 알루미늄과 같은 공유 반지름(126 pm)을 갖는다. 알루미늄의 전자 배치([Ne]$3s^2 3p^1$)와 갈륨의 전자 배치([Ar]$4s^2 3d^{10} 4p^1$)를 비교해 보면, 갈륨은 핵에 8개가 아니라 18개의 양성자를 가짐을 알 수 있다. 이 여분의 양성자수는 3d 오비탈에 있는 전자의 수와 일치한다. 그러나 3d 오비탈은 외부 오비탈을 효과적으로 가리지 못한다. 그러므로 4p 전자는 예상보다 더 큰 Z_{eff}를 느끼게 된다. 그 결과, 원자 반지름은 족에서 바로 위에 있는 원소와 비슷한 값으로 감소하게 된다.

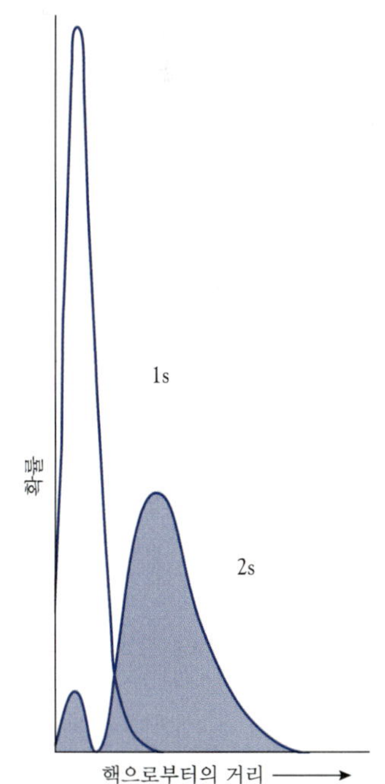

그림 2.13 1s와 2s 오비탈의 전자에 대한 핵으로부터의 거리에 따른 전자 확률의 변화

Slater 규칙

지금까지 여러 곳에서 Z_{eff}를 막연하게 사용하였다. 1930년 J.C. Slater는 유효 핵전하의 개념을 반정량적으로 측정할 수 있는 일련의 실험식을 제안하였다. 그는 Z_{eff}를 실제 핵전하, Z와 연관시키는 다음과 같은 식을 제안하였다.

$$Z_{eff} = Z - \sigma_s$$

여기서 σ_s는 Slater의 **가리움 상수**(*Slater's screening constant*)라고 한다. Slater는 σ_s를 계산하기 위하여 일련의 실험 규칙을 유도하였다. 이 규칙을 사용하려면 먼저 오비탈들을 주양자수에 따라 나열하여야 한다. 즉, 1s, 2s, 2p, 3s, 3p, 3d, 4s, 4p, 4d, 4f 등으로 나열하는 것이다.

특정한 전자에 대한 가리움 상수를 결정하는 규칙은 다음과 같다.

1. 주양자수가 더 큰 오비탈에 있는 모든 전자들의 기여는 0이다.
2. 같은 주양자수를 갖는 오비탈에 있는 전자들은 각각 0.35씩 기여한다. 단 조사 대상에 있는 전자가 d나 f 오비탈에 있을 경우, s와 p 오비탈에 있는 전자들의 기여는 각각 1.00이다.
3. 주양자수가 $(n-1)$인 오비탈에 있는 전자들은 각각 0.85씩 기여한다. 단 조사 대상에 있는 전자가 d나 f 오비탈에 있을 경우, 전자들의 기여는 각각 1.00이다.
4. 주양자수가 $(n-2)$ 이하인 오비탈에 있는 전자들의 기여는 각각 1.00이다.

예제 2.1

바닥 상태의 규소 원자에 있는 3p 전자 중의 하나에 대한 Slater 유효 핵전하를 계산하시오.

해답

규소 원자의 전자 배치는 $1s^2 2s^2 2p^6 3s^2 3p^2$이다. 따라서 규소 원자에는 동일한 주양자수를 갖는 세 가지 다른 전자들이 존재한다. $(n-1)$ 주양자수 준위에는 8개의 전자가 있고, $(n-2)$ 주양자수 준위에는 2개의 전자가 존재한다. 따라서 Slater 가리움 상수는

$$\sigma_s = (5 \times 0.35) + (8 \times 0.85) + (2 \times 1.00) = 9.85$$

$Z_{eff} = Z - \sigma_s = (14 - 9.85) = 4.15.$

규소 원자의 3p 전자가 갖는 Slater 유효 핵전하는 4.15 전하 단위이다.

유효 핵전하의 Clementi와 Raimondi 값

Slater 규칙을 이용한 계산의 결과가 유효 핵전하의 개념을 좀 더 정량적으로 이해할 수 있게는 해 주지만, 너무 단순화시켰기 때문에 완전하지 못하다. 예를 들면, 이 규칙은 같은 주양자수를 갖는 s와 p 전자는 모두 같은 핵전하를 느끼는 것으로 가정하였다. 1장에서 논의한 오비탈 도표를 보면 이 가정은 잘못된 것이 명백하다. Clementi와 Raimondi는 원자 파동 방정식에 근거한 계산을 사용하여 유효 핵전하에 대한 보다 더 정밀한 값

표 2.1 Clementi와 Raimondi의 계산에 따른 2주기 원소들의 전자에 대한 유효 핵전하

원소	Li	Be	B	C	N	O	F	Ne
Z	3	4	5	6	7	8	9	10
1s	2.69	3.68	4.68	5.67	6.66	7.66	8.65	9.64
2s	1.28	1.91	2.58	3.22	3.85	4.49	5.13	5.76
2p			2.42	3.14	3.83	4.45	5.10	5.76

을 유도하였다. 표 2.1은 이를 나타낸 것이다. Clementi와 Raimondi 값은 주양자수가 같을 경우 s 전자가 p 전자에 비해 좀 더 침투 효과가 작용하는 것에 대해 유효 핵전하에서 작지만 중요한 차이를 보여 주고 있다. 주기를 따라서 최외각 전자에 대한 Z_{eff}가 증가하면 원자 반지름이 감소하는 경향이 잘 나타나고 있다.

상대성 효과

6주기 이후의 원소들에 대한 반지름은 고전적인 계산을 통해 예상된 값에 비해 줄어든다. 이와 같은 사실은 전자에 대한 상대성 효과를 설명하지 못하는 Schrödinger 파동 방정식의 단점 때문이라고 설명할 수 있다. 초기의 가벼운 원소들에 대해서는 전자들에 대한 상대성 효과를 무시하더라도 별 문제가 없지만 주기율표의 아래쪽에 위치하는 원소들로 갈수록 상대성 효과는 무시될 수 없다. 예를 들면, 수은의 1s 전자는 광속의 절반 이상의 속도로 움직이고 있다고 추정된다. 이와 같은 속도는 질량을 약 20% 정도 증가시킬 것이므로 이들 전자에 대해 오비탈의 크기는 약 20%가 감소하게 된다.

이와 같은 오비탈 크기의 감소는 s 오비탈들에서 뚜렷하게 나타나게 되는데, 그 이유는 s 오비탈들이 핵에 접근할 수 있는 확률이 높기 때문이다. p 오비탈들도 비슷한 현상을 겪게 되지만 수축되는 정도는 덜하다. d와 f 오비탈들은 중심 쪽으로 침투하지 않는다. 그리고 s와 p 오비탈들이 수축되면 핵으로부터 더 강하게 가려지게 된다. 그 결과 d와 f 오비탈들은 확장된다. 그러나 원자 반지름을 결정하는 가장 바깥쪽의 오비탈들은 대개 s와 p 오비탈이기 때문에, 6주기 이상의 원소들의 반지름에 대한 알짜 효과는 고전적인 계산으로 예측한 값에 비해 더 작게 나타나게 된다. 이 장에서 나중에 알아보겠지만 상대성 효과는 무거운 원소들의 화학적 성질에도 중요한 영향을 미친다.

2.6 주기적 성질: 이온화 에너지

전자 배치와 매우 밀접하게 관련된 것이 이온화 에너지이다. **첫 번째 이온화 에너지**(*first ionization energy*)는 자유 원자 X의 최외각 오비탈에 점유된 전자 1개를 떼어내는 데 필요한 에너지를 말한다.

$$X(g) \rightarrow X^{+}(g) + e^{-}$$

이온화 에너지의 주기적 경향

공유 결합 반지름값은 대상 분자와 측정 오차에 따라 달라질 수 있지만, 이온화 에너지는 아주 정확하게 측정할 수 있다. 그림 2.14는 1주기와 2주기 원소들에 대한 첫 번째

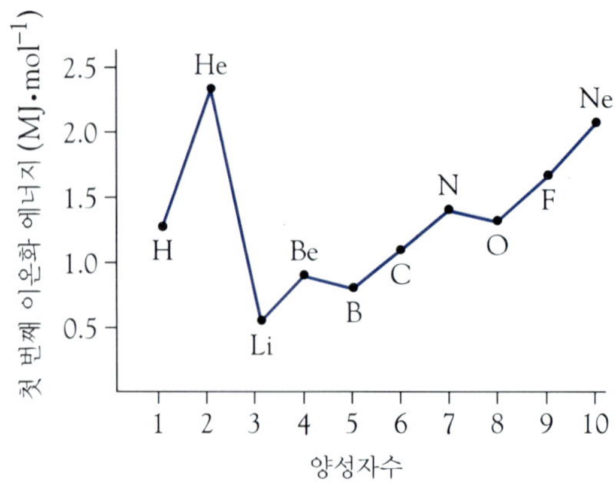

그림 2.14 1주기와 2주기 원소들에 대한 첫 번째 이온화 에너지(MJ·mol^{-1})

이온화 에너지를 보여 준다.

수소에서 헬륨까지의 연속적인 이온화 에너지의 증가(1314 kJ·mol^{-1}에서 2368 kJ·mol^{-1})를 설명하기 위해서는 핵에 존재하는 두 번째 양성자를 고려해야 한다. 헬륨의 1s 오비탈에 있는 각 전자는 다른 전자에 의해 약간만 가리우게 된다. 그래서 헬륨의 이온화 전자는 수소 원자로부터 전자가 떨어져 나올 때마다 거의 2배 정도의 인력을 극복해야만 한다. 즉, 원자의 첫 번째 이온화 에너지의 측정값과 최외각 전자에 대한 Z_{eff}의 계산값 간에는 밀접한 관련이 있다.

리튬 원자에서 이온화되는 2s 전자는 1s 오비탈에 있는 두 개의 전자에 의해 핵 인력으로부터 가려진다. 극복해야 할 인력이 약하기 때문에 필요한 에너지는 그다지 많지 않아도 될 것이고, 실험적으로도 이 같은 사실을 확인할 수 있다. 베릴륨의 첫 번째 이온화 에너지는 리튬보다 더 높고, 여기에 대한 이유로는 같은 오비탈에 있는 전자(2s 오비탈) 간에는 거의 가리움이 없다는 사실을 들어 이 현상을 설명할 수 있다.

붕소에 대한 이온화 에너지가 약간 감소하는 것은 공유 반지름과는 분명히 다른 현상이고, 이는 s 오비탈이 p 오비탈을 부분적으로 가리움을 의미한다. 1장에서 s 오비탈은 이웃한 p 오비탈보다는 핵 가까이로 침투하려는 경향을 가짐을 알았다. 그러므로 s 오비탈이 p 오비탈을 가린다는 사실은 예상 밖의 일이 아니다. 붕소 다음에는 Z_{eff}가 증가함에 따라 이온화 에너지가 다시 증가하는 경향을 나타내기 시작하며, 첨가되는 전자는 동일한 p 오비탈 세트에 채워진다.

경향성에서 마지막으로 벗어나는 것은 산소의 이온화 에너지이다. 여기서 첫 번째 이온화 에너지가 감소하는 것은 내부 전자 간 반발력으로 설명할 수 있다. 즉, 쌍을 이룬 전자는 산소가 $1s^2 2s^2 2p^3$의 전자 배치를 갖는 이온이 되게끔 쉽게 전자를 잃을 수 있다. 산소를 지나면 첫 번째 이온화 에너지는 2주기가 끝날 때까지 계속 증가하게 된다. 이 양상은 다시 Z_{eff}가 증가하기 때문에 나타나는 것으로 설명할 수 있다.

포타슘에서 브로민까지의 장주기를 보면(그림 2.15), 전이 금속에서도 이온화 에너지가 왼쪽에서부터 오른쪽으로 갈수록 연속적으로 증가하는 것을 알 수 있다. 4p 오비탈이 채워지기 시작하면, 갈륨에 대한 이온화 에너지는 크게 낮아져서, 칼슘과 비슷하게 됨을 알 수 있다. 이와 같은 갑작스런 감소는 3d 오비탈에 있는 전자가 핵심부의 일부가 되므로 보다 더 효과적으로 가리워지기 때문인 것으로 설명할 수 있다. 또한 비소에 비해 셀레늄이 더 낮은 이온화 에너지를 갖는 것도 셀레늄의 $4p^4$ 전자로부터 1개의 전자를 잃게 되면 p 오비탈 세트가 절반이 채워지게 되기 때문이라고 설명할 수 있다.

K 0.42	Ca 0.59	Sc 0.63	...	Cu 0.75	Zn 0.91	Ga 0.58	Ge 0.76	As 0.95	Se 0.94	Br 1.14	Kr 1.35

그림 2.15 3주기 주족 원소들에 대한 첫 번째 이온화 에너지($MJ \cdot mol^{-1}$)

족에 따른 이온화 에너지 경향

족에서 아래로 내려가면, 첫 번째 이온화 에너지는 일반적으로 감소한다. 이는 원자 반지름 증가에 기인하는 것으로 설명된다. 즉, 내부 오비탈에 있는 전자가 외부 오비탈에 있는 전자를 핵 인력으로부터 가리우고, 외부 오비탈은 그 자체가 더 커지게 된다. 예를 들어, 리튬과 소듐을 다시 비교하여 보자. 양성자의 수는 리튬에서는 3개이고, 소듐에서는 11개로 증가하지만, 소듐은 10개의 내부 전자가 핵 인력을 가리우고 있다. 그러므로 각 원자의 최외각 전자에 대한 Z_{eff}는 근본적으로 같을 것이다. 동시에 소듐의 3s 오비탈에 있는 전자가 점유한 부피는 리튬의 2s 오비탈에 있는 전자가 점유한 부피보다 더 클 것이다. 따라서 소듐의 3s 전자가 이온화되는 데 필요한 에너지는 리튬의 2s 전자보다 더 낮을 것이다. 할로젠 원자에서도 이와 유사한 경향성이 뚜렷하게 나타나고 있으며, 그 값은 알칼리 금속보다 훨씬 더 높다(그림 2.16).

F 1.68
Cl 1.26
Br 1.14
I 1.01
At 0.91

그림 2.16 17족 원소들에 대한 첫 번째 이온화 에너지($MJ \cdot mol^{-1}$)

연속적인 이온화 에너지

원소의 연속적인 이온화를 살펴보면 역시 정보를 얻을 수 있다. 예를 들면, **두 번째 이온화 에너지**는 다음 과정에 해당된다.

$$X^{+}(g) \rightarrow X^{2+}(g) + e^{-}$$

전자 배치가 $1s^22s^22p^2$인 탄소는 이러한 경향의 간단한 예를 제공한다(그림 2.17). 2p 전자는 1s 전자에 의해 가리워지고, 2s 전자에 의해서도 부분적으로 가리워지기 때문에 제거하기가 비교적 쉽다. 각각의 2s 전자들을 제거하려면 더 많은 에너지가 필요하다. 이어서, 각 1s 전자들을 제거하려면 훨씬 더 많은 에너지가 요구된다. 여섯 번째 전자에 비해 다섯 번째 전자에 대한 값의 증가가 덜한 이유는 두 가지 요인으로 설명될 수 있다. 첫째, 2개의 전자가 같은 오비탈을 점유하고 있을 때에는 항상 전자-전자 반발이 존재한다. 둘째, 같은 오비탈에 있을 때에도 한 전자는 다른 전자에 의해 가리워진다.

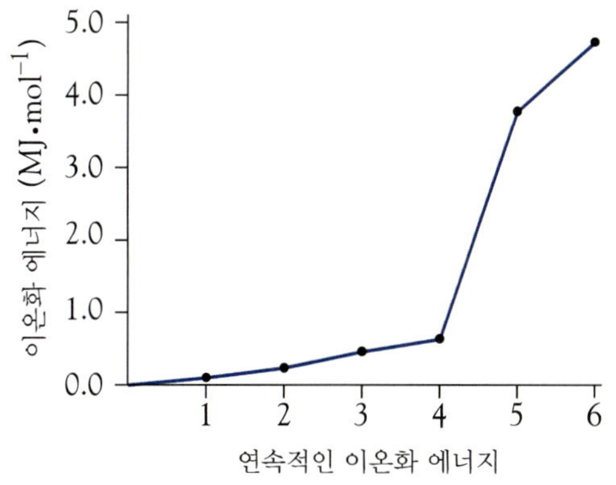

그림 2.17 탄소에 대한 연속적인 이온화 에너지($MJ \cdot mol^{-1}$)

예제 2.2
어떤 주족 원소는 다음과 같은 5가지의 연속적인 이온화 에너지($MJ \cdot mol^{-1}$)를 갖는다. 0.58, 1.82, 2.75, 11.58, 14.84. 이 원소는 어느 족에 속하는가?

해답
이 원소는 세 가지의 비교적 낮은 이온화 에너지를 갖는다. 이 값들은 원자가 전자들의 이온화에 상응하는 것이어야 한다. 따라서 이 주족 원소는 13족에 속해야 한다.

2.7 주기적 성질: 전자 친화도

이온화 에너지는 원자가 전자를 잃어버리는 것을 나타내지만, 전자 친화도는 원자가 전자를 얻는 것을 나타낸다. **전자 친화도**(*electron affinity*)는 자유 원자에서 가장 낮은 에너지 상태의 비점유 오비탈에 전자가 첨가되는 데 필요한 에너지로 정의된다.

$$X(g) + e^- \rightarrow X^-(g)$$

대부분의 원소에 대해, 이온화 과정은 에너지가 요구되지만 전자를 첨가하는 과정은 에너지가 방출됨을 유념해야 한다. 이것은 플루오린에 대한 두 가지 과정을 비교하면 설명할 수 있다.

$$F(g) \rightarrow F^+(g) + e^- \quad +1.68\ MJ \cdot mol^{-1}$$
$$F(g) + e^- \rightarrow F^-(g) \quad -0.33\ MJ \cdot mol^{-1}$$

전자 친화도의 주기적 경향

전자 친화도의 실험값은 서로 상충되는 것도 있지만, 그 경향성은 항상 일관되며, 무기화학자에게 중요한 것은 바로 이 경향성이다. 그림 2.18은 전형적인 데이터 세트를 나타낸 것이다. 세 군데의 꺽인 점이 있는데, 이것은 전자가 첨가됨으로써 원자가 준위가 다음과 같이 완전히 채워지거나 절반이 채워지기 때문에 나타나는 현상으로 설명될 수 있다.

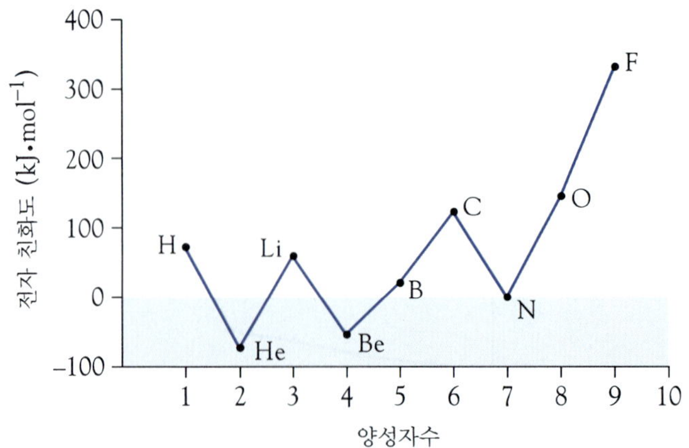

그림 2.18 1주기와 2주기 원소들에 대한 첫 번째 전자 친화도($kJ \cdot mol^{-1}$)

알칼리 금속: $ns^1 \rightarrow ns^2$
14족 원소: $ns^2np^2 \rightarrow ns^2np^3$
할로젠: $ns^2np^5 \rightarrow ns^2np^6$

예제 2.3
질소의 전자 친화도는 0이다. 그 이유를 제시하시오.

해답
질소 원자의 전자 배치는 $1s^22s^22p^3$이다.
따라서 질소는 이미 절반이 채워진 p 오비탈 세트를 가지고 있기 때문에 전자 1개를 첨가하는 것은 다른 전자 배치를 갖는 원소들에 비해 에너지적으로 덜 선호하게 될 것이다.

F 0.33
Cl 0.35
Br 0.33
I 0.30
At 0.27

그림 2.19 17족 원소들에 대한 첫 번째 전자 친화도($MJ \cdot mol^{-1}$)

족에 따른 전자 친화도 경향

족에서 아래로 내려가면, 원자는 더 커지기 때문에 전자 친화도는 감소한다. 할로젠에 대한 이러한 경향을 그림 2.19에 나타내었다. 여러 경우에서처럼 플루오린은 이 경향에서 벗어난다. 즉, 플루오린은 원자가 너무 작아서 원자 간 반발 요인이 전자 첨가에 대한 인력을 감소시키기 때문인 것으로 설명한다.

핵심개념

- 주기율표는 여러 가지 형태가 있으며, 이들 모두는 원자 번호가 증가하는 순서로 배열되어 있다.
- 핵자는 전자 껍질과 유사하게 껍질을 채우며 채워진 핵자 껍질('요술수')을 갖게 되면 핵에 추가적인 안정도가 제공된다.
- 원소들은 실온에서의 상에 따라 기체/액체/고체로 분류될 수 있고, 금속/약한 금속/준금속/비금속으로 분류될 수도 있다.
- 원자 (공유/van der Waals/금속) 반지름은 최외각 전자에 있는 유효 핵전하에 의해 결정된다.
- 이온화 에너지와 전자 친화도의 경향성은 전자적 에너지의 항으로 설명될 수 있다.
- 많은 화학 원소들은 생화학적 과정에 필수적이다.

연습문제

2.1 다음 용어를 정의하시오.
(a) 희토류 금속 (b) van der Waals 반지름
(c) 유효 핵전하

2.2 다음 용어를 정의하시오.
(a) 두 번째 이온화 에너지
(b) 전자 친화도
(c) Bertrand 규칙

2.3 아르곤의 발견이 원래의 Mendeleev 주기율표에 문제를 일으키게 된 두 가지 이유를 설명하시오.

2.4 코발트는 원자 번호가 니켈보다 작지만 더 큰 원자 질량을 갖는 이유를 설명하시오.

2.5 장주기형 주기율표의 장점과 단점은 무엇인가?

2.6 11족 원소들을 주화 금속이라고 하는 이유는 무엇인가?

2.7 원자 번호가 2인 원소의 이름을 헬륨보다는 헬론으로 부르는 것이 더 타당한 이유는 무엇인가? 왜 접미사, *-ium*을 붙이는 것이 부적절한가?

2.8 란타넘족과 악티늄족 원소들에 대한 이름이 적절하지 못한 이유는 무엇인가?

2.9 철이 행성 반응에서 생성된 원소들 중 원자 번호가 가장 높은 원소인 이유는 무엇인가?

2.10 지구상의 무거운 원소들이 초기의 초신성 폭발로부터 생성되었다고 여겨지는 이유는 무엇인가?

2.11 다음을 확인하시오.
(a) 안정한 동위원소가 존재하는 원자 번호가 가장 높은 원소
(b) 안정한 동위원소가 알려지지 않은 유일한 전이 금속
(c) SATP에서 액체인 유일한 금속

2.12 지구상에 풍부한 양이 존재하는 두 가지 방사성 원소를 쓰고, 이들이 아직까지 존재할 수 있는 이유를 설명하시오.

2.13 소듐과 마그네슘 중에서 안정한 동위원소가 한 가지만 존재하는 원소를 선택하고, 그 이유를 설명하시오.

2.14 칼슘의 가장 흔한 동위원소에 존재하는 중성자수는 얼마인가?

2.15 39번 원소인 이트륨은 자연계에 한 가지 동위원소로만 존재한다. 표를 보지 말고 이 동위원소의 중성자수를 예측하시오.

2.16 폴로늄-210과 아스타틴-211은 이들 원소 중에서 반감기가 가장 긴 원소이다. 그 이유를 설명하시오.

2.17 원소를 금속과 비금속으로 분류할 때,

(a) 금속성 광택이 좋지 못한 기준이 되는 이유를 설명하시오.

(b) 열전도성을 기준으로 사용할 수 없는 이유를 설명하시오.

(c) 금속성에 대한 가장 좋은 기준으로서 3차원 전기 전도성을 정의하는 것이 중요한 이유를 설명하시오.

2.18 준금속의 분류는 무엇을 근거로 이루어지는가?

2.19 포타슘과 칼슘 중에서 공유 반지름이 더 큰 원자를 선택하고, 그 이유를 설명하시오.

2.20 플루오린과 염소 중에서 공유 반지름이 더 큰 원자를 선택하고, 그 이유를 설명하시오.

2.21 저마늄은 규소보다 전자가 18개 더 많다. 그럼에도 불구하고 저마늄의 공유 반지름(122 pm)은 규소(117 pm)와 거의 같다. 이유를 설명하시오.

2.22 하프늄의 공유 반지름(144 pm)은 주기율표에서 바로 위에 있는 원소인 지르코늄(145 pm)보다 더 작다. 이유를 설명하시오.

2.23 표 2.1은 2주기 원소들에 대해서 Clementi와 Raimondi의 복잡한 방법을 사용하여 계산한 유효 핵전하 값을 나타낸 것이다. 이들 원소 각각에 대해서 Slater 규칙을 사용하여 1s, 2s, 2p 오비탈 각각의 유효 핵전하를 계산하시오. 이 값들을 Clementi와 Raimondi 값과 비교해 보고 그 차이가 의미가 있는지를 검토하시오.

2.24 Slater 규칙을 이용하여 포타슘 원자의 각 오비탈들에 있는 전자들에 대한 유효 핵전하를 계산하시오.

2.25 Slater 규칙을 이용하여 망가니즈의 3d 전자들과 4s 전자들에 대한 유효 핵전하를 계산하고 그 값을 비교하시오.

2.26 Slater 규칙을 이용하여 (a) 알루미늄과 (b) 염소의 3p 전자에 대한 유효 핵전하를 계산하시오. 이 계산 결과를 사용하여 i) 두 원자의 상대적인 원자 반지름, ii) 두 원자들의 첫 번째 이온화 에너지와의 상관 관계를 설명하시오.

2.27 규소와 인 중에서 이온화 에너지가 더 큰 원소를 선택하고, 그 이유를 설명하시오.

2.28 비소와 인 중에서 이온화 에너지가 더 큰 원소를 선택하고, 그 이유를 설명하시오.

2.29 $MJ \cdot mol^{-1}$ 단위로 나타낸 첫 번째에서 네 번째 이온화 에너지가 0.7, 1.5, 7.7, 10.5인 원소가 있다. 주기율표에서 어떤 족에 속할지를 추측하고, 그 이유를 설명하시오.

2.30 붕소와 탄소, 탄소와 질소 쌍에서 두 번째 이온화 에너지가 더 높은 것은 각각 어느 것인가? 각각의 경우에 대한 이유를 설명하시오.

2.31 소듐과 마그네슘 중에서 첫 번째 이온화 에너지, 두 번째 이온화 에너지, 세 번째 이온화 에너지가 더 높은 것은 어느 것인가?

2.32 소듐과 마그네슘 중에서 어느 원소의 전자 친화도가 0에 더 가까운지를 지적하고 그 이유를 설명하시오.

2.33 헬륨의 전자 친화도는 양의 부호를 갖겠는가 아니면 음의 부호를 갖겠는가? 이유를 설명하시오.

2.34 주기율표에서 많은 양을 필요로 하는 원소들이 위치한 부분은 어디인가? 원소의 자연 존재비와는 어떤 관계가 있는가?

2.35 주기율표를 보지 말고 다음 원소들에 대한 질량수를 계산하시오.

(a) 납의 가장 흔한 동위원소 (원자 번호 82)

(b) 유일하게 안정한 비스무트의 동위원소 (원자 번호 83)

(c) 반감기가 가장 긴 폴로늄의 동위원소 (원자 번호 84)

응용문제

2.36 일반적인 경향성과는 반대로 납의 첫 번째 이온화 에너지 ($715\ kJ \cdot mol^{-1}$)는 주석($708\ kJ \cdot mol^{-1}$)보다 더 높다. 그 이유를 설명하시오.

2.37 수소 원자와 헬륨은 우주에서는 가장 풍부한 원소이지만, 지구의 대기에서는 그다지 많이 존재하지 않는 이유는 무엇인가?

2.38 여러 지방에서 생산된 음식을 먹는 것이 좋은 이유는 무엇인가?

2.39 119번 원소가 합성된다면 예상되는 물리적, 화학적 성질은 무엇인가?

2.40 114, 115, 116, 117, 118번 원소를 합성한 연구가 있다. 이들 원소들이 갖는 동위원소에 대해 설명하시오.

2.41 고급 무기 화학이나 생무기 화학 교재를 참고하여 2장 첫 부분 그림에 나타낸 극미량 원소들 중에서 가능한 한 많은 원소들에 대해 인간의 영양에 미치는 역할을 확인하시오.

공유 결합과 분자 분광학

3장

쌍을 이루는 원자들 간에 전자를 공유하는 공유 결합은 화학에서 가장 중요한 개념 중 하나이다. 원자가 껍질 전자쌍 반발 모형은 분자의 모양을 예측하는 데 매우 유용한 방법이지만, 결합은 분자 오비탈을 사용해야만 가장 잘 설명될 수 있다. 작은 공유 결합 분자의 물리적 성질은 이웃한 분자들 간에 작용하는 분자 간 힘의 개념을 통해 이해할 수 있다. 진동 분광학은 공유 결합성 분자들을 연구하는 주요 수단이다. 그러나 공유 결합과 이온 결합을 엄격하게 나눌 수 없다는 점도 유념하여야 한다.

컨텍스트: 온실 효과

온실 효과에 대해 들은 적은 많지만 실제로 이해하고 있는 사람은 드물다. 온실 효과[더 정확하게는 **복사선 포획**(*radiation trapping*)]는 3.13절에서 공부하게 될 적외선 진동 분광학의 원리를 거대한 척도로 적용하는 것에 불과하다. 태양으로부터 오는 에너지는 지구 표면에 전자기 복사선으로 도달하며, 가시광선, 자외선, 적외선 영역을 갖는다. 이 에너지는 지구 표면과 대기에 의해 흡수된다. 이것은 주로 적외선 복사('열' 선)로 재방출

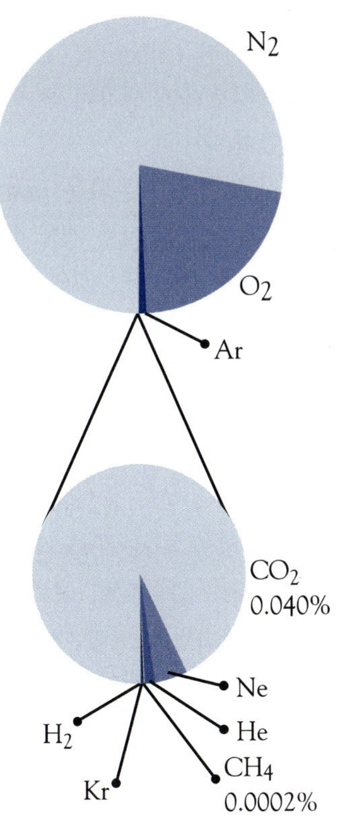

현재 지구 대기의 조성(수증기 제외). 위쪽 원도표는 주요 성분을 나타낸 것이고 아래쪽 원도표는 좀 더 흔히 접하게 되는 미량 성분을 나타낸 것이다. 표시된 성분들 중에서 이산화 탄소와 메테인만 적외선을 흡수한다.

된다. 모든 입사 에너지가 적외선 복사로서 우주로 나가게 된다면, 지구 표면의 온도는 −20 ~ −40°C가 되어야 한다. 다행스럽게도 대기 중에는 적외선 흡수 주파수를 갖는 분자들이 있어서 해당되는 주파수의 빛을 흡수한다. 그래서 흡수된 에너지를 지구로 재방출하여 대양과 대지와 공기를 데운다. 그래서 지구 표면의 평균 온도는 약 14°C가 된다. 다시 말해서, 온실 효과는 지구를 생명체가 살 수 있게 만들어주는 것이다.

3.13절에서 설명하였듯이, 2개 이상의 원자를 포함하는 대기 기체만 적외선 흡수를 일으킨다. 앞쪽의 그림에서 위쪽의 원도표는 (수증기를 제외한) 대기 기체의 비율을 나타낸다. 대기 중에 많이 존재하는 이들 기체, 질소(이원자), 산소(이원자) 및 아르곤(일원자)은 온실 기체가 아니다. 같은 그림의 아래쪽 원도표는 흔히 접할 수 있는 '미량 기체'의 비율을 나타내고 있는데, 이들의 존재량은 전체의 0.04%에 불과하다. 이들 존재량이 아주 작은 기체들 중에서, 메테인(오원자)이 적외선 흡수 수가 더 많아서 더 심각한 영향을 미칠 것처럼 보이지만, 메테인보다는 이산화 탄소(삼원자)가 가장 흔한 온실 기체이다. 이외에도 존재량이 더 작음에도 불구하고 중요한 영향을 미치는 온실 기체는 산화 이질소(15.8절 참조)와 헥사플루오린화 황(16.20절 참조)이다.

오늘날에는 화석 연료의 연소 때문에 자연적인 과정에 의해 제거될 수 있는 양보다 훨씬 더 빠르게 추가적인 이산화 탄소가 대기 중으로 주입되고 있다. 이처럼 대기 중의 이산화 탄소 수준이 빠르게 증가하게 된 현상은 기상학자들의 주요 관심사가 되고 있다. 이산화 탄소는 적외선 흡수제이기 때문에, 이산화 탄소가 많이 있으면 대기는 데워진다. 지구의 기후 변화는 메테인과 같은 다른 적외선 흡수 기체들의 대기 농도가 증가했기 때문이라고 설명할 수도 있다.

3.1 Lewis 이론에 대한 개관

1916년 Nebraska의 작은 농장에서 자란 Gilbert N. Lewis는 원자들 간의 전자 공유에 관한 개념을 고안하였다. 대부분의 진보적인 생각이 초기에 그랬듯이, 당시의 많은 화학자들은 그의 제안을 인정하지 않았다.

원자들은 전자쌍을 공유함으로써 결합을 만든다는 Lewis의 단순한 결합 접근법은 결합 자체에 대해서는 상세하게 알려주는 것이 아무 것도 없다. 그럼에도 불구하고 복잡한 분자에 대해서는 간단한 전자점 구조로 표현하는 것이 매우 유용하다. 특히 분자의 구조를 예측할 때에는 이 표현을 사용할 수 있다.

공유 결합의 형성에 관한 Lewis 또는 전자점 표기는 고등학교 과정과 일반화학에서 폭넓게 다루어지고 있기 때문에, 여기서는 간단하게 복습만 하고자 한다. Lewis 개념은 결합 형성의 추진력을 분자 내에서 각 원자가 그들의 외각(원자가) 에너지 준위에 팔전자계의 전자를 채우려고 하는 경향으로 설명한다(2개의 전자만 필요로 하는 수소는 예외로 함). 팔전자계가 완성되는 것은 결합된 원자 간에 전자쌍을 공유함으로써 이루어진다.

H:C̈l:

그림 3.1 염화 수소에 대한 전자점 도표

염화 수소와 일산화 탄소를 예로 들어 살펴보자. 염화 수소에서는 전자쌍의 공유로 단일 결합이 생성된다(그림 3.1). 다른 전자쌍은 고립 전자쌍이다. 일산화 탄소에서 탄소와 산소 주위의 팔전자계를 완성하기 위해서는 3개의 쌍이 필요하며(그림 3.2), 삼중 결합이 되어야 한다.

:C:::O:

그림 3.2 일산화 탄소에 대한 전자점 도표

Lewis 구조 구성하기

Lewis 구조를 구성할 때 가장 흔히 사용되는 방법은 다음과 같은 단계를 포함한다.

1. 다른 원자보다 전기 음성도가 더 낮은 원자를 중심 원자로 정한다(수소는 절대로 중심 원자가 될 수 없다). 중심 원자의 원소 기호를 쓰고 중심 원자 주위에 다른 원자들의 원소 기호를 쓴다.
2. 전체 원자가 전자의 수를 센다. 전하를 띤 이온이거나 중성 분자가 아니면 원자가 전자수에 음의 전하만큼 더하거나 양의 전하만큼 뺀다.
3. 중심 원자와 각각의 원자들 간에 1개의 전자쌍(단일 공유 결합)을 배당한다. 주위 원자들에 고립 전자쌍을 배치한다. 그런 다음 남은 전자는 중심 원자에 배당한다.
4. 중심 원자의 전자수가 8보다 작고 남은 전자가 있으면, 중심 원자에 고립쌍을 배당한다. 중심 원자의 전자수가 8보다 작고 남은 전자가 없으면, 주위 원자의 고립쌍을 사용하여 이중 결합과 삼중 결합을 만든다.

예제 3.1

트라이플루오린화 질소의 Lewis 구조를 추측하시오.

해답

전기 음성도가 더 낮은 질소 원자 주위에 3개의 플루오린 원자가 배열될 것이다.

원자가 전자의 총수는 [(1 × 5) + (3 × 7)] = 26이다.

단일 결합을 생성하기 위해 6개의 전자가 사용된다. 18개의 전자는 플루오린 원자들의 고립 전자쌍으로 제공된다. 남은 전자쌍은 질소 원자에 고립 전자쌍으로 제공된다.

:F:
:F:N:F:

팔전자계 초과

중심 원자가 전자를 8개보다 더 적게 가지고 있는 비정상적인 분자들도 다수 존재한다. 또한 중심 원자가 8개보다 더 많은 전자를 갖는 분자들도 많이 존재한다. Lewis는 최대 전자수 8개는 s와 p 전자의 합이 8을 초과하지 못하는 2주기 원소들에만 적용될 수 있다는 사실을 알지 못하였다. 실제로 높은 주기의 몇 가지 원소의 화합물에는 항상 8, 10, 12개의 결합 전자를 갖는 중심 원자가 존재한다. 예를 들면, 펜타플루오린화 인(phosphorus pentafluoride)은 5개의 원자가 전자가 각 플루오린 원자들 중의 전자 하나씩과 쌍을 이루어 최외각 껍질에 10개의 전자를 갖게 된다(그림 3.3).

3주기와 더 높은 주기의 원소들은 결합에 d 오비탈을 사용할 수 있기 때문에 이론적으로는 최대 18개의 결합 전자를 가질 수 있다. 그러나 지금은 수많은 실험을 통해 d 오비탈은 주족 원소의 결합에는 거의 관여하지 않음이 밝혀졌다.

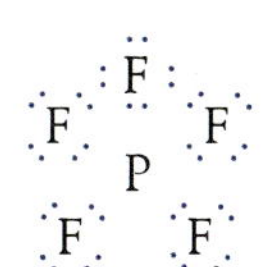

그림 3.3 펜타플루오린화 인에 대한 전자점 도표

3.2 부분 결합 차수

어떤 경우에는 측정된 결합에 관한 정보와는 일치하지 않는 구조를 얻게 된다. 질산 이온이 이 상황에 해당된다. 질산 이온의 Lewis 구조를 그림 3.4에 나타내었다. 이 구조에서 한 개의 질소-산소 결합은 이중 결합이고, 다른 2개의 질소-산소 결합은 단일 결합이다.

그림 3.4 질산 이온에 대한 전자점 도표

그러나 질소-산소 결합의 결합 길이는 모두 122 pm으로 똑같다. 이 결합 길이는 질소-산소 단일 결합 길이인 141 pm(이론값)보다 더 짧다. 이러한 차이는 3개의 질소-산소 결합이 이중 결합을 공유한다고 가정하면 설명할 수 있다. 이 개념을 **공명**(*resonance*)이라고 한다(분자 오비탈 이론에서 이것은 전자쌍이 네 구성 원자들의 2p 원자 오비탈로부터 생성된 분자 오비탈에 존재하는 것에 해당한다). 질산 이온에 대한 3가지 구조는 각각 3개의 Lewis 구조에 의해 나타낼 수 있으며, 각 도표에서 이중 결합의 위치는 서로 다르다(그림 3.5).

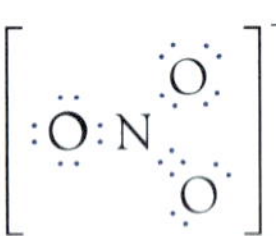

그림 3.5 질산 이온의 세 가지 공명 구조

세 번째 접근법은 부분적 결합 차수를 나타내기 위해서 점선을 사용한 구조식을 사용하는 것이다(그림 3.6). 이 경우 이중 결합은 3개의 결합에 의해 공유되기 때문에 평균 결합 차수는 1이 된다. 이 표현 방법은 세 가지 중에서 가장 좋은 방법이다. 이러한 표현은 세 결합이 동등하며, 각각은 1과 2 사이의 결합 차수를 가짐을 의미한다.

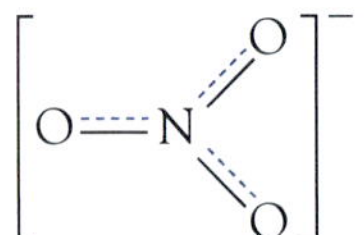

그림 3.6 질산 이온에 대한 부분적 다중 결합성의 표기

3.3 형식 전하

산화 이질소와 같이 어떤 경우에는 한 가지 이상의 Lewis 구조를 그릴 수 있는 경우도 있다. 산화 이질소 N_2O는 질소를 중심 원자로 갖는 비대칭 선형 분자로 알려져 있지만, 여러 가지 가능한 Lewis 구조를 그릴 수 있다. 그중 세 가지를 그림 3.7에 나타내었다.

이 구조들 중에서 현실성이 없는 구조를 찾아내기 위해서는 **형식 전하**(*formal charge*) 개념을 사용하여야 한다. 형식 전하를 구하기 위해서는 결합 전자를 구성 원자들 사이에 동등하게 할당하고, 각 원자에 할당된 전자수와 원래의 원자가 전자수를 비교한다. 모든 차이점은 전하의 부호에 의해 구분된다(그림 3.8). 예를 들면, 구조 (*a*)에서 왼쪽에 있는 질소 원자에는 6개의 전자가 할당되었다. 원래 질소 원자는 5개의 원자가 전자를 갖는다. 그러므로 이 경우의 형식 전하는 (5 − 6), 즉 −1이다. 가운데에 있는 질소 원자는 4개의

:N::N::O: :N:::N:O: :N:N:::O:

(*a*) (*b*) (*c*)

그림 3.7 산화 이질소 분자에 대한 세 가지 전자점 도표

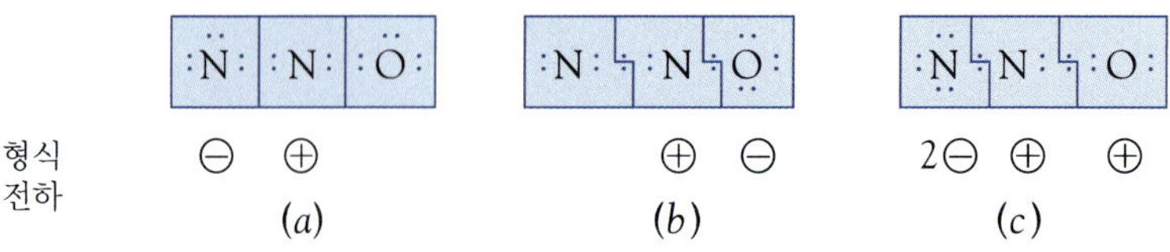

그림 3.8 산화 이질소 분자에 대한 세 가지 전자점 도표에 할당되는 형식 전하

전자가 할당되었으므로 (5－4), 즉 ＋1의 형식 전하를 갖는다. 산소 원자는 자유 원자와 같은 수의 전자를 갖기 때문에 형식 전하는 (6－6), 즉 0이다.

형식 전하의 개념에 따르면, 가장 낮은 에너지를 갖는 구조는 원자들이 가장 낮은 형식 전하를 갖는 구조이다. 그러므로 산화 이질소의 경우에서 일단 구조 (*c*)는 배제되고, 구조 (*a*)와 (*b*)는 동일한 형식 전하를 갖지만 다른 배치를 나타낸다. 가장 좋은 표현 방법은 이 두 가지 구조를 공명 구조로 나타내는 것이다. 이 공명의 형태는 그림 3.9에 나타낸 것처럼 부분적 결합으로 나타내는 것이 가장 좋다. 만약 이 두 공명 구조가 동일하게 기여한다면 NN의 결합 차수는 $2\frac{1}{2}$, NO의 결합 차수는 $1\frac{1}{2}$이 되는데, 이 값은 측정된 결합 길이로부터 예상되는 값과 잘 일치한다.

N N O

그림 3.9 산화 이질소 분자의 부분적 결합 차수

3.4 원자가 껍질 전자쌍 반발 규칙

Lewis 구조는 가능한 분자 구조를 유도해 내기 위해 사용될 수 있다. 이를 위해서 결합에 대해서는 아무것도 알려주는 것이 없지만, 분자 구조를 예측하는 데에는 놀랄 정도로 효과적인 아주 간단한 규칙을 사용할 수 있다. 이 규칙은 **원자가 껍질 전자쌍 반발 규칙**(*valence shell electron pair repulsion rules*, VSEPR 규칙)으로 알려져 있고, 전자 지배(electron domain, ED) 모형이라고도 한다.

VSEPR 규칙에 따르면, 중심 원자의 최외각 에너지 준위를 점유한 전자쌍들 간의 반발력은 이들 전자쌍들을 가능한 한 기하학적으로 서로 멀리 떨어져 위치하게 만든다고 가정한다. 이 이론의 목적을 위하여 s, p, d 오비탈 간의 에너지 차이는 무시하고, 단지 축퇴되어 있는 상태만 고려한다. 원자가 전자로 부르는 것은 대개가 바로 이 최외각 전자들이다. VSEPR 개념은 개념적으로 많은 결점이 있지만, 분자 구조를 예측하는 데에는 효과적인 방법이다.

VSEPR 규칙은 중심 원자 주위에 있는 전자들의 배치와 관련된 것이다. 이 전자 배치는 단일 결합에 대한 1개의 전자쌍, 이중 결합에서의 2개의 전자쌍, 삼중 결합에서의 3개의 전자쌍, 고립 전자쌍, 그리고 아주 드문 경우이지만 홀전자로 이루어질 수 있다. 구조를 간단하게 나타내기 위하여 분자의 기하학적 도표에서는 단지 중심 원자에 대한 고립 전자쌍만 표시된다. 이어지는 절에서는 각각의 일반적인 배치에 대해 차례대로 살펴볼 것이다.

선형 기하 구조

모든 이원자 분자나 이온은 선형 기하 구조를 갖는다. 그러나 삼원자 분자나 이온 중에서도 선형 기하 구조를 갖는 것들이 있다. 가장 자주 사용되는 예는 염화 베릴륨(beryllium chloride)이다. 이 화합물은 실온에서 고체상의 복잡한 구조를 갖지만, 끓는점인 820°C 이상으로 가열하면 단순한 삼원자 분자를 형성한다. Lewis 구조에 따르면, 베릴륨에 있는 두 개의 최외각 전자들은 각 염소 원자에 있는 한 개의 전자와 쌍을 이루어, 베릴륨 중심 원자 주위에 두 개의 전자쌍을 형성한다. 중심 원자 주위에는 오직 2개의 전자쌍만 있으므로 이들의 각도가 180°일 때 가장 멀리 떨어져 있게 된다. 따라서 이 분자는 선형이 될 수밖에 없다(그림 3.10).

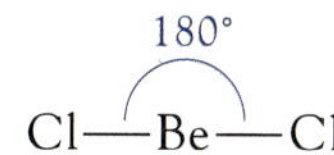

그림 3.10 기체 상태의 염화 베릴륨 분자에 대해 예상되는 기하 구조와 실제 구조

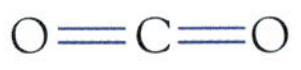

O═C═O

그림 3.11 이산화 탄소 분자에 대해 예상되는 기하 구조와 실제 구조

2개의 전자쌍을 가지는 분자의 또 다른 예는 이산화 탄소이다. 양쪽의 탄소-산소 결합은 2개의 전자쌍을 갖지만, 각각의 이중 결합은 단지 한 가지 전자 배치를 나타내는 것이다(그림 3.11). 따라서 이산화 탄소 분자는 선형이다.

삼각 평면 기하 구조

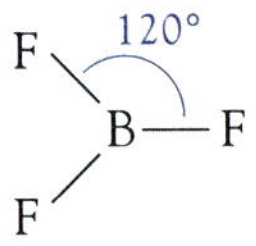

그림 3.12 트라이플루오린화 붕소 분자에 대해 예상되는 기하 구조와 실제 구조

트라이플루오린화 붕소는 삼각 평면 기하 구조의 일반적인 예이다. 붕소 원자에 있는 3개의 최외각 전자와 각 플루오린 원자에 있는 1개의 전자가 쌍을 이루어 3개의 전자쌍을 형성한다. 이 3개의 전자쌍들이 최대로 멀리 떨어지기 위해서 그림 3.12에 나타낸 것처럼 각각의 전자쌍들 간의 각도는 120°가 되어야 한다.

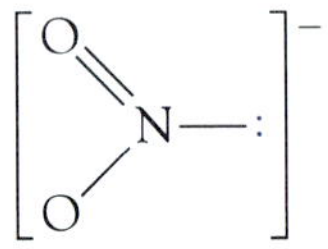

그림 3.13 아질산 이온에 대해 예상되는 기하 구조와 실제 구조

아질산 이온은 중심 원자에 1개의 고립 전자쌍을 포함하는 화학종의 좋은 예이다. 질소 원자 주위의 전자쌍 배치는 삼각 평면이다(그림 3.13). 그러나 실험을 통해서는 고립 전자쌍들을 찾을 수 없다. 그러므로 실제로 관찰할 수 있는 분자 구조는 V형(또는 각진 형이나 굽은형)이다. VSEPR 규칙에 따르면, 고립 전자쌍이 존재하지 않는다면 분자는 선형이 될 것이므로, 고립 전자쌍이 세 번째 자리를 차지해야 한다. 3개의 전자군을 갖는 중심 원자가 이룰 수 있는 구조는 표 3.1에 주어져 있다.

고립쌍을 포함하는 많은 분자와 이온은 이론적인 기하 구조에서의 결합각과는 다른 결합각을 갖는다. 예를 들면, O−N−O 결합각은 이론값인 120°보다 작은 115°이다. 여기에 대한 이유는 고립 전자쌍이 결합 전자쌍보다 더 많은 공간을 차지하기 때문이라고 설명할 수 있다. 이 개념을 일련의 이온들과 분자들을 사용하여 알아보자. 오직 2개의 전자군을 갖는 나이트릴 이온, NO_2^+는 선형이다(그림 3.14*a*). 3개의 전자군(하나는 "홀수" 전자)을 갖는 중성 이산화 질소 분자, NO_2는 O−N−O 결합각이 134°이다(그림 3.14*b*). 1개의 홀전자 대신 한 개의 고립 전자쌍을 갖는 아질산 이온, NO_2^-의 결합각은 115°로 측정되었다(그림 3.14*c*). 따라서 실험을 통해서 고립 전자쌍을 관찰할 수는 없지만, 이들은 분자 구조를 결정할 때 중요한 역할을 하는 것은 틀림없는 사실이다.

사면체 기하 구조

모든 분자에 대해 가장 일반적인 기하 구조는 사면체 구조이다. 4개의 전자쌍을 가능한 한 멀리 떨어지게 위치시키기 위해서, 분자들은 결합각이 109.5°를 이루는 이 특정한 3차원 기하 구조를 택하게 된다. 가장 간단한 예는 그림 3.15에 나타낸 유기 화합물 메테인

표 3.1 삼각 평면 기하 구조를 갖는 분자와 이온

결합 전자쌍	고립 전자쌍	구조
3	0	삼각 평면
2	1	V

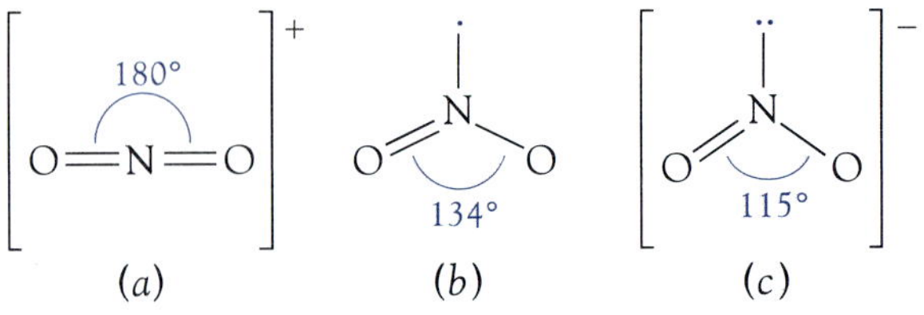

그림 3.14 나이트릴 이온(NO_2^+), 이산화 질소 분자(NO_2), 그리고 아질산 이온(NO_2^-)의 실제 구조

표 3.2 사면체 기하 구조를 갖는 분자와 이온

결합 전자쌍	고립 전자쌍	구조
4	0	사면체
3	1	삼각뿔
2	2	V

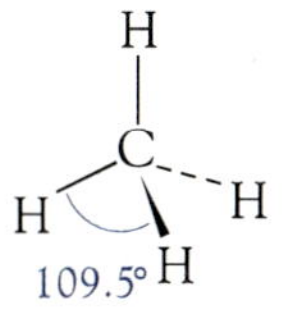

(CH_4)이다. 3차원 구조를 2차원의 종이 위에 나타내기 위하여, 종이면 위 방향으로의 결합은 쐐기 표시를 사용하고, 종이면 아래 방향으로 결합은 점선으로 나타낸다.

암모니아는 사면체의 기하 구조와 한 개의 고립 전자쌍을 가진 가장 간단한 분자의 예이다. 그러므로 암모니아 분자의 구조는 삼각뿔이다(그림 3.16). 앞에서의 아질산 이온의 예와 마찬가지로, H−N−H의 결합각은 107°로, 이론값인 109.5°보다는 약간 더 작다.

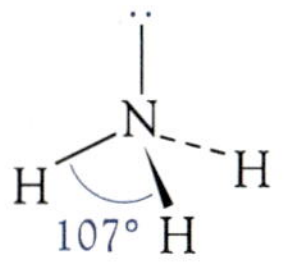

2개의 고립 전자쌍을 갖는 분자 중에서 가장 자주 접하는 분자는 물 분자이다(그림 3.17). V형의 분자에서 H−O−H의 결합각은 109.5°보다 더 많이 줄어들어 104.5°를 이룬다. 4개의 전자군을 가지는 중심 원자에 대한 구조는 표 3.2에 나타내었다.

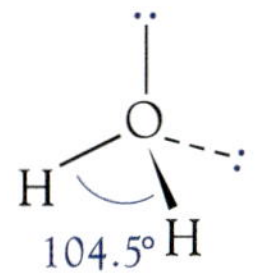

그림 3.15 메테인 분자에 대해 예상되는 기하 구조와 실제 구조

그림 3.16 암모니아 분자의 실제 기하 구조

그림 3.17 물 분자의 실제 기하 구조

삼각 쌍뿔 기하 구조

2주기 이상의 원자들이 분자 내에서 중심의 위치를 차지할 때에는 4개 이상의 전자쌍을 가질 수 있다. 중심 원자 주위에 5개의 전자쌍을 가지는 예는 기체상의 오염화 인이다(그림 3.18). 이 기하 구조는 같은 기하 구조 내에서 서로 다른 결합각을 갖는 기하 구조이다. 즉, 수평면에 놓이는 3개의 결합은 삼각 평면을 형성하므로 120°의 각을 이룬다. 그리고 축상에 놓이는 2개의 결합은 이 삼각 평면과 90°의 각도를 이룬다.

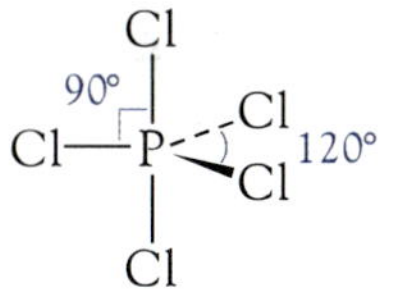

테트라플루오린화 황(sulfur tetrafluoride)은 삼각 쌍뿔 구조와 1개의 고립 전자쌍을 갖는 분자에 대한 예이다. 이 고립 전자쌍의 위치는 두 가지가 가능하다. 즉, 축상의 두 곳 중의 한 위치와(그림 3.19*a*) 삼각 평면의 세 자리 중의 하나를 차지할 수 있다(그림 3.19*b*). 고립 전자쌍의 위치에 대해서는 일반적으로 2개의 법칙이 적용된다. 첫째, 고립 전자쌍은 가능한 한 서로 멀리 떨어진 곳에 위치한다. 둘째, 고립 전자쌍은 결합 전자쌍과도 가능한 한 멀리 떨어진 곳에 위치한다. 테트라플루오린화 황은 한 개의 고립 전자쌍만을 가지므로 두 번째 규칙만 적용하면 된다. 만약 고립 전자쌍이 축상의 자리를 차지한다면, 3개의 결합 전자쌍과는 90°를 이루고, 1개의 결합 전자쌍과는 180°를 이루게 된다. 그러나 고립 전자쌍이 삼각 평면에 놓인다면 2개의 결합 전자쌍과는 90°를 이루고, 또 다른 두 개의 공유 결합 전자쌍과는 120°를 이룬다. 최적의 위치를 제공하는 것은 시소(seesaw) 모양인 두 번째 것이다. 이 배치는 결합각 측정에 의해 확인되었다. 측정된 각에서 축상에 있는 플루오린 원자들은 고립 전자쌍으로부터 90°보다 더 떨어진 93.5° 정도로 구부러져 있다. 더욱 놀라운 사실은 고립 전자쌍의 영향 때문에 삼각 평면에서의 F−S−F 결합각이 120°에서 103°로 줄어든다는 것이다(그림 3.20).

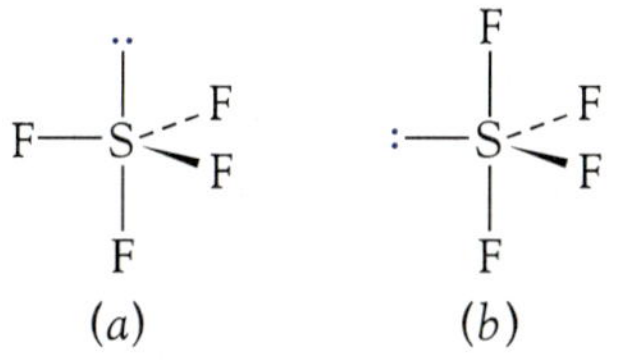

2개의 고립 전자쌍을 갖는 삼각 쌍뿔 구조의 예로는 트라이플루오린화 브로민(bromine trifluoride) 분자를 들 수 있다(그림 3.21). 2개의 고립 전자쌍이 모두 삼각 평면에 놓일 때 전자 간의 반발력은 최소가 된다. 그러므로 이 분자는 T자형의 구조를 갖는다. 그러나 축상에 놓인 플루오린 원자는 수직선으로부터 굽어져 $F_{축상}-Br-F_{적도방향}$ 각은 86°에 불과하다.

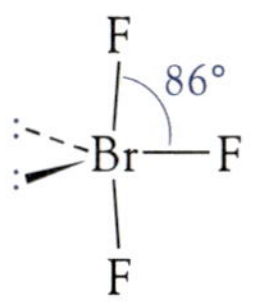

3개의 고립 전자쌍과 삼각 쌍뿔 구조를 갖는 분자는 많이 있다. 이들 중의 하나는 다

그림 3.18 기체 상태의 오염화 인 분자에 대해 예상되는 기하 구조와 실제 구조

그림 3.19 테트라플루오린화 황 분자의 가능한 기하 구조. (*a*) 고립 전자쌍이 축상에 놓인 구조. (*b*) 고립 전자쌍이 삼각 평면 내에 놓인 구조

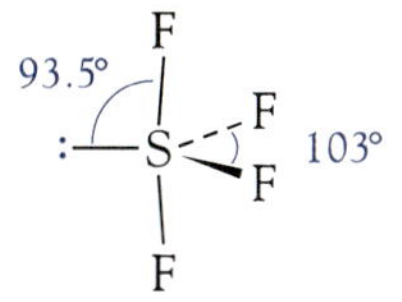

그림 3.20 테트라플루오린화 황 분자의 실제 기하 구조

그림 3.21 트라이플루오린화 브로민 분자의 실제 기하 구조

표 3.3 삼각 쌍뿔 기하 구조를 갖는 분자와 이온

결합 전자쌍	고립 전자쌍	구조
5	0	삼각 쌍뿔
4	1	시소
3	2	T
2	3	선형

그림 3.22 다이플루오린화 제논 분자에 대해 예상되는 기하 구조와 실제 구조

이플루오린화 제논(xenon difluoride) 분자이다(그림 3.22). 3개의 고립 전자쌍은 삼각 평면상의 위치를 차지한다. 따라서 관찰되는 분자 구조는 선형이다. 삼각 쌍뿔 기하 구조를 갖는 분자와 이온들의 구조는 표 3.3에 주어져 있다.

팔면체 기하 구조

6개의 전자군을 갖는 분자의 일반적인 예는 헥사플루오린화 황(sulfur hexafloride)이다. 가장 넓게 퍼지는 배치는 모든 결합이 90°의 각도를 이루는 팔면체 구조이다(그림 3.23).

그림 3.23 헥사플루오린화 황 분자에 대해 예상되는 기하 구조와 실제 구조

펜타플루오린화 아이오딘(iodine pentafloride)은 중심 원자 주위에 5개의 전자군과 한 개의 고립 전자쌍을 갖는 분자의 대표적인 예이다. 이론적으로 모든 각은 동등하기 때문에, 고립 전자쌍은 어떤 자리라도 차지할 수 있다(그림 3.24). 따라서 이 분자는 사각뿔 구조를 이룬다. 그러나 실험을 통한 측정에서는 사각 평면 내에 위치하는 4개의 플루오린 원자들이 평면에서 약간 위로 치우쳐 있는 것으로 나타났다. 따라서 $F_{축상}-I-F_{적도방향}$ 결합각은 82°밖에 되지 않는다. 이러한 결과는 고립 전자쌍이 결합 전자쌍보다 더 큰 공간을 차지한다는 사실을 다시 한 번 확인시켜 준다.

그림 3.24 펜타플루오린화 아이오딘 분자의 실제 기하 구조

마지막으로 테트라플루오린화 제논(xenon tetrafluoride)은 제논 중심 원자 주위에 4개의 결합 전자쌍과 2개의 고립 전자쌍을 가지는 대표적인 분자 중의 하나임이 밝혀졌다. 고립 전자쌍들은 분자 내에서 서로 마주보는 위치를 차지하므로, 4개의 플루오린 원자들은 사각 평면 배치를 이루게 된다(그림 3.25). 팔면체 기하 구조를 가지는 분자들과 이온들은 표 3.4에 주어져 있다.

그림 3.25 테트라플루오린화 제논 분자에 대해 예상되는 기하 구조와 실제 구조

6개 이상의 결합을 갖는 구조

지금까지 이 장에서는 비금속과 준금속을 포함하는 화합물에 존재하는 공유 결합을 강조하였다. 아직까지 우리는 이 책을 모두 공부하지는 않았지만, 중심 원자가 금속인 다원자 이온과 같은 금속을 포함하는 화합물에서도 공유 결합은 매우 중요하다. 예를 들면, 과망가니즈산 이온, MnO_4^-는 4개의 산소 원자와 공유 결합을 하고 있는 망가니즈를 포함한다. 이 절에서는 6개 이상의 공유 결합을 하고 있는 금속 중심의 분자와 다원자 이온을 다룬다.

중심 원자 주위에 7개 이상의 원자가 배열되려면 중심 원자/이온은 어느 정도 크기가

표 3.4 팔면체 기하 구조를 갖는 분자와 이온

결합 전자쌍	고립 전자쌍	구조
6	0	팔면체
5	1	사각뿔
4	2	사각 평면

있어야 하고, 주위의 원자나 이온은 아주 작아야 한다. 예를 들면, 란타넘족(III) 이온(일반적인 기호 Ln^{3+})은 이온 주위에 9개의 물 분자가 배열될 수 있을 만큼 충분히 큰 이온($[Ln(OH_2)_9]^{3+}$)이다.

MX_7 화학종에서는 세 가지의 가능한 기하 구조, 즉 오각 쌍뿔 구조, 모자쓴 삼각 프리즘 구조, 그리고 모자쓴 팔면체 구조를 예측할 수 있기 때문에 매우 흥미롭다. 오각 쌍뿔 구조는 수평면상에서 5개의 결합을 가지는 것을 제외하고는 삼각 쌍뿔 및 팔면체 구조와 비슷하다. 모자쓴 삼각 프리즘 구조는 중심 원자 위의 삼각형 배열에 3개의 원자를 가지고, 중심 원자 아래의 정사각형 구조에 4개의 원자를 갖는다. 모자쓴 팔면체 구조는 3개의 결합이 90°에서 벗어나 위쪽으로 걸쳐져 있고, 그 속에 7번째 결합이 삽입된 구조이다.

이 세 가지 구조 모두가 발견되었기 때문에, 이들 구조는 상대적인 에너지와 원자의 공간적 배치 면에서 거의 동등하게 선호되는 구조이다. 플루오린화 우라늄(V) 이온, UF_7^{2-}은 오각 쌍뿔 구조(그림 3.26*a*)를 취하는 반면에, 플루오린화 나이오븀(V) 이온, NbF_7^{2-}은 모자쓴 삼각 프리즘 구조(그림 3.26*b*)를 취하고, 헥사플루오린화 제논, XeF_6은 기체 상태에서 모자쓴 팔면체 구조(그림 3.26*c*)를 취한다.

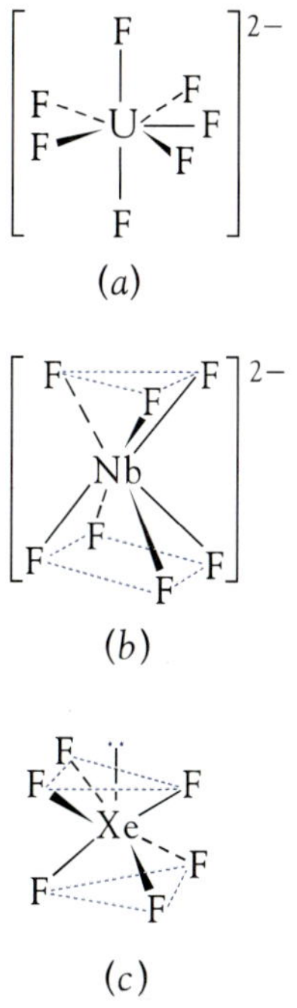

(*a*)

(*b*)

(*c*)

그림 3.26 (*a*) UF_7^{2-} 이온의 오각 쌍뿔 구조. (*b*) NbF_7^{2-} 이온의 모자쓴 삼각 프리즘 구조. (*c*) XeF_6 분자의 모자쓴 팔면체 구조.

예제 3.2

ICl_2^-의 구조를 예측하시오.

해답

아이오딘이 중심 원자가 될 것이다.

아이오딘 원자로부터 7개, 2개의 염소 원자로부터 각각 7개씩, 그리고 음이온의 전하로부터 1개의 전자가 존재하므로 총 전자수는 22개이다.

2개의 I−Cl 결합에 대해 전자쌍이 필요하고, 각각의 염소 원자에는 3개의 전자쌍이 추가된다. $[22 - (2 \times 2 + 2 \times 6)] = 6$개의 전자가 남게 된다.

이 6개의 전자는 중심의 아이오딘 원자에 3개의 고립 전자쌍을 제공한다.

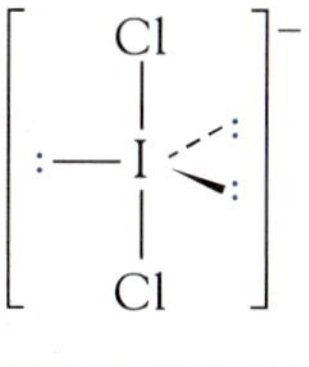

기하 구조는 삼각 쌍뿔 기하 구조를 기초로 하여 3개의 고립 전자쌍이 수평 자리에 들어가고 2개의 염소 원자는 수직 자리를 차지한다.

3.5 원자가 결합 개념

원자가 결합 개념은 결합이 이웃한 원자들 간의 전자가 쌍을 이루기 때문에 일어난다는 Lewis의 개념을 기초로 하고 있다. Linus Pauling은 이 Lewis 접근법을 양자 역학적 환경에 적용시켜서 그 결과(원자가 결합 개념)를 제시하였다. 오늘날 이 이론은 이전보다는 훨씬 사용되는 정도가 줄었지만, 그 개념은 여전히 적용되고 있으며, 특히 유기 화학에서는 유용하게 사용되고 있다. 19.6절에서는 전이 금속 화합물의 결합에도 적용될 수 있음을 알게 될 것이다.

원자가 결합 방법의 원리는 다음과 같은 설명으로 요약할 수 있다.

1. 공유 결합은 이웃한 원자들에 있는 홀전자가 쌍을 이루기 때문에 생긴다.

2. 짝진 전자의 스핀은 서로 반대(하나는 위로 하나는 아래로)여야 한다.
3. 최대의 결합 생성을 위해 각 원자는 충분한 홀전자를 제공하여야 하며, 결합이 생성되는 동안 전자들은 비어 있는 오비탈을 채우기 위하여 들뜰 수 있다.
4. 분자의 구조는 중심 원자의 오비탈이 향하는 방향대로 나타난다.

오비탈의 혼성화

원자가 결합 방법을 사용하여 Schrödinger 파동 방정식을 푸는 과정에서, 원래의 원자 오비탈들은 알려진 기하 구조에 더 적합하게 만드는 혼성 오비탈로 조합된다. 좋은 예는 암모니아 분자 NH_3이다. 중심의 질소 원자에 있는 3개의 2p 홀전자가 사용된다고 가정하자. 위의 4번 설명에 따르면 수소 원자와의 결합은 $2p_x$, $2p_y$, $2p_z$ 결합 오비탈의 축을 따라 일어나야 한다. 즉, 수소 원자들은 서로 90°가 되게끔 떨어져야 한다. 암모니아에서 실제 결합각은 107°로 측정되었다. 이 화합물과 다른 공유 결합 화합물들에 대한 결합각에서 이론값과 측정값 간의 근본적인 차이를 설명하려면 **오비탈 혼성화**(*orbital hybridization*) 개념을 도입하여야 한다.

오비탈의 혼성화 개념은 한 원자(보통 분자의 중심 원자)의 원자 오비탈에 대한 파동 함수가 결합을 형성하는 동안에 혼성 오비탈을 형성하기 위해 섞일 수 있다고 가정한다. 이 이론에 따르면, 이러한 혼성 오비탈의 전자들은 여전히 주개 원자의 성질을 가진다. 만약 s 오비탈의 파동 함수 1개와 하나 이상의 p 오비탈의 파동 함수가 결합하면, 그림 3.27에 나타낸 것과 같은 혼성 오비탈들이 생성된다. 이러한 혼성 오비탈은 s 오비탈의 파동 함수와 '혼합된' p 오비탈이 1개, 2개, 또는 3개인 파동 함수에 따라 sp, sp^2, sp^3의 기호로 나타낸다. 이들 오비탈은 특정한 방향으로 배향되고, 구형의 s 오비탈이나 2개의 귓불을 갖는 p 오비탈보다 다른 원자의 오비탈과 더 잘 겹쳐져야 한다. 이와 같이 겹침이 증가한다는 것은 그 파동 함수가 더 잘 혼합되어서 보다 강한 공유 결합을 형성한다는 것을 의미한다.

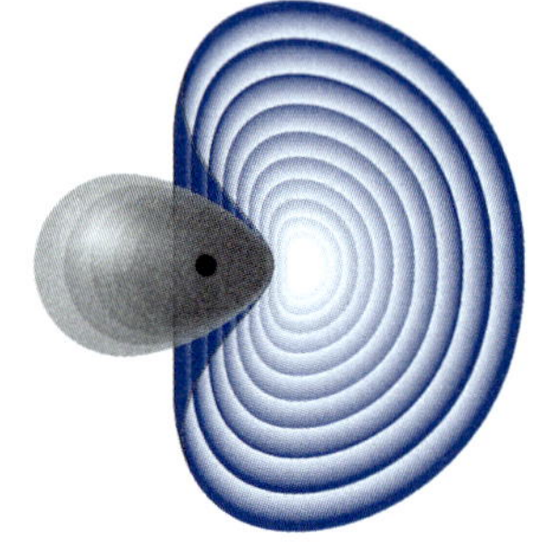

그림 3.27 s와 p 오비탈의 결합을 포함하는 혼성 오비탈의 90% 확률 표면. 작은 귓불의 검은 점은 핵의 위치를 나타낸다.

생성된 혼성 오비탈의 수는 파동 함수의 혼성에 포함된 원자 오비탈 수의 합과 같을 것이다. s, p, d 오비탈도 혼성을 일으킬 수 있지만, 오늘날 이론 화학자들은 d 오비탈이 공유 결합에 기여하는 정도는 아주 적다고 주장한다. 그렇지만 간단한 결합 접근법의 경우 중심 원자가 4개 이상의 이웃 원자를 가질 때, d 오비탈도 분자의 구조에 영향을 미친다고 가정하는 것이 유용하다. 사용된 오비탈의 수, 혼성 오비탈의 기호, 그리고 생성되는 분자의 기하 구조는 표 3.5에 나타내었다.

트라이플루오린화 붕소 분자를 예로 들어 혼성화를 설명하여 보자. 붕소 원자는 $[He]2s^22p^1$의 전자 배치를 갖는다(그림 3.28*a*). 2s 전자 중 하나가 2p 오비탈로 이동한다

표 3.5 여러 가지 분자 기하 구조에 대한 혼성 오비탈의 수와 혼성화 형태

오비탈			혼성화 형태	혼성 오비탈의 수	분자의 기하 구조
s	p	d			
1	1	0	sp	2	선형
1	2	0	sp^2	3	삼각 평면
1	3	0	sp^3	4	사면체
1	3	1	sp^3d	5	삼각 쌍뿔
1	3	2	sp^3d^2	6	팔면체

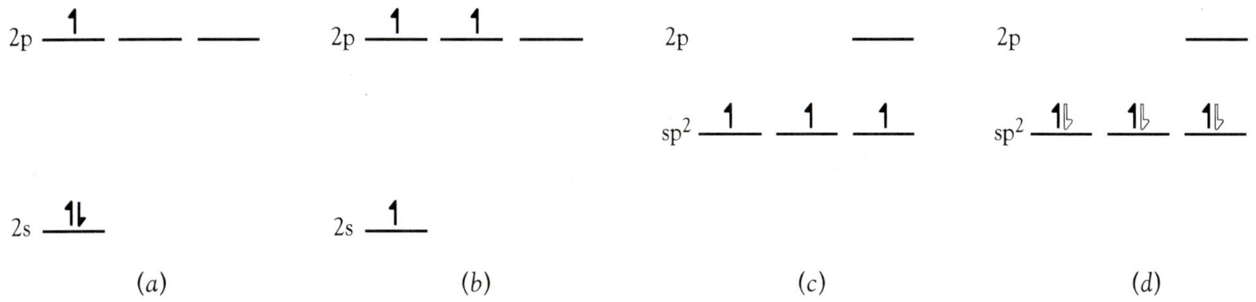

2p 1 ___ ___ | 2p 1 1 ___ | 2p ___ | 2p ___
sp² 1 1 1 | sp² 1⇂ 1⇂ 1⇂
2s 1⇂ | 2s 1

(a) (b) (c) (d)

그림 3.28 트라이플루오린화 붕소에 적용된 혼성 오비탈 형성의 개념. (*a*) 자유 원자의 전자 배치. (*b*) 2s 오비탈에서 2p 오비탈로의 전자 이동. (*c*) 3개의 sp^2 혼성 오비탈 형성. (*d*) 붕소의 전자와 플루오린 원자의 세 전자(열린 반화살표)와의 쌍 형성

고 가정해 보자(그림 3.28*b*). 그런 다음 각각 1개의 전자를 가지고 있는 세 오비탈의 파동 함수가 혼합되어, 낮은 에너지를 갖는 3개의 동등한 sp^2 혼성 오비탈을 형성한다(그림 3.28*c*). 이들 오비탈은 서로 120°의 방향으로 배향되고, 1개의 전자로 채워진 각 플루오린 원자의 2p 오비탈과 겹침으로써 3개의 σ 공유 결합을 형성한다(그림 3.28*d*). 이러한 설명은 실험적으로 관찰되는 각각 120°의 각을 형성하여 삼각 평면 기하 구조를 이루는 동등한 붕소-플루오린 결합과 잘 일치한다.

이산화 탄소 분자는 채워져 있는 오비탈이 전부 혼성화되는 것은 아니라는 사실을 보여주는 대표적인 분자이다. 탄소 원자의 전자 배치 $[He]2s^22p^2$(그림 3.29*a*)가 $[He]2s^12p^3$(그림 3.29*b*)로 바뀐다고 가정하자. 그런 다음 s 오비탈과 p 오비탈 중의 하나가 혼성화된다(그림 3.29*c*). 생성되는 sp 혼성 오비탈은 서로 180°로 분리되어 있고, 이들은 각 산소 원자의 2p 오비탈과 겹쳐서 1개의 σ 결합을 만들고 선형 구조를 갖게 된다. 이 과정은 탄소 원자의 다른 두 2p 오비탈에 각각 1개의 전자를 남기게 된다. 각각의 p 오비탈은 1개의 전자로 채워진 산소 원자의 2p 오비탈과 측면으로 겹쳐져서 두 산소 원자와 각각 π 결합을 형성한다(그림 3.29*d*). 따라서 혼성화 개념은 이산화 탄소 분자의 선형 구조와 두 탄소-산소 이중 결합의 존재를 설명하기 위해 사용될 수 있다.

혼성화 개념의 한계

지금까지의 내용을 정리하면, 혼성 오비탈의 형성은 특정한 분자 구조를 설명하는 데 성

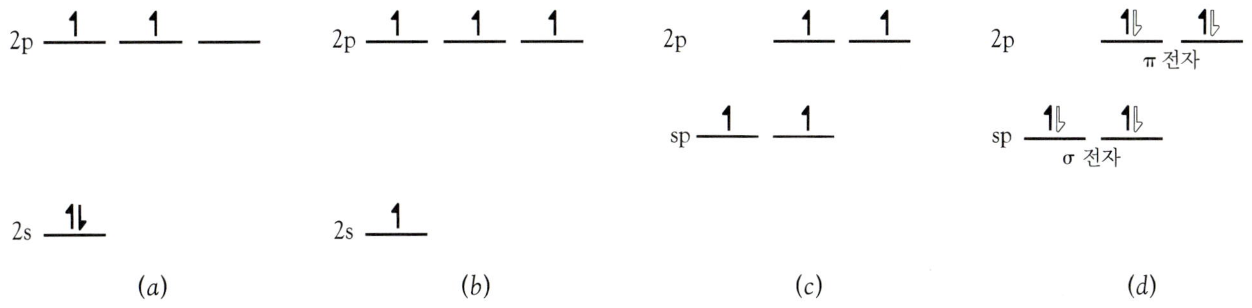

2p 1 1 ___ | 2p 1 1 1 | 2p 1 1 | 2p 1⇂ 1⇂ (π 전자)
sp 1 1 | sp 1⇂ 1⇂ (σ 전자)
2s 1⇂ | 2s 1

(a) (b) (c) (d)

그림 3.29 이산화 탄소에 적용된 혼성 오비탈 형성의 개념. (*a*) 자유 탄소 원자의 전자 배치. (*b*) 2s 오비탈에서 2p 오비탈로의 전자 이동. (*c*) 2개의 sp 혼성 오비탈 형성. (*d*) 탄소의 전자와 산소의 네 전자(열린 반화살표)와의 쌍 형성

공적으로 사용될 수 있다. 그러나 혼성화는 파동 함수를 수학적으로 너무 단순하게 다룬 것이고, 이것이 실제로 생긴다는 증거는 없다. 또한 혼성화 개념은 예측의 수단이 아니다. 즉, 분자 구조가 실제로 확인된 분자에만 혼성화 개념을 사용할 수 있다.

3.6 분자 오비탈에 대한 소개

1장에서 우리는 원자의 양자 역학적 모형이 원소들의 성질과 경향성을 이해하는 데 가장 좋은 수단을 제공함을 알았다. 예를 들면, 주기율표의 기본 구조는 s, p, d, f 오비탈이 채워지는 방법을 통해 설명될 수 있다. 이온화 에너지 등의 성질에서 나타나는 경향성도 확률 모형과 가리움 등의 개념을 사용하면 이해할 수 있다.

원자의 성질이 원자 오비탈을 통해 가장 잘 해석될 수 있는 것처럼, 공유 결합 화합물의 성질도 분자 오비탈을 통해서 가장 잘 설명될 수 있다. 분자 오비탈에 있는 전자는 각각의 원자가 아니라 전체 분자의 성질을 갖는다. 일반 화학에서 가르치는 간단한 Lewis 전자점 표기로 이해하기 어려운 화학 결합의 양상도 분자 오비탈 이론을 사용하면 설명할 수 있다.

산소 분자

흥미롭게도 Lewis 구조의 가장 큰 단점을 드러내는 것은 가장 간단한 분자 중 하나인 산소 분자, O_2이다. 1845년 Michael Faraday는 일상적인 기체들 중에서 산소 기체만이 자기장에 끌린다는 사실을 입증하였다. 즉, 산소 분자는 상자기성이기 때문에 홀전자(2개)를 포함하여야 한다. 이후에 결합 세기에 관한 연구를 통해 산소 분자는 이중 결합을 가짐이 밝혀졌다. 그러므로 합리적인 Lewis 구조는 이 두 가지 성질을 포함하고 있어야 한다. 그러나 이 두 가지 성질을 모두 갖춘 Lewis 구조를 고안할 수는 없다. 이중 결합을 갖는 도표(그림 3.30)는 그릴 수 있지만 홀전자를 갖지는 않는다. 다른 방법으로 2개의 홀전자를 갖는 도표(그림 3.31)를 그릴 수는 있지만 단일 결합을 갖는다. 그러나 산소 분자에 대한 바닥 상태의 분자 오비탈 도표는 이중 결합과 2개의 홀전자를 갖는 것에 해당된다.

Ö::Ö

그림 3.30 이중 결합을 갖는 산소 분자에 대한 전자점 도표

·Ö:Ö·

그림 3.31 2개의 홀전자를 갖는 산소 분자에 대한 전자점 도표

시그마 오비탈

분자 오비탈 개념에 따르면, 두 원자가 서로 접근할 때 두 원자의 오비탈은 서로 겹치게 된다. 그래서 전자들은 한 원자에만 속해있는 것이 아니라 분자 전체에 속해 있게 된다. 이러한 과정을 설명하기 위해서는 두 원자에 대한 파동 함수를 조합하여 2개의 분자 오

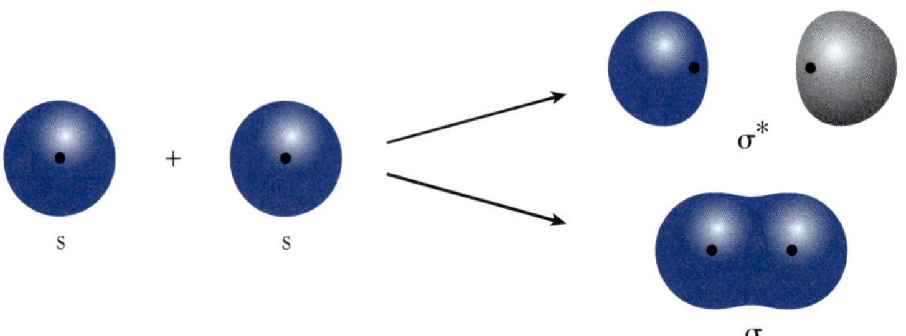

그림 3.32 σ와 σ* 분자 오비탈을 만들기 위한 두 s 원자 오비탈의 조합(Andrzej Okuniewski의 컴퓨터 그림)

비탈을 만들 수 있어야 한다. 이와 같은 공유 결합 화합물의 결합에 관한 현실적인 표현은 원자 오비탈의 선형 결합을 포함하고 있으며, **LCAO**(*linear combination of atomic orbitals*) **방법**이라고 한다.

s 오비탈이 섞이게 되면 형성되는 분자 오비탈은 σ와 σ*(시그마와 시그마 스타라고 읽는다)로 나타내게 된다. 그림 3.32는 원자 오비탈과 이로부터 형성된 분자 오비탈에 대한 간단한 전자 밀도 도표를 나타낸 것이다.

σ 오비탈에서 두 핵 사이의 전자 밀도는 독립된 두 원자들의 것에 비해 증가되어 있다. 양성인 핵과 더 높은 전자 밀도를 갖는 이 영역 사이에는 정전기적 인력이 작용하는데, 이 오비탈을 **결합성 오비탈**(*bonding orbital*)이라고 한다. 반대로 σ* 오비탈에서는 핵 사이의 전자 밀도는 감소되고, 부분적으로 노출된 핵 때문에 두 원자들 간에는 정전기적 반발력이 작용하게 된다. 그러므로 σ* 오비탈은 **반결합성 오비탈**(*antibonding orbital*)이다. 그림 3.33은 원자들이 서로 결합될 때 두 분자 오비탈의 에너지 변화를 나타낸 것이다.

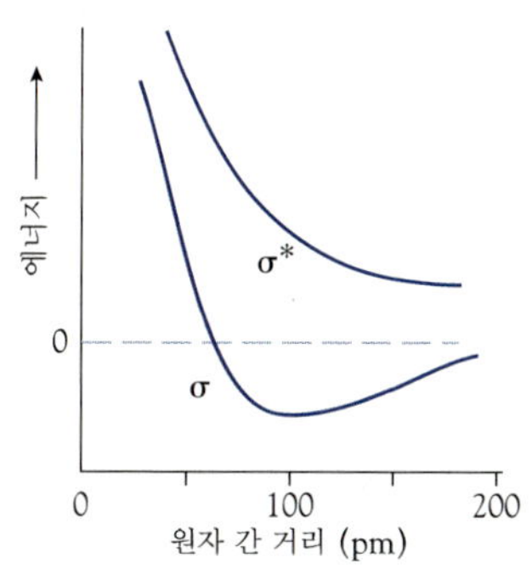

그림 3.33 두 유사 수소 원자에 대해 원자 간 거리의 함수로 나타낸 분자 오비탈 에너지

원자가 무한한 거리만큼 떨어져 있을 때에는 인력이나 반발력이 작용하지 않는다. 따라서 이러한 조건하에서 원자들은 0의 에너지 상태를 갖는 것으로 생각할 수 있다. 전자를 가진 두 원자를 결합성 오비탈로 옮겨 놓으면 정전기적 인력 때문에 에너지가 낮아진다. 이것은 전자-양성자 정전기적 인력의 결과이다. 그림 3.33에서 보는 바와 같이, 결합성 오비탈의 에너지는 두 핵 사이의 한 지점에서 최소를 나타낸다. 이 지점은 분자의 정상적 결합 길이를 나타낸다. 이 지점에서 한 원자의 전자와 다른 원자의 핵 사이의 인력은 두 핵 사이의 반발력과 균형을 이루게 된다. 원자들이 더 가까워지면 핵 간의 반발력은 더 증가하게 되므로, 결합성 오비탈의 에너지는 증가하기 시작한다.

반결합성 오비탈의 전자에 대해서는 에너지의 최소점이 존재하지 않는다. 부분적으로 노출된 핵이 서로 가까워질수록 정전기적 반발력은 계속적으로 증가한다. 분자 오비탈의 두 가지 형태를 묘사하는 다른 방법은 이들을 파동의 조합으로 고려하는 것이다. 구성 원자들의 전자 파동 함수의 겹침이 보강 간섭이면 결합 오비탈에 해당된다. 그러나 상쇄 간섭은 반결합 오비탈에 해당된다.

분자 오비탈 형성에 대한 규칙

분자 오비탈에 대해 일반적으로 다음과 같이 설명할 수 있다.

1. 오비탈들이 서로 겹치려면 겹치는 부위의 귓불의 부호는 같아야 한다.
2. 두 원자 오비탈이 혼합되면 항상 결합성과 반결합성인 2개의 분자 오비탈이 형성된다. 결합성 오비탈은 반결합성 오비탈보다 항상 더 낮은 에너지를 갖는다.
3. 원자 오비탈이 서로 섞이기 위해서는 비슷한 에너지를 가져야 한다.
4. 각 분자 오비탈은 최대로 2개의 전자를 가질 수 있는데, 이 중에서 하나는 스핀이 +1/2이고, 나머지 하나는 −1/2이다.
5. 분자의 전자 배치는 Aufbau 원리를 이용하여 가장 낮은 에너지의 분자 오비탈로부터 차례로 전자를 채워 완성할 수 있다.
6. 같은 에너지를 갖는 다른 분자 오비탈에 전자가 놓일 때에는 Hund 규칙에 따라 스핀이 평행한 배치가 가장 낮은 에너지를 가진다.
7. 이원자 분자의 결합 차수는 결합 전자쌍의 수와 반결합 전자쌍의 수의 차를 2로 나눈 값으로 정의된다.

다음 절에서는 분자 오비탈 이론을 통해 1주기 이원자 분자의 특성을 설명하고, 이어서 더 복잡한 2주기 원소들의 결합을 설명할 것이다.

3.7 1주기 이원자 분자에 대한 분자 오비탈

가장 간단한 이원자 분자는 수소 원자와 수소 이온 간에 형성되는 H_2^+ 분자 이온이다. 그림 3.34는 원자 오비탈과 이로부터 형성된 분자 오비탈의 점유율을 나타내는 에너지 준위 도표이다. 아래 첨자는 분자 오비탈이 유도된 원자 오비탈을 나타낸다. 그러므로 2개의 1s 원자 오비탈의 혼합으로 형성된 σ 오비탈은 σ_{1s}로 표기된다. 전자의 에너지는 1s 원자 오비탈에 있을 때보다 σ_{1s} 분자 오비탈에 있을 때가 더 낮다는 것을 주목해야 한다. 이것은 두 수소 핵에 대한 전자의 동시적인 인력의 결과이다. 공유 결합 형성의 추진력은 이와 같은 전체 전자 에너지의 감소이다.

수소 분자 양이온에 대한 전자 배치는 $(\sigma_{1s})^1$로 나타낸다. '정상적인' 공유 결합은 한 쌍의 전자로 이루어진다. 이수소 이온의 결합성 오비탈에는 단지 1개의 전자만 있기 때문에 결합 차수는 1/2이다. 이 이온에 대한 실험을 통해 결합 길이는 106 pm이고, 결합 세기는 255 kJ · mol^{-1}임이 밝혀졌다.

수소 분자에 대한 에너지 준위 도표는 그림 3.35에 나타내었다. 이 경우에 결합 차수는 1이다. 결합 차수가 커질수록 결합 세기는 증가하고, 결합 길이는 더 짧아진다. 그러므로 수소 분자는 이수소 양이온의 결합보다 더 짧은 결합 길이(74 pm)와 더 강한 결합

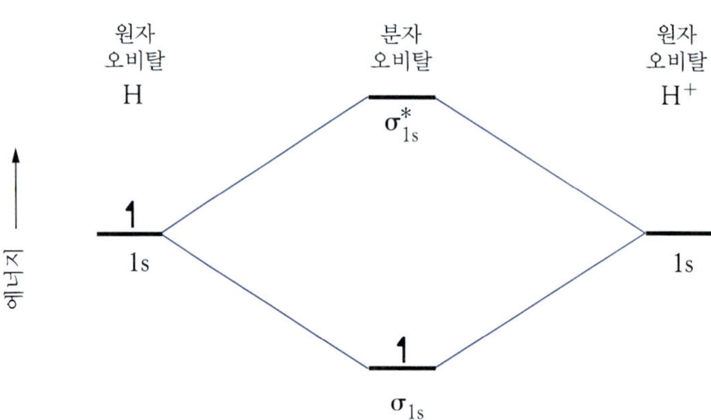

그림 3.34 H_2^+ 분자 이온에 대한 분자 오비탈 도표

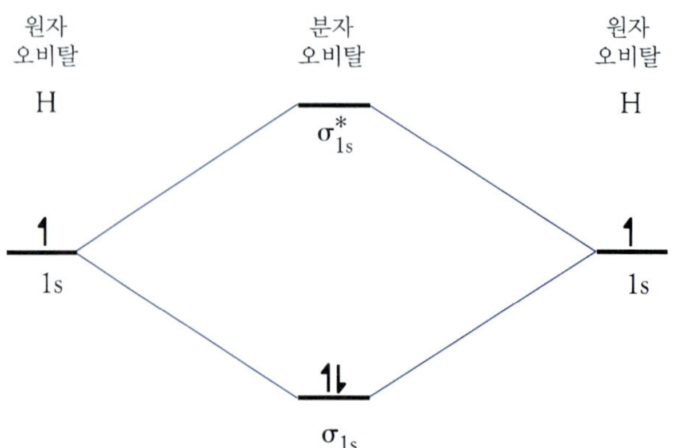

그림 3.35 H_2 분자에 대한 분자 오비탈 도표

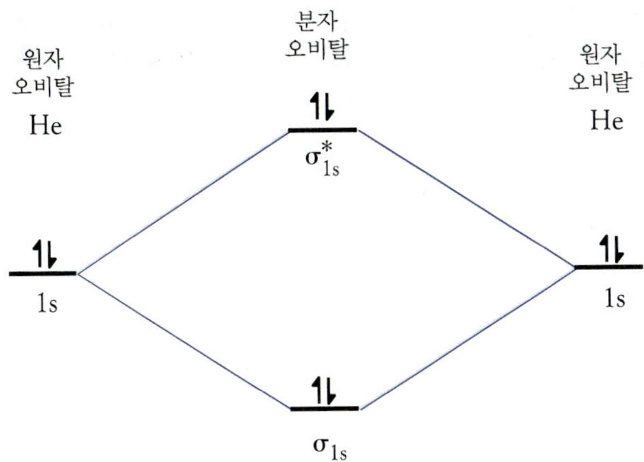

그림 3.36 (이론적인) He_2 분자의 1s 원자 오비탈에 대한 분자 오비탈 도표

($436\ kJ \cdot mol^{-1}$)을 갖는다. 이 분자의 전자 배치는 $(\sigma_{1s})^2$로 나타낸다.

He_2 분자에 대한 분자 오비탈 도표도 구성할 수 있다(그림 3.36). 분자 오비탈이 형성되면 2개의 전자는 에너지가 감소하는 반면, 2개의 전자는 에너지가 똑같은 양만큼 증가한다. 그러므로 결합 형성에 따른 에너지 감소는 없다. 이와 같은 상황은 결합 차수가 0인 상태로 표현된다. 그러므로 공유 결합은 일어날 수 없고, 따라서 헬륨은 일원자 기체이다.

예제 3.3

극단적인 조건하에서 헬륨 원자와 헬륨 이온을 결합시키면 He_2^+ 분자 이온이 된다. 이 이온의 분자 전자 배치를 적고 결합 차수를 추측하시오.

해답

헬륨 원자는 분자 오비탈에 2개의 전자를 기여하고 헬륨 양이온은 1개의 전자를 기여한다.

따라서 2개의 전자는 σ 오비탈을 채우고, 세 번째 전자는 σ* 오비탈을 채울 것이다.

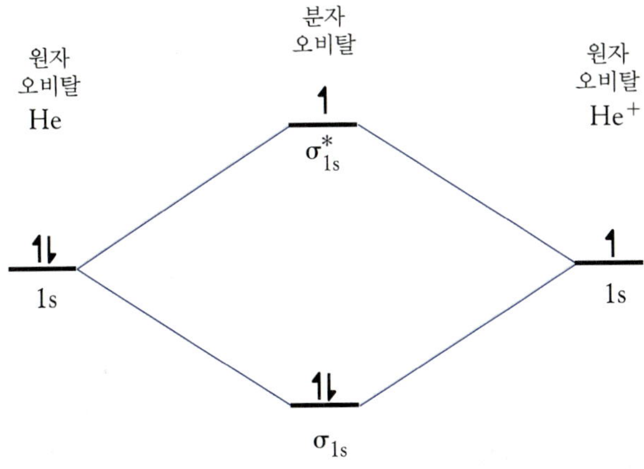

이 분자 이온의 전자 배치는 $(\sigma_{1s})^2(\sigma^*_{1s})^1$이고 결합 차수는 $(1-\frac{1}{2})$, 또는 $\frac{1}{2}$이다.

3.8 2주기 이원자 분자에 대한 분자 오비탈

새로운 주기가 시작될 때마다 내부(중심) 전자는 결합 과정과 무관하게 된다. 그러므로 2주기의 첫 번째 두 원소에 대해서는 2s 원자 오비탈에 상응하는 분자 오비탈의 에너지 도표만 구성하면 된다. 이와 같이 분자의 가장자리에 있는 최외각 오비탈을 **경계 오비탈**(*frontier orbital*)이라고 하며, 이들은 결합에 있어 항상 중요한 역할을 한다. 여기서 우리는 최고 점유 분자 오비탈(the highest occupied molecular orbitals, HOMOs)에 초점을 맞출 것이다. 화학 반응에서는 그 다음 준위인 최저 비점유 분자 오비탈(the lowest unoccupied molecular orbitals, LUMOs)도 중요하다.

초반부 2주기 원소들에 대한 분자 오비탈 도표

리튬은 2주기 원소들 중에서 가장 간단하다. 고체와 액체 상태에서의 결합은 금속성인데, 여기에 대해서는 4장에서 다룰 것이다. 기체 상태에서 리튬은 이원자 분자로 존재함이 밝혀졌다. 2s 원자 오비탈에 있던 2개의 전자가 σ_{2s} 분자 오비탈을 점유하므로 결합 차수는 1이 된다(그림 3.37). 측정된 결합 길이와 결합 에너지는 이 결합 차수와 잘 일치한다. 경계(원자가) 분자 오비탈의 점유는 $(\sigma_{2s})^2$로 나타낸다.

파이 오비탈

2주기에 있는 더 무거운 원소를 고려하기 전에, 2p 원자 오비탈로부터 생성되는 분자 오비탈을 알아보아야 한다. 이들 오비탈은 두 가지 방법으로 섞일 수 있다. 첫 번째는 p 오

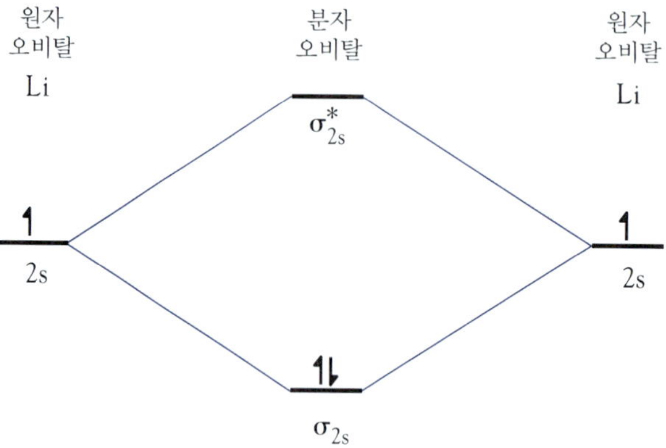

그림 3.37 Li_2(기체상) 분자의 2s 원자 오비탈에 대한 분자 오비탈 도표

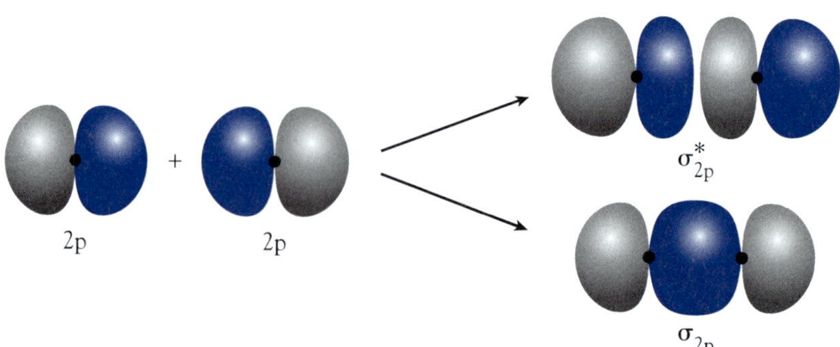

그림 3.38 σ_{2p}와 σ^*_{2p} 분자 오비탈을 형성하기 위한 두 2p 원자 오비탈의 양끝을 통한 조합(Andrzej Okuniewski의 컴퓨터 그림)

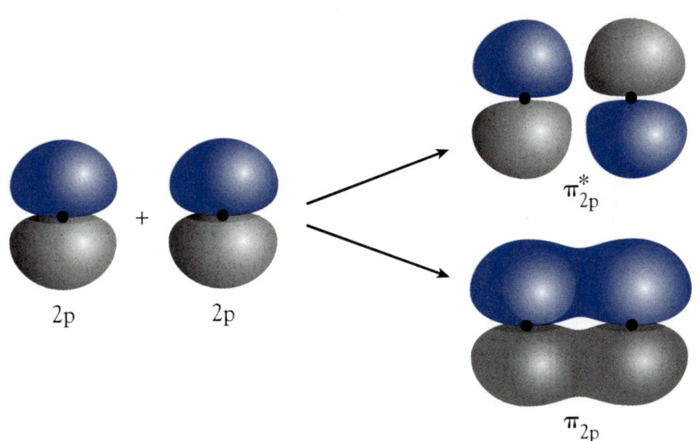

그림 3.39 π_{2p}와 π^*_{2p} 분자 오비탈을 형성하기 위한 2p 원자 오비탈의 면과 면 사이의 조합(Andrzej Okuniewski의 컴퓨터 그림)

비탈의 끝과 끝이 연결되는 것이다. 이런 배향이 일어나면 결합성 오비탈과 반결합성 오비탈이 형성되는데, 이들의 성질은 σ_{1s} 오비탈과 비슷하다. 이들 오비탈은 σ_{2p}와 σ^*_{2p} 분자 오비탈로 나타낸다(그림 3.38). 즉, σ 결합은 두 핵 중심을 연결하는 축을 따라 원자 오비탈이 겹침으로써 생성되는 결합으로 정의된다. 앞에서 설명한 것처럼, 오비탈은 귓불의 부호가 동일할 때에만 겹칠 수 있으며, 이 경우 양의 귓불끼리 겹쳤다.

다른 방법은 2p 원자 오비탈이 서로 측면으로 섞이는 것이다. 부호에 관한 사항을 만족시키려면, 겹침은 양의 귓불은 양의 귓불과 음의 귓불은 음의 귓불과 겹쳐야 한다. 이 방법으로 형성된 결합성과 반결합성 분자 오비탈은 π 오비탈로 표시된다(그림 3.39). π 오비탈에 대해 결합성 오비탈의 증가된 전자 밀도는 두 핵 사이에 있는 것이 아니라 그 핵을 포함하는 평면의 윗부분과 아랫부분에 존재한다. 그러므로 σ 결합과는 달리, π 결합은 두 핵 중심을 연결하는 축에 대해 직각으로 오비탈이 겹쳐 생성된다.

모든 원자는 3개의 2p 원자 오비탈을 갖기 때문에, 이러한 두 원자가 결합할 때에는 2p 오비탈 세트로부터 3개의 결합 오비탈과 3개의 반결합 오비탈이 생성될 것이다. 결합 방향이 z축을 따라 일어난다고 가정하면, 이 방향으로 생성된 오비탈은 σ_{2p}와 σ^*_{2p}일 것이다. 여기에 수직인 방향에서 다른 2개의 2p 원자 오비탈은 두 쌍의 π_{2p} 및 π^*_{2p} 분자 오비탈을 생성한다.

후반부 2주기 원소들에 대한 분자 오비탈 도표

결합 모형은 실험적인 관찰을 설명하기 위하여 발전되었다. 결합 길이가 짧아지고 결합 에너지가 커질수록 결합은 더 강해진다. 2주기 원소에 대한 단일 결합의 결합 에너지는 200 ~ 300 $kJ \cdot mol^{-1}$이 전형적인 값이며, 이중 결합은 500 ~ 600 $kJ \cdot mol^{-1}$, 삼중 결합은 900 ~ 1000 $kJ \cdot mol^{-1}$의 에너지를 갖는 것으로 알려져 있다. 그러므로 N_2, O_2, F_2에 대해서 분자 오비탈 모형은 표 3.6에 나타낸 측정된 결합 자료로부터 측정된 결합 차수와 반

표 3.6 2주기의 무거운 원소에 대한 결합 차수

분자	결합 길이 (pm)	결합 에너지 ($kJ \cdot mol^{-1}$)	결합 차수
N_2	110	942	3
O_2	121	494	2
F_2	142	155	1

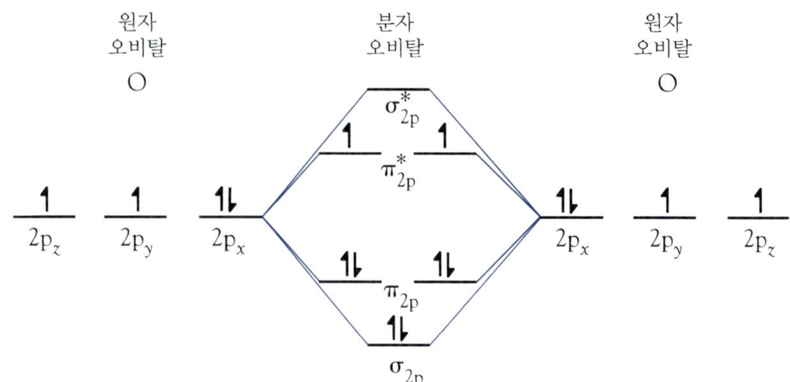

그림 3.40 O_2 분자의 2p 원자 오비탈에 대한 분자 오비탈 도표

드시 일치되어야 한다.

이들 세 가지의 이원자 분자, N_2, O_2, F_2(그리고 B_2와 C_2)의 경우, 1s와 2s 원자 오비탈로부터 형성된 결합성과 반결합성 오비탈은 모두 채워져 있다. 따라서 이들 오비탈은 알짜 결합에 기여하지 않는다. 그러므로 2p 원자 오비탈로부터 생성된 분자 오비탈의 채워짐만 고려하면 된다.

2주기의 질소 분자 다음에 오는 원소에 대해서는 σ_{2p} 오비탈의 에너지는 가장 낮고, 다음으로 π_{2p}, π^*_{2p}, σ^*_{2p} 순서로 에너지가 증가한다. 산소 분자에 대한 분자 오비탈 도표를 그리면(그림 3.40), Hund 법칙에 의해 실제로 2개의 홀전자가 존재하게 되며, 이 도표는 실험적인 사실과 잘 일치하고 있음을 알 수 있다. 또한 2의 결합 차수[$3-(2\times1/2)$]는 결합 길이 및 결합 에너지의 측정값과 일치한다. 그러므로 분자 오비탈 모형은 실험적으로 관찰된 사실을 완벽하게 설명한다.

플루오린 분자에서는 반결합성 오비탈에 채워진 전자가 2개 더 존재한다(그림 3.41). 그러므로 결합 차수 1은 3개의 채워진 결합성 오비탈과 2개의 채워진 반결합성 오비탈로부터 생성된 알짜 결합을 나타내고 있다. 원자가 전자 배치는 $(\sigma_{2p})^2(\pi_{2p})^4(\pi^*_{2p})^4$로 나타낸다.

네온은 2주기에서 마지막(가장 무거운) 원소이다. 이론적으로 Ne_2 분자에 대한 분자 오비탈 도표를 구성해 보면, 2p 원자 오비탈로부터 생성되는 모든 결합성과 반결합성 오비탈은 채워져 있다. 그러므로 알짜 결합 차수는 0이다. 이러한 예측은 네온이 일원자 기체 상태로 존재한다는 사실과 일치한다.

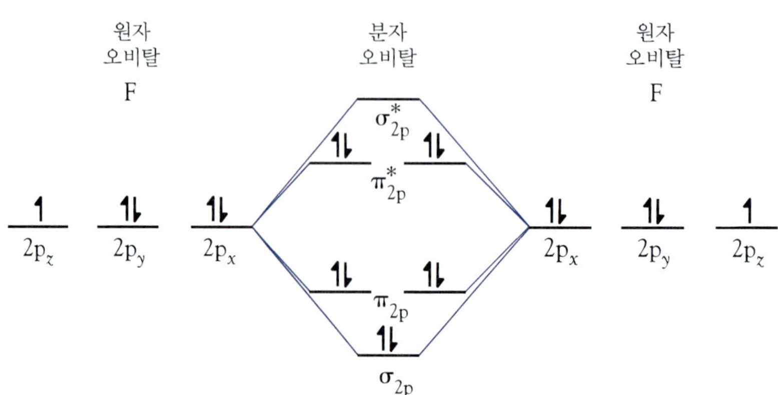

그림 3.41 F_2 분자의 2p 원자 오비탈에 대한 분자 오비탈 도표

중간부 2주기 원소들에 대한 분자 오비탈 도표

지금까지는 2주기 중간에 있는 원소, 특히 질소 분자에 대해서는 언급하지 않았다. 그 이유는 2s와 2p 오비탈의 상대적인 에너지와 관계가 있다. 높은 Z_{eff}를 갖는 플루오린에 대한 2p 원자 에너지 준위는 2s 준위보다 약 2.5 MJ · mol^{-1} 정도가 더 높다. 이 차이는 핵에 가까운 s 오비탈의 침투 때문에 생긴다(2.5절 참조). 그러므로 s 오비탈에 있는 전자는 핵전하가 증가함에 따라 더 강하게 영향을 받는다.

그러나 주기의 처음 원소들에 대해서 이 준위 간의 에너지 차이는 단지 약 0.2 MJ · mol^{-1} 정도에 불과하다. 이 상태에서 2s와 2p 오비탈에 대한 파동 함수는 섞일 수 있다. 이 조합의 결과로 나타나는 것이 σ_{2p} 분자 오비탈의 에너지가 π_{2p} 오비탈보다 더 큰 상태까지 증가하게 된다. 이 오비탈들의 순서는 질소 분자와 질소보다 앞에 있는 2주기 원소들에 적용

예제 3.4

O_2^+ 이온에 대하여 결합 차수와 홀전자수를 결정하시오. 산소 분자에 비해 결합은 더 약한가 아니면 더 강한가?

해답

산소 원자는 4개의 2p 전자가 존재하며 산소 양이온은 3개의 2p 전자가 존재한다. 이들 전자는 아래와 같이 분자 오비탈 도표를 채운다.

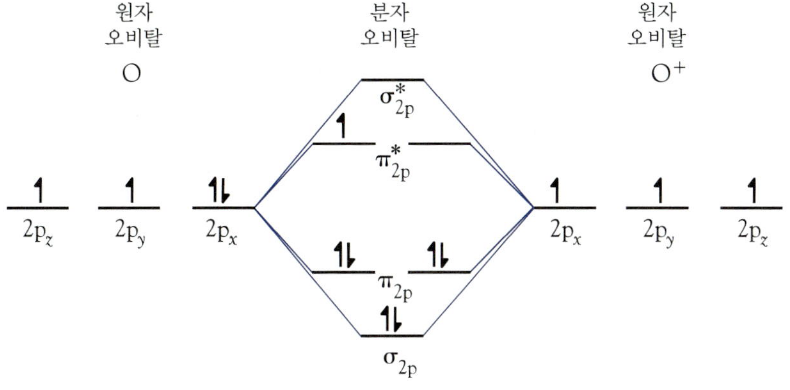

결합 차수는 [(3) − (½)] = 2½이다.
1개의 홀전자가 존재한다.
O_2^+ 양이온에 대한 공유 결합은 중성 O_2 분자보다 더 강하다.

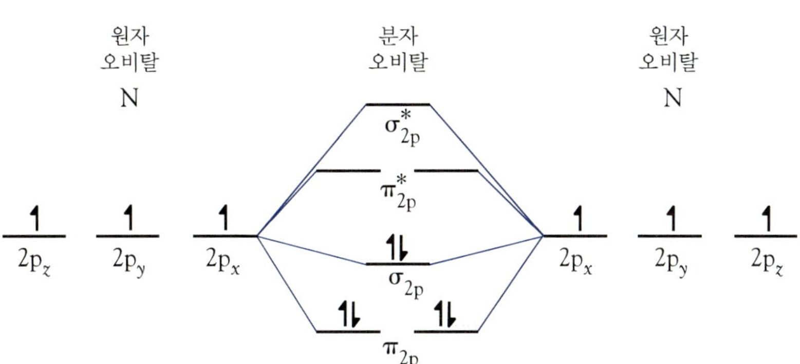

그림 3.42 N_2 분자의 2p 원자 오비탈에 대한 분자 오비탈 도표

된다. σ-π 교차는 질소 분자와 산소 분자 사이에서 일어난다. 질소 분자에 대해 2p 원자 오비탈로부터 생성된 분자 오비탈을 채우기 위해 이 수정된 분자 오비탈 도표를 사용하면, 결합 차수가 3인 배치를 얻게 된다(그림 3.42). 이 결합 차수는 분자에 존재하는 이미 잘 알려져 있는 강한 결합과 일치한다. 질소 분자의 원자가 전자 배치는 $(\pi_{2p})^4(\sigma_{2s})^2$이다.

예제 3.5

붕소를 강하게 가열하면 증발하여 이원자 분자, B_2가 된다. 이 분자는 상자기성이다. 이와 같은 관찰은 그림 3.42의 분자 오비탈 에너지 도표와 일치함을 보이시오. 이 분자는 얼마나 많은 홀전자를 포함하는가? 결합 차수는 얼마인가?

해답

붕소 원자는 1개의 2p 전자가 존재한다. 이 전자는 아래와 같이 분자 오비탈 도표를 채울 것이다.

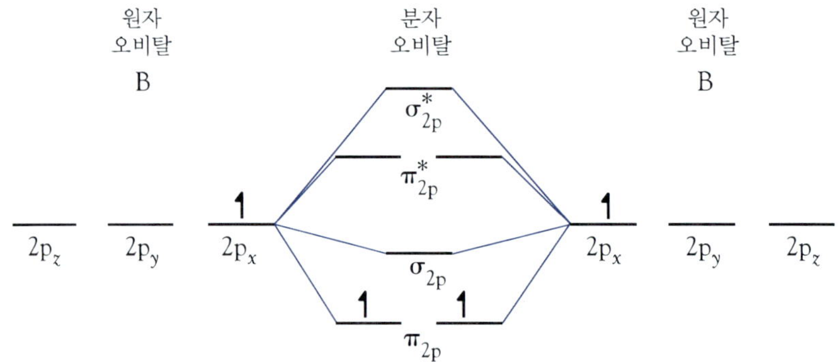

2개의 홀전자가 존재한다.

결합 차수는 [2 × (½)] = 1이다.

(이 예제는 초반부 2주기 원소들의 에너지 준위는 σ_{2p} 오비탈이 π_{2p} 오비탈보다 더 높다는 사실을 알려준다. 오비탈들이 그림 3.41과 그림 3.42의 순서를 따른다면, B_2 분자는 반자기성이 되어야 하며, σ_{2p} 오비탈에 한 쌍의 전자를 가져야 한다.

3.9 이핵 이원자 분자에 대한 분자 오비탈

서로 다른 원소로부터 원자 오비탈을 결합시킬 때에는 원자 오비탈이 각기 다른 에너지를 가지고 있다는 점을 고려해야 한다. 같은 주기에서 원소들은 원자 번호가 높을수록 Z_{eff}가 증가하기 때문에 오비탈의 에너지는 낮아진다.

일산화 탄소에 대한 분자 오비탈 도표

일산화 탄소의 결합은 분자 오비탈 이론을 사용하여 설명할 수 있다. 그림 3.43은 2s와 2p 원자 오비탈로부터 유도된 간단한 분자 오비탈 도표를 나타낸 것이다. 산소의 원자 오비탈은 탄소보다 에너지가 낮지만, 동핵 이원자 분자에 대한 것과 마찬가지 방법으로 분자 오비탈을 구성하기에 충분히 가까운 에너지를 갖는다.

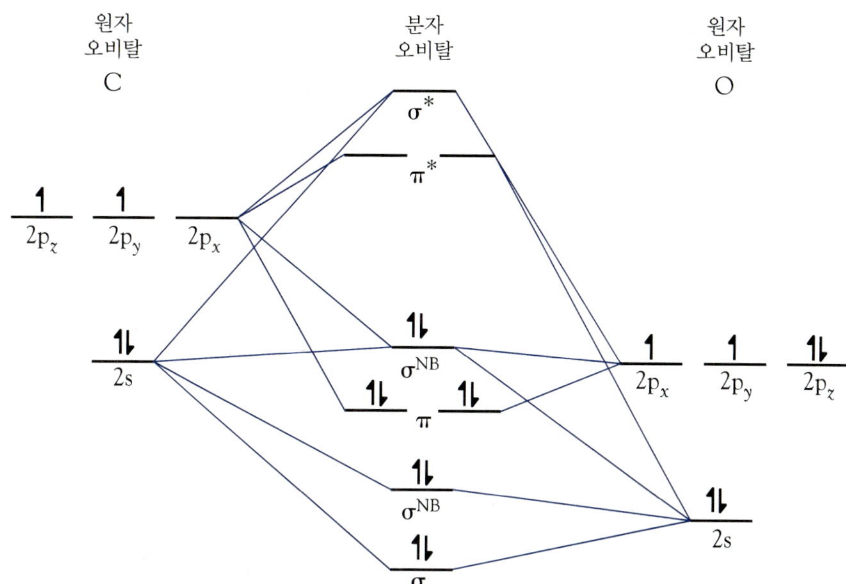

그림 3.43 2s와 2p 원자 오비탈에 대해 단순화시킨 CO 분자의 분자 오비탈 도표

동핵 이원자 분자와 이핵 이원자 분자 간의 큰 차이점은, 한 원소의 2s 원자 오비탈로부터 유도된 분자 오비탈은 다른 원소의 2p 원자 오비탈로부터 유도된 분자 오비탈과 에너지적으로 상당히 겹친다는 것이다. 그러므로 도표에서는 이들 두 원자 오비탈 모두로부터 유도된 분자 오비탈들을 고려하여야 한다. 또한 오비탈 에너지의 비대칭성 때문에 결합성 분자 오비탈은 대부분 산소의 원자 오비탈로부터 유도되고, 반결합성 분자 오비탈은 대부분 탄소의 원자 오비탈로부터 유도된다. 마지막으로, 분자 오비탈의 형성에 기여하는 두 원자 오비탈이 갖는 에너지의 중간 값을 갖는 2개의 분자 오비탈이 존재한다. 이들 오비탈, σ^{NB}는 **비결합성 분자 오비탈**(*nonbonding molecular orbital*)로 정의된다. 즉, 이들은 결합에 기여하지 않는다.

일산화 탄소의 결합 차수를 결정하기 위해 결합 전자쌍의 수(3)에서 반결합 전자쌍의 수(0)를 빼면 삼중 결합을 형성함을 예측할 수 있다. 매우 높은 결합 에너지(1072 $kJ \cdot mol^{-1}$)는 이 예측을 뒷받침하고 있다. 그러나 분자 오비탈 도표는 전자의 에너지에 관해 이해할 수 있게 해 주기 때문에 훨씬 더 유용하다. 또한 분자 오비탈 도표는 이 삼중 결합이 Lewis 구조가 제시하는 3개의 동등한 결합으로 이루어진 것이 아니라, 1개의 σ 결합과 2개의 π 결합이 조합된 것임도 알려 준다.

염화 수소에 대한 분자 오비탈 도표

분자 오비탈 이론은 다른 주기의 원자들을 포함하는 이원자 분자에 대해서도 적용할 수 있다. 그러나 두 원자가 비슷한 에너지의 오비탈을 갖는지 확인하는 것이 필요하다. 이 과정은 일반적인 무기화학의 범위를 넘어서는 일이다. 그러나 한 가지 예만 살펴보기로 하자. 즉, 염화 수소 분자를 고려해 보자(그림 3.44).

계산에 의하면 염소의 3p 오비탈은 수소의 1s 오비탈보다 에너지가 약간 더 낮다. 각 3p 오비탈은 서로 다른 방향으로 배향되어 있지만, 1s 오비탈은 단지 1개의 σ 결합을 형성할 수 있기 때문에, 결합축을 따라 정렬된 p 오비탈이 σ 결합을 형성할 것이다. 즉, σ 결합을 형성할 수 있는 p 오비탈은 p_z 오비탈이다. 그러므로 1s(H)와 3p(Cl) 오비탈 간에

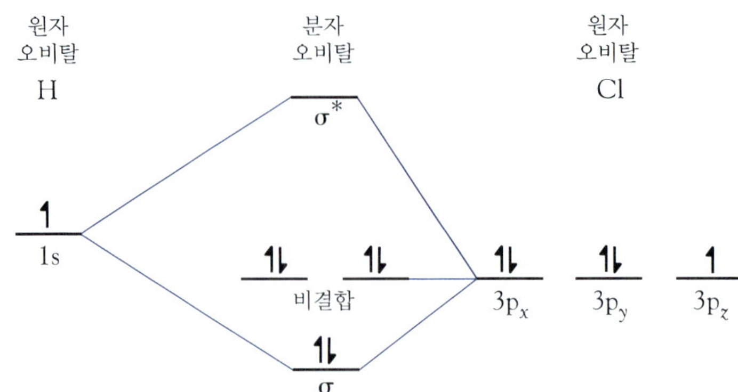

그림 3.44 HCl 분자에서 수소의 1s 원자 오비탈과 염소의 3p 원자 오비탈에 대한 분자 오비탈 도표

는 한 쌍의 σ 결합성과 σ 반결합성 오비탈이 형성된다고 결론지을 수 있다. 결합에서 각 원자가 1개의 전자씩 기여한다면, 결합 분자 오비탈은 채워질 것이다. 이 배치는 단일 결합을 만든다. 다른 2개의 3p 오비탈은 수소의 1s 오비탈과 알짜 겹침이 없는(즉, 섞임이 없음) 방향으로 배향되어 있다. 그 결과 이들 오비탈에 있는 전자쌍은 비결합성 오비탈의 전자쌍으로 간주된다. 실제로, 이들은 분자 내에서 염소 원자 각각에서 가졌던 에너지와 같은 에너지를 갖는다.

분자 오비탈 이론은 2개 이상의 원자를 포함하는 분자의 결합 방법을 설명하는 데에도 사용될 수 있다. 그러나 에너지 도표와 오비탈의 모양이 점점 더 복잡하게 된다. 따라서 이들에 대해서는 이론적이거나 좀 더 심화된 무기 화학 과정에서 공부하게 될 것이다.

3.10 그물구조형 공유 결합 물질

지금까지는 작고, 개별적인 분자로 존재하는 원소와 화합물에 대해 설명하였다. 그러나 다이아몬드나 석영처럼 모든 원자들이 공유 결합으로 연결된 구조를 갖는 화합물들도 있다. 물질 전체에 걸친 공유 결합을 통한 이와 같은 연결은 **그물구조형 공유 결합**(*network covalent bonding*)으로 알려져 있다.

그물구조형 공유 결정

그물구조형 공유 결정에서 전체 결정은 하나의 거대한 분자이다. 다이아몬드는 모든 탄소 원자가 이웃한 탄소들과 사면체 배열로 결합되어 있는 탄소 화합물의 한 형태이다(그림 3.45). 이와 같이 물질 전체가 공유 결합을 통해 서로 연결된 것을 그물구조형 공유 결합이라고 한다. 결정 전체는 1개의 거대한 분자이다. 그물구조형 공유 결합의 두 번째 일반적인 예는 이산화 규소, SiO_2의 결정인 석영이다. 이 결정에서 각각의 규소 원자는 사면체의 산소 원자에 의해 둘러싸여 있고, 각 산소 원자는 2개의 규소 원자와 결합되어 있다.

그물구조형 공유 결합을 포함하는 물질을 녹이기 위해서는 공유 결합을 끊어야 한다. 그러나 공유 결합은 몰당 수백 kJ 정도의 에너지를 가지기 때문에, 이를 끊기 위해서는 매우 높은 온도를 필요로 한다. 그러므로 다이아몬드는 약 4000°C에서 승화되고, 이산화 규소는 약 2000°C에서 녹는다. 같은 이유로 그물구조형 공유 결합 물질은 너무도 단단

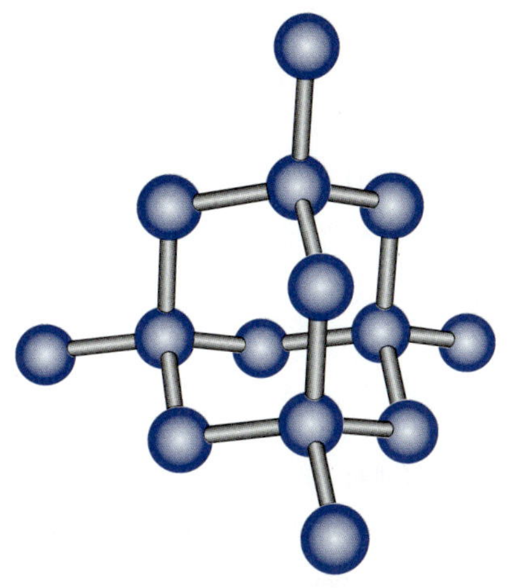

그림 3.45 다이아몬드에서의 탄소 원자 배열

하다. 예를 들면, 다이아몬드는 자연계에 존재하는 물질 중에서 가장 단단한 물질로 알려져 있다. 또한 이 물질들은 어떤 용매에도 녹지 않는다.

무정형 공유 결합성 고체

무정형 고체는 원자들이 체계적으로 반복되는 방식으로 배열되지 않은 물질이다. 가장 흥미로운 예 중의 하나는 **무정형 규소**(*amorphous silicon*, a-Si)이다. 무정형 규소는 결성형 규소보다 태양광 복사를 흡수하는 데 40배나 더 효과적이기 때문에 a-Si는 태양광 판넬 제조에 매우 우수한 재료이다. 또한 a-Si는 온도가 75°C 정도로 낮아도 부착시킬 수 있기 때문에 유기 고분자 기판에도 부착시키는 것이 가능하다.

결정형 규소(*crystalline silicon*, c-Si)는 다이아몬드 격자 구조를 갖는데, 각 규소 원자는 사면체 배열을 하고 있는 4개의 규소 원자와 공유 결합을 하고 있다. 그러나 a-Si에서 각 원자는 더 불규칙하게 배열되어 있으며, 3개의 다른 규소 원자와 결합되어 있는 경우도 많아서 네 번째 결합 자리는 **매달림 결합**(*dangling bond*)이라 불리는 상태(결합 공백)로 남아 있다. a-Si의 독특한 성질은 구조의 불규칙성과 매달림 결합 때문에 나타난다. a-Si는 전자 기기에 사용하기에는 절연성이 너무 강하다. 무정형 고체의 전도도는 소량의 수소 존재하에서 규소를 농축시키면 증가시킬 수 있다. 수소는 규소의 매달림 결합과 반응하여 규소-수소 결합을 형성하기 때문에 무정형 규소의 전기 전도도를 변형시킨다.

a-Si보다 더 우수한 전자 이동도는 **나노결정형 규소**(*nanocrystalline silicon*, nc-Si)에서 나타난다. 나노결정형 규소는 a-Si 모체 내에 나노미터 크기의 결정자들을 끼워 넣은 것이다. a-Si에 비해 nc-Si가 갖는 또 다른 장점은 안정도가 더 높다는 것이다. 그러므로 태양 전지의 얇은 필름을 제조할 때에는 nc-Si가 더 많이 사용된다.

3.11 분자 간 힘

그물구조형 공유 결합 분자는 흔하지 않다. 공유 결합으로 이루어진 거의 모든 물질은 독립적인 분자 단위로 구성되어 있다. 만약 분자 내 힘만 존재한다면 이웃하는 분자들 간에는 어떠한 인력도 없을 것이고, 결과적으로 모든 공유 결합 물질은 모든 온도에서 기체로 존재하여야 한다. 그러나 이런 일은 일어나지 않음을 알고 있다. 그러므로 분자들 사이에는 어떤 분자 간 힘이 작용하고 있음이 분명하다. 실제로 모든 분자들 간에는 분산력 또는 London 힘이라 불리는 유도 쌍극자 인력인 분자 간 힘이 작용하고 있다. London 힘은 영국의 도시 이름이 아니라 과학자인 Fritz London의 이름에서 따온 것이다. 다른 형태의 분자 간 힘은 쌍극자-쌍극자, 이온-쌍극자, 그리고 수소 결합 등이 있는데, 이들은 특정한 환경에서만 작용한다. 이들에 관해서도 이 장에서 다룰 것이다.

분산력(London 힘)

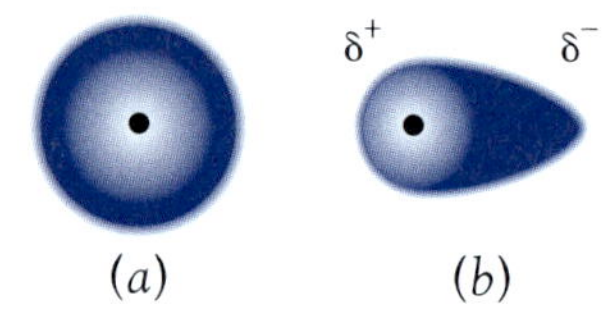

그림 3.46 (*a*) 원자의 평균 전자 밀도. (*b*) 순간적인 전자 밀도 변화가 일시적인 쌍극자를 생성시킨다.

원자와 분자에 관한 오비탈 표현에서 전자의 확률 분포(전자 밀도)는 시간-평균값이다. 이웃한 분자들 간의 인력을 유도하는 것은 이 시간-평균 값에서 나오는 진동이다. 비활성 기체 원자들은 가장 간단한 예를 제공한다. 평균적으로 전자 밀도는 원자핵 주위에서 구대칭이 되어야 한다(그림 3.46*a*). 그러나 전자들은 대부분의 시간 동안 비대칭적으로 분포되어 있다. 그 결과, 원자의 한 부분은 보다 높은 전자 밀도를 가지고, 다른 한 부분은 낮은 전자 밀도를 갖는다(그림 3.46*b*). 원자핵이 부분적으로 노출된 끝은 약간 더 양성이 될 것이고(σ+), 전자 밀도가 옮겨져 있는 다른 한 끝은 부분적으로 음성이 될 것이다(δ −). 이와 같은 전하의 분리를 **유발 쌍극자**(*temporary dipole*)라고 한다.

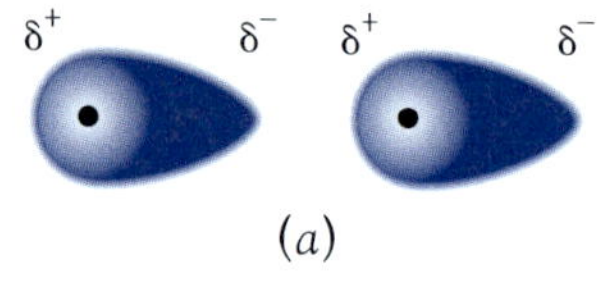

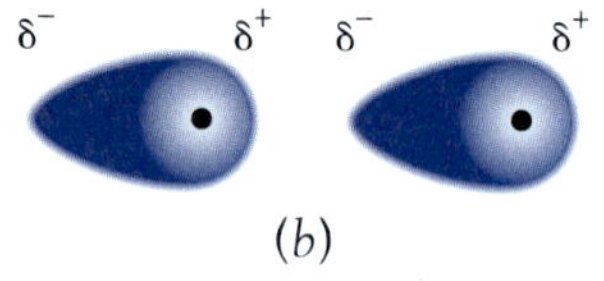

그림 3.47 (*a*) 이웃한 분자들 간의 순간적인 인력 (*b*) 다음 순간에서의 극성의 반전

어떤 원자의 부분적으로 노출된 핵은 이웃한 원자로부터 전자 밀도를 끌어들이게 되는데(그림 3.47*a*), 원자와 분자들 간의 분산력으로 나타나는 것은 바로 이 분자들 간의 유발 쌍극자이다. 그러나 아주 짧은 시간이 지나면 전자 밀도는 다시 이동할 것이고, 인력을 만들었던 부분적인 전하는 반전될 것이다(그림 3.47*b*).

분산력(*dispersion force*)의 세기는 여러 가지 요인에 의존하고, 여기에 대한 상세한 설명은 고급 물리 화학 강의에서 다루는 것이 더 바람직하다. 그러나 정량적이고 예측 가능한 접근 방법은 분산력을 원자나 분자에 있는 전자의 수와 연관시켜 고려하는 것이다. 즉, 전자 밀도를 얼마나 쉽게 편극화시킬 수 있는지를 결정하는 것은 전자수이고, 편극화가 더 셀수록 분산력은 더 강해진다. 즉, 분자 간 힘이 클수록 녹는점과 끓는점은 둘 다 높아진다. 이 관계는 분자 내의 전자수에 따른 14족 수소화물의 끓는점 의존도를 나타낸 그림 3.48의 도표로 설명할 수 있다.

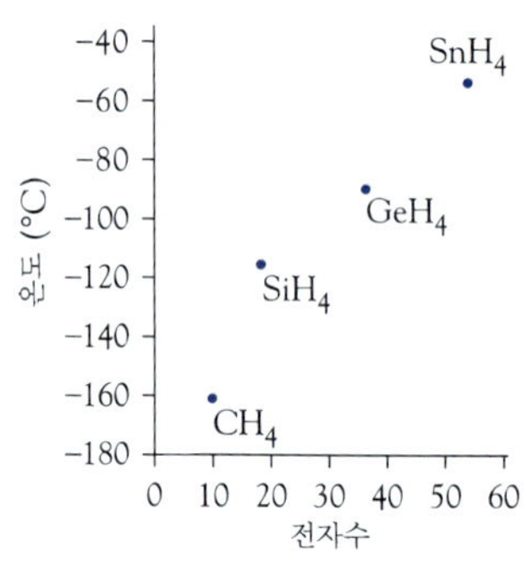

그림 3.48 전자수에 따른 14족 수소화물의 끓는점 변화

분자의 구조는 분산력의 크기에 영향을 미치는 두 번째 인자이다. 밀집된 분자는 전하의 작은 분리만을 허용하겠지만 느슨한 분자는 훨씬 더 큰 전하 분리를 나타낼 수 있다. 헥사플루오린화 황, SF_6와 데케인, $CH_3(CH_2)_8CH_3$는 좋은 비교 거리이다. 헥사플루오린화 황은 70개의 전자와 −51°C의 녹는점을 가지는 데 비해, 데케인은 72개의 전자와 −30°C의 녹는점을 가지다. 그러므로 긴 데케인 분자들 간의 분산력이 거의 공 모양인 헥사플루오린화 황 분자들 간의 분산력보다 더 강함을 알 수 있다.

Pauling 전기 음성도 척도

분자가 두 가지 형태로 존재함을 보여 주는 매우 간단한 실험이 있다. 이 실험에서는 양의 전하를 띤 막대 가까이로 액체를 흘려보낸다. 사염화 탄소와 같은 많은 액체들은 전하를 띤 막대의 영향을 받지 않지만, 물과 같이 막대에 끌리는 액체도 있다. 양전하를 띤 막대를 음전하를 띤 막대로 바꾸더라도, 양전하에 의해 영향을 받지 않았던 액체들은 음전하에 의해서도 영향을 받지 않는다. 그러나 양전하에 끌린 액체들은 음전하에도 끌리

			H 2.2			
Li 1.0	Be 1.6	B 2.0	C 2.5	N 3.0	O 3.4	F 4.0
			Si 1.9	P 2.2	S 2.6	Cl 3.2
						Br 3.0
						I 2.7

그림 3.49 몇 가지 주족 원소에 대한 Pauling의 전기 음성도 값

게 된다. 이들 관찰된 사실을 설명하기 위해서, 편극된 액체가 영구적인 전하 분리, 즉 영구 쌍극자를 가진 분자들로 구성된다고 가정해 보자. 그러면 분자에서 부분적인 음의 끝은 양전하를 띤 막대 쪽으로 끌리고, 부분적인 양의 끝은 음전하를 띤 막대 쪽으로 끌리게 된다. 그러나 분자들이 영구 전하 분리(영구 쌍극자)를 갖는 이유를 설명하여야 한다. 이를 위해서는 Linus Pauling의 **전기 음성도**(*electronegativity*) 개념을 이해하여야 한다.

Pauling은 전기 음성도를 분자 내에서 원자가 전자를 끌어당기는 힘으로 정의하였다. 결합 전자쌍에 대한 이 상대적 인력은 공유된 전자에 대한 두 원자의 상대적인 Z_{eff}를 실제로 반영하는 것이다. 그러므로 이 값은 이온화 에너지와 마찬가지로 주기를 따라서 왼쪽에서 오른쪽으로 갈수록 증가하고, 족의 아래로 갈수록 감소한다. 전기 음성도는 상대적인 개념이지 측정할 수 있는 것이 아니다. Pauling의 전기 음성도 척도는 플루오린 원자에 대한 값을 4.0으로 정의한 임의적인 것이고, 그림 3.49는 몇 가지 원소에 대한 값을 나타낸 것이다.

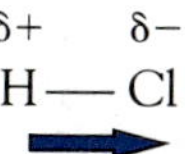

그림 3.50 HCl 분자의 영구 쌍극자

그러므로 염산과 같은 분자에서 결합 전자들은 두 원자 사이에 동등하게 분포되지 않는다. 즉, 염소 원자가 보다 높은 Z_{eff}를 갖기 때문에 결합 전자쌍은 수소 원자보다는 염소 원자 쪽으로 더 가깝게 결합되어 있다. 그 결과, 분자에는 영구 쌍극자가 존재하게 된다. 이 쌍극자는 그림 3.50에 나타내었는데, δ 기호는 부분 전하를 나타내고, 화살표는 쌍극자의 방향을 나타낸다.

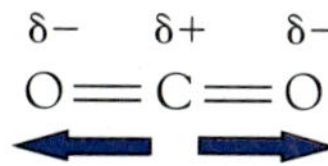

그림 3.51 이산화 탄소 분자는 서로 반대인 결합 쌍극자를 갖기 때문에 비극성이다.

각각의 결합 쌍극자는 서로 상쇄될 수 있다. 이산화 탄소는 결합 쌍극자가 서로 반대 방향으로 작용하는 예를 보여 주는 가장 간단한 예이다. 그러므로 이 분자는 알짜 쌍극자를 가지지 않으며, 이런 분자를 비극성 분자라고 한다(그림 3.51).

Allred-Rochow 전기 음성도 척도

Pauling 척도가 널리 사용되기는 하지만, Pauling이 선형 관계식에 잘 들어맞도록 값을 조절하였기 때문에 매우 정성적이라는 단점이 있다. 보다 정량적인 척도로서, 여기서 논의하고자 하는 것은 Allred와 Rochow에 의해 고안된 것으로써 유효 핵전하에 근거를 두고 있다. 무기 화학자들은 이 Allred-Rochow 척도를 자주 사용한다. 주족 원소들에 대한 값은 그림 3.52에 나타내었다.

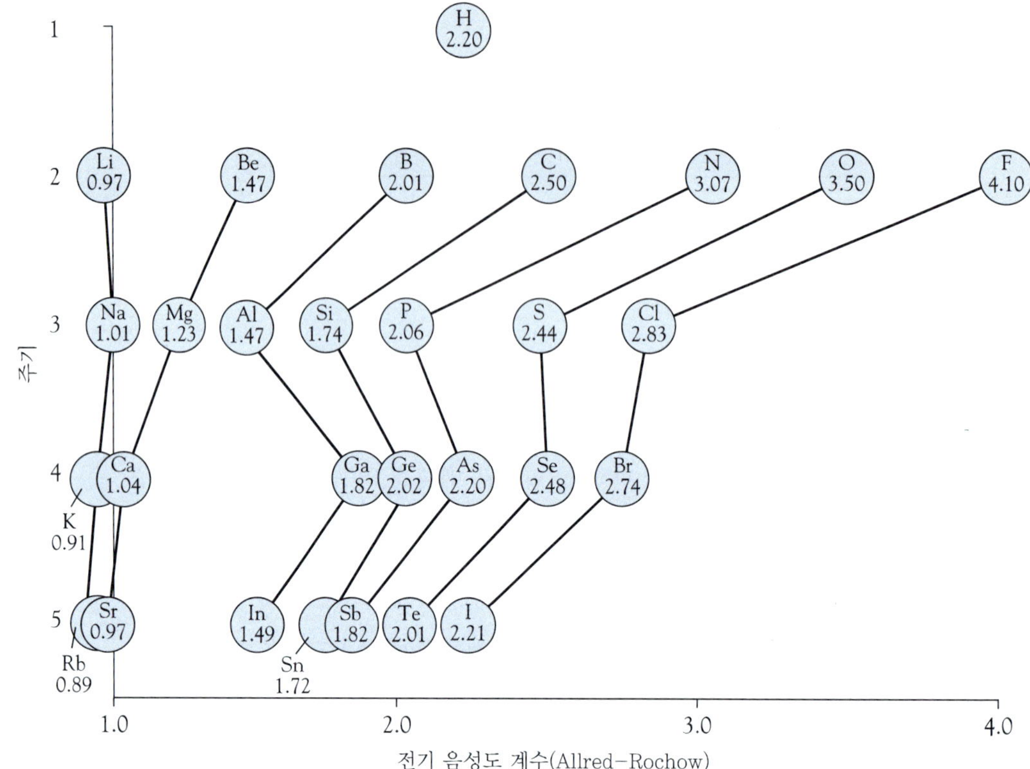

그림 3.52 주족 원소들에 대한 Allred-Rochow 전기 음성도 값

전기 음성도 개념의 근원

전기 음성도는 화학에서 가장 널리 사용되는 개념이지만 그 근원은 잊혀지고 있는 것 같다. 그 결과, Pauling 전기 음성도 값은 원래 의도보다 더 중요하게 되는 경우도 있다.

Pauling은 그의 저서 *The Nature of the Chemical Bond*에서 1930년대에 주장한 전기 음성도 개념은 결합 에너지로부터 이루어졌기 때문에 기호 Δ를 사용했음을 분명히 하고 있다. 그는 두 원소 A와 B가 순수한 공유 결합을 하고 있다고 가정하고, 이 AB 결합 에너지는 AA와 BB 결합 에너지의 기하학적 평균값을 가져야 한다고 생각하였다.

그러나 그는 이것이 때로는 맞지 않다는 사실을 발견하였다. 그는 이 차이를 Δ′로 정의하였는데, 여기서

$$\Delta' = D(A-B) - \{D(A-A)(B-B)\}^{1/2}$$

예를 들면, Cl−Cl 결합은 242 $kJ \cdot mol^{-1}$의 에너지를 가지며, H−H 결합의 에너지는 432 $kJ \cdot mol^{-1}$이다. 기하학적 평균값은 323 $kJ \cdot mol^{-1}$이지만, H−Cl 결합 에너지에 대한 실험값은 428 $kJ \cdot mol^{-1}$이다. 그러므로 Δ′(H−Cl)은 105 $kJ \cdot mol^{-1}$이다. Pauling은 이 차이를 결합에 대한 이온성이 기여하여 불균일 결합은 균일 결합의 평균보다 더 강하게 된다고 가정하였다.

Pauling은 불균일 공유 결합이 갖는 '여분의 이온성 에너지'로 표현된 14개의 주족 원소의 결합에 대한 표를 만들었다. 예를 들면, C−H에 대한 값은 0.4이지만, H−F에 대한 값은 1.5였다. 더 나은 값을 얻기 위해 그는 몇 가지 수를 조정하였다. 예를 들면, H−F 결합에 대한 값을 1.9로 상향 조정하였다. 수소의 전기 음성도를 0으로 간주하여 Pauling은 다른 원소들에 대한 이온성 에너지의 차이를 바로 잡았다. 그런 다음 그는 모든 값에 2.05를 더하여 2주기 원소들에 대해 단순한 수식을 만들었다.

Pauling이 전기 음성도 척도에 대한 그의 첫 번째 논문을 발표한 이후, 다른 학자들은 다른 인자들을 사용하여 표를 유도하였다. 특히 Allred-Rochow 전기 음성도 척도는 무기 화학자들이 널리 사용하고 있으며, 좀 더 정량적인 전기 음성도 값을 유도하기 위하여 유효 핵전하 개념을 적용하고 있다.

표 3.7 염화 수소와 브로민화 수소의 비교

	염화 수소	브로민화 수소
끓는점(°C)	−85	−67
H−X 전기 음성도 차이(Allred-Rochow)	0.63	0.54
전자수	18	36

쌍극자-쌍극자 힘

영구 쌍극자는 분자 간 힘을 증가시킨다. 예를 들면, 일산화 탄소는 질소 분자와 전자수가 같은 등전자 구조이지만, 녹는점과 끓는점(각각 −205°C와 −191°C)이 질소 분자(각각 −210°C와 −196°C)보다 높다.

쌍극자-쌍극자 인력(*dipole-dipole attraction*)은 유발 쌍극자 효과에 추가되는 2차적인 효과이다. 이러한 사실은 염화 수소와 브로민화 수소를 비교하여 설명할 수 있다. 쌍극자-쌍극자 효과가 더 중요하다면 전기 음성도 차이는 브로민화 수소보다 수소와 염소 간에서 더 크므로 끓는점은 염화 수소가 브로민화 수소보다 더 높게 될 것이다(표 3.7). 그러나 실제로는 반대의 결과가 나타나고, 브로민화 수소가 더 높은 끓는점을 갖는다. 그러므로 더 많은 전자를 갖는 브로민화 수소에서 더 우세하게 작용하는 유발 쌍극자 힘(분산력)이 더 우세한 요인이어야 한다. 실제로 복잡한 계산을 통해 이웃한 염화 수소 분자 간에는 83%의 분산력이 나타나고, 이웃한 브로민화 수소 분자 간에는 96%의 인력이 존재함이 증명되었다.

수소 결합

17족 수소화물의 끓는점에 관한 경향(그림 3.53)을 살펴보면, 플루오린화 수소는 비정상적으로 높은 값을 가지는 것을 알 수 있다. 15족과 16족 수소화물의 끓는점 도표에서도 암모니아와 물의 끓는점이 비정상적으로 높은 것을 알 수 있다. 이들 화합물에는 높은 전기 음성도를 가지 원소들이 있기 때문에, 훨씬 더 강한 이 분자 간 힘은 강한 쌍극자-쌍극자 힘 외의 다른 분자 간 힘이 작용함을 의미한다. 이들 힘은 **수소 결합**(*hydrogen bond*)이라는 특별한 이름으로 불린다. 화학에서 물 분자의 수소 결합은 특별히 중요하며 10장에서 알아볼 것이다.

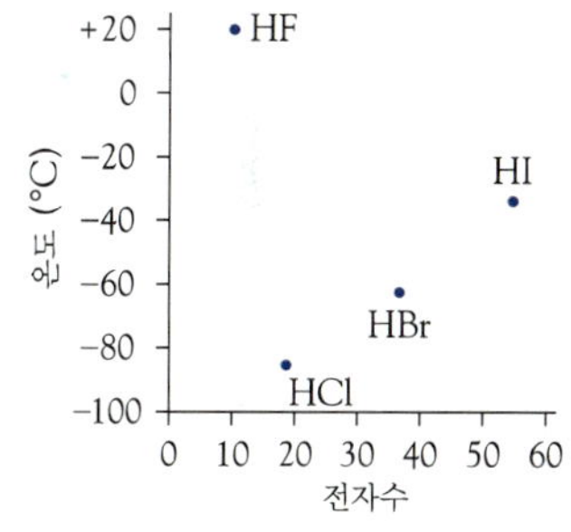

그림 3.53 17족 수소화물의 끓는점

수소 결합은 더욱 강한 분자 간 힘이고, 공유 결합의 세기에 비해 5 ~ 20%의 힘을 나타낼 수 있다. 분자들 간의 수소 결합의 크기는 수소가 아닌 원소의 성질에 의존한다. 그러므로 수소 결합의 세기는 H−F > H−O > H−N의 순서로 감소하고, 이 순서는 전기 음성도 차이가 감소하는 것과 일치한다. 그러나 이 요인이 전체적인 답변이 될 수는 없다. 왜냐하면 H−Cl 결합은 H−N 결합보다 더 극성이지만, 염화 수소 분자는 아주 강한 분자 간 인력을 나타내지 않기 때문이다.

수소 결합을 공유하는 두 분자 간의 거리는 대개 van der Waals 반지름의 합보다 더 작기 때문에, 전자 밀도는 수소 결합을 통해 공유된다. 이 과정에서 수소 결합은 분자 간 힘보다 더 강하고, 약한 공유 결합보다는 더 약하다.

3.12 분자 대칭

무기 화합물을 합성할 때에는 생성 분자의 구조, 원자 배열 등을 추측하여야 할 경우가 많다. 가장 간단한 방법 중의 하나는 다음 절의 주제인 화합물의 진동 스펙트럼을 조사하는 것이다. 그러나 스펙트럼을 해석하려면 먼저 이 절의 주제인 대칭의 기본 원리를 이해해야 한다.

대칭은 자연계에 널리 존재한다. 꽃잎은 대칭적으로 배열되어 있다. 우리 자신을 포함하여 대부분의 동물들은 좌우 대칭이다. 즉, 우리의 한쪽은 거의 정확하게 다른 쪽의 거울 반사상을 갖는다. 글자 *S*와 *Z*에서 나타나는 것과 같은 회전 대칭도 일상적으로 만나는 것 중의 한 부분이다. 화학의 세계는 대칭 원리에 기초를 둔다. 즉, 분자의 대칭은 그 분자의 어떤 성질을 결정한다. 우리들의 일상 생활에서는 "어떤 대칭처럼 보인다"라고 정성적인 판정을 하지만, 과학에서는 물체의 대칭을 세밀하게 정의하기 위한 일련의 수학적 규칙을 적용한다.

대칭 조작

분자 대칭은 일련의 **대칭 조작**(*symmetry operation*)을 통해 결정된다. 대칭 조작은 원래의 형태와 구별될 수 없거나 겹쳐지게끔 분자에 실행되는 과정이다. 대칭 조작은 점, 축, 또는 면 등의 **대칭 요소**(*symmetry element*)를 사용하여 실행된다. 대칭 조작은 5가지가 있다.

1. 동등
2. 단순 회전: *n*-겹 대칭축에 대한 회전
3. 대칭면을 통한 반사
4. 대칭 중심을 통한 반전
5. 반사 회전: 한 축에 대한 회전 후 이 축에 수직(실제 또는 가상적)으로 반사

동등

동등 연산자, *E*는 분자를 변화되지 않게 한다. 그러므로 모든 분자는 *E*를 갖는다. 이것은 쓸데없는 조작처럼 보이지만, 분자의 대칭을 군론의 수학과 연결시킨다. 군론은 동등 연산자의 존재를 필요로 한다.

단순 회전

기호가 C_n^x인 회전 조작은 분자를 기호가 C_n인 한 축에 대해 360°/*n*만큼 회전시키는 것이다. *n*값은 360°만큼 완전히 회전되는 동안 분자가 원래의 형태와 일치되게끔 회전되는 수를 나타낸다.

예를 들면, 평면 트라이플루오린화 붕소를 붕소 원자를 통과하면서 평면에 수직인 축(선)에 대해 회전시키면 원래의 위치와 동일한 형태는 120°, 240°, 360°에서 나타난다. 이 경우 *n*값은 3이 되는데, 분자를 원래의 위치로 돌려놓으려면 세 번의 회전이 필요하다. 이러한 방법 대신 360°를 첫 번째 정합이 일어난 각도로 나누어 주어도 *n*값을 결정

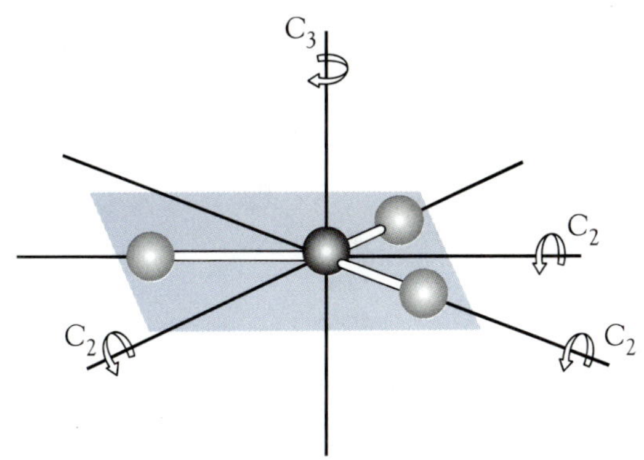

그림 3.54 트라이플루오린화 붕소가 갖는 회전축. [C. E. Housecroft and A. G. Sharpe, *Inorganic Chemistry* (London: Prentice Hall, 2004).]

할 수 있다. 이 경우는 다음과 같다.

$$n = \frac{360°}{120°} = 3$$

세 번의 회전 조작이 행해지는 이 축을 C_3(3겹) 회전축이라고 한다. 세 가지 개별적인 회전은 각각 C_3^1, C_3^2, C_3^3로 표기한다.

또한 B−F 결합축을 따라 살펴보면 이 C_3축에 수직인 선에 대해 180° 회전시켜도 똑같은 분자가 존재하게 된다. 즉, 이 분자는 3개의 C_2(2겹) 축도 갖고 있다. 트라이플루오린화 붕소가 갖는 회전축들은 그림 3.54에 나타내었다.

한 개 이상의 대칭축을 갖는 분자의 경우 *n*값이 가장 큰 축을 **최고 분자 대칭**(*highest molecular symmetry*)를 갖는 축, 즉 **주축**(*principal axis*)이라고 한다. 선형 분자는 분자축에 대해 어떤 각도로 회전을 시켜도 원래의 위치와 정합을 일으킨다. 회전 조작이 무한히 존재하는 것은 기호 C_∞로 나타낸다.

대칭면(거울면)을 통한 반사

분자를 통해 한 면이 구성되고, 한쪽 면에 있는 원자가 다른 쪽 면에 있는 원자의 위치를 정확하게 반영하고 있으면, 이 분자는 **거울면**(*mirror plane*)을 갖는다고 하고, 기호 σ로 나타낸다. 주축의 위치에 대한 거울면도 정의하게 되는데, 규약에 따라 주축에 수직인 방향으로 간주한다. 예를 들면, 트라이플루오린화 붕소 분자의 경우 C_3 주축에 대해 수직인 방향으로 자르면 모든 원자를 통과하게끔 잘린 조각을 얻을 수 있다. 이 면을 규약에 따라 수평 거울면이라고 하고 σ_h로 표기한다.

또 1개의 BF 결합을 통과하게끔 분자를 '자를' 수도 있는데, 이 경우에는 다른 두 BF 결합 간의 각을 이등분한다. 이 면은 주축을 포함하고 있으며, 수직 거울면 σ_v라고 한다. 그림 3.55에 나타낸 것처럼 트라이플루오린화 붕소 분자는 3개의 수직 거울면을 갖는다.

이면 이등분 거울면, σ_d는 거울면의 세 번째 형태이다. 이면각 이등분 거울면은 2개의 수직 거울면 사이나 2개의 회전축 사이에 있는 수직 거울면이다.

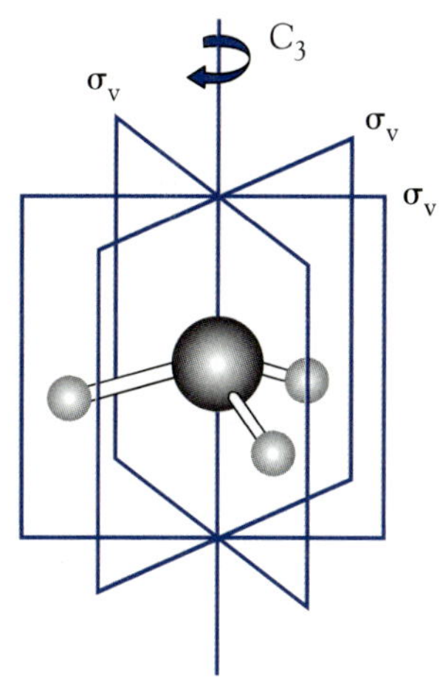

그림 3.55 트라이플루오린화 붕소 분자가 갖는 수직 거울면. 수평 거울면은 C_3 축에 수직인 면이며 모든 원자를 이등분한다.[C. E. House-croft and A. G. Sharpe, *Inorganic Chemistry* (London: Prentice Hall, 2004).]

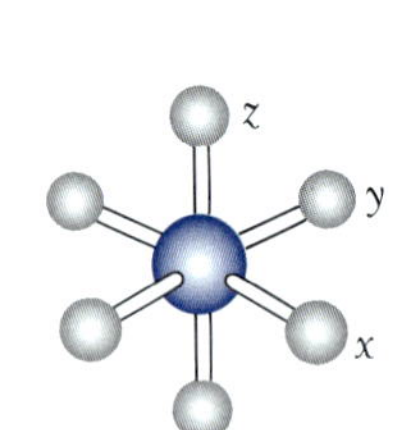

그림 3.56 헥사플루오린화 황 분자는 대칭 중심을 갖는다.

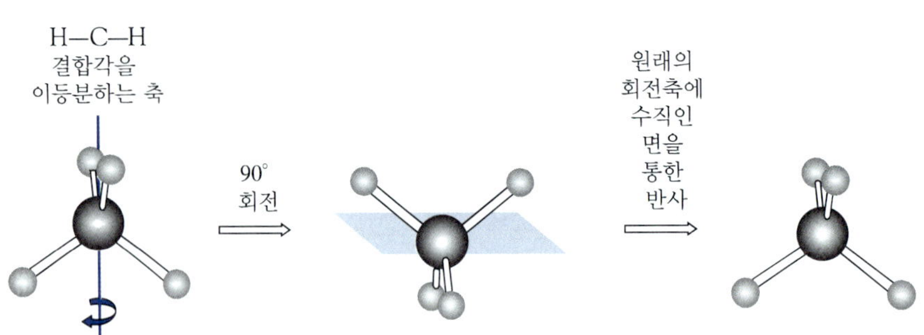

그림 3.57 메테인 분자의 반사 회전. 90° 회전에 이은 반사는 S_4로 표기되는 4겹 반사 회전축을 생성시킨다. [C. E. Housecroft and A. G. Sharpe, *Inorganic Chemistry* (London: Prentice Hall, 2004).]

대칭 중심을 통한 반전

중심을 통해 분자의 모든 부분을 반전시켰을 때 구별할 수 없는 배치가 생성된다면, 이 분자는 **반전 중심**(*center of inversion*)이라고 하는 **대칭 중심**(*center of symmetry*)을 갖는다고 하며, 기호 i로 나타낸다. 예를 들면, 트라이플루오린화 붕소는 반전 중심을 갖지 않는다. 그러나 C_2, C_4 또는 C_6처럼 짝수로 표기되는 회전축과 이 축에 수직인 거울면을 갖는 모든 분자는 대칭 중심을 가져야 한다. 반전은 C_2와 σ_h가 합쳐진 것으로 간주될 수 있다.

대칭 중심을 확인할 수 있는 다른 방법도 있다. 헥사플루오린화 황 분자를 예로 들어 살펴보자(그림 3.56). 황 원자가 3차원 격자의 중심에 놓여 있고(점 0, 0, 0), 3개의 플루오린 원자는 x, y, z 축을 따라 거리 r만큼 떨어져 놓여 있다고 간주하자. 각각의 플루오린 원자에 대해서는 황 원자에 대해 같은 축의 $-r$ 거리(즉, 황 원자의 반대편)에 정합 원자가 존재한다.

반사 회전

반사 회전축은 회전 조작과 이 회전축에 수직인 면을 통한 반사가 결합된 것이다. 반사 회전축은 기호 S_n으로 표기된다.

반사 회전의 예로써 메테인 CH_4와 같은 사면체 분자를 살펴보자. 메테인은 각 C−H 결합을 따라 4개의 C_3축을 갖는다. 또한 찾기가 좀 더 어렵기는 하지만, 각 H−C−H 결합각을 이등분하는 3개의 C_2축도 존재한다. 그림 3.57은 C_2축 중이 하나에 대해 90°로 회전시키고, 이어서 수직인 면(가상적인 σ_h면)에 대해 반사시키면 원래의 위치에 대해 형태적 정합이 일어남을 보여 준다. 이 변환은 S_4축을 나타낸다. S_4축은 각각의 C_2축에 대해 존재하기 때문에 메테인은 3개의 S_4 반사 회전축을 갖는다. 또한 단순 회전에 대한 최고 n값보다 더 높은 n값을 갖는 반사 회전축을 포함하는 분자의 구조가 가능하다.

점군

모든 분자 구조는 대칭 요소들이 결합된 것일 뿐이다. 예를 들면, 메테인의 사면체 구조는 4개의 C_3축, 3개의 C_2축, 6개의 σ_v면, 3개의 S_4 반사 회전축, 그리고 모두에 존재하는 E를 갖는다. 분자의 중심(점)에서 일어나는 모든 대칭 요소를 모은 것(군)을 **점군**(*point*

표 3.8 일반적인 점균: 해당되는 회전축, 수직 및 수평 반사면, 구조 및 일반적인 예

점군	C_n, σ_v 및 σ_h 대칭 요소	구조	예
C_1	없음	–	CHFClBr
C_i	반전 중심	–	–
C_s	1개의 면	–	$SOCl_2$
C_2	1개의 C_2축	–	H_2O_2
C_{2v}	1개의 C_2축	AB_2 굽은 구조 또는	H_2O
	2개의 σ_v면	XAB_2 평면	$BFCl_2$
C_{3v}	1개의 C_3축	AB_3 삼각뿔	NH_3
	3개의 σ_v면		
C_{4v}	1개의 C_4축	AB_4 사각뿔	BrF_5
	2개의 σ_v면		
$C_{\infty v}$	1개의 C_∞축	ABC 선형	HCN
	∞의 σ_v면		
D_{2h}	3개의 C_2축	평면	N_2O_4
	1개의 σ_h, 2개의 σ_v면		
	대칭 중심		
D_{3h}	1개의 C_3, 3개의 C_2축	AB_3 삼각 평면	BF_3
	1개의 σ_h, 3개의 σ_v면		
D_{4h}	1개의 C_4, 4개의 C_2축	AB_4 사각 평면	XeF_4
	1개의 σ_h, 4개의 σ_v면		
	대칭 중심		
$D_{\infty h}$	1개의 C_∞, ∞의 C_2축	AB_2 선형	CO_2
	1개의 σ_h, ∞의 σ_v면		
	대칭 중심		
T_d	4개의 C_3, 3개의 C_2축	AB_4 사면체	CH_4
	6개의 σ_v면		
O_h	3개의 C_4, 4개의 C_3, 6개의 C_2축	AB_6 팔면체	SF_6
	9개의 σ_v면		
	대칭 중심		

group)이라고 한다. 메테인의 경우 점군은 T_d이다.

점군을 결정할 때 단순 회전축의 수와 형태, 수직과 수평면의 수, 분자 구조가 대칭 중심을 포함하는지의 여부 정도만 알아도 충분한 경우가 많다. 표 3.8은 일반적인 점군과 이들의 기본적인 대칭 요소(단순 회전축, σ_v와 σ_h 반사면, 대칭 중심), 해당되는 분자 구조 및 예를 나타낸 것이다. 일반적인 공간군(space group)을 결정하는 흐름도는 그림 3.58에 나타내었다.

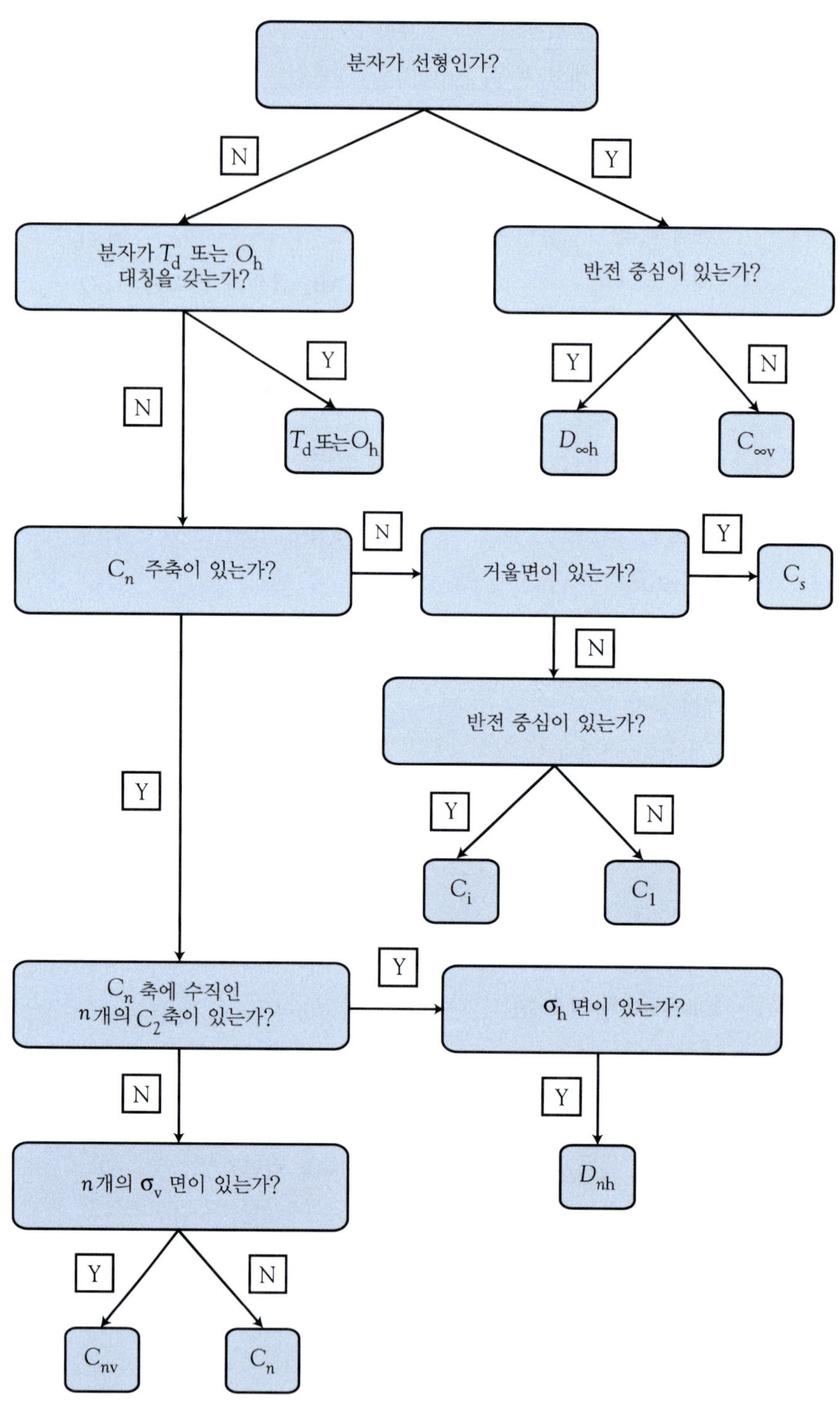

그림 3.58 분자의 일반적인 점군을 결정하는 도표. 드문 D_{nd} 점군은 제외되었다. [C. E. Housecroft and A. G. Sharpe, *Inorganic Chemistry* (London: Prentice Hall, 2004).]

예제 3.6

암모니아 분자의 점군을 결정하시오.

해답

중심의 질소 원자 주위에 3개의 결합 전자쌍과 1개의 고립 전자쌍을 갖기 때문에 암모니아 분자는 삼각 피라미드 구조이다.

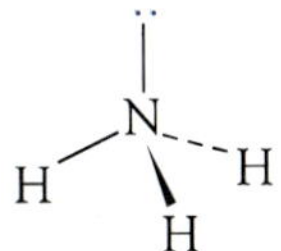

흐름도의 질문과 대답을 따라가 보면

분자가 선형인가?	아니오
분자가 T_d 또는 O_h 대칭을 갖는가?	아니오
C_n 주축이 있는가?	예, C_3축
C_3축에 수직인 nC_2축이 있는가?	아니오
세 개의 σ_v면이 있는가?	예

그러면 점군은 C_{3v}이다.

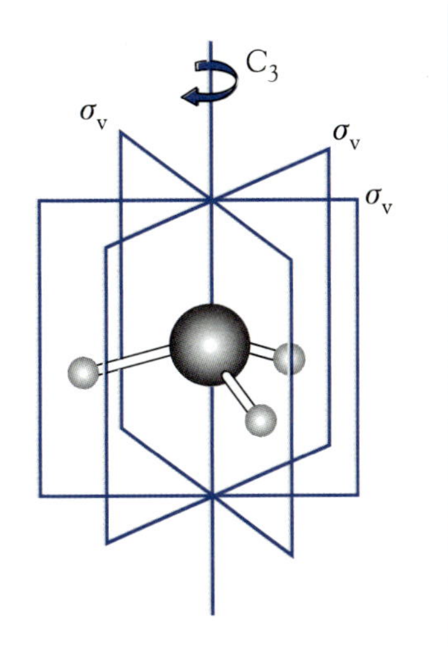

암모니아 분자가 갖는 C_3축과 3개의 σ_v면은 예제 3.6에 있는 그림에 나타난다.

3.13 대칭과 진동 분광학

대칭은 분자의 행동에 중요한 역할을 한다. 예를 들면, 전이 금속 화합물에서 분자 대칭은 전자가 갖는 들뜬 상태의 수와 에너지, 그리고 전자가 이들 각 상태들로 들뜰 수 있는 확률을 결정하는 데 핵심적인 것이다(19장 참조). 이들 전자의 들뜸은 화합물의 색과 색의 진하기로 나타난다.

여기서는 진동 들뜸(전이)에 미치는 대칭의 효과를 주로 설명한다. 분자 내에서 원자들은 일정한 운동을 하고 있다. 예를 들면, 물 분자를 설명할 때 O−H 결합 길이는 95.7 pm이고, 결합각은 104.47°라고 말하는 것은 평균값을 말하는 것이다. 결합은 끊임없이 팽창과 수축을 일으키고 있으며, 가위질 운동 때문에 결합각은 커졌다가 작아졌다를 반복하고 있다. 그러나 가능한 진동의 수는 몇 가지만 존재한다. N개의 원자로 이루어진 분자의 경우,

비선형 분자는 $3N-6$의 가능한 진동을 갖고
선형 분자는 $3N-5$의 가능한 진동을 갖는다.

진동 방식은 분자 대칭과 관련된다. 어떤 특정한 대칭을 갖는 분자는 한 세트의 특성적인 진동 방식을 나타낸다. 예를 들면 그림 3.59는 물 분자의 세 가지 진동 방식인 대칭 신축, 비대칭 신축 및 굽힘(가위질)을 보여 주고 있다. 진동 방식을 조사하면 분자의 구조

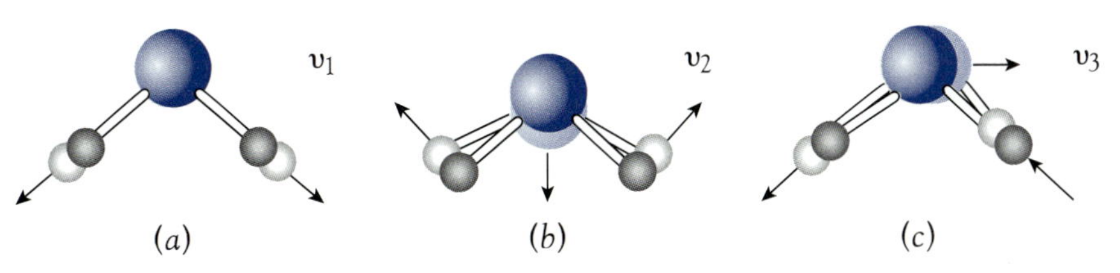

그림 3.59 물 분자의 세 가지 진동 방식

를 추측할 수 있다. 분자의 진동 에너지는 분자 내에서 각 결합의 세기에 관한 정보를 제공한다. 더 강한 결합은 더 높은 진동 에너지를 가짐을 알게 된다. 각 분자는 독특한 세트의 진동 에너지를 갖기 때문에 **진동 분광학**(*vibrational spectroscopy*)을 사용하면 미지 시료를 확인할 수 있고, 이 시료가 포함하고 있는 공유 결합에 관한 정보를 얻을 수 있다.

분자의 진동을 조사하는 방법은 **적외선 분광학**(*infrared spectroscopy*)과 **Raman 분광학**(*Raman spectroscopy*) 두 가지가 있다. 전자가 더 많이 사용되는 기법이지만, 오늘날에는 저가의 Raman 분광광도계도 이용할 수 있기 때문에, 후자를 사용하는 경우도 점점 늘어나고 있다. 즉, 두 기법을 모두 사용하면 분자 대칭에 관하여 가장 상세하게 정보를 얻을 수 있기 때문에 분자의 구조뿐만 아니라 결합 에너지에 관한 정보도 얻을 수 있다.

적외선 분광학

적외선 분광학에서는 적외선 빛살을 시료에 통과시킨다. 시료의 분자는 모두가 아니라 분자의 진동에 해당하는 적외선 에너지만을 선택적으로 흡수하게 될 것이다. 결합의 진동이 적외선 복사선을 흡수하려면 결합이 극성이어야 하고, 결합의 쌍극자 모멘트의 변화가 있어야 한다.

대기에 관한 배경에서 언급한 아르곤, Ar과 같은 단원자 화학종은 적외선을 흡수할 수 없다. 질소, N_2와 산소, O_2 같은 동종 이원자 분자는 대칭 신축 방식의 분자 진동만 가능하기 때문에 0인 결합의 쌍극자 모멘트를 변화시키지 않을 것이다. 그러므로 이 장의 처음 '컨텍스트'에서 논의한 것처럼, 단원자나 이원자 기체들은 복사선 포획('온실 효과')에 아무런 기여를 하지 않는다.

한편, 물 자체는 낮은 대칭의 3원자 분자이기 때문에 세 가지의 진동 모두가 적외선을 흡수한다. 흡수값은 대개 cm^{-1}의 주파수 단위로 표기하는데, 파수라고도 한다. 물의 경우 두 가지 신축 방식은 3450 cm^{-1}과 3615 cm^{-1}에서 나타나고, 굽힘 흡수는 1640 cm^{-1}에서 나타난다. 그러므로 세 가지 방식 모두는 온실 효과에 기여한다. 선형 대칭인 이산화 탄소의 경우, 적외선 스펙트럼에서는 대칭 신축이 나타나지 않기 때문에, 비대칭 신축과 굽힘 방식에 대한 두 가지 흡수만 나타나게 된다(그림 3.60). 이산화 탄소가 온실 기체가 될 수 있게 만드는 것은 스펙트럼의 적외선 부분에서 나타나는 이들 두 가지 흡수이다.

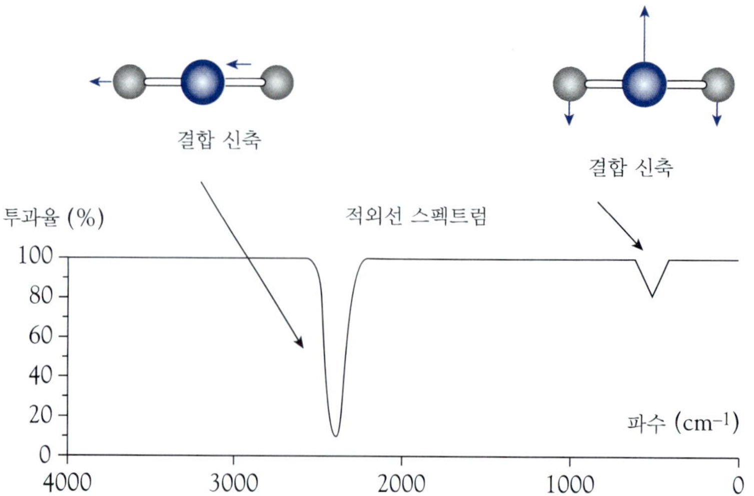

그림 3.60 이산화 탄소 분자의 두 가지 적외선 활성 진동 방식과 적외선 스펙트럼

Raman 분광학

Raman 분광학에서는 가시광선 빛살을 통과시킨다. 분자는 흡수한 빛을 재방출하지만, 에너지의 일부는 분자 진동에 의해 흡수된다. 그러므로 빛의 아주 작은 분율은 진동 에너지 때문에 원래 주파수와는 다른 위치에서 재발산된다. Raman 활성 진동을 지배하는 규칙은 직접적인 적외선 흡수와는 다르다. 즉, 진동이 일어나는 동안 분자의 분극성이 변해야 한다. 그렇기 때문에 분자의 Raman 스펙트럼에서 관찰되는 진동은 적외선 스펙트럼과는 완전히 다르다. Raman 스펙트럼에서 나타나는 진동은 대칭 신축과 같은 대칭 방식이 대부분인 경우가 많다. 흡수는 비극성 결합에 대해 더 강하게 나타나는데, 이러한 진동은 적외선 스펙트럼에서는 약하게 나타나는 것이다.

분자가 반전 중심을 가지면 적외선과 Raman 스펙트럼에는 흡수가 나타나지 않는다. Raman 기법은 적외선보다 한 가지 실질적인 장점을 갖는다. 즉, 수용액의 적외선 스펙트럼 물 분자에 의한 강한 흡수 때문에 측정하기가 어렵지만, Raman은 수용액에서도 사용할 수 있다. 그림 3.61은 질산 이온에 대한 적외선과 Raman 스펙트럼을 나타낸 것이고, 그림 3.62는 이 이온의 진동 방식을 나타낸 것이다. 두 가지 신축 방식, 대칭(ν_1, Raman 활성)과 비대칭(ν_3, 적외선 활성)이 대비된다.

Raman 분광학은 발견자인 인도 화학자 C. V. Raman경의 이름에서 유래되었다.

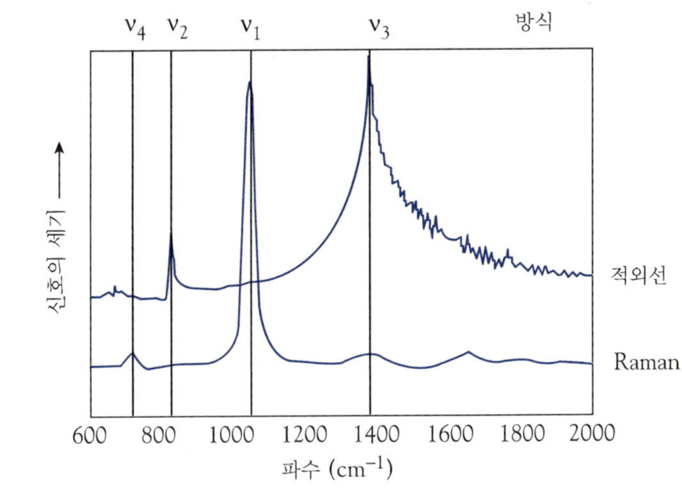

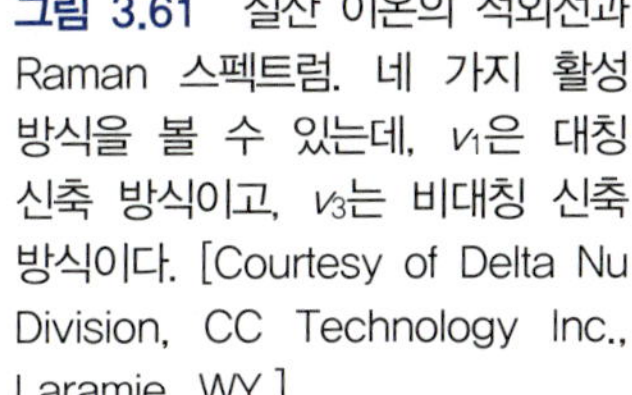

그림 3.61 질산 이온의 적외선과 Raman 스펙트럼. 네 가지 활성 방식을 볼 수 있는데, ν_1은 대칭 신축 방식이고, ν_3는 비대칭 신축 방식이다. [Courtesy of Delta Nu Division, CC Technology Inc., Laramie, WY.]

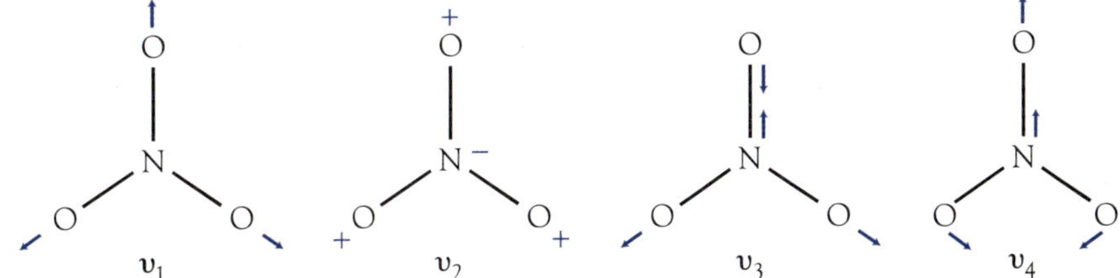

그림 3.62 그림 3.61에 나타낸 질산 이온의 적외선과 Raman 흡수에 해당되는 네 가지 진동(ν_2 진동의 +와 − 표기는 분자면에 대해 위와 아래로의 운동을 나타낸다.)

일시적으로만 존재하는 화학종들–무기 화학의 새로운 방향

전통적으로 무기 화합물이라 함은 유리병에서도 존재할 수 있는 안정한 물질을 일컬어왔지만, 무기 화학자들 사이에서는 일시적으로만 존재하는 화학종에 대한 관심도 점차 증가하고 있다. 이들 화합물은 짧은 시간 동안에만 관찰할 수 있고 분광학적 방법에 의해 확인할 수 있다. 여기서는 몇 가지 화합물을 소개하고자 한다.

짧은 시간만 존재하는 자유 라디칼 화학종(홀전자를 갖는 분자)은 대기 화학에서 특히 중요함을 알고 있다. 대기 오염을 청소하는 역할을 하는 두 가지 분자는, 밤에는 질산 라디칼, NO_3(15.8절 참조)이고 낮에는 하이드록실 라디칼, OH(16.10절 참조)이다. 대기의 상층부인 성층권에서는 일산화 염소 라디칼, ClO(17.8절 참조)가 중요한 화학종이다.

일부 화학자들은 지구에 존재하지 않지만 아주 다른 조건에서는 중요할 수도 있는 화학종을 연구하는 우주화학에 관심을 두고 있다. 모든 사람이 탄소의 두 가지 산화물인 일산화 탄소와 이산화 탄소를 알고 있으며, 우리는 반응의 중간체인 사산화 이탄소, C_2O_4(14.7절 참조)에 대해서도 알아볼 것이다. 더 많은 탄소의 산화물도 존재하는데, 그 중의 두 가지는 외행성의 혜성과 달 표면에 존재할 수 있는 삼산화 탄소, CO_3와 사산화 탄소, CO_4이다. 이런 화학종들은 태양으로부터 나오는 자외선 효과로 인해 생성된다고 화학자들은 주장해왔다. 태양계 외부의 차가운 조건을 복제하여 실험한 결과, 10 K에서는 고체 이산화 탄소 표면에 일산화 탄소 분자와 들뜬 산소 원자가 생성됨이 입증되었다. 그런 다음 들뜬 산소 원자의 일부는 이산화 탄소와 결합하여 삼산화 탄소가 되고 더 작은 분량의 사산화 탄소도 생성되었다. 적외선 스펙트럼으로부터 삼산화 탄소는 반응에서 생성된 D_{3h} 이성질체인 세 가지 구조가 존재할 수 있음이 확인되었고(그림 3.63), 사산화 탄소는 C_{2v} 이성질체임이 밝혀졌다. 이들 분자는 온도가 높아지면 안정하지 않지만 내행성의 대기 상층부에서는 일시적으로 존재할 수도 있다.

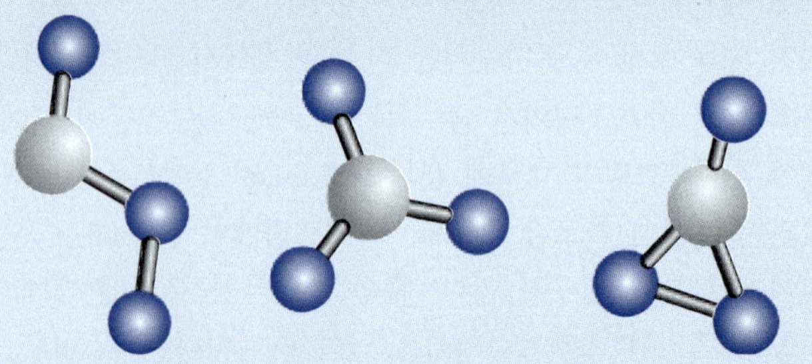

그림 3.63 삼산화 탄소의 세 가지 가능한 이성질체의 구조. 이들은 각각 C_s, D_{3h} 및 C_{2v} 대칭이다. 적외선 스펙트럼은 삼산화 탄소의 구조가 D_{3h} 대칭임을 입증하였다.

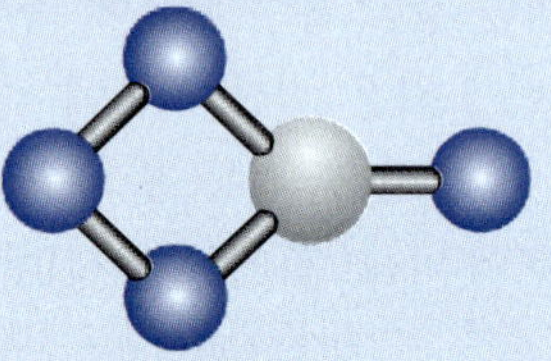

그림 3.64 사산화 탄소의 구조

3.14 결합 연속체

일반 화학 과정에서 원자들 간의 결합은 공유 결합 또는 이온 결합으로 설명하고 있다. 그러나 실제 결합은 두 가지가 섞여 있다. 앞에서 우리는 두 가지의 비금속으로 이루어진 화합물도 결합에서는 이온성 성분을 가질 수 있음을 알았다(극성 공유 결합). 그러므로 무기화학자들은 이온 결합-공유 결합을 엄격히 따지지 않고, **결합 연속체**(*bonding continuum*)로 간주한다. 그림 3.65는 이 연속체에 있는 네 가지 관점, 즉 순수한 공유 결합, 극성 공유 결합, 편극화된 이온 결합 및 순수한 이온 결합에 대한 전자 밀도 단면을 보여 준다.

이온 결합성 대 공유 결합성의 비는 원자들의 쌍 간의 전기 음성도 차이, ΔEN으로 정의될 수 있다. 그러므로 0에 가가운 ΔEN을 갖는 원자들의 쌍은 전자를 동등하게 공유한 순수한 공유 결합을 가지게 되겠지만, $\Delta EN > 3.0$인 쌍은 순수한 이온 결합으로 간주된다(그림 3.66).

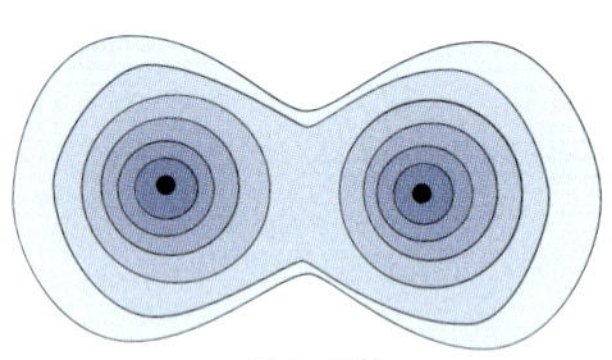

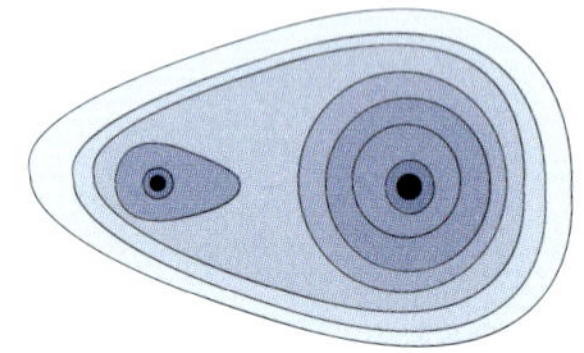

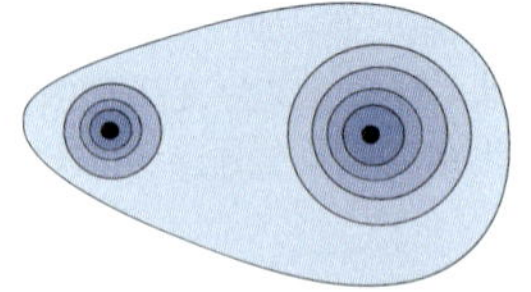

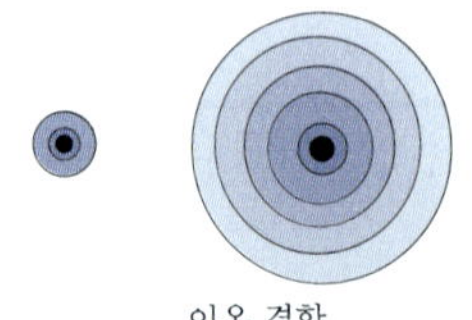

그림 3.65 결합 연속에서 이원자 화학종에 대한 네 가지 전자 밀도 단면

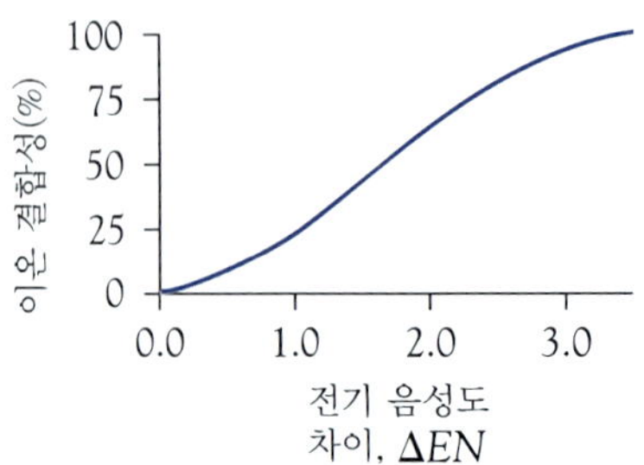

그림 3.66 전기 음성도 차이와 결합의 이온성 간의 대략적인 관계

결합 삼각형

결합 연속체는 이차원으로 한정되지 않는다. 금속 결합은 세 번째 성분을 제공한다. 이 **결합 삼각형**(*bond triangle*, 더 정확하게는 Van Arkel-Ketelaar 삼각형)은 전기 음성도의 수평축을 갖는다. 이 축의 금속 결합-공유 결합 한계는 금속 구조에 있는 비편재화된 결합으로부터 특정한 방향으로 오비탈이 겹치게끔(공유 결합) 변하는 것에 해당된다. 원소들은 이 축을 따라 순수한 금속 결합(세슘)으로부터 순수한 공유 결합(플루오린)까지 배열된다. 이 도시에서 ΔEN은 수직축이 되는데, 삼각형의 왼쪽은 금속 결합에서 이온 결합으로의 전이를 나타내고, 오른쪽은 공유 결합에서 이온 결합으로의 전이를 나타낸다. 그림 3.67은 금속 결합, 이온 결합, 공유 결합 영역을 대략적으로 구분한 결합 삼각형을 보여 준다.

이성분 화합물은 전기 음성도 차이에 대해 두 원자의 평균 전기 음성도를 도시하면 이 삼각형에 그려 넣을 수 있다. 전기 음성도의 Allred-Rochow 척도를 사용하여 화합물이 어디에 놓여질 것인지를 알아보도록 하자. 이 산화물 계열은 이온 결합성의 산화 마그네슘으로부터 공유 결합성의 십산화 사인(tetraphosphorus decaoxid)에 이르기까지 좋은 경향성을 나타낸다. 산화 알루미늄의 위치는 적절한데 이 화합물은 때로는 이온 결합성으로, 때로는 그물구조형 공유 결합으로 간주하는 것이 더 유용하기 때문이다. 합금 $CuAl_2$는 금속 영역에 놓이는 것이 마땅하지만 인화 알루미늄은 결합(과 성질)이 세 가지 범주 모두의 혼성과 일치된다. 나중에 다루게 되겠지만 대부분의 원소와 화합물은 한 가지 결합 형태나 최소한 두 결합 형태의 조합으로 설명될 수 있다.

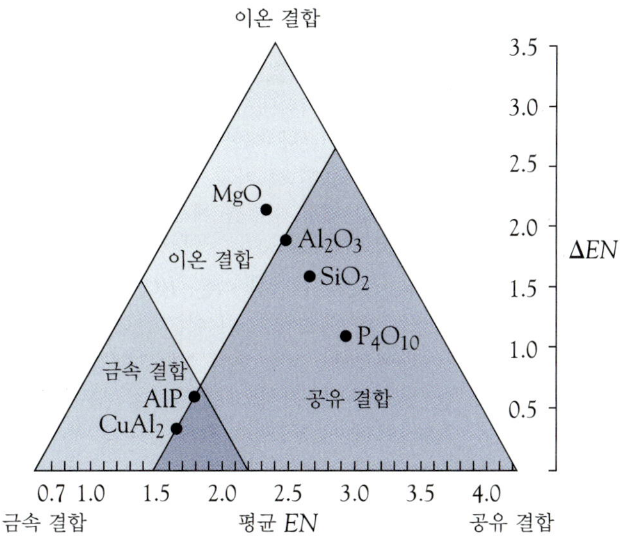

그림 3.67 Van Arkel–Ketelaar 결합 삼각형

예제 3.7

BeO에서의 결합은 이온 결합성과 공유 결합성 중 어느 쪽이 더 우세할지 예측하시오. Allred-Rochow 전기 음성도 값은 Be = 1.47이고 O = 3.50이다.

해답

ΔEN = 3.50 − 1.47 = 2.03이다. 평균값 EN = (3.50 + 1.47)/2 = 2.49이다. 이들 두 값을 통해 BeO는 결합 삼각형의 공유 결합 영역에 속함을 알 수 있다.

핵심개념

- 분자 오비탈 이론은 화학자에게 분자의 성질과 행동에 대한 가장 좋은 이해를 제공한다.
- 원자 오비탈의 선형 조합하면 결합 및 반결합 분자 오비탈이 생성된다.
- p(또는 d) 오비탈을 조합하면 말단의 겹침(σ)과 측면-대-측면의 겹침(π)에 의해 생성되는 오비탈의 세트를 만들 수 있다.
- 좀 더 복잡한 분자에 대해서는 원자가 껍질 전자쌍 반발(VSEPR) 이론을 사용하여 결합각과 상대적인 결합 세기에 대한 설명을 할 수 있다.
- 원자 오비탈의 이론적 혼성화를 포함하는 원자가 결합 개념은 분자 구조를 설명하기 위해 사용될 수 있다.
- 공유 결합 화합물은 그물구조형 공유 결합과 작은 분자 공유 결합의 두 가지 부류가 있다.
- 작은 분자 공유 결합 화합물의 성질은 분자 간 힘(분산력, 쌍극자-쌍극자 힘, 수소 결합)에 의해 설명된다.

연습문제

3.1 다음 용어를 정의하시오.
(a) LCAO (b) σ 오비탈
(c) VSEPR (d) 혼성화
(e) 주축

3.2 다음 용어를 정의하시오.
(a) 그물구조형 공유 결합 분자
(b) 분자 내 힘
(c) 전기 음성도
(d) 수소 결합
(e) 점군

3.3 분자 오비탈 도표를 이용하여 H_2^- 이온의 결합 차수를 결정하시오. 이 이온은 상자기성인가, 반자기성인가?

3.4 Be_2는 존재할 수 있는가? 분자 오비탈 도표를 이용하여 설명하시오.

3.5 분자 오비탈 도표를 이용하여 N_2^+ 이온의 결합 차수를 결정하시오. 이 이온에 대한 원자가 전자 배치[$(\sigma_{2s})^2$]를 적으시오.

3.6 분자 오비탈 도표를 이용하여 O_2^+ 이온의 결합 차수를 결정하시오. 이 이온에 대한 원자가 전자 배치[$(\sigma_{2s})^2$]를 적으시오.

3.7 NO^+ 이온의 분자 오비탈 에너지가 일산화 탄소와 비슷하다고 가정하고, 이 이온의 결합 차수를 예측하시오.

3.8 NO^- 이온의 분자 오비탈 에너지가 일산화 탄소와 비슷하다고 가정하고, 이 이온의 결합 차수를 예측하시오.

3.9 이붕소에 대한 분자 오비탈 도표를 그리시오. 결합 차수는 얼마로 예측되는가? 더 무거운 2주기 원소들에 대해 이붕소에 대한 도표와 유사한 도표를 순서대로 그리고 이붕소와 비교하시오. 이러한 차이를 확정하기 위하여 사용될 수 있는 실험적 성질은 무엇인가?

3.10 이탄소 음이온과 양이온, C_2^-와 C_2^+에 대한 분자 오비탈 도표를 그리고 원자가 전자 배치를 쓰시오. 각 이온에 대한 결합 차수는 얼마인가?

3.11 다음 분자나 이온에 대한 Lewis 구조를 그리시오.
(a) 다이플루오린화 산소, OF_2
(b) 삼염화 인, PCl_3
(c) 다이플루오린화 제논, XeF_2
(d) 사염화아이오딘 이온, ICl_4^-

3.12 다음 분자나 이온에 대한 Lewis 구조를 그리시오.
(a) 암모늄 이온, NH_4^+
(b) 사염화 탄소, CCl_4
(c) 헥사플루오린화규소산 이온, SiF_6^{2-}
(d) 펜타플루오린화황산 이온, SF_5^-

3.13 아질산 이온에 대한 Lewis 구조를 그리시오. 이 이온에 대해 가능한 두 가지 공명 구조를 그리고, 질소-산소 결합의 평균 결합 차수를 예측하시오. 이 이온을 부분적 결합 표기로 나타내시오.

3.14 탄산 이온에 대한 Lewis 구조를 그리시오. 이 이온에 대해 가능한 세 가지 공명 구조를 그리고 탄소-산소 결합의 평균 결합 차수를 예측하시오. 이 이온을 부분적 결합 표기로 나타내시오.

3.15 싸이오사이안산 이온, NCS^-는 탄소를 중심 원자로 갖는 선형 구조이다. 이 이온에 대해 가능한 전자점 구조를 모두 그린 다음, 형식 전하 개념을 사용하여 가장 가능한 구조를 결정하시오. 이 결과를 부분 결합 표기로 나타내시오.

3.16 트라이플루오린화 붕소 분자는 세 개의 단일 결합과 전자 결핍 상태인 붕소 중심 원자를 갖는 것으로 예측된다. 한 개의 플루오린 원자와 이중 결합을 하여 붕소 원자가 옥텟 규칙을 만족시키는 구조를 갖지 않는 이유를 형식 전하 개념을 사용하여 설명하시오.

3.17 VSEPR 규칙을 사용하여 연습문제 3.11의 각 분자나 다원자 이온에 대한 전자쌍 배열과 구조를 결정하시오.

3.18 VSEPR 규칙을 사용하여 연습문제 3.12의 각 분자나 다원자 이온에 대한 전자쌍 배열과 구조를 결정하시오.

3.19 다음 삼원자 분자들에 대해서 선형 구조를 갖는 것과 V형 구조를 갖는 것을 예측하시오. V형을 갖는 분자들에 대해서는 대략적인 결합각도 추정해 보시오.
(a) 이황화 탄소, CS_2
(b) 이산화 염소, ClO_2

(c) 기체 염화 주석(II), $SnCl_2$

(d) 염화 나이트로실, NOCl(질소가 중심 원자)

(e) 다이플루오린화 제논, XeF_2

3.20 다음 삼원자 이온들에 대해서 선형 구조를 갖는 것과 V형 구조를 갖는 것을 예측하시오. V형을 갖는 이온들에 대해서는 대략적인 결합각도 추정해 보시오.

(a) BrF_2^+ (b) BrF_2^- (c) CN_2^{2-}

3.21 연습문제 3.11의 각 분자나 다원자 이온에 대하여, 한 개 이상의 고립 전자쌍 존재로 인해 정상적인 결합각에서의 벗어남이 일어날 것인지 여부를 결정하시오.

3.22 연습문제 3.12의 각 분자나 다원자 이온에 대하여, 한 개 이상의 고립 전자쌍 존재로 인해 정상적인 결합각에서의 벗어남이 일어날 것인지 여부를 결정하시오.

3.23 연습문제 3.11에서 결정된 각 전자쌍 배열에 대하여, 중심 원자에 있는 전자의 혼성화를 결정하시오.

3.24 연습문제 3.12에서 결정된 각 전자쌍 배열에 대하여, 중심 원자에 있는 전자의 혼성화를 결정하시오.

3.25 그림 3.32를 모형으로 사용하여 혼성 오비탈 개념이 기체 염화 베릴륨 분자의 결합을 설명하는 데 사용될 수 있음을 보이시오.

3.26 그림 3.32를 모형으로 사용하여 혼성 오비탈 개념이 메테인 분자의 결합을 설명하는 데 사용될 수 있음을 보이시오.

3.27 황화 수소, H_2S와 셀레늄화 수소, H_2Se 중에서 더 높은 끓는점을 갖는 것은 어느 것인가? 이유를 설명하시오.

3.28 브로민 분자, Br_2와 일염화 아이오딘, ICl 중에서 더 높은 녹는점을 갖는 것은 어느 것인가? 이유를 설명하시오.

3.29 연습문제 3.11의 각 분자나 다원자 이온에 대하여, 극성일지 비극성일지를 결정하시오.

3.30 연습문제 3.12의 각 분자나 다원자 이온에 대하여, 극성일지 비극성일지를 결정하시오.

3.31 암모니아, NH_3와 포스핀, PH_3 중에서 더 높은 끓는점을 갖는 것은 어느 것인가? 이유를 설명하시오.

3.32 포스핀, PH_3와 아신, AsH_3 중에서 더 높은 끓는점을 갖는 것은 어느 것인가? 이유를 설명하시오.

3.33 다음 각각의 공유 결합 화합물에 대해서 분자 구조와 중심 원자의 가능한 혼성화를 예상하시오.

(a) 아이오딘화 인듐(I), InI

(b) 브로민화 주석(II), $SnBr_2$

(c) 트라이브로민화 안티모니, $SbBr_3$

(d) 사염화 텔루륨, $TeCl_4$

(e) 펜타플루오린화 아이오딘, IF_5

3.34 트라이플루오린화 비소와 삼염화 비소의 결합각은 각각 96.2°와 98.5°이다. 결합각이 차이가 나는 이유를 설명하시오.

3.35 메테인 분자는 몇 개의 진동 방식을 갖고 있는가?

3.36 적외선과 Raman 분광학의 차이는 무엇인가?

3.37 다음 화합물에 대한 대칭 요소(회전축, 거울면, 반사 회전축)를 결정하여 공간군을 확인하시오.

(a) 오염화 인(그림 3.18 참조)

(b) 펜타플루오린화 아이오딘(그림 3.24 참조)

(c) 테트라플루오린화 제논(그림 3.25 참조)

3.38 테트라플루오린화 황(그림 3.19 참조)이 가질 수 있는 두 가지 기하학적 형태에 대하여 대칭 요소(회전축, 거울면, 반사 회전축)를 결정하여 공간군을 확인하시오.

3.39 VSEPR 규칙을 이용하여 다음 화학종들의 구조를 결정하시오. 그리고 회전축과 거울면을 확정하여 이들이 속하는 점군을 확인하시오. 힌트: 분자 모형을 만들면 도움이 될 것이다.

(a) 포스핀, PH_3

(b) 탄산 이온, CO_3^{2-}

(c) 황산 이온, SO_4^{2-}

(d) 헥사플루오로인산 이온, PF_6^-

3.40 VSEPR 규칙을 이용하여 다음 화학종들의 구조를 결정하시오. 그리고 회전축과 거울면을 확정하여 이들이 속하는 점군을 확인하시오. 힌트: 분자 모형을 만들면 도움이 될 것이다.

(a) 싸이오사이안산 이온, SCN^-

(b) 암모늄 이온, NH_4^+

(c) 이황화 탄소, CS_2

(d) 이산화 황, SO_2

3.41 결합 삼각형 개념을 이용하여 다음 화합물에서 가능한 결합의 조합을 설명하시오.

(a) $CoZn_3$

(b) BF_3

3.42 결합 삼각형 개념을 이용하여 다음 화합물에서 가능한 결합의 조합을 설명하시오.

(a) K_3As

(b) AsF_3

응용문제

3.43 d 오비탈과 s 및 p 오비탈 간의 겹침에 의해 생긴 분자 오비탈에 대해서 알아보고자 한다. d 원자 오비탈이 s와 p 분자 오비탈과 겹쳐 σ와 π 분자 오비탈을 만드는 과정을 도표로 그려 설명하시오.

3.44 CO_2^- 이온이 합성되었다. 이 이온의 구조와 대략적인 결합각을 예측하시오.

3.45 산화 질소 분자의 원자 배열은 대칭적인 NON이 아니라 NNO이다. 그 이유를 설명하시오.

3.46 사이안산 이온, OCN^-는 여러 가지 안정한 염을 만들지만, 아이소사이안산 이온, CNO^-의 염들은 폭발성을 가지는 것이 있다. 그 이유를 설명하시오.

3.47 연습문제 3.38에서 세 번째 형태의 배열은 CON^-가 될 것이다. 이러한 원자 배열을 갖는 이온은 안정하지 못할 것이라고 예상되는데, 그 이유를 설명하시오.

3.48 탄소는 수소 및 플루오린과 유사한 형태의 자유 라디칼 화학종, $CH_3\cdot$, $CF_3\cdot$ 을 만들지만, 이 중 한 가지는 평면 구조이고, 다른 하나는 피라미드 구조이다. 각각의 기하 구조를 예상하고 그 이유를 설명하시오.

3.49 다음 자유 라디칼 기체 반응 중에서 더 잘 일어날 것으로 예상되는 반응을 선택하고 그 이유를 설명하시오.

$$NO + CN \rightarrow NO^+ + CN^-$$

$$NO + CN \rightarrow NO^- + CN^+$$

3.50 $C(CN_3)^-$ 이온은 합성할 수 있다. 전자점 구조를 그리고 기하 구조를 예측하시오. 실제로 이 이온은 평면 구조이다. 이 사실과 부합되는 공명 구조 중의 하나를 그리시오.

3.51 펜타플루오린화 인의 끓는점(−84°C)은 트라이플루오린화 인(−101°C)보다 높지만, 오염화 안티모니, $SbCl_5$의 끓는점(140°C)은 삼염화 안티모니(283°C), $SbCl_3$보다 낮다. 이 두 가지 양상의 차이를 설명하시오.

3.52 펜타플루오로제논산(IV) 음이온, XeF_5^-가 합성되었다. 실제 구조는 VSEPR 규칙으로 예측한 것과 일치한다. 구조는 무엇인가?

3.53 헵타플루오린화 아이오딘은 오각쌍뿔 구조를 갖는다(그림 3.30*a* 참조). 이 분자의 회전축과 거울면을 결정하고 점군을 확인하시오.

3.54 테트라클로로백금(II) 이온, $PtCl_4^{2-}$는 사각 평면이다. 이 이온이 나타내는 진동 방식은 몇 개인가? 이 이온의 적외선과 Raman 스펙트럼에 대해 설명할 수 있는 것은 무엇인가?

3.55 오존, O_3는 온실 기체이지만 산소 분자, O_2는 온실 기체가 아닌 이유는 무엇인가?

3.56 무정형 규소, 나노결정형 규소, 그리고 다결정형 규소의 구조를 비교하시오. 나노결정형 규소에 대한 다른 이름을 찾아서 확인하시오.

3.57 화성의 대기는 따뜻하다. 그러나 작은 위성의 중심은 냉각되어 고체화되었다. 이 현상이 대기의 상실과 냉각을 일으키는 이유는 무엇인가?

금속 결합

4장

금속에서의 결합은 3장의 공유 결합에서 이미 논의했던 분자 오비탈 이론으로 가장 잘 설명할 수 있다. 금속 결정에서 원자의 배열은 단단한 공을 쌓는 것으로 생각할 수 있다. 이와 같은 쌓임 배열은 이온 결합 화합물과 금속에서 모두 동일하다. 따라서 금속 결합에 대한 연구는 공유 결합과 이온 결합 사이를 연결해 주는 것이 된다.

컨텍스트: 금속 기반 복합재료

새로운 재료에 대한 요구는 끝이 없다. 더 복잡해져 가는 세상을 위해 건축학과 전자학에서는 보다 특별한 성질을 갖는 재료를 필요로 하고 있다. 19세기에는 새로운 금속 원소를 발견하는 것이 중요한 일이었고, 20세기에는 합금, 21세기 현재는 더 복잡한 합금과 금속 복합재료가 연구를 주도하고 있다.

복합재료의 사용은 실제로는 문명의 초기 시대로 거슬러 올라간다. 건물을 짓기 위해 진흙과 짚, 콘크리트를 사용한 것은 이미 2000년 전의 일이었다. 진흙/짚과 콘크리트 재료는 두 가지 모두, 기반(진흙 또는 시멘트)에 강화 상(짚 또는 돌)을 사용한다. 재료들 자체는 변하였지만, 기반과 강화 재료에 관한 원리는 아직도 복합재료의 기초가 되고 있다.

금속을 포함하는 복합재료는 두 가지 형태가 있는데, 내열성 합금(5장 참조)과 금속 기반 복합재료(metal-matrix composites, MMC)이다. 이름이 암시하고 있듯이 MMC는 대체로 섬유 형태의 다른 재료가 혼합되어 있는 금속을 포함한다(뒤쪽의 그림 참조). 활용 분야를 다양하게 만드는 것은 MMC의 물리적 성질이다. 특히 섬유는 금속을 더 강하게 만들어 균열이나 치명적인 파손이 덜 생기게 해 준다. 섬유는 내마모성, 마찰 계수, 열전도도 등 금속의 다른 성질을 개선시키는 데에도 사용될 수 있다.

금속 기반 복합재료는 명도, 강도 및 내구성이 중요한 분야에 주로 사용된다. 그러므로 밀도가 낮은 금속이 선택되는데, 주로 알루미늄(2.7 g · cm^3), 마그네슘(1.7 g · cm^3) 또는 타이타늄(4.5 g · cm^3)이 사용된다. 이들의 밀도는 철(7.9 g · cm^3)이나 납(11.4 g · cm^3)에 비해 훨씬 더 낮다. 고온에서 활용하려면 밀도보다는 높은 녹는점(m.p.)이 더 중요하다. 그래서 고온 분야의 활용에는 코발트(m.p. 1495°C)나 코발트-니켈 합금이 금속 기반을 이룬다. 특정한 방향에 대한 금속의 강도를 증가시키기 위해 금속에 길게 이어지는 붕소나 탄소의 섬유를 끼워 넣기도 한다. 이런 재료를 생성시키는 방법 중의 한 가지는 긴 섬유에 용융 금속을 뿌려주는 것이다. 원하는 전체 강도를 가질 수 있는 경우에는 산화 알루미늄이나 탄화 규소와 같은 짧은 섬유를 용융 금속에 넣고 저어 준다.

금속 기반 복합재료는 제조비용이 비싸기 때문에 비용보다는 재료의 낮은 밀도, 적합한 열 팽창, 강직도와 강도가 더 중요한 항공우주 산업에서 가장 중요하게 활용된다. 자

탄화 규소 섬유가 삽입된 구리의 금속 기반 복합재료 전선. 이 복합재료는 핵융합 반응로의 열 전도체로 개발되어 왔다.

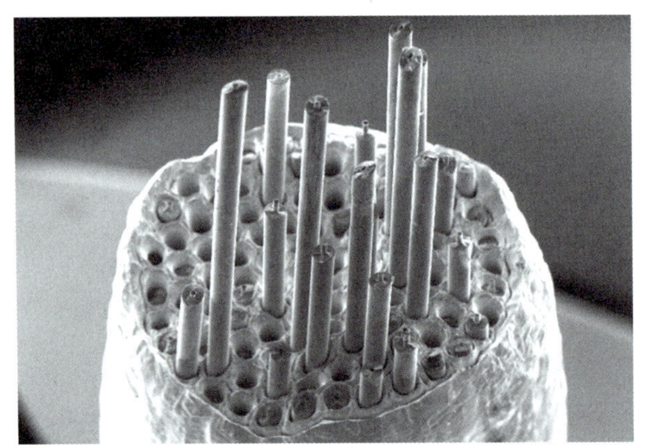

동차 산업에서도 MMC를 사용한다. 예를 들면, 알루미늄 기반에 짧은 알루미늄이나 실리콘 섬유를 혼합시킨 복합재료는 디젤 피스톤 크라운을 만드는 데 사용되는데, 기존에 사용되던 니켈 피스톤 크라운보다 더 가볍고, 내마모성이 더 좋을 뿐만 아니라 제조비용이 더 싸다. 금속 기반 복합재료는 고성능 산악 자전거와 컴퓨터의 열 발산판과 같은 다양한 분야에 사용되고 있다. 그러나 MMC를 이해하려면 먼저 이 장의 주제인 금속 자체의 성질을 먼저 이해해야 한다.

4.1 금속 결합

2장에서 원소들을 분류할 때(2.4절 참조) 금속 결합의 핵심적인 특성은 SATP에서의 높은 3차원적 전기 전도도였다. 이 성질은 금속들에서의 결합과 관련시킬 수 있다. 전자의 공유가 거의 항상 한정적인 분자 단위 내에 존재하는 비금속과는 달리, 금속 원자들은 바깥쪽의 원자가 전자들을 가장 가까이에 있는 모든 원자들과 공유한다. 금속의 높은 반사도와 전기 전도도, 열전도도를 설명하기 위하여 사용할 수 있는 것은 바로 이 금속 구조 전체를 통한 전자들의 자유로운 운동인 것이다.

대부분의 금속이 갖는 높은 전성과 연성은 방향성이 결여된 결합 때문에 금속 원자들이 쉽게 미끄러질 수 있지만, 곧 새로운 금속 결합이 생기기 때문에 나타나는 것으로 설명할 수 있다. 금속 결합 생성의 용이성은 더 단단한 금속을 만드는 소결(sinter)에 응용된다. 즉, 원하는 금속 모형을 만들 때에는 틀에 금속 가루를 채운 다음 높은 온도와 압력을 가한다. 이러한 조건에서는 금속이 완전히 녹은 상태가 아니지만 분말의 경계면을 통해 금속-금속 결합이 생성된다.

간단한 공유 결합 분자들은 일반적으로 녹는점이 낮고, 이온 결합 화합물은 녹는점이 높다. 그러나 금속의 녹는점은 수은의 −39°C에서 텅스텐의 +3410°C까지의 영역에 걸쳐 나타난다. 금속은 용융 상태에서도 열과 전기를 계속 전도한다(실제로 용융 알칼리 금속들은 핵발전소에서 열 전달제로 흔히 사용되고 있다). 이는 액체상에서도 금속 결합이 존재하고 있음을 증명하는 것이다.

금속 결합의 세기와 가장 밀접한 관련이 있는 것은 바로 끓는점이다. 예를 들면, 수은의 끓는점은 357°C이고 원자화 엔탈피는 61 $kJ \cdot mol^{-1}$이지만, 텅스텐은 5660°C이고 원자화 엔탈피는 837 $kJ \cdot mol^{-1}$이다. 그러므로 수은에서의 금속 결합은 분자 간 힘 정도의 약한 것이지만, 텅스텐에서의 금속 결합은 다중 공유 결합과 비슷한 세기를 가짐을 알 수 있다. 그러나 기체상에서 금속 리튬은 Li_2처럼 쌍으로 존재하고, 베릴륨은 개별적인 원자로 존재하려하기 때문에 이들의 벌크 금속성을 잃게 된다. 기체상에 있는 금속은 금속처럼 보이지 않는데, 예를 들면 기체상에서 포타슘은 녹색을 띤다.

4.2 결합 모형

금속 결합에 대한 가장 간단한 모형은 전자 바다(또는 전자 기체) 모형이다. 이 모형은 원자가 전자가 금속 전체[**전자 바다**(*electron sea*)]를 자유롭게 떠다닐 수 있을 뿐만 아니라, 금속으로부터 떨어져 나갈 수도 있어서 양이온을 만들기도 한다. 전기를 운반하는 것이 바로 이 원자가 전자이며, 이 전자의 움직임에 의해 금속 내에서 열이 전달된다. 그러나 이 모형은 정량적이기보다는 정성적이다.

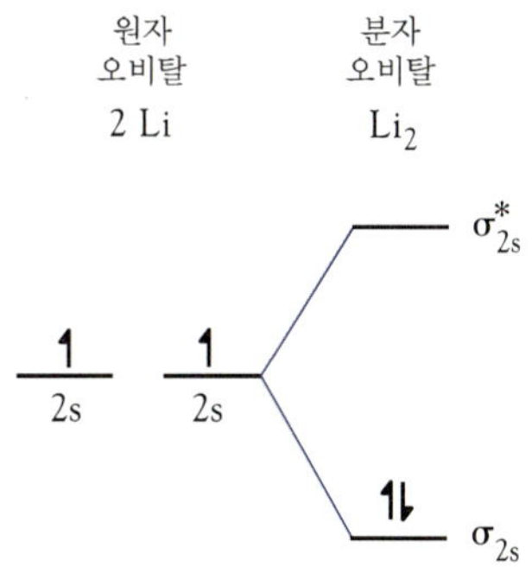

그림 4.1 리튬 분자(기체상)의 분자 오비탈 도표

분자 오비탈 모형은 더 포괄적인 결합 모형이다. 분자 오비탈에 의해 확장된 이 이론을 **띠이론**(*band theory*)이라고 하는데, 리튬을 예로 들어 설명하겠다. 3.8절에서 기체상의 2개의 리튬 원자는 리튬 분자를 형성하는 것을 알 수 있었다. 2개의 2s 원자 오비탈이 이루는 분자 오비탈 그림을 그림 4.1에 나타내었다(두 원자 오비탈은 왼쪽에 표시하였다). 이제 4개의 리튬 원자의 오비탈이 이루는 분자 오비탈을 생각해 보자. 2s 원자 오비탈과 같은 수의 σ_{2s} 분자 오비탈이 생기며, 이 중의 반은 결합성, 그리고 반은 반결합성 오비탈이다. 양자 법칙을 만족시키려면 오비탈의 에너지는 같을 수가 없다. 즉, 하나의 σ_{2s} 오비탈은 다른 σ_{2s} 오비탈과 정확하게 같은 에너지를 가질 수 없다. 그림 4.2에 이러한 오비탈의 배열을 나타내었다.

큰 금속 결정에서는 굉장히 많은 수(n)의 원자가 분자 오비탈을 만들게 된다. 이 오비탈들은 금속 결정 내에서 3차원적으로 상호작용을 하지만, 위에서 설명한 것과 같은 결합 원리가 적용된다. 따라서 $\frac{1}{2}n\,\sigma_{2s}$(결합) 분자 오비탈과 같은 수의 $\frac{1}{2}n\,\sigma^*_{2s}$(반결합) 분자 오비탈을 만든다. 에너지 준위의 수가 굉장히 많기 때문에 그들 사이의 간격은 너무 가깝고, 따라서 거의 연속된 것으로 간주할 수 있다. 이와 같이 연속된 에너지 준위를 띠라고 부르는 것이다. 리튬의 경우에 2s 원자 오비탈로부터 생기는 띠는 절반이 채워지게 될 것이다. 즉, σ_{2s} 부분은 채워지고, σ^*_{2s} 부분은 비어 있게 된다(그림 4.3).

전기 전도도는 전자가 아주 작은 양의 에너지를 얻어 비어 있는 반결합성 오비탈로 들뜨게 되는 것으로 간단하게 설명할 수 있다. 즉, 들뜬 전자는 자유롭게 금속 내부를 돌아다닐 수 있고, 이 때문에 전기가 전도된다. 비슷한 방법으로 금속의 높은 열전도도는 이

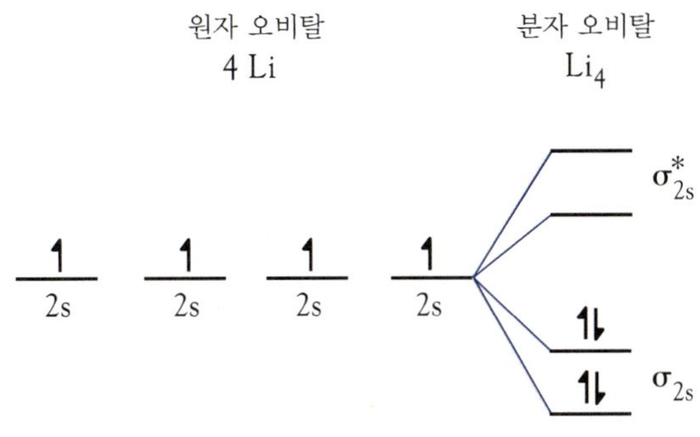

그림 4.2 네 개의 리튬 원자의 조합으로 이루어진 분자 오비탈 도표

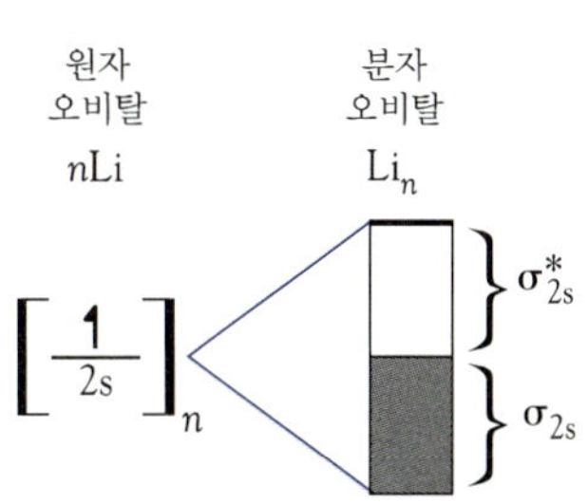

그림 4.3 n개의 리튬 원자의 조합에 의해 2s 원자 오비탈로부터 유도된 띠

자유 전자가 금속 구조 내부로 병진 운동 에너지를 운반하는 것으로 설명할 수 있다. 그러나 이러한 현상을 '현실적으로' 설명하기 위해서는 띠이론에 관한 보다 완전한 이해가 필요하다는 것을 유념해야 한다.

더 낮은 에너지 준위로부터 더 높은 에너지 준위로 전자가 이동할 때에는 빛이 흡수된다. 반대로 더 높은 에너지 준위로부터 더 낮은 에너지 준위로 전자가 이동할 때에는 빛이 방출된다. 자유 기체 원자의 경우, 빛의 방출은 선 스펙트럼으로 관찰된다. 금속에는 수많은 에너지 준위가 있으므로 거의 무한대의 에너지 준위 간의 전이가 가능할 것이다. 그 결과, 금속 표면의 원자는 어떠한 파장의 빛도 흡수할 수 있으며, 전자가 받은 만큼의 에너지를 내 놓고 바닥 상태로 돌아가면 같은 파장의 빛을 방출하게 된다. 그러므로 띠이론을 이용하면 금속의 반사율을 설명할 수 있다.

베릴륨도 역시 띠 모형으로 설명이 된다. 베릴륨의 전자 구조는 [He]$2s^2$이므로 σ_{2s}와 σ^*_{2s} 분자 오비탈이 모두 채워지게 된다. 즉, 2s 원자 오비탈의 겹침으로 생긴 띠는 완전히 채워지게 되는 것이다. 이러한 사실로부터 내릴 수 있는 결론은 전자가 움직일 띠의 공간이 없기 때문에, 베릴륨은 금속성을 가질 수 없다는 것이다. 그러나 비어 있는 2p 띠가 2s 띠와 겹치기 때문에 전자가 금속 내부를 돌아다니는 것이 가능하게 된다(그림 4.4).

띠이론을 사용하면 어떤 물질은 전기를 전도하고, 어떤 것은 전도하지 못하며, 또 어떤 것은 반도체인지를 설명할 수 있다. 금속에서 띠는 겹쳐서 전자의 자유로운 움직임을 허용한다. 비금속에서 띠는 넓게 분리가 되어 전자의 움직임이 일어날 수가 없다(그림 4.5*a*). 이러한 원소를 보통 **절연체**(*insulator*)라고 한다. 몇 가지 원소에서는 위쪽의 비어 있는 띠로 소량의 전자가 들뜰 수 있을 만큼 띠가 가까이 있는 경우가 있다(그림 4.5*b*). 이러한 원소들은 고유 **반도체**(*semiconductor*)라고 한다.

현대의 첨단 기술은 반도체 물질의 사용에 많이 좌우되고 있고, 따라서 아주 독특한 성질을 지닌 반도체를 합성하는 것은 매우 중요하다. 이러한 일은 띠의 간격이 넓은 원소에 다른 원소, 즉 미량의 불순물을 첨가함으로써 가능해진다. 첨가된 원소는 주성분의 벌어진 두 띠의 사이에 위치하는 에너지 준위를 갖는다(그림 4.5*c*). 이러한 불순물 띠는 채워진 띠 내의 전자를 이용하여 어느 정도의 전기를 전도할 수 있게 해 준다. 이러한 방법으로 목적에 맞는 반도체의 전기 특성을 조절할 수 있다.

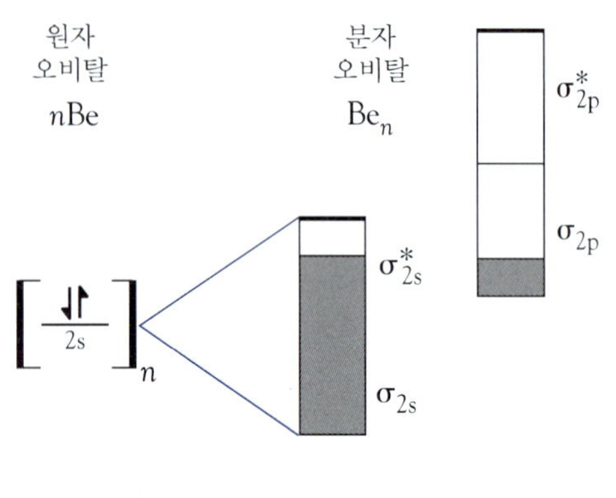

그림 4.4 베릴륨의 경계 오비탈(2s와 2p)로부터 유도된 띠

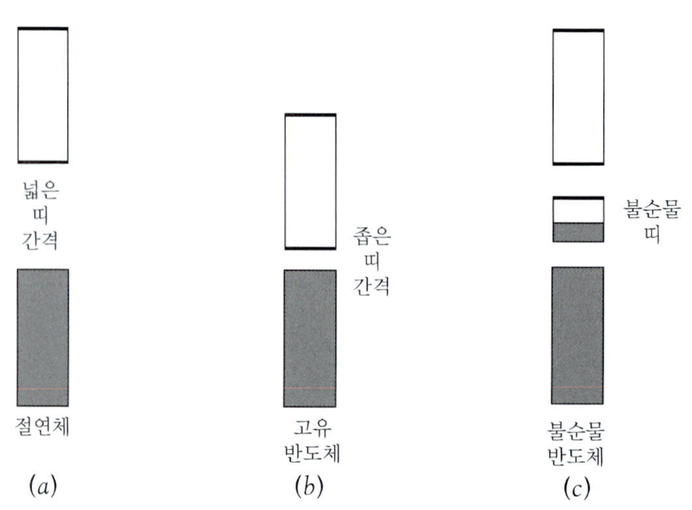

그림 4.5 (*a*) 비금속, (*b*) 고유 반도체, (*c*) 불순물 반도체의 띠구조.

4.3 금속의 구조

금속 원자가 결정 내에서 서로 쌓이는 방법은 그 자체로도 흥미 있는 일이지만, 이온 결합 화합물(5.3절에서 다룸)에서 이온의 쌓임을 다룰 때의 기초가 되기 때문에, 무기 화학자에게는 중요한 것이 된다. 결정의 쌓임에 관한 개념은 원자가 단단한 공이라고 가정하는 것으로부터 시작된다. 금속 결정에서 원자는 **결정 격자**(*crystal lattice*)라고 하는 반복되는 배열로 되어 있다. 실제로 금속 원자의 쌓임은 기하학적인 문제이다. 즉, 같은 크기의 공을 어떤 방법으로 배열할 것인지를 다루면 된다.

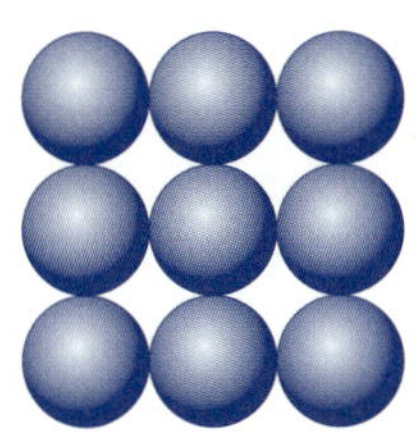

그림 4.6 단순 입방 쌓임. 계속되는 층은 첫 번째 층의 위에 같은 위치로 쌓인다.

입방 쌓임

원자의 층을 가장 쉽게 가시화시키는 방법은 원자를 한 층으로 배열하고 다음 층을 그 위에 배열하는 것이다. 가능한 배열 중에서 가장 간단한 배열은 원자가 나란히 쌓이는 것이다. 위층은 그 아래층 위에 똑같이 위치하게 한다. 이러한 배열을 **단순 입방 쌓임**(*simple cubic packing*, sc) 또는 원시 입방이라고 한다(그림 4.6). 각 원자는 같은 평면의 4개의 다른 원자와 접촉하고 있고, 그 외에 위와 밑에서 각각 하나씩 모두 6개의 인접 원자와 접촉하고 있게 된다. 결과적으로 각 원자는 6의 **배위수**(*coordination number*)를 갖는다.

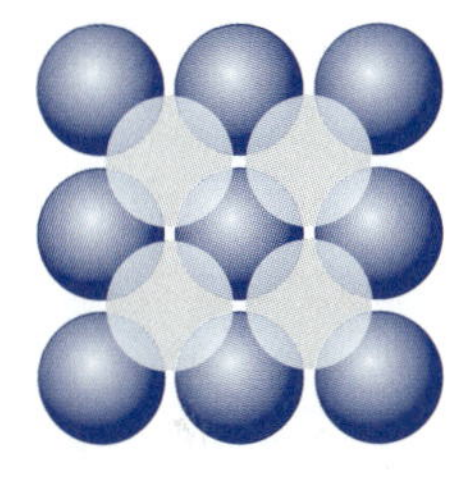

그림 4.7 체심 입방 쌓임. 두 번째 층(회색)은 첫 번째 층의 움푹한 곳에, 그리고 세 번째 층은 두 번째 층의 움푹한 곳에 위치한다.

단순 입방 쌓임은 그다지 조밀하지 않기 때문에 금속 구조에서는 폴로늄의 경우에만 알려져 있으며, 5.3절에서 설명하겠지만 일부 이온 결합 화합물에서 발견된다. 또 다른 입방 쌓임 방법은 첫 번째 층의 움푹한 부분에 두 번째 층을 쌓는 것이다. 두 번째 층을 첫 번째 층의 움푹한 곳에 쌓게 되면, 세 번째 층은 첫 번째 층과 정확히 같은 위치에 오게 된다. 이와 같이 보다 더 조밀한 쌓임 구조를 **체심 입방**(*body-centered cubic*, bcc)이라고 하며, bcc라 표기한다(그림 4.7). 각 원자는 위와 아래의 평면에 각각 4개의 원자와 접촉하고 있게 된다. 따라서 체심 입방 배열은 8의 배위수를 갖는다.

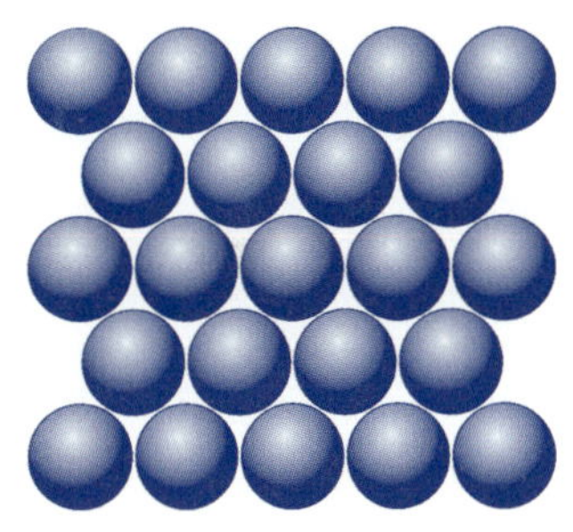

그림 4.8 육방 배열의 첫 번째 층

육방 쌓임

또 다른 두 가지 가능성은 각 층이 육방 배열하는 것으로부터 생긴다. 즉, 한 평면 내의 각 원자는 6개의 이웃 원자로 둘러싸여 있다. 유념해야 할 점은 육방 배열에서 원자 사이의 움푹 들어간 부분들 사이의 거리는 입방 배열에서보다 훨씬 더 가깝게 있게 된다는 것이다(그림 4.8). 두 번째 층을 쌓을 때 첫 번째 층의 움푹한 곳을 모두 채우도록 만드는 것은 불가능하다. 실제로는 움푹 들어간 부분의 절반만 채우게 된다(그림 4.9). 세 번째 층을 두 번째 층의 움푹한 곳에 채울 때 첫 번째 층과 정확히 같은 위치에 오게 쌓으면, **육방 최조밀 쌓임**(*hexagonal close-packed*, hcp) 배열이 얻어진다(그림 4.10). 네 번째 층은 다시 두 번째 층과 같은 위치에 오게 된다. 따라서 이러한 배열을 *abab* 쌓임 배열이라고도 한다.

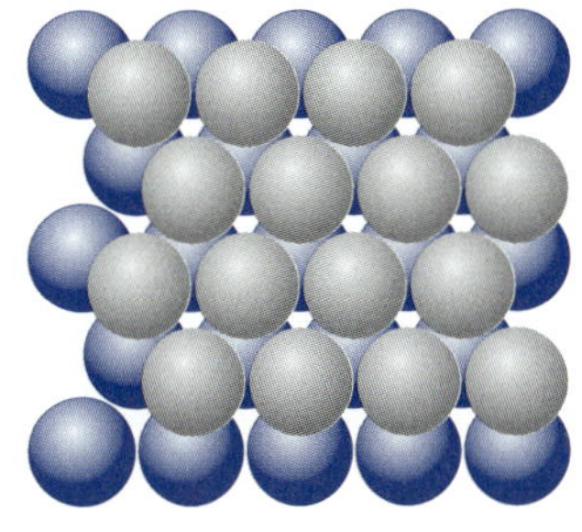

그림 4.9 육방 쌓임에서 두 번째 층(회색)은 첫 번째 층의 움푹한 곳에 하나 걸러 하나씩 위치한다.

육방 쌓임의 또 한 가지 방법은 세 번째 층을 두 번째와 첫 번째 층의 움푹한 곳 중에서 모두 비어 있는 곳에 쌓는 것이다. 그러면 네 번째 층은 첫 번째와 같은 위치에 오게 된다. 이러한 *abcabc* 배열을 **입방 최조밀 쌓임**(*cubic close-packed*, ccp) 또는 **면심 입방**(*face-centered cubic*, fcc) 배열이라고 한다(그림 4.11). 육방 배열에 기초한 두 배열은

그림 4.10 육방 최조밀 쌓임에서 세 번째 층(*로 표시)은 첫 번째 층과 같은 위치로 오게 배열된다.

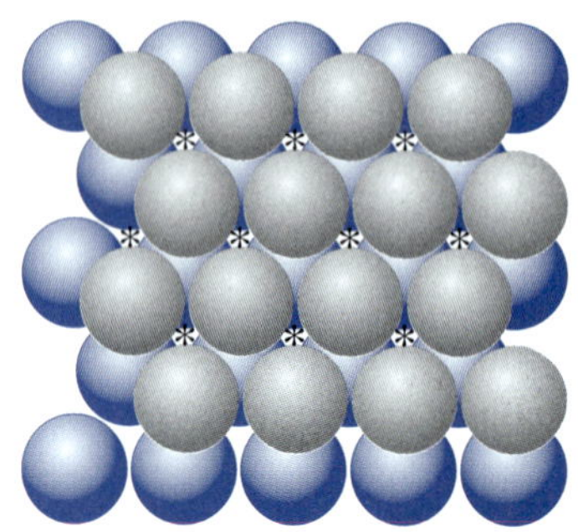

그림 4.11 입방 최조밀 쌓임에서 세 번째 층(*로 표시한 부분에 위치)은 첫 번째와 두 번째 층의 움푹한 곳 중에서 모두 비어 있는 위치에 자리하게 된다.

모두 12의 배위수를 갖는다.

쌓임 형태의 비교

쌓임의 종류, 배위수, 전체 면적 중의 점유율을 표 4.1에 나타내었다. 60%의 점유율은 결정 중의 60%를 원자가 차지하고, 원자 사이의 빈 공간이 40%임을 의미한다. 따라서 점유율이 높을수록 원자가 더 촘촘하게 쌓이는 것이 된다.

대부분의 금속들은 세 가지 조밀 배열(bcc, hcp, fcc) 중의 한 가지 형태를 취한다. 그러나 몇몇 금속, 특히 주기율표의 오른쪽에 있는 금속들은 일그러지거나 표준에서 벗어나는 쌓임 배열을 취한다. 쌓임에 대한 단단한 구 모형을 사용하더라도 특정 금속이 어떤 쌓임 배열을 취할지를 예측할 수 없다. 그러나 외각 전자의 수가 증가함에 따라 쌓임 배열은 bcc에서 hcp를 거쳐 최종적으로 fcc에 이르는 일반적인 규칙은 있는 것 같다. 그림 4.12는 금속에 대한 공통적인 쌓임 배열을 보여 주고 있다. 몇 가지 금속의 쌓임 배열은 온도에 따라 변하기도 한다. 예를 들면, 철은 상온에서 bcc 구조(α-철)를 취하지만,

표 4.1 쌓임의 종류에 따른 특성

쌓임 형태	배위수	점유율(%)
단순 입방(sc)	6	52
체심 입방(bcc)	8	68
육방 최조밀 쌓임(hcp)	12	74
입방 최조밀 쌓임(ccp/fcc)	12	74

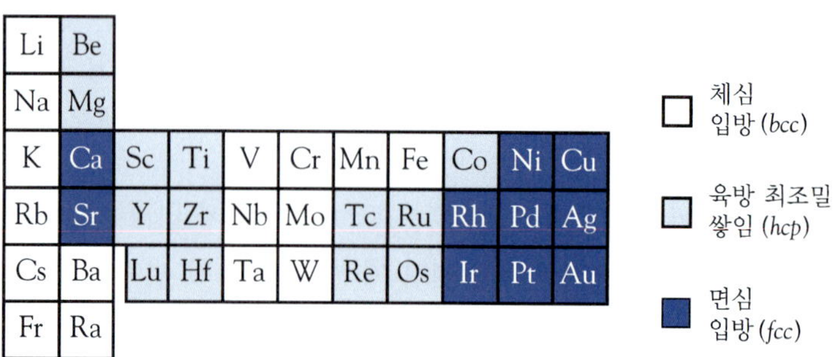

그림 4.12 SATP에서 금속의 안정한 쌓임 배열

910°C 이상에서는 fcc 구조(γ-철)로 변환되고, 약 1390°C에서는 다시 bcc 구조(α-철)로 돌아간다. 14.18절에서 다루게 되겠지만, 이와 같은 쌓임의 온도 의존성은 주석의 경우에 특히 중요하다.

4.4 단위 세포

반복시키면 전체 결정의 구조를 나타낼 수 있는 간단한 구의 배열을 **단위 세포**(*unit cell*)라고 한다. 단순 입방의 경우 단위 세포를 쉽게 나타낼 수 있다(그림 4.13). 8개 원자의 중심을 지나는 정육면체를 잘라내면 단위 세포가 된다. 이 단위 세포 자체에는 각 원자 크기의 1/8인 구가 8개 있다.

8(1/8) = 1이므로 각 단위 세포는 1개의 원자를 포함한다.

체심 입방 정육면체의 단위 세포를 구하려면 반복되는 삼차원 구조를 나타낼 수 있는 더 큰 부피의 덩어리를 고려해야 한다. 중심 원자 하나와 모서리에 8개의 1/8 크기의 원자를 갖도록 입방체를 잘라낸다. 따라서 단위 세포는 1 + [8(1/8)]개, 즉 2개의 원자를 포함하게 된다(그림 4.14).

자세히 살펴보면 입방 최조밀 쌓임 배열의 단위 세포는 간단하지 않다. 그러나 면심 입방 배열의 모서리를 통과하는 조각으로 자르면, 각 모서리의 원자와 각 면에 있는 원자를 포함하는 입방체를 얻을 수 있다(그림 4.15). 이렇게 하면 이 입방체는 6(1/2) + 8(1/8), 즉 4개의 원자를 포함한다.

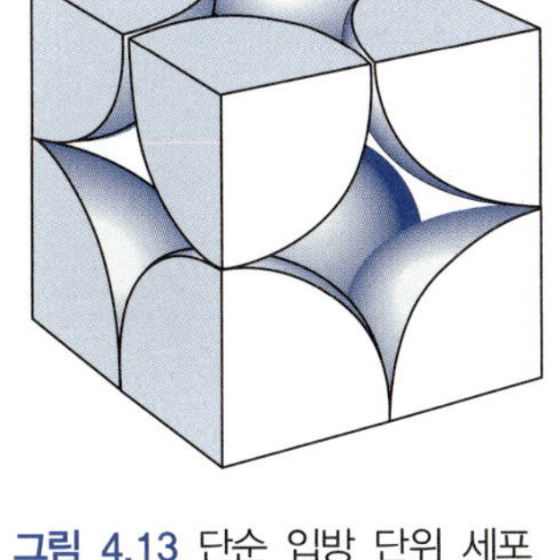
그림 4.13 단순 입방 단위 세포

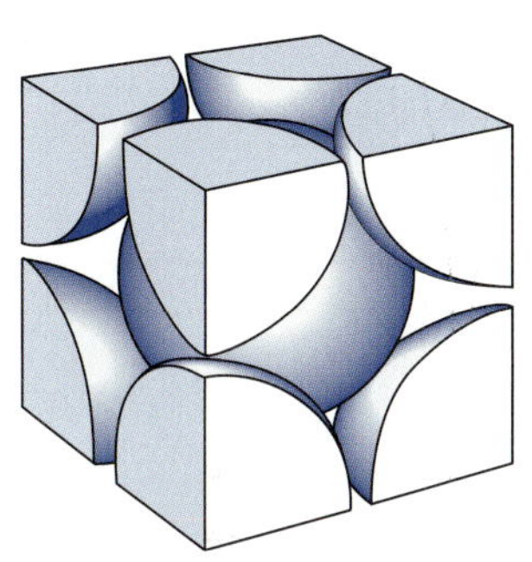
그림 4.14 체심 입방 단위 세포

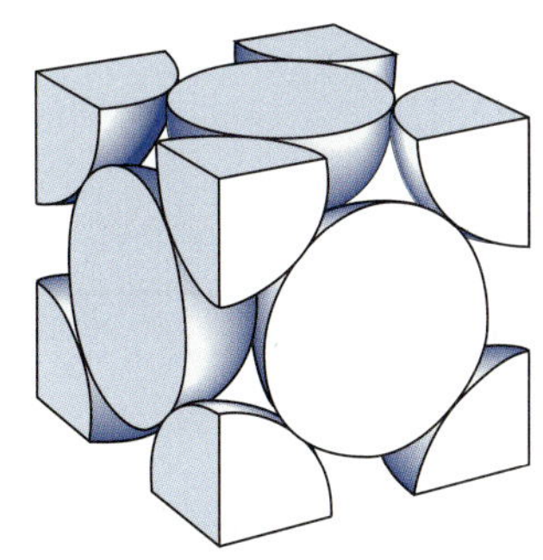
그림 4.15 면심 입방 단위 세포

예제 4.1

단순 입방 구조는 빈 공간이 52%임을 설명하시오.

해답

그림 4.13을 보면 sc 구조는 원자 1개의 당량을 가짐을 알 수 있다. 원자의 반지름을 r로 표기하면 원자의 부피는 πr^3이 된다.

2개의 구가 세포의 가장자리를 따라 서로 접촉하고 있으므로 세포 한 변의 길이는 $2r$이다. 따라서 단위 세포의 부피는 $(2r)^3 = 8r^3$이 된다. 그러므로 공간이 차지하는 분율은 $\frac{4/3\pi r^3}{8r^3} \times 100\% = 52\%$이다.

예제 4.2

납은 fcc 구조를 취하며 원자 반지름은 175 pm이다. 단위 세포 한 변의 길이를 계산하시오.

해답

fcc 구조에서 원자는 최조밀 쌓임을 하고 있기 때문에 한 면의 대각선을 따라 서로 접촉하고 있다.

피타고라스의 이론을 이용하면 단위 세포 한 변, a의 길이를 계산할 수 있다. 이 예제의 경우 $a^2 + a^2 = (4r)^2$이므로 $2a^2 = 16r^2$이다. 식을 다시 배열하고 r 값을 대입하면, 납의 단위 세포 한 변의 길이는 $\sqrt{8} \times 175$ pm = 495 pm이다.

4.5 합금

2개 이상의 고체 금속의 조합으로 이루어진 것을 **합금**(*alloy*)이라고 한다. 가능한 합금의 수는 굉장히 많다. 합금은 우리 생활에서 아주 중요한 역할을 하지만, 아직 화학자들은 합금을 그다지 중요하게 여기는 것 같지 않다. 합금에 있는 원자들은 각 성분 금속의 원소처럼 금속 결합을 하고 있다. 이 결합은 비금속의 공유 결합과 비슷하다. 다른 비금속 원소 사이뿐만 아니라 같은 비금속 원소로 이루어진 분자도 공유 결합에 의해 결합을 한다. 이와 마찬가지로 합금의 금속 결합도 다른 금속 원소의 원자들을 결합시킨다. 합금은 고체 용액과 합금 화합물의 두 가지 형태가 있다.

고체 용액

고체 용액에서는 용융된 금속이 섞여 균일한 혼합물을 형성한다. 고체 용액을 만들기 위해서는 두 금속 원자의 크기가 비슷해야 하고, 두 금속의 결정이 같은 구조를 가져야 한다. 또한 금속의 화학적 성질도 비슷해야 한다.

금과 구리는 고체 용액의 예인데, 100%의 금에서부터 100%의 구리에 이르는 모든 조성에서 단일상을 형성한다. 이 두 금속은 비슷한 금속 반지름(금 144 pm, 구리 128 pm)을 가지고 있고, 둘 다 입방 최조밀 쌓임 구조를 가진다. 그러나 납과 주석은 매우 비슷한 금속 반지름(175 pm와 162 pm)을 가지고 있지만, 납의 결정 구조는 면심 입방이며, 주석은 복잡한 쌓임 배열을 갖는다. 한 금속이 다른 구조의 금속과 함께 결정화되는 경우는 거의 없다.

가정용 장식품과 배관에도 가끔식 사용되는 놋쇠는 구리(15 ~ 30%)와 아연(15 ~ 30%)의 합금인데, 구리보다 더 단단하다. 금도 다른 금속과 합금으로 만들면 더 단단해지고 내구성을 갖게 된다. 예를 들면, 18-캐럿 금은 금(75%)과 은(10 ~ 20%) 그리고 구리(5 ~ 15%)의 조성을 갖는다.

금속 간 화합물

금속들을 혼합하면 생성되는 금속 간 화합물은 정밀한 화학량론을 갖는다. 몇 가지 조성만 존재하지만, 이온 결합 화합물과는 달리 이들의 원자비는 예측할 수 없다. 예를 들면, 구리와 아연은 CuZn, Cu_5Zn_8, $CuZn_3$의 세 가지 화합물을 만든다. 사마륨과 코발트도 $SmCo_5$나 Sm_2Co_{17} 합금을 형성하는데 이들은 초전도 자석으로 사용된다. 첫 번째로 합성된 형상-기억 합금은 금속 간 화합물인 니티놀, NiTi이었다(다음 쪽에 나오는 '기억 금속: 물체의 모양이 되돌아온다.'에서 설명할 것이다).

금속 간 화합물이 항상 생성되는 것은 아니다. 전자학에서는 금 선을 알루미늄 표면에 부착시켜야 할 때가 있다. 자주색의 금속 간 화합물, $AuAl_2$는 **퍼플 플라그**(*purple *plague*)라고도 하는데, 이 화합물은 접속면을 형성할 수 있으며 전기 전도도가 낮기 때문에 회로를 형성시키지 않는다.

그림 4.16 홀뮴-마그네슘-아연 합금의 12면체 유사결정

유사결정

결정 쌓임의 체계를 항구적으로 변화하게 만든 사건이 일어난 것은 1982년이었다. 미국 국립표준국(National Bureau of Standards)의 Dan Shechtman은 알루미늄과 망가니즈의 합금을 합성하였다. 그러나 이 합금의 구조는 어떤 단순한 쌓임 배열과도 일치되지 않았다. 원자 쌓임은 정렬되지 않았지만 반복되고 있었는데, 결정의 개념을 정의하는 단위 세포의 반복 성질이었다. 이러한 형태의 고체를 규정하기 위해 고안한 용어가 **유사결정**(*quasicrystal*)이며, Shechtman은 이 발견으로 2011년 노벨화학상을 수상하였다.

첫 번째 유사결정 합금이 합성된 이후, 수백 가지의 다른 조성을 갖는 유사결정이 만들어졌다고 문헌상에 보고되었다(그림 4.16). 이들은 대부분 알루미늄과 다른 두 금속과의 합금이다. 이와 같은 알루미늄 합금은 전체 주기율표에 걸쳐 있으며, 그 예로 알루미

기억 금속: 물체의 모양이 되돌아온다.

과학은 대체로 잘 다듬어진 생각의 진전을 통해 발전하게 되지만, 우연하게 이루어지는 과학적 발견의 경우도 많이 있다. 우연히 발견된 가장 흥미로운 예 중의 하나는 기억 금속의 발견이다. 이 이야기는 미국 해군의 미사일 원추형 머리 부분에 사용될 피로-저항 합금을 개발하려는 시도에서 비롯된다. 야금학자인 William J. Buehler는 타이타늄과 니켈의 등량 합금이 원하는 성질을 모두 가짐을 발견하였다. 그는 이 합금을 니티놀(nitinol, *NI*ckel *TI*tanium *N*aval *O*rdnance *L*aboratory)이라 이름지었다. 니티놀의 성질을 시범보일 때, 그는 합금의 곧게 뻗은 띠를 접어서 아코디온 모양으로 만들었다. 그는 이 금속이 끊어짐이 없이 반복적으로 곧게 펴지는 것을 보여 주려 하였다. 금속 자체의 유연성은 매우 유용한 성질이었다. 이러한 시범 중에 참석자들은 아무 의미없이 라이터 불로 금속을 가열해 보았다. 모든 사람이 놀랄 정도로 금속 조각은 곧게 펴졌다. 이 금속은 아코디온 모양 이전의 원래 모양을 '기억'하고 있었다.

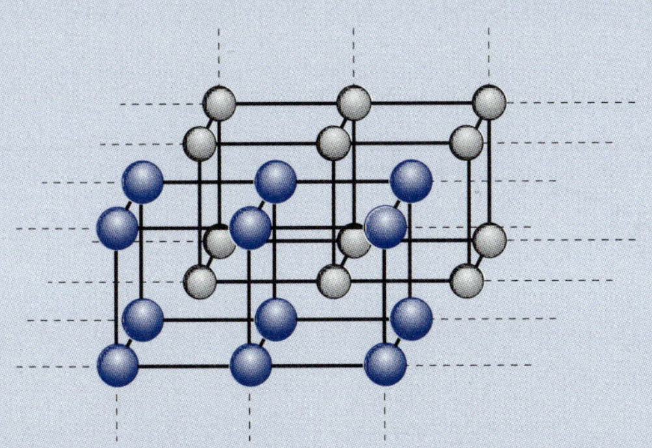

그림 4.17 니티놀의 아우스테나이트 상. 니켈 원자들(회색)은 각각의 중심에 타이타늄 원자를 갖는 입방 배열을 갖는다. 타이타늄 원자들(푸른색)은 각각의 중심에 니켈 원자를 갖는 맞물림 입방 배열을 갖는다.

보통의 금속을 접으면 이웃한 결정들이 서로 미끄러져 움직이게 만든다. 니티놀은 아주 비정상적인 결정 구조를 가지고 있는데, 니켈 원자들은 단순 입방 배열을 하고 있고, 타이타늄 원자는 각각의 니켈 입방 중심에 자리하는데, 타이타늄 원자들끼리도 단순 입방 배열을 하고 있고, 니켈 원자는 각각의 타이타늄 입방 중심에 자리한다(그림 4.17). 이 맞물림 구조는 이웃한 결정들 간의 움직임을 방해하여 재료의 초탄력성을 공유하게 만든다. 고온에서는 대칭(아우스테나이트)상이 안정하지만, 냉각이 되면 이 합금은 일그러진 입방(마르텐사이트)상으로 상변화를 일으킨다. 이 상에서 마르텐사이트 결정은 벌크 금속이 부서지지 않고 반복적으로 구부러질 수 있는 유연성을 갖게 된다. 약간만 가열해 주면 결정은 원래의 모양으로 되돌아간다. 새로운 모양을 가지려면 금속을 상전이 온도 이상으로 가열해 주어야 하는데, 상전이 온도는 두 성분의 정밀한 몰비에 따라 달라진다.

니티놀의 용도는 다양한데, 더 편안하고 효율적인 치열교정기와 부러지지 않는 안경테 제조에 사용되고 있다. 또한 자동 핀셋의 제조에도 사용된다. 이비인후과에서 귀를 치료할 때, 의사는 핀셋의 양 끝을 벌려 환자의 귀 속에 있는 이물질을 핀셋의 끝이 둘러쌀 때까지 밀어 넣은 다음 핀셋 전선에 전류를 흘려준다. 전선이 데워지면 원래의 원자 구조로 되돌아가게 만들기 때문에 이물질 주위의 핀셋의 끝이 서로 가까워져서 이물질을 안전하게 제거할 수 있다.

늄-리튬-구리와 알루미늄-팔라듐-망가니즈를 들 수 있다. 더 특이한 조합을 갖는 유사결정으로는 인듐-은-이터븀과 팔라듐-우라늄-규소도 있다.

4.6 나노금속 입자

지금까지는 금속 자체의 성질에 대해 알아보았다. 그러나 금속 원자들이 아주 작은 덩어리로 존재할 때에는 색깔이나 녹는점과 같은 성질은 큰 결정에 존재할 때와는 완전히 달라질 수 있다. 나노화학은 이제 새로운 사실이 아니다. 나노화학의 현상을 이해하고 활용하는 방법을 찾는 것이 새로운 것이다. 나노화학이 이전부터 활용된 예는, 중세 유럽 성당의 스테인드 글라스 창문을 만들던 장인들에게로 거슬러 올라간다. 이들은 유리창을 통과하는 노란색을 내기 위해 은 나노입자를 사용하였고, 붉은색을 내기 위해 금 나노입자를 사용하였다.

입자 크기에 따른 녹는점 변화는 여기에서 설명하기로 한다. 그림 4.18은 주석의 녹는점이 원래 값에서 입자 크기가 감소함에 따라 감소함을 보여 준다. 입자 크기가 감소함에 따라 녹는점이 감소하는 현상은 **나노금속**(*nanometal*)의 공통적인 특징이다. 이 현상은 금속 결합을 통해 설명할 수 있다. 원래 금속의 경우, 원자들은 가장 가깝게 있는 원자들과 비편재화된 오비탈들을 통해 결합하고 있다. 나노금속의 경우, 입자들은 항상 수십 nm 정도의 크기를 갖는 아주 작은 크기이다. 그러므로 입자 표면에 존재하는 원자들의 비율이 높아서 원자들은 바로 옆이나 아래쪽에 있는 원자들과의 결합만 형성하게 된다. 표면 근처에 있는 원자들은 결합이 줄어들기 때문에 결정 격자로부터 벗어나기 위해 필요한 에너지가 감소하게 되고 따라서 녹는점은 낮아지게 된다.

4.7 금속의 자기적 성질

반자기성과 상자기성은 개별 원자들 내에서 일어난다(1.5절 참조). 여기서는 다른 두 가지 형태의 자기적 성질, 강자기성과 반강자기성을 알아보기로 한다. **강자기성**(*ferromagnetic*) 물질에서 자기장이 없는 상태에서도 홀전자들이 이웃한 전자들과 같은 방향으로 배열되어 있다. 이처럼 스핀들이 같은 방향을 배열된 집단을 **자기적 구역**(*magnetic domain*)이라고 한다. 자기장을 걸어주면 이 자기적 구역들이 걸어준 자기장과

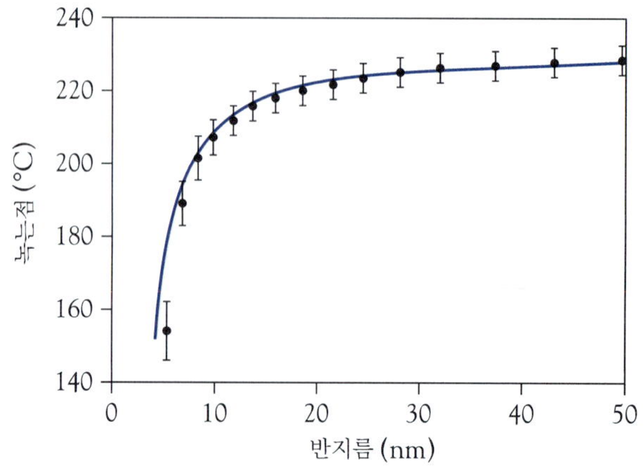

그림 4.18 입자 크기에 따른 주석의 녹는점 도시

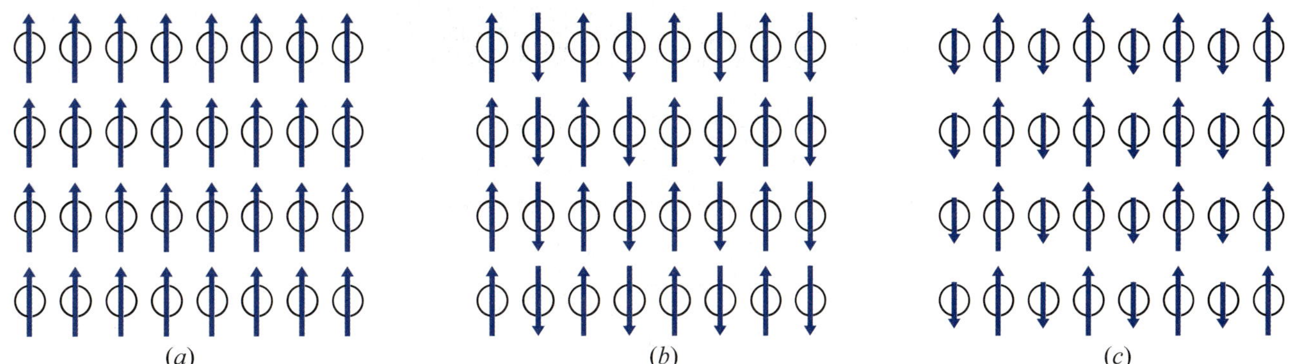

그림 4.19 (*a*) 강자기성, (*b*) 반강자기성, (*c*) 준강자기성의 도식적 표현

같은 방향으로 배열된다(그림 4.19*a*). 이 배열은 상자기성보다 훨씬 더 강하기 때문에 영구적이 될 수 있다.

강자기성은 d 또는 f 오비탈에 홀전자를 갖고 있는 원소들(또는 몇 가지 화합물들)에서 나타난다. 이 효과가 나타나려면 이들 오비탈에 있는 전자는 이웃한 원자의 전자와 약하게 상호작용하여야 한다. 이 현상은 3d-와 4f-구역의 후반 원소들에서만 나타난다. 강자기성 재료가 가열되면 원자 진동 때문에 자기적 구역이 무너지게 되는데, **Curie 온도**(*Curie temperature*)까지는 자기적 구역이 유지되지만, 그 이후부터는 재료는 더 약한 상자기성 행동을 나타내게 된다(그림 4.20). 네 가지 금속(철, 코발트, 니켈 및 가돌리늄)만 강자기성을 나타내며, Curie 전이는 0°C 이상에서 일어난다.

강자기성 금속 외에 **반강자기성**(*antiferromagnetism*) 재료도 있다. 반강자기성은 역평행 배열 때문에 이웃한 원자들과의 상호작용이 약하다는 점을 제외하고는 강자기성과 비슷하다(그림 4.19*b*). 그러므로 자기장과의 인력은 상자기성 효과보다 더 약할 것으로 예측되고, 반강자기성 재료가 상자기성으로 전환되는 **Néel 온도**(*Néel temperature*)까지만 유지된다(그림 4.20). 두 가지 금속 본래의 자기적 행동 중에서 반강자기성은 드물게 존재하며, 크로뮴과 철-망가니즈 합금에서 발견된다.

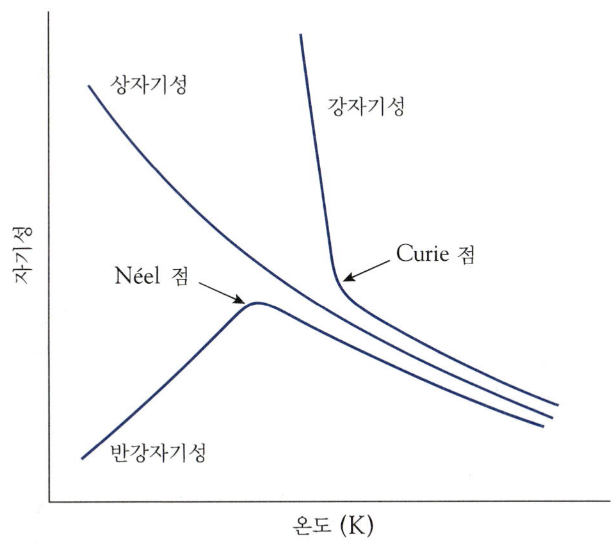

그림 4.20 상자기성, 강자기성, 반강자기성 물질에 미치는 온도 변화 효과

반대되는 스핀의 수가 균형을 이루지 않을 경우, 알짜 자기화가 한쪽 방향으로 놓이는 특별한 반강자기성이 나타난다(그림 4.19*c*). 이것을 **준강자기성**(*ferrimagnetism*)이라고 한다. 가장 흔한 준강자기성 재료는 혼합 산화 상태를 갖는 산화 철(II)−철(III) Fe_3O_4이다. 이 산화물은 액체 자석인 *ferrofluid*의 자기성 성분이기 때문에 중요하다. 이 액체는 자기장을 끌어당기는데, 실제로는 벌크 용액 내의 콜로이드 고체인 산화 철 입자가 자기장을 끌어당긴다. Ferrofluid는 계면활성제(계면활성제는 산화물의 응고와 침출을 방지한다)의 존재하에 염화 철(III) 및 염화 철(II)를 수용성 암모니아와 반응시키면 만들 수 있다.

$$2\,FeCl_3(aq) + FeCl_2(aq) + 8\,NH_3(aq) + 4\,H_2O(l) \rightarrow Fe_3O_4(s) + 8\,NH_4Cl(aq)$$

핵심개념

- 금속 결합은 분자 오비탈 이론으로부터 유도된 띠이론으로 가장 잘 설명된다.
- 금속 원자들은 네 가지 방식으로만 쌓여질 수 있다.
- 이들 쌓임 배열의 각각은 특성적인 단위, 즉 단위 세포를 갖는다.
- 합금, 두 금속의 혼합물은 고체 용액이거나 합금 화합물이다.
- 나노금속 입자는 원래 금속과는 아주 다른 성질을 가질 수 있다.

연습문제

4.1 다음 용어를 정의하시오.
(a) 결합의 전자-바다 모형
(b) 단위 세포
(c) 합금

4.2 다음 용어를 정의하시오.
(a) 결정 격자 (b) 배위수
(c) 아말감

4.3 금속의 세 가지 중요한 특징은 무엇인가?

4.4 가장 널리 쓰이는 네 가지 금속은 무엇인가?

4.5 띠의 그림을 통해 마그네슘의 3s 띠가 완전히 채워져 있을 때 금속의 특성을 어떻게 나타낼 수 있는지 설명하시오.

4.6 알루미늄에 대한 띠 그림을 그리시오.

4.7 기체 상태에서는 왜 금속의 특성을 나타내지 않는지 설명하시오.

4.8 기체 상태에서 포타슘 화학식이 같은 것은 무엇인가? 분자 오비탈 그림을 그려서 설명하시오.

4.9 금속의 층을 배열하는 두 가지 방법은 무엇인가? 어떤 것이 더 조밀한 쌓임인가?

4.10 입방 최조밀 쌓임과 육방 최조밀 쌓임의 차이점은 무엇인가?

4.11 단순 입방의 단위 세포를 그리고, 단위 세포에 포함된 원자의 수를 구하는 방법을 설명하시오.

4.12 체심 입방의 단위 세포를 그리고, 단위 세포에 포함된 원자의 수를 구하는 방법을 설명하시오.

4.13 고체 용액 합금을 형성하는 데 필요한 조건은 무엇인가?

4.14 아연과 포타슘이 고체 용액 합금을 형성하지 않는 두 가지 이유를 제시하시오.

응용문제

4.15 기하학을 통해 단순 입방 격자는 48%가 빈 공간임을 증명하시오.

4.16 기하학을 통해 면심 입방 격자는 26%가 빈 공간임을 증명하시오.

4.17 면심 입방 단위 세포에서 원자들은 면의 대각선을 따라 서로 접촉하고 있다. 원자 반지름을 *r*이라 하고, 단위 세포 한 변의 길이를 계산하시오.

4.18 체심 입방 단위 세포에서 원자들은 한쪽 모서리에서 세포의 중앙을 통과하여 반대편의 모서리에 이르는 대각선을 따라 서로 접촉하고 있다. 원자 반지름을 *r*이라 하고, 단위 세포 한 변의 길이를 계산하시오.

4.19 크로뮴은 단위 세포 한 변의 길이가 288 pm인 체심 입방 격자를 형성한다. (a) 크로뮴 원자의 금속 반지름을 계산하시오. (b) 크로뮴 금속의 밀도를 계산하시오.

4.20 바륨 금속에서 원자들은 체심 입방 단위 세포에 배열된다. 바륨의 밀도는 $3.50\ g \cdot cm^{-3}$이다. 바륨 원자의 반지름을 계산하시오(힌트: 응용문제 4.18의 답을 이용하시오).

4.21 은 금속에서 원자들은 면심 입방 단위 세포에 배열된다. 은의 밀도는 $10.50\ g \cdot cm^{-3}$이다. 은 원자의 반지름을 계산하시오.(힌트: 응용문제 4.17의 답을 이용하시오).

4.22 우주에서 두 깨끗한 금속 표면을 접촉시킬 때 일어날 문제점은 무엇인가?

4.23 금 나노입자의 성질을 조사하시오.

이온 결합

5장

전자의 이동으로 인해 생긴 전하를 띤 입자 간의 정전기적 인력을 통해서도 화학 결합이 형성될 수 있다. 일반 화학 과정에서는 이온 결합성과 공유 결합성의 결합을 분리해서 생각하지만, 실제로 순수하게 이온 결합 화합물은 거의 없다. 그리고 화학 결합은 맨 끝에 있는 공유 결합, 이온 결합, 금속 결합 사이의 연속체로 간주하는 것이 가장 바람직하다.

컨텍스트: 초전도성과 이온 결합 화합물

오늘날 의료 분야에서는 자기 공명 영상(MRI) 기기가 널리 사용되고 있다. 이들 기기[그리고 이 기기에 대응되는 과학 분야의 기기인 핵자기 공명(NMR) 영상]는 강력한 자기장을 사용한다. 이와 같은 자기장을 만들어내기 위해서는 초전도 코일을 감은 전자석이 꼭 필요하다. '초전도' 현상은 큰 전류가 저항이 거의 0인 상태로 자석을 통해 흐를 수 있는 상태를 의미한다. 일반적인 전자석을 사용한다면 발생된 열 때문에 자석이 가열되어 종국에는 금속이 녹아 버릴 수도 있다. 최근에 자석을 냉각시키는 방법으로 액체 헬륨(끓는점 4.2 K)을 사용하는 초전도 현상이 확립되었다. 18장에서 알아보게 되겠지만 액체 헬륨은 매우 비싸고, 세계적으로 헬륨의 공급도 감소하고 있다. 그러므로 훨씬 더 높은 온도에서 초전도인 재료를 만들어내는 것이 절박한 상황이고, 실온에서 초전도인 물질이 최종 목표가 될 것이다.

Kamerlingh Onnes가 초전도 성질을 확립한 것은 1911년이었다. 그는 4 K 이하에서 수은이 초전도체가 됨을 발견하였다. 1962년에는 나이오븀의 합금인 초전도체가 확인되었다. 오늘날에는 거의 모든 병원에 있는 MRI 장비는 30 K 이하에서 초전도체가 되는 금속 간 화합물인 Nb_3Sn을 사용하고 있다. 하지만 이 온도도 여전히 매우 낮은 온도이고 액체 헬륨 냉각이 필요하다.

1985년 스위스에서 George Bedornz와 K. Alex Müller는 란타넘, 바륨 및 구리(II) 이온을 포함하는 산화물을 제조하여 이 문제에 관한 돌파구를 마련하였다. 이 화합물은 35 K에서 초전도 현상을 나타내었으며, Bedornz와 Müller는 이 공로로 노벨 물리학상을 받았다. 그 이후 비교적 높은 온도에서 초전도 현상을 나타내는 몇 가지 계열의 복잡한 이온 결합 화합물이 합성되고 있다. 지금까지 얻어진 가장 높은 온도(133 K)의 초전도 화합물들은 세 가지 공통된 특징을 갖는다. 즉, 구조는 페로브스카이트 결정 격자와 관련이 있고(5.6절 참조), 항상 화학량론적으로 필요한 것보다 약간 더 적은 양의 산소 원자를 포함하며, 금속 이온들 중의 한 가지로 대개 구리를 포함한다. 다음 그림은 약자로 YBCO로 표기되는 초전도체 화합물, $YBa_2Cu_3O_7$의 이온 격자 도표를 나타낸 것이다. 이 화합물은 액체 질소의 끓는점보다 높은 온도에서 초전도 현상을 나타내는 화합물들 중에서

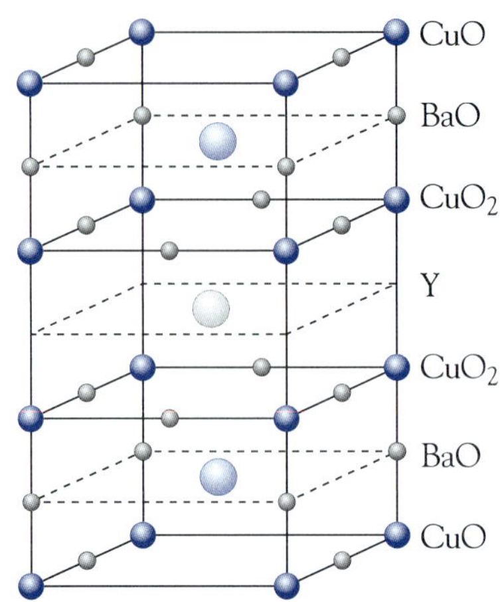

초전도 화합물, $YBa_2Cu_3O_7$의 이온 격자 도표

맨 처음 합성된 물질이다. 가장 널리 사용되고 있는 구리-산화물 초전도체는 조성이 $Tl_2Ba_2Ca_2Cu_3O_{10}$인 TBCCO-2223이다. 대형 강입자 충돌기라고 부르는 입자 가속기에는 수십 km에 달하는 초전도 TBCCO-2223 전선이 사용되고 있다.

5.1 이온 결합의 모형과 이온의 크기

실온에서 공유 결합 물질은 고체, 액체, 기체 상태일 수 있지만, 반면에 이온 결합 화합물은 모두 고체이며 다음과 같은 성질을 지닌다.

1. 이온 결합 화합물의 결정은 단단하며 부서지기 쉽다.
2. 이온 결합 화합물의 녹는점은 높다.
3. 가열하여 용융된 상태(분해되지 않는다면)가 되면 이온 결합 화합물은 전기를 전도한다.
4. 많은 이온 결합 화합물은 물과 같은 극성 용매에 녹으며, 이 용액은 전기를 전도한다.

'순수한' 이온 결합 모형에 따르면, 최외각 전자는 낮은 전기 음성도를 갖는 원소로부터 더 높은 전기 음성도를 갖는 원소로 완전히 이동된다. 약간의 공유 결합성에 대한 증거가 있거나 전기 음성도 차이가 아주 클 경우에도 이 모형은 놀라울 정도로 유용하다. 서로 다른 족의 화학을 공부할 때, 이온 결합 화합물로 추측되는 화합물에서도 공유 결합성이 나타나는 예를 많이 보게 될 것이다.

원자 반지름과 이온 반지름의 비교

2장에서 같은 주기의 왼쪽에서 오른쪽으로 가면서 Z_{eff}가 증가하기 때문에 원자의 크기는 감소한다는 것을 배웠다. 그러나 원자가 이온으로 바뀌면 그 크기가 많이 변한다. 금속 원자가 이온으로 될 때 원자가(valence) 전자를 모두 잃는다. 즉, 양이온은 내부 전자만을 가지게 된다. 따라서 양이온은 원자 상태일 때보다 더 작아지게 된다. 예를 들면, 소듐의 금속 반지름은 186 pm이지만, 이온 반지름은 116 pm이다. 실제로 크기는 아주 큰 폭으로 감소한다. 구의 부피는 $V = (4/3)\pi r^3$의 식으로 주어진다. 그러므로 소듐이 이온화할 때 반지름이 줄어들면 이온의 크기는 원자 크기의 1/4 정도가 된다.

음이온은 양이온과는 반대인 상황이 나타난다. 즉, 음이온은 해당 원자보다 더 크다. 예를 들면, 산소 원자의 공유 반지름은 74 pm이지만 산화 이온의 반지름은 124 pm으로, 부피가 5배나 커진다. 전자가 첨가될 때 핵과의 인력은 더 약해지기 때문에 외각에 전자가 첨가될 때의 Z_{eff}는 줄어들게 될 것으로 예상할 수 있다. 첨가된 전자와 원자에 존재하던 전자 간의 내부 전자 반발도 추가될 것이다. 이로 인해 음이온은 원자보다 더 커지게 된다.

이온 반지름은 직접적으로 측정될 수 없기 때문에 잘못 사용될 수 있다는 점을 유념하여야 한다. 예를 들면, 염화 소듐 결정에서 소듐과 염화 이온쌍의 중심 간의 거리는 정밀하게 측정할 수 있지만, 이것은 두 반지름의 합을 측정할 것일 뿐이다. 두 이온 간의 거리를 나누는 방법은 명확한 측정보다는 실험식에 의존한다. 이 책에서는 일관성을 유지하기 위하여 Shannon-Prewitt 값으로 알려진 이온 반지름을 사용할 것이다.

이온 반지름의 경향성

이온의 전하가 크면 양이온의 반지름은 더 줄어든다. 표 5.1의 등전자 이온들을 비교해 보면 이러한 사실을 알 수 있다. 각 이온은 모두 10개의 전자($1s^2 2s^2 2p^6$)를 가지고 있다. 단지 차이가 나는 것은 핵에 있는 양성자의 수뿐이다. 양성자의 수가 크면 유효 핵전하(Z_{eff})가 크고, 따라서 전자와 핵 간의 상호작용이 커져서 이온은 더 작아진다.

표 5.2에 나와 있는 등전자의 음이온을 보면 핵전하가 작을수록 음이온의 크기가 큰 것을 알 수 있다. 이 음이온들은 표 5.1에 나와 있는 양이온들과도 전자수가 같으며, 양이온보다 음이온의 크기가 얼마나 더 큰지를 보여 주고 있다. 금속 양이온은 비금속 음이온보다 크기가 작다는 것은 **일반적인** 사실이다.

2.5절에서 주족의 원자 반지름은 아래로 내려갈수록 증가함을 알았다. 이 경향성은 같은 전하를 갖는 음이온과 양이온 모두에 적용되며, 족에서 아래로 갈수록 반지름은 증가한다. 17족 음이온에 대한 값은 표 5.3에 나타내었다.

표 5.1 3주기 등전자 양이온의 반지름

이온	반지름(pm)
Na^+	116
Mg^{2+}	86
Al^{3+}	68

표 5.2 2주기 등전자 음이온의 반지름

이온	반지름(pm)
N^{3-}	132
O^{2-}	124
F^-	117

표 5.3 17족 음이온의 반지름

이온	반지름(pm)
F^-	119
Cl^-	167
Br^-	182
I^-	206

표 5.4 할로젠화 포타슘의 녹는점

화합물	녹는점(°C)
KF	857
KCl	772
KBr	735
KI	685

녹는점의 경향성

이온 결합은 결정 격자 내에 있는 한 이온이 주위에 있는 반대 전하의 이온을 끌어당기기 때문에 생긴다. 녹는 과정은 이러한 이온 간의 인력을 부분적으로 이겨내어, 액체상에서 이온이 자유롭게 움직일 수 있게 만드는 과정이다. 이온이 작을수록 이온 간 거리는 짧아지고, 정전기적 인력은 더 강해져서 녹는점은 더 높아진다. 표 5.3에서 볼 수 있는 것처럼 음이온 반지름은 할로젠족의 아래로 내려갈수록 증가한다. 이 반지름의 증가는 할로젠화 포타슘의 녹는점을 감소시킨다(표 5.4).

녹는점을 결정하는 좀 더 중요한 요인은 이온의 전하이다. 전하가 높을수록 녹는점도 높아진다. 그러므로 산화 마그네슘($Mg^{2+}O^{2-}$)의 녹는점은 2800°C이지만, 등전자인 플루오린화 소듐($Na^{+}F^{-}$)의 녹는점은 993°C에 불과하다.

5.2 편극과 공유 결합성

금속과 비금속의 대부분은 이온 결합 화합물의 특성을 갖지만 많은 예외가 있다. 이러한 예외는 음이온의 외각 전자가 양이온에 세게 끌려 결합에 상당한 정도의 공유 결합성(covalency)이 생기기 때문에 일어난다. 즉, 음이온에 있는 전자의 밀도가 양이온 쪽으로 일그러진다. 이상적인 음이온의 구형으로부터 일그러지는 것을 **편극**(*polarization*)이라고 한다.

화학자인 Kasimir Fajans는 이온 결합에 편극을 일으켜 공유 결합성을 증가시키는 요인을 다음과 같은 규칙으로 요약하였다.

1. 크기가 작고 전하가 큰 양이온은 편극을 잘 일으킨다.
2. 크기가 크고 전하가 큰 음이온은 편극이 잘 된다.
3. 비활성 기체의 전자 구조를 갖지 않는 양이온은 편극을 더 잘 일으킨다.

양이온이 음이온을 편극시키는 능력의 척도는 **전하 밀도**(*charge density*)이다. 전하 밀도는 이온의 전하(쿨롱 단위의 양성자 전하에 전하 단위를 곱한 수)를 이온의 부피로 나눈 값이다. 예를 들면, 소듐 이온의 전하는 +1이고, 이온의 반지름은 116 pm(지수가 없는 전하 밀도를 구하기 위해서 1.16×10^{-7} mm의 값을 사용한다)이다. 따라서,

$$\text{전하 밀도} = \frac{1 \times (1.60 \times 10^{-19}\,\text{C})}{(4/3) \times \pi \times (1.16 \times 10^{-7}\,\text{mm})^3} = 24\ \text{C} \cdot \text{mm}^{-3}$$

이와 비슷하게 알루미늄의 전하 밀도는 364 $\text{C} \cdot \text{mm}^{-3}$로 계산된다. 전하 밀도가 더 크기 때문에 알루미늄은 소듐보다 편극시키는 능력이 크고, 따라서 공유 결합을 더 선호한다.

Fajans의 첫 번째 규칙

이온 반지름 자체는 이온의 전하에 의존하므로 간단한 금속 화합물의 공유 결합성은 양이온의 전하로부터 결정할 수 있다. 양이온의 전하가 증가하면 공유 결합성이 증가하게

표 5.5 산화 망가니즈(II)와 산화 망가니즈(VII)의 비교

화합물	녹는점(°C)	양이온의 전하 밀도 ($C \cdot mm^{-3}$)	결합의 분류
MnO	1785	84	이온 결합
Mn_2O_7	6	1238	공유 결합

된다.

공유 결합성에 포함된 이온 결합성 행동을 구별하는 가장 명확한 방법은 녹는점을 측정하는 것이다. 이온 결합 화합물(과 그물구조형 공유 결합 화합물)의 녹는점은 높고 작은 분자 공유 결합 화합물의 녹는점은 대체로 낮다. 이러한 원리는 두 가지 망가니즈 산화물인, 산화 망가니즈(II), MnO와 산화 망가니즈(VII), Mn_2O_7을 비교해 보면 설명할 수 있다. 높은 녹는점을 갖는 산화 망가니즈(II)는 이온 결정 격자를 형성하지만, 실온에서 액체인 산화 망가니즈(VII)는 공유 결합을 갖는 Mn_2O_7 분자로 이루어져 있음이 규명되었다. 표 5.5는 이온 결합성 망가니즈(II)가 공유 결합성 망가니즈(VII)보다 훨씬 더 낮은 전하 밀도를 가짐을 보여 주고 있다.

Fajans의 두 번째 규칙

음이온 크기의 효과를 설명하기 위하여 플루오린화 알루미늄(m.p. 1290°C)과 아이오딘화 알루미늄(m.p. 190°C)을 비교해 보자. 이온 반지름이 117 pm인 플루오린화 이온은 반지름이 206 pm인 아이오딘화 이온보다 훨씬 더 작다. 즉, 아이오딘화 이온은 플루오린화 이온보다 5배나 더 큰 부피를 갖는다. 이 플루오린화 이온은 알루미늄에 의해 그다지 편극될 수 없다. 그래서 결합은 이온성일 수밖에 없다. 그러나 아이오딘화 이온의 전자 밀도는 전하 밀도가 높은 알루미늄 쪽으로 치우쳐 있어서 공유 결합을 이룬 아이오딘화 알루미늄 분자가 생성된다.

Fajans의 세 번째 규칙

세 번째 Fajans의 규칙은 비활성 기체의 전자 배치를 갖지 않는 양이온에 관한 것이다. 칼슘과 같은 대부분의 양이온은 앞에 나오는 비활성 기체의 전자 배치와 같다(칼슘, [Ar]). 그러나 어떤 것은 그렇지 않다. 은 이온(Ag^+)이 좋은 예(다른 예는 Cu^+, Sn^{2+}, Pb^{2+}를 들 수 있다)가 되는데, 이 이온은 [Kr]$4d^{10}$의 전자 배치를 가지고 있다. 은 이온의 이온 반지름(전하 밀도)은 포타슘 이온과 비슷하기 때문에, 순수한 이온성 모형에 대해 은염의 녹는점은 상응하는 포타슘염의 녹는점과 비슷할 것으로 예상할 수 있다. 표 5.6은 염화 은에 대한 녹는점을 나타낸 것인데 염화 포타슘보다 상당히 낮다.

이처럼 낮은 염화 은의 녹는점은 다음과 같이 설명할 수 있다. 고체상에서 은 이온과 할로젠화 이온은 다른 이온 결합성 화합물처럼 결정 격자 내에 배열되어 있다. 그러나 각 음이온과 양이온 간의 전자 밀도의 겹침은 충분히 높기 때문에, 실제로는 할로젠화 은 분자의 생성을 포함하는 녹음 과정을 가정할 수 있다. 부분적인 이온성 고체를 공유 결합된 분자로 변화시키는 데 필요한 에너지는, 이온 결합성 화합물의 정상적인 녹음 과정에 필요한 것보다 분명히 더 작다.

포타슘 이온과 은 이온의 결합성 차이를 나타내는 또 다른 예는 물에 대한 용해도이

표 5.6 염화 포타슘과 염화 은의 비교

화합물	녹는점(°C)	전하 밀도 ($C \cdot mm^{-3}$)	결합의 분류
KCl	770	11	이온 결합
AgCl	455	15	부분적인 공유 결합

다. 모든 포타슘의 할로젠화물은 물에 굉장히 잘 녹지만, 은의 염화물, 브로민화물, 아이오딘화물은 물에 거의 녹지 않는다. 이후에 다시 보게 되겠지만 용해 과정에는 극성인 물 분자와 전하를 띤 이온 간의 상호작용이 포함된다. 만일 음이온과 양이온 사이에 전자를 공유(공유 결합)하게 되어 이온의 전하가 감소하면, 이온과 물의 상호작용이 약해져서 물에 잘 녹지 않게 된다. 다른 은의 할로젠화물과는 달리 플루오린화 은은 물에 녹는다. 이러한 현상은 플루오린화 은은 편극성이 가장 적고, 은의 할로젠화물은 중에서 가장 이온 결합성이 크다고 예측한 Fajans의 두 번째 규칙에 잘 들어맞는다.

화학에서 가끔은 관측된 현상을 한 가지 이상의 방법으로 설명할 수 있을 때가 있다. 이온 결합 화합물의 특성을 설명할 때도 그렇다. 이러한 점을 알아보기 위해 소듐과 구리(I)의 산화물과 황화물을 비교해 보자. 이 두 양이온은 거의 같은 반지름을 갖지만, 소듐의 산화물과 황화물은 전형적인 이온 결합 화합물이며 물과 반응한다. 그러나 구리(I)의 산화물과 황화물은 거의 완전하게 물에 녹지 않는다. 이러한 현상을 설명하는 한 가지 방법은 비활성 기체의 전자 배치를 갖지 않는 양이온은 공유 결합성이 강하다는 Fajans의 세 번째 규칙을 이용하는 것이다. 또 다른 방법은 Pauling의 전기 음성도의 개념을 이용하는 것으로, 전기 음성도의 차이가 산화 소듐은 2.5로 이온 결합이 우세하지만, 산화 구리(I)는 1.5로 결합이 대부분 공유 결합성이라는 것이다.

이온 결합성 – 공유 결합성 경계

3.14절에서 논의한 것처럼 금속과 비금속으로 이루어진 고체 화합물에 대해서 이온 결합성과 공유 결합성 간의 경계를 확실하게 예측할 수 있는 방법은 없다. Fajans의 첫 번째 규칙으로부터 예측할 수 있는 것처럼, 이론적으로는 양이온의 전하가 증가하면 전하 밀도가 증가하게 되고, 따라서 공유 결합성이 증가할 것이라고 예측한다. 그러나 Fajans의 두 번째 규칙에서 예측되는 것처럼, 음이온도 역할을 하기 때문에 금속의 산화 상태가 증가하면 아이오딘 화합물이 가장 낮은 녹는점을 나타내고, 이어서 브로민 화합물, 염화물, 플루오린 화합물과 산화물이 가장 높은 녹는점을 나타낸다.

수용액에서는 대개 1+와 2+의 수화된 양이온이 존재하는데, 후자는 팔면체 단위 $[M(OH_2)_6]^{2+}$로 존재하기도 한다. 3+ 이온 $[M(OH_2)_6]^{3+}$의 경우, 알루미늄(13.6절 참조)과 철(III)(20.6절 참조)과 같이, 수화된 양이온은 수소 이온을 쉽게 잃고 산성 용액이 되어 '뭉치'의 전하를 감소시키게 된다.

$$[M(OH_2)_6]^{3+}(aq) + H_2O(l) \rightleftharpoons [M(OH_2)_5(OH)]^{2+}(aq) + H_3O^+(aq)$$

산화 상태가 높을수록 자유 금속 이온은 용액에 존재할 수 없게 된다. 대신에 금속 이온은 옥소-양이온을 형성하여 전하를 감소시키기도 한다. 예를 들면, 용액에서 바나듐(IV)은 바나딜 이온, $[VO]^{2+}$, 더 정확하게는 $[VO(OH_2)_5]^{2+}$로 존재하지만(20.5절 참조), 우라늄(VI)은 수화된 우라닐 이온, $[UO_2]^{2+}$으로 존재한다(24.3절 참조). 결합의 형태에 대한

표 5.7 이온 결합 화합물에 대한 결합 형태의 기준

이론적인 금속 이온 전하	결합의 분류
+1	이온 결합성, 몇 가지 리튬 화합물은 제외
+2	이온 결합성, 몇 가지 마그네슘과 베릴륨 화합물은 제외
+3	공유 결합성, 몇 가지 무거운 원소와 수화된 양이온의 산화물과 플루오린 화합물은 제외
+4, +5	공유 결합성, 몇 가지 무거운 원소와 옥소-양이온의 산화물과 플루오린 화합물은 제외
+6	공유 결합성, 몇 가지 산화물과 옥소-양이온은 제외
+7, +8	공유 결합성

기준은 표 5.7에 나타내었다.

예제 5.1

탈륨은 전하가 1+를 갖는 것과 3+를 갖는 두 가지 계열의 화합물을 형성한다. (a) 가장 이온 결합성인 할로젠화물과 (b) 가장 공유 결합성인 할로젠화물의 화학식을 쓰시오.

해답

a) 금속 이온은 더 낮은 전하 밀도를 가져야 하고, 가장 편극이 안 되는 할로젠 이온인 플루오린화 이온과 결합하여야 한다. 따라서 플루오린화 탈륨(I), TlF.

b) 금속 이온은 더 높은 전하를 가져야 하고, 편극이 가장 잘 되는 할로젠화 이온인 아이오딘화 이온과 결합되어야 한다. 따라서 아이오딘화 탈륨(III), TlI_3.

5.3 이온 결정 구조

4.3절에서 금속 원자에 대한 네 가지 쌓임 배열을 알아보았다. 이온 결합 화합물에서도 같은 쌓임 배열이 적용된다. 일반적으로 음이온은 양이온보다 훨씬 더 크기 때문에, 음이온이 격자 배열을 형성하고 크기가 작은 양이온은 **틈새**(*interstice*)라고 하는 음이온 격자가 만든 구멍을 차지한다. 쌓임의 특정한 형태를 알아보기 전에, 먼저 이온 격자에 적용되는 일반적인 규칙을 고려하여야 한다.

1. 이온은 전하를 띠고 있고, 수축되거나 편극화될 수 없는 구라고 가정한다. 모든 이온 결합 화합물에는 대개 어느 정도의 공유 결합성도 존재하지만, 이와 같은 단단한 구 모형은 이온 결합으로 분류된 대부분의 화합물에 별다른 문제없이 적용할 수 있다.
2. 이온들 자체는 주위에 전하가 반대인 가능한 한 많은 수의 이온으로 둘러싸이려고 하며, 이들 이온과 가능한 한 가까운 거리를 유지하려는 경향을 나타낸다. 이 원리는 양이온에 대해서 특히 중요하다. 채택된 쌓임 배열에서 양이온은 대개 음이온이 서로 닿지 않으면서 양이온을 에워쌀 정도의 크기를 갖는다.
3. 음이온에 대한 양이온의 비는 화합물의 화학적 조성에 영향을 미친다. 예를 들면,

염화 칼슘, $CaCl_2$의 결정 구조는 결정 격자에 염화 음이온의 배열과 그 절반의 수를 갖는 칼슘 양이온의 배열로 되어 있다.

이온 쌓임과 반지름비

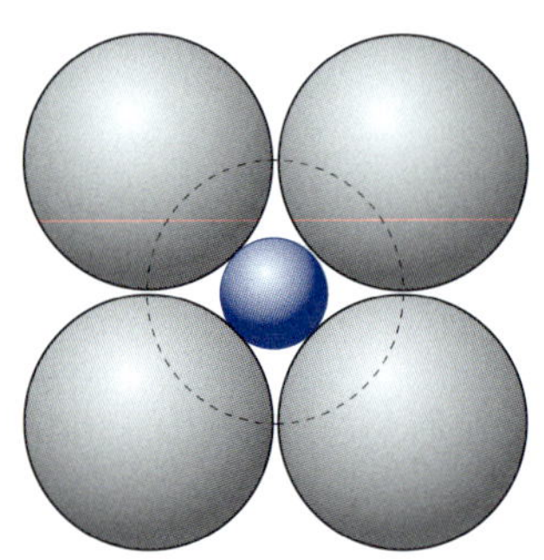

그림 5.1 양이온을 둘러싸고 있는 6개의 음이온에 대한 표현

2번에서 언급한 것처럼 이온 결합 화합물이 채택하는 쌓임 배열은 이온들의 상대적인 크기에 의해서 결정된다. 그림 5.1을 보면 4개의 실선으로 된 원은 체심 입방 배열을 이루는 음이온을 나타낸 것이고, 점선으로 표시된 원은 평면의 위와 아래에 있는 음이온을 나타낸 것이다. 이 여섯 개의 음이온으로 둘러싸인 공간에 꼭 맞게 들어가려면, 양이온은 어둡게 표시한 원과 같은 크기를 가져야 한다. 피타고라스 정리에 따라 계산을 하면, 음이온에 대한 양이온 반지름의 비는 0.414가 된다. 이 r_+/r_-의 값을 **반지름비**(*radius ratio*)라고 한다.

만약 양이온이 적정비인 0.414보다 더 크면 음이온은 서로 더 멀리 떨어지게 될 것이다. 실제로 이러한 경우가 대부분이며, 음이온-음이온의 거리가 증가하면 음이온들 사이의 정전기적인 반발력은 줄어든다. 그러나 반지름비가 0.732에 이르면 양이온의 주위를 8개의 음이온이 둘러쌀 수 있다. 이와는 반대로 반지름비가 0.414보다 더 작으면 음이온은 완전히 맞닿아 있게 되고, 양이온은 틈새에서 활발하게 움직일 것이다. 그러나 이러한 일은 일어나지 않으며, 음이온이 재배열하여 4개의 음이온이 더 작은 공간을 만들게 된다. 표 5.8에 반지름비와 쌓임 배열을 요약해 놓았다.

입방 배열

이온 격자를 표현하는 가장 좋은 방법은 음이온의 배열을 먼저 생각하고, 음이온 배열에 있는 틈새의 배위수를 살펴보는 것이다. 가장 큰 양이온을 받아들이는 쌓임 배열은 단순 입방이다. 단순 입방 단위 세포를 살펴보면 입방체의 각 모서리에 구가 위치하고 있고, 양이온은 입방체의 중심에 자리할 수 있게 된다.

가장 고전적인 예는 **염화 세슘**(*cesium chloride*), CsCl이며, 이 구조를 염화 세슘 구조라고 한다. 염화 음이온은 단순 입방 쌓임 배열을 하며, 입방체의 중심에 양이온이 자리한다. 염화 세슘에서는 반지름비가 0.934로 양이온이 충분히 크기 때문에 음이온은 서로 접촉하지 않는다. 여러 가지 이온의 배열을 잘 나타내기 위해 대부분의 이온 구조를 **이온 격자 도표**(*ionic lattice diagram*)로 나타낼 것이다. 이 도표에서는 공 모양의 이온 크기를 줄이고, 이온이 접촉하고 있는 것을 실선으로 나타낸다. 이온 격자 도표는 공간 채움 모형보다 더 분명하게 배위수를 보여 준다. 그러나 이 도표에서는 격자가 대부분 비어 있는 공간에 놓이게 되는데, 실제로는 아주 다른 이온 반지름을 갖는 이온들이 조밀하게 쌓여 있게 되므로 이러한 방식은 가상적인 표현이다. 염화 세슘의 이온 격자 도표를 그림 5.2에 나타내었다.

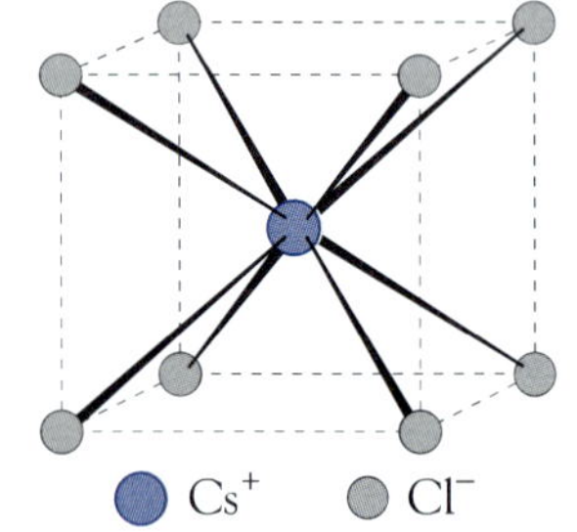

그림 5.2 염화 세슘의 이온 격자 도표. [A. F. Wells, *Structural Inorganic Chemistry*, 5th ed. (New York: Oxford University Press, 1984), p.246.]

표 5.8 서로 다른 이온의 배열에 해당하는 반지름비의 범위

r_+/r_- 값	선호하는 배위수	이름
0.732 ~ 0.999	8	입방체
0.414 ~ 0.732	6	팔면체
0.225 ~ 0.414	4	사면체

4.4절에서 결정 쌓임 배열 및 밀도가 알려진 금속에 대해서는 원소의 금속 반지름을 계산할 수 있음을 알았다. 염화 세슘이나 염화 소듐 구조를 갖는 이온 결합 화합물의 경우 단위 세포 차원과 한 이온이나 다른 이온의 이온 반지름을 동등하게 결정할 수 있다.

염화 세슘 단위 세포는 그림 5.3에 나타내었다. 이것은 한 개의 세슘 이온과 8(1/8)개의 염화 이온을 포함한다. 그러므로 각 단위 세포는 한 개의 화학식 단위를 포함한다. 세슘 양이온은 염화 음이온을 분리시키기 때문에 이 이온들은 한쪽 모퉁이에서 단위 세포의 중심을 통과하여 다른 쪽 모퉁이를 가로지르는 대각선을 따라 서로 접촉하고 있다. 이 대각선은 두 음이온의 반지름과 두 양이온의 반지름을 합한 것과 같은 값의 길이를 갖는다.

음이온에 대한 양이온의 화학량론적인 비가 1:1이 아니면 적게 존재하는 이온이 공간의 일부를 차지한다. 좋은 예가 플루오린화 칼슘, CaF_2[광물명, **형석**(*fluorite*)]로 음이온에 대한 양이온의 비가 1:2이다. 염화 세슘과 마찬가지로 각 칼슘 이온은 8개의 플루오린화 이온으로 둘러싸여 있다. 그러나 각각의 이어지는 다른 공간은 비어 있어서 음이온에 대한 양이온의 비가 1:2가 된다(그림 5.4).

산화 리튬과 같이 음이온에 대한 양이온의 비가 2:1인 것도 가능하다. 이 구조는 역시 염화 세슘의 구조에 기초하지만, 이번에는 번갈아 나타나는 음이온 자리가 비어 있다. 산화 리튬 구조의 비어 있는 격자 공간이 플루오린화 칼슘(fluorite)의 비어 있는 것과는 반대가 되므로, 이러한 배열을 **반형석**(*antifluorite*) 구조라고 한다.

팔면체 배열

반지름비가 0.732 이하로 떨어지면 염화 세슘 구조의 음이온이 더 이상 양이온에 의해서 분리되어 있을 수 없다. 음이온 사이의 전위 반발력에 의해 팔면체 기하 구조를 갖게 된다. 반지름비가 작을 때 양이온의 주위를 에워싸는 음이온의 수는 6개가 적당하다(그림 5.1 참조). 실제로 음이온의 배열은 입방 최조밀 쌓임 배열을 하고 있으며, 여기에는 팔면체 자리와 사면체 자리가 존재한다. 그림 5.5는 양이온이 들어갈 수 있는 팔면체 자리의 위치를 나타낸 것이며, 팔면제 자리는 O로 표시하였다.

팔면체 쌓임에서 모든 팔면체 자리는 양이온에 의해 채워지고 사면체 자리는 비어 있다. **염화 소듐**(*sodium chloride*)이 이러한 쌓임 배열을 가지고 있고, 이 구조의 이름을 염화 소듐 구조라고 한다. 구조가 반복되는 최소의 단위인 단위 세포에는 염화 음이온이 체

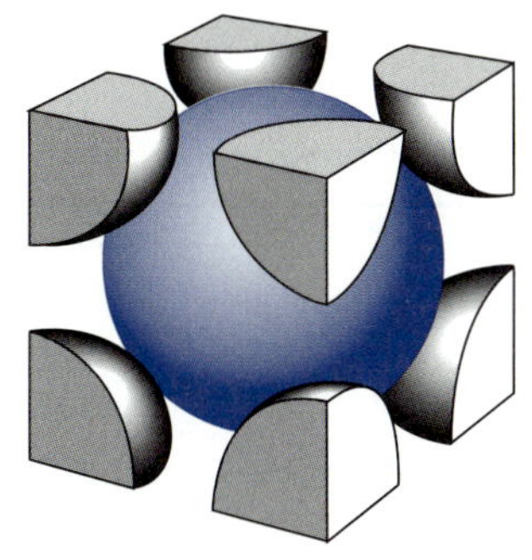

그림 5.3 염화 세슘의 단위 세포. [G. Rayner-Canham et al., *Chemistry: A Second Course* (Don Mills, ON, Canada: Addison-Wesley, 1989), p.72.]

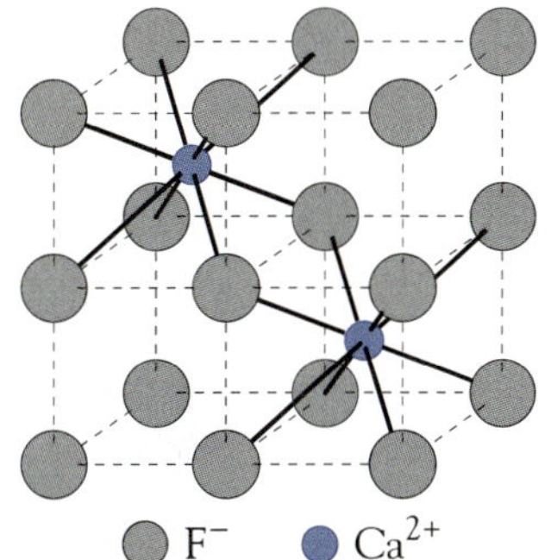

그림 5.4 플루오린화 칼슘의 부분적인 이온 격자 도표

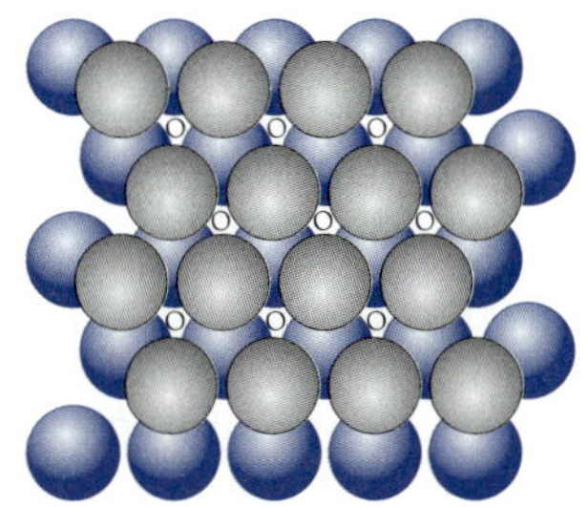

그림 5.5 양이온이 위치하는 팔면체 자리(O)를 보여 주는 입방 최조밀 음이온 배열의 처음 두 층

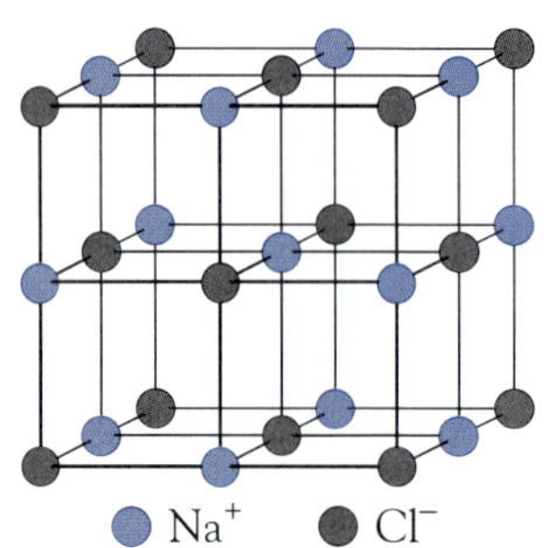

그림 5.6 염화 소듐의 이온 격자 도표 [A. F. Wells, *Structural Inorganic Chemistry*, 5th ed. (New York: Oxford University Press, 1984), p.239.]

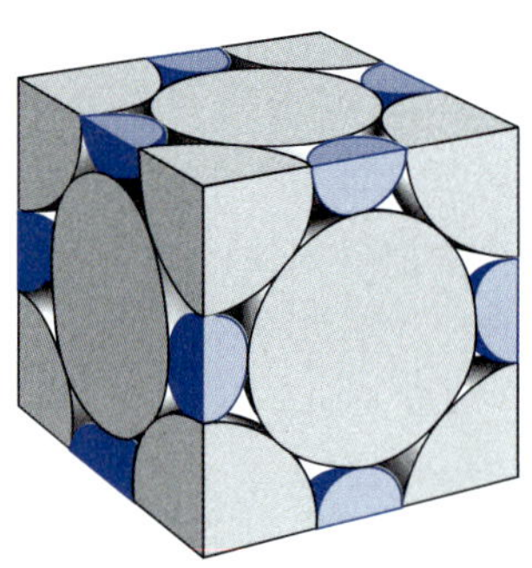

그림 5.7 염화 소듐의 단위 세포 [G. Rayner-Canham et al., *Chemistry: A Second Course* (Don Mills, ON, Canada: Addison-Wesley, 1989), p.71.]

심 입방 배열을 하고 있다. 각 쌍의 음이온 사이에 양이온이 위치한다. 양이온은 음이온을 분리시키는 역할을 하므로, 번갈아 나오는 양이온과 음이온은 입방체의 모서리를 따라서 맞닿아 있다. 이온 격자 도표를 보면 각 소듐 이온은 여섯 개의 이웃하는 염화 이온을 가지고 있으며, 각 염화 음이온도 역시 6개의 소듐 이온에 의해 둘러싸여 있다(그림 5.6).

염화 소듐 단위 세포(그림 5.7)는 중심에 있는 한 개의 소듐 이온과 모서리를 따라 12(1/4)의 소듐을 포함한다. 면의 중심에는 6(1/2) 염화 이온이 있고, 입방체의 모퉁이에도 8(1/8) 염화 이온이 있다. 따라서 염화 소듐 단위 세포는 네 개의 화학식 단위를 포함한다. 입방체 한 변의 길이는 두 음이온 반지름과 두 양이온 반지름의 합과 같다.

팔면체 쌓임의 경우에도 화학량론적인 비가 1:1이 아닌 화합물이 있을 수 있다. 대표적인 예는 산화 타이타늄(IV), TiO_2[광물명, **금홍석**(*rutile*)]이다. 이 결정은 타이타늄(IV) 이온이 일그러진 체심 배열(양이온이 산화 음이온보다 훨씬 적지만)을 가지며, 그 사이사이에 산화 이온이 들어가 있는 것으로 생각하는 편이 이해하기가 더 쉽다(그림 5.8).

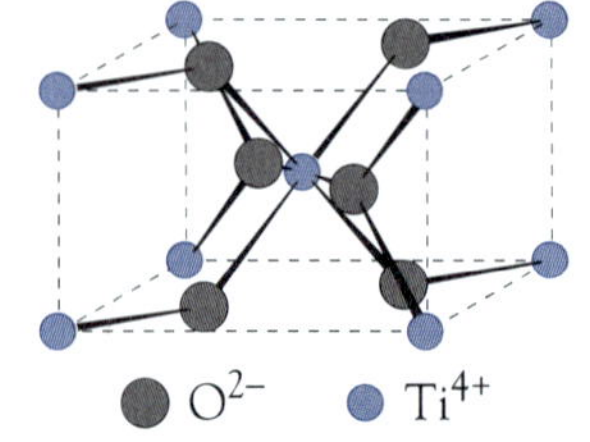

그림 5.8 산화 타이타늄(IV)의 이온 격자 도표 [A. F. Wells, *Structural Inorganic Chemistry*, 5th ed. (New York: Oxford University Press, 1984), p.247.]

예제 5.2

염화 소듐 단위 세포의 한 변의 길이는 566 pm이고, 소듐 이온의 이온 반지름은 116 pm이다.

a) 염화 이온의 반지름은 얼마인가?

b) 염화 소듐의 경우 대각선상에서 염화 이온은 서로 접촉하고 있지 않음을 증명하시오.

해답

a) 이온들은 아래의 그림과 같이 단위 세포의 모서리를 따라 서로 접촉하고 있다.

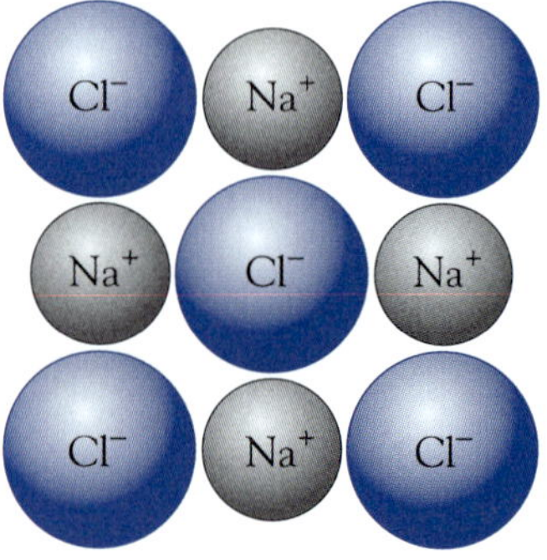

따라서 한 변의 길이 $= 2r(Na^+) + 2r(Cl^-)$

566 pm $= 2(116\ \text{pm}) + 2r(Cl^-)$

$r(Cl^-) = 167\ \text{pm}$

b) 피타고라스의 정리를 사용하여 대각선의 길이를 계산하면,

$$d^2 = [a^2 + a^2]^{½} = [(566\ \text{pm})^2 + (566\ \text{pm})^2]^{½} = 800\ \text{pm}$$

염화 이온 4개의 반지름 합 $= 4 \times (167\ \text{pm}) = 668\ \text{pm}$

따라서 염화 이온은 대각선상에서는 서로 접촉하지 못한다.

예제 5.3

염화 소듐 단위 세포 한 변의 길이는 566 pm이다. 염화 소듐의 밀도를 $g \cdot cm^{-3}$ 단위로 계산하시오.

해답

고체의 밀도는 ρ = 질량/부피.

단위 세포의 밀도는 NaCl가 차지하는 밀도와 같을 것이다. 따라서 한 개 단위 세포의 질량과 부피를 사용할 수 있다.

한 개의 단위 세포에는 4개의 Na 원자와 4개의 Cl 원자가 존재하기 때문에 질량은

$$\frac{(4 \times 22.99) + (4 \times 35.45)}{6.023 \times 10^{23}} = 2.35 \times 10^{-22}\ \text{g}.$$

단위 세포 한 변의 길이는 566×10^{-10} cm이므로 단위 세포의 부피는 $(566 \times 10^{-10})^3 = 1.81 \times 10^{-22}\ \text{cm}^3$. 밀도는

$$\rho = \frac{2.35 \times 10^{-22}\ \text{g}}{1.81 \times 10^{-22}\ \text{cm}^3} = 1.29\ \text{g} \cdot \text{cm}^{-3}$$

사면체 배열

양이온의 크기가 음이온보다 훨씬 작은 이온 결합 화합물은 사면체 자리에 양이온이 들어가는 음이온의 최조밀 쌓임 배열로 나타낼 수 있다. 육방(*hcp*)과 입방(*ccp*)의 최조밀 쌓임이 모두 가능하며, 화합물은 둘 중의 한 가지 배열을 채택하지만, 그 한 구조를 더 선호하는 이유는 아직 알려져 있지 않다. 그림 5.9는 사면체 자리의 위치를 T로 표시한 입방 최조밀 쌓임 배열을 나타낸 것이다.

이러한 형태의 대표적인 예는 황화 아연(zinc sulfide), ZnS이며, 자연계에 두 가지 형태의 결정으로 존재한다. 하나는 황화 이온이 입방 최조밀 쌓임 배열을 하고 있는 **섬아연광**(*sphalerite*, 예전에는 *zinc blende*)이고, 다른 하나는 음이온의 배열이 육방 최조밀 쌓임인 **우르츠광**(*wurtzite*)이다(4장 참조). 두 구조 모두 양이온 수의 두 배인 사면체 자리를 가지고 있으므로, 양이온은 사면체 자리에 하나 걸러 하나씩 채워진다(그림 5.10).

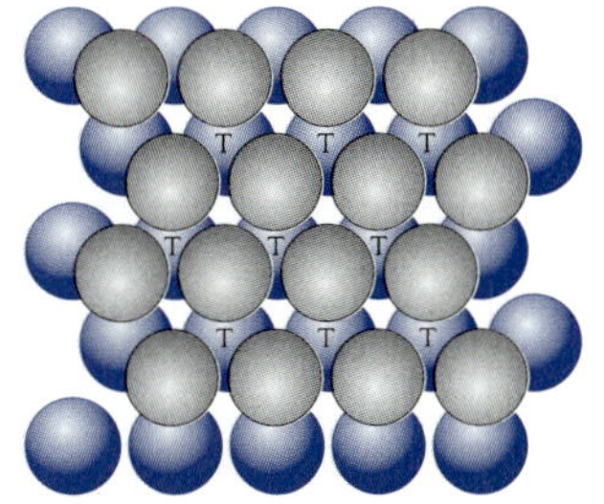

그림 5.9 양이온이 위치하는 사면체 자리(T)를 보여 주는 입방 최조밀 쌓임 음이온 배열의 처음 두 층

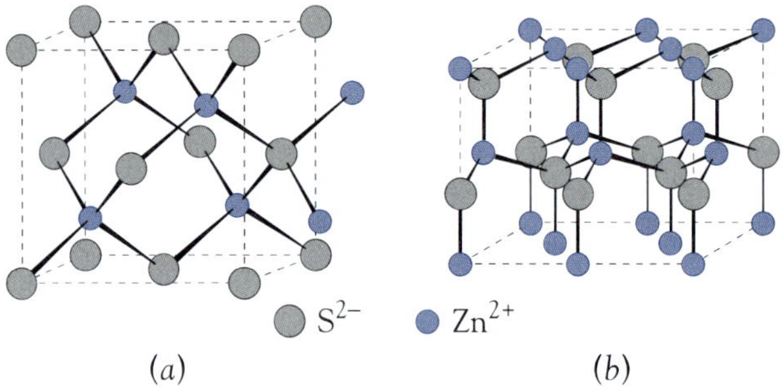

(a) (b)

그림 5.10 황화 아연의 두 가지 이온 격자 도표. (a) 섬아연광 (b) 우르츠광. [A. F. Wells, *Structural Inorganic Chemistry*, 5th ed. (New York: Oxford University Press, 1984), p.121.]

양자 점

양자 점의 나노화학 분야는 우르츠광과 섬아연광, 특히 셀레늄화 카드뮴, CdSe의 우르츠 구조와 관련이 있다. 양자 점은 크기가 1 ~ 100 nm인 사면체 구조 반도체(셀레늄화 카드뮴과 같은)의 나노 입자이다. 이런 크기의 입자들은 **양자 제한**(*quantum confinement*)으로 알려진 성질을 나타낸다. 양자 제한은 물질에 존재하는 전자가 매우 작은 부피에 제한적으로 위치하게 될 때 나타나며, 고체의 성질은 입자의 크기와는 무관하게 된다.

양자 제한의 한 가지 특별히 주목할 만한 효과는 입자 크기가 광학적 성질을 결정한다는 것이다. 셀레늄화 카드뮴과 같은 물질의 경우, 자외선을 쬐여주면 형광이 나오는데, 입자의 크기가 클수록 발산되는 빛은 스펙트럼의 붉은색 쪽으로 치우치게 되고, 크기가 줄어들면 발산되는 빛은 스펙트럼의 푸른색 쪽으로 이동한다. 그 결과 입자 크기 영역을 세심하게 조절하면 매우 정밀한 색을 방출할 수 있게 된다.

몇 가지 반도체 재료들은 이러한 성질들을 나타내는데, 이들은 모두 우르츠광이나 섬아연광 구조를 갖는다. 이들 재료들은 무거운 16족 원소와 결합한 카드뮴 화합물을 포함하는데, 황화 카드뮴(CdS), 셀레늄화 카드뮴(CdSe), 텔루르화 카드뮴(CdTe) 등이 그 예이다. 양자 점은 인화 인듐(InP)나 비소화 갈륨(GaAs)의 나노입자 위에 비소화 인듐(InAs)의 단일층을 형성하여 만들어질 수도 있다. 형광 성질이 나타나는 것은 결정 격자 자체의 표면에 대해 이온 크기가 일치되지 않기 때문이다.

쌓임 규칙의 예외

지금까지는 서로 다른 쌓임 배열과 반지름비와의 관계에 대해 논의하였다. 즉, 반지름비만을 가지고 구조를 예측하였고, 많은 이온 결합 화합물이 예측한 것과 같은 구조를 갖긴 하지만 여기에는 많은 예외도 있다. 실제로 쌓임 규칙에 의해서 예측할 수 있는 구조는 전체의 2/3 정도이다. 표 5.9에 가장 극단적인 예외 세 가지를 나타내었다.

화학이란 그리 간단한 학문은 아니며, 따라서 반지름비라는 한 가지 기준만으로 특정한

표 5.9 반지름비 규칙으로 예측된 구조에서 벗어나는 몇 가지 예외

화합물	r_+/r_-	예측 쌓임	실제 쌓임
HgS	0.55	NaCl	ZnS
LiI	0.35	ZnS	NaCl
RbCl	0.84	CsCl	NaCl

쌓임 배열을 갖는 이유를 설명하려고 하는 것은 다른 많은 요인을 소홀히 하는 것이 된다. 특히 앞에서 설명한 것과 같이, 대부분의 이온 결합 화합물은 어느 정도 공유 결합을 가지고 있다. 따라서 이온이 단단한 공이라는 개념은 많은 화합물에서 옳지 않은 것으로 생각된다. 예를 들면, 황화 수은(II)[mercury(II) sulfide]은 다이아몬드나 이산화 규소(silicon dioxide)와 같은 그물구조형 구조의 공유 결합 물질과 동등하게 생각될 만큼 공유 결합성이 큰 화합물이다(3.10절 참조). 이와 같이 큰 공유 결합성으로부터 황화 수은(II)이 ZnS 구조의 사면체 배위를 선호하는 이유를 명확하게 설명할 수 있는데, 그 이유는 수은(II)은 공유 결합을 할 때 사면체 각도로 배열된 공유 결합 화합물을 잘 형성하기 때문이다.

부분적인 공유 결합성 행동은 아이오딘화 리튬에서도 나타난다. 이온 반지름 값만으로는 아이오딘화 리튬이 염화 소듐의 팔면체 배위를 채택하는 것을 예측할 수 없다. 아이오딘화 음이온은 서로 접촉하고 있고, 작은 리튬 이온은 팔면체 자리의 구멍에 헐렁하게 들어가 있을 것이다. 그러나 이 화합물에서의 결합은 약 30% 정도가 공유 결합성이고, 결정 구조에 관한 연구에 의하면 리튬의 전자 밀도는 구형이 아니라 여섯 개의 이웃 음이온 쪽으로 뻗쳐 있다는 것이다. 따라서 아이오딘화 리튬도 완전한 이온 결합 화합물로 생각할 수 없다.

또한 많은 경우에 서로 다른 쌓임 배열 간의 에너지 차이가 아주 작다는 증거가 있다. 예를 들면, 염화 루비듐은 예상과는 달리 염화 소듐 구조를 갖지만(표 5.9 참조), 압력하에서 결정을 만들면 염화 세슘의 구조를 갖는다. 따라서 이 경우에 두 쌓임 배열 사이의 에너지 차이는 매우 작다.

마지막으로 이온 반지름은 일정한 값을 갖는 것이 아니고 환경에 따라 변한다는 것에 유의해야 한다. 예를 들면, 세슘 이온은 6개의 이웃하는 음이온으로 둘러싸여 있을 때에만 181 pm의 반지름을 갖는다. 염화 세슘 격자에서처럼 8개의 이웃하는 이온이 있을 때는 188 pm의 Shannon-Prewitt 반지름을 갖는다. 이 경우는 계산에 영향을 줄 정도는 아니지만, 작은 이온일 경우는 차이가 아주 심하다. 리튬의 경우 4배위일 때 이온 반지름이 73 pm이지만, 6배위일 때는 90 pm의 반지름을 갖는다. 이 책에서는 일관성을 유지하기 위해 4배위가 흔한 2주기 원소를 제외한 모든 이온의 반지름은 6배위 경우로 사용할 것이다.

다원자 이온을 포함하는 결정 구조

지금까지는 이원자로 이루어진 이온 결합 화합물에 대해서 살펴보았지만, 다원자 이온을 포함하는 이온 결합 화합물도 특정한 구조로 결정화된다. 이러한 결정들에서 다원자 이온은 일원자 이온과 같은 자리를 차지한다. 예를 들면, 상온에서 염화 암모늄은 염화 세슘 구조를 형성하는데(11.13절 참조), 암모늄 이온은 양이온 자리를 차지한다(그림 5.11).

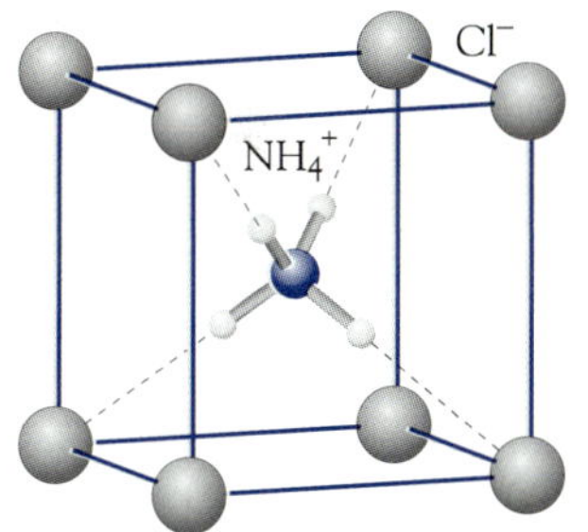

그림 5.11 염화 암모늄의 이온 격자 도표

> **예제 5.4**
>
> 산화 타이타늄(II)이 취할 구조를 예측하시오. Ti^{2+}의 이온 반지름은 86 pm, O^{2-}는 140 pm이다.
>
> **해답**
>
> 구조는 반지름비 r_+/r_-로부터 예측할 수 있고, TiO의 반지름비는 86/140 = 0.614이다. 이 비율로부터 팔면체 배열을 예측할 수 있고, TiO는 화학량론적으로 1:1이기 때문에 염화 소듐 구조를 취할 것으로 예측할 수 있다.

5.4 수화된 염

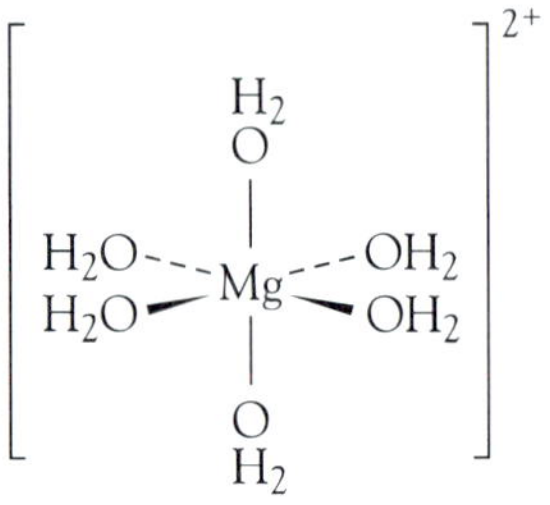

그림 5.12 $[Mg(OH_2)_6]^{2+}$ 이온의 구조

이온 결합 화합물이 수용액에서 결정화될 때, 고체 결정에는 대개 물 분자가 포함된다. 이들 물 분자를 포함하는 이온 결합 화합물을 **수화물**(*hydrate*)이라고 한다. 물 분자가 결정 격자 내의 구멍만 차지하고 있는 수화물도 있지만, 대부분의 수화물에서는 물 분자가 음이온이나 양이온과 강하게 결합하고 있는데, 주로 양이온과 결합한 경우가 많다.

수화된 양이온에서 물 분자의 δ− 산소 원자는 양으로 하전된 금속 이온들을 향해 정전기적으로 결합된다(그림 5.12). 이렇게 되면 수화된 양이온은 크기가 음이온과 비슷하게 된다. 예를 들면, 고체상에서 질산 마그네슘은 육수화물, $Mg(NO_3)_2 \cdot 6H_2O$로만 존재하는데, 수화된 마그네슘 양이온은 양이온 자리를 차지하고 질산 이온은 음이온 자리를 차지한다. 여섯 개의 물 분자는 마그네슘 이온 주위로 팔면체 배열을 하고, 산소 원자들은 마그네슘 이온을 향해 배향된다. 그러므로 고체 화합물을 보다 정확하게 나타내면, $[Mg(OH_2)_6{}^{2+}](NO_3{}^-)_2$가 된다(양으로 하전된 마그네슘 이온과 이온-쌍극자 상호작용을 형성하는 δ− 산소 원자를 나타내기 위하여 물 분자를 거꾸로 표기하였다).

고체상에서 이온이 수화되는 정도는 대개 이온의 전하 및 크기와 관련이 있다. 그러므로 염화 소듐과 같이 두 개의 간단한 이온으로 이루어진 알칼리 금속염은 두 이온이 모두 낮은 전하를 갖기 때문에 무수물이다. 수용액에서 3+의 전하를 갖는 이온이 결정화될 때 결정 격자는 항상 육수화물 이온이 된다. 즉, 작고, 전하가 큰 양이온은 아주 강한 이온-쌍극자 상호작용을 일으킨다.

더 높게 하전된 산소산 음이온은 물 분자의 δ+ 수소 원자가 이 음이온을 끌어당기므로 거의 항상 수화된다. 음이온의 수화는 대개 (더 작은) 양이온의 수화보다는 그 정도가 덜하다. 예를 들면, 황산 마그네슘을 비롯하여 많은 금속의 황산염은 칠수화물이다($MgSO_4 \cdot 7H_2O$). 이들 황산염에서 여섯 개의 물 분자는 금속 이온과 결합하고 있고, 질산염의 경우와 마찬가지로 일곱 번째의 물 분자는 황산 이온과 수소 결합을 하고 있다. 이 경우 δ+인 물의 수소 원자 하나와 δ−인 황산 이온의 산소 원자 하나가 상호작용을 하고 있다($[SO_4(HOH)^{2-}]$).

5.5 이온 결합 화합물의 동형 현상

동형 이온 결합 화합물은 결정 구조를 변화시키지 않으면서 다른 이온이 한 이온을 치환하는 쌍이나 세트로 이루어진 화합물이다. 즉, 결정 격자에서 이온들은 동일한 방식으로 쌓임을 이루고 있다. 예전에 화학자들은 결정들의 구조를 결정할 수 있었는데, 서로 다른 이온들로 이루어진 유사한 화합물들은 결정의 모양에 따라 조사하였다. 그러므로 동형에 대해 사용했던 용어는 같은 모양을 갖는 결정이라는 의미로 **등정형**(*isomorphous*)라고 하였다. 이 절에서는 동형 화합물의 예를 알아보고 등구조의 원리를 설명한다.

백반

동형 현상의 가장 좋은 예는 **백반**(*alum*)이라고 하는 일련의 화합물에서 나타난다. 백반의 일반식은 $M^+M^{3+}(SO_4{}^{2-})_2 \cdot 12H_2O$이다. 일가 양이온은 포타슘, 루비듐, 암모늄이 될

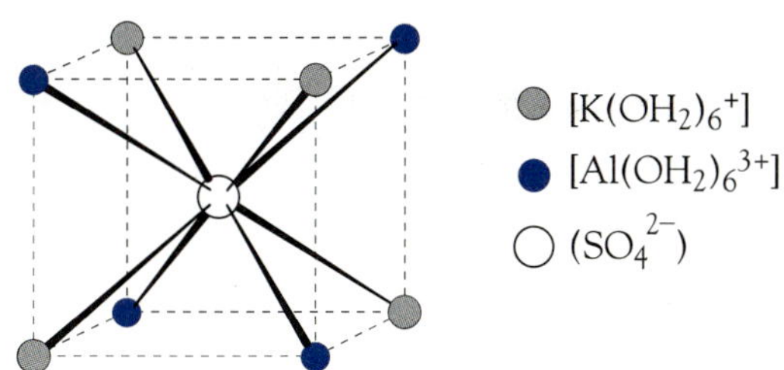

그림 5.13 백반의 이온 격자 도표

수 있고, 삼가 양이온은 대개 알루미늄, 크로뮴(III), 철(III)이 된다.

'근간' 화합물인 황산 포타슘 알루미늄(대개 백반이라고 함)의 화학식은 $KAl(SO_4)_2 \cdot 12H_2O$이다. 5.4절에서 설명한 것처럼 높은 전하를 갖는 작은 양이온은 수용액에서 대체로 수화됨으로써 결정을 형성하며, 백반도 예외는 아니다. 실제로는 일가 양이온도 육가의 수화물이기 때문에 정확한 화학식은 $[K(OH_2)_6^+][Al(OH_2)_6^{3+}](SO_4^{2-})_2$이다. 이 결정의 구조는 염화 세슘 격자여야 하고, 두 수화된 양이온 $[K(OH_2)_6]^+$와 $[Al(OH_2)_6]^{3+}$는 입방체의 모서리에 교대로 자리하고 황산 이온이 중심을 차지한다(그림 5.13).

일가 양이온의 황산염과 삼가 양이온의 황산염을 같은 양으로 혼합시키면 큰 결정을 얻을 수 있다. 그러므로 백반은 결정 성장의 경쟁물로 선호되는 화합물이다. '백반'이라는 이름은 대개 무색의 알루미늄 함유 화합물에만 사용되고(13.8절 참조), 다른 것들은 크로뮴 백반(짙은 자주색)과 철백반(옅은 보라색)이라고 한다. 이온 반지름의 유사성을 표 5.10에 나타내었는데, 6개의 물 분자가 둘러싸고 있기 때문에 '실제' 반지름은 상당히 더 크다. 그렇지만 일가 양이온과 삼가 양이온은 어느 정도 일정한 영역의 반지름을 갖는 것을 볼 수 있다. 백반의 격자 에너지는 매우 높은데, 이는 이 화합물의 높은 안정도에 대한 이유가 된다. 실제로 백반은 알루미늄의 가장 편리한 수용성 화합물이고, 철백반은 철(III)의 안정하고 편리한 화합물이다.

동형 치환의 원리

같은 결정 구조를 유지하면서 이온을 치환시키는 능력을 결정하는 것은 무엇일까? 동형 치환의 두 가지 원리가 있다. 첫 번째는 다음과 같이 설명된다.

> **두 이온이 동일한 전하를 가지며 반지름의 차이가 20% 이하일 때 한 이온은 다른 이온을 치환시킬 수 있다.**

이 원리는 5.3절에서 설명한 반지름비 규칙을 다시 언급한 것이다. 이온 반지름의 차이가 크면 동형체에서 배제되지만, 이온 반지름이 비슷한 값을 가진다고 해서 동형 현상이 형성되는 것은 아니다.

표 5.10 백반에서 양이온 반지름의 비교

일가 양이온		삼가 양이온	
K^+	152 pm	Al^{3+}	68 pm
Rb^+	166 pm	Cr^{3+}	75 pm
NH_4^+	151 pm	Fe^{3+}	78 pm

표 5.11 몇 가지 상대적인 이온 크기

이온 반지름	+1 전하	+2 전하	+3 전하	+4 전하	+5 전하
작다		Be^{2+}	Al^{3+}, Fe^{3+}, Cr^{3+}	Si^{4+}	P^{5+}
중간	Li^{+}	Mg^{2+}, Fe^{2+}		Ti^{4+}	W^{5+}
크다	Na^{+}	Ca^{2+}	La^{3+}		
매우 크다	K^{+}, NH_4^{+}	Ba^{2+}			

많은 경우에 혼합 구조가 생성될 수 있다. 예를 들면, 백반과 크로뮴 백반의 혼합물을 결정화시키면 옅은 자주색 결정을 얻을 수 있는데, 이 결정은 결정의 +3가 이온 자리에 알루미늄과 크로뮴(III) 이온이 불규칙적으로 채워진 구조를 갖는다. 동형 현상은 광물 화학에서 특히 중요하다. 예를 들면, 많은 비싼 보석은 동형 치환을 포함한다. 루비는 알루미늄 이온 자리에 크로뮴(III) 이온이 다소 치환된 산화 알루미늄이다. 그러므로 루비의 화학식은 $(Al^{3+}, Cr^{3+})_2(O^{2-})_3$로 표기된다. 사파이어도 산화 알루미늄에 타이타늄(III)이 포함된 $(Al^{3+}, Ti^{3+})_2(O^{2-})_3$이다.

천연 보석의 조성은 결정이 형성될 때의 용융 암석의 조성을 반영한다. 예를 들면, 감람석은 규소산 마그네슘/철(II) $(Mg^{2+}, Fe^{2+})_2(SiO_4^{4-})$ 혼합물인데, 여기에서 마그네슘과 철(II) 이온은 비율이 변하면서 같은 결정 자리를 점유한다. 동형 치환의 고전적인 예는 란타넘족의 인산염, MPO_4인데, 여기서 M^{3+}는 모두 란타넘족 원소이다. 이들 이온은 반지름이 비슷하기 때문에 자연에 존재하는 인산염 광석 모나자이트는 대개 모든 란타넘족 원소들의 혼합물을 포함한다.

동형 치환의 두 번째 원리는 2가지 서로 다른 양이온을 포함하는 화합물에 적용할 수 있다. 이 원리는 다음과 같이 설명된다.

동형 치환은 다른 전하를 갖는 이온에 의해 일어날 수 있다. 그러나 치환하는 이온이 같은 반지름을 갖기 때문에 양이온의 전하는 동일하게 유지된다.

페로브스카이트(*perovskites*, 5.6절 참조)라고 하는 중요한 계열의 광물들에서 이 치환이 많이 발견된다. 어미 화합물은 $(Ca^{2+})(Ti^{4+})(O^{2-})_3$이며, 이 구조를 취하는 많은 다른 화합물 중의 한 가지는 $(Na^{+})(W^{5+})(O^{2-})_3$인데, 여기서 일가 양이온 소듐은 비슷한 크기의 이가 양이온 칼슘을 치환시키고, 오가 양이온인 텅스텐은 사가 양이온인 타이타늄 이온을 치환시켰다. 몇 가지 일반적인 치환 가능성을 표 5.11에 나타내었다(이온 반지름의

새로운 재료들: 지구 화학의 한계를 극복한다

지구상에서 많은 광물들은 고온과 고압인 조건에서 수백만 년에 걸쳐 생성된다. 최근 두 화학자, Sandra Dann과 Mark Weller는 이전에는 존재하지 않았던 새로운 조성을 갖는 광물들을 합성하였다. 지구 화학적 과정에서 생성된 광물들은 지각에 있는 구성 원소의 존재량을 반영하고 있다. 이 두 화학자는 동형 치환의 원리를 매우 드문 원소들을 포함하는 광물들을 만들기 위해 사용하였다. 예를 들면, 이들은 방소다석, $Na_8[SiAlO_4]Cl_2$의 유사체를 합성하였는데, 이 유사체에서 각 원소들(소듐은 제외)은 주기율표에서 바로 아래에 있는 원소로 치환되었다. 이 새로운 화합물, $Na_8[GeGaO_4]Br_2$는 우주의 어디에도 천연에는 존재하지 않을 것으로 예상되는데, 방소다석을 구성하는 원소들의 존재량보다 치환된 원소들의 존재량이 10^8배나 더 작기 때문이다. 이 색다른 화합물은 안료, 형광 물질, 강유전체, 이온 교환 재료, 촉매 및 자기 저장 장치에 활용된다.

영역은 다소 임의적이다. 예를 들면, '작다' 범주의 위쪽 끝에 있는 이온은 '중간' 영역의 아래쪽 끝에 있는 이온을 매우 잘 치환시킨다).

5.6 페로브스카이트

이 절에서는 한 가지의 음이온과 두 가지의 양이온을 포함하는 3차 화학종에 대해 알아보기로 한다. 많은 3차 화합물이 존재하지만 두 가지 기본 구조, 스피넬과 페로브스카이트가 변형된 형태이기 때문에 실제로는 비교적 단순하게 설명할 수 있다. 이 절에서는 페로브스카이트에 대해 알아보기로 한다.

페로브스카이트 화합물의 일반적인 실험식은 ABO_3이다. 여기서 A는 주로 이가 금속 양이온이고, B는 일반적으로 크기가 작은 사가 금속 양이온이다. 이러한 혼합 금속 산화물들은 무기 화학에서 일반적으로 다루는 다른 산소 음이온의 염들과는 크게 다르다. 산소 음이온의 금속염들의 실험식은 페로브스카이트 화합물과 같은 AXO_3이다. 여기서 A는 금속이고, X는 비금속이다. 이 화합물들에서 XO_3는 공유 결합성 다원자 이온이다. 예를 들면, 질산 소듐은 염화 소듐 구조에 Na^+와 NO_3^- 이온들이 배열되어 있는 것이다. 즉, 각 질산 음이온들이 염소 이온 자리를 차지한 상태이다. 그러나 페로브스카이트 구조를 갖는 대표적인 화합물인 타이타늄산 칼슘, $CaTiO_3$에서 '타이타늄산 이온'이란 화학종은 존재하지 않는다. 대신 결정 격자는 각각의 Ca^{2+}, Ti^{4+}, O^{2-} 이온으로 이루어져 있다.

페로브스카이트의 이온 격자 도표를 그림 5.14에 나타내었다. 큰 칼슘 이온은 입방체의 중앙을 점유하며, 12개의 산화 음이온으로 둘러싸여 있다. 8개의 타이타늄(IV) 이온들은 입방체의 꼭짓점에 있으며, 이들 각각의 주위에는 6개의 산소 음이온(이 중 3개는 인접한 단위 세포에 존재)이 존재한다. 많은 페로브스카이트 화합물은 철을 포함하지

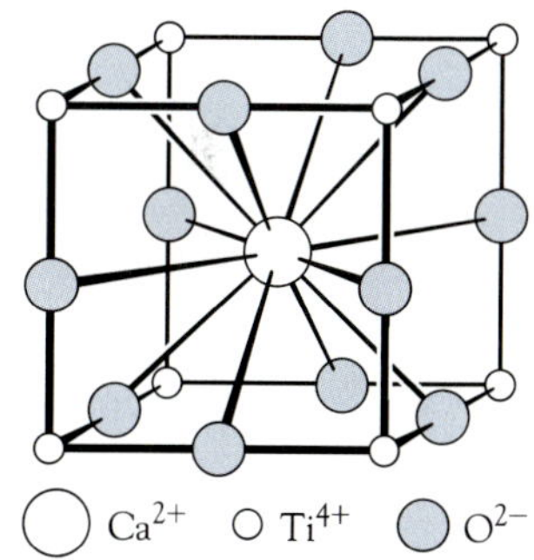

그림 5.14 페로브스카이트 구조의 이온 격자 도표

페로브스카이트를 이용한 새로운 안료

무기 화합물은 안료 산업의 버팀목이다. 영구적인 색깔이 필요할 경우에는 장기간 지속되는 안정성 때문에 유기 화합물보다는 무기 화합물이 더 선호된다. 전통적으로 탄산 납(II)은 백색 안료로 사용되었고, 황화 카드뮴은 노란색에서 붉은색까지, 산화 크로뮴(III)은 녹색, 산화 철(III)은 갈색, 구리(II) 화합물의 착물은 푸른색을 얻는 데 사용되었다. 탄산 납(II)은 산화 타이타늄(IV)으로 대체되었다. 황화 카드뮴은 이 화합물이 아주 불용성이고 빛에도 매우 안정하기 때문에 특별히 유용하다. 이 화합물의 입자 크기를 변화시키면, 노란색에서 붉은색까지의 어떤 색도 만들어 낼 수 있다. 그러나 황화 카드뮴을 대체시키면 화가의 팔레트와 페인트 산업에서 한 가지 이상의 독성 화합물을 제거하게 될 것이다.

밝고 순수한 색을 만들어 내려면 전자 전이가 매우 좁은 화합물을 찾아야 한다. 기체의 경우 매우 순수한 전이를 얻을 수 있지만, 고체에서 원자와 이온은 매우 '분명하지 않은' 흡수를 일으킨다. 즉, 고체에서의 원자 진동 때문에 바닥 상태와 들뜬 상태의 범위가 존재한다. 그래서 매우 넓은 흡수 스펙트럼이 얻어진다. 일련의 페로브스카이트 용액이 알려졌다. 이 계열은 크고 전하가 낮은 양이온으로는 칼슘(Ca^{2+})과 란타넘(III)(La^{3+}), 작은 양이온으로는 탄탈럼(V)(Ta^{5+})을 가지며, 음이온으로는 산화 이온(O^{2-})과 질화 이온(N^{3-})을 갖는다. 일반적인 구조는 다음과 같다.

$$(Ca^{2+})_{(1-x)}(La^{3+})_x(Ta^{5+})(O^{2-})_{(2-x)}(N^{3-})_{(1+x)}$$

칼슘 2+와 란타넘 3+의 비율이 변하면 전기적인 중성을 유지하기 위하여 2− 산화 이온과 3− 질화 이온의 비율도 변해야 한다. 양이온과 음이온의 비율을 변화시키면 $x = 0.15$일 때의 밝은 노란색으로부터 $x = 0.90$일 때의 강한 붉은색까지의 순수한 색깔 영역을 합성할 수 있다. 이것은 색깔 화학의 커다란 진전이며, 지금은 원소의 비를 조정하여 매우 정밀한 색상까지도 만들어 낼 수 있다.

않음에도 불구하고 강유전성 물질이다. 이들 화합물들은 역학적인 펄스를 전기적인 신호로, 또는 그 반대로 바꿀 수 있고, 이러한 특성은 많은 전기 장치에서 중요하게 이용된다.

지구상에서 가장 중요한 페로브스카이트는 혼합 규산 마그네슘 철 $(Mg,Fe)SiO_3$이다. 이 화합물은 깊이가 670 ~ 2900 km에 존재하는 하부 맨틀의 주요 성분이다. 이 화합물은 단위 세포 중심의 M^{2+} 자리에 Mg^{2+} 이온과 Fe^{2+} 이온이 교대로 위치하고, Si^{4+} 이온은 모서리에 위치하며, O^{2-} 이온은 음이온 자리를 점유하는 구조를 갖는다(규산염 페로브스카이트에서 규소-산소 결합에는 어느 정도의 공유 결합성이 존재한다).

5.7 스피넬류

스피넬 그 자체는 산화 마그네슘 알루미늄, $MgAl_2O_4$이다. 그러나 많은 화합물들이 이와 똑같은 결정 구조를 취하고 있으며, 이들 역시 **스피넬**(*spinel*)이라고 한다. 이러한 화합물 중의 다수가 독특한 성질을 가지고 있어 21세기의 화학에서 중요한 위치를 차지하게 될 것이다. 스피넬의 일반식은 AB_2X_4이며, 여기서 A는 주로 이가의 금속 양이온, B는 보통 삼가의 금속 양이온, X는 이가 음이온으로 주로 산소이다.

스피넬의 단위 세포 골격은 32개의 산소 음이온으로 이루어져 있으며, 거의 완전한 입방 최조밀 쌓임 배열을 하고 있다. 따라서 단위 세포의 조성은 $A_8B_{16}O_{32}$이다. 그림 5.15는 단위 세포의 1/8을 나타낸 것이다. 산소 음이온은 면심 입방 배열을 이루고 있으며, 체심과 변 중심에 팔면체 자리가 있고, '작은 입방체(cubelet)'의 중심에 사면체 자리가 있다. 보통의 스피넬 구조에서는 8개 A 양이온이 사면체 자리의 1/8을 차지하고, 16개 B 양이온은 팔면체 자리의 1/2을 점유한다. 따라서 단위 세포는 황화 아연 형태의 사면체 단위의 '작은 입방'이 염화 소듐 형태의 팔면체 단위의 입방 구조 사이로 끼어 들어간 구조로 생각할 수 있다.

자리 점유를 표시하기 위해 사면체(tetrahedral)와 팔면체(octahedral) 자리를 각각 *t*와

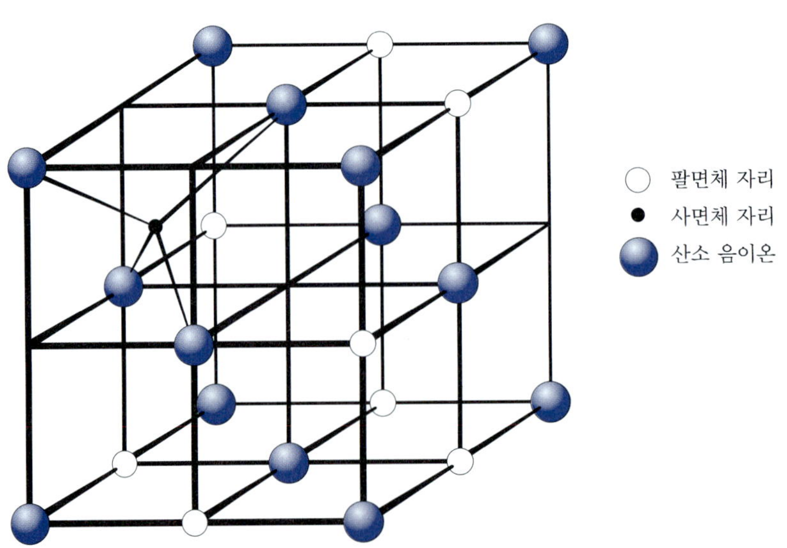

그림 5.15 스피넬 구조의 이온 격자 도표

o의 첨자로 표시하면, 스피넬은 $(Mg^{2+})_t(2Al^{3+})_o(O^{2-})_4$로 나타낼 수 있다. 어떤 스피넬 구조에서는 이가의 양이온이 팔면체 자리를 점유하기도 한다. 입방 최조밀 쌓임 배열에서는 팔면체 자리가 사면체 자리보다 2배가 되므로, 단지 반수의 삼가 양이온이 사면체 자리를 차지하고, 나머지는 팔면체 자리로 들어가는데, 이러한 화합물을 **역스피넬**(*inverse spinel*)이라고 한다. 가장 흔한 예는 자철광(magnetite), Fe_3O_4이며, 더 자세히 쓰면 $Fe^{2+}(Fe^{3+})_2(O^{2-})_4$이다. 여기서의 배열은 $(Fe^{3+})_t(Fe^{2+}, Fe^{3+})_o(O^{2-})_4$이다.

사면체 자리는 팔면체 자리보다 작고, 삼가 양이온의 크기는 이가 양이온보다 작기 때문에 모든 스피넬은 역스피넬 구조를 갖는다고 생각할 수 있다. 하지만 크기 효과 외에 에너지 요소도 고려해야 한다. 격자 에너지는 이온 전하의 크기에 의존하므로, 에너지를 주로 좌우하는 것은 3+ 이온의 위치이다. 격자 에너지는 3+ 이온이 4개의 음이온으로 둘러싸인 사면체 자리보다는 6개의 음이온이 있는 팔면체 자리 환경에서 더 높다. 그럼에도 불구하고 많은 전이 금속의 경우에 역스피넬 구조가 유리한데, 그 이유는 19.8절에서 배우겠지만, 어떤 d 오비탈을 점유하느냐에 따라 에너지가 달라지기 때문이다.

스피넬에 흥미를 갖는 이유는 비정상적인 전기적 및 자기적 성질 때문인데, 특히 삼가 양이온이 Fe^{3+}일 경우에 그렇다. 이런 종류의 화합물은 **아철산염**(*ferrite*)이라는 이름으로 알려져 있다. 예를 들면, MFe_2O_4의 화학식을 갖는 일련의 화합물을 합성할 수 있는데, M은 아연과 망가니즈 이온의 어떠한 조합이라도 상관없으며, $Zn_xMn_{x-1}Fe_2O_4$의 식을 만족한다. 적당히 비를 조절하면 아연 아철산염에서 독특한 자기적 성질을 얻을 수 있다.

더욱 특별한 성질을 갖는 화합물은 소듐-β-알루미나 $NaAl_{11}O_{17}$이다. 이 화학식은 스피넬과는 다르게 보이지만, 대부분의 이온들은 스피넬 격자 자리에 꼭 들어맞는다. 그러나 소듐 이온이 구조 내를 자유롭게 돌아다닌다. 이 화합물이 흥미로운 이유는 바로 이 소듐 이온 때문에 아주 높은 전기 전도성을 가지며, 고체 전해질로도 작용할 수 있다는 점이다. 이러한 형태의 구조는 가벼운 축전지에서 높은 전압을 얻을 수 있게 한다.

5.8 결함과 비화학량론

완전 결정에서 모든 이온은 정상적인 자리에 놓여 있어서 완벽하게 대칭적인 결정 격자를 만든다. 그러나 실제로는 결정 구조의 결함은 아주 흔히 발견되고, 이로 인해 화합물은 부분적으로 독특하고 특이한 성질을 갖게 된다. 이러한 결함은 스펙트럼의 색깔 변화를 일으킬 수 있는데, 많은 보석의 아름다운 색깔은 결정 결함으로 인해 생긴다. 결함은 전기 전도도와 같은 특이한 물리적 성질도 나타나게 만든다. 이 절에서는 주로 **점 결함**(*point defect*)에 대해 알아볼 예정인데, 점 결함은 특정한 격자 자리에 이온이 추가로 존재하거나 이온이 있어야 할 자리가 비어있는 것이다.

점 결함은 **고유 점 결함**(*intrinsic point defect*)과 **외부 점 결함**(*extrinsic point defect*)으로 분류할 수 있다. 고유 결함은 격자의 전체 조성은 변화시키지 않기 때문에 화학량론적 결함으로도 알려져 있다. 외부 결함은 정상적인 구조에 이온이 추가되어 생긴다.

고유 결함

고유 결함에는 두 가지 범주, **Schottky 결함**(*Schottky defects*)과 **Frenkel 결함**(*Frenkel defects*)이 있다. Schottky 결함은 구조에서 동일한 수의 음이온과 양이온이 비었을 때 생긴다(그림 5.16). 격자 공간 비율은 아주 작은데, 예를 들면 전형적인 염화 소듐 결정에서 10^{15} 이온 자리 중 하나가 비게 된다. Schottky 결함은 염화 소듐, 염화 세슘 및 황화 아연(우르츠광)과 같이 음이온과 양이온의 비가 1:1인 결정 격자에서 가장 많이 나타난다.

Frenkel 결함은 이온이 정상적인 자리에 놓이지 않을 때 생기는데, 비정상적인 위치로 치환되는 것은 아니다. 양이온 Frenkel 결함은 주로 양이온의 자리가 옮겨지는 것인데, 양이온이 음이온보다 더 작기 때문에 격자에서 비어있는 작은 자리를 차지할 수 있기 때문에 생긴다. 전형적인 예는 염화 은이다. 그림 5.17은 이 형태의 결함을 2차원 배열로 나타낸 것이다.

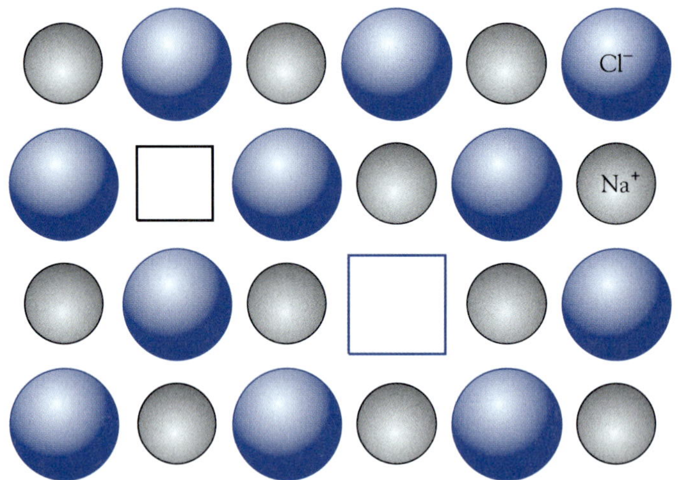

그림 5.16 Schottky 결함을 보여 주는 염화 소듐 결정에서의 2차원 배열

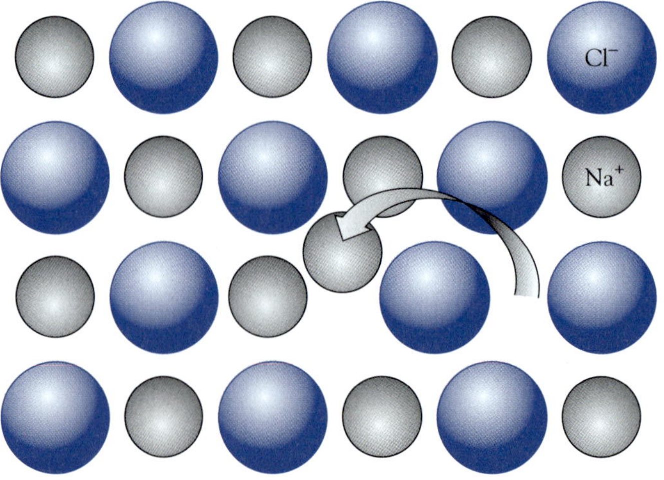

그림 5.17 Frenkel 결함을 보여 주는 염화 은 결정의 2차원 배열

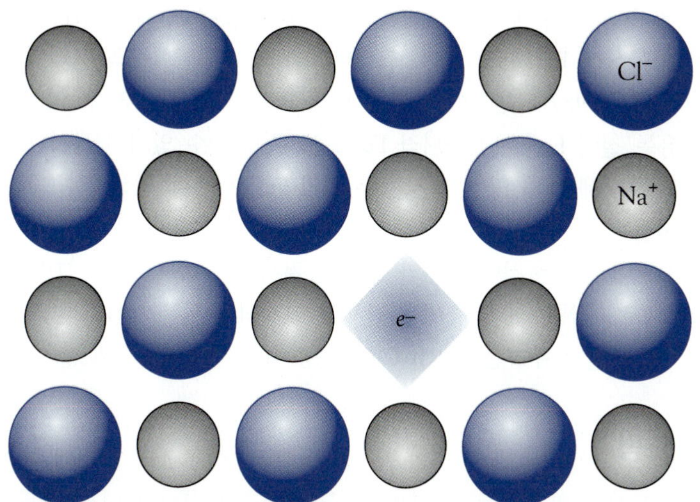

그림 5.18 갇힌 전자를 보여 주는 염화 소듐 결정의 2차원 배열

이들 음이온 빈자리에는 전자가 갇힐 수 있다(그림 5.18). 이 과정은 에너지를 조사시켜주거나 자연적인 과정, 또는 핵 반응로에서 일어난다. 전자가 빈자리에 갇히게 되면 갇힌 전자는 격자 구멍 내의 더 높은 에너지 상태로 들뜰 수 있게 된다. 이러한 에너지 전이는 가시광선 영역의 파장에 해당한다. 예를 들면, 광물인 형석, 플루오린화 칼슘은 무색이다. 그러나 영국 북서부의 광물 매장물에는 지질 시대동안 방사성 물질이 자연적으로 스며들었고, 이로 인해 무색이었던 광물이 강한 색을 띠게 되었고 꽃병을 만들기 위한 최상의 재료가 되었다. 꽃병을 매우 높은 온도로 가열하면 전자가 달아나서 색깔이 없는 광물만 남게 된다.

외부 결함-비화학량론적 화합물

화합물이 정밀한 비율로 결합된 이온들로 구성된다는 개념은 화학의 근본적인 기초이다. 그러나 이 개념은 완전히 잘못된 것이다. 특히 전이 금속, 란타넘족 금속, 악티늄족 금속의 산화물은 비화학량론적일 수 있다. 이와 같은 비화학량론은 '난입' 이온 때문에 생기기 때문에 이 결함은 외부적이다.

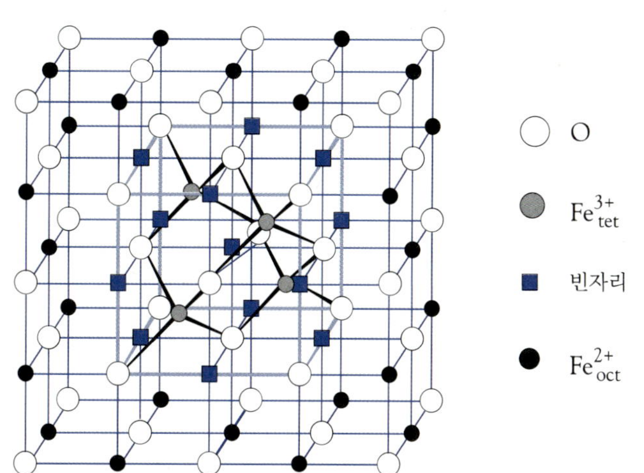

그림 5.19 팔면체로 배위된 $Fe^{2+}O^{2-}$ 구조 내에 사면체로 배위된 Fe^{3+} 이온을 나타내는 $Fe_{0.95}O$ 구조의 부분적인 이온-격자 도표

비화학량론적 산화물 중에서 가장 연구가 많이 된 것은 산화 철(II)인데, 이론적으로 이 산화물의 화학식은 FeO여야 한다. 그러나 실제로 이 산화물의 화학식은 Fe_xO이고, 여기서 x는 0.848~0.957의 범위에 있는데 대개 0.95인 경우가 많다. 이러한 차이가 생기게 되는 이유는 철이 Fe^{2+}뿐만 아니라 Fe^{3+}로도 존재할 수 있기 때문이다. 전하의 균형을 유지하기 위하여 세 개의 Fe^{2+} 이온은 두 개의 Fe^{3+} 이온에 의해 치환되어 화학량론적으로 균형을 이룰 수 없게 되어 산소 이온보다 철 이온의 수가 더 적게 된다. 철(III) 이온은 무질서하게 흩어지는 것이 아니라 함께 뭉쳐서 존재하게 된다. 그림 5.19는 철(II) 이온들이 팔면체로 배위된 배열 중에 사면체로 배위되어 있는 철(III) 이온의 뭉치를 나타낸 것이다. 이 특별한 구조는 **Koch-Cohen 뭉치**(*Koch-Cohen cluster*)라고 한다.

외부 결함–도핑

순수한 화합물의 결정 격자에 다른 이온들을 계획적으로 삽입한 이온 결합 화합물을 합성할 수 있다. 이와 같은 화합물들, 특히 도핑된 산화물은 다음과 같은 고체 상태 산화 이온 전도체 제품에 매우 중요하게 활용되고 있다.

- 자동차 배기 가스의 청정 연소를 감시하는 산소 센서
- 호흡기 질환 환자가 더 높은 농도의 산소를 호흡하기 위해 산소를 분리하는 막
- 수소와 공기로부터 전기를 만드는 고체 산화물 연료 전지(SOFC)

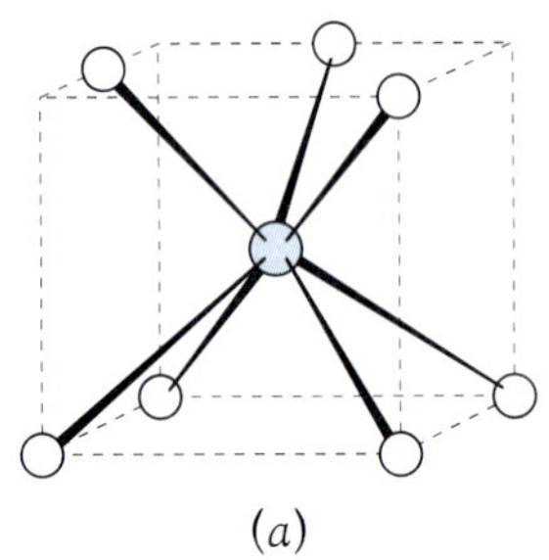

(*a*)

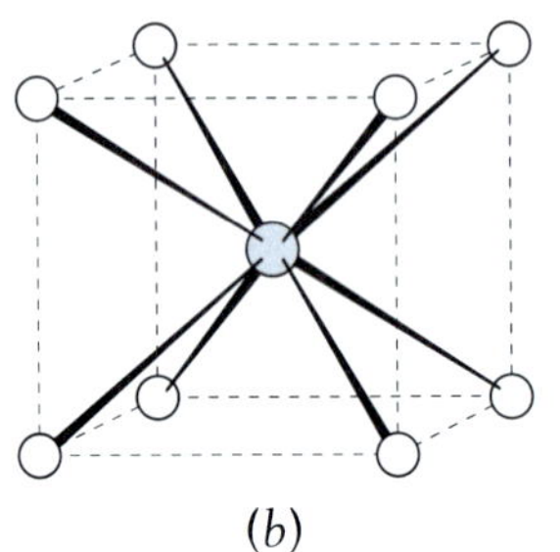

(*b*)

그림 5.20 산화 지르코늄(IV)의 이온 배열. (a) 베델라이트, (b) 입방 지르코니아.

일반적인 예 중의 하나는 산화 지르코늄(IV)의 도핑이다. 광물 바델라이트에 존재하는 정상적인 결정 격자 배열은 각 지르코늄 이온 주위에 7개의 산화 이온이 배열된다(그림 5.20*a*). 2300°C 이상으로 가열하면 이 격자는 8-배위 형석 구조로 재배열된다(그림 5.20*b*).

형석 구조는 더 낮은 산화 상태를 갖는 다른 이온을 삽입하면 실온에서도 안정할 수 있는데, 이를 위해 가장 일반적으로 사용하는 이온은 이트륨(III)과 칼슘(II)이다. 이들은 각각 이트리아-안정 지르코니아(YSZ)와 칼슘-안정 지르코니아(CSZ)라고 한다. 칼슘 이온의 예를 들어 보면, Ca^{2+} 이온이 Zr^{4+} 이온을 치환하는데, 전하의 균형을 유지하기 위하여 Ca^{2+} 이온 하나에 대해 O^{2-} 음이온이 제거되어야 한다. 그 결과, Ca^{2+}/Zr^{4+} 형석 구조는 비어 있는 음이온 자리를 많이 갖게 되고, 이 구조를 통해 산화 이온이 한 자리에서 다른 자리로 움직일 수 있게 되기 때문에 고체 상태에서 전기 전도가 가능하게 된다. 가장 좋은 전도도는 도핑 이온의 크기가 지르코늄과 비슷할 때 나타나기 때문에 치환에 따른 형석 격자의 부피는 거의 변하지 않아야 한다.

핵심개념

- 이온 결합의 세기는 이온의 전하와 크기에 의존한다.
- 금속과 비금속의 많은 화합물은 결합에서 상당한 공유 결합성과 일치하는 성질을 갖는다.
- 공유 결합성을 설명하는 데 사용되는 편극은 이온의 전하 밀도로부터 예측할 수 있다.
- 많은 이온들은 고체상에서도 수화된다.
- 고체상에서 음이온은 삼차원 배열을 형성하고 양이온은 중간의 구멍을 차지한다.
- 이온 결합 화합물에서 선호되는 쌓임 배열은 양이온과 음이온의 상대적인 이온 반지름에 의존한다.
- 결합 형태의 연속체를 설명하기 위해 결합 삼각형과 결합 사면체를 사용할 수 있다.

연습문제

5.1 다음 용어를 정의하시오.
(a) 편극 (b) 틈새 (c) 결합 삼각형

5.2 다음 용어를 정의하시오.
(a) 이온-쌍극자 상호작용 (b) 반지름비
(c) 입방 배열

5.3 이온 결합을 갖는 화합물에서 예측되는 성질은 무엇인가?

5.4 $MgCl_2$와 SCl_2 중에서 어느 것이 이온 결합을 하고 있는가? 그 이유를 설명하시오.

5.5 다음 각 쌍에서 어느 것이 더 작은가? 각 경우에 그 이유를 설명하시오.
(a) K과 K^+ (b) K^+와 Ca^{2+} (c) Br^-와 Rb^+

5.6 다음 각 쌍에서 어느 것이 더 작은가? 각 경우에 그 이유를 설명하시오.
(a) Se^{2-}와 Br^- (b) O^{2-}와 S^{2-}

5.7 NaCl과 NaI 중에서 어느 것의 녹는점이 더 높은가? 그 이유를 설명하시오.

5.8 NaCl과 KCl 중에서 어느 것의 녹는점이 더 높은가? 그 이유를 설명하시오.

5.9 Ag^+, Ag^{2+}, Ag^{3+}의 세 은 이온의 전하 밀도를 비교하시오(부록 2 참조). 이온 결합 화합물을 가장 잘 만드는 것은 어느 것인가?

5.10 플루오린화 이온과 아이오딘화 이온의 전하 밀도를 비교하시오. 이를 기초로 하여 편극도가 더 큰 쪽을 예측해 보시오.

5.11 표에 주어진 데이터를 이용하여 플루오린화 우라늄(III), 플루오린화 우라늄(IV), 플루오린화 우라늄(V), 플루오린화 우라늄(VI)의 녹는점을 알아내시오.

5.12 표에 주어진 데이터를 이용하여 산화 망가니즈(II), 산화 망가니즈(III), 산화 망가니즈(IV) 및 산화 망가니즈(VII)의 녹는점을 알아내시오. 결합 형태의 변화가 나타나는 지점은 어디인가?

5.13 표에 주어진 데이터를 이용하여 플루오린화 텅스텐(IV), 플루오린화 텅스텐(VI), 산화 텅스텐(IV), 산화 텅스텐(VI)의 녹는점을 알아내시오. 플루오린화물의 쌍과 산화물의 쌍 간의 차이점은 무엇인가?

5.14 수용액에서 타이타늄(IV)은 존재하지만 $Ti^{4+}(aq)$ 이온은 아니다. 이 화학종은 어떤 것인지 설명하시오.

5.15 염화 주석(II), $SnCl_2$의 녹는점은 227°C이지만, 염화 주석(IV), $SnCl_4$의 녹는점은 −33°C이다. 그 이유를 설명하시오.

5.16 마그네슘 이온과 구리(II) 이온은 거의 같은 이온 반지름을 가지고 있다. 염화 마그네슘, $MgCl_2$과 염화 구리(II), $CuCl_2$ 중에서 어떤 것이 더 낮은 녹는점을 가지고 있는가? 그 이유를 설명하시오.

5.17 염화 소듐은 사염화 탄소 CCl_4에 녹는가? 해답에 대한 이유를 설명하시오.

5.18 탄산 칼슘, $CaCO_3$가 물에 녹지 않는 이유를 제시해 보시오.

5.19 염화 소듐과 염화 마그네슘은 고체상일 때 어느 것이 더 잘 수화되는가? 이유를 설명하시오.

5.20 황화 니켈(II)은 보통 수화물로 존재한다. 수화물의 화학식을 예측하고 그 이유를 설명하시오.

5.21 질산 리튬과 질산 소듐 중에서 고체상에서 수화물로 존재할 수 있는 것은 어느 것인가? 그 이유를 설명하시오.

5.22 이온 격자 개념의 매우 중요한 가정은 무엇인가?

5.23 이온 결합 화합물에서 이온의 배위수에 영향을 주는 요인에 대해 설명하시오.

5.24 이온 격자를 공부할 때 먼저 음이온의 쌓임을 생각하고, 그 후에 양이온을 위치시키는 이유는 무엇인가?

5.25 플루오린화 칼슘은 형석 구조를 갖지만, 플루오린화 마그네슘은 금홍석 구조를 갖는다. 이유를 설명하시오.

5.26 표에 나와 있는 이온 반지름에 대한 정보를 참고하여 (a) 플루오린화 바륨, (b) 브로민화 포타슘, (c) 황화 마그네슘의 가능한 결정 구조를 제시하시오.

5.27 그림 5.4를 모형으로 하여 산화 리튬의 반형석 구조에 대한 이온 격자 도표를 그리시오.

응용문제

5.28 염화 소듐 격자 NaCl(s) 내에서 염화 이온과 소듐 이온 간의 핵간 거리는 281 pm이지만, 증발된 격자 NaCl(g)에서의 결합 길이는 236 pm이다. 기체상에서의 거리가 훨씬 더 짧은 이유를 설명하시오.

5.29 다음 각 쌍에서 녹는점이 더 높은 화학종을 선택하고 그 이유를 설명하시오.
(a) CuCl, $CuCl_2$ (b) $PbCl_2$, $PbCl_4$

5.30 염화 소듐 격자에서 이온들은 단위 세포의 가장자리를 통해 서로 접촉하고 있다. 이온 반지름이 r_+와 r_-일 때 단위 세포의 각 면의 길이를 계산하시오.

5.31 염화 세슘 격자에서 원자들은 단위 세포의 한쪽 모서리에서 격자의 중심을 지나 반대편 모서리에 이르는 대각선을 따라 서로 접촉하고 있다. 이온 반지름이 r_+와 r_-일 때 단위 세포의 각 면의 길이를 계산하시오.

5.32 염화 세슘에서 이온들은 체심 입방 단위 세포에 배열되어 있다. 염화 세슘의 밀도가 $3.97\ g \cdot cm^{-3}$이고, 이온들이 단위 세포의 대각선을 따라 접촉하고 있을 때 세슘 이온의 반지름을 계산하시오.

5.33 염화 루비듐에서 이온들은 면심 입방 단위 세포에 배열되어 있다. 염화 루비듐의 밀도가 2.76 g · cm^{-3}이고, 이온들이 단위 세포의 가장자리를 따라 접촉하고 있을 때 루비듐 이온의 반지름을 계산하시오.

5.34 염화 암모늄은 염화 세슘과 같은 형태로 결정화된다. 양이온과 음이온은 단위 세포의 대각선을 따라 접촉하고, 가장자리의 길이는 386 pm이다. 암모늄 이온의 반지름을 계산하시오.

5.35 헥사플루오라이도 안티몬산(V) 소듐 $NaSbF_6$는 밀도가 4.37 g · cm^{-3}이고, 염화 소듐 격자 형태로 결정화된다. 소듐 양이온과 헥사플루오라이도 안티몬산(V) 음이온은 단위 세포의 가장자리를 따라 서로 접촉하고 있다. 헥사플루오라이도 안티몬산(V) 이온의 반지름을 계산하시오.

5.36 어떤 고체의 단위 세포에서 모서리에는 텅스텐 원자들이 있고, 산소 원자들은 각 입방체 가장자리의 가운데에 있으며, 소듐 원자는 입방체의 중심에 존재한다. 이 화합물의 실험식은 무엇인가?

5.37 할로젠족의 가장 아래에 있는 방사성 원소인 아스타틴은 아스타틴화 이온, At^-를 생성할 수 있는데, 이 이온의 반지름은 대략 225 pm이다. 알칼리 금속의 아스타틴화 이온의 알칼리 금속 화합물 각각에 대해 격자 형태를 예측하시오.

5.38 산화 세륨(III), Ce_2O_3는 $Ce_2O_{3.2}$까지의 조성을 가질 수 있다. 이와 같은 화학량론적 불균형을 일으키는 세륨 이온들의 산화 상태를 예측하시오.

5.39 산화 지르코늄(IV), ZrO_2는 $ZrO_{1.7}$까지의 조성을 가질 수 있다. 이와 같은 화학량론적 불균형을 일으키는 지르코늄 이온들의 산화 상태를 예측하시오.

5.40 가장 좋은 산소 이온 전달체 중의 하나로 산화 지르코늄(IV) 불순물이 첨가된 스칸듐(Sc^{3+}) 이온이 사용되는 이유를 간략히 설명하시오.

화합물이 존재하는 이유 – 무기 열역학

6장

실용 무기 화학은 화학 원소뿐만 아니라 이들 원소로부터 형성되는 수많은 화합물을 다루고 있다. 또한 어떤 화합물은 생성이 되지만 어떤 원소는 화합물을 생성하지 못하는 이유도 설명하고 있다. 무기 화학을 이해하려면 화합물의 형성에 관여하는 에너지 요인을 잘 이해하여야 한다. 이러한 주제는 열역학의 일부분이며, 따라서 이 장에서는 무기 열역학에 대한 간단한 소개를 하고자 한다.

컨텍스트: 규칙의 파괴: 금속 음이온의 이온 결합 화합물

화학에서 많은 발견은 단순한 호기심의 결과이다. 예를 들면, A와 B가 혼합되면 무슨 일이 일어날까? 그리고 때로는 화학의 상식적인 개념에서 벗어나는 생성물이 생기기도 한다.

여기에서 소개하고자 하는 이야기는, 합금을 연구하는 동안 동등한 몰수의 세슘과 금을 녹여 혼합했을 때로부터 시작된다. 결과는 금속 합금이 아니라 맑은 무색의 액체가 생성되었다! 냉각을 시켰더니 노란색의 이온성 고체가 생성되었다. 두 금속이 어떻게 이온 결합 화합물을 형성하였을까? 이 이온 결합 화합물은 세슘 양이온, Cs^+와 금화 음이온, Au^-로 구성되어 있음이 명확히 밝혀졌으며, 세슘 양이온은 단순 입방 배열을 취하고 있고, 금 음이온은 각 단위 세포의 중앙에 자리하고 있다(아래 그림 참조). 금속이 음이온이라니? 금속은 양이온으로만 존재하는 것이 분명하지 않은가! 옛 노래의 가사처럼 "반드시 그렇지는 않다."

지금은 금 음이온을 포함하는 화합물이 많이 알려져 있다. 예를 들면, 실제 화학식이 $(Cs^+)_3(Au^-)(O^{2-})$인 금화 산화 세슘, Cs_3AuO와 루비듐과 포타슘의 유사 화합물이 있다. 백금도 백금화 이온, Pt^{2-}를 형성하는데 백금화 세슘, Cs_2Pt와 같은 화합물에 존재한다. Na^-와 같은 알칼리 금속의 음이온(알칼리화 이온)을 포함하는 화합물도 알려져 있다.

이 장에서는 존재할 수 있는 화합물이나 존재할 수 없는 화합물을 설명할 수 있는 방

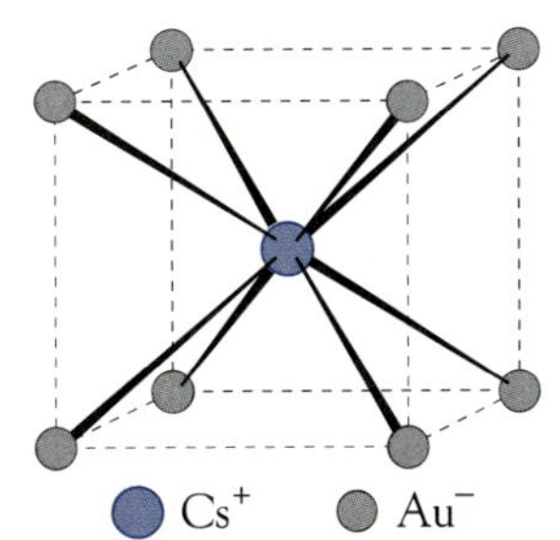

금화 세슘, CsAu의 이온 격자 도표

법을 알아볼 것인데, 측정 가능한 어떤 값을 갖는 일련의 이론적인 단계에서 일어나는 반응을 살펴본다(6.2절 참조). 금속 음이온을 포함하는 화합물의 생성은 금속의 전자 친화도 값이 음인지를 알아내는 것이 중요하다. 예를 들면, 금의 경우

$$Au(g) + e^- \rightarrow Au^-(g) \qquad -229\ kJ \cdot mol^{-1}$$

또한 세슘 이온도 역할을 하고 있는데, 이온이 커서 상대적으로 낮은 이온화 에너지를 갖기 때문이다.

$$Cs(g) \rightarrow Cs^+(g) + e^- \qquad +376\ kJ \cdot mol^{-1}$$

그렇다면 금이 이처럼 높은 전자 친화도를 갖는 이유는 무엇일까? 그 이유는 전자 배치로부터 알아볼 수 있다. 금의 전자 배치는 구리와 유사한 $[Xe]6s^1 4f^{14} 5d^{10}$이다. 전자를 얻게 되면 Au^- 이온은 오비탈이 모두 채워진 전자 배치, $[Xe]6s^2 4f^{14} 5d^{10}$을 갖게 된다.

6.1 화합물의 생성에 관한 열역학

화합물은 화학 반응을 통해 원소들로부터 생성된다. 예를 들면, 염화 소듐인 소금은 반응성이 큰 금속인 소듐과 유독성의 초록색 기체인 염소와 반응하여 생긴다.

$$2\ Na(s) + Cl_2(g) \rightarrow 2\ NaCl(s)$$

이 반응은 외부의 '도움' 없이 일어나므로 **자발적 반응**(*spontaneous reaction*, 비록 자발적이라는 것이 반응의 빠르고 느림에 관해서는 아무런 정보를 주지 못하지만)이라고 한다.

식탁에 있는 소금이 유독성의 염소 기체를 내뿜는 것을 아무도 원치 않는 것처럼, 염화 소듐이 분해되는 역반응은 비자발적인 과정이다. 이 화합물을 소듐 금속과 염소 기체로 다시 되돌아오게 하는 한 가지 방법은 용융된 염화 소듐에 전기(외부 에너지원)를 흘려주는 것이다.

$$2\ NaCl(l) \xrightarrow{\text{전기 에너지}} 2\ Na(l) + Cl_2(g)$$

열역학적으로 화학 반응이 일어날지 여부는 그 과정의 자유 에너지에 따라 결정되는데, 자발적인 반응이 일어나려면 음의 값을 가져야 한다. 실제로는 자유 에너지를 두 가지 성분, 엔탈피와 엔트로피를 포함하는 것으로 고려할 수 있다. 이 절에서는 먼저 엔탈피 자료의 용어와 형태에 대해 알아본다. 그런 다음 엔트로피의 측정 방법을 알아보고, 마지막으로 반응에 대한 자유 에너지를 계산하는 방법을 알아볼 것이다.

생성 엔탈피

화합물의 엔탈피는 주로 생성 엔탈피 값으로 표에 수록된다. 생성 엔탈피는 298 K와 100 kPa의 표준 상태에서 성분 원소로부터 1몰의 화합물이 생성될 때 나타나는 열량의 변화로 정의된다. 정의에 의하면, 원소의 생성 엔탈피는 영(0)이다. 마치 지리적인 고도를 지

구의 중심이 아니라 평균 해수면으로부터 측정하는 것처럼, 위의 정의는 임의로 잡은 표준이다. 표준 상태하에서 생성 엔탈피의 기호는 $\Delta_f H^\ominus$로 표기한다. 따라서 표에서 찾아볼 수 있는 것은 $\Delta_f H^\ominus(CO_2(g)) = -394\ kJ \cdot mol^{-1}$과 같은 표현이다. 이 표현이 의미하는 것은 298 K와 100 kPa의 조건에서 1몰의 탄소(흑연)가 1몰의 산소 기체와 반응하여 1몰의 이산화 탄소(carbon dioxide)로 될 때 방출되는 에너지가 394 kJ이라는 것이다.

$$C(s) + O_2(g) \rightarrow CO_2(g) \qquad \Delta_f H^\ominus = -394\ kJ \cdot mol^{-1}$$

생성 엔탈피는 다른 화학 반응에서의 엔탈피 변화를 계산하는 데 사용될 수 있다.

$$\Delta H^\ominus(\text{반응}) = \Sigma \Delta_f H^\ominus(\text{생성물}) - \Sigma \Delta_f H^\ominus(\text{반응물})$$

예제 6.1

공기 중에서 일산화 탄소가 연소하여 이산화 탄소로 될 때의 표준 엔탈피 변화를 계산하시오.

$$CO(g) + \frac{1}{2} O_2(g) \rightarrow CO_2(g)$$

해답

먼저 표에서 필요한 데이터를 얻는다. $\Delta_f H^\ominus(CO_2(g)) = -394\ kJ \cdot mol^{-1}$이고, $\Delta_f H^\ominus(CO(g)) = -111\ kJ \cdot mol^{-1}$이며, 정의에 의해 $\Delta_f H^\ominus(O_2(g))$는 영(0)이다.

$$\begin{aligned}\Delta H^\ominus(\text{반응}) &= [1 \times (-394\ kJ \cdot mol^{-1})] - [1 \times (-111\ kJ \cdot mol^{-1})] \\ &= -283\ kJ \cdot mol^{-1}\end{aligned}$$

(따라서 이 반응은 대부분의 연소 반응들처럼 발열 반응이다.)

이온화 에너지

이온 결합 화합물의 생성에서 우리가 고려해야 할 열역학적 요인 중에서 매우 중요한 성분은 금속 원자가 이온화되어 양이온을 형성하는 것이다. 이온화 에너지에 대한 개념은 2.7절에서 주기적 성질로 소개하였다. 자료 표에는 각 이온화 단계가 분리되어 제시되어 있다. 알루미늄을 예로 들어보면, 기체 Al^{3+} 이온의 생성은 다음과 같이 나타낼 수 있다.

$$Al(g) \rightarrow Al^+(g) + e^- \qquad +578\ kJ \cdot mol^{-1}$$
$$Al^+(g) \rightarrow Al^{2+}(g) + e^- \qquad +1817\ kJ \cdot mol^{-1}$$
$$Al^{2+}(g) \rightarrow Al^{3+}(g) + e^- \qquad +2745\ kJ \cdot mol^{-1}$$

그러므로 3개의 원자가 전자를 이온화시키기 위해서는 5 MJ · mol^{-1} 이상의 에너지가 가해져야 한다.

전자 친화도

원자에 전자가 1개 첨가될 때 방출되는 에너지인 전자 친화도는 2.6절에서 주기적 성질로 소개하였다. 알칼리 금속을 포함하는 많은 원소들의 경우, 에너지적인 측면에서 보면 음이온의 생성이 가능하다. 소듐화(나트륨화라고도 한다) 이온과 플루오린화 이온의 생성에 대한 에너지 변화를 살펴보자.

$$Na(g) + e^- \rightarrow Na^-(g) \qquad -53\ kJ \cdot mol^{-1}$$
$$F(g) + e^- \rightarrow F^-(g) \qquad -328\ kJ \cdot mol^{-1}$$

'일상적인' 화학에서 소듐화 이온을 접할 수 없는 이유는 플루오린과 같은 비금속보다 전자 친화도가 훨씬 더 낮기 때문임을 알 수 있다.

일련의 이온화 에너지가 존재하듯이 일련의 전자 친화도도 존재한다. 이들 값도 변칙적이다. 산소에 대한 첫 번째와 두 번째 전자 친화도를 살펴보자.

$$O(g) + e^- \rightarrow O^-(g) \qquad -141\ kJ \cdot mol^{-1}$$
$$O^-(g) + e^- \rightarrow O^{2-}(g) \qquad +744\ kJ \cdot mol^{-1}$$

그러므로 산소 원자에 두 번째 전자를 첨가하는 것은 흡열 과정이다. 이미 음으로 하전된 화학종에 전자를 첨가하는 과정이란 관점에서 보면, 이 과정이 흡열 과정이란 것이 놀라운 일은 아니지만, 그렇다면 화합물에서 산화 이온은 어떻게 존재할 수 있는지를 설명하여야 한다. 실제로 산화 이온은 결정 격자의 생성과 같은 다른 추진력이 있어야 존재할 수 있다.

결합 에너지(엔탈피)

생성 엔탈피 값은 반응의 엔탈피 변화를 계산할 때 매우 편리하게 사용된다. 그러나 무기 화학자들은 분자 내의 에너지인 결합 엔탈피에 더 관심을 갖는다. 결합 에너지와 결합 엔탈피 간에는 정의와 수치에서 약간의 차이를 보이지만 보통은 둘 다 **결합 에너지**(*bond energy*)라고 한다. 즉, 결합 에너지는 1몰의 특정한 공유 결합을 끊는 데 필요한 에너지로 정의된다. 결합이 생성될 때에는 에너지가 방출되고, 결합이 끊어질 때에는 반드시 에너지가 공급되어야 한다.

공유 결합으로 연결된 특정한 원소의 쌍에 대해서는 정확한 결합 에너지를 측정할 수 있다. 표 6.1은 할로젠족의 이원자 분자에 대한 결합 에너지를 나타낸 것이다. 같은 족 내에서 원소들의 경향을 조사해 보면 결합 에너지는 족의 아래로 내려가면서 대개 감소함을 알 수 있는데, 이것은 원자의 크기가 증가하여 오비탈에서의 전자 밀도 겹침이 감소하기 때문이다. 이 장과 17장을 통해 배우게 되겠지만, 플루오린의 화학에 주로 영향을 미치는 것은 비정상적으로 낮은 F−F의 결합 에너지이다.

결합 에너지는 주로 분자에 있는 다른 원자에 좌우된다. 예를 들면, 물(HO−H)에 있

표 6.1 할로젠족의 이원자 분자에 대한 결합 에너지

분자	결합 에너지 ($kJ \cdot mol^{-1}$)
F−F	155
Cl−Cl	242
Br−Br	193
I−I	151

표 6.2 여러 가지 탄소-질소 결합의 평균 결합 에너지

결합	결합 에너지 ($kJ \cdot mol^{-1}$)
C−N	305
C=N	615
C≡N	887

는 O−H의 결합 에너지는 492 kJ · mol^{-1}이지만, 메탄올(CH_3O-H)에서는 435 kJ · mol^{-1}이다. 결합 에너지는 이처럼 다양하게 변하기 때문에 표에는 특정한 공유 결합에 대한 평균 결합 에너지를 나타내고 있다.

특정한 결합에 대한 에너지, 즉 결합 세기는 결합 차수가 증가하면 대체로 증가한다. 일련의 탄소-질소 평균 결합 에너지에 대한 이와 같은 경향성을 표 6.2에 나타내었다.

격자 에너지(엔탈피)

격자 에너지(*lattice energy*)는 기체 상태의 성분 이온으로부터 1몰의 이온 결합 고체가 생성될 때의 에너지 변화를 말한다(실제로는 여기서 격자 엔탈피를 고려해야 하지만, 그 차이는 무시한다). 염화 소듐을 예로 들어보자. 염화 소듐의 격자 에너지는 다음 반응에 대한 에너지 변화에 해당된다.

$$Na^+(g) + Cl^-(g) \rightarrow Na^+Cl^-(s)$$

실제로 격자 에너지는 결정 격자에 있는 이온들 간의 정전기적인 인력과 반발력의 척도이다. 이러한 일련의 상호작용을 염화 소듐의 결정 격자(그림 6.1)를 통해 알아보자.

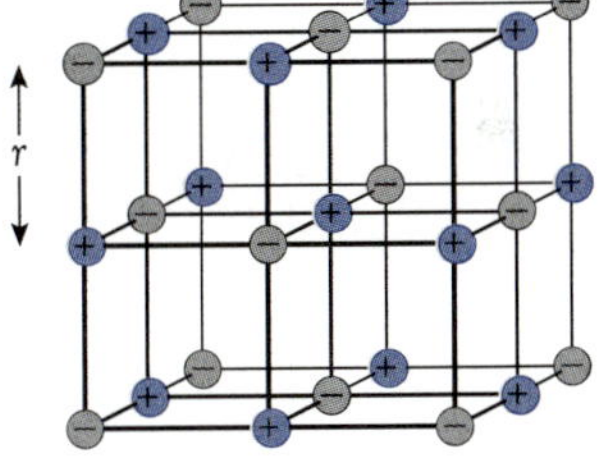

그림 6.1 이온의 전하로 표시한 염화 소듐 구조의 이온 격자 도표.(A. F. Wells, *Structural Inorganic Chemistry*, 5th ed. [New York: Oxford University Press, 1984], p. 239.)

중심 양이온 주위에는 r의 거리를 갖는 6개의 음이온이 있다. 여기서 r은 가장 가까운 격자 중심 간의 거리이다. 이것은 이들 격자를 서로 묶어 주는 가장 주된 인력이다. 그러나 $(2)^{1/2}r$의 거리에는 12개의 양이온이 있다. 이들 양이온들 간에는 반발력이 작용할 것이다. 단위 세포의 주위에 있는 층까지 고려하면 $(3)^{1/2}r$의 거리에 8개 이상의 음이온, 그리고 $2r$의 거리에 6개 이상의 양이온이 존재한다. 그러므로 거리가 증가함에 따라 그 기여의 크기가 급속히 감소하기는 하지만, 실제 전하의 균형은 인력과 반발력이 교대로 나오는 무한 수열로 표현된다. 그러면 모든 인력과 반발력 항들의 합은 수렴 급수가 된다. 격자의 각 형태는 서로 다른 양이온과 음이온의 배열을 갖기 때문에 각 형태 고유의 수렴 급수를 갖는다. 이들 급수에 대한 수치는 **Madelung 상수**(*Madelung constant*)로 알려져 있으며 표 6.3에 일상적인 격자 형태에 대한 값을 나타내었다.

격자 에너지는 격자 형태뿐만 아니라 이온 전하에 따라서도 상당히 변한다. 1+에서 2+로(또는 1−에서 2−로) 전하가 2배 증가하면 격자 에너지는 대략 3배가 된다. 예를 들어, 염화 포타슘의 격자 에너지는 701 kJ · mol^{-1}인 데 반해, 염화 칼슘의 격자 에너지는 2237 kJ · mol^{-1}이 된다. MX, MX_2, MX_3, MX_4에서 격자 에너지는 1:3:6:10의 비가 된다. 이온의 크기가 감소하는 경우에도 격자 에너지는 증가하는데, 이는 이온의 중심이 서로 가까워지기 때문에 나타나는 현상이다.

간단히 알아보았듯이 실험적인 측정을 통해 이온 결정의 격자 에너지를 결정할 수도

표 6.3 일상적인 격자 형태들에 대한 Madelung 상수

격자 형태	Madelung 상수, A
섬아연광, ZnS	1.638
우르츠광, ZnS	1.641
염화 소듐, NaCl	1.748
염화 세슘, CsCl	1.763
금홍석, TiO_2	2.408
형석, CaF_2	2.519

표 6.4 Born 지수

이온의 전자 배치	Born 지수, n	예
He	5	Li^+
Ne	7	Na^+, Mg^{2+}, O^{2-}, F^-
Ar	9	K^+, Ca^{2+}, S^{2-}, Cl^-
Kr	10	Rb^+, Br^-
Xe	12	Cs^+, I^-

있지만, 실험 데이터가 없을 때에는 격자 에너지를 추정해야 할 경우도 자주 생긴다. 이론적인 값을 결정하기 위해서는 **Born-Landé 식**(*Born-Landé equation*)을 사용할 수 있다. 이 식은 아래에 나타내었는데, 간단한 함수들의 조합에 의해 상당히 정확한 격자 에너지 값, U를 이끌어낸다.

$$U = \frac{NAz^+z^-e^2}{4\pi\varepsilon_0 r_0}\left(1 - \frac{1}{n}\right)$$

여기서 N = Avogadro 수(6.023 × 10^{23} mol^{-1}), A = Madelung 상수, z^+ = 상대적인 양이온 전하, z^- = 상대적인 음이온 전하, e = 실제 전자의 전하(1.602 × 10^{-19} C), π = 3.142, ε_0 = 자유 공간에서의 유전율(8.854 × 10^{-12} $C^2 \cdot J^{-1} \cdot m^{-1}$), r_0 = 이온 반지름의 합, n = 평균 Born 지수.

Madelung 상수는 이온들 간의 인력을 설명한다. 그러나 이온들이 서로 가깝게 접근하면 이온들의 차 있는 전자 오비탈들에는 반발력이 생기기 시작하며, 이 반발력은 두 핵이 서로 가깝게 접근하면 빠르게 증가한다. Born-Landé 식에는 이 반발력 항을 설명하기 위하여 **Born 지수**(*Born exponent*), n을 포함시켰다. 즉, 이온 반지름의 합은 이온 인력들과 전자 간 반발력이 평형을 이루는 위치를 나타내는 것이다. 몇 가지 Born 지수값은 표 6.4에 나타내었다.

예제 6.2

Born-Landé 식을 이용하여 염화 소듐의 격자 에너지를 계산하시오.
이온 반지름은 Na^+ = 116 pm, Cl^- = 167 pm이다.

해답

$$r_0 = (116\ \text{pm} + 167\ \text{pm}) = 283\ \text{pm} = 2.83 \times 10^{-10}\ \text{m}$$

Born 상수에 대한 값은 소듐 이온과 염화 이온에 대한 평균값, (7 + 9)/2 = 8이 된다. 식에서 이들 값을 대입하면,

$$U = -\frac{(6.02 \times 10^{23}\ \text{mol}^{-1}) \times 1.748 \times 1 \times 1 \times (1.602 \times 10^{-19}\ \text{C})^2}{4 \times 3.142 \times (8.854 \times 10^{-12}\ \text{C}^2 \cdot \text{J}^{-1} \cdot \text{m}^{-1})(2.83 \times 10^{-10}\text{m})}\left(1 - \tfrac{1}{8}\right)$$

$$= -751\ \text{kJ} \cdot \text{mol}^{-1}$$

(이 값은 실험값인 −788 kJ · mol^{-1}과 오차가 4.7%에 불과한 아주 근접한 값이다.)

Born-Landé 식은 화합물의 결정 구조가 알려진 경우에만 격자 에너지를 알아보는 데 사용될 수 있다. 결정 구조를 모를 경우에는 **Kapustinskii 식**(*Kapustinskii equation*)을 사용하게 되는데, 여기서 ν는 실험식에 포함된 이온의 수(예를 들면, 플루오린화 칼슘에 대해 $\nu=3$이다)이고, 다른 기호는 Born-Landé 식과 같은 의미와 값을 갖는다. 다만 r_0의 단위는 pm이다.

$$U = \frac{1.202 \times 10^5 \nu z^+ z^-}{r_0}\left(1 - \frac{34.5}{r_0}\right) \text{kJ} \cdot \text{mol}^{-1}$$

격자 에너지의 실험값과 Born-Landé 식으로부터 얻은 값 사이에 심각한 차이가 있으면, 이는 이온들 간의 상호작용이 순수한 이온 결합성이 아니라 상당한 공유 결합성이 포함되어 있음을 의미하는 것이다.

마지막으로 모든 결정은 격자 에너지를 갖는다는 것을 강조하고자 한다. 간단한 공유 결합 화합물의 경우 격자 에너지는 분자 간 상호작용 때문에 생긴다. 그물구조형의 공유 결합 물질에서 격자 에너지는 공유 결합의 에너지이고, 금속에서 금속 결합을 만드는 상호작용이 격자 에너지이다. 그러나 간단한 공유 결합 분자에 대한 에너지는 격자 에너지 대신에 승화 엔탈피라고 한다.

원자화 엔탈피

또 다른 유용한 엔탈피는 **원자화 에너지**(*energy of atomization*)이다. 원자화 에너지는 상온에서 일반적인 상에 있는 원소로부터 1몰의 기체 상태의 원자를 만드는 데 필요한 에너지로 정의된다. 이 에너지는 구리와 같은 금속에서 금속 결합을 끊는 것을 나타낼 때 사용될 수 있다.

$$\text{Cu}(s) \rightarrow \text{Cu}(g) \qquad \Delta H^\ominus = +337 \text{ kJ} \cdot \text{mol}^{-1}$$

또는 아이오딘 분자와 같은 비금속에서 공유 결합과 분자 간 힘을 극복하는 것을 표현할 때에도 사용될 수 있다.

$$\text{I}_2(s) \rightarrow 2\,\text{I}(g) \qquad \Delta H^\ominus = +207 \text{ kJ} \cdot \text{mol}^{-1}$$

아이오딘 분자의 원자화는 두 단계로 이루어진다. 첫째는 분자들 간의 분산력을 극복하는 과정이고, 둘째는 분자에서 공유 결합이 끊어지는 과정이다.

$$\text{I}_2(s) \rightarrow \text{I}_2(g) \qquad \Delta H^\ominus = +58 \text{ kJ} \cdot \text{mol}^{-1}$$
$$\text{I}_2(g) \rightarrow 2\,\text{I}(g) \qquad \Delta H^\ominus = +149 \text{ kJ} \cdot \text{mol}^{-1}$$

엔트로피 변화

엔트로피(*entropy*)는 물질의 무질서도와 관련이 있다(엔트로피의 개념은 실제로는 더 복잡하다). 따라서 고체상은 액체상보다 더 낮은 엔트로피를 갖지만, 무질서한 운동을 하는 기체상은 매우 높은 엔트로피를 갖는다. 엔트로피 변화는 기호, ΔS로 표시한다.

주로 생성 엔탈피 등의 상대적인 값으로 나타나는 엔탈피와는 달리, 엔트로피는 절대적인 척도로 다룰 수 있다. 그러므로 원소도 엔트로피 값을 갖는다. 영점의 기준은 절대 온도 영(0)도에서 어떤 물질의 완전한 결정이 갖는 엔트로피이다. 엔탈피 변화와 마찬가지로 반응에 대한 표준 엔트로피 변화를 계산할 수 있다.

$$\Delta S^{\ominus}(\text{반응}) = \Sigma S^{\ominus}(\text{생성물}) - \Sigma S^{\ominus}(\text{반응물})$$

예제 6.3

다음 반응에 대한 표준 엔탈피 변화를 계산하시오.

$$CO(g) + \tfrac{1}{2}O_2(g) \rightarrow CO_2(g)$$

해답

표에서 필요한 데이터를 취하면

$S^{\ominus}(CO_2(g)) = 214\ J \cdot mol^{-1} \cdot K^{-1}$; $S^{\ominus}(CO(g)) = 198\ J \cdot mol^{-1} \cdot K^{-1}$; $S^{\ominus}(CO(g)) = 205\ J \cdot mol^{-1} \cdot K^{-1}$

따라서,

$$\begin{aligned}\Delta S^{\ominus} &= [S^{\ominus}(CO_2(g))] - [S^{\ominus}(CO(g)) + \tfrac{1}{2}S^{\ominus}(O_2(g))] \\ &= [1 \times (+214\ J\cdot mol^{-1}\cdot K^{-1})] - [1 \times (+198\ J\cdot mol^{-1}\cdot K^{-1}) \\ &\quad + \tfrac{1}{2} \times (205\ J\cdot mol^{-1}\cdot K^{-1})] \\ &= -86\ J\cdot mol^{-1}\cdot K^{-1}\end{aligned}$$

(이 과정은 $\frac{1}{2}$ 몰의 기체가 상실되는 반응이기 때문에 엔트로피의 감소가 예상된다. 엔트로피 변화의 부호는 대개 반응식 양쪽 각각에 있는 기체 몰수를 계산하면 예상할 수 있는데, 기체상에 있는 화학종은 액체상이나 고체상, 또는 수용액상에 있는 화학종보다 상당히 더 큰 엔트로피를 갖기 때문이다.)

자유 에너지: 반응의 추진력

자발적 반응에는 반드시 전체적인 엔트로피의 증가가 있어야 한다(즉, 우주의 엔트로피 변화는 반드시 양의 값을 가져야 한다). 물리 화학자들에게는 우주가, 우리가 알아보고자 하는 반응(계)과 주위로 이루어져 있다. 반응에 대한 엔트로피 변화를 측정하는 것은 비교적 쉽지만, 주위에 대한 엔트로피 변화를 직접 결정하기는 어렵다. 다행스럽게도 주위의 엔트로피 변화는 대개 반응으로부터 방출되는 열이나 반응으로 흡수되는 열 때문에 나타난다. 발열 반응을 통해 주위로 방출된 열은 주위의 엔트로피를 증가시키겠지만, 흡열 반응 때문에 흡수되는 열은 주위의 엔트로피를 감소시킬 것이다. 따라서 우리는 반응 자체의 엔트로피와 엔탈피 변화를 통해 그 반응의 자발성 여부를 결정할 수 있다. 이들 두 요인을 결합하면 자유 에너지 변화, $\Delta G^{\ominus}$가 된다.

표 6.5 반응의 자발성에 영향을 주는 요인

ΔH	ΔS	ΔG	결과
음	양	항상 음	자발적 반응
양	음	항상 양	비자발적 반응
양	양	고온에서 음	고온에서 자발적 반응
음	음	저온에서 음	저온에서 자발적 반응

$$\Delta G^{\ominus} = \Delta H^{\ominus} - T\Delta S^{\ominus}$$

열역학적 함수들에 대해 가능한 부호의 조합은 표 6.5에 요약하였다.

예제 6.4

25°C에서 다음 반응에 대한 자유 에너지를 계산하시오.

$$CO(g) + \frac{1}{2}O_2(g) \rightarrow CO_2(g)$$

이 반응에 대한 표준 엔탈피 변화는 $-283\ kJ \cdot mol^{-1}$이고 표준 엔트로피 변화는 $-86\ J \cdot mol^{-1} \cdot K^{-1}$이다.

해답

$$\Delta G^{\ominus} = (-283\ kJ \cdot mol^{-1}) - [(298\ K)(-0.086\ kJ \cdot mol^{-1} \cdot K^{-1})]$$
$$= -257\ kJ \cdot mol^{-1}$$

($\Delta G^{\ominus}$ 값이 음의 값이기 때문에 이 온도에서 이 반응은 열역학적으로 자발적이다.)

표 6.5에서 볼 수 있는 것처럼 ΔH와 ΔS가 양인 조합과 ΔH와 ΔS가 음인 조합은 반응이 온도 의존성이다. 즉, 자유 에너지 식에서 온도 요인에 의존한다. 반응이 자발적에서 비자발적으로 변하거나 이 반대가 되는 온도의 대략적인 값을 자유 에너지 식을 사용하여 얻을 수 있다.

예제 6.5

산화 수은(II)이 수은 금속과 산소 기체로 분해되는 대략적 온도를 계산하시오.

$$2\ HgO(s) \rightarrow 2\ Hg(l) + O_2(g)$$

이 반응에 대한 표준 엔탈피와 엔트로피 변화는 각각 $+91\ kJ \cdot mol^{-1}$과 $+108\ J \cdot mol^{-1} \cdot K^{-1}$이다.

해답

$$\Delta G^{\ominus} = (+91\ kJ \cdot mol^{-1}) - T(+0.108\ kJ \cdot mol^{-1} \cdot K^{-1})$$

반응의 방향이 변하는 지점에서 $\Delta G^{\ominus} = 0$이므로,

$$T = 91/0.108\ K^{-1} = 843\ K = 570°C$$

(실제로 산화 수은(II)(mercury(II) oxide)은 350°C에서 500°C의 영역에서 분해된다. 이 대략적인 계산과의 차이는 심각한 것이 아니다. 이러한 차이는 실제 반응이 자유 에너지 계산에서 가정한 100 kPa가 아니라 20 kPa에서 일어나기 때문에 생기는 것이다.)

298 K에서 어떤 반응의 자유 에너지는 엔탈피를 계산하는 것과 비슷한 방법으로 반응의 자유 에너지의 대수합으로부터 계산될 수도 있다.

$$\Delta G^{\ominus}(\text{반응}) = \Sigma_f G^{\ominus}(\text{생성물}) - \Sigma_f G^{\ominus}(\text{반응물})$$

6.2 이온 결합 화합물의 생성

원소로부터 이온 결합 화합물이 생성될 때에는 대개 엔트로피의 감소가 일어나는데, 잘 배열이 되어 있는 고체의 결정성 화합물은 낮은 엔트로피를 갖지만, 산소나 염소 같은 비금속 반응물은 높은 엔트로피를 갖고 있기 때문이다. 예를 들면, 앞 절에서의 염화 소듐의 엔트로피 변화는 음의 값을 가졌다. 따라서 성분 원소로부터 열역학적으로 안정한 화합물을 형성하려면 엔탈피 변화가 음의 값을 가져야 한다. 즉, 엔탈피 변화가 반응을 일으키는 요인이 된다.

어떤 화합물은 생성되지만 어떤 것은 생성되지 않는 이유를 이해하기 위하여 이온 결합 화합물이 생성되는 과정을, 반응물의 결합이 끊어지는 단계와 생성물의 결합이 생성되는 단계 등의 몇 가지 이론적인 단계로 나누어 보자. 이러한 방법을 통해 엔탈피 효과가 반응의 자발성에 중요한 영향을 미침을 확인할 수 있다.

염화 소듐의 이론적인 생성에 대한 엔탈피 변화

염화 소듐의 생성은 구성 원소들로부터 화합물의 생성을 포함하는 이론적 단계에 대한 좋은 예를 제공한다.

$$\mathrm{Na}(s) + \tfrac{1}{2}\,\mathrm{Cl_2}(g) \rightarrow \mathrm{NaCl}(s) \qquad \Delta_f H^{\ominus} = -411\ \mathrm{kJ\cdot mol^{-1}}$$

1. 고체 소듐은 기체 상태의 자유 소듐 원자로 바뀐다. 이 과정은 원자화 엔탈피를 필요로 한다.

$$\mathrm{Na}(s) \rightarrow \mathrm{Na}(g) \qquad \Delta H^{\ominus} = +108\ \mathrm{kJ\cdot mol^{-1}}$$

2. 기체 상태의 염소 분자가 원자로 해리되어야 한다. 이러한 변환을 위해서는 염소 분자의 결합 에너지의 절반이 필요하다.

$$\tfrac{1}{2}\,\mathrm{Cl_2}(g) \rightarrow \mathrm{Cl}(g) \qquad \Delta_f H^{\ominus} = +121\ \mathrm{kJ\cdot mol^{-1}}$$

3. 그런 다음에 소듐 원자는 이온화된다. 이 과정에는 일차 이온화 에너지가 필요하다 [이가(divalent) 양이온이 생성되는 금속의 경우에는 일차와 이차 이온화 에너지 모두를 더해 주어야 한다].

$$\mathrm{Na}(g) \rightarrow \mathrm{Na^+}(g) + \mathrm{e^{-1}} \qquad \Delta H^{\ominus} = +502\ \mathrm{kJ\cdot mol^{-1}}$$

4. 염소 원자는 전자를 얻는다. 이때의 필요한 데이터는 염소 원자의 전자 친화도이다.

$$\mathrm{Cl}(g) + \mathrm{e^-} \rightarrow \mathrm{Cl^-}(g) \qquad \Delta H^{\ominus} = -349\ \mathrm{kJ\cdot mol^{-1}}$$

5. 기체 상태의 이온들이 서로 결합하여 고체 상태의 이온 결합 화합물을 형성한다. 이온이 결합하는 이 단계는 격자 에너지가 관여하므로 큰 발열 과정이다. 따라서 이온 결합 화합물의 생성에 대한 추진력은 격자 에너지라고 간주할 수 있다.

$$\mathrm{Na^+}(g) + \mathrm{Cl^-}(g) \rightarrow \mathrm{NaCl}(s) \qquad \Delta H^{\ominus} = -793\ \mathrm{kJ\cdot mol^{-1}}$$

예제 6.6

금화 세슘(s)(서두 '컨텍스트' 참조)의 생성에 대한 표준 엔탈피를 계산하시오.
세슘의 원자화 엔탈피 = $76\ kJ \cdot mol^{-1}$; 금의 원자화 엔탈피 = $368\ kJ \cdot mol^{-1}$; 세슘의 일차 이온화 에너지 = $376\ kJ \cdot mol^{-1}$; 금의 일차 전자 친화도 = $-299\ kJ \cdot mol^{-1}$
Cs^+Au^-의 격자 에너지는 브로민화 세슘의 격자 에너지, $631\ kJ \cdot mol^{-1}$과 매우 비슷하다고 가정하시오.

해답

$Cs(s) \rightarrow Cs(g)$	$+76\ kJ \cdot mol^{-1}$
$Au(s) \rightarrow Au(g)$	$+368\ kJ \cdot mol^{-1}$
$Cs(g) \rightarrow Cs^+(g) + e^-$	$+376\ kJ \cdot mol^{-1}$
$Au(g) + e^- \rightarrow Au^-(g)$	$-229\ kJ \cdot mol^{-1}$
$Cs^+(g) + Au^-(g) \rightarrow Cs^+Au^-(s)$	$-631\ kJ \cdot mol^{-1}$
$Cs(s) + Au(s) \rightarrow Cs^+Au^-(s)$	$-40\ kJ \cdot mol^{-1}$

즉, $\Delta_f H^{\ominus}(Cs^+Au^-(s)) = -40\ kJ \cdot mol^{-1}$ 이다.

염화 소듐의 Born-Haber 순환

자료를 도표로 나타내면 이해하기가 더 쉽다. 원소로부터 이온 결합 화합물을 생성하는 이론적인 단계에도 이러한 방법을 적용할 수 있다. '위쪽' 방향은 반응 과정에서 흡열 단계에 사용되고, '아래쪽' 방향은 발열 단계에 사용된다. 이런 방법으로 나타낸 도표를 **Born-Haber 순환**(*Born-Haber cycle*)이라고 한다. 그림 6.2에 염화 소듐에 대한 Born-Haber 순환을 나타내었다. 소듐 원자의 원자화, 염소 분자 절반에 대한 결합 해리 에너지, 그리고 소듐 원자의 이온화는 모두 흡열 과정이고, 염소 원자의 전자 친화도와 결정 격자의 생성은 모두 발열 과정이다.

이들 엔탈피 도표는 두 가지 방법으로 사용될 수 있다. 즉, (1) 화합물을 생성할 때 어떤 것이 핵심적인 엔탈피 항인지를 가시적으로 알 수 있다. 또한 (2) 각 엔탈피 성분 항의 합은 생성 과정에 대한 전체 엔탈피 변화와 같기 때문에, 열역학적 순환에서 미지의 엔탈피 값을 결정할 때 사용될 수 있다.

염화 소듐의 생성에 대한 엔트로피 및 자유 에너지 변화

Born-Haber 형태의 순환은 각 이론적 단계의 엔트로피 변화에 대해서도 구성할 수 있다. 그러나 앞에서 언급한 바와 같이 고체 이온 결합 화합물의 생성에 대한 추진력은 대개 엔탈피 변화이다. 엔트로피를 계산하면 염화 소듐의 생성을 지배하는 요인이 엔탈피임을 쉽게 확인할 수 있고, 그런 다음 표준 상태에서 이 과정에 대한 자유 에너지를 계산할 수 있다.

$$Na(s) + \frac{1}{2}Cl_2(g) \rightarrow NaCl(s)$$

염화 소듐의 생성에 대한 엔트로피를 계산하려면 자료 표로부터 각 화학종의 엔트로피

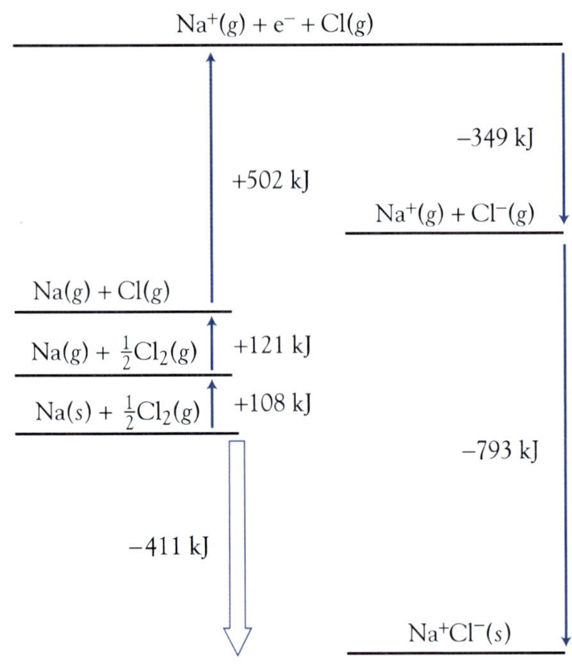

그림 6.2 염화 소듐의 생성에 대한 Born-Haber 순환

값을 얻어야 한다. $S^\ominus(\mathrm{Na}(s)) = 51\ \mathrm{J \cdot mol^{-1} \cdot K^{-1}}$; $S^\ominus(\mathrm{Cl_2}(g)) = 223\ \mathrm{J \cdot mol^{-1} \cdot K^{-1}}$; $S^\ominus(\mathrm{NaCl}(s)) = 72\ \mathrm{J \cdot mol^{-1} \cdot K^{-1}}$. 따라서,

$$\begin{aligned}\Delta_f S^\ominus(\mathrm{NaCl}(s)) &= [1 \times S^\ominus(\mathrm{NaCl}(s))] - [1 \times S^\ominus(\mathrm{Na}(s)) + \tfrac{1}{2} \times S^\ominus(\mathrm{Cl_2}(g))] \\ &= [1 \times (72\ \mathrm{J \cdot mol^{-1} \cdot K^{-1}})] - [1 \times (51\ \mathrm{J \cdot mol^{-1} \cdot K^{-1}}) + \tfrac{1}{2} \times (223\ \mathrm{J \cdot mol^{-1} \cdot K^{-1}})] \\ &= -90\ \mathrm{J \cdot mol^{-1} \cdot K^{-1}}\end{aligned}$$

표준 상태에서 염화 소듐의 생성에 대한 자유 에너지는,

$$\begin{aligned}\Delta_f G^\ominus(\mathrm{NaCl}(s)) &= \Delta_f H^\ominus(\mathrm{NaCl}(s)) - T\Delta_f S^\ominus(\mathrm{NaCl}(s)) \\ &= [-411\ \mathrm{kJ \cdot mol^{-1}}] - [(298\ \mathrm{K})(-9.0 \times 10^{-2}\ \mathrm{kJ \cdot mol^{-1} \cdot K^{-1}})] \\ &= -384\ \mathrm{kJ \cdot mol^{-1}}\end{aligned}$$

자유 에너지 변화는 음의 값이고 구성 원소들로부터 염화 소듐이 생성되는 것은 열역학적으로 선호될 수 있다. 또한 이 반응에 대한 추진력은 엔탈피 요인임을 알 수 있다.

6.3 존재할 수 없는 이온 결합 화합물

주요 흡열 단계는 금속 원자의 이온화 때문에 생기고, 대부분의 발열 단계는 이온 결합성 결정 격자의 생성에서 유도된다. 열역학적 관점에서 보면, 생성되는 화합물에서 이온의 비를 결정하는 것은 흡열 단계와 발열 단계의 균형이다. 이 절에서는 이온 결합 화합물이 왜 그런 화학식을 갖게 되는지를 보여 주는 두 가지 예를 살펴본다.

플루오린화 마그네슘의 화학식은 왜 MgF_2인가?

플루오린화 마그네슘, MgF_2는 이 점을 설명하는 데 사용될 수 있다. 마그네슘 이온의 일차와 이차 이온화 에너지의 합은 일가 양이온인 소듐 이온의 일차 이온화 에너지보다도 훨씬 큰 $+2190\ kJ \cdot mol^{-1}$이다. 그러나 작고 전하가 큰 마그네슘 이온의 격자 에너지는 이보다 훨씬 더 큰 값인 $-2880\ kJ \cdot mol^{-1}$이다. 엔탈피 순환의 다른 항들도 대입해서 계산을 해 보면, 플루오린화 마그네슘의 생성 엔탈피는 매우 큰 음의 값인 $-1100\ kJ \cdot mol^{-1}$이 된다.

양이온의 전하가 증가함에 따라 격자 에너지도 크게 증가하는데, 마그네슘과 플루오린으로부터 MgF_2는 생성되지만, MgF_3은 생성되지 않는 이유는 무엇일까? MgF_3의 생성 엔탈피를 예측해 보면 더 강한 정전기적 인력 때문에 격자 에너지는 훨씬 더 큰 값을 갖게 될 것이다. 그러나 마그네슘의 경우, 3+ 이온을 형성하기 위해서는 핵심부(core) 전자가 이온화되어야 하므로, 삼차 이온화 에너지는 격자 에너지에 의해서 상쇄되는 값보다 훨씬 더 크다($+7740\ kJ \cdot mol^{-1}$). 음의 엔트로피 효과까지 함께 고려하면 이 화합물이 존재할 가능성은 전혀 없다.

반대로 MgF_2는 생성되지만 왜 MgF는 생성되지 않을까? 앞에서 살펴본 것처럼 가장 중요한 두 가지 에너지 요인은 마그네슘의 이온화 에너지(흡열)와 격자 에너지(발열)이다. 마그네슘이 전자 1개만을 잃고 일가 양이온(monopositive ion)을 형성할 때에는 이가 양이온(dipositive ion)을 형성할 때보다 훨씬 더 적은 에너지가 필요하다. 그러나 격자 에너지는 전하와 매우 밀접한 관련이 있기 때문에, 일가 양이온을 훨씬 더 낮은 격자 에너지를 갖게 된다. 그림 6.3은 MgF, MgF_2, MgF_3의 생성에 관한 Born-Haber 순환의 열역학적 성분 항들을 비교한 것이다. Born-Haber 순환을 그림으로 비교해 보면 이온화 에너지와 격자 에너지 사이의 균형이 얼마나 중요한지를 분명히 알 수 있다. 이들 값을 보면 MgF_2의 생성이 엔탈피 항의 측면에서 가장 선호됨을 알 수 있다.

플루오린화 소듐의 화학식은 왜 NaF인가?

MgF_2가 MgF보다 더 잘 생성된다면 NaF보다는 NaF_2의 생성이 더 유리할 것이라고 생각할 수도 있다. 그러나 이 경우에는 이온화되는 두 번째 전자가 핵심부 전자이기 때문

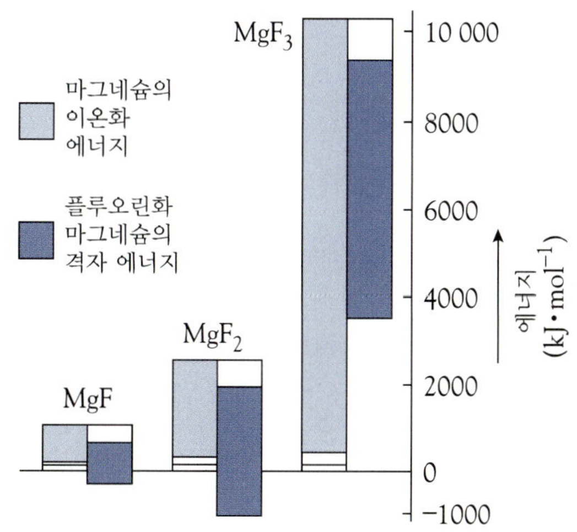

그림 6.3 세 가지 플루오린화 마그네슘에 대한 Born-Haber 순환의 비교

에 극도의 흡열 과정이 된다(+4652 kJ · mol^{-1}). 이 엄청난 이온화 에너지는 증가되는 격자 에너지를 능가한다. 또한 MgF에서 예상한 것보다 NaF 생성에 대한 엔탈피 변화를 더 음의 값으로 만드는 두 가지 부수적인 요인도 있다. 즉, Z_{eff}값이 더 작기 때문에 소듐의 일차 이온화 에너지는 마그네슘의 일차 이온화 에너지보다 약 200 kJ · mol^{-1}이 더 작다. 더욱이 Mg^+ 이온은 3s 전자가 1개 남아있기 때문에, Na^+ 양이온보다 더 크다. 그러므로 NaF의 격자 에너지는 MgF보다 더 클 것이다. 이와 같이 더 낮은 이온화 에너지와 더 큰 격자 에너지가 함께 작용하기 때문에 플루오린화 소듐의 격자 에너지는 −574 kJ · mol^{-1}이 되며, 이 값은 MgF의 −260 kJ · mol^{-1}에 비해 훨씬 더 음의 값이다.

6.4 이온 결합 화합물의 용해 과정에 관한 열역학

성분 원소로부터 화합물이 생성되는 과정을 몇 개의 이론적인 단계로 나누었던 것처럼, 용해 과정도 몇 가지 단계로 나누어 보자. 이를 위해 먼저 결정 격자에 있는 이온들이 기체상으로 분산된 다음, 기체상의 이온들을 물 분자가 에워싸서 수화된 이온을 생성시킨다고 가정해 보자. 따라서 이온-이온 상호작용(이온 결합)이 깨어지고 이온-쌍극자 상호작용이 형성된다. 그러면 용해도는 이 두 가지 요인의 균형에 의해 따라 달라지게 되는데, 이들 각각의 요인은 엔탈피와 엔트로피 성분을 모두 가지고 있다.

화합물의 생성과 용해 과정을 분석하는 데에는 한 가지 중요한 차이가 있다. 화합물의 생성을 다룰 때는 화합물이 자발적으로 생성될 것인지의 여부를 결정하기 위하여 열역학적 요인을 사용한다. 그러나 용해 과정에 대한 열역학에서는 용해도의 정도를 고려해야 한다. 즉, 화합물은 매우 잘 녹음, 녹음, 약간 녹음, 안 녹음, 그리고 매우 안 녹음까지의 연속적인 용해도를 가질 수 있다. 용해도가 아주 나쁜 화합물의 경우에도 고체 화합물과 평형을 이루고 있는 측정할 수 있을 정도의 수화된 이온이 존재할 것이다.

격자 에너지

이온이 격자로부터 자유로운 이온 상태로 떨어져 나오려면 이온 결합을 끊어야 하므로 많은 에너지를 필요로 한다. 격자 에너지는 이온 결합의 세기에 의해 좌우되는 값이고, 이 값은 다시 이온의 크기 및 전하와 관련된다. 즉, 이가 양이온을 갖는 산화 마그네슘은 일가 양이온을 갖는 플루오린화 소듐보다 더 큰 격자 에너지를 가질 것이다(각각 3933 kJ · mol^{-1}과 915 kJ · mol^{-1}). 동시에, 계가 잘 정돈된 고체 결정으로부터 무질서한 기체상으로 변할 때 엔트로피 요인은 항상 이 변화를 아주 선호하는 것으로 나타날 것이다. 그 결과 격자의 해리에 대한 ΔS와 ΔH는 항상 양의 값이다.

수화 에너지

수용액에서 이온들은 극성 물 분자로 둘러싸인다. 양이온을 둘러싸는 물 분자의 일차 수화권(보통 6)에서는 부분적으로 음전하를 띠는 산소 원자가 양이온 쪽으로 향한다. 마찬가지로 물 분자로 둘러싸인 음이온에서는 부분적으로 양전하를 띠는 수소 원자가 음이온 쪽으로 향한다. 물 분자의 일차 수화권 밖에는 이어지는 물 분자의 층이 또 존재함을 볼

표 6.6 소듐과 포타슘 이온의 크기에 따른 수화 효과

이온	반지름(pm)	수화된 이온	수화된 반지름(pm)
Na^+	116	$Na(OH_2)_{13}^+$	276
K^+	152	$K(OH_2)_7^+$	232

표 6.7 3가지 등전자 이온에 대한 수화 엔탈피와 전하 밀도

이온	수화 엔탈피($kJ \cdot mol^{-1}$)	전하 밀도($C \cdot mm^{-3}$)
Na^+	−406	24
Mg^{2+}	−1920	120
Al^{3+}	−4610	364

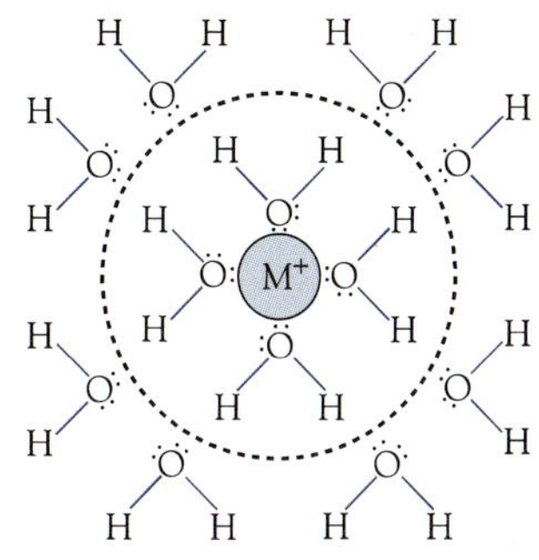

그림 6.4 금속 양이온에 대한 일차 및 이차 수화권 [G. Wulfsberg, *Principles of Descriptive Inorganic Chemistry* (New York: University Science Books, 1990), p. 66.]

수 있다(그림 6.4). 이온을 효과적으로 에워싸고 있는 물 분자의 전체 개수를 **수화수** (*hydration number*)라고 한다.

크기가 작고 전하가 큰 이온은 크고 전하가 낮은 이온보다 수화권에 더 많은 수의 물 분자를 갖는다. 그 결과 용액에서 수화된 이온의 유효한 크기는 고체상의 크기와 많은 차이를 나타낼 수 있다. 이러한 크기의 차이를 표 6.6에 예를 들어 나타내었다. 수화된 포타슘 이온은 소듐 이온보다 크기가 더 작기 때문에 생체막을 더 쉽게 통과할 수 있다.

수화된 이온의 이온-쌍극자 상호작용의 형성은 아주 큰 발열 과정이다. 수화 엔탈피 값도 이온의 전하와 크기, 즉 전하 밀도에 의해 좌우된다. 등전자 양이온들의 수화 엔탈피와 전하 밀도는 밀접한 상관관계가 있음을 표 6.7을 통해 알 수 있다.

수화 엔트로피도 음의 값을 갖는데, 이는 주로 자유로운 상태의 물 분자로 있다가 이온의 주위를 에워싸게 되면 더 잘 정돈된 상태로 되기 때문이다. 마그네슘이나 알루미늄과 같이 작고 전하가 큰 양이온은 소듐의 경우보다 더 큰 수화권을 갖기 때문에, 이들 두 양이온 주위에 있는 물 분자가 잘 정돈된 상태로 있게 된다. 이들 양이온의 경우에는 수화 과정에서 엔트로피가 크게 감소한다.

용해 과정에서의 에너지 변화

용해의 엔탈피 순환을 설명하기 위해 염화 소듐의 용해 과정을 예로 들어보자. 이 과정에서는, 격자에서의 이온성 인력이 물 분자와의 이온-쌍극자 상호작용에 의해 극복되어야 한다.

$$Na^+Cl^-(s) \xrightarrow{\text{물에 용해}} Na^+(aq) + Cl^-(aq)$$

이 과정을 여러 단계로 쪼개어 살펴보려면, 먼저 격자가 기화(기체상 이온으로 분해)되어야 한다.

$$NaCl(s) \rightarrow Na^+(g) + Cl^-(g) \qquad \Delta H^\ominus = +788\ kJ \cdot mol^{-1}$$

그런 다음 이온들이 수화된다.

$$Na^+(g) \rightarrow Na^+(aq) \qquad \Delta H^\ominus = -406\ kJ \cdot mol^{-1}$$

$$Cl^-(g) \rightarrow Cl^-(aq) \qquad \Delta H^\ominus = -378\ kJ \cdot mol^{-1}$$

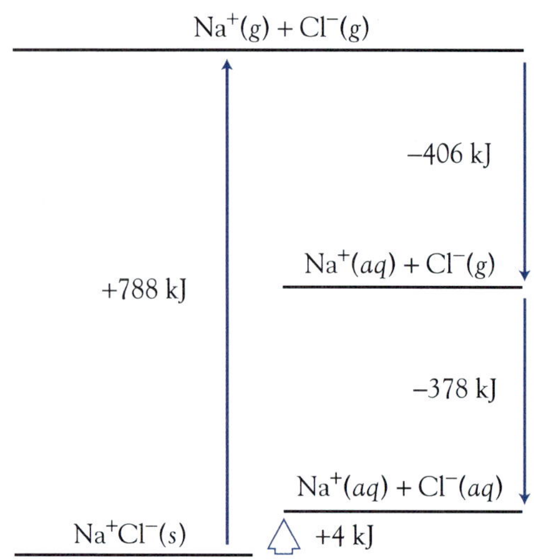

그림 6.5 염화 소듐의 용해 과정에 대한 이론적인 엔탈피 순환

따라서 용해 과정에 대한 엔탈피 변화 $\Delta H^{\ominus}$는

$$[(+788\ \text{kJ}\cdot\text{mol}^{-1})] + [(-406\ \text{kJ}\cdot\text{mol}^{-1})] + [(-378\ \text{kJ}\cdot\text{mol}^{-1})] = +4\ \text{kJ}\cdot\text{mol}^{-1}$$

이 과정을 도표로 나타내면 그림 6.5와 같다.

보통의 온도에서는 엔탈피 변화가 엔트로피 변화보다 훨씬 더 크다. 그러나 이 경우에는 매우 큰 엔탈피 변화가 서로 상쇄되고, 작은 엔트로피 변화가 염화 소듐의 용해도를 결정하는 주된 요인으로 작용한다. 그러므로 엔트로피 요인에 대해서도 비슷한 계산을 해야 한다. 298 K에서 $T\Delta S^{\ominus}$ 자료를 사용하면, 이 결과를 엔탈피 값과 비교할 수 있다. 먼저 격자가 기화되어야 한다.

$$\text{NaCl}(s) \rightarrow \text{Na}^{+}(g) + \text{Cl}^{-}(g) \qquad T\Delta S^{\ominus} = +68\ \text{kJ}\cdot\text{mol}^{-1}$$

그런 다음 이온들이 수화된다.

$$\text{Na}^{+}(g) \rightarrow \text{Na}^{+}(aq) \qquad T\Delta S^{\ominus} = -27\ \text{kJ}\cdot\text{mol}^{-1}$$
$$\text{Cl}^{-}(g) \rightarrow \text{Cl}^{-}(aq) \qquad T\Delta S^{\ominus} = -28\ \text{kJ}\cdot\text{mol}^{-1}$$

따라서 용해 과정에 대한 엔트로피 변화($T\Delta S^{\ominus}$)는

$$[(+68\ \text{kJ}\cdot\text{mol}^{-1})] + [(-27\ \text{kJ}\cdot\text{mol}^{-1})] + [(-28\ \text{kJ}\cdot\text{mol}^{-1})] = +13\ \text{kJ}\cdot\text{mol}^{-1}$$

이 과정은 도표로 나타내면 그림 6.6과 같다.

용해 과정에 대한 자유 에너지 변화를 계산해 보면 용해가 잘 되게 만드는 것은 알짜 엔트로피 변화이고, 그렇지 않은 것은 알짜 엔탈피 변화 때문이라는 것을 알 수 있는데 전자가 후자보다 크다. 그러므로 지금까지 살펴보았듯이 염화 소듐은 물(298 K)에 꽤 잘 녹는다.

$$\begin{aligned}\Delta G^{\ominus} &= \Delta H^{\ominus} - T\Delta S^{\ominus} \\ &= (+4\ \text{kJ}\cdot\text{mol}^{-1}) - (+13\ \text{kJ}\cdot\text{mol}^{-1}) \\ &= -9\ \text{kJ}\cdot\text{mol}^{-1}\end{aligned}$$

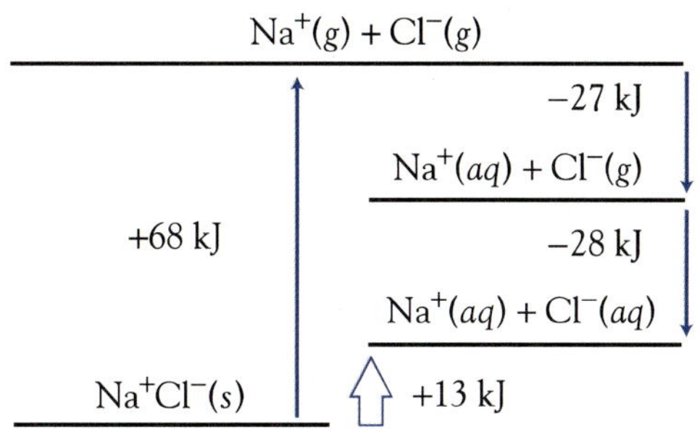

그림 6.6 염화 소듐의 용해 과정에 대한 이론적인 엔트로피($T\Delta S^{\ominus}$) 순환

6.5 격자 에너지와 상대적인 이온 크기 및 전하

일반적으로 격자 에너지는 대개 상대적인 이온 크기에 따라 달라진다. 어떤 경우에는 화합물의 성질을 음이온과 양이온 크기가 상당한 정도로 어울리지 않기 때문에 나타나는 것으로 설명할 수도 있는데, 큰 음이온과 매우 작은 양이온인 경우가 많다. 이 문제를 해결하는 방법 중의 하나는 수분을 흡수하여 수화물을 형성하는 화합물의 경우를 들 수 있다. 수화 과정에서, 물 분자는 대개 작은 양이온 주위를 둘러싼다. 이렇게 수화된 양이온은 음이온의 크기와 비슷하게 된다. 과염소산 마그네슘은 이러한 배열의 좋은 예이다. 이 무수 화합물은 물을 쉽게 흡수하기 때문에 건조제로 사용된다. 수화물 결정에서 헥사아쿠아마그네슘 이온, $[Mg(OH_2)_6]^{2+}$는 양이온 자리를 차지하고 과염소산 이온은 음이온 자리를 차지한다(5.4절 참조).

낮은 전하의 큰 음이온을 포함하는 고체 화합물의 존재

이온 불일치 효과는 크고 낮은 전하를 갖는 음이온은 오로지 크고 일가 전하(낮은 전하 밀도를 갖는)의 양이온들과 안정한 고체 화합물을 형성하게 만든다. 이 장의 서두에서 금화 세슘, Cs^+Au^-를 소개하였는데, 결정 격자에서 큰 금화 음이온(190 pm)을 안정화시키는 것은 큰 세슘 양이온(188 pm)이었다. 비슷한 경우로 폭발성이 매우 큰 아자이드 이온(181 pm)도 큰 알칼리 금속 양이온에 의해 안정화될 수 있다(15.6절 참조).

이 개념은 탄산 수소와 같은 옥소음이온 산을 다룰 때 특히 중요하다. 탄산 수소 소듐 이온의 용액을 천천히 증발시키면 예상한 것처럼 고체 화합물이 생긴다.

$$Na^+(aq) + HCO_3^-(aq) \xrightarrow{\text{증발}} NaHCO_3(s)$$

그러나 칼슘 이온 용액과 탄산 수소 이온 용액을 혼합할 때 생성되는 것은 탄산 수소 칼슘이 아니라 탄산 칼슘이다. 탄산 수소 이온은 탄산 이온과 평형을 이루고 있기 때문에 탄산 수소 이온의 용액에는 항상 탄산 이온이 존재한다. 그래서 칼슘 이온은 탄산 칼슘 침전을 형성한다.

$$HCO_3^-(aq) + H_2O(l) \rightleftharpoons H_3O^+(aq) + CO_3^{2-}(aq)$$
$$Ca^{2+}(aq) + CO_3^{2-}(aq) \rightarrow CaCO_3(s)$$

그러면 탄산의 침전이 생기는 이유를 어떻게 설명할 수 있을까? (이론적인) 탄산 수소 칼슘의 격자 에너지는 2+의 칼슘 이온과 1−의 탄산 수소 이온 간의 인력 때문에 생기는 것이고, 이 전하 비로 인하여 어떤 고체 화합물일지라도 양이온 자리는 교대로 비어 있게 될 것이다. 그러나 탄산 이온과의 결합은 2+와 2− 전하를 갖는 이온이 교대로 모든 격자 자리를 차지하게 되기 때문에 훨씬 더 높은 격자 에너지를 갖게 된다. 예를 들면, 플루오린화 마그네슘, MgF_2의 격자 에너지는 2.9 MJ·mol^{-1}이지만, MgO는 3.9 MJ·mol^{-1}이다. 그러므로 1몰의 고체 금속 탄산염이 생성될 때에는 상응하는 고체 금속 탄산 수소염보다 약 1 MJ·mol^{-1} 정도 더 발열 과정이 된다.

모든 옥소 음이온 산과 이가 및 삼가 양이온 간의 반응에서는 옥소 음이온 산이 아니라 옥소 음이온 염이 생성된다. 황산 수소, 탄산 수소, 아황산 수소, 인산 수소 및 인산 이수소 이온과 안정한 결정성 화합물을 형성하는 것은 알칼리 금속(리튬 제외)처럼 크고 낮은 전하 밀도를 갖는 일가 양이온뿐이다.

예제 6.7

황산 수소 이온 용액에 바륨 이온을 첨가하면 황산 바륨이 생성되는 이유를 알짜 이온 반응식을 사용하여 나타내시오.

해답

황산 수소 이온은 황산 이온과 평형을 이루고 있다.

$$HSO_4^-(aq) + H_2O(l) \rightleftharpoons H_3O^+(aq) + SO_4^{2-}(aq)$$

바륨 이온은 황산 이온과 높은 격자 에너지를 갖는 결정 격자를 형성하여 침전된다. 황산 이온이 용액에서 제거되기 때문에 HSO_4^-/SO_4^{2-} 평형은 황산 이온이 더 많이 존재하게끔 이동되고 계속해서 침전이 일어나게 된다.

$$Ba^{2+}(aq) + SO_4^{2-}(aq) \rightarrow BaSO_4(s)$$

낮은 용해도를 갖는 화합물의 생성

모든 알칼리 금속 화합물은 물에 잘 녹는다고 알려져 있지만 사실은 그렇지 않다. 용해도의 정도는 양이온과 음이온에 따라 크게 달라진다. 특히, 큰 양이온과 큰 음이온이 결합하면 용해도가 낮아진다. 큰 이온은 낮은 수화 엔탈피를 가질 뿐만 아니라 이온의 결정 쌓임이 좋기 때문에 중간 정도의 격자 엔탈피를 갖기 때문이라고 설명할 수 있다. 알칼리 금속 이온과 과염소산 이온의 결합을 예로 들 수 있다. 과염소산 소듐의 용해도는 100 mL당 200 g 이상이지만 과염소산 세슘은 100 mL당 2 g에 불과하다. 과염소산 이온의 이온 반지름은 226 pm이고 소듐 이온과 세슘 이온은 각각 116 pm과 181 pm이다. 그러므로 이온 크기 일치 개념을 사용하면 과염소산 이온과 세슘 이온을 혼합하면 침전이 생기는 현상을 설명할 수 있다.

$$Cs^+(aq) + ClO_4^-(aq) \rightarrow CsClO_4(s)$$

탄산염의 열적 안정성

많은 금속 탄산염은 열을 가하면 금속 산화물로 분해된다. 예를 들면, 탄산 마그네슘은

표 6.8 2족 금속 탄산염에 대한 분해 온도와 양이온 반지름

탄산염	분해 온도(°C)	양이온 반지름(pm)
$MgCO_3$	350	86
$CaCO_3$	830	114
$SrCO_3$	1340	132
$BaCO_3$	1450	149

분해되어 산화 마그네슘과 이산화 탄소를 생성한다.

$$MgCO_3(s) \rightarrow MgO(s) + CO_2(g)$$

분해에 필요한 최저 온도가 존재하는데, 2족 원소의 경우 이 값은 표 6.8에 나타낸 것처럼 양이온의 크기(따라서 전하 밀도)와 관련이 있다.

양이온 반지름을 탄산 이온(164 pm)과 산화 이온(126 pm) 반지름과 비교해 보면 이온 크기가 가장 걸맞는 경우는 바륨 이온과 탄산 이온, 초기 2족 금속 이온과 산화 이온임을 알 수 있다. 즉, 탄산염과 산화물의 격자 에너지를 비교하면 탄산 바륨이 산화 바륨으로 분해될 때보다 탄산 마그네슘이 산화 마그네슘으로 분해되는 과정이 더 약한 흡열 과정이 될 것이다.

6.6 공유 결합 화합물의 생성

공유 결합 화합물의 생성을 조사할 때에도 이온 결합 화합물에서 사용하였던 Born-Haber 순환과 비슷한 순환을 만들어 사용할 수 있다. 그러나 여기에는 큰 차이가 있다. 이 순환에는 이온의 생성이 포함되어 있지 않고, 대신 공유 결합 에너지가 관련되어 있다.

이 과정을 트라이플루오린화 질소(nitrogen trifluoride)의 생성을 예로 들어 살펴보자. 앞에서와 마찬가지로 엔탈피 항에 대한 계산을 먼저 하고, 엔트로피 요인은 나중에 고려할 것이다.

$$\tfrac{1}{2}N_2(g) + \tfrac{3}{2}F_2(g) \rightarrow NF_3(g)$$

1. 질소 분자의 삼중 결합이 끊어진다. 이 과정은 N≡N 결합 에너지의 절반이 필요하다.

$$\tfrac{1}{2}N_2(g) \rightarrow N(g) \qquad \Delta H^{\ominus} = +471\ \text{kJ}\cdot\text{mol}^{-1}$$

2. 플루오린 분자의 단일 결합이 끊어진다. 화학량론적으로 3/2의 F−F 결합 에너지가 필요하다.

$$\tfrac{3}{2}F_2(g) \rightarrow 3\,F(g) \qquad \Delta H^{\ominus} = +232\ \text{kJ}\cdot\text{mol}^{-1}$$

3. 질소-플루오린 결합이 형성된다. 이 과정에서는 3몰의 결합이 생성되므로 N−F 결합 에너지의 3배에 해당되는 에너지가 방출된다.

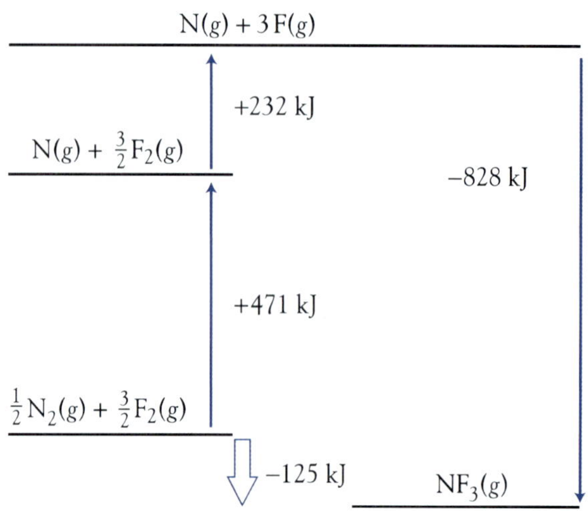

그림 6.7 트라이플루오린화 질소의 생성에 대한 이론적인 엔탈피 순환

$$N(g) + 3\,F(g) \rightarrow NF_3(g) \qquad \Delta H^{\Theta} = -828\ kJ\cdot mol^{-1}$$

트라이플루오린화 질소의 생성에 대한 엔탈피 도표를 그림 6.7에 나타내었다. 이 반응에 대한 전체 엔탈피 변화는 다음과 같다.

$$\tfrac{1}{2}N_2(g) + \tfrac{3}{2}F_2(g) \rightarrow NF_3(g) \qquad \Delta_f H^{\Theta} = 125\ kJ\cdot mol^{-1}$$

구성 원소들로부터 트라이플루오린화 질소가 생성될 때 엔트로피 효과를 살펴보자. 기체 1몰이 감소하므로 엔트로피의 감소가 예상된다. 실제로 전체 엔트로피 변화는 $-140\ J\cdot mol^{-1}\cdot K^{-1}$이다(부록 1의 자료 참조). 따라서 자유 에너지 변화는 다음과 같다.

$$\begin{aligned}\Delta_f G^{\Theta} &= \Delta_f H^{\Theta} - T\Delta_f H^{\Theta}\\ &= (-125\ kJ\cdot mol^{-1}) - [(298\ K)(-0.140\ kJ\cdot mol^{-1}\cdot K^{-1})]\\ &= -83\ kJ\cdot mol^{-1}\end{aligned}$$

위의 자유 에너지 변화값은 화합물이 열역학적으로 상당히 안정하다는 것을 의미한다.

예제 6.8

삼산화 제논에서 Xe−O 결합 에너지를 계산하시오.

$\Delta_f H^{\Theta}(XeO_3(g)) = +402\ kJ\cdot mol^{-1}$; 결합 에너지(O=O) $= 494\ kJ\cdot mol^{-1}$

해답

엔탈피 순환은 다음과 같다.

$$\tfrac{3}{2}O_2(g) \rightarrow 3\,O(g) \qquad \Delta H^{\Theta} = +741\ kJ\cdot mol^{-1}$$

$$Xe(g) + 3\,O(g) \rightarrow XeO_3(g) \qquad 3(\text{B.E. Xe}-\text{O})$$

생성 엔탈피는

$$Xe(g) + \frac{3}{2}O_2(g) \rightarrow XeO_3(g)$$
$$\Delta_f H^{\ominus}(XeO_3(g)) = +402\ kJ \cdot mol^{-1};$$

따라서

$$(+741\ kJ \cdot mol^{-1}) - 3(B.E.\ Xe-O) = (+402\ kJ \cdot mol^{-1})$$
$$B.E.\ Xe-O = 113\ kJ \cdot mol^{-1}$$

6.7 열역학적 요인과 반응 속도론적 요인의 대비

열역학은 반응의 진행 가능성, 평형의 위치, 화합물의 안정도와 관계가 있지만, 반응의 속도(반응 속도론의 분야)에 관해서는 아무런 정보도 주지 않는다. 반응 속도는 주로 그 반응에 대한 활성화 에너지(화합물이 생성되는 반응 경로에 수반되는 에너지의 장벽)에 의해 결정된다. 이러한 개념을 그림 6.8에서 설명하였다.

활성화 에너지의 효과에 관한 아주 간단한 예로는 탄소의 두 동소체인 다이아몬드와 흑연을 들 수 있다. 다이아몬드는 흑연에 비해 열역학적으로 불안정하다.

$$C(\text{다이아몬드}) \rightarrow C(\text{흑연}) \qquad \Delta G^{\ominus} = -3\ kJ \cdot mol^{-1}$$

그러나 일상적인 조건에서는 다이아몬드 반지에 있는 다이아몬드가 검은 가루로 부스러지는 일은 결코 일어나지 않는다. 그 이유는 다이아몬드의 사면체 배열에서 흑연의 평면 배열로 공유 결합이 재배열되려면 엄청나게 큰 활성화 에너지가 필요하기 때문이다. 또한 모든 형태의 탄소는 산소 분자가 존재할 때 이산화 탄소로 산화되는 것보다 열역학적으로 불안정하다. 이 경우에도 반지의 다이아몬드나 연필의 흑연(연필심)은 높은 활성화 에너지 때문에 연소되지 않는다.

$$C(s) + O_2(g) \rightarrow CO_2(g) \qquad \Delta G^{\ominus} = -390\ kJ \cdot mol^{-1}$$

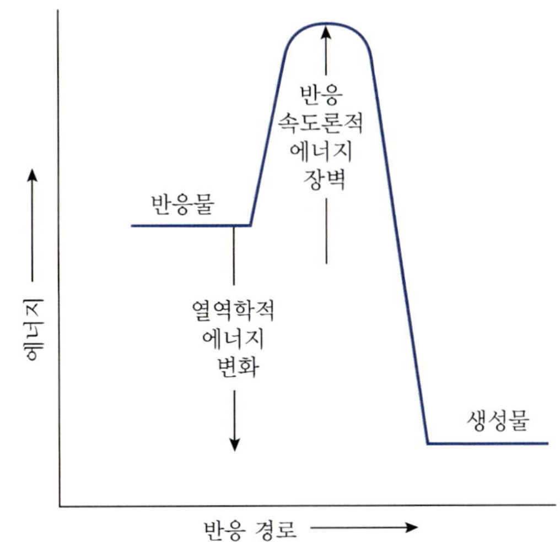

그림 6.8 화학 반응에서의 반응 속도론과 열역학적 에너지 요인

암모니아의 산화에 대한 경로

실제로 반응 속도론을 사용하면 화학 반응의 생성물을 바꿀 수 있다. 암모니아의 연소가 중요한 예가 된다. 암모니아는 공기 중에서 연소되어 질소 분자와 물로 된다.

$$4\,NH_3(g) + 3\,O_2(g) \rightarrow 2\,N_2(g) + 6\,H_2O(g)$$

이 반응은 자유 에너지 변화가 $-1306\ kJ \cdot mol^{-1}$인 열역학적으로 유리한 반응이다. 연소가 촉매 존재하에서 일어날 때에는, 일산화 질소를 생성하는 경쟁 반응의 활성화 에너지가 질소 분자를 생성하는 반응보다 더 낮다.

$$4\,NH_3(g) + 5\,O_2(g) \rightarrow 4\,NO(g) + 6\,H_2O(g)$$

질산의 공업적인 제조 공정에서 중요한 단계인 후자의 반응은 반응의 자유 에너지 변화가 $-958\ kJ \cdot mol^{-1}$에 불과하지만 잘 일어난다. 따라서 열역학적으로 유리한 반응 경로를 극복하고 반응의 생성물을 조절하기 위해 반응 속도론을 사용하고 있다(그림 6.9).

삼염화 질소의 존재

양의 생성 자유 에너지를 갖는 화합물의 합성도 가능하다. 예를 들면, 삼산소(trioxygen, 오존)와 모든 질소 산화물은 양의 생성 자유 에너지를 갖는다. 이들 물질은 반응 경로가 실질적인 자유 에너지의 감소를 수반하고, 화합물의 분해가 반응 속도론적으로 느릴 경우에 쉽게 합성할 수 있다. 다른 방법으로는 에너지 투입이 허용되는 경로가 반드시 있어야 하는데, 광합성의 경우에는 빛이 되고, 전기 분해에서는 전기 에너지가 투입된다.

삼염화 질소(nitrogen trichloride)는 흥미로운 예 중의 하나이다. 앞 절에서 트라이플루오린화 질소는 열역학적으로 안정하다는 것을 알았다. 이와는 달리 삼염화 질소는 열역학적으로 불안정함에도 불구하고 존재한다.

$$\tfrac{1}{2}\,N_2(g) + \tfrac{3}{2}\,F_2(g) \rightarrow NF_3(g) \qquad \Delta_f G^{\ominus} = -84\ kJ \cdot mol^{-1}$$

$$\tfrac{1}{2}\,N_2(g) + \tfrac{3}{2}\,Cl_2(g) \rightarrow NCl_3(g) \qquad \Delta_f G^{\ominus} = +240\ kJ \cdot mol^{-1}$$

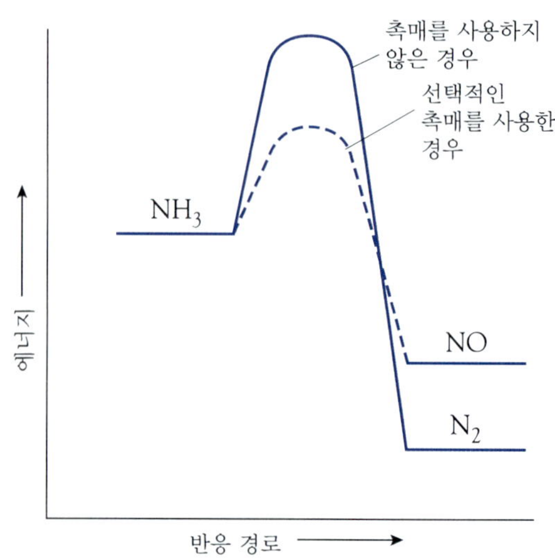

그림 6.9 암모니아의 연소 반응에 대한 반응 속도론과 열역학적 에너지 요인의 두 가지 반응 경로(에너지 척도는 무시함)

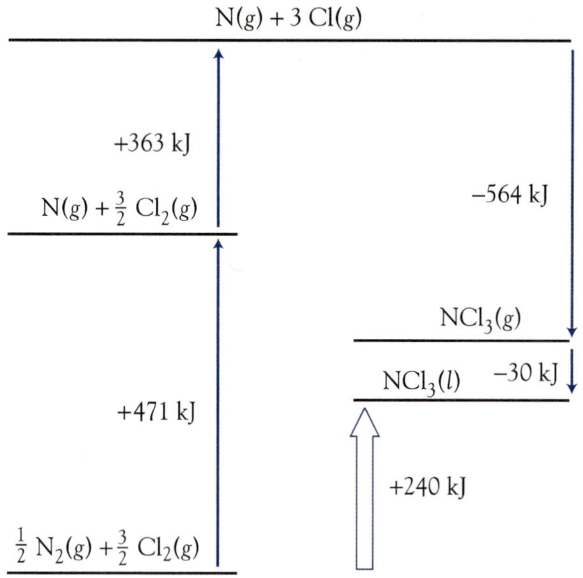

그림 6.10 삼염화 질소의 생성에 대한 이론적인 엔탈피 순환

이러한 차이를 이해하기 위해서는 에너지 순환의 핵심적인 항들을 비교할 필요가 있다. 먼저 두 경우 모두 반응물에서 생성물로 될 때 기체의 몰수가 감소하므로 엔트로피는 음의 값을 갖는다. 따라서 반응이 자발적이 되려면 엔탈피 변화가 반드시 음의 값을 가져야 한다.

트라이플루오린화 질소의 합성에서 F−F 결합(158 $kJ \cdot mol^{-1}$)은 약해서 잘 끊어지지만, N−F 결합(276 $kJ \cdot mol^{-1}$)은 매우 강하다. 그 결과 트라이플루오린화 질소의 생성 엔탈피는 꽤 큰 음의 값이다. Cl−Cl 결합(242 $kJ \cdot mol^{-1}$)은 F−F 결합보다 강하며, 삼염화 질소에 있는 N−Cl 결합(188 $kJ \cdot mol^{-1}$)은 트라이플루오린화 질소의 N−F 결합보다 약하다. 그 결과 삼염화 질소의 생성 반응에 대한 엔탈피 변화는 양의 값(그림 6.10)을 가지고, 엔트로피의 감소로 인해 $-T\Delta S$는 양의 값이므로 자유 에너지 변화는 양의 부호를 갖게 된다.

이러한 화합물의 합성이 어떻게 가능할까? 암모니아와 염소 분자가 반응하여 삼염화 질소와 염화 수소로 되는 반응은 강한 H−Cl 결합이 생기므로 약간 음인 자유 에너지를 갖는다.

$$NH_3(g) + 3\,Cl_2(g) \rightarrow NCl_3(l) + 3\,HCl(g) \qquad \Delta H^{\ominus} = -0.8\ kJ \cdot mol^{-1}$$

열역학적으로 불안정한 삼염화 질소는 가열하면 격렬하게 분해된다.

$$2\,NCl_3(l) \rightarrow N_2(g) + 3\,Cl_2(g) \qquad \Delta H^{\ominus} = -230.1\ kJ \cdot mol^{-1}$$

열역학은 화학을 이해하는 데 유용한 수단이다. 그러나 동시에 반응 속도론적인 요인에 의해 열역학적으로 안정하지 않은 생성물(암모니아의 산화와 같은)을 만들 수도 있다는 것도 유념해야 한다. 더욱이 삼염화 질소의 경우처럼 실질적인 자유 에너지의 감소를 수반하는 합성 경로를 포함하면서, 화합물의 분해가 반응 속도론적으로 느린 경우에는 가끔 양의 생성 자유 에너지를 갖는 화합물의 합성도 가능하다.

핵심개념

- 화학 반응은 엔탈피와 엔트로피 변화의 균형에 의존한다.
- 이온 결합 화합물의 생성은 일련의 이론적 단계를 따라 일어나는 것으로 간주할 수 있다.
- 도표는 생성 (Born-Haber) 순환에서 단계들의 상대적인 에너지를 나타내는 것으로 구성될 수 있다.
- 용해 과정은 에너지 순환으로 간주될 수 있다.
- 공유 결합 화합물의 생성은 도표로 나타낼 수 있다.
- 화학 반응은 열역학적 요인뿐만 아니라 반응 속도론적 요인에 의해서도 조절된다.

연습문제

6.1 다음 용어를 정의하시오.
(a) 자발적 과정 (b) 엔트로피
(c) 표준 생성 엔탈피

6.2 다음 용어를 정의하시오.
(a) 엔탈피 (b) 평균 결합 에너지
(c) 수화 엔탈피

6.3 고체 칼슘과 산소 기체로부터 고체의 산화 칼슘이 생성될 때 엔트로피 변화의 부호는 무엇인가? 생성물이 자발적으로 생긴다면 엔탈피 변화는 어떤 부호를 가져야 하는가? 부록에 나와 있는 자료를 참고하지 말고 답하시오.

6.4 매우 고온에서 물은 수소와 산소 기체로 분해될 것이다. 이 과정을 자유 에너지 식을 사용하여 설명하시오. 부록에 나와 있는 자료를 참고하지 말고 답하시오.

6.5 부록 1에 나와 있는 생성 엔탈피와 절대 엔트로피 값을 이용하여 다음 반응의 엔탈피, 엔트로피, 자유 에너지를 결정하시오. 그리고 이 결과를 이용하여 표준 온도와 압력에서 반응의 자발성을 예측하시오.

$$H_2(g) + \frac{1}{2}O_2(g) \rightarrow H_2O(g)$$

6.6 부록에 나와 있는 생성 엔탈피와 절대 엔트로피 값을 이용하여 다음 반응의 엔탈피, 엔트로피, 자유 에너지를 결정하시오. 그리고 이 결과를 이용하여 표준 온도와 압력에서 반응의 자발성을 예측하시오.

$$\frac{1}{2}N_2(g) + O_2(g) \rightarrow NO_2(g)$$

6.7 오염화 인과 이산화 황으로부터 염화 설퓨릴 SO_2Cl_2($\Delta_f G^{\ominus}(SO_2Cl_2(g)) = -314\ kJ \cdot mol^{-1}$)의 합성이 열역학적으로 가능할 것인지를 예측하시오. 다른 생성물은 염화 포스포릴, $POCl_3$이다. 부록 1의 자료에 있는 생성 자유 에너지를 이용하시오.

6.8 부록 1의 생성 자유 에너지값을 이용하여 다음 반응이 열역학적으로 가능한지를 결정하시오.

$$PCl_5(g) + 4\,H_2O(l) \rightarrow H_3PO_4(s) + 4\,HCl(g)$$

6.9 N–N과 N=N 중에서 어느 결합이 더 강한가? 부록을 참고하지 말고 그 이유를 설명하시오.

6.10 질소 분자와 일산화 탄소는 등전자성 분자이다. 그러나 C≡O의 결합 에너지($1072\ kJ \cdot mol^{-1}$)가 N≡N($942\ kJ \cdot mol^{-1}$)보다 더 강하다. 그 이유를 설명하시오.

6.11 부록 3의 결합 에너지 자료를 이용하여 다음 반응에 대한 대략적인 반응열을 계산하시오.

$$4\,H_2S_2(g) \rightarrow S_8(g) + 4\,H_2(g)$$

6.12 부록 3의 결합 에너지 자료를 이용하여 다음 반응이 열역학적으로 가능한지를 예측하시오.

$$CH_4(g) + 4\,F_2(g) \rightarrow CF_4(g) + 4\,HF(g)$$

6.13 산화 마그네슘, 플루오린화 리튬과 염화 소듐을 격자 에너지가 증가하는 순서로 나열하시오. 이 순서에 대한 이유를 설명하시오.

6.14 염화 소듐 격자에 대해서 급수의 처음 세 항에 대한 Madelung 상수를 계산하고, 이 값을 한계값과 비교하시오.

6.15 염화 세슘 격자에 대해서 급수의 처음 두 항에 대한 Madelung 상수를 계산하고, 이 값을 한계값과 비교하시오.

6.16 Born-Landé 식을 이용하여 염화 세슘의 격자 에너지를 계산하시오.

6.17 Born-Landé 식을 이용하여 플루오린화 칼슘의 격자 에너지를 계산하시오.

6.18 플루오린화 알루미늄의 생성에 대한 Born-Haber 순환을 그리시오(부록의 자료를 이용하지 말 것).

6.19 황화 마그네슘의 생성에 대한 Born-Haber 순환을 그리시오(부록의 자료를 이용하지 말 것).

6.20 플루오린화 구리(I)의 생성 엔탈피를 계산하시오. 이 화합물은 섬아연광 구조를 취한다.

6.21 수소화 소듐의 격자 에너지는 $2782\ kJ \cdot mol^{-1}$이다. 부록의 다른 자료를 이용하여 수소 원자의 전자 친화도값을 계산하시오.

6.22 열역학적 요인과 반응 속도론적인 요인을 설명할 때 다음 두 반응을 비교하였다.

$$4\,NH_3(g) + 3\,O_2(g) \rightarrow 2\,N_2(g) + 6\,H_2O(g)$$
$$4\,NH_3(g) + 5\,O_2(g) \rightarrow 4\,NO(g) + 6\,H_2O(g)$$

부록을 이용하지 말고 다음 물음에 답하시오.
(a) 두 반응의 엔트로피 요인에 어떤 차이가 있는지 설명하시오.

(b) (a)의 답과 두 번째 반응의 자유 에너지가 첫 번째보다 더 작은 음의 값이라는 사실을 고려하여 일산화 질소 NO의 생성 엔탈피 값의 부호를 결정하시오.

6.23 산소 원자의 전자 친화도는 다음과 같다.

$O(g) + e^- \rightarrow O^-(g)$ $\quad -141\ kJ \cdot mol^{-1}$

$O^-(g) + e^- \rightarrow O^{2-}(g)$ $\quad +744\ kJ \cdot mol^{-1}$

두 번째 전자 친화도가 매우 흡열임에도 불구하고 이온성 산화물이 흔한 이유를 설명하시오.

6.24 이온 결합 화합물 MX에 대해, 격자 에너지는 1205 kJ · mol^{-1}이고, 용해 엔탈피는 −90 kJ · mol^{-1}이다. 양이온의 수화 엔탈피가 음이온의 1.5배라면, 이 이온들의 수화 엔탈피는 각각 얼마인가?

응용문제

6.25 Born-Landé 식은 '자유 공간에서의 유전율'이라고 하는 항을 활용한다. 물리학 교재를 참고하여 물리학에서 이 항의 중요성을 설명하시오.

6.26 Born-Haber 순환을 이용하여 산화 칼슘의 생성 엔탈피를 계산하시오. 모든 필요한 자료는 부록을 이용하시오. 계산한 결과를 실제 측정된 $\Delta_f H^\ominus(CaO(s))$ 값과 비교하시오. 그리고 산화 칼슘이 $Ca^{2+}O^{2-}$가 아닌 Ca^+O^-로 가정하고 같은 계산을 하시오. Ca^+O^-의 격자 에너지는 −800 kJ · mol^{-1}로 한다. 두 번째 경우에 엔탈피 효과가 더 불리한 이유를 설명하시오.

6.27 이론적 화합물인 $NaCl_2$와 $NaCl_3$에 대한 Born-Haber 순환을 작성하시오. 부록에 있는 정보와 다음의 값들을 이용하여 두 화합물 각각의 생성 엔탈피를 계산하시오.
이론적인 격자 에너지, $NaCl_2$ = −2500 kJ · mol^{-1}; 이론적인 격자 에너지, $NaCl_3$ = −5400 kJ · mol^{-1}; 두 번째 이온화 에너지(IE), Na = 4569 kJ · mol^{-1}; 세 번째 이온화 에너지(IE), Na = 6919 kJ · mol^{-1}, 순환을 서로 비교하고 $NaCl_2$와 $NaCl_3$은 왜 우선적으로 생기는 화합물이 아닌지 그 이유를 설명하시오.

6.28 테트라하이드리도붕소산(III) 소듐, $NaBH_4$의 격자 에너지는 2703 kJ · mol^{-1}이다. 부록의 다른 자료를 이용하여 테트라하이드리도붕소산 이온의 생성 엔탈피를 계산하시오.

6.29 염화 마그네슘은 물에 잘 녹지만 산화 마그네슘은 그렇지 않다. 용해 과정의 이론적인 단계를 이용하여 이러한 차이를 설명하시오(부록의 자료를 이용하지 말 것).

6.30 부록에 나와 있는 격자 에너지와 수화 엔탈피 값을 이용하여 (a) 염화 리튬; (b) 염화 마그네슘 용액의 엔탈피를 계산하시오. 이론적인 단계를 사용하여 계산된 두 값의 중요한 차이점을 설명하시오.

6.31 테트라플루오린화 탄소의 생성에 대하여 Born-Haber 순환과 유사한 에너지 도표를 작성하시오. 그리고 부록에 있는 수치를 이용하여 생성 엔탈피를 계산하시오. 계산된 값과 부록에 있는 $\Delta_f H^\ominus(CF_4(g))$ 값을 비교하시오.

6.32 헥사플루오린화 황의 생성에 대하여 Born-Haber 순환과 유사한 에너지 도표를 작성하시오. 그리고 부록에 있는 수치를 사용하여 생성 엔탈피를 계산하시오. 계산된 값과 부록에 있는 $\Delta_f H^\ominus(SF_6(g))$ 값을 비교하시오.

6.33 플루오린화 염소 ClF에 대하여 에너지 도표를 이용하여 염소-플루오린 간의 결합 에너지를 계산하시오.

6.34 부록에 나와 있는 생성 엔탈피와 절대 엔트로피 값을 이용하여 다음 반응의 생성 자유 에너지를 결정하시오.

$$S(s) + O_2(g) \rightarrow SO_2(g)$$

$$S(s) + \tfrac{1}{2}O_2(g) \rightarrow SO_3(g)$$

(a) 삼산화 황의 생성에 대한 엔트로피 변화의 부호를 설명하시오.
(b) 어떤 연소 반응의 자유 에너지 감소가 더 큰가(즉 어떤 반응이 열역학적으로 더 유리한가)?
(c) 어떤 산화 황이 더 일반적으로 거론되는가?
(d) (b)와 (c)의 답 사이의 모순에 대해서 설명하시오.

6.35 칼슘 이온 Ca^{2+}의 수화 에너지는 포타슘 이온, K^+보다 훨씬 더 크지만, 염화 칼슘의 몰용해도는 염화 포타슘보다 훨씬 더 낮다. 그 이유를 설명하시오.

6.36 염화 소듐의 용해 엔탈피는 +4 kJ · mol^{-1}이지만, 염화 은은 +65 kJ · mol^{-1}이다.
(a) 이 두 화합물의 용해도를 추측하고 그 이유를 설명하시오.
(b) 수화 엔탈피 자료를 이용하여 두 화합물의 격자 에너지를 계산하시오(두 화합물은 모두 염화 소듐 구조이다).
(c) Born-Landé 식을 사용하여 두 화합물에 대한 격자 에너지를 계산하고 (b)에서 계산한 값과 비교하시오. 만약 상당한 차이가 있는 화합물이 있을 경우 그 이유를 설명하시오.

6.37 다음 자료와 필요하다면 부록에 있는 자료를 이용하여 황산 이온의 수화 엔탈피를 계산하시오. 값들이 서로 잘 일치하는가?

화합물	$\Delta H^\ominus$ 용액 (kJ · mol^{-1})	격자 에너지 (kJ · mol^{-1})
$CaSO_4$	−17.8	−2653
$SrSO_4$	−8.7	−2603
$BaSO_4$	+19.4	−2423

6.38 고체 화합물의 표준 생성 엔탈피/엔트로피와 수용액을 구성하는 이온들의 표준 생성 엔탈피/엔트로피 간의 차이로부터, 표준 용해 엔탈피/엔트로피를 계산할 수 있다. 그렇다면 20°C에서 인산 칼슘의 용해에 대한 자유 에너지를 계산하시오. 인산 칼슘의 용해도에 관해 이 값이 갖는 의미는 무엇인가?

6.39 마그네슘과 납의 일차 및 이차 이온화 에너지는 비슷하지만, 산과의 반응성은 아주 다르다.

$$M(s) + 2\,H^+(aq) \rightarrow M^{2+}(aq) + H_2(g)$$
$$(M = Mg,\ Pb)$$

부록으로부터 적절한 자료를 취하여 올바른 순환을 작성하고(힌트: 두 순환 모두에서 수소 이온은 환원되기 때문에 수용액에서의 금속 양이온의 생성만 고려하면 된다), 산에 대한 반응성의 차이를 나게 만드는 요인을 추측하시오. 그리고 이 차이에 대한 근본적인 이유를 제시하시오.

6.40 주족 원소들의 경우에는 열역학적으로 가장 안정한 화합물은 결합에 원자가 전자를 모두 사용한 화합물이다. 그러나 란타넘족 원소들은 3+ 상태일 때가 가장 안정하다. 여기에 대한 이유를 이온화 에너지와 Born-Harber 순환에서 이온화 에너지의 역할로 설명하시오.

6.41 Kapustinskii 식을 이용하여 염화 세슘의 격자 에너지를 계산하고, 이를 실험값 및 Born-Landé 식(연습문제 6.16)으로부터 얻은 값과 비교하시오.

6.42 탈륨은 +1과 +3의 두 가지 산화수를 갖는다. Kapustinskii 식을 이용하여 TlF와 TlF_3의 격자 에너지를 계산하시오. Tl^+와 Tl^{3+}의 이온 반지름은 각각 164 pm과 102 pm이다.

6.43 아주 고압인 상태에서 염화 루비듐은 염화 세슘 구조를 취한다. 격자 구조가 염화 소듐 구조에서 염화 세슘 구조로 변환되는 과정에 대한 엔탈피 변화를 계산하시오.

6.44 시각 효과가 뛰어난 화학 반응 중의 하나는 테르미트 반응이다.

$$2\,Al(s) + Fe_2O_3(s) \rightarrow Al_2O_3(s) + 2\,Fe(l)$$

이 반응은 격렬한 발열 반응이어서 용융 철이 생성되기 때문에 이전에는 철도 선로의 용접에 사용되었다. 부록의 자료를 이용하여 이 반응이 엄청난 발열 반응인 이유를 설명하시오.

6.45 암모니아의 양성자 친화도를 계산하시오.

$$NH_3(g) + H^+(g) \rightarrow NH_4^+(g)$$

플루오린화 암모늄, NH_4F는 우르츠광 구조로 결정화되고, 암모늄 이온과 플루오린화 이온의 중심 간 거리는 256 pm이며, 결정 격자의 Born 지수는 8이다. 수소 원자의 이온화 에너지는 $+1537\ kJ \cdot mol^{-1}$이다. 힌트: 부록에서 암모니아, 플루오린화 수소 및 플루오린화 암모늄의 생성 엔탈피도 필요할 것이다.

6.46 다음의 반응 순서는 물로부터 수소 분자와 산소 분자를 만드는 열화학적 방법으로 제안된 것이다. 298 K에서 각 반응과 전체 반응에 대한 자유 에너지 변화를 계산하시오.

$$CaBr_2(s) + H_2O(g) \xrightarrow{\Delta} CaO(s) + 2\,HBr(g)$$
$$Hg(l) + 2\,HBr(g) \xrightarrow{\Delta} HgBr_2(s) + H_2(g)$$
$$HgBr_2(s) + CaO(s) \rightarrow HgO(s) + CaBr_2(s)$$
$$HgO(s) \xrightarrow{\Delta} Hg(l) + \tfrac{1}{2}O_2(g)$$

6.47 이온 결합은 금속이 '전자를 잃으려 하고' 비금속이 '전자를 얻으려 하기' 때문에 생성되는 것으로 표현되기도 한다. 적절한 열역학적 값들을 이용하여 이 표현을 비판하시오.

용매 계와 산-염기 행동

7장

많은 화학 반응은 용액에서 이루어진다. 용매를 선택하는 기준은 무엇인가? 용매는 어떤 작용을 하는가? 가장 많이 사용하는 용매는 물이기 때문에 산-염기 화학이 중요하다. 산-염기 성질에 관한 Brønsted-Lowry의 해석은 대부분의 목적에 합당한 것이지만, Lewis 개념도 논의할 것이다. 이 장의 후반부에서는 무기 화합물의 몇 가지 성질을 설명하는 데 유용한 방법인, 굳은-무른 산-염기 개념도 알아볼 것이다.

컨텍스트: 미래를 위한 녹색 용매

우리 행성의 용액 화학은 물이 지배하고 있다. 따라서 우리는 녹을 수 있는 것은 무엇인지, 그리고 물질이 녹는 이유는 무엇인지를 고려할 때 매우 극성이 큰 공유 결합 분자인 물의 성질에 초점을 맞춘다. 많은 무기 화학 반응의 경우, 반응물이나 생성물이 물과 반응하는 경우가 많기 때문에 물을 사용할 수 없다(7.4절 참조). 사용할 수 있는 다른 용매는 극성이 낮고, 독성이 있으며, 가연성이고 휘발성인 유기 화합물일 경우가 많다(7.1절 참조). 그러나 이들 단점을 갖는 용매 계는 실험실과 산업 현장에서 화학적 합성에 중요한 역할을 한다. 또한 물을 포함하는 일상적인 용매는 높은 온도와 압력 조건에서는 아주 다르게 행동할 수도 있음이 알려져 있다(10.6절 참조).

최근 들어 중요하게 발전된 점 중 한 가지는 이온성 액체가 발견되어 용매로 사용할 수 있게 된 점이다. 이온성 액체(ILs)는 매우 큰 일가 유기 양이온과 큰 일가 음이온으로 구성된다. 그 결과, ILs에서는 양이온-음이온 인력이 매우 약하고 격자 에너지가 낮아서 실온에서 열적 에너지가 결정 구조를 무너뜨려 액체로 만들기에 충분하게 된다. 동시에 결합의 이온성은 증발 에너지를 매우 높게 만든다. 이로 인해 ILs는 실온에서 매우 낮은 증기압을 갖는다. ILs의 재활용성과 '환경보호'에 대한 신임은 이들 성질에서 비롯된다.

가장 널리 연구되었고 가장 먼저 상업적으로 제조된 이온성 액체는 1-butyl-3-methylimidazolium hexafluorophosphate인데, $BMIMPF_6$로 알려져 있다(그림 참조). 이러한 형태의 이온성 액체는 매우 비싸기 때문에 재사용이 가능할 경우에 가장 많이 사용되고 있다. 독특한 이온성 용매 성질 때문에, ILs는 다양한 범위의 무기 화합물과 유기

이온성 액체 $[BMIM]^+(PF_6)^-$의 구조

화합물을 용해시킨다. 그러므로 많은 유기 합성에 대해 새로운 고수득율 '환경보호' 경로가 고안되고 있다. 특히, ILs는 Diels-Alder 반응과 Friedel-Crafts 반응과 같은 많은 전통적인 유기 화학 합성에서 용매로 사용될 수 있다.

7.1 용매

용매는 고체 용질과 상호작용을 일으켜 반응물 분자와(또는) 이온이 충돌하고 반응하는 것을 자유롭게 해 준다. 용매가 용질을 녹이려면, 용매-용질 결합 인력이 고체 결정에서의 격자 에너지와 입자들 간의 인력을 충분히 이겨낼 정도로 강해야 한다.

이온 결합 화합물을 녹이려면 매우 극성인 용매가 필요하지만, 대부분의 공유 결합 화합물은 극성이 낮은 용매에도 녹는다. 용매의 분자 극성을 측정한 가장 좋은 척도는 화합물에 대한 유전 상수이다. **유전 상수**(*dielectric constant*)는 정전기장을 일그러지게 만들 수 있는 능력이다. 표 7.1은 몇 가지 용매와 이들의 유전 상수를 나타낸 것이다. 일반적인 용매는 **극성 양성자성**(*polar protic*) 용매(유전 상수: 50 ~ 100)와 **쌍극성 비양성자성**(*dipolar aprotic*) 용매(유전 상수: 20 ~ 50), **비극성**(*nonpolar*) 용매(유전 상수: ~ 0)로 분류할 수 있다.

극성 양성자성 용매

극성 양성자성 용매는 극성이 매우 강한 H−F, O−H, N−H 중의 한 가지를 포함한다. 용매화는 음이온과 용매의 수소 및 양이온과 플루오린/산소/질소 간의 이온-쌍극자 힘에 의해 일어난다. 용해도는 이온-쌍극자 인력이 격자 에너지와 결정 격자의 정전기 양이온-음이온 인력보다 더 강해지는지(6.1절 참조) 여부에 따라 달라진다.

$$Na^+Cl^-(s) \xrightarrow{\text{물에 용해}} Na^+(aq) + Cl^-(aq)$$

위의 염화 소듐 수용액에 대한 용해 과정은 그림 7.1과 같이 나타낼 수 있다.

표 7.1 몇 가지 용매와 유전 상수

관용명	화학식	유전 상수
플루오린화 수소산	HF	84
물	H_2O	78
다이메틸설폭사이드(DMSO)	$(CH_3)_2SO$	47
N,*N*-다이메틸폼아마이드(DMF)	$(CH_3)_2NCHO$	38
아세토나이트릴	CH_3CN	37
메탄올	CH_3OH	32
암모니아	NH_3	27
아세톤	$(CH_3)_2CO$	21
다이클로로메테인	CH_2Cl_2	9
테트라하이드로퓨란(THF)	C_4H_8O	8
다이에틸에터	$(C_2H_5)_2O$	4
톨루엔	$C_6H_5CH_3$	2
헥세인	C_6H_{14}	2

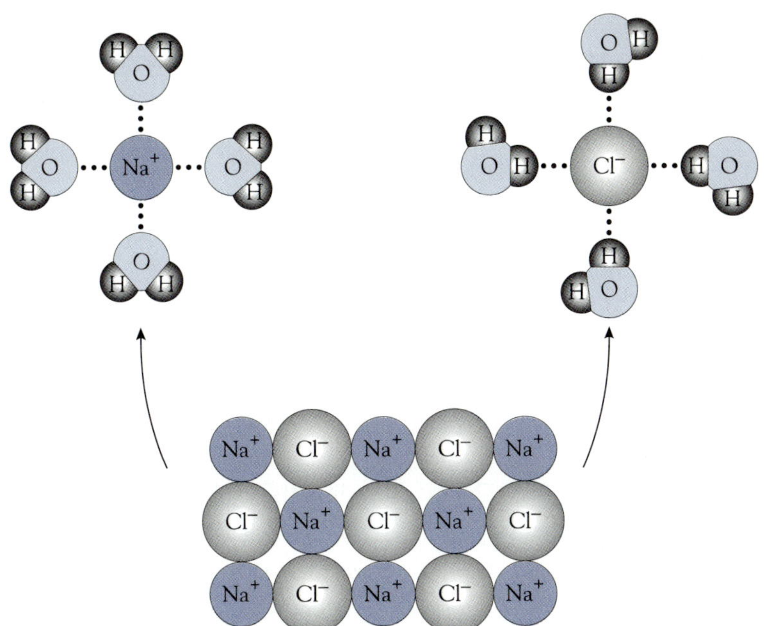

그림 7.1 염화 소듐의 물에 대한 용해 과정을 나타낸 그림. [G. Rayner-Canham et al., *Chemistry: A Second Course* (Don Mills, ON, Canada: Addison-Wesley, 1989), p. 350.]

대부분의 양성자성 용매는 **자동이온화**(*autoionization*)를 일으킨다. 즉, 용매 분자의 일부분은 수소 이온 교환 반응을 일으켜 짝산과 짝염기를 동시에 생성시킨다. 물과 암모니아에 대한 평형은 다음과 같다.

$$2\,H_2O(l) \rightleftharpoons H_3O^+(aq) + OH^-(aq)$$
$$2\,NH_3(l) \rightleftharpoons NH_4^+(am) + NH_2^-(am)$$

여기서 *am*은 물에 대해 사용한 *aq*처럼 액체 암모니아를 나타낸다.

암모니아는 −33°C에서 끓지만 높은 증발 엔탈피를 갖는다. 그렇기 때문에 배연 흡입 장치(fume hood, 암모니아는 독성이 있고 유해하다)에서 다룰 수 있다. 산-염기 반응은 암모니아에서도 일어날 수 있다. 예를 들면, 염화 암모늄과 소듐 아마이드, $NaNH_2$가 반응하면 염화 소듐과 암모니아가 생긴다.

$$NH_4^+Cl^-(am) + Na^+NH_2^-(am) \rightarrow Na^+Cl^-(s) + 2\,NH_3(l)$$

산과 염기를 사용한 용매의 항으로 정의하기도 한다. 그러므로 산은 직접 해리되거나 용매와 반응하여 용매의 양이온 성질을 갖는 물질을 만드는 용질이다. 이 경우 암모늄 이온은 암모니아가 양이온 성질을 갖게 된 것이므로 암모니아 용액에서 암모늄 이온은 산으로 분류된다. 마찬가지로, 염기는 직접 해리되거나 용매와 반응하여 용매의 음이온 성질을 갖는 물질을 만드는 용질이다. 여기서는 아마이드 이온이 암모니아의 음이온 성질을 갖게 된 것이다. 그러므로 암모니아 용액에서는 아마이드 이온이 염기로 분류된다.

물에서의 염산과 수산화 소듐의 산-염기 반응도 같은 현상을 나타낸다. 염산을 염화 하이드로늄, $H_3O^+Cl^-$로 나타내면 이 유사성을 확실하게 볼 수 있다.

$$H_3O^+Cl^-(aq) + Na^+OH^-(aq) \rightarrow Na^+Cl^-(aq) + 2\,H_2O(l)$$

염화 소듐은 물에 녹지만 암모니아에는 녹지 않는다. 암모니아는 물보다 극성이 낮기 때문에 이온-쌍극자 인력이 더 약해서 염화 소듐 격자 에너지에 대한 상쇄 효과가 모자란다.

물은 값이 싸기 때문에 매우 편리한 용매이지만, 실행시키고자 하는 화학이 어떻게 일어나는지에 대해 잊어버릴 때가 많다. 예를 들면, 소듐은 물과 반응하기 때문에 수용액에서는 환원제로 사용할 수 없다.

$$\mathrm{Na}(s) + 2\,\mathrm{H_2O}(l) \rightarrow 2\,\mathrm{NaOH}(aq) + \mathrm{H_2}(g)$$

그러나 액체 암모니아에서 소듐을 사용하면 과망가니즈산 이온을 망가니즈산 이온, $[\mathrm{MnO_4}]^{2-}$(20.6절 참조)과 산화 망가니즈(IV)로 환원시킬 수 있다.

$$\mathrm{MnO_4}^{-}(am) + \mathrm{Na}(s) \rightarrow \mathrm{Na}^{+}(am) + [\mathrm{MnO_4}]^{2-}(am)$$
$$[\mathrm{MnO_4}]^{2-}(am) + 2\,\mathrm{Na}(s) + 2\,\mathrm{NH_3}(l)$$
$$\rightarrow \mathrm{MnO_2}(s) + 2\,\mathrm{Na}^{+}(am) + 2\,\mathrm{OH}^{-}(am) + 2\,\mathrm{NH_2}^{-}(am)$$

이온 결합 화합물은 물에 '녹는다'라고 말할 때, 이 과정은 실제로 해리 중의 한 가지이다. **해리**(*dissociation*)는 '분리'를 의미하고, 물 등의 용매가 이온 결합 화합물에 존재하는 이온들을 분리시킬 때 사용된다. 예를 들어, 수산화 소듐을 살펴보자. 이 흰색 고체의 결정 격자는 교대로 반복되는 소듐 이온과 수산화 이온을 포함하고 있다. 용해 과정은 다음과 같이 나타낼 수 있다.

$$\mathrm{Na^{+}OH^{-}}(s) \xrightarrow{\text{물에 용해}} \mathrm{Na}^{+}(aq) + \mathrm{OH}^{-}(aq)$$

물에 무기산(inorganic acid)을 녹일 때에는 다른 과정이 일어난다. 무기산은 공유 결합을 포함하고 있다. 물에 녹을 때에는 공유 결합이 끊어져서 이온이 생성되는 **이온화**(*ionization*)가 일어난다. 즉, 이온화가 일어날 때에는, 생성된 이온-쌍극자 인력이 분자성 산에서 끊어지는 공유 결합보다 더 강해야 한다. 염산에 대해 이 과정은 다음과 같이 나타낼 수 있다.

$$\mathrm{HCl}(g) + \mathrm{H_2O}(l) \xrightarrow{\text{물에 용해}} \mathrm{H_3O}^{+}(aq) + \mathrm{Cl}^{-}(aq)$$

용매(*solvent*)를 정의할 때에는 '용해'와 '반응'을 구별하여야 한다. 예를 들면, 흰색의 고체 산화 소듐에 물을 첨가하면 수산화 소듐이 '사라지는' 것처럼 이 고체도 '사라지지만', 이 경우에는 다음과 같은 반응이 일어난다.

$$(\mathrm{Na}^{+})_2\mathrm{O}^{2-}(s) + \mathrm{H_2O}(l) \rightarrow 2\,\mathrm{Na}^{+}(aq) + 2\,\mathrm{OH}^{-}(aq)$$

예제 7.1

$\mathrm{HF}(l)$의 자동이온화 반응에 대한 반응식을 적고 짝산과 짝염기를 확인하시오.

해답

HF 분자는 자동이온화를 일으켜 $\mathrm{H_2F}^{+}$와 F^{-}를 생성한다.

$$2\,\mathrm{HF}(l) \rightarrow \mathrm{H_2F}^{+}(HF) + \mathrm{F}^{-}(HF)$$

$\mathrm{H_2F}^{+}$는 짝산이고 F^{-}는 짝염기이다.

쌍극성 비양성자성 용매

앞에서 설명한 것처럼 이온 결합 화합물이 녹을 때, 용매는 격자 에너지보다 이온과 더 강한 상호작용을 가져야 한다. 비양성자성 용매는 강한 Lewis 산이나 염기로서 작용한다. 고립 전자쌍을 갖는 Lewis 염기는 대체로 양이온에 대한 인력을 가질 수 있는데, 작은 양이온이 격자 에너지와 더 큰 공유를 하기 때문이다. 예를 들면, 염화 리튬은 아세톤, $(CH_3)_2CO$에 녹는다. 이 용매에서 리튬 이온은 $\{Li[OC(CH_3)_2]_4\}^+$ 이온으로 존재하는데, 이 이온에서 각 산소에 있는 고립 전자쌍은 리튬 이온에 결합되어 있다.

비양성자성 용매 중에서 몇 가지는 양성자성 용매와 같은 방식으로 자동이온화를 일으킨다. 트라이플루오린화 브로민은 좋은 예이다.

$$2BrF_3(l) \rightleftharpoons BrF_2^+(BrF_3) + BrF_4^-(BrF_3)$$

트라이플루오린화 브로민은 Lewis 산(플루오린화 은에 대해 염기) 또는 Lewis 염기(펜타플루오린화 안티모니)로 작용할 수 있다.

$$AgF(s) + BrF_3(l) \rightarrow Ag^+(BrF_3) + BrF_4^-(BrF_3)$$
$$SbF_5(l) + BrF_3(l) \rightarrow BrF_2^+(BrF_3) + SbF_6^-(BrF_3)$$

산 $[BrF_2][SbF_6]$와 염기 $Ag[BrF_4]$가 반응하는 Lewis 중화 반응도 가능하다.

$$[BrF_2^+][SbF_6^-](BrF_3) + Ag^+[BrF_4^-](BrF_3) \rightarrow Ag^+[SbF_6^-](s) + 2\,BrF_3(l)$$

비극성 용매

이 종류의 용매는 이온 결합 화합물을 녹이지 않지만, 공유 결합을 가지면서 전하를 띠지 않는 많은 화학종을 녹일 것이다. 예를 들면, 팔황(octasulfur), S_8과 사인(tetraphosphorus), P_4는 모두 물에는 녹지 않지만, 비극성 이황화 탄소, CS_2에는 쉽게 녹는다. 이들 각각의 경우에서, 용질과 용매 간의 분산력 상호작용은 분자 자체 사이에서 더욱 더 강하다. 극성이 낮은 용질과 비극성 용질의 경우 용해 엔탈피는 작다. 이것은 용질 내에서의 인력, 또는 용질과 용매 간의 분산력이나 가끔씩 존재하는 약한 쌍극자-쌍극자 상호작용으로 설명될 수 있다. 용해 과정에서는 이처럼 작은 엔탈피 변화와 함께 (대개 양의 값인) 혼합 엔트로피가 더 중요한 요인이 된다.

많은 금속이 공유 결합 화합물을 형성한다. 예를 들면, 고체 질산 수은(II)에서의 결합은 이온성으로 간주되지만, 액체 다이메틸수은, $Hg(CH_3)_2$에서는 공유 결합이다. 그러므로 질산 수은(II)은 물에 녹고, 다이메틸 수은은 대부분의 모든 비극성 용매나 낮은 유전 상수를 갖는 용매와 섞인다. 생선과 우리 뇌의 지방질 조직에 독성 다이메틸수은의 생화학적 축적을 일으키는 것은 비극성 용매에 대한 선호 때문이다(23장의 '컨텍스트' 참조).

7.2 Brønsted-Lowry 산과 염기

비금속의 화합물이나 유기금속 화합물(23장 참조)에 대해서는 비극성 용매가 중요하지만, 금속염의 간단한 화합물에 대해서는 여전히 물이 가장 중요한 용매이다. 그러므로 수용성 산과 염기를 다룰 때에는 Brønsted-Lowry 이론을 사용할 수 있다. 즉, 산은 수소 이온 주개이고 염기는 수소 이온 받개이다.

산의 행동은 대개 용매(대부분의 경우 물)와의 반응에 의존한다. 플루오린화 수소산의 경우 이 행동은 다음과 같이 나타낼 수 있다.

$$HF(aq) + H_2O(l) \rightleftharpoons H_3O^+(aq) + F^-(aq)$$

이 반응에서 물은 염기로 작용한다. 하이드로늄 이온은 물의 짝산이고, 플루오린화 이온은 플루오린화 수소산의 짝염기이다. 화학자들은 산이 염기에 수소 이온을 주었다고 말하지만, 이 말은 약간 잘못된 것이다. 왜냐하면, 더 정확한 말은 두 화학 물질 간의 수소 이온에 대한 경쟁이기 때문이다(승자는 염기이다). 산은 강도에게 지갑이나 돈을 뺏기는 것처럼 수소 이온을 '내주려고' 하지는 않는다.

산 이온화 상수(ionization constant), K_a는 매우 크거나 작은 지수를 가질 수 있기 때문에 대부분의 경우 정량적으로 측정된 산의 세기는 pK_a값으로 나타내는데, 여기서 $pK_a = -\log_{10}K_a$이다. 더 강한 산일수록 pK_a값은 더 음의 값이 된다. 대표적인 산에 대한 값은 표 7.2에 나타내었다.

산의 세기

무기 화학자들은 산의 세기에 대한 관심이 많다. $K_a > 1$(음의 pK_a)인 염산, 질산, 황산, 과염소산 등의 일반적인 산들은 모두 센산으로 간주된다. $K_a < 1$(양의 pK_a)인 아질산, 플루오린화 수소산 및 대부분의 다른 무기산들은 약한 산으로 간주되는데, 용액에서는 상당한 비율의 분자 산이 존재한다.

물에서 모든 센산은 100% 이온화되기 때문에 세기가 같은 것처럼 보인다. 즉, 물은 **평준화 용매**(*leveling solvent*)이다. 과염소산, $HClO_4$처럼 더 센산은 수용액에서 가능한 센산인 하이드로늄 이온을 생성하게끔 이온화될 것이다.

$$HClO_4(aq) + H_2O(l) \rightarrow H_3O^+(aq) + ClO_4^-(aq)$$

더 센산을 정량적으로 확인하려면 산을 물보다 더 약한 염기에 녹여야 한다. 더 약한 염기(순수한 약산일 경우도 있다)는 산에 대해 **구별성 용매**(*differentiating solvent*)로 작용한다. 이 시험은 플루오린화 수소산에서 과염소산에 대한 평형을 살펴보면 알 수 있다.

표 7.2 여러 가지 무기산의 산 이온화 상수

산	HA	A^-	K_a(25°C)	pK_a
과염소산	$HClO_4$	ClO_4^-	10^{10}	−10
염산	HCl	Cl^-	10^2	−2
플루오린화 수소산	HF	F^-	3.5×10^{-4}	3.45
암모늄 이온	NH_4^+	NH_3	5.5×10^{-10}	9.26

$$HClO_4(HF) + HF(l) \rightleftharpoons H_2F^+(HF) + ClO_4^-(HF)$$

여기서 *HF*는 순수한 용매인 플루오린화 수소를 나타낸다. 여기에서 더 약한 산인 플루오린화 수소산은 더 센산인 과염소산에 대해 수소 이온 받개(염기)로 작용한다. 산이나 염기 모두로 작용할 수 있는 물질을 **양쪽성 양성자성**(*amphiprotic*)이라고 한다. 물과 과염소산의 반응에서는 평형이 오른쪽으로 완전히 치우치지만, 플루오린화 수소산은 물보다 더 약한 염기이기 때문에 이 평형이 완전히 오른쪽으로 치우치지 않는다. 이 실험은 다른 센산에 대해서도 반복될 수 있으며, 가장 센산은 평형을 가장 오른쪽으로 치우치게 만드는 산이다. 일반적인 산 중에서는 과염소산이 가장 센산이다.

이성분 산

가장 흔히 접하는 이성분 산(binary acid)은 할로젠화 수소산이며, 이들의 pK_a값을 표 7.3에 나타내었다. 양의 pK_a값을 갖는 플루오린화 수소산은 명백히 다른 세 가지에 비해 훨씬 더 약한 산이다. 다른 것들은 모두 센산으로 거의 완전히 이온화한다. 아이오딘산은

표 7.3 할로젠화 수소산의 세기와 수소-할로젠 결합 에너지 간의 관계

산	pK_a	H–X 결합 에너지(kJ · mol^{-1})
HF(*aq*)	+3	565
HCl(*aq*)	−7	428
HBr(*aq*)	−9	362
HI(*aq*)	−10	295

제산제

처방전 없이 사용되는 의약품 중의 하나가 제산제이다. 위장병 치료는 수십억 달러 시장이다. 제산제는 무기 의약품 중에서 가장 흔한 것이다. 위는 산(염산)을 포함하고 있으며, 하이드로늄 이온은 복잡한 단백질을 더 단순한 펩타이드 단위로 분해시켜(가수분해), 위벽을 통해 더 쉽게 흡수되게 만드는 좋은 촉매이다. 불행스럽게도 어떤 사람의 위는 산을 과다 생성시킨다. 과다 산의 불쾌한 효과를 제거하려면 염기가 필요하다. 그러나 염기의 선택은 화학 실험실에서처럼 단순하지가 않다. 예를 들면, 수산화 소듐의 섭취는 생명을 위협할 정도로 심각한 식도 손상을 일으키게 된다.

몇 가지 특허가 걸린 제산제는 탄산 칼슘을 포함한다. 이 화합물도 이산화 탄소를 생성시킨다.

$$CaCO_3(s) + 2\,H^+(aq) \rightarrow Ca^{2+}(aq) + H_2O(l) + CO_2(g)$$

이러한 제산제를 파는 회사들은 칼슘 섭취의 장점을 선전하고 있지만, 변비를 일으킬 수도 있음은 알리지 않고 있다.

많이 사용되고 있는 제산 화합물로는 수산화 마그네슘도 있다. 이 약품은 알약 형태로 판매되고 있으며, 곱게 갈아 색깔이 있는 물과 혼합하여 만든 '마그네시아 우유'라고 부르는 현탁액도 판매되고 있다. 수산화 마그네슘은 용해도가 낮기 때문에 현탁액에 존재하는 자유 수산화 이온의 농도는 무시할 수 있을 정도이다. 위에서는 불용성 염기가 산과 반응하여 마그네슘 이온의 용액을 만든다.

$$Mg(OH)_2(s) + 2\,H^+(aq) \rightarrow Mg^{2+}(aq) + 2\,H_2O(l)$$

칼슘 이온은 변비를 일으키지만 마그네슘 이온은 대변을 잘 나오게 만든다. 이러한 이유로 어떤 제품은 탄산 칼슘과 수산화 마그네슘을 혼합하여 이 두 가지 이온의 효과가 조화를 이루게 만든다.

수산화 알루미늄은 몇 가지 제산제 제품에 사용되고 있는 성분이다. 이 염기도 물에 녹지 않기 때문에 수산화 이온은 알약이 위에 도달할 때까지 방출되지 않는다.

$$Al(OH)_3(s) + 3\,H^+(aq) \rightarrow Al^{3+}(aq) + 3\,H_2O(l)$$

13.11절에서 논의하겠지만 알루미늄 이온은 독성이 있다. 알루미늄 함유 제산제를 가끔씩 복용하는 것이 장기간의 건강을 고려하였을 때 문제가 될 수 있다는 증거는 없지만, 제산제를 정규적으로 복용해야 할 경우에는 칼슘과(또는) 마그네슘 제품을 사용하는 것을 고려해야 할 것이다.

가장 센산이기 때문에 가장 큰 음의 pK_a값을 가진다. 어떤 할로젠화 수소산을 HX로 표현하여 이온화 과정에 대한 식을 쓰면 다음과 같다.

$$HX(aq) + H_2O(l) \rightleftharpoons H_3O^+(aq) + X^-(aq)$$

물 분자가 하이드로늄 이온으로 될 때, 우세한 열역학적 요인은 H−X 결합의 끊어짐에 대한 엔탈피와 추가적인 O−H 결합의 생성에 대한 엔탈피임을 알 수 있다. 여러 가지 H−X의 결합 에너지 값 또한 표 7.3에 나타내었으며, O−H의 결합 에너지는 459 kJ · mol^{-1}이다. 모든 반응은 더 강한 결합을 형성하려는 경향성을 갖기 때문에, 이온화는 플루오린화 수소산에 대하여 에너지적으로 유리하지 않지만, 다른 할로젠화 수소산에 대해서는 유리한 것이 분명하다. 즉, 결합 에너지의 차이는 산의 세기의 경향성과 상당히 잘 일치한다.

산소산

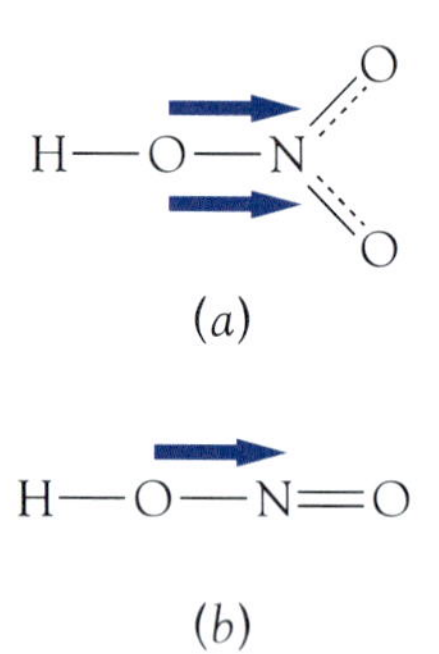

그림 7.2 H–O 결합으로부터의 전자의 흐름이 질산에서 더 크기 때문에 질산(*a*)은 아질산(*b*)보다 더 센산이다.

산소산은 산소를 포함하는 세 가지 성분으로 이루어진 산이다. 흔히 접하는 모든 무기산에서 이온화될 수 있는 수소 원자는 산소 원자와 공유 결합을 하고 있다. 예를 들면, 질산 HNO_3은 $HONO_2$로 쓰는 것이 더 적절한 표현이다.

한 원소에 대한 일련의 산소산에서 산의 세기와 산소 원자의 사이에는 서로 대응 관계가 있다. 즉, 질산은 센산(pK_a = −1.4)인 반면에 아질산, HONO는 약한 산(pK_a = +3.3)이다. 이 현상은 전기 음성도를 이용하여 설명할 수 있다. 할로젠화 수소산과 마찬가지로 산소산의 세기는 이온화되는 수소 원자와 이 수소 원자가 결합된 원자 간의 공유 결합이 얼마나 약한가에 달려 있다. 산소산에 있어, 분자 내에 높은 전기 음성도를 갖는 산소 원자의 수가 많을수록, 전자 밀도는 수소 원자로부터 더 많이 끌어당겨지므로 수소-산소 결합이 더 약해진다. 그 결과, 더 많은 산소 원자를 갖는 산이 더 쉽게 이온화되며, 따라서 더 센산이다. 이러한 경향성을 그림 7.2에 나타내었다.

이와 같은 산소 원자수와 산의 세기 간의 밀접한 관계는 반정량적인 방법으로 사용될 수 있다. 산소산을 $(HO)_nXO_m$으로 나타내면 m = 0일 때의 일차 이온화에 대한 pK_a는 약 8이고, m = 1 경우에는 약 2, m = 2인 경우는 약 −1이며, m = 3인 경우는 약 −8이다.

예제 7.2

다음에 주어진 염소의 산소산을 산의 세기가 증가하는 순서로 나열하시오.

$HClO_4$, $HClO$, $HClO_3$, $HClO_2$

해답

전기 음성인 산소 원자의 수가 증가할수록 산의 세기도 증가한다.
따라서 산도의 순서는 $HClO < HClO_2 < HClO_3 < HClO_4$가 된다.

예제 7.3

(a) 아염소산, $HClO_2$와 (b) 붕소산, H_3BO_3의 pK_a 값을 예측하시오.

해답

a) 아염소산의 구조는 (HO)ClO이기 때문에, m = 1이고 pK_a는 약 2 정도일 것이다.
b) 붕소산의 구조는 $(HO)_3B$이기 때문에, m = 0이고 pK_a는 약 8 정도일 것이다.

다양성자산

산과 인산 등의 몇 가지 산은 이온화될 수 있는 수소 원자를 여러 개 가지고 있다. 일련의 이온화는 단계가 진행될수록 항상 점점 더 작은 범위로 진행한다. 이러한 경향은 황산의 두 단계 이온화를 이용하여 설명할 수 있다.

$$H_2SO_4(aq) + H_2O(l) \rightarrow H_3O^+(aq) + HSO_4^-(aq) \qquad pK_a = -2$$
$$HSO_4^-(aq) + H_2O(l) \rightleftharpoons H_3O^+(aq) + SO_4^{2-}(aq) \qquad pK_a = +1.9$$

첫 단계 반응은 완결될 때까지 진행된다. 따라서 황산은 센산으로 분류된다. 두 번째 단계에 대한 평형은 산의 농도가 보통일 경우 약간 왼쪽에 놓인다. 따라서 황산 수소 이온, HSO_4^-은 황산 수용액에 존재하는 중요한 화학종 중 하나이다. 연속적인 이온화의 감소는 생성되는 음이온이 갖는 음의 전하가 증가하여 추가적으로 하이드로늄 이온을 잃기가 어려워지기 때문이라고 설명할 수 있다.

Brønsted-Lowry 염기

Brønsted-Lowry 염기는 수소 이온 받개이다. 수산화 이온을 제외하면 다음으로 가장 중요한 Brønsted-Lowry 염기는 암모니아이다. 여기에서 물은 짝염기가 수산화 이온인 산으로 작용하고 암모늄 이온은 짝산이 암모니아인 염기이다. 암모니아 용액을 유리 세척제로 사용할 수 있게 해 주는 것은 바로 이 수산화 이온의 생성 때문이다(수산화 이온은 지방 분자와 반응하여 물에 녹을 수 있는 염을 생성한다).

$$NH_3(aq) + H_2O(l) \rightleftharpoons NH_4^+(aq) + OH^-(aq)$$

약한 산의 짝염기를 포함하여 일반적인 염기는 표 7.4에 나타내었다. 많은 금속염에 존재하면서 이 염이 물에 녹을 때 용액이 염기성을 띠게 만드는 것은 바로 이들 음이온이다. 이 음이온들에 대해서는 다음 절에서 알아보기로 하자.

다가의 음의 전하를 갖는 음이온은 각각의 가수분해 단계에 해당하는 pK_b값을 갖는다. 예를 들면, 인산 이온에 대해서는 세 가지 평형이 존재한다.

$$PO_4^{3-}(aq) + H_2O(l) \rightleftharpoons HPO_4^{2-}(aq) + OH^-(aq) \qquad pK_b = 1.35$$
$$HPO_4^{2-}(aq) + H_2O(l) \rightleftharpoons H_2PO_4^-(aq) + OH^-(aq) \qquad pK_b = 6.79$$
$$H_2PO_4^-(aq) + H_2O(l) \rightleftharpoons H_3PO_4(aq) + OH^-(aq) \qquad pK_b = 11.88$$

두 번째 pK_b는 7.00보다 작기 때문에 인산 수소 이온은 산이 아니라 염기로 작용한다.

표 7.4 여러 가지 무기염기의 염기 이온화 상수

염기	A^-	HA	K_b(25°C)	pK_b
인산 이온	PO_4^{3-}	HPO_4^{2-}	4.7×10^{-2}	1.33
사이안화 이온	CN^-	HCN	1.6×10^{-5}	4.79
암모니아	NH_3	NH_4^+	1.8×10^{-5}	4.74
하이드라진	N_2H_4	$N_2H_5^+$	8.5×10^{-7}	6.07

사이안화 이온과 열대어

사이안화 이온은 약한 산인 사이안화 수소산의 짝염기이다. 그러므로 사이안화 소듐 용액은 염기의 존재로 인한 독성이 있을 뿐만 아니라 짝산도 염기성이 매우 크다.

$$CN^-(aq) + H_2O(l) \rightleftharpoons HCN(aq) + OH^-(aq)$$

사이안화물은 귀금속 추출에서 착화제로 사용된다(20.11절 참조). 사이안화물 함유 용액이 광산에서 사고로 방출되면, 수중 생물체에게는 치명적이고 국지화된 손상을 일으킬 수 있다. 사이안화물을 포함하는 환경에 미치는 가장 큰 재앙은 열대어 교역에서 일어난다.

바닷물에 사는 열대어는 화려한 색깔을 자랑한다. 이들을 가두면 번식이 불가능하기 때문에 수집가들은 열대 산호초에 서식하는 열대어를 모아야 한다. 수족관에 공급하기 위하여 연간 약 3천5백만 마리의 열대어가 포획되는 것으로 추정되고 있다. 미국에서만 약 700,000가구와 사업장이 해양 수족관을 가지고 있다.

이 교역은 1957년 필리핀에서 시작되었다. 사이안화물 독성은 이 어류를 모으는 가장 간단한 방법이었는데, 지난 40년간 필리핀에서만 1,000,000 kg 이상의 사이안화 소듐을 열대 모래톱에 쏟아부었다. 다이버들은 사이안화 소듐 알약 한두 개를 부수어 이 가루를 물과 혼합한 다음, 산호초 위에 쏟아붓는다. 사이안화 수소는 입이나 아가미를 통해 흡수되어 즉시 사이토크롬 옥시데이스와 같은 효소가 작용할 수 없게 만들어 산소 흡수를 감소시킨다. 몸이 날랜 이 어류는 질식하게 되어 산호초의 틈새로 달아나기 전에 쉽게 포획할 수 있게 된다. 이 어류의 절반 정도는 즉시 죽는 것으로 추정된다. 살아남은 것들은 간에 흡수된 사이안화물의 장기간에 걸쳐 나타나는 효과로 약 40%가 죽게 될 것이고, 약 10%만이 살아남아 수집가들의 어항으로 보내진다.

어류를 죽이는 것 외에 사이안화물은 산호초 생명체 자체에도 영향을 미친다. 사이안화물의 농도가 50 mg · L^{-1} 이하일 경우에도 산호초를 죽일 수 있다. 동남아시아의 바다에는 약 30%의 산호초가 있는데, 지구상 어느 곳보다 더 다양한 수중 생명체들이 이곳 산호초 주위에 서식하고 있다. 열대어 공급 중의 85%를 차지하는 필리핀과 인도네시아의 산호초에 대한 사이안화물의 효과는 거대한 산호초 지대의 파괴로 나타나고 있다. 필리핀 산호초의 4%와 인도네시아 산호초의 7%만이 양호한 상태로 존재하고 있다. 베트남과 키리바시에서도 사이안화물을 사용하고 있는 것 같다.

사이안화물은 아직도 열대어를 포획하는 가장 쉬운 방법이다. 생계가 걸려 있기 때문에 포획 방법을 변경시키기가 어렵다. 이 교역을 중지시키려면 목표는 구매자가 되어야 한다. The Marine Aquarium Counsil(MAC)는 사이안화물을 사용하지 않고 해양 어류를 포획하는 방법을 개발하기 위해 설립되었다. MAC 관리들은 해양 어류 수집가들이 MAC가 검증한 어류만 구입하여 어항에서 키우기를 희망하고 있다. 검증된 어류 구입에 대한 권고를 통해 사이안화물을 이용해 잡은 어류 시장이 효과적으로 무너지기를 바라고, 포획업자들도 생태계를 위협하는 방법을 포기하기를 희망한다.

7.3 산-염기 행동의 경향성

금속 이온의 산도

물에 염화 소듐을 녹이면 중성 용액이 되지만, 염화 암모늄을 녹이면 강한 산성 용액이 된다. 5.2절과 6.4절에서 설명한 것처럼, 이온은 용액에서 수화된다. 대부분의 경우, 금속 이온 주위의 첫 번째 용매화권은 6개의 물 분자로 이루어진다. 중성 용액을 형성하는 이온은 이 물 분자들이 소듐 이온에서처럼 상대적으로 약하게 붙잡혀 있기 때문인 것으로 간주함으로써 설명할 수 있다.

이온이 작아지고 전하가 더 높아져서 전하 밀도가 증가하면, 산소에 있는 고립 전자쌍은 금속 이온쪽으로 강하게 끌리게 되므로 공유 결합이 생성된다. 따라서 수소 원자는 이웃한 물 분자에 수소 이온 주개로 작용할 수 있을 정도까지 양으로 하전되게 된다(5.3절 참조). 이 과정은 알루미늄 이온을 사용하여 알아볼 수 있다.

$$[Al(OH_2)_6]^{3+}(aq) + H_2O(l) \rightleftharpoons [Al(OH_2)_5(OH)]^{2+}(aq) + H_3O^+(aq)$$

그러므로 금속 이온의 더 높아진 전하 밀도는 평형을 하이드로늄 이온의 생성 쪽으로

초강산

초강산(superacid)은 100% 황산보다 더 센산으로 정의된다. 화학자들은 황산보다 $10^7 \sim 10^{19}$배 더 강한 초강산을 합성하였다. 초강산에는 Brønsted, Lewis, 짝 Brønsted-Lewis, 고체 초강산 등 네 가지 범주가 있다. 흔히 접하는 Brønsted 초강산은 과염소산이다. 과염소산을 순수한 황산과 섞으면 황산은 염기로 작용한다.

$$HClO_4(H_2SO_4) + H_2SO_4(l) \rightleftharpoons H_3SO_4^+(H_2SO_4) + ClO_4^-(H_2SO_4)$$

플루오로황산, HSO_3F는 가장 센 Brønsted 초강산이며, 황산보다 1000배 이상 더 산성이다. 이 산은 액체 영역이 −89°C ~ +164°C이기 때문에 이상적인 용매이며, 그림 7.3과 같은 구조를 갖는다.

Brønsted-Lewis 초강산은 센 Lewis 산과 센 Brønsted-Lowry 산의 혼합물이다. 가장 흔한 조합은 플루오로황산에 10%의 펜타플루오린화 안티모니, SbF_5를 녹인 용액이다. 펜타플루오린화 안티모니를 가하면 플루오로황산의 산도는 수천 배가 증가한다.

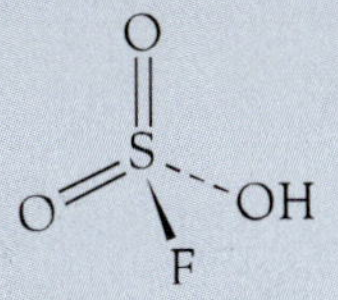

그림 7.3 플루오로황산의 구조

이 두 산들 간의 반응은 매우 복잡하지만, 혼합물 중에 존재하는 초강산-수소 이온 주개는 $H_2SO_3F^+$ 이온이다. 이 산은 탄화수소와 같은 많은 물질과 반응을 일으킬 것이지만, 보통의 산과는 반응하지 않을 것이다. 예를 들면 프로펜, C_3H_6는 이 이온과 반응하여 프로필 양이온을 만든다.

$$C_3H_6(HSO_3F) + H_2SO_3F^+(HSO_3F) \rightarrow C_3H_7^+(HSO_3F) + HSO_3F(l)$$

플루오로황산에 펜타플루오린화 안티모니를 녹인 용액을 흔히 '요술산(Magic Acid)'이라고 한다. 이 이름은 초강산 분야의 선구자인 Case Western Reserve University 실험실의 George Olah로부터 유래되었다. Olah의 공동 연구자 중의 한 사람이 실험실의 크리스마스 파티가 끝난 후 남은 초의 작은 조각을 산에 넣었는데, 이 초 조각이 빠른 속도로 녹는 것을 발견하였다. 그는 이 용액을 조사하여 긴-사슬 구조를 갖는 파라핀 왁스의 탄화수소 분자에는 수소 이온이 첨가되고, 이 양이온은 그들 스스로 재배열되어 가지형-사슬 분자를 형성함을 밝혔다. 이 예상 밖의 발견 때문에 '요술산'이라는 이름을 제안하였고, 현재는 이 화합물에 대한 상품명으로 등록되게 되었다. 초강산은 석유 화학 산업에서 별로 중요하지 않은 곧은-사슬형 탄화수소를, 고-옥테인 휘발유를 만드는 데 필요한 더 가치가 있는 가지-사슬형 분자로 변형시키는 데 사용되고 있다.

더 치우치게 만들고, 금속 이온이 하이드록시 화학종으로 남게 만든다. 이러한 평형 때문에 3+ 이상의 양의 전하를 갖는 금속 이온만이 매우 낮은 pH에서 실제로 수화된 이온으로 존재하게 된다. 물과의 반응에 대한 이 과정을 **가수분해**(*hydrolysis*)라고도 한다.

이온이 갖는 전하에 따라 여러 가지 pK_a값이 존재한다. 그러므로 알루미늄 이온의 경우 이어지는 평형은 다음과 같다.

$$[Al(OH_2)_5(OH)]^{2+}(aq) + H_2O(l) \rightleftharpoons [Al(OH_2)_4(OH)_2]^+(aq) + H_3O^+(aq)$$

pH가 증가하면 일련의 평형은 오른쪽으로 치우치게 되고, 결국 금속 수산화물의 침전이 생성된다.

$$[Al(OH_2)_4(OH)_2]^+(aq) + H_2O(l) \rightleftharpoons Al(OH)_3(s) + H_3O^+(aq)$$

다른 많은 금속 수산화물과는 달리 알루미늄 이온의 경우에는 높은 pH에서조차 수산화물이 다시 녹아서 산소 음이온을 형성한다(13.6절 참조).

$$Al(OH)_3(s) + OH^-(aq) \rightleftharpoons Al(OH)_4^-(aq)$$

표 7.5는 수용액의 소듐, 마그네슘 및 알루미늄 양이온의 산-염기 성질을 비교한 것이다. 간단하게 나타내기 위하여 모든 알루미늄 양이온 화학종은 'Al^{3+}'로 표기하였다.

표 7.5 소듐, 마그네슘 및 알루미늄 화학종의 비교

	매우 산성	산성	염기성	매우 염기성
소듐	$Na^+(aq)$			
마그네슘	$Mg^{2+}(aq)$			$Mg(OH)_2(s)$
알루미늄	$Al^{3+}(aq)$	$Al(OH)_3(s)$		$Al(OH)_4^-(aq)$

비금속 음이온의 염기도

양이온의 산도에 대한 양상과 마찬가지로 간단한 음이온의 염기도에 대한 양상도 존재한다. 즉, 이 양상은 양이온의 것과 거의 거울상이다. 그러므로 할로젠화 이온(플루오린화 이온을 제외하고)은 알칼리 금속처럼 중성이다. 플루오린화 이온의 경우, 부분적인 가수분해가 일어나 플루오린화 수소산이 생성된다. pH에 따른 플루오린화 이온과 염화 이온에 대해 우세한 화학종을 표 7.6에 나타내었다.

$$F^-(aq) + H_2O(l) \rightleftharpoons HF(aq) + OH^-(aq)$$

16족의 경우 산화 이온, O^{2-}는 염기성이 강해서 물과 접촉하면 즉시 수산화 이온이 생성된다.

$$O^{2-}(aq) + H_2O(l) \rightarrow OH^-(aq) + OH^-(aq)$$

황화 이온은 수용성 황화 수소로 더 잘 알려진 매우 약한 황화 수소산, $H_2S(aq)$로부터 생기는 염기이다. 그래서 황화 수소 이온으로의 가수분해는 거의 완전하게 이루어져서 황화 수소 이온에 이어서 황화 (이)수소로까지 가수분해가 이어진다.

$$S^{2-}(aq) + H_2O(l) \rightarrow HS^-(aq) + OH^-(aq)$$
$$HS^-(aq) + H_2O(l) \rightleftharpoons H_2S(aq) + OH^-(aq)$$

황화 이온 용액에서 나오는 황화 수소의 특성적인 썩은 계란 냄새는 이들 가수분해 반응 때문에 생긴다. pH에 따라 산화 이온과 황화 이온에 대해 우세한 화학종은 표 7.7에 나타내었다.

산소산 음이온의 염기도

산소산의 산도가 산소 원자와 수소 원자의 수에 의존하는 것처럼, 상응하는 음이온의 염기도도 산소 원자와 이온의 전하에 의존한다. 이 이온들은 중성, 약한 염기성, 중간 정도 염기성 및 센 염기성으로 분류할 수 있다.

먼저 XO_n^- 계열을 살펴보면 n이 감소함에 따라 염기도는 증가함을 알 수 있다. 즉, HXO_n에서 n이 감소하면 산도도 감소하는 산소산에 대한 계열과는 반대이다. 이들 두 경

표 7.6 플루오린화 이온과 염화 이온의 수용액에서의 화학종 비교

	매우 산성	산성	염기성	매우 염기성
플루오린화 이온	$HF(aq)$	$F^-(aq)$		
염화 이온	$Cl^-(aq)$			

표 7.7 산화 이온과 황화 이온의 수용액에서의 화학종 비교

	매우 산성	산성	염기성	매우 염기성
산화 이온	$H_3O^+(aq)$	$H_2O(aq)$		$OH^-(aq)$
황화 이온	$H_2S(aq)$		$HS^-(aq)$	$S^{2-}(aq)$

향성에 대한 요인은 같은 근원을 갖는다. 즉, 원소 X 주위에 산소 원자의 수가 증가하면, O−H 결합은 약해지고 더 납작해진 음이온은 가수분해되려는 경향을 나타낸다(표 7.8).

일반식 XO_4^{n-}를 갖는 산화 이온 계열의 경우 전하가 증가하면 염기도도 증가한다(표 7.9). 이 양상은 전하가 더 높고, 더 염기성인 일원자 음이온과 유사하다.

표 7.10은 3주기 등전자 산소산 음이온, PO_4^{3-}, SO_4^{2-}, ClO_4^-의 우세한 화학종에 대한 pH 의존성을 나타낸 것이다. 규산 이온은 화학이 매우 복잡하기 때문에 이 계열에서 제외하였다. pH 값이 높을 때에는 오쏘규산 이온(orthosilicate ion), SiO_4^{4-}가 우세하고, 낮은 pH에서는 수화된 이산화 규소가 우세하다. 그러나 중간의 pH 영역에서는 수많은 고분자 이온이 존재하는데, 이들의 비율은 pH뿐만 아니라 농도에도 의존한다.

XO_4^{n-} 이온의 이러한 양상은 XO_3^{n-} 이온에서도 볼 수 있는데, 산소산 음이온의 전하가 증가하면 염기도도 증가한다. 탄산과 질산 화학종을 표 7.11에 나타내었다.

표 7.8 일반적인 XO_n^- 산소산 음이온의 염기도

분류	형태	예
중성	XO_4^-	ClO_4^-, MnO_4^-
	XO_3^-	NO_3^-, ClO_3^-
약한 염기성	XO_2^-	NO_2^-, ClO_2^-
중간 정도 염기성	XO^-	ClO^-

표 7.9 일반적인 XO_4^{n-} 산소산 음이온의 염기도

분류	형태	예
중성	XO_4^-	ClO_4^-, MnO_4^-
약한 염기성	XO_4^{2-}	SO_4^{2-}, CrO_4^{2-}, MoO_4^{2-}
중간 정도 염기성	XO_4^{3-}	PO_4^{3-}, VO_4^{3-}
센 염기성	XO_4^{4-}	SiO_4^{4-}

표 7.10 인산, 황산, 과염소산 이온의 수용액에서의 화학종 비교

	매우 산성	산성	염기성	매우 염기성
인산 이온	$H_3PO_4(aq)$	$H_2PO_4^-(aq)$	$HPO_4^{2-}(aq)$	$PO_4^{3-}(aq)$
황산 이온	$HSO_4^-(aq)$	$SO_4^{2-}(aq)$		
과염소산 이온	$ClO_4^-(aq)$			

표 7.11 탄산 이온과 질산 이온의 수용액에서의 화학종 비교

	매우 산성	산성	염기성	매우 염기성
탄산 이온	$CO_2(aq)$	$HCO_3^-(aq)$		$CO_3^{2-}(aq)$
질산 이온	$NO_3^-(aq)$			

예제 7.4

브로민산 이온과 아브로민산 이온 중에서 수용액에서 가수분해를 일으키는 이온은 어느 것인가? 그 이온의 가수분해 반응을 쓰시오.

해답

이온은 BrO_3^-와 BrO_2^-이다. 표 7.8을 보면 산소산 음이온, XO_3^-는 중성이고 XO_2^-는 약한 염기성이다. 따라서 브로민산 이온은 중성이고, 아브로민산 이온이 가수분해를 일으킬 것이다.

$$BrO_2^-(aq) + H_2O(l) \rightleftharpoons HBrO_2(aq) + OH^-(aq)$$

예제 7.5

크로뮴산 이온에 대해 중성과 산성 용액에서 우세한 화학종을 예측하시오.

해답

표 7.9를 보면 XO_4^{2-} 형태의 음이온은 약한 염기성이다. 따라서 중성 용액에서는 크로뮴산 이온, $[CrO_4]^{2-}$가 우세하게 존재해야 한다. 산성 용액에서는 산성 음이온으로 존재해야 한다.

$$[CrO_4]^{2-}(aq) + H_3O^+(aq) \rightleftharpoons [HCrO_4]^-(aq) + H_2O(l)$$

7.4 산화물의 산-염기 반응

이 절에서는 산화물을 포함하는 산-염기 반응에 초점을 맞출 것이다. 산화물은 염기성(대부분 금속 산화물), 산성(일반적으로 비금속 산화물), 양쪽성(산성과 염기성 모두를 갖는 '약한' 금속 산화물) 및 중성(몇 가지 비금속 및 금속 산화물)으로 분류할 수 있다. 16.5절에서는 비-산소 원자의 산화 상태와 산-염기 행동이 어떻게 연관되는지를 알아볼 것이다.

가장 대표적인 산화물의 반응은 산성 산화물과 염기성 산화물이 반응해서 염을 형성하는 반응이다. 예를 들면, 이산화 황(산성 산화물)은 금속 제련소나 다른 산업적 공정에서 생기는 주요 폐기물이다. 과거에는 별 생각 없이 대기 중으로 방출시켰지만, 지금은 폐기물 방출로부터 생기는 산성 가스를 제거하기 위하여 많은 산-염기 반응이 고안되었다. 이들 중에서 가장 간단한 것은 염기성 산화 칼슘과 반응시켜 고체 아황산 칼슘을 만드는 것이다.

$$CaO(s) + SO_2(g) \rightarrow CaSO_3(s)$$

산성 산화물은 대개 염기와 반응한다. 예를 들면, 이산화 탄소는 수산화 소듐 용액과 반응하여 탄산 소듐을 만든다.

$$CO_2(g) + 2\ NaOH(aq) \rightarrow Na_2CO_3(aq) + H_2O(l)$$

표 7.12 3주기 원소들의 최대 산화물의 산-염기 성질

화합물	Na_2O	MgO	Al_2O_3	SiO_2	P_4O_{10}	$(SO_3)_3$	Cl_2O_7
산-염기 행동	염기성	염기성	양쪽성	산성	산성	산성	산성

이와는 반대로 많은 염기성 산화물은 산과 반응한다. 예를 들면, 산화 마그네슘은 질산과 반응하여 질산 마그네슘을 형성한다.

$$MgO(s) + 2\,HNO_3(aq) \rightarrow Mg(NO_3)_2(aq) + H_2O(l)$$

2주기와 3주기 원소들의 최대 산화물

주기를 따라 진행하다 보면 금속에 대한 염기성 산화물에서 비금속에 대한 산성 산화물로 바뀌는 지점이 존재한다(표 7.12). 예를 들면, 산화 소듐은 물과 반응하여 수산화 소듐이 되지만 삼산화 황은 물과 반응하여 황산이 된다.

$$Na_2O(s) + H_2O(l) \rightarrow 2\,NaOH(aq)$$
$$SO_3(s) + H_2O(l) \rightarrow H_2SO_4(l)$$

물에 녹지 않는 산화물도 존재하기 때문에 모든 산화물이 물과 반응하는 것은 아니다. 예를 들면, 산화 마그네슘은 물에 녹지 않지만 산과는 반응한다.

$$MgO(s) + 2\,HCl(aq) \rightarrow MgCl_2(aq) + H_2O(l)$$

그러나 이산화 규소와 같은 산성 산화물은 염기와 반응한다.

$$SiO_2(s) + 2\,NaOH(l) \xrightarrow{\Delta} Na_2SiO_3(l) + H_2O(g)$$

알루미늄은 경계에 있거나 약한 금속에 속하는 원소 중의 하나이다. 이들 금속(다른 예로는 아연과 주석이 있다)은 금속과 비금속 모두의 화학적 성질을 나타낸다. 그러므로 이들의 산화물은 산(금속처럼)과 염기(비금속처럼) 모두와 반응한다. 예를 들면, 산화 알루미늄은 산과 반응하여 헥사아쿠아알루미늄 양이온, $[Al(OH_2)_6]^{3+}$가 되는데, 이 이온을 간단하게 $Al^{3+}(aq)$로 표기한다. 산화 알루미늄이 염기와 반응하면 테트라하이드로알루미늄산 음이온, $[Al(OH)_4]^-$가 된다.

$$Al_2O_3(s) + 6\,H^+(aq) \rightarrow 2\,Al^{3+}(aq) + 3\,H_2O(l)$$
$$Al_2O_3(s) + 2\,OH^-(aq) + 3\,H_2O(l) \rightarrow 2\,[Al(OH)_4]^-(aq)$$

15족 원소들의 최대 산화물

주기를 따라 염기성 산화물에서 산성 산화물로 바뀌는 지점이 존재하는 것처럼 주기율표의 가운데에 있는 족의 아래로 내려가면서도 비슷한 양상이 존재한다. 이러한 양상을 설명하기 위해 여기서는 15족 원소들을 선택하는데, 원소들은 금속에서 준금속, 비금속으로 변하고 산화물은 산성에서 양쪽성을 거쳐 염기성으로 변한다(표 7.13).

표 7.13 15족 원소들의 최대 산화물의 산-염기 성질

화합물	N_2O_5	P_4O_{10}	As_2O_3	Sb_2O_3	Bi_2O_3
산-염기 행동	산성	산성	산성	양쪽성	염기성

Lux-Flood 이론

Lux-Flood 이론(*Lux-Flood theory*)은 산화물의 산-염기 반응처럼 용매가 없는 산-염기 반응을 다루는 이론이다. 산화물은 주기율표에서의 위치에 따라 산성이나 염기성으로 분류된다(표 7.14).

예를 들어 20.6절을 보면, 철의 제조에서 중요한 반응은 산화 칼슘을 포함하는 모래의 고온 제거임을 알게 될 것이다. Lux-Flood 이온에 따르면, 이것은 염기인 산화 칼슘과, 산인 이산화 규소의 반응이다.

$$CaO(s) + SiO_2(l) \xrightarrow{\Delta} CaSiO_3(l)$$

산소 음이온의 한 부분이 되는 것은 산성 산화물에 있는 비-산소 원소이며, 이 경우에는 규산염이다. 그러므로 산화 소듐(염기)과 산화 알루미늄(산)의 반응은 알루미늄산 소듐을 생성시키게 된다.

$$Na_2O(s) + Al_2O_3(s) \xrightarrow{\Delta} 2\,NaAlO_2(s)$$

지구 화학에서의 산-염기 개념

전통적으로 지구 화학자들은 규산암을 산-염기 척도로 분류하였다. 이 암석은 금속 이온, 규소, 산소를 포함하기 때문에, Lux-Flood 이론에 따라 염기성 금속 산화물과 산성 이산화 규소가 결합된 것으로 생각할 수 있다. 화강암처럼 66% 이상의 이산화 규소를 갖는 암석은 산성으로 간주하고, 52 ~ 66%의 SiO_2를 가지면 중간체, 현무암처럼 45 ~ 52% SiO_2는 염기성, 45% 이하는 초염기성으로 간주한다. 예를 들면, 초염기성 암석의 공통 성분인 감람석은 화학적 조성이 $Mg_xFe_{(2-x)}SiO_4$인데, 이 조성은 산화물 $(MgO)_x(FeO)_{(2-x)}SiO_2$가 결합한 것으로 간주된다. 이산화 규소는 질량으로 대략 35%(Fe에 대한 Mg 비율에 의존)를 차지하기 때문에 이 광물은 초염기성으로 분류된다. 일반적으로 산성 규산암은 색깔이 밝지만(화강암은 옅은 회색), 염기성 암석은 어둡다(현무암은 검은색).

표 7.14 산화물의 산과 염기에 대한 Lux-Flood 배정

산	p-구역 산화물 앞 전이 금속 산화물
염기	s-구역 산화물 뒤 전이 금속 산화물

7.5 Lewis 이론

이 장의 처음에 언급한 것처럼, Lewis 이론은 Brønsted-Lowry 이론보다 훨씬 더 광범위한 것이다. Lewis 산은 전자쌍 받개이고, Lewis 염기는 전자쌍 주개이다. 여기서는 Lewis 이론이 특히 유용한 두 가지 상황, 즉 주족 반응과 전이 금속 반응을 다루고자 한다.

주족 반응

Lewis 산-염기 반응에 대한 고전적인 예는 트라이플루오린화 붕소와 암모니아 간의 반응이다. 전자점 도표를 사용하면 비어 있는 p 오비탈을 갖는 트라이플루오린화 붕소는 Lewis 산이고, 고립 전자쌍을 갖는 암모니아는 Lewis 염기임을 알 수 있다. 유기 화학에서 Lewis 산은 **친전자체**(*electrophile*)이고, Lewis 염기는 **친핵체**(*nucleophile*)라고 한다. 이 결합 반응은 두 성분 화학종 간에 배위 공유 결합을 생성시킨다.

$$F_3B + :NH_3 \longrightarrow F_3B \leftarrow NH_3$$

더 강한 Lewis 염기는 더 약한 Lewis 염기를 치환한다. 예를 들면, 에톡시에테인[다이에틸에터, $(C_2H_5)_2O$]은 트라이메틸아민, $(CH_3)_3N$에 의해 치환된다.

$$F_3B{:}O(C_2H_5)_2 + N(CH_3)_3 \rightarrow F_3B{:}N(CH_3)_3 + {:}O(C_2H_5)_2$$

금속 이온 착물 형성

3.14절에서는 연속체에 놓인 결합을 설명하였다. 이것은 용매화 현상에도 적용된다. 예를 들어 염화 세슘이 물에 녹을 때, 세슘 이온 주위의 물 분자는 정전기적으로 끌려야 한다. 그러나 전하 밀도가 증가하거나 양이온이 비활성 기체 전자 배치를 갖지 않을 때(Fajans 규칙에 따라, 5.2절 참조)에는 이 상호작용이 덜 정전기적이 되는 것처럼 보인다.

예를 들면, 액체 암모니아는 염화 은(물에 불용성)을 녹이지만, 증발시키면 염화 다이암민은(I), $Ag(NH_3)_2Cl$이 얻어진다. 그러므로 용매화 과정은 암모니아가 정전기적으로 작용하는 것이 아니라, 은 이온에 대해 Lewis 염기(고립 전자쌍 주개)로 작용한 것으로 기술하는 것이 가장 적합하다.

$$AgCl(s) + 2\,NH_3(l) \rightarrow Ag(NH_3)_2^{+}(am) + Cl^{-}(am)$$

물도 고립 전자쌍을 가지고 있어서 양이온을 용매화시킬 수 있지만, 암모니아보다 더 약한 Lewis 염기이다.

5.4절에서 언급한 것처럼 고체 상태 수화물은 전하 밀도가 높은 양이온과 전하 밀도가 높은 전이 금속 이온에서 자주 볼 수 있다. 예를 들면, 니켈(II) 이온의 용액은 녹색을 띠는데, 실제로는 헥사아쿠아니켈(II) 이온, $[Ni(OH_2)_6]^{2+}(aq)$의 색이다. 이 수화된 양이온의 결합은 상당히 공유 결합성을 갖는 것으로 나타난다. Lewis 산-염기 이론의 원리로부터 예상할 수 있는 것처럼, 물 분자는 치환시킬 수 있다. 예를 들면, 더 강한 염기인 암모니아를 헥사아쿠아니켈(II) 이온에 가해주면 푸른색의 헥사암민니켈(II) 이온이 생긴다.

$$[Ni({:}OH_2)_6^{2+}](aq) + 6\,{:}NH_3(aq) \rightarrow [Ni({:}NH_3)_6^{2+}](aq) + 6\,H_2O{:}(l)$$

전이 금속 착물에서의 결합은 19장에서 상세히 다룰 것이다.

7.6 Pearson의 굳은-무른 산-염기 개념

6장에서 열역학을 이용하면 화학 반응의 진행 여부를 예측할 수 있음을 알았다. 그러나 계산을 실행하기 위해서는 완전한 열역학적 자료가 필요한데, 모든 화합물에 대해 완전한 열역학적 자료가 갖춰진 것은 아니다. 그래서 화학자들은 반응을 예측할 수 있는 좀 더 정량적이고 실험적인 접근 방법을 찾기 위해 노력해 왔다. 예를 들면, 아이오딘화 소듐은 질산 은과 반응하면 아이오딘화 은과 질산 소듐을 만드는 것과 아이오딘화 은이 질산 소듐과 반응하여 아이오딘화 소듐과 질산 은을 만드는 것 중 어느 것이 더 잘 일어날 것인지를 예측하는 것이다. R. G. Pearson이 고안한 **굳은-무른 산-염기**(*Hard-Soft Acid-Base, HSAB*) **개념**은 이러한 반응의 진행 여부에 대한 예측을 위해 아주 효과적인 방법이다.

Pearson은 Lewis 산과 염기를 '굳은(hard)' 또는 '무른(soft)' 부류로 분류할 것을 제안하였다. 그는 이 분류를 사용하여 반응이 일반적으로 무른 산과 무른 염기의 쌍과 굳은 산과 굳은 염기의 쌍이 생기는 방향으로 진행됨을 증명하였다. 원소들은 다음과 같이 분류된다.

1. **굳은 산**(*hard acid*)은 **a족 금속 이온**(*class a metal ion*)이라고 하는데, 주기율표에 있는 대부분의 금속 이온들로 구성된다. 굳은 산은 대개 전기 음성도가 낮고 전하 밀도는 높다. 전하 밀도는 이론적인 H^+, B^{3+}, C^{4+} 이온을 굳은 산으로 분류할 때, 굳기에 대한 보다 훌륭한 지침이다. 이들 이온은 원자들의 전기 음성도가 아주 낮음에도 불구하고 전하 밀도는 극도로 높다.
2. **무른 산**(*soft acid*)은 **b족 금속 이온**(*class b metal ion*)이라고 하며, 주기율표의 오른쪽 아래에 위치하는 금속 원소들이다(그림 7.4). 이들은 낮은 전하 밀도를 가지며, 금속 원소들 중에서는 가장 높은 전기 음성도를 갖는 것들이다. 전하 밀도가 낮기 때문에 이들 양이온들은 쉽게 편극화될 것이므로, 공유 결합을 형성하려는 경향을 지닐 것이다. 가장 무른 산은 금(I)이다.
3. **중간 산**(*borderline acid*)은 굳은 산과 무른 산 간의 경계를 형성하며, 전하 밀도는 중간값을 갖는다. 예를 들면, 전하 밀도가 51 C · mm^{-3}인 구리(I)는 무른 산으로 분

								H							
Li	Be											B			
Na	Mg											Al	Si		
K	Ca	Sc	Ti	V	Cr	Mn	Fe (3+/2+)	Co (3+/2+)	Ni	Cu (2+/1+)	Zn	Ga	Ge		
Rb	Sr	Y	Zr	Nb	Mo	Tc	Ru	Rh (3+/1+)	Pd	Ag	Cd	In (3+/1+)	Sn (4+/2+)	Sb	
Cs	Ba	Lu	Hf	Ta	W	Re	Os	Ir (3+/1+)	Pt	Au	Hg	Tl	Pb	Bi	Po
Fr	Ra	Lr	Rf	Db	Sg	Bh	Hs	Mt	Uun	Uuu	Uub				

La	Ce	Pr	Nd	Pm	Sm	Eu	Gd	Tb	Dy	Ho	Er	Tm	Yb
Ac	Th	Pa	U	Np	Pu	Am	Cm	Bk	Cf	Es	Fm	Md	No

그림 7.4 HSAB 산들의 분류. 굳은 산(흰색), 중간 산(푸른색), 무른 산(검은색).

표 7.15 일반적인 굳은, 중간, 무른 염기들

굳은 염기	중간 염기	무른 염기
F^-, O^{2-}, OH^-, H_2O, CO_3^{2-}, NH_3, NO_3^-, SO_4^{2-}, ClO_4^-, PO_4^{3-}, (Cl^-)	Br^-, N_3^-, NCS^-	I^-, S^{2-}, P^{3-}, H^-, CN^-, CO, SCN^-, $S_2O_3^{2-}$

류되지만, 전하 밀도가 116 $C \cdot mm^{-3}$인 구리(II)는 중간 산으로 간주된다. 마찬가지로 수화된 철(III)과 코발트(III) 이온은 모두 전하 밀도가 200 $C \cdot mm^{-3}$ 이상이고 굳은 산으로 분류되지만, 철(II)과 코발트(II) 이온은 전하 밀도가 약 100 $C \cdot mm^{-3}$이고 중간 산으로 분류된다.

4. **굳은 염기**(*hard base*) 또는 **a족 리간드**(*class a ligand*)는 플루오린 이온과 산화, 수산화, 질산, 인산, 탄산, 황산, 과염소산 이온 등의 산소와 결합한 화학종들이다. 단원자 이온은 상당히 높은 전하 밀도를 갖는다. 염화 이온은 굳은 염기 중에서는 무른 편에 속한다.
5. **무른 염기**(*soft base*) 또는 **b족 리간드**(*class b ligand*)는 탄소, 황, 인, 아이오딘을 포함하는 전기 음성도가 낮은 비금속 이온들이다. 이들은 크기가 크고 전하 밀도가 낮아서 편극이 잘되는 이온들이기 때문에 공유 결합 형성을 선호한다.
6. 중간 산의 경우와 마찬가지로 **중간 염기**(*borderline base*) 분류에 대한 범주가 엄격하지 않음을 인정해야 한다. 예를 들면, 할로젠화 이온은 일련의 아주 굳은 플루오린화 이온으로부터, 굳은 염기 중에서 무른 편에 속하는 염화 이온을 거쳐, 중간 염기인 브로민과 무른 염기인 아이오딘화 이온을 형성한다.

어떤 경우에는 한 음이온이 한 가지 이상의 범주에 속하기도 한다. 이들 음이온은 두 개의 서로 다른 원자를 통해 금속 이온과 공유 결합을 만들 수 있다. 한 가지 일상적인 예는 싸이오사이안산 이온(thiocyanate ion), NCS^-이다. 이 이온은 질소 원자를 통해 결합할 수 있는데(–NCS), 이 경우에 중간 염기처럼 행동한다. 그러나 황 원자를 통해 결합하는 경우(–SCN)에는 무른 염기로 행동한다(표 7.15). 서로 다른 원소를 통해 결합할 수 있는 이온을 **양쪽자리성**(*ambidentate*) **리간드**라고 한다. 양쪽자리성 리간드는 19장에서 자세히 다룰 것이다.

7.7 HSAB 개념의 응용

이 절에서는 간단한 무기 반응에서 HSAB 개념을 응용하는 것을 알아볼 것이다. 19.14절에서 전이 금속 착물을 다룰 때 이 개념을 다시 적용할 것이다.

HSAB 개념의 가장 중요한 응용은 화학 반응을 예측하는 데 있다. 예를 들면, 플루오린화 수은(II)과 아이오딘화 베릴륨 간의 기체상 반응을 예측할 수 있다. 이 반응에서는 무른 산인 수은(II)이 굳은 염기인 플루오린화 이온과 짝을 이루고 있고, 굳은 산인 베릴륨 이온은 무른 염기인 아이오딘화 이온과 짝을 이루고 있다. HSAB 개념에 따르면 굳은 산은 굳은 염기와 짝을 이루는 것을 더 선호하고, 무른 산은 무른 염기와 짝을 이루려고 한다. 그러므로 다음의 반응이 일어날 것으로 예측되며, 실제로 진행된다.

표 7.16 소듐과 은의 할로젠화물 용해도(mol·L^{-1})

	플루오린화물	염화물	브로민화물	아이오딘화물
소듐	1.0	6.1	11.3	12.3
은	14.3	1.3×10^{-5}	7.2×10^{-7}	9.1×10^{-9}

$$\underset{\text{무른-굳은}}{HgF_2(g)} + \underset{\text{굳은-무른}}{BeI_2(g)} \xrightarrow{\Delta} \underset{\text{굳은-굳은}}{BeF_2(g)} + \underset{\text{무른-무른}}{HgI_2(g)}$$

HSAB 개념은 화학종의 절반 이하가 굳은 경우에도 사용될 수 있다. 즉, 더 무른 산은 더 무른 염기를 선호한다고 말할 수 있다. 비금속 원소들 중에서 무르기는 주기율표의 오른쪽 위에서 왼쪽 아래로 내려갈수록 증가한다. 예를 들면, 아이오딘은 할로젠족 원소들 중에서 가장 무른 원소이다. 그러므로 아이오딘화 이온이 브로민화 은과 반응할 때 무른 산인 은 이온은 중간 염기인 브로민화 이온보다는 무른 염기인 아이오딘화 이온을 더 선호할 것이므로, 이 반응은 일어날 것임을 예측할 수 있다.

$$AgBr(s) + I^-(aq) \rightarrow AgI(s) + Br^-(aq)$$

다른 예로는 셀레늄화 카드뮴과 황화 수은(II) 간의 반응을 들 수 있는데, 이 반응에서 무른 산인 수은(II) 이온은 더 무른 염기인 셀레늄화 이온을 선호하지만, 중간 산인 카드뮴 이온은 덜 무른 황화 이온을 선호한다.

$$CdSe(s) + HgS(s) \rightarrow CdS(s) + HgSe(s)$$

HSAB 개념은 용해도 양상을 해석하는 데도 사용될 수 있다. 표 7.16은 할로젠화 소듐의 용해도 경향성이 할로젠화 은과 비교해 완전히 역전되어 있음을 보여 준다. 이러한 차이는 굳은 산인 소듐은 굳은 염기를 선호하고, 무른 산인 은은 무른 염기를 선호하기 때문인 것으로 설명할 수 있다. 이러한 설명은 용해도 형태를 논의하는 접근 방식 중의 한 가지이다. 11.3절에서는 소듐의 용해도에 관한 경향성을 열역학적 측면에서 다룰 것이다.

예제 7.6

다음 반응이 일어날 수 있을지를 예측하시오.

$$Pb(NO_3)_2(aq) + MgI_2(aq) \rightarrow PbI_2(aq)\ Mg(NO_3)_2(aq)$$

해답

Pb^{2+}와 I^- 이온은 무르고 Mg^{2+}와 NO_3^- 이온은 단단하다. 굳은-굳은 쌍과 무른-무른 쌍은 선호되기 때문에 이 반응은 일어날 수 있다.

지구 화학에서의 HSAB 개념

1923년 지구 화학자인 V. M. Goldschmidt는 지구의 지질학적 역사와 관련 있는 화학 원소들을 분류하는 방법을 고안하였다. 지구가 냉각됨에 따라 몇 가지 원소들은 분리되어 지구의 핵에 있는 금속상으로 들어갔고[**친철 원소**(*siderophile*)], 몇 가지는 황화물을 형성하였으며[**친동 원소**(*chalcophile*)], 몇 가지는 규산염을 형성하였지만[**친석 원소**(*lithophile*)], 다른 원소들은 공중으로 흩어져 대기를 형성하였다[**친기 원소**(*atmophile*)]. 이와 같은 분류는 아직도 다양하게 변형된 형태로 사용되고 있다.

그러면 지구의 표면에서 형성된 원소들에 대한 용어의 기준을 살펴보자. Goldschmidt의 분류를 변형시켜 사용하면 친기 원소는 대기 중에서 원소의 형태로만 존재하는 비반응성 비금속들(비활성 기체와 질소 기체)로 간주할 수 있고, 친석 원소는 주로 산화물, 규산염, 황산염, 탄산염의 형태로 존재하는 금속과 비금속이 되며, 친동 원소는 대개 황화물로 발견되는 원소들이고, 친철 원소는 지구 표면에서 대개 원소 형태로 발견되는 금속들이다. 그림 7.5는 이와 같은 분류 개념에 따라 주기율표상에서 친석 원소, 친동 원소, 친철 원소의 분포를 나타낸 것이다.

지구 화학적 분류를 HSAB 개념과 비교해 보면 금속성 친석 원소는 굳은 산임을 알 수 있다. 그러므로 이들은 굳은 염기인 산소를 선호할 것이기 때문에 산화 이온이나 규산염과 같이 산소와의 결합이 있는 산소 음이온과 더 잘 결합할 것이다. 예를 들면, 알루미늄의 가장 흔한 광석은 산화 알루미늄, Al_2O_3(보크사이트)이고, 칼슘의 가장 흔한 화합물은 탄산 칼슘, $CaCO_3$(석회암, 호분, 대리석)인데, 두 가지 경우 모두가 굳은 산-굳은 염기의 조합으로 이루어져 있다. 한편, 친동 원소 금속은 중간 산과 무른 산 영역에 속한다. 이 금속들은 무른 염기, 특히 황화 이온과 결합한 형태로 발견된다. 그러므로 아연은 주로 황화 아연, ZnS(섬아연광, 우르츠광)으로 존재하고, 수은은 황화 수은(II), HgS(진사, cinnabar) 형태로 발견된다. 친동 원소 범주에서는 다른 친동 원소들과 결합한 무른 염기인 비금속들을 발견할 수 있는데, 비소의 가장 흔한 광석은 삼황화 이비소, As_2S_3(웅황, orpiment)이다.

HSAB 개념을 광물학에 적용하는 것을 가능하게 해 주는 흥미로운 비교도 있다. 첫째, 굳은 산인 철(III)은 주로 굳은 염기인 산화 이온과 결합한 산화 철(III)(적철광) 형태로 발견되지만, 중간 산인 철(II)은 무른 염기인 황화 이온과 결합한 이황화 철(II), FeS_2(황철광) 형태로 존재한다. 둘째, 14족 금속 가운데 주석은 산화 주석(IV), SnO_2(석석, cassiterite)에서 굳은 산인 주석(IV)의 형태로 발견되지만, 납은 황화 납(II), PbS(방연광)에서 무른 산인 Pb(II) 형태로 존재한다. 그러나 HSAB 개념과 같은 일반적인 원칙들을 너무 엄격하게 적용하는 것은 올바른 태도가 아니다. 예를 들면, 무른 산인 납(II)은 굳은 염기와 결합된 많은 광석에도 존재한다. 한 가지 예로는 $PbSO_4$(황산연광, anglesite)를 들 수 있다.

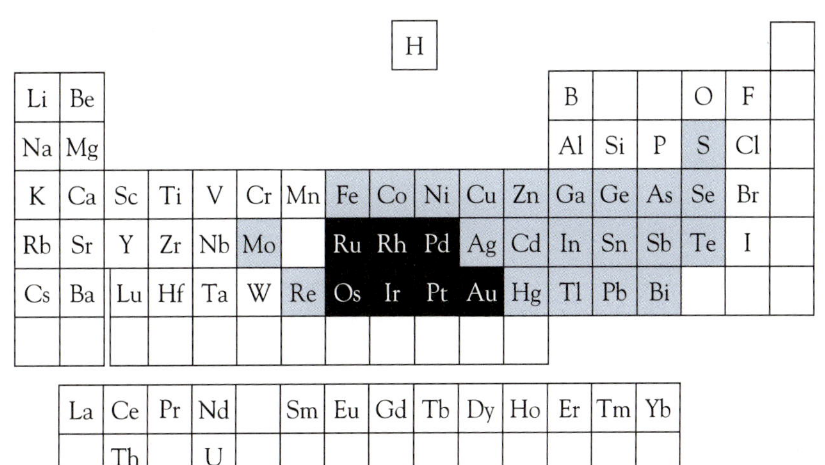

그림 7.5 화학 원소의 지구 화학적 분류. 친석 원소(흰색), 친동 원소(푸른색), 친철 원소(검은색). 친기 원소와 안정한 동위원소를 갖지 않는 원소들은 제외하였다.

HSAB 개념의 해석

HSAB 개념은 화학자들이 특정한 반응이 일어날 수 있을 것인지를 예측하기 위한 정성적이고, 실험적인 접근 방법으로 고안되었다. Pearson이 이 개념을 처음 제안한 이후 이 개념이 어떻게 적용되는지를 이해하고, 정량적인 굳기도 인자를 유도할 수 있도록 하기 위해 많은 시도가 이어졌다. 굳기도에 대한 정량적인 해석은 아직도 많은 과제가 남아있지만, HSAB 개념이 다른 목적으로 어떻게 사용될 수 있는지를 알아보는 것은 유용한 것이다.

Pearson의 접근 방식은 앞선 이온 결합과 공유 결합에 관한 논의와 연관시킬 수 있다(3장과 5장). 굳은 산-굳은 염기 결합은 실제로 전기 음성도가 낮은 양이온과 전기 음성도가 높은 음이온 간의 결합이기 때문에 그 성질은 이온 결합성이다. 역으로 무른 산들은 비금속과의 경계에 가깝게 위치하고 있는 금속들이며, 상대적으로 높은 전기 음성도를 갖는다. 이들 금속성 이온들은 황화 이온과 같은 무른 염기 이온들과 공유 결합을 형성할 것이다.

7.8 생물학적 특성

2.8절에서는 생명 활동에 필수적인 원소들에 대해 알아보았다. 여기서는 독성이 있는 것으로 알려진 원소들을 다룰 것이다. Bertrand 규칙에 따르면 각 원소는 일정량 이상을 섭취하면 생물학적으로 독성을 나타내며, 이것이 바로 독성 원소들의 특성이다. 어떤 원소에 대해 '독성' 원소인지 아닌지를 결정하는 기준은 바로 독성이 나타나기 시작하는 농도이다. 여기서는 매우 낮은 농도에서 독성이 나타나기 시작하는 원소들만을 다룰 것이다. 이 원소들을 그림 7.6에 나타내었는데, 이 원소들의 독성이 심한 이유를 이해하기 위해 HSAB 개념을 사용할 수 있다.

아미노산인 시스테인의 싸이올기(−SH)는 효소의 공통적인 성분이다. 주로 아연이 많은 싸이올 자리와 결합하지만, 베릴륨을 제외한 독성 금속들은 아연보다 더 무른 금속이기 때문에 아연보다 싸이올과의 결합을 더 선호한다. 그러나 베릴륨은 굳은 산이므로, 굳은 산인 마그네슘과 같은 다른 2족 원소가 차지하고 있는 자리를 더 선호할 것이다. 독성 비금속과 준금속인 비소, 셀레늄, 텔루륨은 아주 무른 염기이다. 이들의 독성에 대한 생화학적 형태는 아직 잘 규명되지 않고 있지만, 이 원소들은 철(II)이나 아연과 같은 중간 산과의 결합을 선호하기 때문에 효소에서 이들 금속의 필수적인 역할을 방해함으로써

그림 7.6 독성이 심한 원소들(검은색으로 표시하였다).

								H									He
Li	**Be**											B	C	N	O	F	Ne
Na	Mg											Al	Si	P	S	Cl	Ar
K	Ca	Sc	Ti	V	Cr	Mn	Fe	Co	Ni	Cu	Zn	Ga	Ge	**As**	**Se**	Br	Kr
Rb	Sr	Y	Zr	Nb	Mo	Tc	Ru	Rh	Pd	Ag	**Cd**	**In**	Sn	Sb	**Te**	I	Xe
Cs	Ba	Lu	Hf	Ta	W	Re	Os	Ir	Pt	Au	**Hg**	**Tl**	**Pb**	Bi	Po	At	Rn
Fr	Ra	Lr	Rf	Db	Sg	Bh	Hs	Mt	Uun	Uuu	Uub						

독성이 나타나는 것으로 예상되고 있다. 2장에서 언급한 것처럼 셀레늄의 경우는 특히 흥미로운데, 미량의 셀레늄을 포함하는 효소는 건강에 필수적이며, 소량의 셀레늄 섭취와 관련된 질병도 많이 있다. 하지만 양이 지나치면 셀레늄 독성을 일으킨다.

핵심개념

- 수용성 산-염기 행동은 Brønsted-Lowry 이론으로 해석할 수 있다.
- 산과 염기의 세기에 대한 양상이 존재한다.
- 산화물은 그들의 산-염기 행동에 따라 분류될 수 있다.
- 물이 아닌 용매에서는 Lewis 이론이 적용된다.
- Pearson의 굳은-무른 산-염기 개념은 반응을 예측하는 데 사용될 수도 있다.
- 원소의 독성은 그들의 HSAB 성질과 연관시킬 수 있다.

연습문제

7.1 세 가지 용매의 형태인 극성 양성자성, 쌍극성 비양성자성 및 비극성 용매의 차이점을 간단히 설명하시오.

7.2 다음 화학종을 녹이기 위해서는 어떤 형태의 용매를 사용하여야 하는가? 각 경우에 대한 이유도 설명하시오.
(a) 오염화 인 (b) 염화 세슘
(c) 염화 주석(IV)

7.3 다음 반응식에 대한 알짜 이온 반응식을 쓰시오.
(a) $HCl(aq) + NaOH(aq) \rightarrow NaCl(aq) + H_2O(l)$
(b) $Na_2CO_3(aq) + CoCl(aq) \rightarrow 2\,NaCl(aq) + CoCO_3(s)$
(c) $NH_4OH(aq) + CH_3COOH(aq) \rightarrow CH_3COONH_4(aq) + H_2O(l)$

7.4 다음 반응식에 대한 알짜 이온 반응식을 쓰시오.
(a) $Na_2S(aq) + 2\,HCl(aq) \rightarrow 2\,NaCl(aq) + H_2S(g)$
(b) $HF(aq) + NaOH(aq) \rightarrow NaF(aq) + H_2O(l)$
(c) $Na_4HPO_4(aq) + H_2SO_4(aq) \rightarrow NaH_2PO_4(aq) + NaHSO_4(aq)$

7.5 다음 용어를 정의하시오.
(a) 짝산-짝염기 쌍 (b) 자체이온화
(c) 양쪽성

7.6 다음 용어를 정의하시오.
(a) 산 이온화 상수 (b) 평준화 용매
(c) 다양성자성

7.7 다음 각각의 화합물과 물과의 반응에 대한 알짜 이온 반응식을 쓰시오.
(a) NH_4NO_3 (b) KCN (c) $NaHSO_4$

7.8 다음 각각의 화합물과 물과의 반응에 대한 알짜 이온 반응식을 쓰시오.
(a) Na_3PO_4 (b) $NaHSO_4$ (c) $[(CH_3)_3NH]Cl$

7.9 염기인 클로로암민, $ClNH_2$과 물과의 반응에 대한 평형식을 쓰시오.

7.10 플루오로황산, HSO_3F과 물과의 반응에 대한 평형식을 쓰시오.

7.11 순수한 황산은 용매로 사용될 수 있다. 자체이온화 반응에 대한 평형식을 쓰시오.

7.12 다음 화학종들은 양쪽성 양성자성이다. 해당하는 짝산과 짝염기의 화학식을 쓰시오.
(a) HSe^- (b) PH_3 (c) HPO_4^{2-}

7.13 액체 암모니아가 용매로 사용될 때, (a) 가장 센산, (b) 가장 센염기는 무엇인가?

7.14 플루오린화 수소는 액체 암모니아에 용해될 때 센산이다. 이 반응을 나타내는 화학 반응식을 쓰시오.

7.15 플루오린화 수소는 순수한 황산에 녹을 때 염기처럼 행동한다. 산-염기 평형을 나타내고, 짝산-짝염기의 쌍을 확인하시오.

7.16 다음 평형식에서 짝산-짝염기 쌍을 찾으시오.

$$HSeO_4^-(aq) + H_2O(l) \rightleftharpoons H_3O^+(aq) + SeO_4^{2-}(aq)$$

7.17 다음 반응식에서 짝산-짝염기 쌍을 찾으시오.

$$HSeO_4^-(aq) + H_2O(l) \rightleftharpoons OH^-(aq) + H_2SeO_4(aq)$$

7.18 아황산, $H_2SO_3(aq)$ 또는 황산, $H_2SO_4(aq)$ 중 어느 것의 산성이 더 강할지를 전기 음성도를 이용하여 설명하시오.

7.19 셀레늄화 수소, H_2Se는 황화 수소보다 더 센산이다. 결합의 세기를 사용하여 그 이유를 설명하시오.

7.20 인산 수소, HPO_4^{2-}에 구리(II) 이온을 가하면 용액은 인산 구리(II)로 침전한다. 화학 반응식을 사용하여 설명하시오.

7.21 수화된 아연 이온, $[Zn(OH_2)_6]^{2+}$은 산성 용액을 만든다. 화학식을 써서 설명하시오.

7.22 사이안화 이온 CN^-의 용액은 센염기이다. 이것을 설명하는 화학식을 쓰시오. 사이안화 수소산, HCN의 성질에 대하여 무엇을 예측할 수 있는가?

7.23 약한 염기인 하이드라진, H_2NNH_2은 이양성자산, $^+[H_3NNH_3]^+$을 형성할 수 있다. 두 평형 단계를 예측하는 화학식을 쓰시오. 하이드라진이 물에 녹을 때 3개의 하이드라진 화학종 중에서 가장 낮은 농도로 존재하는 화학종은 어느 것인가?

7.24 다음 염들이 물에 녹으면 중성, 산성 혹은 염기성 용액 중 어느 것이 될지 밝히고, 그 이유를 설명하시오.
(a) 플루오린화 포타슘 (b) 염화 암모늄

7.25 다음 염들이 물에 녹으면 중성, 산성, 염기성 용액 중 어느 것이 될지 밝히고, 그 이유를 설명하시오.
(a) 질산 알루미늄 (b) 아이오딘화 소듐

7.26 같은 농도의 두 가지 소듐염, NaX와 NaY를 물에 녹였을 때, pH는 각각 7.3과 10.9였다. HX 또는 HY 중 어느 것이 더 센산인가? 그 이유를 설명하시오.

7.27 염기 A^-와 B^-의 pK_b 값은 각각 3.5와 6.2이다. HA 또는 HB 중 어느 것이 더 센산인가? 그 이유를 설명하시오.

7.28 순수한 황산은 액체 아세트산, CH_3COOH에 녹일 수 있다. 이 평형에 대한 화학 반응식의 균형을 맞추시오. 아세트산이 구별성 용매로 작용할지 아니면 평준화 용매로 작용할지를 밝히고 그 이유를 설명하시오.

7.29 수용액 중의 인산과 인산 수소 소듐, Na_2HPO_4 간의 평형 반응에 대한 알짜 이온 반응식을 쓰시오.

7.30 습도가 높은 날 황화 소듐은 황화 수소의 특징적인 냄새인 '썩은 달걀' 냄새를 풍긴다. 이 기체가 어떻게 생성되는지를 나타내는 두 가지 알짜 이온 반응식을 쓰시오.

7.31 다음 산에 들어 있는 산소 음이온을 쓰시오.
(a) 질산 (b) 크로뮴산, H_2CrO_4
(c) 과아이오딘산, H_5IO_6

7.32 다음 염기에 들어 있는 산화 화학종을 확인하시오.
(a) 수산화 포타슘
(b) 수산화 크로뮴(III), $Cr(OH)_3$

7.33 다음 각각의 비수용액 반응에서 산과 염기를 확인하시오.
(a) $SiO_2 + Na_2O \rightarrow Na_2SiO_3$
(b) $NOF + ClF_3 \rightarrow NO^+ + CiF_4^-$
(c) $Al_2Cl_6 + 2\,PF_3 \rightarrow 2\,AlCl_3{:}PF_3$

7.34 다음 각각의 비수용액 반응에서 산과 염기를 확인하시오.
(a) $PCl_5 + ICl \rightarrow PCl_4^+ + ICl_2^-$
(b) $POCl_3 + Cl^- \rightarrow POCl_4^-$
(c) $Li_3N + 2\,NH_3 \rightarrow 3\,Li^+ + 3\,NH_2^-$

7.35 다음 염을 가할 때 물의 pH에 미치는 효과는 무엇인가? 알맞은 화학 반응식을 쓰시오. pH는 크게 변하겠는가 아니면 작게 변하겠는가?
(a) CsCl (b) K_2Se (c) $ScBr_3$ (d) KF

7.36 다음 염을 가할 때 물의 pH에 미치는 효과는 무엇인가? 알맞은 화학 반응식을 쓰시오.
(a) Na_2O (b) $Mg(NO_3)_2$ (c) K_2CO_3

7.37 다음 산소 음이온들을 중성, 약한 염기성, 중간 정도 염기성, 강한 염기성으로 분류하시오.
(a) WO_4^{2-} (b) TcO_4^-
(c) AsO_4^{3-} (d) GeO_4^{4-}

7.38 다음 산소 음이온들을 중성, 약한 염기성, 중간 정도 염기성, 강한 염기성으로 분류하시오.
(a) BrO_3^- (b) BrO^- (c) BrO_2^-

7.39 XeO_6^{4-} 이온은 중간 정도 염기성이다. 다음 등전자성 이온에 대한 염기도를 예상하시오.
(a) IO_6^{5-} (b) TeO_6^{6-}

7.40 다음 각각의 반응은 생성물 쪽으로 치우쳐 있다. 이 사실에 근거하여 모든 Brønsted 산을 그 세기가 감소하는 순서로 나열하시오.

$$H_3PO_4(aq) + N_3^-(aq) \rightleftharpoons HN_3(aq) + H_2PO_4^-(aq)$$
$$HN_3(aq) + OH^-(aq) \rightleftharpoons H_2O(l) + N_3^-(aq)$$
$$H_3O^+(aq) + H_2PO_4^-(aq) \rightleftharpoons H_3PO_4(aq) + H_2O(l)$$
$$H_2O(l) + PH_2^-(aq) \rightleftharpoons PH_3(aq) + OH^-(aq)$$

7.41 생성 자유 에너지값으로부터 산화 마그네슘이 물과 반응하여 수산화 마그네슘을 생성하는 반응의 자유 에너지를 계산하시오. 그리고 산화 마그네슘이 산화 칼슘보다 더 염기성인지 덜 염기성인지 예측하시오.

7.42 생성 자유 에너지값으로부터 이산화 규소와 산화 칼슘이 반응하여 규소산 칼슘, $CaSiO_3$을 생성하는 반응의 자유 에너지를 계산하시오. 그리고 산화 마그네슘이 이산화 탄소보다 더 산성인지 아닌지 예측하시오.

7.43 염화 나이트로실, NOCl은 물이 아닌 용매로 사용될 수 있다. 이것은 다음과 같은 자체이온화 반응을 진행한다.

$$NOCl(l) \rightleftharpoons NO^+\ (NOCl) + Cl^-(NOCl)$$

어떤 이온이 Lewis 염기이고 Lewis 산인지 구별하시오. 또한 $(NO)^+(AlCl_4)^-$와 $[(CH_3)_4N]^+Cl^-$ 간의 반응에 대한 균형을 맞추시오.

7.44 액체 트라이플루오린화 브로민, BrF_3은 자체이온화 반응을 일으킨다. 이 과정을 나타내는 평형 반응식의 균형을 맞추시오.

7.45 순수한 액체 암모니아의 자체이온화 상수는 1×10^{-33}이다.
(a) 액체 암모니아에 존재하는 암모늄 이온의 농도를 계산하시오.
(b) $1.0\ mol \cdot L^{-1}$ 아마이드화 소듐, $NaNH_2$ 용액에 존재하는 암모늄 이온의 농도를 계산하시오.

7.46 수용액에서 일어나는 다음 각각의 반응은 물 대신 액체 플루오린화 수소를 용매와 반응물로 사용하여 일으킬 수도 있다. 수용액에서의 반응과 비교해서 평형의 위치는 어떻게 변하는가?
(a) $CN^-(aq) + H_2O(l) \rightleftharpoons HCN(aq) + OH^-(aq)$
(b) $HClO_4(aq) + H_2O(l) \rightarrow H_3O^+(aq) + ClO_4^-(aq)$

7.47 다음 고온 기체상 반응 중 어느 것이 가능할 것인가? 각 경우에 대한 이유를 설명하시오.
(a) $CuBr_2(g) + 2\,NaF(g) \rightarrow CuF_2(g) + 2\,NaBr(g)$
(b) $TiF_4(g) + 2\,TiI_2(g) \rightarrow TiI_4(g) + 2\,TiF_2(g)$

7.48 다음 고온 기체상 반응 중 어느 것이 가능할 것인가? 각 경우에 대한 이유를 설명하시오.
(a) $CuI_2(s) + 2\,CuF(g) \rightarrow CuF_2(g) + 2\,CuI(g)$
(b) $CoF_2(g) + HgBr_2(g) \rightarrow CoBr_2(g) + HgF_2(g)$

7.49 다음 수용액 반응 중에서 어느 반응의 평형 상수가 더 클 것인지를 예측하시오.

(a) $[AgCl_2]^-(aq) + 2\ CN^-(aq) \rightleftharpoons [Ag(CN)_2]^-(aq) + 2\ Cl^-(aq)$

(b) $CH_3HgI(aq) + HCl(aq) \rightleftharpoons CH_3HgCl(aq) + HI(aq)$

7.50 다음 수용액 평형에 대해 반응물과 생성물에 대한 선호도를 예측하고 그 이유를 설명하시오.

(a) $AgF(aq) + LiI(aq) \rightleftharpoons AgI(s) + LiF(aq)$

(b) $2\ Fe(OCN)_3(aq) + 3\ Fe(SCN)_2(aq) \rightleftharpoons 2\ Fe(SCN)_3(aq) + 3\ Fe(OCN)_2(aq)$

7.51 다음 각각의 이온에 대해 양이온 정성 분석에 대한 족을 예측하고, 가능한 침전의 화학식을 쓰시오.

(a) 탈륨(I), Tl^+ (b) 루비듐, Rb^+

(c) 라듐, Ra^{2+} (d) 철(III), Fe^{3+}

7.52 다음 각각의 원소들이 존재하는 일반적인 광석을 쓰시오.

(a) 토륨: ThS_2 또는 ThO_2

(b) 백금: $PtAs_2$ 또는 $PtSiO_4$

(c) 플루오린: CaF_2 또는 PbF_2

7.53 다음 각각의 원소들이 존재하는 일반적인 광석을 쓰시오.

(a) 마그네슘: MgS 또는 $MgSO_4$

(b) 코발트: CoS 또는 $CoSO_4$

7.54 세 가지 일반적인 제산제, 수산화 마그네슘, 탄산 칼슘 및 수산화 알루미늄에 대하여 제산제 1 g 당 가장 큰 중화를 일으키는 것은 어느 것인지를 계산하시오. 이 요인을 제산제를 선택하는 전적인 이유로 사용할 수 있겠는가?

응용문제

7.55 1.0 mol · L^{-1} 농도의 센산 용액을 용매로 사용하여 0.010 mol · L^{-1} 황화 수소 용액을 만들었다. 황화 수소의 산 이온화 상수 K_{a1}과 K_{a2}는 각각 8.9×10^{-8}과 1.2×10^{-13}이다. 이 용액에 카드뮴 이온과 철(II) 이온이 0.010 mol · L^{-1}의 농도로 들어 있을 때 이들의 황화물 침전이 생성될 것인지 여부를 예측하시오. 황화 카드뮴과 황화 철(II)의 용해도곱은 각각 1.6×10^{-28}과 6.3×10^{-18}이다.

7.56 0.010 mol · L^{-1}의 주석(II) 이온 용액으로부터 황화 주석(II)의 침전이 생성되기 시작하려면 0.010 mol · L^{-1} 황화 수소 용액의 pH는 얼마가 되어야 하는가? 황화 수소의 산 이온화 상수 K_{a1}과 K_{a2}는 각각 8.9×10^{-8}과 1.2×10^{-13}이고, 황화 주석(II)의 용해도곱은 1.0×10^{-25}이다.

7.57 수은의 일반적인 광석은 황화 수은(II)이다. 그러나 아연은 황화물뿐만 아니라 탄산염, 붕산염, 규산염 및 산화물 형태로도 발견된다. 이 사실을 설명하시오.

7.58 그림 7.5에서 주기를 따라 산-염기 성질이 어떻게 변하는 지를 살펴보았다. 15족의 산화수가 가장 높은 원소들에 대해 족의 아래로 내려감에 따라 산-염기 성질이 어떻게 변하는지를 조사하시오.

7.59 종종 $SiO_2 \cdot xH_2O(s)$로 표기되기도 하는 규산은 탄산 $H_2CO_3(aq)$보다 더 약한 산이다. $Mg_2SiO_4(s)$와 같은 간단한 규산염과 탄산 간의 반응에 대한 화학 반응식의 균형을 맞추시오. 이 반응이 대기 중의 이산화 탄소 농도를 감소시키는 것과 관련이 있는 이유를 설명하시오.

7.60 붕산, $B(OH)_3(aq)$은 물에서 산으로 작용한다. 그러나 양성자 주개로서 행동하는 것 대신에 수산화 이온에 대해 Lewis 산으로 작용한다. 붕산과 수산화 소듐 간의 반응에 대한 화학 반응식을 쓰시오.

7.61 구리(I) 이온은 다음과 같은 불균등화 반응을 일으키며, 이 반응의 평형 상수는 약 10^6이다.

$$2\ Cu^+(aq) \rightleftharpoons Cu(s) + Cu^{2+}(aq)$$

구리(I) 이온이 다이메틸설폭사이드(DMSO), $(CH_3)_2SO$ 용매에 녹아 있을 때, 평형 상수는 약 2에 불과하다. 이러한 차이에 대한 이유를 설명하시오.

7.62 $(CH_3)_2N-PF_2$ 분자는 Lewis 염기로 작용할 수 있는 2개의 원자를 갖고 있다. 붕소 화합물 중에서 BH_3는 인에 결합되지만, BF_3는 질소와 결합한다. 여기에 대한 이유를 설명하시오.

7.63 염화 칼슘의 몰용해도는 염화 바륨보다 약 4배가 더 크다. HSAB 개념과 열역학적 요인을 사용하여 이 현상을 설명하시오.

7.64 산화 칼슘과 이산화 규소가 반응하여 규산 칼슘, $CaSiO_3$이 생기는 반응은 철을 생산하는 용광로에서 중요한 반응 중의 하나이다. 이 반응은 규산 불순물을 쏟아버릴 수 있는 저밀도 슬래그 형태로 만들어 제거할 수 있게 해 준다. 규소의 이론적인 산화수는 얼마인가? HSAB 개념을 사용하여 산화 이온이 이산화 규소로 전이되는 이유를 설명하시오.

7.65 Lux-Flood 이론을 이용하여 산화 철(III)과 산화 알루미늄 간의 반응에 대한 생성물을 예측하시오.

산화와 환원

8장

많은 화학 반응은 산화 상태의 변화를 포함한다. 이 장에서는 우선 산화수를 결정하는 방법을 알아보고, 이어서 산화-환원 반응에 대해 공부한다. 한 원소의 특정한 산화 상태에 대한 산화-환원 성질은 도표로 나타낼 수 있고, 이 도표를 통해 원소의 화합물이나 이온의 열역학적 안정성에 관한 정보를 얻을 수 있다.

컨텍스트: 자연이 간직한 비밀의 해명

21세기 들어 직면한 두 가지 주요 도전 과제는 식량 공급과 에너지이다. 이들 두 문제는 함께 합쳐져서 비료 생산에 영향을 미친다. 식량을 더 많이 생산하려면 빨리 자라고 수확량이 많은 곡물에 영양을 공급하기 위하여 더 많은 합성 비료를 사용할 수밖에 없다. 그러나 지난 100년 동안 암모니아 기반 비료를 합성하는 방법(15.5절 참조)은 크게 달라진 것이 없다.

대기의 대부분은 이질소, N_2이다. 반응에서 이산화 탄소가 배출되기는 하지만 수소는 비교적 쉽게 얻을 수 있다. 문제는 간단한 산화-환원 반응처럼 보이는 다음 반응이,

$$\tfrac{1}{2}\,N_2(g) + \tfrac{3}{2}\,H_2(g) \rightarrow NH_3(g) \qquad \Delta H^\ominus = -45\ \text{kJ}\cdot\text{mol}^{-1}$$

활성화 에너지, E_a가 420 $\text{kJ}\cdot\text{mol}^{-1}$이나 되어서 반응 속도론적으로 조절된다(6.7절 참조)는 것이다. 공업적인 비료 생산 설비에는 촉매가 사용되어야 하고 높은 압력과 온도가 필요하다.

자연에서는 육지와 바다에 있는 **디아조모프**(*diazomorph*)라고 하는 유기체 집단이 자연 환경에서 대기의 질소를 암모늄 이온으로 쉽게 감소시킨다. 모든 효소는 약한 산성 조건에서 온화한 환원력을 갖는다(8.11절 참조). 종합해 보면, 우리가 알고 있는 환원 과정은 다음과 같다.

$$N_2(g) + 10\,H^+(aq) + 8\,e^- \rightarrow 2\,NH_4^+(aq) + H_2(g)$$

다단계 경로에서는 16몰의 삼인산 아데노신, ATP가 이인산 아데노신, ADP로 산화된다는 사실도 알고 있다. 높은 활성화 에너지가 필요한 N≡N 결합을 끊는 과정을 피하기 위해 유기체는 **질소 고정 효소**(*nitrogenase*)라고 하는 효소(생물학적 촉매)를 사용한다. 이 효소는 핵심 반응 자리에 몰리브데넘과 철을 함유하는데(그림 참조), 반응이 어떻게 진행되는지는 아직도 규명 중이다. 화학자가 간단한 화합물을 합성할 수 있다면(질소 고

질소 고정 효소의 질소 고정 인자 핵심부

정 효소 핵심 반응 자리와 유사한 구조를 갖는) 환경에 심각한 영향을 주지 않을 뿐만 아니라 덜 비싼 비용으로 비료를 생산할 수 있게 될 것이다.

8.1 산화-환원 용어

많은 무기 화학 반응은 산화-환원 반응이다. 그리고 화학의 여러 분야와 마찬가지로, 산화와 환원에 관한 연구는 고유의 용어와 정의를 가진다. 전통적으로 산화와 환원은 표 8.1에 나타낸 것처럼 세 가지 다른 방법으로 각각 정의되었다.

현대 화학에서는 다음과 같은 산화와 환원에 관한 더 일반적인 정의를 사용한다.

산화: 산화수의 증가
환원: 산화수의 감소

8.2 산화수 규칙

이제 산화 상태라고도 불리는 산화수를 정의해야 한다. 산화수는 원소의 전자를 간단하게 나타내기 위하여 사용되는 이론적인 값이다. 간단한 일련의 규칙을 근거로 일반적인

표 8.1 산화와 환원의 정의

산화	환원
산소 원자를 얻는 것	산소 원자를 잃는 것
수소 원자를 잃는 것	수소 원자를 얻는 것
전자를 잃는 것	전자를 얻는 것

원자들에 대한 산화수 값을 배정할 수 있다.

1. 원소 상태에서 원자의 산화 상태, N_{ox}는 0이다.
2. 단원자로 이루어진 이온의 산화 상태는 그 이온의 전하와 같다.
3. 다원자로 구성된 중성 화합물에 있어 모든 원자의 산화 상태의 대수학적인 합은 0이고, 다원자 이온에 있어서는 그 이온의 전하와 같다.
4. 원소의 결합에서 전기 음성이 더 큰 원소는 음의 산화 상태를 가지며(예를 들면, 질소는 −3, 산소는 −2, 염소는 −1), 전기 양성이 더 큰 원소는 양의 산화 상태를 가진다.
5. 수소는 보통 +1의 산화 상태를 가진다. 그러나 수소보다 전기 양성이 더 큰 원소와 결합할 때에는 −1의 산화 상태를 가진다.

분자에 있는 원자들을 고려할 때, 이들을 **산화 상태**(*oxidatiom state*)를 갖는 것으로 간주해야 한다. 산화 상태는 해당 산화수를 갖는 원소들의 물리적 상태이다. 우리는 분자에 있는 원자들의 이론적인 산화수를 계산할 수 있기 때문에 원자가 어떤 산화 상태에 있다고도 말할 수 있다. 이 두 용어는 같은 의미로 사용되기도 하지만 미묘한 차이가 있다는 점을 유념해야 한다. 예를 들어 황산, H_2SO_4에서 황의 산화 상태를 알기 위하여 규칙 3을 사용하면 다음과 같이 쓸 수 있다.

$$2[N_{ox}(H)] + [N_{ox}(S)] + 4[N_{ox}(O)] = 0$$

산소는 보통 −2의 산화 상태(규칙 4)를, 그리고 수소는 +1의 산화 상태(규칙 5)를 가지기 때문에

$$2(+1) + [N_{ox}(S)] + 4(-2) = 0$$

이다. 그러므로 $[N_{ox}(S)] = +8 - 2 = +6$이 된다.

예제 8.1

$KMnO_4$에서 망가니즈의 산화 상태를 결정하시오.

해답

규칙 3을 사용하면, $[N_{ox}(K)] + [N_{ox}(Mn)] + 4[N_{ox}(O)] = 0$이다.
산소의 산화 상태는 −2(규칙 4)이고 포타슘은 +1(규칙 2)이다.
대입하면,

$$(+1) + [N_{ox}(Mn)] + 4(-2) = 0$$

따라서 $[N_{ox}(Mn)] = +8 - 1 = +7$이다.

예제 8.2

ICl_4^- 이온에서 아이오딘의 산화 상태를 결정하시오.

해답

이 다원자 이온의 경우 규칙 3을 사용할 수 있다.

$$[N_{ox}(\mathrm{I})] + 4[N_{ox}(\mathrm{Cl})] = -1$$

염소는 아이오딘보다 더 전기 음성이기 때문에 염소는 전통적으로 −1의 음의 산화 상태를 가질 것이다(규칙 4).

따라서,

$$[N_{ox}(\mathrm{I})] + 4(-1) = -1$$

그러므로 $[N_{ox}(\mathrm{I})] = -1 + 4 = +3$이다.

8.3 전기 음성도를 이용한 산화수 결정

산화수의 개념을 이해하기 위해서 규칙을 암기할 필요는 없다. 더구나 '규칙'을 적용할 수 없는 다원자 이온과 분자도 많이 있다. 산화수를 유도하기 위하여 여러 가지 방법을 사용할 수 있지만, 단순한 대수적 규칙들을 기계적으로 적용하기보다는 항상 상대적인 전기 음성도로부터 산화수를 예측할 수 있다. 이 방법은 특히, 서로 다른 화학적 환경을 갖는 어떤 분자나 이온에 동일한 원소인 두 원자가 있는 경우에 유용하다. 전기 음성도를 사용하면 특정한 환경에 있는 각각의 원자에 대해 산화수를 정할 수 있지만, 산술적인 방법은 단지 평균값만 정할 수 있다.

공유 결합을 하고 있는 원자들에게 산화수를 배정하기 위해서는 분자의 전자점 구조식을 그리고, 그림 8.1에 주어진 원소의 전기 음성도 값을 참고한다. 극성 공유 결합에서 전자들은 두 원자 간에 동등하게 분포되지 않기 때문에, 산화수를 배정할 때에는 더 전기 음성의 원자는 결합 전자를 완전히 '소유'한다고 가정한다. 그런 다음, 자유 단일 원자 원소일 때의 원자가 전자수와 분자 혹은 이온일 때 원자가 갖는 원자가 전자수를 비교한다. 이들 두 상태에서의 원자가 전자수의 차이(자유 원자가 '소유'하는 원자가 전자수−분자 또는 이온에 있는 원자가 '소유'한 원자가 전자수)가 산화수이다.

그림 8.1 여러 가지 비금속과 준금속의 Pauling 전기 음성도 값

	H 2.2				He –
B 2.0	C 2.5	N 3.0	O 3.4	F 4.0	Ne –
	Si 1.9	P 2.2	S 2.6	Cl 3.2	Ar –
	Ge 2.0	As 2.2	Se 2.6	Br 3.0	Kr 3.0
			Te 2.1	I 2.7	Xe 2.6
				At 2.2	Rn –

공유 결합 분자의 산화수 예측

염화 수소 분자를 예로 들어 보자. 그림 8.1을 보면 염소가 수소보다 더 큰 전기 음성도를 가지므로 결합 전자들은 염소에 배정한다. 염화 수소에서 염소 원자는 중성의 염소 원자보다 원자가 전자가 하나 더 많다. 그러므로 염소에는 [7 − 8] = −1의 산화수를 배정한다. 수소 원자는 원소 상태에서 보다 전자 한 개를 잃었다. 따라서 산화수는 [1 − 0] = +1이다. 이러한 배정은 다음과 같이 나타낼 수 있다.

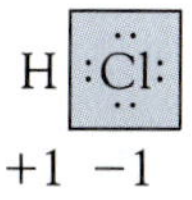

H :Cl:

+1 −1

물에 대한 전자점 그림을 그려보면, 규칙 4와 5에서 정의된 것처럼 각 수소 원자는 [1 − 0] = +1의 산화수를 가지며, 산소 원자는 [6 − 8] = −2의 산화수를 가지는 것을 알 수 있다.

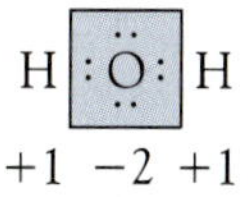

H :O: H

+1 −2 +1

과산화 수소에서 산소는 '비정상적인' 산화 상태를 가진다. 이와 같은 상황은 같은 전기 음성도를 가진 원자쌍이 서로 결합되어 있을 때, 결합 전자쌍은 두 원자 사이에 나누어진다고 가정하면 이해하기 쉽다. 이 경우에 각 산소 원자는 [6 − 7] = −1의 산화수를 가진다. 수소 원자는 여전히 각각 +1이다.

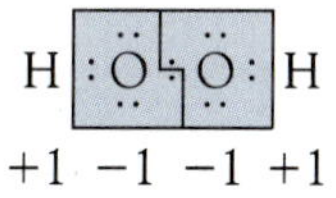

H :O:O: H

+1 −1 −1 +1

이 방법은 세 개 이상의 서로 다른 원소를 포함하는 분자들에도 적용할 수 있다. 사이안화 수소, HCN를 예로 들어 알아보자. 질소는 탄소보다 더 전기 음성이므로 C−N 결합에 있는 결합 전자를 '소유'하므로 [5 − 8] = −3이다. 그리고 탄소는 수소보다 더 전기 음성이기 때문에 H−C 결합의 전자를 '소유'하며, [4 − 2] = +2이다.

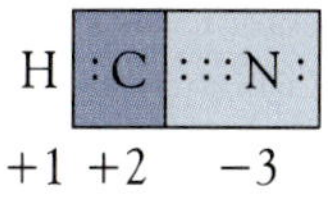

H :C :::N:

+1 +2 −3

규칙 1에 따르면 모든 원소의 산화수는 0이다. 어떻게 이 값에 도달할 수 있을까? 다이플루오린처럼 두 개의 동일한 원자로 구성된 분자에서 공유 결합에 있는 전자들은 항상 동등하게 공유될 것이다. 그러므로 플루오린 원자들 간에 공유된 원자를 나누어 주어야 한다. 각 플루오린 원자는 자유 원자일 때 7개의 원자가 전자를 가졌고 지금도 7개의 전자를 갖는다. 따라서 [7 − 7] = 0이다.

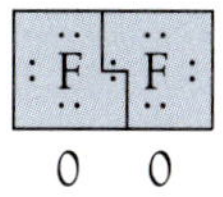

:F:F:

0 0

다원자 이온의 산화수 예측

다원자 이온들은 중성 분자와 같은 방법으로 취급할 수 있다. 황산 이온의 간단한 전자점 구조를 이용하면 이 과정을 설명할 수 있다(그러나 16.18절에서 황산 이온의 실제 결합은 더 복잡한 것을 알 수 있을 것이다). 더 전기 음성인 원자에 결합 전자를 배정하는 규칙에 따라, 각 산소에 −2의 산화수를 배정한다. 그러면 중성 원자에서는 6개의 원자가 전자를 가졌던 황이, 이 구조에서는 원자가 전자를 1개도 갖지 않는다. 그러므로 규칙에 따라 황 원자에는 [6−0] = +6의 산화수가 배정된다. 앞에서 황산의 황 원자에도 같은 산화수가 배정되었음을 기억하길 바란다.

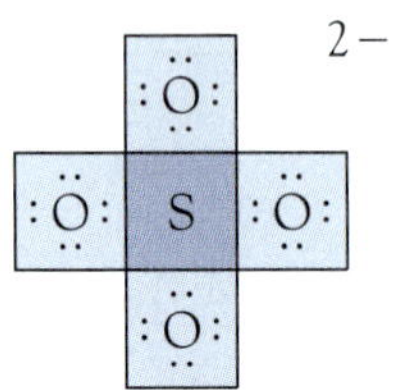

이미 언급했던 바와 같이, 같은 분자 내에서 같은 원소인 두 원자가 실제로 다른 산화 상태를 가질 수 있다. 이 상황의 고전적인 예는 서로 다른 환경에 있는 황 원자들을 가진 싸이오황산 이온, $S_2O_3^{2-}$이다. 각 산소 원자는 −2의 산화수를 가진다. 그러나 앞에서 언급된 규칙 4에 따르면, 2개의 동등한 전기 음성을 갖는 황 원자는 S−S 결합에 참여하는 두 전자를 나누어 가진다. 따라서 중심에 있는 황 원자는 [6−1] = 5의 산화 상태를 가지며, 또 다른 황 원자는 [6−7] = −1의 산화 상태를 가진다. 이와 같은 배정은 화학 반응에서 두 황 원자가 서로 다르게 행동한다는 사실을 설명한다.

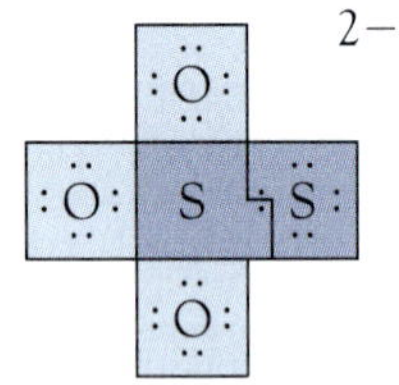

8.4 산화수와 형식 전하의 차이

3.8절에서 공유 결합 분자에 대한 전자점 구조를 확인하는 수단으로 형식 전하의 개념을 언급하였다. 형식 전하를 계산할 때에는 결합 전자들이 구성 원자들 간에 동등하게 분포되도록 나눈다. 일반적으로 가장 안정한 구조는 가장 낮은 형식 전하를 갖는 구조이다. 예를 들면, 형식 전하에 대한 규칙에 따라 할당된 전자들을 갖는 일산화 탄소의 전자점 그림은 다음과 같다.

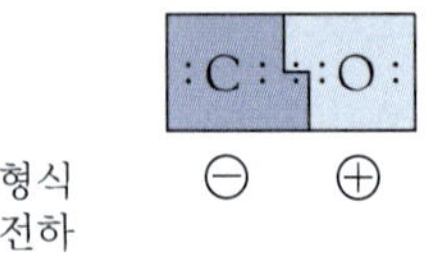

그러나 산화수를 결정할 때에는 더 높은 전기 음성도를 갖는 원자에 결합 전자를 배정하기 때문에 종종 큰 숫자를 가질 수 있다. 이 방법에 따라 일산화 탄소에서 원자는 다음 그림에서 보여 주는 것처럼 전자가 배정된다.

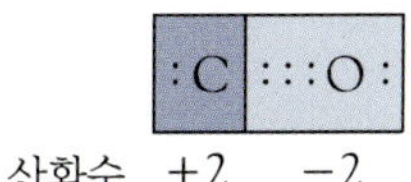

8.5 산화수의 주기적 변화

주족 원소의 산화수는 가장 체계적인 주기적 경향 중의 하나이다. 이 양상을 그림 8.2에 나타내었다. 이 그림은 앞에서부터 25개의 주족 원소들(d-계열 원소는 생략됨)의 가장 일반적인 화합물에서의 산화수를 나타내고 있다. 가장 뚜렷한 경향성은 주기율표를 가로질러 왼쪽에서 오른쪽으로 진행하면서 단계적으로 양의 산화수가 증가하는 것이다. 한 원자가 가질 수 있는 최대 양의 산화수는 그 원자의 원자가 전자수와 같다. 예를 들어, 알루미늄은 $[Ne]3s^2 3p^1$의 전자 배치와 +3의 산화수를 가진다. 내부 오비탈에 있는 전자는 주족 원소에 대한 계산에 포함시키지 않는다. 따라서 $[Ar]4s^2 3d^{10} 4p^5$의 전자 배치를 가지는 브로민의 산화수는 +7이며, 이 값은 4s와 4p 오비탈에 있는 전자의 합에 해당한다.

많은 비금속과 준금속들은 1가지 이상의 산화수를 나타낸다. 예를 들면, 질소는 화합물에 따라서 −3과 +5 사이의 모든 산화수를 가질 것으로 예측된다. 그러나 비금속의 일반적인 산화 상태는 2씩 감소하는 경향이 있다. 이러한 양상은 여러 가지 산소 음이온을 형성하는 염소의 산화수에서 볼 수 있다(표 8.2).

표 8.2 일반적인 산소산에서 염소의 산화수

이온	산화수
ClO^-	+1
ClO_2^-	+3
ClO_3^-	+5
ClO_4^-	+7

8.6 산화-환원 반응식

산화-환원 반응에서 한 물질이 산화되면 다른 물질은 환원된다. 이 과정은 때때로 쉽게 볼 수 있다. 예를 들어, 구리 금속 막대를 질산 은 용액에 넣어두면, 은 금속의 반짝거리는 결정이 구리 표면에 형성되고, 용액은 푸른색으로 바뀐다. 이 경우에 구리의 산화 상태는 0에서 +2로 증가하고, 은의 산화 상태는 +1에서 0으로 감소한다.

$$Cu(s) + 2\,Ag^+(aq) \rightarrow Cu^{2+}(aq) + 2\,Ag(s)$$

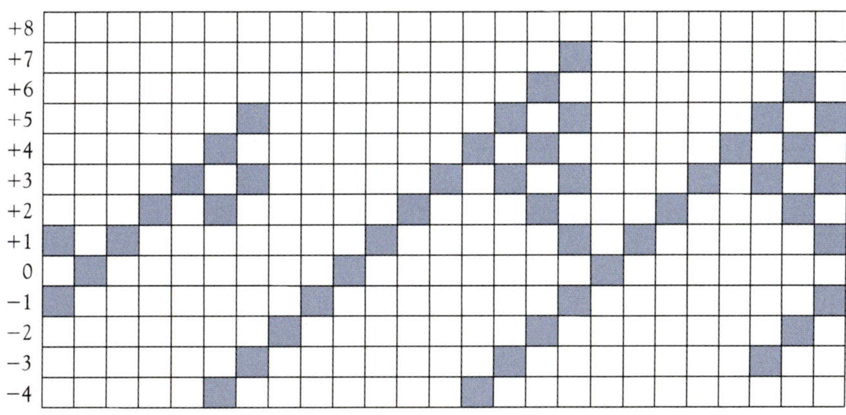

그림 8.2 처음 25개 주족 원소의 화합물에서 나타나는 일반적인 산화수

이 과정은 구리 금속이 전자를 잃고, 은 이온은 전자를 얻는 두 개의 반쪽 반응으로 분리해서 생각할 수 있다.

$$Cu(s) \rightarrow Cu^{2+}(aq) + 2\ e^-$$
$$2\ Ag^{+}(aq) + 2\ e^- \rightarrow 2\ Ag(s)$$

산성 용액에서의 산화-환원 반응식 균형 맞추기

산화-환원 반응식을 산화와 환원 반쪽 반응으로 나눌 수 있음을 알아보았다. 산화와 환원 성분으로부터 균형 맞춘 산화-환원 반응을 구성하는 반대 과정을 수행하는 것도 유용하다. 예를 들어, 자주색 과망가니즈산 이온 용액은 산성 용액에서 철(II) 이온을 철(III) 이온으로 산화시키고, 자신은 무색의 망가니즈(II) 이온으로 환원된다. 다음과 같이 골격(균형이 맞추어지지 않은) 반응식을 쓸 수 있다.

$$MnO_4^{-}(aq) + Fe^{2+}(aq) \rightarrow Mn^{2+}(aq) + Fe^{3+}(aq)$$

첫 단계는 두 반쪽 반응을 구분하는 것이다.

$$Fe^{2+}(aq) \rightarrow Fe^{3+}(aq)$$
$$MnO_4^{-}(aq) \rightarrow Mn^{2+}(aq)$$

먼저, 아주 간단하고 하나의 전자만 요구되는 철 반쪽 반응식의 균형을 맞춘다.

$$Fe^{2+}(aq) \rightarrow Fe^{3+}(aq) + e^-$$

그러나 환원 반응식에는 왼쪽에 산소가 있고, 오른쪽에는 산소가 없다. 산소 원자가 부족한 쪽에는 적당한 수의 물 분자를 첨가함으로써 이 반응식의 균형을 맞출 수 있다.

$$MnO_4^{-}(aq) \rightarrow Mn^{2+}(aq) + 4\ H_2O(l)$$

물의 첨가로 산소 원자는 균형을 맞추었으나 이 과정에서 수소 원자가 추가되었다. 균형을 맞추기 위하여 왼쪽에 수소 이온을 첨가한다.

$$MnO_4^{-}(aq) + 8\ H^{+}(aq) \rightarrow Mn^{2+}(aq) + 4\ H_2O(l)$$

끝으로 필요한 수만큼의 전자를 첨가하여 전하의 균형을 맞춘다.

$$MnO_4^{-}(aq) + 8\ H^{+}(aq) + 5\ e^- \rightarrow Mn^{2+}(aq) + 4\ H_2O(l)$$

두 개의 반쪽 반응식을 더하기 전에, 환원에 요구되는 전자의 수가 산화하는 동안 나오는 전자의 수와 같아야 한다. 이 경우에 철의 산화 반쪽 반응식에 5를 곱하여 균형을 맞출 수 있다.

$$5\ Fe^{2+}(aq) \rightarrow 5\ Fe^{3+}(aq) + 5\ e^-$$

최종적으로 균형 맞춘 반응식은 다음과 같이 될 것이다.

$$5\,Fe^{2+}(aq) + MnO_4^{-}(aq) + 8\,H^{+}(aq) \rightarrow 5\,Fe^{3+}(aq) + Mn^{2+}(aq) + 4\,H_2O(l)$$

예제 8.3

산성 용액에서 일어나는 다음 반응의 균형을 맞추시오.

$$Cr_2O_7^{2-}(aq) + C_2O_4^{2-}(aq) \rightarrow Cr^{3+}(aq) + CO_2(g)$$

해답

두 반쪽 반응을 정할 수 있다.

$$C_2O_4^{2-}(aq) \rightarrow CO_2(g)$$
$$Cr_2O_7^{2-}(aq) \rightarrow Cr^{3+}(aq)$$

첫 번째 반응인 산화 반응은 균형을 맞추기 위해 탄소 원자가 필요하다.

$$C_2O_4^{2-}(aq) \rightarrow 2\,CO_2(g)$$

그런 다음 전하의 균형을 맞추면,

$$C_2O_4^{2-}(aq) \rightarrow 2\,CO_2(g) + 2\,e^{-}$$

환원 반응에서는 먼저 크로뮴의 균형을 맞추어야 한다.

$$Cr_2O_7^{2-}(aq) \rightarrow 2\,Cr^{3+}(aq)$$

그런 다음 산소 원자의 균형을 맞추기 위해 생성물 쪽에 적절한 수의 물 분자를 추가해야 한다.

$$Cr_2O_7^{2-}(aq) \rightarrow 2\,Cr^{3+}(aq) + 7\,H_2O(l)$$

이 과정에서 산소 원자의 균형은 맞추었지만 수소 원자가 도입되었다. 균형을 맞추려면 반응물 쪽에 수소 이온이 추가되어야 한다.

$$Cr_2O_7^{2-}(aq) + 14\,H^{+}(aq) \rightarrow 2\,Cr^{3+}(aq) + 7\,H_2O(l)$$

마지막으로 전자를 추가하여 전하의 균형을 맞춘다.

$$Cr_2O_7^{2-}(aq) + 14\,H^{+}(aq) + 6\,e^{-} \rightarrow 2\,Cr^{3+}(aq) + 7\,H_2O(l)$$

두 반쪽 반응을 합하기 전에 환원에 필요한 전자수와 산화가 일어나는 동안 생성되는 전자수를 일치시켜야 한다. 이 균형은 옥살산 산화 반쪽 반응에 3을 곱하면 맞추어진다.

$$3\,C_2O_4^{2-}(aq) \rightarrow 6\,CO_2(g) + 6\,e^{-}$$

최종적으로 균형이 맞추어진 반응은 다음과 같다.

$$Cr_2O_7^{2-}(aq) + 14\,H^{+}(aq) + 3\,C_2O_4^{2-}(aq) \rightarrow 2\,Cr^{3+}(aq) + 6\,CO_2(g) + 7\,H_2O(l)$$

염기성 용액에서의 산화-환원 반응식 균형 맞추기

염기성 용액에서 산화-환원 반응식의 균형을 맞추려면 앞의 과정을 수행한 다음 마지막에 추가적인 과정을 추가해야 한다. 이를 알아보기 위하여 염기성 용액에서 염소 분자가 염소 이온과 염소산 이온으로 되는 불균등화 반응을 살펴보자.

$Cl_2(aq) \rightarrow Cl^-(aq) + ClO_3^-(aq)$

불균등화 반응(*disproportion reaction*)은 어떤 이온(또는 분자)이 산화되는 동안 같은 화학종의 다른 것이 환원될 때 일어난다. 염소 분자의 경우에 한 부분의 염소 원자가 산화되어 산화수가 0에서 +5로 변화되는 동안, 다른 염소는 산화수가 0에서 −1로 환원된다. 앞에서처럼, 두 가지의 반쪽 반응을 구성할 수 있다.

$Cl_2(aq) \rightarrow Cl^-(aq)$
$Cl_2(aq) \rightarrow ClO_3^-(aq)$

먼저 환원 반쪽 반응식을 고려한다. 첫 단계는 염소 원자의 수를 균형 맞추는 것이다.

$Cl_2(aq) \rightarrow 2\ Cl^-(aq)$

그런 다음 전하를 균형 맞춘다.

$Cl_2(aq) + 2\ e^- \rightarrow 2\ Cl^-(aq)$

산화 반쪽 반응에 대한 염소 원자의 수도 균형 맞춘다.

$Cl_2(aq) \rightarrow 2\ ClO_3^-(aq)$

앞의 예에서와 마찬가지로, 산소 원자를 물 분자로 균형을 맞춘다.

$Cl_2(aq) + 6\ H_2O(l) \rightarrow 2\ ClO_3^-(aq)$

그런 다음 물 분자는 수소 이온으로 균형 맞춘다.

$Cl_2(aq) + 6\ H_2O(l) \rightarrow 2\ ClO_3^-(aq) + 12\ H^+(aq)$

그러나 이 반응은 염기성 용액에서 일어나기 때문에 양쪽에 각각 수소 이온의 몰수와 같은 몰수의 수산화 이온을 가해준다.

$Cl_2(aq) + 6\ H_2O(l) + 12\ OH^-(aq) \rightarrow 2\ ClO_3^-(aq) + 12\ H^+(aq) + 12\ OH^-(aq)$

$H^+ + OH^- = H_2O$이므로,

$Cl_2(aq) + 6\ H_2O(l) + 12\ OH^-(aq) \rightarrow 2\ ClO_3^-(aq) + 12\ H_2O(l)$

물 분자를 정리하면,

$Cl_2(aq) + 12\ OH^-(aq) \rightarrow 2\ ClO_3^-(aq) + 6\ H_2O(l)$

화학 합성: 해저의 산화-환원 화학

바다의 밑바닥은 춥고 어두운 곳이다. 물 상층부에는 유기체가 죽으면 이들을 먹어치우는 종들이 있지만, 이들에게 먹히지 않고 남은 찌꺼기들이 바닥에 떨어져 쌓이는 것 외에는 생명체가 존재하지 않는 것으로 오랫동안 생각되었다. 지표에서 생명체는 산화-환원 순환을 일으키는 광합성에 의지한다. 그러면 해저에서는 어떤 생물학적 순환이 일어나고 있을까? 생명체는 해저의 배출구 주위에 집중적으로 존재하는데, 이 배출구에서는 유독성 황화 수소와 중금속의 황화물로 포화된 과열된 물기둥이 뿜어져 나온다. 이러한 환경의 한쪽 끝에는 엄청나게 다양한 유기체들이 존재한다.

가장 흥미로운 생명체는 입이 없고, 겁이 많은 튜브형 벌레이다. 이들 거대한 창조물은 내부에 살고 있는 박테리아에 의지하여 살아가는데, 이 박테리아는 에너지를 얻기 위하여 **화학 합성**(*chemosynthesis*) 과정인 황화 수소 이온을 황산 이온으로 산화시킨다.

$$HS^-(aq) + 4\,H_2O(l) \rightarrow SO_4^{2-}(aq) + 9\,H^+(aq) + 8\,e^-$$

이 반응에서 얻어진 에너지는 바닷물에 용해된 이산화 탄소를 복잡한 탄소-기초 분자로 변환시키기 위해 벌레가 사용된다. 반쪽 반응에서 볼 수 있는 것처럼, 황화 수소 1몰당 9몰의 수소(하이드로늄) 이온이 생성된다. 그러므로 이 벌레는 과량의 산을 뿜어낼 수 있는 효율적인 생화학적 메커니즘을 소유하여야 하며, 그렇지 않으면 낮은 pH에서 죽게 될 것이다.

Santa Barbara의 California 대학교 과학자들은 해저 배출구에서의 이 극단적인 압력과 낮은 온도, 황화 수소 농도를 갖춘 수족관을 운영하면서, 이들 튜브형 벌레들을 실험실에서 연구할 수 있었다. 깊은 바다 배출구에 사는 이 유기체의 신비를 알게 되면 지구상의 생명체의 기원에 대해 좀 더 많은 것이 드러나게 될 것이다. 왜냐하면 어떤 과학자들은 지구상의 첫 유기체는 이와 같은 배출구에서 유래되었다고 믿고 있기 때문이다.

다음으로 전자를 첨가하여 전하에 대한 반응식의 균형을 맞춘다.

$$Cl_2(aq) + 12\,OH^-(aq) \rightarrow 2\,ClO_3^-(aq) + 6\,H_2O(l) + 10\,e^-$$

반쪽 반응의 환원 반응식은 전자의 균형을 맞추기 위하여 5를 곱하여야 한다.

$$5\,Cl_2(aq) + 10\,e^- \rightarrow 10\,Cl^-(aq)$$

두 반쪽 반응식의 합은 다음과 같다.

$$6\,Cl_2(aq) + 12\,OH^-(aq) \rightarrow 10\,Cl^-(aq) + 2\,ClO_3^-(aq) + 6\,H_2O(l)$$

마지막으로, 반응식의 계수는 2로 나눌 수 있다.

$$3\,Cl_2(aq) + 6\,OH^-(aq) \rightarrow 5\,Cl^-(aq) + ClO_3^-(aq) + 3\,H_2O(l)$$

8.7 반쪽 반응식의 정량적 취급

반쪽 반응의 상대적인 산화력과 환원력은 반쪽 반응의 전위를 이용하여 결정할 수 있다. 이 전위는 수소 이온($1\ mol \cdot L^{-1}$)이 수소 기체(백금흑 표면에서 100 kPa 압력)로 되는 반쪽 반응의 전위에 대한 상대적인 전위이다. 이 표준 반쪽 반응에 대한 표준 전위 $E^{\ominus}$는 0으로 정의된다.

$$2\,H^+(aq) + 2\,e^- \rightarrow H_2(g) \qquad E^{\ominus} = 0.00\ V$$

반쪽 전지의 환원 전위가 더 양의 값을 가질 수 있도록 그 화학종의 산화력은 더 강하다. 예를 들어, 플루오린 분자는 매우 강한 산화제(또는 전자 받개)이다.

$$\frac{1}{2}\,F_2(g) + e^- \rightarrow F^-(aq) \qquad E^\ominus = +2.80\ V$$

반대로 리튬 이온은 아주 큰 음의 환원 전위를 갖는다.

$$Li^+(aq) + e^- \rightarrow Li(s) \qquad E^\ominus = -3.04\ V$$

가장 강한 산화제는 다이플루오린화 산소, OF_2이다(산성 용액에서 $E^\ominus$ = +3.29 V). 가장 강한 환원제는 아자이드화 이온 N_3^-이다(산성 용액에서 $E^\ominus$ = −3.33 V).

리튬에 대해서는 반쪽 반응의 역반응이 자발적이다. 따라서 리튬 금속은 아주 강한 환원제(또는 전자 주개)이다.

$$Li(s) \rightarrow Li^+(aq) + e^- \qquad E^\ominus = +3.04\ V$$

반쪽 전지 전위의 농도 의존성

반쪽 전지 전위는 농도에 의존한다는 것을 항상 명심해야 한다. 따라서 어떤 조건에서는 반응이 자발적이지만, 다른 조건에서는 비자발적일 수도 있다. 농도에 따른 전위의 변화는 Nernst 식으로 나타낸다.

$$E = E^\ominus - \frac{RT}{nF}\ln\frac{[\text{생성물}]}{[\text{반응물}]}$$

여기서 R은 이상 기체 상수($8.31\ V\cdot C\cdot mol^{-1}\cdot K^{-1}$)이고, T는 절대 온도, n은 산화-환원 반응식에 따라 이동한 전자의 몰수, F는 Faraday 상수($9.65\times10^4\ C\cdot mol^{-1}$), 그리고 $E^\ominus$는 화학종이 $1\ mol\cdot L^{-1}$ 용액과 기체 100 kPa 압력의 표준 상태에 있을 때의 전위이다.

비표준 상태의 영향을 알아보기 위하여 과망가니즈산 이온이 망가니즈(II) 이온으로 되는 반쪽 전지를 생각해 보자. 이 반쪽 전지는 앞에서 균형을 맞추었던 반쪽 반응으로 나타난다.

$$MnO_4^-(aq) + 8\,H^+(aq) + 5\,e^- \rightarrow Mn^{2+}(aq) + 4\,H_2O(l)$$

이 반응에 대한 Nernst 식은 다음과 같다.

$$E = +1.51\ V - \frac{RT}{5F}\ln\frac{[Mn^{2+}]}{[MnO_4^-][H^+]^8}$$

pH가 4.00(즉, $[H^+]$가 $1.0\times10^{-4}\ mol\cdot L^{-1}$로 감소)으로 증가하고, 과망가니즈산 이온과 망가니즈(II) 이온의 농도는 $1.0\ mol\cdot L^{-1}$로 유지된다고 가정하자. 새로운 조건(먼저, $RT/5F$에 대하여 풀고)에서 반쪽 전지의 전위는 다음과 같다.

$$E = +1.51\ V - (5.13\times10^{-3}\ V)\ln\frac{1.00}{(1.00)(1.0\times10^{-4})^8} = +1.13\ V$$

따라서 과망가니즈산 이온은 산성이 보다 낮은 용액에서 훨씬 더 약한 산화제가 된다. 이 특별한 반쪽 반응은 8몰의 수소 이온을 필요로 하기 때문에 농도 효과는 이례적으로 크다. 그러나 이 효과는 단지 Nernst 식에서 수소 이온의 농도가 8승 배로 증가하기 때문에 나타나는 것이다. 그 결과 전위는 pH에 유별나게 민감해진다.

산화-환원 반응의 열역학적 자발성

자발적인 산화-환원 반응에 대한 반쪽 전지 환원 전위의 합은 양의 값이어야 한다. 예를 들어, 앞에서 다루었던 은 이온과 구리 금속을 고려해 보자. 반쪽 전지의 환원 전위값은 다음과 같다.

$$Cu^{2+}(aq) + 2\,e^- \rightarrow Cu(s) \qquad E^\Theta = +0.34\text{ V}$$
$$Ag^{+}(aq) + e^- \rightarrow Ag(s) \qquad E^\Theta = +0.80\text{ V}$$

구리 금속의 산화 전위에 은 이온의 환원 전위를 더하면,

$$2\,Ag^{+}(aq) + 2\,e^- \rightarrow 2\,Ag(s) \qquad E^\Theta = +0.80\text{ V}$$
$$Cu(s) \rightarrow Cu^{2+}(aq) + 2\,e^- \qquad E^\Theta = -0.34\text{ V}$$

다음과 같은 양의 전지 전위가 나온다.

$$2\,Ag^{+}(aq) + Cu(s) \rightarrow 2\,Ag(s) + Cu^{2+}(aq) \qquad E^\Theta = +0.46\text{ V}$$

그러므로 질산 은 용액에 구리 금속 조각을 넣어주면 은 금속과 질산 구리(II) 용액이 생기는 반응이 일어나게 된다(질산 이온은 구경꾼 이온이다).

8.8 열역학적 함수로서의 전극 전위

은 이온−구리 금속에 대한 반응에서 보았듯이, 전극 전위는 반응식의 계수가 바뀌어도 변하지 않는다. 전극 전위는 반응을 추진하는 힘이고, 전극 표면이나 두 화학종이 접촉하는 지점에 존재하게 된다. 그러므로 전극 전위는 화학량론에 의존하지 않는다. 전위는 단순히 화학 반응에 대한 자유 에너지의 양을 측정하는 것이다. 자유 에너지와 전위의 관계식은 다음과 같다.

$$\Delta G^\Theta = -nFE^\Theta$$

여기서 ΔG^Θ는 표준 자유 에너지이고, n은 전자의 몰수, F는 Faraday 상수, E^Θ는 표준 전극 전위이다. Faraday 상수는 대개 $9.65 \times 10^4\ \text{C}\cdot\text{mol}^{-1}$로 나타내지만, 이 식을 사용할 때는 특성상 joule 단위, 즉 $9.65 \times 10^4\ \text{J}\cdot\text{V}^{-1}\cdot\text{mol}^{-1}$로 쓰는 것이 가장 좋다. 그러나 이 절에서의 계산은 자유 에너지 변화를 전자 몰수와 반쪽 전지 전위의 곱으로 표현하는 것이 더 편리하다. Faraday 상수를 계산할 필요가 없을 때는 이와 같은 방법을 적용할 수 있다.

이 점을 설명하기 위해 표준 전극 전위 대신에 자유 에너지를 사용하여 앞에서 다루었던 구리-은 반응의 계산을 다시 해 보자.

$$2\,Ag^{+}(aq) + 2\,e^- \rightarrow 2\,Ag(s) \qquad \Delta G^\Theta = -2(F)(+0.80\text{ V}) = -1.60\,F\text{V}$$
$$Cu(s) \rightarrow Cu^{2+}(aq) + 2\,e^- \qquad \Delta G^\Theta = -2(F)(-0.34\text{ V}) = +0.68\,F\text{V}$$

그러면 이 반응에 대한 자유 에너지 변화는 $(-1.60\,F + 0.68\,F)V$, 또는 $-0.92\,F\text{V}$이

다. 이 값을 표준 전극 전위로 환산하면,

$$E^{\ominus} = -\frac{\Delta G^{\ominus}}{nF} = -\frac{-0.92\ FV}{2\ F} = +0.46\ \text{V}$$

가 된다. 즉, 표준 전위를 더해서 얻은 값과 같다.

알려지지 않은 반쪽 전지 전위의 값을 계산하기 위하여 두 반쪽 전지 전위를 합친다고 가정해 보자. 그러면 표준 전극 전위를 사용하는 간단한 방법은 적용할 수 없다. 반쪽 반응들을 더하는 것은 균형 맞춘 산화-환원 반응식을 얻기 위한 것이 아니라, 또 다른 반쪽 반응을 얻기 위한 것임을 명심해야 한다. 두 환원 반쪽 반응에서 전자의 수는 균형이 맞지 않을 것이다. 그러므로 자유 에너지를 사용하여 계산해야 한다. 예를 들어, 철(III) 이온이 철 금속으로 환원되는 반응,

$$Fe^{3+}(aq) + 3\ e^- \rightarrow Fe(s)$$

에 대한 반쪽 전지의 전위는 철(III) 이온이 철(II) 이온으로, 그리고 철(II) 이온이 철 금속으로 환원되는 반응에 대해 주어진 값을 사용하여 결정할 수 있다.

$$Fe^{3+}(aq) + e^- \rightarrow Fe^{2+}(aq) \qquad E^{\ominus} = +0.77\ \text{V}$$
$$Fe^{2+}(aq) + 2\ e^- \rightarrow Fe(s) \qquad E^{\ominus} = -0.44\ \text{V}$$

먼저, 각 반쪽 반응에 대한 자유 에너지 변화를 계산한다.

$$Fe^{3+}(aq) + e^- \rightarrow Fe^{2+}(aq) \qquad \Delta G^{\ominus} = -1(F)(+0.77\ \text{V}) = -0.77\ F\text{V}$$
$$Fe^{2+}(aq) + 2\ e^- \rightarrow Fe(s) \qquad \Delta G^{\ominus} = -2(F)(-0.44\ \text{V}) = +0.88\ F\text{V}$$

두 반응식을 더하면 Fe^{2+} 이온은 제거된다. 그러므로 다음 반응식,

$$Fe^{3+}(aq) + 3\ e^- \rightarrow Fe(s)$$

에 대한 자유 에너지 변화는 $(-0.77\ F + 0.88\ F\text{V})$, 또는 $+0.11\ F\text{V}$가 될 것이다. 이 $\Delta G^{\ominus}$ 값을 철(III) 이온이 철 금속으로 되는 환원 반응에 대한 전극 전위로 환산하면 다음 값을 얻게 된다.

$$E^{\ominus} = -\frac{\Delta G^{\ominus}}{nF} = -\frac{+0.11\ FV}{3\ F} = -0.04\ \text{V}$$

8.9 Latimer(환원 전위) 도표

자료를 도표 형태로 나타내면 해석하기가 더 쉽다. 서로 관련이 있는 일련의 화학종들에 대한 표준 환원 전위는 **Latimer 도표**(*Latimer diagram*)라고 하는 환원 전위 도표로 나타낼 수 있다. Latimer 도표는 일련의 산화 상태에 대한 산화-환원 정보를 매우 압축된 형태로 보여 준다. 뿐만 아니라 그 화학종의 산화-환원 성질을 예측할 수 있게 해 준다.

산성 용액에서 산소에 대한 Latimer 도표

Latimer 도표에 대한 간단한 예는 산성 용액에서 산소에 대한 도표이다.

$$\overset{0}{O_2} \xrightarrow{+0.68\ V} \overset{-1}{H_2O_2} \xrightarrow{+1.78\ V} \overset{-2}{H_2O}$$

$$O_2 \xrightarrow{+1.23\ V} H_2O$$

이 도표는 산소의 두 가지 일반적인 산화 상태(0과 −2)와 특별한 산화 상태인 −1을 포함하고 있다. 화학종의 각 쌍 사이의 숫자는 이들 화학종을 포함하는 환원 반쪽 반응에 대한 표준 환원 전위이다.

화학종이 포함하고 있는 정보를 사용하려면 완전한 해당 반쪽 반응을 적어야 한다. 간단한 이온의 경우 반쪽 반응식을 적는 것은 매우 쉽다. 예를 들어, 산소에 대한 Latimer 도표의 오른쪽 부분을 살펴보자.

$$\overset{-1}{H_2O_2} \xrightarrow{+1.78\ V} \overset{-2}{H_2O}$$

이 도표는 +1.78 V의 환원 전위를 갖는 과산화 수소는 물에 대하여 강한 산화제임을 보여 준다. 완전한 반쪽 반응은 다음과 같이 쓸 수 있다.

$$H_2O_2(aq) + 2\ H^+(aq) + 2\ e^- \rightarrow 2\ H_2O_2(l) \qquad E^\ominus = +1.78\ V$$

환원 전위 도표를 보면 철(II)/철(III) 쌍을 포함한 많은 화학종은 이 값보다 낮은 환원 전위를 갖는 것을 알 수 있다.

$$Fe^{2+}(aq) \rightarrow Fe^{3+}(aq) + e^- \qquad E^\ominus = -0.77\ V$$

그러므로 우리는 열역학적 관점에서 과산화 수소는 철(II) 용액을 철(III) 용액으로 산화시킬 것이라고 확실하게 예측할 수 있다.

이 도표는 과산화 수소에 관한 또 다른 사실을 내포하고 있다. 과산화 수소의 환원과 산화에 대한 전위의 합은 양(+1.78 V − 0.68 V)의 값이다. 이러한 양의 값은 과산화 수소가 불균등화 반응을 할 것임을 의미한다.

$$H_2O_2(aq) + 2\ H^+(aq) + 2\ e^- \rightarrow 2\ H_2O(l) \qquad E^\ominus = +1.78\ V$$

$$H_2O_2(aq) \rightarrow O_2(g) + 2\ H^+(aq) + 2\ e^- \qquad E^\ominus = -0.68\ V$$

두 반쪽 반응식을 더하면 전체 반응식을 얻을 수 있다.

$$2\ H_2O_2(aq) + 2\ H_2O(l) + O_2(g) \qquad E^\ominus = +1.10\ V$$

불균등화 반응은 열역학적으로 자발적이더라도, 속도론적으로는 아주 느리게 진행된다. 그러나 아이오딘화 이온이나 전이 금속 이온과 같은 촉매가 존재하면 분해가 빠르게 일어난다. 우리 몸에는 **과산화 수소 분해 효소**(catalase)라고 하는 효소가 있어서 이 반응에 대해 촉매로 작용하여 세포 내에 존재하는 유해한 과산화 수소를 분해시킨다.

마지막으로, 산소 기체 자체는 강한 산화제임을 알 수 있다(20.9절 참조).

$$O_2(g) + 4\ H^+(aq) + 4\ e^- \rightarrow 2\ H_2O(l) \qquad E^\ominus = +1.23\ V$$

산성 용액에서 철에 대한 Latimer 도표

산성 용액에서 철의 여러 가지 산화 상태에 대한 Latimer 도표도 구성할 수 있다. 이 도표는 흔히 접하는 철의 세 가지 산화 상태(+3, +2, 0)와 +6의 드문 산화 상태를 포함한다. 철산 이온과 철(III) 이온 사이의 높은 양의 값은 철산 이온이 강한 산화제임을 나타내고 있다(즉, 아주 쉽게 환원된다). 음의 값은 오른쪽에 있는 화학종이 환원제임을 나타낸다. 그러므로 철 금속은 그 자신이 철(II) 이온으로 산화되기 때문에 환원제로 사용될 수 있다.

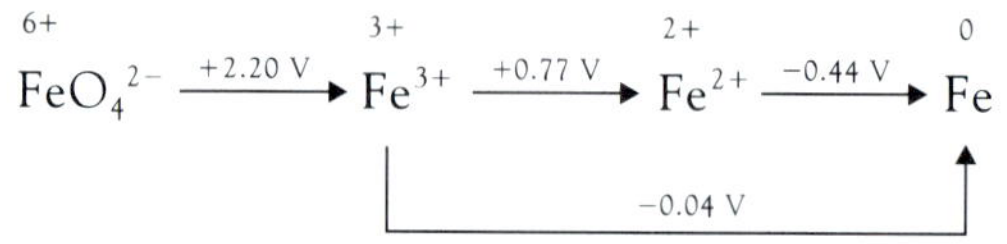

$$\overset{6+}{FeO_4^{2-}} \xrightarrow{+2.20\ V} \overset{3+}{Fe^{3+}} \xrightarrow{+0.77\ V} \overset{2+}{Fe^{2+}} \xrightarrow{-0.44\ V} \overset{0}{Fe}$$

$$Fe^{3+} \xrightarrow{-0.04\ V} Fe$$

철에 대한 Latimer 도표의 각 화살표에 해당하는 반쪽 반응식을 쓸 수 있다. 예를 들면, 철(III) 이온이 철(II) 이온으로 환원되는 반응은 다음과 같이 간단히 나타낼 수 있다.

$$Fe^{3+}(aq) + e^- \rightarrow Fe^{2+}(aq) \qquad E^\ominus = +0.77\ V$$

그러나 철산 이온, FeO_4^{2-}의 환원에 대해서는 물로 산소의 균형을 맞추고 나서 첨가된 물에 있는 수소는 수소 이온으로 맞추고, 마지막으로 전자로 전하를 맞춘다.

$$FeO_4^{2-}(aq) + 8\ H^+(aq) + 3\ e^- \rightarrow Fe^{3+}(aq) + 4\ H_2O(l) \qquad E^\ominus = +2.20\ V$$

염기성 용액에서 철에 대한 Latimer 도표

지금까지 이 절에서 사용된 모든 예는 산성 용액에서 일어난 반응이다. pH가 높은 염기성 용액에서는 산성 용액과는 다른 화학종들이 존재하기 때문에 때로는 전위값이 아주 다르게 나타난다. 예를 들면, 이 절의 첫 부분에 나타낸 도표에서 볼 수 있는 것처럼, 산성 용액에서 철 금속은 가용성 철(II) 양이온 용액으로 산화된다.

$$Fe(s) \rightarrow Fe^{2+}(aq) + 2\ e^-$$

그러나 염기성 용액에서 철(II) 이온은 높은 농도로 존재하는 수산화 이온과 즉각 반응하여 불용성 수산화 철(II)로 된다.

$$Fe(s) + 2\ OH^-(aq) \rightarrow Fe(OH)_2(s) + 2\ e^-$$

따라서 염기성 용액에서 철의 Latimer 도표(아래 그림)는 산성 용액의 도표와는 다른 화학종을 여럿 포함하며, 그 결과 다른 전극 전위가 나타나게 된다.

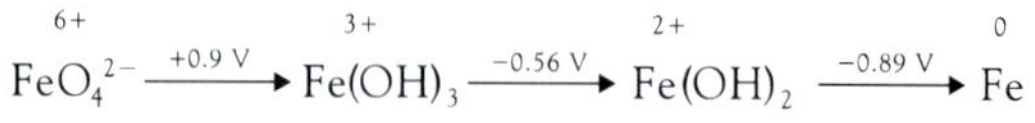

$$\overset{6+}{FeO_4^{2-}} \xrightarrow{+0.9\ V} \overset{3+}{Fe(OH)_3} \xrightarrow{-0.56\ V} \overset{2+}{Fe(OH)_2} \xrightarrow{-0.89\ V} \overset{0}{Fe}$$

염기성 용액에서 수산화 철(II)은 쉽게 수산화 철(III) 이온으로 산화되고(+0.56 V), 철산 이온은 아주 약한 산화제임을 알 수 있다(염기성 용액에서 +0.9 V, 산성 용액에서 2.20 V).

Latimer 도표는 특정한 산화-환원 단계에 대하여 환원 전위를 알아내는 데 유용하게 사용되지만, 때로는 아주 복잡하게 될 수도 있다. 예를 들어 망가니즈의 5가지 화학종에 대한 도표는 5가지 화학종의 여러 쌍과 관련된 10개의 전극 전위를 가진다. 이처럼 복잡한 도표에 포함된 정보를 추려내는 것은 지루한 일이다. 이 경우에는 산화 상태와 상대적인 에너지를 2차원 도표로 나타내는 것이 더 유용하다. 이것이 다음 절의 주제이다.

예제 8.4

산성 용액에서 FeO_4^{2-}가 Fe^{2+}로 환원될 때의 $E^{\ominus}$ 값을 계산하시오.

해답

Latimer 도표의 값과 다음 반응에 대한 자유 에너지를 더하여 이 값을 알아 낼 수 있다.

$$FeO_4^{2-}(aq) + 8\,H^+(aq) + 3\,e^- \rightarrow Fe^{3+}(aq) + 4\,H_2O(l)$$
$$Fe^{3+}(aq) + e^- \rightarrow Fe^{2+}(aq)$$

첫 번째 반응에 대한 $E^{\ominus} = +2.20$ V이므로,

$$\Delta G^{\ominus} = -3(F)(+2.20\text{ V}) = -6.60\,F\text{ V}$$

두 번째 반응에 대한 $E^{\ominus} = +0.77$ V이므로,

$$\Delta G^{\ominus} = -1(F)(+0.77\text{ V}) = -0.77\,F\text{ V}$$

그러므로 FeO_4^{2-}가 Fe^{2+}로 될 때의 자유 에너지는 $(-6.60) + (-0.77) = -7.37$ V가 될 것이다.

이 값을 전지 전위로 환산하면 다음과 같다.

$$E^{\ominus} = -\frac{\Delta G^{\ominus}}{nF} = -\frac{-7.37F\text{ V}}{3F} = 2.46\text{ V}$$

8.10 Frost(산화 상태) 도표

원소의 많은 산화 상태에 관한 정보는 산화 상태 도표로 나타내는 것이 바람직한데, 이 도표는 Northwestern University의 Arthur Frost가 고안하였기 때문에 Frost **도표**(*Frost diagram*)라고도 한다. 이러한 도표는 계산을 하지 않고서도 다른 산화 상태들의 성질에 관한 정보를 시각적으로 도출할 수 있게 해 준다.

Frost 도표에서는 전극 전위 대신 상대적인 자유 에너지를 세로축에 나타내고, 가로축에는 산화 상태를 나타낸다. 에너지는 $-nE^{\ominus}$로 표시하기 때문에 **볼트 당량**(*volt equivalent*)라고도 한다. 그러므로 에너지 값은 해당 산화-환원 단계에 대해 전위와 전자 몰수의 곱의 단위(V · mol e^-)로 도시된다. 자유 에너지를 Faraday 상수로 나누면($\Delta G^{\ominus}/F$) 전위와 같은 값을 얻게 된다. 산화 상태가 0인 원소의 자유 에너지는 항상 0으로 간주한다. 인접한 산화 상태의 화학종끼리는 선으로 연결된다. 양의 산화 상태는 오른쪽에, 음의 산화 상태는 왼쪽에 놓기로 규약을 정했기 때문에 어떤 숫자는 왼쪽에 대해 양의 산화 상태를 갖게 되어 역전되어 있음을 유념해야 한다.

산성 용액에서 산소에 대한 Frost 도표

앞 절에서 주어진 산소의 Latimer 도표로부터 산성 용액에서 산소의 화학종들에 대한 Frost 도표를 그릴 수 있다(그림 8.3). 첫 번째 점은 산소 분자에 대한 것으로 산화 상태가 0일 때 자유 에너지가 0이기 때문에 간단히 (0, 0)이 될 것이다. 산소 원자 1몰당의 변화를 살펴보자.

$$\tfrac{1}{2}\,O_2(g) + H^+(aq) + e^- \rightarrow \tfrac{1}{2}\,H_2O_2(aq) \qquad E^\Theta = +0.68\ \text{V}$$

$$\tfrac{1}{2}\,H_2O_2(aq) + H^+(aq) + e^- \rightarrow H_2O(l) \qquad E^\Theta = +1.78\ \text{V}$$

그러므로 그 다음의 과산화 수소에 대한 점은, 과산화 수소에서 산소의 산화 상태는 -1이고 자유 에너지는 -1에 전자의 몰수(1)와 반쪽 전지 환원 전위(+0.68 V)를 곱한 값이므로 $(-1, -0.68)$이 될 것이다. 마지막으로 물에 대한 점은, 산소의 산화 상태가 -2이고 물에서 산소의 자유 에너지는 과산화 수소보다 $-(1 \times 1.78)$만큼 더 아래에 있을 것이므로 $(-2,\ -2.46)$인 곳에 있게 될 것이다. 이 도표는 산성 용액에서 산소의 산화-환원 화학을 가시적으로 이해할 수 있게 해 준다. 이 도표에서 가장 낮은 점에 자리하는 물은 열역학적으로 가장 안정하다. 곡선의 볼록한 지점에 위치하는 과산화 수소는 불균등화 반응을 할 것이다.

산성 용액에서 망가니즈에 대한 Frost 도표

망가니즈의 산화-환원 화학을 조사하면 Frost 도표의 모든 특징을 올바르게 인식할 수 있다(그림 8.4).

이 도표로부터 다음의 결론을 얻을 수 있다.

1. 도표에서 낮은 곳에 위치할수록 열역학적으로 더 안정한 상태에 있다. 따라서 산화-환원의 관점으로 보면 망가니즈의 모든 화학종 중에서 망가니즈(II)가 가장 안정하다.
2. 도표에서 오른쪽의 높은 곳에 있는 과망가니즈산 이온 MnO_4^-와 같은 화학종은 강한 산화제가 될 것이다.

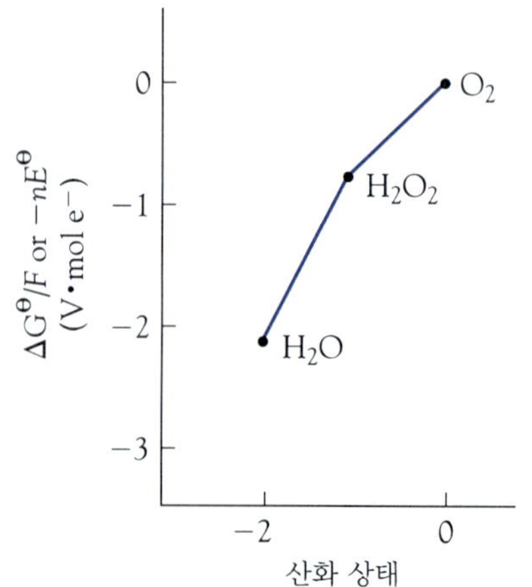

그림 8.3 산성 용액에서 산소에 대한 Frost 도표

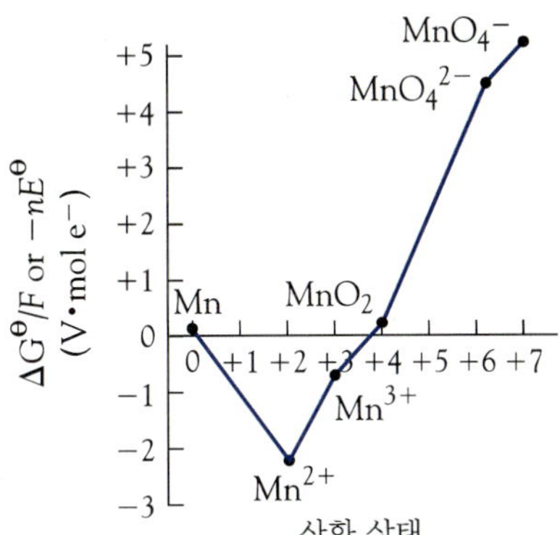

그림 8.4 산성 용액에서 망가니즈에 대한 Frost 도표

3. 도표에서 왼쪽의 높은 곳에 있는 화학종은 강한 환원제이다. 따라서 망가니즈 금속은 중간 세기의 환원제이다.
4. 곡선의 볼록한 지점에 놓여진 망가니즈산 이온, MnO_4^{2-}나 망가니즈(III) 이온과 같은 화학종은 불균등화 반응을 할 것이다.
5. 곡선의 오목한 지점에 놓여지는 산화 망가니즈(IV), MnO_2와 같은 화학종에서는 불균등화가 일어나지 않을 것이다. 오목한 곡선의 양쪽에 있는 화학종은 균등화 반응을 일으킬 것이다(망가니즈(III) 이온과 망가니즈산 이온의 혼합 용액에서 산화 망가니즈(IV) 침전이 생성되는 것과 같은).
6. 산성 조건에서 음이온 화학종으로 남아 있는 산소산 음이온은 이 음이온이 센산의 짝염기임을 의미한다. 따라서 과망가니즈산, $HMnO_4$와 망가니즈산, $HMnO_3$는 센산이어야 한다.

그러나 Frost 도표를 이용하여 해석을 할 때에는 조건이 있다. 첫째, 이 도표는 표준 상태, 즉 pH가 0(1 $mol \cdot L^{-1}$의 수소 이온 농도), 용액의 농도가 1 $mol \cdot L^{-1}$일 때 비교할 수 있는 자유 에너지를 나타낸다. 만약 조건이 변하면 에너지는 달라질 것이므로 상대적인 안정도도 변하게 될 것이다.

pH가 변하면 수소 이온을 포함하는 모든 반쪽 반응의 전위도 변한다. 그러나 더 중요한 사실은 대개 실제 포함된 화학종이 변하는 것이다. 예를 들면, 망가니즈(II) 수용액은 높은 pH에서는 존재하지 않는다. 이 조건에서는 불용성 수산화 망가니즈(II), $Mn(OH)_2$가 형성된다. 염기성 용액에서 망가니즈(II)에 대한 Frost 도표에는 Mn^{2+}가 아닌 수산화 망가니즈(II)가 존재한다(20.6절 참조).

마지막으로, Frost 도표는 열역학적 함수이고, 열역학적으로 불안정한 화학종의 분해 속도에 관한 정보를 포함하지 않는다는 점을 강조하고자 한다. 과망가니즈산 포타슘, $KMnO_4$는 좋은 예이다. 비록 과망가니즈산 이온은 낮은 산화 상태의 더 안정한 망가니즈(II) 이온으로 환원되려 하겠지만, 반응 속도는 느리다(촉매가 존재하면 달라지겠지만). 그래서 우리가 과망가니즈산 이온 용액으로 실험을 할 수 있는 것이다(필요할 때마다 새로 만들어 사용하는 것이 좋다).

예제 8.5

다음 Frost 도표를 사용하여 산성 용액(위쪽 선)과 염기성 용액(아래쪽 선)에서 브로민의 산화-환원 반응을 설명하시오.

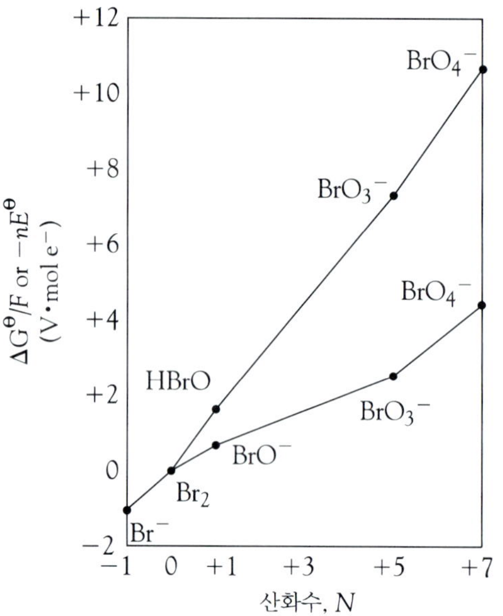

해답

산성과 염기성 용액 모두에서 브로민화 이온은 열역학적으로 가장 안정하다. 염기성 용액에서 하이포브로민산 이온은 불균등화 반응을 일으킬 것이다. 산성 용액에서 브로민산과 과브로민산은 강하게 산화되어 있지만 염기성 용액에서는 산성 용액에서보다는 덜 산화되어 있다. 과브로민산과 브로민산은 센산이고 하이포브로민산은 약한 산이다.

8.11 Pourbaix($E^\ominus$ − pH) 도표

앞 절에서 원소의 여러 산화 상태에 따른 열역학적 안정도를 비교하는데 Frost 도표가 어떻게 사용되는지를 알아보았다. Frost 도표는 산(pH = 0)과 염기(pH = 14) 조건에서 작성될 수 있다. 반쪽 전지 전위 E와 pH가 어떤 특정한 값으로 바뀌더라도, 열역학적으로 안정한 화학종을 확인할 수 있다면 확실히 유용할 것이다. 프랑스 화학자 M. Pourbaix가 이러한 용도로 사용될 수 있는 도표를 고안하였기 때문에 Pourbaix **도표**(*Pourbaix diagram*)라고 많이 불리지만, $E^\ominus$ − pH **도표** 또는 **지배영역 도표**(*predominance-area diagram*)라고도 한다.

질소에 대한 Pourbaix 도표

질소(이 장의 '컨텍스트' 참조)에 대한 Pourbaix 도표는 그림 8.5에 나타내었다. 산화 조건은 위쪽을 향하여 표시되고 환원 조건은 바닥쪽을 향해 나타내어진다. 산성 조건은 왼쪽을 향하여 표시되고 염기성 조건은 오른쪽을 향해 나타내어진다.

이 Pourbaix 도표는, 환원 조건에서 열역학적으로 선호되는 화학종이 암모늄 이온(낮은 pH일수록)과 암모니아 분자(높은 pH일수록)임을 보여 준다. 두 화학종 사이의 수직선은 약한 염기/약한 산 평형이 전적으로 pH에 의존함을 의미한다.

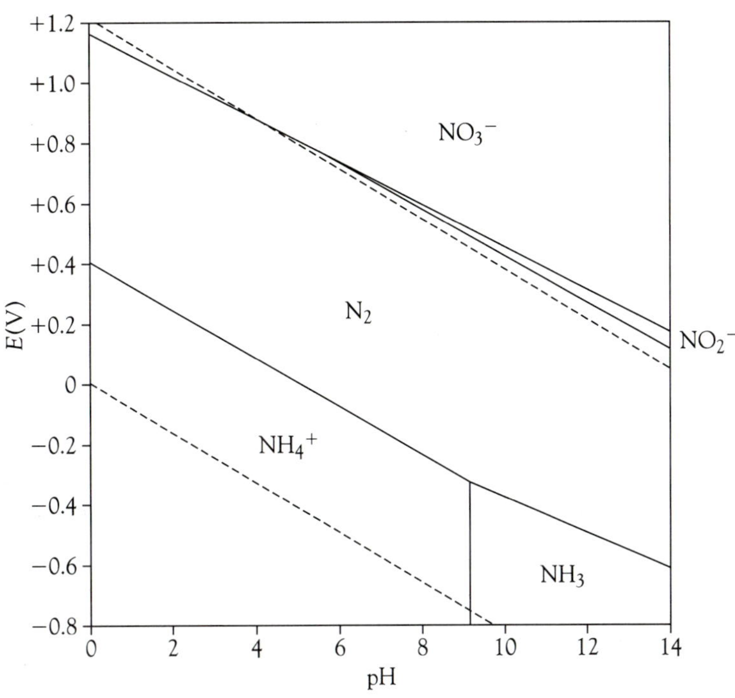

그림 8.5 표준 전위 $E^{\ominus}$와 pH의 함수로서 열역학적으로 안정한 질소 화학종을 보여 주는 Pourbaix 도표

$$NH_4^+(aq) + H_2O(l) \rightleftharpoons NH_3(aq) + H_3O^+(aq)$$

질소의 +3 산화 상태에 해당하는 좁은 영역이 존재하는데, 여기에서도 산과 염기의 평형이 존재한다.

$$HNO_2(aq) + H_2O(l) \rightleftharpoons NO_2^-(aq) + H_3O^+(aq)$$

센 산화 조건에서는 매우 센산의 짝염기인 질산 이온이 우세하게 존재한다. 경계가 수평이라면 전이는 오로지 전자 전이만을 기반으로 하여 일어나게 된다. 경사가 진 경계는 두 화학종의 반쪽 반응식이 pH에 의존하면서도 서로 다름을 의미한다. 예를 들면, 아질산 이온이 질산 이온으로 되는 반응은 다음과 같다.

$$NO_2^-(aq) + H_2O(l) \rightarrow NO_3^-(aq) + 2\,H^+(aq) + e^-$$

이 도표에는 두 개의 회색으로 칠한 선도 있다. 위쪽의 선은 물의 산화를 나타낸다.

$$\tfrac{1}{2}\,O_2(g) + 2\,H^+(aq) + 2\,e^- \rightarrow H_2O(l) \qquad E^{\ominus} = +1.23\ V$$

아래쪽의 선은 물이 수소 기체로 환원되는 과정을 나타낸다.

$$H_2O(l) + e^- \rightarrow H_2(g) + OH^-(aq) \qquad E^{\ominus} = -0.83\ V$$

H^+가 1 $mol \cdot L^{-1}$의 조건하에서 존재하면 다음과 같다.

$$H^+(aq) + e^- \rightarrow \tfrac{1}{2}\,H_2(g) \qquad E^{\ominus} = 0.00\ V$$

즉, 이들 두 회색선은 수용액에서 가능한 반응들의 경계를 나타내는 것이다. 전위가 더 높아지면 물은 산화되기 시작할 것이고, 더 낮아지면 물은 환원되기 시작할 것이다.

망가니즈에 대한 Pourbaix 도표

그림 8.6은 망가니즈계에 대한 Pourbaix 도표를 나타낸 것이다. 질소에 대한 Pourbaix 도표는 정성적으로 설명하였지만, 망가니즈에 대해서는 표준 산화 전위, 용해도곱, 산-염기 평형 상수와 같은 표 자료로부터 Pourbaix 도표를 구성하는 방법을 알아볼 것이다.

망가니즈(II) 이온과 수산화 망가니즈(II) 사이의 경계를 유도하는 것부터 시작할 것인데, 수직적인 분리는 평형이 산화-환원 과정이 아니라 오로지 pH에만 의존함을 의미한다.

$$Mn^{2+}(aq) + 2\,OH^-(aq) \rightleftharpoons Mn(OH)_2(s) \qquad K_{sp} = 2.0 \times 10^{-13}$$

망가니즈(II)의 농도가 표준 농도인 $1\ mol \cdot L^{-1}$일 때, $K_{sp} = [Mn^{2+}][OH^-]^2$이므로, $[OH] = \sqrt{2.0 \times 10^{-13}}$이고, pH = 7.65가 된다. 따라서 이 값보다 더 큰 pH에서는 수산화물이 망가니즈(II)의 선호되는 형태이다.

질소에 대한 Pourbaix 도표에서 설명했던 것처럼, 수평선은 순수한 산화-환원 변환을 의미한다. 망가니즈의 Pourbaix 도표에서는 망가니즈 금속과 망가니즈(II) 이온 간에 수평선의 예가 나타난다.

$$Mn^{2+}(aq) + 2\,e^- \rightarrow Mn(s) \qquad E^{\ominus} = -1.18\ V$$

다른 대부분의 경계는 pH와 전위 모두와 관계되는 것들이다. 예를 들면, 산화 망가니

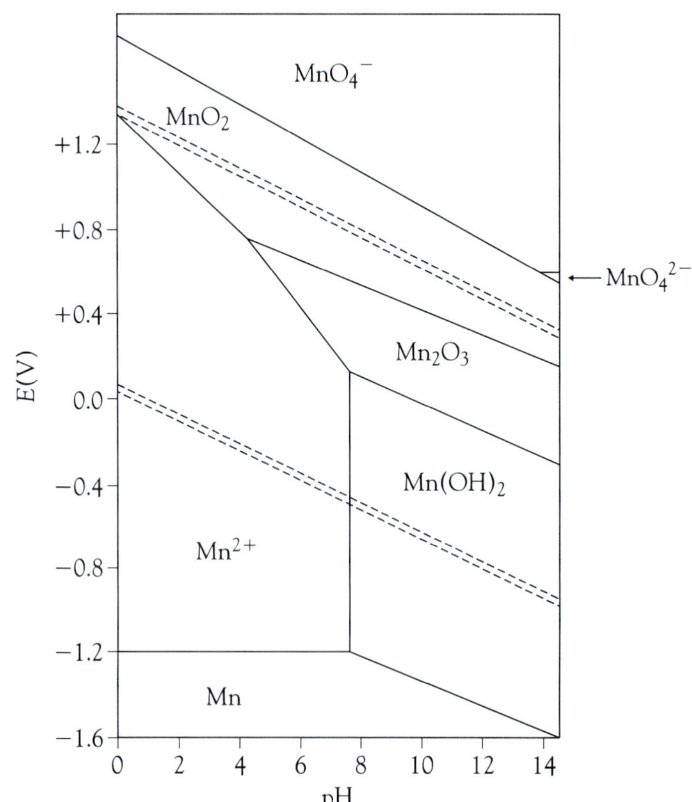

그림 8.6 표준 전위 $E^{\ominus}$와 pH의 함수로서 열역학적으로 안정한 망가니즈 화학종을 보여 주는 Pourbaix 도표

즈(IV)가 망가니즈(II) 이온으로 환원되는 과정은 다음과 같이 나타낼 수 있다.

$$MnO_2(s) + 4\,H^+(aq) + 2\,e^- \rightarrow Mn^{2+}(aq) + 2\,H_2O(l) \qquad E^{\ominus} = +1.23\ V$$

Nernst 식을 사용하면 두 상태 간의 경계를 그을 수 있다.

$$E = E^{\ominus} - \frac{RT}{2F}\ln\frac{[Mn^{2+}]}{[H^+]^4}$$

$E^{\ominus}$값과 R, T, F값을 입력하고, $[Mn^{2+}]$를 $1\ mol \cdot L^{-1}$로 놓고, 2.303을 곱하여 ln을 $\log_{10}$으로 변환하면,

$$E = 1.23\ V - (0.118)pH$$

가 된다. 이 식을 이용하면 pH값에 따른 E값을 계산할 수 있고, Pourbaix 도표의 경계선을 그을 수 있다.

그래서 과망가니즈산 이온은 수용액의 경계 바깥에 놓여 있는 것을 볼 수 있다. 그러나 과망가니즈산 이온은 수용액에서 존재할 수 있다. 과망가니즈산 이온이 수용액에서 열역학적으로 불안정하기는 하지만, 반응 속도론적 안정성을 제공하는 높은 활성화 에너지 장벽이 있다. 그렇기 때문에 과망가니즈산 수용액은 그다지 오랫동안 안정하지 않으며, 촉매를 사용하면 곧바로 분해시킬 수 있다. 망가니즈산 이온, MnO_4^{2-}은 수용액 경계의 바깥쪽, 아주 높은 pH 영역에서 움푹 패인 작은 영역을 차지한다. 따라서 이 이온을 만들려면 용융 수산화 포타슘에서 산화 망가니즈(IV)를 산화시켜야 한다.

$$MnO_2(s) + 4\,OH^-(KOH) \rightarrow MnO_4^{2-}(KOH) + 2\,H_2O(g) + 2\,e^-$$

망가니즈를 선택하여 Pourbaix 도표(그림 8.6)와 Frost 도표(그림 8.4)에서 얻을 수 있는 정보를 비교해 보자. Pourbaix 도표를 이용하면 서로 다른 pH와 E의 조건에서 수용액에 존재하는 주요한 화학종을 보다 쉽게 확인할 수 있지만, 서로 다른 산화 상태 간의 상대적인 안정도를 알아보려면 Frost 도표를 사용하는 것이 가장 좋다. Pourbiax 도표는 단지 열역학적으로 안정한 화학종만을 알려주는 것임을 유념해야 한다. 어떤 화학종은 이 도표가 주는 정보 영역에서 벗어나기도 한다. 예를 들어 그림 8.6은 혼합 산화물인 산화 망가니즈(II) 망가니즈(III), Mn_3O_4를 포함하지 않는다. 다른 화학종들도 이 도표의 영역에서는 나타나지 않는다. 그러므로 Mn(III) 이온은 $[H^+]$가 약 $10\ mol \cdot L^{-1}$이고, 전위가 약 +1.5 V일 때 유일하게 안정한 화학종이 된다.

예제 8.5

다음 Pourbaix 도표를 사용하여 구리의 화학을 요약하시오.

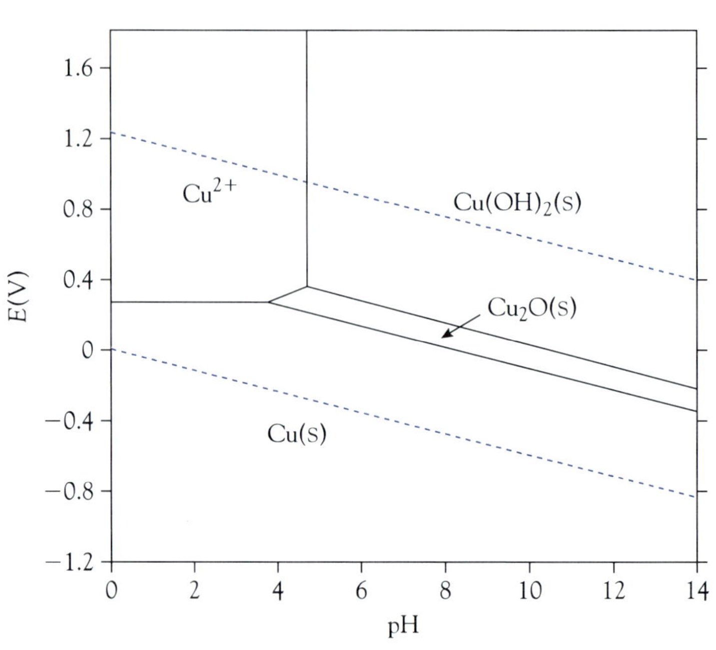

해답

수용액에서 구리는 대개 Cu^{2+} 이온의 2+ 산화 상태를 나타낸다. 염기성 용액에서는 수산화 구리(II)가 생성된다. 구리(II) 이온은 쉽게 구리 금속으로 환원되지만, 염기성 조건에서는 수산화 구리(II)가 환원되어 산화 구리(I)이 생성된다.

8.12 산화-환원 합성

산화-환원 반응은 화학 합성의 중요한 수단이다. 이들 반응은 화학적이나 전기 화학적 방법으로 수행될 수 있다. 산화 반응의 경우, 오존, 과산화 수소, 산소 분자 등을 포함하는 많은 화학 시약을 이용할 수 있다(표 8.3). 그러므로 반응의 pH 조절을 위해 적절한 산화제를 선택할 수 있다.

표 8.3 산성 및 염기성 용액에서 흔히 사용되는 산화제와 그들의 반쪽 반응 및 전위

오존		
산	$O_3(g) + 2\,H^+(aq) + 2\,e^- \rightarrow O_2(g) + H_2O(l)$	$E^\ominus = +2.08$ V
염기	$O_3(g) + H_2O(l) + 2\,e^- \rightarrow O_2(g) + 2\,OH^-(aq)$	$E^\ominus = +1.24$ V
과산화 수소		
산	$H_2O_2(aq) + 2\,H^+(aq) + 2\,e^- \rightarrow 2\,H_2O(l)$	$E^\ominus = +1.78$ V
염기	$HO_2^-(aq) + H_2O(l) + 2\,e^- \rightarrow 3\,OH^-(aq)$	$E^\ominus = +0.88$ V
산소 분자		
산	$O_2(g) + 4\,H^+(aq) + 4\,e^- \rightarrow 2\,H_2O(l)$	$E^\ominus = +1.23$ V
염기	$O_2(g) + 2\,H_2O(l) + 4\,e^- \rightarrow 4\,OH^-(aq)$	$E^\ominus = +0.40$ V

예를 들면, 수산화 철(II)은 공기 중의 산소 존재하에서 수산화 산화 철(III)로 산화된다.

$$2\ Fe(OH)_2(s) + O_2(g) \rightarrow 2\ FeO(OH)(s) + H_2O(l)$$

그러나 수산화 크로뮴(III)을 크로뮴산 이온으로 산화시키려면, 과산화 수소 같은 더 강한 산화제가 필요하다.

$$2\ Cr(OH)_3(s) + 3\ H_2O_2(aq) + 4\ OH^-(aq) \rightarrow 2\ CrO_4^{2-}(aq) + 8\ H_2O(l)$$

그리고 삼산화 제논을 제논산 이온으로 변환시키려면 매우 강한 산화제가 필요하다.

$$XeO_3(aq) + O_3(g) + 4\ OH^-(aq) \rightarrow XeO_6^{4-}(aq) + 2\ H_2O(l) + O_2(g)$$

전기적인 방법은 원하는 이온을 생성시키기 위한 전위를 조절할 수 있게 해 준다. 예를 들면, 황산 이온을 산화시키면 과산화이황산 이온을 만들 수 있다.

$$2\ SO_4^{2-}(aq) \rightarrow S_2O_8^{2-}(aq) + 2\ e^-$$

환원제도 많이 있다. 아연과 같은 금속은 주로 더 높은 산화 상태에 있는 전이 금속을 더 낮은 상태로 환원시키는 데 사용되고 있다.

$$Zn(s) \rightarrow Zn^{2+}(aq) + 2\ e^-$$

예를 들면, 바나듐산 이수소 이온($H_2VO_4^-$)의 +5가 산화 상태는 바나듐(II) 이온으로 환원시킬 수 있다.

$$H_2VO_4^-(aq) + 4\ H^+(aq) + e^- \rightarrow VO^{2+}(aq) + 3\ H_2O(l)$$
$$VO^{2+}(aq) + 2\ H^+(aq) + e^- \rightarrow V^{3+}(aq) + H_2O(l)$$
$$V^{3+}(aq) + e^- \rightarrow V^{2+}(aq)$$

하이드라진, N_2H_4는 자신은 반응 용기에서 질소 기체로 산화되면서 다른 생성물을 남기기 때문에 매우 편리하고 강력한 환원제이다. 예를 들면, 아이오딘은 아이오딘화 수소로 환원된다.

$$N_2H_4(aq) + 2\ I_2(aq) \rightarrow 4\ HI(aq) + N_2(g)$$

8.13 생물학적 특성

모든 생물학적 계에서 존재할 수 있는 화학종을 결정하고자 할 때에는 전극 전위 *E*와 산도, pH를 동시에 고려해야 한다(반응 속도론적 요인도 고려해야 하지만). 그러므로 Pourbaix 도표는 생무기 화학과 무기 지구 화학에서 중요한 의미를 가진다. 그림 8.7은 자연의 물에서 나타나는 pH와 *E*의 한계를 나타낸 것이다. 대기와 접촉한 물을 나타내는

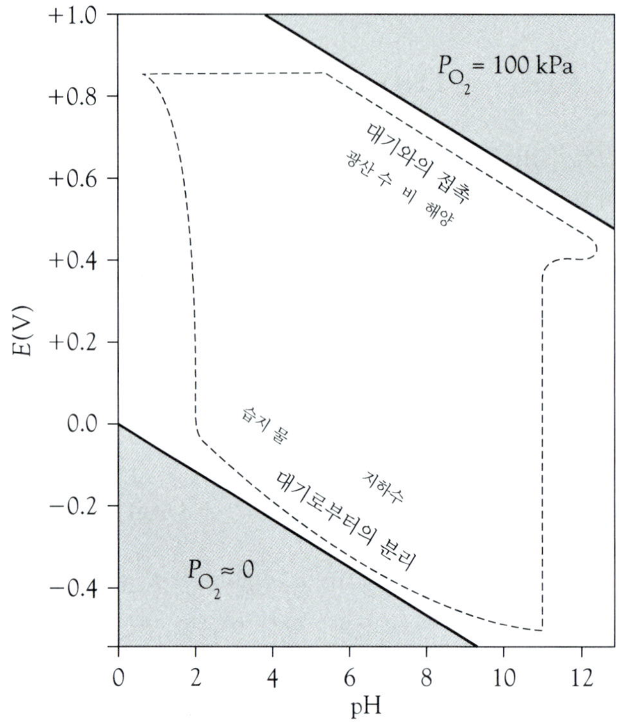

그림 8.7 자연의 물에 대한 E와 pH 조건의 한계(점선으로 표시)를 나타내는 Pourbaix 도표. [G. Faure, *Principles and Applications of Inorganic Geochemistry* (New York: Macmillan, 1991), p. 324.]

위쪽의 점선은 산소 분자의 부분 압력이 해수면에서의 산소 기체 압력인 20 kPa에 해당된다. 비는 대기 중의 이산화 탄소를 흡수하기 때문에 약한 산성이다.

$$CO_2(g) + 2\,H_2O(l) \rightleftharpoons H_3O^+(aq) + HCO_3^-(aq)$$

그 지역의 지질과 관련이 있기는 하지만, 시냇물은 중성에 가깝고, 바닷물은 약한 염기성이다. 얼음으로 덮인 물은 탄산－탄산 수소 완충계가 존재하기 때문에 pH 9보다 더 염기성인 경우가 드물다.

$$CO_3^{2-}(aq) + H_2O(l) \rightleftharpoons HCO_3^-(aq) + OH^-(aq)$$

그러나 모든 지표수는 용해된 산소의 부분 압력이 높기 때문에 산화되고 있다.

식물이나 조류의 성장 수준이 높은 호수나 강에서는 용해된 산소의 양이 적다. 그 결과 이들 물은 더 낮은 전위를 갖는다. 가장 낮은 양의 전위는 생물학적 활성이 크고, 대기와 접촉하지 않는 환경인 습지나 담수호에서 나타난다. 이들 조건에서는 혐기성 박테리아가 번창하여 용존 산소의 수준이 0에 가깝게 될 것이므로 이 환경은 강하게 환원되고 있을 것이다. 또한 습지는 초목이 점차 감소되고 있기 때문에 강한 산성일 경우가 많다.

수용액에 존재하는 황 화학종에 대한 Pourbaix 도표를 살펴보면(그림 8.8), 대부분의 pH와 $E^\ominus$ 영역에 걸쳐 안정한 화학종은 황산 이온임을 알 수 있다. 황산 수소 이온은 상당히 센산의 짝염기이기 때문에, 약 pH 2 이하에서만 HSO_4^- 이온이 존재한다. 이러한 상황은 광산의 유입수에서 일어날 수 있는데, 이황화 철(II)의 산화에 의해 산성 조건이 만들어질 수 있다.

$$4\,FeS_2(s) + 15\,O_2(g) + 14\,H_2O(l) \rightarrow 4\,Fe(OH)_3(s) + 8\,H^+(aq) + 8\,HSO_4^-(aq)$$

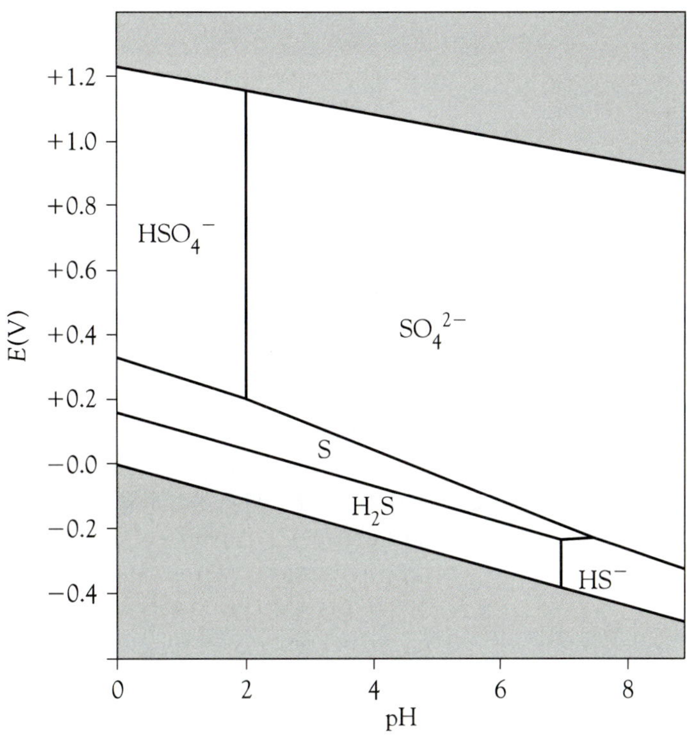

그림 8.8 표준 전위, *E*와 pH에 따른 열역학적으로 안정한 황 화학종을 보여 주는 Pourbaix 도표. [G. Faure, *Principles and Application of Inorganic Geochemistry* (New York; Macmillan, 1991), p. 334.]

습지에서는 환원이 더 잘 일어나는 환경이므로, 대부분의 pH 범위에 걸쳐 황산과 황산 수소는 황 원소로 전환된다.

$$SO_4^{2-}(aq) + 8\,H^+(aq) + 6\,e^- \rightleftharpoons S(s) + 4\,H_2O(l)$$

더 강한 환원 전위에서 황은 황화 수소로 환원된다.

$$S(s) + 2\,H^+(aq) + 2\,e^- \rightleftharpoons H_2S(aq)$$

이 기체는 습지나 화산의 근원지 물에서 맡을 수 있는 냄새이다. 황화 수소 수용액은 우세하게 존재하는 환원된 화학종이다. 그러므로 황화 수소 수용액은 약한 산이다. 염기성 용액에서만 황화 수소 이온이 우세하게 존재할 것이다.

$$H_2S(aq) + OH^-(aq) \rightleftharpoons HS^-(aq) + H_2O(l)$$

핵심개념

- 화합물에서 산화수는 상대적인 전기 음성도 값으로부터 알아낼 수 있다.
- 원소들의 공통 산화수에는 주기적인 양상이 존재한다.
- 전극 전위는 열역학적 함수이다.
- 산화-환원 정보는 Latimer(환원 전위) 도표로 요약될 수 있다.
- Frost(산화 상태) 도표는 산화-환원 정보를 가시적인 방법으로 나타내기 위해 고안되었다.
- 특정한 전위와 pH 조건에서 우세하게 존재하는 화학종을 알아보려면 Pourbaix 도표를 사용한다.
- Pourbaix 도표는 수용액 환경에서 존재하는 화학종의 확인에 유용하다.

연습문제

8.1 다음 용어를 정의하시오.
(a) 산화제 (b) Latimer 도표

8.2 다음 용어를 정의하시오.
(a) Frost 도표 (b) Pourbaix 도표.

8.3 산화 상태 규칙을 이용하여 다음 인 화합물의 산화수를 결정하시오.
(a) P_4O_6 (b) H_3PO_4 (c) Na_3P (d) PH_4^+
(e) $POCl_3$

8.4 산화 상태 규칙을 이용하여 다음 염소 화합물의 산화수를 결정하시오.
(a) ClF_3 (b) Cl_2O (c) Cl_2O_7 (d) HCl

8.5 전자점 도표를 이용하여 다음 각 화합물에서 황의 산화 상태를 결정하시오.
(a) H_2S (b) SCl_2 (c) H_2S_2 (d) SF_6
(e) COS (구조 O=C=S)

8.6 전자점 도표를 이용하여 $SOCl_2$에 있는 각 원소의 형식 전하와 산화수를 결정하시오.

8.7 아이오딘 화합물들에서 아이오딘의 가능한 산화 상태는 무엇인가?

8.8 제논 화합물에서 제논의 최대 산화 상태는 얼마로 예측되는가? 다른 가능한 산화 상태는 무엇인가?

8.9 다음 화합물 각각에 대하여 비할로젠 원자의 산화수를 예측하고, 이 계열에 대한 산화수 경향성을 규명하시오.
(a) 아이오딘화 인듐(I), InI
(b) 염화 주석(II), $SnCl_2$
(c) 트라이브로민화 안티모니, $SbBr_3$
(d) 사염화 텔루륨, $TeCl_4$
(e) 펜타플루오린화 아이오딘, IF_5

8.10 다음 반응식에서 산화 상태의 변화를 확인하시오.
(a) $Mg(s) + FeSO_4(aq) \rightarrow Fe(s) + MgSO_4(aq)$
(b) $2\,HNO_3(aq) + 3\,H_2S(aq) \rightarrow 2\,NO(s) + 3\,S(s) + 4\,H_2O(l)$

8.11 다음 반응식에서 산화 상태의 변화를 확인하시오.
(a) $NiO(s) + C(s) \rightarrow Ni(s) + CO(g)$
(b) $2\,MnO_4^-(aq) + 5\,H_2SO_3(aq) + H^+(aq) \rightarrow 2\,Mn^{2+}(aq) + 5\,HSO_4^-(aq) + 3\,H_2O(l)$

8.12 산성 용액에서 다음 환원 반응에 대한 반쪽 반응식을 쓰시오.

$$H_2MoO_4(aq) \rightarrow Mo^{3+}(aq)$$

8.13 산성 용액에서 다음 산화 반응에 대한 반쪽 반응식을 쓰시오.

$$NH_4^+(aq) \rightarrow NO_3^-(aq)$$

8.14 염기성 용액에서 다음 산화 반응에 대한 반쪽 반응식을 쓰시오.

$$S^{2-}(aq) \rightarrow SO_4^{2-}(aq)$$

8.15 염기성 용액에서 다음 산화 반응에 대한 반쪽 반응식을 쓰시오.

$$N_2H_4(aq) \rightarrow N_2(g)$$

8.16 산성 용액에서 다음 산화-환원 반응에 대한 균형을 맞추시오.
(a) $Fe^{3+}(aq) + I_2(aq) \rightarrow Fe^{2+}(aq) + I^-(aq)$
(b) $Ag(s) + Cr_2O_7^{2-}(aq) \rightarrow Ag^+(aq) + Cr^{3+}(aq)$

8.17 산성 용액에서 다음 산화-환원 반응의 균형을 맞추시오.
(a) $HBr(aq) + HBrO_3(aq) \rightarrow Br_2(aq)$
(b) $HNO_3(aq) + Cu(s) \rightarrow NO_2(g) + Cu^{2+}(aq)$

8.18 염기성 용액에서 다음 산화-환원 반응의 균형을 맞추시오.
(a) $Ce^{4+}(aq) + I^-(aq) \rightarrow Ce^{3+}(aq) + IO_3^-(aq)$
(b) $Al(s) + MnO_4^-(aq) \rightarrow MnO_2(s) + Al(OH)_4^-(aq)$

8.19 염기성 용액에서 다음 산화-환원 반응의 균형을 맞추시오.
(a) $V(s) + ClO_3^-(aq) \rightarrow HV_2O_7^{3-}(aq) + Cl^-(aq)$
(b) $S_2O_4^{2-}(aq) + O_2(g) \rightarrow SO_4^{2-}(aq)$

8.20 온라인 부록 9의 표준 환원 전위를 사용하여 다음 반응 중 어느 것이 표준 조건하에서 자발적인지를 결정하시오.
(a) $SO_2(aq) + MnO_2(s) \rightarrow Mn^{2+}(aq) + SO_4^{2-}(aq)$
(b) $2\,H^+(aq) + 2\,Br^-(aq) \rightarrow H_2(g) + Br_2(aq)$
(c) $Ce^{4+}(aq) + Fe^{2+}(aq) \rightarrow Ce^{3+}(aq) + Fe^{3+}(aq)$

8.21 온라인 부록 9의 표준 환원 전위를 사용하여 표준 조건에서 어떤 반응이 불균등화 반응인지를 결정하시오.
(a) $2\,Cu^+(aq) \rightarrow Cu^{2+}(aq) + Cu(s)$
(b) $3\,Fe^{2+}(aq) \rightarrow 2\,Fe^{3+}(aq) + Fe(s)$

8.22 온라인 부록 9의 표준 환원 전위를 사용하여 염산을 염소 기체로 산화시키는 데 사용할 수 있는 시약을 제시하시오.

8.23 온라인 부록 9의 표준 환원 전위를 사용하여 크로뮴(III) 이온을 크로뮴(II) 이온으로 환원시키는 데 사용할 수 있는 시약을 제시하시오.

8.24 은은 두 가지 산화 상태, 보다 흔한 은(I)과 드물게 존재하는 은(II)으로 존재할 수 있다.

$$Ag^+(aq) + e^- \rightarrow Ag(s) \quad E^\ominus = +0.80\ V$$
$$Ag^{2+}(aq) + 2\,e^- \rightarrow Ag^+(s) \quad E^\ominus = +1.98\ V$$

(a) 은(I) 이온은 좋은 산화제인가, 좋은 환원제인가?
(b) 다음 중에서 은(I) 이온을 은(II) 이온으로 산화시킬 수 있는 것을 고르시오. 플루오린 분자, 플루오린화 이온, 아이오딘 분자, 아이오딘화 이온.
(c) 수소화 은(I)을 만들려고 한다.

$$\tfrac{1}{2}\,H_2(g) + e^- \rightarrow H^-(aq) \quad E^\ominus = -2.25\ V$$

이 화합물이 열역학적으로 안정할지를 예측하고 그 이유를 설명하시오.

8.25 다음 두 반쪽 반응에 대하여

$Al^{3+}(aq) + 3\,e^- \rightarrow Al(s) \quad E^\ominus = -1.67\ V$

$Au^{3+}(aq) + 3\,e^- \rightarrow Au(s) \quad E^\ominus = +1.46\ V$

(a) 가장 강한 산화제를 생성하는 반쪽 반응을 확인하시오.

(b) 가장 강한 환원제를 생성하는 반쪽 반응을 확인하시오.

8.26 다음 반응에 대한 반쪽 반응 전위를 계산하시오.

$$Au^{3+}(aq) + 2\,e^- \rightarrow Au^+(aq)$$

주어진 반쪽 반응에 대한 전위는 다음과 같다.

$$Au^{3+}(aq) + 3\,e^- \rightarrow Au(s) \quad E^\ominus = +1.46\ V$$
$$Au^{+}(aq) + e^- \rightarrow Au(s) \quad E^\ominus = +1.69\ V$$

8.27 온라인 부록 9의 표준 환원 전위 값으로부터 황산 납(II) $1.5 \times 10^{-5} mol \cdot L^{-1}$ 농도로 포화된 용액에서 납(II) 이온이 납 금속으로 환원되는 반쪽 전지의 전위를 계산하시오.

8.28 온라인 부록 9의 표준 환원 전위 값으로부터 pH 9.00(다른 모든 이온은 표준 농도)에서 과망가니즈산 이온이 망가니즈(IV)로 환원되는 반쪽 전지의 전위를 계산하시오.

8.29 온라인 부록 9의 표준 환원 전위를 이용하여 다음의 산소 기체의 환원에 대한 전위를 계산하시오.

$$O_2(g) + 4\,H^+(aq) + 4\,e^- \rightarrow 2\,H_2O(l)$$

pH = 7.00이고, 산소 기체의 부분 압력은 20 kPa이다. Nernst 식에 값들을 대입하기 전에 부분 압력은 표준 압력인 100 kPa로 나누어서 단위를 없앤 다음 대입하시오.

8.30 다음 Latimer 전위 도표는 산성 용액에서 브로민 화학종을 나타내고 있다.

$$\overset{+7}{BrO_4^-} \xrightarrow{+1.82\ V} \overset{+5}{BrO_3^-} \xrightarrow{+1.49\ V} \overset{+1}{HBrO} \xrightarrow{+1.59\ V} \overset{0}{Br_2} \xrightarrow{+1.07\ V} \overset{-1}{Br^-}$$

(a) 불균등화 반응에 대해 불안정한 화학종을 찾으시오.

(b) 브로민산 이온 $BrO_3^-(aq)$이 브로민으로 환원되는 반응에 대한 반쪽 전위를 계산하시오.

8.31 다음 Latimer 전위 도표는 염기성 용액에서 브로민 화학종을 나타낸다.

$$\overset{+7}{BrO_4^-} \xrightarrow{+0.99\ V} \overset{+5}{BrO_3^-} \xrightarrow{+0.54\ V} \overset{+1}{BrO^-} \xrightarrow{+0.45\ V} \overset{0}{Br_2} \xrightarrow{+1.07\ V} \overset{-1}{Br^-}$$

(a) 불균등화 반응에 대해 불안정한 화학종을 찾으시오.

(b) 브로민산 이온, $BrO_3^-(aq)$이 브로민으로 환원하는 반응에 대한 반쪽 전위를 결정하시오.

(c) 브로민 분자가 브로민 이온으로 되는 반쪽 전위가 산성 용액과 염기성 용액에서 같은 값을 가지는 이유를 설명하시오.

8.32 아래 Frost 도표는 납 화학종(직선으로 연결된 것)과 규소 화학종을(점선) 보여 준다.

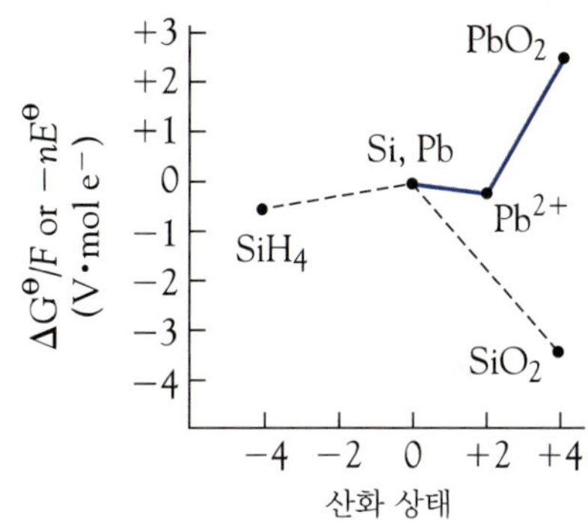

(a) 강한 산화제를 찾으시오.

(b) 어느 것이 열역학적으로 가장 안정한 납 화학종인가?

(c) 규소 화학종 중에서 어느 것이 열역학적으로 가장 안정한가?

(d) 불균등화 반응을 일으키는 화학종은 무엇인가?

8.33 주어진 자료로부터 세륨에 대한 Frost 도표를 만들고 산화 상태의 상대적인 안정도를 논의하시오.

$$Ce^{3+}(aq) + 3\,e^- \rightarrow Ce(s) \quad E^\ominus = -2.33\ V$$
$$Ce^{4+}(aq) + e^- \rightarrow Ce^{3+}(aq) \quad E^\ominus = +1.70\ V$$

8.34 그림 8.7에 있는 Pourbaix 도표로부터, pH 7.0과 E 0.0 V에서 열역학적으로 우세한 황 화학종을 확인하시오.

8.35 pH = 0.00과 pH = 14.00 중에서 과염소산 이온이 더 강한 산화제로 작용할 때는 어느 경우인가? 그 이유를 설명하시오.

응용문제

8.36 삼황화 이비소, As_2S_3는 산성 용액에서 질산 이온에 의해 비소산 이온, AsO_4^{3-}과 황산 이온으로 산화되고, 질산 이온은 일산화 질소 기체로 산화된다. 이 반응에 대한 반응식의 균형을 맞추고, 산화수의 변화를 밝히시오.

8.37 710°C 이하에서는 금속의 환원에 의해 탄소는 이산화 탄소로 산화되는 반응이 일어나지만, 이 온도 이상에서는 탄소가 일산화 탄소로 산화되는 반응이 주로 일어난다. 이 현상을 정성적으로 설명하고, $\Delta G^\ominus$ 계산을 통해 대략적인 변환 온도를 알아보시오.

8.38 니켈 계에 대한 Pourbaix 도표를 그리시오. 4가지 화학종, 니켈 금속, 니켈(II) 이온, 수산화 니켈(II)($K_{sp} = 6 \times 10^{-16}$), 그리고 산화 니켈(IV)만을 고려하면 된다. 온라인 부록 9의 표준 환원 전위 값을 사용하시오.

8.39 그림 8.5의 Pourbaix 도표를 이용하여 망가니즈를 함유한 우물물이 원래는 완전히 투명했지만 변기에서는 검은색의 고체 얼룩을 만드는 이유를 설명하시오.

8.40 온라인 부록 9에 주어진 다음 반응에 대한 표준 전극 전위를 이용하여

$$MnO_4^-(aq) + 4\,H^+(aq) + 3\,e^- \rightarrow MnO_2(s) + 2\,H_2O(aq)$$

pH = 14.00에 대해 얻어진 $E^{\ominus}$값이 부록에서 주어진 다음 반쪽 반응에 대한 값과 일치함을 보이시오.

$$MnO_4^-(aq) + 2\,H_2O(l) + 3\,e^- \rightarrow MnO_2(s) + 4\,OH^-(aq)$$

pH = 14.00에서 다음 반응에 대한 $E^{\ominus}$값을 계산하는 것이 의미가 없는 이유를 설명하시오.

$$MnO_4^-(aq) + 8\,H^+(aq) + 5\,e^- \rightarrow Mn^{2+}(aq) + 4\,H_2O(l)$$

주기적 경향성

9장

무기 화학은 100개 이상의 원소에 대한 화학을 다룬다. 각 원소는 개별적인 특성을 갖지만, 질서를 이루는 양상과 경향도 존재한다. 그러므로 이들 총체적인 특징을 각 족의 화학을 다루기 전에 미리 알아보는 것도 의미가 있다. 그러면 이 장을 각 원소의 중요하고 독특한 양상을 설명할 때 출발점으로 사용할 수 있게 될 것이다.

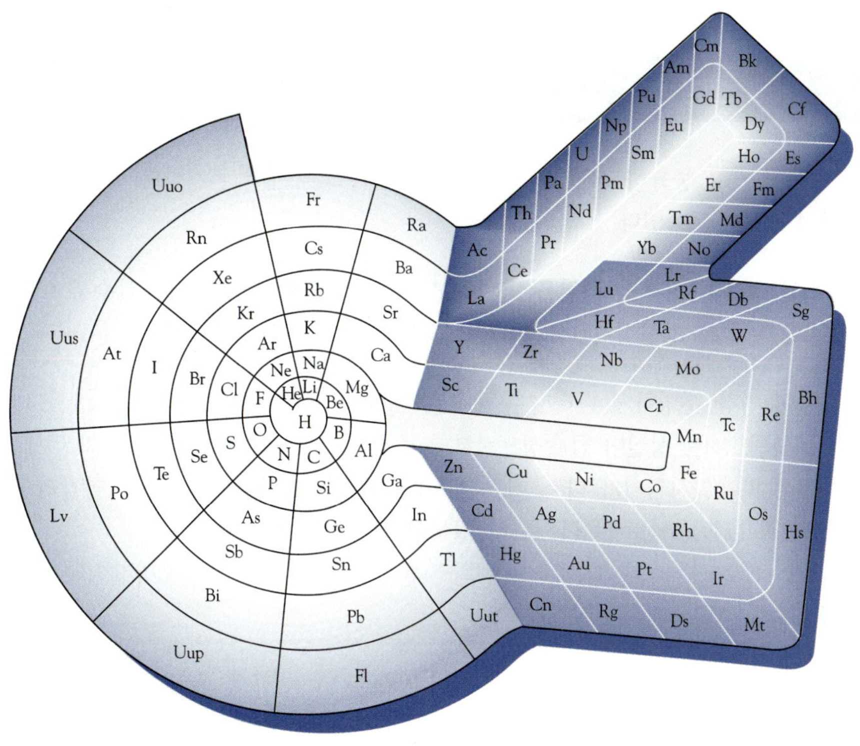

컨텍스트: 주기율표에는 족과 주기만 있을까?

몇 년 전 중동의 카타르에 사는 19개월 된 여자아이가 처음에는 뇌염으로 진단되었던 원인불명의 병을 치료하기 위해 영국으로 이송되었다. 종합적인 테스트에도 불구하고 아무 원인도 알아내지 못한 채 여자아이의 병은 점점 더 악화되었다. 그녀의 간호사 중 한 명인 Marsha Maitland는 Agatha Christie의 살인에 관한 추리 소설을 즐겨 읽고 있었는데, 그 당시에 읽고 있었던 소설의 이름은 '*The Pale Horse*'였다. 이 소설에서 살인청부업자는 '완전 범죄'를 시도하기 위해 물에 잘 녹으면서도 아무런 맛이 없는 탈륨(I) 염을 반복해서 사용하였다. Christie는 탈륨(I)의 독성에 대한 증상을 매우 정확하게 기술하였는데, Maitland는 이 증상이 죽어가고 있는 여자아이의 증상과 너무나 비슷함을 알게 되었

다. 그녀는 이 사실을 치료에 참여하고 있던 내과의사들에게 알려서 법의학 병리학자들로 하여금 탈륨(I)에 대한 소변검사를 하게 하였다. Maitland의 주장은 옳았다. 여자아이는 체내에 탈륨(I)이 높은 준위로 축적되어 있었다. 적절한 치료가 즉각 시행되었고, 3주 후에 이 여자아이는 건강한 몸으로 퇴원하였다. 이 탈륨은 어떻게 여자아이의 체내에 축적되었을까? 중동 지역에서는 배수관 내의 바퀴벌레와 설치류를 박멸하기 위해 황산 탈륨(I)을 사용해 왔으며, 그 지역에 살았던 여자아이는 황산 탈륨(I)을 어느 정도 섭취하게 되었다.

실제로 많은 독극물 살인에는 황산 탈륨(I)이 사용된다. 탈륨(I) 산화 상태에서 이처럼 독성을 가짐에도 불구하고 13족의 맨 아래에 자리하는 원소인 탈륨이 화학을 공부하는 과정에서 좀처럼 설명되지 않았던 이유는 무엇일까? 탈륨(I) 이온이 포타슘 이온과 성질이 비슷하기 때문이다. 13족 원소가 어떻게 1족 원소와 비슷한 성질을 가질 수 있을까? 실제로는 족과 주기 내에서의 유사성보다 주기율표 내의 유사성이 더 많이 존재한다. 탈륨(I)과 포타슘 이온 간의 관계는 이 장에서 다루게 될 많은 예 중 한 가지에 불과하다.

9.1 족의 경향성

주기율표에서 가장 중요하고 일치되는 경향은 같은 족 내에서 존재한다. 이 관련성은 다음과 같이 정의할 수 있다.

원소의 족은 특징적인 성질을 가지려고 한다. 족에서 아래로 내려갈수록 이들 성질에는 좋은 경향성이 나타난다.

이 경향성이 가장 분명하게 나타나는 주족은 네 가지, 즉 1족, 2족, 17족, 18족이다. 13족에서 16족의 경우, 성질이 금속성으로부터 준금속, 비금속성으로 변하기 때문에 몇 가지 경향성은 체계화시키기가 다소 힘들다. 이 절에서는 세 가지 주족, 즉 알칼리 금속(1족), 할로젠족(17족), 닉토젠족(15족)의 경향성에 초점을 두고자 한다.

알칼리 금속

알칼리 금속처럼 금속을 포함하는 족은 족의 아래로 내려갈수록 녹는점과 끓는점이 감소한다(표 9.1). 이러한 경향성은 금속의 원자 반지름이 증가함에 따라 금속 결합이 약해지는 것으로 설명할 수 있다.

모든 알칼리 금속은 반응성이 매우 크며, 족의 아래로 내려갈수록 반응성은 크게 증가한다. 이러한 반응성의 가장 좋은 예는 물과 반응하여 금속 수산화물과 수소 기체를 생

표 9.1 1족 원소의 녹는점, 끓는점 및 결합 범주

원소	녹는점(°C)	끓는점(°C)	결합 범주
리튬	180	1330	금속성
소듐	98	892	금속성
포타슘	64	759	금속성
루비듐	39	700	금속성
세슘	29	690	금속성

성하는 것이다.

$$2\,M(s) + H_2O(l) \rightarrow 2\,MOH(aq) + H_2(g)$$

리튬은 수산화물과 수소 기체를 생성하면서 조용히 거품을 일으킨다. 소듐은 은빛 구슬처럼 물 표면을 가르며 녹는데, 발생되는 수소는 대개 연소된다. 이 족의 더 무거운 원소의 경우, 반응은 매우 격렬하다. 루비듐과 세슘 작은 조각을 물에 떨어뜨리면 폭발이 일어나기도 한다. 이 폭발은 수소 기체가 발화되기 때문에 일어난다.

할로젠족

할로젠족과 같은 비금속 족의 경우, 녹는점과 끓는점의 경향성이 1족과는 반대이며, 족의 아래로 내려갈수록 값이 증가한다(표 9.2). 이들 원소에 대해서는 이웃한 이원자 분자들 간의 분자 간 힘으로 설명할 수 있다. 3.12절에서 설명한 것처럼 분산력은 전자수에 따라 그 세기가 증가하기 때문에 이 경향성을 설명할 수 있다.

할로젠의 물리적 성질이 알칼리 금속과는 반대인 것과 마찬가지로 화학적 반응성도 반대로 나타난다. 여기에 대한 한 가지 예는 수소와의 반응이다.

$$H_2(g) + X_2(g) \rightarrow 2\,HX(g)$$

수소와 플루오린의 혼합물은 폭발성이다. 실제로 H_2-F_2 반응은 로켓 추진연료로 고려되기도 하였다. 염소와의 반응은 격렬하지만, 빛에 의한 촉매 작용이 필요하다. 브로민과의 반응은 느리고, 아이오딘 증기와는 가열해 주면 아이오딘화 수소, 수소, 아이오딘의 평형 혼합물이 생긴다.

15족 원소

족의 아래로 내려갈수록 금속성이 강해지거나 비금속성이 나타난다. 이 족은 아래로 내려갈수록 비금속에서 금속이 된다. 15족 원소의 녹는점과 끓는점(표 9.3)은 13족에서 16

표 9.2 17족 원소의 녹는점, 끓는점 및 결합 범주

원소	녹는점(°C)	끓는점(°C)	결합 범주
플루오린	−219	−188	공유 결합성
염소	−101	−34	공유 결합성
브로민	−7	60	공유 결합성
아이오딘	114	185	공유 결합성

표 9.3 15족 원소의 녹는점, 끓는점 및 결합 범주

원소	녹는점(°C)	끓는점(°C)	결합 범주
질소	−210	−196	공유 결합성
인	44	281	공유 결합성
비소	615°C에서 승화		그물구조형 공유 결합성
안티모니	631	1387	금속성
비스무트	271	1564	금속성

족까지의 이 양상을 설명해 준다.

무색의 비금속인 질소, N_2는 분자들 간의 분산력이 약하기 때문에 녹는점과 끓는점이 매우 낮다. 인 역시 비금속이다. 표에 나타낸 녹는점과 끓는점은 흰색의 사인(tetraphosphorus), P_4 동소체에 대한 것이다(인 동소체에서의 결합은 15.13절에서 상세하게 설명할 것이다). 원자당 전자의 수가 더 많아지거나 네 원자 뭉치는 더 높은 녹는점과 끓는점을 가질 것으로 예상된다.

비소, 안티모니, 비스무트는 모두 회색 고체이며, 아래로 내려갈수록 전기와 열전도도가 증가한다. 비소는 그물구조형 공유 결합을 포함하는 층 구조를 갖는다. 이처럼 강한 공유 결합은 고체상에서 벗어나면 파괴된다. 실제로 비소는 강하게 가열하면 기체상으로 직접 승화되어, 인의 동소체와 비슷한 As_4 분자 뭉치로 변한다. 안티모니와 비스무트는 비슷한 고체 상태 구조를 갖지만, 층 사이의 상호작용이 훨씬 더 강하기 때문에 금속 결합 형태가 더 우세하게 나타난다. 안티모니와 비스무트는 금속의 특성인 긴 액체 영역을 갖는다.

이 족의 아래로 내려갈수록 나타나는 화학 반응성은 일정한 경향성을 나타내지 않는다. 예를 들어 질소는 비반응성이지만 인은 반응성이 매우 크다. 이러한 비경향성을 통해 원소의 반응성에 대한 경향은 족의 구성원들이 같은 결합 형태를 가질 경우에만 명백하게 나타남을 알 수 있다.

화합물의 화학에서는 전형적인 비금속에서 금속으로의 전이를 알 수 있다. 비금속은 안정한 산소산 음이온(질산염, NO_3^-; 인산염, PO_4^{3-}; 비소산염, AsO_4^{3-})을 쉽게 형성한다. 안티모니와 비스무트의 산소산 음이온을 합성하는 것은 이들이 존재하기는 하지만 좀 더 어렵다. 한 가지 예는 매우 강력한 산화제인 비스무트산 이온, BiO_3^-이다. 안티모니와 비스무트는 전형적인 금속성을 나타내기 때문에 황산 안티모니(III), $Sb_2(SO_4)_3$와 질산 비스무트(III), $Bi(NO_3)_3$와 같은 염을 형성한다. 양이온의 형성은 이들의 금속성과 일치하는 성질이다. 그러나 이들 원소가 산소산 음이온도 형성한다는 사실은 이들이 약한 금속으로 분류되는 것이 더 적합함을 의미한다.

예제 9.1

14족 원소 중에서 양이온 성질을 가지면서 산소산 음이온을 쉽게 형성할 수 있는 원소는 어느 것인가?

해답

양이온 성질을 가지려면 원소는 금속성을 가져야 한다. 그러므로 이 원소는 주석이나 납이 되어야 한다. 산소산 음이온의 형성은 '약한' 또는 '경계'에 있는 금속의 특성이다. 따라서 이 두 가지 범주를 모두 만족시키는 원소는 주석이다.

9.2 결합에서의 주기적 경향성

2주기와 3주기를 따라 원소의 성질에 대한 경향성을 살펴보고, 결합 형태에 관한 성질을 연관시켜 보자. 원소의 결합 경향성은 결합 삼각형의 금속성-공유 결합성 측을 따라 알아볼 수 있다(3.14절 참조). 그런 다음 이들 두 주기의 플루오린화물, 산화물 및 수소화물

표 9.4 2주기 원소의 녹는점과 결합 형태

원소	Li	Be	B	C	N_2	O_2	F_2	Ne
녹는점(°C)	180	1287	2180	4100(승화)	−210	−229	−219	−249
결합 범주	금속성	금속성	그물구조형 공유 결합성	그물구조형 공유 결합성	공유 결합성	공유 결합성	공유 결합성	공유 결합성

에 대한 경향성을 알아볼 것이다. 주기를 따라 화학식에서의 체계적인 경향성이 존재한다. 그러나 결합 형태는 이온성에서 그물구조형 공유 결합을 거쳐 작은 분자 공유 결합(결합 삼각형의 두 번째 측)으로까지 변하기 때문에, 화학물의 물리적 및 화학적 성질에서는 좋은 경향성이 나타나기가 어렵다. 그러므로 주기를 따른 경향성은 다음과 같이 정의할 수 있다.

주기를 따라 원소에 의해 형성된 화합물의 화학식에는 체계적인 양상이 나타난다. 또한 원소의 물리적 및 화학적 성질에는 부분적인 경향성이 존재한다.

2주기 원소

2주기 원소의 녹는점은 빠르게 증가하다가 갑작스럽게 감소한다(표 9.4). 주기의 첫 번째 부분에서 나타나는 경향성은 결합 형태에서의 중요한 변화를 감추고 있다. 리튬과 베릴륨은 모두 광택이 있고, 높은 전기 전도도를 갖는 금속이지만, 성질은 아주 다르다. 1개의 최외각 전자와 상당히 큰 크기를 갖는 리튬은 약한 금속 결합을 갖기 때문에, 낮은 녹는점과 높은 화학 반응성을 갖는다. 그러나 베릴륨은 금속 결합에 필요한 2개의 최외각 전자와 훨씬 더 작은 반지름을 갖는다. 그래서 강한 금속 결합을 가지며, 높은 녹는점이 나타나게 만든다.

붕소는 녹는점이 증가하는 경향성을 따르기 때문에 금속 결합을 갖는 것으로 생각하기 쉽다. 그러나 순수한 원소는 빛의 통과에 따라 암적색을 나타내고, 전기를 거의 전도하지 않기 때문에 금속이 아니다. 붕소는 대개 준금속으로 분류된다. 이 원소는 원자들이 공유 결합으로 결합된 B_{12} 단위로 이루어진 독특한 구조를 가지며, 이웃의 B_{12} 단위들과도 공유 결합을 형성하고 있다(13.2절 참조). 붕소를 녹이려면 이들 공유 결합을 끊어주어야 하기 때문에 녹는점이 높다. 녹는점이 높은 다른 원소는 탄소이다. 탄소의 가장 흔한 형태인 흑연은 4000°C 이상에서 승화된다. 이 비금속은 다중 결합된 탄소 원자의 층으로 이루어져 있다. 그러므로 용융 과정에서는 붕소와 마찬가지로 매우 강한 그물구조형 공유 결합을 끊어주어야 한다.

이 주기의 이어지는 세 원소, 질소, 산소, 플루오린은 이원자 분자를 형성한다. 원자쌍은 공유 결합으로 묶여 있다. 이웃한 분자들 간에는 매우 약한 분산력이 존재하기 때문에 이들 원소들의 녹는점은 매우 낮다. 이들 2주기 비금속은 가능하면 다중 결합을 선호한다. 그러므로 질소 분자는 삼중 결합, 산소 분자는 이중 결합을 하게 된다. 플루오린 분자는 단일 결합을 가지며, 비활성 기체인 네온은 단원자 단위를 갖는다.

3주기 원소

이 주기에서(표 9.5) 처음의 세 원소는 금속 결합을 갖는다. 그런 다음 2주기와 마찬가지로 광택이 있는 청회색 규소는 전기적 반도체이고, 그물구조형 공유 결합을 갖는다.

표 9.5 3주기 원소의 녹는점과 결합 형태

원소	Na	Mg	Al	Si	P_4	S_8	Cl_2	Ar
녹는점(°C)	98	649	660	1420	44	119	−101	−189
결합 범주	금속성	금속성	금속성	그물구조형 공유 결합성	공유 결합성	공유 결합성	공유 결합성	공유 결합성

3주기 이후의 비금속은 보통의 형태에서는 다중 공유 결합을 형성하지 않는다. 예를 들면, 인의 한 가지 동소체는 왁스 형태의 흰색 고체이며, 4개의 원자(P_4 단위)를 포함하며, 단일 공유 결합에 의해 결합되어 있다(15.13절 참조). 이와 마찬가지로 노란색의 황도 구성 원자들이 단일 공유 결합으로 결합된 S_8 고리를 갖는다(16.9절 참조). 모든 할로젠과 같이 염소는 공유 결합된 간단한 이원자 분자로 발견된다. 이들 원소의 녹는점이 낮은 이유는 작은 분자들 간의 분산력이 약하기 때문이다. 마지막으로 아르곤은 다른 비활성 기체와 마찬가지로 단원자 기체이며, 이 주기에서 가장 낮은 녹는점을 갖는다.

2주기와 3주기의 가장 높은 산화 상태를 갖는 플루오린화물

2주기와 3주기를 따라 원소들을 전개시키면 금속성으로부터 공유 결합성으로의 변화가 나타나는 것처럼, 이들 원소의 플루오린화물에서도 이온성에서 공유 결합성으로의 변화가 나타나며(표 9.6), 두 결합 범주의 경계 영역에서는 그물구조형 공유 결합 영역이 존재한다. 비금속은 한 가지 이상의 플루오린화물을 형성하기 때문에 가장 높은 산화 상태의 플루오린화물을 규정하였다. 예를 들면, 인은 트라이플루오린화 인, PF_3를 형성하며, 황도 테트라플루오린화 황, SF_4을 형성한다.

이온성 화합물의 녹는점은 용융 과정에서 결정 격자의 이온 결합을 끊어야 하기 때문에 높다. 그물구조형 공유 결합 화합물의 녹는점도 이 과정에서 공유 결합이 모두 끊어져야 하기 때문에 매우 높다. 이와는 대조적으로 (작은 분자) 공유 결합 화합물의 녹는점과 끓는점은 매우 낮은데, 이것은 분산력이나 쌍극자-쌍극자 힘과 같은 분자간 힘이 매우 약하기 때문이다.

화학식에서의 경향성은 흥미롭다. 2주기를 따라서는 최대 원소-플루오린 비가 탄소에서 나타나며, 이어서 다시 감소한다. 이 경향성은 2주기 후반의 공유 결합은 최대 8개의 전자까지로만 제한된다는 사실로 설명할 수 있다. 3주기 원소들의 경우, 다른 원소의 산화수는 황까지 증가한다. 다른 플루오린화물과 산화수 경향에 근거하여 살펴보면, 염소는 헵타플루오린화 염소, ClF_7을 형성할 것으로 예상된다. 이 화합물이 존재하지 않는 이

표 9.6 2주기와 3주기의 최고 플루오린화물에 대한 화학식, 결합 형태 및 실온에서의 상

화합물	LiF	BeF_2	BF_3	CF_4	NF_3	OF_2	-
결합 형태 (상)	이온성 (고체)	그물구조형 공유 결합 (고체)	공유 결합 (기체)	공유 결합 (기체)	공유 결합 (기체)	공유 결합 (기체)	−
화합물	**NaF**	**MgF_2**	**AlF_3**	**SiF_4**	**PF_5**	**SF_6**	**ClF_5**
결합 형태 (상)	이온성 (고체)	이온성 (고체)	그물구조형 공유 결합 (고체)	공유 결합 (기체)	공유 결합 (기체)	공유 결합 (기체)	공유 결합 (기체)

유는 중심의 염소 원자 주위에 7개의 플루오린 원자가 배치되는 것이 불가능하기 때문이다.

2주기와 3주기의 가장 높은 산화 상태를 갖는 산화물

플루오린화물의 경우와 마찬가지로 가장 높은 (산화 상태) 산화물의 화학식은 비산소 원소의 족의 수와 일치한다. 즉, +1(1족), +2(2족), +3(13족), +4(14족), +5(15족), +6(16족), +7(17족)이다. 한 가지 예외는 다이플루오린화 산소인데, 다른 원소가 산소보다 더 높은 전기 음성도를 갖는 유일한 산화물이다. 표 9.7에서 볼 수 있는 것처럼, 이온성과 공유 결합된 영역을 분리하는 영역에는 그물구조형 공유 결합 구조를 취하는 화합물들의 대각선 띠가 존재한다.

2주기와 3주기 수소화물의 결합 경향성

수소화물의 화학식은 비수소 원소의 가장 낮은 공통 산화 상태와 연관된다. 즉, +1(1족), +2(2족), +3(13족), ±4(14족), −3(15족), −2(16족), −1(17족)이다. 표 9.8은 2주기와 3주기 수소화물에 대한 결합에서의 양상을 나타낸 것이다. 비금속 수소화물은 매우 낮은 끓는점을 갖는 작은 분자 공유 결합이다. 실제로 물과 플루오린화 수소를 제외한 모든 기체는 실온에서 기체이다. 이들 두 특별한 수소화물은 강한 (분자 간) 수소 결합 때문에 액체이다(3.12절 참조). 주기를 따라 이온성−그물구조형 공유 결합−공유 결합 양상을 다시 볼 수 있다.

표 9.7 2주기와 3주기의 최고 산화물에 대한 화학식, 결합 형태 및 실온에서의 상

화합물	Li_2O	BeO	B_2O_3	CO_2	N_2O_5	-	F_2O
결합 형태 (상)	이온성 (고체)	이온성 (고체)	그물구조형 공유 결합 (고체)	공유 결합 (기체)	공유 결합 (기체)	−	공유 결합
화합물	Na_2O	MgO	Al_2O_3	SiO_2	P_4O_{10}	$(SO_3)_3$	Cl_2O_7
결합 형태 (상)	이온성 (고체)	이온성 (고체)	이온성 (고체)	그물구조형 공유 결합 (고체)	공유 결합 (고체)	공유 결합 (고체)	공유 결합 (액체)

표 9.8 2주기와 3주기의 수소화물에 대한 화학식, 결합 형태 및 실온에서의 상

화합물	LiH	$(BeH_2)x$	B_2H_6	CH_4	NH_3	H_2O	HF
결합 형태 (상)	이온성 (고체)	그물구조형 공유 결합 (고체)	공유 결합 (기체)	공유 결합 (기체)	공유 결합 (기체)	공유 결합 (액체)	공유 결합 (액체)
화합물	NaH	MgH_2	$(AlH_3)x$	SiH_4	PH_3	H_2S	HCl
결합 형태 (상)	이온성 (고체)	이온성 (고체)	그물구조형 공유 결합 (고체)	공유 결합 (기체)	공유 결합 (기체)	공유 결합 (기체)	공유 결합 (기체)

예제 9.2

텔루륨, Te에 대해 가장 높은 산화 상태를 갖는 플루오린화물의 화학식은 무엇인가? 수소화물의 화학식은 무엇인가? 실온에서 이들 화합물이 취할 것으로 예상되는 상은 무엇인가?

해답

텔루륨은 16족이기 때문에 헥사플루오린화 텔루륨, TeF_6가 존재해야 한다(이것은 표 9.6의 경향성과도 일치한다). 수소화물은 이수소화물, TeH_2일 것이다(표 9.8 참조). 주기율표의 경향성을 보면(표 9.6과 표 9.8) 실온에서 이들 화합물은 모두 기체일 것이다.

9.3 공유 결합 화합물의 등전자 계열

공유 결합 화합물을 형성하는 원소들 중에서 화학식에서의 양상을 발견할 수 있는 것들이 있다. 한 가지 예는 3주기의 가장 높은 산화 상태를 갖는 산소산 SiO_4^{4-}, PO_4^{3-}, SO_4^{2-}, ClO_4^{-}이다. 중심 원자의 전자수가 하나씩 증가함에 따라 전하도 한 단위씩 감소한다. 그러므로 이들 4가지 산소산 음이온은 **등전자 화학종**(*isoelectronic species*)이다. 이 책에서 사용하는 등전자의 엄격한 정의는 다음과 같다.

> **등전자 화학종은 같은 총 원자가 전자수와 같은 전자의 총합을 공유한다는 것이다.**

화학종들이 원자가 전자수는 같지만 총 전자수가 다를 경우에는(즉 CO_2, CS_2, CSe_2), **원자가 등전자**(*valence isoelectronic*)라고 한다.

많은 등전자 화학종이 존재하지만 특별히 흥미로운 세 가지는 고리 이온인 $[Al_6O_{18}]^{18-}$, $[Si_6O_{18}]^{12-}$, $[P_6O_{18}]^{6-}$이다(그림 9.1). 이들은 같은 구조를 가지며, 첫 번째 이온에서 비산소 원소는 금속이고, 두 번째에서는 준금속이며 세 번째에서는 비금속이다. 알루미늄산 칼슘, $Ca_9[Al_6O_{18}]$은 시멘트의 주요 성분이며, 규소산 알루미늄 베릴륨(beryllium aluminum silicate), $Be_3Al_2[Si_6O_{18}]$은 보석의 원석 광물인 녹주석이다.

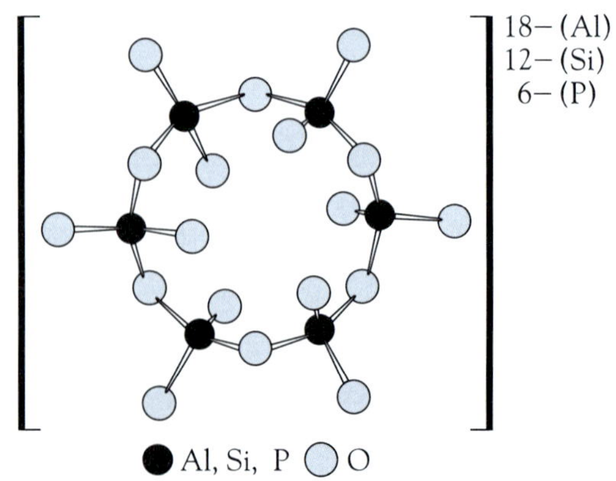

그림 9.1 등전자 화학종 $[Al_6O_{18}]^{18-}$, $[Si_6O_{18}]^{12-}$, $[P_6O_{18}]^{6-}$ 이온의 구조

표 9.9 2주기 원소의 몇 가지 14/10 이원자 화학종의 행렬

	14족	15족	16족
14족	C_2^{2-}	CN^-	CO
15족		N_2	NO^+
16족		$[O_2^{2-}]$	

표 9.10 해당 결합각을 갖는 몇 가지 2주기 옥소 화학종들에 대한 일련의 등전자 계열

전자수	14족	15족	16족	결합각
22/16	CO_2	NO_2^+		180°
23/17	CO_2^-	NO_2	O_3^+	약 135°
24/18		NO_2^-	O_3	약 116°
25/19			O_3^-	114°

주기율표를 가로지르는 구역을 따라 등전자 행렬을 구성할 수 있다. 예를 들면, 표 9.9는 총 14개의 전자와 10개의 원자가 전자를 갖는 14족, 15족, 16족의 2주기 원소의 이원자 결합에 대한 행렬을 나타낸 것이다. 이산소 2가 음이온은 짧은 순간에만 존재할 수 있기 때문에 괄호 속에 나타내었다.

표 9.10은 일련의 등전자 계열을 나타내고 있는데, 각 열은 바로 위에 있는 화학종보다 한 개의 전자를 더 많이 갖는다. 22/16 전자 삼원자 옥소 화학종들은 선형이고, 전자의 수가 증가함에 따라 결합각은 감소한다[원자가 껍질 전자쌍 반발(VSEPR) 이론으로 예측되는 것처럼].

예제 9.3

사염화 규소와 등전자인 두 이온의 화학식을 쓰시오.

해답

이웃 원소는 알루미늄과 인이다. $SiCl_4$와 전자수를 일치시키려면, 알루미늄은 한 개의 전자가 모자라고 인은 한 개의 전자가 남는다. 그러므로 이온은 $AlCl_4^-$와 PCl_4^+이다.

예제 9.4

산소산 음이온에서 플루오린화 이온은 산화 이온을 대체할 수 있다. 황산 이온과 등전자인 플루오로-옥소황 화합물 세 가지에 대한 화학식을 쓰시오.

해답

SO_4^{2-} 이온에서 산화 이온, O^{2-}를 F^-로 치환할 때마다 전하는 한 단위씩 환원될 것이다. 그러므로 등전자 계열은 SO_3F^-, SO_2F_2, SOF_3^+이다.

9.4 (*n*)족과 (*n* + 10)족의 유사성

Mendeleev와 다른 연구자들이 원래의 간단한 8-칸(column) 주기율표를 만든 이유는, 4족 및 14족과 같은 두 세트의 족 사이 화학식의 유사성 때문이었다. 화학자들이 주기를 결정할 때 원자 번호가 중요하다는 것을 알게 됨으로써 구성된 18-칸 주기율표는 두 세트들 간의 이 관련성을 계속 유지시키기 위하여 1A, 1B 등으로 족을 표기하였다. 더 새로운 1 ~ 18까지의 숫자 매김 방식은 이러한 관련성이 덜 분명하며, 잊혀질 위험 또한 갖고 있다. 이 관련성에는 실제로 주기성을 강조하는 흥미로운 유사성이 있기 때문에 이것은 유감스런 일이다.

이 관련성은 주족 원소의 가장 높은 산화 상태를 갖는 화합물이나 이온과, 여기에 상응하는 산화 상태를 갖는 전이 원소들 간에 주로 나타난다. 이 관련성은 일반적으로 다음과 같이 설명할 수 있다.

(*n*)족 원소와 (*n* + 10)족의 상응하는 원소의 화학식과 구조에는 유사성이 존재한다.

이들 두 세트 간에는 유사성이 있어야 한다는 근거로 간단한 전자 배치나 산화 상태를 들 수 있지만, 이 유사성은 단순한 화학식의 유사성과는 전혀 다른 내용을 포함하고 있다. 녹는점, 성질뿐만 아니라 몇 가지 경우에는 비정상적인 구조에서까지 몇 가지 공통성을 발견할 수 있다.

알루미늄과 스칸듐

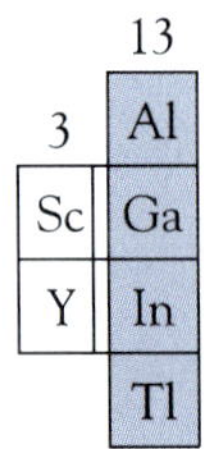

알루미늄과 스칸듐은 너무 많은 유사성을 가지고 있어서 캐나다의 화학자 Fathi Habashi는 주기율표에서 알루미늄의 위치를 3족으로 옮겨야 한다고 주장하기도 하였다. 전자 배치를 살펴보면 이 주장은 의미가 있는데, 알루미늄 이온은 3족 원소의 3+ 이온처럼 비활성 기체의 전자 배치를 갖는 반면, 13족의 아래쪽에 있는 원소들은 채워진 $(n-1)d^{10}$ 오비탈을 갖는다.

3족 이온	전자 배치	13족 이온	전자 배치
		Al^{3+}	[Ne]
Sc^{3+}	[Ar]	Ga^{3+}	$[Ar](3d^{10})$

3족에 대한 알루미늄의 더 가까운 유사성은 표 9.11에 나타낸 녹는점과 전극 전위이다.

용액에서 Al^{3+}와 Sc^{3+} 양이온은 모두 상당히 가수분해되어 중합체 하이드록소(polymeric hydroxo) 화학종을 포함하는 산성 용액이 된다. 각각의 양이온에 수산화 이온을 가하면 알루미늄과 스칸듐의 수산화물이 젤라틴 형태의 침전으로 생성된다. 이 침전을 과량의 염기에서 다시 녹이면 음이온 화학종이 생성된다(표 9.12). 다른 예에서, 두 금속은 Na_3MF_6 형태의 등구조 화합물을 형성하는데, 여기서 M = Al 또는 Sc이다.

알루미늄은 스칸듐과 유사할 뿐만 아니라 반응성 알루미늄 금속은 화학적 성질이 비반응성 갈륨 금속과는 상당히 다르다. 화합물 형태에서의 차이 가운데 붕소처럼 갈륨은 기

표 9.11 3족과 13족 원소의 성질 비교

3족 원소			13족 원소		
원소	녹는점(°C)	$E^\ominus$(V)	원소	녹는점(°C)	$E^\ominus$(V)
—	—	—	Al	660	−1.66
Sc	1540	−1.88	Ga	30	−0.53
Y	1500	−2.37	In	160	−0.34
La	920	−2.52	Tl	300	+0.72
Ac	1050	−2.6	—	—	—

표 9.12 산화 조건에서 알루미늄과 스칸듐 화학종의 비교

	산성	중간-염기성 pH 영역	매우 염기성
알루미늄	$Al^{3+}(aq)$	$Al(OH)_3(s)$	$Al(OH)_4^-(aq)$
스칸듐	$Sc^{3+}(aq)$	$Sc(OH)_3(s)$	$Sc(OH)_4^-(aq)$

체 수소화물, Ga_2H_6를 형성한다. 그러나 알루미늄은 중합체성 흰색 고체 수소화물 $(AlH_3)_x$를 형성한다. 황화 수소 기체를 각각의 양이온 용액을 통해 기포 발생시켜 가해줄 때도 전혀 다른 결과가 나타난다. 갈륨은 황화 갈륨, Ga_2S_3의 침전이 생기지만, 알루미늄은 수산화 알루미늄, $Al(OH)_3$의 침전이 생긴다(마찬가지로 스칸듐도 수산화 스칸듐, $Sc(OH)_3$의 침전이 생긴다). 그러나 알루미늄의 할로젠화물 구조는 스칸듐의 할로젠화물보다는 갈륨의 할로젠화물과 더 유사하다.

14족과 타이타늄(IV)

타이타늄(IV)과 규소(IV) 간에도 유사성이 존재하지만, 타이타늄(IV)과 14족의 더 아래쪽 원소인 주석(IV) 간에는 훨씬 더 큰 유사성이 존재한다. 실제로 이 쌍은 서로 다른 족의 원소들 중에서 가장 가까운 유사성을 갖는다. 산화물을 살펴보면 산화 타이타늄(IV)과 산화 주석(IV)은 등구조이고, 가열하면 노란색으로 변하는 성질(**열변색성**, *thermochromisrn*)을 공유한다. 염화물의 녹는점과 끓는점도 매우 비슷하다. 염화 타이타늄(IV)은 녹는점 −24°C, 끓는점 136°C이고, 염화 주석(IV)은 녹는점 −33°C, 끓는점 114°C이다. 두 염화물은 Lewis 산으로 작용하여 물에서 가수분해된다.

4	14
	Si
Ti	Ge
Zr	Sn
Hf	Pb

$$TiCl_4(l) + 2\,H_2O(l) \rightarrow TiO_2(s) + 4\,HCl(g)$$
$$SnCl_4(l) + 2\,H_2O(l) \rightarrow SnO_2(s) + 4\,HCl(g)$$

인(V)과 바나듐(V)

인은 비금속이고 바나듐은 금속이기 때문에 비교하기에는 다소 한계가 있다. 그럼에도 불구하고 +5의 산화 상태에서는 상당한 유사성이 존재한다. 예를 들어 두 원소는 독특한 일치쌍인 $P_4O_{12}^{4-}$와 $V_4O_{12}^{4-}$를 비롯한 많은 중합체성 음이온을 형성한다. 또한 인산, PO_4^{3-}와 바나듐산, VO_4^{3-} 이온은 모두 매우 염기성일 때 대부분의 pH 영역에서 비슷한 화학종으로 존재하지만, 낮은 pH에서는 바나듐은 바나딜 이온, VO_2^+를 형성하고(20.3절 참조) 인은 해리되지 않은 산으로 존재한다(표 9.13).

5	15
	P
V	As
Nb	Sb
Ta	Bi

표 9.13 강한 산화 조건에서 인(V)과 바나듐(V) 화학종의 비교

	매우 산성	산성	염기성	매우 염기성
바나듐	VO_2^+	$H_2VO_4^-$	HVO_4^{2-}	VO_4^{3-}
인	H_3PO_4	$H_2PO_4^-$	HPO_4^{2-}	PO_4^{3-}

황(VI)과 크로뮴(VI)

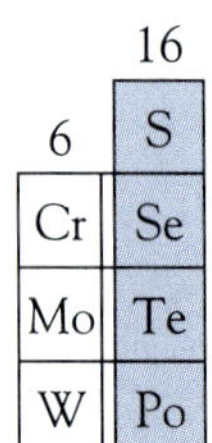

표 9.14는 황(VI)과 크로뮴(VI) 사이 몇 가지 화학식의 유사성을 나타낸 것이다. 이 유사성은 몇 가지 화합물의 물리적 성질로까지 확장된다. 예를 들면, 두 가지 옥시염화물(oxychloride)인 염화 설퍼릴(sulfuryl chloride), SO_2Cl_2(m.p. −54°C, b.p. 69°C)과 염화 크로밀(chromyl chloride), CrO_2Cl_2(m.p. −96°C, b.p. 117°C)이다. 이 화합물들은 각각의 화학적 성질이 유사하며, 물에서 분해된다. 그러나 황(VI)과 크로뮴(VI) 사이에는 뚜렷한 화학적 차이가 있다. 특히 크로뮴산염과 다이크로뮴산염은 강하게 산화되어 있고, 색깔을 띠는 반면(크로뮴산염은 노란색, 다이크로뮴산염은 오렌지색), 황산염과 파이로황산염은 산화되어 있지 않고 무색이다.

바나듐(V)−인(V)의 산소산은 약한 산이지만, 표 9.15에서 알 수 있는 것처럼 크로뮴(VI)−황(VI)의 산소산은 센산이며, 황(VI)의 산소산이 더 센산이다.

염소(VII)와 망가니즈(VII)

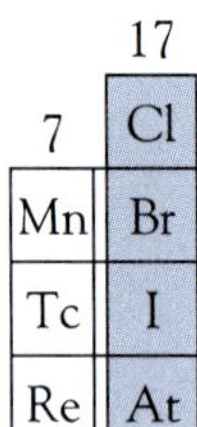

염소(VII)와 망가니즈(VII)의 산소산 음이온인 과염소산염, ClO_4^-와 과망가니즈산염, MnO_4^-는 둘 다 강하게 산화되어 있으며, 이들의 염은 등구조이다. 표 9.16에서 명확하게 알 수 있는 것처럼, 이들의 산소산은 매우 센산이다. 그리고 크로뮴산-황산 쌍처럼 과망가니즈산-과염소산 쌍은 색이 서로 다르다. 또한 과망가니즈산 전이 금속 산소산 음이온은 짙은 자주색인 반면, 과망가니즈산 주족 산소산 음이온은 무색이다. 이들의 산화물인 칠산화 이염소(dichlorine heptaoxide), Cl_2O_7과 산화 망가니즈(VII), Mn_2O_7은 실온에서 폭발성인 액체이다.

염소와 망가니즈는 또 다른 유사성을 나타낸다. 즉, 두 원소 중 어느 한 가지에서도 예상되지 않는 산화 상태(+4)에서 산화물을 형성한다(ClO_2와 MnO_2). 이산화 염소는 기체

표 9.14 크로뮴(VI)과 황(VI)의 유사성

6족		16족	
화학식	체계명	화학식	체계명
CrO_3	산화 크로뮴(VI)	SO_3	삼산화 황
CrO_2Cl_2	염화 크로밀	SO_2Cl_2	염화 설퍼릴
CrO_4^{2-}	크로뮴산 이온	SO_4^{2-}	황산 이온
$Cr_2O_7^{2-}$	다이크로뮴산 이온	$S_2O_7^{2-}$	파이로황산 이온

표 9.15 강한 산화 조건에서 크로뮴(VI)과 황(VI) 화학종의 비교

	매우 산성	산성	염기성	매우 염기성
크로뮴	H_2CrO_4	$HCrO_4^-$	CrO_4^{2-}	
황	HSO_4^-	SO_4^{2-}		

표 9.16 강한 산화 조건에서 망가니즈(VII)와 염소(VII) 화학종의 비교

	매우 산성	산성	염기성	매우 염기성
망가니즈	MnO_4^-			
염소	ClO_4^-			

이고 산화 망가니즈(IV)는 고체이지만, 두 원소의 가장 흔한 산화물이 이처럼 예상 밖의 산화 상태를 갖게 되는 이유는 신기한 것이다.

예제 9.5

ClO_3F와 BrO_3F와 유사한 금속 화합물의 화학식을 쓰시오.

해답

(*n*)과 (*n* + 10) 개념을 사용하면, 7족의 망가니즈가 유사한 화합물을 형성할 것이다. 이 화합물은 MnO_3F이다.

제논(VIII)과 오스뮴(VIII)

이어지는 연관성은 8족과 18족의 더 아래쪽 원소들 간에 나타난다. 금속 오스뮴과 비금속 제논의 화학은 몇 가지 환상적인 일치가 있으며, 특히 +8의 산화 상태에서 나타난다. 예를 들면, 오스뮴은 노란색의 강하게 산화된 산화물, OsO_4를 형성하고, 제논은 옅은 노란색의 폭발성 산화물, XeO_4를 형성한다. 옥시플루오린화물의 화학식 XeO_2F_4와 OsO_2F_4, XeO_3F_2와 OsO_3F_2에서도 일치성이 나타난다. +6의 산화 상태에서도 유사성이 존재한다. 두 원소에 대해 가장 높은 산화 상태의 플루오린화물은 XeF_6와 OsF_6이며, 이들은 둘 다 플루오로음이온 XeF_7^-와 OsF_7^-를 형성한다.

8	18
	Ar
Fe	Kr
Ru	Xe
Os	Rn

예제 9.6

안정한 동위원소를 갖는 두 원소는 XF_7을 형성하는데, 이 두 원소 중 하나는 금속이고 다른 하나는 비금속이다. 이 두 원소를 확인하시오.

해답

(*n*)과 (*n* + 10) 개념을 사용하면 이 두 원소는 7족과 17족의 원소일 것이다. 중심 원자에 7개의 결합이 존재하기 때문에 큰 원자여야 한다. 테크네튬, Tc와 아스타틴, At는 방사성 동위원소가 한 가지뿐이기 때문에 대상에서 제외된다. 그러므로 두 원소는 레늄과 아이오딘일 것이며 화합물은 ReF_7과 IF_7이다. (실제로 이와 유사한 관계는 8족과 18족의 오스뮴과 제논 간에도 나타난다.)

알칼리 금속(1족)과 주화 금속(11족)

지금까지 (*n*)족과 (*n* + 10)족 원소들 사이의 유사성이 매우 유용함을 알아보고 있다. 그러나 1족과 11족 원소들 간에는 중요한 유사성이 나타나지 않는다. 실제로 이 쌍은 금속성의 극단적인 비유사성을 나타내고 있다. 알칼리 금속은 반응성이고 일반적인 염들은 모두 가용성이지만, 주화 금속은 비반응성이고 +1가 산화 상태의 화합물은 대부분 불용

화학 위상수학

화학적 성질의 패턴을 조사하는 학문을 **화학 위상수학**(*chemical topology*)이라고 한다. Colombia에 있는 Industrial University of Santander의 Guillermo Restrepo와 그의 동료들은 화학 위상수학의 원리를 주기율표에 적용하였다. 원소의 패턴을 분석하기 위해 컴퓨터를 사용하였는데, 컴퓨터 프로그램을 사용하여 엄청난 양의 데이터를 연관시켜 일치되는 정도를 조사하였고, 각 원소에 대해 총 31가지의 화학적 및 물리적 성질을 추출하였다. 그런 다음 '나무'처럼 생긴 덴드리머 도표를 구성하였는데, 각 원소는 '가지'에 달린 '잔가지'로 나타내었다. 가지에 있는 모든 원소는 유사한 성질을 갖는다. 잔가지가 서로 가까울수록 원소들은 더 밀접하게 연관된다. 물론 패턴은 비교를 위해 선택한 특정한 성질과 비교 방법에 따라 달라질 수도 있다는 한계도 존재한다. 실제로 Restrepo는 모두가 상당히 유사하기는 하지만 총 19가지의 나무를 만들었다.

나무를 더 쉽게 읽으려면 90°로 회전시켜 가지가 수평이 되도록 놓는다. 비활성 기체들을 포함하는 가지를 살펴보자.

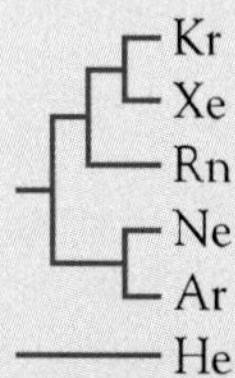

비반응성인 아르곤과 네온은 더 가깝게 결부되고, 화학적으로 반응성이 높은 더 무거운 원소들도 가까운 위치에 관련되어 있다. 헬륨은 성질이 좀 다르기 때문에 별도의 가지를 갖는다.

알칼리 금속에 대한 패턴도 비슷하다.

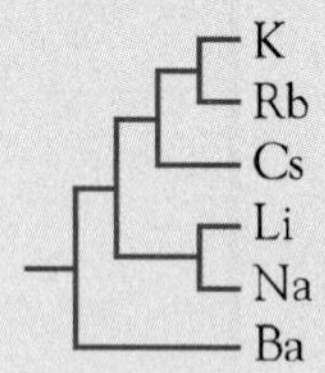

예상대로 모든 알칼리 금속은 단일 가지에 자리한다. 무거운 알칼리 금속들은 서로 더 가깝게 자리하고 있어서 더 밀접하게 연관된다. 두 가지의 가벼운 원소들도 마찬가지이다. 다소 놀라운 점은 바륨이 이 그룹에 속해 있다는 사실이다. 바륨은 반응성이 높고 알칼리 금속처럼 과산화물을 형성하지만 알칼리 토금속과는 다르다. 그래서 이 배치는 합당하다.

한 가지 흥미로운 가지는 다음에 나타낸 베릴륨, 알루미늄, 규소를 포함하는 가지이다. 이 가지는 대각선 관계에 있는 물질이 실제로 존재함을 보여 주고 있는데, 베릴륨과 알루미늄이 그룹으로 묶여 있다. 더 놀라운 점은 금속인 알루미늄과 준금속인 규소가 같은 가지의 한 부분을 이루고 있다는 사실이다. 점토 광물구조에서 알루미늄은 규소로 쉽게 치환된다.

화학 위상수학이 미래지향적인 방법이 될 수 있을까? 이 방법이 주기적 경향성과 패턴을 조사하는 준정량적인 방법을 제공하며 과거에는 간과되었던 관계들을 밝혀낼 수 있음은 확실하다. 예를 들면, 주족 금속인 인듐은 몇 가지 전이 금속과 상당히 유사한 성질을 나타내는데, 이전에는 인식하지 못했던 성질이다.

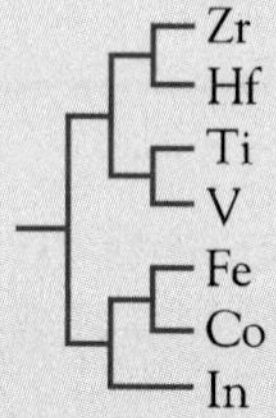

하지만 화학 위상수학은 패턴을 일반적으로 개괄할 수 있는 방법을 제공할 뿐이다. 화학자들에게는 반응에서의 특정한 유사성이 더 중요하며, 이를 위해서는 통찰력이 필요하다.

성이다. 이 두 족의 원소들 사이의 중요한 차이를 표 9.17에 나타내었다.

마그네슘과 아연

2	12
Mg	
Ca	Zn
Sr	Cd
Ba	Hg

1족과 11족은 비슷하지 않지만 마그네슘(2족)과 아연(12족) 사이에는 주된 유사성이 나타난다. 이 쌍의 화합물들은 용해도가 매우 비슷하다. 즉, 염화물과 황산염은 가용성이지만 탄산염은 불용성이다. 화학적 성질에 있어서 유일한 차이점은 아연이 양쪽성이라는 것인데, 이것은 아연이 준금속과의 경계 영역에 놓이기 때문에 '약한' 금속이어서 예상할

표 9.17 알칼리 금속과 주화 금속의 비교

성질	알칼리 금속	주화 금속
공통 산화수	항상 +1	은은 항상 +1이지만 구리와 금은 드물게 +1의 상태로 존재한다.
화학적 반응성	매우 높다. 족의 아래로 갈수록 증가한다.	매우 낮다. 족의 아래로 갈수록 감소한다.
밀도	매우 낮다. 족의 아래로 갈수록 증가한다. ($0.5 \sim 1.9\ g \cdot cm^{-3}$)	높다. 족의 아래로 갈수록 증가한다. ($9 \sim 19\ g \cdot cm^{-3}$)
녹는점	매우 낮다. 족의 아래로 갈수록 감소한다. (181 ~ 29°C)	높다. 모두 약 1000°C
수용액에서의 산화-환원 반응	일어나지 않는다.	일어난다. (예: $Cu^{2+}(aq) \rightarrow Cu^{+}(aq)$)
일반적인 염의 용해도	모두 가용성이다.	+1의 산화 상태에 있는 화합물은 불용성이다.

표 9.18 산화 조건에서 마그네슘과 아연 화학종의 비교

	매우 산성	산성	염기성	매우 염기성
마그네슘	$Mg^{2+}(aq)$		$Mg(OH)_2(s)$	
아연	$Zn^{2+}(aq)$		$Zn(OH)_2(s)$	$Zn(OH)_4^{2-}(aq)$

수 있는 성질이다. 따라서 강한 염기성 용액에서 수산화 아연은 용해되어 아연산염 이온이 되는데, 화학식은 $[Zn(OH)_4]^{2-}$이다(표 9.18 참조).

9.5 대각선 관계

화학자들은 대체로 주기적 경향성을 수직 (족의 아래방향) 이나 수평 (주기를 가로지르는 방향) 으로 고려하지만, 실제 주기율표에서는 다른 양상들도 발견된다. 이들 중 한 가지가 **대각선 관계**(*diagonal relationship*)이다.

> **한 원소와 이 원소의 오른쪽 아래에 있는 원소 간에는 화학적 성질의 유사성이 존재한다. 이 관계는 주기율표의 왼쪽 위 영역에 존재하는 원소들에서 나타난다.**

대각선 관계의 증거는 플루오린화물, 산화물, 수소화물의 결합 형태에서 이미 알아보았다. 이들 결합 형태에서는 이온성과 공유 결합성 결합 형태가 나누어지는 구역에서 대각선상으로 그물구조형 공유 결합 화합물이 존재했었다. 대각선 관계는 세 가지 원소들의 쌍, 즉 리튬과 마그네슘, 베릴륨과 알루미늄, 붕소와 규소에 대해 화학적으로만 중요하게 작용한다 (그림 9.2).

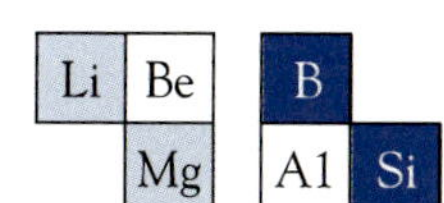

그림 9.2 대각선 관계에 의해 관련되는 원소들

리튬과 마그네슘의 유사성

리튬과 마그네슘 간의 화학적 유사성을 나타내는 가장 좋은 예는 다음과 같다.

1. 리튬 금속의 경도는 다른 알칼리 금속보다 높고, 알칼리 토금속과 비슷하다.
2. 리튬은 알칼리 토금속처럼 정상적인 산화물, Li_2O를 형성하지만, 다른 알칼리 금속들은 그렇지 못하다(소듐은 O_2^{2-} 이온을 포함하는 Na_2O_2를 형성하고, 더 무거운 알칼리 금속들은 KO_2처럼 O_2^-를 포함하는 화합물을 형성한다).
3. 리튬은 질화물, Li_3N을 형성하는 유일한 알칼리 금속인데, 알칼리 토금속은 모두 질화물을 형성한다.
4. 세 가지 리튬염(탄산염, 인산염, 플루오린화물)은 매우 낮은 용해도를 갖는다. 이들 음이온들은 알칼리 토금속과도 불용성염을 형성한다.
5. 리튬은 마그네슘과 비슷한 (유기 화학에서 Grignard 시약으로 사용되는) 유기금속 화합물을 형성한다.
6. 많은 리튬염은 결합에서 높은 수준의 공유 결합성을 나타낸다. 이 결합성은 마그네슘의 결합 성질과 비슷하다.
7. 리튬과 마그네슘의 탄산염은 분해되어 금속 산화물, 이산화 탄소 및 산소 분자를 생성한다. 다른 알칼리 금속 탄산염은 가열해도 분해되지 않는다.

이러한 관계를 어떻게 설명할 수 있을까? 1족과 2족 원소의 전하 밀도를 살펴보면(표 9.19) 리튬과 마그네슘의 전하 밀도는 다른 알칼리 금속보다 훨씬 더 비슷한 값을 가짐을 알 수 있다. 그러므로 이 전하 밀도의 유사성 때문에 리튬과 마그네슘은 비슷한 화학적 성질을 갖는 것으로 설명할 수 있다.

베릴륨과 알루미늄의 유사성

베릴륨과 알루미늄은 3가지 점이 서로 닮았다. 이 대각선 관계를 설명하려면 전하 밀도에 대해 논의했던 것을 다시 이용하여야 한다. 즉, 매우 높은 전하 밀도를 갖는 베릴륨 2+ 이온은 2족의 더 큰 이온보다는 알루미늄 3+ 이온과 더 유사하다.

1. 공기 중에서 두 금속은 모두 산화물의 막을 형성하여 내부의 금속이 더 이상 산화되는 것을 방지한다.
2. 두 원소는 양쪽성이며, 진한 수산화 이온과 반응하여 같은 형태의 음이온, 테트라하이드록시도베릴륨산(tetrahydroxidoberyllate), $[Be(OH)_4]^{2-}$와 테트라하이드록시도알루미늄산(tetrahydroxoaluminate), $[Al(OH)_4]^-$를 생성한다.

표 9.19 알칼리 금속과 알칼리 토금속 이온들의 전하 밀도

1족 이온	전하 밀도 ($C \cdot mm^{-3}$)	2족 이온	전하 밀도 ($C \cdot mm^{-3}$)
Li^+	98	—	—
Na^+	24	Mg^{2+}	120
K^+	11	Ca^{2+}	52
Rb^+	8	Sr^{2+}	33
Cs^+	6	Ba^{2+}	23

표 9.20 산화 조건에서 베릴륨과 알루미늄 화학종의 비교

	산성	중간-염기성 pH 영역	매우 염기성
베릴륨	$Be^{2+}(aq)$	$Be(OH)_2(s)$	$Be(OH)_4^{2-}(aq)$
알루미늄	$Al^{3+}(aq)$	$Al(OH)_3(s)$	$Al(OH)_4^{-}(aq)$

3. 두 원소는 모두 C^{4-} 이온을 포함하는 탄화물(Be_2C와 Al_4C_3)을 만들며, 탄화물은 물과 반응하여 메테인을 생성한다(다른 2족 원소들은 C_2^{2-} 이온을 포함하는 CaC_2와 같은 화합물을 형성하며, 물과 반응하여 에테인을 만든다).

그러나 베릴륨과 알루미늄의 화학적 성질은 몇 가지 중요한 차이가 있다. 가장 뚜렷한 차이는 형성하는 수화물 이온의 화학식에서 나타난다. 베릴륨은 $[Be(OH_2)_4]^{2+}$를, 알루미늄은 $[Al(OH_2)_6]^{3+}$ 이온을 형성한다. 베릴륨이 더 낮은 배위수를 갖게 되는 이유는 양이온이 너무 작아서 주위에 물 분자가 결합 거리를 가지고 자리할 수 없기 때문인 것으로 설명할 수 있다. pH가 증가함에 따라 두 양이온은 모두 불용성 수산화물을 형성하고, 매우 높은 pH에서 수산화물 침전은 재용해되어 산소산 음이온을 형성한다(표 9.20).

붕소와 규소의 유사성

붕소와 규소의 비교는 대각선 관계의 세 번째이자 마지막 예이다. 이 경우는 두 원소가 모두 공유 결합을 포함하기 때문에 앞의 다른 두 예와는 매우 다르다. 그러므로 이온의 전하 밀도로 설명할 수 없다. 실제 이 관계는 두 원소가 모두 금속-비금속 분류의 경계선에 있고, 비슷한 전기 음성도를 갖는다는 사실을 제외하고는 쉽게 이해할 수 없다. 몇 가지 유사성을 다음에 나타내었다.

1. 붕소는 규소의 경우(SiO_2)처럼 고체의 산성 산화물, B_2O_3를 형성한다. 양쪽성 산화물을 만드는 알루미늄이나 산성이지만 기체상의 산화물, CO_2를 만드는 탄소와는 다르다.
2. 붕산, H_3BO_3는 어떤 면에서는 규산, H_4SiO_4처럼 매우 약한 산이다. 양쪽성인 수산화 알루미늄, $Al(OH)_3$와 비슷한 점이 없다.
3. 공유된 산소 원자를 사용하는 것과 유사한 방식으로 구성된 중합성 붕산과 규소산 화합물들이 많이 존재한다.
4. 붕소는 규소처럼 가연성 기체 수소화물을 형성한다. 수소화 알루미늄은 유일하게 고체이다.

예제 9.7

주기율표의 다른 곳에서도 몇 가지 대각선 관계가 발견될 수 있다. $[Mo_2Cl_8]^{4-}$와 원자가 등전자인 레늄 이온의 화학식을 제시하시오.

해답

레늄은 몰리브데넘보다 d 전자가 한 개 더 많기 때문에 원자가 등전자가 되려면 레늄 이온은 레늄보다 전하가 하나 더 부족해야 한다. 따라서 이 이온은 $[Re_2Cl_8]^{2-}$이다.

9.6 '기사의 이동' 관계

뒤 주족 원소에 대하여 남아프리카 공화국의 화학자 Michael Laing은, 한 원소는 한 주기 아래의 두 주기 오른쪽으로 있는 원소와 연관성이 있음을 알게 되었다. 그는 이 양상을 **'기사의 이동' 관계** ('*knight's move*' *relationship*)라고 하였는데, 이 명칭은 체스 게임에서 말의 이동을 본떠서 붙인 이름이다. 이 관계는 녹는점과 결정 구조 등의 화합물의 물리적 성질에서 나타난다. 화학적 공통점과는 그다지 연관되지 않는 것 같다. 이 관계는 11족에서 15족까지의 아래쪽에 있는 원소들 간에 분명하게 나타나며, 다음과 같다.

> **같은 산화 상태를 갖는 (m)주기의 (n)족 원소와 (m + 1)주기의 (n + 2)족 원소 사이에는 유사성이 존재한다. 이 관계는 주기율표의 오른쪽 아래에 있는 원소들 사이에서 나타난다.**

여기서는 세 가지 기사의 이동 쌍, 아연(II)과 주석(II), 주석(IV)과 폴로늄(IV), 은(I)과 탈륨(I)에 대하여 알아볼 것이다.

아연(II)과 주석(II)의 유사성

Cu	Zn	Ga			
Ag	Cd	In	Sn	Sb	
		Tl	Pb	Bi	Po

9.5절에서 (n)과 (n + 10) 관계를 통해 마그네슘 이온과 아연 이온의 화학적 유사성이 존재함을 알았다. 여기서는 12족 아연의 화학적 성질이 14족의 주석(II)과도 비슷함을 알아본다. 실제로 아연-주석(II) 관계는 많은 면에서 더 비슷함을 나타내고 있다. 예를 들어 염화물 수용액은 가수분해되어 각각 불용성 Zn(OH)Cl과 Sn(OH)Cl로 된다. 염화 이온이 높은 농도로 존재하면 유사한 클로로 착이온, $ZnCl_3^-$와 $SnCl_3^-$, 그리고 $ZnCl_4^{2-}$와 $SnCl_4^{2-}$가 생성된다.

비슷하기도 하지만 다른 점도 존재한다. 예를 들어 아연과 주석은 모두 양쪽성 금속이어서 염기에 녹으면 각각 아연산과 주석산을 형성한다. 그러나 아연 이온에 비해 주석(II) 이온이 훨씬 더 크기 때문에 이온들의 화학식은 다르다. 즉, 아연은 사면체 $[Zn(OH)_4]^{2-}$이고, 주석(II)은 팔면체 $[Sn(OH)_6]^{4-}$이다.

주석(IV)과 폴로늄(IV)의 유사성

Cu	Zn	Ga			
Ag	Cd	In	Sn	Sb	
		Tl	Pb	Bi	Po

14족의 주석(II)이 12족의 아연과 유사성을 갖는 것처럼 주석(IV)도 16족의 폴로늄(IV)과 유사성을 갖는다. 주석(IV)과 폴로늄(IV) 간에는 상응하는 화학식을 갖는 경우가 많은데, $SnCl_4$와 $PoCl_4$, 그리고 착이온 $[SnCl_6]^{2-}$와 $[PoCl_6]^{2-}$를 예로 들 수 있다. 또한 두 금속의 질산염, $Sn(NO_3)_4$와 $Po(NO_3)_4$는 고체 상태에서만 안정하다는 점도 유사한 성질이다. +4가 산화 상태의 산화물, SnO_2와 PoO_2도 비슷하다(+2가 상태, SnO와 PoO도 비슷하다).

은(I), 탈륨(I), 포타슘의 유사성

이 장의 첫 부분 '컨텍스트'에서 13족의 탈륨(I) 이온의 독성을 설명하였고, 이 독성이 포타슘 이온의 화학적 성질과 비슷함을 연관시켰다. 실제로 탈륨(I) 이온은 여러 면에서

Cu	Zn	Ga			
Ag	Cd	In	Sn	Sb	
		Tl	Pb	Bi	Po

포타슘 이온과 유사할 뿐만 아니라 탈륨(I)을 기사 이동시키면 은(I) 이온과도 연관된다. 예를 들어 광물 크룩사이트, $Cu_7(Tl,Ag)Se_4$는 같은 격자 자리에 탈륨(I)이나 은(I)을 포함한다.

12족의 아연이 14족의 주석(II) 및 2족의 마그네슘과 유사성을 갖는 것처럼 13족의 탈륨(I)과 11족의 은(I) 및 1족의 포타슘 간에도 연관성이 존재한다. 표 9.21은 탈륨(I)의 화학적 성질이 포타슘 이온과 매우 유사하고, 몇 가지 면에서는 은(I)과도 비슷함을 보여준다.

그렇다면 탈륨(I) 이온은 왜 그토록 독성이 강할까? 탈륨(I)은 고농도의 포타슘 이온과 함께 피부에 축적된다. 탈륨(I)은 동일한 세포 통과 메커니즘에 의해 포타슘보다 더 선호되기 때문에 세포에 쉽게 스며든다. 세포에 스며들기만 하면 탈륨(I)은 포타슘 활성 효소에 있는 포타슘을 치환하여 효소의 작용을 방해한다. 또한 탈륨(I)은 매우 무른 산이기 때문에(7.7절 참조), 미토콘드리아에 있는 싸이오-아미노산의 무른 염기인 황과 결합하여 인산화 작용을 차단한다. 이런 면에서 보면, 탈륨(I)은 은(I)과 유사하다. 탈륨 독성은 모든 세포에서 퇴행성 변화를 일으키는데, 신경계와 모낭에 더 심하게 작용한다. 불행스럽게도 다른 질병 때문에 나타나는 증상으로 인해 탈륨 독성의 증상을 잘못 진단할 수도 있다.

탈륨 독성을 치료하는 두 가지 보충적인 방법이 있는데, 각각은 두 가지 관계 중에서 한 가지를 취하게 된다. 첫째는 용해도 평형의 원리를 사용하는 것인데, 고농도의 포타슘 이온을 복용시켜 탈륨(I)의 세포 내 농도를 감소시킬 수 있다. 두 번째는 가용성 프러시안 파랑(Prussian blue)이라고 하는 헥사사이아노철산(II) 철(III) 포타슘, $K^+[Fe^{3+}Fe^{2+}(CN^-)_6]$을 복용시키는 것이다. 이 비독성 화합물의 사용은 은(I) 이온에 대한 탈륨(I)의 유사성을 활용하는 것이다. 즉, 은(I)처럼 탈륨(I)은 착이온과 불용성 화합물을 형성한다. 이렇게 되면 위장 내에 있는 모든 탈륨(I)은 침전되기 때문에 배설을 통해 제거된다.

$$[Fe^{3+}Fe^{2+}(CN^-)_6]^-(aq) + Tl^+(aq) \rightarrow Tl^+[Fe^{3+}Fe^{2+}(CN^-)_6](s)$$

표 9.21 은(I)과 포타슘 이온에 대한 탈륨(I) 이온의 성질 비교

탈륨(I)의 성질	은(I)의 성질	포타슘의 성질
정상적인 산화물, Tl_2O를 형성한다.	정상적인 산화물, Ag_2O를 형성한다.	비정상적인 산화물 KO_2를 형성한다.
가용성, 매우 염기성인 수산화물	불용성 수산화물	가용성, 매우 염기성인 수산화물
수산화물은 이산화 탄소와 반응하여 탄산염을 형성한다.	비반응성 수산화물	수산화물은 이산화 탄소와 반응하여 탄산염을 형성한다.
플루오린화물을 가용성, 다른 할로젠화물은 불용성	플루오린화물은 가용성, 다른 할로젠화물은 불용성	모든 할로젠화물은 가용성
크로뮴산염은 붉은 벽돌색이고 불용성	크로뮴산염은 붉은 벽돌색이고 불용성	크로뮴산염은 노란색이고 가용성

비활성쌍 효과

'기사의 이동'은 어떻게 설명될 수 있을까? 비슷한 전하와 크기(즉, 비슷한 전하 밀도)를 갖는 이온은 화학에서도 유사성을 갖는다. 예를 들면, 은(I)과 탈륨(I)은 둘 다 매우 낮고, 비슷한 전하 밀도를 갖는다. 다른 주기에 있더라도 크기가 비슷한 두 이온도 쉽게 설명할 수 있다. 전이 금속(및 란타넘족) 계열을 따라 살펴보면, d와 f 전자는 최외각의 전자를 효과적으로 차폐하지 못한다. 그러므로 $(m+1)$주기의 $(n+2)$족 이온은 같은 전하를 갖는 (m)주기의 (n)족 이온과 비슷한 크기가 되기 위하여 '수축'한다.

그러나 이 현상은 탈륨, 주석, 납, 비스무트가 족의 수로부터 예상되는 것보다 더 낮은 산화 상태를 갖는 화합물을 형성하는 이유와 항상 두 가지 이하의 산화 상태(예를 들어 Tl^{+}와 Tl^{3+}, Sn^{2+}와 Sn^{4+}, Pb^{2+}와 Pb^{4+}, Bi^{3+}와 Bi^{5+})를 갖는 이유를 설명하지 못한다. 이 설명은 **비활성쌍 효과**(*inert-pair effect*)에서 발견할 수 있다. 탈륨을 예로 들어 살펴보자. 모든 13족 원소는 최외각 전자 배치가 s^2p^1이다. 그러므로 1+ 이온은 p 전자 한 개를 잃은 것이고, 두 개의 s 전자는 가지고 있는 상태이다.

이처럼 낮은 전하를 갖는 이온이 형성될 수 있는 이유를 설명하려면 상대성 효과(2.5절 참조)를 고려하여야 한다. 외각의 오비탈, 특히 6s 오비탈에서 전자의 속도는 빛의 속도와 비슷하게 된다. 그 결과 $E = mc^2$에 따라 이들 6s 전자의 질량은 증가하기 때문에 핵으로부터의 평균 거리는 감소하게 된다. 즉, 오비탈이 수축된다. 이 효과는 연속적인 이온화 에너지에서 분명하게 나타난다. 2.6절에서 이온화 에너지는 족의 아래로 내려갈수록 감소한다고 설명하였다. 그러나 알루미늄과 탈륨의 첫 번째 세 이온화 에너지를 비교해 보면, 외부의 p 전자에 대한 이온화 에너지가 더 크고, 탈륨에 대한 s 전자쌍의 이온화 에너지는 알루미늄보다 상당히 더 크다(표 9.22).

Born-Haber 순환(6.3절)을 상기시켜 보면, 양이온 형성을 위해 필요한 큰 흡수 에너지는 높은 격자 에너지(에너지 발산)와 균형을 이루어야 한다. 그러나 탈륨(III) 이온은 알루미늄(III) 이온보다 훨씬 더 크다. 그러므로 탈륨(III)의 이온성 화합물의 격자 에너지는 유사한 알루미늄 화합물보다 더 작게 될 것이다. 이 두 요인을 결합하면, 특히 더 높은 이온화 에너지는 탈륨(III) 이온 상태의 안정성을 감소시키기 때문에 탈륨(I) 이온의 산화 상태가 안정화된다.

표 9.22 알루미늄과 탈륨의 이온화 에너지

	이온화 에너지($MJ \cdot mol^{-1}$)		
원소	**첫 번째(p)**	**두 번째(s)**	**세 번째(s)**
알루미늄	0.58	1.82	2.74
탈륨	0.59	1.97	2.88

예제 9.8

납 이온과 화학적 성질이 유사한 다른 원소의 이온을 제시하시오.

해답

기사의 이동 관계에 따르면, 12족의 카드뮴, Cd^{2+}가 14족의 낮은 산화 상태의 Pb^{2+} 이온과 화학적 성질이 유사한 점이 많을 것이다. 또한 2족의 칼슘, Ca^{2+}와도 유사할 것이다. (실제로 화학적 유사성 외에 카드뮴과 납(II)은 맹독성이라는 점도 유념해야 한다. 납(II)은 칼슘 이온을 치환하여 뼈에 축적된다.)

예제 9.9
다음 쌍이 유사한 이유를 설명하시오.
(a) 아연과 주석(II) (b) 주석(IV)과 폴로늄(IV)

해답
아연(II)의 비활성 기체 중심의 전자 배치는 [Ar]$3d^{10}$이고 주석(II)은 [Kr]$4d^{10}5s^2$이다. 주석의 두 s 전자는 '비활성쌍'으로 작용하기 때문에 주석의 +2가 산화 상태를 안정화시킨다.

주석(IV)의 비활성 기체 중심의 전자 배치는 [Kr]$4d^{10}5s^2$이고 폴로늄(IV)은 [Xe]$4f^{14}5d^{10}6s^2$이다. 폴로늄의 두 s 전자는 '비활성쌍'으로 작용하기 때문에 폴로늄의 +4가 산화 상태를 안정화시킨다.

9.7 앞 악티늄족과 전이 금속의 관계

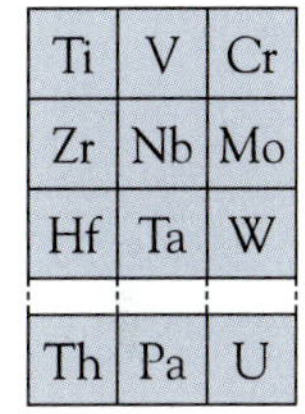

그림 9.3 앞 악티늄족 원소와 상응하는 전이 금속 사이의 관계

24장에서 두 가지 별도의 계열, 란타넘족과 악티늄족에 대한 화학을 다루게 될 것이다. 신기하게도 란타넘 계열은 다른 족과 유사성이 거의 없지만, 악티늄족은 전이 금속과 몇 가지 유사성을 나타낸다. 이 유사성은 매우 뚜렷하기 때문에 1944년까지는 5가지 악티늄족 원소와 이어서 알려진 토륨에서 플루토늄까지의 원소를 네 번째 전이 계열의 원소로 배정하였다(지금은 러더포듐에서 하슘까지의 원소를 배정하고 있다)(그림 9.3). 이 관계는 다음과 같이 설명할 수 있다.

앞 악티늄 계열은 전이 금속 계열의 상응하는 원소들과 화학식 및 성질에서의 유사성을 나타낸다.

이를 설명하기 위해 우라늄(VI)의 화학적 성질과 +6가 산화 상태에 있는 6족 금속들의 화학적 성질을 비교해 보자. 가장 뚜렷한 유사성은 산소산 음이온에서 나타난다. 다이우라늄산 이온, $U_2O_7^{2-}$는 노란색이고, 다이크로뮴산 이온, $Cr_2O_7^{2-}$은 오렌지색이다. 우라늄은 염화 우라닐, UO_2Cl_2를 형성하는데, 이것은 염화 크로밀, CrO_2Cl_2와 염화 몰리브데닐, MoO_2Cl_2와 동등한 화합물이다. 예상할 수 있는 것처럼, 일반적으로 우라늄은 텅스텐과 가장 비슷하다. 예를 들면, 우라늄과 텅스텐(몰리브데넘과 크로뮴은 아니다)은 안정한 육염화물(hexachloride), UCl_6와 WCl_6을 형성한다. 우라늄이 6족 원소와 유사한 것처럼 프로트악티늄은 5족 원소, 토륨은 4족 원소와 유사하다.

몰리브데넘, 텅스텐, 우라늄, 시보귬, 그리고 이어지는 '진정한' 6족 원소의 비교를 통해 알 수 있었던 것처럼, 화학적 성질의 유사성은 최외각 전자 배치의 유사성 때문에 나타난다.

원자	전자 배치	이온	전자 배치
Mo	[Kr]$5s^2 4d^4$	Mo^{6+}	[Kr]
W	[Xe]$6s^2(4f^{14})5d^4$	W^{6+}	[Xe]($4f^{14}$)
U	[Rn]$7s^2 5f^3 6d^1$	U^{6+}	[Rn]
Sg	[Rn]$7s^2(5f^{14})6d^4$	Sg^{6+}	[Rn]($5f^{14}$)

텅스텐과 시보귬의 f 오비탈들은 '숨겨져' 있지만, 우라늄의 f 오비탈은 원자가 껍질의 한 부분이다. 실제로 우라늄에서는 5f와 6d 오비탈이 부분적으로 채워져 있으며, 이는 이들이 비슷한 에너지 상태임을 의미한다. 그러므로 우라늄은 6족의 다른 원소들처럼 +6 상태를 쉽게 유지할 수 있다.

9.8 란타넘족 관계

란타넘족은 란타넘족 내의 원소들끼리 가장 유사한 관계를 갖는다. 계열을 따라 4f 오비탈이 차례로 채워진다는 사실을 고려하면, 이것은 놀라운 현상이다. 이 유사성에는 두 가지 이유가 있다. 첫 번째 이유는 공통 산화 상태는 필연적으로 금속의 이온화 에너지와 형성된 고체염의 격자 에너지 간의 균형 때문에 생긴다는 것이다. 각 란타넘족에서 최적의 에너지 감소는 3+ 이온의 생성에 해당한다. 둘째로 4f 오비탈에 남아 있는 전자는 필연적으로 '숨겨진다'는 것이다. 그러므로 란타넘족은 일반적으로 +3의 1가지 산화 상태를 갖는 주족 금속처럼 행동한다. 이 행동은 3족 원소와 유사하다. 그 결과 3족과 란타넘족 원소는 **희토류 금속**(*rare earth metal*, 그림 9.4)으로 함께 분류되기도 한다(하지만 이들 중 몇 가지는 희귀한 원소가 아니다).

유로퓸(II)와 스트론튬의 유사성

란타넘족의 이 단순성에는 두 가지 예외가 있다. 첫째는, 쉽게 2+ 이온을 형성하는 유로퓸이다. 1.4절(이온의 전자 배치)에서 유로퓸이 2+ 이온을 쉽게 형성 형성하는 이유는 f 오비탈 세트가 절반이 채워지는 $[Xe]4f^7$의 전자 배치를 갖기 때문임을 알았다.

원자	전자 배치	이온	전자 배치
Eu	$[Xe]6s^2 4f^7$	Eu^{2+}	$[Xe]4f^7$
		Eu^{3+}	$[Xe]4f^6$

유로퓸(II) 이온은 알칼리 토금속 이온과 매우 유사하게 행동한다. 예를 들면, 유로퓸의 탄산염, 황산염, 크로뮴산염은 무거운 알칼리 토금속과 마찬가지로 불용성이다. 유로퓸(II)의 이온 반지름은 실제로 스트론튬과 매우 비슷하고, 예상되는 것처럼 몇 가지 유로퓸(II)과 스트론튬은 등구조체이다.

세륨(IV), 토륨(IV), 하프늄(IV)의 유사성

유로퓸은 정상적인 산화 상태보다 더 낮은 상태를 갖지만, 세륨은 +4의 정상적인 산화

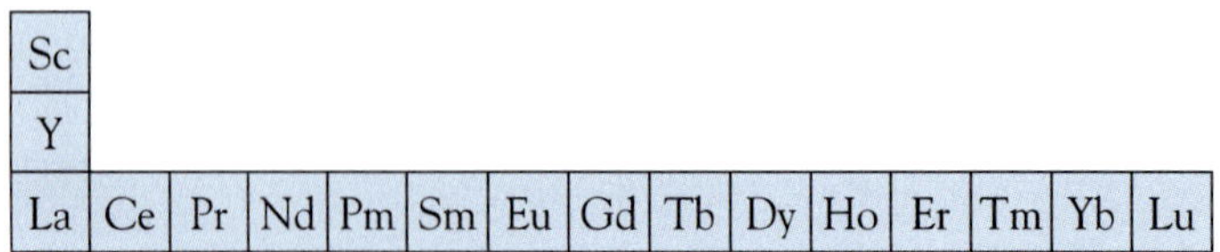

그림 9.4 3족과 란타넘족 원소로 구성된 희토류 금속. 이들 원소 모두는 유사한 화학적 성질을 갖고 일상적인 산화 상태로 3+를 공유한다.

표 9.23 강한 산화 조건에서 하프늄, 세륨, 토륨 화학종의 비교

	매우 산성	산성	염기성	매우 염기성
하프늄	$Hf^{4+}(aq)$		$HfO_2(s)$	
세륨	$Ce^{4+}(aq)$		$CeO_2(s)$	
토륨	$Th^{4+}(aq)$		$ThO_2(s)$	

상태보다 더 높은 상태를 갖는다. 1.4절(이온의 전자 배치)에서 설명한 것처럼, 4+ 이온의 생성은 비활성 기체 배치에 해당하고, 이것은 세륨이 란타넘족 중에서 가장 낮은 4번째 이온화 에너지를 갖는 사실을 설명해 주는 것이다.

원자	전자 배치	이온	전자 배치
Ce	$[Xe]6s^24f^15d^1$	Ce^{3+}	$[Xe]4f^1$
		Ce^{4+}	$[Xe]4f^0$

세륨(VI)은 4족의 지르코늄(IV)와 하프늄(IV), 그리고 상응하는 악티늄족의 토륨(IV)와 유사하게 행동한다. 예를 들어 이들 네 이온은 모두 불용성 플루오린화물과 인산염을 형성한다. 강한 산화 조건에서 하프늄, 세륨, 토륨의 산-염기 행동을 비교해 보면 유사성을 알 수 있다(표 9.23).

세륨(IV)과 토륨(IV)의 화학적 성질은 특히 강한 유사성을 나타낸다. 산화 세륨(IV)(자기 세척 오븐에 사용되는)과 산화 토륨(IV)은 둘 다 형석 구조를 취한다. 이들은 등구조체 질산염, $M(NO_3)_4 \cdot 5H_2O$과 헥사나이트라토 착이온(hexanitrato complex ion), $[M(NO_3)_6]^{2-}$를 형성하는데, 여기에서 M은 Ce나 Th이다. 이 산화 상태에 있는 두 원소들 간의 중요한 차이는, 토륨(IV)은 이 원소의 열역학적으로 안정한 형태이지만, 세륨(IV)은 강하게 산화된 상태라는 것이다. 세륨은 환원 전위가 높기 때문에 헥사나이트라토세륨(IV)산 암모늄(ammonium hexanitratocerate), $(NH_4)_2[Ce(NO_3)_6]$의 산화-환원 적정에 사용된다.

$$Ce^{4+}(aq) + e^- \rightarrow Ce^{3+}(aq) \qquad E^{\ominus} = +1.44\ V$$

9.9 '콤보' 원소

화합물 일산화 탄소는 질소 분자 N_2와 여러 가지 유사성을 갖는다. 예를 들면, 이 둘은 모두 비슷한 끓는점(N_2: $-196°C$, CO: $-190°C$)을 갖는 삼중 결합 분자이다. 비슷한 성질을 갖게 되는 주된 이유는 질소 분자와 일산화 탄소 분자가 등전자적이라는 것이다. 이 유사성은 두 분자의 화학적 성질로까지 확장된다. 특히 질소 분자로 일산화 탄소를 치환시킬 수 있는 전이 금속 화합물은 여러 가지가 존재한다. 예를 들어, $Cr(CO)_6$에서 크로뮴에 결합된 1개 또는 2개의 일산화 탄소를 치환시켜서 등전자적인 $Cr(CO)_5(N_2)$와 $Cr(CO)_4(N_2)_2$를 생성시킬 수 있다.

'콤보' 원소는 한 원소의 원자쌍의 원자가 전자수의 합이 수평 양옆으로 이웃한 두 원소의 원자가 전자수의 합과 같을 때 등전자적인 행동을 나타내는 부속집단이다.

'콤보' 원소는 $(n-x)$족 원소가 $(n+x)$족 원소와 결합하여 (n)족 원소의 화합물과 유사한 화합물을 형성하는 것으로 정의할 수 있다.

탄소 화학종의 붕소-질소 유사체

'콤보' 원소의 가장 좋은 예는 붕소와 질소의 조합이다. 붕소는 탄소보다 원자가 전자가 1개 적고, 질소는 1개를 더 갖는다. 여러 해 동안 화학자들은 붕소와 질소 원자를 교대로 포함하는 탄소 화합물의 유사체를 만들기 위하여 노력하여 왔다. 이러한 노력의 결과물 중의 하나는 탄소로만 이루어진 화합물과 유사한 것도 있다. 탄소의 일상적인 두 가지 동소체는 윤활제인 흑연과 자연계에 존재하는 것 중에서 가장 단단한 다이아몬드이다.

불행스럽게도 이 두 가지 탄소 동소체는 가열하면 이산화 탄소 기체가 되기 때문에 고온에서는 사용할 수 없다. 그래서 질화 붕소, BN이 고온에서 사용된다. 가장 간단한 합성법은 삼산화 이붕소(diboron trioxide)를 암모니아와 함께 약 1000°C에서 가열하는 것이다.

$$B_2O_3(s) + 2\,NH_3(g) \xrightarrow{\Delta} 2\,BN(s) + 3\,H_2O(g)$$

이 생성물은 흑연과 비슷한 구조(그림 9.5)를 가지며, 고온에서도 화학적으로 변하지 않는 윤활제이다.

흑연과 달리, 질화 붕소는 전기를 전도하지 않는 흰색 고체이다. 이 차이는 두 결정의 층이 쌓이는 방법이 다르기 때문에 나타나는 것이다. 흑연과 유사한 질화 붕소에서의 층은 흑연에서의 층과 거의 같은 거리만큼 떨어져 있지만, 질화 붕소의 층은 한 층의 질소 원자 위와 아래에는 붕소 원자가 위치하게끔 쌓인다. 이 배열은 부분적으로 양성인 붕소 원자와 부분적으로 음성인 질소 원자가 서로 정전기적으로 끌어당길 것이기 때문에 합리적이다. 이와는 대조적으로 흑연의 한 층에 있는 탄소 원자는 이 층의 아래와 위로 탄소 고리의 중심이 위치하게 된다. 전기 전도성이 없는 이유는 붕소와 질소의 전기 음성도 차이가 별로 없어서 층에서의 방향성이 더 약해지기 때문이다.

탄소에 대한 다른 유사체는 **보라존**(*borazon*)이라고 하는 고압과 고온에서 질화 붕소의 흑연 유사체가 다이아몬드 유사체로 변환된 것이다. 질화 붕소의 이 동소체는 경도 면에서는 다이아몬드와 비슷하지만, 고온에서의 화학적 안정성은 훨씬 더 우수하다. 그러므로 보라존은 연마제로서 다이아몬드보다 더 선호된다.

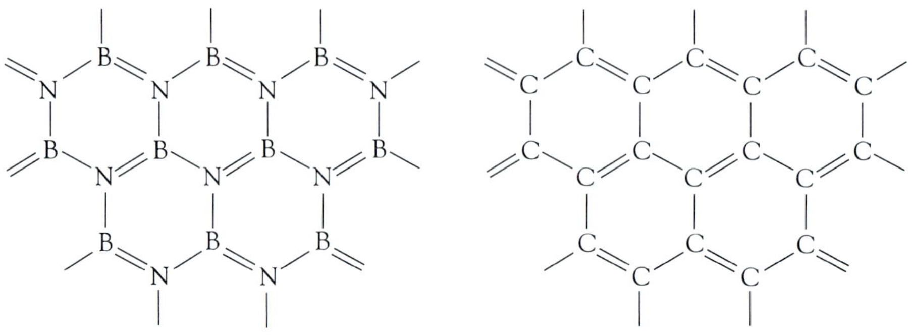

그림 9.5 질화 붕소와 흑연의 층상 구조

질화 붕소

흑연

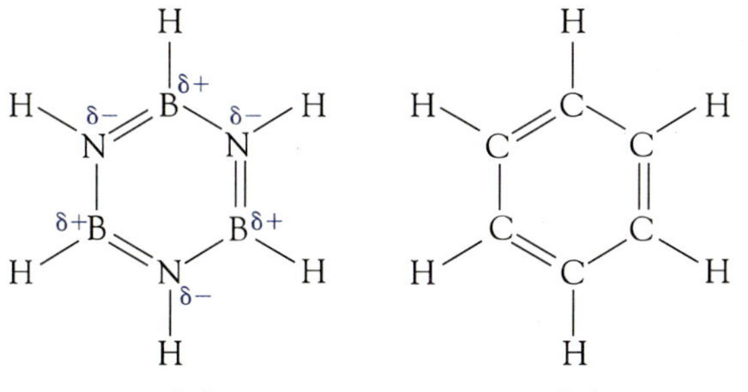

그림 9.6 보라진과 벤젠의 구조 비교

붕소-질소와 탄소 화합물 간의 또 다른 유사성이 존재한다. 다이보레인(diborane), B_2H_6와 암모니아를 반응시키면 벤젠, C_6H_6와 유사한 고리 분자, 보라진(borazine) $B_3N_3H_6$가 얻어진다.

$$3\ B_2H_6(g) + 6\ NH_3(g) \rightarrow 2\ B_3N_3H_6(l) + 12\ H_2(g)$$

보라진을 '무기 벤젠'이라고도 한다(그림 9.6). 이 화합물은 탄소 화합물의 다른 붕소-질소 유사체를 합성하는 데 사용되는 시약이지만, 아직까지 상업적인 용도는 없다. 상대적인 전기 음성도로부터 예측할 수 있는 것처럼, 붕소 원자는 약간의 양의 전하를 띠고, 질소 원자는 약간의 음의 전하를 띠게 됨을 유념해야 한다. 이러한 전하의 배당은 친전자성(전자를 좋아하는) 시약으로 작용할 때, 질소 원자에 결합되는 것이 선호된다는 사실을 확정한다.

끓는점, 밀도, 표면 장력은 비슷하지만, 붕소-질소 결합의 극성 때문에 벤젠보다는 방향성이 덜하게 된다. 그러므로 보라진은 동일한 원소로 이루어진 고리인 벤젠에서의 탄소 원자보다 화학적 반응성이 훨씬 더 크다. 예를 들면, 염화 수소가 보라진과 반응하면 염소 원자가 더 전기 양성인 붕소 원자에 결합된 $B_3N_3H_9Cl_3$가 된다.

$$B_3N_3H_6(l) + 3\ HCl(g) \rightarrow B_3N_3H_9Cl_3(s)$$

이 화합물을 테트라하이드로붕소산 소듐(sodium tetrahydroborate), $NaBH_4$로 환원시키면 사이클로헥세인, C_6H_{12}의 유사체인 $B_3N_3H_{12}$를 만들 수 있다. 사이클로헥세인처럼 $B_3N_3H_{12}$도 의자형 형태를 취한다. 다른 유사체는 그림 9.7*a*에 나타낸 폴리이미노-보레인인데 폴리아세틸렌(그림 9.7*b*)과 등전자이다.

등전자체인 암모니아 보레인, H_3NBH_3와 에테인, H_3CCH_3는 구조를 제외하고는 유사성이 거의 없다. 실온에서 에테인은 기체이지만 암모니아 보레인은 녹는점이 104°C인 고체이다. 이 차이는 붕소-질소 결합이 매우 극성인 성질을 갖기 때문에 이웃한 분자들과 강한 쌍극자-쌍극자 인력을 일으켜서 높은 녹는점을 갖게 되는 것으로 설명할 수 있다.

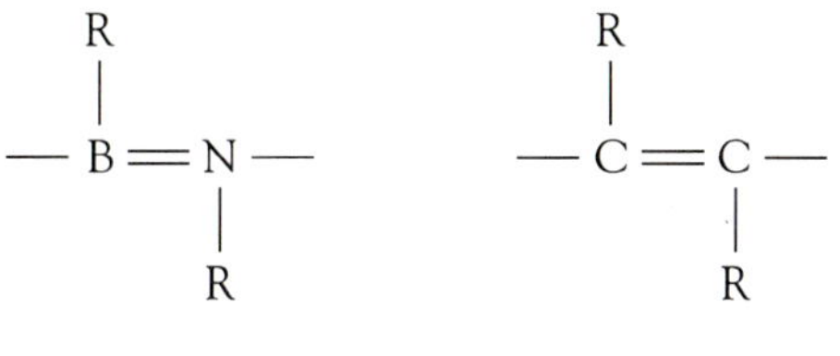

그림 9.7 (a) 폴리이미노보레인과 (b) 폴리아세틸렌의 반복 단위

'콤보' 원소와 반도체

'콤보' 원소 개념은 반도체를 설명할 때에도 중요하다. 재료 과학자들은 반도체 원소에 부합되는 등전자적 결합을 이용하면, 원하는 성질을 갖는 반도체를 만들 수 있음을 알게 되었다.

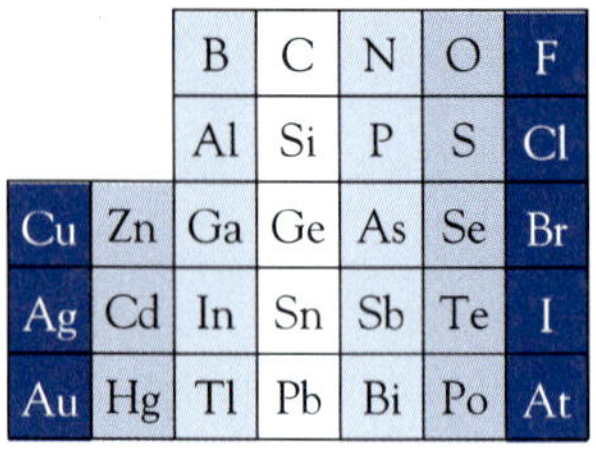

		B	C	N	O	F
		Al	Si	P	S	Cl
Cu	Zn	Ga	Ge	As	Se	Br
Ag	Cd	In	Sn	Sb	Te	I
Au	Hg	Tl	Pb	Bi	Po	At

그림 9.8 각각의 14족 원소의 쌍과 등전자 화합물을 만들 수 있는 원소들의 조합. 가능한 쌍은 같은 색의 음영으로 나타내었다.

이러한 관심 속에 특별히 초점을 맞추는 것이 저마늄을 중심으로 한 4주기 원소이다. 저마늄은 다이아몬드 구조를 취하는데, 이 구조는 섬아연광 구조와 같으며 (5.3절 참조), 황화 아연의 두 가지 쌓임 배열 중의 한 가지이지만, 모든 원자가 동일하기 때문에 격자에서 음이온과 양이온 자리를 모두 점유한다. 이와 같은 섬아연광 결정 구조를 갖는 화합물 ('콤보' 원소) 의 예는 비소화 갈륨, GaAs; 셀레늄화 아연, ZnSe; 브로민화 구리(I), CuBr이다. 이들 일상적인 '콤보' 예는 등전자적이지만, 두 원소가 같은 주기일 필요는 없다. 그러므로 더 일반적으로는 원자가 전자의 합이 8이 되어야 한다고 말할 수 있다. 이 전자 관련성은 Zintl **원리**(*Zintl principle*)로 알려져 있다. 그림 9.8은 이 계열의 Zintl 고체가 될 수 있는 원소들의 조합을 나타낸 것이다.

4.2절에서 금속의 경우 최고 점유 분자 오비탈(HOMO)와 최저 비점유 분자 오비탈(LUMO) 간의 겹침이 있음을 설명하였다. 금속 구조 전체에 걸쳐 전기 전도도가 나타나게 만드는 것은 바로 이 겹침이다. 부도체의 경우, 두 에너지 준위 간의 이 간격은 매우 크고, 반도체의 경우 이 간격은 전자가 더 높은 에너지 상태로 들뜰 수 있을 정도로 작다. 이러한 경향성은 Zintl(등전자) 고체의 부류를 사용하여 표 9.24에서 볼 수 있다.

순수한 공유 결합성인 Ge로부터 극성 공유 결합인 GaAs를 거쳐 이온성이 강한 ZnSe와 CuBr에 이르기까지 단위 세포의 길이가 실험 오차 범위 내에서 일정한 값을 갖는 현상을 명백하게 알 수 있다. 결합의 극성이 증가하면 고체의 전도도는 감소하게 된다. 그러므로 저마늄과 비소화 갈륨은 반도체이고, 셀레늄화 아연과 브로민화 구리(I)는 부도체이다.

하지만 이 간단한 계열에서는 과학적 호기심 이상으로 조사하여야 할 것이 있다. 오랜 기간 동안 표지등으로 사용되었고, 지금은 자동차 후미등과 에너지 절감용 가로등에 사용되고 있는 발광 다이오드(LED)는 이들 띠간격을 이용하는 것이다. 원하는 색을 얻기 위해서는 특정한 띠간격이 필요하다. 이 띠간격은 Zintl 고체의 한 원소에 대해 비율을 달리 하면서 다른 원소를 치환시키면 띠간격을 조절할 수 있다. 특히 유용한 계열은 $GaP_xAs_{(1-x)}$인데, 여기서 x는 0부터 1까지의 값을 갖는다. 인화 갈륨(gallium phosphide), GaP 자체의 띠간격은 222 $kJ \cdot mol^{-1}$이지만, 비소화 갈륨은 137 $kJ \cdot mol^{-1}$이다. 여기에 인을 가하면 조합에 따라 중간 영역의 여러 띠간격을 얻게 되는데, 예를 들면 $GaP_{0.5}As_{0.5}$는 약 200 $kJ \cdot mol^{-1}$의 띠간격을 갖는다.

가장 흥미로운 '콤보' 원소쌍은 규소의 유사체인 갈륨과 질소이다. 규소 주위에 있는 이 대각선 쌍은 이미 우리의 생활을 변화시키고 있는 반도체 재료를 제공한다. 질화 갈륨은 청색-보라색을 내는 LED에 사용될 수 있는 단단한 재료인데, 질화 인듐을 가하면

표 9.24 등전자 계열 고체들의 성질

고체	단위 세포 길이(pm)	전기 음성도 차이	에너지 차이($kJ \cdot mol^{-1}$)
Ge	566	0.0	64
GaAs	565	0.4	137
ZnSe	567	0.8	261
CuBr	569	0.9	281

초록색을 낸다. 초록색을 내기 위해 GaN/InN을 사용할 수 있게 되면, 전 세계의 교통신호등은 통상 사용되는 전구 대신 LED를 사용하게 될 것이므로, 엄청난 에너지를 절약할 수 있게 된다. GaN LED의 강렬한 푸른색은 먼 거리에서도 버스의 도착을 알아볼 수 있기 때문에 캐나다의 Toronto 등과 같은 도시의 시내버스의 전면에 사용된다.

9.10 생물학적 특성

이 장에서는 주기율표의 양상을 살펴보았다. 그러므로 생물학적 활용의 예는 이러한 양상과 관련짓는다. 여기서는 스트론튬과 칼슘의 족 관계 중요성을 알아본다.

스트론튬

뼈와 이는 hydroxyapatite, $Ca_5(PO_4)_3(OH)$의 결정과 섬유 단백질인 콜라젠으로 이루어져 있다. 자연이 hydroxyapatite를 생물의 구조 재료로 선택하는지에 대한 두 가지 이유는, 인산 칼슘의 불용성과 칼슘 이온이 갖는 고도의 효용성이다. 스트론튬이 칼슘보다 100배나 더 작게 존재하지만 않았다면 자연은 칼슘 대신 스트론튬을 사용했을 것이다.

핵무기를 처음 시험할 때 위험은 국지적이고 그다지 심각하지 않을 것으로 생각되었다. 1951년 네바다의 대기 중 시험은 이러한 관점을 변화시켰다. 붕괴 생성물 중의 하나는 스트론튬-90이었고, 예상대로 칼슘 이온을 치환하였다. 실제로 스트론튬은 칼슘보다 더 잘 흡수된다. 스트론튬-90은 방사성이 높은 동위원소이기 때문에(반감기 29년) 골수 환자에게 면역 기능을 일으키는 세포의 재생을 위하여 쬐여준다. 유아의 치아는 스트론튬-90 준위를 측정하는 편리한 방법이다. 왜냐하면 자연적으로 이갈이를 하기 때문에 아동기에 걸쳐 스트론튬-90 준위를 측정할 수 있게 해 준다. 스트론튬-90의 천연 제공원은 존재하지 않는다. St. Louis에서 유아의 치아에 대한 스트론튬-90을 측정하였는데, 준위는 핵 무기의 대기 중 시험이 중지된 1964년까지 꾸준히 증가하고 있었다. 어린이는 뼈의 성장이 빠르기 때문에 쉽게 스트론튬-90을 흡수하고 스트론튬-90 준위는 유아 백혈병 발병율의 증가와 관련이 있었다.

대기 중의 핵실험은 오래 전에 중지되었지만 미국의 어떤 지역에서는 핵발전소로부터의 방사능 방출과 아동 백혈병(그리고 다른 방사선 관련 질병) 간에는 연관이 있을 수도 있다는 연구 결과가 나왔다. 그러므로 이 위험한 동위원소에 관한 관심은 여전히 존재한다.

방사성 스트론튬-85는 극단적인 골수암 때문에 생기는 뼈의 극단적인 통증을 치료하는 데 사용된다. 스트론튬의 다른 동위원소와 마찬가지로 방사성이 높은 스트론튬-85도 환자의 뼈에 축적되기 때문에, 이 동위원소를 쬐여주면 극심한 통증을 일으키는 주위의 신경을 특성적으로 죽인다.

핵심개념

- 족의 경향성은 주기율표의 왼쪽과 오른쪽 끝에서 특히 체계적이다.
- 주기적 경향성은 결합 형태를 이온성으로부터 그물구조형 공유결합을 거쳐 작은 분자 공유 결합으로 변하는 양상을 보여 준다.
- (n)과 $(n + 10)$ 원소의 많은 쌍 간에는 가장 높은 산화 상태에서의 유사성이 존재한다.
- 주기율표의 왼쪽 위에 있는 원소들에 대해서는 대각선 관계가 존재한다.
- 주기율표의 오른쪽 아래에 위치하는 몇 가지 원소들은 '기사의 이동' 관계에 의해 연관된다.

연습문제

9.1 다음을 설명하시오.
(a) Zintl 원리 (b) 대각선 관계

9.2 다음을 설명하시오.
(a) '기사의 이동' 관계 (b) (*n*)족과 (*n* + 10)족의 유사성

9.3 백반의 일반적인 성질은 무엇인가?

9.4 다음에 대한 녹는점의 경향성을 설명하시오. (a) 2족 원소 (b) 17족 원소 (c) 14족 원소

9.5 4주기 주족 금속의 플루오린화물에 대한 화학식을 쓰시오. 각각의 결합 형태를 제시하시오.

9.6 4주기 주족 금속의 수소화물에 대한 화학식을 쓰시오. 각각의 결합 형태를 제시하시오.

9.7 수소화 칼슘을 녹이고 전기 분해시킬 때 (a) 음극과 (b) 양극의 생성물을 예측하시오.

9.8 다음의 화학적 성질을 비교하시오. (a) 망가니즈(VII)와 염소(VII) (b) 은(I)과 루비듐

9.9 2주기 금속 산화물의 녹는점 경향성은 다음과 같다. MgO, 2800°C; CaO, 1728°C; SrO, 1635°C; BaO, 1475°C. 이 경향성에 대한 이유를 제시하시오.

9.10 다음의 붕소-질소 '콤보' 유사체의 구조를 그리시오. (a) 나프탈렌, $C_{10}H_8$ (b) 바이페닐, $C_{12}H_{10}$

9.11 수산화 알루미늄과 등구조적인 금속 수산화물은 어떤 것인가?

9.12 물과 액체 사염화 규소 및 염화 타이타늄(IV) 간의 반응에 대한 화학 반응식을 쓰시오.

9.13 물과 고체 삼산화 황 및 산화 크로뮴(VI) 간의 반응에 대한 화학 반응식을 쓰시오.

9.14 염소와 망가니즈의 가장 높은 산화 상태에 있는 산화물의 화학식은 무엇인가? 이 두 원소의 다른 산화물도 화학식이 서로 유사한가?

9.15 (a) 산화 알루미늄과 산화 스칸듐의 화학식을 쓰시오.
(b) 가장 높은 산화 상태에 있는 인과 바나듐의 산소산 음이온의 화학식을 쓰시오.

9.16 알루미늄이 13족 대신 3족 원소로 간주될 수 있는 이유를 간단히 설명하시오.

9.17 질산 타이타늄(IV)은 동일한 결정 구조 등을 포함한 많은 성질이 다른 족의 금속과 유사하다. 이 금속의 본질을 설명하시오.

9.18 인은 화학식이 $POCl_3$인 옥시염화물을 형성한다. 이것과 화학식이 부합되는 옥시염화물을 형성할 수 있는 전이 금속은 어떤 것인가?

9.19 표 9.4에서 네온의 녹는점은 질소, 산소, 또는 플루오린보다 상당히 더 낮다. 그 이유를 설명하시오.

9.20 스칸듐의 원천 중의 하나는 스테라이트 광석, $ScPO_4 \cdot 2H_2O$이다. 이 광석은 어떤 주족 금속의 광석과 등구조적이다. 이 주족 금속 광석에 대한 화학식을 쓰시오.

9.21 유로퓸 원소의 경우 +2인 산화 상태가 나타나게 되는 이유를 오비탈 점유를 사용하여 설명하시오.

9.22 세륨 원소의 경우 +4인 산화 상태가 나타나게 되는 이유를 오비탈 점유를 사용하여 설명하시오.

9.23 '기사의 이동' 관계는 두 원소가 같은 산화 상태에 있을 때 존재한다. (a) 구리와 인듐 (b) 카드뮴과 납은 어떤 산화 상태를 공유하는가?

9.24 '기사의 이동' 관계는 두 원소가 같은 산화 상태에 있을 때 존재한다. (a) 인듐과 비스무트 (b) 아연과 주석은 어떤 산화 상태를 공유하는가?

9.25 브로민화 은은 430°C에서 녹는다. 비슷한 녹는점을 가질 것으로 예상되는 브로민화물은 어떤 것들이 있는가? 표의 자료를 참조하여 답하시오.

9.26 시보귬(Sg)이 형성할 수 있는 두 가지 산소산 음이온의 화학식을 쓰시오.

9.27 탄소와 질소는 사이안화 이온 $(C{\equiv}N)^-$를 형성한다. 다음의 경우 상응하는 등전자종의 화학식을 쓰시오. (a) 탄소와 산소, (b) 탄소와 탄소

9.28 소듐은 알칼리 금속들 중에서 유일하게 이산화물(2−) Na_2O_2가 가장 안정한 산화물이다. 표 9.20을 이용하여 안정한 이산화물(2−) 화합물을 형성할 수 있는 알칼리 토금속을 예측하시오.

9.29 란타넘족의 인산염 광석인 모나자이트, MPO_4도 약 3%의 3족 금속 이온을 포함하고 있다. 이 이온이 어떤 것인지 확인하시오.

응용문제

9.30 실레인, SiH_4와 산소 분자 간의 반응에 대한 화학 반응식을 쓰시오.

9.31 실레인, SiH_4가 양의 생성 자유 에너지를 가지는 경우에도 존재할 수 있는 이유를 설명하시오.

9.32 마그네슘과 아연은 (*n*)과 (*n* + 10) 관계 때문에 비슷한 화학적 성질을 갖는다. 이들은 3족에서 10족까지의 진짜 전이 금속을 제거하면 다른 방법으로 연관시킬 수 있다. 이들의 관계를 고려할 수 있는 다른 방법은 무엇인가?

9.33 마그네슘 이온이나 아연 이온을 포함하는 용액에 대하여 양이온을 확인하기 위해 사용할 수 있는 반응을 제시하시오.

9.34 습도/밀도 게이지는 건축회사에서 건물을 짓고 있는 토양의 성질을 결정하기 위해 사용된다. 이 게이지는 두 가지 방사성원, 세슘-137과 아메리슘-241을 사용하여 작동한다. 암시장에서는 이들에 대한 수요가 많기 때문에 미국에서는 많은 양이 도둑맞고 있다. 도둑이 방사성 물질임을 알게 되면 버리거나 부숴버리기도 한다. 세슘-137이 특별히 더 위험할 수도 있는 이유를 설명하시오.

9.35 화합물, $Zn_x[P_{12}N_{24}]Cl_2$는 빙소다석, $Na_8[Al_6Si_6O_{24}]Cl_2$와 비슷한 결정 구조를 갖는다. 알루미노규소산 이온과 포스포노나이트라이드 이온의 원자가 전자의 총수는 같다.
(a) 포스포노나이트라이드 이온의 전하를 계산하시오.
(b) 포스포노나이트라이드화 아연에서 아연 이온의 수 x를 계산하시오.

9.36 아이오딘의 최대 플루오린화물에 대한 화학식을 예측하시오. 이 화합물이 존재할 것인지를 조사하시오. 염소의 최대 플루오린화물과 원자비가 다른 이유를 설명하시오.

9.37 표 9.8에 있는 각각의 플루오린화물에 대한 다른 원소의 산화수를 계산하고, 이 산화수에서 나타나는 양상을 확인하시오.

9.38 표 9.9에 있는 각각의 수소화물에 대한 다른 원소의 산화수를 계산하고 이 산화수에서 나타나는 양상을 확인하시오.

9.39 8족에서 아래로 내려갈수록 나타나는 최대 산화물의 화학식을 조사하시오. 각각의 경우에 대한 산화수를 계산하시오. 가장 높은 값에 대한 이유를 설명하시오.

9.40 아래의 22/16-전자 등전자 화학종 계열의 행렬에서 몇 가지 알려진 화학종들을 의도적으로 생략하고, 그 칸을 X로 표기하였다. 생략된 화학종들의 화학식을 쓰시오.

	2족	**13족**	**14족**	**15족**	**16족**	**17족**
14족		BC_2^{5-}	X	C_2N^-		
15족		X	X	X	N_2O	N_2F^+
16족	BeO_2^{2-}	X	CO_2	NO_2^+		
17족	X					

9.41 다음의 선형 삼원자 22/16-전자 등전자 계열의 행렬에서 몇 가지 알려진 화학종들을 의도적으로 생략하고 그 칸을 X로 표기하였다. 생략된 화학종들의 화학식을 쓰시오.

	15족	**16족**	**17족**
15족	CN_2^{2-}	X	FCN
16족	X	CO_2	X

수소

10장

주기율표에는 어느 족에도 속하지 않는 단 하나의 원소가 있는데, 바로 수소이다. 이 원소의 화학적 성질은 독특하다. 더군다나 수소의 세 가지 동위원소는 몰질량의 차이가 크기 때문에 동위원소들의 물리적, 화학적 성질은 측정할 수 있을 정도로 큰 차이가 난다.

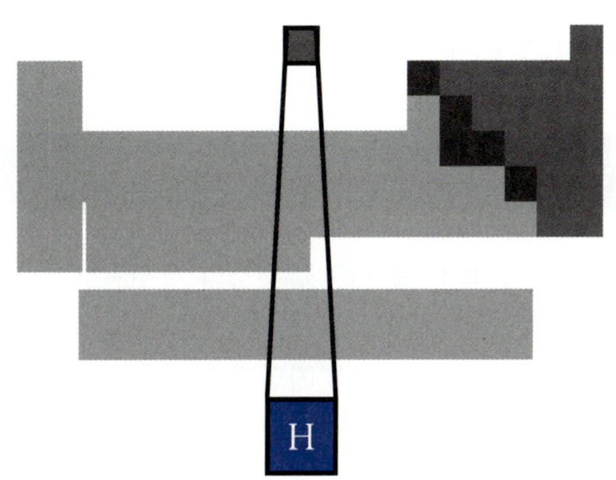

컨텍스트: 수소 결합–실질적인 '특별한 시약'

생명체가 존재하는 것은 수소의 두 가지 특별한 성질에 좌우되는데, 그것은 탄소와 수소의 전기 음성도가 비슷하고, 수소가 공유 결합을 하고 있는 질소나 산소와 수소 결합을 형성할 수 있다는 것이다. 탄소-수소의 결합의 낮은 극성은 유기 화합물이 안정하게 존재할 수 있게 해 준다. 생물학적인 과정 역시 극성과 비극성의 표면 모두에 좌우되는데, 후자의 좋은 예가 지방질이다. 생체 분자의 비극성 부분은 대개 탄소와 수소만을 포함하는데, 이 부분도 극성인 부분 못지않게 중요하다.

수소 결합은 생체 분자에서 극히 중요한 역할을 한다. 단백질은 사슬들 간의 수소 결합에 의한 교차 결합에 의해 모양이 유지된다. 유전자인 DNA와 RNA의 가닥들도 수소 결합으로 서로 붙어 있다. 뿐만 아니라 이중 나선 구조에 있는 수소 결합은 무작위로 있는 것이 아니라, 유기 염기의 특정한 쌍 사이에서 형성된다. 이들 쌍은 수소 결합 형성을 선호하는데, 그 이유는 이들 두 성분이 수소 결합에 참여하는 수소가 가까이 접근할 수 있도록 해 주기 때문이다. 두 특정한 염기 단위인 타이민(thymine)과 아데닌(adenine) 간의 상호작용에 대한 이러한 결합의 예를 다음 그림에 나타내었다. DNA와 RNA 사슬의

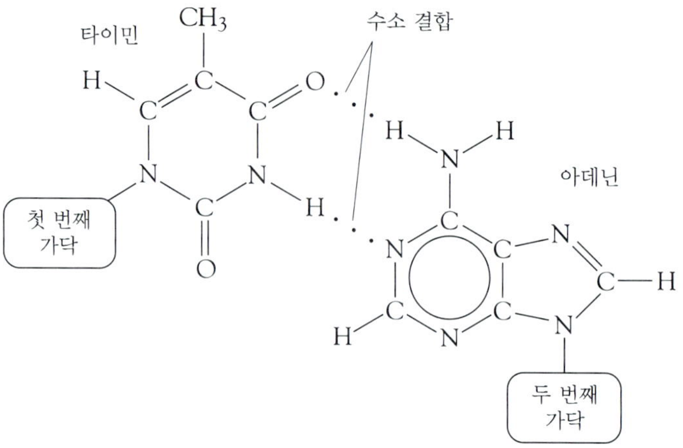

DNA 분자에서 두 가닥의 타이민과 아데닌 간의 수소 결합

성분이 정확한 서열을 갖게 만들고, 이들 분자를 오차가 거의 없이 완전한 복제를 하게 해 주는 것은 바로 이 특정한 짝에 의한 것이다.

10.1 수소의 동위원소

수소의 동위원소는 화학에서 특히 중요하다. 수소의 동위원소 사이에는 상대적인 질량 차이가 크기 때문에 물리적 성질이 상당히 차이가 나며, 물리적 성질보다는 정도가 적지만 화학적 행동에 있어서도 차이를 보인다. 자연계에 존재하는 수소는 세 가지 동위원소, 즉 중성자를 갖지 않는 프로튬(protium) 또는 보통 수소(존재비 99.985%), 한 개의 중성자를 갖는 중수소(deuterium, 존재비 0.015%), 그리고 두 개의 중성자를 가지며 방사성이 있는 삼중수소(tritium, 존재비 10^{-15}%)를 포함하고 있다. 수소의 동위원소는 특별한 기호를 사용하여 나타내는 유일한 동위원소인데, 보통 수소는 H, 중수소는 D, 삼중수소는 T로 나타낸다. 동위원소의 몰질량이 증가함에 따라 끓는점과 결합 에너지는 모두 상당히 증가한다(표 10.1).

중수소

중수소와 삼중수소의 다른 원소와의 결합도 역시 보통의 수소보다 더 강하다. 예를 들면, 물이 전기 분해되어 수소와 산소의 기체로 될 때 O−D보다는 O−H 결합이 더 쉽게 끊어진다. 그 결과 남아 있는 액체는 더 높은 비율의 중수, 즉 산화 중수소를 포함하게 된다. 물 30 L가 전기 분해되어 1 mL의 부피가 될 때, 약 99%의 순수한 산화 중수소가 남는다. 보통의 물과 중수, D_2O는 모든 물리적 성질에서 차이를 나타낸다. 예를 들면, 중수는 3.8°C에서 녹고, 101.4°C에서 끓는다. 모든 온도에서 중수의 밀도는 보통의 물보다

표 10.1 수소의 동위원소의 물리적 성질

동위원소	몰질량(g · mol^{-1})	끓는점(K)	결합 에너지(kJ · mol^{-1})
H_2	2.02	20.6	436
D_2	4.03	23.9	443
T_2	6.03	25.2	447

약 10% 정도 더 크다. 따라서 0°C에서 중수의 얼음 덩어리는 보통의 물에서는 가라앉는다. 산화 중수소는 용매로 널리 사용되는데, 이 경우 수용액에서 용매인 물 분자의 방해를 받지 않고 용질 분자에 있는 수소 원자를 조사할 수 있다. 수소 원자를 포함하는 반응 경로도 중수소-치환 화합물을 사용하여 조사할 수 있다.

삼중수소

삼중수소는 반감기가 약 12년인 방사성 동위원소이다. 반감기가 짧기 때문에 자연계에 남아있지 않을 것으로 기대되지만, 실제로는 성층권에 있는 원자에 우주선이 충돌하면서 계속 생겨나기 때문에 삼중수소의 양은 일정하게 유지된다. 삼중수소의 생성 반응 중 한 가지는 질소 원자와 중성자 간의 충돌로 인한 것이다.

$$^{14}_{7}N + ^{1}_{0}n \rightarrow ^{12}_{6}C + ^{3}_{1}T$$

이 동위원소는 헬륨의 드문 동위원소인 헬륨-3으로 붕괴된다.

$$^{3}_{1}T \rightarrow ^{3}_{2}He + ^{\ 0}_{-1}e$$

삼중수소는 중요한 용도를 가지고 있다. 즉, 추적 기능을 가지고 있기 때문에 의료용으로 사용된다. 방사선 붕괴 과정에서 이 동위원소는 유해한 γ선 대신 에너지가 낮은 전자(β선)를 방출한다. 이 전자는 계수기를 사용하여 추적할 수 있으며, 조직에 주는 손상을 최소로 할 수 있다. 삼중수소의 가장 중요한 소비자는 수소(정확하게는 삼중수소) 폭탄을 가지고 있는 나라의 군대이다. 물에 있는 미량의 삼중수소를 추출하려면 엄청난 양의 물이 필요하다. 그러나 원자로에서 리튬-6을 중성자로 충돌시키면 더 쉽게 삼중수소를 만들 수 있다.

$$^{6}_{3}Li + ^{1}_{0}n \rightarrow ^{4}_{2}He + ^{3}_{1}T$$

네 개의 다른 수소의 동위원소가 합성되었다. 수소-4, 수소-5, 수소-6, 수소-7. 각각은 약 10^{-22} s의 반감기를 갖는다.

삼중수소의 짧은 반감기가 핵무기를 연구하는 과학자들에게 문제가 되는데, 그것은 시간이 지나면서 핵탄두에 있는 삼중수소의 함량이 줄어들어 핵융합에 필요한 임계 질량 이하로 되기 때문이다. 따라서 수소 폭탄을 계속 사용할 수 있는 상태로 유지하려면 주기적으로 탄두를 교체해 주어야 한다.

화학에서의 동위원소

원소들의 화학을 다루면서 화학 반응에 미치는 동위원소 효과에 대해서는 거의 언급하지 않았지만, 이 효과는 상당히 중요하며, 특히 동위원소의 질량 차이가 큰 수소의 경우는 더욱 중요하다. 동위원소의 질량 차이가 큰 경우에는 반응 속도와 평형의 위치에 영향을 미칠 수 있다.

Bigeleisen-Mayer 공식을 이용하면 동위원소들의 역할을 더 잘 이해할 수 있다. 이 관계식에서는 더 가벼운 동위원소와의 결합이 보다 무거운 동위원소와의 결합보다 더 잘 깨어짐을 보여 주고 있다. 그러므로 어떤 원소의 무거운 동위원소는 더 강하게 결합된 화학종을 형성하게 될 것이다. 예를 들면, 황의 무거운 동위원소인 황-34는 자연계에서

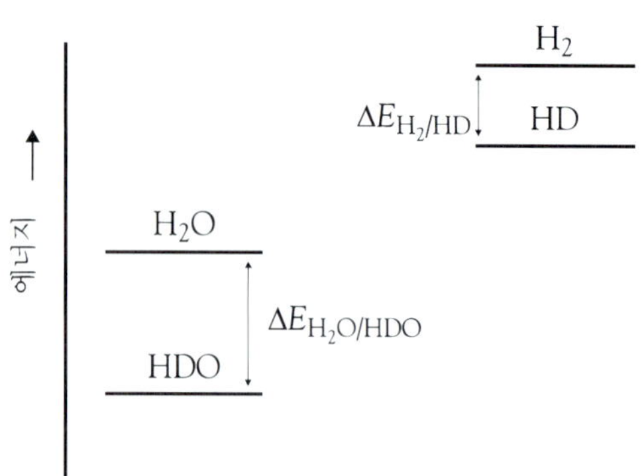

그림 10.1 수소와 중수소 동위원소에 대한 수소 기체–물 평형에 관한 상대적인 에너지 도표

황화 이온보다 황산 이온(황이 네 개의 산소 원자와 강한 공유 결합을 하고 있다)으로 약간 더 많이 존재한다. 화학 평형을 이용하면 동위원소들을 분리할 수 있다. 화학 반응에서의 동위원소 효과에 대한 좋은 예는 다음 반응이다.

$$HD(g) + H_2O(l) \rightleftharpoons H_2(g) + HDO(g)$$

그림 10.1은 위 반응의 4가지 화학종에 대한 에너지를 도시한 것이다. 이 그림을 보면 중수소는 수소보다 산소와 상당히 더 강한 결합을 형성함을 알 수 있다. 그러므로 이 반응에서는 HDO/H_2 조합에 대한 에너지 선호도가 존재한다. 즉, 이 반응의 평형은 오른쪽으로 치우쳐 있고, 물은 중수소 함량이 높다. 이러한 평형을 반복시키면 순수한 D_2O를 만들 수 있다.

10.2 핵자기 공명

분자 구조를 연구하는 가장 유용한 방법 중 하나는 핵자기 공명(NMR)이다. 이 기법은 핵의 스핀을 이용한다. 2.3절에서 논의한 바와 같이 양성자, 중성자는 $\pm\frac{1}{2}$의 스핀을 갖는다. 원자에서 핵자는 네 가지의 가능한 조합을 갖는다. 즉, 양성자와 중성자수가 모두 짝수인 경우와 홀수의 양성자와 짝수의 중성자, 짝수의 양성자와 홀수의 중성자, 그리고 양성자와 중성자수가 모두 홀수인 경우이다. 이 중에서 첫 번째 조합을 제외한 나머지 세 조합이 짝짓지 않는 핵자를 갖는다. 이러한 조건을 만족하는 핵의 수는 많지만, 스핀 짝지음이 핵의 안정도를 결정하는 주된 요인이기 때문에, 양성자와 중성자수가 모두 홀수인 핵은 273개의 핵 중에서 4개에 불과하다.

짝짓지 않는 핵자는 $+\frac{1}{2}$ 혹은 $-\frac{1}{2}$의 스핀을 가질 수 있으며, 각 스핀 상태는 같은 에너지를 갖는다. 그러나 자기장 속에서 스핀은 자기장에 평행한 방향 또는 반대 방향의 두 가지 상태로만 배향될 수 있고, 이 중에서 자기장에 평행한 배열이 더 낮은 에너지를 갖는다. 이 두 에너지 준위 간의 갈라짐(에너지 차이)은 매우 작고, 전자기 스펙트럼의 라디오파 영역에 속한다. 짝짓지 않는 핵자를 갖는 시료에 라디오파를 쬐어주고, 라디오파의 주파수를 갈라진 에너지 준위에 일치하도록 조절해 주면, 짝짓지 않는 핵자를 갖는 시료의 스핀이 걸어 준 자기장의 반대 방향으로 바뀌면서 전자기파를 흡수하여 더 높은 에너지 준위로 들뜨게 된다. 15,000 gauss의 자기장에서 고립된 양성자는 63.9 MHz(또는 $6.39 \times 10^7\ s^{-1}$)에서 흡수를 일으킨다.

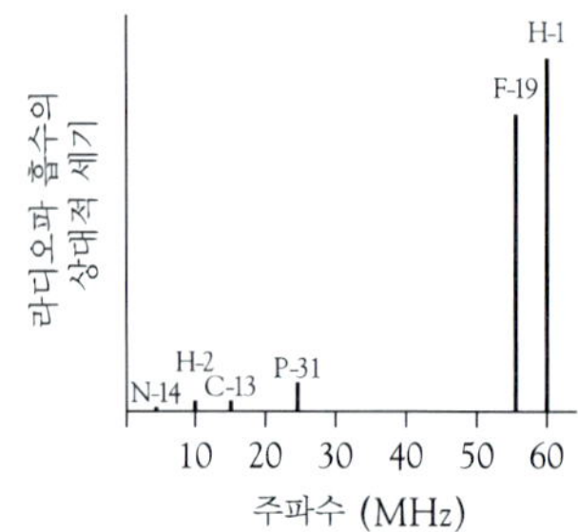

그림 10.2 14,000 gauss의 자기장에서 몇 가지 동위원소에 의한 특성적인 흡수의 상대적인 세기

흡수의 상대적인 세기는 핵의 성질에 크게 좌우된다. 수소-1은 모든 핵 중에서 가장 큰 흡수를 일으킨다(그림 10.2 참조). 이것은 참으로 다행스러운 일인데, 수소는 우주에

가장 많이 존재하는 원소이므로 연구에 쉽게 적용할 수 있기 때문이다. 이 기법이 발견된 이후 오늘날에 이르기까지, 수소는 이 방법에 의해서 가장 많이 연구되는 원소이다.

이 정도가 NMR로 할 수 있는 전부라면 이 방법이 특히 유용한 기법이라 할 수 없을 것이다. 그러나 핵 주위의 전자는 핵이 느끼는 실제 자기장에 영향을 준다. 자석에 의해 걸어 준 자기장이 특정한 환경에 따라 달라지기 때문에, 화학종에 따라 특정한 에너지 준위의 갈라짐과 전자기파의 흡수가 나타나게 된다. 그러므로 흡수 진동수는 원자의 환경을 반영한다. 흡수 진동수의 차이(화학적 이동 또는 간단히 이동이라고 한다)는 신호 자체의 약 10^{-6} 정도로 작다. 따라서 이동 정도는 ppm(백만분의 일) 단위로 나타낸다. 또한 전이 준위들 간의 갈라짐은 이웃하는 홀수의 스핀을 갖는 핵과의 상호작용에 의해서 일어난다. 따라서 NMR을 사용하면 원자의 상대적인 위치를 결정할 수 있다. 이 기법은 화합물의 확인이나 분자 내의 전자 분포에 관한 연구가 가능해지기 때문에 화학자, 특히 유기 화학자에게 큰 도움이 된다. 이 기법은 자기 공명 영상(MRI)이라는 이름으로 의학 분야에서도 광범위하게 사용되고 있다.

10.3 수소의 성질

앞에서 언급한 것처럼 수소는 주기율표의 어느 족에도 속하지 않는 독특한 원소이다. 어떤 주기율표에서는 수소를 알칼리 금속으로 분류하기도 하고, 할로젠에 포함시키기도 하며, 또 어떤 것은 이 두 가지 모두에 포함시키기도 하지만, 몇 가지에서는 수소 자체를 족으로 분류한다. 수소를 1족이나 17족에 놓을 수 있는 이유와 그렇게 하면 안 되는 이유를 표 10.2에 요약하였다. 이 책에서는 주기율표에서 수소를 그 자신의 족으로 분류할 것이며, 따라서 이 원소의 독특한 성질을 강조할 것이다. 전기 음성도가 알칼리 금속보다는 높고 할로젠보다는 낮기 때문에, 수소를 이 두 족의 중간에 놓는 것도 일리가 있다.

수소 기체의 반응

수소 분자는 −253°C에서 액화되고, −259°C에서 고체화되는 무색 무취의 기체이다. 수소 기체는 H−H 공유 결합 에너지($436\ kJ \cdot mol^{-1}$)가 크기 때문에 반응성이 그다지 크지 않다. 그러나 수소 기체는 산소 기체와는 반응한다. 수소와 산소 기체를 혼합하여 점화시키면 반응이 폭발적으로 일어난다.

$$2\,H_2(g) + O_2(g) \rightarrow 2\,H_2O(g)$$

표 10.2 수소를 1족 또는 17족에 놓는 이유와 그렇지 못하는 이유

	일치하는 성질	어긋나는 성질
알칼리 금속	일가 양이온, $H^+(H_3O^+)$를 형성한다.	금속이 아니다.
	1개의 s 전자를 갖는다.	물과 반응하지 않는다.
할로젠	비금속이다.	일가 음이온, H^-를 형성하는 경우가 드물다.
	이원자 분자를 형성한다.	반응성이 상당히 낮다.

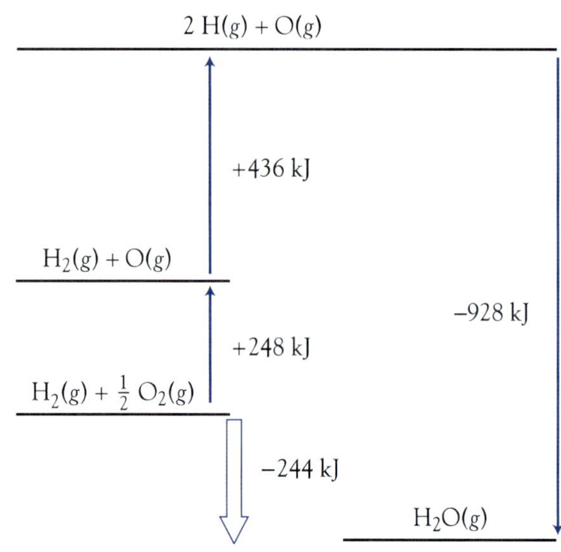

그림 10.3 물의 생성에 대한 이론적인 엔탈피 순환

이 반응은 3몰의 기체 반응물이 2몰의 기체 생성물로 되기 때문에 엔트로피가 감소하므로 엔탈피 효과에 의해서 일어나는 반응이다(6.1절 참조). 결합 에너지를 합하면 이 반응은 강한 O−H 결합($464\ kJ \cdot mol^{-1}$) 때문에 열역학적으로 선호됨을 알 수 있다(그림 10.3).

수소 분자는 할로젠과 반응하며 반응 속도는 족의 아래로 내려가면서 감소한다. 수소와 플루오린의 반응은 폭발적이며, 생성물은 플루오린화 수소이다.

$$H_2(g) + F_2(g) \rightarrow 2\,HF(g)$$

촉매를 사용하지 않으면 수소와 질소 분자 간의 반응은 매우 느리다(이 반응은 15.5절에서 더 자세히 다룰 것이다).

$$3\,H_2(g) + N_2(g) \rightleftharpoons 2\,NH_3(g)$$

고온에서 수소 분자는 많은 금속 산화물을 금속 원소로 환원시킨다. 따라서 산화 구리(II)는 구리 금속으로 환원된다.

$$CuO(s) + H_2(g) \xrightarrow{\Delta} Cu(s) + H_2O(g)$$

촉매(보통 팔라듐이나 백금 가루) 존재하에서, 수소 분자는 탄소-탄소 이중 결합과 삼중 결합을 단일 결합으로 환원시킨다. 예를 들어 에텐(ethene), C_2H_4는 에테인(ethane), C_2H_6으로 환원된다.

$$H_2C{=}CH_2(g) + H_2(g) \rightarrow H_3C{-}CH_3(g)$$

이와 같은 수소 분자에 의한 환원은 수많은 탄소-탄소 이중 결합을 갖는 불포화 액체 지방(식용유)을, 포화 또는 탄소-탄소 이중 결합이 더 적은 부분적으로 포화된 고체 지방(마가린)으로 만들 때 사용된다.

수소 분자의 제법

실험실에서 수소 기체는 많은 금속에 묽은 산을 가하여 만들 수 있다. 특히 편리한 반응이 아연과 묽은 염산 간의 반응이다.

$$Zn(s) + 2\,HCl(aq) \rightarrow ZnCl_2(aq) + H_2(g)$$

공업적인 합성 방법으로는 몇 가지 다른 반응들이 있다. 그중 하나가 **수증기 개질 공정**(*steam reforming process*)이다. 이 공정의 첫 번째 단계는 고온에서 천연 가스(메테인)와 증기가 흡열 반응을 일으켜서 일산화 탄소와 수소 기체로 되는 것이다. 이 두 가지 생성물은 서로 분리하기가 어려운데, 그 이유는 혼합 기체를 일산화 탄소가 응축되는 −205°C 이하로 냉각시켜야 하기 때문이다. 이러한 문제를 해결하고 수소 기체의 수득률을 높이기 위하여, 혼합 기체를 냉각시키고 수증기를 추가로 주입한 다음, 이 혼합물을 다른 촉매 시스템 위로 통과시킨다. 이러한 조건에서 일산화 탄소는 발열 과정을 통해 이산화 탄소로 산화되고, 첨가된 물은 수소로 환원된다.

$$CH_4(g) + H_2O(g) \xrightarrow{Ni/500°C} CO(g) + 3\,H_2(g)$$
$$CO(g) + H_2O(g) \xrightarrow{\Delta} CO_2(g) + H_2(g)$$

이산화 탄소와 수소는 여러 방법으로 분리할 수 있다. 한 가지 방법은 응축 온도가 수소(−253 °C)보다 높은 이산화 탄소의 응축 온도(−78°C) 이하로 생성물을 냉각시키는 것이다. 그러나 이 과정은 용량이 큰 냉각 장치를 필요로 한다. 다른 방법은 기체 혼합물을 탄산 포타슘 용액에 통과시키는 과정을 포함하는 것이다. 중성 산화물인 일산화 탄소와는 달리 이산화 탄소는 산성 산화물이다. 이산화 탄소는 탄산 이온 및 물과 반응하여 2몰의 탄산 수소 이온으로 된다. 나중에 탄산 수소 포타슘 용액은 따로 분리하여 가열하면 다시 탄산 포타슘으로 된다. 순수한 이산화 탄소 기체는 수집되거나 가압될 수 있다.

$$K_2CO_3(aq) + CO_2(g) + H_2O(l) \rightarrow 2\,KHCO_3(aq)$$

열화학 공정으로 얻은 수소 기체의 순도는 일반적 용도로 사용하기에 충분하다. 그러나 매우 순도가 좋은 수소(99.9% 이상)는 수산화 소듐 또는 수산화 포타슘 용액을 전기분해하는 전기 화학적 방법을 통하여 얻는다. 다음 반응에 의해 양극에서는 산소가, 음극에서는 수소가 발생한다.

음극 : $2\,H_2O(l) + 2\,e^- \rightarrow 2\,OH^-(aq) + H_2(g)$

양극 : $3\,H_2O(l) \rightarrow 2\,H_3O^+(aq) + \frac{1}{2}O_2(g) + 2\,e^-$

예제 10.1

부록 3의 데이터를 이용하여 수소와 플루오린 간의 반응이 수소와 염소 간의 반응보다 더 발열 반응인 이유를 설명하시오.

해답

두 가지 화학 반응은 다음과 같다.

$$H_2(g) + F_2(g) \rightarrow 2\,HF(g)$$
$$H_2(g) + Cl_2(g) \rightarrow 2\,HCl(g)$$

결합 에너지 데이터에 따르면, F−F 결합(155 kJ · mol^{-1})은 Cl−Cl 결합(240 kJ · mol^{-1})보다 더 약하다. 반응식의 생성물 쪽에서는 H−F 결합(565 kJ · mol^{-1})이 H−Cl 결합(428 kJ · mol^{-1})보다 더 강하다.

따라서 두 가지 요인 때문에 첫 번째 반응이 더 발열 반응이 된다. 즉, 플루오린 분자의 해리는 염소 분자의 해리보다 에너지가 덜 필요하다. 생성물 쪽에서는 수소-플루오린 결합의 생성이 수소-염소 결합의 생성보다 더 많은 에너지를 방출한다.

10.4 삼수소 이온

우리는 지구 표면의 조건인 100 kPa, 25°C에서 일어나는 화학 반응을 주로 다루고 있다. 그러나 우주의 다른 부분에서는 안정한 화학종이 아주 다를 수도 있다. 가장 흥미로운 것 중의 하나는 삼수소 양이온, H_3^+이다. 이 이온은 항성 간 매질(Interstellar Medium, ISM) 전체에 존재하며, 항성 간 기체 화학에 가장 중요한 역할을 하고 있다. 이 이온은 행성 대기의 상층부에서 생성되는데, 이 상층부에서는 태양풍과 높은 에너지를 가진 전자들의 공급원이 수소 분자와 충돌하고 있다. 우리 은하계의 중앙 분자 영역(Central Molecular Zone)에는 ISM보다 100만 배 이상의 농도로 삼수소 이온을 포함하고 있다.

삼수소 이온은 두 단계 과정으로 생성된다. 먼저 높은 에너지를 갖는 우주선이 수소 분자와 충돌하는데, 우주선의 에너지 중 작은 부분만으로도 이온화가 일어날 수 있다.

$$H_2(g) + \{\text{우주선}\} \rightarrow H_2^+(g) + e^- + \{\text{우주선}\}$$

이수소 이온과 수소 분자가 충돌하면 삼수소 이온이 생성된다.

$$H_2^+(g) + H_2(g) \rightarrow H_3^+(g) + H(g)$$

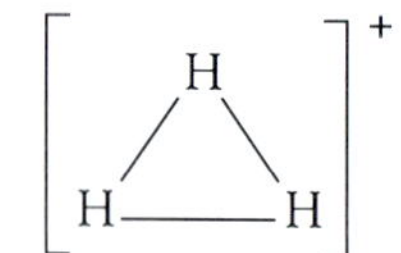

그림 10.4 삼수소 이온의 모양

이 이온은 H−H 결합 길이가 87 pm인 수소 원자들로 이루어진 등변 삼각형이다(그림 10.4).

H_3^+에서의 결합은 3-중심 2-전자 결합의 가장 단순한 예이다. 이 결합은 그림 10.5의

그림 10.5 H_3^+ 이온의 결합에 대해 단순화시킨 분자 오비탈 도표

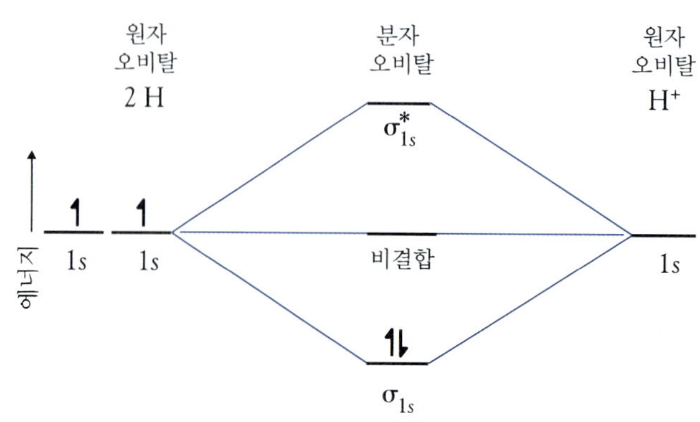

분자 오비탈 도표로 설명할 수 있다. 삼차원 도표를 사용해야 정확하게 묘사할 수 있겠지만, 그림 10.5에서는 두 개의 수소 원자를 왼쪽에 나타내었고, 여분의 수소 이온을 오른쪽에 나타내었다. 세 개의 원자 오비탈로부터 세 개의 분자 오비탈이 생성되는데, 한 개의 결합 오비탈, 한 개의 비결합 오비탈, 그리고 한 개의 반결합 오비탈이다. 두 개의 전자는 결합 오비탈에 채워진다. 그러므로 이 분자는 세 개의 원자 간에 공유되는 단일 결합을 갖게 된다.

삼수소 이온은 행성 대기의 상층부에도 존재하는데, 특히 외행성인 목성, 토성, 해왕성, 천왕성 대기의 상층부에 많이 존재한다. 거대한 기체층에서 태양풍이나 다른 높은 에너지를 갖는 전자의 공급원과 수소 분자가 충돌하면 삼수소 이온이 생성된다.

$$H_2(g) + e^- \rightarrow H_2^+(g) + 2\,e^-$$
$$H_2^+(g) + H_2(g) \rightarrow H_3^+(g) + H(g)$$

ISM에서 삼수소 이온의 파괴는 일산화 탄소 분자와의 충돌에 의한 경우가 가장 흔하고, 그 다음으로는 분자(수소 분자일 경우가 가장 흔하다)와의 충돌에 의해 일어난다.

$$H_3^+(g) + CO(g) \rightarrow HCO^+(g) + H_2(g)$$

10.5 수소화물

수소를 포함하는 이성분 화합물을 수소화물(hydride)이라고 한다. 대부분의 원소들과 이성분 화합물을 이루는 수소의 전기 음성도는 주기율표에 있는 모든 원소의 중간값보다 약간 더 높은 값을 갖는다. 그 결과 수소는 매우 전기 양성인 금속과는 이온 결합성 화합물을 형성하고, 모든 비금속과는 약간 전기 음성인 비금속처럼 행동하여 공유 결합성 화합물을 형성한다(9.2절). 또한 수소는 일부 전이 금속과는 금속성 수소화물을 만든다. 세 가지 중요한 형태의 수소화물을 그림 10.6에 나타내었다.

이온 결합 수소화물

모든 이온 결합성 수소화물은 흰색 고체이며, 매우 전기 양성인 금속에 의해서만 생성된다. 이온 결합 금속 염화물의 생성과 이온 결합 금속 수소화물의 생성을 비교해 보면 그

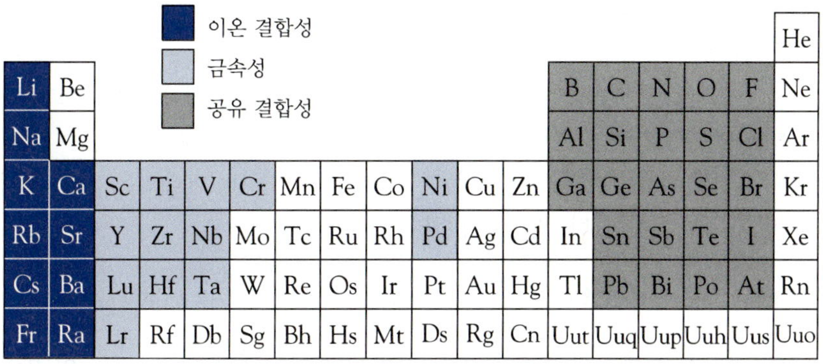

이온 결합성
금속성
공유 결합성

																	He
Li	Be											B	C	N	O	F	Ne
Na	Mg											Al	Si	P	S	Cl	Ar
K	Ca	Sc	Ti	V	Cr	Mn	Fe	Co	Ni	Cu	Zn	Ga	Ge	As	Se	Br	Kr
Rb	Sr	Y	Zr	Nb	Mo	Tc	Ru	Rh	Pd	Ag	Cd	In	Sn	Sb	Te	I	Xe
Cs	Ba	Lu	Hf	Ta	W	Re	Os	Ir	Pt	Au	Hg	Tl	Pb	Bi	Po	At	Rn
Fr	Ra	Lr	Rf	Db	Sg	Bh	Hs	Mt	Ds	Rg	Cn	Uut	Uuq	Uup	Uuh	Uus	Uuo

그림 10.6 수소화물의 세 가지 일반적인 형태, 즉 이온 결합성, 공유 결합성, 금속성 수소화물. 주족과 전이 원소에 대해서만 표시를 하였다. 몇 가지의 란타넘족과 악티늄족도 수소화물을 형성하지만 여기에는 나타내지 않았다. 색이 없는 부분의 원소들은 수소화물이 알려지지 않거나 불완전하다.

이유를 알 수 있다. 결정 격자의 생성(기체에서 고체)은 음의 엔트로피 변화를 수반한다.

$$M^+(g) + X^-(g) \rightarrow M^+X^-(s)$$

그러므로 이 반응의 추진력은 결정 격자의 생성 엔탈피가 되어야 한다. 금속 양이온의 이온화 에너지는 항상 양의 값이다. 가장 중요한 차이는 염화 이온과 수소 이온의 생성에 대한 이론적인 엔탈피 변화 때문에 생긴다.

$$\tfrac{1}{2}\,Cl_2(g) \xrightarrow{+121\ kJ\cdot mol^{-1}} Cl(g) + e^- \xrightarrow{-369\ kJ\cdot mol^{-1}} Cl^-(g) \qquad \Delta H_{overall} = -248\ kJ\cdot mol^{-1}$$

$$\tfrac{1}{2}\,H_2(g) \xrightarrow{+218\ kJ\cdot mol^{-1}} H(g) + e^- \xrightarrow{-69\ kJ\cdot mol^{-1}} H^-(g) \qquad \Delta H_{overall} = +149\ kJ\cdot mol^{-1}$$

H−H 결합은 Cl−Cl 결합보다 훨씬 더 강하고, 수소는 염소보다 전자 친화도가 훨씬 더 낮기 때문에 수소화 이온에 대한 음이온 생성 엔탈피는 상당한 양의 값을 갖지만, 염화물은 아주 음인 값을 갖는다. 이러한 이유로 (알칼리 금속처럼) 매우 낮은 이온화 에너지를 갖는 양이온만 수소화물 생성에 대한 알짜 엔탈피 변화가 음의 값을 가질 수 있다.

수소화 이온은 강한 환원제이다. 예를 들면, 물을 수소 기체로 환원시킨다. 유기 화학에서는 유기 용매를 건조시키는 화학적 방법으로 수소화 칼슘(calcium hydride)을 물과 반응시키기도 한다.

$$CaH_2(s) + H_2O(l) \rightarrow Ca(OH)_2(s) + H_2(g)$$

공유 결합성 수소화물

수소는 모든 비금속(비활성 기체 제외), 그리고 갈륨과 주석 등의 매우 약한 전기 양성인 금속과 공유 결합을 통한 화합물을 형성한다. 거의 모든 간단한 공유 결합성 수소화물은 실온에서 기체이다. 공유 결합성 수소화물은 다음과 같이 세 가지로 분류된다.

수소 원자가 거의 중성인 것
수소 원자가 상당히 양성인 것
수소 원자가 약간 음성인 것, 특히 전자가 부족한 붕소 화합물

첫 번째 범주의 경우, 낮은 극성 때문에 분자 사이에 작용하는 유일한 힘은 분산력이며, 따라서 이러한 공유 결합성 수소화물은 낮은 끓는점을 갖는 기체이다. 이러한 수소화물의 전형적인 예는 셀레늄화 수소, H_2Se(b.p. −60°C)와 포스핀, PH_3(b.p. −90°C)이다.

거의 중성인 공유 결합성 수소화물의 가장 흔한 종류는 탄소를 포함하는 탄화수소인데 알케인, 알켄, 알카인, 방향족 탄화수소 등을 포함한다. 상당히 많은 수의 탄화수소는 분자 간의 힘이 충분히 강한 큰 분자이므로 실온에서 액체나 고체로 존재할 수 있다. 모든 탄화수소는 산화에 대해 열역학적으로 불안정하다. 예를 들면, 메테인은 산소 분자와 자발적으로 반응하여 이산화 탄소와 물이 된다.

$$CH_4(g) + 2\,O_2(g) \rightarrow CO_2(g) + 2\,H_2O(g) \qquad \Delta G^{\ominus} = -800\ kJ\cdot mol^{-1}$$

위의 과정은 혼합물을 태우지 않으면 매우 느리게 일어나는 반응이다. 즉, 이 반응은 높

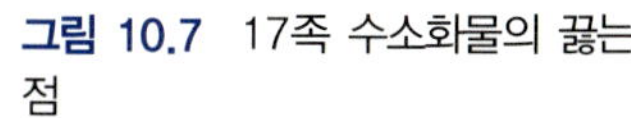

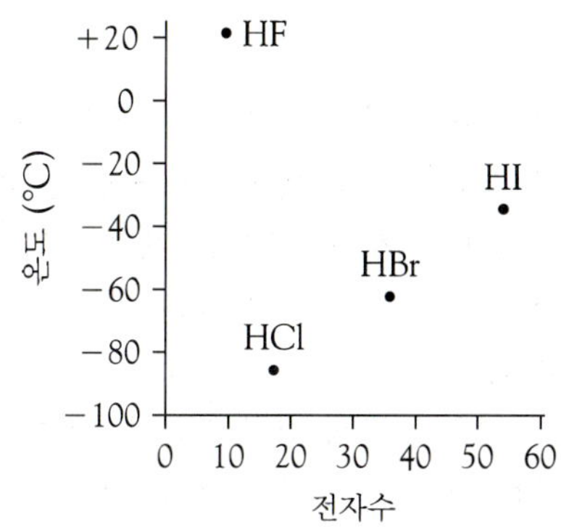

그림 10.7 17족 수소화물의 끓는점

은 활성화 에너지 장벽을 가지고 있다.

암모니아, 물, 플루오린화 수소는 양전하를 띤 수소 원자를 포함하는 두 번째 부류의 수소화물에 속한다. 이러한 화합물들은 비정상적으로 높은 녹는점과 끓는점을 가지고 있는 점에서 다른 공유 결합성 수소화물과 차이가 있다. 이러한 성질은 17족 수소화물의 끓는점을 살펴보면 알 수 있다(그림 10.7).

이들 화합물에서 양의 전하를 띠는 수소는 다른 원자에 있는 전자쌍을 끌어당겨 약한 결합을 형성한다. 이 인력은 수소 결합으로 알려져 있지만(3.11절 참조), 더 정확하게는 **양성자성 다리 결합**(*protonic bridge*)이라고 한다. 분자 간 힘으로서의 양성자성 다리 결합은 매우 강하지만, 공유 결합과 비교하면 약한 결합이다. 예를 들면, $H_2O\cdots HOH$의 양성자성 다리 결합의 결합 에너지는 $22\ kJ\cdot mol^{-1}$이지만, O−H는 $464\ kJ\cdot mol^{-1}$의 결합 에너지를 갖는다. 화학 교과서에서는 양성자성 다리 결합을 다리 결합하는 분자의 극성이 큰 공유 결합 때문에 일어나는 매우 강한 쌍극자-쌍극자 상호작용으로 설명한다. 그러나 이러한 정전기적 인력의 개념에 의하면 염화 수소도 같은 효과를 나타내어야 하지만, 실제로는 뚜렷한 효과를 보이지 않는다.

분자 오비탈 이론을 사용하면 양성자성 다리 결합을 더 잘 설명할 수 있다. 물 분자 1개에 대한 σ 오비탈뿐만 아니라 이웃하는 분자들 간의 σ 오비탈도 그림으로 나타낼 수 있다. 이 두 오비탈의 상호작용으로, 하나의 전자쌍에 의해 점유된 결합/비결합쌍이 나오게 된다. 수소 결합의 길이는 대개 두 원자 간의 van der Waals 반지름의 합보다 훨씬 더 짧다는 사실로부터 분자 오비탈이 옳다는 것을 확인할 수 있다. 더군다나 양성자성 다리 결합이 더 강해질수록 O−H 결합은 더 약해진다. 따라서 두 결합은 서로 밀접한 관련이 있다.

수소화물의 세 번째 범주는 수소 원자가 약간 음성을 띠는데, 다이보레인(diborane) B_2H_6, 실레인(silane) SiH_4, 저메인(germane) GeH_4, 스탠네인[stannane, 계통명: 수소화 주석(IV)] SnH_4 등을 포함한다. 음으로 하전된 수소를 포함하는 이들 단위체 수소화물은 산소와 격렬하게 반응한다. 예를 들면, 스탠네인을 연소시키면 산화 주석(IV)과 물이 생성된다.

$$SnH_4(g) + 2\ O_2(g) \rightarrow SnO_2(g) + 2\ H_2O(l)$$

그러므로 부분적으로 음성인 수소[**수소화성 수소**(*hydridic hydrogen*)]는 양성인 수소 원자보다 훨씬 더 반응성이 강하다. 특히 보레인에서의 결합은 독특한데, 13.4절에서 상세히 알아볼 것이다. 또한 몇 가지 수소화물은 수소 원자가 금속 원자들 사이에서 다리 역할을 하는 중합체 구조를 갖는다. 이러한 구조를 형성하는 금속은 베릴륨, 마그네슘, 알루미늄, 구리, 아연 등의 '약한' 금속이다.

금속성(d-계열) 수소화물

일부 전이 금속은 금속성 수소화물이라는 세 번째 부류의 수소화물을 형성한다. 이러한 화합물은 종종 화학량론적인 경우에서 벗어난다. 예를 들면, 가장 높은 수소-타이타늄비는 $TiH_{1.9}$의 화학식을 갖는 화합물에서 나타난다. 이러한 화합물들의 성질은 복잡하다. 그러므로 오늘날에는 위에서 언급한 수소화 타이타늄이 $(Ti^{4+})(H^{-})_{1.9}(e^{-})_{2.1}$로 되어 있다고 간주한다. 이러한 종류의 화합물이 갖는 금속 광택과 높은 전기 전도도는 자유 전자에 의한 것이다. 금속 결정 격자의 구조적 변화 때문에 금속 수소화물의 밀도는 대개 순수한 금속보다 더 작고, 더 잘 부서지는 성질을 가지고 있다. 금속 수소화물의 전기 전도도도 보통 모체 금속의 것보다 낮다.

대부분의 금속 수소화물은 고압에서 금속을 수소와 함께 가열하면 얻을 수 있다. 고온에서 수소는 수소 기체로 다시 방출된다. 많은 합금(예를 들어, Ni_5La)들은 많은 양의 수소를 흡수하고 방출할 수 있다. 이들의 양성자 밀도는 액체 수소를 능가하고, 따라서 수소-동력 자동차의 수소를 저장하는 수단으로의 응용이 많은 관심을 끌고 있다.

금속 수소화물의 주요 용도는 니켈 금속 수소화물 배터리인데, 이 배터리는 휴대용 컴퓨터, 무선 진공 청소기, 휴대폰 및 무선 전기용품에 사용되고 있다. 이러한 배터리의 첫 번째 필수 조건은 일상적인 온도에서 수소를 가역적으로 흡수하고 방출할 수 있는 금속 합금을 찾는 것이다. 이들 수소 흡수 합금은 금속 A를 다른 금속 B와 결합시키는데, 여기서 금속 A는 수소화물 생성이 발열 과정인 금속이고, 금속 B는 수소화물 생성이 흡열 과정인 금속이다. 이 합금이 존재할 수 있는 비율은 AB(예: TiFe), AB_2(예: $ZnMn_2$), AB_5(예: $LaNi_5$), A_2B(예: Mg_2Ni)의 네 가지가 있다. 금속 간 화합물(1.5절 참조)의 이들 조합은 에너지-중성 수소화물 생성을 필수적인 조건으로 하여 찾은 것이다. 가장 적합한 것으로 입증된 조합은 $TiNi_2$ 및 $LaNi_5$이다. 전지의 양극에서는 수산화 니켈(II)이 수산화 산화 니켈(III)로 산화되고, 음극에서는 물이 금속 합금에 흡수되는 수소 원자로 환원된다.

$$Ni(OH)_2(s) + OH^-(aq) \rightarrow NiO(OH)(s) + H_2O(l) + e^-$$
$$[Ni\text{-합금}] + H_2O(l) + e^- \rightarrow [Ni\text{-합금}]H + OH^-(aq)$$

예제 10.2

갈륨과 수소로 이루어진 화합물의 예상되는 화학식은 무엇인가? Allred-Rochow(A-R) 전기 음성도 값(3.11절)을 이용하면 이 화합물이 속할 것으로 예상되는 부류와 하위 부류는 무엇인가? 산소와의 반응에 대해 균형 맞춘 반응식을 쓰시오.

해답

갈륨은 13족의 주족 원소이다. 갈륨의 A-R은 1.82이고 수소는 2.20이다. 그러므로 이 화합물의 예상되는 화학식은 GaH_3이다. 이 화합물은 다소 음성인 수소 원자들을 갖는 공유 결합성 수소화물이 되어야 한다. 대개 기체 상태인 이들 수소화물은 반응성이 매우 높기 때문에 공기 중에서 연소되어 고체 이온 결합성 산화물을 생성한다.

$$2\,GaH_3(g) + 3\,O_2(g) \rightarrow Ga_2O_3(s) + 3\,H_2O(g)$$

예제 10.3

비소와 수소로 이루어진 화합물의 예상되는 화학식은 무엇인가? Allred-Rochow(A-R) 전기 음성도 값(3.11절)을 이용하면 이 화합물이 속할 것으로 예상되는 부류와 하위 부류는 무엇인가?

해답

비소는 15족의 주족 원소이다. 비소의 A-R은 2.20이고 수소는 2.20이다. 원소들은 수소와 더 낮은 산화 상태를 가질 것이므로(9.2절), 이 화합물의 예상되는 화학식은 AsH_3이다. 이 화합물은 중성 수소 원자들과 결합하는 공유 결합성 수소화물이 되어야 한다.

예제 10.4

스트론튬과 수소로 이루어진 화합물의 예상되는 화학식은 무엇인가? Allred-Rochow(A-R) 전기 음성도 값(3.11절)을 이용하면 이 화합물이 속할 것으로 예상되는 부류와 하위 부류는 무엇인가? 물과의 반응에 대해 균형 맞춘 반응식을 쓰시오.

해답

스트론튬은 2족의 주족 원소이다. 그러므로 화합물의 화학식은 SrH_2가 되어야 한다. 스트론튬의 A-R은 0.97이고 수소는 2.20이다. 그러므로 결합은 이온 결합이 강할 것이다. 물과 반응하면 금속 수산화물과 수소 기체가 생성된다.

$$SrH_2(s) + 2\,H_2O(l) \rightarrow Sr(OH)_2(aq) + 2\,H_2(g)$$

10.6 물과 수소 결합

물은 지구에서만 가장 많이 존재하는 액체이다. 화학적 및 생화학적 용매로서의 물이 없다면 생명체는 존재할 수 없었을 것이다. 물과 16족의 다른 수소화물을 비교해 보면, 물은 일상적인 온도 영역에서 기체로 존재하여야 한다. 즉, 다른 16족 수소화물과 비교했을 때 물은 약 −100°C에서 녹고, 약 −90°C에서 끓어야 한다(그림 10.8). 이 장의 '컨텍스트'에서 설명한 것처럼, 이 경향에서 벗어나는 이유는 이웃한 물 분자 간의 수소 결합 때문이다.

수소 결합은 또 다른 물의 독특한 성질, 즉 고체상보다 액체상의 밀도가 더 높은 성질이 나타나게 만든다. 고체상에서 물 분자들은 그물구조형 공유 결합과 수소 결합 간의 열린 구멍을 갖는 단단한 구조를 유지하고 있다(그림 10.9). 얼음이 녹을 때 이들 수소 결합 중의 일부가 끊어지고, 개방된 구조는 부분적으로 붕괴된다. 이러한 변화 때문에 액체의 밀도는 증가한다. 그리고 수소 결합에 의해 뭉쳐있던 물 분자 덩어리의 붕괴로 인한 밀도의 증가가, 온도 상승에 의한 분자 운동의 증가로 인한 밀도의 감소를 앞지르는 점인 4°C에서 밀도가 최대로 된다.

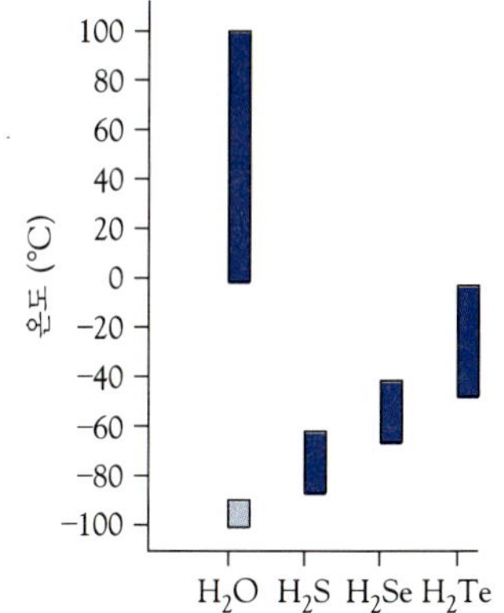

그림 10.8 16족 수소화물의 액체 영역. 물 분자가 수소 결합을 하고 있지 않다면 물의 액체 영역은 −90 ∼ −100°C 사이(연한 푸른색 사각형)가 되어야 한다. [G. Rayner-Canham et al., *Chemistry: A Second Course* (Don Mills, ON: Addison-Wesley, 1989), p. 164.]

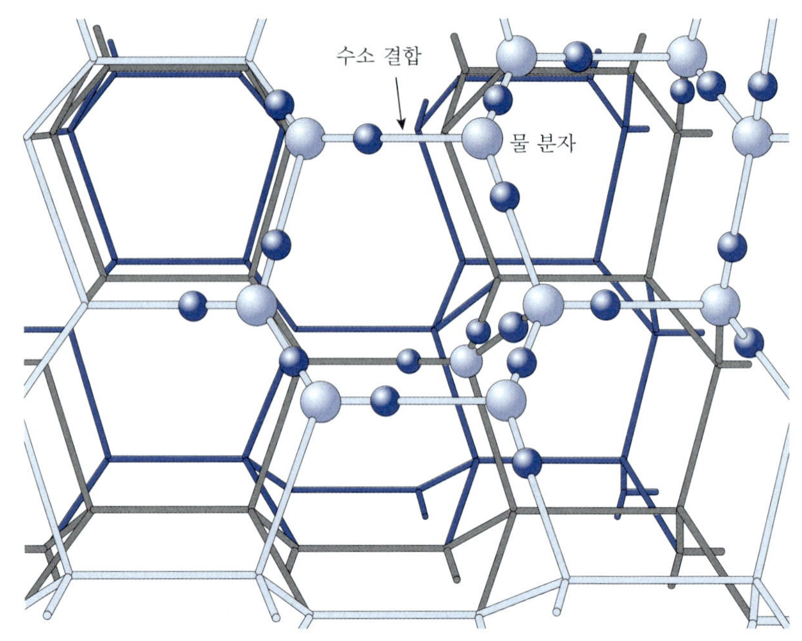

그림 10.9 개방된 골격을 보여 주고 있는 전형적인 얼음 구조의 일부분. 더 큰 원은 산소 원자를 나타낸다. (G. Rayner-Canham et al., *Chemistry: A Second Course* [Don Mills, ON: Addison-Wesley,1989], p. 165.)

10.7 클라쓰랜드 착물

몇 년 전까지만 해도 클라쓰랜드 착물은 실험실에서만 연구되고 있었다. 지금은 메테인과 이산화 탄소 클라쓰랜드 착물이 환경적인 면에서 많은 주목을 받게 되었다. 클라쓰랜드 착물은 분자나 원자가 다른 분자의 결정 격자에 포획되어 있는 물질로 정의된다. 이 이름은 라틴어, *clathratus*에서 유래되었는데, '감옥에 갇힌'이라는 뜻이다. 여기에서는 **기체 수화물**(*gas hydrate*)이라고 부르는 물의 기체 클라쓰랜드 착물에 초점을 맞추어 설명하기로 한다. 기체 수화물이 더 많이 사용되는 용어이지만, **수화물**(*hydrate*)이라는 용어는 수화된 금속 이온에서처럼 대개 물질과 주위의 물 분자들 간의 분자 간 인력을 의미하기도 하므로, 정확한 용어가 아니다.

비활성 기체 클라쓰랜드 착물은 클라쓰랜드 착물의 고전적인 예이다. 1962년까지는 비활성 기체의 화합물이 알려진 것이 없었다. 그러므로 클라쓰랜드 착물은 이들 원소에 대해 알려진 유일한 화합물이었다. 예를 들어 압력을 가하고 용액을 0°C 이하로 냉각시켜 제논을 물에 녹이면 대략적인 조성이 $Xe \cdot 6H_2O$인 결정이 생성된다. 이 결정을 데우면 즉시 기체가 달아난다. 이 비활성 기체와 물 사이에는 화학적 상호작용이 없으며, 기체 원자는 단순히 수소 결합된 얼음 구조의 공동(cavity)에 갇혀 있는 것이다. 얼음이 녹으면 공동 구조가 무너지고, 기체 원자는 풀려나게 된다. 그러나 중요한 점은 이 얼음 구조 내에서 '손님'의 존재가 결정 격자를 안정화시키고, 얼음의 녹는점을 0°C 이상의 온도로 상승시킨다는 것이다.

메테인 클라쓰랜드 착물

해저에서 메테인 수화물(그림 10.10)을 발견한 것은 클라쓰랜드 착물을 매우 중요한 논쟁거리로 만들었다. 해저 퇴적층 바로 밑에는 두꺼운 메테인 클라쓰랜드 착물층이 넓은

물: 새롭고 놀라운 용매

녹색 화학의 세기가 시작됨에 따라, 산업 활동에 있어서 용매 사용이 가장 치명적인 문제 중 하나가 되었다. 많은 용매, 특히 유기 합성에 사용되는 용매는 인간에게 독성이 있고, 심각한 환경오염을 유발한다. 대체 수단 중의 가장 좋은 방법은 가장 흔한 용매인 물이다. 전통적으로 물은 유기 화학의 주종을 이루는 극성이 낮거나 비극성인 용질에 대한 용해도가 낮거나 거의 0에 가깝기 때문에, 유기 합성에 대해서는 기피 용매였다. 그러나 고온 고압 조건에서는 물의 성질이 상당히 달라진다.

액체와 기체상으로 존재할 수 있는 모든 물질은 충분히 높은 온도와 압력 이상에서는 두 상이 구별할 수 없게 된다. 이 현상을 다른 방법으로 표현하면, 액체와 기체를 포함하는 시험관이 이러한 온도와 압력 이상의 상태가 되면 경계면이 사라지게 된다. 물의 경우, 임계점의 온도는 374°C이고 압력은 22 MPa이다.

임계 조건 근처에서 물은 더 좋은 용매가 되는데, 분해보다는 합성에 사용될 수 있다. 정상적인 물과 부임계 물 사이의 중요한 차이 중 하나는 유전 상수(용매의 극성을 측정한)이다. 압력과 온도가 증가하면 유전 상수는 본질적으로 감소하게 되므로, 극성이 아세톤과 비슷한 값으로 감소한다. 예를 들면, 헵테인은 임계 근접 물에 10^5배나 더 잘 녹고, 톨루엔은 섞인다. 그러므로 물은 극성이 낮거나 비극성 반응물에 대해 훌륭한 용매가 된다.

임계 근접 물은 정상적인 물보다 10^3배나 더 자동이온화된다. 하이드로늄과 수산화 이온의 농도가 훨씬 더 증가하기 때문에, 반응물에 산이나 염기를 실제로 가해주지 않고도 산- 또는 염기-촉매 반응이 진행될 수 있다. 넓고 다양한 유기 반응이 임계 근접 물에서 촉매를 사용하지 않고도 깨끗하게 진행됨이 입증되었다.

산업 공정에서 50 ~ 80%의 자본금과 운영 자금이 생성물을 분리하는 데 소요된다. 임계 근접 물 반응에 대한 압력을 감소시키면 물의 유전 상수는 증가하게 된다. 그러면 유기 생성물은 녹을 수 없게 되므로, 쉽게(그리고 싸게) 분리할 수 있게 된다.

임계 근접 물 공정이 이처럼 환상적인 것인 데도 아직 광범위하게 사용되지 않는 이유는 무엇일까? 임계 근접 조건을 만들려면, 두껍고 비싼 스테인레스강 용기가 사용되어야 한다. 어떤 반응의 경우에는 화학적 내성이 더 강한(그리고 매우 비싼) 타이타늄을 반응 용기로 사용하여야 한다. 또한 대규모 투자가 이루어지기 전에 알맞은 조건을 결정하기 위한 더 많은 연구도 이루어져야 한다. 그럼에도 불구하고 임계 근접 물 용매를 사용하는 상업적인 유기 합성은, 유기 용매 사용을 피할 수 있고, 불필요한 용매의 제거, 원하지 않는 부산물의 회피, 개선된 반응 선택성 등의 강력한 장점을 제공한다. 이러한 물의 시대가 곧 도래할 것이다.

영역을 차지하고 있음을 알게 되었다. 이 클라쓰랜드 착물층은 얼음처럼 차가운 물이 퇴적층 아래로 스며들고, 가스 매장층의 갈라진 표면으로 메테인 가스가 올라오면서 오랜 기간에 걸쳐 생성되었을 것이다. 제공된 물은 어떤 온도와 압력 상태, 즉 이 클라쓰랜드 착물의 녹는점 이하의 상태로 존재하기 때문에 클라쓰랜드 착물이 생성될 것이다. 수화물 1 cm^3에는 SATP(298 K 및 100 kPa)에서 측정하면 175 cm^3인 메테인 기체를 포함한다. 클라쓰랜드 착물의 이러한 메테인 함량은 이 '얼음'이 실제로 탈 수 있게 만

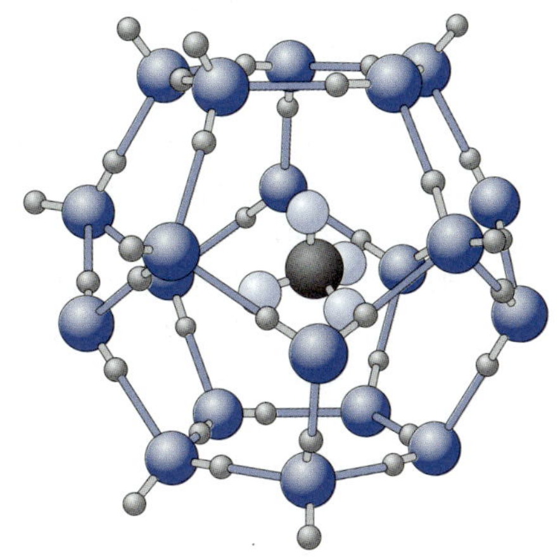

그림 10.10 메테인 클라쓰랜드 착물 구조의 일부분

들기에 충분한 양이다. 전 세계의 해양에 존재하는 메테인 클라쓰랜드 착물 매장층의 총 이산화 탄소는 땅속의 석탄, 석유, 천연가스 매장량의 합보다 2배에 이를 것으로 예상되고 있다.

메테인 클라쓰랜드 착물의 안정도는 온도와 압력에 따라 달라지기 때문에, 해양을 데우면 클라쓰랜드 착물 매장층을 녹여서 엄청난 부피의 메테인을 대기 중으로 방출되게 만들 수 있다. 북부 캐나다와 북부 러시아의 영구 동토층에도 넓은 메테인 클라쓰랜드 매장층이 존재한다. 그러면 이 방출된 메테인은 심각한 온실 기체가 된다(14.11절 참조). 과거의 갑작스런 기상 변화는 클라쓰랜드 착물로부터 메테인이 방출되어 나타난 것이라는 주장도 있다. 예를 들면, 빙하시대 동안 낮아진 수면 때문에 해저 매장층에 대한 압력이 감소되어, 엄청난 부피의 기체가 방출되었을 것이다. 이렇게 증가된 메테인 수준으로 인해 지구가 데워져서 빙하시대가 끝나게 되었을 것이다.

이산화 탄소 클라쓰랜드 착물

이산화 탄소는 얼음 구조에 포획될 수 있는 또 다른 분자이다. 이산화 탄소를 깊은 바다 속에 격리시키는 것은 발전소와 공업적 과정에서 생성된 이산화 탄소 폐기물을 저장하는 간단한 방법 중 하나로 제안되고 있다. 이산화 탄소가 일상적인 온도와 압력하에서 깊은 바다로 방출되면 고체 클라쓰랜드 착물이 생성된다. 이 클라쓰랜드 착물은 매우 안정하다. 예를 들면, 250 m 깊이에서 압력은 2.7 MPa이고, 이 클라쓰랜드 착물은 +5°C에서도 안정하다. '정상적인' 얼음은 액체 물보다 밀도가 낮지만, 이산화 탄소 클라쓰랜드 착물은 약 1.1 $g \cdot cm^{-3}$의 밀도를 가지기 때문에 해저로 가라앉는다. 수백만 톤에 이르는 과량의 이산화 탄소를 이러한 방법으로 처리할 수 있음이 제안되었다. 이 개념에는 세 가지 주요한 관심사가 있다. 첫째는 가장 중요한 것인데, 이산화 탄소층이 클라쓰랜드 착물이 축적되는 깊은 바다에 사는 이색적인 해저 생물을 질식시킬 것이라는 사실이다. 두

태양계에서 생명체가 존재하는 다른 별이 있을까?

화학자나 생화학자가 물 없이도 살 수 있는 생명체를 입증하기는 어렵다. 물은 이상적인 용매이고, 단백질과 DNA 분자의 복잡한 구조를 형성하게 만드는 것은 수소 결합이다. 그래서 액체 상태의 물이 존재하는지 여부가 생명체의 존재 가능 여부를 판가름하게 된다. 지금은 극한적인 상황에서도 살 수 있는 박테리아의 존재를 알게 되었다. 실제로 남극 얼음판 아래 약 4 km 지점의 얼음층과 Lake Vostok 얼음판 바로 밑에서 살아있는 박테리아가 발견되었다.

최근까지만 해도 이러한 의문은 이론적인 것에 불과했다. 과거에는 화성에 강과 호수가 존재했지만 현재는 표면에 액체 물이 존재한다는 증거가 없다. 지금까지는 태양계에 있는 다른 달들도 지구의 달처럼 암석으로 이루어져 있고, 먼지와 지질학적 연대에 걸쳐 유성이 충돌하여 생긴 크레이트로 덮여 있어서 생명체가 존재하지 않는다고 믿어 왔다. 그러나 지금은 우주 탐사체로부터 전송된 사진을 통해 목성과 토성의 달 표면은 믿기 어려운 차이가 있음을 알게 되었다. 오늘날 가장 관심을 집중하고 있는 것은 목성의 달인 Europa이다.

지구 밖에서 생명체를 찾는 연구에서, Europa는 우주 화학자가 가장 관심을 갖는 달이다. Europa는 이전까지는 발견된 적이 없는 매끄러운 표면을 가지고 있다. 또한 매우 낮은 평균 밀도를 갖기 때문에 표면이 얼음으로 덮여 있을 것으로 추측된다. 그러므로 유성이 충돌한 자리는 지금은 얼어버린 액체가 존재해야 한다.

그래서 Europa의 얼음 표면 밑에는 물이 존재할 것인지가 의문으로 떠오르게 되었다. 결국, 얼음은 좋은 절연체(표면이 −160°C이지만)이며, 목성과의 주기적인 마찰은 에너지원을 제공하게 될 것이다. 이러한 의문에 뒤따르는 다른 의문은 물이 존재한다면 진화된 생명체가 존재하는지 여부이다. 몇 년 전까지만 해도 이 의문은 웃음거리에 불과했다. 최근에 녹은 적이 있는지, 용해된 이온성 용질은 어떤 것인지, 그리고 묻혀 있는 단순한 유기체가 있는지 등에 관한 증거는 흥미로운 것이다.

번째는 어류가 실험적인 클라쓰랜드 착물 매장층에 접근할 때 호흡 장애를 일으킴이 관찰되었다. 세 번째는, 오랜 기간(수십만 년)에 걸쳐 이 클라쓰랜드 착물은 포획한 이산화 탄소를 주위의 물로 방출하여 해양의 pH를 감소시킬 것이다. 이 pH 변화는 분명히 해양 생물의 생태계를 변화시킬 것이다.

10.8 원소 반응 경로도

원소들의 화학적 성질을 다루는 각 장에서 원소의 중요한 반응을 나타내기 위해 경로도를 사용할 것이다. 수소에 대한 경로도는 오른쪽 그림과 같다.

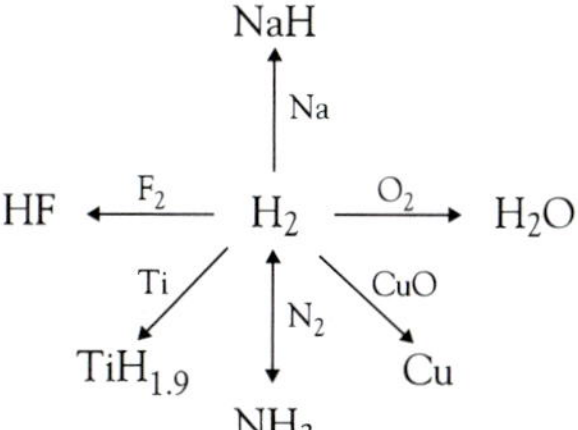

핵심개념

- 수소 분자는 반응성이 강한 기체 원소이다.
- 이온 결합, 공유 결합성(세 가지 부 카테고리가 있음) 및 금속성 수소화물이 알려져 있다.
- 수소 결합은 물의 물리적 성질을 결정하는 데 중요한 역할을 한다.
- 클라쓰랜드 착물(메테인과 이산화 탄소)은 환경 측면에서 관심이 증가하고 있다.

연습문제

10.1 다음 용어를 정의하시오.
(a) 양성자성 다리 결합
(b) 수소화성 다리 결합

10.2 다음 용어를 정의하시오.
(a) 클라쓰랜드 착물 (b) 상도표

10.3 0°C의 얼음을 0°C의 물에 집어넣으면 얼음 조각은 가라앉는다. 이 현상에 대해 설명하시오.

10.4 탄소-12, 산소-16, 산소-17 동위원소 중에서 핵자기 공명으로 연구할 수 있는 핵은 어느 것인가?

10.5 화합물의 NMR 스펙트럼에서 흡수 진동수는 왜 ppm으로 나타내는가?

10.6 주기율표에서 수소를 알칼리 금속으로 분류하지 않는 이유를 설명하시오.

10.7 주기율표에서 수소를 할로젠족으로 분류하지 않는 이유를 설명하시오.

10.8 수소 기체가 비교적 반응성이 작은 이유를 설명하시오.

10.9 수소와 질소 분자가 반응하여 암모니아가 되는 것은 엔트로피 효과와 엔탈피 효과 중 어느 것에 의한 반응인가? 부록을 참조하지 말고 이유를 설명하시오.

10.10 다음 반응에 대한 화학 반응식을 쓰시오.
(a) 산화 텅스텐(VI), WO_3과 수소 분자(가열하는 조건)
(b) 수소와 염소 기체
(c) 알루미늄 금속과 묽은 염산

10.11 다음 반응에 대한 화학 반응식을 쓰시오.
(a) 탄산 수소 포타슘의 가열
(b) 에타인, HC≡CH과 수소 분자
(c) 산화 납(IV)과 수소 기체(가열하는 조건)
(d) 수소화 칼슘과 물

10.12 생성 엔탈피와 절대 엔트로피 값으로부터 표준 몰엔탈피, 엔트로피, 그리고 연소의 자유 에너지를 계산하여 메테인의 연소 반응이 자발적임을 보이시오. 부록 1의 자료를 참조하시오.

$$CH_4(g) + 2\,O_2(g) \rightarrow CO_2(g) + 2\,H_2O(l)$$

10.13 원소로부터 암모니아가 생성되는 이론적인 엔탈피 순환(그림 10.3과 유사한)을 작성하시오. 암모니아의 표준 생성 엔탈피와 결합 에너지는 부록 1과 3의 값을 참조하시오. 이 그림과 그림 10.3을 비교하고 차이점을 쓰시오.

10.14 이온 결합성과 공유 결합 수소화물의 물리적인 성질에 있어서의 주요한 차이는 무엇인가?

10.15 세 가지 형태의 공유 결합 수소화물에 대해 설명하시오.

10.16 다음 원소들이 수소화물을 형성할 때 어느 것이 이온 결합, 금속 결합, 공유 결합 수소화물을 형성하는가? 또한 안정한 수소화물을 형성하지 못하는 원소는 무엇인가?
(a) 크로뮴, (b) 은, (c) 인, (d) 포타슘

10.17 4주기의 주족 원소인 포타슘에서 브로민까지의 수소화물에 대하여 예상되는 화학식을 쓰시오. 화학식에 나타나는 경향성은 무엇인가? 처음의 두 원소에 대한 경향성이 나머지 원소들의 경우와 다른 점은 무엇인가?

10.18 탄소, 규소, 주석의 수소화물에 대하여 수소 원소의 전기음성도 차이에 대한 생성 엔탈피 도표를 작성하시오(부록 1 참조). 일반적인 경향에 대해 설명하시오.

10.19 다음 수소화물이 기체일지, 고체일지를 예측하고 그 이유를 설명하시오.

(a) HCl (b) NaH

10.20 한 쌍의 수소와 플루오린 결합 간의 수소 결합이 가장 강한 수소 결합임에도 불구하고, 물이 플루오린화 수소보다 훨씬 더 높은 녹는점을 갖는 이유는 무엇인가?

10.21 생명체의 존재에 결정적인 수소의 두 가지 성질은 무엇인가?

10.22 원소의 반응 경로도에서 각 반응에 대한 화학 반응식의 균형을 맞추시오(243쪽).

응용문제

10.23 다음 수소화물 중에서 수소 결합이 가장 강한 것을 예측하고 실온에서 각 수소화물의 상을 추측하시오.

(a) H_2O_2 (b) P_2H_4 (c) N_2H_4 (d) B_2H_6

10.24 다음 화학종의 대기 중의 산화 반응에 대한 균형 맞춘 화학 반응식을 쓰시오.

(a) B_2H_6 (b) PbH_4 (c) BiH_3

10.25 수소화 이온은 가끔 유사 할로젠화 이온으로 간주된다. 예를 들면, 수소화 소듐과 염화 소듐의 격자 에너지는 각각 $-808\ kJ \cdot mol^{-1}$과 $-788\ kJ \cdot mol^{-1}$이다. 그러나 수소화 소듐의 생성 엔탈피는 염화 소듐과 같은 할로젠화 소듐보다 훨씬 더 작다. 부록의 자료를 사용하여 두 화합물의 생성 엔탈피를 계산하고, 두 값이 차이가 나게 만드는 요인을 규명하시오.

10.26 다음에 대한 이유를 설명하시오.

(a) 틈새형 수소화물은 어미 금속보다 더 낮은 밀도를 갖는다.

(b) 이온 결합성 수소화물은 어미 금속보다 더 높은 밀도를 갖는다.

10.27 수소 기체는 21세기의 최상의 연료로 알려지기도 했다. 그러나 Florida에 있는 한 회사는 수소 기체 대신에 AquaFuel을 개발하였다. 이 기체 혼합물은 탄소 전극을 사용하여 물을 통해 높은 전류를 흘려주면 만들 수 있다. 이 전기분해 과정의 기체 생성물은 무엇인가? 이 혼합물의 연소에 대한 화학 반응식의 균형을 맞추시오. 이 기체 혼합물의 1몰당 방출되는 에너지를 계산하고, 이를 수소 기체 1몰이 연소될 때 방출되는 에너지와 비교하시오.

1족 원소: 알칼리 금속

11장

금속은 대체적으로 밀도가 크고 반응성이 없는 것으로 간주되지만, 알칼리 금속은 일반적인 금속의 성질과는 반대로 낮은 밀도와 높은 화학적 반응성을 갖는다.

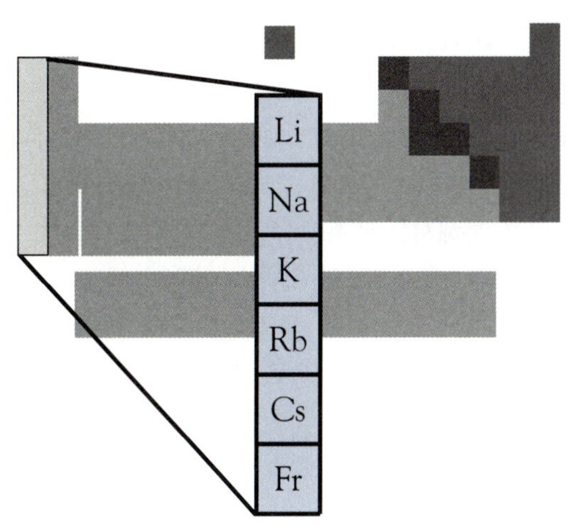

컨텍스트: 생체 세포의 소듐 이온-포타슘 이온 균형

인체 내에서 소듐과 포타슘 이온은 매우 중요한 역할을 하며 좋은 건강 상태를 유지하려면 이들 두 이온이 균형을 유지해야 한다. 이들 두 원소는 다량 영양소이다(2장의 '컨텍스트' 참조). 1일 권장 섭취량은 소듐이 2.3 g/일이고 포타슘은 3.5 g/일이다. 초식 동물은 적절한 염분 섭취를 유지하는 방법으로써 염분 갈증을 나타낸다. 육식 동물은 육류에 염화 소듐이 존재하기 때문에 소듐 수준을 유지할 수 있다. 인간은 가공 식품 섭취로 인해 소듐을 과다 섭취하는 문제를 안고 있어서 건강상 문제가 되고 있다. 대부분의 과일과 야채는 포타슘 이온의 좋은 공급원이다. 과다 섭취는 바람직하지 않다. 실제로 포타슘 결핍은 아주 흔하게 나타나기 때문에 바나나와 커피 같은 포타슘이 풍부한 식품을 꾸준하게 섭취하는 것이 중요하다.

소듐은 정확한 체액 균형을 유지하기 위해 필수적이며, 삼투 현상에 의해 신체 내에서 체액의 분포를 조절한다. 세포막을 사이에 둔 포타슘의 농도 변화는 신경과 근육이 작용하기 위한 전극 전위에 감응하는 것이다. 소듐은 세포 외부의 세포외액에 우세하게 존재하며(세포 내: 약 10 mmol · L^{-1}, 세포 밖: 약 145 mmol · L^{-1}), 포타슘은 세포 내부의 세포내액에 우세하게 존재한다(세포 내: 약 90 mmol · L^{-1}, 세포 밖: 약 10 mmol · L^{-1}).

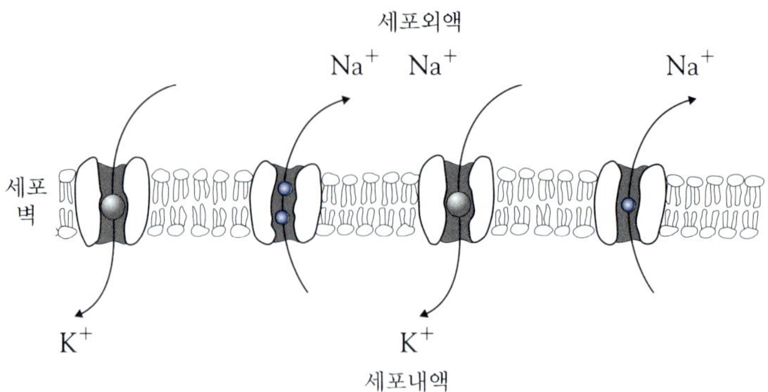

세포벽에서의 소듐-포타슘 펌프

활성적인 화학적 과정이 없다면 두 이온 각각의 농도는 세포 내부와 외부가 같을 것이다. 이온 펌프에 대한 에너지는 삼인산 아데노신(ATP)이 이인산 아데노신(ADP)으로 변환되는 과정으로부터 제공되는데, 이 과정은 15장의 '컨텍스트'에서 알아볼 것이다. 세포는 어떻게 소듐 이온을 밖으로 배출하고, 포타슘 이온을 안으로 흡수하는 것을 구별할까? 그 해답은 대부분 이온의 크기를 통해 얻을 수 있다. '벌거벗은' 소듐 이온의 반지름은 116 pm이고, '벌거벗은' 포타슘 이온의 반지름은 165 pm이다. 세포에는 분리된 통로가 있어서 더 작은 통로를 통해서는 소듐 이온이 통과되고, 더 큰 통로를 통해서는 포타슘 이온이 운반된다(위 그림 참조). 2개의 포타슘 이온이 세포 내로 들어올 때 3개의 소듐 이온이 세포 밖으로 배출된다. 따라서 세포벽을 따라 전위차가 발생하게 된다.

소듐 통로에서, 각 소듐 양이온은 부분적으로 음성인 산소 원자 6개까지를 정전기적으로 끌어당기게 되는데, 이 산소는 주위의 단백질 분자에 있는 것이다. 마찬가지로 포타슘 통로에서도 각각의 큰 포타슘 양이온은 부분적으로 음성인 산소 원자 8개까지를 정전기적으로 끌어당길 수 있는데, 이 산소 원자도 주위의 단백질 분자에 있는 것이다. 이 통로들이 작용하는 데 또 다른 중요한 요소가 있는데, 바로 알칼리 금속 이온의 수화 엔탈피이다. 이 개념은 6.4절에서 소개하였고, 11.2절에서도 알아볼 것인데, 큰 알칼리 금속은 낮은 수화 엔탈피를 갖는다는 사실은 이미 알고 있다. 용액에서 수화된 이온이 세포벽을 통해 이동하려면, 벌거벗은 이온만이 경로를 통과할 수 있기 때문에 맨 처음 단계로 수화권이 제거되어야 한다. 통로를 벗어나서 다시 수화되면서 에너지가 회복되기는 하지만, 세포에 대한 작용을 가능하게 하는 것은 이들 두 알칼리 금속 이온의 간단한 물리적 특성이다.

11.1 족의 경향성

모든 알칼리 금속은 광택을 가지며, 은색을 띤다. 다른 금속들과 마찬가지로 높은 전기전도도와 열전도도를 가진다. 그러나 다른 관점에서 보면 알칼리 금속은 금속의 전형적인 성질에서 크게 벗어난다. 예를 들어 알칼리 금속은 매우 무른데, 족에서 아래로 내려갈수록 더 물러진다. 그러므로 리튬은 칼로 쪼갤 수 있고, 포타슘은 부드러운 버터처럼 뭉갤 수도 있다.

물리적 성질

대부분의 금속은 높은 녹는점을 가지지만 알칼리 금속의 녹는점은 아주 낮으며, 1족 원소에서 무거워질수록 녹는점은 더 낮아져서 세슘은 실온보다 조금 높은 온도에서 녹는다. 이와 같은 높은 열전도성과 낮은 녹는점 때문에, 소듐은 핵반응로에서 열전도 물질로 유용하게 사용된다. 알칼리 금속의 무른 성질과 낮은 녹는점은 이들 원소들이 매우 약한 금속 결합을 갖게 만든다. 전형적인 금속에서 원자화 엔탈피는 400 ~ 600 $kJ \cdot mol^{-1}$이다. 그러나 표 11.1에서 보는 바와 같이 알칼리 금속의 경우는 매우 낮다. 즉, 무른 정도와 낮은 녹는점, 그리고 작은 원자화 엔탈피 간에는 상호관계가 있다. 알칼리 금속의 밀도는 금속의 일반적인 성질에서 더욱 벗어난다. 일반적인 금속은 5 ~ 15 $g \cdot cm^{-3}$ 사이의 밀도를 갖지만, 알칼리 금속의 경우는 아주 작다. 실제로, 리튬의 밀도는 물의 절반 정도에 불과하다.

화학적 반응성

이런 낮은 밀도만 가지고 본다면 리튬은 비록 무르기는 하지만, 가라앉지 않는 배를 만드는 이상적인 재료가 될 수 있을 것이다(반응성이 아주 큰 알칼리 금속의 성질을 제외한다면). 알칼리 금속은 공기에 노출되면, 광택이 있는 금속 표면을 산화된 생성물이 아주 빠른 속도로 얇게 덮어버리기 때문에 대개 기름 속에 저장한다. 예를 들어 리튬은 산화 리튬으로 산화된 다음, 이산화 탄소와 반응하여 탄산 리튬으로 된다.

$$4\,Li(s) + O_2(g) \rightarrow 2\,Li_2O(s)$$
$$Li_2O(s) + CO_2(g) \rightarrow Li_2CO_3(s)$$

알칼리 금속들은 대부분의 비금속들과 반응한다. 예를 들어 용융 알칼리 금속은 염소 기체와 격렬하게 반응하여 금속 염화물의 흰색 증기를 발생시킨다. 염소 분자와 소듐 간의 이 반응은 반응성이 매우 높고, 위험한 금속과 독성 기체가 반응하여 생명에 필수적인 화합물을 만드는 화학의 경이로움을 보여 주는 대표적인 것이다.

$$2\,Na(l) + Cl_2(g) \rightarrow 2\,NaCl(s)$$

9.1절에서 설명한 것처럼 알칼리 금속과 물 간의 반응은 매우 극적이고, 반응성은 족의 아래로 내려갈수록 증가한다. 포타슘과 물 간의 반응식은 다음과 같다.

$$2\,K(s) + 2\,H_2O(l) \rightarrow 2\,KOH(aq) + H_2(g)$$

표 11.1 알칼리 금속의 녹는점과 밀도

원소	녹는점(°C)	밀도($g \cdot cm^{-3}$)
Li	180	0.53
Na	98	0.97
K	64	0.86
Rb	39	1.53
Cs	29	1.87

다른 '평균적인' 금속보다는 훨씬 더 반응성이 크기 때문에, 알칼리 금속은 초금속(supermetal)이라고도 한다.

암모니아와의 반응

알칼리 금속들을 액체 암모니아에 녹이면 농도가 묽을 때 진한 푸른색을 나타내는 재미있는 성질을 가지고 있다. 이 용액들은 전기를 전도하는데, 용액에서 전류의 주된 운반체는 소듐 원자의 이온화에 의하여 생성되는 용매화된 전자, $e^-(am)$로 생각된다.

$$Na(s) \rightleftharpoons Na^+(am) + e^-(am)$$

용액이 증발에 의해 농축되면 구리색을 나타내며 마치 액체 금속처럼 행동한다. 오래 방치하거나 전이 금속 촉매 존재하에서는 용액이 더 빠르게 분해되어 아마이드염, $NaNH_2$과 수소 기체를 생성한다.

$$2\,Na^+(am) + 2\,NH_3(l) + 2\,e^- \rightarrow 2\,NaNH_2(am) + H_2(g)$$

예제 11.1

축구공만한 세슘 조각(축구공의 반지름 = 12.5 cm, 세슘의 밀도 = $1.87\ g \cdot cm^{-3}$)의 질량(kg)을 예측하시오.

해답

축구공의 부피 = $\frac{4}{3}\pi(12.5)^3 = 8.18 \times 10^3\ cm^3$.

그러므로 세슘 축구공의 질량은 $8.18 \times 10^3\ cm^3 \times 1.87\ g \cdot cm^{-3} = 1.53 \times 10^4\ g$ 또는 15.3 kg

11.2 알칼리 금속 화합물의 특징

모든 1족 원소는 금속이다. 그 결과, 족의 모든 원소는 공통된 성질을 갖는다. 알칼리 금속 이온의 산화수는 항상 +1이고 전체 pH 영역에 걸쳐 자유 이온으로 존재한다(표 11.2).

대부분의 화합물은 안정하며, 이온 결합성 고체이다. 이들 화합물은 크로뮴산이나 과망가니즈산과 같이 색을 띤 음이온을 포함하지 않으면 무색이다. 알칼리 금속은 높은 전기 양성의 원소이지만, 비금속과 화합물에서의 결합은 작은 공유 결합성 성분을 갖는다.

표 11.2 산화 조건에서 리튬, 소듐 및 포타슘 화학종의 비교

	매우 산성	산성	염기성	매우 염기성
리튬	$Li^+(aq)$			
소듐	$Na^+(aq)$			
포타슘	$K^+(aq)$			

큰 음이온의 안정화

리튬을 제외한 알칼리 금속의 양이온은 가장 낮은 전하 밀도를 가지기 때문에, 이들은 크기가 크고 낮은 전하를 갖는 음이온들을 안정화시킬 수 있다(6.5절 참조). 예를 들어 세슘에서 소듐까지의 이온은 고체 탄산 수소염을 형성하는 유일한 양이온들이다.

이온의 수화

모든 이온은 물에 녹을 때 수화된다. 그러나 고체상에서는 그렇지 않을 수도 있다. 결정성 고체에서의 수화는 격자 에너지와 이온 수화 에너지의 균형에 의존한다. 격자 에너지는 양이온과 음이온 간의 정전기적 인력 때문에 생긴다. 이온의 전하 밀도가 높을수록 더 큰 격자 에너지를 갖는다. 그러므로 이 격자 에너지 항은 결정에서 이온의 수화권을 무너뜨려서 작은(더 높은 전하 밀도를 갖는) 무수 이온을 생성한다. 수화 에너지는 이온과 주위의 극성 물 분자 간의 인력에 의존한다. 이 이온 쌍극자 인력에 기여하는 주요 요인은 이온의 전하 밀도이다. 이 이온들의 전쟁에서 높은 전하 밀도는 고체상에서는 수화권 전체 또는 일부를 유지시키려고 하며, 낮은 전하 밀도를 갖는 이온의 염은 무수물로 존재하려 함이 밝혀졌다.

앞에서도 언급한 것처럼, 알칼리 금속은 다른 금속보다 매우 낮은 전하 밀도를 갖는다. 그러므로 대부분의 고체 알칼리 금속염은 무수물일 것으로 예상되며, 실제로 무수물이다. 리튬과 소듐 이온의 전하 밀도는 몇 가지의 수화물을 형성하기에 충분할 정도로 높다. 모든 금속 중에서 가장 낮은 전하 밀도를 갖는 포타슘, 루비듐, 세슘 염은 수화물이 거의 없다.

낮은 전하 밀도는 알칼리 금속들의 수화 엔탈피에 대한 경향성에 잘 반영되고 있다(표 11.3). 이들의 수화 엔탈피는 매우 낮은 값을 갖는데(예를 들어, Mg^{2+} 이온은 1920 $kJ \cdot mol^{-1}$이다), 족의 아래로 내려갈수록, 즉 반지름이 증가할수록 그 값은 감소한다.

불꽃 색깔

각 알칼리 금속은 금속염의 시료를 불꽃 속에 넣어주면 특성적인 불꽃 색깔을 생성한다(표 11.4). 이 과정에서 연료의 연소 반응에 의한 에너지는 불꽃 속에 놓인 금속염으로 전이된다. 이 전이는 알칼리 금속 원자에 있는 전자를 들뜬 상태로 올라가게 만든다. 이 에너지는 전자가 바닥 상태로 돌아갈 때 가시광선 형태로 방출된다. 각각의 알칼리 금속은 그 자신만의 특성적인 전자 전이를 일으킨다. 예를 들면, 소듐의 노란색은 전자가 중성 소듐 원자의 $3p^1$ 오비탈에서 $3s^1$ 오비탈로 떨어질 때 방출되는 에너지 때문에 나타나는 것인데, 이 이온은 불꽃에서의 연소 반응을 통해 원자가 전자를 얻게 된다(그림 11.1). 이러한 색상의 생성은 불꽃놀이에 잘 사용된다.

표 11.3 알칼리 금속 이온의 수화 엔탈피

이온	수화 엔탈피($kJ \cdot mol^{-1}$)
Li^+	519
Na^+	406
K^+	322
Rb^+	301
CS^+	276

표 11.4 알칼리 금속의 불꽃 색깔

금속	색깔
리튬	심홍색
소듐	노란색
포타슘	연보라색
루비듐	적자색
세슘	푸른색

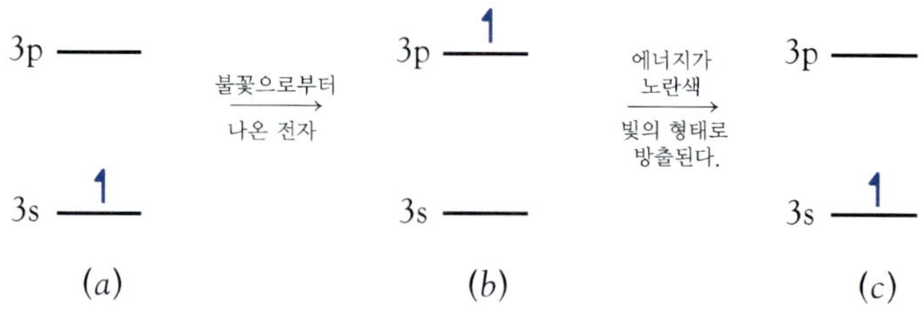

3p —— 불꽃으로부터 나온 전자 → 3p —1— 에너지가 노란색 빛의 형태로 방출된다. → 3p ——

3s —1— 3s —— 3s —1—

(a) (b) (c)

그림 11.1 (a) 불꽃 속에서 소듐 이온은 (b) 3p 오비탈에 전자를 얻는다. (c) 전자가 들뜬 상태인 3p 상태에서 바닥 상태인 3s 상태로 떨어지면 에너지가 노란색 빛으로 방출된다.

알칼리 금속 수산화물

고체 수산화물은 흰색이고, 과량의 물에 스스로 녹을 때까지 공기 중의 수분을 흡수하는 [이 과정을 **조해**(*deliquescence*)라고 함] 반투명성 고체이다. 한 가지 예외는 수산화 리튬인데, 안정한 팔수화물 $LiOH \cdot 8H_2O$를 형성한다. 수산화 이온은 피부의 단백질과 반응하여 피부 표면을 상하게 하므로, 알칼리 금속 수산화물은 모두 극히 위험한 물질이다. 수산화 소듐과 수산화 포타슘은 작은 알갱이 모양으로 공급되는데, 이 형태는 용융 화합물을 틀에 채워서 만든다. 알칼리 금속 수산화물의 고체나 용액은 모두 대기로부터 이산화 탄소를 흡수한다.

$$2\,NaOH(aq) + CO_2(g) \rightarrow Na_2CO_3(aq) + H_2O(l)$$

알칼리 금속 수산화물은 물에 아주 잘 녹기 때문에 수산화 이온의 간편한 공급원으로 사용된다. 시약으로서 수산화 이온이 필요한 경우에는 그 공급원을 비용이나 용해도를 근거로 하여 결정한다. 무기 화학에서 수산화 소듐(가성 소다)은 값이 가장 싼 수산화물이기 때문에 수산화 이온의 공급원으로 가장 많이 사용된다. 수산화 포타슘(가성 칼리)은 수산화 소듐보다 유기 용매에 더 잘 녹기 때문에 유기 화학에서 더 많이 사용된다.

11.3 알칼리 금속 산화물의 경향성

주기율표상 대부분의 금속은 산소 기체와 반응하여 산화 이온, O^{2-}를 포함하는 산화물을 만든다. 그러나 알칼리 금속 중에서는 리튬만이 산소와 반응했을 때 일반적인 산화물을 형성한다.

$$4\,Li(s) + O_2(g) \rightarrow 2\,Li_2O(s)$$

산화 리튬은 물과 반응하여 수산화 리튬을 생성한다.

$$Li_2O(s) + H_2O(l) \rightarrow 2\,LiOH(aq)$$

이산화(2−) 소듐

소듐은 산소 분자와 반응하면 이산화(2−) 소듐, Na_2O_2(**과산화 소듐**이라고도 함)을 만든다.

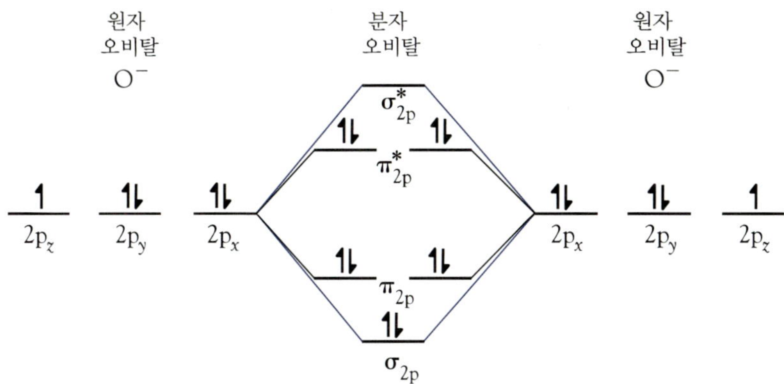

그림 11.2 이산화(2−) 이온(과산화 이온)에 대해 2p 오비탈로부터 유도된 분자 오비탈 도표

$$2\ Na(s) + O_2(g) \rightarrow Na_2O_2(s)$$

이 화합물은 과산화 이온이라고 하는 이산화(2−) 이온, O_2^{2-}을 포함하고 있다. '2−'의 표시는 단순히 이온에서의 전하를 나타낸다. 화학종을 명명할 때, 한 가지 이상의 음이온 전하가 가능할 경우에는 항상 아라비아 숫자를 괄호 속에 표기하고 있다. 이것은 미국화학회에서 권장하는 방법이다.

이산화(2−) 소듐은 반자기성이고, 산소-산소 결합 길이는 약 149 pm로, 산소 분자의 121 pm보다 더 길다. 2p 원자 오비탈에서 유도된 분자 오비탈 도표의 한 부분을 사용하면, 이와 같은 반자기성과 결합의 약해짐을 설명할 수 있다(그림 11.2). 이 도표는 3개의 결합성 오비탈과 2개의 반결합성 오비탈에 전자가 채워짐을 보여 준다. 모든 전자들은 쌍을 이루고 있고, 알짜 결합 차수는 산소 분자의 결합 차수인 2가 아니고 1이다(3.4절 참조).

이산화(2−) 소듐은 물과 빠른 발열 반응을 일으켜 수산화 소듐과 과산화 수소를 생성한다.

$$Na_2O_2(s) + 2\ H_2O(l) \rightarrow 2\ NaOH(aq) + H_2O_2(aq)$$

이산화(1−) 포타슘

포타슘(과 루비듐 및 세슘)은 과량의 산소 분자와 반응하여, 상자기성인 이산화(1−) 이온, O_2^-을 포함하는 이산화물(1−, 대개 **초과산화물**로 불린다)을 형성한다.

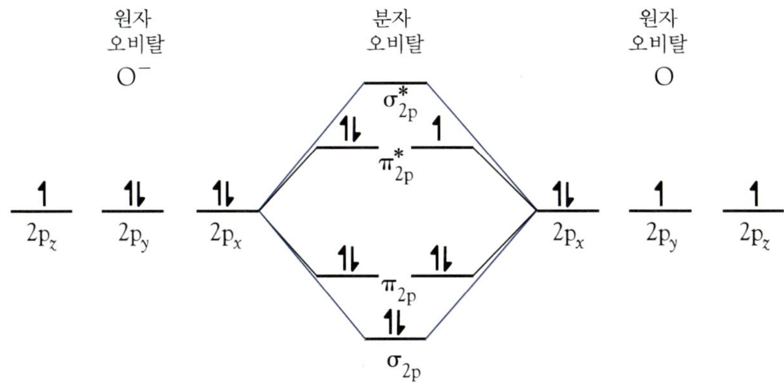

그림 11.3 이산화(−1) 이온(초과산화 이온)에 대해 2p 오비탈로부터 유도된 분자 오비탈 도표

$$K(s) + O_2(g) \rightarrow KO_2(s)$$

이산화(1−) 이온에서 산소-산소 결합 길이(133 pm)는 이산화물(2−)보다는 짧지만, 산소 분자보다는 조금 더 길다. 이러한 결합 길이의 차이도 분자 오비탈 도표를 이용하여 설명할 수 있다(그림 11.3). 이산화(1−) 이온은 3개의 결합 전자쌍과 1(1/2)의 반결합 전자쌍을 가진다. 이산화(1−) 이온에서 알짜 결합 차수는 1½로서, 이산화(2−) 이온에서의 결합 차수 1과 산소 분자의 결합 차수 2 사이에 있다. 낮은 전하 밀도를 갖는, 즉 편극이 적게 된 양이온이 이들 편극성이 큰 음이온을 안정화시킨다고 가정하면, 이산화(1−) 이온이나 이산화(2−) 이온들이 생성되는 것을 쉽게 설명할 수 있다.

이산화(1−) 포타슘이 물과 반응하면 수산화 포타슘, 과산화 수소 및 산소 기체가 생성된다.

$$2\,KO_2(s) + 2\,H_2O(l) \rightarrow 2\,KOH(aq) + H_2O_2(aq) + O_2(g)$$

이산화(1−) 포타슘은 이산화 탄소와 수분을 흡수하고 산소 기체를 내어놓기 때문에, 우주선, 잠수함 및 몇 가지 종류의 자체 부착형 호흡 장치에 사용된다.

$$4\,KO_2(s) + 2\,CO_2(g) \rightarrow 2\,K_2CO_3(s) + 3\,O_2(g)$$
$$K_2CO_3(s) + CO_2(g) + H_2O(l) \rightarrow 2\,KHCO_3(aq)$$

11.4 알칼리 금속염의 용해도

표 11.5 25°C에서 소듐의 할로젠화물의 용해도

화합물	용해도 ($mol \cdot L^{-1}$)
NaF	0.99
NaCl	6.2
NaBr	9.2
NaI	12.3

실험실에서 알칼리 금속염을 매우 유용하게 사용하는 이유는 일반적인 알칼리 금속염이 큰 용해도를 갖기 때문이다. 음이온이 질산, 인산, 플루오린화 음이온 등, 무엇이든지 필요한 음이온의 용액을 만들기 위하여 알칼리 금속염을 사용할 수 있다. 이들의 용해도는 넓은 범위에 걸친 값을 가진다. 예를 들어 염화 리튬 포화 용액의 농도는 14 $mol \cdot L^{-1}$인 반면, 탄산 리튬 포화 용액의 농도는 0.18 $mol \cdot L^{-1}$에 불과하다. 이와 같은 다양성은 소듐의 할로젠화물의 용해도로 설명된다(표 11.5).

이 용해도에 대한 경향성을 설명하기 위하여, 고체에서 용액이 되는 과정에 포함되는

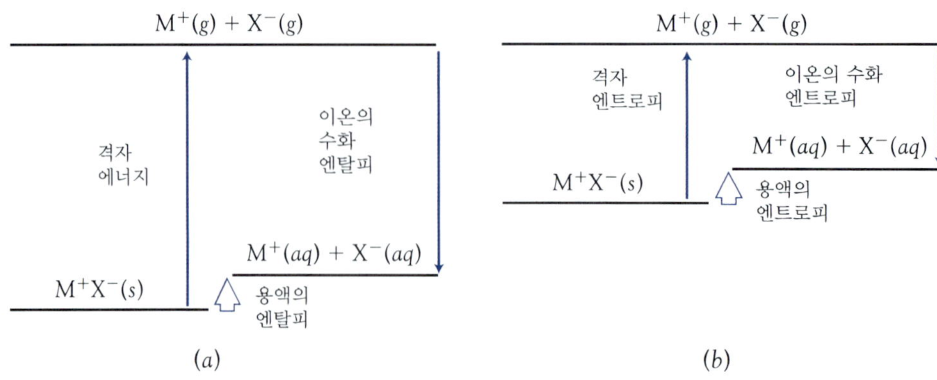

그림 11.4 이온 결합 화합물의 용액에 대한 (a) 엔탈피 순환과 (b) 엔트로피 순환. M^+는 알칼리 금속 이온이고, X^-는 음이온이다.

표 11.6 소듐의 할로젠화물의 용해 과정에 대한 엔탈피 요인

화합물	격자 에너지 (kJ · mol⁻¹)	수화 엔탈피 (kJ · mol⁻¹)	알짜 엔탈피 변화 (kJ · mol⁻¹)
NaF	+930	−929	+1
NaCl	+788	−784	+4
NaBr	+752	−753	−1
NaI	+704	−713	−9

표 11.7 소듐의 할로젠화물의 용해 과정에 대해 $T\Delta S$ 값으로 나타낸 엔트로피 요인

화합물	격자 엔트로피 (kJ · mol⁻¹)	수화 엔트로피 (kJ · mol⁻¹)	알짜 엔트로피 변화 (kJ · mol⁻¹)
NaF	+72	−74	−2
NaCl	+68	−55	+13
NaBr	+68	−50	+18
NaI	+68	−45	+23

표 11.8 소듐의 할로젠화물의 용해 과정에 대한 이론적 자유 에너지 변화

화합물	엔탈피 변화 (kJ · mol⁻¹)	엔트로피 변화 (kJ · mol⁻¹)	자유 에너지 변화 (kJ · mol⁻¹)
NaF	+1	−2	+3
NaCl	+4	+13	−9
NaBr	−1	+18	−19
NaI	−9	+23	−32

에너지의 순환을 알아볼 필요가 있다. 6.4절에서 논의한 것처럼, 화합물의 용해도는 엔탈피 항인 격자 에너지와 양이온과 음이온의 수화 엔탈피, 그리고 해당되는 엔트로피 변화와 관계가 있다(그림 11.4). 염이 상당히 잘 녹을 때, 자유 에너지, ΔG^{Θ}는 음의 값을 가져야 하며, 여기서 $\Delta G^{\Theta} = \Delta H^{\Theta} - T\Delta S^{\Theta}$이다.

엔탈피 항을 살펴보면(표 11.6), 각각의 소듐의 할로젠화물의 격자 에너지는 양이온과 음이온의 수화 엔탈피의 합과 거의 정확하게 균형을 이루고 있다. 즉, 이들 실험값에 포함된 오차는 계산된 차이보다 더 크다. 그러므로 격자 에너지와 수화 엔탈피는 같다고 말할 수 있다.

엔트로피 변화를 계산할 때(표 11.7), 플루오린화 소듐을 제외한 모든 염은 결정 격자로부터 자유롭게 되는 이온에 의해 얻어지는 엔트로피가 이들 기체 이온이 용액에서 수화될 때 잃는 엔트로피보다 훨씬 더 크다는 사실을 알게 된다. 용해 과정의 자유 에너지 변화를 얻기 위해 이들 두 가지의 매우 작은 알짜 효과를 합쳐보면, 놀랍게도 측정된 용해도(표 11.8)와 동일한 경향성을 얻게 된다. 더욱이 여러 알칼리 금속 양이온의 한 가지 음이온에 대한 염의 용해도를 알칼리 금속 이온의 반지름에 대한 함수로 도시해 보면, 대부분의 경우 완만한 곡선을 얻게 된다. 이 곡선은 양 또는 음의 기울기를 가진다(때로는 중간 부분에서 최소점을 갖기도 한다). 이와 같은 경향을 설명하기 위하여 알칼리 금속의 플루오린화물과 아이오딘화물의 용해도를 그림 11.5에 나타내었다.

격자 에너지에 초점을 두면 그림 11.6의 서로 다른 곡선을 이해할 수 있다. 격자 에너

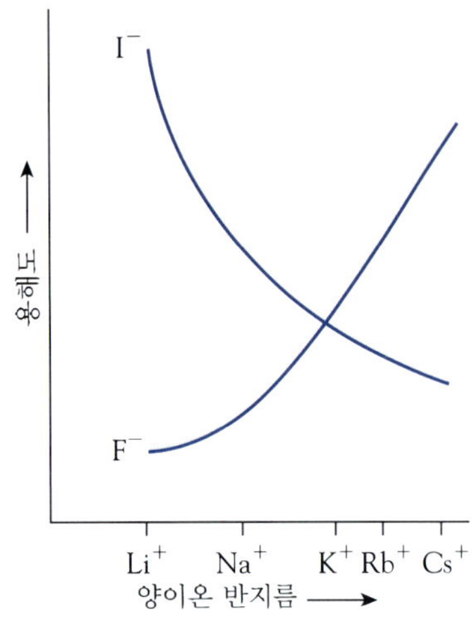

그림 11.5 알칼리 금속의 이온 반지름에 대한 함수로 도시한 알칼리 금속 플루오린화물과 아이오딘화물의 용해도

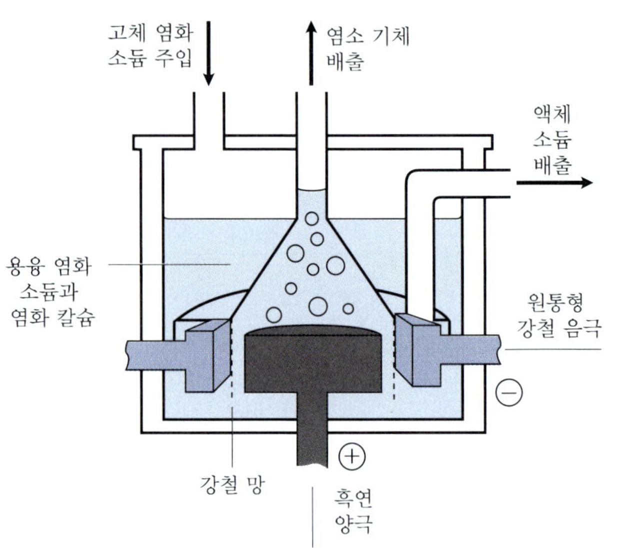

그림 11.6 Downs 전지

모노 호수(Mono Lake)

Sierra Nevada 근처에 있는 캘리포니아의 이 호수는 세계적으로 독특한 호수인데, 이 특이함은 이 호수에서 일어나고 있는 화학에서 비롯된다. 산과 화산 언덕으로 둘러싸여 있는 이 호수는 배출구가 없어서 물은 증발에 의해서만 제거된다. 이 호수는 북미 대륙에서 가장 오래된 것이며, 최소한 760,000년 전에 생긴 것으로 추측되고 있다. 이 기간 동안 주위의 암석과 지하의 샘으로부터 가용성염이 녹아 들어가 약 20 m(60 ft) 깊이의 180 km^2(70 mi^2) 면적의 호수 표면에 축적되었다. 이 호수는 약 2.8×10^8톤의 용해된 염을 포함하고 있는 것으로 계산되었다.

유타주의 그레이트 솔트 호수(Great Salt Lake)는 주로 염화 소듐이 함유되어 있지만, 모노 호수(Mono Lake)는 염화물, 황산염, 탄산 수소염, 탄산염, 붕산염 및 미량의 플루오린화물, 아이오딘화물, 비소화물 및 텅스텐산염을 포함하는 가용성 소듐과 포타슘염의 매혹적인 혼합물이 함유되어 있다. 이 호수에는 칼슘, 마그네슘, 스트론튬 등의 다른 금속도 포함되어 있다. HCO_3^-와 CO_3^{2-}의 농도가 높아서 호수의 pH는 약 10에 이르고 있다. 호수의 대략적인 조성은 알려져 있지만, 이온 상호작용 및 깊이와 계절에 따른 조성의 변화에 관해서는 여전히 조사해야 할 것들이 많다.

석회암으로 이루어진 튜퍼 타워(tufa tower)들은 이 호수의 가장 명물이다. 이들은 칼슘 이온이 풍부한 지하 샘이 호수 물의 탄산염과 혼합되어 생성된 것이다. 그러므로 이 탑들은 지하수 샘의 위치를 확인시켜 준다. 물은 이들 두 이온으로 포화되어 있어서 탄산 칼슘 퇴적물이 청량 음료 캔을 비롯한 다른 부스러기와 함께 전체 호수 바닥을 덮고 있다. 이 탑들은 지하수로부터만 생겨날 수 있는데, 지금의 이 광경은 1941년 이후 호수의 물을 같은 주 내의 여러 지역에 농업용수를 비롯한 여러 다른 용도로 공급하게 되면서 수위가 낮아져 볼 수 있게 된 것이다.

호수의 독특한 화학 외에 생태계도 흥미롭다. pH와 가용성염의 농도가 높기 때문에 수중 생물은 조류, 바다 새우, 검정 알칼리 날벌레뿐이다. 이들 조류를 먹고 사는 날벌레는 호수 주위를 떼지어 날아다니는데, 전체 세 생명 단계 중 두 단계를 물속에서 보낸다. 이 날벌레들은 지방과 단백질이 풍부하기 때문에 철새들의 긴 이동을 위한 재충전용 먹이감이 된다. 그래서 이 호수는 전 세계에서 가장 생산적인 생태계 중 하나이다.

호수물의 용도가 더 많아지게 되어 1982년의 수위는 1941년에 비해 50%로 감소하였다. 수위가 더 감소하면 이온 농도가 더 높아져서 호수의 모든 생물과 이것을 먹고 사는 새들을 죽이게 될 것이다. 다행히 이 호수는 Outstanding National Resource Water로 지정되었다. 그래서 호수의 수량을 이전 수량의 70%로 보존하여야 한다(현재는 약 60%이다). 겨울과 여름 간의 차이는 허용되지만, 수량은 대략적으로 일정하게 유지시켜야 한다.

모노 호수는 화성의 화학을 연구하는 NASA 과학자들에게도 관심거리가 되었다. 화성 표면에도 오래된 호수 바닥이 많이 있으며, 이 호수들은 모노 호수와 비슷한 조성을 가졌을 것으로 예상되기 때문에 생명체도 존재했을 것으로 추측된다. 이 우주 화학자들은 화성 호수 바닥을 찍은 초고해상도 사진을 얻기를 갈망하고 있는데, 모노 호수와 동일한 화학 반응을 가리키는 튜퍼 타워를 갖는 것을 확인하기 위해서이다.

표 11.9 몇 가지 이온 반지름

양이온	반지름(pm)	음이온	반지름(pm)
Li^+	73	F^-	119
Cs^+	181	I^-	206

지는 이온의 전하와 밀접한 관련이 있지만 양이온과 음이온의 비와도 부수적인 상관관계를 가진다. 즉, 이온 크기가 서로 맞지 않으면, 예상되는 격자 에너지를 더 낮아지게 만들 것이다. 표 11.9에 리튬과 세슘 이온, 플루오린화 이온과 아이오딘화 이온의 반지름을 나타내었다. 양이온과 음이온의 크기가 큰 차이를 갖는 아이오딘화 리튬은 비슷한 크기를 갖는 플루오린화 리튬보다 더 잘 녹는다. 반대로, 비슷한 크기의 이온들로 이루어진 아이오딘화 세슘은 크기 차이가 큰 이온들로 구성된 플루오린화 세슘보다 덜 녹는다.

11.5 리튬

리튬은 상온 상압하에서 고체인 거의 모든 원소 중에서 가장 작은 밀도를 가지며, 그 크기는 물의 절반 정도에 해당한다. 이처럼 낮은 밀도 때문에 리튬은 우주선의 합금으로 사용된다. 예를 들면, 합금 LA 141은 14%의 리튬, 1%의 알루미늄, 85%의 마그네슘으로 이루어져 있는데, 밀도가 가장 낮은 알루미늄의 절반인 $1.35\ g \cdot cm^{-3}$에 불과하다.

이 금속은 밝은 은색을 띠지만, 표면이 습한 공기에 노출되면 곧 검게 변해 버린다. 다른 알칼리 금속과 마찬가지로, 리튬은 공기 중의 산소 분자와 반응한다.

$$4\ Li(s) + O_2(g) \rightarrow 2\ Li_2O(s)$$

리튬은 질소와 반응하는 몇 가지 원소 중 하나이며, 알칼리 금속 중에서는 유일하게 질소와 반응하는 원소이다(9.5절 참조). 질소 분자의 삼중 결합을 깨기 위해서는 945 kJ $\cdot mol^{-1}$의 에너지가 필요하다. 이처럼 높은 에너지를 흡수하기 위해서는 생성물의 격자 에너지는 매우 커야 한다. 알칼리 금속 중 가장 큰 전하 밀도를 가지는 리튬 이온만이 충분히 높은 격자 에너지를 갖는 질화물을 형성한다.

$$6\ Li(s) + N_2(g) \rightarrow 2\ Li_3N(s)$$

그러나 이 질화물에 물을 가하면 반응하여 암모니아를 형성한다.

$$Li_3N(s) + 3\ H_2O(l) \rightarrow 3\ LiOH(aq) + NH_3(g)$$

액체 리튬은 가장 부식성이 강한 물질로 알려져 있다. 예를 들어 리튬 시료를 유리 용기에서 녹이면 유리와 자발적으로 반응하여 용기에 구멍을 만든다. 이 반응은 녹색을 띠는 강한 백색광을 방출한다. 또한 리튬 이온은 모든 원소 중에서 가장 큰 음의 표준 환원 전위를 갖는다.

$$Li^+(aq) + e^- \rightarrow Li(s) \qquad E^\ominus = -3.05\ V$$

즉, 리튬이 리튬 이온으로 산화될 때 다른 어떤 원소보다 더 많은 에너지를 방출한다 (+3.05 V).

그렇지만 리튬은 알칼리 금속 중에서 물과의 반응이 가장 느리다. 6.6절에서 논의한 것처럼 자유 에너지의 변화에 의존하는 반응의 자발성과 활성화 에너지 장벽의 높이에 따라 결정되는 반응 속도를 혼동해서는 안 된다. 이 특별한 경우에 있어서도, 물과의 반응에 대한 활성화 에너지가 다른 알칼리 금속보다 리튬에서 더 크다. 리튬 금속은 알칼리 금속들 중에서 가장 큰 격자 에너지를 가지며, 격자로부터 떨어져 나오려면 반드시 산화/수화 과정이 일어나야 하기 때문에 활성화 에너지가 높다는 사실이 그다지 놀라운 것은 아니다.

예제 11.2

6.1절의 Kapustinskii 식을 이용하여 질화 리튬, Li_3N의 격자 에너지를 예측하시오. Li^+와 N^{3-}의 이온 반지름은 각각 73 pm과 146 pm이다.

해답

Kapustinskii 식은 다음과 같다.

$$U = \frac{1.202 \times 10^5 v z^+ z^-}{r_0}\left(1 - \frac{34.5}{r_0}\right) \text{kJ} \cdot \text{mol}^{-1}$$

Li_3N에 대하여

$$U = \frac{1.202 \times 10^5 \times 4 \times 1 \times 3}{219}\left(1 - \frac{34.5}{219}\right) \text{kJ} \cdot \text{mol}^{-1} = 5549\ \text{kJ} \cdot \text{mol}^{-1}$$

예제 11.3

25°C에서 1몰의 리튬을 리튬 이온으로 산화시킬 때 생성되는 에너지를 계산하시오.

$$Li^+(aq) + e^- \rightarrow Li(s) \qquad E^\ominus = -3.05\ \text{V}$$

해답

$$Li(s) \rightarrow Li^+(aq) + e^- \qquad E^\ominus = +3.05\ \text{V}$$

이 산화 과정 동안 방출되는 에너지를 계산하기 위하여 $\Delta G^\ominus = -nFE^\ominus$를 사용할 수 있다.

$$\begin{aligned}\Delta G^\ominus &= -1 \times 9.648 \times 10^4\ \text{C} \cdot \text{mol}^{-1} \times 3.05\ \text{V} \\ &= -2.96 \times 10^5\ \text{C} \cdot \text{V} \cdot \text{mol}^{-1} = -2.96 \times 10^5\ \text{J} \cdot \text{mol}^{-1}\end{aligned}$$

리튬의 용도

리튬의 가장 중요한 산업적인 용도는 리튬 그리스(grease)이다. 모든 자동차 그리스는 리튬을 60% 이상 포함하고 있다. 이 그리스에 사용되는 화합물은 스테아르산 리튬(lithium stearate), $C_{17}H_{35}COOLi$인데, 기름과 혼합되면 방수가 되고, 낮은 온도에서도 굳지 않으며, 높은 온도에서도 안정하다.

리튬 이온은 전하 밀도가 상당히 높기 때문에 리튬의 화학은 다른 알칼리 금속과는 다르게 작용하는 몇 가지 중요한 방법이 있다. 특히 공유 결합인 리튬의 유기금속 화학이 존재한다(23.5절 참조). 일상적인 염인 염화 리튬조차도 에탄올과 아세톤처럼 극성이 낮은 많은 용매에 녹는데, 이는 결합이 상당히 공유 결합성임을 의미한다. 뷰틸리튬(butyllithium, LiC_4H_9)은 유용한 유기 화학 시약이다. 이 화합물은 헥세인(C_6H_{14})과 같은 탄화수소 용매에서 리튬 금속을 클로로뷰테인(chlorobutane, C_4H_9Cl)과 반응시켜 만든다.

$$2\,Li(s) + C_4H_9Cl(C_6H_{14}) \rightarrow LiC_4H_9(C_6H_{14}) + LiCl(s)$$

염화 리튬을 여과하여 제거시키고 나면 용매는 증류하여 제거할 수 있다. 그러면 액체 뷰틸리튬은 증류 용기 속에 남게 된다. 이 화합물은 공기 중의 산소에 노출되면 자발적으로 불이 붙기 때문에 주의하여 다루어야 한다.

리튬 배터리

리튬은 새 배터리 기술에서 가장 많이 사용되는 양극 재료이다. 환원 전위가 높고 저장된 에너지 단위당 매우 낮은 질량을 갖기 때문에, 소형 고압 전지 제조에 사용되고 있다. 리튬의 밀도는 납의 1/20에 불과하므로 가벼운 배터리를 만들 수 있다. 또 한때는 어려운 숙제였던 고가가 아닌 가역(충전이 가능한) 리튬 과정도 완전하게 되었다. 이에 따라 전기 자동차 추진체로 납-산 배터리 대신 사용되고 있다.

리튬 배터리는 많이 사용되고 있지만 그 형태는 다양하다. 리튬 이온 충전 배터리는 휴대용 컴퓨터와 휴대폰에 사용되고 있다. 양극은 산화 코발트(III) 리튬, $LiCoO_2$로 이루어져 있고, 음극은 흑연이며 유기 액체가 전해질로 사용된다. 충전할 때 양극에서는 전자가 전극으로부터 제거될 때 리튬 이온이 용액으로 방출된다. 전하 균형은 각각의 리튬 이온의 방출에 대해 1개의 코발트(III) 이온이 코발트(IV)로 산화된다.

$$LiCoO_2(s) \rightarrow Li_{(1-x)}\,CoO_2(s) + x\,Li^+\ (\text{용매}) + x\,e^-$$

음극에서는 리튬 이온이 흑연층 사이로 들어가서 리튬 금속으로 환원된다. 이러한 '나그네' 원자를 '임자' 고체에 삽입하는 과정에서 구조의 변화는 아주 작고 가역적으로 일어나므로, 최종 생성물을 **층간삽입 화합물**(*intercalation compound*)이라고 한다.

$$C(s) + x\,Li^+(\text{용매}) + x\,e^- \rightarrow (Li)_xC(s)$$

이 전지의 방전은 위 반응의 역반응이다.

다른 전극 재료를 사용한 리튬 배터리도 많이 있다. 전극 재료와 코드는 다음과 같다. 산화 마그네슘(IV) (CR), 폴리카본모노플루오라이드 (BR), 산화 바나듐(V) (VL), 리튬-알루미늄 음극을 갖는 산화 망가니즈 (ML). 대부분의 전지에서 전이 금속은 산화-환원계의 한 부분으로 작용하며, 두 가지의 산화 상태 사이를 오가게 된다. 예를 들면, 망가니즈는 (IV) ↔ (III), 바나듐은 (V) ↔ (IV)이다.

11.6 소듐

소듐은 산업적인 수요가 가장 많은 알칼리 금속이다. 모든 알칼리 금속처럼 순수한 원소는 매우 높은 반응성 때문에 자연 속에 존재하지 않는다.

소듐의 용도

소듐 금속은 수많은 소듐 화합물을 합성하는 데 필요하지만 중요한 용도는 두 가지가 있다. 첫 번째 용도는 다른 금속의 추출이다. 토륨, 지르코늄, 탄탈럼이나 타이타늄과 같은 많은 희귀 금속을 얻기 위한 가장 쉬운 방법은 소듐으로 이들 금속을 환원시키는 것이다. 예를 들면, 타이타늄은 소듐 금속과 함께 염화 타이타늄(IV)을 환원함으로써 얻을 수 있다.

$$TiCl_4(l) + 4\,Na(s) \rightarrow Ti(s) + 4\,NaCl(s)$$

그런 다음 생성물을 씻어주면 순수한 타이타늄 금속으로부터 염화 소듐을 제거할 수 있다.

소듐의 공업적 추출

이 은색의 금속은 용융 상태에서 염화 소듐(m.p. 801°C)을 전기 분해하는 Downs 과정을 이용하여 제조한다. 전기 분해는 중앙의 흑연 양극과 이 양극을 감싸는 강철 음극으로 된 원통형의 전지에서 수행된다(그림 11.6). 염화 칼슘과 염화 소듐의 혼합물은 녹는점을 낮추기 위해 사용되며, 따라서 전지가 작동되는 데 필요한 온도를 더 낮추어 준다. 염화 칼슘 자체의 녹는점은 772°C이지만, 염화 소듐 33%와 염화 칼슘 67% 혼합물의 녹는점은 약 580°C이다. 이 과정이 상업적으로 가치가 있게 된 것은 바로 혼합물의 낮은 녹는점 때문이다.

두 전극은 원통형의 강철 그물 칸막이로 분리되어 있기 때문에 음극의 윗부분에 떠 있는 용융 소듐은 양극에서 발생되는 염소 기체로부터 분리되어 있게 될 것이다.

$$Na^+(NaCl) + e^- \rightarrow Na(l)$$
$$2\,Cl^-(NaCl) \rightarrow Cl_2(g) + 2\,e^-$$

생성된 소듐 금속은 약 0.2%의 칼슘 금속을 함유한다. 금속 혼합물을 110°C로 냉각시키면 칼슘 불순물(m.p. 842°C)은 고체로 되어 용융물 속에 가라앉게 된다. 그런 다음 액체 상태로 남아있는 순수한 소듐(m.p. 98°C)은 냉각된 틀로 퍼올려 고체로 만든다.

11.7 수산화 소듐

수산화 소듐의 공업적 제조

수산화 소듐은 생산되는 양으로 따져서는 무기 화학에서 6번째로 중요한 무기 시약이다. 수산화 소듐은 소금물(염화 소듐 수용액)을 전기 분해하여 만든다. 칸막이형 전지는 상업적인 수산화 소듐 생산에 사용된다. 칸막이형 전지에서 물은 음극에서 수소 기체와 수산화 이온으로 환원되고, 양극에서는 염화 이온이 염소 기체로 산화된다(때때로 물은 산소 기체로 산화되기도 한다).

$$2\,H_2O(l) + 2\,e^- \rightarrow H_2(g) + 2\,OH^-(aq)$$
$$2\,Cl^-(aq) \rightarrow Cl_2(g) + 2\,e^-$$

칸막이형 전지의 특징 중 핵심은 칸막이 또는 분리 장치인데(그림 11.7), 이 장치는 음극에서 생성된 수산화 이온이 양극에서 생성된 염소 기체와 접촉하는 것을 막아 준다. 이 분리 장치에는 소금물이 통과하기에는 충분한 크기의 작은 구멍이 있는데, 과거에는 석면을 사용했지만 지금은 테플론 망사(Teflon mesh)로 만들어져 있다. 이 전지는 30,000 ~ 150,000 Å의 막대한 전기 에너지를 사용한다.

전기 분해가 일어나는 동안 11%의 수산화 소듐과 16%의 염화 소듐 혼합물로 이루어진 음극 용액은 계속해서 제거된다. 용액이 증발되면 용해도가 낮은 염화 소듐은 결정으로 떨어진다. 최종 생성물은 50%의 수산화 소듐과 약 1%의 염화 소듐 용액이다. 이 조성은 대부분의 공업적 목적을 충족시킬 수 있다.

수산화 소듐의 상업적 용도

생산된 수산화 소듐의 약 30%는 유기 화학 공장에서 시료로 사용되고, 20%는 다른 무기 화학 물질의 합성에 사용된다. 또 20%는 펄프와 제지 공업에서 소비되고, 남은 30%는 다른 여러 가지 용도에 사용된다.

수산화 소듐은 화학 실험실에서 가장 중요한 염기이며, 가정에서도 세탁용 알칼리액[잿물(lye)이라고 함]으로 널리 사용된다. 수산화 소듐은 그리스와의 반응성 때문에 장점을 갖는데, 특히 오븐의 기름때나 막힌 하수도의 기름때를 제거할 때 탁월한 효능을 나타낸다. 시판용 배수관 처리 물질에는 알루미늄 금속이 수산화 소듐과 혼합되어 있다. 물을 가하면, 다음과 같은 화학 반응이 일어나 알루미늄산 이온과 수소 기체가 발생된다.

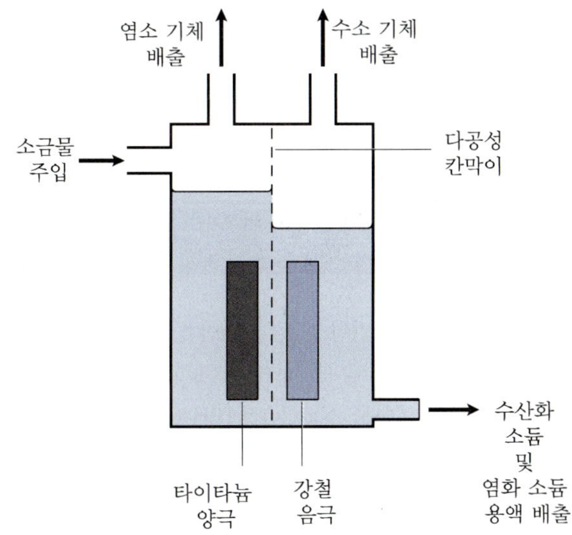

그림 11.7 칸막이형 전지

수소 기체 거품은 이 액체를 격렬하게 저어 주어 수산화 소듐과 기름때가 더 많이 접촉할 수 있게 하므로 찌꺼기가 더 빨리 녹게 만든다.

$$2\,Al(s) + 2\,OH^-(aq) + 6\,H_2O(l) \rightarrow 2\,[Al(OH)_4]^-(aq) + 3\,H_2(g)$$

수산화 소듐은 식품 산업에도 이용되는데, 주로 단백질을 분해시킬 수 있는 수산화 이온을 제공하는 역할을 한다. 예를 들면, 감자를 부드럽게 만들기 위하여 수산화 소듐 용액을 뿌려주고 사용하기 전에 껍질을 제거한다(물론 다음 단계 전에 완벽히 씻어낸다). 올리브는 과육을 먹을 수 있도록 부드럽게 만들기 위해 수산화 소듐 용액에 담가 두어야 한다. 껍질만 벗긴 곡식도 수산화 소듐 용액으로 처리한다. 가장 특이한 용도는 프렛젤(pretzel, 맥주와 함께 먹는 소금기 있는 바삭바삭한 비스킷) 제조에 사용되는 것이다. 소금을 뿌리기 전에 가루 반죽 위에 수산화 소듐 용액의 얇은 막을 도포한다. 수산화 소듐은 접합제로 작용하여 가루 반죽의 표면에 소금이 잘 들러붙게 해 준다. 빵을 만들 때에도 수산화 소듐이 사용되는데, 제빵 과정에서 나오는 이산화 탄소는 수산화 소듐과 반응하여 무해한 탄산 소듐으로 바뀐다.

$$2\,NaOH(s) + CO_2(g) \rightarrow Na_2CO_3 \cdot H_2O(s)$$

11.8 염화 소듐

바닷물은 3%의 염화 소듐과 많은 다른 무기물을 함유하고 있다. 바닷물 속에는 19,000,000 m^3의 소금을 포함하고 있는 것으로 계산되는데, 이 양은 해수면 위로 나타난 북아메리카 대륙 전체 부피의 1.5배에 해당한다. 태양 에너지로 바닷물을 증발시켜 생산된 소금은 터키나 카이코스섬과 같은 제3세계 국가의 중요한 수입원이었다. 그러나 이 같은 방법에 의한 소금의 생산은 더 이상 경제적인 경쟁력이 없게 되었고, 이에 따른 수입 감소와 실업 발생은 이들 나라에 심각한 경제적 문제를 가져왔다.

소금은 2000년 전부터 교역이 이루어진 필수품이다. 로마 군인들은 급여의 일부를 소금(salt)으로 지급 받았는데, 이 용어 *salary*가 오늘날에는 봉급을 나타내는 의미로 사용되고 있다.

오늘날에도 소금은 매우 중요한 상품이다. 염화 소듐은 화학 공장에서 가장 많이 사용되는 물질이며, 전 세계의 연간 소비량은 1억 5천만 톤에 달한다. 오늘날 상업적으로 생산되는 거의 모든 염화 소듐은 수백 미터 두께로 지하에 넓게 매장된 퇴적물로부터 추출한다. 이 지층은 수백만 년 전에 큰 호수가 증발되고 굳어져서 생성된 것이다. 이들 암염의 약 40%는 석탄처럼 채굴되고, 나머지는 퇴적물 속으로 물을 가한 후 포화된 소금물을 퍼내어 추출한다.

11.9 탄산 소듐과 탄산 수소 소듐

알칼리 금속(그리고 암모늄 이온)은 가용성 탄산염만을 형성한다. 알칼리 금속 탄산염들 중에서 가장 중요한 탄산 소듐은 무수물 상태[소다회(soda ash)], 일수화물 $Na_2CO_3 \cdot H_2O$, 그리고 가장 일반적인 십수화물 $Na_2CO_3 \cdot 10H_2O$(세탁 소다)의 형태로 존재한다. 크고 투명한 십수화물 결정이 건조한 공기 속에서 **풍해**(*effloresce*)되면(결정수를 잃음) 일수화물의 분말로 변한다.

$$Na_2CO_3 \cdot 10H_2O(s) \rightarrow Na_2CO_3 \cdot H_2O(s) + 9\,H_2O(l)$$

탄산 소듐의 공업적 제조

탄산 소듐은 사용되는 양으로 따지면 9번째로 중요한 무기 화합물이다. 북미에서 이 화합물은 광물 **트로나**(*trona*)로부터 얻을 수 있는데, 이 광물은 탄산염과 탄산 수소염의 혼합물 $Na_2CO_3 \cdot NaHCO_3 \cdot 2\,H_2O$[세스퀴탄산 소듐(sodium sesquicarbonate)이라고 함]를 약 90% 함유하고 있다. '*Sesqui*'라는 말은 '1과 1/2'이라는 뜻이고, 광물에서 탄산 이온당 소듐 이온의 수를 말한다. 세스퀴탄산 소듐은 두 가지 화합물의 혼합물이 아니라, 결정 격자에서 소듐 이온과 물 분자가 흩어져 있고, 그 사이에 탄산 이온과 탄산 수소 이온이 교대로 들어가서 1:1:3:2의 비율로 배치된, 즉 $Na_3(HCO_3)(CO_3) \cdot 2\,H_2O$의 단일 화합물이다. 지금까지 발견된 세계에서 가장 많은 트로나의 매장량은 Wyoming에서 발견된 4.5×10^{10}톤이다.

일수화물의 추출 과정에서, 트로나는 약 400 m 지하에서 석탄을 채광하는 것처럼 채굴되어 분쇄시킨 다음, 회전 가마에서 가열한다(calcined). 이 처리 과정은 세스퀴탄산염을 탄산염으로 변환시킨다.

$$2\,Na_3(HCO_3)(CO_3) \cdot 2\,H_2O(s) \xrightarrow{\Delta} 3\,Na_2CO_3(s) + 5\,H_2O(g) + CO_2(g)$$

이렇게 얻어진 탄산 소듐은 물에 용해시키고, 불용성 불순물은 걸러서 제거한다. 그런 다음 탄산 소듐 용액은 증발 과정을 통해 건조시켜 탄산 소듐 일수화물을 생산한다. 이 생성물을 회전 가마에서 가열하면 무수 탄산 소듐을 얻게 된다.

$$Na_2CO_3 \cdot H_2O(s) \xrightarrow{\Delta} Na_2CO_3(s) + H_2O(g)$$

다른 나라에서는 Solvay **공정**(Solvay process) 또는 암모니아-소다 공정에 의해 탄산 수소 소듐(그리고 탄산염)을 만든다. 이 과정에서는 염화 소듐과 탄산 칼슘을 반응시킨다.

$$2\,NaCl(aq) + CaCO_3(s) \rightleftharpoons Na_2CO_3(aq) + CaCl_2(aq)$$

그러나 이 반응에 대한 평형의 위치는 왼쪽으로 꽤 많이 치우쳐 있다. 수용성 암모니아를 사용하면 일련의 독창적인 반응 단계를 통하여 위의 모든 반응을 수행할 수 있다. Solvay 공정의 문제점은 부산물로 생성되는 염화 칼슘의 양이다. 염화 칼슘에 대한 수요는 이 반응으로부터 생산되는 양보다 훨씬 적다. 또한 이 공정은 에너지 소비가 너무 많고, 트로나로부터 추출하는 간단한 공정에 비해 비용이 더 많이 든다.

탄산 소듐의 상업적 용도

미국에서 생산되는 탄산 소듐의 약 50%는 유리 제조에 사용된다. 이 과정에서 탄산 소듐은 약 1500°C에서 이산화 규소(모래) 및 다른 성분들과 반응한다. 생성물의 실제 화학식은 반응물의 화학량론적 비에 따라 달라진다(여기에 대해서는 14.14절에서 더 상세히 다룰 것이다). 핵심이 되는 반응은 규소산 소듐과 이산화 탄소가 생성되는 것이다.

$$Na_2CO_3(l) + x\,SiO_2(s) \xrightarrow{\Delta} Na_2O \cdot xSiO_2(l) + CO_2(g)$$

탄산 소듐은 물에 녹아 있는 알칼리 토금속 이온을 불용성의 탄산염으로 전환시켜 이들 이온을 제거하는 데에도 사용되며, 이 과정을 '단물화'라고 한다. 제거되어야 할 가장 보편적인 이온은 칼슘 이온이다. 석회석이나 석회 지질 구조로부터 공급되는 물은 아주 높은 농도의 칼슘 이온을 포함한다.

$$CO_3^{2-}(aq) + Ca^{2+}(aq) \rightarrow CaCO_3(s)$$

탄산 수소 소듐

리튬을 제외한 알칼리 금속만이 고체의 탄산 수소염[보통 중탄산염(bicarbonate)이라고 함]을 형성한다. 이들 탄산 수소염의 존재는, 낮은 전하 밀도를 갖는 양이온은 크고 낮은 전하를 갖는 음이온을 안정화시킨다는 개념을 통해 설명할 수 있다. 탄산 수소 소듐은 탄산 소듐보다 물에 덜 녹는다. 그러므로 탄산 수소 소듐은 포화된 탄산염 용액에 이산화 탄소를 기포 상태로 가하여 만든다.

$$Na_2CO_3(aq) + CO_2(g) + H_2O(l) \rightarrow 2\ NaHCO_3(s)$$

탄산 수소 소듐을 가열하면 분해되어 다시 탄산 소듐이 생긴다.

$$2\ NaHCO_3(s) \xrightarrow{\Delta} Na_2CO_3(s) + CO_2 + H_2O(g)$$

이 반응은 탄산 수소 소듐이 건식 분말 소화기의 주성분으로 사용되는 이유를 설명해 준다. 탄산 수소 소듐 분말은 그 자체로도 불꽃을 약하게 만들지만, 여기에 더하여 고체가 분해되어 불을 끄는 기체인 이산화 탄소와 수증기를 발생시킨다.

탄산 수소 소듐은 빵을 부풀게 만들므로, 주용도는 식품 산업에서 빵을 굽는 데 사용된다. 빵을 구울 때에는 **베이킹 파우더**(baking powder), 즉 탄산 수소 소듐과 인산 이수소 칼슘 $Ca(H_2PO_4)_2$, 그리고 충진물로 약간의 전분이 첨가된 혼합물을 사용한다. 인산 이수소 칼슘은 산성이고, 습기를 함유하고 있을 때 탄산 수소 소듐과 반응하여 이산화 탄소를 발생시킨다.

$$2\ NaHCO_3(s) + Ca(H_2PO_4)_2(s) \rightarrow$$
$$Na_2HPO_4(s) + CaHPO_4(s) + 2\ CO_2(g) + 2\ H_2O(g)$$

11.10 포타슘

천연에 존재하는 포타슘은 방사성 동위원소인 포타슘-40을 약 0.012% 함유하고 있기 때문에 약간의 방사성을 가진다. 우리 몸에서 방출되는 방사선 중 상당한 비율은 1.3×10^9년의 반감기를 갖는 이 동위원소로부터 나온 것이다. 포타슘 원자의 약 89%는 전자를 방출하고 붕괴되며, 나머지 11%는 전자를 포획하면서 붕괴된다(전자 밀도가 핵에 침투되는 증거).

$${}^{40}_{19}K \rightarrow {}^{40}_{20}Ca + {}^{0}_{-1}e$$

$${}^{40}_{19}K + {}^{0}_{-1}e \rightarrow {}^{40}_{18}Ar$$

아르곤-40에 대한 포타슘-40의 비는 생성된 아르곤이 바위 구조 내에 갇히기 때문에, 마그마가 굳은 다음의 바위의 수명을 측정하는 한 가지 방법이다.

포타슘의 공업적 추출

포타슘 금속의 공업적 추출은 화학적 방법으로 수행된다. 전해 전지에서 포타슘을 추출하는 것은 매우 위험하다. 화학적 과정에서는 850°C에서 용융된 염화 포타슘과 소듐 금속을 반응시킨다.

$$Na(l) + KCl(l) \rightleftharpoons K(g) + NaCl(l)$$

평형은 왼쪽으로 치우치겠지만, 이 온도에서 포타슘은 기체(b.p. 766°C; 소듐의 b.p.는 890°C)이다. 따라서 생성된 혼합물로부터 녹색의 포타슘 기체를 뽑아내면 Le Châtelier 원리에 따라 반응을 오른쪽으로 진행시킬 수 있게 된다.

포타슘 화합물의 불용성

앞에서 언급했듯이, 알칼리 금속염은 넓은 용해도 범위를 나타낸다. 특히 이온의 크기가 비슷한 염은 가장 낮은 용해도를 가진다. 따라서 매우 큰 음이온은 1족의 더 큰 양이온과 최소의 용해도를 가지는 염을 형성할 것이다. 이 개념을 크기가 큰 헥사나이트리토코발트(III)산 음이온(hexanitritocobalate(III) anion), $[Co(NO_2)_6]^{3-}$에 적용하여 보자. 이 음이온의 리튬과 소듐염은 가용성이지만, 포타슘, 루비듐, 세슘염은 녹지 않는다. 그러므로 용액이 소듐 또는 포타슘 이온을 포함하고 있다면, 헥사나이트리토코발트(III)산 음이온을 이용하여 시험할 수 있다. 밝은 노란색 침전은 포타슘 이온의 존재를 의미한다.

$$3\,K^+(aq) + [Co(NO_2)_6]^{3-}(aq) \rightarrow K_3[Co(NO_2)_6](s)$$

또 다른 매우 큰 음이온인 테트라페닐붕산 이온(tetraphenylborate ion), $[B(C_6H_5)_4]^-$은 보다 큰 알칼리 금속과의 침전 시험에 사용될 수 있다.

$$K^+(aq) + [B(C_6H_5)_4]^-(aq) \rightarrow K[B(C_6H_5)_4](s)$$

11.11 염화 포타슘

흔히 **가성 칼리**(*potash*)라고 하는 염화 포타슘은 염화 소듐과 마찬가지로 고대에 말라버린 호수의 퇴적물에서 추출되며, 지금도 많은 양이 지하 깊숙이 묻혀 있다. 전 세계의 염화 포타슘 매장량의 약 절반이 캐나다의 Saskatchewan, Manitoba, New Brunswick 주에 묻혀 있다. 고대에 호수가 말라버릴 때 녹아 있던 모든 염들도 결정화되었다. 따라서 그 퇴적물은 순수한 염화 포타슘뿐만 아니라 염화 소듐 결정, 염화 포타슘 마그네슘 육수화물($KMgCl \cdot 6H_2O$), 황산 마그네슘 일수화물($MgSO_4 \cdot H_2O$) 및 다른 염들을 많이 포함하고 있다.

이들 성분들을 분리하기 위하여 여러 가지 다른 방법이 사용되고 있다. 그 중 하나는 용해도 차이를 이용한다. 혼합물을 물에 녹이면 물이 증발됨에 따라 염은 차례로 결정화된다. 그러나 이 과정에서는 물을 증발시키기 위하여 상당한 양의 에너지를 필요로 한다. 두 번째 방법은 소금물을 결정 혼합물에 가하는 방법이다. 이 슬러리 상태의 혼합물에 공기를 불어넣으면 염화 포타슘 결정은 거품에 부착된다. 그런 다음 염화 포타슘 거품을 표면에서 걷어낸다. 염화 소듐 결정은 바닥으로 가라앉기 때문에 걷어낼 수 있다.

세 번째 방법은 정전기적인 방법인데 가장 특이한 것이다. 고체를 갈아서 가루로 만들고 마찰 과정을 통하여 결정에 전하가 가해진다. 염화 포타슘 결정은 다른 광물과는 반대인 전하를 얻는다. 그런 다음 강하게 하전된 두 개의 원통으로 이루어진 탑으로 가루를 쏟아 붙는다. 염화 포타슘과 다른 염들은 서로 다르게 하전된 원통에 들러붙게 된다. 이 과정에서 염화 포타슘을 선택적으로 얻을 수 있지만, 다른 염들은 용도가 거의 없기 때문에 이들을 폐기하는 것이 큰 문제이다.

염화 포타슘의 단 한 가지 용도는 비료이다. 포타슘 이온은 질소, 인산과 함께 식물 성장에 필요한 3대 필수 영양소 중의 하나이고, 약 4.5×10^7톤의 염화 포타슘이 매년 이 목적으로 세계 전역에서 사용되므로 중요한 화학 생산물이다.

11.12 유사-알칼리 금속 이온으로서의 암모늄 이온

어떤 다원자 이온은 원소 이온과 성질이 비슷하고, 몇 가지 경우에는 원소와 부합되는 분자도 존재한다. 이와 같은 독특한 범주를 다음과 같이 정의할 수 있다.

여러 가지 면에서, 성질이 원소의 이온이나 원소의 작용기와 유사한 다원자 이온.

암모늄 이온은 두 가지 비금속을 포함하는 다원자 양이온이지만, 여러 측면에서 알칼리 금속 이온처럼 행동한다. 이 유사성은 알칼리 금속처럼 암모늄 이온이 크고 낮은 전하를 갖기 때문에 생긴다. 실제로 암모늄 이온의 반지름(151 pm)은 포타슘 이온의 반지름(152 pm)과 거의 같다. 그러나 암모늄염의 화학은 루비듐이나 세슘 이온과 더 유사한데, 이것은 아마도 암모늄 이온이 구형이 아니라서 실제 반지름은 측정값보다 더 크기 때문일 것이다. 무거운 알칼리 금속에 대한 유사성은 특히 결정 구조에서 나타난다. 염화 루비듐과 염화 세슘처럼 염화 암모늄은 고온에서는 CsCl 구조를 가지고, 저온에서는 NaCl 구조를 갖는다.

암모늄 이온은 침전 반응에서 알칼리 금속 이온과 유사하게 행동한다. 간단한 소듐 화합물은 모두 물에 녹지만, 매우 큰 음이온을 갖는 무거운 알칼리 금속 이온의 화합물은 불용성이다. 같은 음이온을 갖는 암모늄 이온은 침전된다. 좋은 예는 헥사나이트로코발트(III)산 이온(hexanitrocobaltate(III) ion), $[Co(NO_2)_6]^{3-}$인데, 이 이온은 무거운 알칼리 금속에 대한 정성 분석에 사용된다. 포타슘, 루비듐, 세슘 이온처럼 암모늄 이온과도 밝은 노란색 침전이 얻어진다.

$$3\,NH_4^+(aq) + [Co(NO_2)_6]^{3-}(aq) \rightarrow (NH_4)_3[Co(NO_2)_6](s)$$

그러나 이 유사성은 이들 이온에 의해 진행되는 모든 화학 반응에까지 확장되지는 않는다. 예를 들면, 질산 소듐을 가열하면 아질산 소듐과 산소 기체가 생성되지만, 질산 암모늄을 가열하면 양이온과 음이온의 분해가 일어나서 산화 이질소와 물이 생긴다.

$$2\ NaNO_3(s) \xrightarrow{\Delta} 2\ NaNO_2(s) + O_2(g)$$

$$NH_4NO_3(s) \xrightarrow{\Delta} N_2O(g) + 2\ H_2O(g)$$

암모늄 이온과 무거운 알칼리 금속 이온 간의 유사성에 대한 중요한 약점은 암모늄 이온 'NH_4^+'의 유사 원소는 분리될 수 없다는 것이다.

11.13 생물학적 특성

리튬과 정신 건강

리튬은 양극성 장애[**조울증**(*manic depression*)이라고 함)]를 치료하는 데 사용된다. 생화학자들은 효소가 작용하는 과정에서 리튬 이온이 마그네슘을 치환함으로써 부분적으로 역할을 함을 증명하였는데, 이것은 두 이온 간의 대각선 관례의 결과이다(9.5절 참조). 인구의 1%는 이 쇠약증으로 고통을 받고 있는데, 행복해서 과다행동을 보이는 것으로부터 우울해지고 졸음을 느끼는 증세로까지 기분이 요동을 친다. 리튬 이온은 기분을 안정시키는 약이다.

정신 질환을 치료하기 위하여 리튬 이온을 사용한 이야기는, 이 발견이 행운을 동반한 우연과 관찰의 조화를 통해 이루어졌음을 보여 주는 한 예이다. 1938년에 호주의 정신과 의사인 J. Cade는 큰 유기 음이온이 동물에 미치는 효과를 연구하고 있었다. 투여량을 증가시키기 위하여 그는 더 잘 녹는 염이 필요하였다. 큰 음이온을 갖는 알칼리 금속 이온의 용해도는 반경이 감소하면서 증가하였다. 따라서 그는 리튬염을 선택하였다. 그러나 그가 이 화합물을 투여했을 때, 동물들은 행동에 변화를 보이기 시작하였다. 그는 리튬 이온 자체가 뇌에 작용하는 효과를 가지는 것을 알았다. 계속된 연구를 통하여 리튬 이온이 우울증 환자의 치료에 효과를 나타냄을 증명하였다.

건강에 미치는 리튬의 효과는 훨씬 더 일찍 발견될 수도 있었다. 영국에서는 리튬이 풍부한 샘물이 정신 질환을 완화시키는 데 도움이 된다는 사실이 잘 알려져 있었다. 더 최근에 텍사스의 한 병원의 연구에서는, 우울증 치료를 위해 일반적인 투여량보다 더 낮은 농도의 리튬을 투여하고 있는데, 이는 그 지방에서 마시는 물의 리튬 이온 농도가 높기 때문이다.

양극성 장애 증상을 일으키는 이유는 특정한 신경 전달 물질의 불균형이다. 이 불균형의 원인은 효소 이노시톨 단일 인산 가수 분해 효소(inositol monophosphatase, IMPase)일 수가 있다. IMPase는 당처럼 생긴 분자인 이노시톨의 단일 인산염을 자유 이노시톨로 변환시키는데, 이 과정에는 2개의 마그네슘 이온이 관여하게 된다. 효소 경로에서 마그네슘 이온 중의 하나가 리튬으로 치환되면 이 과정이 느려지게 된다. 이렇게 기분 급변을 완화시키는 것은 조병 단계나 이에 대응하는 우울 증상을 극복하기 위해 약물 조합을 사용하는 방법에 비해 더 바람직한 해결책이다.

리튬 치료는 문제를 가지고 있다. 부작용은 과다한 갈증, 기억 문제 및 수전증이 포함된다. 또한 Bertrand 규칙(2장 '컨텍스트' 참조) 곡선이 매우 좁다. 즉, 치료와 독성을 나타내는 투여량 사이에는 매우 좁은 영역만이 존재한다. 그럼에도 불구하고, 리튬 치료법은 수많은 사람들의 건강을 되찾게 해주고 있다.

11.14 원소 반응 경로도

이 족의 3가지 가장 중요한 원소는 리튬, 소듐, 포타슘이며, 이들 원소에 대한 경로도를 나타내었다. 이 경로도에 나타낸 반응이 중요한 반응의 전부가 아님을 기억하기 바란다.

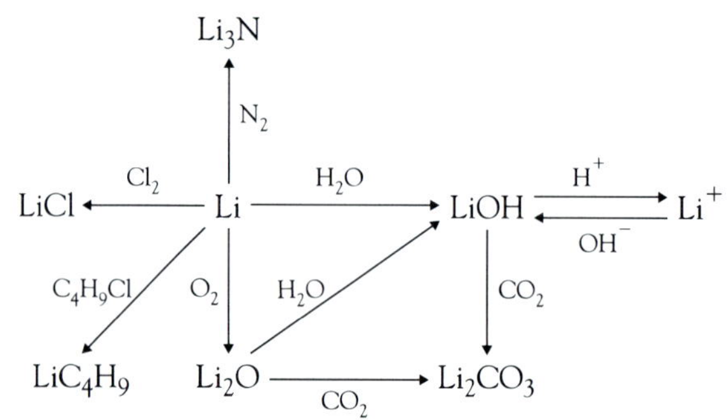

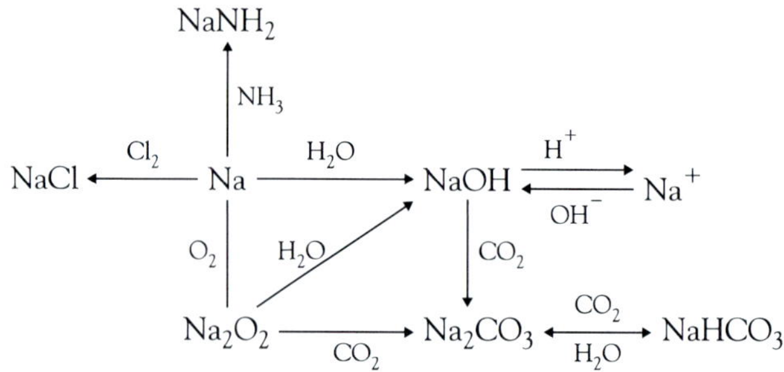

핵심개념

- 금속으로서의 1족 원소는 매우 낮은 밀도, 녹는점, 끓는점을 갖는다.
- 알칼리 금속은 매우 높은 화학 반응성을 갖는다.
- 크기가 큰 알칼리 금속(리튬은 제외)은 크고 낮은 전하 밀도를 갖는 음이온을 안정화시킨다.
- 매우 큰 음이온을 가진 무거운 금속 이온(포타슘에서 세슘까지)을 제외한 1족 이온의 염은 가용성이다.
- 산소를 가진 금속의 반응은 양이온의 크기에 따라 서로 다른 생성물을 생성시킨다.
- 암모늄 이온은 여러 면에서 알칼리 금속 이온과 같은 성질을 나타낸다.

연습문제

11.1 다음 각 반응에 대한 화학 반응식의 균형을 맞추시오.
(a) 물과 소듐 금속의 반응
(b) 산소 분자와 루비듐 금속의 반응
(c) 이산화 탄소와 고체 수산화 포타슘의 반응
(d) 고체 질산 소듐의 가열

11.2 다음 각 반응에 대한 화학 반응식의 균형을 맞추시오.
(a) 질소 분자와 리튬 금속의 반응
(b) 물과 고체 이산화(1−) 세슘의 반응
(c) 고체 탄산 수소 소듐의 가열
(d) 고체 질산 암모늄의 가열

11.3 알칼리 금속과 일반적인 금속의 유사한 점과 차이점을 설명하시오.

11.4 알칼리 금속 중 어떤 것이 가장 반응성이 낮은가? 표준 산화 전위에 기초하여 그 이유를 설명하시오.

11.5 알칼리 금속의 일반적인 특징 세 가지를 기술하시오.

11.6 M으로 표시한 알칼리 금속이 수화된 황산염 $M_2SO_4 \cdot 10\,H_2O$를 형성한다고 하자. 이 금속은 소듐과 포타슘 중 어느 것인가? 그 이유를 설명하시오.

11.7 수산화 소듐이 염화 소듐보다 훨씬 더 물에 잘 녹는 이유를 설명하시오.

11.8 소듐 금속을 제조하는 데에는 Downs 전지가 사용된다.
(a) 수용액에서 전기 분해를 수행할 수 없는 이유를 설명하시오.
(b) 염화 칼슘을 첨가하는 이유는 무엇인가?

11.9 포타슘 금속을 추출할 때 약 850°C의 온도를 사용하는 것이 중요한 이유를 설명하시오.

11.10 수산화 소듐을 제조할 때 칸막이형 전지의 장단점을 기술하시오.

11.11 알칼리 금속 화합물들은 여러 가지 관용명이 있다. 다음 물질에 대한 계통명을 붙이시오.
(a) 가성 소다(caustic soda)
(b) 소다회(soda ash)
(c) 세탁 소다(washing soda)

11.12 알칼리 금속 화합물들은 여러 가지 관용명이 있다. 다음 물질에 대한 계통명을 붙이시오.
(a) 가성 칼리(caustic potash)
(b) 트로나(trona)
(c) 잿물(lye)

11.13 다음의 의미를 설명하시오.
(a) 풍해작용(efflorescence)
(b) 층간삽입(intercalation)

11.14 다음의 의미를 설명하시오.
(a) 초금속(supermetal) (b) 조해성(deliquescent)

11.15 Solvay 합성법을 이용한 탄산 소듐의 제조에 포함된 반응에 대한 화학식을 쓰시오. 이 과정에서 중요한 문제점 두 가지는 무엇인가?

11.16 알칼리 금속만이 고체 상태에서도 안정한 탄산 수소염을 형성하는 이유를 간단히 설명하시오.

11.17 암모늄 이온이 종종 유사-알칼리 금속으로 간주되는 이유를 간단히 설명하시오.

11.18 기체 수소화 리튬 분자에서의 결합을 설명하는 대략적인 분자 오비탈 도표를 그리시오.

11.19 우주선의 공기 순환 장치에 이산화(1−) 세슘 대신 이산화(1−) 포타슘이 사용되는 두 가지 이유를 제시하시오.

11.20 인산 음이온, PO_4^{3-}와 테트라페닐붕소산 음이온, $[B(C_6H_5)_4]^-$ 중에서 암모늄 이온과 침전을 형성하는 것을 고르고, 그 이유를 설명하시오.

11.21 암모늄 이온은 알칼리 금속 중에서 루비듐 및 세슘 이온과 가장 유사하다. 그 이유를 설명하시오.

11.22 살아있는 세포에서 소듐 이온과 포타슘 이온은 어디에 존재하는가?

11.23 원소 반응 경로도에서 각 반응에 대한 화학 반응식의 균형을 맞추시오.

응용문제

11.24 이 장에서 1족의 방사성 동위원소인 프랑슘은 다루지 않았다. 족의 경향성에 근거하여 프랑슘과 그 화합물의 중요한 성질을 예측하시오.

11.25 Downs 전지에서 하루에 1.00톤의 소듐 금속을 생산하기 위해 7.0 V에서 필요한 최소 전류는 얼마인가? 효율은 100%라고 가정하시오(1 mol의 전자를 흘려주기 위해서는 9.65×10^4 A · s, 즉 1 Faraday의 전기가 필요하다).

11.26 헥사플루오린화 백금, PtF_6는 매우 높은 전자 친화도(772 kJ · mol^{-1})를 갖는다. 그러나 리튬 금속이 헥사플루오린화 백금과 반응하면 $Li^+PtF_6^-$가 아닌 Li^+F^-가 생긴다. 그 이유를 설명하시오.

11.27 LiF, NaF, KF, RbF, CsF 계열을 따라서는 $\Delta_f H^\ominus$가 덜 음의 값을 갖게 되지만, LiI, NaI, KI, RbI, CsI 계열을 따라서는 $\Delta_f H^\ominus$가 더 음의 값을 갖게 되는 이유를 설명하시오.

11.28 리튬의 원자 질량은 6.941 g · mol^{-1}이다. 그러나 리튬의 화합물에서는 이 원자 질량 대신 6.97 g · mol^{-1}을 사용한다. 그 이유를 설명하시오.

11.29 플루오린화 소듐과 테트라플루오로붕산 소듐, $Na[BF_4]$ 중에서 물에 더 잘 녹는 화합물은 어느 것인가? 그 이유를 설명하시오.

11.30 이론적인 플루오린화 세슘(II), CsF_2가 자발적으로 플루오린화 세슘으로 분해될 것인지를 결정하시오.

$$CsF_2(s) \rightarrow CsF(s) + 1/2\ F_2(g)$$

CsF_2의 격자 에너지는 $2250\ kJ \cdot mol^{-1}$이고, 세슘의 이차 이온화 에너지는 $2.430\ MJ \cdot mol^{-1}$이다. 다른 모든 자료는 부록을 이용하시오. 이 계산은 엔탈피 변화만을 제공할 것이다. 자발성을 판단하기 위해서는 엔트로피와 엔탈피 자료로부터 자유 에너지를 알아야 한다. 분해 반응에서 엔트로피 변화를 예측하고 설명하시오.

11.31 수소화 리튬 격자에서 수소화 이온의 반지름은 130 pm이지만 수소화 세슘에서는 154 pm이다. 두 격자에서 이온 반지름의 차이가 나는 이유를 설명하시오.

11.32 고체 염화 세슘은 염화 수소 기체와 반응하여 다원자 음이온을 포함하는 화합물을 생성시킨다. 음이온의 화학식을 쓰시오. 염화 리튬은 염화 수소와 반응하지 않는다. 반응이 일어나지 않는 이유를 설명하시오.

11.33 같은 몰농도의 이온 Li^+, K^+, F^-, I^-를 포함하는 용액을 건조시키기 위하여 증발시켰다. LiF와 KI 또는 LiI와 KF 중에서 어떤 염이 결정으로 석출되는가? 에너지적으로 선호되는 격자 에너지를 고려하여 확인하시오(6.1절 Kapustinskii 식 참조).

11.34 고온/고압에서 알칼리 금속의 플루오린화물, MF를 사용하여 탄소-염소 결합을 탄소-플루오린 결합으로 치환시키는 반응은 다음과 같다.

$$R_3C - Cl + MF \rightarrow R_3C - F + MCl$$

플루오린화 소듐보다 플루오린화 포타슘이 더 선호되는 이유를 설명하시오.

11.35 포타슘-40이 붕괴되면 칼슘-40이 생성되어야 하는 이유를 설명하시오.

2족 원소: 알칼리 토금속

12장

알칼리 토금속은 알칼리 금속보다는 더 단단하고 밀도가 크며, 반응성이 작다. 그러나 일반적인 금속들보다는 반응성이 더 크고 밀도는 더 작다.

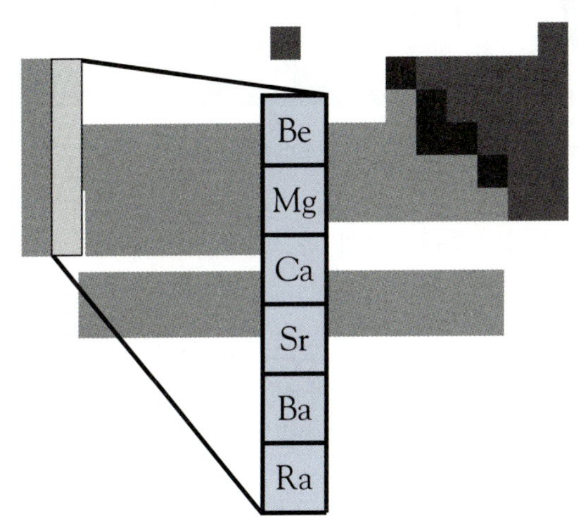

컨텍스트: 칼슘과 마그네슘 – 또 다른 생물학적 균형

유기체가 소듐 이온과 포타슘 이온의 균형을 필요로 하는 것처럼, 2족 금속 이온인 마그네슘과 칼슘의 균형도 존재한다. 알칼리 금속 이온들과 마찬가지로, 마그네슘 이온은 세포 내에 주로 존재하고 칼슘 이온은 세포외액에 주로 존재한다.

칼슘은 세포 전달자로서 작용하며, 심장을 포함한 모든 근육의 수축에 관여한다. 칼슘 결핍은 골다공증을 유발할 수도 있고 쉽게 멍이 들거나 손과 발의 저림, 그리고 불규칙적인 심장 박동과 같은 증상에도 어느 정도 관여한다. 칼슘 과다는 신장 결석, 뼈 통증 및 메스꺼움을 일으킬 수 있다. 마그네슘은 모든 살아있는 세포에 존재하는데, 삼인산 아데노신, ATP의 에너지 방출에 관여한다(15장 참조). 마그네슘 결핍은 현기증, 경련, 불규칙적인 심장 박동 및 칼슘 결핍을 일으킬 수 있다. 마그네슘을 과다 섭취하게 되면 메스꺼움, 저혈압 및 심장마비를 유발할 수 있다.

우리 몸속에는 약 1 kg의 칼슘이 존재하는데, 그 중 98%는 뼈에 존재한다. 이 점은 1족과 2족 이온 사이의 중요한 차이를 보여 준다. 1족의 경우, 모든 일반적인 화합물은 녹을 수 있다. 12.2절에서 알아보겠지만, 2족의 경우 족의 아래로 내려가면서 용해도에 중요한 차이가 생긴다. 특히 족의 아래로 내려갈수록 높은 전하의 음이온을 갖는 2족 금

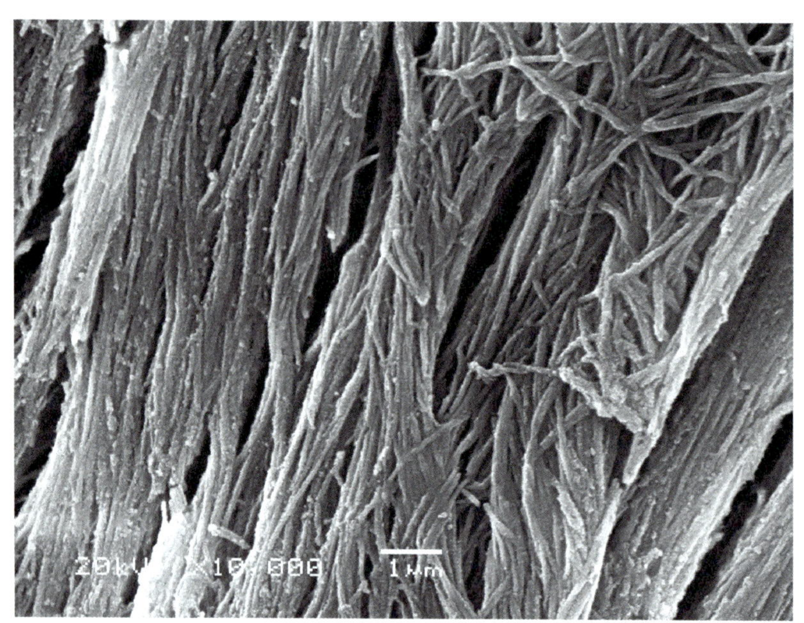

뼈의 구조에 존재하는 하이드록시도인산 칼슘 결정의 현미경 사진

속의 용해도는 급속히 감소한다. 뼈의 무기 성분인 하이드록시도인산 칼슘은 대개 $Ca_5(PO_4)_3(OH)$로 표기되는데, 이 화합물이 핵심적인 예가 된다. 이 칼슘 화합물은 마그네슘 화합물만큼 용해될 수 없기 때문에 극도로 불용성인 뼈의 무기 성분이 된다.

뼈에 존재하는 결정은 무기 화학에서 세 가지 중요한 요소를 설명한다. 첫째, 다른 이온으로 교체하면 더 높은 격자 에너지가 얻어질 수도 있다. 천연 뼈의 경우에, 각각의 네 번째 음이온이 일가 음이온인 수산화 이온인 경우 특히 안정한 격자가 생성된다. 둘째, 뼈는 생광물화의 예이다(12.12절 참조). 즉, 세포는 화합물을 결정화시키는데, 실험실에서 합성하는 것처럼 두툼한 결정이 아니라 뼈의 강도를 높여 주는 길고 어우러지는 바늘 형태의 결정을 만든다. 셋째, 무기 화합물에 대한 화학식을 단순화시켜 쓸 수 있지만, 실제로는 가상적인 것이다. 5.8절에서 설명한 것처럼, 뼈에 존재하는 화합물들은 항상 엄격한 화학량론을 따르지는 않는다. 이들 화합물의 구조 안에는 인산 수소 이온, 탄산 이온, 심지어 마그네슘 이온까지도 발견된다.

12.1 족의 경향성

이 절에서는 마그네슘, 칼슘, 스트론튬, 바륨에 대해서 다룬다. 베릴륨은 화학적으로 준금속에 가까우므로 별도로 논의할 것이다. 라듐은 방사성 원소로 분류되므로, 그 성질은 자세하게 알려지지 않고 있다.

알칼리 토금속은 밀도가 상당히 낮고, 은색의 광택을 갖는다. 알칼리 금속과 마찬가지로 밀도는 원자 번호가 증가함에 따라 증가한다(표 12.1). 알칼리 토금속은 더 높은 녹는점과 더 큰 경도를 갖기 때문에 알칼리 금속보다 더 강한 금속 결합을 하게 된다. 알칼리 토금속과 마찬가지로 족의 아래로 갈수록 밀도가 증가하지만, 녹는점에서는 뚜렷한 경향성이 나타나지 않는다.

표 12.1 알칼리 토금속의 녹는점과 밀도

원소	녹는점 (°C)	밀도 ($g \cdot cm^{-3}$)
Mg	649	1.74
Ca	839	1.55
Sr	768	2.63
Ba	727	3.62

알칼리 토금속은 알칼리 금속보다 화학적 반응성은 낮지만, 다른 금속 원소들보다는 반응성이 더 크다. 예를 들어 칼슘, 스트론튬, 바륨은 모두 차가운 물과 반응하며, 바륨의 반응은 격렬하게 일어난다.

$$Ba(s) + 2\,H_2O(l) \rightarrow Ba(OH)_2(aq) + H_2(g)$$

알칼리 금속과 마찬가지로 반응성은 족에서 질량이 증가함에 따라 커진다. 따라서 마그네슘은 차가운 물과는 반응하지 않지만, 뜨거운 물과는 느리게 반응하여 마그네슘의 수산화물과 수소 기체를 생성시킨다.

알칼리 토금속들은 많은 비금속과도 반응한다. 예를 들면, 가열된 칼슘은 염소 기체와 반응하여 염화 칼슘을 만든다.

$$Ca(s) + Cl_2(g) \rightarrow CaCl_2(s)$$

알칼리 토금속을 가열하면 질소 기체와 반응한다. 예를 들어 마그네슘은 질화 마그네슘을 형성하기 위해 질소 분자와 반응한다.

$$3\,Mg(s) + N_2(g) \rightarrow Mg_3N_2(s)$$

예제 12.1

라듐은 물과 반응할 수 있을까? 물과 반응할 경우 이 반응에 대한 균형 맞춘 반응식을 쓰시오.

해답

족의 아래로 내려갈수록 물과의 반응성은 증가하기 때문에 라듐은 물과 격렬하게 반응하여 수산화 라듐과 수소 기체를 생성할 것이다.

$$Ra(s) + 2\,H_2O(l) \rightarrow Ra(OH)_2(aq) + H_2(g)$$

12.2 알칼리 토금속 화합물의 특징

베릴륨은 그 성질이 2족의 다른 원소와 차이가 많이 나므로 논의에서 제외한다. 알칼리 토금속은 항상 +2의 산화수를 가지며, 색깔을 띤 음이온이 존재하지 않는 경우에는 안정한 무색의 이온 결합 고체를 형성한다. 알칼리 토금속 화합물의 결합은 대부분 이온 결합성이지만, 마그네슘 화합물에서는 공유 결합성이 분명하게 나타난다(베릴륨의 화학에

표 12.2 산화 조건에서 마그네슘, 칼슘, 바륨 화학종의 비교

	매우 산성	산성	염기성	매우 염기성
마그네슘	$Mg^{2+}(aq)$		$Mg(OH)_2(s)$	
칼슘	$Ca^{2+}(aq)$			$Ca(OH)_2(s)$
바륨	$Ba^{2+}(aq)$			$Ba(OH)_2(s)$

서는 공유 결합성이 더 우세하다). 알칼리 금속과는 달리, 염기성 용액에서 알칼리 토금속은 불용성 수산화물을 형성한다(표 12.2).

이온의 수화

크기가 크고 낮은 전하를 갖는 알칼리 금속과는 대조적으로, 더 작고 전하 밀도가 더 높은 알칼리 토금속은 거의 항상 수화된다. 예를 들어 염화 칼슘은 육수화물, 사수화물, 이수화물, 일수화물 형태로 만들 수 있다. 표 12.3은 몇 가지 일반적인 알칼리 토금속 화합물의 통상적인 수화수(결정의 물 분자수)를 나타낸 것이다. 금속의 전하 밀도가 감소하면 물 분자의 수도 감소한다. 그러나 마그네슘과 칼슘의 수산화물은 무수물이지만, 스트론튬과 바륨의 수산화물은 팔수화물이다.

알칼리 토금속 염의 용해도

1족 원소의 모든 염은 수용성이지만 2족의 경우는 물에 불용성인 경우가 많다. 일반적으로 염화물이나 질산 이온과 같은 일가 음이온은 수용성이지만, 일가 음전하보다 더 큰 음전하를 갖는 탄산 이온이나 인산 이온과 같은 음이온은 물에 불용성이다. 용해도의 특이한 경향성을 보여 주는 몇 가지 음이온이 있다. 특히 황산 이온은 족의 아래로 감에 따라 수용성에서 불용성으로 변하지만, 수산화물은 그 반대의 경향을 보인다(표 12.4).

바륨 원자는 X선의 강한 흡수제이다. 이것은 의학적 목적에 따라 위와 장기를 영상으로 볼 수 있게 만드는 중요한 성질이다. 부드러운 조직에 있는 원소들은 X선을 흡수하지 않는다. 바륨은 X선의 강한 흡수제이기 때문에 바륨이 포함된 용액을 마시면 몸속의 장기에 대한 영상을 얻을 수 있다. 한 가지 단점은 바륨 이온의 독성이 매우 크다는 것이

표 12.3 일반적인 알칼리 토금속 염의 통상적인 수화수

원소	MCl_2	$M(NO_3)_2$	MSO_4
Mg	6	6	7
Ca	6	4	2
Sr	6	4	0
Ba	2	0	0

표 12.4 알칼리 토금속 수산화물과 황산염의 용해도

금속	수산화물의 용해도($g \cdot L^{-1}$)	황산염의 용해도($g \cdot L^{-1}$)
Mg	0.0001	337
Ca	1.2	2.6
Sr	10	0.013
Ba	47	0.0002

표 12.5 염화 마그네슘과 염화 소듐의 용해 과정의 엔탈피 요인

화합물	격자 에너지 ($kJ \cdot mol^{-1}$)	수화 엔탈피 ($kJ \cdot mol^{-1}$)	알짜 엔탈피 변화 ($kJ \cdot mol^{-1}$)
$MgCl_2$	+2526	−2659	−133
NaCl	+788	−784	+4

다. 다행히 바륨은 황산 바륨과 같은 극히 불용성의 염을 만든다. 이 화합물은 용해도 ($2.4 \times 10^{-3}\ g \cdot L^{-1}$)가 굉장히 낮아서 바륨의 현탁 수용액(바륨식이라고도 한다)은 안전하게 마실 수 있고, 장기의 X선을 찍은 후에는 배설이 된다.

알칼리 토금속 화합물의 용해도에 대한 열역학적 요인

11.4절에서 알칼리 금속 염화물의 용해도를 열역학적 함수들과 관련지어 설명하였다. 알칼리 토금속에 대해서는 각 함수의 값이 알칼리 금속의 경우와는 큰 차이가 있다. 그러나 용해 과정의 엔트로피와 엔탈피의 알짜 변화는 그렇게 많이 다르지 않다.

먼저 엔탈피 함수를 고려해 보자. 엔탈피 순환의 처음 단계는 결정 격자의 승화 과정이다. 이가 양이온의 격자를 승화시키기 위해서는 일가 양이온에서보다 약 3배 정도의 에너지가 필요하다. 이것은 이가 양이온의 더 큰 정전기적 인력(2+ 전하와 1−, 대 1+ 전하와 1−) 때문이다. 더군다나 이온은 몰당 2개가 아닌 3개의 이온으로 분리되므로, 일가인 알칼리 금속 이온보다 더 큰 수화 엔탈피 값을 갖는다.

2족 이온의 더 큰 전하 밀도에 의해 물 분자는 양이온에 더 강하게 끌리고, 따라서 양이온 주위에 수화권을 형성할 때 더 큰 에너지 방출이 일어난다. 예를 들면, 마그네슘의 수화 엔탈피는 $-1921\ kJ \cdot mol^{-1}$이지만, 소듐은 $-435\ kJ \cdot mol^{-1}$이다. 염화 마그네슘과 염화 소듐의 엔탈피 자료를 표 12.5에 수록하였다. 표에서 알 수 있듯이 무수 염화 마그네슘이 물에 녹을 때의 용해 과정은 상당한 발열 반응이다.

이제 엔트로피 요인에 대해서 살펴보자(표 12.6). 염화 마그네슘의 격자 엔트로피는 거의 정확히 염화 소듐의 1.5배에 해당되며, 그 이유는 기체 상태의 이온이 2개가 아니라 3개가 형성되는 것 때문이다. 그러나 마그네슘 이온이 훨씬 큰 전하 밀도를 갖기 때문에, 마그네슘의 수화 엔트로피는 소듐 이온보다 더 음의 값을 갖는다. 마그네슘 이온 주위에는 강하게 붙들려 있는 물 분자의 층으로 둘러싸여 있는 잘 정돈된 환경이 존재한다. 따라서 전반적으로 엔트로피 요인은 염화 마그네슘의 용해 과정에서 불리하게 작용한다. 염화 소듐의 용해 과정에서는 엔트로피 요인이 유리하게 작용했음을 상기해 보라.

엔탈피와 엔트로피를 함께 고려할 때 명심해야 할 점은, 모든 자료는 오차를 가지고 있으며, 아주 큰 에너지 값(표 12.7)의 아주 작은 변화에 의해 용해 과정이 좌우된다는 것이다. 더구나 염화 소듐의 경우와는 정반대로 염화 마그네슘의 용해 과정에서 엔탈피 인자는 유리하게 작용하고, 엔트로피 인자는 그 반대로 작용한다.

표 12.6 염화 마그네슘과 염화 소듐의 용해 과정에서 $T\Delta S$ 값으로 표현된 엔트로피 요인

화합물	격자 에너지 ($kJ \cdot mol^{-1}$)	수화 엔트로피 ($kJ \cdot mol^{-1}$)	알짜 엔트로피 변화 ($kJ \cdot mol^{-1}$)
$MgCl_2$	+109	−143	−34
NaCl	+68	−55	+13

표 12.7 염화 마그네슘과 염화 소듐의 용해 과정의 계산된 자유 에너지 변화

화합물	엔탈피 변화 ($kJ \cdot mol^{-1}$)	엔트로피 변화 ($kJ \cdot mol^{-1}$)	자유 에너지 변화 ($kJ \cdot mol^{-1}$)
$MgCl_2$	−133	−34	−99
NaCl	+4	+13	−11

이가와 삼가 음이온을 포함하는 염의 낮은 용해도는 훨씬 큰 격자 에너지에 기인한다. 전하가 증가함에 따라 격자의 승화 단계에서 극복해야 할 정전기적 인력도 증가하게 된다. 또한 더 작은 수의 이온(금속 할로젠화물의 경우는 셋인데 비해 금속 황산염은 둘이다) 때문에 총 이온의 수화 에너지는 일가 음이온의 염에서 보다 더 작은 값을 갖는다. 낮은 용해도는 바로 이 두 요인의 결합에 의한 것이다.

예제 12.2

MgF_2와 $MgCl_2$ 중에서 용해도가 더 높은 것은 어느 것인가?

해답

F^- 이온은 Cl^- 이온보다 더 작기 때문에 플루오린화 마그네슘의 격자 에너지는 염화 마그네슘보다 더 클 것이다. 그러므로 MgF_2가 $MgCl_2$보다 용해도가 더 낮을 것으로 예상된다. 실제 실험 데이터로 MgF_2의 용해도가 더 낮은 것으로 밝혀졌다.

예제 12.3

$MgCrO_4$와 $BaCrO_4$ 중에서 용해도가 더 높은 것은 어느 것인가?

해답

크로뮴산 이온, CrO_4^{2-}는 이가 음이온이다. 높은 전하를 갖는 음이온의 용해도에 대한 경향성에 따르면 크로뮴산 바륨이 크로뮴산 마그네슘보다 용해도가 더 낮을 것으로 예상된다. 실제로 $MgCrO_4$는 물에 어느 정도 녹지만 $BaCrO_4$는 극도로 불용성이다.

12.3 알칼리 토금속 산화물의 경향성

공기 중에서 2족 금속을 연소시키면 일반적인 산화물이 생성되는데, 이 족에서 가장 낮은 전하 밀도를 갖는 원소인 바륨의 경우에서는 독특하게 몇 가지 바륨 이산화물(2−)도 생성된다.

산화 마그네슘

마그네슘은 타면서 센 흰빛을 낸다. 예전에는 마그네슘 가루를 연소시켜 사진의 조명으로 사용하였지만 요즘에는 거의 쓰이지 않는다.

$$2\,Mg(s) + O_2(g) \rightarrow 2\,MgO(s)$$

연소 반응은 너무 격렬하여 이산화 탄소와 같은 보통의 소화제로는 불을 끌 수 없을 정

도이다. 연소 중의 마그네슘은 이산화 탄소와 반응하여 산화 마그네슘과 탄소로 된다.

$$2\,Mg(s) + CO_2(g) \rightarrow 2\,MgO(s) + C(s)$$

마그네슘과 같이 반응성이 큰 금속에 의한 불을 끄기 위해서는 D급의 소화제가 사용된다(A, B, C급의 소화제는 보통의 소화제에 사용된다). D급의 소화제에는 흑연이나 염화 소듐 등이 있다. 흑연은 연소되는 표면에 금속 탄화물의 막을 입혀 반응을 효과적으로 지연시킨다. 염화 소듐은 마그네슘이 연소하는 온도에서 녹아 금속 표면에 타지 않는 액체층을 형성하여 산소의 공급을 차단한다.

산화 마그네슘의 녹는점은 2825°C로 매우 높기 때문에 산업용 용광로의 내부 물질로 사용된다. 높은 녹는점을 갖는 물질을 **내화성 화합물**(*refractory compound*)이라고 한다. 결정성 산화 마그네슘은 열의 좋은 도체이나 고온에서조차도 전기의 부도체인 특이한 화합물이다. 이러한 특성으로 인하여 부엌의 전자레인지의 구성 요소로 중요하게 사용된다. 즉, 전기를 흐르지 않게 하면서도 뜨거운 저항선의 코일로부터 금속의 외부로 재빨리 열을 전도시킨다.

산화 칼슘

칼슘을 연소시키면 한 가지 산화물만 생성된다.

$$2\,Ca(s) + O_2(g) \rightarrow 2\,CaO(s)$$

산화 칼슘은 보통 **생석회**(*quicklime*)라고 하며, 많은 양이 제조되어 제강 공정에 특히 많이 사용된다(20.6절 참조). 산화 칼슘은 탄산 칼슘을 강하게(1170°C 이상) 가열하여 얻는다.

$$CaCO_3(s) \xrightarrow{\Delta} CaO(s) + CO_2(g)$$

매우 높은 녹는점을 갖는 고체인 산화 칼슘은 여러 면에서 특이한 화합물이다. 산화 칼슘 토막에 불을 대면 밝은 흰빛을 낸다. 이것은 **열발광**(*thermoluminescence*)이라고 하는 현상이다. 전기를 사용하기 전에는 극장에서 조명을 위해 백광을 내는 산화 칼슘 덩어리를 사용하였는데, 이것이 주목받는 위치에 있는 사람을 'being in the limelight'라고 표현한 말의 기원이 되었다.

산화 칼슘은 물과 반응하여 수산화 칼슘을 만드는데, 이것을 **소석회**(*hydrated lime* 또는 *slaked lime*)라고 한다.

$$CaO(s) + H_2O(l) \rightarrow Ca(OH)_2(s)$$

소석회는 때로 산성화된 토양을 중화시키는 데 사용된다. 그러나 이 방법은 과량의 수산화 칼슘이 토양을 너무 염기성으로 만들기 때문에 그다지 좋은 방법이 못된다.

$$Ca(OH)_2(s) + 2\,H^+(aq) \rightarrow Ca^{2+}(aq) + 2\,H_2O(l)$$

산화 바륨

바륨은 산소가 과량으로 있을 때는 이산화물(2−)을 만든다.

$$2\ Ba(s) + O_2(g) \rightarrow 2\ BaO(s)$$
$$Ba(s) + O_2(g) \rightarrow BaO_2(s)$$

과산화 바륨의 생성은 소듐($24\ C \cdot mm^{-3}$) 만큼이나 낮은 바륨의 전하 밀도($23\ C \cdot mm^{-3}$)로 설명된다. 낮은 전하 밀도를 갖는 양이온은 이산화물(2−)과 같이 편극이 잘 되는 이온을 안정화시킬 수 있다.

12.4 베릴륨

베릴륨 원소는 회색의 단단한 금속이다. 베릴륨은 높은 녹는점과 낮은 밀도를 갖는다. 또한 높은 전기 전도도를 갖기 때문에 금속임이 분명하다. 베릴륨은 내부식성, 낮은 밀도, 강한 강도, 비자기적 성질을 갖기 때문에 베릴륨 합금은 자이로스코프(gyroscope)와 같은 정밀 기기에 많이 사용된다. 널리 쓰이지는 않지만 아주 중요한 용도는 X선관의 창으로 사용되는 것이다. X선의 흡수는 원자 번호의 제곱에 비례하여 증가하며, 베릴륨은 공기 중에서 안정한 금속들 중에서 원자 번호가 가장 작다. 따라서 베릴륨은 X선 스펙트럼에서 가장 투명한 물질이다.

베릴륨의 주요 공급원은 베르트란다이트(bertrandite), $Be_4Si_2O_7(OH)_2$와 녹주석(gemstoneberyl), $Be_3Al_2Si_6O_{18}$이며, 미량의 불순물 때문에 여러 가지 색깔을 갖는다. 밝은 청록색의 녹주석은 **남옥**(*aquamarine*)이라고 하며, 짙은 청록색인 경우는 **에메랄드**(*emerald*)라고 한다. 녹색은 결정 구조에 약 2% 정도 포함된 크로뮴(III) 이온 때문에 나타난다. 물론 금속 베릴륨을 얻기 위해서 에메랄드를 사용하지는 않으며, 무색이나 갈색을 띠는 아주 불완전한 결정을 사용한다.

공유 결합이 우세하다는 점에서 베릴륨의 화학은 다른 2족 원소와는 다르다. 베릴륨 양이온은 크기가 아주 작아서 큰 전하 밀도($1100\ C \cdot mm^{-3}$)를 갖기 때문에, 접근하는 음이온을 편극화시켜서 전자 밀도의 겹침이 일어난다. 그러므로 베릴륨의 간단한 이온성 화합물은 사수화물인 $BeCl_2 \cdot 4H_2O$로 존재하는데, 결정 격자에서는 $[Be(OH_2)_4]^{2+} \cdot 2Cl^-$ 이온으로 이루어져 있다. 이 테트라아쿠아베릴륨 이온, $[Be(OH_2)_4]^{2+}$은 수용액에서 가장 우세한 화학종인데, 이 이온에서 물 분자에 있는 4개의 산소 원자는 베릴륨 이온과 공유 결합을 하고 있다. 4의 배위수는 베릴륨 이온의 크기가 작기 때문에(그림 12.1), 베릴륨에 대해 가장 정상적인 것이다.

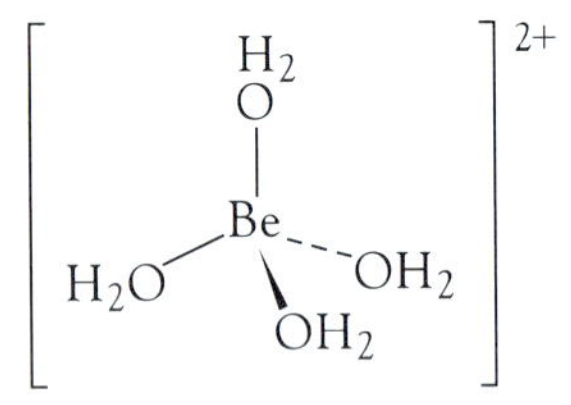

그림 12.1 $[Be(OH_2)_4]^{2+}$ 이온의 사면체 구조

베릴륨이 금속의 경계에 있는 원소라는 증거는 베릴륨 산화물의 반응을 들 수 있다. 일반적으로 금속 산화물은 산과 반응하여 양이온을 만들지만, 염기와 반응하여 산소산 음이온을 만들지는 않는다. 그러나 베릴륨은 이 두 가지 반응을 모두 일으킨다. 즉, 베릴륨은 양쪽성이다(7.5절, 9.4절 참조). 따라서 베릴륨은 하이드로늄 이온과 반응하여 테트라아쿠아베릴륨 이온, $[Be(OH_2)_4]^{2+}$를 만들고, 수산화 이온과 반응하여 테트라하이드록시도베릴륨산 이온, $[Be(OH)_4]^{2-}$를 생성한다.

$$BeO(s) + 2\ H_3O^+(aq) + H_2O(l) \rightarrow [Be(OH_2)_4]^{2+}(aq)$$

$$BeO(s) + 2\,OH^-(aq) + H_2O(l) \rightarrow [Be(OH)_4]^{2-}(aq)$$

알루미늄과 아연처럼 양쪽성을 나타내는 금속들은 준금속과 준금속/비금속 경계에 가깝게 위치하기 때문에 약한 금속이라고 할 때도 있다. 베릴륨은 실제로 붕소 다음에 위치하기 때문에 준금속/비금속 경계에 놓인다. 단주기형 주기율표에서 이 두 원소 사이에 전이 금속 족을 놓았기 때문에 베릴륨과 붕소 사이에 틈이 있는 것처럼 보일 뿐이다.

12.5 마그네슘

마그네슘은 자연계에서 광로석, $KMgCl_3 \cdot 6H_2O$이나 백운석, $CaMg(CO_3)_2$과 같은 금속염의 혼합체로 발견된다. 이러한 화합물은 단순히 염의 혼합물이 아니라 크기가 다른 양이온이 교대로 있는 순수한 이온 결정인데, 이러한 형태는 각 양이온들로만 이루어진 것보다 훨씬 안정하다. 따라서 광로석은 염화 음이온들 사이에 산재된 포타슘과 마그네슘 양이온, 물 분자가 3:1:1:6의 비로 이루어져 있다. 마그네슘을 함유하는 다른 광물은 황산 마그네슘 칠수화물, $MgSO_4 \cdot 7H_2O$인데, *Epsom* 염으로 불린다.

마그네슘의 반응

마그네슘의 화학은 2족 아래쪽의 금속과는 다르다. 특히 중요한 것은 마그네슘은 공유 결합을 포함하는 화합물을 쉽게 형성한다는 사실이다. 이러한 행동은 비교적 높은 전하 밀도($120\ C \cdot mm^{-3}$, 칼슘의 전하 밀도는 $52\ C \cdot mm^{-3}$)로 설명이 된다. 예를 들면, 마그네슘 금속은 에톡시에테인, $(C_2H_5)_2O$[흔히 **에터**(*ether*)라고 함]와 같은 용매에서 유기 화합물과 반응하여 브로모에테인, C_2H_5Br과 같은 할로탄소(halocarbon) 화합물(또는 알킬의 할로젠화물)을 만든다. 마그네슘 원자는 탄소와 할로젠 원자 사이에 삽입되어 그 이웃과 공유 결합을 형성한다.

$$C_2H_5Br(\text{에터}) + Mg(s) \rightarrow C_2H_5MgBr(\text{에터})$$

이러한 형태의 화합물을 **Grignard 시약**(*Grignard reagent*)이라고 하며, 유기 합성 화학에서 중간체로 광범위하게 사용된다. Grignard 시약에 대해서는 23.4절에서 자세하게 알아볼 것이다.

마그네슘의 공업적 추출

마그네슘은 바닷물에 세 번째(소듐과 염화 이온 다음으로)로 많이 존재하는 원소이기 때문에 바닷물은 이 금속의 주요 공급원이다. 실제로 바닷물 $1\ km^3$에는 100만 톤의 마그네슘 이온이 들어 있다. 지구에는 $10^8\ km^3$의 바닷물이 있으며, 따라서 마그네슘의 수요를 충분히 충족하고도 남는다.

다우 케미칼(Dow Chemical Company)의 추출 공정은 수산화 칼슘보다 수산화 마그네슘의 용해도가 더 낮다는 사실을 이용한다. 즉, 수산화 칼슘의 가는 입자의 부유물을 바닷물에 가하면, 수산화 마그네슘의 고체가 얻어진다.

$$Ca(OH)_2(s) + Mg^{2+}(aq) \rightarrow Ca^{2+}(aq) + Mg(OH)_2(s)$$

수산화물을 걸러서 염산과 혼합하면, 중화 반응에 의해 염화 마그네슘이 얻어진다.

$$Mg(OH)_2(s) + 2\,HCl(aq) \rightarrow MgCl_2(aq) + 2\,H_2O(l)$$

용액을 증발 건조시키고, 찌꺼기는 소듐의 제법에 사용한 Downs 전지와 유사한 전해 용기에 넣는다. 양극 표면에 마그네슘이 모아지고 사이펀으로 제거한다. 음극에 모인 염소 기체는 염산으로 환원시켜 다시 반응시킨다.

$$Mg^{2+}(MgCl_2) + 2\,e^- \rightarrow Mg(l)$$
$$2\,Cl^-(MgCl_2) \rightarrow Cl_2(g) + 2\,e^-$$

용융 마그네슘에 비반응성인 대기를 제공하는 것은 현실적인 문제가 된다. 소듐처럼 반응성이 큰 금속의 합성을 위해서는 대개 용융 금속 위의 공간을 비반응성(값도 싼)인 질소 기체로 채운다. 그러나 앞에서 설명한 것처럼 마그네슘은 질소 분자와도 반응한다. 오늘날 대부분의 공장에서는 용융 마그네슘이 산소(또는 질소)와 접촉하는 것을 막기 위하여, 값비싼 헥사플루오린화 황, SF_6을 사용하고 있다. 불행스럽게도 헥사플루오린화 황은 강력한 온실 기체(16.20절 참조)이기 때문에, 대기 중으로 방출하는 것은 심각한 문제가 된다. 이에 대한 대안으로, 이산화 황을 사용하는 곳도 있다.

마그네슘의 용도

전 세계에서 생산되는 약 4×10^5톤의 마그네슘 중 절반 이상이 알루미늄-마그네슘 합금을 만드는 데 쓰인다. 이 합금의 큰 장점은 낮은 밀도에 있다. 물의 밀도에 비해 2배가 채 안 되는 밀도($1.74\ g \cdot cm^{-3}$)를 갖는 마그네슘은 가장 낮은 밀도를 갖는 건축용 금속이다. 이러한 합금은 특히 비행기, 기차, 고속 주행 차량, 버스 차체 등의 에너지를 절약하는 목적에 중요하게 사용된다. 이 합금은 질량이 가벼워서 높은 속도를 얻을 수 있으므로 1970년대에는 군함의 상부 구조물로 사용되었다. 그러나 1982년 포클랜드 전쟁 동안 영국 해군은 미사일 공격을 받았을 때 잘 타는 단점을 발견하였고, 미국 해군도 같은 경험을 한 바가 있다. 알칼리 토금속의 높은 반응성을 인지하였더라면 이러한 재난을 막을 수 있었을 것이다.

12.6 탄산 칼슘

칼슘은 지구상에서 다섯 번째로 많이 존재하는 원소이다. 칼슘은 주로 거대한 석회의 퇴적물, 석회암, 대리석 등에 탄산 칼슘의 형태로 존재한다. 석회는 1억 3500만 년 전의 백악기에 바다에서 생성되었는데, 무수한 해양 생물의 뼈에 존재하는 탄산 칼슘으로부터 생긴 것이다. 석회암도 바다에서 생성되었지만 이 화합물은 용해도를 초과하는 탄산 칼슘의 단순한 침전물이다.

$$Ca^{2+}(aq) + CO_3^{2-}(aq) \rightleftharpoons CaCO_3(s)$$

대리석은 석회암이 지각 밑의 깊숙한 곳에 묻혀 열과 압력에 의해 녹으면서 생성되었다. 용해된 이 탄산 칼슘은 지표면으로 드러날 때 단계적으로 다시 냉각되면서 **대리석**

(*marble*)이라고 하는 밀도가 큰 고체가 된다.

자연에 존재하는 탄산 칼슘의 결정 형태는 세 가지, 즉 방해석(calcite), 아라고나이트(aragonite, 선석), 바테라이트(vaterite)가 있다. 빙주석(Iceland spar)으로 알려진 방해석 형태는 아래에 놓인 물체의 상을 2개로 보이게 하는 특이한 성질을 지닌다. 2개의 상이 나타나는 이유는 이 결정이 두 가지의 굴절률을 갖기 때문이다. 편광 현미경은 빙주석(Nicol 프리즘)을 사용하고 있다. 방해석은 실온에서 열역학적으로 선호되지만, 아르고나이트에 비해 $5\ kJ \cdot mol^{-1}$이 더 낮다. 방해석이 훨씬 더 흔하지만 아르고나이트가 발견되는 지역도 있다. 바테라이트는 매우 드물다.

대리석과 석회석은 모두 건축재와 조각재로 사용되고 있다. 불행히도 이 재료는 산성비에 의해 쉽게 부식된다. 그래서 그리스의 Parthenon과 인도의 Taj Mahal과 같은 세계 유산 건축물이 부식의 위험에 처하게 되었다.

$$Ca(CO)_3(s) + 2\,H^+(aq) \rightarrow Ca^{2+}(aq) + CO_2(g) + H_2O(l)$$

Carlsbad Caverns나 Mammoth Cave와 같은 종유 동굴은 석회암 지층에 생긴다. 이러한 구조의 동굴은 석회암 층의 균열에 빗물이 스며들어 생긴다. 대기를 통해 비가 내리는 동안에 이산화 탄소가 빗속에 용해된다. 용해된 산성 산화물은 탄산 칼슘과 반응하여 탄산 수소 칼슘의 용액을 만든다.

$$CaCO_3(s) + CO_2(g) + H_2O(l) \rightleftharpoons Ca^{2+}(aq) + 2\,HCO_3^-(aq)$$

이 용액이 씻겨져 내려가면 암석에 구멍이 생긴다. 이것은 가역적인 반응이다. 동굴 내에서 탄산 수소 칼슘 용액의 물방울로부터 물이 증발되면, 탄산 칼슘 석순과 종유석이 생성된다. 이와 동일한 반응이 대기 중에서 이산화 탄소 농도가 증가하는 상황에 중요하게 관여한다. 바닷물에 용해되면 평형은 오른쪽으로 치우치게 될 것이기 때문에 산호초와 껍질이 있는 해양 생물의 생성을 방해하게 된다.

11.12절에서 언급한 바와 같이, 크기가 커서 편극이 잘 되는 탄산 수소 이온을 안정화시킬 수 있을 정도의 낮은 전하 밀도를 갖는 것은 알칼리 금속뿐이다. 따라서 탄산 수소 칼슘 용액에서 물이 증발되면 화합물은 즉시 고체 탄산 칼슘으로 분해된다.

$$Ca^{2+}(aq) + 2\,HCO_3^-(aq) \rightarrow CaCO_3(s) + CO_2(g) + H_2O(l)$$

백운석은 어떻게 형성되었는가?

지구 화학의 가장 큰 의문 중 하나는 백운석의 형성 방법이다. 백운석은 유럽의 Dolomite 산맥 지역을 포함한 거대한 퇴적층에서 발견된다. 화학적 조성은 $CaMg(CO_3)_2$로 칼슘과 마그네슘 이온이 교대로 있는 사이에 탄산 이온이 들어가 있는 구조로 되어 있다. 특히 흥미를 끄는 것은 석유층이 백운석 층에서 발견되는 경우가 많다는 것이다.

아직 백운석의 조성은 쉽게 만들 수 없다. 실험실에서 칼슘, 마그네슘, 탄산 이온을 혼합해 보라. 그러면 탄산 칼슘과 탄산 마그네슘의 결정의 혼합물만을 얻을 수 있을 뿐이다. 200년 동안 어떻게 거대한 백운석 층이 생성되었는지에 대해 지구 과학자들 사이에 많은 논란이 있어 왔다. 백운석을 형성하기 위해서는 150°C 이상의 온도가 필요하나 이러한 조건은 지표에서는 얻을 수가 없는 것이다. 더군다나 바닷물의 마그네슘 이온의 농도는 칼슘보다 훨씬 낮다.

가장 널리 쓰이는 설명은 처음에 석회석 층이 형성되어 지구 깊숙이 매장된다는 것이다. 바위의 구멍에 마그네슘 이온이 풍부한 물이 스며들어 칼슘 이온의 일부가 마그네슘으로 치환이 된다. 수천 제곱킬로미터의 넓이에서 이러한 치환이 균일하게 일어날 것 같지는 않다. 그러나 이 시대에 우리가 내릴 수 있는 가장 합리적인 설명이다.

이와 같은 과정을 통해 동굴의 바닥에서 위로 자라는 석순과 동굴의 천장에서 아래로 크는 종유석이 생긴다.

탄산 칼슘은 뼈의 밀도를 보강하기 위한 식이요법으로도 많이 처방된다. 오늘날 발생되는 주요 건강 문제는 십대들의 낮은 칼슘 섭취이다. 낮은 칼슘 준위는 뼈 구조에 큰 구멍이 생기기 때문에 쉽게 골절을 일으키고, 훗날 골다공증에 걸릴 가능성이 높아진다. 7장의 '제산제'에서 언급한 것처럼 탄산 칼슘은 제산제로 많이 사용되지만 변비를 일으킬 수도 있다. 여행할 때에는 그 지방의 수돗물을 마시지 말고 미네랄이 적게 든 물을 사서 마시는 것이 좋다. 왜냐하면 집에서 마시는 수돗물보다 칼슘(변비)이나 마그네슘(설사) 이온의 양이 높거나 낮아서 원하지 않는 효과를 낼 수도 있기 때문이다(물론 세균이나 바이러스로 감염된 수돗물로 인하여 심각한 건강상의 문제를 가져올 수도 있다).

석회석 분말(**석회 비료**라고 함)은 토양의 산과 반응하여 pH를 증가시키기 위해 탄산 칼슘을 농토에 뿌려주는 것이다.

$$CaCO_3(s) + 2\,H^+(aq) \rightarrow Ca^{2+}(aq) + CO_2(g) + H_2O(l)$$

12.7 시멘트

약 3500년 전에 건축물에 벽돌이나 석재를 붙이기 위해 수산화 칼슘과 모래의 반죽(mortar)을 사용하면 된다는 사실이 처음으로 알려졌다. 이 물질은 대기 중의 이산화 탄소와 반응하면 물질의 성분인 수산화 칼슘이 탄산 칼슘으로 바뀐다.

$$Ca(OH)_2(s) + CO_2(g) \rightarrow CaCO_3(s) + H_2O(g)$$

2000년에서 1600년 전 사이에 로마인들은 회반죽을 사용하여 집과 수로를 지었으며, 그 중의 많은 건축물이 아직도 남아 있다. 그들은 또한 화산재와 회반죽을 섞으면 훨씬 품질이 좋아진다는 중요한 사실도 발견하였다. 이 물질이 현재 사용하고 있는 시멘트의 효시이다.

시멘트의 제조는 현대 화학 산업에서 큰 비중을 차지하고 있다. 전 세계적으로 7억 톤의 시멘트가 생산되고 있으며, 미국에서 생산되는 양은 그 중 10% 정도에 해당된다. 시멘트는 석회암과 이판암(알루미노규산염의 혼합물)을 함께 분쇄한 후, 2000°C 이상으로 가열하여 만든다. 화학 반응에 의해서 이산화 탄소가 방출되고, 남은 성분은 부분적으로 녹아서 **클링커**(*clinker*)라 불리는 고체 덩어리를 만든다. 클링커는 약 50%의 규산 삼칼슘(Ca_3SiO_5), 30%의 규산 이칼슘(Ca_2SiO_4), 나머지는 알루미늄산 칼슘($Ca_3Al_2O_6$), 페로알루미늄산 칼슘($Ca_4Al_2Fe_2O_{10}$)으로 구성되어 있다. 이것을 잘 갈아서 소량의 황산 칼슘과 혼합한 것이 **포틀랜드 시멘트**(*Portland cement*)이다.

콘크리트를 만들려면 이 분말을 모래 및 자갈과 섞어 준다. 모래와 자갈은 강한 그물 구조형 공유 결합의 규소-산소 결합을 포함하는 불순한 이산화 규소로 이루어져 있다. 물을 가하면 시멘트는 다양한 수화 반응을 일으킨다. 한 가지 전형적이고 이상적인 반응은 다음과 같이 나타낼 수 있다.

$$2\,Ca_3SiO_5(s) + 7\,H_2O(l) \rightarrow Ca_3Si_2O_7 \cdot 4\,H_2O(s) + 3\,Ca(OH)_2(s)$$

수화된 산화 규소(*tobermorite gel*이라고 함)는 시멘트와 혼합된 모래와 자갈에 강한 규소-산소 결합을 통하여 부착이 되는 강도가 큰 결정을 형성한다. 따라서 콘크리트의 강도는 그물구조형 공유 결합으로부터 나온다. 이 반응의 부산물은 수산화 칼슘이므로 양생 중에는 부식제로 처리를 해 주어야 한다.

전통적인 시멘트는 항상 주요 건축재일 것이지만, 새로운 재료인 고압 발포 콘크리트(AAC)의 사용도 증가하고 있다. 이 시멘트 혼합물은 알루미늄 금속을 포함하는데, 이 알루미늄은 위의 반응에서 생성된 수산화 이온과 다음처럼 반응한다.

$$2\,Al(s) + 2\,OH^-(aq) + 6\,H_2O(l) \rightarrow 2\,[Al(OH)_4]^-(aq) + 3\,H_2(g)$$

수백만 개의 작은 기포가 생겨 이 혼합물은 원래 부피의 5배로 부풀어 오른다. 콘크리트가 굳으면 원하는 크기의 블록이나 판으로 잘라 오븐(고압솥)에서 증기로 처리한다. 수소 기체는 구조 밖으로 빠져나오고 공기가 그 자리를 차지한다. 밀도가 낮은 이 재료는 단열성이 우수하고, 화력 발전소의 비산회를 원료로 사용하여 만들 수 있다. 건물의 수명이 끝나면 판넬을 분해하여 분쇄한 후 다시 시멘트로 만들 수 있다. 그러므로 AAC는 가장 환경 친화적인 건축 재료이다.

예제 12.4

페로알루미늄산 칼슘, $Ca_4Al_2Fe_2O_{10}$에서 철의 산화수를 결정하시오.

해답

칼슘 이온의 산화수는 항상 +2이고, 알루미늄은 항상 +3이며, 산소는 항상 −2이다. 그러므로

$$4(+2) + 2(+3) + 2(\text{철의 산화수}) + 10(-2) = 0$$

철의 산화수 = +3

12.8 염화 칼슘

무수 염화 칼슘은 수분을 쉽게 흡수하는 흰 고체이다(조해성의 예). 그러므로 화학 실험실에서 건조제로 사용되기도 한다. 육수화물인 $CaCl_2 \cdot 6H_2O$를 생성하는 반응은 심한 발열 반응이다. 이러한 성질은 상업적으로 이용된다. 어떤 종류의 찜질 팩은 안에 2개의 주머니가 있고, 한 곳에는 물을, 그리고 다른 쪽에는 무수 염화 칼슘을 채워 놓는다. 팩을 눌러주면 두 주머니 사이의 칸막이가 깨지면서 발열 반응이 일어나게 된다. 이 칸막이가 부서질 때 염화 칼슘 용액이 생긴다. 이 반응은 매우 발열이다.

$$CaCl_2(s) \rightarrow Ca^{2+}(aq) + 2\,Cl^-(aq)$$

2+의 전하를 갖는 양이온은 격자 에너지가 높다(약 2200 $kJ \cdot mol^{-1}$). 염화 이온의 수화 에너지는 그다지 높지 않지만($-383\ kJ \cdot mol^{-1}$), 칼슘 이온의 수화 엔탈피는 매우 높다($-1560\ kJ \cdot mol^{-1}$). 이들 에너지의 합은 이 반응이 발열 반응이 되게 만든다. 이와는 대조적으로 엔트로피는 다소 감소하는데($-256\ J \cdot mol^{-1} \cdot K^{-1}$), 용액에서 작고 높게 하

전된 양이온의 물 분자의 질서 있는 수화권으로 둘러싸이게 되므로, 이 반응에서 물의 엔트로피는 감소하게 된다. 그래서 이 반응은 엔탈피 때문에 진행되게 된다.

얼음을 녹이는 데에 염화 소듐 대신에 무수 염화 칼슘이 사용된다. 염화 칼슘은 두 가지 작용을 한다. 첫 번째는 물과의 반응이 발열 반응이라는 것이고, 두 번째는 녹아서 어는점을 낮추어 준다는 것이다. 염화 칼슘은 물에 아주 잘 녹는다. 염화 소듐과 물의 혼합물은 −18°C까지 견디는 데에 비하여, 질량으로 30%의 염화 칼슘과 70%의 물의 용액은 −55°C에서도 얼지 않는다. 칼슘 이온을 사용하는 또 다른 장점은 소듐보다는 식물에 해를 덜 준다는 것이다.

염화 칼슘의 진한 용액은 끈적끈적한 느낌을 주는데, 이러한 성질도 응용된다. 비포장 도로에 뿌려 먼지를 막아 준다. 이러한 목적에 사용되는 기름보다는 환경오염이 더 적다. 진한 용액은 밀도가 높기 때문에 땅을 고르는 중장비의 바퀴에 채워서 무게를 늘임으로써 땅을 더 단단하게 다질 수 있게 한다.

12.9 황산 칼슘

석고(*gypsum*)라 불리는 황산 칼슘은 이수화물, $CaSO_4 \cdot 2H_2O$의 형태로 발견된다. 순수하고 밀도가 높은 **설화 석고**(*alabaster*)는 섬세한 조각에 이용되어 왔으며, 분필에 사용되기도 한다. 100°C 정도로 가열하면 1/2의 수화물인 **소석고**(*plaster of Paris*)가 얻어진다.

$$CaSO_4 \cdot 2\,H_2O(s) \xrightarrow{\Delta} CaSO_4 \cdot 1/2\,H_2O(s) + 3/2\,H_2O(g)$$

이 흰 가루는 물과 반응하여 길게 연결된 황산 칼슘 이수화물의 바늘을 형성한다. 이 화합물은 그물구조형의 강한 결정을 형성하기 때문에 석고틀(깁스)에 사용된다.

석고의 가장 주요하게 응용된 것은 집과 사무실의 내벽에 내화벽 판으로 사용되는 것이다. 이 물질을 사용하는 이유는 잘 타지 않는 성질과 싼 가격에 있다. 석회 대신에 석고를 사용하는 이유는 석고의 이수화물은 1/2의 수화물을 만드는 반응을 한다는 것이다. 불속에서 이 반응이 일어나게 된다. 이 반응은 $+117\ kJ \cdot mol^{-1}$의 흡열 반응이므로 불로부터 에너지를 빼앗는다. 더군다나 반응 후 생긴 액체 물 분자는 $144\ kJ \cdot mol^{-1}$의 증발열을 흡수하여 기체 상태의 물이 된다. 결국 기체 상태의 물은 불에 산소의 공급을 막아 주는 비활성 기체로 작용한다.

12.10 칼슘 카바이드

이 화합물은 우연하게 합성되었다. Tomas ‘Carbide’ Wilson은 전기로에서 산화 칼슘을 탄소와 함께 가열하여 칼슘 금속을 얻고자 하였다. 어떤 생성물이 얻어졌고, 이것은 물과 반응하면 예상한 것처럼 기체가 생성되었다. 그러나 이 기체는 기대했던 수소가 아니었고 **아세틸렌**(*acetylene*)이었다. 이 합성은 19세기 후반의 생활에 큰 영향을 미쳤다. 고체 칼슘 카바이드는 쉽게 저장되고, 이동시킬 수 있었으며, 물을 가하면 가연성 기체를 방출하였다. 칼슘 카바이드는 아직도 약 2000°C의 전기로에서 탄소(코크)와 산화 칼슘을 가열하는 방법을 사용하여 제조되고 있다.

$$CaO(s) + 3\,C(s) \xrightarrow{\Delta} CaC_2(s) + CO(g)$$

CaC_2는 칼슘 카바이드라고 하지만 화합물에 탄소 음이온 C^{4-}가 존재하지는 않는다. 대신 **아세틸 음이온**(*acetylide ion*), C_2^{2-}을 포함한다. 이 화합물은 염화 소듐과 같은 결정 구조를 가지며, 2개의 탄소 음이온이 음이온 자리를 차지한다(그림 12.2).

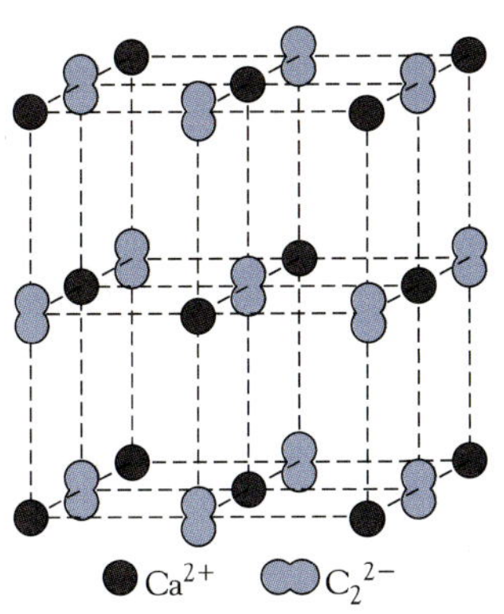

그림 12.2 염화 소듐과 아주 유사한 칼슘 카바이드(2−)의 결정 구조

카바이드 반응의 주요 용도는 산소아세틸렌 용접에서 에타인(아세틸렌)을 생성시키는 것이다.

$$CaC_2(s) + 2\,H_2O(l) \rightarrow Ca(OH)_2(s) + C_2H_2(g)$$

산소와의 연소 반응은 매우 발열 반응이며, 이산화 탄소와 물이 생성된다.

$$2\,C_2H_2(g) + 5\,O_2(g) \rightarrow 4\,CO_2(g) + 2\,H_2O(g)$$

에타인은 수많은 유기 화합물의 합성을 위한 이상적인 반응물이 되어 왔다. 실제로, 이 과정은 Union Carbide 회사 설립의 핵심이었다. 특히 칼슘 카바이드(2−)는 대기 중의 질소와 반응하는데, 강한 질소-질소 삼중 결합을 끊을 수 있는 몇 가지 반응 중의 하나이다. 이 과정에서는 칼슘 카바이드(2−)를 전기로에서 질소와 함께 1100°C 정도로 가열한다.

$$CaC_2(s) + N_2(g) \xrightarrow{\Delta} CaCN_2(s) + C(s)$$

사이안아마이드 음이온($[N{=}C{=}N]^{2-}$)은 이산화 탄소와 같은 등전자 구조를 가지는 선형 분자이다. 사이안아마이드 칼슘은 멜라민 수지와 같은 유기 화합물 제조의 시작 물질로 사용되며, 질소를 천천히 방출하는 비료로도 사용된다.

$$CaCN_2(s) + 3\,H_2O(l) \rightarrow CaCO_3(s) + 2\,NH_3(aq)$$

12.11 생물학적 특성

생광물화

새로운 연구 분야 중의 한 가지는 생물학적 과정에 의해 광물이 생성되는 생광물화이다. 이 경계영역 분야는 무기 화학, 생물학, 생화학, 재료 과학을 포함하고 있다.

일상적인 광물과 생광물 간의 중요한 차이는 생광물은 그들이 필요한 모양을 갖추도록 특성적으로 성장한다는 것이다. 신체의 골격으로 사용되는 것 이외에 생광물은 세 가지 다른 기능, 즉 도구로서, 센서의 부품으로서의 기능을 가지며, 기계적 방어에 사용되기도 한다. 치아는 가장 일상적인 광물 도구이다. 척추 동물 치아의 에나멜 층은 주로 하이드록시아파타이트이지만, 모든 생물이 그런 것은 아니다. 바다에 사는 연체동물인 딱지조개류는 치아 역할을 하는 산화 철 결정을 합성한다.

우리는 귀 내부에 중력이나 관성에 감응하는 센서를 갖고 있다. 이들은 방추형이며 탄산 칼슘의 아라고나이트 형태가 쌓인 것이다. 탄산 칼슘은 밀도가 상대적으로 높기 때문

표 12.8 몇 가지 중요한 생광물과 기능

화학 성분	광물명	모양과 기능
$CaCO_3$	방해석, 아라고나이트	외골격(예, 계란 껍질, 산호, 연체동물 껍질)
$Ca_5(PO_4)_3(OH)$	하이드록시아파타이트	내골격(예, 척추동물의 뼈와 치아)
$Ca(C_2O_4)$	웨웰라이트(일수화물) 웨델라이트(이수화물)	식물의 칼슘 저장과 무저항 방어
$CaSO_4 \cdot 2H_2O$	석고	중력 센서
$SrSO_4$	천청석	외골격(몇 가지 해양 단세포 생물)
$BaSO_4$	중정석	중력 센서
$SiO_2 \cdot nH_2O$	실리카	외골격, 식물 방어
Fe_3O_4	자철광	자기장 센서, 해양 생물의 치아
$Fe(O)OH$	침철광, 레피도크로사이트	해양 생물의 치아

에($2.9\ g \cdot cm^{-3}$) 주위의 감응하는 세포들에 대한 이 광물의 질량의 움직임으로 가속의 방향과 강도를 알 수 있게 된다. 박테리아 중의 한 종류는 자성을 띠는 산화 철을 축적하는데, 이 물질은 지구의 자기장에 대한 자신들의 방향을 가늠하는 데 사용한다.

성게는 기계적 방어의 한 가지 예를 제공한다. 이들은 방어를 위해 탄산 칼슘으로 이루어진 길고 강한 바늘을 합성한다. 이 바늘 결정은 두툼한 방해석이 아라고나이트 결정과는 매우 다르다. 이산화 규소 결정은 여러 가지 식물의 방어에 사용된다. 이들 중의 하나가 쐐기풀인데, 쐐기털의 날카로운 끝은 이산화 규소(실리카)로 이루어져 있다. 몇 가지 중요한 생광물과 기능은 표 12.8에 나타내었다.

라듐

화합물로부터 가장 늦게 추출된 알칼리 토금속은 라듐이다. 라듐의 동위원소들은 우라늄과 토륨 동위원소들이 납 동위원소들로 방사성 붕괴를 일으킬 때 생성된다. 예를 들면, 반감기가 1600년인 라듐-226은 우라늄-238이 붕괴될 때 생성되고, 반감기가 6년인 라듐-228은 토륨-232가 붕괴될 때 생성된다

1910년 Marie Curie와 Andre Debierne는 이 원소로부터 불꽃 없이 타오르는 밝은 빛을 발견하는 기쁨을 누렸지만, 이 빛이 이 원소의 강하고 위험한 방사 때문에 생기는 것임을 인식하지 못하였다. 항공기의 계기판이나 시계의 숫자판을 라듐 화합물로 칠하면 밤에도 볼 수 있게 되었다. 수많은 화면을 정교하게 칠하는 작업은 젊은 여성들에게 맡겨졌다. 많은 '라듐 소녀들'이 방사능으로 인한 질병으로 비참하게 죽었다. 1930년대에는 카바레 쇼를 할 때에도 어둠 속에서 라듐 등을 사용하였다. 무용수들도 방사능과 관련된 질병으로 사망했을 수도 있었지만, 어느 누구도 그 원인을 알아채지 못하였다. 이와는 대조적으로 라듐 화합물의 방사능은 종양을 파괴시키기 위해서 사용되기도 했는데, 비정상 HeLa 세포를 발견한 Henrietta Lacks이 치료 방법 중의 하나로 사용하였다.

12.12 원소 반응 경로도

이 족의 세 가지 중요한 원소들은 마그네슘, 칼슘, 바륨이며, 각각에 대한 반응 경로도는 다음과 같다.

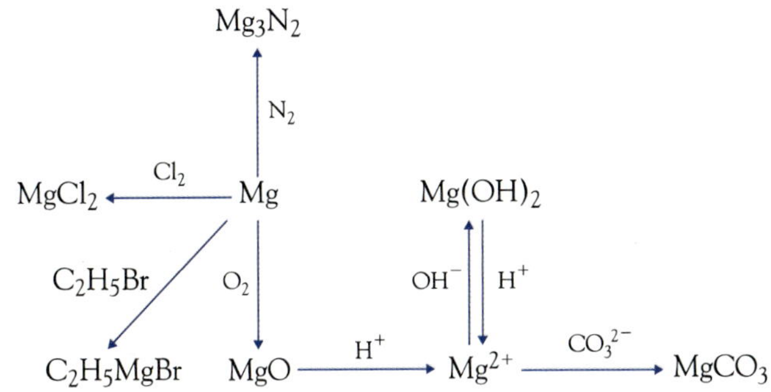

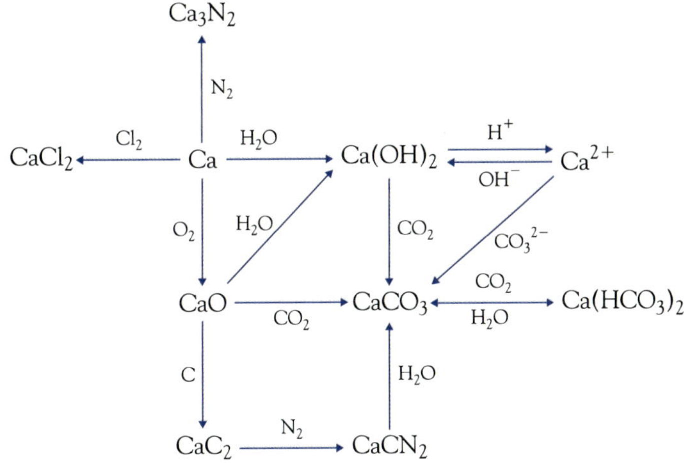

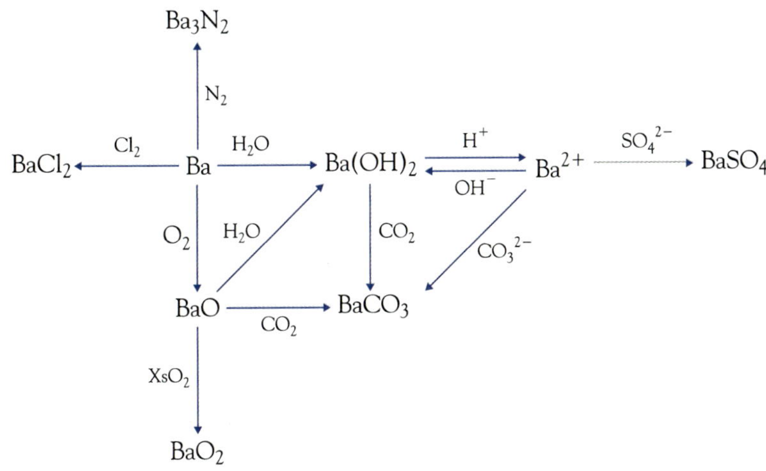

핵심개념

- 2족 금속은 1족 금속보다 더 단단하고 밀도가 높으며, 반응성은 더 낮다.
- 2족 금속염은 용해도에서 체계적인 양상이 존재한다.
- 베릴륨은 양쪽성이며 특별한 양상을 나타내지 않는다.
- 탄화 칼슘은 2족 금속 이온의 몇 가지 중요한 염 중 하나이다.

연습문제

12.1 다음 반응에 대한 화학 반응식의 균형을 맞추시오.
(a) 산소 기체 존재하에서 칼슘의 가열
(b) 탄산 칼슘의 가열
(c) 탄산 수소 칼슘 용액의 증발
(d) 산화 칼슘과 탄소의 가열

12.2 다음 반응에 대한 화학 반응식의 균형을 맞추시오.
(a) 스트론튬을 물에 첨가함
(b) 산화 바륨에 이산화 황을 통과시킴
(c) 황산 칼슘 이수화물의 가열
(d) 스트론튬 카바이드(2−)를 물에 첨가함

12.3 베릴륨을 제외한 알칼리 토금속 중에서,
(a) 어떤 것이 가장 불용성의 황산염을 형성하는가?
(b) 어떤 것이 가장 무른가?

12.4 베릴륨을 제외한 알칼리 토금속 중에서,
(a) 어떤 것이 가장 불용성의 수산화물을 형성하는가?
(b) 어떤 것의 밀도가 가장 큰가?

12.5 엔트로피 인자가 염화 소듐의 용해에는 유리하게 작용하지만, 염화 마그네슘 용해에는 불리하게 작용하는 이유를 설명하시오.

12.6 알칼리 토금속은 일가 음이온과의 염은 용해도가 좋지만 이가 음이온과는 그렇지 않다. 그 이유를 설명하시오.

12.7 2족 원소의 가장 중요한 두 가지 공통점은 무엇인가?

12.8 마그네슘의 고체염이 수화가 많이 되는 이유는 무엇인가?

12.9 베릴륨의 수화물은 $[Be(OH_2)_4]^{2+}$이고, 마그네슘의 수화물은 $[Mg(OH_2)_6]^{2+}$이다. 그 이유를 설명하시오.

12.10 마그네슘의 화학은 2족의 아래쪽에 있는 원소와 다르다. 이 현상을 설명하시오.

12.11 석회암 층에서 어떻게 동굴이 형성되는지에 대해 간략히 설명하시오.

12.12 시멘트의 제조 공정에 사용되는 주원료는 무엇인가?

12.13 바닷물에서 마그네슘을 추출하는 공정을 요약하시오.

12.14 산화 칼슘으로부터 사이안아마이드 칼슘을 얻는 방법을 설명하시오.

12.15 몇 가지 알칼리 토금속 화합물의 관용명에 대해 계통명을 쓰시오.
(a) 석회 (b) 마그네시아 유제 (c) Epsom 염

12.16 몇 가지 알칼리 토금속 화합물의 관용명에 대해 계통명을 쓰시오.
(a) 백운석 (b) 대리석 (c) 석고

12.17 X선을 차단하는 물질로 납이 쓰이는 이유는 무엇인가?

12.18 무수 염화 칼슘을 물에 녹이는 과정은 심한 발열 반응이다. 그러나 염화 칼슘 육수화물의 용해는 작은 열 변화를 수반한다. 이 현상을 설명하시오.

12.19 베릴륨과 알루미늄의 유사성에 대해 간단히 논하시오.

12.20 이 장에서 족의 방사성 원소인 라듐은 설명하지 않았다. 족의 경향성을 토대로 하여 라듐과 그의 화합물의 중요한 성질을 제시해 보시오.

12.21 생명체에서 마그네슘 이온의 중요성에 대해 간단히 설명하시오.

12.22 동물의 구성 물질 중에서 칼슘을 포함하는 것은 무엇인가?

12.23 마그네슘 금속으로부터 다음 각각을 제조하는 화학 반응식을 쓰시오.
(a) 염화 마그네슘 육수화물
(b) 무수 염화 마그네슘

12.24 마그네슘, 칼슘, 바륨에 대한 원소 반응 경로도의 각각의 변환에 해당하는 반응에 대한 화학 반응식의 균형을 맞추시오.

응용문제

12.25 부록 2의 표에 나온 수치를 이용하여 석고로부터 소석고가 생성될 때의 엔탈피와 엔트로피 변화를 계산하시오. 물의 제거 단계가 중요해질 때, 즉, $\Delta G^{\ominus}$가 0일 때의 온도를 계산하시오.

12.26 칼슘 카바이드(2−)는 염화 소듐 격자 형태를 취하며, 격자 에너지는 $-2911\ \text{kJ}\cdot\text{mol}^{-1}$이다. 이 격자에서 카바이드 이온 C_2^{2-}의 반지름을 계산하시오.

12.27 황산 마그네슘의 일반적인 수화물은 칠수화물, $MgSO_4\cdot 7H_2O$이다. 이 결정 구조에서 양이온 및 음이온과 결합한 물 분자는 몇 개인가? 그 이유를 설명하시오.

12.28 산성비로 오염된 호수에 석회석(탄산 칼슘) 분말을 뿌리면 중요한 영양 성분인 인산 이온의 효용은 감소시킬 수 있지만, 또 다른 영양소인 질산 이온의 효용성은 감소시킬 수 없다. 이 과정에 대한 화학 반응식의 균형을 맞추고, 반응의 자발성을 확인하는 표준 자유 에너지 변화를 계산하시오.

12.29 BeH, BeH^+, BeH^- 중에서 기체상에서 가장 안정한 화학종은 어느 것인가? 그 이유를 설명하시오.

12.30 산화 마그네슘과 플루오린화 마그네슘 중에서 녹는점이 더 높은 화합물은 어느 것인가? 그 이유를 설명하시오.

12.31 산소와 물은 지구상에 아주 많이 존재하는 반응성이 높은 물질이기 때문에 이들을 포함하는 반응을 주로 다루고 있다. 기체상의 이질소와 액체 암모니아가 아주 많이 존재하는 행성에서 산화 칼슘과 물과의 반응에 해당되는 반응은 무엇인가?

12.32 란타넘족 원소 중의 하나인 란타넘을 생화학에서는 칼슘에 대한 유용한 유사체로 간주하고 있다. 이 두 원소 간의 중요한 차이는 칼슘은 이가 Ca^{2+}이지만, 란타넘은 삼가 La^{3+}인 점이다. 이 유사성을 고려하여 다음을 예측하시오.

(a) 란타넘 금속과 물과의 반응

(b) 란타넘의 다음 염들 중에서 물에 녹는 것과 녹지 않는 것은 어느 것인가?

황산염, 질산염, 염화물, 인산염, 플루오린화물

12.33 베릴륨 금속은 플루오린화 베릴륨과 마그네슘 금속을 1300°C에서 반응시키면 얻을 수 있다. 이 반응이 25°C에서도 열역학적으로 자발적임을 증명하시오. 이 반응은 1300°C에서 더 잘 일어나는가? 계산을 하지 말고 그 이유를 제시하시오. 상업적으로 베릴륨이 이처럼 높은 온도에서 합성되는 이유는 무엇인가?

12.34 $BeIC_4^{2-}$ 이온은 존재하지만 BeI_4^{2-}는 존재하지 않는 이유를 설명하시오.

12.35 용융 염화 베릴륨은 전기를 잘 전도하지 않는다. 그러나 염화 베릴륨에 염화 소듐을 녹이면 $NaCl:BeCl_2$ 비가 2:1일 때 적당한 전도도를 갖는 전도성 용액이 된다. 이 현상을 설명하시오.

13족 원소

13장

붕소와 알루미늄은 13족에서 가장 중요한 원소이다. 붕소는 몇 가지 독특한 화학적 성질을 나타내는데, 특히 붕소의 수소화물에 대한 화학은 아주 특이하다. 알루미늄은 가장 널리 쓰이는 금속 중 하나이다. 이 장에서는 알루미늄 화합물의 성질을 집중적으로 다룬다.

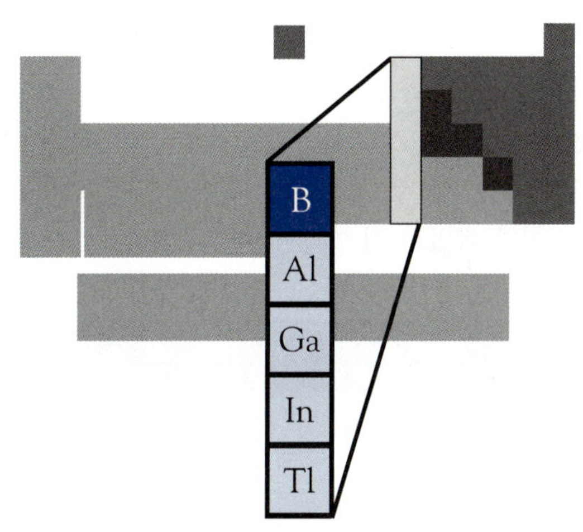

컨텍스트: 알루미늄 – 독성 이온

알루미늄은 지구의 암석과 광물에 아주 풍부하게 존재한다. 불행스럽게도 이 원소는 독성이 아주 강하다(13.11절 참조). 이 독성은 전 세계 식량 공급의 맥락에서 매우 중요하다. 토양의 비옥함을 조절하는 요인은 몇 가지가 있다. 알루미늄과 망가니즈와 같은 두 가지 이온은 과량으로 존재한다. 인, 칼슘, 마그네슘, 몰리브데넘과 같은 네 가지 이온은 부족한 토양이 많다. 그러나 농업에 있어서 가장 심각하게 한계에 도달한 문제는 토양에 알루미늄이 과량으로 존재한다는 것이다. 13.6절에서 논의하겠지만, 알루미늄 이온의 용해도는 pH와 밀접한 관계가 있다. pH가 6 ~ 8 사이의 영역에서는 불용성 알루미늄 화합물이 생성되고, 이 영역 바깥, 특히 낮은 pH 영역에서는 가용성 알루미늄 양이온이 우세하게 존재한다. 그러므로 토양이 산성인 지구의 모든 곳에서는 과량으로 존재하는 알루미늄 이온이 경제적인 농업을 방해하는 실질적인 원흉이다. 다음 그림은 산성 토양이 나타나는 지역을 나타낸다.

그러면 무엇을 할 수 있을까? 토양의 중성화가 우선적인 해결책이다. 가장 비용이 적게 드는 방법은 탄산 칼슘을 사용하는 것이다.

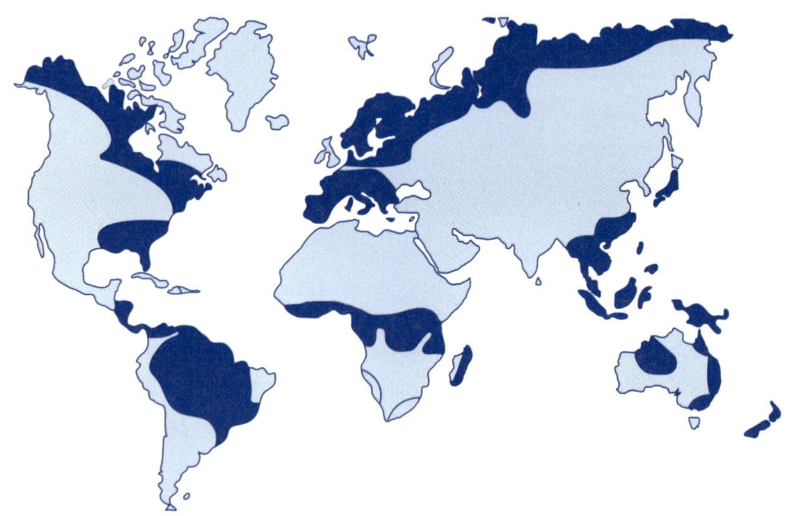

세계의 산성 토양. 산성 토양이 우세한 지역은 더 짙은 색으로 나타내었다.

$$2\,H^{+}(aq) + CaCO_3(s) \rightarrow Ca^{2+}(aq) + CO_2(g) + H_2O(l)$$

그러나 산성화된 농경지 표면을 처리한다는 것은 비용이 엄청나게 들게 될 것이다. 다른 방법은 알루미늄 이온에 대한 내성을 갖는 유전자 개량 작물을 도입하는 것이다. 이러한 연구는 기후 변화가 증가하고 있는 이 시점에서 우선적으로 필요하다.

13.1 족의 경향성

붕소는 대체로 비금속의 성질을 보이며, 준금속으로 분류된다. 반면에 다른 13족 원소들은 금속이다. 13족 원소들의 끓는점은 질량이 증가함에 따라 감소하는 경향을 나타내지만, 녹는점은 경향성을 보이지 않는다(표 13.1). 녹는점이 순서대로 되지 않는 이유는 각 원소들이 고체상에서 각기 다른 방법으로 정렬되어 있기 때문이다. 붕소는 12개의 원자로 이루어진 뭉치 화합물을 형성하고, 알루미늄은 면심 입방 구조를 가지며, 갈륨은 쌍으로 된 원자들이 포함되어 있는 독특한 구조를 형성한다. 인듐과 탈륨도 서로 다른 구조를 형성한다. 원소들이 녹아서 결정체 배열이 깨어진 후에는 족의 아래로 갈수록 끓는점이 감소한다. 이로부터 우리는 금속 결합이 점점 약해지고 있다는 것을 알 수 있다.

붕소가 준금속으로 분류된다는 사실에서 예상되듯이, 이 원소는 공유 결합 만들기를 선호한다. 공유 결합성은 이 족의 다른 금속 원소에서도 흔히 볼 수 있다. 공유 결합성을

표 13.1 13족 원소들의 녹는점과 끓는점

원소	녹는점(°C)	끓는점(°C)
B	2180	3650
Al	660	2467
Ga	30	2403
In	157	2080
Tl	303	1457

표 13.2 3주기 금속 이온들의 전하 밀도

족	이온	전하 밀도($C \cdot mm^{-3}$)
1	Na^+	24
2	Mg^{2+}	120
13	Al^{3+}	364

나타내는 이유는 각 금속 이온들이 높은 전하와 작은 반지름을 갖기 때문이다. 그 결과 13족 이온들은 높은 전하 밀도를 갖게 되며, 이 때문에 접근하는 음이온들은 공유 결합을 형성하기에 충분할 정도로 편극이 일어난다(표 13.2). 13족 원소들의 이온 상태를 안정화시키는 유일한 방법은 금속 이온을 수화물로 만드는 것이다. 알루미늄 3+ 양이온의 수화 엔탈피는 $-4665\ kJ \cdot mol^{-1}$로, 3차에 걸친 이온화 에너지의 합인 $+5137\ kJ \cdot mol^{-1}$과 거의 균형을 이룬다. 이온성으로 간주하는 수화된 알루미늄 화합물에는 알루미늄 이온(Al^{3+})이 아니라, 헥사아쿠아알루미늄 이온(hexaaquaaluminum ion), $[Al(OH_2)_6]^{3+}$이 포함되어 있다.

한 가지 이상의 산화 상태를 지닌 원소가 처음 등장하는 곳이 13족이다. 알루미늄은 결합이 이온성이든 공유 결합성이든 상관없이 +3의 산화 상태를 갖는다. 그러나 갈륨, 인듐, 탈륨은 +1인 두 번째 산화 상태도 존재한다. 갈륨과 인듐은 +3 상태를 선호하지만, 탈륨은 +1 상태가 더 일반적이다(9.6절 참조). 다음의 예와 같이 화학식만으로는 가끔 잘못된 예상을 가져오는 경우도 있다. 갈륨은 화학식이 $GaCl_2$인 염화물을 형성하는데, 이 화합물은 +2의 산화 상태를 갖는 것처럼 보인다. 그러나 이 화합물의 실제 구조는 $[Ga]^+[GaCl_4]^-$로 갈륨은 +1과 +3의 산화 상태를 갖는다.

13.2 붕소

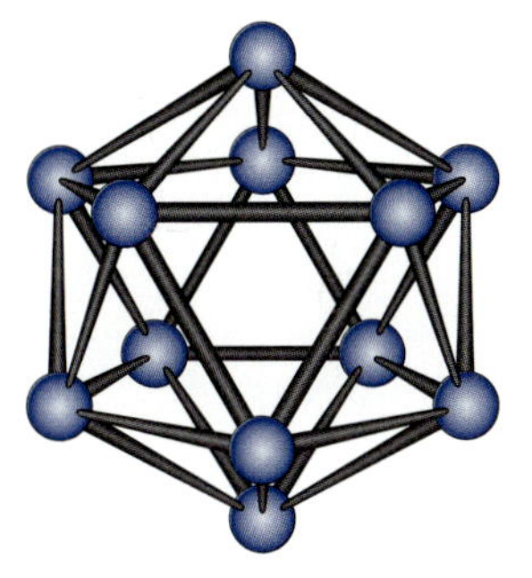

그림 13.1 붕소, B_{12}의 20면체 배열

붕소는 13족의 준금속이다. 붕소의 산화물을 마그네슘 같이 반응성이 매우 큰 금속과 함께 가열하면 붕소를 얻을 수 있다.

$$B_2O_3(s) + 3\,Mg(l) \xrightarrow{\Delta} 2\,B(s) + 3\,MgO(s)$$

산화 마그네슘은 산과 반응시키면 제거된다. 이 원소를 아주 순수한 형태로 얻기는 어렵다. 많은 동소체가 존재하는데, 모든 원소는 12개의 붕소 원자로 이루어진 뭉치 화합물을 포함하는 동소체를 형성하는데, 다형체(polymorph)로 간주하는 것이 더 합리적일 것 같다. 각 뭉치는 20면체로 알려진 기하학적 배열을 갖는다(그림 13.1). 순수한 붕소는 규소와 유사하면서 검은색의 금속성 광택을 띠는 순수한 결정 형태를 갖는다. 실제로 붕소의 화학은 규소와 비슷한데, 이 관계는 대각선 관계로 알려져 있다(9.5절).

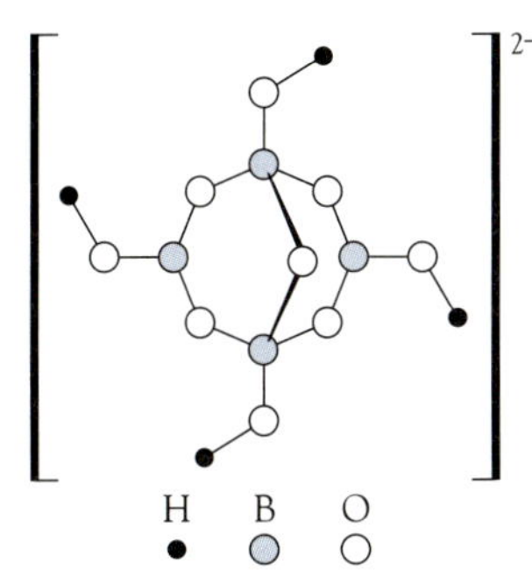

그림 13.2 붕사에 존재하는 붕소산 음이온의 실제 구조

붕소는 지각에서는 희귀한 원소이지만 다행스럽게도 많은 양의 붕소염이 매장된 곳이 몇 군데 있다. 한때 격한 화산 활동이 있었던 곳에서 발견되는 이들 매장물은 붕사(borax)와 커나이트(kernite)로 구성되어 있으며, 각기 관습적으로 $Na_2B_4O_7 \cdot 10H_2O$와 $Na_2B_4O_7 \cdot 4H_2O$로 적는다. 전 세계적으로 1년에 생산되는 붕소 화합물의 총량은 3백만 톤에 이른다. 가장 매장량이 많은 곳은 캘리포니아의 Boron이란 곳으로 50 m 두께의 커나이트 층이 10 km^{2}의 넓이에 걸쳐 묻혀 있다. 화학식은 간단하지만 붕소산 음이온의 실

제 구조는 간단하지 않다. 예를 들면, 붕사는 실제로는 그림 13.2와 같은 $[B_4O_5(OH)_4]^{2-}$ 이온을 포함한다.

붕소 생산량의 약 35%는 붕소규소산(borosilicate) 유리의 제조에 사용된다. 전통적인 소다 유리는 열에 약하다. 즉, 유리가 강하게 열을 받으면 바깥쪽은 뜨거워져 팽창을 하게 되지만, 열전도도가 좋지 않으므로 안쪽은 여전히 차갑다. 결과적으로 외부와 내부 사이에 응력이 생겨 유리가 깨지게 된다. 유리 구조에서 소듐 이온이 붕소 원자로 치환되면 유리의 팽창(**열팽창도**)은 보통 유리의 절반 이하로 된다. 그 결과, 붕소규소산 유리(Pyrex라는 상품명으로 판매됨)로 만든 용기는 가열하더라도 깨어질 위험이 없다. 유리의 조성은 14.14절에서 다루고 있다.

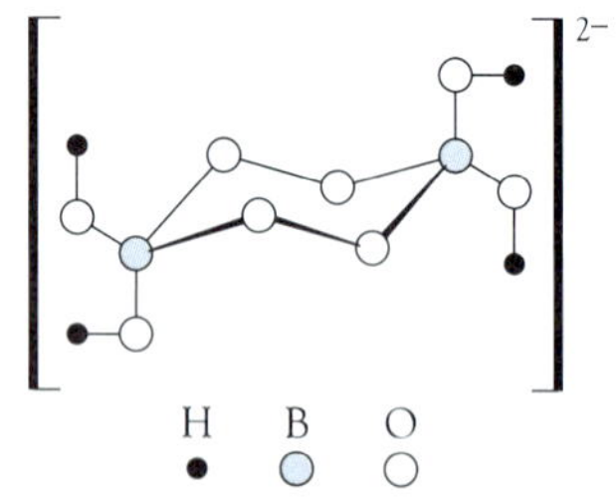

그림 13.3 과산화붕소산 음이온의 구조

20세기 초반에 붕소 화합물은 주로 **붕사**(*borax*)라 불리는 세제로 사용되었다. 지금은 이러한 용도가 유리에 사용되는 양보다 더 줄어들어 생산량의 20% 정도만 쓰인다. 세제로는 더 이상 붕사를 쓰지 않고, 대신 과산화붕소산 소듐(sodium peroxoborate), $NaBO_3$ 이 사용된다. 이 간단한 화학식만으로는 도저히 실제 구조 $[B_2(O_2)_2(OH)_4]^{2-}$를 짐작할 수 없다(그림 13.3).

과산화붕소산 음이온은 염기성 수용액에서 과산화 수소와 붕사의 반응에 의해서 얻어진다.

$$[B_4O_5(OH)_4]^{2-}(aq) + 4\,H_2O_2(aq) + 2\,OH^-(aq) \rightarrow 2\,[B_2(O_2)_2(OH)_4]^{2-}(aq) + 3\,H_2O(l)$$

이 이온은 붕소를 연결하는 두 개의 과산화기(−O−O−) 때문에 산화제로 작용한다. 유럽의 세제 회사에서 연간 생산되는 $NaBO_3$는 50만 톤 정도이다. 유럽의 세탁기에 사용되는 물의 온도(90°C)에서는 매우 효과적인 산화제(표백제)이지만, 미국 세탁기 물의 온도인 70°C에서는 효과적이지 못하다. 따라서 북미국가에서는 하이포아염소산(hypochlorite, 17.9절 참조)을 대신 사용한다.

붕소는 중성자의 강력한 흡수제이므로 원자력 발전소에서 아주 중요한 구성 요소이다. 핵반응이 일정한 속도를 유지할 수 있도록 붕소가 함유된 조절봉을 반응로 안에 넣어둔다. 붕소산 음이온은 목재의 방부제나 섬유에서 화재 지연제로 사용되며, 또한 납땜 인두에도 사용된다. 납땜 경우에 붕소산 음이온은 관의 뜨거운 표면에서 녹아 금속 산화물 피막과 반응하게 된다. 예를 들면, 구리관에 있는 산화 구리(II) 피막과 반응하여 붕소산 구리(II)가 생기는데, 이런 금속 붕소산 화합물은 쉽게 제거시킬 수 있기 때문에 납땜 작업에서 깨끗한 금속 표면을 제공한다.

13.3 붕소화물

붕소는 많은 이성분 화합물을 형성하고 있다. 이들 화합물은 모두 아주 단단하고, 녹는점이 높으며, 화학적으로 내성이 있다. 이러한 특성이 요구되는 로켓의 노즈콘(nose cone, 원추형 앞 끝부분) 등에 사용할 수 있는 물질로 중요성이 점점 증가하고 있다. 그러나 이들 화합물의 화학량론은 간단하지 않다. 이들 중 가장 중요한 화합물은 탄화 붕소로 실험식은 B_4C이다. 이름을 보면 탄화물이지만, 구조는 붕소를 근간으로 하고 있다. 구조는 B_{12} 20면체로 이루어졌으므로 $B_{12}C_3$로 쓰는 것이 더 올바른 표현이다. 모든 이웃한 20면체들은 탄소 원자로 연결되어 있다. 삼산화 이붕소를 탄소로 환원시켜 제조하는 방법도 있다.

$$2\ B_2O_3(s) + 7\ C(s) \xrightarrow{\Delta} B_4C(s) + 6\ CO(g)$$

탄화 붕소는 가장 단단한 물질 중 하나로 알려져 있다. 이것으로 만든 섬유질은 막강한 인장 강도를 가지고 있으며, 방탄옷을 만드는 데 사용된다. 높은 밀도의 탄화 붕소로 만든 타일을 아파치 헬리콥터 좌석 밑에 깔아 놓는데, 이는 지상에서 날아오는 총탄으로부터 탑승자들을 보호하기 위해서이다. 좀 더 자주 쓰이는 용도로는 무게가 가벼운 고성능 자전거 골격을 만들 때 알루미늄 모체에 탄화 붕소를 끼워 넣는 것이다. 탄화 붕소는 붕소화 타이타늄과 같은 다른 단단한 물질을 만들 때 출발 물질로 사용되기도 한다.

$$2\ TiO_2(s) + B_4C(s) + 3\ C(s) \xrightarrow{\Delta} 2\ TiB_2(s) + 4\ CO(g)$$

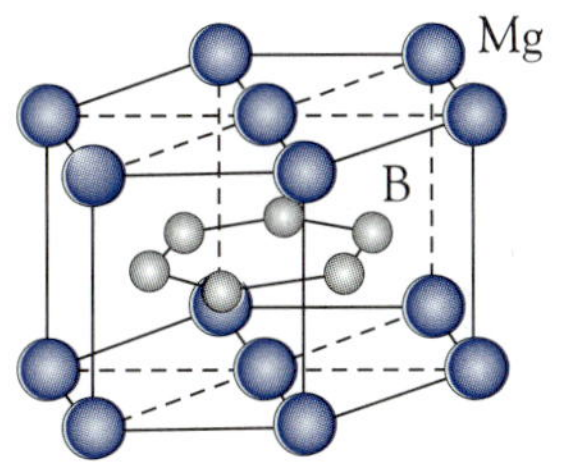

그림 13.4 붕소화 마그네슘, Mg_3B_6의 이온-격자 도표

붕소화 타이타늄은 붕소화물의 다른 종류에 속한다. 이들 붕소화물은 붕소 음이온으로 육방정계 층을 이루는데, 이는 탄소의 흑연 동소체와 구조도 같고, 전자수도 같다. 금속 이온은 B_6^{6-} 층 사이에 위치한다. 각 붕소 원자는 1− 전하이고, 화학량론에 따르면 금속은 +2 산화 상태에 있게 된다. 다른 종류의 육방정계 층을 이루는 붕소화물은 붕소화 마그네슘, MgB_2인데, 더 정확하게 적으면 Mg_3B_6이다(그림 13.4). 이 화합물은 값이 비싸지 않고 쉽게 구할 수 있다. 하지만 2001년에 와서야 이 물질이 낮은 온도에서 초전도성을 띤다는 걸 우연히 발견하였다. 붕소화 마그네슘은 39 K까지 초전도성을 유지할 수 있다. 간단하고 비싸지 않은 물질 중에서는 가장 높은 온도를 보이고 있다. 붕소화 마그네슘과 매우 유사하면서도 훨씬 더 높은 온도에서 초전도성을 보여 주는 물질을 찾기 위해 연구가 계속되고 있다.

13.4 보레인

탄소를 제외하고 가장 많은 수소화물을 형성하는 원소는 바로 붕소이다. 50개 이상의 중성 보레인 B_nH_m, 그리고 더 많은 수의 보레인 음이온 $B_nH_m^{x-}$가 알려져 있다. 보레인 화학이 중요한 이유 세 가지는 다음과 같다.

1. 보레인 분자의 모양이 다른 수소화물과 다르다.
2. 보레인에서 결합을 설명하려면 확장된 개념의 분자 오비탈 이론이 필요하다.
3. 보레인류의 반응에 관한 화학은 유기 화학에 견줄 만큼 재미있으면서도, 유기 화학과는 많이 다르다.

보레인의 구조

가장 간단한 보레인은 B_2H_6이다(그림 13.5). 그림 13.5에서 보듯이 보레인 화학에서 볼 수 있는 가장 독특한 점은 수소 원자가 이웃한 붕소 원자 사이에서 다리 역할을 한다는 것이다. 그리고 붕소 원자는 삼각형 면도 만든다. 삼각형 면을 포함하는 다면체(팔면체와 같은)는 일반적으로 삼각면체(deltahedron)로 알려져 있다.

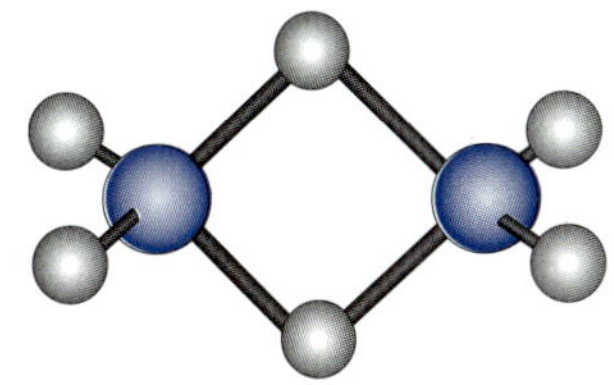
그림 13.5 다이보레인, B_2H_6의 구조

보레인과 보레인 음이온들은 다음의 세 가지로 분류한다.

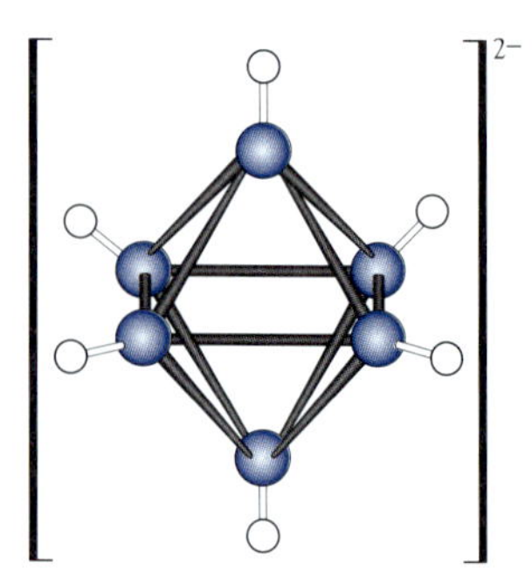

그림 13.6 $[B_6H_6]^{2-}$의 구조

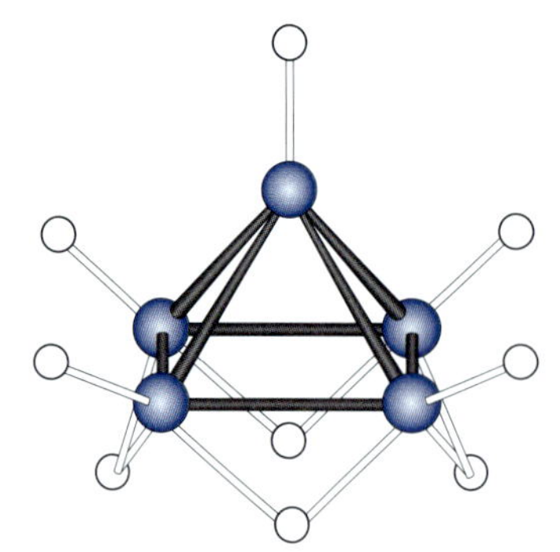

그림 13.7 B_5H_9의 구조

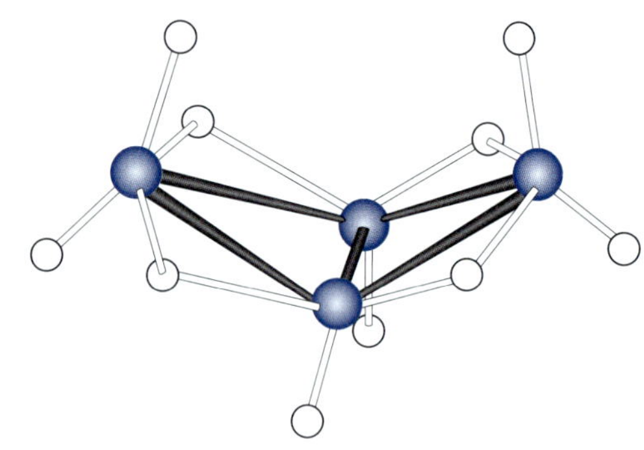

그림 13.8 B_4H_{10}의 구조

1. 클로소 뭉치화합물(*closo*-cluster). 붕소 원자가 삼각면체의 모든 꼭짓점을 채우고 있는 닫힌 구조이다. 일반적인 화학식은 $[B_nH_n]^{2-}$이며, 예를 들면 $[B_6H_6]^{2-}$(그림 13.6)이다.
2. 니도 뭉치화합물(*nido*-cluster). 닫힌 삼각면체에서 붕소 원자 1개가 제거된 열린 구조이다. 일반적인 화학식은 $B_nH_{(n+4)}$ 또는 $[B_nH_{(n+3)}]^-$이며, 예를 들면 B_2H_6, B_5H_9(그림 13.7), $[B_5H_8]^-$이다.
3. 아라크노 뭉치화합물(*arachno*-cluster). 닫힌 삼각면체에서 붕소 원자 2개가 제거된 열린 구조이다. 일반적인 화학식은 $B_nH_{(n+6)}$ 또는 $[B_nH_{(n+5)}]^-$이며, 예를 들면 B_4H_{10}(그림 13.8), 그리고 $[B_4H_9]^-$이다.

보레인 유형의 모든 화합물은 양의 $\Delta_f G^{\ominus}$ 값을 갖는다. 즉, 이 화합물들은 열역학적으로 불안정하기 때문에 구성 원소로 분해되려고 한다. 보레인의 명명법은 붕소 원자의 수를 접두사로 하고, 수소 원자의 수는 괄호 안에 아라비아 숫자로 표기한다. 그러므로 B_4H_{10}은 테트라보레인[tetraborane(10)]이고, B_5H_9은 펜타보레인[pentaborane(9)]이다.

보레인에서의 결합

가장 간단한 보레인은 분자식이 BH_3가 아니라 B_2H_6이라는 발견은 무기 화학자들에게 골치 아픈 문제를 제공하였다. 이 결합을 어떻게 설명할 수 있을까? 관습적으로 수소 원자는 단지 1개의 공유 결합을 형성한다고 믿어왔었다. 10.4절에서 삼수소 이온, H_3^+는 한 개의 전자로 이루어진 쌍을 공유하는 세 개의 수소 원자로 이루어진 삼각형을 포함함을 보았다. 대부분의 보레인 화합물에서 결합은 이와 유사한 3원자 2전자 결합을 포함하고 있다.

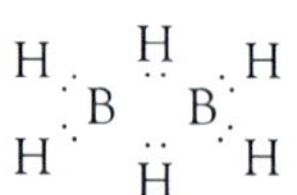

그림 13.9 다이보레인, B_2H_6에서의 전자쌍 배열

실제로 그림 13.5의 구조에서 보듯이, 2개 수소 원자가 한 쌍의 붕소 원자들 사이에서 다리처럼 연결되어 있다. 수소 원자를 다리처럼 이용할 수 있다는 것은 하나의 전자쌍만으로도 2개 붕소 원자의 결합에 필요한 요건을 만족시킬 수 있다는 것을 뜻한다. 각각의 말단 수소 원자는 붕소 원자와 수 개의 전자를 공유하는 정상적인 결합을 형성한다. 그러면 각 붕소 원자에는 1개의 전자가 남아있게 되고, 이 전자가 다리 결합 수소 원자에 있는 1개의 전자와 짝을 이루게 된다(그림 13.9).

그림 13.10 다이보레인 분자의 기하 구조

분자의 구조는 각 붕소 원자 주위에 수소 원자가 대략 사면체 모양으로 위치하고 있으며, 이와 같은 다리 결합을 형성한 수소의 결합을 '바나나 결합'이라고도 한다. 이 수소화물성 결합은 약한 공유 결합처럼 행동한다(그림 13.10).

다이보레인 분자에서의 결합은 혼성화 개념으로 설명할 수 있다. 이 개념에 따르면, 거의 같은 각도로 벌어져 있는 4개의 결합은 sp^3 혼성에 해당된다. 4개의 혼성 오비탈 중에서 3개는 붕소 원자의 전자가 하나씩 채워진다. 이렇게 반이 채워진 오비탈 중 2개는 말단 수소 원자와 결합을 하는 데 사용된다. 이러한 배열 후에는 비어 있는 혼성 오비탈과 절반이 채워진 혼성 오비탈이 각각 1개씩 남는다.

sp^3 오비탈에 8개의 전자를 채우는 방법을 설명하기 위하여, 두 붕소 원자의 절반이 채워진 혼성 sp^3 오비탈과 다리 결합을 형성한 수소의 1s 오비탈이 동시에 겹치는 것을 생각해 보자. 이러한 배열은 2개의 전자를 수용할 수 있는 하나의 오비탈을 만들게 되지만, 두 전자는 세 원자에 의해 공유된다(그림 13.11). 다른 B−H−B 다리도 이와 똑같은 배열을 한다. 다이보레인에 있는 결합 전자의 분포를 그림 13.12에 나타내었다.

다이보레인을 설명하는 또 다른 방법으로는 분자 오비탈 이론을 사용할 수 있다. 8개의 원자로 이루어진 분자에 대한 상세한 분자 오비탈의 그림은 복잡하다. 분자 오비탈은 분자 전반에 걸친 것이기는 하지만, 때로는 일차적으로 특정한 결합과 관련된 분자 오비탈만 고려하는 것도 가능하다. 이 경우에는 다리 결합을 하는 원자들의 오비탈에 대한 파동 함수가 혼합되어 3개의 분자 오비탈을 만든다. 원자 오비탈과 분자 오비탈의 에너지를 비교해 보면, 세 원자 오비탈 성분의 평균 에너지에 비해 한 분자 오비탈은 에너지가 낮고(σ 결합성), 다른 하나는 높고(σ 반결합성), 그리고 세 번째 분자 오비탈은 에너지가 같다(σ 비결합성). 이것은 삼수소 이온(10.4절)에서의 결합에 대해 유도된 분자 오비탈 도표와 아주 유사하다.

다리 결합을 형성하는 수소는 1개의 전자를, 그리고 각 붕소 원자는 $\frac{1}{2}$개의 전자를 제공한다. 이러한 배열에 의해 세 원자가 이루는 결합성 오비탈이 채워진다(그림 13.13). 두 쌍의 원자들 사이에 하나의 결합성 오비탈이 존재하므로 각 B−H의 결합 차수는 $\frac{1}{2}$이다. 다른 다리 결합에 대해서도 같은 설명을 할 수 있다. 결합 에너지의 측정 결과에 의하면, 각각의 B−H 다리 결합은 말단의 B−H 결합 세기의 약 절반에 해당함을 알 수 있다. 하지만 이러한 다리 결합은 수소 결합을 하는 분자에서 나타나는 훨씬 약한 양성자성 다리 결합과는 달리, 여전히 공유 결합에 속하는 에너지 범위를 가진다. 또 다른 중요한 사실은 이 분자 오비탈 세트는 부족한 붕소의 전자를 최대한 사용하고 있다는 것이다. 붕소에 전자가 더 많이 있다고 하더라도 결합이 더 강해지지는 않는데, 이것은 추가되는 전자가 비결합성 분자 오비탈에 들어가기 때문이다.

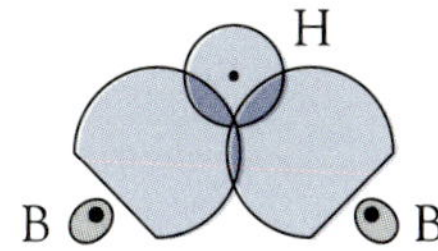

그림 13.11 다리 결합 수소 원자의 1s 오비탈과 두 붕소 원자의 sp^3 혼성 오비탈의 겹침

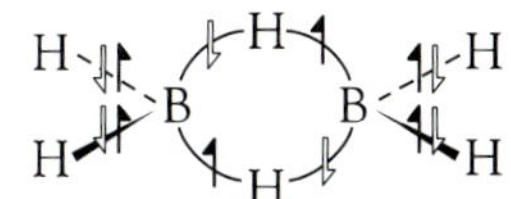

그림 13.12 각 붕소 원자에 대한 sp^3 혼성과 2-전자, 3-원자 B−H−B 다리 결합과 일치하는 전자쌍 배열. 수소 원자에 의해 제공된 전자는 투명한 화살표로 나타내었다.

분자
오비탈

σ^*

σ^{NB}

σ

그림 13.13 수소화 다리 결합에 포함된 분자 오비탈

보레인의 합성과 반응

약 200톤의 다이보레인이 매년 생산된다. 독성을 가지며 무색인 다이보레인을 만드는 공업적 합성 방법은 트라이플루오린화 붕소를 수소화 소듐과 반응시키는 것이다.

$$2\,BF_3(g) + 6\,NaH(s) \rightarrow B_2H_6(g) + 6\,NaF(s)$$

보레인은 부분적으로 음전하를 띤 수소 원자를 갖게 되는데, 이는 붕소의 전기 음성도가 작기 때문이다. 결합의 극성이 바뀐 덕분에 결과적으로 이들 화합물은 화학 반응성이 아주 높다. 예를 들면, 대부분 중성 보레인과 마찬가지로 다이보레인은 공기 중에서 불이 붙으며, 순수한 산소 기체와 섞어주면 폭발한다. 이 격렬한 발열 반응은 삼산화 이붕소와 수증기를 생성시킨다.

$$B_2H_6(g) + 3\,O_2(g) \rightarrow B_2O_3(s) + 3\,H_2O(g)$$

물과 반응하여 붕산[때로는 $B(OH)_3$로 표기함]과 수소 기체를 발생시키는 반응 역시 격렬한 발열 반응이다.

$$B_2H_6(g) + 6\,H_2O(l) \rightarrow 2\,H_3BO_3(aq) + 6\,H_2(g)$$

대부분의 다른 보레인들은 다이보레인을 가지고 합성한다. 예를 들면, 테트라보레인(10)은 2개의 다이보레인 분자를 축합 반응시켜 얻는다. 펜타보레인(11)은 거기에 다른 다이

붕소 중성자 포획 치료법

암치료를 위해 연구되는 새로운 방법 중에 붕소 중성자 포획 치료법(boron capture therapy, BNCT)이 있다. 이 치료법의 근본 원리는 선별적으로 암세포만 방사선에 반응하도록 만드는 것이다. 이렇게 되면 방사선을 쪼였을 때 암세포만 파괴되고 건강한 세포는 그대로 남아있게 된다. 수술하기 힘든 뇌종양을 치료하거나, 또는 주된 종양을 외과 수술로 제거한 후에도 남아있는 작은 암세포 조각들을 죽일 때 이 접근 방법이 관심을 끌고 있다. BNCT는 개념상으로는 간단하고 유망한 방법이지만, 실현시키기에는 어려움이 많다.

1950년대에 BNCT 치료의 핵심 원소로 붕소가 제안되었다. 안정한 붕소 화합물은 종양 속으로 침투되고, 이에 중성자를 쪼여주면 붕소는 핵반응에 의해 방사성 동위원소로 변한다. 이 방사선으로 암세포를 파괴하는 것이다. 왜 하필이면 붕소인지 묻고 싶을 것이다. 답은 핵화학과 관련되어 있다. 원자핵이 입자를 포획하는 능력은 핵의 크기가 아니라 핵의 구조에 의해 좌우된다. 따라서 각각의 핵에는 유효 단면적이 부여된다. 즉, 유효 단면적이 클수록 중성자가 핵에 충격을 주기 쉽다. 면적은 barn이라는 단위로 표현되며, 1 barn $= 10^{-24}$ cm^2이다. 붕소-10(홀수 양성자와 홀수 중성자)은 예외적으로 큰 유효 단면적을 갖고 있다. 반면에 수소, 탄소, 질소 같은 세포의 주성분 원소들은 단면적이 아주 작다(표 13.3). 이런 이유에서 보면 붕소가 가장 이상적인 대상이 된다.

중성자가 붕소-10의 핵에 충돌하면 붕소-11이 형성된다.

$$^{10}_{5}B + ^{1}_{0}n \rightarrow ^{11}_{5}B$$

이 화학종은 반감기가 무척 짧은 방사성 원소이다. 헬륨-4와 리튬-7로 핵분열되면서 에너지가 나온다.

$$^{11}_{5}B \rightarrow ^{7}_{3}Li + ^{4}_{2}He$$

이 핵분열 에너지는 2개의 입자를 세포 1개 넓이로 서로 반대 방향으로 몰아내기에 충분하며, 만나는 분자가 무엇이든 간에 피해를 입힐 수 있다. 10억 개의 붕소 원자로 세포 1개를 완전히 파괴시킬 수 있다.

다음과 같은 사항이 도전과제가 된다. 특별히 암세포에서 붕소 화합물의 농도가 높아야 한다. 일찍이 의학연구에서 붕산 이온을 사용했었지만, 별 효과가 없는 것으로 밝혀졌다. 하지만 붕소 수소화물에 대한 화학의 발달이 계기가 되었다. 새로운 붕소 수소화물은 붕소의 양도 많고, 반응 속도론적으로 안정하며, 유기물에 연결시킬 수도 있다.

가장 간단한 '제2세대' 이온은 보통 *BHS*로 불리는 $(B_{12}H_{11}SH)^{2-}$이다(그림 13.14). 종양 세포 안의 붕소 농도가 혈액 내 농도보다 월등히 크게 된 첫 번째 화합물이다. 최근에 연구 중에 있는 제3세대 화합물은 1개의 큰 유기 분자에 4개의 새장 형태의 보레인이 연결되어 있는 것이다. 다른 방법으로는 파괴할 수 없는 작은 암세포 덩어리를 제거하는 간단하고, 안전한 방법으로 BNCT를 사용하기 위해서는 더 많은 연구가 있어야 한다.

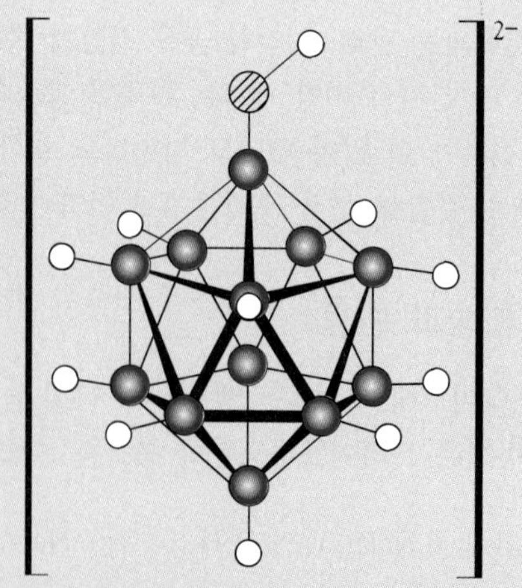

그림 13.14 $(B_{12}H_{11}SH)^{2-}$ 이온의 구조

표 13.3 몇 가지 유효 중성자 단면적

동위원소	수소-1	붕소-10	탄소-12	질소-14	산소-16
중성자 단면적(barn)	0.3	3.8×10^{3}	3.4×10^{-3}	1.8	1.8×10^{-4}

보레인과 반응시켜 얻는다.

$$2\ B_2H_6(g) \xrightarrow{\text{높은 P}} B_4H_{10}(g) + H_2(g)$$

$$2\ B_4H_{10}(g) + B_2H_6(g) \rightarrow 2\ B_5H_{11}(g) + 2\ H_2(g)$$

다이보레인은 유기 화학에서 중요한 시약이다. 이 기체는 탄소 간의 이중 또는 삼중 결합을 포함하는 불포화 탄화수소와 반응하여 알킬보레인을 생성한다. 예를 들면, 다이보레인은 프로펜과 반응한다.

$$B_2H_6(g) + 6\ CH_2{=}CHCH_3(g) \rightarrow 2\ B(CH_2CH_2CH_3)_3(l)$$

이 **수소화 붕소 첨가반응**(*hydroboration*)의 생성물을 카복실산과 반응시키면 포화 탄화수소가 생기고, 과산화 수소와 반응시키면 알코올이 생기며, 크로뮴산과 반응시키면 케톤이나 카복실산이 생긴다. 수소화 붕소 첨가반응은 다음 두 가지 이유 때문에 유기 합성에서 선호되는 반응이다. 초기의 수소 첨가가 매우 온화한 조건에서 이루어진다는 점과 사용하는 다른 시약에 따라 다양한 종류의 최종 생성물을 얻을 수 있다는 점이다.

테트라하이드리도붕소산 이온

붕소의 다른 화합물 중에서 많은 양이 사용되는 것은 테트라하이드리도붕소산 음이온(tetrahydridoborate)이다. 아주 반응성이 높은 보레인과는 달리, 이 음이온은 차가운 물에서 소듐의 염으로 재결정이 가능하다. 테트라하이드리도붕소산 소듐의 결정 구조는 흥미롭게도 염화 소듐의 구조를 갖는데, BH_4^- 이온 전체가 염화 이온이 있던 위치를 차지한다. 테트라하이드리도붕소산 소듐은 약한 환원제로서 특히 유기 화학에서 중요하게 사용되는데, 카복실산과 같은 다른 치환기에는 영향을 주지 않으면서 알데하이드는 일차 알코올로, 케톤은 이차 알코올로 환원시킬 수 있다. 다이보레인과 수소화 소듐의 반응은 테트라하이드리도붕소산 소듐의 제조에 사용된다.

$$2NaH(s) + B_2H_6(g) \rightarrow 2\ NaBH_4(s)$$

예제 13.1

B_5H_9과 공기 중의 산소 기체 간 반응에 대한 균형 맞춘 화학 반응식을 쓰시오.

해답

보레인 화합물의 모든 연소 반응에서는 삼산화 다이보레인, $B_2O_3(s)$와 수증기가 생성된다. 반응식의 균형을 맞추면 다음과 같다.

$$2\ B_5H_9(g) + 12\ O_2(g) \rightarrow 5\ B_2O_3(s) + 9\ H_2O(g)$$

13.5 붕소의 할로젠화물

흥미 있는 2가지 할로젠화물은 트라이플루오린화 붕소와 삼염화 붕소이다. 트라이플루오린화 붕소는 결합과 관련해서 흥미를 끌고 있다. 실제로 Lewis 산의 본보기이기도 하다.

삼염화 붕소는 높은 화학 반응성을 보인다. 이온성 염화물에 비해서 대부분의 비금속 염화물이 갖는 높은 화학 반응성은 삼염화 붕소에서 그 예를 찾을 수 있다.

트라이플루오린화 붕소

붕소는 원자가 전자가 3개뿐이기 때문에 간단한 공유 결합만으로 팔전자계 규칙을 만족시키기에는 전자가 부족하다. 그러므로 가장 간단한 붕소의 수소화물은 2개의 수소 다리 결합을 갖는 이합체인 B_2H_6로 존재함을 알았다. 그러나 트라이플루오린화 붕소는 이합체를 이루지 않으며, 삼각 평면 화합물인 BF_3로 존재한다. 이 분자에 관한 연구를 통해 붕소-플루오린 결합 에너지는 매우 높은 것(613 kJ · mol^{-1})으로 밝혀졌다. 이러한 결합 에너지는 보통의 단일 결합(예를 들면, 탄소-플루오린의 결합 에너지는 485 kJ · mol^{-1}이다) 경우보다 훨씬 크다.

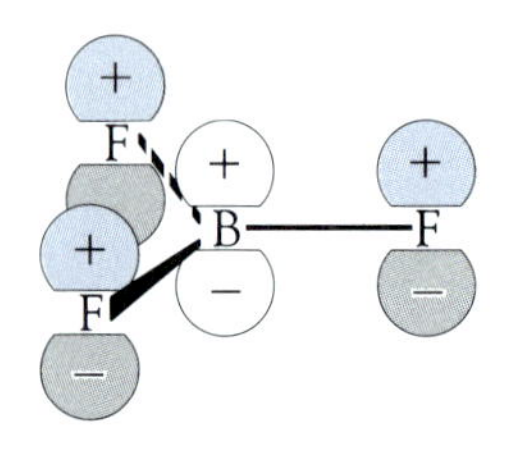

그림 13.15 트라이플루오린화 붕소에 있는 플루오린 원자의 채워져 있는 p 오비탈(어두운 부분)과 붕소 원자의 비어 있는 p_z 오비탈 사이의 π 결합

이 전자 결핍 분자의 놀라운 안정도와 강한 공유 결합을 설명하기 위하여 화합물 내에 σ 결합뿐만 아니라 π 결합도 존재한다고 가정하였다. 붕소는 비어 있는 $2p_z$ 오비탈을 가지고 있으며, 각 플루오린 원자의 채워져 있는 2p 오비탈과 평행한 방향에 위치한다. 붕소의 비어 있는 p 오비탈과 각 플루오린의 채워져 있는 1개의 p 오비탈 간에 비편재화된 π 결합을 형성할 수 있다(그림 13.15).

이러한 설명을 뒷받침할 수 있는 실험적 증거가 있다. 트라이플루오린화 붕소가 플루오린화 이온과 반응하면 사면체 구조인 테트라플루오로붕소산 음이온, BF_4^-을 형성하는데, B−F의 결합 길이는 트라이플루오린화 붕소에서는 130 pm이었지만, 테트라플루오로붕소산 음이온에서는 145 pm로 증가한다. 이렇게 결합 길이가 증가하는 현상은 예상한 바와 같다. 테트라플루오로붕소산 음이온에 있는 붕소는 2s와 세 개의 2p 오비탈이 4개의 σ 결합을 형성하는 데에 사용된다. 따라서 π 결합을 할 수 있는 오비탈이 없어서 순수한 단일 결합을 이루기 때문에 결합 길이가 늘어난다.

비어 있는 $2p_z$ 오비탈을 사용하기 때문에, 트라이플루오린화 붕소는 강한 Lewis 산으로 행동한다. 전형적인 예로는 트라이플루오린화 붕소와 암모니아 간의 반응을 들 수 있다. 여기서 암모니아는 고립 전자쌍을 제공하는 전자쌍 주개로 작용한다(7.6절 참조).

$$BF_3(g) + :NH_3(g) \rightarrow F_3B:NH_3(s)$$

미국 내에서 Lewis 산과 유기 반응 촉매로 공업적으로 사용되는 트라이플루오린화 붕소의 양은 연간 약 4000톤 정도이다.

삼염화 붕소

주기율표를 오른쪽으로 가로질러갈 때, 붕소의 염화물은 주기율표에서 처음으로 만나게 되는 작은 공유 결합 염화물이다. 따라서 전형적인 모습을 보인다. 이온 결합성 염화물은 고체이며, 물에 녹아 수화된 양이온과 음이온을 형성한다. 그러나 전형적인 작은 분자인 공유 결합성 염화물은 실온에서 기체나 액체 상태이며, 물과 격렬하게 반응한다. 예를 들면, 삼염화 붕소(12°C 이상에서는 기체 상태)를 물에 통과시키면 붕산과 염산을 만든다.

$$BCl_3(g) + 3\,H_2O(l) \rightarrow H_3BO_3(aq) + 3\,HCl(aq)$$

$$\overset{\delta-}{\mathrm{Cl}}_2\overset{\delta+}{\mathrm{B}}\!-\!\overset{\delta-}{\mathrm{Cl}} \longrightarrow \overset{\delta-}{\mathrm{Cl}}\!-\!\overset{\delta+}{\mathrm{B}}(\overset{\delta-}{\mathrm{Cl}})(\overset{\delta-}{\mathrm{Cl}}\cdots\overset{\delta+}{\mathrm{H}})\cdots\overset{\delta-}{\mathrm{O}}\!-\!\overset{\delta+}{\mathrm{H}} \longrightarrow \overset{\delta-}{\mathrm{Cl}}_2\overset{\delta+}{\mathrm{B}}\!-\!\overset{\delta-}{\mathrm{O}}\!-\!\overset{\delta+}{\mathrm{H}} + \overset{\delta-}{\mathrm{Cl}}\!-\!\overset{\delta+}{\mathrm{H}}$$

그림 13.16 삼염화 붕소의 가수분해 반응에 대한 첫 단계 메커니즘

두 원자의 전기 음성도의 차이를 고려하면 위 반응의 생성물을 예측할 수 있다. 즉, 이 경우에 염소의 전기 음성도는 붕소에 비해 훨씬 크다. 따라서 물 분자가 삼염화 붕소에 접근할 때 부분적으로 양전하를 띤 물의 수소는 부분적으로 음전하를 띤 염소쪽으로 접근하며, 부분적으로 음전하를 띤 물의 산소는 부분적으로 양전하를 띤 붕소쪽으로 접근한다(그림 13.16). 결합의 이동이 일어나서 염소 원자 하나는 수산화기로 치환된다. 이러한 과정이 두 번 더 되풀이되고, 결과적으로 붕산이 만들어진다.

13.6 알루미늄

알루미늄은 표준 환원 전위가 큰 음의 값을 갖는 금속이므로, 반응성이 매우 높을 것으로 예측되며, 실제로도 반응성이 높다. 그럼에도 불구하고 화학 실험실에서 소듐처럼 많이 사용되지 않는 이유는 무엇인가? 그 해답은 산소 기체와의 반응에 있다. 알루미늄의 노출된 표면은 쉽게 산소와 반응하여 산화 알루미늄, Al_2O_3으로 된다. 10^{-4}에서 10^{-6} mm의 두께를 갖는 이 산화물 층은 그 밑의 알루미늄 원자를 보호하는 역할을 한다. 이러한 현상이 일어나는 것은 산소의 이온 반지름(124 pm)이 금속 알루미늄 원자의 반지름(143 pm)과 비슷하기 때문이다. 결과적으로, 작은 알루미늄 이온(68 pm)이 표면의 산화층 구조의 틈새에 잘 들어맞기 때문에 표면의 구조는 변하지 않게 된다. 이러한 과정을 그림 13.17에 나타내었다.

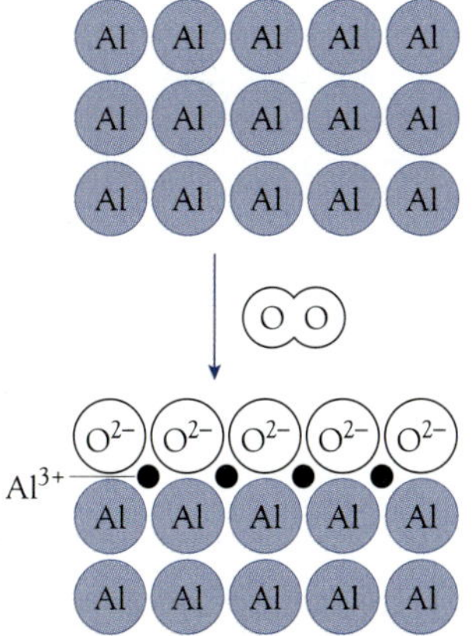

그림 13.17 알루미늄 금속 표면에 형성된 산화물의 단일층. 작은 알루미늄의 3+ 이온은 검은 원으로 표시됨.

부식에 대한 내성을 높이기 위해 알루미늄 제품은 **산화 전극**(*anode*)으로 처리한다. 즉, 알루미늄 제품을 전해 전지의 산화 전극으로 하여 전기 분해시켜 자연적으로 생긴 산화물 층 위에 산화물 층을 더 두껍게 입힌다. 이렇게 하여 생성된 산화물 층의 두께는 0.01 mm 정도이며, 이 두꺼운 층에 염료나 안료를 흡수시켜 제품이 색을 띠게 할 수도 있다.

건축에 알루미늄을 사용하는 가장 큰 이유는 낮은 밀도($2.7\ g\cdot cm^{-3}$) 때문인데, 이는 마그네슘($1.7\ g\cdot cm^{-3}$)을 빼고는 가장 낮다(반응성이 너무 큰 알칼리 금속은 예외로 했을 때). 예를 들어, 철($7.9\ g\cdot cm^{-3}$)과 금($19.3\ g\cdot cm^{-3}$)의 밀도와 비교해 보라. 알루미늄은 좋은 열전도체이므로 취사 도구에 사용된다. 그러나 구리만큼 열전도성이 좋지는 않다. 전열기나 가스 불꽃으로부터의 열을 골고루 분산시키기 위해, 비싼 팬은 바닥을 구리로 코팅시키기도 한다. 알루미늄은 전기에 대해서도 역시 뛰어난 전도체이므로 전선이나 가정용 배선에 많이 사용된다. 알루미늄 전선을 사용할 때 가장 문제가 되는 것은 이음 부분이다. 만일 알루미늄을 전기화학적으로 성질이 다른 구리와 같은 금속과 연결하면, 연결 부위에 습기가 생기게 되므로 알루미늄의 산화(부식)가 일어난다. 이러한 이유로 요즈음에는 가정용 배선에 알루미늄을 사용하지 않는다.

알루미늄의 화학적 성질

9.4절에서 논의한 것처럼, 알루미늄 화학의 많은 부분은 13족의 아래에 있는 비반응성 원소인 스칸듐과 유사하다. 예를 들면, 알루미늄 분말은 불꽃 속에서 연소되어 산화 알루미늄의 먼지 구름을 만든다.

$$4\,Al(s) + 3\,O_2(g) \rightarrow 2\,Al_2O_3(s)$$

또한 알루미늄은 염소 분자와 같은 할로젠 원소들과 격렬한 발열 반응을 일으킨다.

$$2\,Al(s) + 3\,Cl_2(g) \rightarrow 2\,AlCl_3(s)$$

베릴륨과의 대각선 유사성도 존재한다(9.5절 참조). 예를 들면, 베릴륨과 마찬가지로 알루미늄도 양쪽성 금속이기 때문에 산과 염기 양쪽에 반응한다.

$$2\,Al(s) + 6\,H^+(aq) \rightarrow 2\,Al^{3+}(aq) + 3\,H_2(g)$$
$$2\,Al(s) + 2\,OH^-(aq) + 6\,H_2O(l) \rightarrow 2\,[Al(OH)_4]^-(aq) + 3\,H_2(g)$$

수용액에서 알루미늄 이온은 헥사아쿠아알루미늄 이온, $[Al(OH_2)_6]^{3+}$로 존재하지만, 가수분해 반응에 의해 하이드록시도펜타아쿠아알루미늄 이온(pentaaquahydroxidoaluminum ion) $[Al(OH_2)_5(OH)]^{2+}$과 하이드로늄 이온으로 되고, 다시 다이하이드록시도테트라아쿠아알루미늄 이온으로 된다.

$$[Al(OH_2)_6]^{3+}(aq) + H_2O(l) \rightleftharpoons [Al(OH_2)_5(OH)]^{2+}(aq) + H_3O^+(aq)$$
$$[Al(OH_2)_5(OH)]^{2+}(aq) + H_2O(l) \rightleftharpoons [Al(OH_2)_4(OH)_2]^+(aq) + H_3O^+(aq)$$

따라서 알루미늄염의 용액은 아세트산과 비슷한 산 해리 상수를 갖는 산성 용액이다. 발한 억제제에 들어 있는 혼합물을 **알루미늄 클로로수화물**(*aluminum chlorohydrate*)이라고 하는데, 이 혼합물은 이들 두 가지 하이드록소 이온의 염소염 혼합물이다. 피부 표면의 모공을 수축시키는 작용을 하는 것은 이 화합물 중 알루미늄 이온이다.

수산화 이온을 알루미늄 이온에 가하면 처음에는 아교질의 수산화 알루미늄의 침전이 생긴다. 그러나 수산화 이온이 과량으로 존재하면 다시 녹아 **테트라하이드록시도알루미**

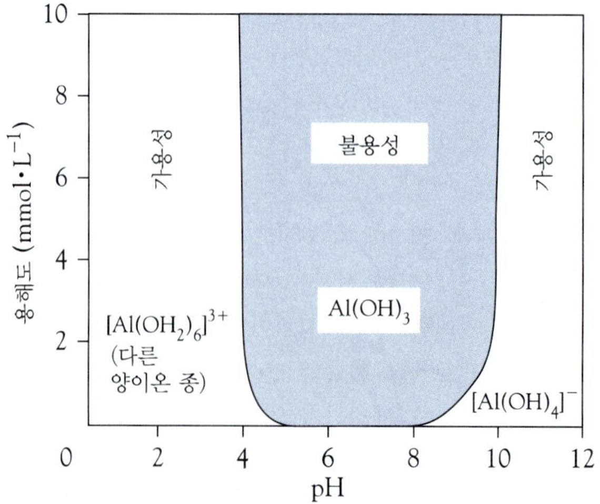

그림 13.18 pH에 따른 알루미늄의 용해도

늄산 이온(*tetrahydroxidoaluminate ion*)이 생긴다.

$$[Al(OH_2)_6]^{3+}(aq) \xrightarrow{OH^-} Al(OH)_3(s) \xrightarrow{OH^-} [Al(OH)_4]^-(aq)$$

그러므로 알루미늄 3+는 pH가 높거나 낮은 조건에서는 물에 녹지만, 중성 조건에서는 녹지 않는다(그림 13.18). 수산화 알루미늄은 제산제에 많이 사용된다. 다른 제산제와 마찬가지로 이 화합물은 용해도가 좋지 않은 염기이며, 과다한 위산을 중화시킨다.

$$Al(OH)_3(s) + 3\,H^+(aq) \rightarrow Al^{3+}(aq) + 3\,H_2O(l)$$

예제 13.2

스칸듐 금속과 액체 브로민 간의 반응에 대한 균형 맞춘 반응식을 예측하시오.

해답

스칸듐과 알루미늄은 (n)과 (n + 10) 관계를 통해 많은 화학적 유사성을 갖기 때문에 스칸듐은 알루미늄과 동일한 방식으로 할로젠과 반응할 것이라고 예상할 수 있다.

$$2\,Sc(s) + 2\,Br_2(l) \rightarrow 2\,ScBr_3(s)$$

알루미늄의 공업적 추출

독일의 화학자 Friedrich Wöhler[유레아(urea)를 처음 합성한 것으로 더 잘 알려져 있다]는 순수한 알루미늄 금속을 처음으로 제조한 사람들 중의 한 사람이다. 19세기 중엽에는 알루미늄이 매우 비쌌기 때문에 나폴레옹 3세는 중요한 국가 행사에 알루미늄 식탁용 식기를 사용하였다. Wöhler는 **산화-환원** 반응에서 포타슘 금속과 염화 알루미늄을 가열하는 화학 반응을 통해 순수한 알루미늄을 제조하였다.

$$3\,K(l) + AlCl_3(s) \xrightarrow{\Delta} Al(s) + 3\,KCl(s)$$

프랑스의 화학자인 Henri Sainte-Claire Deville에 의해 전기 분해 환원법이 발견되고, 전기 사용료가 저렴해짐에 따라 19세기 후반에는 금속 알루미늄의 가격이 급격히 하락했다. 그러나 많은 양의 금속을 생산할 때에는 값싸고 쉽게 얻을 수 있는 광석을 이용한다. 이 방법은 1886년에 2명의 젊은 화학자, 즉 프랑스의 Paul Héroult와 미국의 Charles Hall에 의해 발견되었다. 따라서 이 공정을 Hall-Héroult 공정이라고 한다. Hall의 경우는 그의 누이인 Julia의 도움을 받았다. 이 발견 과정에서 Julia는 큰 역할을 하지는 않았지만, 실험의 세세한 부분까지 기록하여 남겼다.

알루미늄은 지각에서 가장 많이 발견되는 금속인데, 점토 형태로 발견된다. 오늘날까지도 점토에서 알루미늄을 추출할 수 있는 경제적인 방법은 없다. 그러나 덥고 습한 환경에서는 점토 구조로부터 더 잘 녹는 이온을 걸러내고 나면 알루미늄 원광[보크사이트(bauxite), 불순한 산화 알루미늄의 수화물]이 남게 된다. 따라서 알루미늄의 원광을 생산하는 나라는 주로 적도 부근에 위치하고 있다. 호주가 주생산국이며, 다음은 기니, 브라질, 자메이카, 수리남의 순이다.

추출의 첫 단계는 알루미늄 원광의 정제 작업이다. 분쇄된 원광을 뜨거운 수산화 소듐 용액으로 처리하면 가용성의 알루미늄산 음이온(aluminate)이 된다.

$$Al_2O_3(s) + 2\,OH^-(aq) + 3\,H_2O(l) \rightarrow 2\,[Al(OH)_4]^-(aq)$$

녹지 않은 물질, 특히 산화 철(III)은 'red mud' 형태로 걸러내 버린다. 20.6절에서 다루게 되겠지만, 철(III) 이온과 알루미늄 이온은 많은 유사성을 갖는데, 알루미늄은 양쪽성이기 때문에 수산화 이온과 반응하지만, 철(III) 이온은 수산화 이온과 반응하지 않는 점이 다르다. 용액을 식히면 평형은 왼쪽으로 이동하고, 흰색의 산화 알루미늄 삼수화물의 침전이 생긴다. 이때 가용성 불순물은 용액에 그대로 남게 된다.

$$2\,[Al(OH)_4]^-(aq) \rightarrow Al_2O_3 \cdot 3H_2O(s) + 2\,OH^-(aq)$$

이 수화물을 시멘트 제조에 사용한 것과 유사한 회전 가마에서 강하게 가열하면 무수 산화 알루미늄으로 된다.

$$Al_2O_3 \cdot 3H_2O(s) \xrightarrow{\Delta} Al_2O_3 + 3\,H_2O(g)$$

높은 이온 전하 때문에 산화 알루미늄은 큰 격자 에너지를 가지므로 높은 온도(2040°C)에서 녹는다. 그러나 산화 알루미늄을 전기 분해시키기 위해서는 녹는점이 더 낮은 알루미늄 화합물이 필요하다. Hall과 Héroult는 이러한 낮은 녹는점을 가진 알루미늄의 화합물인 빙정석(cryolite)을 발견했다고 동시에 발표하였는데, 빙정석의 화학명은 헥사플루오로알루미늄산 소듐, Na_3AlF_6이다.

전해 전지에서 일어나는 상세한 반응은 아직도 제대로 알려지지 않고 있지만, 빙정석은 전해질로 작용한다(그림 13.19). 산화 알루미늄은 약 950°C에서 용융된 빙정석에 녹는다. 용융된 알루미늄이 환원 전극(cathode)에 모이고, 산화 전극(anode)에 모인 산소는 탄소를 일산화 탄소(약간의 이산화 탄소)로 산화시킨다.

$$Al^{3+}(Na_3AlF_6) + 3\,e^- \rightarrow Al(l)$$
$$O^{2-}(Na_3AlF_6) + C(s) \rightarrow CO(g) + 2\,e^-$$

그림 13.19 알루미늄의 제조에 사용되는 전해 전지

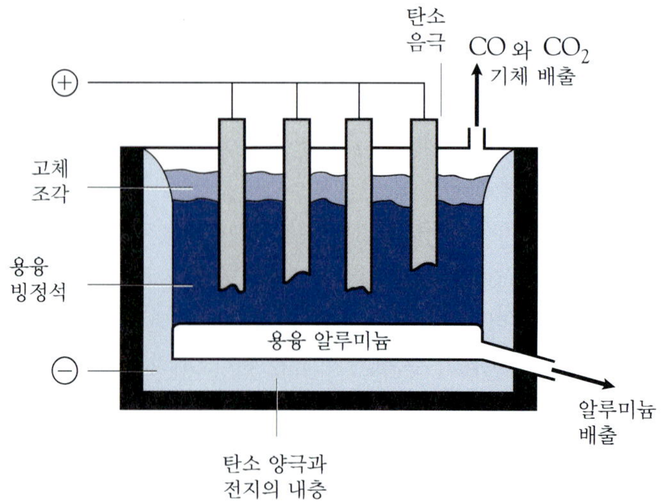

알루미늄 금속 생산량의 약 25%는 건설 산업에 사용되고 있다. 그보다 약간 적은 양이 쓰이는 곳은 항공기, 버스, 승객용 기차의 차량(18%), 컨테이너와 포장(17%), 그리고 전기발전소 전선(14%) 등이 있다. 알루미늄은 자동차 제조에서 점점 더 선호도가 증가하고 있다. 낮은 밀도 덕분에 같은 크기의 다른 차량에 비해 연료 소모가 현저히 감소된다. 예를 들어, 강철 1톤을 알루미늄 1톤으로 바꾸면 차량의 수명 동안 이산화 탄소 배출량을 20톤이나 줄일 수 있다. 1960년에 북미지역 차량에는 평균 2.5 kg의 알루미늄이 포함되어 있었지만, 2009년에는 이 숫자가 200 kg이 되었다.

알루미늄 생산과 환경문제

알루미늄 생산 과정에서는 중요한 오염 문제를 일으키는 네 가지 부산물이 나온다.

1. red mud: 알루미늄 원광의 정제에서 생기며, 강한 염기성이다.
2. 플루오린화 수소 기체: 빙정석과 산화 알루미늄에 존재하는 약간의 습기와 반응하여 생긴다.
3. 탄소 산화물: 산화 전극에서 발생된다.
4. 플루오린화 탄소: 플루오린과 탄소 산화 전극이 반응하여 생긴다.

Red mud의 폐기물을 줄이기 위해 다음과 같이 처리한다. 슬러리를 침전조에 붓는다. 주로 수산화 소듐 용액인 액체 부분를 다른 곳으로 옮겨 재활용하거나 중화시킨다. 대부분 산화 철(III)인 고체 부분은 매립하거나 제련소로 보내 철을 추출한다.

2010년 10월, 헝가리에 있는 Ajka 알루미늄 추출 공장에서 저장고가 무너져서 약 1,000,000 m^3의 red mud가 주변의 시골마을로 방출되었다. 15 제곱마일의 땅이 오염되었고 Marcal 강 주변의 모든 생태계가 빠른 속도로 파괴되었다.

플루오린화 수소의 방출 문제는 플루오린화 수소를 산화 알루미늄으로 된 여과층에 흡입시켜 해결한다. 이 반응의 생성물은 플루오린화 알루미늄이다.

$$Al_2O_3(s) + 6\,HF(g) \rightarrow 2\,AlF_3(s) + 3\,H_2O(g)$$

이 플루오린화물은 주기적으로 용융물에 첨가시킬 수 있으므로, 결과적으로는 플루오린화 수소를 재활용하게 되는 것이다.

많은 양의 탄소 산화물을 부분적으로 처리할 수 있는 방법은 독성이 있는 일산화 탄소를 태워 이산화 탄소로 만들고, 여기서 나오는 열을 알루미늄 제조 공장에 사용하는 방법이다. 그러나 전기 분해 방법을 사용하면 두 가지 탄소 산화물 기체의 발생을 피할 수 없으며, 다른 경제적인 방법이 고안될 때까지는 대기 중으로 이산화 탄소를 계속 방출하게 될 것이다.

알루미늄 1톤당 약 1 kg의 테트라플루오로메테인, CF_4과 약 0.1 kg의 헥사플루오로에테인, C_2F_6이 발생된다. 이러한 화합물은 심각한 온실 기체들이다. 플루오린화 탄소에 의한 문제는 아직도 해결되지 않고 있으며, 알루미늄 제조와 관련된 주요 연구 과제이다. 한 가지 개선된 점은 전해 전지에서 용융 혼합물에 탄산 리튬을 첨가하는 것이다. 탄산 리튬은 혼합물의 녹는점을 낮추어 주기 때문에 더 높은 전류가 흐를 수 있게 만들어 전지의 효율을 더 높여 준다. 그리고 플루오린 화합물 배출을 25 ~ 50% 정도 감소시키기 때문에 플루오로탄소류의 생성을 감소시킨다.

전기 분해 공정의 또 다른 부산물로 플루오린화 규소산이 있다. 최근까지 아주 약한 이 산은 별로 쓸모가 없었다. 하지만 지금은 가정용 수돗물의 플루오린 처리를 위한 플루오린화 이온의 공급원으로 각광을 받고 있다(17.4절 참조). 공급된 수돗물에 1 ppm의 농도로 존재하면, 헥사플루오라이도 규소산 이온은 주로 가수분해되어 규소산과 하이드로늄 이온, 그리고 플루오린화 이온으로 된다.

$$[SiF_6]^{2-}(aq) + 8\,H_2O(l) \rightleftharpoons H_4SiO_4(aq) + 4\,H_3O^+(aq) + 6\,F^-(aq)$$

이 과정에서 많은 에너지가 필요하며, 6 V에서 3.5×10^4 A의 전류가 필요하다. 실제로 알루미늄 금속을 생산하는 비용의 25%는 에너지 소모에 의한 것이다. 1 kg의 알루미늄을 만드는 데 약 2 kg의 산화 알루미늄, 0.6 kg의 탄소 산화 전극, 0.1 kg의 빙정석, 16 kWh의 전력을 소비한다. 제조 공정에 많은 에너지가 소비되므로 값싼 에너지원을 갖는 나라가 유리하다. 따라서 캐나다와 노르웨이는 알루미늄 원광을 생산하거나 알루미늄의 큰 소비 시장도 아니지만 금속 제조국 중 상위 5위 내에 들어간다. 두 나라는 저가의 수력 발전 시설이 있고, 원광의 수입과 알루미늄의 수출에 적합한 깊은 수심의 좋은 항만이 있다. 제품에 부가된 가격의 대부분은 공정 과정에 의존한다. 선진국은 원자재를 저개발 국가에 의존하지만, 저개발 국가가 채광 단계에서 얻는 수입은 상대적으로 아주 적다.

알루미늄 재활용은 늘어나는 알루미늄 수요에 대처하는 주요 수단이다. 재활용 과정에 사용하는 에너지는 원광에서 알루미늄을 추출하는 데 필요한 에너지에 비하면 아주 소량이다. 재활용을 하면 제련 과정에서 발생하는 환경문제도 피할 수 있다. 그러므로 모든 금속들 중에서도 알루미늄 재생은 환경을 위해 가장 중요한 일이다.

13.7 알루미늄의 할로젠화물

알루미늄의 할로젠화물은 일련의 흥미로운 화합물들로 이루어져 있다. 플루오린화 알루미늄은 1290°C에서 녹는다. 염화 알루미늄은 180°C에서 승화하고, 브로민화 알루미늄과 아이오딘화 알루미늄은 각각 98°C와 190°C에서 녹는다. 플루오린화 알루미늄의 높은 녹는점은 이온 결합 화합물의 특성이며, 브로민화 알루미늄과 아이오딘화 알루미늄의 녹는점은 전형적인 공유 결합 화합물의 특성이다. 알루미늄 이온의 전하 밀도는 364 C·mm^{-3}으로, 모든 음이온을 알루미늄과 공유 결합을 형성할 수 있게끔 편극화시킬 수 있다(크기가 작은 플루오린화 이온은 제외). 실제로 플루오린화 알루미늄은 양이온과 음이온이 번갈아가면서 위치하는 전형적인 이온 결합성 결정 구조를 가지고 있다. 그러나 브로민화 알루미늄과 아이오딘화 알루미늄은 둘 다 할로젠 원자가 다리 결합을 하여 다이보레인과 유사한 이합체인 Al_2Br_6와 Al_2I_6로 존재한다(그림 13.20).

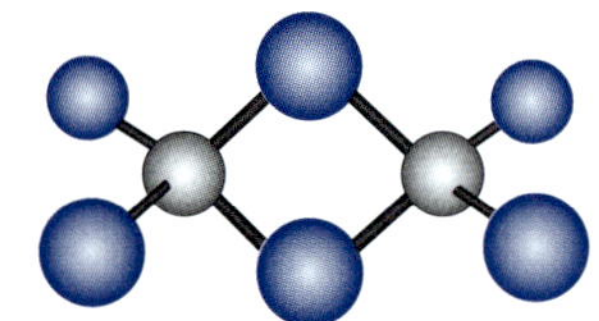

그림 13.20 아이오딘화 알루미늄, Al_2I_6의 구조

염화 알루미늄은 고체상에서는 이온 결합성 격자 구조를 형성하지만, 액체상일 때에는 격자 구조가 붕괴되어 이합체 분자인 Al_2Cl_6로 된다. 따라서 이온 결합성과 공유 결합성 형태가 거의 같은 에너지를 갖는다. 이러한 이합체는 고체 염화 알루미늄이 극성이 낮은 용매에 녹을 때에도 생성된다.

고체상에서 무수 염화 알루미늄은 이온 결합성 구조를 갖지만, 반응은 공유 결합성 염화물에 더 가깝다. 이러한 공유 결합성 행동은 염화 알루미늄의 무수물과 육수화물의 용해 과정에서 명백하게 나타난다. 앞에서 언급한 바와 같이 육수화물은 실제로는 $[Al(OH_2)_6]^{3+}$를 포함한다. 육수화물은 물에 아주 잘 녹으며, 가수분해 결과로 용액은 산성이 된다. 이와는 반대로 무수 염화 알루미늄은 물과 발열 반응을 일으켜 염산 분무를 만드는데, 이것은 공유 결합성 염화물의 전형적인 반응이다.

$$AlCl_3(s) + 3\,H_2O(l) \rightarrow Al(OH)_3(s) + 3\,HCl(g)$$

무수 염화 알루미늄은 유기 화학에서 아주 중요하게 사용되는 시약이다. 특히 **Friedel-Crafts 반응**(*Friedel-Crafts reaction*)에서 방향족 고리의 치환 반응에 촉매로 사용된다. 전체 반응은 방향족 화합물인 Ar−H와 유기염소 화합물인 R−Cl 사이의 반응으로 나타낼 수 있다. 염화 알루미늄은 강한 Lewis 산이기 때문에 유기염소 화합물과 반응하여 테트라클로로알루미늄산 이온, $AlCl_4^-$와 탄소양이온을 만든다. 그런 다음 이 탄소양이온은 방향족 화합물과 반응하여 치환된 방향족 화합물 Ar−R과 수소 이온을 만든다. 이 수소 이온은 테트라클로로알루미늄산 이온을 분해시켜 다시 염화 알루미늄으로 되게 한다.

$$R-Cl + AlCl_3 \rightarrow R^+ + [AlCl_4]^-$$
$$Ar-H + R^+ \rightarrow Ar-R + H^+$$
$$H^+ + [AlCl_4]^- \rightarrow HCl + AlCl_3$$

13.8 황산 알루미늄 포타슘

5.5절에서 **백반**[*alum*, $M^+M^{3+}(SO_4^{2-})_2 \cdot 12H_2O$]이라고 하는 화합물의 종류를 공부하였다. 원래 백반이란 이름은 알루미늄 화합물 중에서 유일하게 물에 녹는 화합물인 $KAl(SO_4)_2 \cdot 12H_2O$로부터 유래된 것이다. 이 화합물은 염료 산업에서 중요한 역할을 한다. 염료를 옷감에 영구히 흡수시키려면 먼저 옷감을 백반 용액에 담구어 둔다. 그러면 옷감의 표면에 수산화 알루미늄의 층이 형성되고, 여기에 염료 분자가 쉽게 결합할 수 있게 된다.

이러한 유용성 때문에 로마 시대부터 백반은 아시아로부터 수입하는 값진 물품이었다. 같은 몰수의 황산 포타슘과 황산 알루미늄이 섞인 혼합물을 결정화시키면 백반이 나오며, 화학식은 $KAl(SO_4) \cdot 12H_2O$이다. 백반의 결정은 포타슘과 헥사아쿠아알루미늄 이온 사이에 황산 이온이 잘 채워져 있기 때문에 격자의 안정성이 매우 높다. 면도할 때 생기는 작은 상처처럼 피가 조금 나는 경우에 이 화합물을 이용하면 피를 멈추게 할 수 있다. 백반은 세포 자체를 죽이는 일없이 세포 표면에서 단백질을 응집시킬 수 있기 때문에 지혈제로도 사용할 수 있는 것이다.

13.9 알루미나이드

새로운 고기능성 재료에 대한 연구에서, 강하면서도 밀도가 낮은 새로운 '집단'으로 알루미나이드가 두드러지게 등장하였다. 이들 금속 간 화합물은 대개 정확한 화학량론을 가지기 때문에 합금이 아니라 화합물로 간주된다(4.5절 참조). 알루미나이드는 하나의 계열을 형성하고 있기 때문에, 원자들 중에서 알루미늄의 전기 음성도가 더 크지 않은 경우에도, 편의상 두 번째로 명명된다.

현재 관심을 끌고 있는 금속 알루미나이드는 다음의 네 가지가 있다. 두 가지 화학량론, Mg_2Al_3와 $Mg_{17}Al_{12}$를 갖는 마그네슘 알루미나이드[마그날륨(magnalium)으로도 함], 니켈 알루미나이드, Ni_3Al; 탄탈럼(III) 알루미나이드, $TaAl_3$; 타이타늄 알루미나이드는 TiAl이다(그림 13.21). 이들 재료는 항공기 엔진에 가장 중요하게 활용된다. 항공기에는

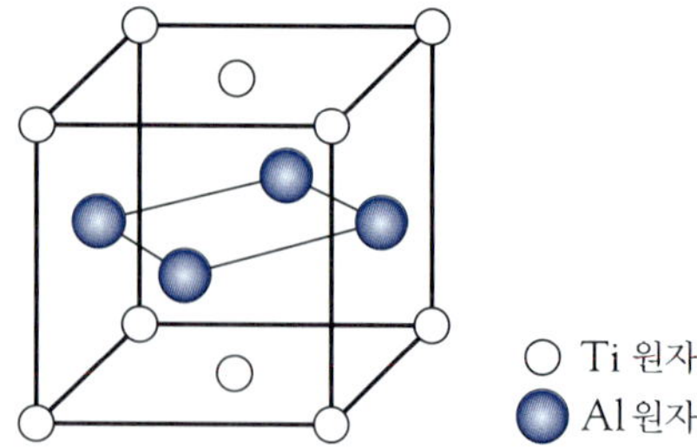

그림 13.21 타이타늄 알루미나이드, TiAl의 이온-격자 도표

무게를 줄이는 것이 중요하기 때문에 항공기 가스 터빈 날개에 사용할 수 있는 강하면서 밀도가 낮은 재료는 엔진 제조에 가장 우선적인 고려 요인이 되었다. 타이타늄 알루미나이드는 밀도가 낮을 뿐만 아니라(4 g · cm^{-3}) 기계적 강도가 높고, 내부식성이다. 그래서 신기종인 보잉 787과 747-8 기종의 터빈 날개에 사용되고 있다.

예제 13.3

그림 13.21의 이온-격자 도표가 타이타늄 알루미나이드의 화학량론에 해당하는 화학식을 가짐을 증명하시오.

해답

5.3절에서 모서리를 차지하는 격자는 원자나 이온의 $\frac{1}{8}$을 포함하고, 세포의 면에 있는 격자는 원자나 이온의 $\frac{1}{2}$을 포함한다고 하였다. 따라서

맨 위층의 타이타늄 층은 $1(\frac{1}{2}) + 4(\frac{1}{8}) = 1$개의 Ti 원자
중간의 알루미늄 층은 $4(\frac{1}{2}) = 2$개의 Al 원자
맨 아래층의 타이타늄 층은 $1(\frac{1}{2}) + 4(\frac{1}{8}) = 1$개의 Ti 원자를 포함한다.

따라서 단위 세포는 두 개의 원자를 포함하는데, 각각 1개의 타이타늄과 알루미늄이다.

13.10 생물학적 특성

필수 원소 붕소

붕소는 식물의 성장에 꼭 필요한 미량 영양소이다. RNA 형성에 있어 염기 중 하나의 합성 과정에서, 그리고 탄수화물 합성 같은 세포 활동 과정에서 붕소가 중요한 역할을 하고 있다고 할 수 있다. 전 세계적으로 가장 흔한 토양 결핍 물질은 아연 다음으로 붕소이다. 쌍떡잎식물들은 외떡잎식물들보다 더 많은 양의 붕소가 필요하다. 붕소 결핍이 의심되며 자주 붕소 공급이 요구되는 농작물들은 자주개자리(alfalfa), 당근, 커피, 목화, 땅콩, 사탕무, 해바라기, 스웨덴 순무, 순무 등이다. 뼈의 형성과 관련해 포유동물에서도 붕소가 필수 원소라는 증거들이 많아지고 있다.

알루미늄의 독성

이 장 서두의 '컨텍스트'에서 언급한 것처럼, 알루미늄은 독성이 강한 금속이다. 다행스

럽게도 중성 부근에서 알루미늄 이온은 불용성 화합물을 형성하여 생물학적으로 이용될 가능성을 최소화시킨다(13.6절 참조). 물고기들이 특히 알루미늄 독성에 위협을 받고 있는데, 연구에 의하면 산성화된 호수에 있는 물고기들이 피해를 입는 것은 pH가 낮기 때문이 아니라, 낮은 pH 덕분에 알루미늄 이온의 농도가 높아졌기 때문이라고 한다. 실제로 알루미늄 이온 농도가 $5 \times 10^{-6}\ \mathrm{mol \cdot L^{-1}}$ 정도만 되어도 물고기를 죽이기에 충분하다.

'컨텍스트'에서, 산성 토양에서는 세포에 독성을 미치는 알루미늄이 잘 녹는다는 사실도 설명하였다. 그런데 몇 가지 식물은 천연적으로 알루미늄의 독성에 대해 내성을 갖는다. 이들 식물은 옥살산 이온, 시트르산 이온, 말산을 분비한다. 7.6절의 Pearson 굳은-무른 산-염기 이론을 적용하면, '단단한' 알루미늄 이온은 '단단한' 산소-함유 이온과 더 단단하게 결합할 것이다. 19장에서 논의하겠지만, 이들 이온에 존재하는 2개의 음성 산소는 알루미늄과 같은 금속 이온에 결합될 수 있다(그림 13.22). 실제로 이 세 가지 이온은 알루미늄 이온을 완전히 감싸기 때문에 세포에 진입하는 것을 방해한다(그림 13.23). 유전공학자들은 수확량을 늘리기 위해 중요한 식용 작물들에 유기산 생성 유전자를 삽입하기 위한 연구를 진행하고 있다.

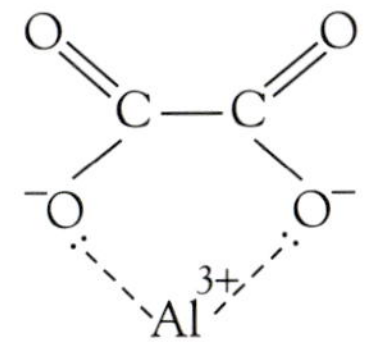

그림 13.22 알루미늄 이온의 옥살산, $C_2O_4^{2-}$에 대한 결합

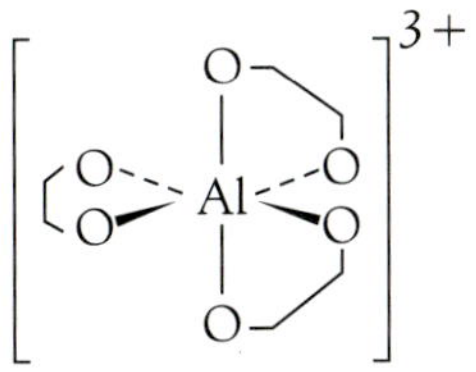

그림 13.23 알루미늄 이온에 결합된 3개의 옥살산 이온의 도식적 그림

13.11 원소 반응 경로도

붕소와 알루미늄은 13족 원소들 중에서 가장 심도 있게 알아본 원소들이다.

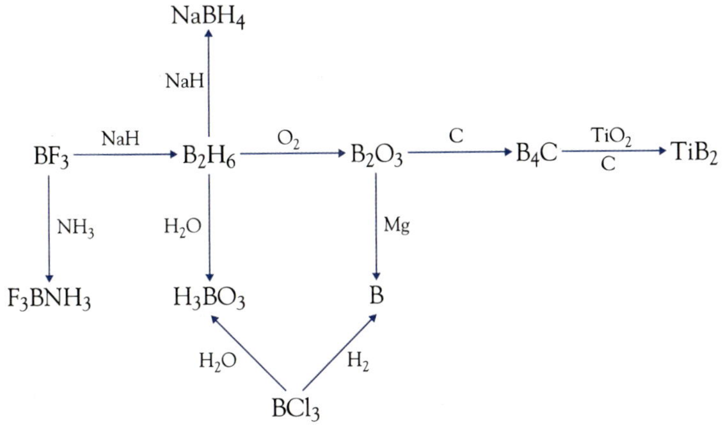

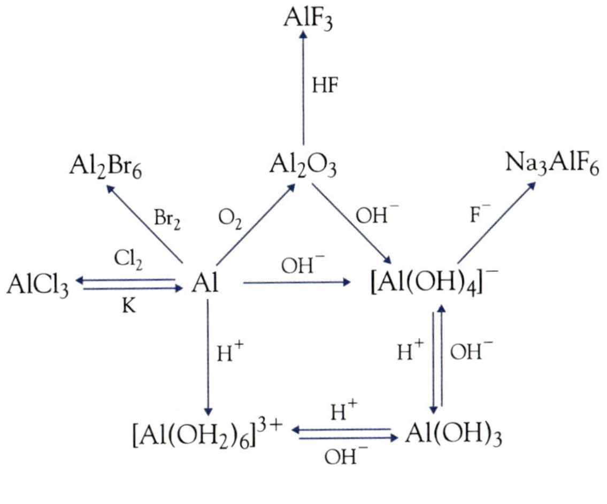

핵심개념

- 13족에서 주된 산화 상태는 +3가이지만, 대부분 공유 결합 화합물로 존재한다.
- 붕소의 화학은 독특한 면이 많은데, 특히 보레인에서 많이 볼 수 있다.
- 알루미늄은 반응성이 큰 양쪽성 금속이다.
- 알루미늄의 추출은 전기적 환원 방법을 이용한다.

연습문제

13.1 다음 반응에 대한 화학 반응식의 균형을 맞추시오.
(a) 액체 포타슘 금속과 고체 염화 알루미늄
(b) 고온에서의 고체 삼산화 이붕소와 암모니아 기체
(c) 알루미늄 금속과 수산화 이온
(d) 테트라보레인, B_4H_{10}과 산소 분자

13.2 다음 반응에 대한 화학 반응식의 균형을 맞추시오.
(a) 액체 트라이브로민화 붕소와 물
(b) 알루미늄 금속과 수소 이온
(c) 수산화 탈륨(I) 용액과 이산화 탄소 기체

13.3 과산화붕소산의 Lewis 구조를 그리시오. 다리 결합을 하고 있는 산소 원자의 산화수를 예측하시오.

13.4 탄화 붕소는 실험식이 B_4C이다. 이 화합물을 좀 더 정확히 표시한 화학식은 무엇인가? 이유도 설명하시오.

13.5 다음은 보레인 음이온 $B_2H_7^-$의 구조이다. 보레인 분류 방법에 따르면 이 보레인은 어떤 부류에 속하는가?

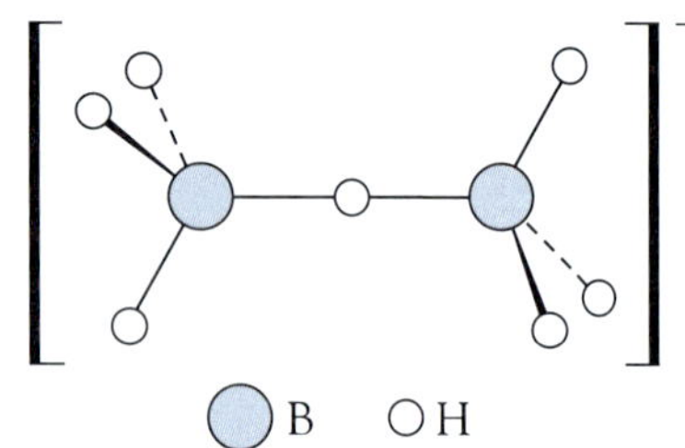

13.6 다음은 보레인 음이온, $B_{12}H_{12}^{2-}$의 구조이다. 보레인 분류 방법에 따르면 이 보레인은 어떤 부류에 속하는가?

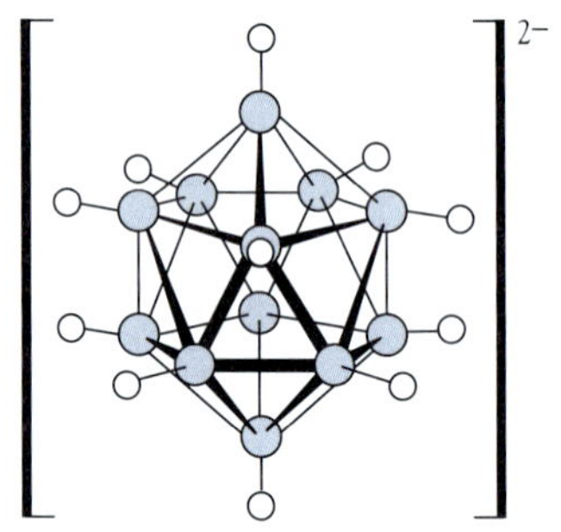

13.7 결합 에너지 자료를 이용하여 트라이플루오린화 붕소의 생성 엔탈피를 계산하시오. 이렇게 높은 값이 나오는데 크게 기여한 두 가지 요인은 무엇인가?

13.8 결합 에너지 자료를 이용하여 삼염화 붕소 기체의 생성 엔탈피를 계산하시오. 왜 이 값은 트라이플루오린화 붕소와 다른가?

13.9 전하 밀도가 너무 높기 때문에 알루미늄은 3+ 이온인 채로 존재하기 힘들다. 하지만 수화물 형태일 때는 3+ 이온으로 존재한다. 그 이유를 설명하시오.

13.10 알루미늄은 반응성이 매우 큰 금속이다. 그럼에도 불구하고 알루미늄 판 전체가 산화 알루미늄으로 완전히 산화되지는 않는다. 그 이유를 간단히 설명하시오.

13.11 염화 알루미늄 용액이 강한 산성인 이유를 간략히 설명하시오.

13.12 마그네슘 금속은 산에만 반응하지만, 알루미늄은 산과 염기에 모두 반응한다. 이러한 행동은 알루미늄에 대해 무엇을 알려주는가?

13.13 알루미늄의 제련 과정에서 발생하는 환경 오염에 대해서 설명하시오.

13.14 알루미늄의 제련소는 원광을 생산하거나 많이 소비하는 나라가 아닌 곳에 위치하는 이유는 무엇인가?

13.15 알루미늄의 할로젠화물에서 결합의 차이점들을 비교하시오.

13.16 가장 흔하게 사용되는 알루미늄염은 백반이다. 그 이유를 설명하시오.

13.17 기본적인 알루미늄 화학을 근거로 하여, 고체상과 기체상에서 존재하는 몇 가지 화학종에서 염화 스칸듐의 결합을 제시하시오.

13.18 탈륨(I) 화합물은 이온 결합성이지만 탈륨(III) 화합물은 공유 결합성이다. 그 이유를 설명하시오.

13.19 플루오린화 갈륨(III), GaF_3는 950°C에서 승화하고, 염화 갈륨(III), $GaCl_3$는 78°C에서 녹는다. 차이가 심하게 나는 이유를 설명하시오.

13.20 붕소와 규소의 화학을 비교하시오.

13.21 산성비와 관련하여 볼 때 알루미늄이 특별히 환경에 문제가 되는 이유를 설명하시오.

13.22 붕소와 알루미늄의 원소 반응 경로도의 각 반응에 대한 화학 반응식의 균형을 맞추시오.

응용문제

13.23 알루미늄의 금속 반지름, 공유 반지름, 이온 반지름(6배위)은 각각 143 pm, 130 pm, 54 pm이다. 이들 값이 틀린 이유를 설명하시오.

13.24 플루오린화 알루미늄, AlF_3은 순수한 액체 플루오린화 수소에는 녹지 않지만, 플루오린화 소듐이 포함된 액체 플루오린화 수소에는 잘 녹는다. 이 용액에 트라이플루오린화 붕소 기포를 가해주면 플루오린화 알루미늄이 침전된다. 이 두 반응에 대한 화학 반응식을 적고, 적절한 산-염기 개념을 이용하여 각 반응에서 일어나는 현상을 설명하시오.

13.25 염화 알루미늄이 벤젠, C_6H_6에 녹으면 이합체, Al_2Cl_6이 생긴다. 그러나 다이에틸에터, $(C_2H_5)_2O$에 녹으면 알루미늄 원자가 하나만 있는 화학종이 만들어진다. 이 화합물이 무엇인지 말하시오.

13.26 염화 베릴륨이 증발하면 이합체, Be_2Cl_4가 형성된다. 이합체의 구조를 그리시오. 그 이유도 설명하시오.

13.27 베릴륨 이온 $[Be(OH_2)_4]^{2+}(aq)$의 용액은 강한 산성이다. 이 과정에서 첫 번째 단계에 대한 화학 반응식의 균형을 맞추시오. 이 이온이 산성인 이유를 설명하시오.

13.28 제올라이트-A $Na_{12}[(AlO_2)_{12}(SiO_2)_{12}] \cdot 27H_2O$는 공급된 물에서 칼슘과 마그네슘을 제거하는 효과적인 이온 교환제이다. 통과 유량이 1.0×10^6 L이고, 그속에 있는 칼슘과 마그네슘의 총 농도가 2.0×10^{-3} mol · L^{-1}일 때, 이 이온들을 완전히 제거하기 위해 정수기에 넣어주어야 할 제올라이트의 질량은 얼마인가?

13.29 알루미노규산염 미네랄인 phlogopite의 화학식은 $KMg_x[AlSi_3O_{10}](OH)_2$이다. x값을 결정하시오.

13.30 $Al(s)$, $Al^{3+}(aq)$, $Al(OH)_3(s)$, $Al(OH)_4^-(aq)$ 등을 포함시켜서 알루미늄에 대한 Pourbaix 도표를 그리시오. $K_{sp}(Al(OH)_3(s)) = 1 \times 10^{33}$. $Al(OH)_3(s) + OH^-(aq) \rightleftharpoons Al(OH)_4^-(aq)$; $K = 40$. 자연에 존재하는 물이 갖는 pH 범위와 $E^\ominus$ 범위 안에서 존재할 수 있는 단 하나의 화학종은 어느 것인가? 이 도표가 산성비 문제와 관련이 있는 이유는 무엇인가?

13.31 염화 갈륨(I)의 생성 엔탈피는 +38 kJ · mol^{-1}이고, 염화 갈륨(III)의 생성 엔탈피는 −525 kJ · mol^{-1}이다. 왜 염화 갈륨(I)이 열역학적으로 더 불안정한지 설명하시오.

13.32 축축한 상태의 황화 알루미늄, Al_2S_3는 황화 수소의 냄새인 '썩은 달걀' 냄새를 낸다. 이 반응에 대한 반응식의 균형을 맞추고, 일어나는 현상을 설명하시오.

13.33 염화 알루미늄은 염기성 용매인 CH_3CN에 녹아서 양이온과 음이온의 비가 1:1인 전도성 용액을 만든다. 양이온의 화학식은 $[Al(NCCH_3)_6]^{3+}$이다. 음이온의 화학식은 무엇인가? 이 반응에 대한 화학 반응식의 균형을 맞추시오.

13.34 붕소는 화학식이 $B_2H_2(CH_3)_4$인 화합물을 형성한다. 이 화합물에 대하여 예상되는 구조를 그리시오.

13.35 갈륨(III) 염이 물에 녹으면 처음에는 $[Ga(OH_2)_6]^{3+}(aq)$ 이온이 생기지만, 이어서 GaO(OH) 침전이 서서히 생긴다. 이 현상에 대한 화학 반응식의 균형을 맞추고, 갈륨(III) 이온이 계속 존재할 수 있게 하는 방법을 제시하시오.

13.36 탈륨은 화학식이 TlSe인 셀레늄화물을 형성한다. 탈륨의 산화 상태는 무엇인가? 이 화합물의 구조를 예상하시오.

13.37 갈륨은 다이보레인과 유사한 증기상 화합물, Ga_2H_6를 형성한다. 그러나 알루미늄은 고체의 고분자 수소화물, $[AlH_3]_x$를 생성한다. 이와 같은 성질의 차이가 놀랍지 않은 이유를 설명하시오.

13.38 이염화 갈륨, $GaCl_2$는 반자성 물질이다. 용액 상태에서는 간단한 갈륨 양이온과 사염화 갈륨으로 된 음이온이 1:1 전해질로 존재한다. 이 화합물의 가능한 구조를 예측하시오.

13.39 화합물 B_3F_5는 매우 낮은 온도에서 합성할 수 있다. 분광학적인 방법을 통해 이 분자가 4:1로 두 가지 형태의 플루오린 환경을 가지며, 2:1로 두 가지 형태의 붕소 환경을 가짐이 밝혀졌다. 이 분자의 구조를 예측하시오.

13.40 붕산, H_3BO_3는 $B(OH)_3$로 쓸 수도 있으며, 수용액에서 약한 산으로 작용한다. 그러나 이 산은 수소 이온을 잃지는 않는다. 대신에 이 산은 수산화 이온에 대해 Lewis 산으로 작용한다. 붕산과 물 사이에 일어나는 반응에 대해 반응식의 균형을 맞추시오.

13.41 부록에 있는 자료들을 가지고, 다이보레인에서 다리 결합 B−H의 결합 에너지를 대략 계산하시오. 이 값을 정상적인 B−H 결합 에너지와 비교해 보면, 결합 차수에 대해서 어떤 정보를 얻을 수 있는가? 분자 오비탈 도표(그림 13.12)로부터 유추한 결합 차수와 같은 결론이 나오는가?

13.42 고성능 비행기 연료로 공기와 탄화수소의 반응이 주로 사용된다. 하지만 한때는 공기와 다이보레인의 반응이 시도된 적이 있었다. 만일 $\Delta_{연소}H^\ominus(B_2H_6(g)) = -2165$ kJ · mol^{-1}이고, $\Delta_{연소}H^\ominus(C_2H_6(g)) = -1560$ kJ · mol^{-1}이라면, 다이보레인과 에테인을 태웠을 때 1 g당 에너지가 얼마씩 나오는지 계산해 보시오. 각 반응의 에너지 변화량을 계산할 때 부록의 자료를 이용하시오. 연소할 때 엔트로피 값이 차이가 나는 이유를 설명하시오. 실제로 다이보레인을 사용할 때 발생하는 불리한 점은 무엇인가?

13.43 삼산화 이붕소의 표준 생성 엔탈피를 계산하시오. $\Delta_{연소}H^\ominus(B_2H_6)(g) = -2165$ kJ · mol^{-1}이며, 다른 필요한 값은 부록의 자료를 사용하시오.

13.44 붕소는 두 가지의 등전자 음이온 BO_2^-와 BC_2^{5-}를 형성한다. 각 이온에 대한 Lewis 구조를 그리시오. 세 번째 등전자 음이온으로 BN_2^{n-}가 있다. 이 이온의 전하를 예측하시오.

13.45 지르코늄이 만드는 붕소화물은 화학식이 ZrB_{12}이다. 이 화합물은 염화 소듐 결정 구조를 갖는다. 이 화합물을 $[Zr^{4+}][B_{12}{}^{4-}]$인 이온성 물질로 볼 수도 있지만, 단순히 지르코늄 원자와 중성인 B_{12} 뭉치 화합물로도 볼 수 있다. 어느 것이 더 맞는 설명 같은가? 그 이유는? 다음의 자료를 참조하시오: Zr의 금속 반지름 = 159 pm; Zr^{4+}의 이온 반지름 = 72 pm; B의 공유 반지름 = 88 pm.

14족 원소

14장

14족은 1개의 비금속(탄소)과 2개의 준금속(규소와 저마늄), 그리고 2개의 약한 전기 양성도를 보이는 금속(납과 주석)으로 이루어져 있다. 탄소는 14족에서 가장 중요한 원소이다. 규소는 다양한 산소산 음이온 형태로 광물 속에 들어 있는데, 이 점이 규소 화학을 흥미롭게 만든다. 약한 금속성을 갖는 납과 주석은 알칼리 초금속(supermetal)과는 성질이 대조적이다.

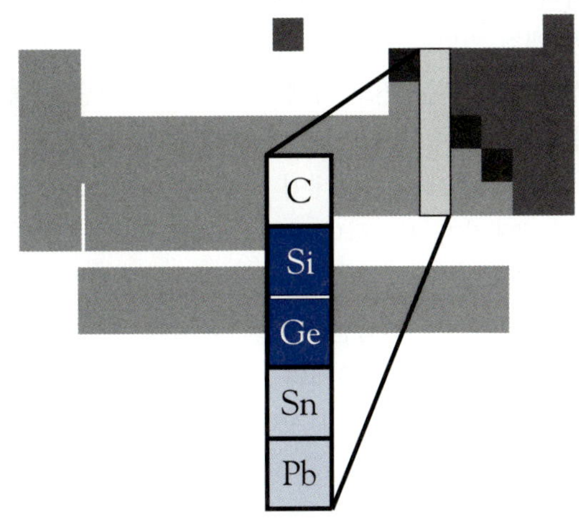

컨텍스트: 서밋–가장 강인한 재료

금속 매트릭스 복합재료(metal matrix composites, MMCs)를 가지고 복합재료라는 개념을 4장의 '컨텍스트'에서 소개했었다. 서밋(cermets, ceramic-metallic materials)은 MMCs의 반대 개념이다. 화합물이 매트릭스(matrix)가 되고 금속 입자를 끼워 넣은 것이다. MMCs가 밀도가 낮은 물질이지만 강한 반면에, 서밋은 단단함이 주된 목적인 재료이지만 약간 밀도가 낮다. 이런 성질은 혼합된 금속의 높은 전도도와 합쳐져서, 서밋을 고속 경량 절삭 기구에 최적인 재료로 만들고 있다.

초기 서밋은 산화 마그네슘이나 산화 알루미늄 같은 산화물을 매트릭스로 사용하였다. 요즈음에는 강하고 단단한 물질을 만들기 위해 탄화물(carbide, 이 장에서는 카바이드로 언급함)이나 질화물(nitride)을 사용하고 있다. 보통의 매트릭스는 탄소, 질소, 또는 탄소-질소 조합과 타이타늄으로 이루어진 타이타늄 화합물이다. 이들 화합물은 모두 양이온-음이온 비율이 1:1이다. 즉, 탄화 타이타늄, TiC; 질화 타이타늄, TiN; 탄질화 타이타늄, Ti(C,N)이다. 이들 화합물은 다음 그림과 같은 염화 소듐 결정 구조를 취하고 있다.

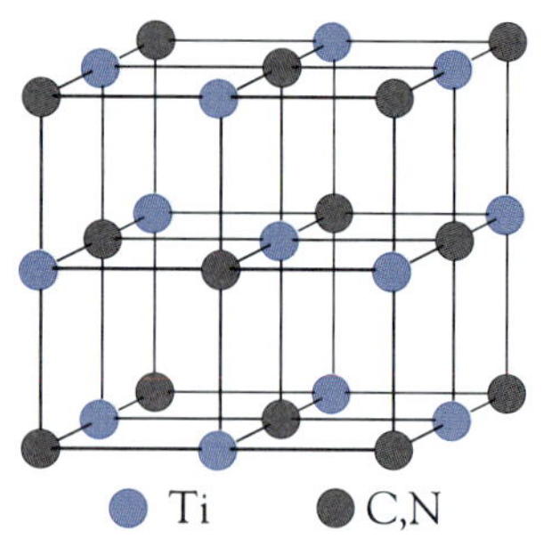

탄질화 타이타늄의 이온-격자 도표

14.1 족의 경향성

14족의 처음 세 원소는 녹는점이 대단히 높은데, 이는 비금속이나 준금속에서 그물구조형 공유 결합일 때 나타나는 특징이다. 반면에, 나머지 두 금속은 녹는점이 낮으며, 모든 금속의 공통점인 넓은 액체 영역을 갖고 있다(표 14.1). 14족의 모든 원소들은 **카테나 화합물**(*catenate*)을 형성하는데, 이는 원소 자체가 서로 원자 사슬을 형성하는 것이다. 카테나 화합물을 형성하는 능력은 족에서 아래로 내려갈수록 감소한다.

14족은 주족 원소의 족들 중에서 가운데에 위치하는 족이고, 이 족에서부터 금속성보다는 비금속성이 더 우세해지기 시작한다. 특히 다양한 산화 상태를 갖는 것이 일반적인 현상으로 나타난다. 14족의 모든 원소들은 화합물을 형성할 때 +4의 산화 상태를 갖는다. 이와 같은 산화 상태에서의 결합은 공유 결합성을 띠며, 14족에 있는 두 개의 금속조차도 공유 결합을 형성한다. 또한 3개의 비금속이나 준금속 원소가 전기적으로 더 양성인 원소와 결합할 때에는 −4의 산화 상태를 나타낸다. 주석과 납은 +2 산화 상태도 갖게 되는데, 이때만 이온 결합 화합물을 만든다(14.18절). 규소는 +2의 산화 상태를 나타내는 일반적인 화합물이 없다. 이와는 대조적으로 납은 +2의 산화 상태를 갖는 화합물이 가장 안정하고, +4의 산화 상태를 갖는 납은 강력한 산화제이다. 드물기는 하지만 +2의 산화 상태를 갖는 탄소 화합물은 환원제로 사용되며, 일산화 탄소를 예로 들 수 있다.

14.2 탄소 화학과 실리콘 화학의 차이점

14 ~ 17족 원소들을 보면, 2주기 원소와 그 아래 주기 원소들은 화학적 성질이 상당히

표 14.1 14족 원소들의 녹는점과 끓는점

원소	녹는점(°C)	끓는점(°C)
C	4100에서 승화	
Si	1420	3280
Ge	945	2850
Sn	232	2623
Pb	327	1751

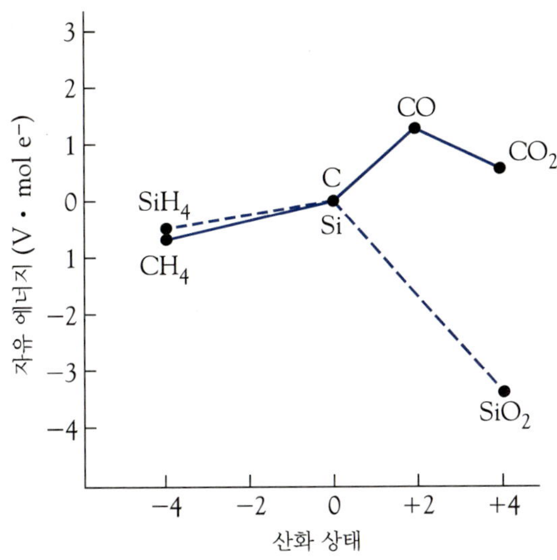

그림 14.1 산성 용액에서 탄소와 규소에 대한 Frost 도표

다르다. 그림 14.1의 Frost 도표는 탄소와 규소 화학종들의 열역학적 안정성이 차이 나는 점을 보여 주고 있다. 특히 주목할 부분은 이산화 규소의 뛰어난 안정성이다.

이산화 탄소와 이산화 규소

이산화 탄소와 이산화 규소는 비슷한 형태의 화학식을 가지고 있지만, 이들의 성질은 매우 다르다. 이산화 탄소는 실온에서 무색의 기체이지만, 고체 이산화 규소는 1600°C에서 녹고, 2230°C에서 끓는다. 이와 같은 끓는점의 차이는 결합의 성질이 다르기 때문에 나타난다. 즉, 이산화 탄소는 크기가 작고, 삼원자로 구성되어 있는 비극성 분자이며, 분산력으로 서로를 붙들고 있다(그림 14.2).

O═C═O

그림 14.2 이산화 탄소의 구조

이와는 대조적으로 이산화 규소는 거대한 분자 격자에 규소-산소 공유 결합의 그물 조직을 가지고 있다. 각 규소 원자는 네 개의 산소 원자에 결합되어 있고, 각 산소 원자는 두 개의 규소 원자에 결합되어 이 화합물의 화학량론 SiO_2와 일치하는 배열을 하고 있다(그림 14.3).

그림 14.3 이산화 규소의 구조

이와 같은 차이를 어떻게 설명할 수 있는 것인가? 첫째, 탄소-산소 단일 결합은 탄소-산소 이중 결합보다 훨씬 더 약하다(표 14.2). 그러므로 이산화 탄소의 경우, 4개의 C−O 단일 결합을 만드는 것보다 2개의 C═O 이중 결합을 만드는 것이 에너지적으로 더 유리하다. 이산화 규소의 경우에는 규소-산소 단일 결합이 아주 강하다. 3주기 이상의 원소들로 만들어진 화합물에서 다중 결합 에너지는 상응하는 단일 결합의 에너지보다 별로 크지 않다. 그러므로 규소의 경우에서는 4개의 단일 결합(부분적으로 다중 결합 성격이 있음)이 2개의 일상적인 이중 결합보다 훨씬 더 선호되고 있다.

탄소의 사슬화

탄소는 광범위하게 화합물을 만들 수 있는 두 가지 성질을 가지고 있는데, 원자의 사슬을 형성하는 능력인 **사슬화**(*catenation*)와 이중 결합과 삼중 결합을 형성하는 능력인 다중 결합이다. 다중 결합은 탄소, 질소, 산소 화합물에서 많이 발견된다. 탄소는 모든 원소

표 14.2 탄소-산소와 규소-산소 결합에 대한 결합 에너지

탄소-산소 결합	결합 에너지 ($kJ \cdot mol^{-1}$)	규소-산소 결합	결합 에너지 ($kJ \cdot mol^{-1}$)
C—O	358	Si—O	452
C═O	799	Si═O	642

표 14.3 탄소와 규소의 여러 가지 결합에 대한 결합 에너지

탄소 결합	결합 에너지 ($kJ \cdot mol^{-1}$)	규소 결합	결합 에너지 ($kJ \cdot mol^{-1}$)
C—C	346	Si—Si	222
C—O	358	Si—O	452

들 중에서 가장 큰 사슬화 성질을 보인다. 사슬화를 위해서는 세 가지 조건이 필요하다.

1. 결합 능력(원자가)이 2 이상이어야 한다.
2. 같은 원소 간에도 결합을 하는 능력, 즉 같은 원소들 간의 결합도 다른 원소와의 결합만큼 강해야 한다.
3. 사슬화 화합물은 다른 분자나 이온에 대하여 화학 반응성이 없어야 한다.

탄소 화합물에서는 사슬화가 흔하게 발견되지만, 규소 화합물에서 드문 이유는 이들 두 원소의 결합 에너지(표 14.3)를 비교해 보면 알 수 있다. 탄소-탄소 결합 에너지와 탄소-산소 결합 에너지는 값이 비슷하다. 그러나 규소-산소 결합은 2개의 규소 간의 결합보다 훨씬 더 강하다. 그러므로 산소가 존재할 때에 규소는 —Si—Si— 결합보다는 —Si—O—Si—O— 사슬을 형성하게 된다. 나중에 다루겠지만 규소의 화학에서는 규소-산소 사슬이 주종을 이룬다. 탄소에서는 탄소-산소 결합을 형성하기 위해서 탄소-탄소 결합을 깨야 하는데, 에너지적으로 유리한 점이 거의 없다.

예제 14.1

가열된 규소가 일산화 탄소 안에서 연소하게 될까? 가능하다면 이 반응에 대한 균형 반응식을 쓰시오.

해답

그림 14.1의 Frost 도표에서 살펴보면, 이산화 규소의 열역학적 안정성이 크다. 규소는 쉽게 일산화 탄소를 탄소로 환원시키고, 자기 자신은 이산화 규소로 산화될 것이다.

$$Si(s) + 2\,CO(g) \xrightarrow{\Delta} SiO_2(s) + 2\,C(s)$$

14.3 탄소

다이아몬드와 흑연은 탄소의 동소체로 오래전부터 알려져 왔지만, 최근에는 새로운 동소체도 존재함이 밝혀졌다.

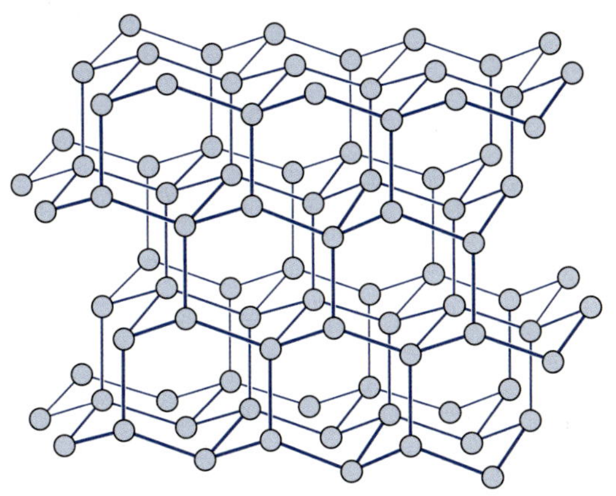

그림 14.4 다이아몬드의 구조

다이아몬드

탄소로 이루어진 다이아몬드는 사면체 배열을 하는 공유 결합 화합물로 그물구조형 구조를 형성한다(그림 14.4). 다이아몬드는 전기 절연체이지만 열전도성이 좋아서 구리보다 열을 5배나 잘 전도한다. 이와 같은 다이아몬드의 열전도도는 구조를 통해 이해할 수 있다. 즉, 거대한 분자는 공유 결합의 그물구조형으로 연결되어 서로 묶여 있기 때문에, 각각의 탄소 원자는 거의 움직일 수 없다. 그러므로 가해준 열에너지는 분자 운동으로서 전체 다이아몬드를 통해 전달될 것이다. 또한 강한 공유 결합을 깨기 위해서 많은 양의 에너지가 필요하기 때문에 다이아몬드는 4000°C 이상의 높은 녹는점을 갖는다.

'정상'적인 다이아몬드에서 사면체 배열은 ZnS-섬아연광과 같다(5.3절). 또한 대단히 드문 형태이지만 사면체가 육방격자의 ZnS-우르츠광(wurtzite) 구조로 배열되는 론스달라이트(lonsdalerite, 유명한 결정학자인 Kathleen Lonsdale의 이름을 딴 것임)도 존재한다(5.3절).

다이아몬드의 밀도(3.5 g · cm^{-3})는 흑연의 밀도(2.2 g · cm^{-3})보다 크기 때문에, Le Châtelier 원리를 단순하게 적용해 보면 흑연을 사용한 다이아몬드의 합성은 높은 압력하에서 잘 일어남을 알 수 있다. 더구나 공유 결합의 재배열에 수반되는 높은 활성화 에너지 장벽을 극복하기 위해서 높은 온도도 필요하다. 다이아몬드는 이제 쉽게 합성할 수 있으며, 이 방법으로 합성되는 다이아몬드는 드릴의 비트나 연마용으로 최적의 재료이다. 하지만 크기가 작고, 보석의 품질이 아니다. 화학 기상 증착(chemical vapor deposition)은 탄화수소가 포함된 증기와 기체들을 저진공 상태에서 재료의 표면 위로 지나가게 하는 기술이다. 이 기술을 이용하면 표면을 다이아몬드 필름으로 코팅할 수도 있다. 센 강도의 마이크로파 같은 높은 에너지를 이용하여 화합물을 분해시키고, 재료의 표면에 탄소 원자로 이루어진 막을 증착시킨다.

흑연

흑연의 구조는 다이아몬드와는 전혀 다르다. 흑연은 탄소 원자층으로 이루어져 있다(그림 14.5). 각 층들은 육각형을 이루는 탄소 원자들의 공유 결합으로 이루어져 있다. 흑연에서 탄소와 탄소의 결합 길이는 141 pm이다. 이 결합 길이는 다이아몬드(154 pm)보다는 훨씬 짧지만, 벤젠(C_6H_6)의 결합 길이 140 pm와 매우 유사하다. 이와 같은 결합 길이의 유사성은 흑연에서 원자 간 거리가 짧은 이유를 설명해 준다. 즉, 층 내에 있는 탄소

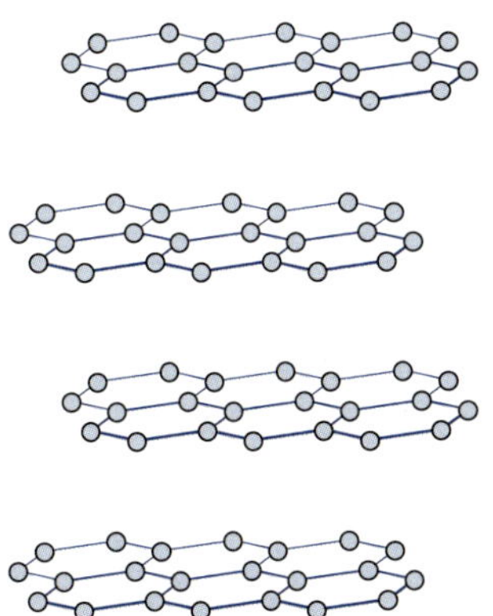

그림 14.5 흑연의 구조

원자 간의 결합은 다중 결합이 포함되어 있다. 벤젠과 마찬가지로 흑연도 탄소 고리의 평면에 π 전자가 비편재화되어 있는데, 이는 탄소 고리의 평면에서 $2p_z$ 오비탈들의 겹침이 일어난 결과이다. 그러면 각 탄소 원자쌍 사이에는 1⅓ 결합이 된다. 측정된 결합 길이는 이와 같은 예상과 잘 일치하고 있다.

탄소층 사이의 거리는 아주 멀다(335 pm). 이 거리는 탄소 원자의 van der Walls 반지름의 2배보다도 더 큰 값이다. 그러므로 층 사이의 인력은 아주 약하다. 흑연의 일반적인 육방격자 형태에서(그림 14.4) 교대로 이어지는 층들은 *abab* 배열이 되도록 정렬되어 있다. 연속되는 층들을 살펴보면, 탄소 원자들의 절반은 위 평면과 아래 평면에 있는 탄소 원자들을 연결한 직선상에 위치하고, 나머지 절반은 육각형 고리의 중심에서 위와 아래에 위치하고 있다.

흑연의 층 구조는 흑연의 가장 흥미 있는 성질 중 하나인 전기 전도성을 설명해 준다. 더욱 자세히 말하자면, 평면으로 배열된 층에서의 전도도는 직각으로의 전도도보다 5,000배나 더 크다. 또한 흑연은 탄소 원자층 간의 서로 미끄러지는 성질 때문에 탁월한 윤활제로 사용된다. 그뿐만 아니라, 흑연은 층 사이에 기체 분자를 흡착한다. 그래서 많은 화학자들은 흑연의 층이 분자 '볼 베어링', 즉 층 사이에 흡착된 기체 분자 위를 미끄러지는 것인지 여부를 놓고 논쟁을 벌이고 있다.

흑연은 열역학적으로는 다이아몬드보다 더 안정하지만, 탄소층들이 분리되어 있어서 반응 속도론적으로는 훨씬 반응성이 크다. 알칼리 금속을 비롯하여 할로젠과 할로젠화 금속 화합물은 모두 흑연과 반응하는 것으로 알려져 있다. 이들 생성물에서 흑연의 구조는 그대로 유지되고 있고, 층 사이에 원자나 이온이 화학량론적인 비로 끼어들어 간다. 이미 11.4절에서 이들 흑연 삽입 화합물을 공부하였다.

흑연은 연필심, 전극, 윤활제로 사용된다. 점토의 비율이 높으면 연필심은 더욱 단단하게 된다. 보통의 혼합 비율일 때의 연필심을 'HB'라고 표시한다. 점토의 혼합비가 높으면 여러 개의 'H'수로 표시한다(더욱 단단해짐). 예를 들면, '2H'로 표시한다. 흑연의 혼합비가 높으면 여러 개의 'B'로 표시한다(더욱 부드러워짐).

풀러렌

풀러렌은 탄소 원자가 구형이나 타원체로 배열된 구조를 갖는 일련의 탄소 화합물을 말한다. 이러한 구조를 만들기 위하여 탄소 원자는 축구공에서 나타나는 선처럼 오각형이나 육각형 고리를 형성한다[C_{60}의 처음 이름은 축구공(soccer ball) 모양이라는 뜻에서 *soccerane*이라 불렀다]. 60개의 탄소로 이루어진 공 모양의 C_{60}, buckminsterfullerene은 가장 만들기가 쉽고 가장 완벽한 공 모양을 하고 있다(그림 14.6*a*). 70개의 탄소로 이루어진 C_{70}은 C_{60} 다음으로 흔한 풀러렌이다(그림 14.6*b*). 타원형을 갖는 이 풀러렌의 구조

그림 14.6 C_{60}과 C_{70}의 구조

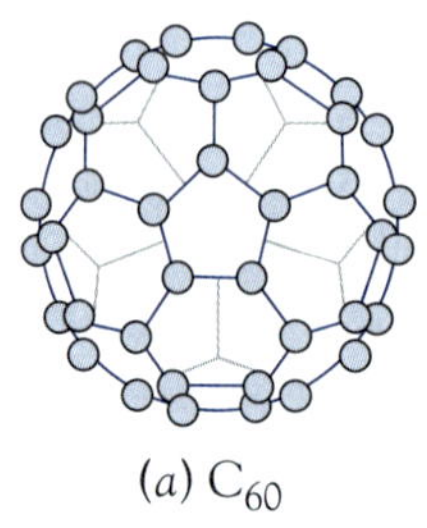

(*a*) C_{60}

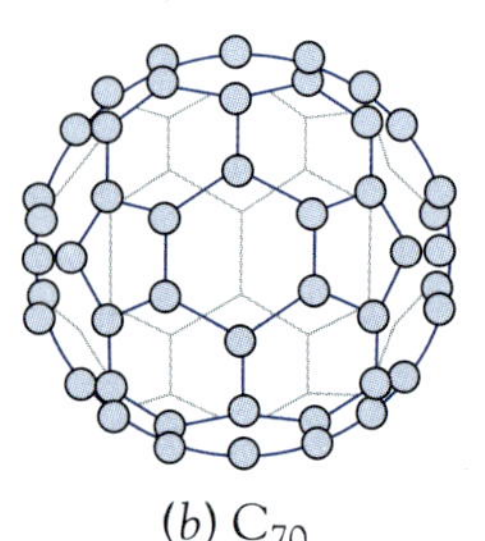

(*b*) C_{70}

는 미식 축구공이나 럭비공을 닮았다.

이 탄소 동소체의 이름은 20세기의 천재, R. Buckminster Fuller의 이름에서 나왔다. 그의 이름은 엄청난 강도를 갖는 건축 디자인인 측지선 돔(다각형 격자를 짜 맞춘 형태)과 관련이 있는데, 이 돔은 C_{60} 분자와 동일한 구조적 배열을 갖는다. 일반적으로 알려진 것과는 달리 실제로 돔을 고안한 사람은 그가 아니라 독일의 Walter Bauersfield이다. 그러나 Buckminster Fuller는 이 디자인을 더욱 개선하여 널리 보급시킨 주인공이다.

다이아몬드와 흑연은 그물구조형 공유 결합을 하고 있기 때문에 모든 용매에 녹지 않는다. 풀러렌은 단위체 내에서는 공유 결합을 하며, 고체상에서 각 단위체들 간에는 분산력만이 작용한다. 그러므로 이들은 헥세인이나 톨루엔 등의 비극성 용매에는 아주 잘 녹는다. 고체상에서의 색깔은 검지만, 용액에서는 여러 가지 색깔을 나타낸다. C_{60}은 진한 자주빛을 나타내고, C_{70}은 붉은 포도주색을 나타내며, C_{76}은 연한 초록색이다. 모든 풀러렌을 가열하면 승화가 일어나며, 이는 약한 분자 간 힘에 대한 또 다른 증거가 된다.

C_{60} 분자는 금속 원자가 쌓이는 것과 똑같은 방법으로 쌓여서 면심 입방 배열을 하고 있다. 이 풀러렌은 낮은 밀도(약 1.5 $g \cdot cm^{-3}$)를 가지며, 전기의 비전도체이다. 풀러렌은 1족이나 2족의 금속과 반응하면 음이온으로 쉽게 환원한다. 그러므로 루비듐은 C_{60} 격자 사이에 끼어 들어가 Rb_3C_{60}을 형성한다. 이 화합물은 구조가 실제적으로 $[Rb^+]_3[C_{60}{}^{3-}]$이기 때문에 28 K 이하에서 초전도체이다. 풀러렌에 결합된 여분의 전자는 마치 금속에 있는 전자처럼 결정 격자 사이를 자유롭게 움직인다. 풀러렌의 공동의 크기는 꽤 크기 때문에 공동 속에 금속 이온이 들어갈 수 있다. 예를 들면, $La@C_{82}$가 있는데, 여기서 @는 풀러렌 속에 3+ 금속 이온이 들어 있다는 것을 나타내는 기호이다. 풀러렌 표면에서의 화학 반응도 가능하다. 그러므로 플루오린과 반응시키면 무색의 $C_{60}F_{60}$이 생긴다.

풀러렌 계열 중에서 C_{60}은 가장 만들기 쉬운 화합물이며, C_{70}이 그 뒤를 잇는다. C_{70}에서부터 C_{100}까지의 탄소수가 짝수인 풀러렌이 알려져 있다. 합성된 풀러렌 중에서 가장 작고 안정한 것은 C_{36}으로, 검은색의 고체이지만 용액에서는 금빛에 가까운 노란색이 된다. C_{36}은 구를 이루기 위해 결합에 걸리는 장력을 고려했을 때 가장 작은 풀러렌이 될 것으로 예상된다. 가장 작게 만들어졌던 풀러렌은 C_{20}이었다. 오각형으로만 이루어진 회전 타원체 모양으로 아주 짧은 순간만 존재한다.

탄소 나노튜브

나노튜브(nanotube)는 본질적으로 흑연판의 작은 조각들이 튜브 모양으로 말려있는 것이다. 특별한 조건과 활성 기체 안에서 흑연을 1200°C까지 가열하면 만들 수 있다. 나노튜브는 같은 크기의 강철 가닥보다 100배 정도 강한데, 이는 탄소 원자들이 서로 공유 결합으로 묶여 있기 때문이다. 그러므로 나노튜브는 초강도 물질로 사용될 수 있다. 탄소 육각형 고리가 나노튜브의 장축을 따라 정확하게 나란히 정렬되어 있으면, 이 물질은 매우 우수한 전기 전도체가 된다. 이런 성질을 이용하면 광섬유에 버금가는 전기 장치를 나노튜브 다발로 만들 수도 있다. 그러나 만일 육각형 고리가 약간 비틀어져서 나선형 배열이 되면 이 물질은 반도체 성질을 보인다. 끝이 막히지 않은 나노튜브는 장차 가역적 수소 기체 저장고로 쓰일 가능성도 있는데, 이는 미래의 수소 기반 경제 사회에서 나노튜브가 한 역할을 담당할 것이라는 걸 암시하고 있다.

그림 14.7 (a) 한겹 나노튜브(SWNT)와 (b) 여러겹 나노튜브(MWNT)의 구조

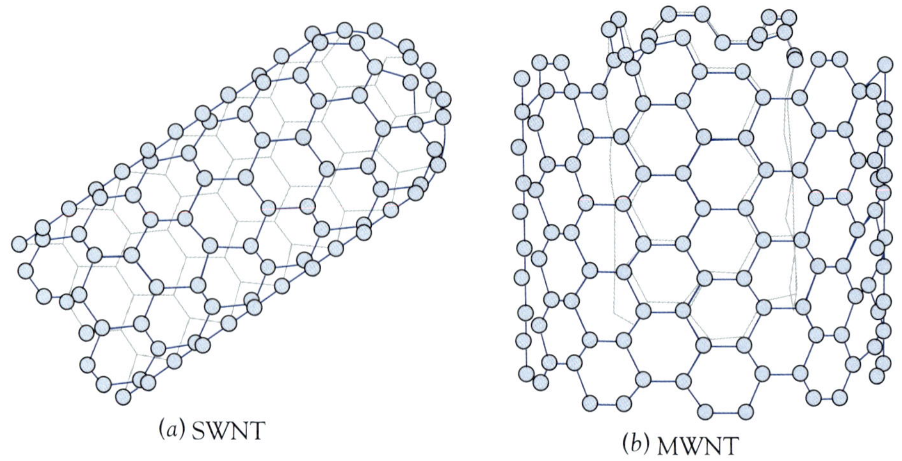

두 종류의 나노튜브가 존재한다. 한겹 나노튜브(SWNT, single-walled nanotube)와 여러겹 나노튜브(MWNT, multiwalled nanotube)이다(그림 14.7 참조). SWNT는 간단한 나노튜브로 구성되어 있는 반면에, MWNT는 동축 케이블처럼 같은 중심을 갖는 나노튜브층들이 겹쳐서 구성되어 있다. 더 유망한 물질은 SWNT이지만, 현재로서는 합성하기에 비용이 너무 많이 든다.

그래핀

흑연, 풀러렌, 나노튜브는 모두 단소 원자의 육각형 고리를 기초로 한다. 이들 육각형 고리가 하나의 평면을 이루는 것을 **그래핀**(*graphene*)이라고 한다. 흑연에서 탄소 고리 한 층을 벗겨내는 것은 불가능하다고 생각했었다. 2004년에 영국 Manchester 대학의 연구팀이 접착 테이프를 이용하는 단순한 방법으로 벗겨내었다. 이 물질은 흑연이라고 부를 수 없었다. 왜냐하면 흑연이란 층과 층이 분산력으로 끌어당기고 있는 3차원 구조라고 정의했기 때문이다.

원자로 만든 닭장 철망(*atomic chicken wire*)이라는 별명을 갖고 있는 그래핀은 원자 하나의 두께이므로 완전히 투명하다. 원자들은 σ 결합과 콘쥬게이션 π 결합으로 묶여 있어서 매우 강하다. 얇은 판의 모서리는 산화되어 그래핀 산화물을 형성한다. 그러면 물 분자가 그래핀 판을 함께 묶는 '바늘땀(stitch)' 역할을 하여 커다란 2차원 판이 만들어진다. 그래핀의 사용처는 아직 제대로 연구되지는 않았지만, 현재 최고의 가스 센서로 사용되고 있다. 단 하나의 이산화 질소 분자도 찾아낼 수 있다.

불순한 탄소

탄소는 주로 에너지 공급원과 환원제로 사용된다. 환원제로 쓸 때는 불순한 형태의 탄소(코크스)가 사용된다. 이 물질은 공기가 없는 상태에서 석탄을 가열하여 만든다. 이 과정에서 석탄의 복잡한 구조는 끊어지고, 탄화수소는 증발되며, 낮은 밀도를 갖는 다공성이고, 은백색을 띠는 거의 금속처럼 생긴 고체가 남게 된다. 본질적으로 코크스는 흑연의 미세결정으로 구성되어 있으며, 일부분은 흑연 구조에 다른 원소(특히 수소)가 결합되어 있다. 코크스 제조과정에서 생성된 많은 증류물은 화학 공업의 원료로 사용된다. 그러나 기름기 있고 축축한 폐기물은 발암 물질이다. 코크스는 철광으로부터 철을 생산하는 공정

및 다른 건식야금 처리에 사용된다. 코크스는 매년 전 세계적으로 5×10^8톤이 사용된다.

카본 블랙은 아주 미세한 가루 형태의 탄소이다. 이 불순하고 미세한 흑연은 유기 물질의 불완전 연소에 의하여 만들어지며, 하루에 1×10^7톤이라는 엄청난 양이 사용되고 있다. 타이어의 마모를 감소시키고 더 강하게 만들기 위하여 카본 블랙을 고무와 섞어 준다. 보통의 자동차 타이어에는 약 3 kg의 카본 블랙이 들어 있으며, 이 때문에 타이어의 검은색이 나온다.

탄소의 다른 형태로는 활성 탄소(activated carbon)가 알려져 있는데, 이 탄소는 아주 큰 표면적($10^3\ m^2 \cdot g^{-1}$)을 가지고 있다. 이 물질은 공업적으로는 기체 필터와 설탕을 탈색시키는 데 사용되고, 실험실에서는 유기 반응의 불순물을 제거하는 데 사용된다. 이와 같은 흡착 과정에 대한 물리화학은 복잡하지만, 부분적으로는 극성 분자의 탄소 표면에 대한 인력에 의하여 이루어진다.

탄소 덩어리는 전기화학이나 열화학 반응에서 전극으로 사용되기 때문에 공업적으로 중요하게 이용된다. 예를 들면, 매년 약 750만 톤의 탄소가 알루미늄 용광로에서 사용된다. 그리고 가정의 바비큐용 연료로도 사용되기 때문에 여름철이면 탄소의 소비가 증가된다.

14.4 탄소의 동위원소

천연 탄소에는 세 가지 동위원소가 있다. 즉, 가장 많은 양의 동위원소인 탄소-12(98.89%), 적은 양의 탄소-13(1.11%), 그리고 극미량의 탄소-14이다. 탄소-14는 반감기가 5700년인 방사성 동위원소이다. 이처럼 짧은 반감기 때문에 이 동위원소가 지구상에 존재할 가능성은 거의 없어 보인다. 그러나 탄소-14는 살아있는 모든 조직에 널리 퍼져 있는데, 이는 대기권 위에서 질소 원자와 우주선의 중성자 간의 반응을 통해 끊임없이 생성되기 때문이다.

$$^{14}_{7}N + ^{1}_{0}n \rightarrow ^{14}_{6}C + ^{1}_{1}H$$

이 탄소 원자는 산소 기체와 반응하여 방사성 분자인 이산화 탄소를 형성한다. 이 이산화 탄소는 광합성에 의하여 식물에 흡수되며, 이 식물을 먹은 모든 생물과 이 생물을 먹은 모든 동물들은 같은 비율의 방사성 탄소를 포함한다. 생명체가 죽게 되면 탄소의 흡수는 더 이상 이루어지지 않으므로 기존에 존재하던 양이 붕괴하기 시작한다. 그러므로 물질의 연대는 시료에 있는 탄소-14의 양을 측정하면 알 수 있다. 이 방법은 생성 연대가 1,000년에서 20,000년 사이인 물질의 연대를 측정하는 절대적인 척도가 되었다.

탄소는 동위원소 효과가 특히 중요한 원소이다. 탄소의 출처에 따라 실제로 탄소-13의 비율은 0.99%에서 1.10%까지 변할 수 있다. 이산화 탄소가 식물에 흡수되어 설탕으로 변환될 때, 광합성 경로가 다르면 탄소 동위원소의 비율도 달라진다. 예를 들면, 탄소 동위원소의 비율만 가지고도 사탕수수로 만든 설탕인지 사탕무로 만든 설탕인지 알 수 있다. 동위원소 비율 테스트는 식재료의 품질을 점검하는 매우 유용한 방법이다. 꿀이나 와인이 값싼 설탕 용액을 사용한 저질품인지 구별할 수 있다. 화학 실험실에서도 동위원소 효과를 응용하여 적외선 흡수 스펙트럼과 분자 진동의 상관관계를 알 수 있다.

예제 14.2

탄소-14는 붕괴되어 질소-14와 전자 1개를 내놓는다. 이 반응에 대한 핵 반응식을 쓰시오.

해답

핵에서 전자를 방출하면, 질량수(핵자수)는 똑같지만 원자 번호(양성자수)는 하나 증가한다.

$$^{14}_{6}C \rightarrow ^{14}_{7}N + ^{0}_{-1}e$$

14.5 카바이드

탄소보다 전기 음성도가 작은 물질(수소 제외)과 탄소로 이루어진 이성분 화합물을 **카바이드**(*carbide*)라고 한다. 카바이드는 녹는점이 높은 단단한 고체이다. 이런 공통적인 성질에도 불구하고 카바이드에는 세 가지 형태의 결합, 즉 이온 결합성, 공유 결합성, 금속 결합성 등이 있다.

이온 결합성 카바이드

이온 결합성 카바이드는 전기 양성이 아주 큰 원소들과 만나 형성된다. 알칼리 금속, 알칼리 토금속, 그리고 알루미늄. 이들 이온 결합성 화합물의 대부분은 12.11절의 칼슘 다이카바이드에서 논의한 것처럼 다이카바이드(2−) 이온을 포함한다. 카바이드 중에서 화학 반응성이 큰 것은 이온 결합성 카바이드뿐이다. 실제로 이들은 물과 반응하여 아세틸렌이라고 하는 에타인(C_2H_2)을 만든다.

$$Na_2C_2(s) + 2\,H_2O(l) \rightarrow 2\,NaOH(aq) + C_2H_2(g)$$

붉은색의 베릴륨 카바이드(Be_2C)와 노란색의 알루미늄 카바이드(Al_4C_3)는 화학식에서 알 수 있는 것처럼 C^{4-} 이온을 포함한다. 높은 전하의 음이온과 안정한 격자를 형성할 수 있는 양이온은, 높은 전하 밀도를 갖는 양이온인 Be^{2+}와 Al^{3+}뿐이다. 양이온들은 매우 작으면서 전하가 높고 음이온은 크기 때문에 이온들 간의 결합에서 공유 결합성이 상당히 클 것으로 추측된다. 그러나 이 같은 추측과는 달리 이들 두 카바이드는 물과 반응하여 메테인(CH_4)을 생성하는데, 이는 C^{4-} 이온이 존재해야만 가능한 것이다.

$$Al_4C_3(s) + 12\,H_2O(l) \rightarrow 4\,Al(OH)_3(s) + 3\,CH_4(g)$$

공유 결합성 카바이드

대부분의 비금속은 탄소보다 전기 음성도가 크기 때문에 공유 결합 카바이드는 드물다. 규소 카바이드, SiC와 붕소 카바이드, B_4C(13.3절) 정도가 공유 결합성 카바이드의 예이다. 이 두 물질은 대단히 단단하고 녹는점이 높다. 규소 카바이드는 야금 과정에서 연마제나 광택제로 쓰이며, 공업적으로 많은 양이 사용되는 중요한 세라믹 생산물 중에서 유일한 비산화물의 세라믹 제품이다. 이 화합물의 전 세계적인 생산량은 약 7×10^5톤이다.

규소 카바이드의 순수한 화합물은 밝은 초록색을 띠는데, 탄소와 이산화 규소를 약 18시간 동안 2,300°C로 전기로에서 함께 가열할 때 생성된다. 이 화합물을 만드는 데에는 많은 에너지가 필요한데, 1 kg의 규소 카바이드를 생산하기 위해서는 6 ~ 12 kWh의 전력이 필요하다.

$$SiO_2(s) + 3\,C(s) \xrightarrow{\Delta} SiC(s) + 2\,CO(g)$$

규소 카바이드는 금속의 강도가 유지되기 어려운 상태의 높은 온도에서 작동하는 터빈 날개의 재료로서 많은 관심을 끌고 있다. 또한 규소 카바이드는 팽창 계수가 대단히 낮기 때문에 정밀도가 높은 거울을 만드는 재료로도 이용된다. 즉, 팽창 계수가 낮기 때문에 규소 카바이드 거울은 온도의 변동에 따라 모양이 거의 변하지 않을 것이므로 뒤틀림에 따른 문제를 해결할 수 있다.

규소 카바이드가 더 폭넓게 사용될 수 있는 관건은 원하는 모양(망가지지 않는 엔진블록이나 인체관절 대체 용품 등)으로 성형하는 능력에 달려있다. 녹는점이 너무 높아서 아직까지는 불가능하다고 여겨 왔다. 최근 연구 중 상당량이 액체 상태의 유기규소 화합물에 초점을 맞추고 있다. 이들을 성형틀에 쏟아 부은 다음에 충분히 높은 온도로 가열하면 분해가 일어난다. 그러면 원하는 모양대로의 규소 카바이드만 남게 된다. 21세기에는 규소 카바이드가 유망한 재료 중의 하나가 될 것이다.

금속 결합성 카바이드

금속 결합성 카바이드는 금속 자체의 결정 구조 내에 탄소 원자가 끼어들어간 화합물이다. 이들은 대개 전이 금속에 의하여 형성된다. 금속 결합성 카바이드를 형성하려면 금속은 최조밀 쌓임 구조를 하고 있어야 하고, 각 금속 원자는 반지름이 130 pm보다 더 커야 한다. 그러면 탄소 원자는 구조 내의 팔면체 구멍에 끼어 들어갈 수 있게 된다. 그러므로 금속 결합성 카바이드를 **틈새형 카바이드**(*interstitial carbide*)라고도 한다. 모든 팔면체 구멍이 채워지면 이들 화합물의 화학량론은 1:1이 된다.

금속 결합성 카바이드는 금속의 결정 구조를 유지하고 있기 때문에 금속성처럼 보이며 전기 전도도를 나타낸다. 이 화합물들은 매우 높은 녹는점을 가지며, 화학적으로 굉장히 안정하며 매우 단단하기 때문에 중요하다. 이 화합물들 중 가장 중요한 것은 텅스텐 카바이드(WC)이다. 해마다 전 세계에서 약 20,000톤이 생산된다. 이 물질의 대부분은 절삭 도구로 사용된다.

130 pm 이하의 원자 반지름을 갖는 몇 가지 금속들도 금속 결합성 카바이드를 형성하지만 금속 격자가 비틀린다. 그러므로 이 계통의 화합물은 틈새형 카바이드보다 반응성이 더 크다. 이들 화합물 중에서 가장 중요한 것은 **시멘타이트**(*cementite*, 카바이드 철)라고 하는 Fe_3C이다. 탄소강(carbon steel)이 순수한 철보다 더 강도가 높은 이유는 시멘타이트의 미세결정 덕분이다.

MAX Phases

삼성분 카바이드, Ti_3SiC_2의 합성 과정에서 화학자들은 일련의 화합물들이 한 그룹을 이루고 있음을 알게 되었다. 그들은 겹겹이 층을 이루고 육방정계 구조를 가지며, 포괄적으로 $M_{(n+1)}AX_{(n)}$ (n = 1, 2, 3)이라는 화학식을 갖는다. 그림 14.8에서와 같이, M은 초기 전이 금속이고, A는 주족 원소, X는 탄소나 질소이다. 이 장 시작 부분의 '컨텍스트'에서 언급했던 타이타늄 화합물처럼, 탄소 음이온이나 질소 음이온이 신소재 물질에서도 비슷한 역할을 한다. MAX phases의 예로 다음 화합물들이 있다. Hf_2PbC와 Nb_2AsC (211 phases), V_3AlC_2 (312 phases), Ti_4AlN_3 (413 phases).

이들 카바이드와 질화물은 금속과 세라믹의 장점들이 합쳐진 독특한 성질을 갖는다. 예를 들면, 녹는점이 높고 부식이 늦으면서도 열전도도와 전기 전도도가 아주 좋다. MAX phases의 표면을 광택나게 하면 금속과 구분할 수 없을 정도이다. 이들 삼성분 화합물은 가능한 신물질의 목록을 더 크게 확장시킨다.

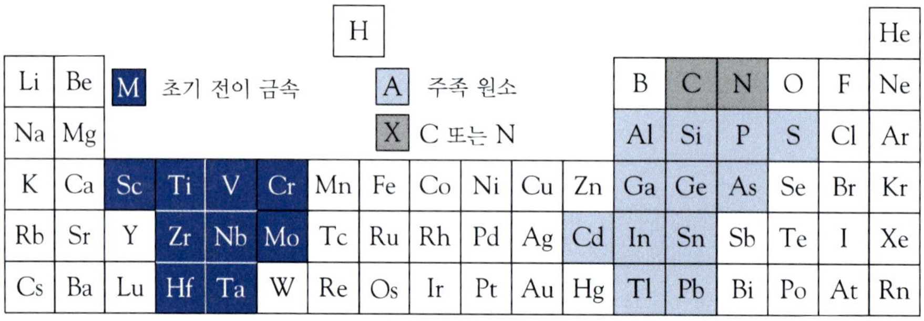

그림 14.8 MAX phases를 형성하는 원소들

M 초기 전이 금속

A 주족 원소

X C 또는 N

H																	He
Li	Be											B	C	N	O	F	Ne
Na	Mg											Al	Si	P	S	Cl	Ar
K	Ca	Sc	Ti	V	Cr	Mn	Fe	Co	Ni	Cu	Zn	Ga	Ge	As	Se	Br	Kr
Rb	Sr	Y	Zr	Nb	Mo	Tc	Ru	Rh	Pd	Ag	Cd	In	Sn	Sb	Te	I	Xe
Cs	Ba	Lu	Hf	Ta	W	Re	Os	Ir	Pt	Au	Hg	Tl	Pb	Bi	Po	At	Rn

모이사나이트: 다이아몬드 대용품

1998년까지만 해도 다이아몬드 대용품으로 가격이 저렴한 보석은 큐빅 지르코니아(cubic zirconia), ZrO_2뿐이었다(5.8절). 현재는 새로운 보석인 모이사나이트(moissanite)가 소개되고 있는데, 이는 상업적으로 합성된 육방정계 형태의 규소 카바이드이다. 모이사나이트는 1890년 미국 Arizona 주에 있는 운석 분화구인 Diablo 협곡에서 발견되었으며, 발견자인 화학자 Henri Moissan의 이름을 따라서 명명되었다. 최근까지도 큰 결정체로는 만들 수 없었다. 하지만 LED와 컴퓨터 등에 사용할 새로운 반도체 물질에 대한 연구 덕분에 모이사나이트의 합성법을 찾을 수 있었다. 대부분의 순수한 규소 카바이드는 첨단 기술 산업에 사용되고 있지만, 보석 시장에서 차지하는 비중도 점점 증가하고 있다.

모이사나이트는 14.3절에서 언급했던 론스달라이트(lonsdaleite)와 유사한데, 탄소 원자가 하나씩 번갈아 가면서 규소 원자로 치환된 것이다. 구성과 구조에 있어서 다이아몬드와 매우 유사하며, 성질도 다이아몬드를 닮았다(표 14.4).

모이사나이트는 강도가 다이아몬드만큼 강하며, 밀도는 비슷하다. 굴절률은 다이아몬드보다 더 높아 실제로 다이아몬드보다 더 반짝거린다. 그래서 다이아몬드와 모이사나이트를 비교하면, 대부분의 사람들은 모이사나이트를 진짜 다이아몬드라고 믿는다. 다이아몬드를 감정하는 표준 기술은 열전도도를 측정하는 것이다. 비금속이지만 높은 열전도도를 갖고 있어서, 대부분 금속들의 경우와 유사하다. 이렇게 높은 열전도도를 갖는 이유는 격자 구조를 통해 강한 공유 결합으로 묶여 있으며, 그래서 열을 가했을 때 생기는 분자 진동이 구조 전체를 통해 재빨리 전달되기 때문이다. 모이사나이트도 비슷한 구조를 갖고 있기에 역시 높은 열전도도를 보인다. 그래서 전통적인 다이아몬드 감정 방법으로는 모이사나이트를 구별해 낼 수 없다. 그러나 현미경으로 조사해 보면, 모이사나이트는 특징적인 이중 굴절을 보이며, 다이아몬드에서 볼 수 있는 내포물과 표면 광택이 다르게 나타난다.

표 14.4 다이아몬드, 모이사나이트, 큐빅 지르코니아의 성질

	강도(Moh 척도)	굴절률	밀도($g \cdot cm^{-3}$)
C, 다이아몬드	10	2.24	3.5
SiC, 모이사나이트	9.25 ~ 9.5	2.65 ~ 2.69	3.2
ZrO_2, 큐빅 지르코니아	8.5	2.15	5.8

예제 14.3
베릴륨 카바이드와 물의 반응에 대해 반응식을 쓰시오.

해답
베릴륨 카바이드는 C^{4-} 이온이 포함된 2개뿐인 이온 결합성 카바이드 중 하나이다. 다른 생성물은 수산화 베릴륨이 될 것이다. 수산화 마그네슘이 불용성이므로(12장), 수산화 베릴륨도 불용성일 것이다. 반응식은 다음과 같다.

$$Be_2C(s) + H_2O(l) \rightarrow Be(OH)_2(s) + CH_4(g)$$

14.6 일산화 탄소

일산화 탄소에서 탄소-산소 결합은 매우 짧고, 삼중 결합을 하고 있다. 일산화 탄소에 대한 분자 오비탈 도표를 그림 14.9에 나타냈는데, 분자 오비탈은 2p 원자 오비탈로부터 유도되었다. 이 모형에 의하면 1개의 σ 결합성 오비탈과 두 개의 π 결합성 오비탈을 채우므로 결합 차수가 3임을 알 수 있다.

일산화 탄소의 성질

일산화 탄소는 무색, 무취의 기체이다. 그리고 혈액의 헤모글로빈에 대해 산소보다 300배 더 큰 친화력을 갖고 있기 때문에 매우 유독한 기체이다. 그러므로 공기 중에 아주 낮은 농도의 일산화 탄소만 있어도 산소가 폐에 흡수되는 것을 충분히 방해할 수 있다. 산소의 계속적인 공급이 없게 되면 뇌는 의식을 잃게 되고, 산화된 헤모글로빈의 공급이 다시 이루어지지 않게 되면 죽게 된다.

일산화 탄소는 산소의 양이 모자라는 상태에서 탄소나 탄소를 포함하는 화합물이 연소될 때 생성된다.

$$2\,C(s) + O_2(g) \rightarrow 2\,CO(g)$$

실험실에서 순수한 일산화 탄소를 얻는 방법은 폼산을 진한 황산과 함께 가열하여 반응시키면 된다. 이 분해 반응에서 황산은 탈수제로 작용한다.

$$HCOOH(l) + H_2SO_4(l) \rightarrow CO(g) + H_2O(l) + H_2SO_4(aq)$$

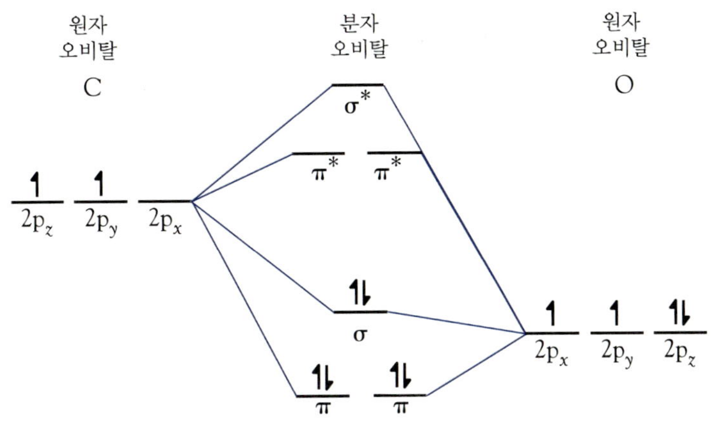

그림 14.9 간단하게 나타낸 일산화 탄소의 분자 오비탈

일산화 탄소의 반응

일산화 탄소는 반응성이 아주 높다. 예를 들어 산소와 반응하면 파란 불꽃을 내며 탄 후 이산화 탄소가 된다.

$$2\ CO(g) + O_2(g) \rightarrow 2\ CO_2(g)$$

빛이나 뜨거운 활성탄(charcoal) 촉매의 존재하에서 일산화 탄소를 염소 기체와 반응시키면 염화 카보닐($COCl_2$)이 된다. 이 화합물은 독가스인 **포스겐**(phosgene)으로 잘 알려져 있다.

$$CO(g) + Cl_2(g) \rightarrow COCl_2(g)$$

염화 카보닐은 전쟁에서 사용된 첫 번째 독가스 중의 하나로 기억되기도 하지만, 연간 수백만 톤의 양이 생산되는 실질적인 공업 시약이다. 질기면서도 밀도가 낮은 투명 재료로 널리 사용되고 있는 폴리카보네이트들과 같은 많은 중요 화합물들의 합성에 출발 물질로 염화 카보닐이 유용하게 사용된다.

그림 14.1의 Frost 도표에서 보듯이, 일산화 탄소는 강한 환원제이다. 예를 들면, 산화철(III)을 제련하여 철로 만드는 과정은 일산화 탄소의 환원성을 공업적으로 이용하는 방법이다(20.6절).

$$Fe_2O_3(s) + 3\ CO(g) \xrightarrow{\Delta} 2\ Fe(l) + 3\ CO_2(g)$$

일산화 탄소는 공업 유기 화학에서 중요한 출발 물질이다. 고온, 고압하에서 일산화 탄소는 수소 기체[사실은 **합성 기체**(*synthesis gas*)로 알려진 혼합물]와 반응하여 메탄올, CH_3OH가 된다.

$$CO(g) + 2\ H_2(g) \xrightarrow{\Delta} CH_3OH(g)$$

일산화 탄소와 에텐(C_2H_4), 그리고 수소 기체를 혼합하면 프로판알(propanal), CH_3CH_2CHO을 만들 수 있는데, 이 반응은 OXO **공정**(*OXO process*)으로 알려져 있다.

$$CO(g) + C_2H_4(g) + H_2(g) \xrightarrow{\Delta} C_2H_5CHO(g)$$

이 공정에서 활성 촉매로 가해지는 화합물은 코발트 화합물인 $[HCo(CO)_4]$인데, 수소와 일산화 탄소는 각각 코발트와 공유 결합을 하고 있다. 이 화합물은 다음에 살펴볼 일산화 탄소가 붙어있는 금속 화합물과 비슷하다.

금속 카보닐

일산화 탄소는 전이 금속과 결합하여 많은 화합물을 만든다. 이들 화합물은 높은 유독성과 휘발성을 가지며, 금속의 산화수는 0으로 간주된다. 간단한 카보닐 화합물의 예를 몇 가지 들면, 테트라카보닐니켈(0), $[Ni(CO)_4]$; 펜타카보닐철(0), $[Fe(CO)_5]$; 헥사카보닐크로뮴(0), $[Cr(CO)_6]$ 등이 있다. 많은 금속 카보닐 화합물들은 고압에서 일산화 탄소와 금속을 가열하면 쉽게 만들 수 있다. 예를 들어 니켈을 일산화 탄소와 함께 가열하면 무색 기체인 테트라카보닐니켈(0)이 생긴다.

$$Ni(s) + 4\,CO(g) \rightarrow [Ni(CO)_4](g)$$

이 화합물들은 주로 낮은 산화수를 갖는 다른 전이 금속 화합물들을 만들기 위해서 사용된다. 카보닐 화합물에 대해서는 22.6절에서 자세히 논의하기로 한다.

14.7 이산화 탄소

결합 길이와 결합 세기는 이산화 탄소 분자에서 탄소와 산소 원자 사이의 이중 결합이 존재함을 알려 준다. 이 결합 방식은 전자점 표현 방법과 간단한 혼성화 이론으로부터 예측할 수 있다. 혼성화 이론에 의하면 σ 결합은 sp 혼성 오비탈들로부터 형성된다고 가정한다. 그러면 남아 있는 p 오비탈들은 결합 방향에 직각으로 존재하기 때문에, 2개의 π 분자 오비탈을 형성하게끔 겹치게 된다(그림 14.10).

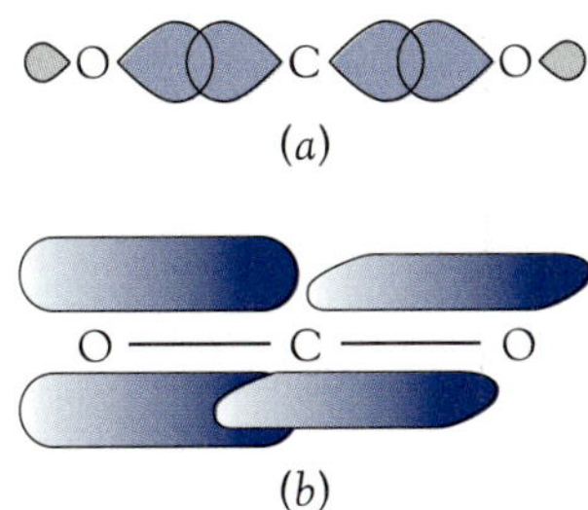

그림 14.10 이산화 탄소 분자에서 (a) 같은 원자 간 σ 결합. (b) 같은 원자 간 2개의 π 결합.

이산화 탄소의 성질

이산화 탄소는 밀도가 높은 무색, 무취의 기체로서, 타지도 않고 연소되지도 않는다. 높은 밀도와 비활성을 갖고 있기 때문에 불을 끄는 소화제로 사용된다. 이산화 탄소는 마치 액체인 것처럼 움직이는데, 공기의 흐름이 이산화 탄소와 대기를 섞어 놓아야 비로소 흩어진다. 이는 이산화 탄소가 똑같은 온도와 압력 조건하에서 공기보다 1.5배 정도 밀도가 높기 때문이다. 그러므로 이산화 탄소는 바닥의 불을 끌 때는 유용하게 사용되지만, 천장의 불을 끌 때는 쓸모가 없다. 이산화 탄소는 타고 있는 금속과 반응도 한다. 칼슘을 예로 들면 다음과 같다.

$$2\,Ca(s) + CO_2(g) \xrightarrow{\Delta} 2\,CaO(s) + C(s)$$

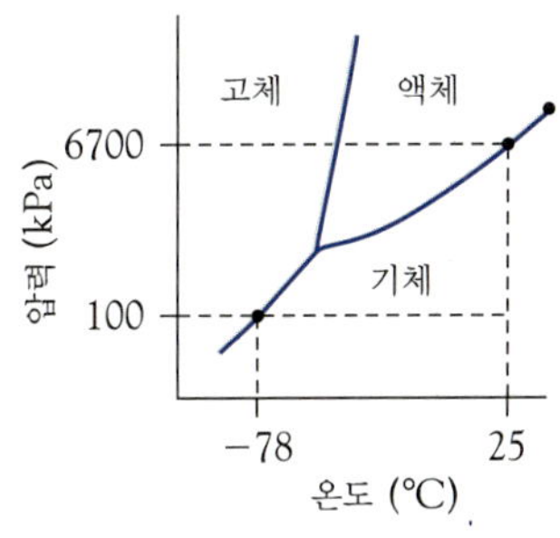

그림 14.11 이산화 탄소의 상도표

이산화 탄소는 정상적인 대기압에서는 액체상으로 존재하지 않는 보기 드문 경우이다. 대신 고체는 직접 승화되어 기체상이 된다. 실온에서 액체상을 얻기 위해서는 그림 14.11의 상도표 그림에서 볼 수 있듯이, 6.7 MPa의 압력(표준 대기압의 67배)이 필요하다. 이산화 탄소는 액체 형태로 탱크나 실린더에 넣어 운반한다. 탱크나 실린더로부터 이산화 탄소를 뽑아 쓸 때 어느 정도의 액체 이산화 탄소가 증발된다. 그러나 팽창 과정(분자 간 분산력을 극복하는)에서 흡수되는 열은 남아 있는 액체를 대기압하에서 이산화 탄소의 승화 온도인 −78°C 이하로 냉각시키기에 충분하다. 실린더를 거꾸로 세워 밸브를 열면 실온에서 고체 이산화 탄소인 '드라이 아이스(dry ice)'를 거즈 주머니나 틀에 모을 수 있다.

이산화 탄소는 공업적으로 중요한 물질이다. 미국에서만 연간 4천만 톤 이상 사용되고 있다. 이 중 절반이 냉각제로 사용되고, 25%는 탄산 음료를 만드는 데 사용된다. 또한 에어로졸 통에 들어가는 압축 가스로 사용되기도 하며, 구명 보트나 구명 조끼를 부풀리게 하는 압축 가스로 사용된다.

공업적으로 이산화 탄소를 얻는 방법은 여러 가지가 있다. 즉, 암모니아, 용융 금속 및 시멘트 등의 제조 공정의 부산물이나 설탕 발효 시의 생성물로서 이산화 탄소를 얻을 수 있다. 그리고 탄소를 포함하는 물질, 즉 나무, 천연 가스, 가솔린, 오일 등이 완전 연소를 하면 이산화 탄소를 대기 중으로 배출하게 된다.

실험실에서 이산화 탄소는 묽은 산과 탄산염 또는 탄산 수소염을 이용해서 만들 수도 있지만, 묽은 염산을 대리석 조각(불순한 탄산 칼슘의 토막)에 가하면 쉽게 만들 수 있다(예를 들어 Alka-Seltzer 약 또는 베이킹 파우더).

$$2\,HCl(aq) + CaCO_3(s) \rightarrow CaCl_2(aq) + H_2O(l) + CO_2(g)$$

이산화 탄소의 반응

이산화 탄소를 확인하기 위해서는 **석회수 시험법**(*limewater test*)을 사용한다. 이 실험에서는 포화된 수산화 칼슘의 농축 용액 속으로 기체를 가해서 거품이 일어나게 만드는데, 기체가 이산화 탄소일 경우에는 탄산 칼슘의 흰 침전이 생성된다. 더 많은 이산화 탄소를 가하면 침전물이 사라지면서, 가용성인 칼슘 이온과 탄산 수소 이온이 생긴다.

$$CO_2(g) + Ca(OH)_2(aq) \rightarrow CaCO_3(s) + H_2O(l)$$
$$CO_2(g) + CaCO_3(s) + H_2O(l) \rightleftharpoons Ca^{2+}(aq) + 2\,HCO_3^{-}(aq)$$

수용액에서 거의 모든 이산화 탄소는 $CO_2(aq)$ 형태로 존재하며, 0.37%만 탄산, $H_2CO_3(aq)$으로 존재한다.

$$CO_2(aq) + H_2O(l) \rightleftharpoons H_2CO_3(aq)$$

탄산은 다음의 각 이온화 단계에 대한 pK_a 값에서 볼 수 있듯이 아주 약한 이양성자성 산이다.

$$H_2CO_3(aq) + H_2O(l) \rightleftharpoons H_3O^{+}(aq) + HCO_3^{-}(aq) \qquad pK_{a1} = 6.37$$
$$HCO_3^{-}(aq) + H_2O(l) \rightleftharpoons H_3O^{+}(aq) + CO_3^{2-}(aq) \qquad pK_{a2} = 10.33$$

평형이 오른쪽이 아닌 왼쪽에 놓이게 되는 것과 탄산이 약한 산인 것은 음료수를 탄산화시켜도 불쾌한 산의 맛을 내지 않음을 의미하므로 다행한 일이다. 이산화 탄소의 물에 대한 용해도가 높은 것은 수소 결합된 물 분자들의 뭉치 속에 이산화 탄소가 갇히기 때문이라고 해석해 왔다. 이는 고체상의 클라쓰랜드 착물(clathrate)과 유사하다(10.7절).

이산화 탄소는 산성 산화물이기 때문에 염기와 반응하여 탄산염을 만든다. 알칼리와 알칼리 토금속 원소의 경우에 과량의 이산화 탄소가 존재하게 되면 탄산 수소염을 형성한다.

$$2\,KOH(aq) + CO_2(g) \rightarrow K_2CO_3(aq) + H_2O(l)$$
$$K_2CO_3(aq) + CO_2(g) + H_2O(l) \rightarrow 2\,KHCO_3(aq)$$

사산화 이탄소(1,2-dioxetanedione)

'야광막대(glow stick)'에서 보는 인광을 만들어내는 가장 흔한 방법은 사산화 이탄소를 중간체로 형성하는 과정이 포함된다(그림 14.12). 이 물질은 이산화 탄소의 이합체(dimer)인데, 유기 화학의 명명법을 따르면 1,2-dioxetanedione이다.

빛을 만들어내기 위해서는 과산화 수소와 유기 물질인 bis(2,4,6-trichlorophenyl)oxalate를 반응시키면 된다. 그러면 삼염화페놀과 사산화 이탄소가 발생한다. 여기서 사산화 이탄소가 유기 염료(dye)와 반응하면, 염료 분자에 있던 전자는 들뜬 상태(dye*)로 여기되고, 사산화 이탄소는 이산화 탄소로 분해된다. 들뜬 상태에 있던 전자는 바닥 상태로 떨어지면서 남는 에너지는 빛으로 방출된다. 이 빛이 인광이다.

$$C_2O_4(aq) + \text{dye}(aq) \rightarrow 2\,CO_2(g) + \text{dye}^*(aq)$$
$$\text{dye}^*(aq) \rightarrow \text{dye}(aq) + h\nu$$

그림 14.12 사산화 이탄소, C_2O_4 분자의 구조

Carbonia

14.2절에서 배운 것처럼, 이산화 규소는 단일 결합으로 이루어진 그물구조형 공유 결합으로 결정 격자를 이룬다. 하지만 이산화 탄소는 탄소-산소 이중 결합과 함께 개별 분자로 형성된다. 이산화 탄소도 그물구조형 공유 결합을 할 수 있다면 실리카(silica)와 같은 세기이지만 밀도는 낮을 것이라고 화학자들은 예측하였다. 2006년에 새로운 동소체가 만들어졌다. 합성의 핵심은 높은 압력뿐만 아니라 결합을 끊고 다시 형성할 만큼 충분히 높은 온도를 유지하는 것이었다. 압력 80 GPa와 온도 1800 K에서 합성을 했더니 탄소를 근간으로 하는 실리카 유사물질이 만들어졌다. 이름은 *carbonia*라고 지었다. 그후로 carbonia의 결정형과 비결정형이 합성되었다. Carbonia는 실온에서도 안정하기는 하지만 압력은 1 GPa 이상으로 유지해야 한다. 그럼에도 carbonia의 합성은 화학자로 하여금 탄소와 나머지 14족 원소들 사이에 화학적으로 유사한 대비를 발견할 수 있게 해주었다.

14.8 탄산염과 탄산 수소염

탄산염

탄산 이온은 평면을 이루고, 탄소-수소 결합은 모두 같은 결합 길이를 가지며, 단일 결합 길이에 비하면 상당히 짧다. 그림 14.13에서 보듯이, 실선과 점선을 이용한 부분 다중 결합으로 표시할 수 있다(3.2절의 질산 이온에서 보여 준 표시 방법).

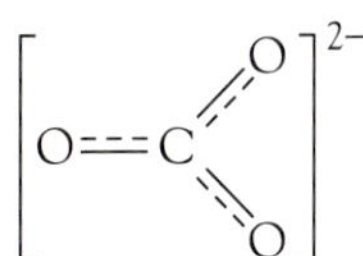

그림 14.13 탄산 이온의 부분 결합 표시

탄소 원자가 중심에 위치하는 σ 골격과 sp^2 혼성 오비탈을 사용하여 결합을 설명할 수 있다. 그러면 탄소 원자의 남아 있는 p 오비탈에 있는 전자쌍은 전체 이온에 대해 비편재화된 π 결합을 형성할 수 있다(그림 14.14). 세 방향으로 비편재화된 π 결합 때문에 각 탄소-산소 결합은 $1\frac{1}{3}$의 결합 차수를 갖는다.

탄산 이온은 수용액에서 강한 염기성이기 때문에 가수 분해되어 탄산 수소 이온과 수산화 이온을 만든다.

$$CO_3^{2-}(aq) + H_2O(l) \rightleftharpoons HCO_3^-(aq) + OH^-(aq)$$

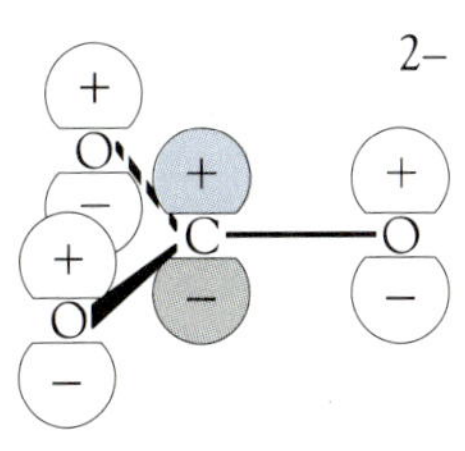

그림 14.14 탄산 이온의 비편재화된 π 결합

그러므로 가정에서 사용하는 탄산 소듐[보통 **세탁용 소다**(*washing soda*)라고 함]의 농축액은 해롭지는 않지만 주의해서 취급해야 한다.

탄산 암모늄과 알칼리 금속 탄산염을 제외한 대부분의 탄산염은 불용성이다. Li을 제외한 알칼리 금속 탄산염은 가열해도 분해되지 않는다. 탄산 리튬이나 칼슘처럼 비교적 전

기 양성이 큰 다른 금속들의 탄산염을 가열하면, 금속 산화물과 이산화 탄소가 생성된다.

$$CaCO_3(s) \xrightarrow{\Delta} CaO(s) + CO_2(g)$$

은과 같이 전기 양성이 약한 금속들의 탄산염을 가열하면 생성물인 금속 산화물까지도 분해된다. 그러므로 최종 생성물은 금속, 이산화 탄소, 산소가 된다.

$$Ag_2CO_3(s) \xrightarrow{\Delta} Ag_2O(s) + CO_2(g)$$
$$2\,Ag_2O(s) \xrightarrow{\Delta} 4\,Ag(s) + O_2(g)$$

탄산 수소염

탄산 수소 이온은 산과 반응하면 이산화 탄소와 물을 만들고, 염기와 반응하면 탄산 이온이 생성된다.

$$HCO_3^-(aq) + H^+(aq) \rightarrow CO_2(g) + H_2O(l)$$
$$HCO_3^-(aq) + OH^-(aq) \rightarrow CO_3^{2-}(aq) + H_2O(l)$$

11.12절에서 언급했듯이, Li을 제외한 알칼리 금속들만이 탄산 수소 이온, HCO_3^-과 반응하여 고체 화합물을 만들 수 있고, 이 화합물을 가열하면 탄산염으로 분해된다.

$$2\,NaHCO_3(s) \xrightarrow{\Delta} Na_2CO_3(s) + H_2O(l) + CO_2(g)$$

리튬 이온이나 2족 금속 이온을 탄산 수소 이온이 들어 있는 용액에 첨가하면, 탄산염을 침전물로 얻을 수 있다. 예를 들어, 칼슘 이온을 탄산 수소 이온에 첨가하면 탄산 칼슘이 침전된다.

$$2\,HCO_3^-(aq) \rightleftharpoons CO_3^{2-}(aq) + CO_2(aq) + H_2O(l)$$
$$CO_3^{2-}(aq) + Ca^{2+}(aq) \rightarrow CaCO_3(s)$$

예제 14.4

만일 칼슘 이온 용액과 탄산 수소 이온의 용액이 서로 만나서 침전물 탄산 칼슘을 만든다면, 석회암층에서 동굴은 어떻게 만들어지는지 설명하시오.

해답

Le Châtelier 법칙을 이용하여 설명하면 된다.
다음의 용해도 곱 관계식에 의해서, 고체 탄산 칼슘은 용액 상태의 칼슘 이온 및 탄산 이온과 평형을 이룬다.

$$CO_3^{2-}(aq) + Ca^{2+}(aq) \rightleftharpoons CaCO_3(s)$$

만일 빗물 속의 이산화 탄소 농도가 높으면, 탄산 수소 이온-탄산 이온 사이의 평형은 왼쪽으로 이동하고, 궁극적으로 탄산 이온 농도가 감소하게 된다. 이것이 용해도 곱 관계식에 영향을 미치므로 탄산 칼슘이 용해되는 것이다.

$$2\,HCO_3^-(aq) \rightleftharpoons CO_3^{2-}(aq) + CO_2(aq) + H_2O(l)$$

14.9 탄소의 황화물

탄소는 황화물, CS_2도 만들고, 산소황화물(oxysulfide), COS도 만든다. 전자는 공업적으로 중요한 물질이지만, 후자는 심각한 환경 문제를 일으킨다.

이황화 탄소

이황화 탄소는 이산화 탄소의 황 유사체이고, 이산화 탄소처럼 선형의 기하학적 모양을 가지고 있다. 이 화합물은 색을 띠지 않고, 인화성이 높다. 순수한 화합물은 낮은 온도에서 끓는 냄새가 좋은 액체이지만, 상업적 등급의 화합물은 매우 불쾌한 냄새가 나는 불순물을 포함한다. 이황화 탄소는 매우 유독하여 뇌와 신경 조직에 손상을 입혀 결국은 죽음에 이르게 만든다. 이황화 탄소의 공업적 제법은 약 700°C에서 용융된 황에 메테인 기체를 통과시킨 후 생성물을 냉각하면 이황화 탄소가 응축된다.

$$CH_4(g) + 4\,S(l) \xrightarrow{\Delta} CS_2(g) + 2\,H_2S(g)$$

이황화 탄소는 연간 백만 톤 이상이 주로 셀로판과 비스코스 레이온(viscose rayon) 중합체의 생산에 사용된다. 또한 사염화 탄소를 만드는 출발 물질로도 사용된다. 공업 화학에서는 자연에서 얻는 한 가지 물질을 변환하여 바로 원하는 물질로 만드는 경우는 아주 드물다. 오히려 생산물은 그 자체가 다른 많은 화합물의 생산 원료가 되는 경우가 더 많다.

황화 카보닐

우리는 점차 지구 대기의 복잡성과 지구 대기의 구성 성분 중에서, 과거에는 실험실에서 호기심을 갖는 수준 정도로 무시되었던 몇 가지 무기 화합물의 역할을 깨달아가고 있다. 이들 화합물 중 한 가지가 COS로 표기되는 황화 카보닐이다. 이 화합물은 S=C=O의 이중 결합을 갖는 구조로서 이산화 탄소와 비슷하다. 황화 카보닐은 화학 반응성이 낮기 때문에 지구 대기 중에서 황을 포함하는 기체로서는 가장 많이 존재하며, 그 양은 5×10^6톤 정도로 추정되고 있다. 성층권까지 침투되는 황 함유 기체는 황화 카보닐뿐이다(예외적으로 아주 강력한 화산 폭발이 있을 경우에는 이산화 황이 상층 대기까지 직접 도달될 수도 있다). 이 기체는 토양과 해양 생물에 의해 생성되는 몇 가지 황 함유 화합물 중의 하나이며, 다른 화합물로는 다이메틸 황, $(CH_3)_2S$가 있다.

14.10 탄소의 할로젠화물

테트라할로젠화 탄소

화학은 너무나 방대하고 끊임없이 발전하는 학문이므로 화학자들은 화학의 주요 영역을 무기 화학, 유기 화학, 물리 화학, 분석 화학으로 계통적으로 분류하고 있다. 그러나 이처럼 명확히 구분할 수 없는 분야가 많이 있으며, 테트라할로젠화 탄소는 무기 화학과 유기 화학의 영역에 모두 포함될 수 있는 화합물이다. 그러므로 이 화합물은 두 가지 이름을 가질 수 있다. 즉, 무기 화학 명명법에 따르면 테트라할로젠화 탄소이고, 유기 화학 명명법에 따르면 테트라할로메테인이 된다.

모든 테트라할로젠화물은 4개의 할로젠 원자들이 탄소에 정사면체 모양으로 배위되어 있다. 실온에서 테트라할로젠화물의 상(phase)들은 분자 간의 분산력이 증가되는 양상을 반영한다. 테트라플루오린화 탄소는 무색의 기체이지만, 사염화 탄소는 밀도가 높고 거의 오일과 같은 액체이며, 테트라브로민화 탄소는 연한 노란색 고체이고, 테트라아이오딘화 탄소는 밝은 붉은색 고체이다.

사염화 탄소는 뛰어난 비극성 용매이지만, 최근에 암을 유발시키는 물질로 규명되었기 때문에 불가피할 경우를 제외하고는 사용하지 않게 되었다. 또한 사염화 탄소는 온실 효과를 유발시키는 기체이며, 대기권 위에서는 강력한 오존 파괴 물질로 작용한다. 공장에서 사염화 탄소의 방출량을 최소한으로 줄이는 것은 환경 보전을 위해 매우 중요하다.

사염화 탄소의 공업적 제조 과정에는 이황화 탄소와 염소 기체 간의 반응이 포함된다. 이 반응에서 염화 철(III)은 촉매로 작용한다. 첫 번째 단계의 생성물은 사염화 탄소와 이염화 이황(disulfur dichloride)이다. 그런 다음 더 높은 온도에서 더 많은 이황화 탄소를 첨가하면 사염화 탄소와 황이 추가로 생성된다. 여기서 생성된 황은 이황화 탄소의 생산에 다시 사용된다.

$$CS_2(g) + 3\,Cl_2(g) \xrightarrow{FeCl_3/\Delta} CCl_4(g) + S_2Cl_2(g)$$

$$CS_2(g) + 2\,S_2Cl_2(g) \xrightarrow{\Delta} CCl_4(g) + 6\,S(s)$$

클로로플루오로탄소

1928년에 General Motors사의 화학자인 Thomas Midgley Jr.는 처음으로 다이클로로다이플루오로메테인, CCl_2F_2을 합성하였다. 이 합성은 우수하고 안전한 냉각제를 개발하기 위한 연구의 일부였다. 냉각제는 실온의 저압에서는 기체로 존재하지만, 고압에서는 액체로 존재하는 화합물이다. 그러므로 액체 상태에서 압력을 감소시키면 끓게 되어 주위로부터 열을 흡수하게 된다(냉장고의 안쪽). 그런 다음 이 기체는 냉각된 냉장고의 외부로 운반되어 압축된다. 이러한 조건하에서 기체는 주위에 기화 엔탈피(기화열)를 방출하면서 다시 액화된다.

이 화합물이 발견되었을 당시 클로로플루오로탄소(chlorofluorocarbon, CFC) 계열 화합물들은 가장 이상적인 화합물처럼 생각되었다. **프레온**(*freons*)이라는 별명을 갖고 있는 이 화합물들은 거의 완벽하게 반응성이 없었고 독성도 없었다. 그래서 곧 에어컨, 플라스틱 용기 거품의 분산제, 에어로졸의 추진제, 소화용 물질, 전자 회로의 먼지 제거제, 그리고 마취제로 사용되게 되었다. 연간 생산량이 거의 700,000톤이나 되는 시기도 있었다. 이 계열 화합물들이 반응성이 없는 것은 부분적으로는 가수분해 경로가 없기 때문이기도 했지만, 그 외에 플루오린-탄소 결합이 강하여 산화가 어렵기 때문이기도 하다.

간단한 CFC 종류들 중에서 $CFCl_3$(CFC-11)과 CF_2Cl_2(CFC-12) 등이 가장 많이 사용되고 있다. 이 화합물들의 가장 훌륭한 성질인 큰 안정성이 오히려 환경에 위협을 주는 것으로 밝혀진 것은 1970년대였다. 1987년 모든 나라들이 Montreal 의정서에 찬성하였으며, 그 결과 이 화합물의 사용이 금지되었다. 그러나 이 화합물들은 매우 안정하므로 대기권에 수백 년간 남아 있을 수 있었다. 이들 분자 중 일부는 대기권 위로 확산되었고,

자외선에 의해 이 분자들로부터 염소 원자가 분해되어 나왔다. 그런 다음 이 염소 원자는 정확하지는 않지만 다음과 같이 단순화시킨 일련의 단계를 통해 오존 분자와 반응하였다.

$$Cl + O_3 \rightarrow O_2 + ClO$$
$$ClO \rightarrow Cl + O$$
$$Cl + O_3 \rightarrow O_2 + ClO$$
$$ClO + O \rightarrow Cl + O_2$$

그런 다음 염소 원자는 자유롭게 되어 이 순환을 반복하게 되고, 엄청난 수의 오존 분자들을 파괴한다. 결과적으로 이 화합물들은 화학 실험실에서 발견할 수 있는 화합물들은 아니지만, 대기권 위의 낮은 압력에서는 자유 염소나 산소 원자를 생성할 수 있는 화합물이었던 것이다.

이 문제가 주는 교훈은 명백하다. 어떤 화합물이 실험실에서 화학적으로 반응성이 없다고 해서 무해함을 의미하는 것은 아니다. 화학 공업의 생산물들은 맨 먼저 환경에 어떤 영향을 끼치는지 고려한 뒤에 내놓아야 된다. 뒤늦게나마 환경의 중요성을 깨닫게 되어 다행이다. 오존층과 오존층에서 일어나는 많은 화학 반응(16.4절 참조)의 중요성을 깨닫게 된 것은 최근의 일이다. 더욱 중요한 교훈은 자연계에서 일어나는 화학적 순환에 관한 연구를 재정적으로 지원하는 일이 계속되어야 한다는 것이다. 세상이 어떻게 움직이고 있는지를 화학적 수준에서 이해하지 못한다면, 인류의 생산 활동이 끼친 영향을 예측하는 것이 불가능하기 때문이다.

14.11 메테인

메테인은 탄소와 수소의 가장 간단한 화합물이고, 무색, 무취의 기체이다. 이 기체는 보통 천연 가스라고 하는데, 지하나 해저의 매장물로 발견되었으며, 아주 많은 양이 존재한다(10.7절). 메테인은 발열 연소 반응을 일으키므로 오늘날 열에너지의 주공급원 중 하나로 사용된다.

$$CH_4(g) + 2\,O_2(g) \rightarrow CO_2(g) + 2\,H_2O(g) \qquad \Delta_{연소}H^{\ominus} = -890\ \mathrm{kJ \cdot mol^{-1}}$$

메테인은 우리의 기본적인 감각(시각, 후각)으로 감지할 수 없기 때문에 사용자에게 공급되기 전에 강한 냄새를 갖고 있는 유기 황 화합물을 첨가한다. 그러므로 메테인 가스의 유출은 첨가제 냄새를 통해 감지할 수 있게 된다.

많은 과학자들은 메테인의 농도 증가에 특히 많은 관심을 보이고 있다. ppm 단위로 존재하는 이산화 탄소에 비하면 적은 양인 ppb 단위 수준이지만, 현재 대기 중의 메테인 농도는 아주 빠르게 증가되고 있다. 메테인 분자는 이산화 탄소나 수증기와는 다른 적외선 파장을 흡수한다. 습지에서의 식물들의 부패 때문에 대기 중에는 항상 미량의 메테인이 존재한다. 그러나 대기 중의 비율은 지난 세기에 비해서 크게 증가하였다. 이러한 증가는 부분적으로 가축이나 양과 같은 반추 동물 수가 빠르게 증가한 것에 기인한다. 모든 반추 동물은 소화기관에서 많은 양의 메테인을 만들고, 이 기체를 대기 중에 토해낸다. 게다가 메테인은 쌀이 자라는 논의 습지에서도 발생한다. 낡은 파이프라인에서 누출되는 천연 가스도 걱정이고, 해저의 메테인 클라쓰랜드에서 유출되어 나오는 메테인도 걱정이다.

14.12 사이안화물

사이안화 수소, HCN의 독성은 잘 알려져 있지만, 사이안화 이온, CN^-의 공업적 중요성은 잘 깨닫지 못하고 있다. 매년 백만 톤 이상의 사이안화 수소가 생산되고 있다. 현재 사용되고 있는 사이안화 수소의 제조 방법은 두 가지가 있다. Degussa **공정**(*Degussa process*)은 고온에서 백금 촉매를 사용하여 메테인을 암모니아와 반응시킨다.

$$CH_4(g) + NH_3(g) \xrightarrow{Pt/1200°C} HCN(g) + 3\,H_2(g)$$

Andrussow **공정**(*Andrussow process*)도 비슷하기는 하지만 산소 분자를 필요로 한다.

$$2\,CH_4(g) + 2\,NH_3(g) + 3\,O_2(g) \xrightarrow{Pt/Rh/1100°C} 2\,HCN(g) + 6\,H_2O(g)$$

사이안화 수소는 수소 원자와 이웃한 질소 원자 간의 강한 수소 결합 때문에 실온에서 액체이다. 사이안화 수소는 농도가 매우 낮을 때에는 흐릿한 아몬드 향을 내며 독성이 아주 강하다. 이 액체는 물과 섞이면 아주 약한 산이 된다.

$$HCN(aq) + H_2O(l) \rightleftharpoons H_3O^+(aq) + CN^-(aq)$$

약 70%의 사이안화 수소는 나일론, 멜라민, 아크릴 플라스틱류 등의 많은 고분자를 만드는 데 사용된다. 나머지 중에서 15% 정도는 간단한 중화 반응에 의해 사이안화 소듐으로 변환된다.

$$NaOH(aq) + HCN(aq) \rightarrow NaCN(aq) + H_2O(l)$$

이 염은 용액으로부터 결정화시켜 얻는다. 사이안화 이온은 광석으로부터 금과 은을 추출할 때 사용된다(21.11절).

사이안화 이온은 일산화 탄소와 등전자 화학종이며, 두 화학종 모두는 헤모글로빈과 쉽게 반응하여 산소 기체와의 결합을 막는다. 사이안화 이온은 효소의 작용도 방해한다. 사이안화 수소 자체는 독성이 있다. 1920년대 후반기에 미국의 많은 주에서 사형집행의 수단으로 사이안화 수소를 사용했었다. 가스실은 의자 하나만 놓은 채 밀폐되었다. 의자 밑에는 사이안화 소듐이나 사이안화 포타슘으로 채워진 유리병을 달아놓았다. 교도소장의 신호가 떨어지면 원격 조정으로 이 유리병을 황산이 들어 있는 통으로 떨어뜨렸다. 이렇게 생성된 사이안화 수소의 농도는 수초 내에 의식을 잃게 만들고, 5분 내에 사망하게 할 정도로 충분한 것이었다.

$$2\,NaCN(aq) + H_2SO_4(aq) \rightarrow Na_2SO_4(aq) + 2\,HCN(g)$$

14.13 규소

규소는 지각 전체 질량의 약 27%를 차지하고 있다. 하지만 규소는 자연계에서 자유 원소로는 존재하지 않고, 오직 산소-규소의 결합이 포함된 화합물로만 발견할 수 있다. 원소 자체는 회색을 띠고, 금속처럼 보이는 결정성 고체이다. 규소는 금속처럼 보이지만 낮은 전기 전도도를 갖기 때문에 금속으로 분류되지는 않는다.

규소는 연간 약 50만 톤이 금속 합금을 만드는 데 사용된다. 규소의 주된 용도는 합금 제조이지만, 우리 생활과 더욱 밀접한 관련이 있는 용도는 컴퓨터를 비롯한 다른 전자 제품에 사용되는 반도체 부품 제조이다. 전자 산업에 사용되는 규소의 순도는 아주 높아야 한다. 예를 들면, 인이 단 1 ppb만 존재하게 되더라도 규소의 저항은 150에서 0.1 kΩ · cm로 떨어지게 된다. 정제 과정에 드는 비용이 비싸기 때문에 전자 산업에 사용되는 매우 순수한 규소는 야금에 사용되는 규소(순도 98%)보다 1000배 이상 비싼 가격에 판매된다.

규소는 이산화 규소(석영)를 코크스와 함께 2000°C 이상으로 가열하여 제조한다. 액체 상태의 규소(녹는점 1400°C)를 전기로에서 뽑아낸다.

$$SiO_2(s) + 2\,C(s) \xrightarrow{\Delta} Si(l) + 2\,CO(g)$$

아주 순수한 규소를 얻기 위해서는 염화 수소 기체를 흘려주면서 정제되지 않은 규소를 300°C에서 가열한다. 이렇게 얻은 삼염화 실레인($SiHCl_3$) 생성물은 증류가 가능하므로, 불순물의 농도가 ppb 이하로 될 때까지 반복하여 증류시킨다.

$$Si(s) + 3\,HCl(g) \rightarrow SiHCl_3(g) + H_2(g)$$

이 반응의 역반응은 1000°C에서 자발적이 되므로 아주 순수한 규소가 침전되게 된다. 염화 수소는 합성 과정의 첫 단계에 다시 사용될 수 있다.

$$SiHCl_3(g) + H_2(g) \xrightarrow{\Delta} Si(s) + 3\,HCl(g)$$

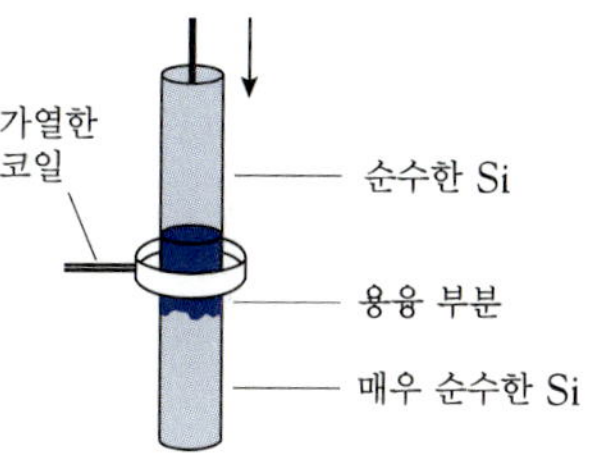

그림 14.15 규소의 정제에 사용하는 띠 제련법

태양 전지를 만드는 데 필요한 극히 순수한 단결정은 띠 제련법(zone refining, 그림 14.15)으로 만든다. 이 방법은 불순물들이 고체상보다는 액체상에서 더 잘 녹는다는 사실을 이용한 것이다. 규소봉은 규소를 부분적으로 녹이는 고온의 전기 코일을 통해 움직인다. 코일을 통과한 규소봉 부분의 규소는 다시 고체화된다. 고체화 과정 동안에 불순물은 아직 용융되어 있는 규소봉 부분으로 확산된다. 봉 전체가 전부 코일을 통과한 후에 불순물이 많은 윗부분을 제거한다. 원하는 순도(불순물 0.1 ppb 이하)를 얻을 때까지 이 과정을 반복한다.

컴퓨터 부품은 규소 칩에 조절된 농도의 다른 불순물을 첨가시켰기 때문에 작동할 수 있는 것이다. 인과 같은 미량의 15족 원소를 규소와 혼합하면, 가해 준 원소에 있는 여분의 원자가 전자가 자유롭게 되어 혼합 물질을 통해 돌아다니게 된다. 반대로, 3족 원소를 혼합하게 되면 "구멍(hole)"이 생기게 된다. 이러한 구멍은 전자의 저장고로 작용한다. 전자 과잉과 전자 결핍 규소 층을 조합하면 기본적인 전자 회로를 구성할 수 있다. 이런 장치가 작동하는 원리를 아주 단순화시켜서 설명했는데, 여기에 흥미를 느끼며 좀 더 자세한 설명을 원하는 독자들은 반도체에 관련된 물리학과 공학 서적들을 참고하기 바란다.

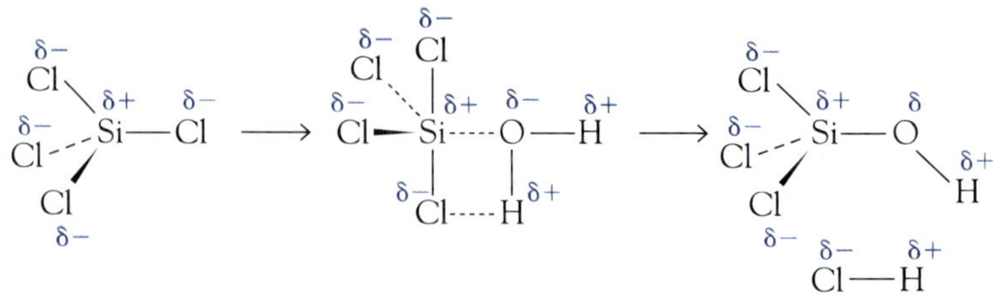

그림 14.16 사염화 규소의 가수분해에서 예상되는 첫 단계 메커니즘

수소화 규소

규소는 여러 가지 수소화물을 형성한다. 포화 탄화수소와 유사하게 SiH_4, Si_2H_6, Si_3H_8, Si_4H_{10}(2개 이성질체)도 만들고, 고리형 포화 탄화수소와 유사하게 *cyclo*-Si_5H_{10}과 *cyclo*-Si_6H_{12}도 만든다. 그러나 반응성 면에서는 탄화수소와 아주 다르다. 실레인은 공기 중에서 폭발적으로 불이 붙는 인화성 물질이다. 반응성 면에서 실레인은 보레인과 좀 더 닮았다(13.4절).

테트라할로젠화 규소

규소-붕소 간의 유사성은 9.7절에서 '대각선 관계'로 설명하였다. 쉽게 증발하는 반응성이 큰 액체인 사염화 규소도 삼염화 붕소와의 유사성으로 설명할 수 있다. 사염화 규소는 물과 격렬히 반응하여 규소산과 염화 수소 기체를 만드는데, 이는 삼염화 붕소가 물과 반응했을 때와 유사하다(13.5절).

$$SiCl_4(l) + 3\,H_2O(l) \rightarrow H_2SiO_3(s) + 4\,HCl(g)$$

다음과 같은 단계가 연속적으로 일어나는 메커니즘을 제안할 수 있다(그림 14.16 참조).

유사한 현상을 보이는 붕소의 경우와 마찬가지로, 테트라플루오린화 규소는 상대적으로 반응성이 거의 없다. 트라이플루오린화 붕소가 물에 안정한 테트라플루오로붕소산 이온, BF_4^-를 형성하듯이, 테트라플루오린화 규소는 헥사플루오로규소산 이온, SiF_6^{2-}를 만든다. 이산화 규소를 플루오린화 수소산과 반응시키면 플루오로규소산이 생성된다.

$$SiO_2(s) + 6\,HF(aq) \rightarrow 2\,H_3O^+(aq) + SiF_6^{2-}(aq)$$

플루오린화 수소산의 반응은 유리에 도안을 에칭할 때 사용한다. 이 산을 중화시키면 헥사플루오로규소산 소듐, Na_2SiF_6 같은 이온성 금속 화합물이 생성된다.

예제 14.5

기체 Si_2H_6와 공기의 반응을 균형 맞춘 반응식으로 쓰시오.

해답

수소화 붕소와 유사할 것이다. 실레인(silane)은 산화되면서 산화물과 수증기가 생성될 것이다. 균형 맞춘 반응식은 다음과 같다.

$$2\,Si_2H_6(g) + 7\,O_2(g) \rightarrow 4\,SiO_2(g) + 6\,H_2O(g)$$

14.14 이산화 규소

보통 **실리카**(*silica*)라고 하는 이산화 규소, SiO_2는 가장 흔한 결정 구조가 광물성 석영이다. 대부분의 모래는 산화 철 등의 불순물을 포함하는 실리카의 입자들로 구성된다. 이산화 규소는 반응성이 거의 없다. 용융된 수산화 소듐과 반응하여 규산 소듐을 만든다.

$$SiO_2(s) + 2\,NaOH(l) \xrightarrow{\Delta} Na_2SiO_3(s) + H_2O(g)$$

이산화 규소는 주로 광학 재료로 사용되는데, 단단하고, 강하며, 가시광선과 자외선을 통과시킨다. 그리고 매우 낮은 팽창 계수를 갖고 있어서, 이것으로 만들어진 렌즈는 온도 변화에 의해 뒤틀리지 않는다.

실리카 젤

실리카 젤은 이산화 규소의 수화된 형태인 $SiO_2 \cdot xH_2O$이다. 이 화합물은 실험실에서 건조제로 사용되며, 전자 제품이나 약을 건조한 상태로 유지하기 위해서도 사용된다. 전자 제품이나 약병 속에 봉지나 작은 원통에 들어 있는 실리카 젤을 흔히 볼 수 있는데, 이러한 봉입물들은 습기가 많은 기후에서도 제품을 건조한 상태로 유지시켜 준다. 시판되는 실리카 젤은 질량으로 약 4%의 물을 포함하고 있지만, 결정 표면에 매우 많은 물 분자들을 흡수할 수 있다. 그리고 몇 시간 가열하면 다시 사용할 수 있는 뛰어난 장점이 있다. 즉, 높은 온도에서 물 분자들을 제거시키면 실리카 젤은 한 번 더 유용하게 쓸 수 있다.

에어로젤

1930년대에 미국 화학자인 Samuel Kistler는 젖은 실리카 젤을 건조하는 방법을 고안하였는데, 이는 마른 강둑의 진흙처럼 수축이나 균열을 유발시키지 않는 방법이었다. 그 당시에 이렇게 생산된 실리카 젤은 거의 관심을 끌지 못하였다. 더욱이 반응 과정에서 아주 높은 압력이 요구되었고, 어떤 실험실은 이 물질을 만드는 과정에서 폭발을 일으켜 파괴되기도 하였다. 약 70년이 지난 지금, 화학자들은 새롭고 더 안정한 합성 방법을 발견하였고, 이 과정에 의해 만들어진 일련의 화합물을 에어로젤(*aerogel*)이라고 한다. 기본적인 에어로젤은 많은 기공이 존재하는 이산화 규소이다. 즉, 에어로젤 덩어리의 99%는 공기로 구성된다. 그러므로 이 물질은 아주 낮은 밀도를 가지면서도 매우 강하다. 반투명의 이 고체는 뛰어난 단열재이므로 방화용 절연재로 유용하게 사용될 수 있다. 또한 에어로젤은 독특한 성질을 갖고 있다. 예를 들면, 소리는 다른 매개체보다 에어로젤을 통해서 더 느리게 전달된다. 현재, 화학자들은 다른 원소들과 결합할 수 있는 에어로젤을 개발하고 있는데, 이는 에어로젤의 특성을 변화시킬 수 있는 기술이다.

유리

유리는 비결정성 물질이다. 용융 유리는 냉각시키면 액체의 점도가 계속해서 증가하다가 마침내 고체화되는 온도에 도달하면 규칙적인 결정 구조를 갖지 못한 채 점도가 무한대로 커진다. 유리는 적어도 5,000년 동안 사용되어 온 물질이다. 연간 생산량을 정확하게

표 14.5 일반적인 유리의 대략적인 구성 성분

구성 성분	구성비(%)		
	소다-석회 유리	붕소규소산 유리	납 유리
SiO_2	73	81	60
CaO	11	–	–
PbO	–	–	24
Na_2O	13	5	1
K_2O	1	–	15
B_2O_3	–	11	–
기타	2	3	> 1

알기는 어렵지만, 약 1억 톤 정도가 될 것이다.

거의 모든 유리는 규산염 유리이며, 이산화 규소의 삼차원적 그물 구조를 하고 있다. 석영 유리는 순수한 이산화 규소를 2000°C 이상에서 가열하여 얻은 끈끈한 액체를 틀에 부어서 만든다. 이 생성물은 높은 강도와 낮은 열 팽창률을 가지며, 자외선을 잘 통과시킨다. 그러나 높은 녹는점 때문에 가정용 유리 그릇으로 사용하기에는 적당하지 않다.

다른 산화물을 섞어 주면 유리의 성질을 바꿀 수 있다. 일반적인 유리의 구성을 표 14.5에 나타내었다. 오늘날 사용되는 유리의 약 90%는 소다-석회 유리이다. 소다-석회 유리는 낮은 녹는점을 갖기 때문에 청량 음료수 병과 같은 용기로 만들기가 매우 쉽다. 화학 실험실에서는 가열을 하더라도 열적 충격으로 깨어지지 않는 유리 기구가 필요하다. 13.2절에서 논의했던 붕소규소산 유리가 이러한 목적에 사용된다. 납 유리는 높은 굴절률을 갖기 때문에 자른 유리면이 보석처럼 빛이 나며, 고급 유리 그릇에 사용된다. 납은 효과적인 복사선 흡수 물질이다. 그러므로 납 유리는 음극선 관 덮개와 같은 복사선 차단재로 사용되기도 한다.

14.15 규산염

지구 표면에 있는 암석의 95%는 규산염(silicate)이고, 엄청나게 많은 종류의 규산염 광석이 존재한다. 가장 간단한 규산염 이온은 SiO_4^{4-}의 화학식을 가지며, 보석인 지르콘($ZrSiO_4$)은 규산염 이온을 포함하고 있는 몇 안 되는 광석 중 하나이다. 규산염은 수백만 년 동안 비에 견디어 온 암석 중의 하나로서 대부분 매우 불용성이다. 일반적인 예외 중의 하나는 규산 소듐인데, 고체 이산화 규소를 용융 상태의 탄산 소듐과 반응시켜 만들 수 있다.

$$SiO_2(s) + 2\ Na_2CO_3(l) \xrightarrow{\Delta} Na_4SiO_4(s) + 2\ CO_2(g)$$

오쏘 규산 소듐의 농축된 용액을 물 유리(water glass)라고 하는데, 이 화합물은 규산염 음이온의 가수분해에 의해 생성되기 때문에 매우 강한 염기성을 띤다. 규산 소듐 용액은 '크리스탈 정원(crystal garden)'이라는 장난감을 만들 때 사용된다. 색이 있는 전이금속염의 결정을 첨가하면 적절한 불용성 규산염이 형성된다. 예를 들어, 염화 니켈(II)의 결정을 첨가하면 커다란 초록색 깃털 모양의 규산 니켈(II)을 얻을 수 있다.

$$2\ NiCl_2(s) + SiO_4^{4-}(aq) \rightarrow Ni_2SiO_4(s) + 2\ Cl^-(aq)$$

이러한 것 외에 규산염 화학은 다른 분야에서도 사용된다. 산소 원자들은 서로 다른 규소 원자들에 의해 공유될 수 있다. 이들 색다른 구조를 나타내기 위해서 규산염을 연구하는 화학자들은 분자 기하학적 모형에서 사용되었던 관습적인 방법과는 다른 방법으로 규산염 단위를 나타내었다. 이 방법은 규산염 이온 그 자체를 사용하여 설명할 수 있다. 대부분의 화학자들은 이온을 그림 14.17*a*와 같이 입체적으로 배열을 해서 옆에서 바라본다. 그러나 규산염 화학자들은 그림 14.17*b*와 같이 Si—O 결합의 축을 따라 보면서 규산염 이온을 아래로 내려다본다. 꼭짓점의 구는 3개의 산소 원자를 나타내고, 가운데 검은 점은 규소 원자를 나타낸다. 그리고 검은 점 주위의 원은 규소 위에 수직으로 존재하는 산소 원자를 나타낸다. 또한 공유 결합을 그리는 대신에 정사면체의 가장자리를 선으로 표시하고 있다.

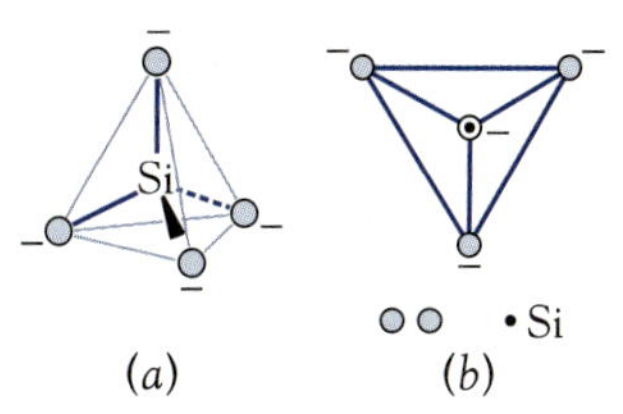

그림 14.17 규산염 이온의 사면체 구조 모형. (a) 관습적인 표현. (b) 규산염 화학자들의 표현

소량의 산을 오쏘 규산염 이온에 가하면 파이로규산염 이온(pyrosilicate ion, $Si_2O_7^{6-}$)이 생성된다.

$$2\ SiO_4^{4-}(aq) + 2\ H^+(aq) \rightarrow Si_2O_7^{6-}(aq) + H_2O(l)$$

파이로규산염 이온은 2개의 규산염 이온이 하나의 공유된 산소 원자에 의해 서로 연결되어 있다(그림 14.18). 파이로규산염 이온 그 자체는 그다지 중요하지 않다. 그러나 이 규산염 단위는 긴 사슬 구조를 형성할 수 있고, 이중 사슬 구조를 이루는 교차 결합을 할 수 있다.

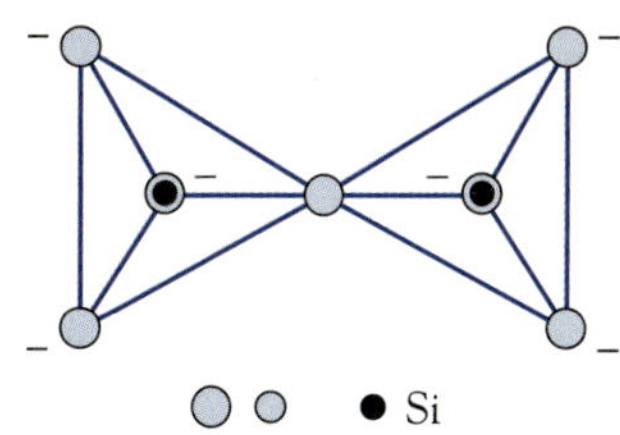

그림 14.18 파이로규산염 이온 ($Si_2O_7^{6-}$)

$Si_4O_{11}^{6-}$의 실험식을 갖는 중합체 구조는 이와 같은 양상으로 이루어져 있다(그림 14.19). 이중 사슬은 중요한 구조이고, **각섬석**(*amphiboles*)이라고 하는 일련의 광석들에서 나타난다. 이들 사슬 사이에 채워져 있는 양이온들을 보고 어떤 광물인지 알 수 있다. 예를 들어 $Na_2Fe_5(Si_4O_{11})_2(OH)_2$는 **청석면**(crocidolite 또는 *blue asbestos*)으로 알려진 광석이다.

이중 사슬의 규산염 단위는 측면으로 연결되어 실험식이 $Si_2O_5^{2-}$인 판형 구조가 될 수 있다(그림 14.20). 이러한 판형 규산염 중 하나가 **백석면**(chrysotile 또는 *white asbestos*)으로 알려진 $Mg_3(Si_2O_5)(OH)_4$이다. 규산염 이온과 수산화 이온의 층들이 교대로 쌓여 있고, 마그네슘 이온은 가능한 구멍에 들어가 있다. 석면은 수천 년 동안 사용되어 왔다. 예를 들면, 고대 그리스에서는 석면을 램프의 심지로 사용하였고, 1200년 전에 서로마

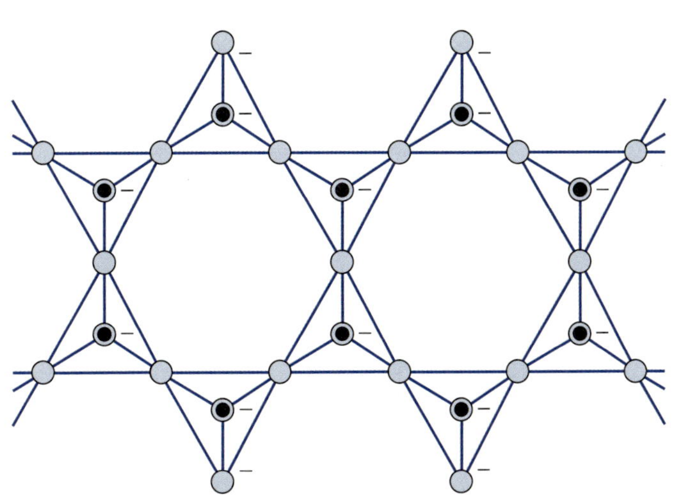

그림 14.19 $Si_4O_{11}^{6-}$의 반복되는 이중 사슬 구조

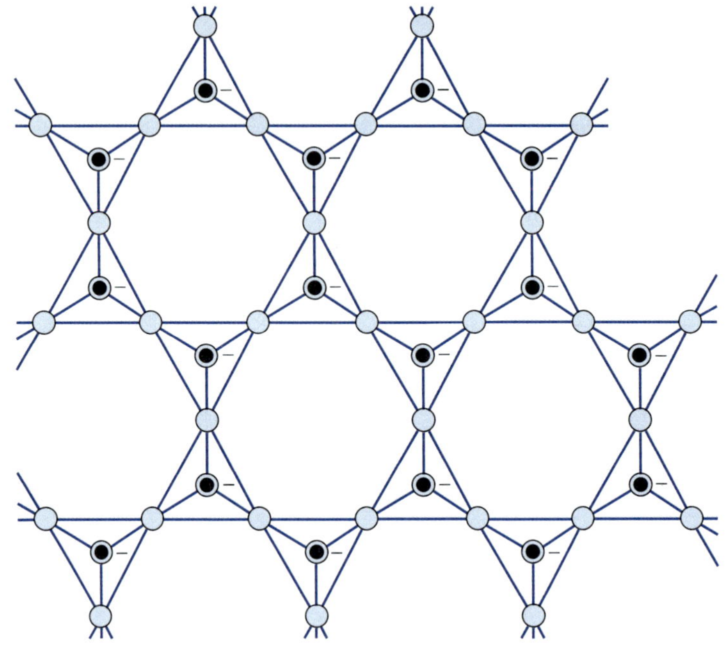

그림 14.20 판형 구조를 갖는 규산염 이온 $Si_2O_5^{2-}$

제국 황제였던 Charlemagne는 더러워진 석면 테이블보를 불속에 던져서 불에 타지 않고 깨끗하게 만들어 회수할 수 있는 것을 보여 줌으로써 손님들을 놀라게 하였다. 오늘날에는 석면 섬유가 폐에 박혀 건강에 해롭다는 사실이 알려졌기 때문에 석면의 사용은 빠른 속도로 감소하고 있다.

화학자가 아닌 일반 사람들은 이 섬유질의 광물질이 두 가지 형태로 존재하며, 서로 다른 화학적 구조와 유해성을 갖고 있음을 알지 못한다. 사실, 현재 사용되고 있는 석면 중 95%는 유해성이 낮은 백석면이고, 나머지 5% 정도만 아주 해로운 청석면이다. 석면은 매우 편리하고 값이 싼 내화성 물질이며, 3000여 가지가 넘는 석면 사용 제품을 대신할 무해성 재료를 발견하는 것은 화학자들에게 매우 힘든 과제였다. 사실, 석면은 아직도 자동차 제동장치의 내면 재료(lining), 엔진의 개스킷(gaskets), 그리고 포도주의 여과재와 같은 중요한 소모성 부품으로 많이 사용되고 있다.

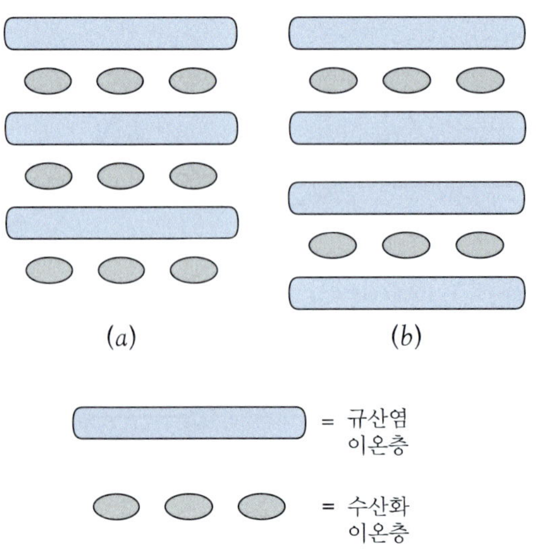

그림 14.21 (a) 백석면 (b) 활석의 판형 구조

구조에서의 작은 변화가 석면의 성질에 있어서 중요한 변화를 일으킬 수 있다는 사실은 아주 흥미로운 일이다. 규산 마그네슘과 수산화 마그네슘 층이 번갈아 가며 나타나는 대신에, 규산염 이온층들이 쌍을 이루고, 그 층 사이에 수산화 이온층이 끼어 들어가는 샌드위치 구조를 갖게 되면, 다른 화학식 $Mg_3(Si_2O_5)(OH)_2$를 갖는 **활석**(*talc*)을 얻게 된다(그림 14.21). 각각의 샌드위치 구조는 전기적으로 중성이기 때문에 흑연과 같이 잘 미끄러지는 성질을 가진다. 그러나 색깔은 흰색을 띤다. 활석은 전 세계적으로 약 8백만 톤 정도의 아주 많은 양이 사용되고 있다. 이들은 도자기, 고급 종이, 페인트, 화장품용 활석 가루 등에 사용된다.

14.16 알루미노규산염

언뜻 보기에 알루미늄은 금속이고, 규소는 준금속이므로 서로 공통점이 없을 것이라고 생각하기 쉽다. 하지만 많은 수의 광물 구조에서 규소 대신 알루미늄이 부분적으로 들어가는 경우가 있다. 이는 별로 놀랄 일은 아니다. 5.5절에서 보았듯이 알루미늄과 규소는 작은 크기의 양이온 격자 위치에 잘 맞는다. 물론 결합은 이온성으로 간주한다. 이들 화합물을 전하를 띤 고분자성 공유 결합 뭉치 화합물로 보아도 되는데, 양이온은 격자 틈새에 끼어 들어간다. 이 아이디어가 때로는 더 쓸모 있기도 하다.

실제로 알루미노규산염의 구조는 이산화 규소의 기본 구조에서 파생되었다. 이산화 규소는 SiO_4 단위가 꼭짓점에 있는 산소 원자에 의해 연결되어 있는 3차원 배열의 구조로 되어 있다. 이산화 규소 구조는 중성을 띤다. Si^{4+} 대신에 Al^{3+}로 치환되면 격자는 치환이 일어날 때마다 한 개의 음전하가 생긴다. 예를 들어, 규소 원자의 1/4을 알루미늄으로 치환하면 실험식이 $[AlSi_3O_8]^-$인 음이온이 생기고, 1/2을 치환하면 $[Al_2Si_2O_8]^{2-}$가 된다. 전하는 1족이나 2족의 양이온에 의해서 균형을 이루게 된다. 이런 특별한 종류의 광물들로 화강암의 주성분인 **장석**(*feldspar*)이 있다. 정장석(orthoclase), $K[AlSi_3O_8]$과 사장석(anothite), $Ca[Al_2Si_2O_8]$이 전형적인 예가 된다.

제올라이트

3차원적 알루미노규산염 구조를 갖는 화합물 중의 하나는 전체 그물망 구조에 걸쳐 열린 통로를 가지고 있다. 이러한 구조를 갖고 있는 화합물들을 **제올라이트**(*zeolite*)라고 하는데, 공업적 중요성이 급속도로 증가하고 있다. 자연계에는 많은 제올라이트가 존재하지만, 화학자들은 구조 전체에 걸쳐 적합한 공동을 갖는 제올라이트를 찾기 위해 엄청난 노력을 하고 있다.

제올라이트는 네 가지의 주요한 용도가 있다.

1. **제올라이트는 이온 교환제로 사용된다.** 소듐 이온 제올라이트 입자들로 채워진 관을 통해 경수(hard water, 칼슘과 마그네슘의 농도가 높은 물)를 통과시키면, 2족 양이온들은 소듐 이온을 밀어내게 된다. 이렇게 얻어진 연수(soft water)는 세척 목적으로 사용 시 세제의 사용을 줄일 수 있고, 비누를 사용할 때 고체 침전물(찌꺼기)을 적게 만든다. 양이온 자리들이 전부 교환된 후에는 관에 포화된 염 용액을 통과시켜서 알칼리 토금속 이온들이 밀려나오게 한다. 이 공정은 Le Châtelier 원

리를 이용한 것이다.

2. **제올라이트는 흡착제로 사용된다.** 제올라이트에 있는 구멍은 작은 공유 결합 분자들을 잡기에 적당한 크기이다. 그래서 제올라이트의 주요한 용도 중 한 가지는 유기 액체의 건조에 사용하는 것이다. 물 분자는 크기가 제올라이트의 공동에 알맞기 때문에 제올라이트 속에 흡착된다. 그러므로 제올라이트를 사용하면 유기 액체를 효과적으로 건조시킬 수 있다. 젖은 제올라이트를 강하게 가열하면 물 분자들을 제거할 수 있기 때문에 제올라이트는 다시 사용할 수 있다. 특정한 세공(pore) 크기를 갖는 제올라이트를 선택하면 특정한 분자를 제거하는 데 매우 적당한 방법이 될 수 있다. 이런 제올라이트를 **분자체**(*molecular sieves*)라고 한다. 예를 들면, $Na_{12}[(AlO_2)_{12}(SiO_2)_{12}] \cdot xH_2O$의 제올라이트는 지름이 400 pm인 세공을 가지며, 이 크기는 작은 분자들의 흡수에 적합하다. $Na_{86}[(AlO_2)_{86}(SiO_2)_{106}] \cdot xH_2O$는 지름이 800 pm인 세공을 가지므로 큰 분자를 흡착할 수 있다.

3. **제올라이트는 기체 분리에 사용될 수 있다.** 제올라이트는 매우 선택적으로 기체를 흡수한다. 특히 산소보다는 질소에 대한 선호도가 더 우세하다. 즉, 전형적인 제올라이트 1 L에는 약 5 L의 질소 기체가 들어간다. 제올라이트를 가열하면 이 기체는 방출된다. 질소에 대한 이런 선택적인 흡수성 때문에 제올라이트는 대기의 두 가지 주요 구성 성분을 싼 비용으로 분리하는 데 사용된다. 예를 들면, 하수 처리나 철강 산업에서는 산소가 풍부한 공기를 만드는 데 많은 비용을 들인다. 전통적으로 산소를 풍부하게 만드는 유일한 방법은 공기를 액화시킨 다음, 구성 성분들을 증류하는 것이었다. 오늘날에는 공기를 제올라이트층을 통해 순환시켜 구성 성분들을 낮은 비용으로 분리시킬 수 있다.

   제올라이트가 질소를 선택적으로 흡수하는 이유는 무엇인가? 질소와 산소 기체는 거의 같은 크기의 비극성 분자들이다. 이 질문에 답하기 위해서 전자보다는 원자핵을 살펴보아야 한다. 핵은 구형일 수도 있지만 타원형일 수도 있다. 질소-14의 핵은 럭비공처럼 타원형이며, 핵은 사중극자 모멘트(quadrupole moment)라고 알려진 불균일하게 분포된 핵전하를 갖게 된다. 산소-16의 핵은 구형이므로 사중극자 모멘트를 갖지 않는다. 제올라이트 공동의 내부는 아주 높은 전자 전하를 포함하고 있기 때문에 질소 분자 등과 같이 사중극자 모멘트를 갖는 핵을 끌어당기고 있다. 이러한 효과는 전자의 쌍극자 모멘트보다는 훨씬 더 작고, 화학적 성질의 관점에서 그다지 중요하지 않다.

4. **제올라이트는 아주 중요한 공업용 촉매이다.** 오늘날의 정유 공업에서는 제올라이트가 중요하게 사용된다. 유전으로부터 얻는 원유는 가공 없이 사용하기는 적합하지 않다. 이 원유는 많은 비율의 긴 사슬 분자를 포함하고 있는데, 우리가 필요로 하는 연료는 낮은 끓는점을 갖는 짧은 사슬 분자이다. 원유에 있는 긴 사슬 분자는 적합한 직선형 사슬 구조를 가진다. 이는 디젤 엔진에는 괜찮지만, 가솔린 엔진을 제대로 움직이려면 가지 달린 사슬 분자가 필요하다. 특정한 조건하에서 제올라이트 촉매는 직선 사슬 분자를 가지 달린 사슬 이성질체로 변환시킬 수 있다. 제올라이트 구조에서 공동은 분자 주형(template)으로 작용하여, 분자 구조가 공동 모양에 적합하게끔 재배열시키게 된다. 정유 공업 외에도 몇몇 공업적 유기 합성에서는 출발 물질을 아주 특정한 생성물로 변환시키기 위해서 제올라이트 촉매를 사용한다. 부산물이 생기지 않는 이러한 반응은 기존의 평범한 유기 화학에서는 찾아보기

힘들다. 실제로 원하지 않는 생성물을 만드는 부반응은 아주 흔하게 일어난다.

가장 중요한 촉매 중의 하나는 *ZSM-5*라 불리는 $Na_3[(AlO_2)_3(SiO_2)] \cdot xH_2O$이다. 이 화합물은 자연계에는 존재하지 않으며, Mobil Oil사의 연구진에 의해서 처음 합성되었다. 이 화합물은 자연적으로 생성된 대부분의 제올라이트보다 알루미늄의 비율이 더 높다. 그리고 촉매로서의 능력은 전하 밀도가 높은 알루미늄 이온에 결합된 물 분자의 높은 산성도 덕분이다. 실제로 ZSM-5에 있는 수소는 황산의 수소와 맞먹을 만큼 강한 Brønsted-Lowry 산으로 작용한다.

세라믹

세라믹(*ceramic*)은 고온 처리로 만들어지는 비금속 무기 화합물을 나타내는 말이다. 세라믹 재료의 성질은 화학적 조성뿐만 아니라 합성 조건에 따라 달라진다. 대개는 성분들을 갈아서 아주 작은 입자로 만들고, 이것을 물과 섞어서 반죽을 만든다. 그런 다음 이 반죽을 원하는 모양으로 만들어 약 900°C로 가열한다. 이 온도에서는 모든 물 분자가 제거되고, 수많은 고온 화학 반응이 일어난다. 특히 멀라이트(mullite, $Al_6Si_2O_{13}$)라고 하는 긴 바늘 모양의 결정이 형성된다. 이것은 세라믹 재료의 강도에 주된 기여를 하고 있다.

일반적인 용도의 세라믹은 석영과 2차원적 규산염인 점토, 그리고 3차원적 규산염인 장석을 섞어 만든다. 식기에 사용되는 세라믹은 약 45%의 점토, 20%의 장석, 35%의 석영으로 이루어져 있다. 반면에, 치과용 세라믹은 약 80%의 장석, 15%의 점토, 5%의 석영으로 만든다.

신소재를 찾기 위한 노력이 급증하면서 화합물 분류의 경계는 사라지고 있다. **유리질 세라믹**(*glassy ceramic*)은 비율을 정밀하게 조절하면서 결정을 키운 유리이다. 유리질 세라믹의 한 가지 예는 규소산 리튬 알루미늄 $Li_2Al_2Si_4O_{12}$이다. 이들 물질은 세공이 없고 열 충격에 아주 강한 저항력이 알려져 있다. 즉, 이들은 뜨거운 열로 가열하고 난 후 차가운 물에 담가도 균열이 생기지 않는다. 이 물질의 주요 용도는 요리 기구나 내열성이 요구되는 표면 처리에 사용된다. 많은 유리질 세라믹은 Corning 사에서 생산되고 있다.

예제 14.6

규산 마그네슘 알루미늄, $Mg_2Al_4Si_5O_x$은 유리질 세라믹의 다른 예이다. 산소의 개수를 정하시오.

해답

$$2\,[N_{ox}(\mathrm{Mg})] + 4\,[N_{ox}(\mathrm{Al})] + 5\,[N_{ox}(\mathrm{Si})] + x\,[N_{ox}(\mathrm{O})] = 0$$

일반적인 산화수를 갖는다고 가정하면 각 원소의 산화수는 다음과 같다. Mg = +2; Al = +3; Si = +4; O = −2.

$$2(+2)+4(+3)+5(+4)+x(-2) = 0$$
$$x(-2) = -36$$
$$x = 18$$

이 화합물의 화학식은 $Mg_2Al_4Si_5O_{18}$이다.

14.17 실리콘

실리콘(silicone)은 규소와 산소 원자가 번갈아 나타나는 사슬을 포함하고 있는 중합체이다. 정확한 표현은 **폴리실록세인**(*polysiloxane*)이며, 여기에 해당되는 많은 중합체들을 실리콘으로 통칭한다. 규소 원자에는 메틸기(CH_3) 같은 유기 작용기가 한 쌍씩 붙어 있다. 가장 간단한 실리콘의 구조를 그림 14.22에 나타내었으며, 반복되는 단위의 수 n은 매우 큰 값이다.

이 화합물을 합성하기 위해서는 300°C에서 클로로메테인, CH_3Cl을 구리-실리콘 합금 위로 통과시킨다. 그러면 $(CH_3)_2SiCl_2$를 포함하는 화합물들의 혼합물이 생성된다.

$$2\,CH_3Cl(g) + Si(s) \xrightarrow{\Delta} (CH_3)_2SiCl_2(l)$$

물을 첨가하면 가수분해가 일어난다.

$$(CH_3)_2SiCl_2(l) + 2\,H_2O(l) \rightarrow (CH_3)_2Si(OH)_2(l) + 2\,HCl(g)$$

그런 다음 물이 제거되면서 이 하이드록소 화합물은 중합체로 된다.

$$n\,(CH_3)_2Si(OH)_2(l) \rightarrow [-O-Si(CH_3)_2-]_n(l) + H_2O(l)$$

실리콘은 매우 다양한 용도로 사용된다. 액체 실리콘은 탄화수소 오일보다 더 안정하다. 또한 탄화수소 오일의 점도가 온도 변화에 따라서 크게 변하는 것과는 달리, 액체 실리콘의 점도는 온도의 영향을 크게 받지 않는다. 그러므로 실리콘은 윤활유나 수압식 제동 장치처럼 비활성 유체가 필요한 부분에 사용된다. 실리콘은 소수성이 아주 강하기 때문에 구두나 다른 제품의 방수 재료로 사용된다.

교차 결합된 사슬 구조를 도입하면 실리콘 고무를 만들 수 있다. 실리콘 오일처럼 이 고무도 고온과 화학 약품에 대해 큰 안정도를 나타낸다. 이 고무는 용도가 무척 많은데, 잠수용 호흡관이나 마스크 등과 같이 얼굴에 밀착되어야 하는 부분에 사용되며, 수액관과 같은 의료용 기구에도 사용된다. 실리콘 젤은 유방의 성형 수술 재료로도 사용되는데, 부작용으로 나쁜 평판을 얻었다. 실리콘 젤은 중합체의 용기에 밀봉되어 있을 때에는 해롭지 않다. 그러나 용기의 벽이 새거나 갈라졌을 때 큰 문제가 발생한다. 이 경우에 실리콘 젤은 주위의 피부 조직 속으로 확산될 수 있다. 사람의 몸은 중합체 분자를 분해 할 수 있는 메커니즘을 갖고 있지 않기 때문에, 실리콘의 화학적 비활성은 유용한 성질이 아니라 문제점으로 바뀐다. 많은 의학자들은 이물질인 젤 조각들이 면역 체계를 교란시켜 많은 의료 문제가 유발된다고 믿고 있다.

실리콘 중합체가 탄소를 바탕으로 한 중합체보다 유리한 것은 몇 가지 요인 덕분이다. 가장 중요한 요인은 결합의 세기 차이이다. 분자의 뼈대가 되는 규소-산소 결합은 유기

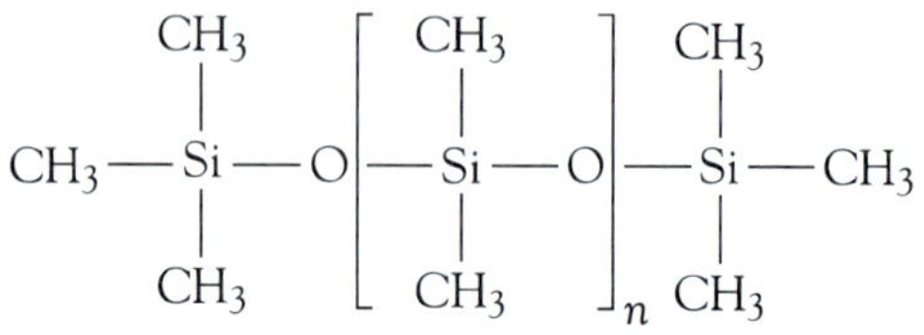

$$CH_3-\overset{\displaystyle CH_3}{\underset{\displaystyle CH_3}{Si}}-O\left[-\overset{\displaystyle CH_3}{\underset{\displaystyle CH_3}{Si}}-O-\right]_n\overset{\displaystyle CH_3}{\underset{\displaystyle CH_3}{Si}}-CH_3$$

그림 14.22 가장 간단한 실리콘, catena-poly-[(dimethylsilicon)-μ-oxo]의 구조. 반복되는 단위의 수 n은 아주 크다.

중합체에서의 탄소-탄소 결합보다 강하다(452 kJ · mol^{-1} 대 346 kJ · mol^{-1}을 비교해 보라). 그러므로 규소를 바탕으로 한 중합체는 높은 온도에서도 산화에 저항할 수 있다. 그래서 고온의 기름 중탕에는 항상 실리콘 오일을 사용한다. 사슬에서 산소 원자에는 치환체가 없으며, 결합각은 더 넓어진다(Si — O — Si은 143°이며, C — C — C는 109°이다). 그 결과 실리콘 중합체는 유연성이 훨씬 크다.

14.18 주석과 납

주석과 납은 +4와 +2의 두 가지 산화 상태로 존재한다. 9.8절에서 탈륨의 +1 산화 상태에 대해 설명했듯이, +2 산화 상태의 존재는 비활성쌍(inert pair) 효과로 설명할 수 있다. 이들 금속의 이온 형성은 드물게 나타난다. 금속이 +4 산화 상태를 가지는 주석과 납 화합물은 몇 가지 고체상의 화합물을 제외하고는 모두 공유 결합성이다.

주석은 +2 산화 상태를 가질 때에도 공유 결합을 형성한다. 고체상의 화합물에서만 이온 결합성이 존재한다. 반면에 납은 고체일 때나 용액 상태일 때나 2+ 이온으로 존재한다. 그림 14.23 Frost 도표에서 비교해 보면, 납의 +4 산화수는 아주 심하게 산화된 상태임을 알 수 있다. Pb^{2+}의 전하 밀도(32 C · mm^{-3})는 비교적 낮아서 이온 화합물을 만들지만, 이론적으로 4+ 이온의 전하 밀도(196 C · mm^{-3})는 너무 높아서 대부분의 음이온과 공유 결합을 형성한다. 예외인 경우는 편극성이 가장 작은 플루오린화 이온뿐이다.

주석

주석은 두 가지 일반적인 동소체를 형성한다. 즉, 13°C 이상에서 열역학적으로 안정하고 광택을 띠는 금속성 동소체와, 이 온도 이하에서도 안정하며 다이아몬드 구조를 갖는 회색의 비금속성 동소체이다. 낮은 온도에서는 회색 동소체의 미세결정으로 변화하는데, 처음에는 느리게 나타나지만 점차 빠르게 가속된다. 이 변화는 난방이 잘 되지 않는 박물관에서 중요한 문제가 된다. 즉, 이러한 곳에서는 아주 귀한 역사적 자료들이 한 줌의 주석 가루로 부서져 버릴 수 있다. 이 효과는 서로 접촉하고 있는 한 물체로부터 다른 물체로 퍼질 수 있는데, 이처럼 살아있는 것과 같은 행동 때문에 '주석 전염병' 또는 '박물관병'으로 불린다. 나폴레옹 군대의 군인들은 옷에 주석 단추를 달고 있었고, 주석을 요리 기구에 이용하였다. 어떤 사람들은 이들이 러시아를 침범했을 때 몹시 추운 날씨 때문에 단추, 접시, 요리용 팬 등이 부서져서 사기가 저하되었고, 이로 인하여 프랑스군은 결국

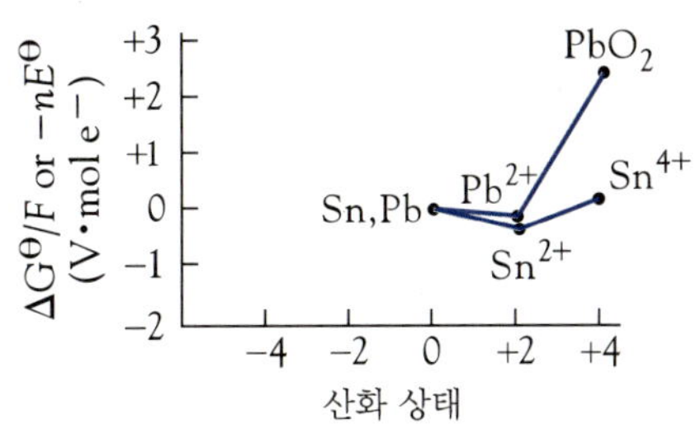

그림 14.23 주석과 납의 Frost 도표

패배하게 되었다고 말하기도 한다.

금속성과 비금속성 동소체가 모두 존재하기 때문에 주석은 금속과 비금속의 경계 또는 약한 금속으로 분류된다. 주석은 약한 금속성 외에도 양쪽성을 갖는 원소이다. 그러므로 산화 주석(II)은 산과 반응해서 공유 결합 주석(II)염을 만들고, 염기와 반응하면 주석산 이온 $[Sn(OH)_3]^-$을 만든다.

$$SnO(s) + 2\,HCl(aq) \rightarrow SnCl_2(aq) + H_2O(l)$$
$$SnO(s) + NaOH(aq) + H_2O(l) \rightarrow Na^+(aq) + [Sn(OH)_3]^-(aq)$$

산화 주석(IV), SnO_2는 안정한 산화물이며 도자기 산업에서 유약으로 사용된다. 매년 3500톤이 이 목적으로 쓰인다.

납

두 금속 중에서 경제적으로는 더 중요한 금속인 납은, 무르고 검은 회색빛과 높은 밀도를 갖는 고체인데, 거의 방연광(galena) 광석의 주성분인 황화 납(II) 형태로 발견된다. 금속 납을 얻기 위해, 먼저 황화 납(II)을 공기와 함께 가열한다. 그러면 황화 이온은 이산화 황으로 산화된다. 그런 다음 산화 납(II)을 코크스와 반응시키면 환원이 일어나 금속 납이 생긴다.

$$2\,PbS(s) + 3\,O_2(g) \xrightarrow{\Delta} 2\,PbO(s) + 2\,SO_2(g)$$
$$PbO(s) + C(s) \xrightarrow{\Delta} Pb(l) + CO(g)$$

납의 산화물

산화 납(II), PbO은 납의 안정한 산화물이다. 산화 납(II)은 두 가지 결정 형태로 존재하는데, 하나는 노란색의 마시코트(massicot)이고, 다른 것은 붉은색의 리사지(litharge)이다. 납의 혼합된 산화물, Pb_3O_4(연단, red lead)도 존재하는데, 이것은 화학적으로 $PbO_2 \cdot 2PbO$처럼 행동하기 때문에 계통적인 이름은 산화 납(II) 납(IV)이다. Pb_3O_4는 쇠나 강철의 표면에 녹방지용 코팅으로 많은 양이 사용되고 있다. 혼합된 금속 산화물인 산화 칼슘 납(IV), $CaPbO_3$는 강철 구조물을 바닷물로부터 보호하는 데 더 효과적이다. $CaPbO_3$의 페로브스카이트 구조는 5.6절에서 언급하였다.

초콜릿 색깔의 산화 납(IV), PbO_2는 아주 안정한 물질이며 강력한 산화제이다. 산화 납(II)의 소비량은 더 많으며, 연간 250,000톤에 이른다. 산화 납(II)은 납 유리와 납축 전지의 전극 표면을 만드는 데 사용된다. 납 축전지에서 전극은 산화 납(II)을 금속 납의 틀 속에 압착시켜 만든다. 환원 전극은 산화 납(II)을 산화 납(IV)으로 산화시켜서 만들고, 산화전극은 산화 납(II)을 금속 납으로 환원시켜서 만든다. 황산 전해질 속에서 산화 납(IV)이 불용성 황산 납(II)으로 환원되고, 금속 납이 다른 전극에서 황산 납(II)으로 산화되면서 전류가 흐르게 된다.

$$PbO_2(s) + 4\,H^+(aq) + SO_4^{2-}(aq) + 2\,e^- \rightarrow PbSO_4(s) + 2\,H_2O(l)$$
$$Pb(s) + SO_4^{2-}(aq) \rightarrow PbSO_4(s) + 2\,e^-$$

이들 두 반쪽 반응들은 가역적이다. 그러므로 전류를 역방향으로 흘려주면 전지를 재충전시킬 수 있다. 납 축전지에 버금가는 좋은 성능을 가지면서도 값이 싸고, 내구성이 있는 전지를 개발하기 위해 많은 연구가 진행되었지만 아직 이렇다 할 성과는 거두지 못하고 있다.

14.18절에서 살펴본 바와 같이, Pb^{4+} 이온은 극성이 너무 커서 수용액에서는 존재하기 힘들다. 원소의 가장 높은 산화수를 안정화시키는 데는 산화 이온이 가장 흔하게 사용되는데, 이러한 현상은 납에서 실제로 나타난다. 산화 납(IV)은 Pb^{4+} 이온이 높은 격자 에너지에 의해서 격자 속에 안정하게 자리잡고 있는 불용성 고체이다. 그럼에도 이 구조에 상당한 공유 결합성이 있다는 주장이 제기되기도 한다. 이 화합물에 질산과 같은 산을 가하면 즉시 납(II) 이온으로 환원이 일어나서 산소 기체가 발생된다.

$$2\,PbO_2(s) + 4\,HNO_3(aq) \rightarrow 2\,Pb(NO_3)_2(aq) + 2\,H_2O(l) + O_2(g)$$

낮은 온도에서 산화 납(IV)은 진한 염산과 이중 치환 반응이 진행되어 공유 결합 화합물인 염화 납(IV)을 만든다. 이 수용액을 따뜻하게 가열하면 불안정한 염화 납(IV)은 염화 납(II)과 염소 기체로 분해된다.

$$PbO_2(s) + 4\,HCl(aq) \rightarrow PbCl_4(aq) + 2\,H_2O(l)$$

$$PbCl_4(aq) \rightarrow PbCl_2(s) + Cl_2(g)$$

납의 할로젠화물

염화 납(IV)은 주석의 염화물과 마찬가지로 노란색의 기름이고, 습기가 존재할 때 분해되며, 가열하면 폭발한다. 브로민화 납(IV)과 아이오딘화 납(IV)은 존재하지 않는데, 그 이유는 두 할로젠 원소들의 산화 전위 정도면 납(IV)을 납(II)으로 환원시킬 만큼 충분하기 때문이다.

염화 납(II)의 염화물, 브로민화물, 아이오딘화물 등은 모두 물에 녹지 않는 불용성 고체이다. 무색인 납(II) 이온과 아이오딘화 이온 용액을 섞으면 밝은 노란색 결정체인 아이오딘화 납(II)이 형성된다.

$$Pb^{2+}(aq) + 2\,I^-(aq) \rightarrow PbI_2(s)$$

아이오딘화 이온을 더 첨가하면 침전물이 용해되어 테트라아이오도납산(II) [tetraiodoplumbate(II)] 이온이 만들어진다.

$$PbI_2(s) + 2\,I^-(aq) \rightleftharpoons [PbI_4]^{2-}(aq)$$

예제 14.7

산성 용액에서, 산화 납(IV)은 망가니즈(II) 이온을 과망가니즈산 이온으로 산화시킨다. 이 반응에 대한 균형 반응식을 쓰시오.

해답

골격 반쪽 반응부터 출발하자.

$$PbO_2(s) \rightarrow Pb^{2+}(aq)$$

$$Mn^{2+}(aq) \rightarrow [MnO_4]^-(aq)$$

일반적인 과정을 따르면 다음의 반쪽 반응을 얻는다.

$$PbO_2(s) + 4\,H^+(aq) + 2\,e^- \rightarrow Pb^{2+}(aq) + 2\,H_2O(l)$$
$$Mn^{2+}(aq) + 4\,H_2O(l) \rightarrow [MnO_4]^-(aq) + 8\,H^+(aq) + 5\,e^-$$

첫 번째 반쪽 반응에 5를 곱하고, 두 번째 반쪽 반응에 2를 곱한 후 서로 더하면 다음과 같은 식이 나온다.

$$5\,PbO_2(s) + 2\,Mn^{2+}(aq) + 4\,H^+(aq) \rightarrow 5\,Pb^{2+}(aq) + 2\,[MnO_4]^-(aq) + 2\,H_2O(l)$$

14.19 생물학적 특성

탄소 순환

지구상에는 많은 생물지구화학적 순환이 존재한다. 이 중에서 가장 규모가 큰 과정은 탄소 순환이다. 탄소 중 2×10^{16}톤이 탄산염, 석탄 및 석유로 지표에 갇혀 있다. 단지 2.5×10^{12}톤 정도만 이산화 탄소로 이용된다. 이 중에서 매년 약 15%가 광합성 과정에서 식물과 조류에 흡수된다. 광합성은 태양 에너지를 사용하여 슈크로스(sucrose) 같은 복잡한 분자를 만들어내는 과정을 말한다.

이 식물들을 동물과 인간이 섭취하게 되며, 저장된 화학 에너지의 일부는 이산화 탄소와 물로 분해되어 방출된다. 이 두 가지 생성물은 호흡을 통해 대기로 되돌아가게 된다. 그러나 식물 속에 축적된 대부분의 이산화 탄소는 식물이 죽어서 식물의 조직이 분해된 후에야 대기로 되돌아가게 된다. 땅속에 묻혀버린 식물의 조직은 흙을 부식시키거나 습지를 형성하게 된다. 탄소 순환은 화산 활동으로 분출된 엄청난 양의 이산화 탄소에 의해서도 부분적으로 균형을 이루게 된다.

금세기의 에너지 수요는 석탄기에 주로 형성된 석탄과 석유를 연소시켜 대처해 왔다. 이 연소로 자연의 순환 과정 외에 대기에 매년 약 2.5×10^{10}톤의 이산화 탄소를 방출하게 되었다. 그리하여 대기로 방출되는 이산화 탄소의 양은 매우 빠른 속도로 증가하고 있고, 많은 과학자들은 이러한 방출 속도가 지구의 흡수 메커니즘을 능가하게 될 것이라는 사실을 우려하고 있다. 이 문제를 해결하기 위하여 많은 연구가 진행되고 있다.

규소의 필수성

규소는 지각에서 두 번째로 풍부한 원소이다. 그럼에도 생물학적으로는 그 역할이 제한되어 있는데, 그것은 규소의 일반적인 형태인 이산화 규소나 규소산(silic acid), H_4SiO_4가 물에 잘 용해되지 않기 때문이다. 중성 pH 조건에서 규소산은 전하가 없다. 그리고 용해도는 약 2×10^{-3} mol · L^{-1}이다. 높은 pH에서는 폴리실릭산(polysilic acid)이 주종을 이루며, 그 다음으로는 이산화 규소의 수화물이 콜로이드 입자 형태로 많이 존재한다. 규소산의 용해도가 낮기는 하지만, 전 세계적으로 보면 그 양은 어마어마하다. 매년 2×10^{11}톤의 규소산이 바다로 들어간다. 계속해서 규소산이 바다 속으로 들어오는 덕분에 규조류(diatom)와 방산충류(radiolaria) 같은 해양 생물체들이 실리카(silica) 수화물로 외골격을 만들 수 있도록 해 준다.

좀 더 규모를 줄여서 살펴보자. 건조 상태일 때의 무게가 1 kg이 되기 위해, 식물은 약

600 L의 물을 흡수해야만 한다(따라서 식물은 약 0.15%의 규소로 되어 있다). 식물들은 잎이나 줄기를 뻣뻣하게 만들기 위해 실리카를 이용한다. 어떤 식물에서는 방어용으로 쓰이기도 한다. 먹이사슬로 더 넓혀서 생각해 보자. 초식동물들은 상당량의 실리카를 섭취한다. 대부분 배출하기는 하지만, 양은 하루에 30 g의 규소를 소모한다. 사람은 하루에 30 mg 정도 소모하는데, 60% 정도는 아침에 먹는 시리얼에서 충당하며, 20%는 물과 음료수에서 충당한다. 우리 몸에 생물학적으로 이용 가능한 것은 물에 용해된 규소산이다.

규소의 작용이 무엇인지 궁금할 것이다. 화학 연구에 의하면 규소산은 유기 분자에 결합하거나 반응하지 않는다. 그래서 어떤 중요한 생합성 과정에 규소산이 관여했을 것 같지는 않다. 답은 무기 화학 쪽에 있는 것 같다. 13.11절에서 배웠듯이 알루미늄은 주변 환경 여기저기에 존재하며 생물체에 대해 맹독성을 보인다. 알루미늄 이온으로 포화된 중성 용액에 규소산을 첨가하면, 알루미늄은 불용성의 수화된 알루미노규산염을 형성하며 침전한다.

어린 연어에 대한 연구에서 규소가 방어적인 역할을 하고 있다는 증거가 나왔다. 알루미늄이 들어 있는 물속에서 연어는 48시간 내에 죽는다. 하지만 알루미늄 이온과 규소산을 함께 넣어 준 물속에서 연어는 잘 자란다. 실제로 음식물에서 규소는 필수 요소로 인정받고 있는데, 그 이유는 우리가 먹는 식료품에 자연스레 존재하는 알루미늄의 독성을 저지하기 때문이다.

주석의 독성

원소와 간단한 무기 화합물들은 독성이 아주 낮지만 유기금속 화합물들은 매우 유독하다. 하이드록소트라이뷰틸주석, $(C_4H_9)_3SnOH$는 감자, 포도넝쿨, 벼 등과 같은 식물의 살균제로 사용된다. 유기주석 화합물은 오랫동안 선박용 페인트의 재료로 사용되었다. 이 화합물은 배에 부착되어 속도를 상당히 느려지게 만드는 만각류(barnacles: 따깨비류)와 같은 연체동물의 유충을 죽이게 된다. 그러나 유기주석 화합물은 서서히 주변의 물속으로 확산되므로, 특히 항구 주변에 살고 있는 다른 해양 생물들을 파괴하게 된다. 이러한 이유로 유기주석 화합물은 선박용 도료로는 더 이상 사용되지 않게 되었다.

납의 심각한 피해

납 중독에 관하여 걱정을 많이 하는 이유는 무엇인가? 대부분 원소들의 경우에 우리가 자연스럽게 접하게 되는 양은 독성 수준보다 훨씬 적은 양이다. 하지만 납의 경우는 다르다. 음식, 물, 공기로부터 섭취하게 되는 양은 거의 위험수준에 육박하고 있다. 납은 우리 생활 주변에 널리 퍼져 있다. 식물들은 흙에서 납을 흡수하고 물에는 납 화합물 흔적들이 녹아 있다.

우리 주변 환경에서 보는 것 이외에도, 인류는 그동안 역사적으로 납 생성물을 사용해 왔다. 염기성인 탄산 납, $Pb_3(CO_3)_2(OH)_2$는 쉽게 얻을 수 있는 흰색 물질이다. 그래서 최근까지도 페인트 염료로 사용되었으며, 많은 오래된 집들에서 납의 농도가 받아들이기 힘들 만큼 높은 양이 나오는 것은 벽과 천장에 납이 든 페인트를 사용했기 때문이다. 같은 물질이 여성들의 화장품에도 사용된다. 납 화합물을 생산하는 공장은 '하얀 공동묘지'로 알려져 왔다. 그런 공장에서 일한다는 것은 최후의 수단일 것이다. 그럼에도 불구하고 가족 중에 아프거나 죽어가거나, 남편이 게으르거나 술주정꾼이거나 이런 환경이 되면,

어떤 여성들에게는 실제로 사형 선고나 다를 바 없지만 어찌해 볼 방도가 없다.

흡수된 납의 95%는 뼈에 있는 칼슘과 치환된다. 이는 납(II) 이온이 칼슘 이온보다 크기만 약간 더 클 뿐이고, 전하는 비슷하기 때문이다. 따라서 몸에 납이 쌓이게 된다. 납의 반감기는 25년이기 때문에 뼈에 쌓이는 납 중독은 아주 오랫동안 문젯거리로 남는다. 납은 헤모글로빈 합성을 방해하여 빈혈의 원인이 된다. 높은 농도에서 신장에 이상이 생기고, 경련, 뇌손상, 그 다음은 죽음이 잇따라 일어난다. 신경계통에도 영향을 미친다는 강력한 증거가 있다. 최소 기준보다 많은 양의 납에 노출된 어린이들의 IQ가 감소한다는 보고도 있다. 폐해를 줄이기 위한 프로그램의 일환으로 옛날 공장 부지에 지어진 놀이터는 납 수준을 점검하고, 필요하면 폐쇄하거나 표면을 새로 포장한다.

14.20 원소 반응 경로도

경로도는 탄소 및 규소에 대해 나타내었다.

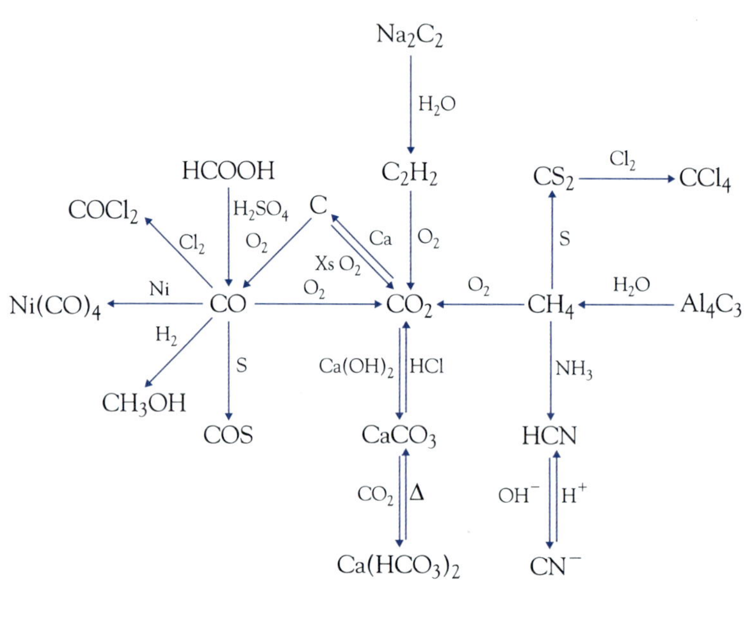

핵심개념

- 탄소는 사슬화할 수 있는 능력 덕분에 광범위하고 다양한 화학을 보여 준다.
- 카바이드는 3종류가 있다.
- 탄소의 두 가지 산화물은 서로 매우 다른 성질을 갖고 있다.
- 규산염(silicate)은 구조가 다양하다.
- 주석과 납은 약한 금속성을 보인다.

연습문제

14.1 다음 반응에 대한 균형 맞춘 반응식을 쓰시오.
(a) 고체 리튬 카바이드(2−)와 물의 반응
(b) 이산화 규소와 탄소의 반응
(c) 산화 구리(II)를 일산화 탄소와 함께 가열
(d) 수산화 칼슘 용액과 이산화 탄소의 반응(반응식 2개)
(e) 메테인과 용융 황의 반응
(f) 이산화 규소와 용융 탄산 소듐의 반응
(g) 산화 납(IV)과 진한 염산의 반응(반응식 2개)

14.2 다음 반응에 대한 균형 맞춘 반응식을 쓰시오.
(a) 고체 베릴륨 카바이드와 물의 반응
(b) 일산화 탄소와 염소 분자의 반응
(c) 뜨거운 마그네슘 금속과 이산화 탄소의 반응
(d) 고체 탄산 소듐과 염산의 반응
(e) 탄산 바륨의 가열
(f) 이황화 탄소와 염소 기체의 반응
(g) 산화 주석(II)과 염산의 반응

14.3 다음 용어를 정의하시오.
(a) 사슬화(catenation) (b) 에어로젤(aerogel)
(c) 세라믹(ceramic) (d) 실리콘(silicone)

14.4 다음 용어를 정의하시오.
(a) 유리(glass) (b) 분자체(molecular sieve)
(c) 유리질 세라믹(glassy ceramic) (d) 방연광(galena)

14.5 탄소의 세 가지 중요한 동소체인 다이아몬드, 흑연, C_{60}의 성질을 비교하시오.

14.6 다이아몬드가 다음과 같은 성질을 나타내는 이유를 설명하시오.
(a) 다이아몬드는 매우 높은 열전도성을 가지고 있다.
(b) 전통적인 방법으로 다이아몬드를 만들 때, 높은 압력과 온도가 필요하다.

14.7 흑연과 다이아몬드는 모든 용매에 녹지 않지만, 풀러렌은 많은 용매에 녹는 이유를 설명하시오.

14.8 규소에서는 사슬화가 일어나지 않지만 탄소에서는 흔히 일어나는 이유를 설명하시오.

14.9 세 가지 카바이드의 차이점을 비교하시오.

14.10 칼슘 카바이드(탄화 칼슘)는 밀도가 $2.22\ g \cdot cm^{-3}$이고, 염화 소듐 구조를 갖는다. 카바이드 이온이 구형이고, 칼슘의 이온 반지름이 114 pm라 가정하고 탄화 이온의 반지름을 계산하시오.

14.11 규소 카바이드의 공업적 합성에 사용된 반응에 대한 반응식을 쓰시오. 이 반응의 추진력은 엔탈피와 엔트로피 중 어느 것인가? 이 반응에 대한 $\Delta H^{\ominus}$와 $\Delta S^{\ominus}$를 계산하여 앞의 예측을 확인하고 2000°C에서의 $\Delta G^{\ominus}$를 계산하시오.

14.12 일산화 탄소와 금속으로 이루어진 화합물에서 Lewis 염기로 작용하는 것은 탄소 원자이다. 일산화 탄소 분자의 각 구성 원소에 대해 형식 전하를 조사하여 이를 설명하시오.

14.13 이산화 탄소의 생성 엔탈피는 음의 값을 가지는 반면에, 이황화 탄소는 양의 값을 갖는다. 결합 에너지 자료를 사용하여 엔탈피 도표를 만들고, 두 화합물의 값이 다른 이유를 설명하시오.

14.14 일산화 탄소와 이산화 탄소의 성질을 비교하시오.

14.15 이황화 탄소의 결합을 혼성 오비탈 이론을 사용하여 설명하시오.

14.16 부록 1의 $\Delta_f H^{\ominus}$와 $\Delta S^{\ominus}$의 자료를 사용하여 메테인의 연소가 자발적인 과정임을 증명하시오.

14.17 실레인이 공기와 접촉하면 자발적으로 연소가 일어나는데 비해, 메테인이 연소되려면 불꽃이 필요한 이유를 설명하시오.

14.18 과거에 CFC류가 아주 이상적인 냉각제로 사용되었던 이유를 설명하시오.

14.19 HFC-134a가 CFC-12의 좋은 대체 물질이 아닌 이유를 설명하시오.

14.20 HFC-134b의 화학식은 무엇인가?

14.21 메테인이 온실 효과를 일으키는 기체로서 특별한 관심을 끌게 된 이유를 설명하시오.

14.22 이산화 탄소와 이산화 규소의 성질을 비교하고, 결합 형태를 근거로 해서 차이점을 설명하시오. 그리고 두 산화물의 결합이 서로 다른 이유를 설명하시오.

14.23 CO_2^-는 자외선을 사용하여 만들 수 있다. 이산화 탄소 분자는 선형이지만 이 이온은 결합각이 약 127°인 V 형이다. Lewis 구조를 사용하여 이를 설명하시오. 이 이온에서 탄소-산소의 평균 결합 차수를 예측하고 이산화 탄소의 경우와 비교하시오.

14.24 대칭적인 사이안아마이드 이온 CN_2^{2-}에 대한 전자점 도표를 그리고, 이 이온에 대한 결합각을 예측하시오.

14.25 $:C(CN)_3^-$ 이온의 기하 구조는 삼각 평면이다. 세 가지 공명 구조 중의 한 가지를 그려서 가능한 전자 배열을 설명하고, 탄소-탄소에 대한 평균 결합 차수를 예측하시오.

14.26 유성 페인트에 사용되는 아름다운 청색 염료인 울트라마린의 화학식은 $Na_x[Al_6Si_6O_{24}]S_2$이며, 여기서 황은 이황화 이온, S_2^{2-} 형태로 존재한다. *x*값을 결정하시오.

14.27 청석면, $Na_2Fe_5(Si_4O_{11})_2(OH)_2$에서 2+와 3+의 전하를 갖는 철 이온은 각각 몇 개씩 존재하는가?

14.28 백석면(white asbestos)과 활석의 구조상 차이점은 무엇인가?

14.29 제올라이트의 주용도를 설명하시오.

14.30 제올라이트 내의 물은 강한 열에 의해서 제거된다. 제올라이트에 의한 물의 흡수는 흡열 과정과 발열 과정 중 어느 것인가?

14.31 실리콘 중합체를 유방 성형 수술에 사용할 때 문제가 되는 것은 무엇인가?

14.32 산화 주석과 산화 납 산화물의 성질을 비교하시오.

14.33 염화 주석(IV)과 기체 상의 염화 주석(II)에 대한 Lewis 구조를 그리시오.

14.34 플루오린화 납(IV)은 600°C에서 녹지만, 염화 납(IV)은 215°C에서 녹는다. 이들 화합물의 결합을 통해 이 현상을 설명하시오.

14.35 납 축전지의 환원 전극은 산화 납(II)을 산화 납(IV)으로 산화시켜서 만들고, 산화 전극은 산화 납(II)을 금속 납으로 환원시켜서 만든다. 이 두 과정을 나타내는 반쪽 반응식을 쓰시오.

14.36 $CaCS_3$가 가열되면 나올 수 있는 생성물을 예측하시오.

14.37 탄소가 포함되어 있으며 C_2^{2-} 이온과 등전자인 물질 2개의 화학식을 쓰시오.

14.38 C^{4-} 이온을 포함하고 있는 것처럼 보이는 카바이드가 두 가지 있다. 어떤 물질인가? 어떻게 관련되어 있는가?

14.39 무기 중합체 화학이 유기 중합체 화학보다 덜 발달된 이유를 설명하시오.

14.40 테트라에틸납의 등장과 왜 이 물질이 오늘날까지 휘발유에 사용되는지 설명하시오.

14.41 원소 반응 경로도의 각 반응에 대해 화학 반응식의 균형을 맞추시오.

응용문제

14.42 온라인 부록 9의 표준 환원 전위를 이용하여 아이오딘화 납(IV)이 수용액에서 열역학적으로 불안정함을 설명하시오.

14.43 고대 로마인들은 포도주에 단맛을 내기 위해 '납설탕(sugar of lead)' 이라는 수용성 납 화합물을 첨가하였다. 그 증거는 로마인들의 뼈를 조사한 결과 나왔다. 뼈 조직에 납 이온이 존재하게 된 이유를 설명하시오.

14.44 오늘날 환경문제에서 납 오염의 주된 원인은 무엇인가?

14.45 소다 유리는 뜨거운 물로 자주 씻으면 불투명하게 되고, 표면이 꺼칠꺼칠해지지만 순수한 실리카(SiO_2) 유리는 광택을 잃지 않는다. 그 이유를 설명하시오.

14.46 대기 중의 미량 기체인 황화 카보닐이 생성되는 과정 중의 하나는 이황화 탄소의 가수분해 반응이다. 이 반응에 대한 화학 반응식을 쓰시오. 물 분자가 이황화 탄소를 공격하는 과정을 설명하시오. 결합의 극성을 이용하여 물 분자가 이황화 탄소를 공격하는 반응의 전이 상태를 그리시오. 이 반응에 대해 가능한 중간 상태를 예측하고, 이러한 상태가 존재할 수 있는 이유를 설명하시오.

14.47 삼합체 규산염 이온 $Si_3O_9^{6-}$이 있다.

(a) 이 이온의 가능한 구조를 그리시오.

(b) 인은 전자수도 같고 구조도 같은 이온을 형성한다고 한다. 화학식을 쓰시오.

(c) 전자수도 같고 구조도 같으며, 전하는 중성인 화합물을 형성하는 원소도 있다. 화학식을 쓰시오.

14.48 아이소사이안산 메틸, H_3CNCO는 C − N − C의 굽은 결합을 갖지만 아이소사이안산 실릴, H_3SiNCO는 선형의 Si − N − C 결합을 갖는다. 이러한 차이에 대한 이유를 설명하시오.

14.49 다음 산에서 Lewis 산과 염기를 지적하고, 그 이유를 설명하시오.

$$Cl^-(aq) + SnCl_2(aq) \rightarrow SnCl_3^-(aq)$$

14.50 주석은 산이나 염기 모두와 반응한다. 묽은 질산에서 이 금속은 질산 주석(II)과 질산 암모늄의 용액으로 되지만, 진한 황산에서는 고체 황산 주석(II)과 기체 이산화 황으로 되고, 수산화 포타슘 용액에서는 헥사하이드록소주석산(IV) 포타슘, $K_2Sn(OH)_6$와 수소 기체가 된다. 이들 각 반응에 대한 알짜 이온 반응식의 균형을 맞추시오.

14.51 이산화 규소는 이산화 탄소보다 더 약한 산이다. Mg_2SiO_4와 같은 규산염 바위가 대기 중의 이산화 탄소로 인해 생기는 탄소산의 존재하에서 부분적으로 침식되는 과정을 나타내는 화학 반응식의 균형을 맞추시오.

14.52 수용액에서 알루미늄 이온과 탄산 이온을 섞으면 수산화 알루미늄의 침전이 생긴다. 알짜 이온 반응식을 이용하여 이 현상을 설명하시오.

14.53 고온에서 가연성 기체 (A)를 용융된 노란색 원소 (B)와 반응시키면, 화합물 (C)와 (D)가 된다. 화합물 (D)는 썩은 달걀 냄새를 낸다. 화합물 (C)는 옅은 녹색 기체인 (E)와 반응해서 최종 생성물로 화합물 (F)와 원소 (B)가 된다. 화합물 (F)는 (A)와 (E)를 직접 반응시켜 만들 수도 있다. 각 단계에 대해 화학 반응식의 균형을 맞추시오. 각 화학종이 무엇인지를 규명하시오.

14.54 규화 마그네슘, Mg_2Si는 하이드로늄 이온과 반응하여 마그네슘 이온과 반응성이 큰 기체 (X)를 만든다. 0.620 g의 기체 (X)는 25°C, 100 kPa에서 244 mL의 부피를 차지한다. 그리고 수산화 이온 수용액에서 0.730 L의 수소 기체와 1.200 g의 이산화 규소로 분해된다. (X)의 분자식은 무엇인가? (X)와 물 간의 반응에 대한 화학 반응식의 균형을 맞추시오.

14.55 염화 주석(IV)은 과량의 브로민화 에틸 마그네슘, $(C_2H_5)MgBr$과 반응하여 두 가지 생성물을 만드는데, 그중 한 가지는 액체 (Y)이다. 화합물 (Y)는 탄소, 수소, 주석으로만 이루어져 있다. 0.1935 g의 (Y)는 산화되어 0.1240 g의 산화 주석(IV)이 된다. 1.41 g의 (Y)를 0.52 g의 염화 주석(IV)과 함께 가열하면 1.93 g의 액체 (Z)가 된다. 0.2240 g의 (Z)를 질산 은 용액과 반응시키면 0.1332 g의 염화 은이 생긴다. 0.1865 g의 (Z)를 산화시키면 0.1164 g의 산화 주석(IV)이 된다. (Y)와 (Z)의 실험식을 예측하시오. (Y)와 염화 주석(IV)이 반응하여 (Z)를 생성하는 반응에 대한 화학 반응식의 균형을 맞추시오.

14.56 인산 알루미늄 $AlPO_4$의 고체 화합물은 석영과 비슷한 구조를 갖는다. 그 이유를 설명하시오.

14.57 80°C에서는 탄산 수소 칼슘의 분해가 일어남을 열역학적 계산을 통해 설명하시오.

$$CaCO_3(s) + CO_2(aq) + H_2O(l) \rightleftharpoons Ca(HCO_3)_2(aq)$$

14.58 실리콘의 원자량은 탄소보다 훨씬 더 크다. 그럼에도 불구하고 모이사나이트의 밀도는 다이아몬드보다 약간 작다. 그 이유를 설명하시오.

14.59 사산화 이탄소 1몰이 이산화 탄소 2몰로 바뀔 때, 형광체 염료 분자로 이동할 수 있는 가능한 에너지를 계산하시오. 결합 에너지를 이용하면 된다.

14.60 사산화 이탄소에서 각 탄소 원자의 산화수는 얼마인가?

15족 원소: 닉토젠

15장

이 족에는 성질이 전혀 다른 두 비금속 원소, 즉 반응성이 좋은 인과 반응성이 거의 없는 질소가 같은 족에 들어 있다. 족의 다른 원소 중에서 비소는 준금속이며, 가장 아래의 두 원소인 안티모니와 비스무트는 약간의 금속성 행동을 나타낸다.

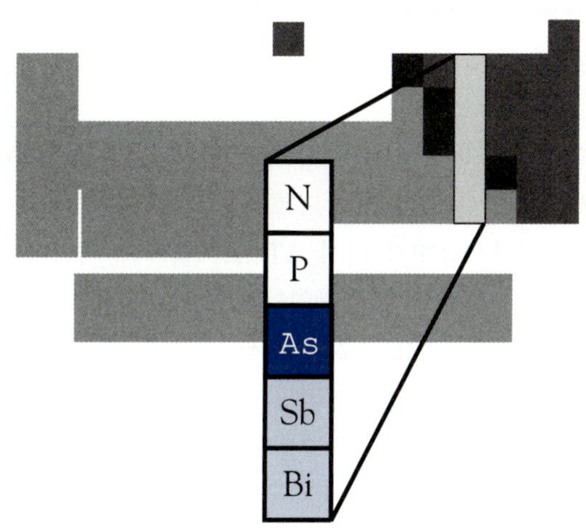

컨텍스트: 필수적인 인-산소 결합

살아있는 유기체는 에너지를 필요로 한다. 지구상의 생명체에서는 인-산소 결합이 에너지를 전달하는 역할을 하고 있다. 인-산소 결합이 없으면 우리가 알고 있는 생명체는 존재할 수 없게 될 것이다. 에너지는 아데노신 삼인산(ATP)으로부터 유도된다(아래 그림 참조).

ATP의 구조

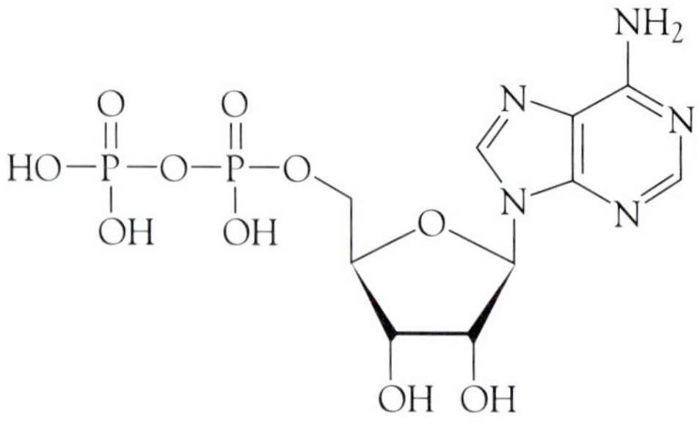

ADP의 구조

에너지 방출 과정은 ATP가 무기 인산을 방출하면서 아데노신 이인산(ADP)으로 가수분해되는 과정이다. 이 가수분해는 P — O 공유 결합(결합 에너지, 335 kJ · mol^{-1}; 15.2절 참조)이 끊어지고 O — H 결합(결합 에너지, 459 kJ · mol^{-1})이 생성되는 과정을 포함한다. 이 생성물의 추가적인 안정성은 인산의 다중 공명 구조 때문에 생기게 된다. 전형적인 혈액의 pH 조건에서 인산은 일수소 인산 이온, HPO_4^{2-}와 이수소 인산 이온, $H_2PO_4^-$의 혼합물 평형 상태로 존재한다(15.17절 참조). 혈액의 pH 완충 조건을 제공하는 것은 바로 이 평형이다.

전형적인 인체는 약 250 g의 ATP를 함유하고 있지만, 매일 체중만큼의 ATP를 소모하기도 하고 생성하기도 한다. 호흡, 발효, 광합성 등의 반응이 일어나는 동안 ATP는 이 방식으로 에너지를 방출한다. ADP가 다시 ATP로 변환되는 일반적인 방식은 두 가지가 있다. 식물, 또는 더 엄밀하게 말하자면 광영양체(phototroph, 빛의존균)는 이 목적을 위해 빛에너지를 사용한다. 다른 유기체(우리 자신)는 화학 요구체(chemotroph, 무기영양균)인데, 식료품의 산화를 통해 에너지를 얻는다. 에너지적으로 따져보면 역반응 경로가 가능한데, P — O 결합이 단일 결합임에도 불구하고 특이하게 강하기 때문이다. 따라서 외부 에너지가 필요하다. 즉, O — H 결합이 끊어지고 P — O 결합이 다시 생성되는 과정의 에너지 차이만큼 가시광선이나 탄수화물을 통해 에너지를 얻어야 한다. 이와 같은 방식으로 ATP와 ADP는 끊임없이 상호 변환된다.

15.1 족의 경향성

2005년에 IUPAC(International Union of Pure and Applied Chemistry)는 이 족의 이름을 닉토젠(pnictogen)으로 승인하였다. 원래 이름은 그리스어로 '숨 막힘'이라는 뜻을 가진 니코젠이었는데, *t*가 삽입되었다. 하지만 아직도 **니코젠**(*pnicogen*)이라는 이름을 사용하는 화학자도 많이 있다.

15족의 처음 두 원소인 질소와 인은 비금속이며, 나머지 세 원소, 즉 비소, 안티모니, 비스무트는 약간의 금속성을 지닌다. 과학자들은 사물을 분류하는 것을 좋아하지만, 이 족의 경우에는 비금속과 금속을 명확하게 분류할 수 있는 성질이 없기 때문에 그들의 노력은 실패로 끝났다. 여기서 우리가 살펴볼 수 있는 두 가지 특성은 원소의 전기적 저항과 산화물의 산-염기 특성이다(표 15.1).

질소와 인은 둘 다 전기의 부도체이며, 산성 산화물을 생성하므로 분명히 비금속으로 분류된다. 문제는 비소로부터 시작된다. 일반적인 비소의 동소체는 금속처럼 보이지만,

표 15.1 15족 원소의 성질

원소	표준 상태에서의 형태	전기 저항 ($\mu\Omega \cdot$ cm)	산화물의 산-염기 성질
질소	무색의 기체	–	산성 및 중성
인	흰색의 왁스형 고체	10^{17}	산성
비소	부서지기 쉬운 금속성 고체	33	양쪽성
안티모니	부서지기 쉬운 금속성 고체	42	양쪽성
비스무트	부서지기 쉬운 금속성 고체	120	염기성

표 15.2 15족 원소의 녹는점과 끓는점

원소	녹는점(°C)	끓는점(°C)
N_2	−210	−196
P_4	44	281
As	615°C에서 승화	
Sb	631	1387
Bi	271	1564

승화시킨 후 다시 고체로 응축시키면 노란색 가루인 두 번째 동소체가 얻어진다. 비소는 금속처럼 보이는 것과 비금속처럼 보이는 두 가지 동소체를 가지며, 모두 양쪽성 산화물을 형성하기 때문에 준금속으로 분류할 수도 있다. 그러나 비소의 화학은 많은 경우에서 인과 비슷하므로 비금속으로 생각하는 것이 좋을 것 같다.

안티모니와 비스무트는 비소처럼 금속과 비금속의 경계에 있는 원소들이다. 전기 저항은 알루미늄(2.8 $\mu\Omega \cdot$ cm) 등의 실제 금속보다 훨씬 높을 뿐만 아니라 납(22 $\mu\Omega \cdot$ cm)과 같이 금속성이 약한 금속보다도 더 높다. 그러나 일반적으로 이 두 원소는 금속의 범주에 속한다. 경계에 속하는 이 세 원소는 거의 모든 경우에 공유 결합 화합물을 형성한다.

금속과 준금속을 구분 지으려 할 때는 어떤 다른 것보다도 녹는점과 끓는점이 좋은 지표가 된다. 15족에서 족의 아래로 내려가면서 녹는점과 끓는점은 증가하지만, 예외적으로 안티모니에서 비스무트로 가는 경우에는 약간 감소한다(표 15.2). 알칼리 금속에서 이미 언급한 바와 같이, 족의 아래로 가면서 금속의 녹는점은 감소하지만, 비금속의 경우는 오히려 증가한다(비금속의 이러한 경향은 할로젠족에서 명확하게 나타난다). 따라서 표 15.2에 나타낸 증가와 감소의 경향성으로부터 15족의 가벼운 원소는 전형적인 비금속의 경향을 따르다가, 비스무트에서 금속성의 경향을 나타냄을 알 수 있다.

15.2 질소와 인 화학의 비교

질소와 인은 주기율표에서는 이웃에 있지만, 산화-환원의 경향성은 아주 다르다(그림 15.1). 높은 산화 상태의 질소는 산성 용액에서 강한 산화력을 가지지만, 인의 경우는 상당히 안정하다. 실제로 가장 높은 산화 상태에 있는 인은 열역학적으로 가장 안정하며, 가장 낮은 산화 상태에 있을 때 가장 불안정한데, 이것은 질소의 화학과 상반되는 것이다.

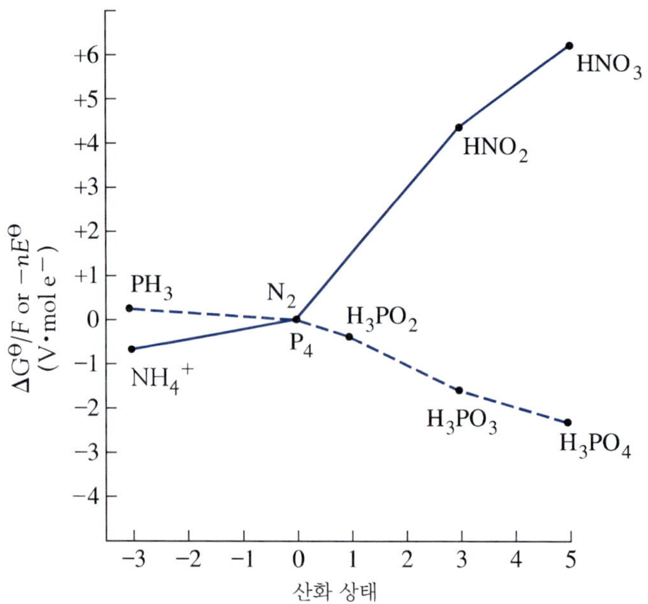

그림 15.1 산성 용액에서 인과 질소의 산화 상태의 안정도를 비교해 주는 Frost 도표

이질소의 열역학적 안정성

결합 에너지를 살펴보면 두 원소에 대해 다른 화학종이 선호되는 이유를 알 수 있다. 질소 분자, N_2는 원소에 대해 안정한 형태이며, 화학 반응에서 질소를 포함하는 화합물로부터 생성되는 일상적인 생성물이다. 이것은 대부분 질소-질소 삼중 결합이 단일(또는 이중) 결합에 비해 매우 높은 세기를 갖기 때문에(표 15.3) 나타나는 현상이다. 인의 경우 단일과 삼중 결합 에너지 간의 차이는 훨씬 더 작다. 그러므로 원소 인은 인 원자에 단일 결합으로 결합된 형태를 포함하게 된다. 즉, 강한 인-산소 단일 결합이 인 화학의 우세한 특징이 되게 된다. 예를 들면, 아래에서 보게 되는 것처럼 원소 질소는 산화에 매우 안정하지만, 원소 인은 산소와 격렬하게 반응하여 산화물을 생성한다.

질소-질소 삼중 결합의 에너지는 탄소-탄소 삼중 결합보다 더 크다(표 15.4). 이와는 대조적으로 두 질소 원자 간의 단일 결합은 탄소-탄소 단일 결합보다 훨씬 더 약하다. 질소의 화학에서 반응을 통해 이질소 분자가 생성되는 것이 탄소의 화학에서 볼 수 있는

표 15.3 질소와 인의 대략적인 결합 에너지 비교

질소 결합	결합 에너지 (kJ·mol^{-1})	인 결합	결합 에너지 (kJ·mol^{-1})
N−N	247	P−P	200
N≡N	942	P≡P	481
N−O	210	P−O	335

표 15.4 질소와 탄소의 결합 에너지 비교

질소 결합	결합 에너지 (kJ·mol^{-1})	탄소 결합	결합 에너지 (kJ·mol^{-1})
N−N	247	C−C	346
N≡N	942	C≡C	835

것처럼 질소-질소 단일 결합 사슬보다 더 선호되는 이유는 바로 이 단일 결합과 삼중 결합 세기의 차이(695 $kJ \cdot mol^{-1}$)이다. 더욱이 질소 분자는 기체이므로 화학 반응에서 이원자 분자를 형성하는 것이 엔트로피 면에서도 유리하다.

질소와 탄소의 차이는 하이드라진, N_2H_4와 에텐, C_2H_4의 연소 반응에서도 나타난다. 질소 화합물은 연소되어 질소의 이원자 분자를 생성하지만, 탄소 화합물은 이산화 탄소를 만든다.

$$N_2H_4(g) + O_2(g) \rightarrow N_2(g) + 2\,H_2O(g)$$
$$C_2H_4(g) + 3\,O_2(g) \rightarrow 2\,CO_2(g) + 2\,H_2O(g)$$

이상하게도 15족과 16족의 경우에는 족에서 두 번째 원소들인 인과 황도 사슬화를 일으킨다.

질소의 결합 한계

질소는 트라이플루오린화물, NF_3만을 형성하지만 인은 두 가지의 플루오린화물, 즉 펜타플루오린화물, PF_5와 트라이플루오린화물, PF_3를 형성한다. 질소 원자는 너무 작아서 주위에 3개 이상의 플루오린 원자를 가질 수 없지만, 이 족의 아래에 위치하는 구성 원소들은 5개 또는 6개의 원자들과 결합할 수 있다. 펜타플루오린화 인과 같은 이들 분자는 중심 원자가 옥테트 규칙을 초과하기 때문에, **옥테트초과 화합물**(*hypervalent compound*)이라고도 한다. 이들 화합물에 대한 결합 모형에서는 결합에 인의 3d 오비탈이 중요한 역할을 하고 있다고 가정한다. 현재까지의 연구를 통해 d 오비탈의 역할은 이전까지 가정했던 것보다는 많이 줄어들었다. 결합에 대한 분자 오비탈 해석에 따르면 d 오비탈이 관여하지 않더라도 10개 또는 12개의 원자가 전자가가 아주 쉽게 존재할 수 있다. 그러나 아직도 많은 화학자들은 옥테트초과 화합물의 결합을 d 오비탈이 관여하기 때문인 것으로 설명하고 있다.

질소와 인의 결합 양식이 다른 또 다른 예는 NF_3O와 PF_3O이다. 전자의 질소-산소 결합은 약하지만, 후자의 인-산소 결합은 상당히 강하다. 질소 화합물의 경우 질소의 sp^3 혼성 오비탈에 있는 고립 전자쌍을 산소의 p 오비탈에 주는 배위 공유 결합 방식으로 산소가 질소에 결합이 되어 있다(그림 15.2*a*). 결합 에너지를 살펴보면 인-산소 결합은 어느 정도의 이중 결합성을 갖는다(그림 15.2*b*). 그러나 이 결합은 두 가지 공명 구조 때문에 생기는데, 그 중 한 가지는 단일 결합을 가지고, 다른 한 가지는 삼중 결합을 갖는 것임이 이론적인 연구를 통해 입증되고 있다(그림 15.2*c*).

질소와 인의 전기 음성도 차이

질소는 15족의 다른 원소보다 더 높은 전기 음성도를 가지고 있다. 결과적으로 질소 화

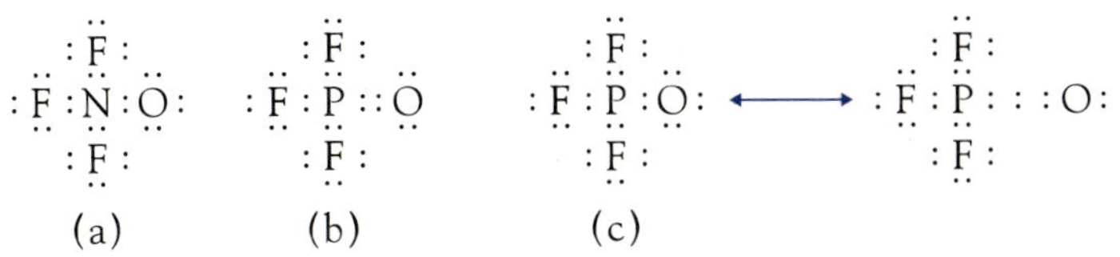

:F:N:O: (a)　:F:P::O (b)　:F:P:O: ⟷ :F:P:::O: (c)

그림 15.2 (a) NF_3O와 (b) PF_3O (c) PF_3O의 두 가지 공명 구조에 대한 전자-점 표현

합물에서의 결합의 극성은 인이나 같은 족의 무거운 원소의 화합물의 결합 극성과는 반대로 나타난다. 예를 들면, N－Cl과 P－Cl 결합은 극성이 다르기 때문에 삼염화물의 가수분해 반응의 생성물이 다르다.

$$NCl_3(l) + 3\,H_2O(l) \rightarrow NH_3(g) + HClO(aq)$$
$$PCl_3(l) + 3\,H_2O(l) \rightarrow H_3PO_3(aq) + 3\,HCl(aq)$$

질소-수소 공유 결합은 극성이 매우 크기 때문에 암모니아는 염기성이며, 15족의 다른 원소의 수소화물(포스핀, PH_3; 아르신, AsH_3; 스티빈, SbH_3)은 본질적으로 중성이다.

15.3 질소 화학의 개요

질소의 화학은 복잡하다. 개요를 살펴보기 위해 그림 15.3의 산화 상태를 고려해 보자. 첫 번째로 알 수 있는 것은 질소가 +5에서 −3까지의 산화 상태를 갖는다는 것이다. 두 번째로는 산성과 염기성 조건에서 아주 다르게 행동하므로, 각 산화 상태의 안정도는 pH에 의존한다는 것을 알 수 있다.

질소의 화학에 대한 몇 가지 특징을 살펴보자.

1. Frost 도표에서 질소 분자는 오목 곡선의 최소점에 위치하고 있다. 따라서 질소 분자는 열역학적으로 안정한 화학종이다. 산성 용액에서 암모늄 이온, NH_4^+는 더 낮은 자유 에너지 값을 갖는다. 따라서 강환 환원제가 있으면 질소 분자를 암모늄 이온으로 환원시킬 수 있을 것으로 기대된다. 그러나 도표에서 반응 속도론적인 사실에 대해 알 수 있는 것은 하나도 없으며, 실제로 위 과정은 반응 속도가 매우 느리다.
2. 도표에서 N_2 왼쪽의 높은 곳에 있는 화학종은 강하게 산화되어 있는 상태이다. 따라서 질산, HNO_3은 매우 강한 산화제이고, 질산의 짝염기인 질산 이온, NO_3^-은 산화력이 약하다.
3. 도표의 오른쪽 높은 곳에 있는 화학종은 강한 환원제이다. 따라서 염기성 용액에서 하이드록실아민, NH_2OH; 하이드라진, N_2H_4; 암모니아, NH_3는 다른 물질을 환원시키려는 경향을 갖는다.
4. 하이드록실아민과 그의 짝산인 하이드록실암모늄 이온, NH_3OH^+은 도표에서 볼록 곡선의 꼭대기에 있기 때문에 둘 다 불균등화 반응을 쉽게 일으킨다. 실험적으로

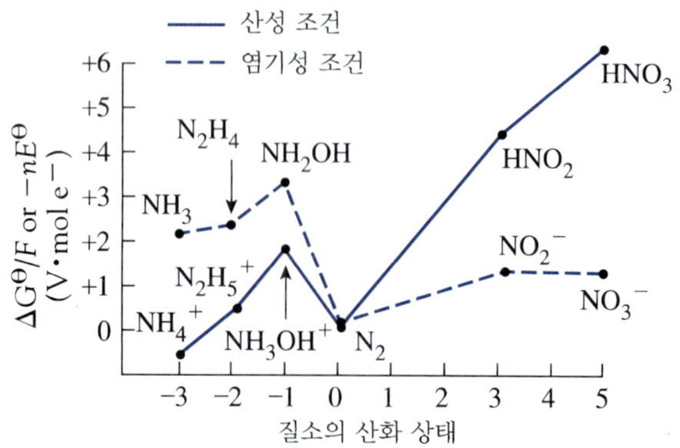

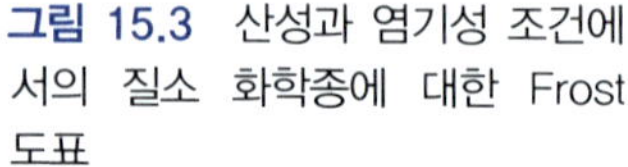
그림 15.3 산성과 염기성 조건에서의 질소 화학종에 대한 Frost 도표

최초의 이질소 화합물

앞에서 언급한 바와 같이 질소 분자는 반응성이 매우 작기는 하지만, 이 말이 전적으로 반응성이 없다는 것을 의미하는 것은 아니다. 14.6절에서 일산화 탄소는 금속과 결합할 수 있다고 하였다(22장에서 더 자세히 논의함). 질소 분자는 극성이 없고 일산화 탄소는 극성이 있다는 중요한 차이는 있지만, 질소 분자는 일산화 탄소와 전자수가 같은 등전자 구조이다. 그러므로 질소 분자가 일산화 탄소와 등전자 화학종이라는 개념은 이 분자가 화합물을 형성할 수 있다는 가능성을 기대할 수 있게 한다.

1964년 캐나다 Toronto 대학의 화학과 학생인 Caesar Senoff는 루테늄의 화합물에 대해서 연구하고 있었다. 그는 조성을 설명할 수 없는 갈색의 화합물을 합성하였다. 1965년 5월 그는 다른 화학자와의 토론 중에 일산화 탄소-금속의 결합과 유사한 방법으로, 질소 분자가 금속에 결합한다는 사실로 이 화합물을 설명할 수 있음을 깨달았다. 그는 흥분하여 아주 의심이 많은 그의 지도교수인 Bert Allen에게 이야기하였다. 몇 달 후에 Allen은 결국 잡지에 발표하는 데 동의하였다. 그러나 그의 논문은 게재가 기각되었는데, 이것은 이미 받아들여진 사실과 모순이 될 때 흔히 일어나는 일이다. Allen과 Senoff는 즉각 심사에 이의를 제기하였고, 이의를 제기한 논문은 16명의 다른 화학자에게 심사와 게재 허가 여부를 묻기 위해 보내졌다. 결국 이 논문은 학술 잡지에 게재가 되었고, 무기 화학의 세계는 다시 한 번 변혁을 맛보게 되었다.

그때부터 질소 분자를 포함하는 전이 금속 화합물이 널리 알려지게 되었고, 그중의 어떤 것은 금속 화합물의 용액에 단순히 질소 기체를 통과시키기만 하여도 얻을 수가 있다(그 결과로 화학자들은 반응의 비반응성 분위기로 항상 질소를 쓰지는 않게 되었다). 이러한 화합물 중의 일부는 질소 분자를 암모니아로 바꿀 때 토양의 박테리아에서 생기는 것과 유사하므로 흥미를 끌게 되었다. 그러나 이러한 화합물들이 무기 화학자들에게 '불가능하다'라는 말을 하지 않게끔 교훈을 주기는 했지만, 실생활에 아주 유용한 화합물이 된 것은 아니다.

두 화학종들이 불균등화 반응을 일으키는 것이 관찰되기는 하였지만, 항상 자유 에너지가 많이 감소하는 이러한 생성물이 생기는 것은 아니며, 오히려 생성물은 반응 속도론적 요인에 의해 결정된다. 하이드록실아민은 불균등화 반응을 일으켜 질소 분자와 암모니아를 생성하지만, 하이드록실암모늄 이온은 산화 이질소와 암모늄 이온을 만든다.

$$3\,NH_2OH(aq) \rightarrow N_2(g) + NH_3(aq) + 3\,H_2O(l)$$
$$4\,NH_3OH^+(aq) \rightarrow N_2O(g) + 2\,NH_4^+(aq) + 2\,H^+(aq) + 3\,H_2O(l)$$

15.4 질소

질소의 유일한 동소체는 무색 무취의 질소 분자이다. 질소 분자는 대기 성분의 78%를 차지한다. 나중에 논의될 질소의 순환에 대한 역할을 차치하고라도, 질소 분자는 대기 중에 있는 산소 분자의 큰 반응성을 줄여 주는 희석제로서 매우 중요한 역할을 한다. 질소 분자가 없다면 조그만 불티라도 심각한 화재를 일으킬 것이다. 1967년에 아폴로 우주선에 탑승했던 Grissom, White, Chaffee의 비극적인 죽음은 선실에 순수한 산소만을 사용했기 때문에 일어난 재앙이다(이 이후로는 순수한 산소만을 사용하지 않는다). 우연한 전기 불티 때문에 우주선 내는 수초 만에 지옥처럼 변해 버렸고, 탑승자 전원이 사망하였다.

다른 대부분의 기체처럼 질소 분자는 물에 그다지 많이 녹지는 않지만 압력이 증가하면 용해도는 급격히 증가한다. 이에 따른 문제는 심해 잠수부에게는 심각한 것이다. 잠수할 때 질소가 혈액에 녹아들어 가고, 다시 수면 위로 떠오를 때 압력이 감소하면서 녹았던 질소 분자가 다시 용액 밖으로 빠져 나오는데, 이때 특히 관절 부분의 혈관에는 아주 미세한 기포가 생긴다. 이로 인해 심한 고통을 느끼게 되며 때로는 생명을 잃을 수도 있는데[벤즈(bends)라고 함], 이 문제를 예방하려면 아주 느린 속도로 수면 위로 올라와야 한다. 위급 상황에서는 잠수부를 압력을 높여 놓은 감압실에 넣은 후, 수 시간 또는 며칠 동안 서서히 압력을 줄여 준다. 요즈음에는 이러한 잠수병을 예방하기 위해 잠수할 때에 산소-헬륨의 혼합 기체를 사용하는데, 이것은 헬륨의 혈액에 대한 용해도가 질소 분자보다 훨씬 낮기 때문이다.

산업적으로 질소 분자는 공기를 액화시킨 후에 서서히 온도를 높여서 얻는다. 질소는 −196°C에서 끓기 때문에 끓는점이 −183°C인 산소 분자는 액체 상태로 남는다. 14.16절에서 설명한 바와 같이 작은 양의 질소 분자는 제올라이트를 사용하여 대기 중에서 분리해 낼 수 있다. 실험실에서는 아질산 암모늄 용액을 천천히 가열하여 질소를 얻는다.

$$NH_4NO_2(aq) \rightarrow N_2(g) + 2\,H_2O(l)$$

질소 분자는 타지 않으며 조연제로도 작용하지 않는다. 또한 질소 분자는 거의 모든 원소나 화합물에 대한 반응성이 거의 없다. 따라서 질소 분자는 반응성이 큰 화합물을 취급하거나, 저장할 때 비반응성의 분위기를 만들 목적으로 사용된다. 전 세계적으로 연간 6천만 톤의 질소가 사용된다. 그중의 많은 양이 철강 제조 공정과 정유 공장에서 가연성의 탄화수소를 관과 반응 용기로부터 옮길 때 사용된다. 급속한 냉각이 필요할 때에는 안전한 냉매로 액체 질소가 사용되기도 한다. 또한 상당히 많은 양의 질소는 암모니아와 질소 함유 화합물을 제조하는 데 사용된다.

질소 분자가 반응물로 작용하는 몇 가지 반응이 있다. 예를 들면, N^{3-} 이온을 포함하는 이온 결합 질화물을 만들기 위해 2족 금속 및 리튬과 가열 시의 질소의 조합이다.

$$6\,Li(s) + N_2(g) \rightarrow 2\,Li_3N(s)$$

질소 분자와 산소 분자의 혼합물을 불꽃 방전시키면 이산화 질소가 생성된다.

$$N_2(g) + 2\,O_2(g) \rightleftharpoons 2\,NO_2(g)$$

번개가 칠 때에는 위와 같은 반응이 큰 규모로 일어나서, 생물권에 생화학적으로 유용한 질소를 공급한다. 그러나 가솔린 엔진의 높은 압력과 스파크에 의해서도 위의 반응이 일어난다. 그래서 도시 지역에서는 이산화 질소의 양이 지역적으로 높아져서, 도시의 대기 오염의 주성분이 되기도 한다. 이 반응의 평형은 크게 왼쪽으로 치우쳐 있다. 즉, 이산화 질소의 생성 자유 에너지가 양의 값을 갖는다. 그럼에도 불구하고 이산화 질소가 대기 중에 계속 존재할 수 있는 이유는 분해 속도가 아주 느리기 때문이다. 즉, 이산화 질소는 반응 속도론적으로 안정하다. 자동차의 촉매 변환 장치의 한 가지 역할은 이산화 질소의 분해 속도를 가속시키는 것이다.

마지막으로 질소 분자는 수소와 평형 반응을 일으키는데, 반응의 활성화 에너지(동시에 4개의 분자가 충돌해야 하므로 반응이 한 단계로 일어날 수 없다)가 커서 보통의 조건에서는 반응이 거의 일어나지 않는다.

$$N_2(g) + 3\,H_2(g) \rightleftharpoons 2\,NH_3(g)$$

이 반응에 대해서는 15.5절에서 더 상세하게 논의될 것이다.

15.5 질소의 수소화물

질소의 가장 중요한 수소화물은 암모니아를 들 수 있고, 이외에도 하이드라진, N_2H_4와 아자이드화 수소, HN_3를 들 수 있다.

암모니아

암모니아는 무색의 독특한 냄새를 갖는 유독성 기체이다. 그리고 쉽게 접할 수 있는 유일한 염기성 기체이다. 암모니아는 −35°C에서 액체로 응축된다. 암모니아는 이웃한 분자와 강한 수소 결합을 하기 때문에 포스핀, PH_3(−134°C)보다 끓는점이 높다. 액체 암모니아는 7.1절에서 설명한 것처럼 좋은 극성 용매이다.

암모니아는 물에 잘 녹는다. 실온에서 물 100 g에 50 g 이상의 암모니아가 녹아 밀도가, 0.880 $g \cdot mL^{-1}$인 용액(880 암모니아로 알려진)이 된다. 이 용액은 때로 '수산화 암모늄'으로 잘못 불리기도 하는데, 정확하게는 '암모니아 수용액'으로 불러야 한다. 실제로 물과 반응하여 암모늄 이온과 수산화 이온을 만드는 암모니아의 분율은 작은 양이다.

$$NH_3(aq) + H_2O(l) \rightleftharpoons NH_4^+(aq) + OH^-(aq)$$

이 반응은 이산화 탄소와 물 사이의 반응과 유사하며, 평형은 왼쪽으로 치우쳐 있다. 그리고 이산화 탄소와 물의 반응에서처럼 용액이 증발되면 평형은 더욱더 왼쪽으로 치우치게 된다. 따라서 순수한 '수산화 암모늄'이 되는 경우는 절대로 일어날 수 없다.

암모니아는 실험실에서 염화 암모늄과 수산화 칼슘 등의 암모늄염과 수산화 이온을 혼합해서 얻는다.

$$2\,NH_4Cl(s) + Ca(OH)_2(s) \xrightarrow{\Delta} CaCl_2(s) + 2\,H_2O(l) + 2\,NH_3(g)$$

암모니아는 공기 중에서 연소되어 물과 질소 분자를 형성하는, 반응성이 큰 기체이다.

$$4\,NH_3(g) + 3\,O_2(g) \rightarrow 2\,N_2(g) + 6\,H_2O(l) \quad \Delta G^\ominus = -1305\ kJ \cdot mol^{-1}$$

열역학적으로는 약간 불리하지만 백금 촉매의 존재하에서는 반응 속도론적으로 유리한 분해 반응의 다른 경로도 존재한다. 이 반응에서는 질소 분자로 연소되는 반응보다 활성화 에너지가 더 낮아진다.

$$4\,NH_3(g) + 5\,O_2(g) \xrightarrow{Pt/\Delta} 4\,NO(g) + 6\,H_2O(l) \quad \Delta G^\ominus = -1132\ kJ \cdot mol^{-1}$$

암모니아는 염소와 반응할 때 환원제로 작용하는데, 두 가지 반응 경로가 있다. 과량의 암모니아가 존재할 때에는 질소가 생성된 후, 과량의 암모니아가 염화 수소 기체와 반응하여 흰색 고체인 염화 암모늄이 생성된다.

$$2\,NH_3(g) + 3\,Cl_2(g) \rightarrow N_2(g) + 6\,HCl(g)$$
$$HCl(g) + NH_3(g) \rightarrow NH_4Cl(s)$$

과량의 염소가 존재할 때에는 전혀 다른 반응이 일어난다. 이 경우에 생성물은 노란색의 폭발성이 있고, 기름 같은 액체인 삼염화 질소이다.

$$NH_3(g) + 3\ Cl_2(g) \rightarrow 3\ HCl(g) + NCl_3(l)$$

암모니아는 산성 용액과 염기로서 반응하여 짝산인 암모늄 이온을 만든다. 예를 들면, 암모니아와 황산을 섞으면 황산 암모늄이 생긴다.

$$2\ NH_3(aq) + H_2SO_4(aq) \rightarrow (NH_4)_2SO_4(aq)$$

암모니아는 기체상의 염화 수소와 반응하여 고체 염화 암모늄의 흰 연기를 낸다.

$$NH_3(g) + HCl(g) \rightarrow NH_4Cl(s)$$

화학 실험실에서 유리의 표면에 흰 막이 생기는 것은 염산과 같은 산이 시약병에서 증발되어 암모니아와 반응하기 때문이다.

고립 전자쌍 때문에 암모니아는 강한 Lewis 염기이다. 고전적인 Lewis의 산-염기 반응 중의 하나가 기체 상태의 전자 결핍 화합물인 트라이플루오린화 붕소와 암모니아 간의 반응으로 생긴 흰 고체 화합물인데, 여기서 암모니아의 고립 전자쌍은 붕소에 의해 공유되고 있다.

$$NH_3(g) + BF_3(g) \rightarrow F_3B{:}NH_3(s)$$

암모니아는 금속과 결합할 때에도 역시 Lewis 염기로 작용한다. 예를 들면, 암모니아는 물보다 더 강한 Lewis 염기이므로, Ni(II) 이온의 주위에 배위된 6개의 물 분자를 치환한다.

$$[Ni(OH_2)_6]^{2+}(aq) + 6\ NH_3(aq) \rightarrow [Ni(NH_3)_6]^{2+}(aq) + 6\ H_2O(l)$$

암모니아의 공업적 제법

수백 년 동안 식물의 성장에 질소 화합물이 필수적이란 사실이 알려져 왔다. 비료는 한때 토양을 비옥하게 하는 주요한 재료였다. 그러나 19세기에 유럽의 인구는 급격히 증가하였으며, 따라서 식량의 증산이 절실하게 요구되었다. 그 당시의 해결책은 칠레에 매장되어 있는 질산 소듐(칠레 초석)에서 찾게 되었다. 많은 양의 화합물이 채굴되었고, Cape Horn에서 선적되어 유럽으로 보내졌다. 질산 소듐 비료 덕분에 유럽은 기아를 면했으며, 칠레는 이 화합물이 주수입원이 되어 아주 부유한 나라가 되었다. 그러나 질산 소듐의 매장량은 한계가 있기 때문에 언젠가는 고갈이 될 것이다. 따라서 화학자들은 무한히 존재하는 반응성이 낮은 질소 기체로부터 질소 화합물을 합성하는 방법에 대해서 연구하게 되었다.

1908년에 약 1000°C에서 질소와 수소 기체를 혼합하면 약간의 암모니아가 생성된다는 것을 발견한 사람은 독일의 화학자인 Fritz Haber였다.

$$N_2(g) + 3\ H_2(g) \rightleftharpoons 2\ NH_3(g)$$

실제로 질소와 수소 분자를 암모니아로 바꾸는 것은 흡열 반응이며, 기체의 부피가 감소

Haber와 과학적 윤리

과학자들은 그들의 연구가 어디에 사용되어질까 하는 것을 고려하지 않기 때문에 흔히들 비도덕적이라는 말을 듣는다. Fritz Haber의 생애도 이러한 이중적인 면을 가지고 있다. 그는 영웅인가, 악한인가? 앞에서 이야기한 바와 같이 Haber는 전 세계에 식량을 풍족하게 공급하기 위해 암모니아의 합성 공정을 고안해 냈다. 그러나 이 공정은 수백만 명을 죽이는 데에 사용되는 물질을 만들어 내는 방법으로 사용되었다. 그는 이러한 잘못에 대해 쉽게 인정하지 않았지만, 그의 또 다른 관심은 더 많은 논쟁을 불러 일으켰다. Haber는 전쟁 중에 적을 죽이는 것보다는 무력하게 하는 것이 더 좋다고 주장하였다. 따라서 그는 1차 세계대전 중에 독가스의 연구에 광적으로 매달렸다. 그의 부인인 Clara Haber는 그가 단념하도록 설득했지만, 그가 듣지 않자 결국 자살하고 말았다.

1918년에 Haber는 암모니아 합성의 공로로 노벨상을 받았으나, 많은 화학자들은 그의 독가스에 대한 연구를 들어 수상에 반대하였다. 전후에 그는 독일의 화학회를 재건하는 데에 중요한 역할을 하였다. 1933년에 나치당이 실권을 잡았을 때 유태인인 Haber에게 그의 연구소에서 유태인을 모두 해고하라는 명령을 내렸다. 그는 반대하고 사임했으며, 용감하게 다음과 같은 글을 남겼다. “나는 40년 동안 나의 협력자를 그들의 지성과 인격에 의거해서 선택했지 그들의 조상을 보고 뽑은 것은 아니다. 나는 내가 좋다고 생각한 이러한 선택 방법을 바꿀 마음이 없다.”

그의 이러한 행동은 나치의 지도자를 격분시켰으나 Haber의 국제적인 명성 때문에 그 당시에는 그를 적대시하지 않았다. 그가 죽은 후인 1934년에 독일 화학회는 그를 추모하는 행사를 가졌다. 독일 정부는 체제에 반대했던 사람에게 보내는 찬사에 대해 격노하여 참석하는 화학자들은 체포하겠다는 협박을 하였다. 그러나 그들의 협박은 무의미한 것이 되었다. 그 행사에는 비밀경찰을 뒤로 물러나게 할 만큼 많은 저명한 화학자들이 참석하였다.

하므로 엔트로피가 감소하는 반응이다. Le Châtelier의 원리에 의하면 반응을 오른쪽으로 진행시켜 암모니아를 최대로 얻기 위해서는, 낮은 온도와 고압의 조건이 필요하다. 그러나 온도가 낮을수록 평형에 도달하는 반응 속도도 느려진다. 촉매가 도움이 되기는 하겠지만 실질적으로 낮출 수 있는 온도에는 한계가 있다. 더군다나 벽이 두꺼운 용기와 가압 장치에 드는 비용 때문에 높일 수 있는 압력에도 한계가 있다.

Haber는 20 MPa (200 atm)과 500°C의 온도 조건을 사용하면 그다지 길지 않은 시간에 적당한 수율을 얻을 수 있음을 발견하였다. 그러나 화학 회사인 BASF가 이러한 압력과 온도 조건에서 공업적인 규모로 공장을 가동하기까지는 5년이 더 걸렸다. 불행히도 공장이 완공된 시기는 1차 세계대전이 발발하던 때였다. 연합군에 의해 독일은 봉쇄되었고 칠레 초석의 공급도 끊어졌지만, 생산된 암모니아는 식량 생산보다는 폭약의 합성에 사용되었다. **Haber-Bosch 공정**(*Haber-Bosch process*)이 없었더라면 독일과 오스트리아-헝가리 군대는 단순히 폭약의 부족으로 1918년 이전에 이미 항복했을 것이다.

현대적인 Haber-Bosch 공정

실험실에서 암모니아를 합성하려면 적당한 압력과 온도, 그리고 촉매를 갖춘 반응 용기에 단순히 질소와 수소 기체를 흘려주기만 하면 된다. 그러나 질소나 수소 기체는 자연계에 순수한 기체로 존재하지는 않는다. 따라서 화공학자들은 대량의 순수한 기체를 값싸게 얻는 방법에 도전하게 되었다.

첫 번째 단계는 수소 기체를 얻는 것이다. 이 단계는 **수증기 개질 공정**(*steam reforming process*)이라는 방법에 의해서 이루어졌는데, 메테인과 같은 탄화수소를 고온(약 750°C)과 고압(약 4 MPa)의 증기와 혼합하는 것이다. 이 공정은 흡열 반응이므로 고온은 열역학적으로 생성물이 생기는 데에 유리한 조건이며, 고압은 충돌 횟수(반응 속도)를 증가시키기 위한 반응 속도론적인 이유 때문에 필요한 조건이다. 같은 이유로 촉매가 필요한데, 대개 니켈을 사용한다.

$$CH_4(g) + H_2O(g) \rightarrow CO(g) + 3\,H_2(g)$$

촉매는 불순물에 의해 쉽게 그 기능을 잃는다. 따라서 반응물(공급 원료)로부터 불순물을 제거하는 과정이 필수적이다. 특히 황 화합물은 촉매 표면과 반응하여 금속의 황화물층을 만든다. 따라서 메테인을 사용하기 전에 황 화합물을 황화 수소로 바꾸는 전처리를 한다. 불순한 메테인은 산화 아연 위로 통과시켜 황화 수소를 제거한다.

$$ZnO(s) + H_2S(g) \rightarrow ZnS(s) + H_2O(g)$$

다음으로 메테인이 일부 남아있는 일산화 탄소와 수소 기체의 혼합물에 공기를 조심스럽게 가해준다. 메테인은 연소되어 일산화 탄소가 된다. 그러나 남아있는 메테인의 양에 따라 공기의 양을 조절하여 남은 질소의 양이 Haber-Bosch 반응의 1:3 비율이 되도록 하여야 한다.

$$CH_4(g) + 1/2\,O_2(g) \rightarrow CO(g) + 2\,H_2(g)$$

기체 상태의 혼합물에서 일산화 탄소를 제거하는 것은 간단하지 않다. 이러한 이유와 더 많은 양의 수소를 얻기 위한 방법으로 세 번째 단계는 증기를 사용하여 일산화 탄소를 이산화 탄소로 산화시킨다. 이러한 **수성 가스 이동 공정**(*water gas shift process*)은 발열 반응이므로 상당히 낮은 온도(350°C)에서 진행된다. 산화 철과 산화 크로뮴의 촉매를 사용한다고 해도 반응 속도가 느려지므로 온도를 더 낮출 수는 없다.

$$CO(g) + H_2O(g) \rightleftharpoons CO_2(g) + H_2(g)$$

이산화 탄소는 여러 가지 방법으로 제거할 수 있다. 이산화 탄소는 물을 비롯한 여러 다른 용매에 대한 용해도가 좋다. 또 다른 방법으로는 탄산 포타슘과의 가역 반응과 같은 화학적 공정을 이용한다.

$$CO_2(g) + K_2CO_3(aq) + H_2O(l) \rightleftharpoons 2\,KHCO_3(aq)$$

탄산 수소 포타슘 용액을 수조에 넣어 가열하면, 순수한 이산화 탄소와 탄산 포타슘의 용액으로 된다.

$$2\,KHCO_3(aq) \rightleftharpoons K_2CO_3(aq) + CO_2(g) + H_2O(l)$$

이산화 탄소는 고압에서 액화되어 판매되고, 탄산 포타슘 용액은 암모니아 공정에 재사용된다.

이제는 순수한 질소와 수소 기체의 혼합물이 얻어졌으며, 암모니아를 만드는 간단한 반응의 조건이 충족이 된 셈이다.

$$N_2(g) + 3\,H_2(g) \rightleftharpoons 2\,NH_3(g)$$

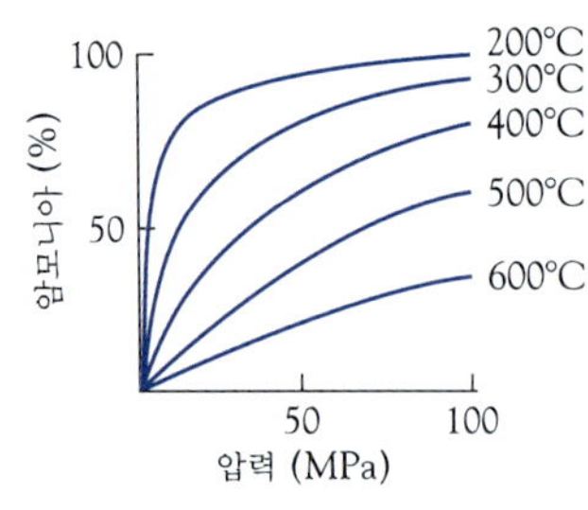

그림 15.4 여러 온도에서 압력의 함수로 나타낸 암모니아의 수득률(%)

실질적인 열역학적 조건의 범위를 그림 15.4에 나타내었다. 앞에서 논의한 바와 같이 반응을 오른쪽으로 진행시키려면 고압의 조건이 필요하다. 그러나 압력을 높일수록 반응 용기는 두꺼워야 하고, 폭발을 막기 위한 배관이 필요하다. 그리고 용기가 두꺼워지면 공장의 건축비용이 비싸지게 된다.

오늘날 암모니아 공장에서 사용하는 압력의 범위는 10에서 100 MPa(100 ~ 1000 atm) 정도이다. 온도를 낮추면 수득률은 증가하지만, 반응 속도는 느려진다. 오늘날 사용하는 고성능 촉매하에서 적당한 온도는 400 ~ 500°C의 범위이다. 촉매는 각 암모니아 공장의 핵심 요소이다. 가장 흔히 사용하는 촉매는 특수하게 제조된 표면적이 넓은 철을 사용하는데, 이 촉매에는 소량의 포타슘, 알루미늄, 칼슘, 마그네슘, 규소, 산소가 포함되어 있다. 전형적인 반응 용기에는 약 100톤의 촉매가 사용되고 있고, 원료 기체로부터 촉매를 오염시키는 물질을 제거한 후 사용되며, 그 수명은 약 10년 정도이다. 이 반응의 메커니즘은 철 촉매의 결정 표면에서 질소 분자가 질소 원자로 해리되고, 이어서 철의 표면에 결합된 원자성 수소와 반응하는 것으로 알려졌다.

반응로를 떠난 암모니아는 응축되고, 남아 있는 질소와 수소는 다시 재순환시킨다. 암모니아 공장에서 하루에 보통 약 1000톤이 생산된다. 가장 중대한 사안은 에너지 소비를 최소로 하는 문제이다. 전통적인 Haber-Bosch 공장에서는 암모니아를 생산하는 데 약 85 $GJ \cdot ton^{-1}$의 에너지를 소비하지만, 에너지의 재순환이 용이하게 건설된 현대적인 공장에서는 약 30 $GJ \cdot ton^{-1}$의 에너지만을 사용한다.

오늘날에도 암모니아의 가장 중요한 용도는 비료 공업에 사용되는 것이다. 암모니아는 가끔은 기체 상태로 들판에 뿌려지기도 한다. 황산 암모늄과 인산 암모늄 역시 흔히 쓰이는 고체 비료이다. 이 화합물들은 단순히 암모니아를 황산이나 인산에 흘려주면 얻을 수 있다.

$$2\,NH_3(g) + H_2SO_4(aq) \rightarrow (NH_4)_2SO_4(aq)$$
$$3\,NH_3(g) + H_3PO_4(aq) \rightarrow (NH_4)_3PO_4(aq)$$

암모니아는 특히 질산 등의 공업적인 합성에도 사용되며, 질산에 대해서는 15.11절에서 다루게 될 것이다.

하이드라진

하이드라진은 연기가 나는 무색의 액체이다. 하이드라진은 약한 염기이며, 일양성자이거나 이양성자인 두 가지 염을 만든다.

$$N_2H_4(aq) + H_3O^+(aq) \rightleftharpoons N_2H_5^+(aq) + H_2O(l)$$
$$N_2H_5^+(aq) + H_3O^+(aq) \rightleftharpoons N_2H_6^{2+}(aq) + H_2O(l)$$

그러나 하이드라진은 아이오딘을 아이오딘화 수소로, 구리(II) 이온을 구리 금속으로 환원시키는 강한 환원제이다.

$$N_2H_4(aq) + 2\,I_2(aq) \rightarrow 4\,HI(aq) + N_2(g)$$
$$N_2H_4(aq) + 2\,Cu^{2+}(aq) \rightarrow 2\,Cu(s) + N_2(g) + 4\,H^+(aq)$$

전 세계적으로 연간 생산되는 20,000톤의 대부분이 로켓 연료의 환원제 성분으로 사용되는데, 보통 다이메틸하이드라진, $(CH_3)_2NNH_2$의 형태로 사용된다. 또 다른 유도체인 다이나이트로페닐하이드라진, $H_2NNHC_6H_3(NO_2)_2$은 유기 화학에서 C=O를 포함하는 탄

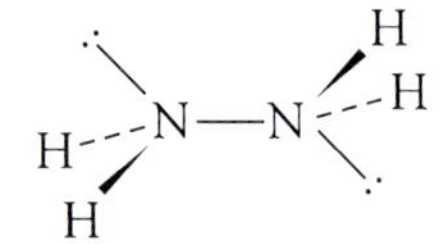

그림 15.5 하이드라진 분자

소 화합물의 확인에 사용된다. 에테인의 수소 중 2개가 각 질소 원자에 있는 한 쌍의 고립 전자쌍으로 치환된 것을 제외하면, 하이드라진의 구조는 에테인과 같다(그림 15.5).

예제 15.1

다이메틸하이드라진, $N_2H_2(CH_3)_2$ [$\Delta_f H^\ominus = +42.0\ kJ \cdot mol^{-1}$]는 로켓의 연료로 사용된다. 연소 반응에 대한 반응식을 적고 추가적으로 부록 1의 열역학적 값들을 사용하여, 다이메틸하이드라진이 하이드라진보다 더 효율적인 로켓 연료일지를 사용된 연료 $kJ \cdot g^{-1}$ 단위로 예측하시오.

해답

연소 반응은 다음과 같다.

$$N_2H_4(l) + O_2(g) \rightarrow N_2(g) + 2\ H_2O(g)$$
$$N_2H_2(CH_3)_2(l) + 4\ O_2(g) \rightarrow N_2(g) + 4\ H_2O(g) + 2\ CO_2(g)$$

더 효율적인 연료는 그램당 더 많은 에너지를 방출할 것이기 때문에 각각의 N_2H_4와 $N_2H_2(CH_3)_2$에 대한 연소 엔탈피를 계산한 다음 그램당 값으로 변환하여야 한다. 이것은 아래의 자료를 사용하여 생성물과 반응물의 생성 엔탈피 차이로부터 계산할 수 있다.

$\Delta_f H^\ominus/kJ \cdot mol^{-1}$	
$N_2H_4(l)$	+51.0
$N_2H_2(CH_3)_2(l)$	+42.0
$CO_2(g)$	−393.5
$H_2O(g)$	−241.8

N_2H_4에 대하여

$$\Delta_{연소}H^\ominus = [2(-241.8) - (+51.0)]\ kJ \cdot mol^{-1} = -534.6\ kJ \cdot mol^{-1}$$

$N_2H_2(CH_3)_2$에 대하여

$$\Delta_{연소}H^\ominus = \{[4(-241.8) + 2(-393.5)] - (+42.0)\}\ kJ \cdot mol^{-1} = -1796.2\ kJ \cdot mol^{-1}$$

로켓 연료는 질량이 중요하기 때문에 분자량으로 나누어 $kJ \cdot g^{-1}$으로 변환한다.

N_2H_4에 대하여, $\Delta_{연소}H^\ominus = -16.69\ kJ \cdot g^{-1}$
$N_2H_2(CH_3)_2$에 대하여, $\Delta_{연소}H^\ominus = -29.90\ kJ \cdot g^{-1}$

따라서 $N_2H_2(CH_3)_2$가 더 효율적인 연료이다.

아자이드화 수소

무색의 액체인 아자이드화 수소는 다른 수소화 질소와는 많이 다르다. 아자이드화 수소는 pK_a가 아세트산과 비슷한 산성 화합물이다.

$$HN_3(aq) + H_2O(l) \rightleftharpoons H_3O^+(aq) + N_3^-(aq)$$

이 화합물은 불쾌감을 주는 고약한 냄새와 강한 독성을 지닌다. 하이드록실아민과 마찬가지로 낮은 끓는점을 갖는다. 더 중요한 것은 이 화합물은 폭발성이 크고, 수소와 질소 기체를 생성시킨다.

$$2\,HN_3(l) \rightarrow H_2(g) + 3\,N_2(g)$$

아자이드화 수소에 있는 세 질소 원자는 직선상에 있으며, 수소와는 110°의 각을 이루고 있다(그림 15.6 참조). 아자이드화 수소에 있는 질소-질소의 결합 길이는 124 pm와 113 pm이다(말단의 N—N 결합이 더 짧다). 전형적인 N=N 결합의 길이는 120 pm이고, 질소 분자에 있는 N≡N의 길이는 110 pm이다. 따라서 아자이드화 수소에 있는 결합 차수는 약 1.5와 2.5여야 한다. 이 결합은 그림 15.7의 두 전자점 구조로 나타낸 공명 구조가 동일하게 기여한 것으로 생각할 수 있다. 즉, 하나의 공명 구조는 2개의 N=N 결합을 포함하고, 다른 하나는 N—N 결합과 N≡N 결합을 포함한다.

그림 15.6 아자이드화 수소 분자. 두 질소-질소 결합의 차수는 1.5와 2.5이다.

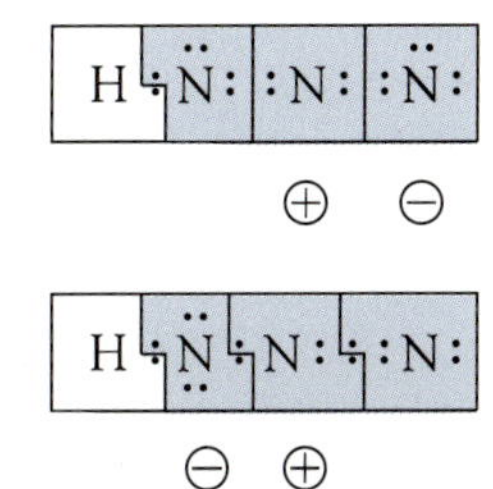

그림 15.7 아자이드화 수소에서의 결합은 위의 두 공명 구조의 합으로 나타낼 수 있다.

펜타졸

펜타졸은 존재할까? 존재한다면 얼마나 오랫동안 존재할 수 있을까? 이 책에서는 알려진 화합물에 초점을 맞추어 살펴보았다. 하지만 무기 화학이 가장 진취적인 점은 이론적으로는 존재해야 하지만 아주 짧은 시간밖에 존재하지 않는 화합물의 합성을 시도하는 것이다. 이러한 화합물 중의 하나는 고리 질소-수소 화합물인 N_5H(그림 15.8)와 이 화합물의 음이온인 펜타졸화 음이온, N_5^-이다. 이 화합물을 합성하기 위한 시도가 있었지만, 아직까지는 이 화합물의 존재에 관한 결정적인 증거는 나타나지 않고 있다. 합성 경로를 알아내지 못하고 있는 것일까? 아니면 이 화합물이 존재할 수 있다는 이론적인 계산에 실수가 있었던 것일까? 언젠가는 무엇이 옳았던 것일지 알게 될 것이다.

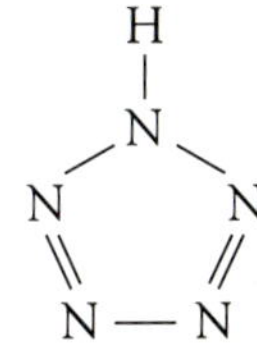

그림 15.8 이론적인 펜타졸 분자

15.6 질소 이온

중성 질소 분자 외에 아자이드화 이온, N_3^-와 같은 음이온과 오질소 이온, N_5^+와 같은 양이온도 존재한다.

아자이드화 음이온

아자이드화 이온, N_3^-는 이산화 탄소와 등전자 구조이며, 같은 전자 구조를 가지고 있다고 추정된다. 질소-질소 결합은 같은 길이(116 pm)를 가진다. 그러나 아자이드화 수소에 있는 수소 원자에 의해서 수소 원자에 이웃한 질소-질소 결합은 약화되고(124 pm로 길어짐), 떨어져 있는 다른 결합은 강화된다(113 pm로 짧아짐). 아자이드화 이온은 유사 할로젠 이온처럼 행동한다(17.12절 참조). 예를 들면, 아자이드화 이온의 용액을 은 이온과 혼합하면 염화 은, AgCl과 유사한 아자이드화 은, AgN_3 침전이 생긴다. 아자이드화 이온은 염화 이온과 유사한 착이온도 생성하는데, $[Sn(N_3)_6]^{2-}$와 $[SnCl_6]^{2-}$를 예로 들 수 있다.

화합물들의 화학적 성질은 때로는 파괴적인 목적으로 사용될 수도 있지만 우리 생활에 유용하게 사용될 수도 있다. 이제는 아자이드화 이온을 자동차의 에어백에 사용함으로써 우리의 생명을 지키기 위해 이용한다. 충돌 후에 피해자가 앞으로 내던져지기 전의 극히 짧은 시간에 에어백이 팽창해야 하는 것은 매우 중요하다. 이렇게 빠른 대응을 이끌어내는 유일한 방법은 많은 양의 기체를 내는 잘 조절된 화학적 폭발을 통해서이다. 이러한 목적으로 아자이드화 소듐이 사용된다. 아자이드화 소듐은 질량으로 65%의 질소를 포함하며, 최소한 99.5% 이상의 고순도로 제조할 수 있고, 350°C에서 소듐 금속과 질소 기체로 완전히 분해가 된다.

$$2\ NaN_3(s) \xrightarrow{\Delta} 2\ Na(l) + 3\ N_2(g)$$

에어백에서 이 반응은 40 ms 이내에 일어난다. 하지만 충돌이 일어났을 때 용융 소듐이 얼굴에 튀지 않게 하려면 생성물을 안전한 화합물로 바꾸어 주어야 한다. 이 액체 생성물을 고정시키기 위해 사용될 수 있는 다양한 반응들이 있다. 그중 한 가지는 이 혼합물에 질산 포타슘과 이산화 규소를 첨가해 주는 것이다. 그러면 소듐 금속은 질산 포타슘에 의해 산화 소듐으로 산화되고, 질소 기체가 더 생기게 된다. 그런 다음 알칼리 금속의 산화물들은 이산화 규소와 반응하여 반응성이 없는 유리 형태의 금속 규산염을 만든다.

$$10\ Na(l) + 2\ KNO_3(s) \rightarrow K_2O(s) + 5\ Na_2O(s) + N_2(g)$$
$$2\ K_2O(s) + SiO_2(s) \rightarrow K_4SiO_4(s)$$
$$2\ Na_2O(s) + SiO_2(s) \rightarrow Na_4SiO_4(s)$$

아자이드화 납(II)은 뇌관의 기폭제로 사용된다. 충격이 없으면 상당히 안정한 화합물이지만, 충돌에 의해 폭발적으로 분해한다. 이때 생기는 충격파는 다이나마이트와 같은 더 안정한 물질을 폭발시킬 수 있게 만든다.

$$Pb(N_3)_2(s) \rightarrow Pb(s) + 3\ N_2(g)$$

예제 15.2

1 g의 아자이드화 소듐이 폭발했을 때 생성되는 질소 기체의 부피는 얼마인가?

$$2\ NaN_3(s) \xrightarrow{\Delta} 2\ Na(l) + 3\ N_2(g)$$

해답

위의 반응식에 따르면 2몰의 NaN_3에서 3몰의 N_2가 생성된다. NaN_3 1 g은 0.0154몰이다. 그러므로 (3/2 × 0.0154몰) = 0.0231몰 N_2가 생성된다. 298 K, 100 kPa에서 기체 1몰의 부피는 24.8 L이므로, 이 반응에서는 0.572 L의 N_2가 생성될 것이다.

오질소 양이온

대부분의 간단한 무기 화합물이 100년에 걸쳐 알려져 왔지만, 아직도 새로운 화합물이 발견되고 있다. 가장 흥미로운 화합물들 중의 하나가 오질소(pentazenium, 또는 *pentanitrogen*) 양이온, N_5^+인데, 첫 번째로 발견된 원소의 안정한 양이온이며, 질소로만 이루어진 화학종으로는 세 번째로 발견된 것이다. 이 양이온의 염은 캘리포니아의 Edward 공군기지에서 고에너지 재료를 연구하는 프로그램의 일부분으로 1999년에 처음으로 합성되었다. 큰 양이온을 안정화시키기 위하여 큰 헥사플루오라이도비소산(V)[hexafluoridoarsenate(V)] 음이온이 사용되었다. 실질적인 합성 반응은 다음과 같다.

$$(N_2F)^+[AsF_6]^-(HF) + HN_3(HF) \longrightarrow (N_5)^+[AsF_6]^-(s) + HF(l)$$

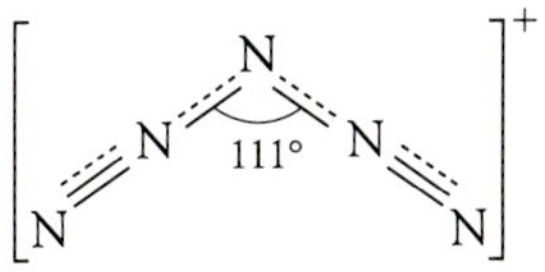

이 오질소 이온은 극단적으로 강한 산화제이기 때문에 엄청난 속도로 물을 산소 기체로 산화시킬 것이다. 이 이온의 구조는 그림 15.9에 나타내었다. 말단 질소 원자들에 대한 결합은 강한데, 이는 결합의 세기가 이중 결합과 삼중 결합의 중간임을 의미하고, 중앙의 N—N 결합은 단일 결합 세기에 가깝다.

그림 15.9 오질소 이온의 구조

15.7 암모늄 이온

무색의 암모늄 이온은 실험실에서 사용하는 가장 대표적인 비금속 이온이다. 이 사면체의 다원자 이온은 크기가 포타슘 이온과 비슷한 유사-알칼리 금속 이온으로 간주된다(11.14절 참조). 암모늄의 염은 알칼리 금속염과 전하가 같을 뿐만 아니라, 용해도도 크기가 큰 알칼리 금속 이온 중 하나와 비슷하다. 그러나 알칼리 금속 이온과 달리, 암모늄 이온은 항상 변하지 않는 형태로 존재하지는 않는다. 즉, 암모늄 이온은 가수분해, 분해, 산화되기도 한다.

암모늄 이온은 물에서 가수분해되어 짝염기인 암모니아로 된다.

$$NH_4^+(aq) + H_2O(l) \rightleftharpoons H_3O^+(aq) + NH_3(aq)$$

그 결과, 염화 암모늄과 같은 센산의 암모니아염 용액은 약한 산성을 띤다.

암모늄염은 분해되면서 증기를 발생시킬 수 있다. 이러한 현상에 대한 전형적인 예는 염화 암모늄이다.

$$NH_4Cl(s) \rightleftharpoons NH_3(g) + HCl(g)$$

만일 염화 암모늄의 시료를 대기 중에 방치하면 결국에는 없어진다. 냄새를 맡으면 정신을 차리게 만드는 약인 후자극제(smelling salts)에서도 같은 분해 반응이 일어난다. 염화수소의 찌르는 듯한 냄새를 상쇄시키는 자극적인 암모니아의 냄새는 혼수 상태인 사람에게 상당한 효과가 있다. 그러나 의사가 아닌 사람이 후자극제를 사용하는 것은 무지하고 극히 위험한 행동이다.

마지막으로 암모늄 이온은 암모늄염에 있는 음이온에 의해 산화될 수 있다. 이러한 반응은 암모늄염이 가열될 때 일어난다. 가장 흔한 세 가지 예를 들면, 아질산 암모늄, 질산 암모늄, 그리고 다이크로뮴산 암모늄의 열분해를 들 수 있다.

$$NH_4NO_2(aq) \xrightarrow{\Delta} N_2(g) + 2\,H_2O(l)$$

$$NH_4NO_3(s) \xrightarrow{\Delta} N_2O(g) + 2\,H_2O(l)$$

$$(NH_4)_2Cr_2O_7(s) \xrightarrow{\Delta} N_2(g) + Cr_2O_3(s) + 4\,H_2O(g)$$

다이크로뮴산 암모늄의 반응은 흔히 '화산' 반응이라고 한다. 성냥과 같은 열원에 의해서 오렌지색의 결정은 분해되어 스파크와 많은 양의 어두운 녹색의 산화 크로뮴(III)이 된다. 이 반응은 아주 멋있는 분해 반응임이 틀림없지만, 반드시 배기 장치가 된 곳에서 행해져야 한다. 왜냐하면 다이크로뮴산 암모늄의 작은 먼지는 반응 중에 분산이 쉽게 되며, 발암성이 매우 강한 이 물질이 허파로 쉽게 흡입되기 때문이다.

15.8 질소의 산화물

질소는 산화 이질소(N_2O), 일산화 질소(NO), 삼산화 이질소(N_2O_3), 이산화 질소(NO_2), 사산화 이질소(N_2O_4), 오산화 이질소(N_2O_5) 등의 많은 산화물을 만든다. **질산 라디칼**(nitrate radical)이라고 하는 삼산화 질소, NO_3도 존재하는데, 대기 중에 이 화합물의 존재량은 미미하지만 중요한 비율을 차지한다. 각 산화물은 열역학적으로는 불안정하기 때문에 원소 상태로 분해되지만, 반응 속도론적으로는 모두 안정한 화합물이다.

산화 이질소

향긋한 냄새를 갖는 기체 상태의 산화 이질소는 산화 질소, 더 흔하게는 **웃음 기체**(laughing gas)라고 알려져 있다. 이 이름은 조금만 흡입해도 기분을 들뜨게 만드는 이 기체의 효과에서 비롯되었다. 때로는 이 기체를 마취약으로 사용하기도 하는데, 의식을 잃게 만들려면 진한 농도가 필요하므로 충치를 빼는 정도의 간단한 수술 외에는 잘 사용하지 않는다. 마취의사들이 이 마취 가스에 잘 중독이 되는 것으로 알려져 있다. 이 기체는 지방에 잘 용해되고, 맛과 독성이 없기 때문에, 주로 거품 크림의 가압 용기에 추진 가스로 사용된다.

산화 이질소는 산소를 제외하면 조연제로 쓰이는 유일한 기체이지만, 반응성이 거의 없는 중성의 기체이다. 예를 들면, 마그네슘이 산화 이질소에서 연소되면 산화 마그네슘과 질소 기체를 낸다.

$$N_2O(g) + Mg(s) \rightarrow MgO(s) + N_2(g)$$

그림 15.10 산화 이질소 분자. N–N 결합 차수는 약 2.5, 그리고 N–O 결합 차수는 약 1.5이다.

산화 이질소의 표준 제조법은 질산 암모늄의 열분해 과정을 포함한다. 이 반응은 용융된 고체를 280°C로 가열하면 일어난다. 강하게 가열하면 폭발이 일어나지만, 질산 암모늄 용액을 염산으로 산성화시킨 후에 가열하면 안전하다.

$$NH_4NO_3(aq) \xrightarrow{H^+} N_2O(g) + 2\ H_2O(l)$$

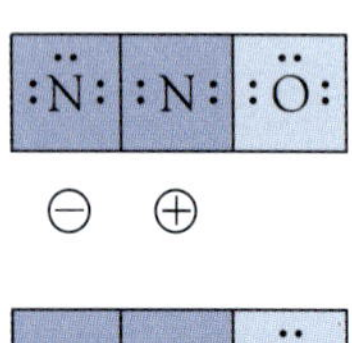

그림 15.11 산화 이질소에서의 결합은 위의 두 가지 공명 구조의 합으로 나타낼 수 있다.

산화 이질소는 이산화 탄소나 아자이드화 이온과 등전자 구조를 갖는다. 그러나 기대와는 달리 N — N 결합 길이는 113 pm, N — O 결합은 119 pm으로, 원자들은 비대칭적으로 배열되어 있다. 이 차이는 대개 더 낮은 전기 음성도를 갖는 중심 원자 때문인 것으로 해석된다. 이 값들이 의미하는 바는 질소-질소 결합 차수는 2.5에 가깝고, 질소-산소 결합 차수는 1.5에 가깝다는 것이다(그림 15.10).

아자이드화 수소와 마찬가지로 산화 이질소는 두 가지 공명 구조의 기여로 생각할 수 있는데, 한 구조는 N ═ O 결합과 N ═ N 결합을 갖는 구조이며, 다른 것은 N — O 결합과 N ≡ N 결합을 갖는 구조이다(그림 15.11).

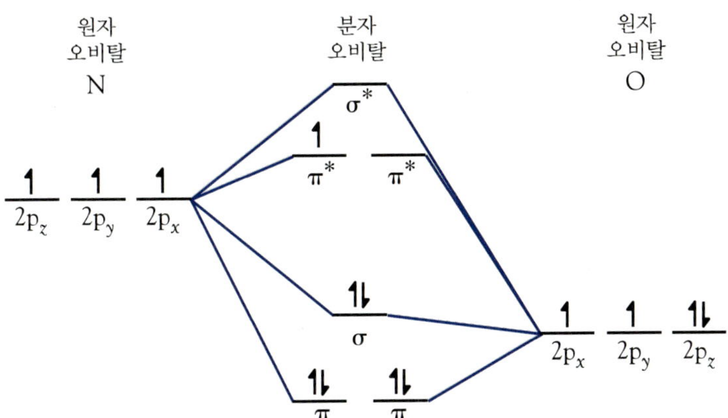

그림 15.12 일산화 질소 분자의 2p 원자 오비탈에 대한 분자 오비탈 도표

일산화 질소

가장 이상하면서도 단순한 분자 중의 하나가 **산화 질소**(*nitric oxide*)라고도 하는 일산화 질소이다. 일산화 질소는 무색이고, 중성인 상자기성의 기체이다. 실험실에서 이 기체를 제조하는 가장 쉬운 방법은 구리와 50% 질산을 반응시키는 것이다.

$$3\,Cu(s) + 8\,HNO_3(aq) \rightarrow 3\,Cu(NO_3)_2(aq) + 4\,H_2O(l) + 2\,NO(g)$$

그러나 이 생성물은 항상 이산화 질소에 의해 오염된다. 이산화 질소는 물과 빠르게 반응하기 때문에 생성물 기체를 물에 거품으로 통과시키면 이 오염물을 제거할 수 있다.

일산화 질소의 분자 오비탈은 일산화 탄소와 비슷하지만, 반결합성 오비탈에 전자가 1개 더 있다(그림 15.12). 따라서 예상되는 결합 차수는 2.5이다.

화학자들은 홀전자를 갖는 분자는 반응성이 클 것으로 예상한다. 그러나 밀봉된 용기 속의 일산화 질소는 상당히 안정하다. 냉각되어 무색의 액체나 고체 상태로 되면, 그때서야 질소와 질소가 단일 결합으로 연결된 이합체인 N_2O_2를 형성한다.

분자 오비탈의 표현으로부터 예측되는 바와 같이, 일산화 질소는 쉽게 반결합성 오비탈의 전자를 잃고, 나이트로실 이온, NO^+로 된다. 이 이온은 반자기성이며, N — O의 결합 길이(106 pm)는 이온이 되기 전의 분자(115 pm)에서보다 더 짧다. 삼중 결합을 갖는 나이트로실 이온은 일산화 탄소와 등전자 구조이며, 따라서 많은 유사 구조의 금속 착물을 형성한다.

예제 15.3

분자 오비탈 접근법을 사용하여 NO보다 NO^+의 결합 길이가 더 짧음을 설명하시오.

해답

그림 15.12를 이용하여 NO의 2p 원자 오비탈로부터 유도된 분자 오비탈을 채우면 $(\pi_{2p})^4(\sigma_{2p})^2(\pi^*_{2p})^1$이므로, 결합 차수는 (3 − ½) = 2½이다. 양이온을 형성하려면 반결합 전자가 제거되어야 하므로 NO^+에 대한 분자 오비탈 배치는 $(\pi_{2p})^4(\sigma_{2p})^2$이고, 결합 차수는 (3 − 0) = 3이다. 따라서 NO^+가 NO보다 더 짧은 결합을 갖는다.

일산화 질소는 산소에 대해 큰 반응성을 보여 주는데, 무색의 일산화 질소를 대기 중에 놓아두면 이산화 질소의 갈색 연기가 생긴다.

$$2\,NO(g) + O_2(g) \rightleftharpoons 2\,NO_2(g)$$

이 분자는 대기를 오염시키는 물질로, 고압축 내연 기관에서 질소와 산소가 압축된 후 점화될 때 부반응으로 생성된다.

$$N_2(g) + O_2(g) \rightleftharpoons 2\,NO(g)$$

삼산화 이질소

삼산화 이질소는 질소의 산화물 중에서 가장 불안정하며, 230°C 이상에서는 분해되는 암청색의 액체이다. 삼산화 이질소는 일산화 질소와 이산화 질소를 화학량론적으로 혼합하여 얻는다.

$$NO(g) + NO_2(g) \rightleftharpoons N_2O_3(l)$$

삼산화 이질소는 질소의 산화물로서는 첫 번째의 산성 산화물이다. 실질적으로 삼산화 이질소는 아질산의 산성 무수물이다. 따라서 삼산화 이질소를 물과 혼합하면 아질산이 되고, 수산화 이온과 혼합하면 아질산 이온이 생긴다.

$$N_2O_3(l) + H_2O(l) \rightarrow 2\,HNO_2(aq)$$
$$N_2O_3(l) + 2\,OH^-(aq) \rightarrow 2\,NO_2^-(aq) + H_2O(l)$$

간단하게 삼산화 이질소는 두 질소 원자가 +3의 산화 상태를 갖는다고 간주할 수 있지만, 구조는 비대칭 모양이다. 각각의 원료 화합물(일산화 질소와 이산화 질소)로부터 홀전자에 의해 단순하게 조합된 모양이다. 실제로 삼산화 이질소에서 질소-질소 결합 길이는 하이드라진의 단일 결합의 길이(145 pm)에 비해 비정상적으로 길다(186 pm). 결합 길이의 자료로부터 알 수 있는 것은 하나의 산소는 이중 결합으로 질소에 부착되어 있는 반면, 다른 두 산소와 질소의 결합 차수는 약 1½이라는 것이다. 이 값은 단일 결합과 이중 결합의 평균값이다(그림 15.13).

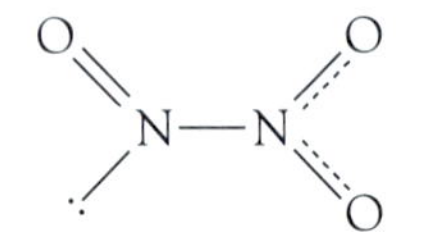

그림 15.13 삼산화 이질소 분자

이산화 질소와 사산화 이질소

독성이 있는 이 두 가지 산화물은 동적 평형 상태로 공존한다. 낮은 온도에서는 무색의 사산화 이질소의 생성이 유리하고, 높은 온도에서는 어두운 적갈색의 이산화 질소가 우세하다.

$$\underset{\text{무색}}{N_2O_4(g)} \rightleftharpoons \underset{\text{적갈색}}{2\,NO_2(g)}$$

정상 끓는점인 −1°C에서 이 혼합물은 16%의 이산화 질소를 포함하지만, 135°C에서는 이산화 질소의 비율이 99%까지 증가된다.

이산화 질소는 금속 구리를 진한 질산과 반응시켜 얻는다.

$$Cu(s) + 4\,HNO_3(l) \rightarrow Cu(NO_3)_2(aq) + 2\,H_2O(l) + 2\,NO_2(g)$$

이산화 질소는 중금속의 질산염을 가열하여 얻을 수도 있는데, 이 반응에서는 이산화 질소와 산소의 혼합 기체가 생성된다.

$$Cu(NO_3)_2(s) \xrightarrow{\Delta} CuO(s) + 2\,NO_2(g) + 1/2\,O_2(g)$$

그리고 일산화 질소와 산소 기체가 반응할 때에도 이산화 질소가 생성된다.

$$2\,NO(g) + O_2(g) \rightarrow 2\,NO_2(g)$$

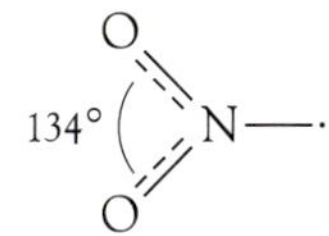

그림 15.14 이산화 질소 분자

이산화 질소는 산성 산화물이며, 물에 녹아 질산과 아질산으로 된다.

$$2\,NO_2(g) + H_2O(l) \rightleftharpoons HNO_3(aq) + HNO_2(aq)$$

강력한 부식성과 산화력을 갖는 이 혼합물은 자동차에서 배출되는 이산화 질소와 비가 반응할 때 생기며, 도시에서 내리는 비에 포함된 가장 해로운 성분이다.

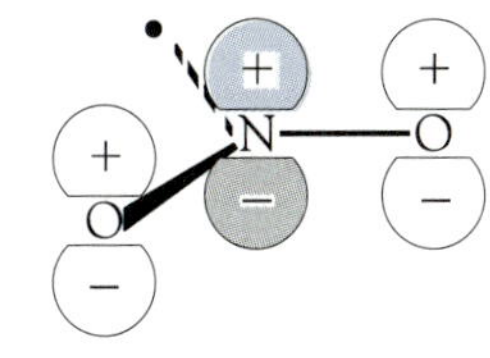

그림 15.15 이산화 질소의 분자 평면에 수직인 p 오비탈의 겹침

이산화 질소는 O — N — O의 각이 134°인 V자 모양의 분자인데, 이 각은 삼각 평면의 각인 120°보다 약간 큰 값이다. 세 번째 결합 자리를 고립 전자쌍이 아닌 홀전자가 차지하고 있기 때문에, 결합각이 벌어지는 것은 이치에 어긋나는 것이 아니다(그림 15.14). 산소-질소 결합 길이는 삼산화 이질소의 반쪽, NO_2에서와 마찬가지로 결합 차수는 1½임을 알려주고 있다.

이산화 질소와 이산화 탄소의 π 결합을 비교해 보자. 이산화 탄소의 선형 구조는 결합 방향에 직각으로 있는 p 오비탈이 겹쳐서 π 결합을 이룰 수 있게 한다. 굽은 모양의 이산화 질소 분자에서는 p 오비탈이 결합 방향에 대해 여전히 수직을 유지하고 있기는 하지만, 분자 평면에서는 그들이 서로 굽어져 있기 때문에 겹쳐서 π 결합을 만들 수 없다. 따라서 π 결합을 만들 수 있는 유일한 방법은 분자 평면에 수직인 방향으로 π 결합을 만드는 것뿐이다(그림 15.15). 그러나 이 하나의 π 결합은 두 결합쌍 사이에 비편재화되어 있기 때문에 각 쌍은 절반의 π 결합을 갖게 된다.

그림 15.16 사산화 이질소 분자

사산화 이질소 분자의 O — N — O 결합각은 이산화 질소의 것과 거의 같다(그림 15.16). 그러나 사산화 이질소는 N — N 결합 길이가 175 pm으로 삼산화 이질소의 N — N 결합만큼 약하지는 않지만, 그래도 비정상적으로 길다. N — N 결합은 두 NO_2 단위의 약한 반결합성 σ 오비탈의 겹침으로 생성된다(혼성 개념으로는 홀전자를 갖는 sp^2 혼성 오비탈의 겹침이다). 그 결과 생기는 N — N 결합성의 분자 오비탈은 약한 결합 성질을 지니게 된다. 실제로 N — N 결합 에너지는 60 $kJ \cdot mol^{-1}$에 불과하다.

오산화 이질소

무색이며 조해성이 있는 고체인 이 산화물은 질소 산화물 중에서 가장 강한 산화력을 지니고 있다. 또한 이 화합물은 물과 반응하여 질산이 되는 강한 산성 산화물이다.

$$N_2O_5(s) + H_2O(l) \rightarrow 2\,HNO_3(aq)$$

이 분자는 액체와 기체상에서 산소가 두 NO_2 단위를 연결하는 것을 제외하고는 N_2O_3와 N_2O_4와 같은 산화 이질소의 구조와 비슷하다(그림 15.17). 여기에서도 두 쌍의 p 전자가 각 산소-질소쌍에 절반의 π 결합을 제공한다. 그러나 더욱 흥미로운 것은 고체상에

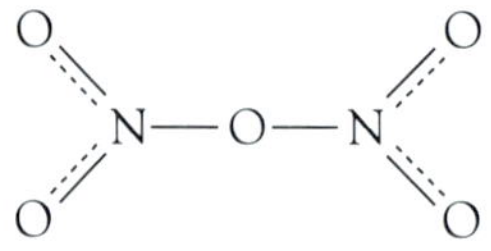

그림 15.17 오산화 이질소 분자

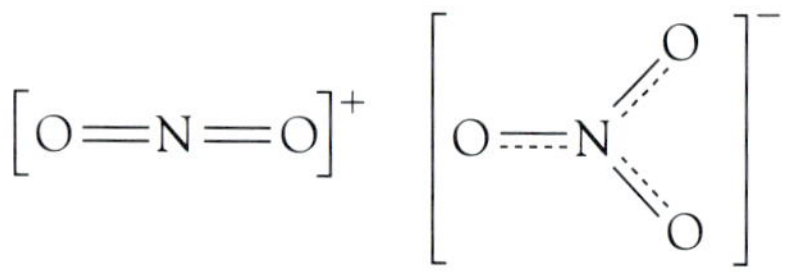

그림 15.18 고체상의 오산화 이질소 분자에 존재하는 나이트릴 양이온과 질산 음이온

서의 결합이다. 금속과 비금속의 화합물은 공유 결합을 형성한다는 사실은 이미 알고 있다. 그러나 이 화합물에서는 이온을 포함하는 두 비금속으로 이루어진 화합물을 볼 수 있다. 실제로 결정 구조를 보면 나이트릴 양이온, NO_2^+와 질산 음이온, NO_3^-가 번갈아 있는 구조임을 알 수 있다(그림 15.18).

삼산화 질소 – 질산 라디칼

지구의 대기는 주로 산소와 질소로 구성되어 있으며, 오존과 이산화 탄소도 중요한 대기 구성 기체라는 사실은 잘 알려져 있다. 그러나 미량 기체의 필수적인 역할에 대해서는 이해가 많이 부족하다. 이와 같은 미량 기체 중의 하나가 질산 라디칼, NO_3이다. 이 자유 라디칼은 반응성이 매우 높고, 1980년 대류권에서 처음 확인되었는데, 대류권은 밤시간에 대기에 중요한 역할을 한다.

질산 라디칼은 이산화 질소와 오존 간의 반응에 의해 생성된다.

$$NO_2(g) + O_3(g) \rightarrow NO_3(g) + O_2(g)$$

질산 라디칼은 낮시간 동안 빛에 의해 광분해 반응을 일으키는데, 생성물은 빛의 파장에 따라 달라진다.

$$NO_3(g) \xrightarrow{h\nu} NO(g) + O_2(g)$$

$$NO_3(g) \xrightarrow{h\nu} NO_2(g) + O(g)$$

밤에는 질산 라디칼의 농도가 0.1 ~ 1 ppb에 불과하지만, 지구의 표면에서 산화제로 작용하는 주된 화학종이다. 이 라디칼은 탄화수소의 농도가 높은 도시 지역의 환경에 매우 중요한 역할을 한다. 그래서 아래의 식에서 RH로 표기된 알케인으로부터 수소를 제거하여 반응성이 높은 알킬 라디칼과 질산 수소를 생성시키는데, 질산 수소는 물과 반응해서 질산이 된다.

$$NO_3(g) + RH(g) \rightarrow R\cdot(g) + HNO_3(g)$$

알켄과의 반응에서는 이중 결합에 첨가되어 높은 산화력과 반응성을 갖는 유기 질소 화합물과 과산화물을 생성시킨다. 이 중에서 PAN으로 알려진 질산 과산화아세틸, $CH_3COO_2NO_2$는 많은 도시 대기의 광화학 스모그에 존재하는 눈을 자극하는 악명 높은 화학종이다.

15.9 질소의 할로젠화물

삼염화 질소는 전형적인 공유 결합성 염화물이다. 이 화합물은 기름 형태의 노란색 액체이며, 물과 반응하여 암모니아와 하이포아염소산을 만든다.

$$NCl_3(aq) + 3\ H_2O(l) \rightarrow NH_3(g) + 3\ HClO(aq)$$

이 화합물은 양의 생성 자유 에너지를 가지므로, 순수한 화합물일 때는 폭발성이 아주 크다. 그러나 삼염화 질소의 기체는 밀가루를 표백하는 데 많이(그리고 안전하게) 사용된다.

이와는 대조적으로 트라이플루오린화 질소는 열역학적으로 안정하며, 화학 반응성이 낮은 무색무취의 기체이다. 예를 들면, 트라이플루오린화 질소는 물과 전혀 반응하지 않는다. 이러한 안정성과 낮은 반응성은 공유 결합성 플루오린화물에서는 아주 일반적인 성질이다. 암모니아처럼 고립 전자쌍을 가지고 있지만(그림 15.19), 트라이플루오린화 질소는 약한 Lewis 염기이다. 트라이플루오린화 질소의 F−N−F 결합각(102°)은 사면체의 각보다 훨씬 작다. 약한 Lewis 염기인 것과 사면체 각인 109.5°보다 더 작은 결합각을 갖게 되는 현상에 대한 한 가지 설명은, 질소-플루오린의 결합은 90°가 적정각인 p 오비탈 성질이 우세하고, 고립 전자쌍은 더 방향성이 있는 sp^3 혼성 오비탈이 아니라 질소의 s 오비탈에 존재한다는 것이다.

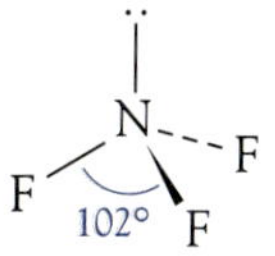

그림 15.19 트라이플루오린화 질소 분자

트라이플루오린화 질소가 Lewis 염기로 작용하는 반응의 예를 들면, 트라이플루오린화 질소를 매우 낮은 온도에서 전기 방전으로 에너지를 가해 산소 기체와 반응시키면 안정한 트라이플루오린화 산화 질소, NF_3O를 형성한다.

$$2\ NF_3(g) + O_2(g) \rightarrow 2\ NF_3O(g)$$

트라이플루오린화 산화 질소는 질소와 산소 원자 사이에 배위 공유 결합을 이루는 화합물의 전형적인 예로 자주 거론된다.

15.10 아질산과 아질산염

아질산

아질산은 용액일 때를 제외하면 불안정한 약한 산이다. 아질산은 0°C에서 금속의 아질산염과 묽은 산을 혼합시키는 복합 치환 반응을 통해 얻는다. 아질산 바륨과 황산을 섞으면 황산 바륨의 용해도가 매우 낮기 때문에 순수한 아질산을 얻을 수 있다.

$$Ba(NO_2)_2(aq) + H_2SO_4(aq) \rightarrow 2\ HNO_2(aq) + BaSO_4(s)$$

아질산 분자의 구조는 그림 15.20에 나타내었다.

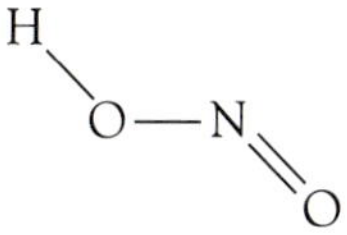

아질산은 실온에서도 불균등화 반응을 일으켜서 질산과 일산화 질소의 기포가 발생된다. 일산화 질소는 산소와 격렬한 반응을 일으켜 이산화 질소의 갈색 연기를 만든다.

그림 15.20 아질산 분자

$$3\ HNO_2(aq) \rightarrow HNO_3(aq) + 2\ NO(g) + H_2O(l)$$

$$2\,NO(g) + O_2(g) \rightarrow 2\,NO_2(g)$$

아질산은 유기 화학에서 반응물로 사용되는데, 예를 들어 아질산을 유기 아민(이 경우에는 아닐린 $C_6H_5NH_2$)과 혼합하면 다이아조늄염이 만들어진다.

$$C_6H_5NH_2(aq) + HNO_2(aq) + HCl(aq) \rightarrow [C_6H_5N_2]^+Cl^-(s) + 2\,H_2O(l)$$

이 다이아조늄염은 광범위한 유기 화합물을 합성하는 데 사용된다.

아질산염

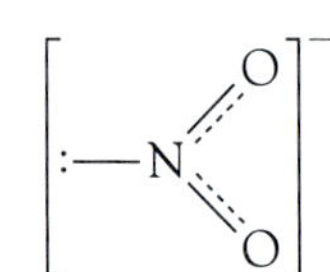

그림 15.21 아질산 이온

아질산 이온은 약한 산화제이다. 따라서 낮은 산화 상태를 갖는 금속의 아질산염은 만들 수 없다. 예를 들면, 아질산염은 철(II)을 철(III)로 산화시키면서 동시에 질소의 낮은 산화물로 환원될 것이다.

아질산 이온은 중앙의 질소 원자에 있는 고립 전자쌍 때문에 V-자 형태의 모양이며(그림 15.21), 결합각은 이산화 질소가 134°인 데 비해 115°이다(그림 15.14). N−O 결합 길이는 이산화 질소(120 pm)에서 보다 긴 124 pm이지만, 여전히 N−O 단일 결합(143 pm)에서보다는 짧다.

아질산 소듐은 햄, 핫도그, 소시지, 베이컨과 같은 식품의 방부제로 주로 사용된다. 아질산 이온은 특히, 보툴리누스 중독(botulism toxin)을 일으키는 유기체인 *Clostridium botulinum*과 같은 박테리아의 성장을 억제한다. 아질산 소듐은 쇠고기와 같은 붉은 육류의 포장 처리에도 사용된다. 대기 중에 방치된 피는 신속하게 갈색으로 변하는데, 소비자는 선홍색의 육류를 훨씬 선호하기 마련이다. 따라서 육류는 아질산 소듐으로 처리되는데, 아질산 이온은 일산화 질소로 환원되고, 이것이 헤모글로빈과 반응하여 매우 안정한 붉은색의 화합물을 만든다. 보통의 환경에서 아질산이 박테리아의 성장을 억제하기는 하지만, 요즈음에는 육류를 박테리아가 자라지 못할 정도의 저온에 저장한다. 소비자들로 하여금 붉은색보다는 갈색의 육류를 선호하도록 설득하기 위해서는 엄청난 재교육이 필요하다. 모든 육류는 아질산 소듐으로 처리되지만, 아질산 이온은 요리 과정에서 육류에 있는 아민과 반응하여 −NNO기를 갖는 화합물인 나이트로소아민을 만든다. 이 화합물은 발암성 물질로 알려져 있다. 그러나 아질산염으로 처리된 육류를 과도하게 섭취하지만 않는다면 암의 발병 가능성은 거의 없다.

15.11 질산과 질산염

질산

순수할 때에는 무색의 기름 형태의 무색 액체인 질산은 극히 해로운 물질이다. 질산은 산으로서도 분명 위험한 물질이지만, 그림 15.3의 Frost 도표에서 알 수 있는 바와 같이, 산화될 수 있는 물질이 있으면 매우 위험한 아주 강한 산화제이다. 이 산의 녹는점은 −42°C, 끓는점은 +83°C이며, 빛에 의해 분해 반응을 일으키기 때문에 대개 연한 노란색을 띤다.

$$4\,HNO_3(aq) \rightarrow 4\,NO_2(g) + O_2(g) + 2\,H_2O(l)$$

순수할 때 액체 질산은 거의 완벽한 비전도성을 나타낸다. 그러나 일부는 다음과 같이 이온화된다(이 반응들에 포함된 모든 화학종은 질산 용매에 존재하고 있다).

$$2\,HNO_3(l) \rightleftharpoons H_2NO_3^+ + NO_3^-$$
$$H_2NO_3^+ \rightleftharpoons H_2O + NO_2^+$$
$$H_2O + HNO_3 \rightleftharpoons H_3O^+ + NO_3^-$$

전체 반응식은 다음과 같다.

$$3\,HNO_3 \rightleftharpoons NO_2^+ + H_3O^+ + 2\,NO_3^-$$

나이트릴 양이온은 유기 분자의 나이트로화에 중요하게 사용되는데, 예를 들어 벤젠, C_6H_6을 나이트로벤젠, $C_6H_5NO_2$로 바꾸는 것은 많은 유기 공업 공정에서 아주 중요한 단계이다.

진한 질산은 70% 수용액(약 16 mol·L^{-1})이지만, 아주 강력한 산화제인 '발연 질산'은 순수한 질산에 이산화 질소가 녹아있는 붉은색의 용액이다. 발연 질산은 묽은 용액에서도 산과 금속을 혼합해도 수소가 발생하지 않을 만큼 강한 산화제인데, 이 조건에서는 수소가 발생하는 대신 이산화 질소의 혼합물이 생성되면서 금속이 양이온으로 산화되어 버린다.

말단의 O — N 결합(121 pm)들은 수소가 결합되어 있는 O — N 결합(141 pm)보다 훨씬 짧다. 이러한 결합 길이는 2개의 말단 산소와 질소 원자 사이에 다중 결합이 있음을 암시하고 있다. σ 결합에 있는 전자 외에도 O — N — O π 결합 체계와 관련된 4개의 전자가 더 있는데, 2개는 결합성 오비탈에, 그리고 2개는 비결합성 오비탈에 들어가서 각 질소-산소 결합의 차수는 1.5가 된다(그림 15.22).

H—O—N(O)(O)

그림 15.22 질산 분자

아질산은 약한 산이지만 질산은 센산이다(표 15.5). 7.3절에서 논의한 바와 같이 중심의 질소 원자에 결합된 추가적인 산소 원자는 O — H 결합으로부터 더 많은 전자 밀도를 끌어 당기기 때문에 O — H 결합을 더 약해지게 만들어서 이온화가 더 쉽게 일어나게 한다.

질산의 공업적 제법

지금은 질산 합성에 **Ostwald 공정**(*Ostwald process*)이 활용된다. 이 공정은 Harber 공정에 의해 생산되는 많은 양의 암모니아를 활용하며, 세 단계로 수행된다. 첫 번째는 암모니아와 산소(또는 공기)를 혼합하여 백금 금속 그물에 통과시킨다. 이 과정은 매우 효율적이고, 심한 발열 반응이기 때문에 그물이 빨갛게 달구어진다. 이때 촉매와의 접촉 시간은 불필요한 부반응의 진행을 막기 위해 약 1 ms 정도로 제한된다. 이 과정은 기체 9몰에서 10몰의 기체가 생성되는 반응이므로(Le Châtelier 원리를 적용하여), 엔트로피 효과의 이점을 살려 평형을 오른쪽으로 진행시키기 위해 낮은 압력에서 진행시킨다.

표 15.5 아질산과 질산의 산의 세기 비교

	매우 산성	산성	염기성	매우 염기성
질산	$NO_3^-(aq)$			
아질산	$HNO_2(aq)$	$NO_2^-(aq)$		

$$4\,NH_3(g) + 5\,O_2(g) \rightarrow 4\,NO(g) + 6\,H_2O(g)$$

일산화 질소를 이산화 질소로 산화시키기 위해 산소를 더 가해 준다. 이 발열 반응의 수득률을 높이기 위해서는 기체로부터 열을 제거하고 혼합물을 높은 압력하에 둔다.

$$2\,NO(g) + O_2(g) \rightarrow 2\,NO_2(g)$$

마지막 단계는 이산화 질소를 물과 혼합시켜 질산 용액을 얻는 것이다.

$$3\,NO_2(g) + H_2O(l) \rightarrow 2\,HNO_3(l) + NO(g)$$

이 반응도 역시 발열 반응이다. 수득률을 최대로 하려면 다시 냉각과 고압이 필요하다. 일산화 질소는 두 번째 단계의 산화를 위해 다시 투입된다.

질산 공장의 가장 중요한 문제는 공해 문제이다. 굴뚝에서 이산화 질소가 빠져나가는 갈색의 연기가 나오는지를 보면 구식 공장인지 여부를 쉽게 알 수 있다. 최신 설비를 갖춘 공장에서는 이와 같은 오염 기체 방출 문제는 심각하지 않는데, 배기 가스 중에는 200 ppm 이하의 이산화 질소가 포함되어 있다. 지금은 구식 공장에서도 암모니아와 이산화 질소를 정량적으로 혼합하는 방법을 사용하여 무해한 질소와 수증기가 나오도록 한다.

$$NO(g) + NO_2(g) + 2\,NH_3(g) \rightarrow 2\,N_2(g) + 3\,H_2O(g)$$

전 세계적으로 약 80%의 질산이 비료 제조에 사용된다. 이 비율은 미국에서는 65%밖에 되지 않는데, 그 이유는 약 20%의 질산이 폭발물 제조에 사용되기 때문이다.

질산염

일반적인 산화 상태를 갖는 거의 모든 금속은 질산염을 만들며, 특히 주목해야 할 점은 모두 수용성이라는 것이다. 그래서 질산염은 양이온 용액이 필요할 경우에 사용된다. 질산은 강한 산화제이지만 무색의 질산 이온은 보통의 조건에서는 산화력이 없다(그림 15.3 참조). 따라서 철(II)처럼 낮은 산화 상태에 있는 금속의 질산염도 얻을 수 있다.

가장 중요한 질산염은 질산 암모늄인데, 실제로 질산의 가장 중요한 용도는 이 화합물을 만드는 것이다. 전 세계적으로 연간 약 1.5×10^7톤의 질산 암모늄이 생산된다. 질산 암모늄은 암모니아를 질산과 반응시키면 만들 수 있다.

$$NH_3(g) + HNO_3(aq) \rightarrow NH_4NO_3(aq)$$

가장 흔히 사용하는 냉찜질팩 중 한 가지는 고체 질산 암모늄과 물을 사용한다. 분리막을 깨뜨리면 질산 암모늄 용액이 만들어진다. 이 과정은 매우 큰 흡열 과정이다.

$$NH_4NO_3(s) \rightarrow NH_4^+(aq) + NO_3^-(aq) \qquad \Delta H^\ominus = +26\ kJ \cdot mol^{-1}$$

이 흡열성은 결정 격자에 있는 양이온-음이온 인력이 비교적 강하고, 용액에서의 물 분자에 대한 이온-쌍극자 인력이 비교적 약하기 때문에 나타나게 된다. 엔탈피 요인이 양의 값이더라도 엔트로피가 크게 증가할 것이므로 화합물은 여전히 매우 잘 녹을 것이다. 실제로 엔트로피는 +110 $J \cdot mol^{-1} \cdot K^{-1}$만큼 증가한다. 고체 상태일 때 결정의 엔트로피는 작은 값을 갖지만, 용액 중에서 이온은 유동적이다. 뿐만 아니라 이온의 크기가 크고, 전하는 낮아서 주위의 물 분자를 잘 정돈시키지 못한다. 따라서 엔트로피의 큰 증가가 질산 암모늄의 흡열 용해 과정을 일으키는 추진력이다.

질산 암모늄은 질소 비료의 편리하고 농축된 원료이지만 주의하여 다루어야 한다. 질산 암모늄은 저온에서 산화 이질소로 분해되지만, 고온에서는 질소, 산소, 수증기로 분해되는 반응이 격렬하게 일어난다.

$$NH_4NO_3(s) \xrightarrow{\Delta} N_2O(g) + 2\,H_2O(g)$$

$$2\,NH_4NO_3(s) \xrightarrow{\Delta} 2\,N_2(g) + O_2(g) + 4\,H_2O(g)$$

1955년경 북미의 폭약 산업체들은 질산 암모늄-탄화수소 혼합물의 중요성을 알게 되었다. 그래서 연료 기름과 질산 암모늄을 혼합하는 경우가 매우 흔해졌다. 질산 암모늄과 연료 기름을 사용 전까지 서로 분리하여 저장시킬 수 있기 때문에 실제로 이 혼합물은 매우 안정하다. 이 혼합물은 1995년 오클라호마주의 오클라호마시 폭파 사건의 비극이 있기 전까지는 그 사용이 더 증가하였다.

다른 질산염은 가열하면 다른 경로로 분해된다. 질산 소듐은 용해가 되며, 더 가열하면 산소 기체의 방울이 생기고, 아질산 소듐이 남는다.

1947년 텍사스주의 텍사스시에서 왁스로 코팅된 질산 암모늄을 운반하던 배에서 사고로 불이 나서 최소한 500명이 사망하였다.

$$2\,NaNO_3(l) \xrightarrow{\Delta} 2\,NaNO_2(s) + O_2(g)$$

대부분의 다른 금속의 질산염은 금속의 산화물과 이산화 질소, 산소로 분해된다. 예를 들면, 질산 구리(II) 칠수화물의 푸른색 결정을 가열하면 처음에 수화물이 방출되고, 이 물에 질산 구리(II) 자체가 녹아서 녹색의 액체로 된다. 계속 가열하면 물은 증발되어 없어지고, 녹색의 고체는 산소와 이산화 질소의 갈색 연기를 내며, 산화 구리(II)의 검은색 찌꺼기가 남게 된다.

$$2\,Cu(NO_3)_2(s) \xrightarrow{\Delta} 2\,CuO(s) + 4\,NO_2(g) + O_2(g)$$

염기성 용액에서 질산염과 아질산염은 모두 아연이나 Devarda 합금(알루미늄, 아연, 구리의 혼합물)에 의해 암모니아로 환원될 수 있다. 이 반응은 질산염과 아질산염의 정성 분석에 주로 사용되는데, 이 이온들에 대한 특성적인 침전 시험을 할 수 없기 때문이다. 암모니아는 보통 냄새나 물기 있는 붉은색 리트머스 시험지(푸른색으로 바뀐다)로 검출한다.

$$NO_3^-(aq) + 6\,H_2O(l) + 8\,e^- \rightarrow NH_3(g) + 9\,OH^-(aq)$$

$$Al(s) + 4\,OH^-(aq) \rightarrow Al(OH)_4^-(aq) + 3\,e^-$$

질산 이온에 대한 '갈색 고리 시험'은 매우 산성인 용액에서 철(II)에 의한 질산 이온의 환원과 철(II)에 배위된 물 분자 하나가 치환되어 갈색의 착물 이온을 만드는 반응을 포함한다.

$$[Fe(OH_2)_6]^{2+}(aq) \rightarrow [Fe(OH_2)_6]^{3+}(aq) + e^-$$

$$NO_3^-(aq) + 4\,H^+(aq) + 3\,e^- \rightarrow NO(g) + 2\,H_2O(l)$$

$$[Fe(OH_2)_6]^{2+}(aq) + NO(g) \rightarrow [Fe(OH_2)_5(NO)]^{2+}(aq) + H_2O(l)$$

그림 15.23 질산 이온

질산 이온은 삼각 평면 구조이며, 아질산 이온에서 약간 짧은 질소-산소 결합(122 pm)을 가지고 있다. 질산 이온은 탄산 이온과 등전자 구조이다. 따라서 만일 각각의 구조가 동등하게 기여한다면 결합 차수는 $1\frac{1}{3}$이 될 것이다. 이 이온의 부분적인 결합을 그림 15.23에 나타내었다.

15.12 인 화학의 개요

인 화학종의 Frost 도표를 보면, 산성 조건에서는 인산, H_3PO_4처럼 가장 높은 산화 상태인 +5를 갖는 화학종이 가장 안정하고, 염기성 조건에서는 인산 이온, PO_4^{3-}이 가장 안정하다(그림 15.24). 수용액에서는 이들과 중간에 낀 산성 음이온이 우세한 화학종이다.

인 화학의 독특한 특징은 인의 흰색 동소체에서 발견되는 사면체 P_4 단위의 안정성이다(15.13절 참조). 예를 들면, 일반적인 인의 산화물, P_4O_6와 P_4O_{10}은 P_4 골격에 근거하는 구조를 가지며(15.15절 참조), P_4S_{10}과 산화-황화 화합물인 $P_4O_6S_4$와 $P_4S_6O_4$도 P_4 골격에 근거하는 구조를 갖는다.

15.13 인

인은 몇 가지 동소체를 갖는다. N_2처럼 삼중 결합을 갖는 P_2 분자는 반응성이 매우 크기 때문에 짧은 시간 동안만 존재한다. 가장 흔한 동소체는 흰인[**황인**(*yellow phosphorus*)이

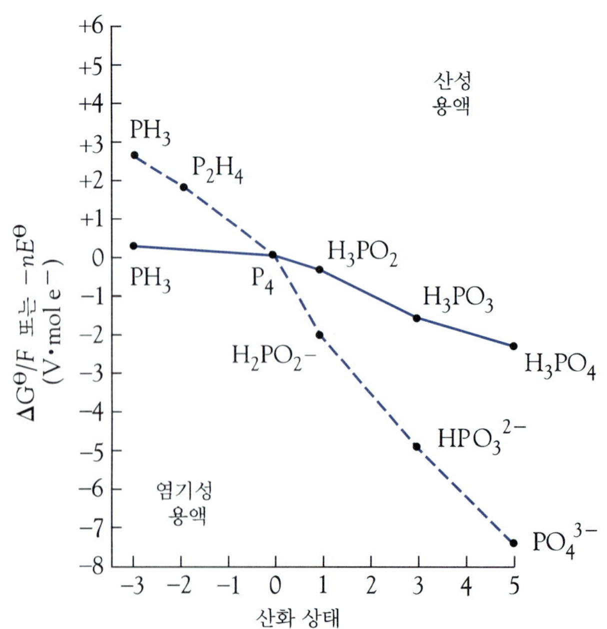

그림 15.24 산성과 염기성 조건에서 일반적인 인 화학종에 대한 Frost 도표

라고도 함]이며, 그 다음으로 흔한 것은 붉은인이다. 신기하게도 열역학적으로 가장 안정한 형태의 인인 검은인은 제조하기가 가장 힘들다. 검은인을 제조하려면 흰인을 약 1.2 GPa에서 가열하여야 한다.

흰인

흰인은 흰색의 왁스처럼 보이는 매우 독성이 강한 물질로, 액체 인이 굳어질 때 생성된다. 이 동소체는 이웃한 분자들 간의 분산력이 약하기 때문에 약 44°C에서 녹는다. 흰인은 사면체의 꼭짓점에 인 원자가 있는 사원자 분자이다(그림 15.25). 흰인은 산소와의 반응성이 아주 크므로 물속에 보관해야 한다. 물과 같은 수소 결합이 있는 용매에는 녹지 않지만, 이황화 탄소와 같은 비극성 유기 용매에는 아주 잘 녹는다.

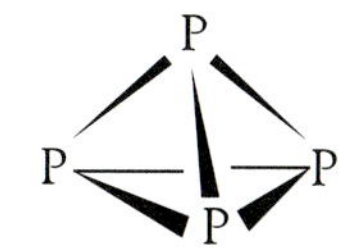

그림 15.25 흰인 분자

흰인의 공유 결합은 뒤틀림이 많이 걸려 있기 때문에 동소체 중에서 열역학적으로 가장 불안정하게 된다. 그래서 흰인은 반응성이 매우 큰 물질이다. 예를 들면, 흰인은 공기 중에서 격렬하게 연소되어 십산화 사인으로 된다.

$$P_4(s) + 5\,O_2(g) \rightarrow P_4O_{10}(s)$$

이 산화물은 전자가 들뜬 상태에서 생성되며, 전자가 낮은 에너지 상태로 떨어지면서 가시광선을 방출한다. 실제로 **인**(*phosphorus*)이라는 이름은 흰인이 어둠 속에서 공기 중에 노출되었을 때 내는 빛인 인광(phosphorescent)로부터 유래된 것이다.

붉은인

자외선(예를 들어, 형광등으로부터 나오는)에 노출되면 흰인은 서서히 붉은인으로 바뀐다. 붉은인의 구조는 흰인의 사면체 구조의 한 결합이 끊어져서 이웃과 결합한 구조이다(그림 15.26). 따라서 붉은인은 흰인보다 장애가 적게 걸리는 결합을 갖는 고분자이다.

열역학적으로 더 안정한 붉은인은 동소체인 흰인과는 성질이 완전히 다르다. 공기 중에서 안정하며, 공기 중의 산소와는 약 400°C 이상에서만 반응한다. 붉은인의 녹는점은 고분자 사슬이 끊어져 흰인의 P_4 단위와 같이 되는 온도로서, 약 600°C 정도이다. 공유 결합성 고분자라는 사실로부터 예측되는 바와 같이 붉은인은 모든 용매에 녹지 않는다.

인의 공업적 추출

인은 반응성이 너무 큰 원소이므로 화합물로부터 인을 추출하기 위해서는 아주 극단적인 방법을 사용할 수밖에 없다. 이 원물질은 인산 칼슘인데, 이 화합물은 플로리다의 중부 지역, 모로코의 사하라 지역, 그리고 태평양의 섬나라인 나우루 공화국에 많은 양이 매장되어 있다. 인이 이 지역들에 매장된 원인은 잘 밝혀져 있지 않지만, 아마도 수십만 년 동안 산호초의 탄산 칼슘과 인이 많이 함유된 바다새의 배설물 간의 상호작용으로 이루어진 것으로 추측한다.

그림 15.26 붉은인의 원자 배열

인광석을 처리하려면 전기 에너지가 많이 필요하다. 그래서 광석은 전력이 풍부하고 값싼 나라인 북미 지역과 유럽 등에서 처리된다. 인광석이 원소로 바뀌는 반응은 60톤의 탄소 전극을 포함하는 매우 거대한 전기로 속에서 이루어진다. 이러한 전기 화학적인 과정에서 전기로는 광석, 모래, 코크스로 채워지고 전극 사이에는 500 V에서 180,000 A의 전류가 걸린다. 전기로의 작동 온도인 1500°C에서 인산 칼슘은 일산화 탄소와 반응하여 산화 칼슘, 이산화 탄소, 기체 상태의 사인(tetraphosphorus)이 된다.

$$2\ Ca_3(PO_4)_2(s) + 10\ CO(g) \xrightarrow{\Delta} 6\ CaO(s) + 10\ CO_2(g) + P_4(g)$$

기체 상태의 인을 응축시키기 위해서는 탑으로 사인을 끌어 올려서 물을 뿌려준다. 액화된 인은 탑의 아래쪽에서 모아서 저장 용기로 보낸다. 보통의 전기로에서는 시간당 약 5톤의 사인이 생산된다. 그런 다음 이산화 탄소는 코크스에 의해 다시 일산화 탄소로 환원된다.

$$CO_2(g) + C(s) \rightarrow 2\ CO(g)$$

이 기체의 일부는 재사용되지만 나머지는 전기로 밖으로 방출된다. 산화 칼슘은 이산화 규소(모래)와 반응하여 규산 칼슘(슬랙, slag)이 된다.

$$CaO(s) + SiO_2(s) \xrightarrow{\Delta} CaSiO_3(l)$$

방출되는 일산화 탄소는 연소되고, 이때 발생된 열은 세 가지의 원료 물질을 건조시키는 데 사용된다.

$$2\ CO(g) + O_2(g) \rightarrow 2\ CO_2(g)$$

인광석에는 두 가지 일반적인 불순물이 있다. 하나는 플루오르인화석(fluorapatite), $Ca_5(PO_4)_3F$인데, 고온에서 반응하여 독성과 부식성이 있는 테트라플루오린화 규소를 만든다. 이 불순물은 방출되는 기체를 탄산 소듐 용액으로 처리해서 제거한다. 이 과정에서 상업적으로 유용한 헥사플루오로규소산 소듐, Na_2SiF_6가 생성된다. 또 하나의 불순물은 산화 철(III)인데, 사인과 반응하여 인화 철(III)(ferrophosphorus, 주로 Fe_2P, 몇 가지 인화 철의 틈새 화합물 중의 하나)을 만들며, 밀도가 큰 이 액체는 전기로의 바닥으로부터 액체 슬랙 층의 밑으로 흘러내리게 할 수 있다. 인화 철은 기차의 제동 쐐기와 같은 특수 철강 제품을 만드는 데 사용된다. 공정 중에서 생기는 다른 부산물은 규산 칼슘(슬랙)인데, 이것은 도로를 메울 때 사용하는 외에는 별로 가치가 없다. 전 공정에 들어가는 비용은 에너지의 소비량뿐만 아니라, 원료 물질의 양에 있어서도 경이로운 것이다. 이것을 표 15.5에 나타내었다.

표 15.6 1톤의 인을 추출할 때 소모되고 생성되는 물질들

필요한 물질	생성되는 물질
인산 칼슘(인광석) 10톤	흰인 1톤
	규산 칼슘(슬랙) 8톤
이산화 규소(모래) 3톤	아인산 철 $\frac{1}{4}$톤
탄소(코크스) 1.5톤	먼지 0.1톤
전기 에너지 14 MWh	배기 가스 2500 m^3

불꽃의 생성

요즈음은 휴대용 부탄 라이터를 사용하기 때문에 불꽃을 만드는 것이 얼마나 어려운지를 잊고 산다. 1833년 흰인 성냥을 사용하여 쉽게 불을 생성하는 방법을 발견하였을 때 사람들은 아주 기뻐하였다. 이 편리함을 취하기 위해 인류는 끔찍한 비용을 지출하였는데, 흰인의 독성이 극도로 심각하기 때문이다. 성냥 공장에서 일했던 수많은 젊은 여성들이 인 중독으로 사망하였다. 이 직업 재해 자체는 '인괴사'로 기록되었는데, 아래 턱이 망가지고, 이어서 죽음에 이르게 된다.

1845년, 공기 중에서 안정한 붉은인은 화학적으로 흰인과 동일함이 입증되었다. 영국의 산업화학자 Arthur Albright는 그가 운영하는 성냥 공장에서 많은 노동자가 사망하여 어려움에 처해 있었다. 그래서 그가 더 안정한 이 동소체에 대해 알게 되었을 때, 그는 붉은인을 사용한 성냥을 생산하기로 결정하였다. 그러나 비활성인 붉은인을 산화제와 혼합하면 곧바로 폭발이 일어났다. 안전 성냥의 개발에 대해 상이 주어졌는데, 1848년 신원 미상의 영리한 사람이 한 성분은 성냥의 끝에 바르고 나머지 성분은 성냥갑에 바르는 방법을 제안하였다. 이렇게 하여 두 표면이 서로 접촉되었을 때에만 성냥 꼭지가 점화되게 만들었다.

오늘날은 디자인이 약간 달라졌다. 성냥 꼭지는 약 45~55%의 산화제, 염소산 포타슘, $KClO_3$를 약간의 황과 전분, 비활성 물질 및 접착제와 혼합한 성분으로 구성된다. 좀 더 격렬한 반응을 일으키기 위해 꼭지에 황화 안티모니(III), Sb_2S_3를 함유하는 성냥도 있다. 성냥갑 마찰 표면은 약 50%의 붉은인과 마찰력을 확보하기 위한 25%의 유리 가루, 4%의 카본 블랙을 포함한 다른 성분들로 구성된다. 값이 싼 부탄 라이터가 널리 보급되었음에도 불구하고 성냥은 아직도 연간 10^{12} ~ 10^{13}개가 소비되고 있다.

공정 중에서 나오는 주요 오염물은 먼지, 배기 가스, 인을 포함하는 고체 폐기물, 그리고 냉각탑을 식히는 물이다(표 15.6). 구식 공장은 환경에 매우 큰 악영향을 끼쳤다. 오늘날에는 구형 공장을 폐쇄시키고 신기술을 이용한 공해가 적은 새로운 공장을 짓는 것이 더 경제적이다. 그러나 폐기물을 쌓아둔 곳에서 침출되어 나오는 오염 물질 때문에 폐쇄된 공장은 인근 지역에 심각한 환경문제를 일으키고 있다.

인의 제조에 사용되는 에너지 비용이 너무 높아서, 대부분의 인 화합물을 만드는 것이 경제적인 방법이 되지 못하기 때문에 순수한 인에 대한 필요성이 갈수록 감소하고 있다. 더구나 생태학적인 이유 때문에도 인산 세제를 사용하지 않는 추세에 있다. 그럼에도 불구하고 인 원소는 아직도 인이 포함된 살충제나 성냥의 재료와 같은 고순도의 인 화합물을 만드는 데 주로 사용된다.

15.14 포스핀

암모니아의 유사체인 포스핀, PH_3은 독성이 아주 큰 무색의 기체이다. P−H 결합은 N−H보다 극성이 작기 때문에 이 두 수소화물은 근본적으로 다르다. 따라서 포스핀은 매우 약한 염기이며, 수소 결합을 하지 않는다. 실제로 암모늄 이온에 상응하는 포스포늄 이온, PH_4^+는 만들기가 어렵다. 포스핀 자체는 매우 전기 양성인 금속의 인화물을 물과 혼합하여 얻을 수 있다.

$$Ca_3P_2(s) + 6\,H_2O(l) \rightarrow 2\,PH_3(g) + 3\,Ca(OH)_2(aq)$$

암모니아의 H−N−H의 결합각은 107°인 데 비해, 포스핀에서 H−P−H 결합각은 단지 93°에 불과하다. 포스핀의 결합각으로부터 알 수 있는 것은 인 원자는 결합에 sp^3 혼성 오비탈 대신 p 오비탈을 사용한다는 것이다.

포스핀 그 자체의 용도는 별로 없지만 치환된 포스핀은 22장에서 다룰 유기금속 화학에서 중요한 시약이다. 가장 많이 사용되는 치환된 포스핀은 PPh_3로 표기되는 트라이페닐포스핀, $P(C_6H_5)_3$이다.

15.15 인의 산화물

인은 육산화 사인(tetraphosphorus hexaoxide), P_4O_6와 십산화 사인, P_4O_{10}의 두 가지 산화물을 형성한다. 이들은 둘 다 실온에서 흰색 고체이다. 육산화 사인은 산소가 부족한 분위기에서 흰인을 가열하여 얻는다.

$$P_4(s) + 3\ O_2(g) \rightarrow P_4O_6(s)$$

이와는 달리, 더 흔하고 중요한 십산화 사인은 과량의 산소 존재하에서 흰인을 가열하여 얻는다.

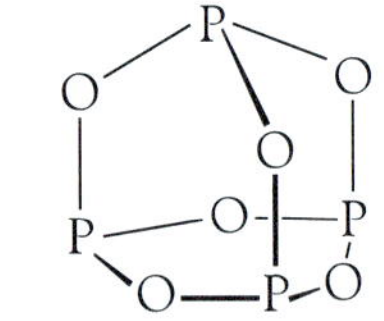

그림 15.27 육산화 사인 분자

$$P_4(s) + 5\ O_2(g) \rightarrow P_4O_{10}(s)$$

이 두 산화물의 구조는 흰인(사인) 자체의 사면체 구조를 기초로 하고 있다. 육산화 사인은 모든 인-인 결합 사이에 산소 원자가 삽입된 형태이다(그림 15.27). 십산화 사인에서는 여분의 산소 원자 4개가 인 원자가 차지한 사면체의 꼭짓점에서 밖으로 향하는 배위 공유 결합을 한다(그림 15.28). 이들 결합은 P — O 단일 결합보다 더 강하기 때문에 다중 결합의 성질을 갖는 형태여야 한다.

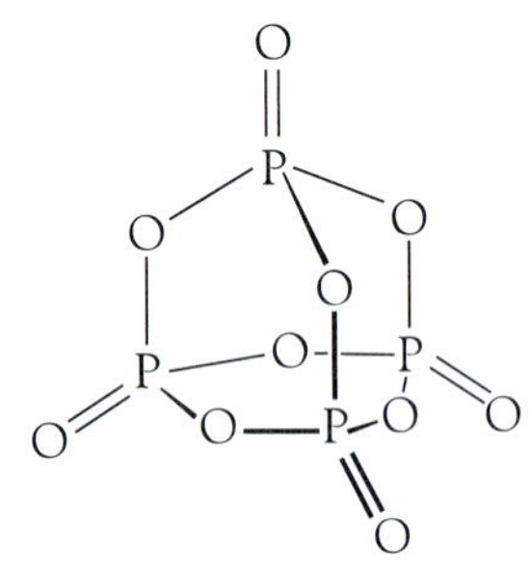

그림 15.28 십산화 사인 분자

십산화 사인은 물과 여러 단계로 격렬하게 반응하여 결국에는 인산이 되기 때문에 탈수제로 사용될 수 있다.

$$P_4O_{10}(s) + 6\ H_2O(l) \rightarrow 4\ H_3PO_4(l)$$

십산화 사인은 많은 화합물에서 물을 제거하는 데 사용되는데, 예를 들어 질산을 오산화 이질소로, 그리고 유기아마이드, $RCONH_2$를 나이트릴, RCN으로 바꾼다.

15.16 인의 염화물

산화물과 마찬가지로 인의 염화물은 무색의 액체인 삼염화 인, PCl_3와 흰 고체인 오염화 인, PCl_5의 두 가지가 존재한다. 삼염화 인은 염소 기체가 과량의 인과 반응할 때 생긴다.

$$P_4(s) + 6\ Cl_2(g) \rightarrow 4\ PCl_3(l)$$

염소가 과량으로 있으면 오염화 인이 생긴다.

$$P_4(s) + 10\ Cl_2(g) \rightarrow 4\ PCl_5(s)$$

삼염화 인

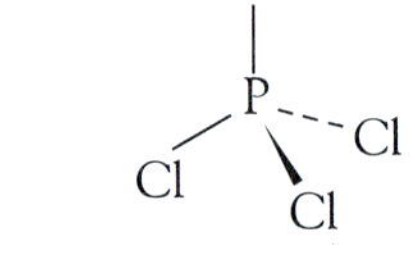

그림 15.29 삼염화 인 분자

삼염화 인은 물과 반응하여 포스폰산, H_3PO_3[흔히 **아인산**(*phosphorous acid*)이라고 함]와 염화 수소 기체가 된다(그림 15.29).

$$PCl_3(l) + 3\ H_2O(l) \rightarrow H_3PO_3(l) + 3\ HCl(g)$$

이러한 행동은 암모니아와 하이포아염소산으로 가수분해되는 삼염화 질소와는 대조가 된

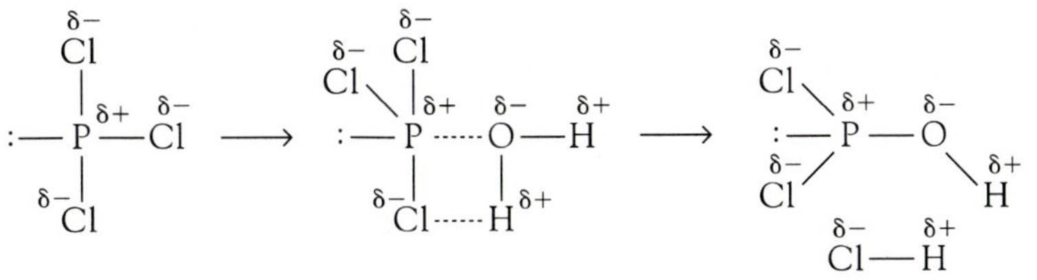

그림 15.30 삼염화 인과 물과의 반응에 있어서 첫 번째 단계에 대해 가능한 메커니즘

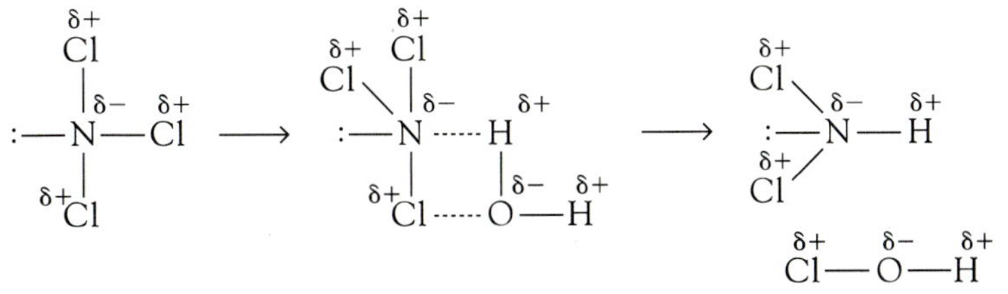

그림 15.31 삼염화 질소와 물과의 반응에 있어서 첫 번째 단계에 대해 가능한 메커니즘

다(그림 15.30).

$$NCl_3(l) + 3\ H_2O(l) \rightarrow NH_3(g) + 3\ HClO(aq)$$

삼각뿔 구조의 삼염화 인(그림 15.31)은 유기 화학에서 중요한 시약이며, 전 세계적으로 생산량이 약 250,000톤에 이른다. 예를 들면, 삼염화 인은 알코올을 클로로 화합물로 바꾸는 데 사용될 수 있다. 그래서 1-프로판올은 삼염화 인에 의해 1-클로로프로페인으로 바뀐다.

$$PCl_3(l) + 3\ C_3H_7OH(l) \rightarrow 3\ C_3H_7Cl(g) + H_3PO_3(l)$$

오염화 인

오염화 인의 구조는 고체상인 실온과 기체상인 고온에서 서로 다르기 때문에 흥미롭다. 기체상인 오염화 인은 삼각 쌍뿔 공유 결합 분자이지만(그림 15.32), 고체상인 오염화 인은 이온성 구조인 $(PCl_4)^+(PCl_6)^-$를 취한다(그림 15.33).

오염화 인 역시 유기 시약으로 사용되지만 별로 중요하지는 않아서, 전 세계적으로 연간 생산량이 20,000톤 정도 된다. 삼염화 인처럼 물과 반응하지만, 두 단계로 반응하며, 그 첫 단계에서는 염화 포스포릴, $POCl_3$[**산염화 인**(*phosphorus oxychloride*)이라고도 알려짐]가 생긴다.

$$PCl_5(s) + H_2O(l) \rightarrow POCl_3(l) + 2\ HCl(g)$$

$$POCl_3(l) + 3\ H_2O(l) \rightarrow H_3PO_4(l) + 3\ HCl(g)$$

삼염화 포스포릴

공업적으로 가장 중요한 인 화합물 중의 하나는 **염화 포스포릴**(*phosphoryl chloride*)이라고

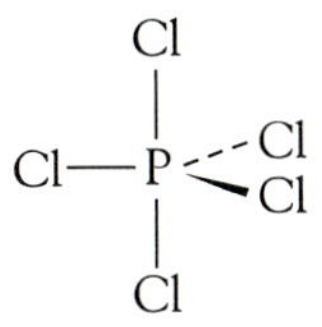

그림 15.32 액체와 기체상에서의 오염화 인의 구조

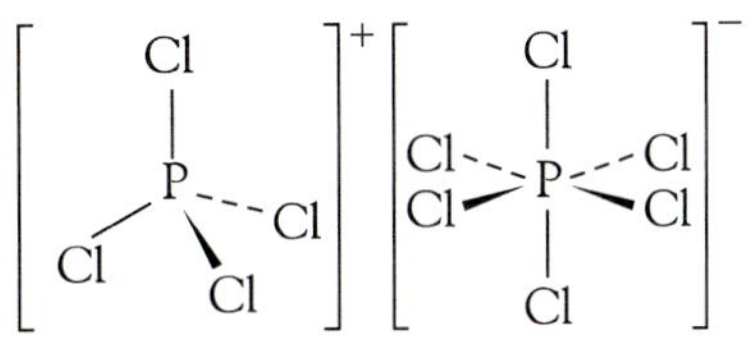

그림 15.33 오염화 인은 고체상일 때 두 이온으로 존재한다.

하는 삼염화 포스포릴, $POCl_3$이다. 밀도가 높고 독성이 강한 이 액체는 습한 공기 중에서는 연기를 발생시키는데, 공업적으로는 촉매 존재하에서 삼염화 인을 산화시켜서 만든다.

$$2\ PCl_3(l) + O_2(g) \rightarrow 2\ POCl_3(l)$$

염화 포스포릴로부터 제조되는 화학 약품들의 종류는 엄청나게 광범위하다. 인산 트라이-*n*-뷰틸, $(C_4H_9O)_3PO$는 흔히 TBP로 표기하는데, 우라늄과 플루토늄 화합물을 분리하는 선택성 용매로 사용된다. 비슷한 화합물들이 아동복, 비행기와 열차 좌석, 커텐 재료에 뿌리는 방화재로 사용되고 있고, 훨씬 더 많은 화합물들이 우리 일상생활 중에 사용되고 있다.

15.17 인의 산소산과 인산염

여기서 다룰 인의 산소산은 인산, H_3PO_4와 **아인산**(*phosphorous acid*)이라고 하는 포스폰산, H_3PO_3와 **하이포아인산**(*hypophosphorous acid*)이라고 하는 포스핀산, H_3PO_2의 세 가지이다. 이 중에서 인산만이 인의 실제적인 산소산이며, 중요한 화합물이다. 그러나 나머지 두 산도 산소산의 특성을 살펴보는 데에는 유용하다.

산소산에서 산성인 수소는 산소 원자에 결합되어 있으며, 이런 결합 방식은 정상적인 것이다. 일반적인 일련의 산소산을 보면[예를 들어 질산, $(HO)NO_2$와 아질산, $(HO)NO$)], 중심 원자의 산화 상태가 낮아짐에 따라 없어지는 것은 말단의 산소 원자이다. 그러나 인은 독특하게 인과 수소 원자를 이어주고 있는 산소 원자를 잃는다. 따라서 인산은 3개, 포스폰산은 2개, 포스핀산은 1개의 이온화될 수 있는 수소를 가지고 있다(그림 15.34).

인산

순수한 (오쏘)인산은 녹는점이 42°C인 무색의 고체이다. 산의 진한 수용액(질량으로 85%, $14.7\ mol \cdot L^{-1}$)을 '시럽(syrup)' 인산이라고 하는데, 광범위한 수소 결합 때문에 점도가 아주 높다. 앞에서 논의한 바와 같이 이 산은 산화력이 거의 없다. 용액에서 인산은 약한 산이며, 세 단계로 이온화한다.

$$H_3PO_4(aq) + H_2O(l) \rightleftharpoons H_3O^+(aq) + H_2PO_4^-(aq)$$
$$H_2PO_4^-(aq) + H_2O(l) \rightleftharpoons H_3O^+(aq) + HPO_4^{2-}(aq)$$
$$HPO_4^{2-}(aq) + H_2O(l) \rightleftharpoons H_3O^+(aq) + PO_4^{3-}(aq)$$

순수한 인산은 흰인을 태워 십산화 사인을 얻은 후, 다시 이 산화물을 물로 처리해서 얻는다.

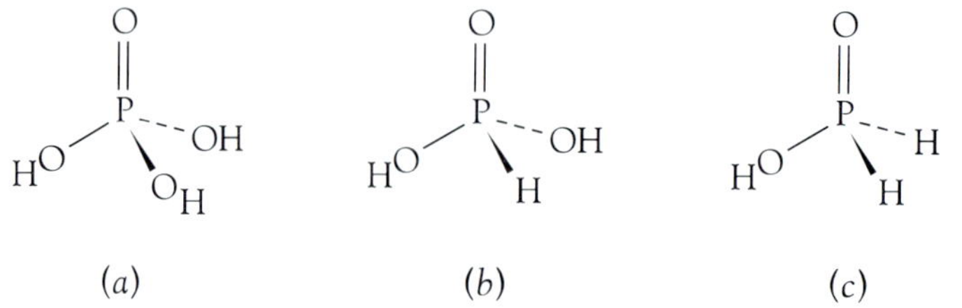

그림 15.34 인의 세 가지 산소산에서의 결합: (a) 인산, (b) 포스폰산, (c) 포스핀산

O ‖ P(OH)(OH)(HO) (a)　O ‖ P(OH)(H)(HO) (b)　O ‖ P(H)(H)(HO) (c)

$$P_4(s) + 5\ O_2(g) \rightarrow P_4O_{10}(s)$$
$$P_4O_{10}(s) + 6\ H_2O(l) \rightarrow 4\ H_3PO_4(l)$$

대부분의 경우에는 이러한 고순도의 산은 필요가 없으며, 따라서 미량의 불순물이 있어도 상관이 없을 때에는, 인산 칼슘을 황산으로 처리하여 인산 용액과 황산 칼슘의 침전을 얻는 방법이 에너지 면에서 더 효율적이다.

$$Ca_3(PO_4)_2(s) + 3\ H_2SO_4(aq) \rightarrow 3\ CaSO_4(s) + 2\ H_3PO_4(aq)$$

이 반응에 있어서 단 한 가지의 문제점은 황산 칼슘을 처리하는 일이다. 황산 칼슘의 일부는 건축 재료로 사용되지만, 황산 칼슘의 생산량은 수요보다 더 많다. 따라서 잉여물의 대부분은 폐기된다. 더구나 위 반응의 마지막 단계에서 인산이 농축될 때 많은 불순물이 침전으로 생성된다. 이 진흙 같은 폐기물은 환경적인 측면에서 안전한 방법으로 폐기되어야 한다.

인산을 가열하면 단계적으로 물을 잃게 되어 인산 분자는 **축합 반응**(*condensation*)을 일으킨다. 첫 번째 생성물은 파이로인산, $H_4P_2O_7$이다. 인산에서와 마찬가지로 각 인 원자는 사면체로 배위되어 있다(그림 15.35). 그 다음 단계의 생성물은 트라이폴리인산, $H_5P_3O_{10}$이다.

$$2\ H_3PO_4(l) \xrightarrow{\Delta} H_4P_2O_7(l) + H_2O(l)$$
$$3\ H_4P_2O_7(l) \xrightarrow{\Delta} 2\ H_5P_3O_{10}(l) + H_2O(l)$$

계속적인 축합에 의해 중합도가 더 높은 고분자가 생성된다.

대부분의 인산은 비료 생산에 사용된다. 인산은 청량 음료에도 첨가되는데, 약한 산성이므로 음료가 든 병 안에서 박테리아가 성장하는 것을 막아 준다. 인산은 금속 용기에도 사용된다. 금속 이온이 용기의 벽에서 녹아 나올 수 있을 경우 인산 이온은 금속 이온과 반응하여 반응성이 적은 인산 화합물을 만들어 혹시 있을지도 모르는 금속의 독성을 예방해 준다. 인산은 강철의 표면에 생기는 녹을 제거하는 데 사용되기도 하는데, 산업적인 목적뿐만 아니라 승용차를 수리할 때에도 사용된다.

인산염

인산염은 음이온의 높은 전하 때문에 큰 격자 에너지를 가지므로 대부분이 불용성이다. 그러나 알칼리 금속과 인산 암모늄은 예외이다. 인산염은 인산 이온(PO_4^{3-}), 인산 수소 이온(HPO_4^{2-}), 그리고 인산 이수소 이온($H_2PO_4^{-}$)를 포함하는 세 가지 종류가 있다. 용액 중에서 이 세 가지 화학종은 인산 자체와 평형을 이루고 있다. 예를 들면, 인산 이온의 용액은 다음과 같이 가수분해된다.

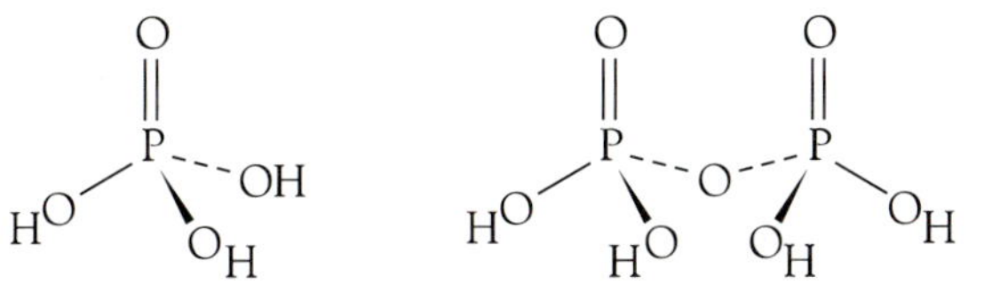

(*a*) (*b*)

그림 15.35 (a) (오쏘)인산과 (b) 파이로인산의 모양

$$PO_4^{3-}(aq) + H_2O(l) \rightleftharpoons HPO_4^{2-}(aq) + OH^-(aq)$$
$$HPO_4^{2-}(aq) + H_2O(l) \rightleftharpoons H_2PO_4^-(aq) + OH^-(aq)$$
$$H_2PO_4^-(aq) + H_2O(l) \rightleftharpoons H_3PO_4(aq) + OH^-(aq)$$

각 단계별 평형은 아래로 갈수록 더 왼쪽으로 치우쳐 있다. 따라서 실제 인산의 농도는 아주 낮다. 인산 소듐 용액은 첫 번째 평형 때문에 상당히 염기성이다. 이러한 염기성(기름 때와 반응하기 좋은)과 인산 이온의 배위 능력 때문에 인산 소듐 용액은 주방 세제(인산 트라이소듐으로 알려진 *TSP*)로 사용된다.

그림 15.36은 pH에 따라 인산 화학종의 분율이 어떻게 변하는지를 보여 준다. 인산 수소 소듐, $Na_2(HPO_4)$의 용액은 위 평형의 두 번째 단계 때문에 염기성을 띤다.

$$HPO_4^{2-}(aq) + H_2O(l) \rightleftharpoons H_2PO_4^-(aq) + OH^-(aq)$$

그러나 인산 이수소 소듐, $Na(H_2PO_4)$의 용액은 다음 반응 때문에 약간 산성이다.

$$H_2PO_4^-(aq) + H_2O(l) \rightleftharpoons H_3O^-(aq) + HPO_4^{2-}(aq)$$

고체의 인산 수소염과 인산 이수소염은 대부분의 일가 양이온(알칼리 금속과 암모늄 이온)과 칼슘 등의 몇 가지 이가 양이온에 대해서만 알려져 있다. 앞에서 살펴본 것처럼 전하가 작은 음이온을 안정시키기 위해서는 전하 밀도가 낮은 양이온이 필요하다. 대부분의 이가와 모든 삼가 금속 양이온의 경우에는 산성 이온의 용액으로부터 약간의 인산염 침전이 생긴다. 그런 다음 Le Châtelier 원리에 의해 더 많은 인산 이온이 생기는 방향으로 평형이 이동하게 되므로 금속의 인산염 침전이 더 생기게 된다.

인산염은 굉장히 다양한 용도로 사용된다. 앞에서 언급한 바와 같이, 인산 트라이소듐은 가정용 세제로 사용된다. 파이로인산 소듐, $Na_4P_2O_7$과 트라이폴리인산 소듐, $Na_5P_3O_{10}$과 같은 다른 인산 소듐은 수돗물 중의 칼슘이나 마그네슘 이온과 반응하여 가용성의 물질을 만들기 때문에 세척액에 찌꺼기가 끼는 것을 방지할 수 있어서 세정제에 첨가된다. 그러나 인산 이온이 풍부한 폐수가 호수에 유입되면 조류를 비롯한 수중 식물의 급속한 성장을 일으키게 된다. 그래서 호수가 어두운 녹색을 띠게 만드는데, 이를 **부영양화**(*eutrophication*)라고 한다. 인산 이온은 세제에 충전제로 첨가되기도 한다. 세탁기를 사용할 때 상당한 양의 고체 세제를 집어넣기 때문에 충전제가 필요하다. 그러나 세제의

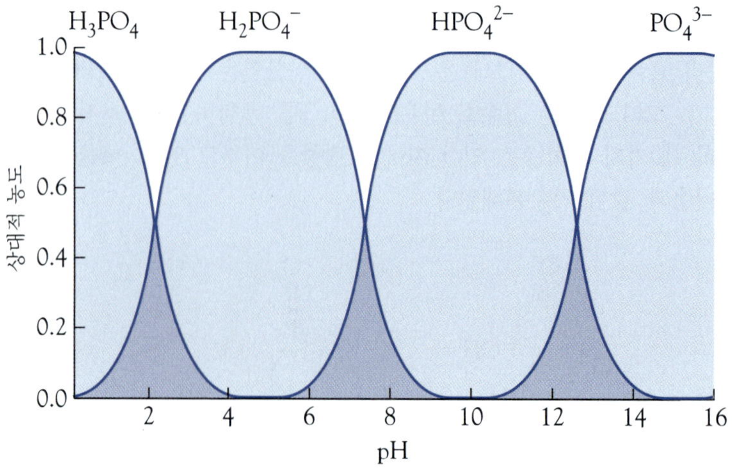

그림 15.36 pH에 따른 인산 화학종의 상대적인 농도

대부분은 비반응성의 단순 물질이기 때문에 실제로는 소량의 세척 성분만이 필요하다.

인산 수소 이소듐은 저온 처리의 치즈를 만드는 데 사용되지만, 그 이유는 오늘날까지도 알려지지 않고 있다. 인산 수소 이암모늄과 인산 이수소 암모늄과 같은 암모늄염은 질소-인 혼합 비료에 유용하게 사용된다. 인산 암모늄은 포장, 극장 무대, 일회용 종이, 옷이나 의상 등에 효과적인 내화성 재료로 사용된다.

인산 칼슘은 많은 용도를 가지고 있다. 예를 들면, '배합된 베이킹 파우더'는 인산 이수소 칼슘과 탄산 수소 소듐에 의해 제빵에 필수적인 이산화 탄소 기체를 낸다. 이 반응은 다음과 같이 간단히 나타낼 수 있다.

$$Ca(H_2PO_4)_2(aq) + 2\,NaHCO_3(aq) \rightarrow CaHPO_4(aq) + Na_2HPO_4(aq) + 2\,CO_2(g) + 2\,H_2O(l)$$

마지막으로 인산 이수소 칼슘은 비료로 사용된다. 인산 칼슘 덩어리는 너무 불용성이어서 식물 성장에 필요한 인산 이온을 공급할 수 없으므로, 황산으로 처리하여 인산 이수소 칼슘으로 만든다.

$$Ca_3(PO_4)_2(s) + 2\,H_2SO_4(aq) \rightleftharpoons Ca(H_2PO_4)_2(s) + 2\,CaSO_4(s)$$

이 화합물은 물에 약간만 녹지만, 식물의 뿌리가 흡수할 수 있도록 주위의 토양에 인산 이온을 천천히, 그리고 꾸준하게 공급할 수 있을 정도로는 녹는다.

15.18 닉타이드 화합물

15족의 모든 원소들에 대해서는 **닉토젠**(*pnictogen*)이라는 용어가 사용되는데, 음이온에 사용되는 용어인 **닉타이드**(*pnictide*)에는 질소화물은 배제된다. 질소화물이 배제되는 이유는 인화물, 비소화물, 안티모니화물, 비스무트화물의 성질이 질소화물과는 아주 다르기 때문이다. $LaSiP_3$, $Eu_2Ga_2P_6$, $K_6Bi_2Sn_{23}$과 같은 이들 세 원소의 닉타이드 화합물들은 분명하지 않은 결합 영역을 갖는데, 이온 결합성과 공유 결합성 사이의 결합 성질을 나타낸다.

이들 화합물들은 실험실에서 관심을 끌고 있을 뿐만 아니라 많은 화합물이 희귀하거나 독특한 성질을 나타낸다. 예를 들면, 열전기 물질인 $MO_3Sb_5Te_2$를 포함하는 모듈의 블록을 통해 전류를 통과시키면 열 전이가 일어난다. 그래서 이 화합물은 냉각 전위를 갖는다. 혼합 금속 닉타이드 화합물은 또 다른 유용한 성질을 나타낸다. 예를 들면, $SmFeAsO_{0.82}F_{0.18}$ 등의 철 닉타이드 화합물은 고온 초전도체이다.

15.19 생물학적 특성

일산화 질소: 신경 가스

얼마 전까지만 해도 일산화 질소의 화학에 대한 단순한 논의는 이 정도에서 끝을 맺었지만, 이제는 이 작은 분자가 우리 인체를 포함한 모든 포유류의 신체에 중요한 역할을 하고 있음을 알 수 있다. 유명한 잡지인 *Science*는 1992년 이 기체를 '올해의 분자'로 선정하기도 하였다. 1867년부터 나이트로글리세린과 같은 유기 나이트로 화합물들은 협심증을 완화시키고, 혈압을 낮추어주며, 유연한 근육 조직을 이완시켜줄 수 있다고 알려져 왔다. 그러나 일산화 질소 기체가 혈관 확장에 결정적인 요소라는 것을 확인한 것은 1987년 영국의 Wellcome Research Laboratories의 Salvador Moncada와 그의 팀 과학자들이었다. 즉, 유기 나이트로 화합물들이 파괴되면 신체 기관에 일산화 질소가 생성된다.

이 초기 연구 이후, 우리는 일산화 질소가 혈압을 조절하는 데 있어서 매우 중요함을 알게 되었다. 일산화 질소를 생성시키는 역할만 하는 효소(산화 질소 합성효소)도 존재한다. 현재까지 신체에서 이 분자의 역할에 대한 엄청난 양의 생화학적 연구가 진행되었다. 일산화 질소가 결핍되면 고혈압을 일으키게 되고, 일산화 질소 과다는 패혈 쇼크와 집중 치료실 사망을 일으키게 된다. 이 기체는 기억력과 위에도 작용을 하는 것으로 나타났다. 남성의 발기도 일산화 질소의 생성과 관련이 있음이 입증되었으며, 여성의 자궁 수축에도 일산화 질소가 중요한 역할을 한다는 주장도 있다. 한 가지 해결해야 할 의문점은 산소 기체와의 반응 용이성을 고려한 이들 분자의 수명과 관련된 것이다.

인: 인의 순환

탄소와 질소 순환이 존재하는 것처럼 활성 인의 순환도 존재한다. 인은 식물의 성장에 필수 원소이지만, 토양에서의 농도는 $1\ mg \cdot L^{-1}$에서 $0.001\ mg \cdot L^{-1}$ 정도로 매우 낮다. 탄소 및 질소 순환과의 중요한 차이는 인은 주요한 기체상 화합물을 갖지 않는다는 것이다. 그러므로 인 순환은 완전히 인산 이온을 포함하는 수용액상과 고체상 사이에 존재한다. 유기 인산염은 토양에 가장 잘 녹는다. 이들은 인지질, 핵산, 인산 이노시톨[당과 비슷한 분자, $C_6H_6(OH)_6$]처럼 공유 결합으로 결합된 인산염이다.

토양의 일반적인 pH 영역에서, 무기 인산염은 인산 수소와 인산 이수소 이온으로 존재한다. 그러나 이 평형은 높은 전하를 갖는 금속 이온이 존재하면 불용성인 평형 쪽으로 이동하게 만들어서 무용지물인 화합물이 생기게 된다. 특히 중요한 것은 칼슘 이온이 불용성 인산 칼슘을 생성하는 것이다. pH가 증가하면 이 평형은 불용성 화합물이 생기는 쪽으로 이동하게 된다.

$$3\,Ca^{2+}(aq) + 2\,HPO_4^{2-}(aq) \rightleftharpoons Ca_3(PO_4)_2(s) + 2\,H^+(aq)$$

인산염 용액의 효용성은 척도의 산 말단 영역에서도 제한된다. 13.6절에서 설명한 것처럼, 알루미늄 이온은 pH가 감소함에 따라 더 잘 녹게 된다. 그런 다음 가용성 알루미늄 이온 화학종은 인산염 화학종과 반응하여 불용성 알루미노인산염 화합물을 생성한다. 예를 들면,

$$[Al(OH_2)_4(OH)_2]^+(aq) + H_2PO_4^-(aq) \rightleftharpoons Al(OH)_2H_2PO_4(s) + 4\,H_2O(l)$$

이 두 가지 형태의 반응 때문에 토양에서 무기 인산염의 농도는 pH 6에서 pH 7인 영역을 제외하고는 매우 낮다.

비소: 물의 독소

놀랍게도 비소 역시 생명에 필수 원소이다. 이 원소의 역할은 아직 알려지지 않았지만, 단지 미량이 필요할 뿐이다. 비소의 무기 화합물은 미량보다 조금만 더 양이 많아도 심각한 독성을 일으킨다. 부분적으로는 무른 산인 비소(III)와 무른 염기인 싸이오-아미노산의 황화물이 반응하여 황 원자가 교차 결합되는 것을 막아서 이황화물 다리를 형성하게

되기 때문에 독성이 나타난다고 설명할 수 있다. 즉, 비소 독성에 대한 한 가지 설명은 싸이올 화합물이 아비산 이온을 '제압'하기 때문이라는 것이다.

많은 사람들은 샘물을 '오염되지 않는' 물이라고 생각한다. 그러나 샘물의 구성성분은 물을 품은 지층의 (독성일 수도 있는) 가용성 성분을 포함하게 된다. 시골의 샘물은 비소와 같은 미량 원소의 존재를 항상 확인해야 한다. 샘물의 비소 독성은 아시아 국가인 방글라데시에서 심각한 건강상의 문제를 일으키고 있다. 방글라데시의 시골 지역에서 마을 사람들은 전통적으로 수원지 연못 표면이 죽음을 가져온다고 믿고 있다. 방글라데시 정부는 국제 구호 단체들과 협력하여 안전한 샘물을 공급하기 위해 18,000개의 관정을 뚫는 캠페인을 성공적으로 벌였다.

그러나 비표층수에 대한 이들의 노력 과정에서 지질학적 지층에 있는 성분을 확인하지 않았다. 그래서 높은 농도의 가용성 비소 화합물이 존재할 수 있게 되었다. 그 결과 여러 곳에서 비소 독성에 의한 사망과 비소 때문에 종양이 생기는 질병이 발병하게 되었다. 그래서 18,000개 중에서 비소의 함량이 0.05 ppm 이상인 관정을 가려내는 사업을 즉시 벌여야 했다. 미국과 같은 선진국의 최첨단 기기를 갖춘 실험실에 시료가 밀려들었다. 방글라데시와 같은 후진국에서 비소 독성은 선택의 여지가 없는 문제이다. 그래서 비소에 대해 전통적인 Marsh 시험을 사용하는 일본 회사가 저가 시험 키트를 개발하였다. 이 키트는 공중 의료기사들이 각 마을로 공급하였고, 상대적으로 숙련되지 않은 사람들도 사용할 수 있었다. 가장 독성이 강한 관정까지도 확인이 됨에 따라 비소를 제거하는 저렴한 방법을 개발하기 위한 다음 단계가 진행되었다. 몇 가지 표준 방법이 사용되고 있고 표층수에도 사용할 수 있는 더 나은 방법도 효력을 나타내고 있다.

비스무트: 의료용 원소

비스무트는 생물학적 계에서 필수적인 역할을 제공하는 것으로 알려지지는 않았지만, 비스무트 화합물은 서양 의학에서 250년에 걸쳐 세균성 질환을 치료하는 데 사용되어 왔다. 비스무트 화합물은 전통 중국 의학과 비스무트가 축적된 몇 가지 약초(허브 치료)에서 발견되고 있다.

비스무트 화합물은 매독과 몇 가지 종양 치료에 사용되고 있지만, 비스무트를 함유하는 화합물의 주된 용도는 위장 장애의 치료이다. bismuth sub-salicylate(BSS)를 포함하는 Pepto-Bismol과 현탁성 bismuth subcitrate(CBS)를 포함하는 De-Nol이 상품으로 판매되고 있다. 이 화합물들은 항균성이면서도 위 점액을 더 강화시켜서 세포보호 과정을 촉진시킨다. BSS와 CBS는 대부분의 십이지장 궤양의 원인으로 알려진 **헬리코박터 파이로리**(*Helicobacter pylori*)에 효과적으로 대응하는 것으로 밝혀졌다. 여행자의 설사에 BSS가 효과적이라는 강력한 증거도 존재한다. 캐나다의 보건 권위자들은 식품과 물이 박테리아로 오염된 지역을 방문하는 사람들은 예방 수단으로 BSS 정제를 한두 개 섭취할 것을 권하고 있다(과학적으로 입증된 것은 아니지만 이 책의 저자 중 한 사람은 이 예방법이 매우 효과적임을 체험하였다).

비스무트의 살균 효능은 비스무트의 독특한 화학적 성질과 연관되어야 한다. 비스무트는 약한 금속성을 갖고 있다. 우세한 산화 상태는 +3이지만, 자유 양이온은 존재하지 않으며 공유성 행동이 우세하다. 흔하게 존재하는 이온성 화학종은 BiO^+뿐이다. 이 화학종은 **비스무틸 이온**(*bismuthyl ion*)으로 알려졌으며, 이것의 화합물은 '염기성' 또는 '옥시-' 또는 '아-'

Paul Erhlich와 '마법의 탄환'

비소는 인명 구조에도 사용되었다. 19세기에 의사들은 전염병에 대해 속수무책이었으며, 환자들은 대부분 사망하였다. 1863년 프랑스의 과학자인 Bèchamps에 의해 어떤 미생물에는 비소 화합물이 유해하다는 것이 알려진 후에 약에 대한 전반적인 개념이 달라지기 시작하였다. 독일 사람인 Paul Erhlich는 새로운 비소 화합물을 합성하여, 이것이 미생물을 죽이는 능력을 조사하였다. 1909년에 그는 그의 606번째 비소 화합물이 매독균을 선택적으로 죽인다는 사실을 발견하였다. 그 당시 매독은 널리 유행하는 질병으로서 공포의 대상이었으며, 치료약이 없어 그냥 고통 받고 치매에 걸려 죽어갈 수밖에 없는 형편이었다. 그가 '마법의 탄환'이라 명명한 Erhlich의 비소 화합물은 기적의 치료약이었으며, 다른 질병을 치료할 수 있는 또 다른 화합물을 찾는 시도가 이때부터 시작되었다. 이 이야기는 1940년에 개봉한 영화 '*Dr. Erhlich's Magic Bullet*'에서 가져왔다.

화학 요법(chemotherapy)이라는 분야가 박테리아에 의한 전염병이나 많은 다른 미생물을 조절하는 데 가장 효과적인 수단이 되었다. 또한 화학 요법은 암세포 조직을 공격하는 방법 중의 하나를 제공한다. 이러한 평가에 있어서, 비소는 핵심 원소이고, 비소 치료제로 알려진 수많은 비소 함유 의약품이 등장하고 있다.

염으로 불린다. 그러나 수용액에서는 $[Bi_6O_4(OH)_4]^{6+}$처럼 6개의 비스무트와 8개의 산소 원자를 포함하는 뭉치 화합물이 주로 생성된다. 용액 화학이 이처럼 복잡하기 때문에 BSS와 CBS와 같은 화학량론적 화합물도 합성의 세밀한 조건에 따라 그 조성이 변한다. 비스무트 화합물이 어떻게 살균제로 작용하는지를 밝히기 위해서는 더 많은 연구가 필요하다.

15.20 원소 반응 경로도

경로도는 15족의 두 가지 중요한 원소인 질소와 인에 대해 나타내었다.

$NH_4NO_3 \xrightarrow{\Delta} N_2O \xrightarrow{Mg} N_2$

$NH_4NO_2 \xrightarrow{\Delta} N_2$

$N_2 \xrightarrow{Li} Li_3N$

$NH_3 \xrightarrow{Cl_2} NCl_3$, $NCl_3 \xrightarrow{H_2O} NH_3$

$N_2 \xrightarrow{H_2} NH_3$, $NH_3 \xrightarrow{O_2} N_2$

$NH_3 \xrightarrow{H^+} NH_4^+$, $NH_4^+ \xrightarrow{OH^-} NH_3$

$N_2 \xrightarrow{O_2,\ \Delta} NO_2$

$NH_3 \xrightarrow{O_2} NO$

$50\%\ HNO_3 \xrightarrow{Cu} NO_2$

$NO \xrightarrow{O_2} NO_2$

$c.HNO_3 \xrightarrow{Cu} NO$

$N_2O_5 \longrightarrow c.HNO_3$

$NO_2 \rightleftharpoons N_2O_4$ (Δ)

$NO_2 + NO \longrightarrow N_2O_3 \longrightarrow HNO_2$

$Ca_3(PO_4)_2 \xrightarrow{\Delta,\ CO} P_4$

$P_4 \xrightarrow{O_2} P_4O_6 \xrightarrow{H_2O} H_3PO_3$

$P_4 \xrightarrow{Cl_2} PCl_3 \xrightarrow{H_2O} H_3PO_3$

$P_4 \xrightarrow{Xs\ Cl_2} PCl_5 \xrightarrow{H_2O} POCl_3 \xrightarrow{H_2O} H_3PO_4$

$P_4 \xrightarrow{Xs\ O_2} P_4O_{10} \xrightarrow{H_2O} H_3PO_4 \xrightarrow{\Delta} H_4P_2O_7$

핵심개념

- 질소의 화학은 여러 측면에서 다른 원소보다 독특하다.
- 질소는 많은 산화물이 존재한다.
- 인은 반응성이 큰 원소이다.
- 인산염과 아인산은 인의 가장 흔한 화합물이다.

연습문제

15.1 다음 화학 반응에 대한 화학 반응식의 균형을 맞추시오.
(a) 삼염화 비소와 물
(b) 마그네슘과 질소 분자
(c) 암모니아와 과량의 염소
(d) 메테인과 수증기
(e) 하이드라진과 산소
(f) 질산 암모늄 용액의 가열
(g) 수산화 소듐 용액과 삼염화 질소 분자
(h) 질산 소듐의 가열
(i) 십산화 사인과 탄소의 가열

15.2 다음 화학 반응에 대한 화학 반응식의 균형을 맞추시오.
(a) 아질산 암모늄 용액의 가열
(b) 황산 암모늄과 수산화 소듐
(c) 암모니아와 인산
(d) 아자이드화 은의 분해
(e) 일산화 질소와 이산화 질소
(f) 고체 질산 납의 가열
(g) 사인과 과량의 산소 분자
(h) 인화 칼슘과 물
(i) 하이드라진 용액과 묽은 염산

15.3 비소를 금속이나 비금속으로 분류하기 어려운 이유는 무엇인가?

15.4 질소와 15족의 다른 원소 간의 화학을 구별할 수 있는 요인은 무엇인가?

15.5 (a) 메테인과 암모니아, (b) 에텐과 하이드라진의 성질을 비교하여 질소와 탄소의 행동의 차이를 논의하시오.

15.6 NF_3O와 PF_3O의 두 화합물에서 산소에 대한 결합을 비교하시오.

15.7 (a) 왜 질소 분자는 안정한가? (b) 질소 화합물을 포함하는 산화-환원 반응에서 생성물이 항상 질소 분자가 아닌 이유는 무엇인가?

15.8 암모니아를 물에 녹인 용액을 흔히 '수산화 암모늄'이라고 한다. 이러한 용어가 적당한지에 대해 논의하시오.

15.9 암모니아 제법의 Haber 공정에서 재순환된 기체에는 아르곤 기체의 분율이 점점 높아진다. 이 아르곤은 어디에서 생기는가? 그리고 이 아르곤을 제거할 수 있는 방법을 제시하시오.

15.10 암모니아 합성 과정 중의 수증기 개질 공정에서 고압을 사용하는 이유가 왜 놀라운 것인가?

15.11 암모늄 이온과 알칼리 금속 이온 간의 차이점을 설명하시오.

15.12 결합 에너지를 사용하여 기체 상태의 하이드라진이 공기(산소) 중에서 연소되어 수증기와 질소 기체를 생성할 때 방출되는 열량을 계산하시오.

15.13 아자이드화 이온의 가능한 Lewis 구조를 그리시오. 그리고 형식 전하의 위치를 확인하시오.

15.14 이론적인 분자인 N−O−N의 세 가지 가능한 Lewis 구조를 그리시오. 형식 전하를 정하여 실제 산화 이질소 분자의 구조가 비대칭인 이유를 제시하시오.

15.15 에어백 반응의 두 가지 단계에서 질소 기체가 생성되는 과정을 설명하고, 298 K와 100 kPa에서 70 L의 에어백을 질소 분자로 채울 때 필요한 아자이드화 소듐의 질량을 계산하시오.

15.16 일산화 질소는 음이온, NO^-를 형성할 수 있다. 결합 차수를 계산하시오.

15.17 트라이플루오린화 질소는 −129°C에서 끓지만, 암모니아는 −33°C에서 끓는다. 두 화합물의 끓는점이 차이가 나는 이유를 설명하시오.

15.18 다음 각 분자의 모양을 그리시오. (a) 삼산화 이질소, (b) 오산화 이질소(고체와 기체 상태), (c) 펜타플루오린화 인.

15.19 다음 각 분자의 모양을 그리시오. (a) 산화 이질소, (b) 사산화 이질소, (c) 트라이플루오린화 인, (d) 포스폰산.

15.20 (a) 질산, (b) 암모니아의 물리적 성질을 설명하시오.

15.21 질산의 합성 과정에서 일산화 질소와 산소 분자의 반응이 고압과 냉각의 조건하에서 이루어지는 이유를 설명하시오.

15.22 다음 반응에 대한 반응식의 균형을 맞추시오.
(a) 아연 금속에 의한 질산의 암모늄 이온으로의 환원
(b) 고체 황화 은과 질산이 반응하여 은 이온 용액, 황 원자, 그리고 일산화 질소로 되는 반응

15.23 인의 일반적인 두 동소체의 성질을 비교하시오.

15.24 암모니아와 포스핀의 성질을 비교하시오.

15.25 포스핀, PH_3은 액체 암모니아에 녹아 $(NH_4)^+(PH_2)^-$로 된다. 이 사실로부터 15족의 이 두 수소화물의 상대적인 산-염기 세기를 설명하시오.

15.26 아무 곳에나 그으면 되는 성냥에서 염소산 포타슘은 염화 포타슘으로 환원되고, 삼황화 사인은 십산화 사인과 이산화 황으로 산화되는 것으로 추정된다. 이 과정에 대한 반응식의 균형을 맞추고 이때 일어난 산화수의 변화를 구하시오.

15.27 어떤 화합물이 NOCl(염화 나이트로실)의 화학식을 가지고 있는 것으로 알려져 있다.

(a) 이 분자에 대한 Lewis 구조를 그리고 질소의 산화수를 구하시오.

(b) 예상되는 질소-산소의 결합 차수는 얼마인가?

(c) 이 화합물의 $\Delta_f H^{\circ}$값인 $+52.6\ \mathrm{kJ \cdot mol^{-1}}$과 부록 3의 결합 에너지 자료로부터 이 화합물의 N−O 결합 에너지를 계산하시오. 그리고 계산된 값과 N−O 단일 결합, 이중 결합의 결합 에너지와 비교하시오.

15.28 (a) $POCl_3$(PF_3O와 유사하다고 가정)에 대한 전자점 구조를 그리고 분자 구조를 예측하시오.

(b) 혼성 오비탈 개념에 따르면 중심의 인 원자는 어떤 혼성화를 취하겠는가?

(c) 인-산소의 결합 길이가 매우 짧은 이유를 설명하시오.

15.29 인과 염소의 화합물 중에는 P_2Cl_4가 있다. 이 화합물에 대한 전자점 구조를 그리고 분자 구조를 예측하시오.

15.30 기체 상태의 사산화 이질소를 질산 용매에 기포 형태로 가해주면 N_2O_4는 이온화되어 전도성 용액이 된다. 이 과정에서 생기는 양이온과 음이온은 질소와 산소만을 포함하는 것으로 알려졌다. 이 반응에 대한 균형 맞춘 반응식을 쓰시오.

15.31 고체상에서 PCl_5는 $(PCl_4)^+(PCl_6)^-$를 형성하지만, PBr_5는 $(PBr_4)^+Br^-$를 형성한다. 브로민 화합물의 구조가 다른 이유를 제시하시오.

15.32 아신(AsH_3), 트라이플루오린화 아신 및 삼염화 아신에 대해 실험적으로 결정된 결합각은 각각 92°, 96°, 98.5°이다. 결합각의 경향이 이와 같이 나타나는 이유를 설명하시오.

15.33 그림 15.6은 질소-질소 결합 차수를 나타내고 있고, 그림 15.7은 공명 구조의 기여를 나타내고 있다. 아자이드화 이온, N_3^-에서의 결합은 어떻게 달라지는가?

15.34 질소 분자와 등전자적인 관계에 있는 두 가지 이온의 화학식을 쓰시오.

15.35 하이드록실아민, NH_2OH는 자신이 브로민화 이온으로 환원되는 브로민산 이온, BrO_3^-에 의해 질산 이온으로 산화된다. 이 반응에 대한 화학 반응식의 균형을 맞추시오.

15.36 왜 산성화를 시키면 질산 암모늄이 분해되어 산화 이질소와 물로 되는 반응이 촉진되는지 그 이유를 설명하시오. (힌트: 그림 15.3 참조)

15.37 기체 NOF는 액체 SbF_5와 반응하여 전기 전도성 용액을 만든다. 이 반응에 대한 화학 반응식의 균형을 맞추시오.

15.38 인산 수소 이온의 용액은 염기성이지만, 인산 이수소 이온의 용액은 산성이다. 이러한 차이를 설명할 수 있는 우세한 반응의 화학 평형식을 쓰시오.

15.39 15.18절에서 파이로인산, $H_4P_2O_7$에 대해 설명하였다. 황과 규소의 등전자산의 화학식은 무엇인가?

15.40 파이로인산 이온, $P_2O_7^{4-}$와 등구조인 전이 금속의 산소산 음이온이 존재한다. 해당 이온에 대한 화학식을 쓰고 그 이유를 설명하시오.

15.41 다음 용어를 정의하시오. (a) 부영양화, (b) 공생 관계, (c) 화학 요법, (d) 인회석(apatite)

15.42 질소와 인에 대한 원소 반응 경로도의 각 반응에 대해 화학 반응식의 균형을 맞추시오.

응용문제

15.43 기체 상태의 포스핀을 액에 염화 수소에 기포 형태로 가해주면 전도성 용액이 생성된다. 이 생성물은 삼염화 붕소와 반응하여 다른 이온 결합 화합물을 만든다. 각각의 생성물이 무엇인지 밝히시오. 각 반응에 대한 화학 반응식의 균형을 맞추고, Lewis 산이나 염기로 작용한 화학종을 지적하시오.

15.44 암모니아 생성에 대해 가능한 메커니즘은 다음과 같다.

$$N_2(g) + H_2(g) \rightarrow N_2H_2(g)$$

$$N_2H_2(g) + H_2(g) \rightarrow N_2H_4(g)$$

$$N_2H_4(g) + H_2(g) \rightarrow 2\,NH_3(g)$$

결합 에너지 계산을 이용하여 각 단계의 ΔH를 계산하시오. 그런 다음 이 가능한 경로들에 대해 주된 오류를 제시하시오. 이 반응이 느리게 진행되는 것을 설명할 수 있는 가능한 다른 메커니즘을 제시하시오. 이 메커니즘에서 각 치환 단계에 대해 ΔH를 계산하고, 이 메커니즘이 실제로 일어남을 증명하시오.

15.45 질산 라디칼의 구조와 대략적인 결합각을 예측하시오. N−O의 평균 결합 차수는 얼마인가?

15.46 습기찬 공기 중에서 옥시염화 인이 증기를 생성시키는 것은 화학 반응인가?

15.47 화합물 $P_4O_6S_4$의 구조를 제시하시오.

15.48 옥시염화 인의 합성에 대한 대안은 오염화 인과 십산화 사인 간의 반응을 포함한다.

$$6\,PCl_5(s) + P_4O_{10}(s) \rightarrow 10\,POCl_3(l)$$

그러나 이 반응에서는 삼염화 인과 십산화 사인의 혼합물에 염소 기체를 기포 형태로 흘려준다. 그 이유를 설명하시오.

15.49 아자이드화 소듐은 상대적으로 안정하지만, 아자이드화 구리(II)와 같은 중금속의 아자이드화물은 훨씬 더 폭발성인 이유를 설명하시오.

15.50 아질산 이온은 질소나 산소를 통해 결합을 할 수 있는 양쪽자리성 이온이다. 이 두 가지 결합 자리는 굳은 염기, 경계자리, 무른 염기 중 어떤 범주에 속하는가?

15.51 어떤 반응에 대한 평형 상수 K는 $\Delta G^{\ominus} = -RT\ln K$로부터 구할 수도 있으며, 여기서 R은 이상 기체 상수(8.31 $J \cdot mol^{-1} \cdot K^{-1}$)이다.

(a) 298 K의 원소들로부터 암모니아가 생성되는 반응에 대한 평형 상수를 계산하시오.

(b) $\Delta H^{\ominus}$와 $S^{\ominus}$가 온도에 무관하다고 가정하고 775 K에서의 평형 상수를 계산하시오.

(c) 775 K는 암모니아 합성 공장에서 질소 분자와 수소 분자를 반응시키는 온도이다. (a)와 (b)의 결과를 통해 이 반응을 이처럼 높은 온도에서 진행시키는 이유를 설명하시오.

15.52 대부분의 질소의 산화-환원 반응에 대한 전위는 직접 측정할 수 없다. 대신 이 값들은 자유 에너지 값으로부터 얻어진다. $\Delta_f G^{\ominus}(NH_3(aq)) = -26.5\ kJ \cdot mol^{-1}$이라면 염기성 용액에서 일어나는 반쪽 반응, $N_2(g)/NH_3(aq)$에 대한 표준 전위를 계산하시오.

15.53 적정한 열역학적 자료를 사용하여 사산화 이질소 분자에서 N−N 결합 에너지를 계산하시오. NO_2 단위 내에서의 결합은 이산화 질소 분자 자체의 결합과 같다고 가정하시오.

15.54 특정한 결합 형태를 끊기 위해 필요한 에너지는 화합물에 따라 다르다. 예를 들면, 다음 반응에서 질소-염소 결합을 끊기 위한 에너지는 다음과 같다.

$$NCl_3(g) \rightarrow NCl_2(g) + Cl(g)$$

또 다른 반응인 다음에서 보다 훨씬 더 많이 필요하다.

$$NOCl(g) \rightarrow NO(g) + Cl(g)$$

그 이유를 설명하시오.

15.55 인산 수소와 인산 이수소 이온의 조합은 완충 혼합물로 사용되기도 한다. pH 6.80인 완충 용액 1.0 L를 만들려고 한다. 전체 완충 농도가 0.10 $mol \cdot L^{-1}$이 되게 하려면 필요한 Na_2HPO_4와 NaH_2PO_4의 질량은 얼마인가? $pK_{a2}(H_3PO_4) = 7.21$이다.

15.56 액체 옥시염화 인은 유용한 물이 용매이다. 자체 이온화를 통해 생성되는 양이온과 음이온의 화학식을 쓰시오. 용매에서의 산과 짝염기를 식별하시오.

15.57 오염화 인은 따뜻하게 해 주면 삼염화 인과 염소 분자로 해리되지만, 펜타플루오린화 인은 해리되지 않는다. 결합 에너지를 사용하여 두 가지 할로젠화물의 서로 다른 성질을 설명하시오.

15.58 1몰의 포스핀산, H_3PO_2를 포스폰산으로 산화시키려면 2몰의 아이오딘 분자가 필요하며, 아이오딘 분자는 아이오딘화 이온으로 환원된다. 포스핀산에서 인의 산화수를 결정하시오. 포스폰산, H_3PO_3에서 인의 산화수는 얼마인가?

15.59 질소는 트라이플루오린화물만을 형성하지만 인은 트라이플루오린화물과 펜타플루오린화물 모두를 형성한다. 그러나 질소는 실험식이 NF_5인 화합물을 형성하기도 한다. 이 화합물의 가능한 구조를 예측하시오.

15.60 일산화 질소와 공기가 섞이면 사산화 이질소와 이산화 질소가 생성된다. 그러나 일산화 질소는 자동차 배기 가스에서 ppm 농도로 생성되며, 대기 중의 산소 분자와 아주 느리게 반응한다. 이 반응에 대해 가능한 메커니즘을 제시하고, 일산화 질소의 농도가 낮을 때 반응이 느려지는 이유를 설명하시오.

15.61 붉은색 물질 (A)를 공기가 없는 조건에서 가열한 후 냉각시켰더니 노란색의 왁스형 물질 (B)가 생성되었다. (A)는 실온에서 공기와 반응하지 않았지만, (B)는 격렬한 자발적 반응을 일으켜 흰색 고체 (C)의 연기가 생성되었다. (C)는 열을 내며 물에 녹아 삼양성자산 (D)를 포함하는 용액이 되었다. (B)는 제한된 양의 염소와 반응하여 무색의 발연 액체 (E)를 생성시켰으며, 계속해서 더 많은 염소와 반응하면 흰색의 고체 (F)가 생성되었다. (F)를 물로 처리하면 (D)와 염산의 혼합물이 된다. (E)에 물을 첨가하면 이양성자산인 (G)와 염산이 생성되었다. (A)에서 (G)까지의 화합물이 무엇인지를 맞추고 모든 반응에 대한 반응식을 쓰시오.

15.62 질소 기체하에서 마그네슘 금속을 가열하면 옅은 회색의 화합물 (A)가 생긴다. (A)를 물과 반응시키면 (B)의 침전과 기체 (C)가 생성된다. 기체 (C)는 하이포아염소산 이온과 반응하여 실험식이 NH_2인 무색의 액체 (D)를 만든다. 액체 (D)를 황산과 1:1로 반응시키면 이온 결합 화합물 (E) $N_2H_6SO_4$가 생긴다. (E)의 수용액을 아질산과 반응시킨 다음 암모니아로 중화시키면 실험식이 NH인 염 (F)의 용액이 된다. 이 화합물 (F)는 화학식 단위당 1개의 양이온과 1개의 음이온을 포함한다. 기체 (C)는 가열된 소듐 금속과 반응하여 고체 (G)와 수소 기체를 발생시킨다. 고체 (G)와 산화 이질소를 1:1의 비율로 섞어 함께 가열하면 고체 (H)와 물이 생긴다. 이 (H)에 들어 있는 음이온은 (F)에 들어 있는 음이온과 같다. (A)에서 (H)까지의 화학종이 무엇인지를 밝히시오.

15.63 암모니아를 합성하는 Haber 공정의 대안으로 질화 리튬과 물을 반응시키는 방법이 있다. 이 반응에 대한 화학 반응식의 균형을 맞추고, 이 방법이 상업적으로 가능하지 않은 이유를 제시하시오.

15.64 아자이드화 수소는 아이오딘 분자와 2:1의 몰비로 반응한다. 화학 반응식의 균형을 맞추고 생성물들을 추측하시오.

15.65 물과 암모니아 간의 화학에는 유사한 것들이 많이 있다. 예를 들면, 암모니아계에서의 $K^+(NH_2)^-$는 물계에서의 $K^+(OH)^-$에 해당하는 것이다. H_2O_2, HNO_3, H_2CO_3에 대해서 암모니아계에서의 유사 화학종을 추측하시오[힌트: 산소 원자 모두를 치환할 필요는 없다].

15.66 질소는 수소 및 산소와 겉으로는 비슷해 보이는 두 가지 화합물인 하이드록실아민, NH_2OH와 수산화 암모늄, NH_4OH를 만든다. 그러나 하이드록실아민은 순수한 공유 결합 화합물이고, 수산화 암모늄은 두 가지의 이온으로 이루어져 있다. 결합에 관한 지식을 활용하여 이 두 가지 화합물들 각각의 구조를 그리시오.

15.67 삼염화 질소는 폭발성이 있는 화합물이다. 삼염화 질소가 구성 원소들로 분해되는 반응에 대한 화학 반응식의 균형을 맞추고, 부록 3의 결합 에너지 자료를 이용하여 이 반응이 발열 반응임을 설명하시오.

15.68 염화 메틸암모늄, $(CH_3NH_3)^+Cl^-$를 중수, D_2O에 녹이면 수소 원자들 중에서 절반만 중수소로 치환된다. 이유를 설명하시오.

15.69 아인산 H_3PO_2를 중수, D_2O에 녹이면 HD_2PO_2가 생성된다. 그 이유를 설명하시오.

15.70 마그네슘 조각을 발화시켜 산화 이질소가 들어 있는 용기에 넣어주면 밝게 타는 현상이 지속된다. 이 반응에 대한 화학 반응식의 균형을 맞추시오. 생성물이 예상한 것과 같다면 산화 이질소 분자의 구조를 확정하는 과정을 설명하시오.

15.71 아자이드화 이온, N_3^-는 이산화 탄소, CO_2와 등전자적이다. 이들과 등전자적인 두 가지 다른 질소 함유 이온의 화학식을 추측하시오.

15.72 하이포아인산과 나이트로아마이드(나이트라마이드)는 $N_2O_2H_2$로 화학식이 같다. 이 두 화합물의 구조를 그리고, 이들의 산-염기 행동을 비교하시오.

15.73 헥사플루오로비소산(V) 오질소염, $(N_5)^+[AsF_6]^-$는 실온에서도 안정하다. 이 양이온의 더 안정한 염을 어떻게 합성할 수 있을지를 설명하시오.

15.74 인과 질소는 다원자 이온, $(P_4N_{10})^{n-}$를 형성한다. 이 이온의 전하 $n-$를 추측하시오.

15.75 아자이드화 이온은 유사 할로젠화 이온으로 간주될 수 있다. 다음을 확인하시오.

(a) 아자이드화 이온 용액에 첨가하면 침전을 생성시키는 수용성 양이온

(b) 아자이드화 이온과 물의 반응

(c) 아자이드화 이온이 할로젠화 이온과 다른 점

15.76 오질소 이온, N_5^+은 V-형이다. 이 이온의 전자점 도표를 그리고, 각 결합에 대한 결합 차수를 결정하시오.

15.77 폭약 ADN, $(NH_4)^+[N(NO_2)_2]^-$와 알루미늄 분말 간의 반응에 대한 화학 반응식을 균형을 맞추시오. 이 반응이 매우 발열일 것이라는 예상에 대한 세 가지 이유를 설명하시오. 이 반응이 ADN을 좋은 로켓추진 연료로 사용되게 만드는 다른 측면은 무엇인가?

15.78 **사이클로트라이아진**(*cyclotriazine*)이라 불리는 하이드라조산, HN_3의 한 이성질체는 질소 원자의 삼각형을 포함하고 있다. 사이클로트라이아진에 대한 전자점 도표를 그리시오. 세 질소-질소 결합의 길이는 모두 같을 것으로 예상하는가? 그 이유를 설명하시오.

15.79 비소에 대해 사용되는 전통적인 Marsh 시험이 연구되고 있다. 이 과정의 각 단계에 대한 화학 반응식의 균형을 맞추시오.

16족 원소: 칼코젠

16장

화학에서 가장 중요한 원소는 이 족의 처음 두 원소인 산소와 황이다. 처음의 두 원소(산소와 황)의 차이점은 산소의 반응성이 더 높다는 점을 제외하고는 15족에 속한 처음의 두 원소(질소와 인)의 차이점과 거의 같다. 셀레늄과 텔루륨은 모두 몇 가지의 준금속에 해당하는 성질을 가지며, 방사성 원소인 폴로늄만이 금속성을 갖는다.

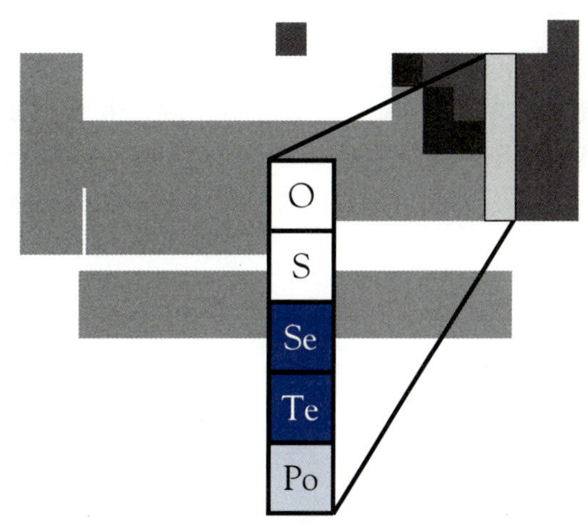

컨텍스트: 황반 변성과 단일항 산소

산소는 호흡에 포함되기 때문에 지구상의 모든 동물의 생명 유지에 필수적인 원소이다. 그렇다고 산소가 항상 유익하지만은 않다. 16.3절에서 논의하겠지만, 분자 산소, O_2에 있는 전자 중 한 개는 들뜬 전자적 에너지 상태로 올라갈 수 있다. **단일항 산소**(*singlet oxygen*)라고 하는 들뜬 상태가 생성되는 방법은 여러 가지가 있다. 이 단일항 산소는 에너지가 방출되면서 분자가 바닥 상태로 되돌아갈 때 세포에 심각한 손상을 입힐 수 있다. 우리 신체는 높은 에너지를 갖는 이 산소 분자의 횡포를 막기 위해 항산화제를 필요로 한다.

그런데 이 파괴적인 단일항 산소의 위력은 의학적 용도로 이용될 수 있다. 노화와 연관되는 일반적인 안과 질환을 황반 변성이라고 하는데, 이 황반 변성('습식'이라고도 함)은 망막에 혈관이 비정상적으로 생성되기 때문에 생긴다. 황반 변성이 나타나기 시작하면 중심 시야가 상실되고 물체의 외형을 인식하거나 독서에 장애를 일으키게 된다(다음 그림 참조).

황반 변성에 따른 시야

습식 황반 변성을 치료하는 방법 중 하나는 광역학 치료(photodynamic theraphy, PDT)이다. 이 치료방법은 망막에 생긴 비정상적인 혈관 내에 단일항 산소를 의도적으로 생성시켜 파괴적인 위력을 통해 혈관에 손상을 입히고 혈액 공급을 차단시킨다. 이 과정은 첫째, 단일항 산소가 혈관 내에서 집중적으로 생성되도록 해 주는 것과 둘째, 정

베르테포르핀 분자

상적인 산소 분자의 단일항 산소로의 변환을 촉진하는 에너지를 적당하게 가해 주는 것으로 구성된다. 이러한 분자 중 하나가 **베르테포르핀**(*verteporfin*)으로 알려져 있는데, 앞의 그림에 나타내었다. 이 분자의 중심은 헤모글로빈의 헴-고리와 동일한 구조이다. 베르테포르핀 용액을 주입한 후 693 nm의 적색광을 환자의 망막 벽에 초점을 맞추어 쬐어준다. 베르테포르핀은 이 에너지를 흡수하여 산소 분자에 전해준다. 단일항 산소가 생성되고 비정상적인 혈관은 심각하게 손상되어 이 질병이 더 이상 진행되는 것을 막아 주게 된다.

16.1 족의 경향성

이 족은 **칼코젠**(*chalcogen*)이라고도 한다. 이 족의 원소들에 대한 일반적인 성질은 표 16.1에 나타내었다. 산소와 황은 분명한 비금속이고, 폴로늄은 금속이다. 셀레늄과 텔루륨은 15족의 비소처럼 모호한 영역에 위치한다. 텔루륨의 유일한 결정 형태는 원자들의 나사형 사슬 그물구조형으로 이루어져 있다. 이 원소는 반도체 성질을 가지며 양쪽성 행동을 나타낸다. 그러므로 텔루륨은 준금속으로 지정하는 것이 가장 적당하다.

셀레늄은 여러 가지 동소체를 갖기 때문에 임의적으로 분류하기가 어렵다. 한 가지를 제외하고는 모두 황에 대해 설명한 것과 비슷한 고리 구조를 이루는 붉은색이다. 다른 동소체는 텔루륨과 비슷한 구조를 가지며 반도체이다. 그러나 셀레늄은 유일한 산성 산화물이다. 이러한 이유로 셀레늄은 이 족의 세 번째 비금속으로 분류하는 것이 안전하다. 녹는점과 끓는점은 비금속에서 나타나는 것처럼 족의 아래로 내려갈수록 증가하다가 금속인 폴로늄에서 다시 감소한다(표 16.2).

산소를 제외한 16족 원소들의 산화 상태는 일정한 경향성을 갖고 있다. 즉, +6, +4, +2, −2 등의 짝수의 산화 상태를 갖는다. −2와 +6 산화 상태의 안정도는 족의 아래로 내려갈수록 감소하지만, +4 상태의 안정도는 증가한다. 그러나 다른 족에서 나타나는 현

표 16.1 16족 원소의 성질

원소	SATP에서의 모양	전기 저항 ($\mu\Omega \cdot$ cm)	산화물의 산-염기 성질
산소	무색 기체	−	−
황	흰색의 왁스형 고체	2×10^{23}	산성
셀레늄	붉은색 또는 회색	10^{6}	산성
텔루륨	광택이 있는 은색 고체	4×10^{6}	양쪽성
폴로늄	은색 금속 고체	43	염기성

표 16.2 16족 원소의 녹는점과 끓는점

원소	녹는점(°C)	끓는점(°C)
O_2	−219	−183
S_8	119	445
Se_8	221	685
Te	452	987
Po	254	962

상과 마찬가지로 이 경향성은 규칙적이지는 않다. 예를 들면, +6의 산화 상태를 갖는 산소산의 화학식은 H_2SO_4와 H_2SeO_4, 텔루륨은 H_6TeO_6이다. 이러한 경우에 대한 설명은 추측일 수도 있다. 산의 화학식을 구조에 따라 $(HO)_2SO_2$, $(HO)_2SeO_2$, $(HO)_6Te$로 적는다면, 중심 원자에 6개의 하이드록소 기가 결합할 만큼 크기가 충분히 큰 것은 텔루륨뿐이라고 추측할 수 있다.

16.2 산소와 황 화학의 비교

15족 원소들에서 나타났던 2주기와 3주기 이상의 원소들 간에 성질이 크게 다른 현상(15.2절 참조)은 16족 원소들에서도 나타난다. 그러므로 질소와 마찬가지로 산소는 최대 4개의 공유 결합만 가질 수 있지만, 인과 마찬가지로 황은 6개까지의 공유 결합을 형성할 수 있다. 예를 들어 산소는 플루오린과 한 가지의 산화물, OF_2만 형성하지만, 황은 SF_6를 포함하여 여러 가지 화합물을 형성한다.

질소와 마찬가지로 O═O 결합은 O—O 결합에 비해 매우 강하다. 이것은 황과 이 족의 다른 구성 원소들과는 대조적인 성질인데, 다른 원소들의 경우 2개의 단일 결합의 에너지는 1개의 이중 결합 에너지보다 더 크다(표 16.3). 이러한 이유로 다중 결합은 일반적으로 산소의 경우에만 나타난다.

실제로 단일 결합을 하고 있는 2개의 산소 원자를 포함하는 화합물들은 대개 강한 산화제이고, 3개 이상의 산소 원자들이 결합하고 있는 화합물들은 드물기는 하지만 높은 폭발성을 갖는 경향이 있다. 이러한 성질은 다른 원소들에 비해 O—O 결합이 약하기 때문인 것으로 설명할 수 있다(표 16.4). 그러므로 산소는 산소 원자 자체보다는 다른 원소와 결합하려는 성질을 가질 것이다. 특히, 수소와의 공유 결합은 매우 강하기 때문에 산소를 포함하는 반응에서 열역학적으로 선호되는 결과는 물일 경우가 많다. 반대로, S—S 결합 에너지는 다른 원소에 황이 결합될 때에 비해 아주 조금 더 낮을 뿐이기 때문에 황의 카테나 화합물들은 안정하다.

표 16.3 산소와 황의 대략적인 결합 에너지 비교

산소 결합	결합 에너지 ($kJ \cdot mol^{-1}$)	황 결합	결합 에너지 ($kJ \cdot mol^{-1}$)
O—O	142	S—S	268
O═O	494	S═S	425

표 16.4 다른 원소들에 대한 산소와 황의 대략적인 결합 에너지 비교

산소 결합	결합 에너지 ($kJ \cdot mol^{-1}$)	황 결합	결합 에너지 ($kJ \cdot mol^{-1}$)
O—O	142	S—S	268
O—Cl	218	S—Cl	271
O—H	459	S—H	363

16.3 산소의 동소체

산소의 동소체는 두 종류로, 이원자 분자인 산소 기체와 삼원자 분자인 **오존**(*ozone*)이다.

산소 기체

산소는 무색, 무취의 기체이며, 액체 상태에서는 연한 푸른색을 띤다. 또한 분자량이 작고, 비극성 분자이므로 녹는점과 끓는점이 매우 낮다. 그리고 산소 기체는 가연성은 없지만, 조연성을 가지고 있다. 실제로 거의 모든 종류의 원소들이 실온이나 고온에서 산소와 반응한다. 예외로는 백금과 같은 '비활성' 금속들과 비활성 기체들뿐이다. 반응 과정에서 반응물의 상태가 매우 중요할 때가 자주 있다. 예를 들어 철, 아연, 납 같은 금속들의 매우 미세한 분말을 공기 중에 노출시키면 실온에서도 연소를 일으킨다. 이와 같이 매우 미세한 분말로 된 금속들의 형태를 **발화성**(*pyrophoric*)이라고 하는데, 이것은 불이 붙을 가능성이 매우 높기 때문이다. 예를 들면, 아연 먼지는 공기 중에서 쉽게 발화하여 흰색의 산화 아연이 된다.

$$2\,\mathrm{Zn}(s) + \mathrm{O_2}(g) \rightarrow 2\,\mathrm{ZnO}(s)$$

산소 기체는 물에 잘 녹지 않는다. 25°C에서 이산화 탄소는 6×10^{-4} 몰분율이 녹지만, 산소 기체는 2×10^{-5} 몰분율이 녹는다. 그럼에도 불구하고 이러한 정도의 용해도는 바다 생물이 살아가는 데 충분하다. 온도가 높을수록 산소 기체의 용해도는 감소한다. 따라서 Labrador와 Humboldt 해류와 같은 한류에는 큰 물고기가 많고, 최근에는 이들 어류의 남획이 문제가 되고 있다. 물에 대한 산소 기체의 용해도는 이산화 탄소에 비해서는 작지만, 질소 기체의 용해도에 비해서는 두 배이다. 그래서 공기로 포화된 물을 가열하면 녹아있던 기체가 나오는 원리를 이용하여 산소 기체를 농축하는 것이 가능하다.

강이나 호수의 오염 정도를 측정하는 중요한 방법으로 산소가 녹아있는 양(용존 산소량, DO)을 측정한다. 과량의 수중 말류가 자라고 있거나(부영양화) 공업용 냉각 장치로부터 온도가 높은 물이 과량 방출되면 용존 산소량이 줄어든다. 이것을 해결하는 임시 방편책으로 공기 방울 발생용 배를 사용하여 용존 산소의 양을 증가시켜 주기도 한다. 이러한 방법은 Thames 강에 물고기가 되돌아오게 만들기 위해 영국 런던에서 사용되었다. DO(용존 산소량)의 반대되는 개념으로 BOD(생물학적 산소 요구량)가 있는데, 이 지표는 수중 생물들이 소비하는 산소의 정도를 의미한다. 그러므로 높은 BOD값은 강이나 호수의 오염 정도가 높다는 것을 의미한다.

산소 기체는 공업 분야에서 필요한 중요한 물질 중 하나이다. 매년 전 세계적으로 소비되는 양은 약 10^9톤에 이르는데, 이 중 대부분이 철강 공업에서 소비되고 있다. 또한 산소 기체는 암모니아(15.11절 참조)로부터 질산을 합성하는 데에도 사용되고 있다. 이 공업용 산소 기체의 대부분은 액체 공기를 분별 증류하여 만든다. 산소 기체는 병원에서도 많이 소비되고 있는데, 주로 폐기능 저하로 호흡기 장애가 있는 환자들의 산소 부분압을 높이는 데 사용된다.

실험실에서 소량의 산소 기체를 만드는 간단한 방법들은 여러 가지가 있다. 예를 들면, 산화 망가니즈(IV) 촉매 존재하에서 염소산 포타슘을 가열하면 염화 포타슘과 산소 기체

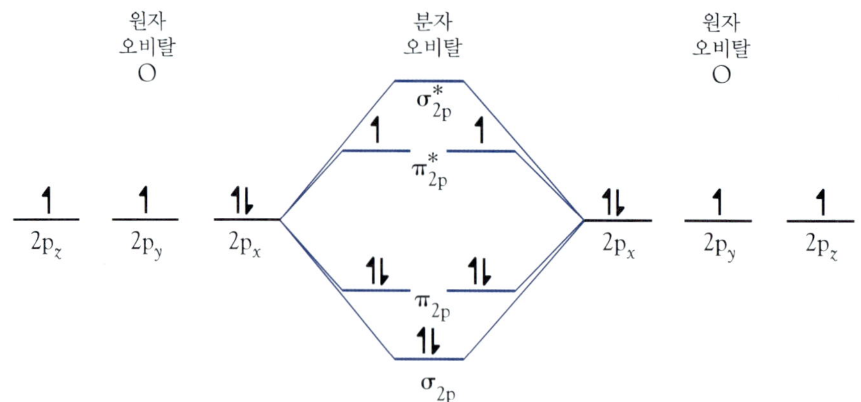

그림 16.1 산소 분자의 상자기성 바닥 상태에서 2p 원자 오비탈의 결합을 보여 주는 분자 오비탈 도표

가 발생된다.

$$2\,KClO_3(l) \xrightarrow{MnO_2/\Delta} 2\,KCl(s) + 3\,O_2(g)$$

이 방법보다 더 안전한 제법으로는 과산화 수소 수용액을 이산화 망가니즈 촉매로 분해시키는 것이다. 산화 망가니즈(IV)는 다시 촉매로 사용될 수 있다.

$$2\,H_2O_2(aq) \xrightarrow{MnO_2} 2\,H_2O(l) + O_2(g)$$

3.8절에서 설명한 바와 같이, 산소 기체의 결합 상태를 실험적인 증거와 일치하도록 나타낼 수 있는 유일한 방법은 분자 오비탈 모형을 사용하는 것이다. 그림 16.1에서 볼 수 있는 것처럼 산소 기체의 결합 차수는 2이다(6개의 결합 전자와 2개의 반결합 전자). 또한 2개의 반결합 전자들의 스핀은 같은 방향이므로, 산소 분자는 상자기성을 갖고 있다.

그러나 반결합 전자들 중의 1개를 뒤집어 쌍을 이루게 하는 데 필요한 에너지는 95 kJ $\cdot mol^{-1}$에 불과하다(그림 16.2). 스핀이 쌍을 이룬 반자기성 산소 분자가 다시 상자기성으로 되돌아오는 데 필요한 시간은, 분자의 농도와 주위 상황에 따라 달라지기는 하지만 대체로 수초 또는 수분이 걸린다. 반자기성 산소 분자는 하이포아염소산 소듐과 과산화 수소를 반응시키면 얻을 수 있다.

$$H_2O_2(aq) + ClO^-(aq) \rightarrow O_2(g)[\text{반자기성}] + H_2O(l) + Cl^-(aq)$$

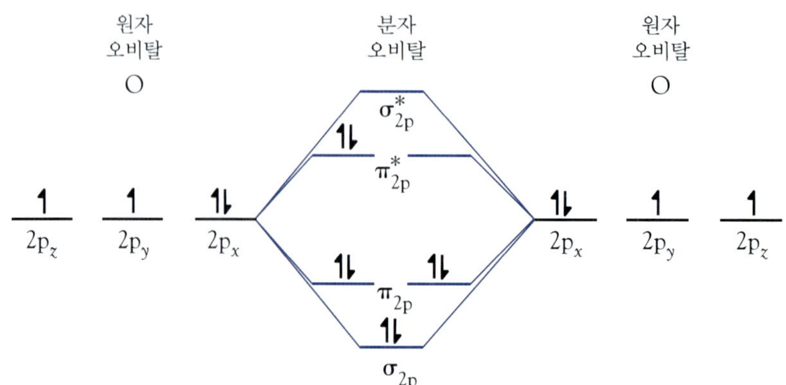

그림 16.2 산소 분자의 두 가지 반자기성 모형 중 가능성이 많은 전자 배치를 갖는 2p 원자 오비탈들의 선형 결합을 나타내는 분자 오비탈 도표

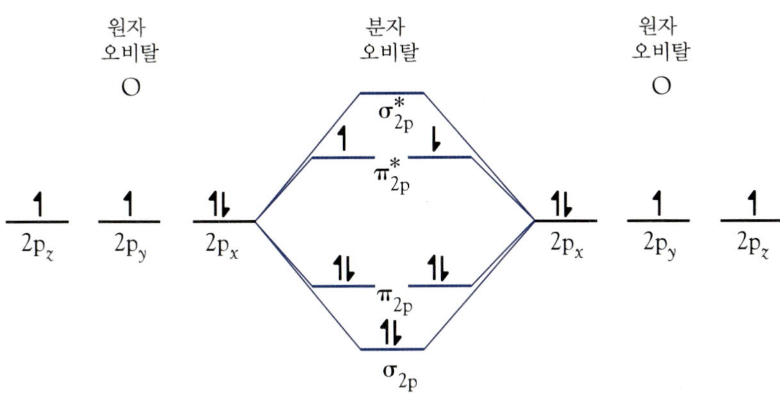

그림 16.3 산소 분자의 두 가지 반자기성 모형 중 가능성이 적은 전자 배치를 갖는 2p 원자 오비탈들의 선형 결합을 나타내는 분자 오비탈 도표

반자기성 산소는 상자기성 산소와는 다르게 행동하므로 유기 화학에서 중요한 화합물 중 하나이다. 또한 자외선에 의해 생성된 반자기성 산소는 반응성이 매우 크고, 피부암을 유발시키는 물질로 알려져 있다. 반자기성 산소는 **단일항 산소**(*singlet oxygen*)라고 하며, 상자기성 산소는 **삼중항 산소**(*triplet oxygen*)라고도 한다.

산소 분자의 또 다른 단일항 형태로는 한 전자의 스핀 방향이 쌍을 이루지 않고 방향만 뒤바뀐 형태가 되는 것이 있다(그림 16.3). 예상 밖으로 이러한 전자 배치에 필요한 에너지는 158 $kJ \cdot mol^{-1}$이다. 따라서 이와 같은 전자 배치를 가질 가능성은 매우 희박하므로 덜 중요하게 여겨지고 있다.

삼원자 산소 분자(오존)

산소의 동소체인 오존은 열역학적으로 불안정하며, 강한 냄새를 갖는 반자기성 기체이다. 실제로 오존의 '금속성' 냄새는 0.01 ppm의 낮은 농도에서도 느낄 수 있다. 이 기체는 독성이 매우 강하기 때문에 노출 허용 농도는 0.1 ppm이다. 오존은 전압이 높은 영역에서 생성되기 때문에 많은 사무실에서 복사기나 레이저 프린터가 있는 곳은 오존 농도가 높은 영역이다.

오존은 결합각이 117°인 V-자형의 분자이다. 오존의 두 O — O 결합은 거리가 같고, 결합 차수는 약 $1\frac{1}{2}$이다(그림 16.4). 오존의 결합 각도와 결합 길이는 등전자성인 아질산 이온의 값과 거의 비슷하다. $1\frac{1}{2}$의 결합 차수는 그림 16.5에 나타낸 두 가지 공명 구조의 평균값으로 단순하게 이해할 수 있다. 그러나 분자 오비탈 이론을 사용하면 세 원자 모두에 대한 π-전자계에 대해 더 잘 설명할 수 있다.

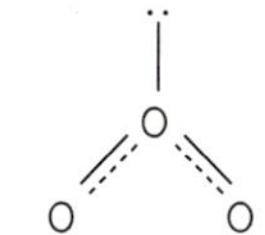

그림 16.4 오존 분자

오존을 만드는 아주 쉬운 방법은 산소 기체를 10~20 kV의 전기장을 통해 흘려주는 것이다. 이러한 전기장은 다음 반응을 일으키는 데 충분한 에너지이다.

$$3\,O_2(g) + h\nu \rightarrow 2\,O_3(g) \qquad \Delta_f H^\ominus = +143\ kJ \cdot mol^{-1}$$

평형 상태에서 오존의 농도는 약 10%이다. 오존은 산소 기체로 천천히 분해가 되지만, 그 속도는 오존의 상태가 기체인가 아니면 수용액 상태인가에 따라 다르게 나타난다.

오존은 산소보다 더 강력한 산화제이다. 산성 용액에서 환원 전위를 비교해 보면 다음과 같다.

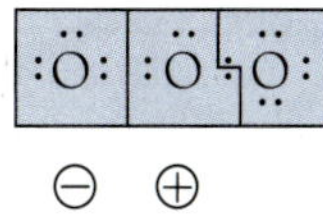

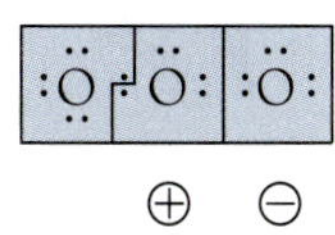

그림 16.5 삼원자 산소의 결합은 이들 두 공명 구조의 평균으로 해석될 수 있다.

$$O_3(g) + 2\,H^+(aq) + 2\,e^- \rightarrow O_2(g) + H_2O(l) \qquad E^\ominus = +2.07\ V$$

$$O_2(g) + 4\,H^+(aq) + 4\,e^- \rightarrow 2\,H_2O(l) \qquad E^\ominus = +1.23\ V$$

실제로 산성 용액에서 오존보다 더 강력한 산화제로 알려져 있는 것은 플루오린과 과제논산 이온, XeO_6^{4-}뿐이다. 오존의 강력한 산화 능력은 다음 반응과 같이 기체상, 액체상, 고체상 물질을 산화시키는 것으로 설명할 수 있다.

$$2\,NO_2(g) + O_3(g) \rightarrow N_2O_5(g) + O_2(g)$$
$$CN^-(aq) + O_3(g) \rightarrow OCN^-(aq) + O_2(g)$$
$$PbS(s) + 4\,O_3(g) \rightarrow PbSO_4(s) + 4\,O_2(g)$$

오존은 강력한 산화 능력 때문에 박테리아를 죽이는 데 사용된다. 예를 들면, 오존은 식수의 살균에 사용된다. 특히, 프랑스에서는 수돗물과 공공 풀장의 소독에 오존을 사용한다. 그러나 북아메리카에서는 물을 정제하는 데 여전히 염소 기체를 사용하고 있다. 두 소독 방법에는 장점과 단점이 동시에 존재한다. 오존은 쉽게 산소 기체로 변환되기 때문에 소독 작용이 그다지 오래 지속되지 않는다. 그렇지만 오존은 물속에서 화학적으로 무해하다. 반면에 염소는 물속에서 소독 작용이 오랫동안 지속되지만, 다른 유기 오염 물질과 반응하여 아주 해로운 유기 염소 화합물을 만든다(17.13절 참조).

도시 지역에서 발생되는 주요한 대기 오염 물질인 오존은 지구 표면 근처에서는 매우 해로운 물질이다. 이것은 폐와 노출된 피부에 치명적인 영향을 주며, 타이어의 고무와도 반응하여 금이 가거나 부스러지기 쉽게 한다. 그러나 대기권 밖에 있는 오존은 지구상의 생물을 보호해 주는 보호막 구실을 한다. 오존은 주로 내연기관의 연소로 인해 생성되는 이산화 질소의 광분해 반응에 의해 생성된다.

$$NO_2(g) \xrightarrow{hv} NO(g) + O(g)$$
$$O(g) + O_2(g) \rightarrow O_3(g)$$

오존은 알칼리 금속이나 알칼리 토금속과 반응하여 화합물을 형성한다. 이러한 화합물들은 삼산화(1−) 이온, O_3^-을 포함하고 있다. 격자의 안정성면에서 보면 세슘과 같은 큰 양이온들이 가장 안정한 삼산화물을 형성할 수 있다. 삼산화물(1−) 역시 V-자형을 이루고 있다. 실험적인 측정 결과들에 의하면 삼산화(1−) 이온에서 산소-산소 결합 거리는 135 pm이며, 이것은 오존에서의 값인 128 pm보다 약간 더 긴 값을 갖는 것으로 나타났기 때문에 반결합성 오비탈에는 여분의 전자가 존재한다고 가정할 수 있다.

팔산소

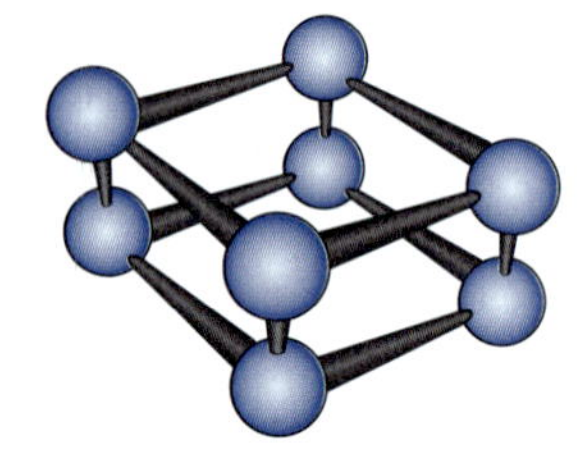
그림 16.6 팔산소 분자의 구조

산소 기체는 90 K에서 연한 청색의 액체로 응축되고 54 K에서 연한 청색의 고체로 된다. 압력을 높여주면 몇 가지 고체 산소의 다형체가 생성된다. 압력이 10 GPa 이상이 되면, 산소의 다른 동소체, O_8이 생성된다. 이론적으로는 예견되지 못했던 이 동소체는 짙은 붉은색을 띠는데, 넓은 압력 영역에 걸쳐 안정하다. 팔산소의 구조는 독특한 입방체를 닮은 구조를 갖는 것으로 밝혀졌다(그림 16.6).

지질학에서 산소의 동위원소

일반적으로 산소 원자는 8개의 중성자를 갖는 것으로 알고 있지만(산소-16), 실제로 안정한 동위원소는 두 가지가 더 있다. 이 동위원소들의 종류와 존재비는 다음과 같다.

동위원소	존재비(%)
산소-16	99.763
산소-17	0.037
산소-18	0.200

따라서 매 500개의 산소 원자 중에서 1개의 산소 원자는 다른 499개의 원자보다 12% 더 무거운 질량을 갖는다. 이 무거운 산소 원자는 약간 다른 물리적인 성질을 갖게 된다. 특히 $H_2{}^{18}O$의 증기압은 $H_2{}^{16}O$의 증기압보다 훨씬 낮은 값을 가지므로, 액체와 기체 사이의 평형 상태에서는 기체상의 산소-18의 비율이 매우 낮을 것이다. 물의 증발은 대부분 열대 지방에서 일어나기 때문에, 열대 지방의 물속에는 산소-18의 비율이 클 것이다. 또한 깊은 바닷물에서도 산소-18의 비율이 증가할 것이다.

수백만 년 전에 조개 껍질이 생성될 때의 바닷물의 온도를 결정하기 위해 산소의 두 동위원소의 비를 사용할 수 있는데, 조개 껍질의 탄산 칼슘에 들어 있는 산소의 동위원소비를 측정하는 간단한 방법이다. 산소-18의 비가 더 높으면 고대의 바다는 더 따뜻했던 것이 된다.

16.4 산소와 대기

산소 기체의 지질학적 역사

지구 대기 성분의 21%를 차지하며, 산화력이 있는 산소는 행성의 대기에는 존재하지 않는다. 행성의 '정상적인' 대기는 환원되고 있기 때문에 주로 수소, 메테인, 암모니아와 이산화 탄소 기체로 구성된다. 그림 16.7에 나타낸 것처럼, 약 38.5억 년에서 24.5억 년 전의 지구 대기는 약간의 이산화 탄소, 수증기, 그리고 아마도 메테인과 함께 질소를 포함하고 있었을 것으로 추정되고 있다. 이산화 탄소로부터 산소 기체를 생성시킨 최초의 유기체는 남조류였다. 24.5억 년에서 18.5억 년 전의 산소 급증 시기(great oxygen event, GOE) 동안에 광합성 속도가 상당히 증가함에 따라 대기 중의 산소 농도는 2 ~ 4 kPa로 증가하였다. 18.5억 년에서 8.5억 년 전에는 대기의 조성에 변화가 거의 없었던 것으로 추정되기 때문에 이 시기는 **평범한 10억 년**(*boring billion* years)으로 알려지게 되었다. 그 이후, 8.5억 년에서 5.4억 년 전에는 산소 농도가 현재와 거의 비슷한 10 ~ 20 kPa 수

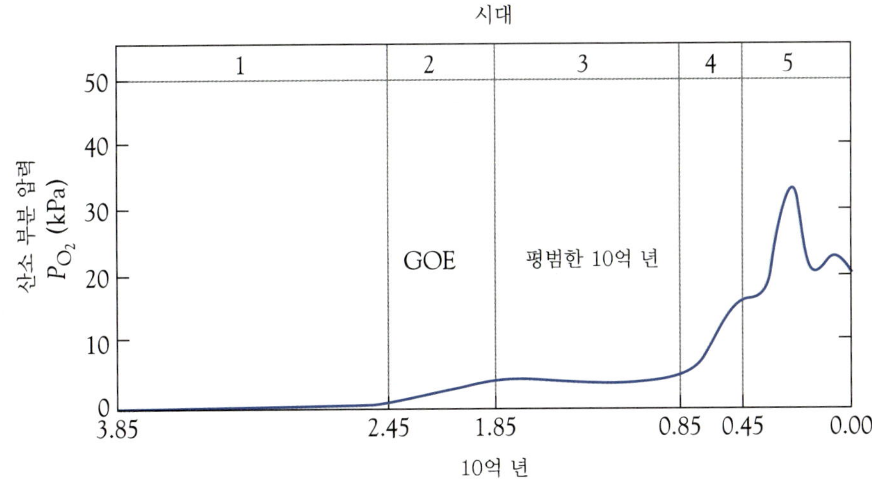

그림 16.7 지질학적 시대에 걸친 대기 중 산소의 증가

준까지 증가되었다. 이어서 석탄기(3.6억 년에서 3억 년 전) 동안에 산소 농도는 35 kPa까지 증가하였다가 다시 20 kPa로 되돌아왔다.

오존층

대기 중의 산소 농도가 어느 정도 수준에 도달되기 전에는 오존층이 존재하지 않았고 지구 표면은 생명체를 파괴시키는 태양에서 오는 자외선에 노출되어 있었다. 산소 기체의 농도가 증가함에 따라 오존층이 형성되기 시작하였다. 오존 순환은 아주 복잡하지만 주요 단계는 다음과 같다. 먼저 보다 짧은 파장의 자외선이 산소 분자와 반응하여 산소 원자를 생성시킨다.

$$O_2(g) \xrightarrow{h\nu} 2\,O(g)$$

이 산소 원자는 다른 산소 기체와 반응하여 오존을 생성시킨다.

$$O(g) + O_2(g) \rightarrow O_3(g)$$

이 오존은 보다 긴 파장의 자외선을 흡수하면서 다시 산소 기체로 분해된다.

$$O_3(g) \xrightarrow{h\nu} O_2(g) + O(g)$$
$$O_3(g) + O(g) \rightarrow 2\,O_2(g)$$

화학 반응이 단순한 경우는 드물고, 성층권에서 일어나는 화학 반응도 예외일 수 없다. 오존의 파괴에 대한 경로는 다양하며, 수소 원자, 하이드록실 라디칼, 일산화 질소 및 염소 원자 등의 성층권에 존재하는 미량 성분들이 관여한다. 이 화학종들을 여기에서는 X로 표기했는데, 자외선을 흡수하지 않더라도 오존 분해에 대해 촉매로 작용한다.

$$X(g) + O_3(g) \rightarrow XO(g) + O_2(g)$$
$$XO(g) + O(g) \rightarrow X(g) + O_2(g)$$

그래서 이 반응들의 알짜 반응은 다음과 같다.

$$O(g) + O_3(g) \rightarrow 2\,O_2(g)$$

이 네 가지 화학종이 대기 상층부에 존재하는 미량 성분이라는 사실과는 별개로 촉매로 작용하게 되는 특별한 이유가 있다. 즉, 기체 분자들의 수가 같기 때문에 엔트로피는 두 가지 반응 모두에 대해 중요한 반응 추진력이 될 수 없다. 그러므로 두 반응은 발열반응이 되어야 한다. 이 점이 X에 대해 한계로 작용한다. 그러므로 첫 번째 반응에서 O_3와 O_2 간의 생성 엔탈피 차이보다 X−O 결합 에너지가 더 커야 한다(107 $kJ \cdot mol^{-1}$). 두 번째 반응에서 X−O 결합 에너지는 산소 분자의 결합 에너지(498 $kJ \cdot mol^{-1}$)보다 더 작아야 한다. 이와 같은 조건은 X = H, OH, NO, Cl일 때에만 성립된다.

하이드록실 라디칼

대류권 오존은 위험한 오염물질로 인식되는 경우가 많지만 '한낮 세정제'인 하이드록실 라디칼을 생성시키는 매우 중요한 역할을 하기도 한다. 15.8절에서 밤에는 질산 라디칼 때문에 대류권에서 화학 반응이 일어나게 됨을 알았다.

낮에는 하이드록실 라디칼이 $10^5 \sim 10^6$개·cm^{-3}의 농도로 존재하게 된다. 하이드록실 라디칼은 대개 오존이 319 nm 이하 파장의 빛을 흡수하여 산소 원자와 분자로 광분해됨에 따라 생성된다. 산소 원자와 분자는 들뜬 상태에 있기 때문에, 산소 원자는 2개의 *p* 홀전자를 갖는 바닥 상태와는 달리, 모든 *p* 전자가 홀전자이다. 이 들뜬 상태는 화학식 뒤에 별표(*)로 표기할 수 있다. 그러므로 이 반응은 다음과 같다.

$$O_3(g) \xrightarrow{hv} O^*(g) + O_2^*(g)$$

20%의 들뜬 산소 원자는 질소 분자나 산소 분자와 충돌을 일으키지 않고, 대신 물 분자와 충돌하여 2개의 하이드록실 라디칼을 형성한다.

$$O^*(g) + H_2O(g) \rightarrow OH(g) + OH(g)$$

이 하이드록실 라디칼은 강력한 산화제이다. 이들은 조각들을 산화시키는 작용을 하기 때문에 기체상의 유기 분자들을 파괴시킨다. 예를 들면, 메테인은 과산화 수소 메틸, CH_3OOH로 산화된 다음, 메탄알 HCHO로 되고 최종적으로 이산화 탄소가 된다. 하이드록실 라디칼은 대기 중의 이산화 질소를 질산으로 산화시키고 황화 수소를 이산화 황으로 산화시킨다.

16.5 공유 결합 산소 화합물에서의 결합

결합각과 Bent 규칙

산소 원자는 주로 2개의 단일 공유 결합 또는 1개의 다중 결합을 형성한다. 산소가 2개의 공유 결합을 형성할 때의 결합각은 정사면체의 결합각인 109.5°보다 현저하게 다를 수도 있다. 물의 결합각이 104.5°인 이유는 결합 전자쌍보다는 고립 전자쌍들이 차지하는 공간 부피가 더 크기 때문으로 설명된다. 따라서 물 분자의 결합각은 일그러져 있다.

그러나 할로젠-산소 화합물, OF_2(결합각: 103°)와 Cl_2O(결합각: 111°)를 비교해 보면 다른 설명을 찾아야 한다. 가장 좋은 설명은 오비탈의 혼성화 정도로 설명하는 것이다. 3.5절에서 오비탈의 성질이 혼합되는 결합의 혼성화 모형에 대해 알아보았다. 이 모형에서는 혼합되는 오비탈의 수만 고려하면 된다. 예를 들어 1개의 s 오비탈과 3개의 p 오비탈이 혼성화되면 4개의 sp^3 혼성 오비탈을 만든다. 그러나 혼성화에 참여하는 오비탈이 항상 일정해야 할 이유는 없다. 그러므로 어떤 공유 결합은 s 성질이 더 많고, 또 다른 공유 결합에서는 p 성질을 더 많이 가질 수도 있다. 또한 2주기를 지난 다음에는 당연히 d 오비탈들도 혼성화에 참여할 수 있다. 그러나 결합을 나타내는 데 부분적인 오비탈의 혼합으로 간주하는 이 접근 방법보다는, 분자 오비탈을 사용하는 경우가 더 많아지고 있다.

Henry A. Bent는 산소 화합물들이 다양한 결합각을 갖는 것을 설명하기 위한 실험 규칙을 만들었다(**Bent 규칙**). 이 규칙에 의하면, 전기 음성인 치환기는 s 성질이 적은 혼성 오비탈을 선호하고, 전기 양성인 치환기는 s 성질이 더 많은 혼성 오비탈을 선호한다. 그러므로 전기 음성도가 큰 플루오린과의 결합각은 산소 원자에 있는 두 개의 순수한 p 오비탈의 결합각인 90°를 가지려는 경향을 나타낸다. 이와는 반대로 전기 음성도가 작은 염소와의 결합에서 결합각은 sp^3 혼성 오비탈에서보다 더 큰 각을 갖거나, sp^3의 결합각인 109.5°에서 sp^2 혼성의 결합각인 120° 사이의 각도를 갖게 된다. 산화 이염소가 큰 결합각을 갖는 이유에 대해 다르게도 설명할 수 있는데, 2개의 큰 염소 원자 간에 입체적인 반발력이 작용하기 때문에 결합각이 증가하게 된다는 것이다.

산소는 Lewis 산이나 Lewis 염기로 작용하여 배위 공유 결합을 형성할 수 있다. Lewis 산으로 작용하는 경우는 매우 드물지만, NF_3O(15.2절 참조)를 예로 들 수 있다. 그러나 산소가 Lewis 염기로 작용하는 경우는 흔하다. 예를 들면, 물 분자는 산소 원자에 있는 고립 전자쌍을 통해서 전이 금속 이온들에 배위된다(19장 참조).

산소가 갖는 또 다른 형태의 결합 방식이 있는데, 특히 산소가 3개의 동등한 공유 결합을 형성하는 경우이다. 예를 들어 하이드로늄 이온을 들 수 있는데, 이 이온에서 각각의 결합각은 사면체의 결합각인 109.5°에 가깝다(그림 16.8). 그러나 산소 분자들이 항상 정사면체 구조를 갖는 것은 아니다. 독특한 양이온인 $[O(HgCl)_3]^+$에서, 모든 원자들은 동일 평면상에 있으며, 각 결합각은 120°이다(그림 16.9). 이것을 설명하기 위해서는 산소 원자에 있는 고립 전자쌍은 보통의 sp^3 혼성 오비탈에 존재하는 것이 아니라, 수은 원자의 비어있는 6p 오비탈과 π 결합을 형성할 수 있는 p 오비탈에 존재하는 것으로 가정해야 한다.

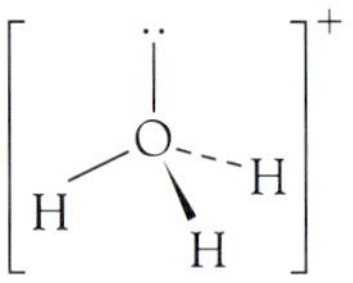

그림 16.8 하이드로늄 이온

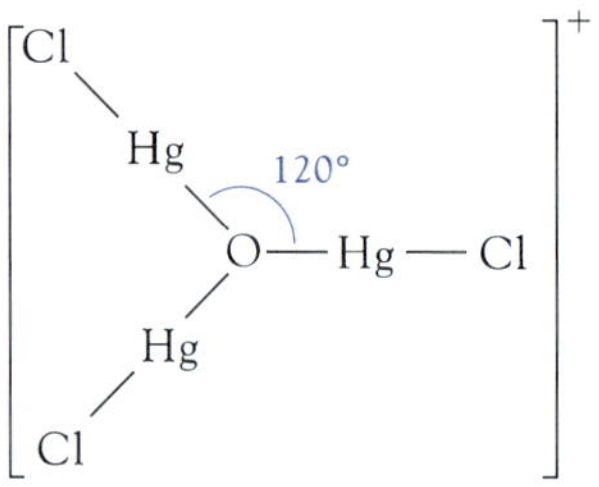

그림 16.9 $[O(HgCl)_3]^+$ 이온

산화물의 가장 높은 산화 상태

산소는 다른 원소의 산화 상태를 플루오린과 결합했을 때보다 더 높은 상태로 만들 수도 있다. 이것은 산소가 차 있는 p 오비탈 중의 하나와 다른 원소의 비어있는 오비탈을 사용하여, π 결합을 형성할 수 있는 능력을 갖고 있기 때문일 수도 있고, 단순하게는 구조적인 이유 때문일 수도 있다. 예를 들면, 오스뮴은 4개의 산소 원자와 결합하여 OsO_4를 형성할 수도 있고, 8개의 플루오린 원자와 OsF_8을 형성할 수도 있다(표 16.5).

표 16.5 세 가지 원소의 산화물과 플루오린화물이 갖는 가장 높은 산화 상태

원소	산화 상태가 가장 높은 산화물	산화 상태가 가장 높은 플루오린화물
크로뮴	CrO_3(+6)	CrF_5(+5)
제논	XeO_4(+8)	XeF_6(+6)
오스뮴	OsO_4(+8)	OsF_7(+7)

예제 16.1

(a) NF_3O와 (b) CF_2O에 대한 전자-점 도표를 그리시오.

해답

(a) N은 가장 낮은 전기 음성도를 갖기 때문에 중심 원자이다. N은 5개, O는 6개, F는 7개의 전자를 갖기 때문에 총 전자수는 32개이다. 질소는 팔전자계를 확장시킬 수 없기 때문에 N—O일 때 가장 적합한 전자점 도표가 된다.

```
      ..
     :F:
  ..  ..  ..
 :F:N:O:
  ..  ..  ..
     :F:
      ..
```

(b) C는 가장 낮은 전기 음성도를 갖기 때문에 중심 원자이다. C는 4개, O는 6개, F는 7개의 전자를 갖기 때문에 총 전자수는 24개이다. 가장 적합한 전자점 도표를 구성하려면 C = O 결합이 필요하다.

```
   ..
  :F:
   ..   ..
   C::O
   ..   ..
  :F:
   ..
```

16.6 산화물에서의 경향성

금속 산화물의 산-염기 성질

산화물의 성질은 다른 원소의 산화수에 의존한다. 금속 산화물의 경우 9.2절에서 설명한 것과 같은 결합 형태의 전이가 존재한다. 예를 들면, 산화 크로뮴(III), Cr_2O_3의 녹는점은 전형적인 이온 결합 화합물의 값인 2266°C이지만, 산화 크로뮴(VI), CrO_3의 녹는점은 전형적인 공유 결합 화합물의 값인 196°C이다. 이와 같은 이온 결합에서 공유 결합으로의 변화는 금속 이온의 전하 밀도가 증가하는 것과 관련지을 수 있다.

이와 같은 결합 형태의 변화는 금속 산화물들의 산-염기 행동에서 나타나는 차이를 설명하는 데 활용될 수 있다. 금속이 낮은 산화 상태, 대개 +2이면 이 산화물은 염기성이다(환원성이라고도 한다). 예를 들면, 이온 결합 화합물 산화 망가니즈(II)는 산과 반응하여 수용성 망가니즈(II) 이온을 생성한다.

$$MnO(s) + 2\,H^+(aq) \rightarrow Mn^{2+}(aq) + H_2O(l)$$

금속이 +3의 산화 상태일 경우에 그 금속 산화물은 대개 양쪽성이 된다. 예를 들면, 산화 크로뮴(III), Cr_2O_3는 산과 반응하면 크로뮴(III) 이온이 되고, 센 염기와 반응하면 아크로뮴산 음이온, CrO_2^-이 된다. 금속이 높은 산화 상태인 산화물은 대개 산성이고 산화성이다. 그러므로 공유 결합을 하고 있는 산화 크로뮴(IV)은 물과 반응하여 크로뮴산이 된다.

$$CrO_3(s) + H_2O(l) \rightarrow H_2CrO_4(aq)$$

금속 산화물의 전형적인 성질은 표 16.6에 나타내었다.

표 16.6 금속 산화물에 대한 산화 상태와 산-염기 성질 간의 대략적인 관련성

산화 상태	성질	예
+1	매우 염기성	Na_2O
+2	염기성	CaO, MnO
+3, +4, +5	양쪽성	Al_2O_3, Cr_2O_3(Fe_2O_3는 아님), SnO_2, V_2O_5
+6, +7	산성	CrO_3, Mn_2O_7

표 16.7 비금속 산화물에 대한 산화 상태와 산–염기 성질 간의 대략적인 관련성

산화 상태	성질	예
+1, +2	중성	N_2O, CO
+3, +4	산성	N_2O_3, NO_2, CO_2, SO_2
+5, +6, +7	강한 산성	N_2O_5, SO_3, Cl_2O_7

비금속 산화물의 산-염기 성질

비금속 산화물은 항상 공유 결합을 한다. 그리고 원소의 산화 상태가 낮을 경우에는 중성을 띠고, 원소의 산화 상태가 높을 경우에는 산성을 띤다. 예를 들어 산화 이질소, N_2O는 중성인 반면에, 오산화 이질소는 물에 녹으면 질산이 된다.

$$N_2O_5(g) + H_2O(l) \rightarrow 2\,HNO_3(l)$$

다른 원소의 산화 상태가 높을수록 성질은 더 산성이 된다. 예를 들면, 이산화 황은 약한 산성이지만, 삼산화 황은 강한 산성 산화물이다. 비금속 산화물의 전형적인 성질은 표 16.7에 나타내었다.

산소의 비정상적 산화 상태

앞에서 보았듯이 산소를 포함하는 산소 음이온들의 산화 상태가 비정상적일 때가 있다. 즉, 과산화(2−) 이온 O_2^{2-}, 초과산화(1−) 이온 O_2^-, 삼산화(1−) 이온 O_3^-이다. 이들 화학종은 고체상의 화합물, 특히 금속 양이온의 전하 밀도가 낮아서, 크고 전하가 작은 음이온들을 충분히 안정화시킬 수 있는 화합물에서만 존재한다.

다른 원소가 비정상적으로 높은 산화수를 갖게 되는 화합물은 대개 과산화물 −O−O− 다리를 포함하고 있는데, 이 과산화물 다리에서 각 산소 원자는 −1의 산화수를 갖는다. 이러한 경우 산화수를 다시 계산하면 다른 원소는 정상적인 산화수를 갖게 된다. 예를 들어 K_2O_2에서 산소는 포타슘의 산화수를 비정상적인 +2가 되게 하는 산화물의 산화수인 −2가 아니라, 과산화물의 산화수인 −1의 산화수를 갖는다.

16.7 수소의 산화물

물(산화 이수소)

물은 수소 기체와 산소 기체가 혼합되고 섬광을 일으키며 만들어진다.

$$2\,H_2(g) + O_2(g) \rightarrow 2\,H_2O(l)$$

탄화수소 연료와 같은 유기 화합물을 태울 때에도 생성물 중의 하나로 얻어진다. 예를 들면, 메테인을 태우면 이산화 탄소와 물이 생긴다.

$$CH_4(g) + 2\,O_2(g) \rightarrow CO_2(g) + 2\,H_2O(l)$$

물은 지구상의 어디에나 존재하는 액체이다. 물은 지구상의 많은 화학을 조절한다. 액

표 16.8 바닷물 속에 녹아 있는 중요한 이온 결합성 물질의 함량

양이온	농도($mol \cdot L^{-1}$)	음이온	농도($mol \cdot L^{-1}$)
Na^+	0.469	Cl^-	0.546
Mg^{2+}	0.053	SO_4^{2-}	0.028
Ca^{2+}	0.010	HCO_3^-/CO_3^{2-}	0.002
K^+	0.010	Br^-	0.001

체인 물은 오랜 지질 연대에 걸쳐 형성되고 지표면에 존재하여 왔다. 물은 이온 결합성 물질을 녹이는 능력을 가지고 있기 때문에 알칼리 금속과 알칼리 토금속, 그리고 염화 이온이나 황산 이온과 같은 일반적인 음이온들이 지표면에 많이 존재하게 되었다. 따라서 지구가 냉각되어 액체인 물이 존재하기 시작한 이래로, 광석으로부터 용해되어 나온 이들 이온이 바닷물 속에 많이 존재하게 되었다. 지구상에 있는 물의 97%를 차지하는 바닷물 용액의 성분들을 표 16.8에 나타내었다.

우리 주변에 있는 많은 무기물들의 매장은 수용액으로부터 생성되었다. 즉, 엄청난 양의 알칼리 금속과 알칼리 토금속의 매장물은 원시 바다와 호수의 퇴적물에 의해 생성된 것으로 추정된다. 황화 납(II)과 같은 중금속들의 황화물도 수용액으로부터 퇴적된 것처럼 보이는데, 분명하지는 않다. 보통의 온도와 압력하에서 이러한 무기물들의 용해도는 매우 낮지만, 지구 표면의 매우 깊은 곳은 높은 온도와 높은 압력을 받기 때문에 이온들의 용해도가 증가한다. 그런 다음 이 이온들이 지구 표면 근처로 이동되어 온도와 압력이 다시 낮아지면 고체로 석출되는 것이다.

이온성 광물들 외에 물은 많은 극성 공유 결합 화합물도 녹인다. 이처럼 광범위한 용매로 작용하는 물의 능력은 7.1절과 10.4절에서 설명한 것처럼 대부분 O−H 결합의 높은 극성 때문에 나타난다.

운동을 하는 사람들(마라톤 경주자, 트라이애슬론, 하이커 등)은 탈수를 염려하여 물이나 스포츠 음료를 너무 많이 마셔서 혈액을 심각할 정도로 묽히고 있다. 2002년 보스톤 마라톤 대회에서 13%의 경주자들이 물을 너무 많이 마셔 혈액의 소듐 농도가 비정상적으로 낮추어지는 저소듐혈증이 생겼다. 증상은 메스꺼움, 현기증 및 통일성의 결여이다. 심각해지면 사망할 수도 있다.

과산화 수소

수소와 산소의 두 번째 조합은 과산화 수소이다. 순수한 과산화 수소는 옅은 푸른빛을 띠는 거의 무색인 액체이며, 점성도가 높다. 이렇게 점성도가 큰 이유는 강한 수소 결합 때문이다. 이 물질은 부식성이 매우 크기 때문에 취급할 때 매우 주의하여야 한다. 실험실에서 과산화 수소 용액은 과산화 소듐과 물을 반응시켜서 제조할 수 있다.

$$Na_2O_2(s) + 2\,H_2O(l) \rightarrow 2\,NaOH(aq) + H_2O_2(l)$$

기체상에서 이 분자의 구조는 놀랍게도 H−O−O 결합각이 물에서의 H−O−H 결합각보다 약 10°가 작은 94.5°이며, 두 개의 H−O 단위체에 대한 대각선 각이 111°이다 (그림 16.10 참조).

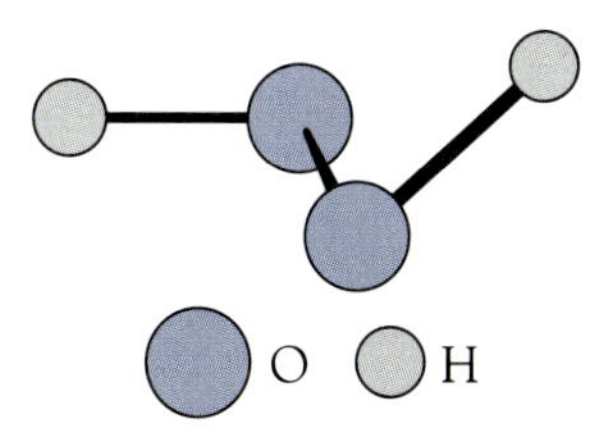

그림 16.10 과산화 수소 분자

과산화 수소는 열역학적으로 매우 불안정하여 불균등화 반응을 일으킨다.

$$H_2O_2(l) \rightarrow H_2O(l) + 1/2\ O_2(g) \qquad \Delta G^{\ominus} = -119\ \text{kJ} \cdot \text{mol}^{-1}$$

그러나 순수할 때는 반응 속도론적 요인들 때문에 활성화 에너지가 매우 크고, 분해 반응이 매우 느리다. 전이 금속 이온, 금속, 혈액, 먼지와 같은 많은 물질들이 이 분해 반응의 촉매 역할을 한다.

과산화 수소는 묽은 용액일지라도 취급할 때는 피부를 보호해야 하므로, 꼭 장갑과 눈 보호대를 착용해야 한다. 과산화 수소는 산성 및 염기성 용액에서 산화제와 환원제로 동시에 사용된다. 산화는 대개 산성 용액에서 일어나고, 환원은 염기성 용액에서 일어난다.

$$H_2O_2(aq) + 2\ H^+(aq) + 2\ e^- \rightarrow 2\ H_2O(l) \qquad E^{\ominus} = +1.77\ \text{V}$$
$$HO_2^-(aq) + OH^-(aq) \rightarrow O_2(g) + H_2O(l) + 2\ e^- \qquad E^{\ominus} = +0.08\ \text{V}$$

과산화 수소는 아이오딘 이온을 아이오딘으로 환원시키고, 산성 용액에서 과망가니즈산 이온을 망가니즈(II) 이온으로 환원시킨다. 과산화 수소는 아주 오래된 미술품들을 복원시키는 데 사용된다. 흰색 물감으로 많이 쓰이는 것 중의 하나는 백납(white lead)인데, 이것은 납의 탄산염과 수산화염의 혼합물, $Pb_3(OH)_2(CO_3)_2$이다. 미량의 황화 수소가 존재하게 되면 흰색의 화합물이 검은색의 황화 납(II)으로 되어, 그림의 색이 변색되는 것이다. 여기에 과산화 수소 처리를 하면 황화 납(II)이 다시 흰색의 황산 납(II)으로 산화되어 그림의 올바른 색이 나타나게 된다.

$$PbS(s) + 4\ H_2O_2(aq) \rightarrow PbSO_4(s) + 4\ H_2O(l)$$

과산화 수소는 공업적으로 유용하게 쓰이는 화학 약품이다. 전 세계적으로 매년 10^6톤이 생산된다. 과산화 수소의 용도는 매우 다양하며, 종이를 표백해서 건축 자재물을 만들거나, 특히 머리카락 표백제로도 쓰이고 있다. 과산화 수소는 공업용 시약으로도 사용되는데, 예를 들면 과산화붕소산 소듐의 합성 등이 있다(13.2절 참조).

삼산화 이수소

대개 **트라이옥시데인**(*trioxidane*)이라고 하는 삼산화 이수소는 오존과 과산화 수소 간의 반응에서 생성된다. 이 혼합물은 주로 지하수의 유기 오염물질을 분해시키는 데 사용되는데, 이 방법은 peroxone **공정**(*peroxone process*)이라고 알려져 있다.

$$O_3(g) + H_2O_2(aq) \rightarrow H_2O_3(aq) + O_2(g)$$

실온의 유기 용매에서 이 분자의 수명은 약 16분이지만, 물에서는 반응성이 매우 큰 단일항 산소가 생성되는 아래와 같은 반응이 일어나기 때문에 10^{-3}초 정도만 지속될 수 있다.

$$H_2O_3(aq) \rightarrow H_2O(l) + O_2(g)^*$$

16.8 수산화물

거의 모든 금속 원소들은 수산화물을 만들 수 있다. 무색의 수산화 이온은 수용액에서 강한 염기로 작용한다. 수산화 이온은 피부층의 단백질과 반응하여 흰색의 불투명한 층을 만들므로 매우 위험한 물질이다. 특히 눈에는 치명적이다. 이러한 위험성에도 불구하고, 수많은 가정용품, 특히 오븐이나 배수구 청소용으로 수산화 소듐의 용액이나 고체가 사용되고 있다. 수산화 소듐은 소금물을 전기 분해하여 만든다(11.8절 참조).

어떤 제품의 경우에는 수산화 이온이 들어 있지는 않더라도 가수분해를 통해서 매우 높은 농도로 존재하게 된다는 것도 알아두어야 한다. 예를 들어 인산 소듐이 포함되어 있는 세제에서 인산 이온이 물과 반응하면 수산화 이온과 인산 수소 이온이 발생된다.

$$PO_4^{3-}(aq) + H_2O(l) \rightarrow HPO_4^{2-}(aq) + OH^-(aq)$$

이산화 탄소와의 반응

가용성 수산화물의 용액(알칼리 금속, 바륨, 암모늄)은 공기 중의 이산화 탄소 존재하에서 산성 산화물과 반응하여 금속의 탄산염을 생성한다. 예를 들면, 수산화 소듐은 이산화 탄소와 반응하여 탄산 소듐 용액을 만든다.

$$2\,NaOH(aq) + CO_2(g) \rightarrow Na_2CO_3(aq) + H_2O(l)$$

이러한 이유 때문에 수산화물의 용액은 사용할 때를 제외하고는 잘 밀봉해 보관하여야 한다. 위의 반응은 수산화 소듐을 유리 마개가 아닌 고무 마개로 봉한 유리병에 보관해야 하는 이유이기도 하다. 어떤 용액은 병의 목 부분에서 반응하여 탄산 소듐 결정을 생성시켜, 유리 마개를 병목에 효과적으로 접착시켜 버린다.

알칼리와 알칼리 토금속의 수산화물은 고체상일 때에도 이산화 탄소와 반응한다. 예를 들어 수산화 칼슘은 이산화 탄소와 반응하여 탄산 칼슘이 된다.

$$Ca(OH)_2(aq) + CO_2(g) \rightarrow CaCO_3(s) + H_2O(l)$$

수산화 칼슘은 물에 소량만 녹지만 염기성 용액이 되기에는 충분하다. 과량의 수산화 칼슘을 포함하는 현탁액인 포화 수산화 칼슘 혼합물을 '회반죽(whitewash)'이라고 하는데, 이 화합물은 가정에서 페인트칠을 할 때 값이 싼 흰색 코팅제로 사용된다. 실제로 회반죽은 부분적으로 녹은 수산화 칼슘이 나무나 플라스틱 표면에 침투된 것이다. 몇 시간 또는 며칠이 지나면 이것은 공기 중의 이산화 탄소와 반응하여 미세한 결정이 되는데, 이것은 불용성인 흰색의 탄산 칼슘이다. 이 반응은 옛날부터 사용되었으며, 아주 실용적인 화학이라고 할 수 있다.

금속 이온과의 반응

금속의 많은 수산화물들은 수산화 이온 용액에 금속 이온 용액을 가하면 얻어진다. 즉, 녹청색의 수산화 구리(II)는 수산화 소듐과 염화 구리(II) 용액을 혼합해서 만들 수 있다.

$$CuCl_2(aq) + 2\,NaOH(aq) \rightarrow Cu(OH)_2(s) + 2\,NaCl(aq)$$

많은 불용성 수산화물들은 용액으로부터 **젤리**와 같은 고체 상태로 침전되므로 거르기가 매우 어렵다. 양쪽성 수산화물은 과량의 수산화 이온을 가하여 다시 녹인다. 예를 들면, 수산화 아연을 다시 녹이면 테트라하이드록소아연산 이온(tetrahydroxozincate ion), $[Zn(OH)_4]^{2-}$가 생성된다.

$$Zn(OH)_2(s) + 2\,OH^-(aq) \rightleftharpoons [Zn(OH)_4]^{2-}(aq)$$

몇 가지의 금속 수산화물들은 매우 불안정하므로 물을 방출하여 산화물이 된다. 이것은 이온이 높은 전하를 가져서 더 안정한 격자를 형성하려고 하기 때문이다. 예를 들면, 녹청색의 수산화 구리(II) 젤을 천천히 가열하면 검은색의 산화 구리(II) 고체를 얻게 된다.

$$Cu(OH)_2(s) \xrightarrow{\Delta} CuO(s) + H_2O(l)$$

16.9 황의 동소체

사이클로-팔황

가장 보편적으로 존재하는 동소체는 지그재그형으로 고리를 이루고 있는 사이클로-팔황(*cyclo*-octasulfur), S_8이다(그림 16.11). 이 동소체는 95°C 이상에서는 바늘 모양의 결정 형태로 존재하지만, 이 이하의 온도에서는 두툼한 모양의 결정이 된다. 이것은 분자들이 쌓이는 형태가 단사 결정계에서 사방 결정계로 바뀌기 때문에 나타나는 현상이다. 이와 같은 두 가지의 형태는 각각에 대해 서로 **다형태**(*polymorph*)라고 하며, 동소체가 아니다. 다형태는 같은 화합물이 동일한 단위 세포에 다른 방법으로 쌓여서 결정 상태가 다를 때 부르는 이름이다.

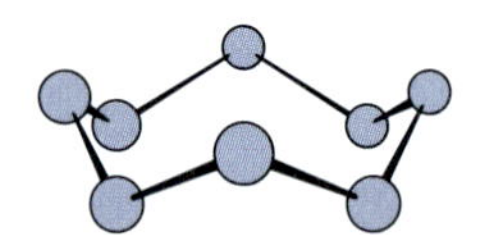

그림 16.11 사이클로-팔황 분자

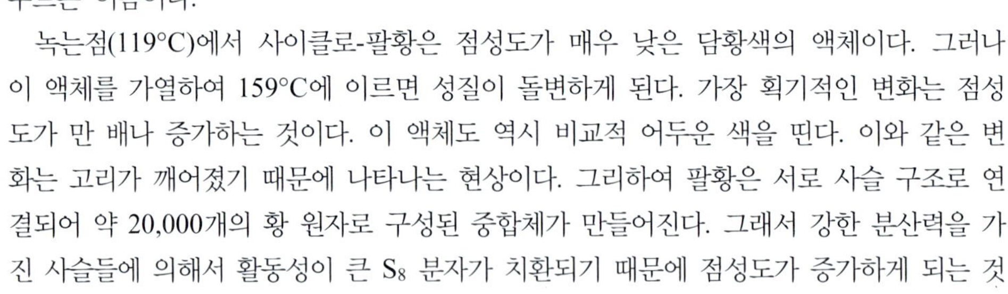

녹는점(119°C)에서 사이클로-팔황은 점성도가 매우 낮은 담황색의 액체이다. 그러나 이 액체를 가열하여 159°C에 이르면 성질이 돌변하게 된다. 가장 획기적인 변화는 점성도가 만 배나 증가하는 것이다. 이 액체도 역시 비교적 어두운 색을 띤다. 이와 같은 변화는 고리가 깨어졌기 때문에 나타나는 현상이다. 그리하여 팔황은 서로 사슬 구조로 연결되어 약 20,000개의 황 원자로 구성된 중합체가 만들어진다. 그래서 강한 분산력을 가진 사슬들에 의해서 활동성이 큰 S_8 분자가 치환되기 때문에 점성도가 증가하게 되는 것이다.

온도가 다시 황의 끓는점(444°C)까지 증가하는 동안 열 운동에 의해 중합체 단위들이 더 큰 열적 운동을 할 수 있는 조각들로 해체됨에 따라 점성도는 천천히 감소한다. 이 액체를 찬물에 부으면 갈색의 투명하고 탄력성 있는 고체(**플라스틱 황**)가 된다. 이 물질은 단사황의 미세결정으로 천천히 변환된다.

끓는 황은 초록색의 기체 상태인 사이클로-팔황으로 이루어져 있다. 온도를 계속해서 증가시키면 고리는 분해되고, 700°C에서는 보라색 기체가 관찰된다. 이 기체는 산소 분자와 같은 구조인 이황 분자, S_2이다.

사이클로-육황과 사이클로-십이황

100여 년 전에 8개가 아닌 다른 개수로 고리를 만드는 황의 동소체가 처음으로 합성되었다. 이 동소체는 사이클로-육황(*cyclo*-hexasulfur), S_6으로 수많은 황의 동소체 중에서 두 번째로 발견된 것이다. 동소체와 다형태를 보다 더 자세히 구별하는 방법은 다른 분자 단위를 갖는 같은 원소의 형태를 **동소체**(*allotrope*)로 정의하면 된다. 황의 동소체들 중에서 고리의 개수가 6에서 20에 이르는 동소체들이 합성되었으며, 이보다 더 큰 고리를 갖는 동소체가 존재한다는 증거도 밝혀졌다. 사이클로-팔황 다음으로 안정한 것은 사이클로-십이황(*cyclo*-dodecasulfur), S_{12}이다. 이들 두 가지의 구조를 그림 16.12에 나타내었다.

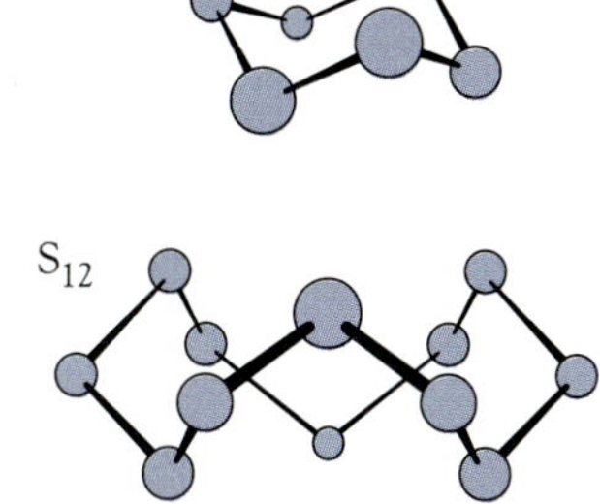

그림 16.12 사이클로-육황과 사이클로-십이황

사이클로-육황은 싸이오황산 소듐, $Na_2S_2O_3$과 진한 염산을 혼합하면 만들 수 있다.

$$6\ Na_2S_2O_3(aq) + 12\ HCl(aq) \rightarrow S_6(s) + 6\ SO_2(g) + 12\ NaCl(aq) + 6\ H_2O(l)$$

그러나 요즘은 짝수 개의 고리(홀수 개의 고리들보다 더 안정하다)를 갖는 동소체들을 합성하는 방법이 많이 개발되었다. 이 방법에서는 폴리황화 수소, H_2S_x와 이염화 폴리황, S_yCl_2를 반응시켜서 고리 크기가 $(x + y)$개에 해당하는 화합물을 합성한다. 따라서 사이클로-십이황을 만들려면 에톡시에테인, $(C_2H_5)_2O$ 용매를 사용하여 팔황화 이수소, H_2S_8와 이염화 사황, S_4Cl_2을 반응시키면 얻을 수 있다.

$$H_2S_8(eth) + S_4Cl_2(eth) \rightarrow S_{12}(s) + 2\ HCl(g)$$

16.10 황 화학의 개요

산화 상태의 안정도

황은 +6, +4, +2, −2의 다양한 짝수의 산화 상태를 갖는다. 산성 및 염기성 용액에서 황

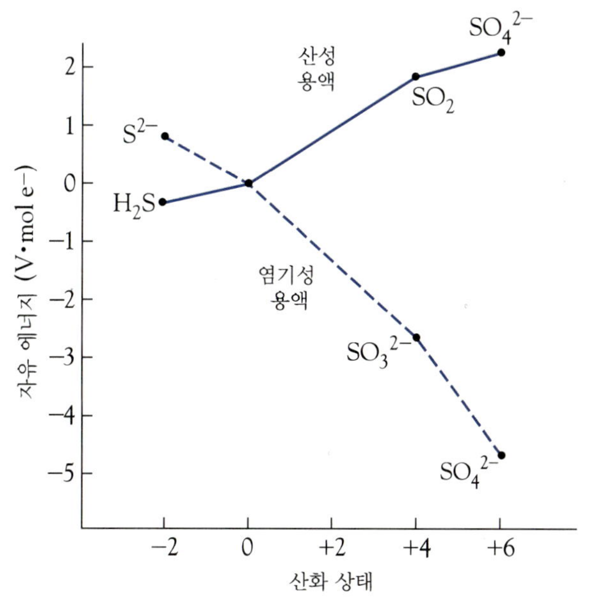

그림 16.13 산성과 염기성 용액에서 황이 갖는 산화 상태에 대한 Frost 도표

이 갖는 산화 상태를 그림 16.13에 나타내었다. 산성 용액에서 황산 이온의 자유 에너지가 비교적 낮은 것은, 이 이온이 약간의 산화만 일어남을 의미한다. 염기성 용액에서 황산 이온은 산화가 전혀 일어나지 않고, 열역학적으로 황의 가장 안정한 산화물이다. 그림에서 보면 +4의 산화 상태도 사실상 안정한 상태라고 볼 수 있다. 또한 산성 용액에서 +4의 산화 상태는 환원될 가능성이 많은 것으로 나타나는 반면, 염기성 용액에서는 산화되기가 쉬운 것으로 나타난다. 즉, 이 원소는 산성 조건에서는 환원이 일어나고, 염기성 조건에서는 산화가 일어난다. 그림 16.13에서 보면 염기성 용액에서 황화 이온은 비교적 강한 환원제이지만, 황화 수소는 열역학적으로 안정한 화학종이다.

황은 탄소 다음으로 카테나 화합물을 만들기 쉬운 원소이다. 그러나 결합은 오직 2개만 가능하다. 그러므로 구조는 전형적인 사슬 구조로서 황 원자 양끝에 다른 원소나 원소들의 그룹이 결합되어 있다. 구조식의 예를 들면, $HS-S_n-SH$와 $ClS-S_n-SCl$이며, 여기서 n은 0 ~ 20 사이의 값을 갖는다.

산화 상태의 pH 의존성

Pourbaix 도표(그림 16.14)를 통해 알 수 있는 것처럼 정상적인 전위와 pH하에서 황산은 열역학적으로 선호되는 화학종이다.

황(+6)이 열역학적으로 선호된다면 황(−2)이 공통 산화 상태인 이유를 설명할 수 없다. 생물체는 열역학적으로 선호되는 산화와 짝을 이루어 환원됨으로써 알짜 음의 자유 에너지 변화를 낸다. 전형적인 예는 탄화수소산이 이산화 탄소로 산화되는 것이다.

$$C_6H_{12}O_6(aq) + 3\,SO_4^{2-}(aq) + 3\,H^+(aq) \rightarrow 6\,CO_2(g) + 3\,HS^-(aq) + 6\,H_2O(l)$$
$$\Delta G^{\ominus} = -26\ \mathrm{kJ\cdot mol^{-1}}$$

황의 공업적 추출

원소 황은 미국과 폴란드의 지하 광맥에 대규모로 매장되어 있다. 이들은 호수 밑바닥의

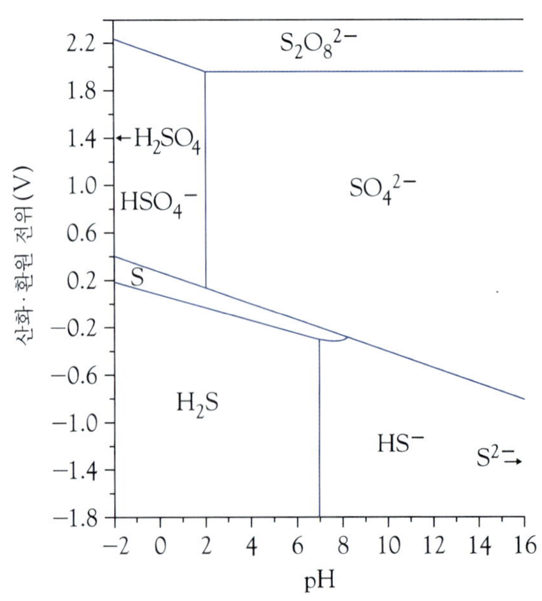

그림 16.14 황에 대한 Pourbaix 도표. [출처: W. Kaim and B. Schwederski, *Bioinorganic Chemistry: Inorganic Elements in the Chemistry of Life* (Chichester, U.K.: John Wiley, 1994), p. 324]

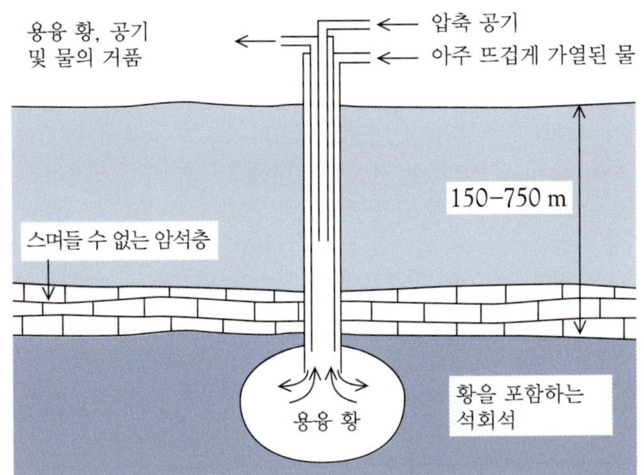

그림 16.15 황을 추출하는 Frasch 방법

황산염의 광물에 혐기성 박테리아가 작용하여 형성된 것으로 추측되고 있다.

황을 추출하는 방법은 캐나다의 과학자 Herman Frasch가 개발하였기 때문에 **Frasch 법**(*Frash process*)이라고 한다(그림 16.15). 황은 지하 150 m와 750 m 사이에 약 30 m 두께로 매장되어 있다. 지름이 20 cm인 파이프를 황이 매장되어 있는 바닥까지 내린 다음, 이 파이프 안에 지름이 10 cm이고 바깥쪽 파이프보다는 조금 짧은 파이프를 넣는다. 마지막으로 지름이 2.5 cm인 파이프를 그 속에 약 반 정도의 깊이까지 넣는다.

그런 다음 165°C의 물을 바깥쪽의 두 파이프를 통해서 밀어 넣는다. 이 물은 주위에 있는 황을 녹인다. 지름 10 cm의 파이프로 밀어 넣었던 과열된 물의 주입을 중단하면, 액체의 압력 때문에 녹은 액체 황은 이 파이프 위쪽으로 밀려나오게 된다. 2.5 cm 파이프를 통해서 압축 공기를 불어 넣으면, 밀도가 낮은 거품은 10 cm 파이프를 통해서 표면을 향하여 위쪽으로 나오게 된다. 표면으로 나온 황-물-공기 혼합물을 거대한 탱크로 옮겨 식히면 보라색의 액체 황은 노란색의 고체 덩어리로 결정화된다. 그런 다음 탱크의 벽에 남아있는 것을 제거하게 되는데, 화차로 운송할 수 있는 크기로 분쇄하기 위해 다이너마이트를 사용한다.

미국과 폴란드는 막대한 양의 황이 지하에 매장되어 있는 유일한 나라이다. 다른 나라들은 천연 가스 등과 함께 매장되어 있다. 대부분의 이 매장물들은 독성과 악취가 있는 많은 양의 황화 수소를 포함하고 있다. 황화 수소의 함량이 적은 매장물은 스위트 가스(sweet gas)라고 하며, 15%에서 20%로 높은 함량인 것은 사워 가스(sour gas)라고 한다. 가스 생공업자들에게 이 황화 수소 불순물은 그다지 반갑지 않은 존재임은 분명한 사실이다.

천연 가스에 포함되어 있는 황화 수소로부터 황을 생산하기 위해서는 **Claus 공정**(*Claus process*)을 이용한다. 먼저 사워 가스를 염기성 유기 용매 $HOCH_2CH_2NH_2$를 통해 기포 상태로 통과시키면, 천연 가스로부터 황화 수소가 추출되는데, 이 황화 수소는 Brønsted-Lowry 산으로 작용한다.

$$HOCH_2CH_2NH_2(l) + H_2S(g) \rightarrow HOCH_2CH_2NH_3^+(\text{용매}) + HS^-(\text{용매})$$

용매를 제거하고 가열하면 황화 수소 기체가 유리된다. 그런 다음 황화 수소와 산소 기체의 몰비를, 모든 황화 수소가 물과 이산화 황으로 산화되기에 충분한 2:3의 몰비보다

우주 화학: Io, 황이 풍부한 달

목성의 달인 Io는 독특한 화학을 갖는다. Io의 크기는 지구의 달과 같지만, Io의 표면은 달의 침침한 회색 표면과는 달리 노란색, 붉은색, 푸른색을 가진 화려한 표면이다. 이 색깔들은 주로 황의 동소체와 황 화합물 때문에 나타나는 것이다. Io 표면의 황 화산점과 황 화산 분출의 분수같은 깃털은 태양계에서 가장 감동적이고 아름다운 장면이다. 이 분출은 환상적인 노란색 올드 페이스풀(Old Faithful, 미국 옐로스톤국립공원에 있는 유명한 간헐천), 분출을 닮은 거대한 황 간헐천이며, Io의 중력이 약하기 때문에 용융 황과 황 화합물을 우주 밖 20 km 이상까지 내뱉었다가 천천히 표면으로 되돌아오게 하는 황의 '눈'을 만든다.

대부분 이산화 황과 일산화 황 등의 희귀한 화학종으로 이루어진 희박한 대기의 화학도 독특하다. Io의 화학이 독특한 이유는 무엇인가? 황은 태양계에서 일상적인 원소이지만, 지구와 같은 행성에서, 황은 금속 황화물, 특히 황화 철(II) 형태로 발견된다. Io의 화산을 활성화시키는 열은 목성의 거대한 중력으로부터 생기는 것이다(Europa보다는 미치는 영역이 덜하다). 이 독특한 천체에서 일어나는 화학적 과정에 대해서는 아는 것이 거의 없고, Io에서 발견되는 많은 황 화합물은 지구에서는 발견되지 않은 것이다. Io의 탐사는 모든 우주 화학자에게 비상한 관심사이다.

2:1의 몰비로 혼합한다. 그러면 황화 수소의 1/3은 연소하여 이산화 황 기체로 된다.

$$2\,H_2S(g) + 3\,O_2(g) \rightarrow 2\,SO_2(g) + 2\,H_2O(g)$$

생성된 이산화 황은 나머지 2/3의 황화 수소와 반응하여 원소 황으로 된다.

$$4\,H_2S(g) + 2\,SO_2(g) \rightarrow 6\,S(s) + 4\,H_2O(g)$$

이 공정의 수득률은 초기에는 95%에 불과했지만, 지금은 많이 개선되어 99%까지 가능하게 되었다.

황의 생산량 대부분은 16.17절에서 설명할 황산을 제조하는 데 사용된다. 나머지는 이황화 탄소와 같은 황 화합물들을 합성하는 데 사용된다. 황은 고속도로 표면에 서리가 끼는 것을 방지하기 위해서 아스팔트에 혼합해서 사용되기도 한다.

16.11 황화 수소

대부분의 사람들은 황화 수소의 성질은 잘 모르지만, 이 기체의 냄새가 계란 썩는 냄새와 같다는 것은 알고 있다. 실제로 황화 수소의 불쾌한 냄새는 아주 독특한 것이다. 그러나 더욱 중요한 사실은 무색의 이 기체는 사이안화 수소보다도 독성이 더 강하다는 것이다. 황화 수소는 흔히 접할 수 있기 때문에 훨씬 더 심한 해를 끼치게 된다. 앞서 설명하였듯이, 황화 수소는 지하에서 얻어지는 천연 가스 성분 중 하나이기 때문에, 천연 가스의 추출구에서 이 기체가 새어나오는 것은 매우 위험스러운 것이다. 황화 수소는 0.02 ppm만 존재해도 냄새를 맡을 수 있고, 약 10 ppm이 존재하면 두통과 구토 증세를 느끼며, 100 ppm이 존재하면 사망에 이른다. 이 기체를 검출하기 위해 냄새를 확인하는 방법은 후각기관을 포함한 중추 신경계에 영향을 미쳐 사망에 이르게 되므로 좋은 방법이 아니다.

황화 수소에서의 결합

황화 수소 분자는 물 분자처럼 V-자형 구조를 하고 있다. 그러나 족에서 아래로 내려갈수록 수소화물의 결합각은 감소한다(표 16.9 참조). 결합각이 차이가 나는 이유는 2주기 이상에서는 원소들이 혼성 오비탈을 사용하는 정도가 낮아지기 때문이다. 그러므로 셀레

표 16.9 세 가지 16족 수소화물의 결합각

수소화물	결합각
H_2O	104.5°
H_2S	92.5°
H_2Se	90°

늄화 수소의 결합은 오직 p 오비탈만을 포함하게 된다. 이러한 설명은 다른 화합물에서 관찰된 결합각과도 잘 일치하고 있기 때문에 가장 많이 활용되고 있다.

황화 수소의 성질

황화 수소는 혐기성 박테리아에 의해 자연적으로 만들어진다. 실제로 이 반응은 야채나 습지의 부패 과정을 통해 일어나는데, 대기 중에 존재하는 황의 대부분은 이 과정을 통해 생성된다. 실험실에서는 염산 등의 묽은 산과 황화 철(II)과 같은 황화 금속류를 반응시켜서 얻는다.

$$FeS(s) + 2\,HCl(aq) \rightarrow FeCl_2(aq) + H_2S(g)$$

용액 속에서는 거의 모든 산화제에 의해 황으로 산화된다.

$$H_2S(aq) \rightarrow 2\,H^+(aq) + S(s) + 2\,e^- \qquad E^\ominus = +0.141\text{ V}$$

황화 수소를 공기 중에서 태우면 기체-공기 비율에 따라 황이나 이산화 황이 생성된다.

$$2\,H_2S(g) + O_2(g) \rightarrow 2\,H_2O(l) + 2\,S(s)$$
$$2\,H_2S(g) + 3\,O_2(g) \rightarrow 2\,H_2O(l) + 2\,SO_2(g)$$

비교적 많은 양의 황화 수소를 검출하는 데에는 주로 아세트산 납(II) 종이(또는 질산염과 같은 가용성 납(II)염을 거름종이에 묻힌 것)를 사용하고 있다. 즉, 황화 수소가 존재하면 무색이던 아세트산 납(II)이 검은색의 황화 납(II)으로 변한다.

$$Pb(CH_3CO_2)_2(s) + H_2S(g) \rightarrow PbS(s) + 2\,CH_3CO_2H(g)$$

유사한 반응으로는 검게 변색된 은제 주방용품을 들 수 있는데, 이것은 은이 검은색의 황화 은(I)으로 변했기 때문에 나타나는 현상이다.

예제 16.2

칼코젠의 경우, 끓는점은 H_2S로부터 H_2Te까지 증가한다. 그렇다면 H_2O가 특이하게 높은 끓는점을 갖는 이유는 무엇인가?

해답

H_2S로부터 H_2Te까지는 분자들 간에 London 힘(분산력)이 우세하게 작용하고 있다. 이 힘은 전자수에 의존하기 때문에 족의 아래로 내려갈수록 증가한다. 수소와 산소 간에는 전기 음성도 차이가 크기 때문에 극성 결합이 생기게 되고 이로 인한 강한 수소 결합 때문에 끓는점이 높아지게 된다.

16.12 황화물

1족 및 2족 금속과 암모늄 이온만이 가용성 황화물을 만들 수 있다. 이들 화합물들은 물 속에서 쉽게 가수분해되기 때문에 황화물의 용액은 강한 염기성을 갖는다.

$$S^{2-}(aq) + H_2O(l) \rightleftharpoons HS^-(aq) + OH^-(aq)$$

황화 수소 이온의 가수분해가 더 일어나면 용액에서는 황화 수소의 강한 냄새가 나게 된다.

$$HS^-(aq) + H_2O(l) \rightleftharpoons H_2S(g) + OH^-(aq)$$

소듐-황 계는 고성능 배터리의 기본을 제공하고 있다. 대부분의 배터리에서 전극들은 고체이고, 전해질은 액체이다. 그러나 이 배터리에서는 두 전극에 해당되는 소듐과 황은 액체이고, 전해질인 $NaAl_{11}O_{17}$은 고체이다. 전극 반응은 다음과 같다.

$$Na(l) \rightarrow Na^+(NaAl_{11}O_{17}) + e^-$$
$$n\ S(l) + 2\,e^- \rightarrow S_n^{2-}(NaAl_{11}O_{17})$$

이 배터리는 매우 강력하고, 쉽게 재충전할 수 있다. 그러므로 공업적인 면에서 매우 유용하며, 특히 상업적인 전기자동차에 활용될 수 있을 것으로 기대된다. 그러나 이 배터리는 약 300°C에서 작동되기 때문에 가정용으로는 적합하지 않다. 또한 소듐과 황이 공기 중의 산소나 수증기와 접촉하지 않도록 잘 막아서 보관해야 한다.

황화 소듐

오늘날 황화 소듐은 수요가 가장 많은 황화물이다. 매년 $10^5 \sim 10^6$톤이 생산되는데, 고온에서 황산 소듐을 코크스로 환원시켜서 만들고 있다.

$$Na_2SO_4(s) + 2\,C(s) \rightarrow Na_2S(l) + 2\,CO_2(g)$$

황화 소듐은 가죽 제품을 무두질하여 가죽에서 털을 제거할 때 사용된다. 또한 황을 포함하는 염료들을 제조하거나, 물질을 표면에 떠오르게 하여 분리하는 부유 선광법을 사용할 때, 그리고 공업적으로 납과 같이 독성이 있는 금속 이온들을 침전시키는 데 사용하고 있다.

불용성 황화물들

이 밖의 다른 금속 황화물은 거의 불용성이다. 많은 광물들은 황화물로 되어 있다. 이들의 예를 표 16.10에 나타내었다. 많은 황화물들이 특수한 용도로 사용되고 있다. 검은색의 삼황화 다이안티모니는 눈 화장을 위해 최초로 사용되었던 화장품 중의 하나이다.

또 다른 황화물들 중에서 상업적으로 많이 사용되는 것은 비듬 제거용으로 샴푸에 첨가되는 이황화 셀레늄, SeS_2과 오일 속에 첨가되거나 그 자체로 금속 표면에서 윤활 작용이 뛰어난 황화 몰리브데넘(IV), MoS_2이다. 금속 황화물들은 밀도가 높고, 불투명한 고체이

표 16.10 대표적인 황화물 광석

관용명	화학식	계통명
진사(Cinnabar)	HgS	황화 수은(II)
방연광(Galena)	PbS	황화 납(II)
황철광(Pyrite)	FeS_2	이황화 철(II)
섬아연광(Sphalerite)	ZnS	황화 아연
웅황(Orpiment)	As_2S_3	삼황화 이비소
휘안광(Stibnite)	Sb_2S_3	삼황화 다이안티모니
황동광(Chalcopyrite)	$CuFeS_2$	황화 철(II) 구리(II)

다. 이러한 특성 때문에 밝은 노란색의 황화 카드뮴, CdS는 유화 물감으로 사용되고 있다.

불용성의 금속 황화물들이 생성되는 반응은 무기물을 정성 분석하는 데 많이 사용되고 있다. 이 과정에서는 미지 금속 이온들이 녹아 있는 산성 용액에 황화 수소 기체를 통과시킨다. 수소 이온 농도가 높으면 역반응이 일어나게 되므로 황화 이온은 아주 낮은 농도로 감소된다.

$$H_2S(aq) + H_2O(l) \rightleftharpoons H_3O^+(aq) + HS^-(aq)$$
$$HS^-(aq) + H_2O(l) \rightleftharpoons H_3O^+(aq) + S^{2-}(aq)$$

이와 같이 황화 이온의 농도가 매우 낮아지더라도 용해도곱 상수 K_{sp}가 10^{-30}보다 작은 대부분의 불용성 금속 황화물을 침전시키기에는 충분하다. 이들 금속 황화물들은 필터로 거르면 분리가 가능하다. 염기를 가하면 거른액의 pH는 증가한다. 이렇게 되면 위의 평형을 오른쪽으로 이동시키므로 황화 이온의 농도가 다시 증가하게 되어, 용해도곱 상수가 10^{-20}에서 10^{-30} 사이에 있는(주로 4주기 전이 금속들) 금속 황화물들이 침전으로 떨어진다. 그러므로 이 반응들 중의 몇 가지는 특정한 금속 이온의 존재 여부를 확인하는 간단한 방법으로 사용될 수 있다. 최근에는 황화 수소로 가수분해되는 싸이오아세트아마이드를 대신 사용하기도 한다.

이황화물

유감스럽게도 화학자들은 몇 가지 다른 화학종에 대해 **이황화물**(*disulfide*)이라는 용어를 사용한다. 예를 들면, 이황화 탄소는 이중 결합을 하고 있는 공유 결합 분자, $S=C=S$이다. MoS_2는 대개 황화 몰리브데넘(IV)이라고 하지만(21.6절 참조) 부정확한 이름인 **이황화 몰리브데넘**(*molybdenum disulfide*)이라고도 한다. 여기서는 이산화(2−), O_2^{2-} 이온과 유사하면서도 더 자주 접할 수 있는 이황화(2−), S_2^{2-} 이온을 포함하는 고체 화합물에 대해 알아보고자 한다. 그러므로 FeS_2에서는 높은 산화 상태를 갖는 철이 존재하지 않고, 이황화 이온과 철(II) 이온만이 존재한다. 이러한 고체 상태 구조는 망가니즈, 철, 코발트, 니켈, 루테늄, 오스뮴의 경우에서 나타난다. 각 경우의 결정 쌓임은 막대 모양의 S_2 단위가 염소 자리를 차지하고 금속이 소듐 자리를 차지하는 일그러진 NaCl 형태로 나타낼 수 있다.

이황화 이온은 알칼리 및 알칼리 토금속과도 화합물을 형성한다. 이들 특별한 이황화물은 S_n^{2-} 이온을 포함하는 폴리황화물의 일부인데, 여기서 n은 2 ~ 6의 값이다. 무거운 금속의 이황화물과는 달리 이들은 물에 녹는다.

이황화물 결합과 모발

모발은 이황화물 다리 결합에 의해 교차 결합을 하고 있는 아미노산(단백질) 중합체로 이루어져 있다. 1930년경에 Rockefeller Institute의 연구진들은 이 결합이 약한 염기성 조건에서 황화물이나 $-SH$ 작용기를 포함하는 분자에 의해 끊어질 수 있음을 알았다. 이 발견은 오늘날 '파마' 등에 의해 모발의 모양을 변형시키는 방법의 핵심임이 증명되었다. 이 과정에서는 싸이오글리콜산 이온(thioglycollate ion) $HSCH_2CO_2^-$의 용액을 모발에 발라 $-S-S-$ 교차 결합을 $-SH$기로 환원시킨다.

$$2\,HSCH_2CO_2^-(aq) + -S-S-(\text{모발}) \rightarrow [SCH_2CO_2^-]_2(aq) + 2-S-H(\text{모발})$$

모발 변형제를 사용하면 모발 단백질 사슬을 이웃한 사슬에 대해 기계적으로 변형시킬 수 있다. 그런 다음 과산화 수소 용액을 사용하여 $-SH$기를 다시 산화시키면, $-S-S-$의 새로운 교차 결합이 생성되므로 변형된 모발 형태가 고정되게 된다.

$$2-S-H(\text{모발}) + H_2O_2(aq) \rightarrow -S-S-(\text{모발}) + 2\,H_2O(l)$$

이 과정은 화학적 탈모를 포함하는 반응이면서 S−S 결합이 다시 만들어지는 대신에 약해진 모발이 부서지거나 씻겨 나가는 과정이기도 하다.

16.13 황의 산화물

두 가지 황의 산화물이 중요하다. 일반적인 오염 물질인 이산화 황과 좀 덜 흔하기는 하지만 중요성은 마찬가지인 삼산화 황이다. 이산화 황을 삼산화 황으로 산화시키기 위한 활성화 에너지는 극도로 높다. 이것은 매우 다행스러운 일인데, 대기 오염 물질이 강한 산성인 삼산화 황이 아니라 약한 산성인 이산화 황이 되게 만들기 때문이다.

황 산화물에서의 결합

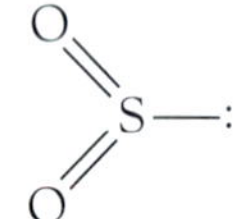

그림 16.16 이산화 황의 결합

두 가지 산화물은 구조가 서로 연관이 있기 때문에 여기서 함께 설명하기로 한다. 이산화 황 분자는 V-자형 구조를 갖는다. S−O 결합 거리는 143 pm이고, O−S−O 결합각은 119°이다. 이 결합 거리는 단일 결합의 황-산소 거리인 163 pm보다는 짧고, 이중 결합의 황-산소 거리인 140 pm에 가까운 값을 갖는다. 이 화합물의 구조와 결합 형태는 그림 16.16에 나타내었다. 이산화 황의 결합각이 sp^2 혼성화의 삼각형 각도인 120°와 비슷한 것은 황 원자에 있는 고립 전자쌍과 각 황-산소에 있는 전자쌍 간의 σ 결합으로 설명할 수 있다. 이산화 황의 결합에서 아질산 이온에서와 비슷한 π 결합계가 존재할 것으로 예상할 수 있지만 황은 3d 오비탈이 비어있기 때문에, 이것과 산소의 채워져 있는 p 오비탈 간의 상호작용도 다중 결합에 기여할 수 있다.

그림 16.17 삼산화 황의 결합

액체인 삼산화 황을 끓이면 기체 상태의 분자가 형성되는데, 이것은 평면 구조를 갖는 SO_3이다. 이산화 황에서처럼 모든 황-산소 결합 거리는 비교적 짧은 142 pm이고, 전형적인 이중 결합에 아주 가깝다. 따라서 이 경우, 이중 결합 π 계는 4개의 원자 모두에 퍼져 있다(그림 16.17).

이산화 황

가장 흔한 황의 산화물은 이산화 황이다. 이 화합물은 밀도가 높고, 신맛을 내며, 독성이 있는 무색의 기체이다. 인간이 참을 수 있는 한계는 약 5 ppm이며, 식물의 경우는 1 ppm 이하에서 반응을 나타낸다. 신맛을 나타내는 이유는 이산화 황이 물에 녹으면 약한 산인 아황산이 만들어지기 때문이다.

$$SO_2(g) + H_2O(l) \rightleftharpoons H_2SO_3(aq)$$

이산화 황은 암모니아나 이산화 탄소처럼 물에 잘 녹는다. 이때 녹아 있는 거의 대부분의 이산화 황 분자는 해리되지 않고 아주 적은 양만 아황산으로 된다. 실험실에서 이산화 황 기체를 만들기 위해서는 아황산염이나 아황산 수소 이온을 묽은 산에 가하면 얻을 수 있다.

$$SO_3^{2-}(aq) + H^+(aq) \rightarrow HSO_3^-(aq)$$
$$HSO_3^-(aq) + H^+(aq) \rightarrow H_2O(l) + SO_2(g)$$

이산화 황은 그 자신이 쉽게 산화되어 황산으로 되기 때문에 환원제로 작용하는 보기 드문 기체 중의 하나이다.

$$SO_2(aq) + 2\,H_2O(l) \rightarrow SO_4^{2-}(aq) + 4\,H^+(aq) + 2\,e^-$$

이산화 황과 같은 환원성 기체를 시험하기 위해서는 색깔이 변하는 산화제를 사용한다. 그 예로 다이크로뮴산 이온을 들 수 있다. 산으로 처리된 오렌지색의 다이크로뮴산 이온을 거름종이에 묻힌 다음 환원시키면, 크로뮴(III) 이온이 생성되면서 초록색으로 된다.

$$Cr_2O_7^{2-}(aq) + 14\,H^+(aq) + 6\,e^- \rightarrow 2\,Cr^{3+}(aq) + 7\,H_2O(l)$$

오염물질인 이산화 황

태초에 지구가 고형화되는 과정에서 이산화 황은 화산 현상을 통해 막대한 양이 만들어졌다. 그러나 현대에 이르러서는 많은 양이 인간의 생산 활동을 통해 대기 중에 방출되고 있다. 대부분의 석탄은 많은 양의 황 화합물을 포함하고 있기 때문에 이산화 황은 석탄의 연소 과정에서 가장 많이 생성된다. 1950년대에 런던에서는 가정용 석탄 난로 때문에 노란색 스모그가 발생되어 수천 명이 사망하기도 했었다. 최근에는 석탄을 사용하는 화력 발전소에서도 막대한 양이 대기 중으로 방출되고 있다. 값싼 석유에는 황이 많이 포함되어 있으므로, 석유 또한 막대한 양의 이산화 황을 대기 중에 내뿜고 있는 한 가지 요인이다. 재정이 넉넉하지 못해 여러 형태의 지원을 받고 있는 많은 학교나 병원들은, 난방을 위해 값싼 석유를 사용하고 있기 때문에 본의 아니게 공기를 오염시키고 있다. 많은 금속들은 황화물 광석으로부터 추출된다. 전통적인 제련법도 황을 이산화 황으로 산화시키는 방법이므로 이 기체를 발생시키게 된다. 구리는 황화물 광석으로부터 추출되는 금속 중 하나이다(20.9절 참조).

과거에는 공업적인 대기 오염 문제들을 해결하는 가장 쉬운 방법으로, 이산화 황이 발생되는 곳으로부터 멀리까지 옮겨갈 수 있도록 높은 굴뚝을 만드는 것이었다. 그러나 대기의 상층부에서는 이산화 황이 산화되고, 또 수화되어 아황산보다 더 강한 산인 황산 방울이 만들어진다.

$$SO_2(g) + OH(g) \rightarrow HOSO_2(g)$$
$$HOSO_2(g) + O_2(g) \rightarrow HO_2(g) + SO_3(g)$$

$$SO_3(g) + H_2O(g) \rightarrow H_2SO_4(aq)$$

이렇게 만들어진 물질은 수십만 킬로미터까지 이동하여 산성비가 되기 때문에 여러 가지 문제점들을 유발시킨다. 따라서 오늘날에는 이산화 황의 배출을 최소로 만드는 방법들이 많이 연구되고 있다. 이 중의 하나는 이산화 황을 연소시켜 황산 칼슘 고체로 만드는 것이다. 현대화된 화력 발전소에서는 석탄에 석회석(탄산 칼슘)을 섞어서 사용한다. 석탄이 타면 약 1000°C의 불꽃이 발생되는데, 이 온도에서 탄산 칼슘이 분해된다.

$$CaCO_3(s) \xrightarrow{\Delta} CaO(s) + CO_2(g)$$

그러면 산화 칼슘이 이산화 황 및 산소와 반응하여 황산 칼슘이 된다.

$$2\,CaO(s) + 2\,SO_2(g) + O_2(g) \xrightarrow{\Delta} 2\,CaSO_4(s)$$

첫 번째 반응은 흡열 반응이지만, 두 번째 반응은 발열 반응이므로 전체 반응에서 열 손실은 없다. 고운 먼지 상태인 황산 칼슘은 정전기 집진 장치로 모으면 된다.

고체의 황산 칼슘은 불연성 단열제나 도로용 시멘트로 사용된다. 그리고 이러한 공정은 점차 널리 사용되고 있기 때문에 황산 칼슘의 생산량이 소비량을 앞지르게 될 것이고, 그렇게 되면 활용면은 더욱 다양해질 것이다. 이와 같은 방법으로 기체상의 폐기물을 무공해성 고체 폐기물로 변환시킬 수는 있지만, 아직 오염과 관련된 이 문제를 완전히 해결한 것은 아니다.

이산화 황은 표백제와 과일의 방충제로 사용된다. 후자의 경우에서 이산화 황은 곰팡이나 다른 과일에 피해를 주는 유기체를 죽이는 데 아주 효과적이다. 그러나 불행하게도 극미량의 이산화 황 때문에 민감한 반응을 나타내는 사람도 있다.

삼산화 황

이산화 황은 많이 알려져 있지만, 실온에서 무색의 액체인 삼산화 황에 대해서는 잘 알려져 있지 않다. 이것의 액체 상태와 기체 상태에는 삼산화 황, SO_3와 삼합체인 S_3O_9(그림 16.18)가 혼합되어 있다. 이 액체는 16°C에서 얼며, 구산화 삼황의 결정이 된다. 이 삼합체는 폴리인산 이온, $(P_3O_9)^{3-}$와 폴리규산 이온, $(Si_3O_9)^{6-}$과 등전자이고 등구조이다. 삼산화 황은 센산이고, 조해성이 강하여 물과 반응하면 황산이 된다.

$$S_3O_9(g) + 3\,H_2O(l) \rightarrow 3\,H_2SO_4(l)$$

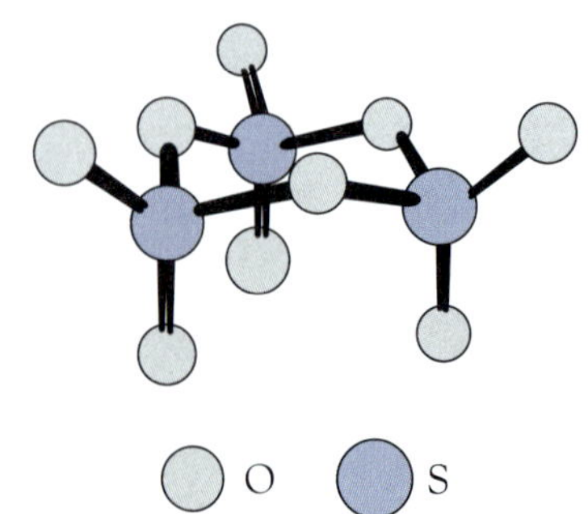

그림 16.18 구산화 삼황의 구조

황이 산화되면 거의 대부분이 이산화 황이 되기 때문에 삼산화 황에 대해서는 잘 알려져 있지 않았다. 그러나 이산화 황이 생성되는 반응보다는 삼산화 황이 생성되는 반응이 열역학적으로 더 안정하다(이산화 황은 $-300\ \text{kJ}\cdot\text{mol}^{-1}$, 삼산화 황은 $-370\ \text{kJ}\cdot\text{mol}^{-1}$). 그럼에도 불구하고 산화 반응의 생성물이 주로 이산화 황인 이유는 이산화 황에서 삼산화 황으로 되는 산화 반응의 활성화 에너지가 너무 크기 때문이다. 그러므로 이산화 황으로부터 삼산화 황으로 가는 반응은 반응 속도론적으로 조절된다.

$$2\,SO_2(g) + O_2(g) \xrightarrow{Pt/\Delta} 2\,SO_3(g)$$

16.14 아황산염

아황산은 이산화 황의 수용액이지만, 실제로는 아황산 이온과 아황산 수소 이온으로 이루어져 있다. 아황산 소듐은 생산량이 약 10^6톤이나 되며, 공업적으로 많이 사용되고 있는 화학 약품이다. 이것은 수산화 소듐 용액에 이산화 황 기체를 통과시켜서 쉽게 제조하고 있다.

$$2\,NaOH(aq) + SO_2(g) \rightarrow Na_2SO_3(aq) + H_2O(l)$$

아황산 소듐 자체가 산화되어 황산이 되므로, 실험실에서나 공업적으로나 환원제로 쓰이고 있다.

$$SO_3^{2-}(aq) + H_2O(l) \rightarrow SO_4^{2-}(aq) + 2\,H^+(aq) + 2\,e^-$$

아황산 소듐의 주된 용도는 종이를 제조하는 **Kraft 공정**(*Kraft process*)에서 표백제로 쓰이는 것이다. 이 공정에서 아황산 이온은 셀룰로스 섬유질들이 함께 결합되어 있는 리그닌이라는 고분자성 물질에 첨가된다(느슨한 셀룰로스 섬유질은 종이 구조를 이루고 있다). 두 번째 용도는 싸이오황산 소듐 제조에 사용되는 것이다. 이산화 황처럼 아황산 소듐은 방부제로 과일에 첨가하고 있다.

아황산 이온에서 황-산소 결합 거리는 S=O 결합인 140 pm보다 약간 긴 151 pm이다. 이 이온은 모두 단일 결합을 갖는 Lewis 구조를 그릴 수도 있지만, 형식 전하를 사용하면 다중 결합을 갖도록 그리는 것이 더 적절한 표현임을 알 수 있다(그림 16.19).

그림 16.19*a*에서처럼 단일 결합으로 나타낸 경우에 각 원자는 형식 전하를 갖게 되는데, 이는 결합 방식에 어긋나는 것이다. 그림 16.19*c*에서는 2개의 이중 결합과 인접 원자들에는 음전하가 존재하는데, 이 역시 좋은 결합 방식이 아니다. 그림 16.19*b*에서는 1개의 이중 결합과 최소의 형식 전하를 사용하였다. 그러나 형식 전하는 결합 구조를 그리는 아주 간단한 방편임을 명심해야 한다. 그림 16.19*b*처럼 나타내는 것이 3개의 가능한 공명 구조 중에서 가장 적절하다. 그러므로 황-산소 결합의 평균 결합 차수는 1/3이라 할 수 있다.

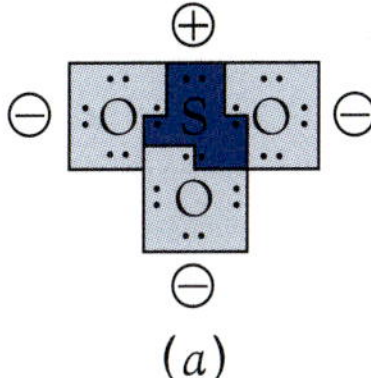

(*a*)

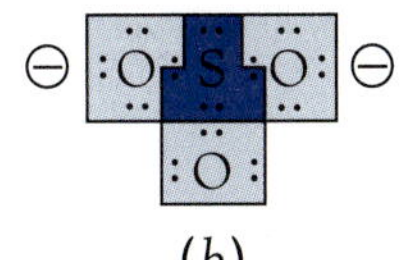

(*b*)

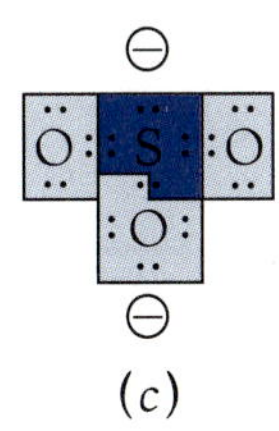

(*c*)

그림 16.19 아황산 이온에 대한 세 가지 상태의 형식 전하 표기

16.15 황산

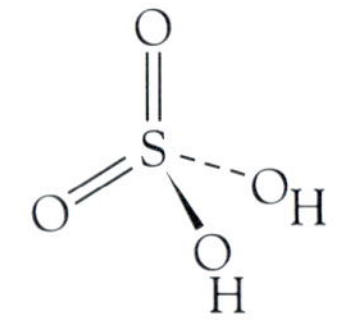

그림 16.20 황산에서의 가능한 결합

황산은 밀도가 높고 기름 같은 액체이며, 10°C에서 언다. 진환 황산은 산농도 18 mol · L^{-1}의 수용액이다. 황산은 물과 반응하면 격렬한 발열 반응을 일으킨다. 그러므로 묽힐 때에는 계속 저어주면서 진한 산을 물에 천천히 섞어야 하며, 산에 물을 섞으면 안 된다. 분자 구조는 황 원자를 중심으로 하여 산소 원자들이 정사면체로 배열되어 있다(그림 16.20). 짧은 결합 거리와 큰 결합 에너지는 황이 양쪽 끝의 산소 원자와 이중 결합을 하고 있음을 나타낸다.

황산의 반응

황산은 대개 산으로만 인식되고 있지만, 실제로는 다음의 다섯 가지 용도로 사용되고 있다.

1. 묽은 황산은 산으로 아주 많이 사용되고 있다. 이 산은 센산이고 이양성자산이므로, 황산 음이온과 황산 수소 이온의 두 가지 종류의 음이온을 만든다.

$$H_2SO_4(aq) + H_2O(l) \rightleftharpoons H_3O^+(aq) + HSO_4^-(aq)$$
$$HSO_4^-(aq) + H_2O(l) \rightleftharpoons H_3O^+(aq) + SO_4^{2-}(aq)$$

첫 번째 평형은 오른쪽으로 많이 치우치지만 두 번째는 덜하다. 그러므로 황산 수용액에서 존재하는 주된 이온종은 하이드로늄 이온과 황산 수소 이온이다.

2. 황산은 또한 탈수제로 작용할 수 있다. 진한 황산은 많은 화합물로부터 물을 제거한다. 예를 들어 설탕은 물과 탄소로 바뀌게 된다. 이 반응은 심한 발열 반응이다.

$$C_{12}H_{22}O_{11}(s) + H_2SO_4(l) \rightarrow 12\,C(s) + 11\,H_2O(g) + H_2SO_4(aq)$$

황산의 이러한 특성은 많은 주요 유기 반응들에 이용된다. 예를 들면, 에탄올에 진한 황산을 가하면 반응 조건에 따라서 에텐, C_2H_4이나 에톡시에테인, $(C_2H_5)_2O$가 만들어진다.

$$C_2H_5OH(l) + H_2SO_4(l) \rightarrow C_2H_5OSO_3H(aq) + H_2O(l)$$
$$C_2H_5OSO_3H(aq) \rightarrow C_2H_4(g) + H_2SO_4(aq) \quad \text{[과량의 산]}$$
$$C_2H_5OSO_3H(aq) + C_2H_5OH(l) \rightarrow (C_2H_5)_2O(l) + H_2SO_4(aq) \quad \text{[과량의 에탄올]}$$

3. 황산은 비록 질산처럼 강한 산화력을 갖지는 않지만, 가열하거나 진한 상태에서는 산화제로 작용한다. 예를 들어 진한 황산이 구리 금속과 반응하면 구리(II) 이온과 황산 자체가 환원되어 이산화 황과 물이 된다.

$$Cu(s) \rightarrow Cu^{2+}(aq) + 2\,e^-$$
$$2\,H_2SO_4(l) + 2\,e^- \rightarrow SO_2(g) + 2\,H_2O(l) + SO_4^{2-}(aq)$$

4. 황산은 설폰화제로 작용할 수 있다. 진한 산은 유기 화학에서 수소 원자를 설폰산기 $-SO_3H$로 치환시키는 데 사용된다.

$$H_2SO_4(l) + CH_3C_6H_5(l) \rightarrow CH_3C_6H_4SO_3H(s) + H_2O(l)$$

5. 특수한 경우 황산은 염기로 작용할 수 있다. Brønsted-Lowry 산은 더 강한 양성자 주개와 만날 때에만 염기로 작용할 수 있다. 황산은 매우 센산이다. 그러나 플루오린화 설폰산과 같은 더 센산에 대해서는 염기로 작용한다.

$$H_2SO_4(l) + HSO_3F(l) \rightleftharpoons H_3SO_4^+(H_2SO_4) + SO_3F^-(H_2SO_4)$$

황산의 공업적 제법

황산은 어떠한 다른 화학 약품보다도 더 많은 양이 합성되고 있다. 합성법은 이산화 황을 사용하는 것인데, 어떤 공장에서는 원료로 제련 공정에서 나오는 기체를 직접 이용하기도 한다. 그러나 북아메리카에 있는 거의 대부분의 공장에서는 건조된 공기 중에서 황을 태울 때 발생되는 이산화 황을 사용하고 있다.

$$S(l) + O_2(g) \xrightarrow{\Delta} SO_2(g)$$

황을 산화시키는 것은 매우 어려운 일이다. 앞에서도 설명하였듯이(16.15절) 삼산화 황을 만들 때 속도론적 제약이 있었다. 따라서 효과적인 촉매를 사용하여 반응 속도를 증가시킨다. 또한 평형 상태에서 정반응이 우세하게 진행되도록 하기 위해서는, Le Chatelier 원리를 이용하여 반응 용기의 압력을 증가시키면 기체의 몰수가 감소되는 방향으로 진행되어 생성물이 얻어진다. 이 반응 역시 발열 반응이므로 수득률은 떨어지지만, 적절한 반응 속도를 갖기에 알맞은 온도를 유지시킬 수 있다.

접촉 공정(*contact process*)에서는 건조된 이산화 황과 건조된 공기를 산화 바나듐(V) 촉매에 통과시킨다. 이 기체 혼합물을 적절한 수득률과 알맞은 속도로 삼산화 황이 얻어질 수 있는 온도인 400 ~ 500°C로 가열시킨다.

$$2\ SO_2(g) + O_2(g) \xrightarrow{V_2O_5/\Delta} 2\ SO_3(g)$$

삼산화 황은 물과 매우 격렬하게 반응하기 때문에 이 반응은 공업적 제법으로는 적당하지 않다. 그러나 진한 황산과 반응시키면 파이로황산, $H_2S_2O_7$(그림 16.21)이 만들어진다.

그림 16.21 파이로황산 분자에서의 가능한 결합

$$SO_3(g) + H_2SO_4(l) \rightarrow H_2S_2O_7(l)$$

그런 다음 파이로황산을 물로 묽히면 2개의 황산 분자가 만들어진다.

$$H_2S_2O_7(l) + H_2O(l) \rightarrow 2\ H_2SO_4(l)$$

이들 반응들은 모두 발열 반응이다. 실제로 황 원자를 황산으로 바꾸는 전체 반응에서 나오는 열은 535 kJ · mol^{-1}이다. 그러므로 황산을 제조하는 공장에서는 이 잉여 열을 효과적으로 활용하는 것은 매우 중요하다. 즉, 이 잉여 열을 이용하여 어떤 다른 공업적인 공정을 가동시키거나 전기를 만들어내는 데 사용하고 있다.

황산의 이용도는 각 나라마다 매우 다양하다. 미국에서는 방대한 양의 황산을 비료 제조에 사용하고 있다. 즉, 불용성의 인산 칼슘을 가용성의 인산 이수소 칼슘으로 바꾸는

데 사용한다.

$$Ca_3(PO_4)_2(s) + 2\ H_2SO_4(aq) \rightarrow Ca(H_2PO_4)_2(s) + 2\ CaSO_4(s)$$

또한 황산 암모늄 비료 제조에도 사용하고 있다.

$$2\ NH_3(g) + H_2SO_4(aq) \rightarrow (NH_4)_2SO_4(aq)$$

그러나 유럽에서는 페인트, 안료, 세척제 등의 다른 제품 생산에 사용되는 비율이 더 높다.

최근에는 폐기되는 황산의 재활용에 관심이 집중되고 있다. 즉, 황으로부터 황산을 제조하는 비용보다 묽은 황산을 농축시키거나 오염된 것을 제거하는 데 더 많은 비용이 들고 있기 때문에, 회수하기보다는 내버리는 것을 더 선호하고 있는 실정이다. 만약 불순물로서 오직 물만 들어 있는 묽은 황산이 있다면 파이로황산을 가하여 황산의 농도를 높이면 사용하는 데 지장이 없다. 또한 오염된 황산을 고온으로 가열하면 분해되어 이산화황 기체가 나오는데, 이것은 황산을 제조하는 데 다시 사용하고 있다.

$$2\ H_2SO_4(aq) \xrightarrow{\Delta} 2\ SO_2(g) + 2\ H_2O(l) + O_2(g)$$

16.16 황산염과 황산 수소염

황산염

황산염의 제법은 수산화 소듐 같은 염기와 같은 당량의 묽은 황산을 반응시키면 된다.

$$2\ NaOH(aq) + H_2SO_4(aq) \rightarrow Na_2SO_4(aq) + 2\ H_2O(l)$$

다른 방법으로는 아연과 같은 전기적으로 양성인 금속을 묽은 황산과 반응시키면 된다.

$$Zn(s) + H_2SO_4(aq) \rightarrow ZnSO_4(aq) + H_2(g)$$

또한 탄산 구리(II)와 같은 금속의 탄산염을 묽은 황산과 반응시켜도 가능하다.

$$CuCO_3(s) + H_2SO_4(aq) \rightarrow CuSO_4(aq) + CO_2(g) + H_2O(l)$$

황산 이온의 간단한 검출 방법은 바륨 이온을 가하면 흰색 침전인 황산 바륨이 나타나므로 알 수 있다.

$$Ba^{2+}(aq) + SO_4^{2-}(aq) \rightarrow BaSO_4(s)$$

아황산 이온처럼 황산 이온도 황-산소 결합이 다중 결합성을 띠므로 비교적 짧은 편이다. 즉, 아황산 이온에서의 값인 149 pm으로서 실험 오차 이내에서 일치한다.

카운터 이온인 황산 이온

황산염과 질산염은 가장 일반적인 금속염이다. 황산염이 많이 쓰이는 이유는 다음과 같다.

1. 대부분의 황산염들은 물에 가용성이므로 금속 양이온을 쉽게 얻을 수 있다. 단지 두 가지 예외인 황산 납(II)은 납-산 축전지에서 사용되며, 황산 바륨은 위장과 같은 연한 조직을 X선 촬영할 때 사용하고 있다.
2. 황산 이온은 산화 또는 환원되지 않는다. 그러므로 황산 이온은 황산 철(II)과 황산 철(III)처럼 높은 산화 상태와 낮은 산화 상태를 갖는 보통의 금속들과 쉽게 염을 형성할 수 있다. 또한 황산 이온이 물에 녹을 때에 다른 이온들이 존재하더라도 산화환원 반응을 유발시키지 않는다.
3. 황산 이온은 센산(황화 수소 이온)의 짝염기이므로, 음이온은 용액의 pH를 현저하게 바꾸지 못한다.
4. 황산 이온은 최소한 같은 당량의 질산염보다는 열에 안정하다.

황산 수소염

황산 수소염의 제법은 같은 당량의 수산화 소듐과 황산을 반응시킨 후 물을 증발시키면 된다.

$$NaOH(aq) + H_2SO_4(aq) \rightarrow NaHSO_4(aq) + H_2O(l)$$

탄산 수소염의 경우와 마찬가지로, 고체상에서 이들 낮은 전하의 큰 음이온을 안정화시키기에 충분한 낮은 전하 밀도를 갖는 금속은 알칼리 금속과 알칼리 토금속뿐이다. 황산의 두 번째 이온화 상수값도 매우 크기 때문에, 황산 수소염의 수용액은 산성이다.

$$HSO_4^-(aq) + H_2O(l) \rightleftharpoons H_3O^+(aq) + SO_4^{2-}(aq)$$

고체 황산 수소 소듐은 높은 산도 때문에 가정용 세척제로의 이용 가치가 매우 높다.

16.17 황의 다른 산소산 음이온

황산염과 아황산염 외에 다른 여러 가지 황의 산소산 음이온도 존재한다. 예를 들면, 황산 수소 소듐을 가열하면 파이로황산 소듐이 생성된다.

$$2\,NaHSO_4(s) \xrightarrow{\Delta} Na_2S_2O_7(s) + H_2O(l)$$

이 파이로황산 이온은 산소-다리 구조 $[O_3S-O-SO_3]^{2-}$를 갖는다. 이 이온은 그다지 중요하지는 않지만, 싸이오황산 이온, $S_2O_3^{2-}$와 과산화이황산 이온, $S_2O_8^{2-}$는 중요하다.

싸이오황산염

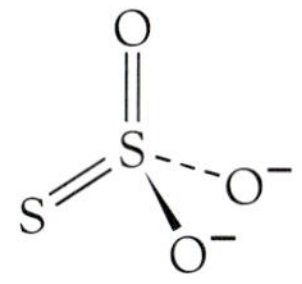

싸이오황산 이온은 황산 이온 중에서 산소 원자 1개가 황 원자로 치환된 것을 제외하고는 황산 이온과 거의 비슷하다(싸이오는 황을 뜻한다). 그러나 2개의 황 원자는 아주 다른 환경에 있다. 추가된 황은 황화 이온처럼 행동한다. 실제로 산화수를 따져보면, 8.3절에서 논의한 바와 같이 중심 황 원자는 +5의 값을 갖는 반면, 다른 것은 −1의 값을 갖는다. 싸이오황산 이온의 모양은 그림 16.22와 같다. 비록 이 이온은 2개의 이중 결합과

O
S
S
O⁻
O⁻

그림 16.22 싸이오황산 이온에서의 가능한 결합

2개의 단일 결합을 갖는 것으로 나타내었지만, 실제로는 다중 결합의 성격이 전체 결합에 골고루 퍼져 있다.

보통 '하이포'라고 하는 싸이오황산 소듐 오수화물은 아황산 소듐 용액에 끓는 황을 가하면 만들어진다.

$$SO_3^{2-}(aq) + S(s) \rightarrow S_2O_3^{2-}(aq)$$

싸이오황산 소듐 오수화물은 미지근하게 가열하면 결정수가 떨어져나가는 가역적 흡열 반응이 일어난다.

$$Na_2S_2O_3 \cdot 5\,H_2O(s) \xrightarrow{\text{warm}} Na_2S_2O_3(aq) + 5\,H_2O(l) \quad \Delta H^{\ominus} = +55\text{ kJ}\cdot\text{mol}^{-1}$$

이 평형 반응은 열축적 장치로 흥미를 끌고 있다. 즉, 태양열 판에 태양열이 흡수되면 수화물이 있는 지하 탱크로 보내져서 흡수된 열로 수화물을 분해하여 생성된 물에 녹게 만든다. 그 다음, 밤에 추워지면 화합물이 결정화되면서 열이 방출되어 이용할 수 있게 되는 것이다.

더 세게 가열하면 불균등화 반응을 일으켜서 황, 황화 소듐, 황산 소듐이 되며, 황 원자의 산화 상태를 보면 각각 다르다.

$$4\,Na_2S_2O_3(s) \xrightarrow{\Delta} 3\,Na_2SO_4(s) + Na_2S(s) + 4\,S(s)$$

싸이오황산 이온의 용액을 취급할 때 산에 노출되지 않도록 주의해야 한다. 수소(하이드로늄) 이온은 먼저 싸이오황산을 만들고, 급속하게 흰 먼지 같은 황과 독특한 냄새를 내는 이산화 황으로 분해된다. 이와 같은 독특한 불균등화 반응은 2개의 황 원자가 각각 다른 산화 상태를 갖는다는 또 다른 증거이기도 하다. 이 반응을 통하여 이산화 황에서도 가운데 있는 황이 더 높은 산화 상태를 가질 것으로 예측된다.

$$S_2O_3^{2-}(aq) + 2\,H^+(aq) \rightarrow H_2S_2O_3(aq)$$
$$H_2S_2O_3(aq) \rightarrow H_2O(l) + S(s) + SO_2(g)$$

싸이오황산 소듐 역시 산화-환원 적정에 이용된다. 예를 들면, 수용액에서 아이오딘의 농도를 알아내는 데 이용된다. 즉, 아이오딘은 아이오딘화 이온으로 환원되고, 싸이오황산 이온은 테트라싸이온산 이온, $S_4O_6^{2-}$으로 산화된다.

$$2\,S_2O_3^{2-}(aq) \rightarrow S_4O_6^{2-}(aq) + 2\,e^-$$
$$I_2(aq) + 2\,e^- \rightarrow 2\,I^-(aq)$$

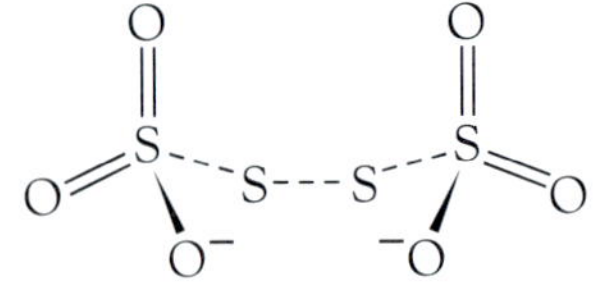

그림 16.23 테트라싸이온산 이온에서의 가능한 결합

테트라싸이온산 이온은 황 원자들의 다리 결합을 포함한다(그림 16.23).

차가운 싸이오황산 이온 용액과 철(III) 이온을 섞으면 진한 자주색을 띠는 독특한 착이온이 만들어진다.

$$Fe^{3+}(aq) + 2\,S_2O_3^{2-}(aq) \rightarrow [Fe(S_2O_3)_2]^-(aq)$$

다시 따뜻하게 해 주면 비스(싸이오설파토)철(III)산 이온, $[Fe(S_2O_3)_2]^-$는 산화-환원 반응을 일으켜서 철(II) 이온과 테트라싸이온산 이온이 된다.

$$[Fe(S_2O_3)_2]^-(aq) + Fe^{3+}(aq) \rightarrow 2\,Fe^{2+}(aq) + S_4O_6^{2-}(aq)$$

과산화이황산염

황산 이온은 가장 높은 산화 상태인 +6의 산화 상태를 갖는 황을 포함하고 있지만, 백금 전극, 산성 용액, 높은 전류 밀도를 사용하여 전기적으로 과산화이황산으로 산화시킬 수 있다. 이 조건에서는 물이 산화되어 산소 기체가 발생되는 경쟁 반응은 일어나지 않는다.

$$2\,HSO_4^-(aq) \rightarrow S_2O_8^{2-}(aq) + 2\,H^+(aq) + 2\,e^-$$

이 이온은 테트라싸이온산 이온(그림 16.23)과 유사한 구조를 갖는 이옥소 다리 결합을 포함하고 있다(그림 16.24). 그러므로 2개의 황 원자의 형식적인 산화 상태는 여전히 +6이고, 다리 결합을 하고 있는 산소 원자들은 −2에서 −1로 산화된다. 끝에 있는 S — O 결합 길이들은 모두 150 pm이다. 앞에서 언급하였듯이, 이는 다중 결합이 존재함을 의미한다. 과산화이황산은 흰색의 고체이다. 그리고 과산화이황산 포타슘과 과산화이황산 암모늄의 두 염들은 모두 안정하고 강력한 산화제이다.

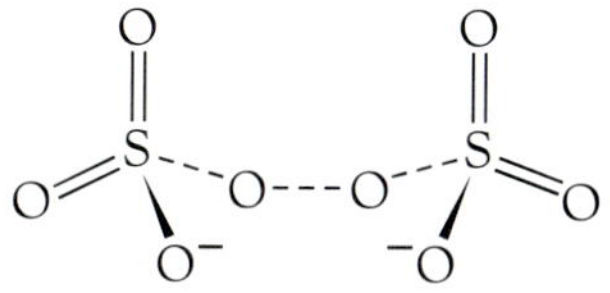

그림 16.24 과산화이황산 이온에서의 가능한 결합

$$S_2O_8^{2-}(aq) + 2\,e^- \rightarrow 2\,SO_4^{2-}(aq) \qquad E^{\ominus} = +2.01\ V$$

16.18 황의 할로젠화물

황의 가장 중요한 할로젠화물은 비반응성인 헥사플루오린화 황, SF_6이다. 테트라플루오린화 황, SF_4는 화학적으로 반응성이다. 놀랍게도 유일하게 안정한 염화물은 낮은 산화 상태에 있는 이염화 황, SCl_2와 이염화 이황, S_2Cl_2이다.

헥사플루오린화 황

황과 플루오린으로 이루어진 화합물 중에서 가장 중요한 것은 헥사플루오린화 황, SF_6이다. 이 화합물은 무색, 무취의 비반응성 기체이다. 연간 약 6500톤이 생산되는 이 화합물은 플루오린 기체 속에서 액체 황을 태우면 간단하게 합성이 이루어진다.

$$S(l) + 3\,F_2(g) \rightarrow SF_6(g)$$

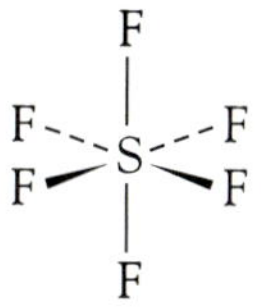

VSEPR 이론을 통해 예측되는 이 분자의 구조는 팔면체 구조이다(그림 16.25).

그림 16.25 헥사플루오린화 황 분자

안정성과 무독성, 그리고 비활성 때문에 헥사플루오린화 황은 고전압 전기 장치에서 절연성 기체로 사용된다. 예를 들면, 약 250 kPa의 압력에서 1 MV의 전압 차이가 불과 5 cm 떨어져 있는 상태에서도 이 기체는 방전을 방지해 준다. 또한 이 기체는 두 겹 또는 세 겹의 판유리 사이에 주입시켜 절연성과 방음성을 동시에 얻는 데에도 사용되고 있다.

이 기체는 몰질량이 매우 크기 때문에 여러 가지 면에서 과학적인 응용이 이루어지고 있다. 예를 들면, 오염 원인이 있는 곳에서 소량의 헥사플루오린화 황을 발생시키면 수천 킬로미터까지도 공기 오염을 추적할 수가 있다. 이처럼 큰 몰질량은 독특한 것이기 때문에, 오염된 공기는 며칠이 지나더라도 극히 낮은 농도의 헥사플루오린화 황을 통해 확인

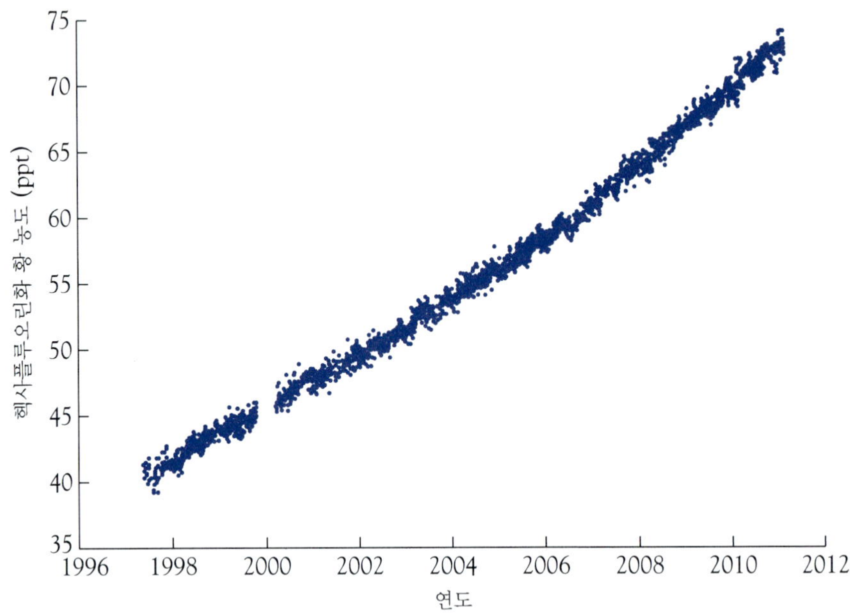

그림 16.26 최근 십여 년 간의 대기 중 헥사플루오린화 황 농도의 증가

할 수 있다. 마찬가지 방법으로 깊은 바닷물 속에 헥사플루오린화 황 기체를 뿜어주고, 기체의 움직임을 추적하면 해류의 이동도 확인할 수 있다.

그러나 헥사플루오린화 황은 반응성이 전혀 없기 때문에 기후에 특별한 영향을 미친다. 이 기체는 대기 중의 적외선 통과 영역 중 많은 부분의 파장을 흡수한다. 그래서 이 기체는 독특한 효과를 내는 온실 기체이다. 즉, 적외선 흡수에 관한 한 1톤의 헥사플루오린화 황은 23,900톤의 이산화 탄소와 맞먹는다. 또한 60 km 이상의 고도에서는 강한 자외선에 의해 헥사플루오린화 황이 분해되지만, 그 이하의 고도에서는 분해시키는 반응이 일어나지 않는다. 따라서 대기 중에서 헥사플루오린화 황의 수명은 약 3000년에 이른다. 헥사플루오린화 황이 증가된 에너지 흡수에 기여하는 정도는 이산화 탄소 배출량과 비교해서 1% 이하이다. 그러나 헥사플루오린화 황의 사용이 증가하고 있기 때문에 가능한 한 이 기체를 대기 중으로 배출하는 것을 방지하는 반응 경로를 사용해야만 한다. 그림 16.26은 최근 여러 해 동안에 걸쳐 대기 중의 헥사플루오린화 황의 농도가 빠르게 증가하였음을 보여주고 있다.

테트라플루오린화 황

또 다른 황-플루오린의 일반적인 화합물인 테트라플루오린화 황은 반응성이 매우 크기 때문에 흥미를 끌고 있다. 이 화합물은 수분이 존재하면 플루오린화 수소와 이산화 황으로 쉽게 분해된다.

$$SF_4(g) + 2\,H_2O(l) \rightarrow SO_2(g) + 4\,HF(g)$$

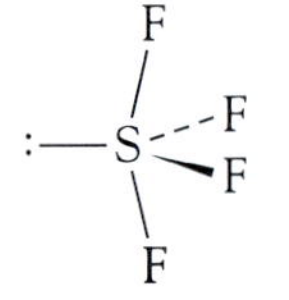

그림 16.27 테트라플루오린화 황 분자

이처럼 반응성이 매우 큰 이유는 고립 전자쌍의 위치가 '노출'되어 있기 때문으로 볼 수 있다. 이 화합물은 유기 화합물들을 플루오린화시키는 데 유용한 화합물이다. 예를 들면, 에탄올을 플루오로에테인으로 변환시킨다. VSEPR 이론에 의하면 이 화합물은 약간 일그러진 시소(seesaw) 형태의 구조를 이루고 있다(그림 16.27).

예제 16.3

SF_4는 BF_3와 반응하여 $[SF_3]^+[BF_4]^-$를 생성한다. VSEPR 이론을 이용하여 이 양이온과 음이온의 구조를 예측하시오.

해답

양이온은 $[SF_3]^+$이다. S에서 6개, F에서 각각 7개씩의 원자가 전자가 있고, 전하에서 −1이 되므로, 총 원자가 전자수는 26개이다. 이 결과는 중심 원자에 3개의 결합 전자쌍과 1개의 고립 전자쌍을 갖게 만들기 때문에 삼각뿔 구조가 된다.

음이온은 $[BF_4]^-$이다. B에서 3개, F에서 각각 7개씩의 원자가 전자가 있고, 전하에서 +1이 되므로, 총 원자가 전자수는 32개이다. 이 결과는 중심 원자에 4개의 결합 전자쌍을 갖게 만들기 때문에 사면체 구조가 된다.

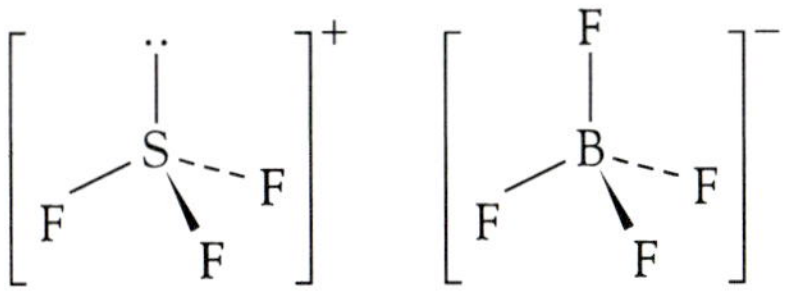

$$[SF_3]^+ \qquad [BF_4]^-$$

황의 염화물

황은 플루오린과 결합하면 높은 산화 상태를 갖지만, 염소와 결합하면 낮은 산화 상태를 갖는 안정한 화합물을 형성한다. 액체 황 속에 염소 기체를 통과시키면 독성이 있고, 불쾌한 냄새가 나는 노란색 액체인 이염화 이황, S_2Cl_2가 생성된다.

$$2\,S(l) + Cl_2(g) \rightarrow S_2Cl_2(l)$$

이 화합물은 고무의 '**가황**(*vulcanization*)' 과정에 사용된다. 가황이란 탄소 사슬들 사이에 2개의 황 원자를 가해서 서로 연결시켜 줌으로써 고무를 단단하게 만드는 과정이다. 이염화 이황의 분자 구조는 과산화 수소와 비슷한 구조를 갖고 있다(그림 16.28).

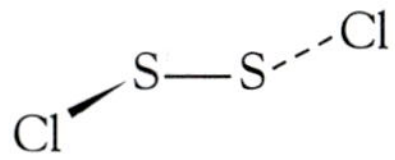

그림 16.28 이염화 이황 분자

황과 염소로 이루어진 화합물 중에는 실온에서 +2보다 더 큰 산화 상태를 갖는 화합물은 존재하지 않는다. 아이오딘 촉매 존재하에서 염소 기체를 이염화 이황에 통과시키면 이염화 황, SCl_2가 만들어진다.

$$S_2Cl_2(l) + Cl_2(g) \xrightarrow{I_2} 2\,SCl_2(l)$$

이 불쾌한 냄새가 나는 붉은색의 액체는 황을 포함하는 수많은 화합물을 제조하는 데 사용되고 있다. 예를 들어 악명 높은 겨자탄, $S(CH_2CH_2Cl)_2$가 그것인데, 이 겨자탄은 1차 세계대전 중에 사용되었고, 최근에는 이라크 정부가 시민을 상대로 사용한 적이 있다. 이 기체가 들어 있는 물방울이 피부에 닿으면 심한 물집이 생겨 사망에 이르게 된다. VSEPR 이론에 의하면 이염화 황 분자의 구조는 V-자형이다(그림 16.29).

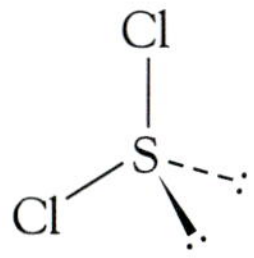

그림 16.29 이염화 황 분자

16.19 황-질소 화합물

그림 16.30 사질화 사황 분자

황-질소 화합물은 여러 가지가 있다. 화합물들의 모양과 결합 거리가 간단한 결합 이론으로는 설명할 수 없기 때문에 흥미를 끌고 있다. 예를 들어 사질화 사황, S_4N_4의 구조는 팔황의 왕관 구조와는 달리 좁은 바구니와 같은 형태로서, 고리 주위에 다중 결합을 가지며, 황 원자들이 서로 약한 결합을 하며 연결되어 있는 구조이다(그림 16.30).

더 흥미로운 물질은 금속처럼 보이는 중합체인 $(SN)_x$인데, 이 화합물은 "**폴리티아질**(*polythiazyl*)"이라고 한다. 이 물질은 청동색의 화합물로, 1910년에 처음으로 합성된 이래 무려 50년 동안 전혀 그 특성이 연구되지 않다가, 그 이후에 전기 전도체의 특성이 있음을 알게 되었다. 실제로 이 화합물은 아주 낮은 온도(0.26 K)에서 초전도체가 된다. 이와 같이 금속의 특성을 갖는 비금속 화합물의 제조는 우리의 일상생활에 널리 이용될 수 있을 뿐만 아니라, 금속과 초전도체 현상의 이론을 발전시키는 데 도움을 줄 수 있기 때문에 많은 흥미를 끌고 있다.

16.20 셀레늄

1960년대까지 셀레늄은 오로지 유리 첨가제로만 사용되었다. 셀레늄화 카드뮴, CdSe은 유리에 첨가하면 빨간 루비색을 띠므로, 유리 공예가들에게 인기가 있다. 셀레늄화 카드뮴은 전기 전도도가 쪼여지는 빛의 세기에 비례하는 장점을 갖고 있기 때문에 광전지의 반도체 화합물로 사용되고 있다.

별로 관심을 끌지 못하던 이 원소가 모든 사람의 생활에 영향을 미치는 원소로 바뀌게 된 것은 건조 사진술이 발명되어 복사의 수단으로 사용된 이후부터이다. 실제로 셀레늄의 특별한 광전도 특성 때문에 건조 사진술이 가능하게 되었다. 즉, 광복사기와 레이저 프린터의 심장이라고 할 수 있는 드럼은 셀레늄으로 코팅되어 있다. 드럼 표면은 약 10^5 $V \cdot cm^{-1}$의 전기장으로 하전되어 있다. 복사할 내용의 흰 부분은 강한 빛의 감도에 노출된 부분이므로 광전도도 현상 때문에 전하를 잃게 된다. 그 다음 토너 가루가 드럼의 하전된 부분에 묻혀지게 된다(복사할 내용 중에서 검은 부분에 해당된다). 그 다음 단계는 토너에서 종이로 옮겨지게 되는 것이다. 종이에는 가열된 부분에만 입자들이 녹아난다. 즉, 종이 표면에 결합이 되어 복사가 완성되는 것이다. 텔루륨은 드럼의 색깔 감도를 변화시켜야 하는 컬러 복사기에 이용되고 있다.

16.21 생물학적 특성

산소: 가장 필수적인 원소

우리는 며칠 동안 먹지 않고도 살 수 있다. 또한 몇 시간 동안, 또는 며칠 동안(기온에 따라 달라지겠지만)은 물 없이도 살 수 있다. 그러나 산소 없이는 아주 잠시 동안도 살 수 없다. 우리는 하루에 약 10,000 L의 공기를 마시고, 이 중에서 500 L의 산소를 흡수하고 있다. 산소 기체는 폐에서 헤모글로빈 분자와 결합을 한다. 즉, 산소 분자는 헤모글로빈 분자에 있는 4개의 철 원자와 공유 결합을 형성한다. 매우 흥미롭게도 이 과정은 첫 번째 산소 분자가 철 원자에 결합이 되면, 두 번째 산소 분자가 결합하는 것을 보다 용이하게 해 주며, 세 번째, 네 번째도 차례대로 보다 더 쉽게 결합을 형성하게 된다. 이와 같은 **협동 효과**(*cooperative effect*)는 보통의 화학 평형에서와는 완전히 반대가 되는 현상이다.

헤모글로빈은 근육과 에너지를 필요로 하는 조직들에 있는 마이오글로빈 분자에 산소를 운반해 준다. 헤모글로빈의 단위체 중 1개와 비슷한 마이오글로빈 분자에는 1개의 철 이온이 있는데, 이것은 헤모글로빈 분자가 결합하는 것보다 더 세게 산소 분자와 결합한다. 따라서 헤모글로빈으로부터 첫 번째 산소 분자가 제거되면, 협동 효과가 다시 작용하여 나머지 산소 분자들이 점점 더 쉽게 제거된다. 우리 몸을 유지하거나 정상적인 기능을 위해 에너지를 제공해 주는 설탕과 에너지를 만들어내는 산화-환원 반응이 필요해질 때까지 마이오글로빈 분자들은 산소를 저장하고 있다.

황: 산화 상태의 중요성

황은 생물학적으로 중요한 산화 상태가 음의 값이라는 점에서 질소와 유사하다. 아미노산이 $-NH_2$(산화 상태 N$=-3$)를 함유하고 있는 것처럼 중요한 아미노산인 시스테인, $HSCH_2(NH_3)^+COO^-$도 싸이올 단위, $-SH$(산화 상태 S$=-2$)를 포함하고 있다. 앞의 '이황화물 결합과 모발'에서 설명한 것처럼 황은 단백질 사슬에서 이 특별한 아미노산이 서로 교차 결합을 할 수 있게 해 준다. 단백질에서 황은 금속에 대해 가장 중요한 배위 자리 중 하나이기도 하다. 황은 어떤 아미노산의 작용기이든지 간에 금속 이온의 금속의 광범위한 영역과 결합한다. 금속 이온은 대개 무른 염기를 선호할 것으로 예측되지만, 굳은 염기를 선호할 것으로 예상되는 몇 가지 금속에 대해서도 황은 강력한 결합 자리이다. 이 금속 이온들은 아연(II), 구리(I), 구리(II), 철(II), 철(III), 몰리브데넘(IV)−(VI), 니켈(I)−(III)이다.

황을 함유하는 다른 생물학적 분자로는 비타민 B_1(싸이아민)과 보조효소 바이오틴(이름과는 달리 주석을 포함하지 않는다)이 있다. 페니실린, 세팔로스포린, 설파닐아마이드 등의 항생제도 황을 포함하고 있는 물질이다. 산화 상태가 −2인 황을 포함하는 간단한 황 함유 화합물은 대부분 불쾌한 냄새가 난다. 예를 들어 양파, 마늘, 스컹크 등에서 냄새나는 분자들은 모두 이 산화 상태의 황을 포함하고 있다. 자연에서 황을 포함하는 많은 분자들은 독특한 화학 구조를 가지고 있다. 예를 들면, 양파가 눈물을 자극하는 이유는 그림 16.31에 나타낸 분자인데, 독특한 C−S−O 기를 포함하고 있다.

세계 최고의 불쾌한 냄새로 기네스북에 기록되어 있는 에테인싸이올, CH_3CH_2SH는 가스 누출을 감지할 수 있게 하기 위하여 냄새가 없는 천연 가스에 첨가된다. 이 기체는 50 ppb 이하의 농도에서도 사람의 코로 느낄 수 있다.

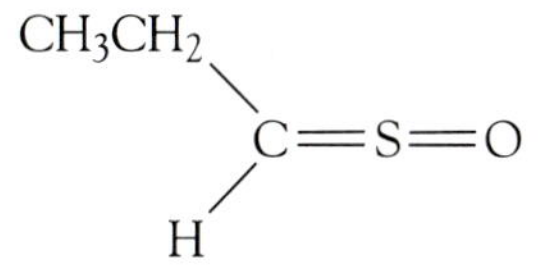

CH_3CH_2(H)C=S=O

그림 16.31 양파 껍질을 벗길 때 눈을 자극하는 분자

셀레늄: 소량만 섭취해도 건강에 좋다.

2장의 '컨텍스트'에서 설명한 것처럼 셀레늄은 건강유지를 위해 필수적인 원소이다. 셀레늄 결핍증은 셀레늄 과다증보다 훨씬 더 자주 나타난다. 미국의 북서 태평양 연안과 북동부 및 플로리다 지방은 토양의 셀레늄 함량이 매우 낮다. 셀레늄 섭취가 부족한 동물들은 '백색 근육증'으로 알려진 근육 장애로 고통을 겪는다. 인간의 경우, 식료품의 이동이 넓은 지역에 걸쳐 있기 때문에 영양의 균형이 이루어져 셀레늄 섭취를 적당하게 유지할 수 있다. 적당한 셀레늄 섭취(연간 100 mg)를 유지하려면 버섯, 마늘, 아스라파거스, 생선 및 동물의 간이나 콩팥 등의 셀레늄이 풍부한 음식을 꾸준히 먹어야 한다. 셀레늄 함량이 높은 물을 마시면 유방암과 대장암의 발병율이 감소한다는 사실이 입증되었다.

중국의 일부 지방은 토양에 셀레늄 함량이 매우 낮기 때문에 대부분의 주민들이 건강상의 문제를 일으키고 있다. 셀레늄 결핍이 직접적으로 일으키는 건강 문제 외에 이 질병 때문에 저항력이 낮아져 바이러스 감염까지도 일으키고 있다. 중국의 시골 지방에 널리 퍼져 있는 치명적인 풍토병인 Kashan병은 Coxsackie 바이러스에 의해 심장 근육에 염증을 일으킨다. 이 바이러스는 대개 해가 없지만, 셀레늄 결핍 숙주의 면역력이 약해지면 전염성이 강한 형태로 돌연변이를 일으킨다. 아시아에서 발생되는 대부분의 새로운 인플루엔자 바이러스는 같은 원인을 가지며, 이 지역의 셀레늄 결핍 주민에게서 유사한 돌연변이를 일으킨 것으로 추정되고 있다. 중국의 셀레늄 결핍을 해소하기 위한 국제사회의 엄청난 노력은 새로운 감기 유형의 발병율을 줄이는 부수적인 효과를 모든 인류에게 제공할 것이다.

지금까지 셀레늄 결핍에 대해 설명하였지만, 중요한 것은 셀레늄 화합물의 실체를 알아보는 것이 중요하다. *E*와 pH의 전형적인 생물학적 영역에서 가장 일상적인 화학종은 셀레늄(IV) 화합물, 특히 셀레늄산 이온, SeO_3^{2-}와 셀레늄산 수소 이온, $HSeO_3^-$이다.

16.22 원소 반응 경로도

16족에서 중요한 두 가지 원소인 산소와 황에 대해 나타내었다.

$KClO_3 \xrightarrow{\Delta} O_2$, $H_2O_2 \xrightarrow{MnO_2} O_2$, $O_3 \rightleftarrows O_2$; $O_2 \xrightarrow{H_2} H_2O$, $O_2 \xrightarrow{Li} Li_2O$, $O_2 \xrightarrow{Na} Na_2O_2$, $O_2 \xrightarrow{K} KO_2$, $O_2 \xrightarrow{C} CO_2$

$Na_2SO_4 \xrightarrow{C} Na_2S \xrightarrow{H^+} H_2S \xrightarrow{Pb^{2+}} PbS$; $H_2S \xrightarrow{O_2} S_8 \xrightarrow{O_2} SO_2$; $S_8 \xrightarrow{F_2} SF_6$; $S_8 \xrightarrow{Cl_2} S_2Cl_2 \xrightarrow{Cl_2,\ I_2} SCl_2$

$SO_2 \underset{\Delta}{\overset{H_2O}{\rightleftarrows}} H_2SO_3 \underset{OH^-}{\overset{H^+}{\rightleftarrows}} HSO_3^- \underset{OH^-}{\overset{H^+}{\rightleftarrows}} SO_3^{2-} \xrightarrow{S} S_2O_3^{2-} \xrightarrow{-e^-} S_4O_6^{2-}$

$SO_2 \xrightarrow[V_2O_5]{O_2} SO_3 \xrightarrow{H_2O} H_2SO_4 \underset{OH^-}{\overset{H^+}{\rightleftarrows}} HSO_4^- \underset{OH^-}{\overset{H^+}{\rightleftarrows}} SO_4^{2-}$; $SO_3 \xrightarrow{H_2SO_4} H_2S_2O_7 \xrightarrow{H_2O} H_2SO_4$; $HSO_4^- \xrightarrow{-e^-} S_2O_8^{2-}$; $SO_4^{2-} \xrightarrow{Ba^{2+}} BaSO_4$

핵심개념

- 산소는 이 족의 다른 원소들과는 아주 다른 성질을 갖는다.
- 산소 기체는 전자적으로 들뜬 상태가 중요하다.
- 삼산소 분자, 오존은 강력한 산화제인 산소의 동소체이다.
- 산화물은 강력한 염기성에서부터 강력한 산성인 영역에 걸쳐 존재한다.
- 물은 화학 반응에서 매우 중요한 용매이다.
- 황은 여러 가지 동소체로 존재한다.
- 황화물은 매우 불용성이며 많은 광물들은 금속의 황화물로 존재한다.
- 황산은 화학에서 많은 역할을 제공한다.
- 황산염은 흔히 사용하는 음이온이다.

연습문제

16.1 다음 화학 반응에 대한 화학 반응식의 균형을 맞추시오.
(a) 철가루와 산소 분자
(b) 고체 황화 바륨과 오존
(c) 고체 이산화 바륨(−2)과 물
(d) 수산화 포타슘 용액과 이산화 탄소
(e) 황화 소듐 용액과 묽은 황산
(f) 아황산 소듐 용액과 황산
(g) 아황산 소듐 용액과 사이클로팔황

16.2 다음 화학 반응에 대한 화학 반응식의 균형을 맞추시오.
(a) 염소산 포타슘의 가열
(b) 고체 산화 철(II)과 묽은 염산
(c) 염화 철(II)과 수산화 소듐 용액
(d) 팔황화 이수소와 에톡시에테인에 녹아있는 이염화 팔황
(e) 황산 소듐과 탄소의 가열
(f) 삼산화 황 기체와 액체 황산
(g) 과산화이황산 이온과 황화 이온

16.3 이 족에서 폴로늄만이 유일하게 금속으로 분류되는 이유는 무엇인가?

16.4 산소와 16족에 속해 있는 다른 원소들 간의 중요한 차이점에 대해서 설명하시오.

16.5 다음 용어를 정의하시오.
(a) 화공병(pyrophoric)
(b) 다형태(polymorphs)
(c) 협동 효과(cooperative effect)

16.6 다음 용어를 정의하시오.
(a) 혼합 금속 산화물
(b) 가황
(c) Claus 공정

16.7 지구의 대기와 금성의 대기가 화학적으로 차이가 나는 이유는 무엇 때문인가?

16.8 전기 발전소에서 냉각수로 강이나 호수의 물을 주로 사용하고 있다. 이러한 것은 물고기들에게 아주 좋지 않은데 그 이유는 무엇 때문인가?

16.9 오존 양이온, O_3^+에서 결합 차수를 구하고, 그 이유를 설명하시오. 또한 이 이온은 상자기성인가? 반자기성인가?

16.10 산소의 음이온으로 O_2^-와 O_2^{2-}가 있다. 이들의 결합 거리는 각각 133 pm과 149 pm이고, 산소 분자에서는 121 pm이다. 그리고 산소의 양이온 O_2^+의 결합 거리는 112 pm이다. 분자 오비탈 도표를 사용하여 결합 차수를 구하고, 산소 양이온에 있는 홀전자의 개수를 구하시오. 또한 결합 차수와 결합 거리 간의 상관 관계를 설명하시오.

16.11 산화 다이브로민은 약 −240°C에서 분해된다. Br−O−Br의 결합각과 산화 이염소 Cl−O−Cl의 결합각 중 어느 것이 더 큰가? 또 그 이유를 설명하시오.

16.12 오스뮴의 산화물은 산화 오스뮴(VIII), OsO_4이다. 그러나 플루오린화물 중 가장 큰 산화 상태를 갖는 화합물은 플루오린화 오스뮴(VII), OsF_7이다. 그 이유를 설명하시오.

16.13 O_2F_2 분자의 구조를 그리고 그 이유를 설명하시오. 또 이 화합물에서 산소의 산화수를 구하시오.

16.14 광물 thortveitite, $Sc_2Si_2O_7$은 $[O_3Si-O-SiO_3]^{6-}$ 이온을 가지고 있다. 이 이온에서 Si−O−Si 결합 각도는 180°이다. 혼성화 개념을 이용하여 이것에 대해 설명하시오.

16.15 화합물 $F_3C-O-O-O-CF_3$는 산소 화합물로는 일반적이 아니다. 그 이유를 설명하시오.

16.16 바륨은 BaS_2의 화학식을 갖는 황화물을 만든다. 산화수를 이용하여 이 화합물의 구조를 예측하시오. 이 화합물은 존재하지만 다른 알칼리 토금속과의 유사한 화합물은 존재하지 않는 이유를 설명하시오.

16.17 다음 분자와 이온들의 구조를 그리시오.
(a) 황산 (b) SF_5^- 이온
(c) 테트라플루오린화 황 (d) SOF_4 분자
힌트: 산소는 수평자리에 존재한다.

16.18 다음 분자와 이온들의 구조를 그리시오.
(a) 싸이오황산 이온 (b) 파이로황산
(c) 과산화이황산 (d) SO_2Cl_2 분자

16.19 $S_4(NH)_4$ 분자의 구조를 예측하고, 그렇게 예측한 이유를 설명하시오.

16.20 다이플루오린화 이황, S_2F_2는 빠르게 SSF_2로 바뀌진다. 이 두 분자들의 Lewis 구조를 그리시오. 산화수를 이용하여 자리 옮김이 일어나는 이유를 설명하시오.

16.21 불안정한 분자 SO_4는 황 원자 1개와 산소 원자 2개로 이루어진 삼각형 고리를 가지고 있다. 이 화합물의 Lewis 구조를 그리시오. 이 분자에 속한 각 원자의 산화 상태를 구하고, 비정상적인 산화 상태가 없음을 보이시오.

16.22 다음 화합물의 위험성에 대하여 설명하시오.
(a) 오존 (b) 수산화 이온 (c) 황화 수소

16.23 화학 반응식을 이용하여 '회반죽'이 효과적이고 경제적인 페인트인 이유를 설명하시오.

16.24 탄소와는 달리 황의 카테나 화합물이 광범위하지 못한 이유를 간단히 설명하시오.

16.25 사이클로팔황을 가열했을 때 나타나는 변화를 설명하시오. 또 분자 구조는 어떻게 변화되었는지도 설명하시오.

16.26 Frash와 Claus 공정의 요점을 설명하시오.

16.27 물의 결합각은 104.5°인 데 비해 텔루륨화 수소, H_2Te의 결합각은 89.5°이다. 그 이유를 설명하시오.

16.28 황화 소듐 용액에서 황화 수소의 냄새가 나는 이유를 설명하시오.

16.29 황산의 용도는 다섯 가지가 있다. 각각을 설명하시오.

16.30 이산화 황에서 삼산화 황이 만들어지는 반응은 발열 반응이다. 그 이유를 설명하시오.

16.31 형식 전하를 통하여 삼산화 황과 아황산 이온 중에서 황-산소의 평균 결합 에너지가 더 큰 화학종은 어느 것인지를 쓰시오.

16.32 텔루륨산의 화학식은 H_2TeO_4가 아니라 H_6TeO_6인데, 그 이유를 황산과 셀레늄산과 비교하여 설명하시오.

16.33 다음의 화학종에 대한 형식 전하를 표시하시오.
(a) 황산 이온 (b) 아황산

16.34 황산 음이온이 화학에서 많이 사용되는 이유를 설명하시오.

16.35 다음의 화학종을 검출하는 화학적인 확인 방법은 무엇인가?
(a) 황화 수소 (b) 황산 이온

16.36 다음 화합물의 주된 용도는 무엇인가?
(a) 헥사플루오린화 황 (b) 싸이오황산 소듐

16.37 산소가 풍부한 대기 중에서 가장 많이 존재하는 화학종이 삼산화 황이 아니라 이산화 황인 이유를 설명하시오.

16.38 물 분자 간에 작용하는 수소 결합이 없어진다면 지구에는 어떤 일이 일어나게 될지를 설명하시오.

16.39 오존화 포타슘, KO_3는 불안정하고 폭발성이 있지만, 오존화 테트라메틸암모늄, $[(CH_3)N]O_3$는 75°C에서도 안정하다. 그 이유를 설명하시오.

16.40 헥사플루오린화 황은 −64°C에서 승화가 일어나지만, 테트라플루오린화 황은 −38°C에서 끓는다. 그 이유를 설명하시오.

16.41 NS_2^+ 이온의 구조를 그리시오. 이 이온과 등전자적이고 등구조를 갖는 중성 분자는 무엇인가?

16.42 S = S 결합 에너지는 425 kJ · mol^{-1}이다. 부록 3의 자료를 이용하여 다음 반응의 엔탈피를 계산하시오.

$$2\,X(g) \rightarrow X_2(g)$$
$$8\,X(g) \rightarrow X_8(g)$$

여기서 X = 산소이고, X = 황이다. 그러므로 산소에 대해서는 이원자 분자의 생성이 에너지적으로 선호되고, 황에 대해서는 팔원자 분자의 생성이 선호됨을 입증하시오.

16.43 '셀레늄은 유익하지만 생명에는 독성이 있다.' 이것에 대해 설명하시오.

16.44 산소와 황의 원소 반응 경로도의 각 반응에 대해 화학 반응식의 균형을 맞추시오.

응용문제

16.45 기체 육염화 황의 생성 엔탈피를 이론적으로 계산하고, 실제값과 다른 이유를 설명하시오.

16.46 S_2F_{10}은 흔하지 않은 황의 플루오린화물이다. 이것은 2개의 SF_5 단위가 황-황 결합에 의해 연결되어 있다. 황 원자의 산화수를 계산하시오. 이 분자는 불균등화 반응을 한다. 생성물은 무엇인지 화학 반응식의 균형을 맞추시오. 또한 생성물로 결정한 것에 대한 이유를 산화수로 설명하시오.

16.47 싸이오글리콜산 암모늄은 머리 파마약으로 사용되지만, 글리콜산 칼슘은 머리털 제거약으로 쓰이고 있다. 그러나 글리콜산 암모늄은 용액 상태에서 칼슘염에 비해 염기성이 약하므로 머리털에 직접 사용하지 못하고 있다. 용액의 pH가 다르면 나타나는 차이점에 대하여 설명하시오.

16.48 대략적인 분자 오비탈 도표를 이용하여 하이드록실 라디칼의 결합 차수를 결정하시오.

16.49 낮 동안 하이드록실 라디칼의 농도가 5×10^5 mol · cm^{-3}이었다면 SATP(25°C, 100 kPa)에서 ppm이나 ppb로 나타낸 농도는 얼마인가? 기체 상수 R은 8.31 kPa · L · mol^{-1} · K^{-1}이다.

16.50 (a) 테트라플루오린화 황은 플루오린화 세슘과 반응하여 단원자 양이온과 황을 포함하는 다원자 음이온의 전기 전도 용액을 만든다. 이 반응에 대한 화학 반응식을 쓰시오.

(b) 테트라플루오린화 황은 트라이플루오린화 붕소와 반응하여 황을 포함하는 다원자 양이온의 전기 전도 용액을 만든다. 이 반응에 대한 화학 반응식의 균형을 맞추시오.

(c) 이 두 반응에서 테트라플루오린화 황이 다르게 행동하는 이유를 설명하시오.

16.51 다음 각 조건에 대해 타이타늄산 칼슘의 페로브스카이트 단위 세포에 대해 한 변의 길이를 계산하시오. Ti^{4+}의 이온 반지름은 74 pm이다.

(a) 타이타늄과 산화 이온이 서로 접촉하고 있을 경우

(b) 칼슘과 산화 이온이 서로 접촉하고 있을 경우

16.52 오염된 대류권 공기에서 일어나는 중요한 반응은 다음과 같다.

$$NO_2(g) \xrightarrow{h\nu} NO(g) + O(g)$$

오염과 관련 있는 대부분의 화학 순환을 유발하는 것은 바로 이 에너지 공급에 의해 생성되는 반응성이 높은 산소 원자이다. 이 반응을 일으키기 위해 필요한 최소 에너지, 즉 이 반응을 유발시킬 수 있는 빛의 최대 파장을 계산하시오. 또한 이와 유사한 다음 반응은 필요한 빛의 파장 때문에 일어날 수 없음을 증명하시오.

$$CO_2(g) \xrightarrow{h\nu} CO(g) + O(g)$$

16.53 $SOCl_2$ 분자에 대해 가능한 두 가지 전자점 도표를 그리시오. 형식 전하를 이용하여 어느 구조가 옳은 것인지를 예측하시오. 그런 다음 구조를 그리고 대략적인 결합각을 표시하시오.

16.54 수열통에 있는 박테리아는 그들의 대사 에너지를 황화 수소 이온을 황산 이온으로 산화시키는 과정을 통해 얻는다. 온라인 부록 9의 표준 환원 전위를 사용하여 298 K에서 이 반응에 대한 자유 에너지를 계산하시오.

16.55 산성비에 가장 큰 기여를 하는 것은 이산화 황이다. 화력 발전소에서는 탄산 칼슘을 사용하여 이산화 황을 제거한다. 이 반응에 대한 화학 반응식의 균형을 맞추시오. 석탄이 3.0%의 황을 함유하고 있을 때 1000톤의 석탄으로부터 생성된 이산화 황과 반응시키기 위해 필요한 탄산 칼슘의 질량은 얼마인가?

16.56 크로뮴산 포타슘의 염기성 용액에 과산화 수소를 첨가하면 화학식이 K_3CrO_8인 화합물이 생성된다. 이 화합물에서 크로뮴의 산화 상태를 예측하고 그 이유를 설명하시오.

16.57 H_2SO_5는 황의 다른 산소산이다. 이 화합물에서 황의 겉보기 산화수를 계산하시오. 이 산화수는 가능한 것인가? 황 원자에 대해 공통 산화수를 갖게 만드는 이 화합물의 구조를 그리시오(힌트: 이 산은 물과 반응하여 황산과 다른 생성물을 만든다).

16.58 삼산화 이질소나 오산화 이질소 중에서 더 산성인 산화물은 어느 것인가? 그 이유를 설명하시오.

16.59 수용액에서 황산 이온과 과산화이황산 이온 간의 반응에 대한 화학 반응식의 균형을 맞추시오.

16.60 산소 분자가 물로 환원되는 과정의 반쪽 반응은 다음과 같다.

$$O_2(g) + 4\,H^+(aq) + 4\,e^- \rightarrow 2\,H_2O(l)$$

온라인 부록 9에서 주어진 표준 전위는 pO_2가 20 kPa이고, pH가 약 7.00인 보통의 대기 조건에서는 올바른 값이 아니다. 이 조건에서의 환원 전위를 계산하시오.

16.61 산성 조건에서 황산 이온의 환원에 대한 표준 전극 전위는 다음과 같다.

$$SO_4^{2-}(aq) + 4\,H^+(aq) + 2\,e^- \rightarrow SO_2(aq) + 2\,H_2O(l) \quad E^\ominus = +0.17\text{ V}$$

염기성 조건에서의 전위를 계산하시오.

16.62 다음 각각에 대한 화학종을 쓰고 반응에 대한 화학 반응식의 균형을 맞추시오.

(a) 금속 (A)는 물과 반응하여 화합물 (B)의 무색 용액과 무색인 기체 (C)를 생성한다. 흔히 사용되는 묽은 이양성자산 (D)를 (B)에 가해주면 무거운 흰색 침전 (E)가 생긴다.

(b) (F)의 용액은 서서히 분해되어 액체 (G)와 무색의 기체 (H)가 된다. 기체 (H)는 무색의 기체 (C)와 반응하여 액체 (G)가 된다.

(c) 어떤 조건에서 무색의 산성 기체 (I)는 기체 (H)와 반응하여 흰색 고체 (J)를 생성한다. (G)를 (J)에 첨가하면 산 (D)의 용액이 된다.

(d) 금속 (A)는 과량의 기체 (H)가 존재하면 격렬하게 반응하여 화합물 (K)를 생성한다. 화합물 (K)는 물에 녹아 (B)와 (F)의 용액이 된다.

16.63 어떤 기체 (A)를 일상적인 일가 수산화물 (B)에 기포 형태로 가해주면 염 (C)의 용액이 된다. (B)의 양이온은 테트라페닐붕산 이온과는 침전을 만든다. 노란색 고체 (D)를 (C)의 용액과 함께 가열하고 물을 증발시키면 음이온 (E)를 포함하는 결정이 생긴다. 음이온 (E)의 용액에 아이오딘을 첨가하면 아이오딘화 이온과 음이온 (F)가 생긴다. 음이온 (E)의 용액에 수소 이온을 첨가하면 처음에는 산 (G)가 생기고 이어서 분해되어 고체 (D)와 기체 (A)가 된다. (A)에서 (G)까지의 화학종이 무엇인지를 밝히고, 각 반응에 대한 완결된 화학 반응식의 균형을 맞추시오.

16.64 순수한 액체 황산과 이보다 더 센산인 순수한 액체 과염소산 간의 화학 반응식의 균형을 맞추시오.

16.65 질소-황 결합이 이중 결합인 경우와 삼중 결합인 경우에 대하여 NSF_3 분자의 전자점 구조를 그리시오. 형식 전하를 이용하여 올바른 구조를 결정하시오.

16.66 S_4N_4는 플루오린화되어 $S_4N_4F_4$가 된다. 플루오린 원자는 고리의 황이나 질소 원자에 결합되는가? 답을 제시하고 그 이유를 설명하시오.

16.67 황화 수소 소듐 용액을 가지고 결정을 만들려고 하면 메타중아황산 소듐(sodium metabisulfite)이 대신 만들어진다.

$$2\,Na^+(aq) + HSO_3^-(aq) \rightarrow Na_2S_2O_5(s) + H_2O(l)$$

이 반응이 일어나는 이유를 설명하고, 고체 아황산 수소를 결정화시킬 수 있는 양이온을 제시하시오.

16.68 황은 플루오린과 실험식이 똑같은 두 가지 독특한 화합물(구조 이성질체) FSSF와 SSF_2를 형성한다. 이 분자들에 대한 전자점 도표를 그리고, 각 화합물에서 황의 산화 상태를 추측하시오.

16.69 황은 플루오린과 실험식이 같은 두 가지의 다른 독특한 화합물(구조 이성질체) SF_2와 F_3SSF를 형성한다. 이 분자들에 대한 전자점 도표를 그리고, 각 화합물에서 황의 산화 상태를 추측하시오.

16.70 산소의 세 번째 동소체, O_4가 합성될 수 있음이 제안되었다. 이 동소체가 고리 구조를 갖는다면 두 산소 분자의 충돌에 의해 생성될 수 있다는 가정이 성립되는가? 열역학적 원리들(결합 에너지를 포함)을 사용하여 이유를 설명하시오.

16.71 가상적인 O_4 분자에 대한 다른 구조도 존재한다. 이 분자가 오존으로부터 생성될 수 있는 방법을 제시하시오. O_4의 이 형태와 등구조인 두 화학종을 확인하시오.

17족 원소: 할로젠

17장

주기율표에서 가장 반응성이 큰 금속을 포함하는 족에서 시작하여 이제 가장 반응성이 큰 비금속을 포함하는 족에 이르렀다. 알칼리 금속의 반응성은 족의 아래로 내려갈수록 증가하지만, 가장 반응성이 큰 할로젠인 플루오린은 족의 맨 위에 위치한다.

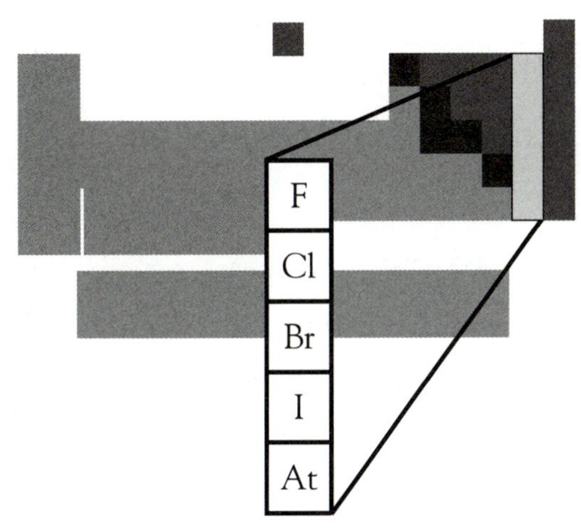

컨텍스트: 대기에 대한 실험 – 남극지방의 오존 구멍

지난 수십 년간 대기에 대해 무분별한 화학 실험이 행해져 오고 있다. 아주 짧은 기간 동안 큰 변화를 겪고 있는 남극 대륙에서 행해지는 실험이 가장 극단적인 예이다. 1980년대부터 현재에 이르기까지 태양의 자외선으로부터 지구 표면을 가려주고 있던 오존의 농도는 다음 그림에서 볼 수 있는 것처럼 급격하게 감소하였다.

남극지방의 대기는 지구의 다른 지역의 대기와는 다른 독특한 특성을 지니고 있는데, 오랜 기간 동안 비정상적인 화학 반응이 일어나고 있었기 때문이다. 겨울인 3개월 동안에는 태양 복사선이 없다. 대륙의 주위에는 극소용돌이가 생성되어 찬 공기를 가두게 되고, 이로 인해 기온은 약 −80°C까지 내려간다(이후 내용 참조). 극성층 구름의 일부는 정상적인 얼음이 아니라 고체 질산의 삼수화물, $HNO_3 \cdot 3H_2O$이며 이들 구름의 표면 반응에서는 매우 다양하고 특이한 자유 라디칼 화학종이 생성된다. 클로로플루오로카본(CFC) 화합물을 엄청나게 사용한 결과로 인해 반응성이 매우 높은 염소 원자가 남극지방의 대기에 남게 되었다. 17.9절에서 알아보겠지만, 염소 원자와 오존 분자 간의 화학

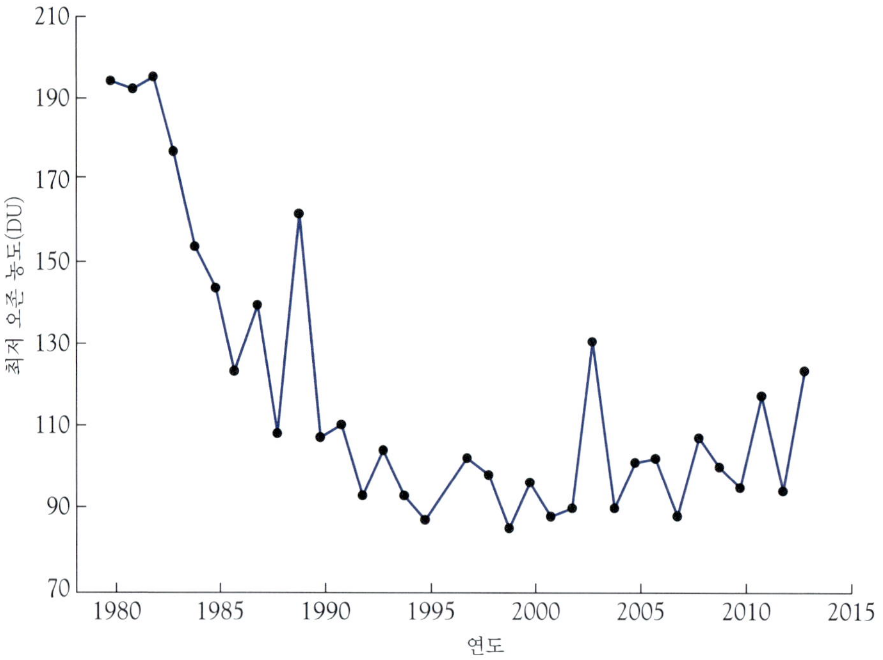

최근의 남극지방 오존의 최저 농도

반응으로 인해 보호기능을 하고 있던 오존층이 재해 수준으로 감소하게 되었다. CFC 화합물의 사용 억제로 오존 농도가 다시 증가하고는 있지만, 대기는 얇고 방출되는 물질에 매우 민감함을 경고하는 사례이다.

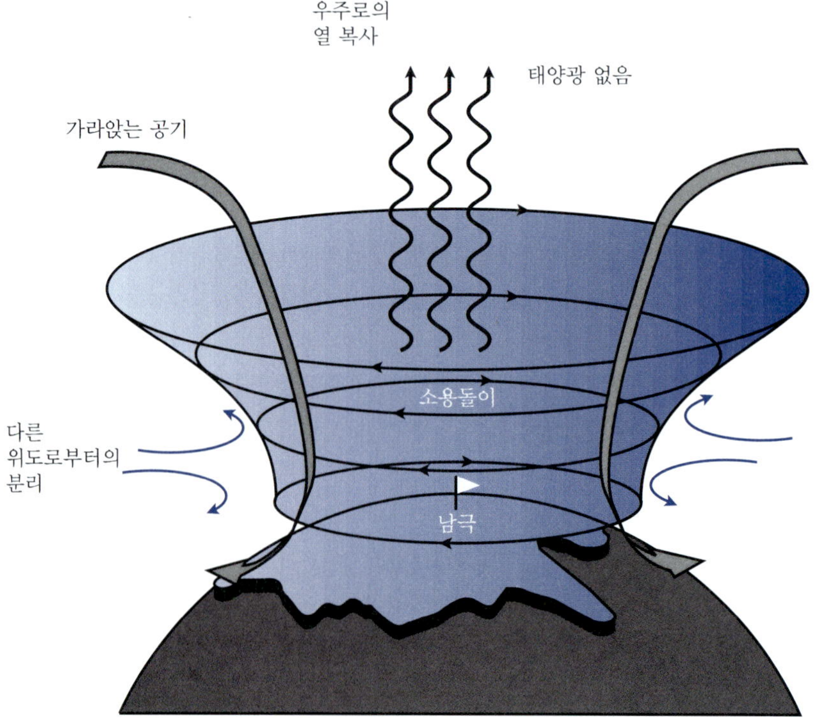

극소용돌이 그림

17.1 족의 경향성

원소들의 성질은 표 17.1에 요약하였다. 브로민은 유일하게 실온에서 액체인 비금속이다. 브로민과 아이오딘의 증기압은 매우 높다. 따라서 브로민이 담긴 용기의 뚜껑을 열면 적갈색의 유독한 증기가 생기고, 아이오딘 결정을 약간 가열하면 보라색의 유독한 증기가 생긴다. 아이오딘은 금속처럼 보이지만 대부분의 경우 전형적인 비금속처럼 행동한다.

지금까지 그랬듯이 이 족의 방사성 원소(아스타틴)의 화학은 다루지 않을 것이다. 아스타틴은 우라늄 동위원소의 붕괴 계열의 한 부분으로 생성된다. 모든 아스타틴의 동위원소는 반감기가 매우 짧아서 아주 강한 방사성을 방출한다. 아주 짧은 시간에만 존재하기 때문에 아스타틴의 화학은 연구하기가 매우 어렵다. 이 원소의 화학도 족의 다른 원소에서 볼 수 있는 경향성을 따름이 입증되었다.

표 17.2는 할로젠족 원소들의 녹는점과 끓는점이 원자 번호가 증가할수록 증가함을 보여 준다. 이원자 할로젠족 원소는 분자들 간에 분산력만 작용하기 때문에 이들의 녹는점과 끓는점은 분자의 전체 전자수에 따라 변하는 성질인 분자의 편극성에 의해 결정된다.

할로젠 원자가 가장 높은 산화 상태에 있는 산소산의 화학식은 16족 산의 화학식과 매우 유사하다. 그러므로 과염소산의 구조는 $(HO)ClO_3$, 과브로민산은 $(HO)BrO_3$로 나타낼 수 있다. 그러나 과아이오딘산은 16족의 텔루륨산, H_6TeO_6와 유사한 $(HO)_5IO$(또는 H_5IO_6)의 화학식을 갖는다.

17.2 플루오린과 다른 할로젠 원소 화학의 비교

질소와 산소에 대해 앞에서 언급한 바와 같이, 2주기 원소들은 결합의 한계에 대해 뚜렷한 특성을 가진다. 그러나 플루오린과 염소의 화학을 비교해 보면 다른 점이 많이 존재하는데, 이러한 차이는 플루오린-플루오린 공유 결합이 약하기 때문인 것으로 설명할 수 있다.

염소에서 아이오딘까지 할로젠의 결합 에너지는 주기적으로 감소함을 나타내지만, 플루

표 17.1 17족의 안정한 원소의 성질

원소	SATP에서의 모양	산화물의 산-염기 성질
플루오린	옅은 노란색 기체	중성
염소	옅은 녹색 기체	산성
브로민	오일성 적갈색 액체	산성
아이오딘	광택이 있는 흑자색 고체	산성

표 17.2 17족 원소의 녹는점과 끓는점

원소	녹는점(°C)	끓는점(°C)	전자수
F_2	−219	−188	18
Cl_2	−101	−34	34
Br_2	−7	+60	70
I_2	+114	+185	106

표 17.3 17족 원소들의 결합 에너지

원소	결합 에너지($kJ \cdot mol^{-1}$)
F — F	155
Cl — Cl	240
Br — Br	190
I — I	149

오린의 결합 에너지는 이러한 주기성에서 벗어난다(표 17.3). 주기적 경향성을 만족시키려면 F — F의 결합 에너지는 약 300 $kJ \cdot mol^{-1}$이 되어야 하지만, 실제로는 155 $kJ \cdot mol^{-1}$에 불과하다. 이와 같이 경향성에서 벗어나는 현상에 대한 여러 가지 이유가 제안되었지만, 대부분의 화학자들은 분자 내에서 두 원자의 고립 전자쌍들 간의 반발력 때문에 F — F 결합이 약해진다고 믿고 있다. 이러한 사실은 플루오린 기체의 높은 반응성도 부분적으로 설명한다.

이온 결합

이온 결합성 플루오린 화합물의 생성에 대해서는 Born-Haber 순환에 두 가지 중요한 요인이 존재한다. 첫째로, 중요한 엔탈피 요인은 약한 플루오린-플루오린 결합을 끊는 것이다. 따라서 염소나 다른 할로젠 원소들에 비해 요구되는 에너지가 더 적다. 플루오린 화합물은 다른 할로젠 화합물보다 더 많은 에너지를 방출하는데, 플루오린화 이온이 작고, 높은 전하 밀도를 가져서 높은 생성 격자 에너지를 갖기 때문이다. 격자 에너지에 미치는 플루오린화 이온의 중요한 효과는 모두가 NaCl 구조를 갖는 할로젠화 소듐에 대한 격자 에너지를 비교하면 알아볼 수 있다(표 17.4).

플루오린화 이온은 다른 염화 이온보다 훨씬 더 작기 때문에 금속의 플루오린화물의 용해도는 다른 염화물과는 다르다. 예를 들면, 플루오린화 은은 물에 잘 녹지만 다른 염화 은은 잘 녹지 않는다. 반대로 플루오린화 칼슘은 불용성이지만, 다른 염화 칼슘은 가용성이다. 이러한 양상은 금속의 플루오린화물과 염화물 간의 격자 에너지 차이 때문에 나타나는 결과이다. 즉, 큰 은 이온은 작은 플루오린화 이온과는 비교적 작은 격자 에너지를 갖는다. 반대로 작고 전하 밀도가 큰 칼슘 이온은 작은 플루오린화 이온과 만나면 격자 에너지가 최대가 된다.

표 17.4 할로젠화 소듐의 격자 에너지

할로젠 화합물	격자 에너지($kJ \cdot mol^{-1}$)
NaF	928
NaCl	788
NaBr	751
NaI	700

표 17.5 3d 전이 금속 계열의 가장 높은 산화 상태를 갖는 플루오린화물과 염화물의 화학식 비교

플루오린화물	TiF_4	VF_5	CrF_6	MnF_4	FeF_3	CoF_4	NiF_2	CuF_2
염화물	$TiCl_4$	VCl_4	$CrCl_4$	$MnCl_2$	$FeCl_3$	$CoCl_2$	$NiCl_2$	$CuCl_2$

플루오린은 아주 강한 산화제이기 때문에 염소보다 금속을 더 높은 산화 상태에 있게 만든다. 표 17.5는 3d 전이 금속 계열의 플루오린 화합물과 염소 화합물에 대해 가장 높은 산화 상태의 화학식을 비교하여 나타낸 것이다. 가장 높은 산화 상태를 갖는 염화물보다 더 높은 산화 상태를 갖는 플루오린 화합물은 8가지의 3d 금속 중 4가지에서 나타난다. 21.1절에서 설명하겠지만, 일반적인 산화 상태는 3d 금속보다 4d와 5d 전이 금속 계열의 경우가 더 높다. 또한 염화물보다 플루오린화물이 더 높은 산화 상태로 존재하는 경향도 여전히 나타나고 있다.

공유 결합

금속의 플루오린 화합물들이 염소 화합물보다 더 높은 산화 상태를 갖는다고 알려진 것처럼 비금속의 화합물에서도 동일한 양상이 나타난다. 예를 들어 황은 헥사플루오린화황, SF_6를 쉽게 형성하지만, 가장 높은 산화 상태를 갖는 염화물은 이염화물, SCl_2이다.

플루오린 화합물은 염화물에 비해 열역학적으로 더 안정하고 화학 반응성은 더 낮은 경향을 보인다. 또한 플루오린 화합물은 염화물보다 훨씬 더 낮은 녹는점과 끓는점을 갖는다. 예를 들면, 트라이플루오린화 질소는 반응성이 매우 낮은 기체이지만, 삼염화 질소는 밀도가 높고, 휘발성이 강하며, 폭발성이 강한 액체이다. 공유 결합성 플루오린 화합물은 음의 생성 엔탈피를 갖는데, 이것은 쉽게 끊어지는 플루오린-플루오린 결합과 매우 강한 원소-플루오린 결합이 생성되기 때문이다. 이러한 사실은 표 17.6을 보면 설명할 수 있는데, 플루오린과 염소에 대해 두 원소 자체와 탄소 및 수소와의 결합 에너지를 비교하여 나타낸 것이다.

할로젠화 수소산의 세기

다른 할로젠화 수소산은 모두 음의 pK_a 값을 갖는 매우 센산이지만, 플루오린산은 pK_a가 3.2인 약한 산이다(표 17.7). 7.2절에서 논의한 것처럼, 플루오린산의 약한 세기는 수소-플루오린 결합이 다른 수소-할로젠 결합보다 훨씬 더 강하기 때문인 것으로 설명할 수 있다. 따라서 이온으로 해리되는 것은 에너지적으로 덜 선호된다.

표 17.6 플루오린 및 염소의 다른 원소와의 대략적인 결합 에너지 비교

플루오린 결합	결합 에너지 $(kJ \cdot mol^{-1})$	염소 결합	결합 에너지 $(kJ \cdot mol^{-1})$
F—F	155	Cl—Cl	240
C—F	485	C—Cl	327
H—F	565	H—Cl	428

표 17.7 할로젠화 수소산 수용액의 pH 의존도 비교

	매우 산성	산성	염기성	매우 염기성
플루오린화물	HF(*aq*)	F^-(*aq*)		
염화물	Cl^-(*aq*)			
브로민화물	Br^-(*aq*)			
아이오딘화물	I^-(*aq*)			

예제 17.1

텔루륨은 과량의 플루오린과 반응하여 가장 높은 산화 상태를 갖는 플루오린화 화합물을 생성한다. 염소와는 더 낮은 산화 상태를 갖는 화합물을 생성한다. 이 두 화합물에 대한 화학식을 쓰시오.

해답

텔루륨은 16족 원소이기 때문에 가장 높은 산화 상태는 +6이고, 플루오린화 화합물의 화학식은 TeF_6이다. 이 다음으로 높은 산화 상태는 +4이기 때문에 염소의 화학식은 $TeCl_4$가 될 것이다.

17.3 할로젠 화합물

이온 결합성 할로젠 화합물

대부분의 이온 결합성 염화물, 브로민화물, 아이오딘화물은 금속 이온과 해당 할로젠화 이온을 생성시키면서 물에 녹는다. 그러나 많은 금속의 플루오린화물은 물에 잘 녹지 않는다. 예를 들어 염화 칼슘은 물에 잘 녹지만, 플루오린화 칼슘은 물에 녹지 않는다. 이와 같은 현상에 대한 이유는 작고 전하 밀도가 큰 음이온과 높은 전하 밀도를 갖는 양이온을 포함하는 결정의 큰 격자 에너지로 설명할 수 있다. 가용성 플루오린화물 용액은 플루오린화 이온이 약한 산인 플루오린화 수소산의 짝염기이기 때문에 염기성이다.

$$F^-(aq) + H_2O(l) \rightleftharpoons HF(aq) + OH^-(aq)$$

금속 할로젠화물은 두 가지 방법으로 생성된다. 즉, 금속과 할로젠이 결합하여 더 높은 산화 상태를 갖는 금속 이온이 생기는 것과 금속과 할로젠화 수소가 결합하여 더 낮은 산화 상태를 갖는 금속 이온이 생기는 것이다. 염화 철(III)과 염화 철(II)의 생성 과정을 살펴보면 이 사실을 잘 알 수 있다.

$$2\,Fe(s) + 3\,Cl_2(g) \rightarrow 2\,FeCl_3(s)$$
$$Fe(s) + 2\,HCl(g) \rightarrow FeCl_2(s) + H_2(g)$$

첫 번째 경우에서 염소 분자는 강한 산화제로 작용하는 반면, 두 번째 경우에는 수소 이온이 약한 산화제로 작용한다.

이온 결합성 할로젠 화합물의 제조

수화된 금속 할로젠화물은 금속 산화물, 탄산염, 또는 수산화물과 적절한 할로젠화 수소산으로부터 만들어진다. 예를 들면, 염화 마그네슘 육수화물은 산화 마그네슘과 염산을 반응시킨 다음, 결정으로 침전시켜 만든다.

$$MgO(s) + 2\,HCl(aq) + 5\,H_2O(l) \rightarrow MgCl_2 \cdot 6\,H_2O(s)$$

대부분의 경우에 수화물을 가열하면 분해가 일어나기 때문에 수화물을 가열하더라도 무수물이 생기지는 않는다. 그래서 염화 마그네슘 육수화물은 가열하면 수산화 염화 마그네슘, Mg(OH)Cl이 생긴다.

$$MgCl_2 \cdot 6\,H_2O(s) \xrightarrow{\Delta} Mg(OH)Cl(s) + HCl(g) + 5\,H_2O(g)$$

수화물로부터 무수 염화물을 얻기 위해서는 화학적으로 물을 제거해야 한다. 이를 위해서 (퓸 후드에서) 염화 싸이오닐, $SOCl_2$를 사용하여 반응시키면 이산화 황과 염화 수소 기체가 생성된다.

$$MgCl_2 \cdot 6H_2O(s) + 6\,SOCl_2(l) \rightarrow MgCl_2(s) + 6\,SO_2(g) + 12\,HCl(g)$$

아이오딘화 이온은 그 자체가 환원제이기 때문에 모든 금속의 아이오딘화물에서 금속은 높은 산화 상태를 갖지 않는다. 예를 들면, 아이오딘화 이온은 구리(II) 이온을 구리(I) 이온으로 환원시킨다.

$$2\,Cu^{2+}(aq) + 4\,I^-(aq) \rightarrow 2\,CuI(s) + I_2(s)$$

그 결과 아이오딘화 구리(II)는 존재하지 않는다.

이온 결합성 할로젠화 이온의 시험

염화 이온, 브로민화 이온, 아이오딘화 이온을 구별하는 일반적인 방법은 질산 은 용액을 가하여 침전시키는 것이다. 할로젠화 이온을 X^-로 나타내면 다음과 같은 일반화된 식을 쓸 수 있다.

$$X^-(aq) + Ag^+(aq) \rightarrow AgX(s)$$

염화 은은 흰색이고, 브로민화 은은 크림색이며, 아이오딘화 은은 노란색이다. 대부분의 은 화합물과 마찬가지로 이들 할로젠화 은은 빛에 민감하다. 그래서 몇 시간 동안 빛을 쬐어주면, 금속 은이 생기므로 고체는 회색을 띠게 된다.

할로젠의 존재를 확인하기 위해서는 할로젠화 은에 암모니아 용액을 가한다. 염화 은 침전은 묽은 암모니아와 반응하여 가용성인 다이암민은(I) 이온, $[Ag(NH_3)_2]^+$을 만든다.

$$AgCl(s) + 2\,NH_3(aq) \rightarrow [Ag(NH_3)_2]^+(aq) + Cl^-(aq)$$

다른 두 가지 할로젠화 은은 반응이 일어나지 않는다. 브로민화 은은 진한 암모니아와 반응하지만, 아이오딘화 은은 이 조건에서도 반응하지 않는다.

$$AgBr(s) + 2\,NH_3(\text{진한}) \rightarrow [Ag(NH_3)_2]^+(aq) + Br^-(aq)$$

각각의 할로젠화 이온에 대한 다른 시험 방법도 있다. 염소 시험은 염화 이온 추정 물질의 다이크로뮴산 포타슘과 진한 황산의 혼합물과 반응시키기 때문에 매우 해롭다. 서서히 가열하면 휘발성이고, 붉은색을 띠는 독성 화합물인 염화 크로밀, CrO_2Cl_2가 생성된다.

$$K_2Cr_2O_7(s) + 4\,NaCl(s) + 6\,H_2SO_4(l)$$
$$\rightarrow 2\,CrO_2Cl_2(l) + 2\,KHSO_4(s) + 4\,NaHSO_4(s) + 3\,H_2O(l)$$

이 증기를 물에 녹이면 노란색의 크로뮴산, H_2CrO_4가 생성된다.

$$CrO_2Cl_2(g) + 2\ H_2O(l) \rightarrow H_2CrO_4(aq) + 2\ HCl(aq)$$

브로민화 이온과 아이오딘화 이온 시험은 해당 할로젠화 은 용액에 염소 수용액을 가하는 것이다. 노란색이나 갈색이 나타나면 이들 이온의 존재를 확인할 수 있다.

$$Cl_2(aq) + 2\ Br^-(aq) \rightarrow Br_2(aq) + 2\ Cl^-(aq)$$
$$Cl_2(aq) + 2\ I^-(aq) \rightarrow I_2(aq) + 2\ Cl^-(aq)$$

이들 이온을 구별하기 위하여 할로젠 원소 자체는 비극성 분자라는 사실을 이용할 수 있다. 즉, 이들 원소는 사염화 탄소처럼 비극성이거나 극성이 낮은 용매에 잘 녹을 것이다. 갈색의 수용액을 이런 용매와 섞어 흔들어 주면 할로젠 화합물은 극성이 낮은 비수용액 층으로 이동되어야 한다. 미지 물질이 브로민이라면 비수용액 층의 색은 갈색일 것이고, 아이오딘이라면 밝은 자주색일 것이다.

아이오딘에 대해서는 매우 감도가 좋은 시험 방법이 또 있다. 아이오딘은 녹말과 반응하여 푸른색(진한 농도가 사용되었을 때는 군청색)을 낸다. 이와 같은 독특한 상호작용은 녹말 고분자가 아이오딘 분자 근처에서 그들 자신을 감싸기 때문에 나타난다. 여기에는 실제적인 화학 결합이 생기지는 않는다. 이 평형은 녹말-아이오딘 시험지에 정성적으로 이용된다. 이 종이를 산화제에 노출시키면 아이오딘화 이온은 아이오딘으로 산화된다. 이때 종이의 녹말은 아이오딘화 이온-아이오딘 분자 산화-환원 반응을 포함하는 산화-환원 적정의 지시약으로 사용된다.

앞에서 언급했듯이, 아이오딘 분자는 비극성 분자이다. 그러므로 물에 대한 용해도는 매우 낮다. 그러나 아이오딘화 이온이 녹아 있는 수용액에는 녹아들어 간다. 이것은 트라이아이오딘화 이온, I_3^-가 생기는 화학 반응 때문에 나타나는 현상이다(17.10절 참조).

$$I_2(s) + I^-(aq) \rightleftharpoons I_3^-(aq)$$

아이오딘화 이온은 산성 용액에서 아이오딘산 이온, IO_3^-와 산화-환원 반응을 일으켜 아이오딘 분자를 만든다.

$$IO_3^-(aq) + 6\ H^+(aq) + 5\ I^-(aq) \rightarrow 3\ I_2(s) + 3\ H_2O(l)$$

이 반응은 아이오딘화 이온을 포함하는 용액의 적정 분석에 주로 이용된다. 아이오딘 분자는 농도를 알고 있는 싸이오황산 이온으로 적정한다.

$$I_2(s) + 2\ S_2O_3^{2-}(aq) \rightarrow 2\ I^-(aq) + S_4O_6^{2-}(aq)$$

공유 결합성 할로젠 화합물

약한 분자 간 힘 때문에 대부분의 공유 결합성 할로젠화물은 기체이거나 낮은 끓는점을 갖는 액체이다. 이들 비극성 분자의 끓는점은 분자들 간의 분산력과 직접적인 관계가 있다. 다시 말해서, 이 분자 간 힘은 분자에 존재하는 전자의 수와 관련된다. 일련의 할로젠화 붕소 화합물의 끓는점을 보면(표 17.8) 끓는점과 전자수 사이의 관계를 알 수 있다.

표 17.8 할로젠화 붕소의 끓는점

화합물	끓는점(°C)	전자수
BF_3	−100	32
BCl_3	+12	56
BBr_3	+91	110
BI_3	+210	164

공유 결합성 할로젠 화합물의 제조

많은 공유 결합성 할로젠화물은 해당 원소와 할로젠을 반응시켜 만든다. 한 가지 이상의 화합물이 생성될 때에는 특정한 생성물을 다른 생성물보다 더 많이 얻기 위하여 몰비를 변화시켜 주기도 한다. 예를 들면, 과량의 염소가 존재하면 인은 오염화 인을 형성한다. 그러나 과량의 인이 존재하면 삼염화 인이 생긴다.

$$2\,P(s) + 5\,Cl_2(g) \rightarrow 2\,PCl(s)$$
$$2\,P(s) + 3\,Cl_2(g) \rightarrow 2\,PCl_3(l)$$

가능한 산화 상태가 여러 가지인 비금속 원소들은 플루오린과 결합할 때 가장 높은 산화 상태가 안정화되고, 아이오딘과 결합할 때 가장 낮은 산화 상태가 안정화된다. 이와 같은 양상은 17족에서 족의 아래로 내려갈수록 원소의 산화 능력이 감소됨을 반영하는 것이다. 그러나 이와 같은 단순한 경향성을 실제로 적용할 때에는 주의해야 한다. 예를 들어 펜타아이오딘화 인, PI_5가 존재하지 않는 것은 인이 +5에서 +3의 산화 상태로 자발적으로 환원되기 때문이 아니라, 아이오딘 원자의 크기가 인 원자 주위에 배열되기에는 너무 크기 때문이다.

공유 결합성 할로젠 화합물의 반응

13장, 14장, 15장에서 알아본 것처럼 대부분의 공유 결합성 할로젠화물은 물과 격렬하게 반응한다. 예를 들면, 삼염화 인은 물과 반응하여 인산과 염화 수소를 만든다.

$$PCl_3(l) + 3\,H_2O(l) \rightarrow H_3PO_3(l) + 3\,HCl(g)$$

그러나 몇 가지 공유 결합성 할로젠화물은 반응 속도론적으로 안정하다. 특히, 테트라플루오린화 탄소 및 헥사플루오린화 황과 같은 플루오린화물은 치환 반응이 일어나지 않는다.

금속 할로젠화물은 금속이 높은 산화 상태에 있더라도 공유 결합을 포함할 수 있다. 예를 들면, 염화 주석(IV)은 전형적인 공유 결합성 할로젠화물처럼 행동한다. 이 화합물은 실온에서 액체이고, 물과는 격렬하게 반응한다.

$$SnCl_4(l) + 2\,H_2O(l) \rightarrow SnO_2(s) + 4\,HCl(g)$$

17.4 플루오린

플루오린 분자는 주기율표에서 가장 반응성이 큰 원소이기 때문에 원소들의 티라노사우루스라고 불린다. 플루오린 기체는 헬륨, 네온, 아르곤을 제외한 주기율표상의 모든 원소와 반응하는 것으로 알려져 있다. 플루오린화물의 생성에서 열역학적 원동력으로 작용하는 것은 엔탈피 요인이다.

플루오린은 그 자신이 플루오린화 이온으로 환원됨과 동시에 물을 산소 기체로 산화시킨다.

$$F_2(g) + e^- \rightarrow 2\,F^-(aq) \qquad E^\ominus = +2.87\text{ V}$$
$$2\,H_2O(l) \rightarrow 4\,H^+(aq) + O_2(g) + 4\,e^- \qquad E^\ominus = -1.23\text{ V}$$

플루오린의 환원 전위가 높은 이유는 기체 상태의 각 원소들로부터 수화된 플루오린화 및 염화 이온이 생성되는 자유 에너지 순환을 비교하면 알 수 있다(그림 17.1).

그 첫 번째 단계는 해리 에너지(의 절반)인데, 염소가 약간 더 큰 값을 갖는다. 다음 단계에서 필요한 에너지는 전자 친화도이며, 역시 염소에 대한 값이 약간 더 크다. 그러므로 첫 번째 단계에서 나타난 플루오린의 낮은 해리 에너지 값이 두 번째 단계에서 상쇄된다. 세 번째 단계는 각 이온의 수화 과정인데, 플루오린화 이온의 자유 에너지 변화가 염화 이온에 비해 훨씬 더 크다. 자유 에너지 변화가 이처럼 크게 나타나는 것은, 높은 전하 밀도를 갖는 플루오린화 이온과 주위의 물 사이의 강한 상호작용 때문에 F⋯H−O 수소 결합이 형성되기 때문이다. $\Delta G^\ominus = -nFE^\ominus$이므로 환원에 대한 큰 자유 에너지는 큰 양의 표준 환원 전위와 직접 관련되고, 따라서 플루오린 분자가 강력한 산화제임을 알 수 있다.

플루오린의 공업적 추출

플루오린 분자는 아직도 100년 전에 고안된 공정인 Moissan 전기 화학적 방법으로 만들고 있다. 실험실 규모의 전지는 10 ~ 50 A의 전기로 작동되고 산업적 규모의 전지는 15,000 A의 전기로 작동된다. 플루오린화 수소 기체는 반응에서 소모된 만큼 보충될 수 있도록 계속해서 용기에 가해주어야 한다. 연간 생산량은 최소한 10^4톤이다. 플루오

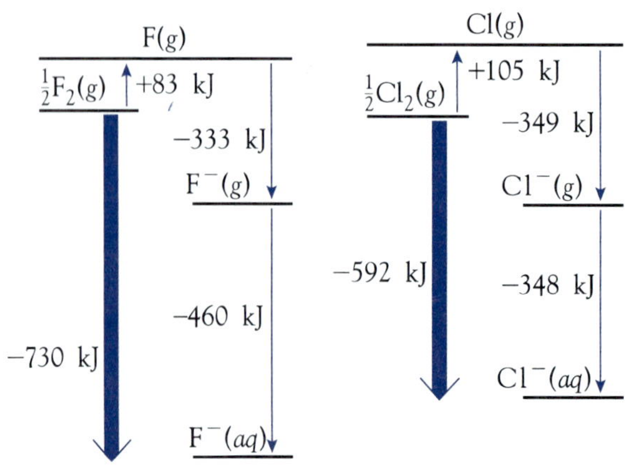

그림 17.1 플루오린 분자와 염소 분자의 환원에 대한 자유 에너지

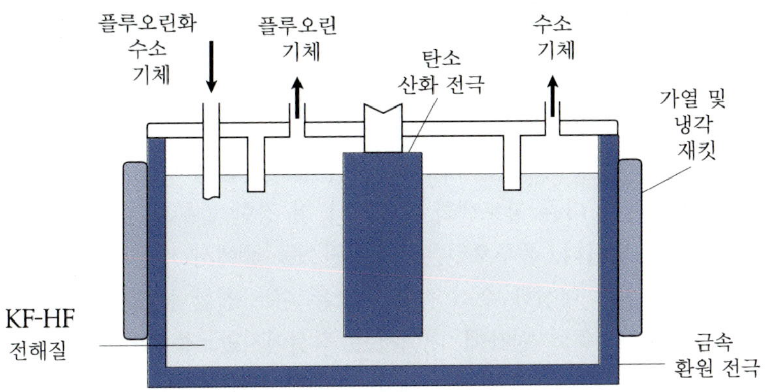

그림 17.2 플루오린 분자의 제조에 사용되는 전지

린화 포타슘과 플루오린화 수소가 1:2의 비로 섞인 용융 혼합물을 포함하고 있으며, 약 90°C에서 작동된다. 장치의 재킷은 초기에 용기를 가열하고, 발열 전기 분해 반응이 일어날 때 용기를 냉각시키는 데 사용된다. 중심의 탄소 산화 전극에서는 플루오린화 이온이 플루오린으로 산화된다. 용기의 금속 환원 전극 벽에서는 수소 기체가 생성된다(그림 17.2).

$$2\,F^-(aq) \rightarrow F_2(g) + 2\,e^-$$
$$2\,H^+(aq) + 2\,e^- \rightarrow H_2(g)$$

물의 플루오린 첨가

1902년 치과의사인 Frederick Mckay는 콜로라도주의 Colorado Spring 지역의 충치 환자가 다른 지역보다 훨씬 더 적음을 알게 되었다. 그는 이 지역의 음용수에 평균치보다 더 많은 양의 플루오린화 이온이 존재하기 때문에 이와 같은 현상이 나타난다는 사실을 밝혀냈다. 오늘날 무른 이빨 재료인 수산화인회석, $Ca_5(PO_4)_3(OH)$를 단단한 $Ca_5(PO_4)_3F$로 바꾸기 위해서는, 약 1 ppm의 플루오린화 이온이 필요하다는 것은 잘 알려진 사실이다. 플루오린화 이온의 농도가 2 ppm이 되면 치아에 다갈색의 반점이 나타나게 되고, 50 ppm에서는 독성 효과가 감지되기 시작한다. 치아가 썩는 것을 방지하기 위하여 미국 치과의사협회를 비롯한 전 세계의 보건당국은 음용수의 플루오린화 이온 농도를 약 1 ppm 정도로 조절할 것을 권장하고 있다. 전 세계에서 가장 처음으로 플루오린화 이온의 양을 조절하여 수돗물에 첨가한 도시는 1945년의 미시간주의 Grand Rapids이다. 전 세계의 많은 지역은 천연 플루오린화 이온의 농도가 권장치보다 높다. 예를 들면, 텍사스주의 몇몇 지역은 천연 농도가 2 ppm 이상이지만, 아프리카와 아시아 지역에서는 위험 수준인 20 ppm을 초과하는 곳도 여러 곳 있다.

대부분의 건강전문가들의 우려는 플루오린을 첨가한 물이 아니라 치약이다. 치약은 높은 농도의 플루오린화 이온을 포함하여 치아 표면을 플루오로 화합물로 코팅하게끔 고안되어 있다. 어린이들은 치약을 삼키기를 좋아하기 때문에 권장치보다 훨씬 더 많은 플루오린 화합물을 섭취하게 된다. 그래서 치약용기에는 '삼키는 것을 방지하기 위하여 양치질 동안 6세 이하의 어린이는 콩알 크기 정도만 사용하게끔 지도하시기 바랍니다'와 '경고: 6세 이하의 어린이의 손이 닿지 않는 곳에 (치약을) 보관하십시오'라는 문구가 새겨져 있다. 나이가 어릴수록 치약을 삼킬 가능성이 더 크기 때문에 플루오린화 치약은 2세 이하의 유아에게는 사용하지 않는 것이 권장된다. 어린이가 플루오린화 치약을 과다사용하면 해는 없지만 치아에 반점이 생기게 만드는 플루오린 침착증을 일으킬 수 있다.

가장 모호한 것은 플루오린 첨가량이다. 섭취원만 따졌을 때에는 1 ppm이 가장 적정한 양이다. 하지만 치약과 플루오린 첨가수를 포함한 식품 등의 다른 공급원을 고려하면 이보다 더 낮은 0.7 ppm 정도가 적당하다.

17.5 플루오린화 수소와 플루오린화 수소산

플루오린화 수소는 끓는점이 20°C인 무색의 발열성 액체이다. 그림 17.3에서 볼 수 있는 것처럼, 이 끓는점은 다른 할로젠화 수소의 끓는점보다 훨씬 더 높다.

이처럼 높은 끓는점은 다른 할로젠화 수소보다 더 강한 플루오린화 수소 분자들 간의 수소 결합 때문에 나타난다. 플루오린은 모든 원소들 중에서 가장 높은 전기 음성도를 갖기 때문에, 플루오린과 형성한 수소 결합은 모든 수소 결합 중에서 가장 강하다. 플루오린과의 수소 결합은 수소 원자에 대해서는 직선이지만, 플루오린 원자에 대해서는 120°로 배열된다. 그러므로 분자는 지그재그 형태를 취한다(그림 17.4).

플루오린화 수소산

플루오린화 수소는 물에 녹으며, 일부가 이온화되어 하이드로늄 이온과 플루오린화 이온을 생성한다.

$$HF(aq) + H_2O(l) \rightleftharpoons H_3O^+(aq) + F^-(aq)$$

진한 농도에서 플루오린화 수소산은 다른 산보다 더 많이 해리되므로 다른 산과는 반대되는 거동을 한다. 이러한 거동의 원인은 잘 설명되고 있다. 즉, 플루오린화 수소의 농도가 진해지면 선형의 다이플루오린화 수소 이온이 생기는 두 번째 평형 단계가 더 중요해진다.

$$F^-(aq) + HF(aq) \rightleftharpoons HF_2^-(aq)$$

이 다이플루오린화 수소 이온은 매우 안정하기 때문에 다이플루오린화 수소 포타슘, KHF_2와 같은 알칼리 금속염은 용액으로부터 결정화시킬 수 있다. 이 산의 음이온은 다리 결합 수소를 포함하는 독특한 이온이다. 이 이온은 플루오린화 수소 분자가 수소 결합한 것으로 간주되고는 하였다. 그러나 최근의 연구는 수소가 두 플루오린 원자들 사이의 중심에 위치함이 증명되었다. 이 결합은 삼원자 4-전자계를 갖는 분자 오비탈 용어로 훨씬 더 잘 설명될 수 있다.

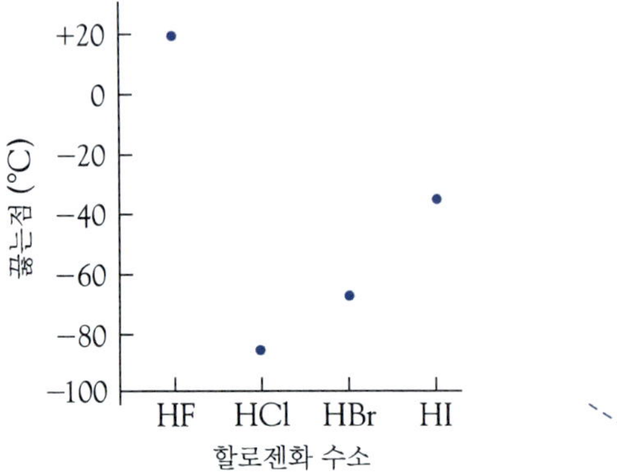

그림 17.3 플루오린화 수소의 끓는점

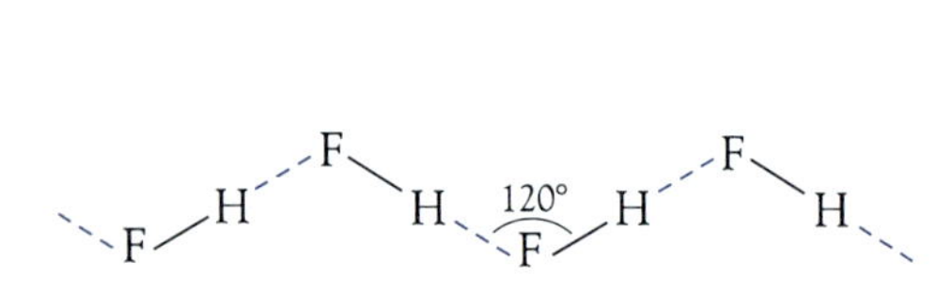

그림 17.4 플루오린화 수소에서의 수소 결합

플루오린화 수소산의 공업적 합성

매년 전 세계적으로 10^6톤의 플루오린화 수소산이 생산된다. 플루오린화 수소는 형석인 플루오린화 칼슘을 진한 황산과 함께 가열하여 만든다.

$$CaF_2(s) + H_2SO_4(l) \xrightarrow{\Delta} 2\ HF(g) + CaSO_4(s)$$

생성된 플루오린화 수소는 냉각시켜 액체로 만들든지, 또는 물을 가하여 플루오린화 수소산으로 만든다. 이와 같은 흡열 반응에 대한 비용을 줄이기 위하여 플루오린화 수소 생산 공장은 황산 생산 시설의 인근에 위치한다. 황산 공장의 발열 반응에서 나온 열은 플루오린화 수소 생산 공정에 사용된다.

플루오린화 수소산과 같은 유독성 물질의 생산 과정에서 연기로 나오는 기체는 잔여 플루오린화 수소가 대기 중으로 방출되는 것을 방지하기 위해 완전히 제거되어야 한다. 이 반응의 다른 부산물은 황산 칼슘이다. 간단한 화학량론적 계산을 통해 플루오린화 수소 1톤당 약 4톤의 황산 칼슘이 생성됨을 알 수 있다. 대부분의 황산 칼슘은 쓰레기 매립제로 사용된다.

플루오린산의 용도

플루오린화 수소산은 약한 산이지만, 부식성이 강하다. 또한 유리를 공격하는 몇 안 되는 물질 중 하나이며, 이 때문에 항상 플라스틱 병에 보관된다. 플루오린화 수소산은 유리를 부식시켜 헥사플루오로규소산 이온(hexafluorosilicate ion), SiF_6^{2-}를 생성한다.

$$SiO_2(s) + 6\ HF(aq) \rightarrow SiF_6^{2-}(aq) + 2\ H^+(aq) + 2\ H_2O(l)$$

이 성질은 유리에 무늬를 새기는 데 사용된다. 무늬를 새길 대상을 용융 왁스에 담근 후 왁스를 굳게 만든다. 원하는 무늬를 깎아내고 유리를 플루오린화 수소산에 담구어서 플루오린화 수소산이 왁스층으로부터 드러나 유리 표면과 반응하게 한다. 유리가 적당한 깊이로 녹아 나오게 만든 후, 산 용액에서 꺼내어 물로 씻어주고 왁스를 녹여내면 원하는 무늬가 새겨진 유리가 남게 된다.

공업적으로 생산된 거의 모든 플루오린화 수소산은 플루오린을 포함하는 다른 화합물을 합성하는 출발 물질로 사용된다. 예를 들면, 플루오린화 소듐은 플루오린화 수소산과 수산화 소듐 용액을 섞어 주면 만들어진다.

$$NaOH(aq) + HF(aq) \rightarrow NaF(aq) + H_2O(l)$$

물을 증발시키면 플루오린화 소듐 결정이 얻어지는데, 이 화합물은 물에 플루오린을 첨가하는 데 사용된다. 플루오린화 수소산과 수산화 포타슘을 2:1의 몰비로 반응시키면, 산성염인 플루오린화 수소 포타슘이 생성되는데, 이 염은 플루오린 기체를 제조하는 데 사용된다.

$$KOH(aq) + 2\ HF(aq) \rightarrow KHF_2(aq) + H_2O(l)$$

17.6 염소 화학의 개요

그림 17.5의 산화 상태 도표에서 볼 수 있는 것처럼 더 높은 산화 상태일수록 더 강한 산화 능력을 나타낸다. 양의 산화 상태인 경우 모두는 염기성 용액에서보다 산성 용액에서 더 강하게 산화되고 있다. 염화 이온은 가장 안정한 염소 화학종인데, 산성 용액과 염기성 용액 모두에서 염소 분자가 염화 이온으로 환원될 수 있기 때문이다. 염기성 용액에서 염소 분자가 위치하는 볼록한 지점은 염화 이온과 하이포아염소산 이온으로 불균등화 반응이 일어나게 될 것이란 사실을 암시하고 있다.

과염소산 이온의 높은 산화 성질은 이웃한 등전자 이온인 인산 및 황산과는 매우 다르다. 과염소산 이온의 산화 능력은 과망가니즈산 이온과 비슷한데, (*n*)족과 (*n* + 10)족의 유사성에 대한 증거가 되고 있다(9.4절 참조).

17.7 염소

염소 기체는 독성이 매우 강하다. 30 ppm 이상의 농도에 30분 노출되면 치사량이다. 높은 밀도와 강한 독성 때문에 염소는 전쟁에서 화학 무기로 사용된 최초의 기체이다. 1915년 독일의 염소 기체 공격으로 20,000명의 연합군이 무력화되고, 이 중에서 5000명이 죽었다.

그러나 염소가 낮은 농도에서 나타내는 미생물에 대한 독성은 수백만 명의 인류를 구원하고 있다. 상수도 공급 시에 수인성 질병을 일으키는 유기체는 염소화 과정을 통해 완전히 박멸된다. 염소 기체의 장점을 신봉하는 사람들의 재미있는 사례도 있다. Calvin Coolidge 대통령은 감기를 치료하기 위해서 염소 기체를 채운 방에 묵기도 하였다. 하지만 이와 같은 치료법을 사용한 사람들은 감기는 치료하였을지라도, 장기적으로는 폐가 손상을 입을 것이다.

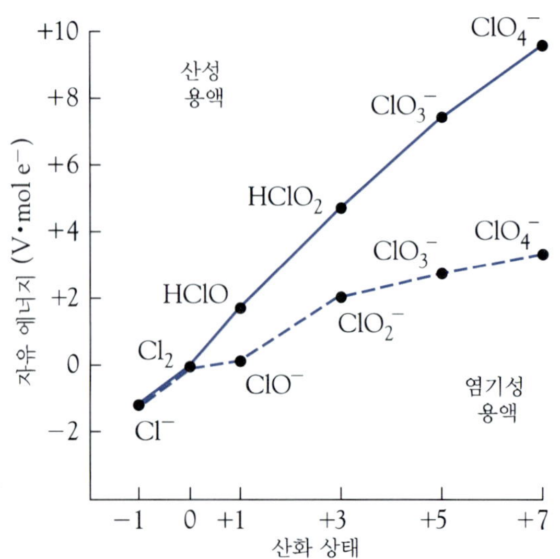

그림 17.5 산성 용액과 염기성 용액에서 염소에 대한 Frost 도표

염소의 제조

실험실에서 염소 기체는 고체 과망가니즈산 포타슘에 진한 염산을 가하면 쉽게 얻을 수 있다. 염화 이온은 염소 분자로 산화되고, 과망가니즈산 이온은 망가니즈(II) 이온으로 환원된다.

$$2\,HCl(aq) \rightarrow 2\,H^+(aq) + Cl_2(g) + 2\,e^-$$
$$MnO_4^-(aq) + 8\,H^+(aq) + 5\,e^- \rightarrow Mn_2^+(aq) + 4\,H_2O(l)$$

염소의 공업적인 제조는 염화 소듐 수용액(소금물)의 전기 분해에 의해 수행된다. 이 과정에서는 수산화 소듐도 같이 얻어진다(11.7절 참조). 염소는 전 세계에서 연간 10^8톤의 엄청난 양이 생산된다. 생산량의 대부분은 유기염소 화합물의 합성에 사용된다. 또 상당한 양이 펄프와 종이 산업의 종이 표백, 물의 소독 및 광석으로부터 타이타늄을 추출하는 중간 단계에서 염화 타이타늄(IV), $TiCl_4$의 제조에 사용된다.

염소의 반응

플루오린만큼 반응성이 높지는 않지만 염소는 많은 원소와 반응하여 원소들이 보통의 산화 상태보다 더 높은 산화 상태를 갖게 한다. 예를 들면, 철을 염소와 격렬히 반응하여 염화 철(II)이 아닌 염화 철(III)을 생성시킨다. 또한 인 역시 과량의 염소와 격렬한 반응을 일으켜 오염화 인을 생성시킨다.

$$2\,Fe(s) + 3\,Cl_2(g) \rightarrow 2\,FeCl_3(s)$$
$$2\,P(s) + 5\,Cl_2(g) \rightarrow 2\,PCl_5(s)$$

그러나 17.2절에서 논의한 것처럼, 비금속 염화물에서 비금속의 가장 높은 산화 상태는 동일한 플루오린화물에서의 산화 상태보다 훨씬 더 낮다.

염소 분자는 유기 염소화 시약으로 작용할 수 있다. 예를 들어 에텐, C_2H_4와 염소 분자 기체를 섞어주면 1,2-다이클로로에테인, $C_2H_4Cl_2$가 생성된다.

$$CH_2{=}CH_2(g) + Cl_2(g) \rightarrow CH_2Cl{-}CH_2Cl(g)$$

또한 염소 분자는 플루오린 분자보다는 훨씬 낮지만, 큰 양의 환원 전위를 갖는 강한 산화제이다.

$$Cl_2(aq) + 2\,e^- \rightarrow 2\,Cl^-(aq) \qquad E^\ominus = +1.36\ V$$

염소 분자와 물이 반응하면 염산과 하이포아염소산의 혼합물이 생긴다.

$$Cl_2(aq) + H_2O(l) \rightleftharpoons H^+(aq) + Cl^-(aq) + HClO(aq)$$

실온에서 염소의 포화 수용액에는 약 2/3의 수화된 염소 분자와 1/3의 산이 섞여 있다. 하이포아염소산과 평형을 유지하는 것은 산화제로 사용된 염소가 아니라 하이포아염소산 이온이다.

$$HClO(aq) + H_2O(l) \rightleftharpoons H_3O^+(aq) + ClO^-(aq)$$

수용액 상태에서 염소의 표백 효과가 발견되기 전에는 흰 아마포를 생산하는 유일한 방법은 햇볕에 수 주 동안 말리는 것이었다. 나무로 만든 틀로 거대한 배열을 만들어 천을 널었는데, 이런 곳을 표백장(bleach fields) 또는 표백기(bleachers)라고 불렀다. 이러한 이름은 구기 종목에서 벤치 의자에 대한 명칭의 기원이 되었다.

17.8 염산

염산(염화 수소산)은 물에 매우 잘 녹는다. 진한 염산은 질량으로 약 38%의 염화 수소를 포함하므로, $12\ \text{mol}\cdot\text{L}^{-1}$의 농도가 된다. 이 산은 무색의 액체인데, 공업용 염산은 가끔 불순물인 철(III) 이온 때문에 노란색을 띠는 경우도 있다. 염산 용액은 산 증기를 발생시키는데, 이 산 증기는 기체와 액체 염화 수소 간의 평형 때문에 생긴다.

$$HCl(aq) \rightleftharpoons HCl(g)$$

플루오린화 수소산과는 달리 염산은 이온화가 거의 완전히 일어나는 센산이다($pK_a = -7$).

$$HCl(aq) + H_2O(l) \rightarrow H_3O^+(aq) + Cl^-(aq)$$

그림 17.1의 산화 상태 도표에서 알 수 있듯이 염화 이온은 매우 안정한 화학종이다. 그러므로 묽은 염산이 가장 많이 사용되는 산이고, 그 다음이 질산, 그리고 황산의 순으로 사용된다. 예를 들면, 아연 금속은 염산과 반응하여 아연 이온과 수소 기체를 만든다.

$$Zn(s) + 2\,HCl(aq) \rightarrow ZnCl_2(aq) + H_2(g)$$

대부분의 염화 수소는 사염화 탄소의 합성과 같은, 다른 공업적 생산 과정의 부산물로서 얻어진다.

$$CH_4(g) + 4\,Cl_2(g) \rightarrow CCl_4(l) + 4\,HCl(g)$$

매년 전 세계적으로 약 10^7톤의 염산이 사용되고 있다. 염산은 금속 표면의 먼지 제거, 포도당과 옥수수당의 정제, 유정과 가스정의 산 처리 및 염소를 포함하는 화합물의 제조 등에 널리 사용되고 있다. 염산은 공구를 판매하는 가게에서 **염산**(*muriatic acid*)이라는 관용명으로 불리며 판매되고 있고, 가정에서는 주로 찌든 때와 녹 제거에 사용된다. 대표적인 녹은 산화 철(III)인데, 녹이 제거되는 반응은 다음과 같다.

$$Fe_2O_3(s) + 6\,H^+(aq) \rightarrow 2\,Fe^{3+}(aq) + 3\,H_2O(l)$$

17.9 염소의 산화물

질소와 마찬가지로 홀수의 산화수를 가지는 염소는 산화물을 형성할 수 있다. 염소의 모든 산화물은 열역학적으로는 불안정하지만, 반응 속도론적으로는 안정하다. 또한 분해에 대한 활성화 에너지가 낮기 때문에, 염소의 산화물은 매우 불안정하고 폭발성을 갖는다. 염소의 산화물은 두 가지가 중요한데, 이들은 모두 홀전자를 가지는 자유 라디칼이다. 일산화 염소는 대기의 상층부에만 존재하지만 환경론적으로 중요하다. 이산화 염소는 강력한 산화제이며, 소독제로서의 중요성이 증가하고 있다.

일산화 염소

많은 화학종은 너무 불안정해서 주위 온도와 압력에서는 의미 있을 정도의 농도로 존재할 수 없기 때문에 대기 화학에서 중요하게 작용할 수 없다. 예를 들면, 15.8절에서 삼산화 질소가 야간에는 대류권 세정제로 작용함을 설명하였다. 또 다른 중요한 대기권 분자는 일산화 염소, ClO이다. 일산화 염소는 '오존 구멍'이 생기게 만드는 핵심 성층권 화학종이다. 일산화 염소는 남반구의 UV 차단 오존 농도를 감소시키고, 북극 지방에도 정도가 덜하기는 하지만 봄철에 오존층 농도를 감소시킨다.

오존층 파괴 반응은 남극 지방의 고립된 공기층에서 겨울 동안 CFC류가 분해되어 염소 분자가 주로 생성되면서 시작된다. 봄이 되면서 햇빛이 약하게 결합된 염소 분자(결합 에너지 242 kJ·mol^{-1})를 염소 원자로 해리시킨다(점은 자유 라디칼 종에서 고립 전자를 나타낸다).

$$Cl_2(g) \xrightarrow{h\nu} 2\,Cl\cdot(g)$$

염소 원자는 오존(삼산소)과 반응하여 일산화 염소와 산소 분자가 된다.

$$Cl\cdot(g) + O_3(g) \rightarrow ClO\cdot(g) + O_2(g)$$

반응이 여기에서 중지된다면 오존층에 미치는 효과는 최소가 될 것이다. 그러나 일산화 염소는 염소 원자를 재생산하는 순환 반응에 참여하여 이 반응의 촉매 역할을 한다. 즉, 염소 원자는 오존을 산소 기체로 변환시키는 과정에 촉매로 작용한다. 이 과정의 첫 번째 단계는 두 일산화 염소 라디칼이 결합하여 ClOOCl 이합체 분자를 형성하는 것이다. 그러나 두 라디칼이 세 번째 반응물인 M과 동시에 충돌하지 않는다면 이 이합체는 곧바로 해리되고 만다. 화학종 M의 역할은 여분의 에너지를 제거하는 것이다. M은 에너지를 제거할 수 있는 모든 분자가 될 수 있으며, 주로 대기에 매우 흔하게 존재하는 질소 기체, N_2 또는 산소 기체, O_2이다.

$$2\,ClO\cdot(g) + M(g) \rightarrow Cl_2O_2(g) + M^*(g)$$

다시 햇빛이 작용하게 되는데, 이번에는 Cl_2O_2 분자를 비대칭적으로 쪼개어 놓는다.

$$Cl_2O_2(g) \xrightarrow{h\nu} ClOO\cdot(g) + Cl(g)$$

이 ClOO 화학종은 매우 불안정하고 빠르게 분해되어 염소 원자와 산소 분자가 된다.

$$ClOO\cdot(g) \rightarrow Cl(g) + O_2(g)$$

그런 다음 염소 원자는 다시 오존 분자와 반응할 수 있게 된다. 이것이 극 지방의 오존층을 심각하게 파괴하는 촉매 순환 과정이다.

이산화 염소

$\ddot{\underset{..}{O}}::\ddot{\underset{.}{Cl}}::\ddot{\underset{..}{O}}$

그림 17.6 이산화 염소의 결합에 대한 전자점 표현

이산화 염소, ClO_2는 11°C에서 짙은 붉은색을 띠는 액체로 응축되는 노란색 기체이다. 이 화합물은 물에 잘 녹고 매우 안정한 초록색 용액을 만든다. 이산화 염소는 이산화 질소처럼 상자기성이다. 아직까지 이합체를 형성한다는 사실은 증명되지 않았다. 염소-산소의 결합 길이는 140 pm에 불과하며, 이는 전형적인 단일 결합 길이인 170 pm보다 훨씬 더 짧고, 염소-산소 이중 결합 길이의 값과 매우 비슷하다. 그림 17.6은 이 결합 차수를 전자점 구조로 나타낸 것이다(이것은 대기 상층부에서 생성되는 임시적인 ClOO · 라디칼과 같은 화학종이 아니다).

이산화 염소는 매우 강력한 산화제이기 때문에 안전을 위해서 질소 분자나 이산화 탄소를 이용하여 희석시킨다. 예를 들면, 흰 빵을 만드는 밀가루의 표백에 이산화 염소는 염소 분자보다 30배 더 효과적이다. 이산화 염소는 흰 종이를 만드는 나무 펄프의 표백에도 묽은 수용액 형태로 많은 양이 사용된다. 이와 같은 표백 과정에서 이산화 염소는 유독성 염소 함유 폐기물을 만들지 않으므로 염소 분자보다 더 많이 사용되고 있다. 이산화 염소의 또 다른 장점은 염소 분자와는 달리 셀룰로스 구조를 공격하지 않기 때문에 종이의 기계적 강도를 유지할 수 있다는 점이다. 또한 이산화 염소는 염소 함유 탄화수소 오염물을 만들지 않기 때문에, 수돗물의 소독에 사용되는 경우도 증가하고 있다. 그러므로 이산화 염소를 사용하면 앞에서 논의한 유기 염소에 의한 오염을 피할 수 있다.

따라서 순수한 이산화 염소는 폭발성을 갖지만 공업적 측면에서는 중요하다. 전 세계에서 매년 10^6톤 정도가 생산된다. 이 기체는 독성이 매우 강해서 필요로 하는 곳에서만 비교적 적은 양이 생산되기 때문에, 정확한 총생산량을 이야기하기는 어렵다. 합성 반응은 강한 산성 조건에서 −1의 산화 상태를 갖는 염소(Cl^-)로 +5의 산화 상태를 갖는 염소(ClO_3^-)를 환원시키면, +4의 산화 상태(ClO_2)와 0의 산화 상태(Cl_2)를 갖는 염소가 생성된다.

$$2\,ClO_3^-(aq) + 4\,H^+(aq) + 2\,Cl^-(aq) \rightarrow 2\,ClO_2(g) + Cl_2(g) + 2\,H_2O(l)$$

17.10 염소의 산소산과 산소산 음이온

염소는 +1부터 +7까지의 양의 홀수 산화 상태를 갖는 일련의 산소산과 산소산 음이온을 만든다. 이들 이온의 모양은 염소 원자 주위로 사면체 배열을 갖는다(그림 17.7). 이들 각 이온에서 염소-산소 결합 길이가 짧은 것은 다중 결합이 존재함을 암시한다. 이와 같은 π 결합은 산소의 차 있는 p 오비탈과 염소의 비어있는 d 오비탈을 활용한다.

7.4절에서 알아본 바와 같이 산의 세기는 산소 원자의 수가 증가할수록 증가한다. 따라서 산의 세기에 있어 하이포아염소산은 매우 약하고, 아염소산은 약하며, 염소산은 강

그림 17.7 (a) 하이포아염소산, (b) 아염소산, (c) 염소산, (d) 과염소산의 결합 모습

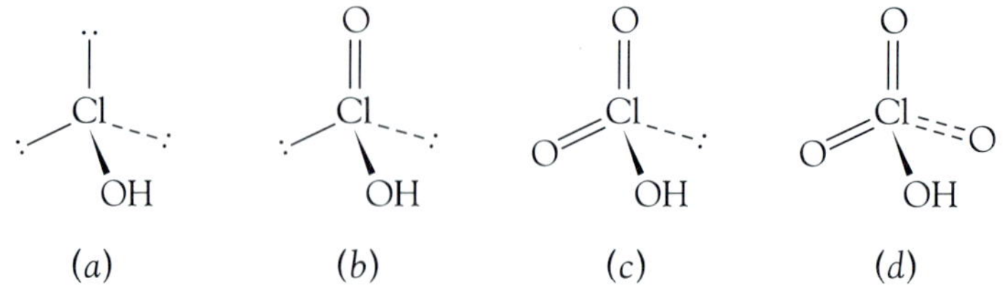

Cl OH (a) O Cl OH (b) O O Cl OH (c) O O Cl O OH (d)

표 17.9 염소의 산소산의 세기 비교

	매우 산성	산성	염기성	매우 염기성
과염소산	$ClO_4^-(aq)$			
염소산	$ClO_3^-(aq)$			
아염소산	$HClO_2$	ClO_2^-		
하이포아염소산	$HClO$		ClO^-	

하고, 과염소산은 매우 강하다. 상대적인 산의 세기는 염소의 산소산에 대한 pH 우세 도표에서 알아볼 수 있다(표 17.9).

하이포아염소산과 하이포아염소산 이온

하이포아염소산과 염산은 염소 분자를 찬물에 녹일 때 생성된다.

$$Cl_2(aq) + H_2O(l) \rightleftharpoons H^+(aq) + Cl^-(aq) + HClO(aq)$$

하이포아염소산은 매우 약한 산이다. 따라서 가수분해 반응에서 생성되는 하이포아염소산 이온의 용액은 강한 염기성을 띤다.

$$ClO^-(aq) + H_2O(l) \rightleftharpoons HClO(aq) + OH^-(aq)$$

두 화학종은 산화제이지만 다르게 행동한다. 하이포아염소산은 강한 산화제이며, 반응에서 염소 기체로 환원된다.

$$2\,HClO(aq) + 2\,H^+(aq) + 2\,e^- \rightarrow Cl_2(g) + 2\,H_2O(l) \qquad E^\ominus = +1.64\ V$$

그러나 하이포아염소산 이온은 보다 약한 산화제이고, 반응에서 대개 염화 이온으로 환원된다.

$$ClO^-(aq) + H_2O(l) + 2\,e^- \rightarrow Cl^-(aq) + 2\,OH^-(aq) \qquad E^\ominus = +0.89\ V$$

하이포아염소산 이온을 유용하게 만드는 것은 표백과 살균에 이와 같은 산화력을 이용하기 때문이다.

공업적으로 중요한 두 가지 화합물은 하이포아염소산 소듐과 하이포아염소산 칼슘이다. 하이포아염소산 소듐은 용액에서만 안정하고, 고체상에서는 불안정하다. 그래서 하이포아염소산 이온의 고체 공급원으로는 하이포아염소산 칼슘이 사용된다. 하이포아염소산 소듐 용액은 Clorox와 Javex와 같은 상업적 표백제 용액과 목재 펄프와 직물의 표백과 탈색에 사용된다. 하이포아염소산 소듐과 칼슘은 모두 소독에 사용되고 있지만 위험성을 내포하고 있다. 하이포아염소산 칼슘은 우유 가공소, 양조장, 식품 공장과 병 공장의 소독과 집 안의 곰팡이 제거에 사용된다. 하이포아염소산 소듐 용액을 담은 용기의 라벨에는 혼합 세제의 위험에 대해 경고하고 있지만, 이 문제를 이해하기 위해서는 화학적 지식이 필요하다. 상업적으로 쓰이는 하이포아염소산 소듐 용액은 염화 이온을 포함한다. 황산 수소 소듐 계열의 세제에서처럼 수소(하이드로늄) 이온이 존재하면, 하이포아염소산은 염화 이온과 반응하여 염소 기체를 만든다.

$$ClO^-(aq) + H^+(aq) \rightarrow HClO(aq)$$
$$HClO(aq) + Cl^-(aq) + H^+(aq) \rightleftharpoons Cl_2(g) + H_2O(l)$$

염소산 이온

아염소산염은 그다지 관심을 끌지 못하고 있지만 염소산염은 용도가 많다. 염소산 소듐은 수산화 소듐의 뜨거운 용액에 기포화시킨 염소 분자를 반응시켜 만든다. 염소산 소듐보다 용해도가 낮은 염화 소듐은 침전된다.

$$3\ Cl_2(aq) + 6\ NaOH(aq) \xrightarrow{\text{warm}} NaClO_3(aq) + 5\ NaCl(s) + 3\ H_2O(l)$$

염소산 포타슘은 성냥과 폭죽 제조에 많이 사용된다. 모든 염소산염과 마찬가지로 염소산 포타슘은 환원제와 섞으면 불시에 폭발할 수 있는 강한 산화제이다. 상당한 양의 염소산 소듐이 이산화 염소의 생산에 소비된다.

염소산염을 가열하면 약간 색다른 방식으로 분해된다. 염소산 포타슘을 제조하는 과정은 가장 상세하게 연구되어 있다. 염소산 포타슘을 370°C 이하로 가열하면 불균등화 반응이 일어나서, 염화 포타슘과 과염소산 포타슘이 생성된다.

$$4\ KClO_3(l) \xrightarrow{\Delta} KCl(s) + 3\ KClO_4(s)$$

이 반응은 과염소산염의 제조 과정 중 하나이다. 염소산 포타슘을 370°C 이상으로 가열하면 불균등화 반응에 생긴 과염소산염은 분해된다.

$$KClO_4(s) \xrightarrow{\Delta} KCl(s) + 2\ O_2(g)$$

촉매를 사용하지 않은 느린 반응에 대한 경로는 산화 망가니즈(IV) 촉매를 사용한 반응의 경로와는 다르다. 촉매를 사용하여 염화 포타슘과 산소 기체를 생성시키는 반응 경로는 자주색을 띠게 하는 과망가니즈산 포타슘과 망가니즈(VI)산 포타슘, K_2MnO_4를 포함한다. 반응 메커니즘은 반응에 참여하는 촉매의 형태를 잘 설명해 준다.

$$2\ KClO_3(s) + 2\ MnO_2(s) \xrightarrow{\Delta} 2\ KMnO_4(s) + Cl_2(g) + O_2(g)$$
$$2\ KMnO_4(s) \xrightarrow{\Delta} K_2MnO_4(s) + MnO_2(s) + O_2(g)$$
$$K_2MnO_4(s) + Cl_2(g) \xrightarrow{\Delta} 2\ KCl(s) + MnO_2(s) + O_2(g)$$

이들 반응 단계를 통합하면 총괄 반응식이 된다.

$$2\ KClO_3(s) \xrightarrow{MnO_2/\Delta} 2\ KCl(s) + 3\ O_2(g)$$

따라서 산소는 −2의 산화 상태에서 0으로 산화되고, 망가니즈는 +4에서 +7과 +6의 산화 상태를 거쳐 +4로 되돌아온다. 염소는 +5에서 −1로 환원된다. 이 메커니즘에 대한 또 다른 증거는 첫 번째 반응에서 방출되는 염소의 옅은 냄새이다.

과염소산과 과염소산 이온

일반적인 산 중에서 가장 센산은 과염소산이다. 순수한 과염소산은 불시에 폭발할 수 있는 무색의 액체이다. 과염소산은 산화력이 강하고, 산소 함량이 높기 때문에 나무나 종이 등의 유기 재료와 접촉시키면 즉각 불이 붙는다. 보통 60% 수용액인 진한 과염소산은 산으로는 거의 사용되지 않고, 주로 산화제로 사용된다. 예를 들면, 금속 합금을 분석이 가능한 금속 이온으로 산화시킬 때에는 진한 과염소산을 사용한다. 이 과정은 특수한 과염소산용 후드에서 행해져야 한다. 그러나 차고 묽은 과염소산은 비교적 안전하다.

알칼리 금속염의 용해도는 양이온의 크기가 증가함에 따라 감소한다. 즉, 큰 양이온은 음이온의 크기가 크고, 전하가 낮을수록 더 큰 격자 에너지를 갖는다. 따라서 과염소산 포타슘은 100 mL의 물에 2 g이 녹는다. 그러나 과염소산 은은 100 mL의 물에 500 g 정도의 엄청난 양이 녹는다. 과염소산 은은 물뿐만 아니라 극성이 낮은 유기 용매에도 잘 녹는데, 이로부터 고체상에서 과염소산 은의 결합은 이온 결합성이라기보다는 공유 결합성임을 알 수 있다. 즉, 과염소산을 녹이기 위해서는 쌍극자 인력만 끊어주면 되지만, 이온 결정 격자에서는 훨씬 더 강한 정전기적 인력이 존재하므로, 이를 끊기 위해서는 극성이 매우 큰 용매를 사용하여야 한다.

과염소산 포타슘은 폭죽과 조명탄 제조에 사용되지만, 상업적으로 생산된 양의 절반 정도는 과염소산 암모늄의 제조에 사용된다. 이 화합물은 환원제인 알루미늄과 함께 고체 추진 로켓트의 연료 성분으로 사용된다. 매우 발열인 반응을 통해 생성된 고온(5000°C 이상)에서는 아래의 반응을 포함하는 다양한 생성물이 형성된다.

$$3\,NH_4ClO_4(s) + 3\,Al(s) \rightarrow Al_2O_3(s) + AlCl_3(g) + 3\,NO(g) + 6\,H_2O(g)$$

예제 17.2

과브로민산 이온은 수용액에서 브로민산 이온과 플루오린 기체를 반응시켜서 만든다. 이 반응에 대한 균형 맞춘 반응식을 쓰시오.

해답

브로민산 이온, BrO_3^-가 과브로민산 이온, BrO_4^-로 산화된다면, 플루오린은 플루오린화 이온으로 환원되어야 한다. 이 두 가지 반쪽 반응은 아래와 같이 적을 수 있다.

$$BrO_3^-(aq) \rightarrow BrO_4^-(aq)$$
$$F_2(g) \rightarrow F^-(aq)$$

각 반쪽 반응의 균형을 잡으면 다음과 같다.

$$BrO_3^-(aq) + H_2O(l) \rightarrow BrO_4^-(aq) + 2\,H^+(aq) + 2\,e^-$$
$$F_2(g) + 2\,e^- \rightarrow 2\,F^-(aq)$$

두 반쪽 반응을 결합하면 다음과 같다.

$$BrO_3^-(aq) + F_2(g) + H_2O(l) \rightarrow BrO_4^-(aq) + 2\,F^-(aq) + 2\,H^+(aq)$$

수영장의 화학

북미에서는 수영장의 미생물을 제거하기 위하여 염소나 하이포아염소산 칼슘과 같은 염소계 화합물을 사용한다. 가장 효과가 뛰어난 소독약은 하이포아염소산이다. 많은 대중 수영장에서는 염소 분자와 물이 반응하여 하이포아염소산이 만들어진다.

$$Cl_2(aq) + H_2O(l) \rightleftharpoons H^+(aq) + Cl^-(aq) + HClO(aq)$$

하이드로늄 이온을 중화시키기 위해서 탄산 소듐(소다회)을 가한다.

$$CO_3^{2-}(aq) + H^+(aq) \rightarrow HCO_3^-(aq)$$

탄산 소듐을 가하면 염소 평형은 오른쪽으로 이동하게 되고, 더 많은 아염소산이 만들어진다.

규모가 작은 수영장에서는 하이포아염소산 이온의 가수분해 때문에 하이포아염소산이 생긴다.

$$ClO^-(aq) + H_2O(l) \rightleftharpoons HClO(aq) + OH^-(aq)$$

따라서 pH를 감소시키기 위해서는 산을 가해주어야 한다.

$$H^+(aq) + OH^-(aq) \rightarrow H_2O(l)$$

박테리아와 수영장의 다른 유기체를 없애기 위해서는 하이포아염소산의 농도를 진하게 만들어 주어야 한다. 하이포아염소산은 밝은 빛과 높은 온도에서 분해되기 때문에 옥외 수영장에서 하이포아염소산의 농도를 유지하기가 매우 어렵다.

$$2\ HClO(aq) \xrightarrow{hv} HCl(aq) + O_2(g)$$

수영장에 들어가면 눈이 따가워지는 이유는 염소를 너무 많이 사용했기 때문이다. 물속에 존재하는 NH_2Cl과 같은 클로라민류가 눈을 자극한다. 이 오염 물질은 하이포아염소산과 암모니아 관련 화합물이 반응하여 생긴다.

$$NH_3(aq) + HClO(aq) \rightarrow NH_2Cl(aq) + H_2O(l)$$

클로라민류를 제거하려면 **초염소처리**(*superchlorination*)로 알려진 염소 분자를 더 많이 가해주어야 한다. 여분의 염소 분자는 클로라민과 반응하여 염산과 질소 분자로 분해시킨다.

$$2\ NH_2Cl(aq) + Cl_2(aq) \rightarrow N_2(g) + 4\ HCl(aq)$$

17.11 할로젠 간 화합물과 다할로젠화 이온

할로젠 간 화합물과 다할로젠 이온을 형성하는 할로젠 쌍의 조합은 매우 많이 존재한다. 중성 화합물은 식 XY, XY_3, XY_5, XY_7으로 나타낼 수 있는데, 여기서 X는 원자 질량이 더 큰 할로젠이고, Y는 낮은 원자 질량을 갖는 할로젠이다. XY와 XY_3에 대한 교환은 모두 알려져 있지만, XY_5는 Y가 플루오린인 경우만 알려져 있다. 따라서 가장 높은 산화 상태가 얻어지는 것은 플루오린과 결합할 때에만 가능하다. X가 +7의 산화 상태를 갖는 식 XY_7은 IF_7만 발견되었다. 염소와 브로민의 유사 화합물이 존재하기 어려운 이유에 대한 일반적인 증거는 이들 원소의 크기이다. 7개의 플루오린 원자와 결합을 형성하기에 충분한 크기를 갖는 것은 아이오딘 원자뿐이다.

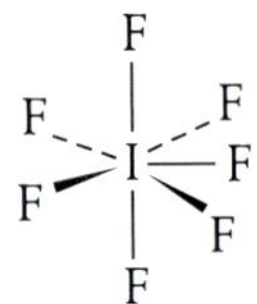

그림 17.8 오각 쌍뿔 구조를 갖는 헵타플루오린화 아이오딘

모든 할로젠 간 화합물은 구성 원소의 결합 반응에 의해 만들어진다. 예를 들면, 자주색의 아이오딘과 노란색의 플루오린을 1:7의 비로 섞어 주면 무색의 헵타플루오린화 아이오딘, IF_7이 생긴다. 이 화합물은 7-배위 화학종의 드문 구조인 오각 쌍뿔 구조를 갖는다(그림 17.8).

$$I_2(g) + 7\ F_2(g) \rightarrow 2\ IF_7(g)$$

모노플루오린화 아이오딘

일염화 아이오딘은 검은색(빛을 통과시키면 붉은색) 고체인데 가열하면 짙은 갈색의 액체가 된다. 이 화합물은 브로민과 유사한 '콤보' 원소(9.9절 참조)로 간주될 수 있는데,

이 화합물은 결합 원자가 전자수와 총 전자수가 Br_2와 같기 때문이다. 이 화합물은 동일한 양의 두 가지 할로젠을 혼합하면 만들 수 있다.

$$Cl_2(g) + I_2(s) \rightarrow 2\,ICl(l)$$

아이오딘화 이온의 수용액에 염소 기체를 기포 상태로 공급해 주면, 일염화 아이오딘 용액을 만들 수 있다. 먼저 아이오딘의 흑갈색 용액이 생기는데, 계속해서 염소를 가해주면 암갈색의 일염화 아이오딘이 생성된다. 용액에 염소 기체를 더 가해주면 연한 노란색의 삼염화 아이오딘 용액이 된다.

$$Cl_2(aq) + 2\,I^-(aq) \rightarrow 2\,Cl^-(aq) + I_2(aq)$$
$$Cl_2(aq) + I_2(aq) \rightarrow 2\,ICl(aq)$$
$$Cl_2(aq) + ICl(aq) \rightarrow ICl_3(aq)$$

더 중요한 것은 할로젠 간 화합물의 화학적 반응성은 구성성분 중 반응성이 더 큰 할로젠과 비슷하다는 것이다. 원소나 화합물을 염소화시키기 위해서는 염소 기체보다 일염화 아이오딘을 사용하는 것이 더 편리하다. 그러나 때로는 생성물에서 비할로젠 원자의 산화 상태가 달라진다. 이러한 결과는 바나듐의 염소화 과정을 설명할 수 있게 해 준다.

$$V(s) + 2\,Cl_2(g) \rightarrow VCl_4(l)$$
$$2\,V(s) + 6\,ICl(s) \rightarrow 2\,VCl_3(s) + 3\,I_2(s)$$

붉은색 루비인 고체 일염화 아이오딘은 생화학에서 기름이나 지방의 탄소-탄소 이중결합의 수를 결정하는 Wij **시약**(*Wij reagent*)으로 사용된다. 염화 아이오딘의 갈색 용액을 불포화 지방에 가하면, 할로젠이 이중 결합에 첨가되므로 색이 없어진다.

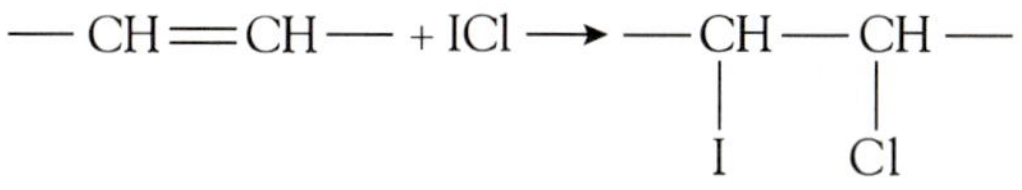

$$-CH{=}CH- + ICl \longrightarrow -\underset{\displaystyle I}{\underset{|}{CH}}-\underset{\displaystyle Cl}{\underset{|}{CH}}-$$

갈색이 없어지지 않으면 반응이 종결된 것이다. 이 실험의 결과는 일정한 질량의 지방과 반응하는 데 필요한 일염화 아이오딘 표준 용액의 부피(mL)인 아이오딘수(iodine number)로 나타낸다.

트라이플루오린화 염소

대량으로 생산되는 유일한 할로젠 간 화합물은 트라이플루오린화 염소이다. 이 화합물은 염소와 플루오린을 1:3의 비로 반응시켜 만든다.

$$Cl_2(g) + 3\,F_2(g) \rightarrow 2\,ClF_3(l)$$

이 화합물은 무색이고, 독성을 띠며, 높은 부식성을 지니고 있다. 또한 반응성이 매우 강한 기체이며 12°C에서 노란색의 액체로 응축된다. T-자형의 구조를 갖는데, 원자가 껍질 전자쌍 반발(VSEPR) 이론에 따라 두 수평 자리에 고립 전자쌍이 존재하기 때문인 것으로 해석할 수 있다(그림 17.9). 트라이플루오린화 염소는 플루오린 함량이 높고 결합의

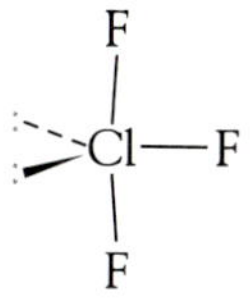

그림 17.9 트라이플루오린화 염소 분자의 구조

극성이 크기 때문에 강력한 플루오린화 시약으로 사용된다. 이 화합물은 모래와 석면을 포함한 거의 모든 물질과 반응할 것이다. 한 산업 재해 사건에서, 900 kg의 트라이플루오린화 염소가 흘려내려 간 통로에는 콘크리트는 30 cm가 패이고 자갈은 90 cm가 패였다.

트라이플루오린화 염소는 사용 후 핵연료의 생성물로부터 우라늄을 분리하는 데 매우 유용한 화합물이다. 70°C에서 우라늄은 액체 플루오린화 우라늄(VI)을 만든다. 그러나 플루토늄과 같은 가장 중요한 반응 생성물은 고체 플루오린화 화합물을 형성한다. 그런 다음 혼합물을 증류하면 우라늄 화합물을 분리할 수 있다.

$$U(s) + 3\ ClF_3(l) \rightarrow UF_6(l) + 3\ ClF(g)$$
$$Pu(s) + 2\ ClF_3(l) \rightarrow PuF_4(s) + 2\ ClF(g)$$

트라이아이오딘화(1−) 이온

할로젠 원소들은 다원자 이온을 형성하기도 한다. 아이오딘은 그 자체만으로도 다할로젠 음이온을 쉽게 형성하는 유일한 할로젠 원소이다. 트라이아이오딘화(1−) 이온, I_3^-의 생성 과정은 아이오딘화 이온 용액을 사용하여 아이오딘 분자를 물에 녹일 수 있는 방법을 제공하기 때문에 중요하다.

$$I_2(s) + I^-(aq) \rightleftharpoons I_3^-(aq)$$

이 이온은 선형이며, 약 293 pm의 동일한 아이오딘-아이오딘 결합 길이를 갖는데, 이 결합 길이는 아이오딘 분자의 단일 결합 길이(272 pm)보다는 약간 더 길다. I_5^-와 I_7^- 같은 다른 아이오딘화 이온도 존재하지만, 트라이아이오딘화 이온보다는 덜 안정하다. 트라이아이오딘화 이온은 크고 전하가 낮기 때문에 루비듐처럼 전하와 밀도가 낮은 금속과 고체 화합물을 형성하게 될 것이다. 실제로 트라이아이오딘화 루비듐, RbI_3가 생성된다.

할로젠 간 화합물의 이온

다이클로로아이오딘 이온, ICl_2^+와 테트라클로로아이오딘산 이온, ICl_4^-와 같은 다양한 할로젠 간 양이온과 음이온도 존재한다. 이들은 실제 구조가 VSEPR 이론으로 예측한 구조와 잘 일치하는 화합물이다(그림 17.10).

할로젠 간 화합물은 비양성자성 용매로 사용될 수 있다. 예를 들면, 7.1절에서 트라이플루오린화 브로민이 다이플루오로브로민 양이온과 테트라플루오로브로민산 음이온으로 자체 이온화함으로써 용매로 작용하는 것을 설명하였다.

$$2\ BrF_3(l) \rightleftharpoons BrF_2^+(BrF_3) + BrF_4^-(BrF_3)$$

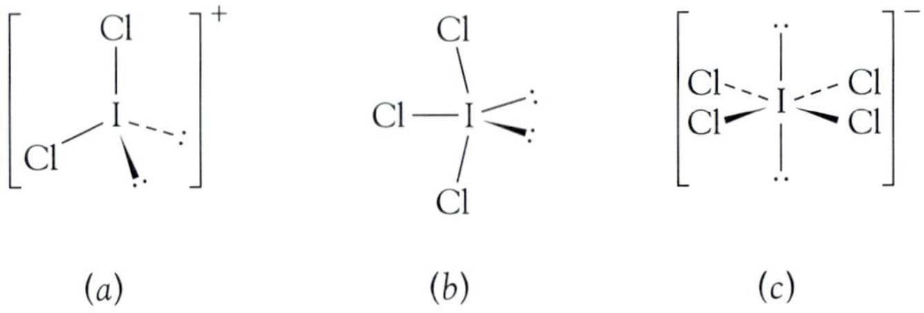

그림 17.10 (a) 다이클로로아이오딘 이온, ICl_2^+, (b) 트라이클로로아이오딘 분자, ICl_3, (c) 테트라클로로아이오딘산 이온, ICl_4^-.

(a) (b) (c)

예제 17.3

VSEPR 이론을 사용하여 트라이아이오딘화(1−) 이온의 구조를 예측하시오.

해답

고려해야 할 총 전자수는 22개이다. 단일 결합 형성을 위해 중심 원자에 10개의 전자를 남겨 두어야 하기 때문에 3개는 고립 전자쌍이 될 것이다. 전자쌍 배열은 삼각쌍뿔이 될 것이고 2개의 아이오딘 원자는 수직 자리를 차지할 것이다.

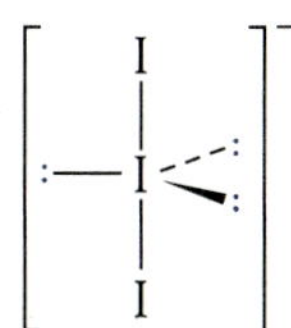

예제 17.4

트라이아이오딘화(1−) 이온과 안정한 화합물을 형성할 수 있는 주족(13 ~ 18족) 이온을 예측하시오.

해답

안정한 고체 트라이아이오딘화(1−) 화합물을 형성하려면 크고 전하가 낮은 양이온이 필요하다. 9.6절에서, 탈륨(I) 이온, Tl^+의 성질이 크기가 큰 알칼리 금속 양이온에 근접함을 알았다. 따라서 트라이아이오딘화(1−) 탈륨(I), TlI_3가 형성될 것이다(실제로 존재한다).

17.12 유사 할로젠화 이온인 사이안화 이온

11.14절에서 암모늄 이온은 다원자 이온이지만 알칼리 금속 이온처럼 행동함을 설명하였다. 그렇지만 유사-원소 이온의 가장 좋은 예는 사이안화 이온이다. 이 이온은 할로젠화 이온과 매우 유사하게 행동할 뿐만 아니라 유사 할로젠인 사이아노젠(cyanogen), $(CN)_2$으로도 존재한다. 사이안화 이온은 여러 가지 면에서 할로젠화 이온과 유사하다.

1. 염화, 브로민화, 아이오딘화 이온처럼 사이안화 이온의 은, 납(II), 수은(I)의 염은 불용성이다. 예를 들면,

   $CN^-(aq) + Ag^+(aq) \rightarrow AgCN(s)$
   [비교: $Cl^-(aq) + Ag^+(aq) \rightarrow AgCl(s)$]

2. 염화 은처럼 사이안화 은은 암모니아와 반응하여 다이암민은(I)[diamminesilver(I)] 양이온을 만든다.

   $AgCN(s) + 2\,NH_3(aq) \rightarrow [Ag(NH_3)_2]^+(aq) + CN^-(aq)$
   [비교: $AgCl(s) + 2\,NH_3(aq) \rightarrow [Ag(NH_3)_2]^+(aq) + Cl^-(aq)$]

3. 사이안화 이온은 약한 산인 HCN의 짝염기인데, 이것은 플루오린화 이온과 플루오

린화 수소산과 유사하다.

$$HCN(aq) + H_2O(l) \rightleftharpoons H_3O^+(aq) + CN^-(aq)$$
[비교: $HF(aq) + H_2O(l) \rightleftharpoons H_3O^+(aq) + F^-(aq)$]

4. 사이안화 이온은 전이 금속과 $[Cu(CN)_4]^{2-}$처럼 다양한 착이온을 형성하는데, 이 착이온은 염화물 $[CuCl_4]^{2-}$와 비슷하다.
5. 사이안화 이온은 할로젠화 이온이 할로젠으로 산화되는 것처럼 유사 할로젠인 사이아노젠으로 산화시킬 수 있다. 사이안화 이온은 아이오딘화 이온과 가장 유사한데, 이 두 가지는 모두 구리(II)와 같은 아주 약한 산화제로도 산화시킬 수 있다.

$$2\,Cu^{2+}(aq) + 4\,CN^-(aq) \rightarrow 2\,CuCN(s) + (CN)_2(g)$$
[비교: $2\,Cu^{2+}(aq) + 4\,I^-(aq) \rightarrow 2\,CuI(s) + I_2(s)$]

6. 사이아노젠은 염기와 반응하여 사이안화 이온과 사이안산 이온을 생성한다.

$$(CN)_2(aq) + 2\,OH^-(aq) \rightarrow CN^-(aq) + CNO^-(aq) + H_2O(l)$$
[비교: $Cl_2(aq) + 2\,OH^-(aq) \rightarrow Cl^-(aq) + ClO^-(aq) + H_2O(l)$]

7. 사이아노젠은 할로젠이 일염화 아이오딘, ICl과 같은 할로젠 간 화합물을 형성하는 것처럼 iodinecnocyanide, ICN과 같은 유사 할로젠 간 화합물을 형성한다(17.11절 참조).

17.13 생물학적 특성

할로젠은 족의 모든 안정한 원소들이 생물학적 기능을 갖는 독특한 족이다.

플루오린과 살인 식물

세계 곳곳의 여러 지역에서는 독성 식물 때문에 목축업자들이 심각한 문제를 겪고 있다. 이 문제는 호주에서 특히 심각한데, 동물과 인간에게 독성이 있는 것으로 알려진 식물이 천여 종에 이른다. 이들 식물 중의 상당한 수가 플루오로아세트산 이온, CH_2FCOO^-를 생성한다. 아세트산 이온은 해가 없지만(상당히 많은 양을 섭취하지 않는다면), 수소 중의 하나가 플루오린으로 치환되면 이온의 성질이 본질적으로 변한다. 예를 들면, 플루오로아세트산은 pK_a가 2.59인데, 아세트산의 값인 4.76과 비교하면 센산이다. 이 플루오로아세트산 이온은 포유류의 Krebs 순환을 차단하기 때문에 시트르산을 생성시켜 심장마비를 일으킨다.

이 식물들은 토양으로부터 미량의 플루오린화 이온을 흡수하여 생화학적 반응 경로에 참여시킨다. 플루오로아세트산 이온을 섭취 동물에 대한 방어 메커니즘으로서 생성하는 것으로 보인다. 플루오로아세트산을 생성하는 식물종이 대부분 호주에 존재하지만, 남아프리카에도 플루오로아세트산 이온을 1%까지 생성하는 식물이 존재하기 때문에, 이 식물의 잎을 섭취하는 소들을 죽일 가능성이 충분하다.

미국을 비롯한 몇몇 나라에서 플루오로아세트산 소듐은 코요테와 같은 해로운 포유류를 죽이기 위해 사용된다. 호주의 유명한 이중 살인 사건(Bogle-Chandler 사건)은 계획적으로 플루오로아세트산 독성을 사용하여 일으킨 것으로 보인다.

염소: 트라이할로메테인의 도전

염화 이온은 우리 신체의 이온 균형에 아주 중요한 역할을 한다. 염화 이온은 소듐과 포타슘 양이온의 균형을 유지시키는 역할을 한다. 그러나 공유 결합성 염소는 몸에 해롭다. 즉, 염소 함유 분자인 DDT와 PCB류는 우리 주위에서 흔히 사용되는 잘 알려진 독성 화합물이다. 이 논란은 염소를 포함하는 공유 결합 화합물이 생산을 완전히 금지되게 만들었다. 그러나 이로 인해 폴리바이닐클로라이드(PVC)와 같은 많은 유용한 물질들을 사라지게 만들었다. 다양한 유기체로부터 생성되는 유기염소 화합물이 존재한다는 사실을 인식하는 것도 중요하다. 즉, 인공 염소 화합물의 합성을 금지한다고 해서 지구상의 염소 화합물이 완전히 제거되는 것은 아니다.

특별히 관심을 두어야 할 화합물의 부류는 트라이할로메테인(THM)류이다. 이것들은 수분이 많은 유기물을 사람이 섭취할 수 있게끔 소독하기 위하여 염소화시킬 때 생성된다. 이 유기물은 부패한 식물로부터 생성된 부식산과 풀브산이 용해된 물의 표면에서 발견된다. 이 산들은 비교적 해가 없지만 물이 옅은 갈색을 띠게 만든다. 복잡한 유기 분자를 조각내어 트라이클로로메테인, $CHCl_3$와 같은 작은 클로로 분자로 만드는 것은 염소화 과정이다. 수돗물 시료에 THM류가 존재함이 발견된 것은 1970년대이고, 허용치가 도입된 것은 1980년대 초반이다. 그 당시에는 최대 100 ppb까지 존재하여도 안전할 것으로 여겨졌지만, 지금은 THM의 농도가 높은(75 ppb 이상) 물을 하루에 다섯 잔 이상 마시면 유산을 할 수도 있다는 미약한 증거가 알려져 있다. 이러한 이유 때문에 THM 허용치를 감소시킬 필요성이 제기되고 있다. 이를 위해서 오존(삼산소, 16.3절 참조)이나 이산화 염소(17.9절 참조)가 수돗물의 1차 소독제로 사용되고 있다. 이 화합물들은 THM의 생성 없이 유기산을 분해시킨다. 그러나 오존은 짧은 시간 내에 분해되기 때문에 가정으로 공급되는 동안의 음용성을 유지시키기 위하여 약간의 염소를 첨가시켜 주어야 한다.

브로민: 브로민화 메틸 문제

가장 논쟁거리인 브로민 함유 화합물은 **브로민화 메틸**(*methyl bromide*)이라고도 하는 브로모메테인이다. 브로민화 메틸, CH_3Br은 해충, 선충, 잡초, 병원균, 설치류에 사용되는 광범위한 훈증제이다. 이것은 휘발성이 높아서 잔류물을 거의 남기지 않는다. 매년 80,000톤이 사용되고 있는데, 약 75%는 토양 훈증제로, 22%는 수확 후에, 나머지 3%는 건축물의 해충 억제에 사용된다. 브로민화 메틸은 저렴한 비용으로 넓고 다양하게 해로운 것들을 억제시킬 수 있기 때문에 농업에 중요한 물질이다. 이 물질을 대체할 수 있는 화학제는 아직까지 발견되지 않고 있다.

바닷물도 상당히 높은 농도의 브로민화 이온을 포함하고 있기 때문에 많은 해양 생명체들이 유기브로민 화합물을 합성한다는 사실은 그다지 놀라운 것이 아니다. 대부분의 이들 독특한 분자의 기능은 현재까지는 잘 알려지지 않았다. 그러나 브로민화 메틸을 생성하는 대사 경로 몇 가지는 알려져 있다. 따라서 대기 중 브로민화 메틸의 상당량(약 절반 정도)은 자연에서 만들어낸 것이다.

브로민화 메틸과 관련해서 두 가지 걱정거리가 존재한다. 첫째, 브로민화 메틸은 염소보다 50배나 효율이 좋은 오존 제거 물질(ODS)이다. 1995년 전 세계적으로 브로민화 메틸 방출을 억제하기 위한 첫 번째 약속이 이루어졌지만, 농업에서 이 화합물을 사용하고 있기 때문에 여전히 확산되고 있다. 두 번째 걱정거리는 브로민화 메틸이 억제 대상이 아닌 생명체에도 치명적이라는 사실이다. 인간을 예로 들면, 흡입량이 작을 때에는 두통과 구토만 일으키지만, 많이 흡입하면 근육 경련, 혼수 상태, 발작을 일으켜 사망에 이를 수도 있다. 그러므로 농부들은 이 화합물을 다룰 때 위험에 노출되어 있다.

아이오딘: 갑상선 원소

인체 내에서 아이오딘의 약 75%는 갑상선(thyroid gland)에서 발견된다. 아이오딘은 호르몬인 티록신(thyroxine, 그림 17.11)과 트라이아이오딘티로닌의 합성에 사용된다. 이들은 성장, 신경근 작용 조절 및 남성과 여성의 생식기 기능 유지에 필수적인 호르몬이다. 갑상선 호르몬의 결핍 때문에 생기는 질병인 갑상선종은 미국의 북부와 남아메리카의 많은 지역, 그리고 동남아시아 등 전 세계에서 국지적으로 발병되고 있다. 이 질병의 공통적인 발병 원인은 식품에 포함된 아이오딘화 이온 함량이 부족하기 때문이다. 아이오딘 결핍을 해소하기 위해서는 가정용 식염에 아이오딘화 포타슘을 첨가한 아이오딘화 소금을 사용한다.

갑상선종의 증상은 목 아랫부분이 부어오른다. 이와 같은 붓기는 갑상선이 아이오딘이 부족한 환경에서 아이오딘을 최대한 많이 흡수하려고 하기 때문에 나타난다. 과거에는 경미한 갑상선종에 걸린 여성이 결혼 상대자로 선호되기도 하였는데, 이는 부어오른 목 때문에 값비싸고 화려한 목걸이가 더욱 돋보이게 되기 때문이었다.

아이오딘이 필수 원소인 이유는 무엇인가? 탄소와 결합하면 아이오딘은 산화-환원 작용을 일으키지도 않고, 다른 분자와의 공유 결합에 화학적으로 유용하지도 않다. 아이오딘의 전기 음성도는 탄소와 비슷하기 때문에 아이오딘 원자는 분자의 전체 전자 구조와 분자의 성질에 심각한 변화를 일으키지도 않는다. 해답의 실마리는 탄소, 질소, 산소의 반지름보다 2배나 되는 아이오딘의 매우 큰 공유 반지름(133 pm)에서 찾을 수 있다. 부피로 따지면 8배가 된다. 아이오딘-유기 분자에 있는 아이오딘 원자는 대응 효소 자리에 있는 어떤 큰 공동과 크기가 일치하여 효소가 특정한 형태를 만들게 하는 것처럼 보인다. 이 역할에 대한 증거로는 아이오딘 대신 큰 아이소프로필 단위 $(CH_3)_2CH-$를 치환시켜도 비슷한 호르몬 작용을 갖는 분자가 된다는 사실을 들 수 있다. 물론 생물학적 계가 필수 경로에 왜 하필이면 이처럼 흔하지 않은 원소를 선택했는지에 대한 궁금증을 불러일으킬 수 있다. 한 가지 명백한 해답은 해양에서의 생명체의 기원을 추정해 보는 것이다. 바다는 아이오딘이 풍부하고, 이런 환경에서 아이오딘이 관여하면 커다란 물질의 첨가를 위한 경로를 단순하게 만들 수 있다. 지상의 생명체도 이 영향을 받아 비수용성 환경에서는 훨씬 더 흔하지 않은 원소를 필요로 하게 되었다.

그림 17.11 티록신 분자

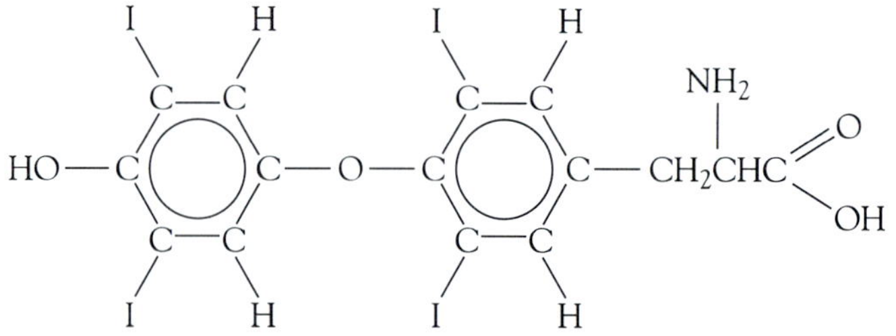

17.14 원소 반응 경로도

17족의 중요한 원소인 플루오린, 염소, 아이오딘에 대한 반응 경로도는 다음과 같다.

$F_2 \xrightarrow{BrO_3^-} BrO_4^-$

$F_2 \xrightarrow{Fe} FeF_3$

$F_2 \xrightarrow{S} SF_6$

$F_2 \xrightarrow{Cl_2} ClF_3$

$F_2 \xrightarrow{H_2} HF$

$F^- \xrightarrow{-e^-} F_2$

$HF \underset{H^+}{\overset{OH^-}{\rightleftharpoons}} F^-$

$HF \xrightarrow{SiO_2} SiF_6^{2-}$

$HF \xrightarrow{UO_2} UF_4 \xrightarrow{F_2} UF_6$

$HF \underset{H_2O}{\overset{F^-}{\rightleftharpoons}} HF_2^-$

$HClO \underset{H^+}{\overset{OH^-}{\rightleftharpoons}} ClO^-$

$ClO^- \xrightarrow{Ca^{2+}} Ca(ClO)_2$

$Cl_2 \xrightarrow{NH_3} NCl_3$

$Cl_2 \xrightarrow{OH^-} ClO^-$

$Cl_2 \xrightarrow{Fe} FeCl_3$

$Cl_2 \underset{-e^-}{\overset{H_2}{\rightleftharpoons}} HCl \xrightarrow{Fe} FeCl_2$

$Cl_2 \xrightarrow{P} PCl_5$

$Cl_2 \underset{\Delta}{\overset{OH^-}{\rightleftharpoons}} ClO_3^-$

$ClO_3^- \xrightarrow{-e^-} ClO_4^-$

$ClO_3^- \xrightarrow{H^+} ClO_2$

$IO_3^- \xrightarrow{I^-} I_2 \xrightarrow{e^-} I^- \overset{I_2}{\rightleftharpoons} I_3^-$

$I_2 \xrightarrow{F_2} IF_7$

$I_2 \xrightarrow{Cl_2} ICl \xrightarrow{Cl_2} ICl_3$

핵심개념

- 플루오린은 주기율표에서 가장 반응성이 큰 원소이다.
- 플루오린 화학은 플루오린-플루오린 결합의 연약성이 영향을 받는다.
- 염소의 산소산은 강력한 산화제이다.
- 염소는 공업적으로 중요한 화학 약품이다.
- 이온 결합성 할로젠화물과 공유 결합성 할로젠화물은 매우 다른 성질을 갖는다.
- 다양한 할로젠 간 화합물과 다할로젠화 이온이 존재한다.
- 사이안화 이온은 많은 면에서 유사 할로젠화 이온처럼 행동한다.

연습문제

17.1 다음 반응의 화학 반응식의 균형을 맞추시오.
(a) 산화 우라늄(IV)과 플루오린화 수소의 반응
(b) 플루오린화 칼슘과 진한 황산의 반응
(c) 액체 사염화 황과 물의 반응
(d) 염소 분자 수용액과 뜨거운 수산화 소듐 용액의 반응
(e) 아이오딘 분자와 플루오린 분자 간의 1:5 몰비 반응
(f) 삼염화 브로민과 물의 반응

17.2 다음 반응의 화학 반응식의 균형을 맞추시오.
(a) 금속 납과 과량의 염소 분자의 반응
(b) 마그네슘 금속과 묽은 염산의 반응
(c) 하이포아염소산 이온과 기체 이산화 황의 반응
(d) 염소산 포타슘의 약한 가열
(e) 고체 모노브로민화 아이오딘과 물의 반응
(f) 인과 일염화 아이오딘의 반응

17.3 플루오린의 독특한 화학적 성질을 요약하시오.

17.4 다음 화학종의 구조는 무엇인가?
(a) BrF_2^+ (b) BrF_3 (c) BrF_4^-

17.5 플루오린 분자가 다른 비금속과의 반응성이 큰 이유를 설명하시오.

17.6 염소의 천연 동위원소는 염소-35와 염소-37이고, 브로민은 브로민-79와 브로민-81이다. 염소-36과 브로민-80이 안정한 동위원소가 되지 못하는 이유를 설명하시오.

17.7 고체 헵타플루오린화 아이오딘의 생성을 이용하여 플루오린 반응에서의 원동력이 엔트로피가 될 수 없음을 설명하시오.

17.8 염소 분자는 염화 소듐 수용액을 전기 분해하여 만들 수 있지만, 플루오린 분자는 플루오린화 소듐 수용액을 전기 분해하여 만들 수 없다. 그 이유를 설명하시오.

17.9 염소에 대한 Frost 도표에서 Cl_2/Cl^- 선은 산성과 염기성 용액에서 동일하다. 그 이유를 설명하시오.

17.10 그림 17.1의 Frost 도표에서 염소산의 산성 화학종은 ClO_3^-로 된 반면, 아염소산의 산성 화학종은 $HClO_2$로 표기된 이유를 설명하시오.

17.11 플루오린화 수소산은 약한 산이지만, 다른 할로젠족 원소의 이성분 산은 모두 센산인 이유를 설명하시오.

17.12 플루오린화 수소산은 농도가 진해질수록 이온화가 더 많이 일어나는 이유를 설명하시오.

17.13 플루오린화 수소의 연간 생산량은 1.2×10^6 톤이다. 이 과정에서 생성되는 황산 칼슘의 질량을 계산하시오.

17.14 다이플루오린화 수소 이온이 포타슘 이온과 고체 화합물을 형성하는 이유를 설명하시오.

17.15 하이포아플루오린산, HOF에서 산소의 산화수는 얼마인가?

17.16 실험실에서 질산보다 염산이 더 많이 사용되는 이유는 무엇인가?

17.17 다음을 제조하는 방법을 설명하시오.
(a) 크로뮴 금속으로부터 염화 크로뮴(III), $CrCl_3$의 제조
(b) 크로뮴 금속으로부터 염화 크로뮴(II), $CrCl_2$의 제조

17.18 셀레늄으로부터 (a) 사염화 셀레늄, $SeCl_4$와 (b) 이염화 다이셀레늄, Se_2Cl_2를 제조하는 방법을 설명하시오.

17.19 아이오딘화 철(III)이 불안정한 이유를 설명하시오.

17.20 할로젠화 이온을 식별하는 시험 방법을 설명하시오.

17.21 과염소산 암모늄과 알루미늄 금속의 반응에 대한 엔탈피를 계산하시오. 과염소산 암모늄이 좋은 추진 혼합물로 사용되는 것은 반응의 발열성 외에 어떤 요인에 의한 것인가?

17.22 트라이아이오딘화 이온의 전자점 구조식을 적고 이온의 구조를 예측하시오.

17.23 가스 공장에서 황화 수소의 농도는 부피를 측정한 기체를 고체 오산화 아이오딘 위로 통과시켜 측정할 수 있다. 황화 수소는 오산화 아이오딘과 반응하여 이산화 황과 아이오딘 분자, 그리고 물을 만든다. 그런 다음 생성된 아이오딘 분자를 싸이오황산 이온으로 적정하여 황화 수소의 농도를 계산한다. 이 두 반응의 화학식을 쓰시오.

17.24 사염화 탄소의 녹는점은 −23°C이고, 테트라브로민화 탄소는 +92°C, 그리고 테트라아이오딘화 탄소는 +171°C이다. 이와 같은 경향성을 설명하고 테트라플루오린화 탄소의 녹는점을 예측하시오.

17.25 황의 플루오린화물 중에서 플루오린이 가장 많이 결합하는 화합물은 헥사플루오린화 황이다. 헥사아이오딘화 황이 존재하지 않는 이유를 설명하시오.

17.26 이중 결합의 수가 0, 1, 2인 이산화 염소의 전자점 구조를 그리고, 형식 전하를 고려하여 가장 안정한 구조를 예측하시오.

17.27 Cl_2O_4는 과염소산 염소, $ClOClO_3$로 더 정확하게 나타낸다. 이 화합물의 전자점 구조를 그리고 각 염소의 산화수를 결정하시오.

17.28 (a) 하이포아염소산 소듐, (b) 이산화 염소, (c) 과염소산 암모늄, (d) 일염화 아이오딘의 용도를 설명하시오.

17.29 원소로서의 아스타틴의 물리적 성질과 화학적 성질을 예측하시오.

17.30 사이안화 이온이 유사 할로젠으로 간주되는 이유를 설명하시오.

17.31 싸이오사이안산 이온, SCN^-는 선형이다. 형식 전하를 고려하여 이 이온에 대한 전자점 구조를 그리시오. 탄소-질소 결합 길이는 삼중 결합 길이와 비슷함이 알려졌다. 이것이 의미하는 바를 설명하시오.

17.32 플루오린화 이온은 치아의 조사에 어떻게 영향을 미치는가?

17.33 17.14절의 원소 반응 경로도의 각 반응에 대해 화학 반응식의 균형을 맞추시오.

17.34 아이오딘은 구조적으로 오산화 이질소와 유사한 오산화 다이아이오딘 산화물을 형성한다. 이 아이오딘 화합물의 전자점 구조를 그리고, N_2O_5(15.8절)에서의 결합과 비교하시오. 결합이 다른 이유를 설명하시오. 각각의 아이오딘 원자, 다리 결합 산소 원자, 각각의 말단 산소 원자의 산화 상태는 얼마인가?

17.35 이산화 이염소, ClOOCl 분자의 전자점 구조를 그리시오. 염소 원자와 산소 원자의 산화수를 추측하시오.

17.36 플루오린화 암모늄은 우르츠광 구조를 갖고, 염화 암모늄은 염화 소듐 격자 구조를 갖는 이유를 설명하시오.

17.37 할로젠화 테트라포스포늄 중에서 $[PH_4]I$가 분해 반응에 대해 가장 안정한 이유를 설명하시오.

17.38 플루오린화 테트라메틸암모늄, $(CH_3)_4NF$는 헵타플루오린화 아이오딘, IF_7과 반응하여 전기 전도성 용액을 만든다. 이 반응에 대한 화학 반응식을 쓰시오.

17.39 일염화 아이오딘은 브로민과 유사한 '콤보' 원소로 간주할 수 있다. 다른 할로젠과 유사한 '콤보' 원소로 간주할 수 있는 다른 할로젠 쌍은 무엇인가?

17.40 사이안화 이온이 (a) 플루오린화 이온, (b) 염화 이온, (c) 아이오딘화 이온과 어떻게 유사한지 예를 한 가지씩 제시하시오.

17.41 싸이오사이안산 이온, SCN^-도 유사 할로젠 이온처럼 행동한다.

(a) 어미 유사 할로젠의 화학식을 쓰시오.

(b) 싸이오사이안산 이온의 불용성 화합물을 예측하시오.

17.42 사이아노젠 분자, $(CN)_2$의 전자점 구조를 예측하고 분자 구조를 그리시오. 탄소-탄소 결합 길이에 대한 실험 측정은 단순한 결합 모델로 예측한 것보다 더 짧은 것으로 나타났다. 이것을 설명하시오.

17.43 인은 PX_3 형태의 할로젠화물과 유사-할로젠화물을 형성한다. 사이안화 이온 화합물에 대한 화학식을 쓰시오.

응용문제

17.44 펜타플루오린화 아이오딘은 자체 이온화 반응을 일으킨다. 평형 상태에서 생성되는 양이온과 음이온의 화학식을 예측하고, 평형에 대한 화학 반응식의 균형을 맞추시오. 펜타플루오린화 아이오딘과 두 가지 이온에 대한 전자점 구조를 그리고 Lewis 산과 염기를 예측하시오.

17.45 다이플루오린화 수소 암모늄, $(NH_4)^+(HF_2)^-$의 녹는점은 +26°C에 불과하다. 이와 같은 녹는점은 대부분의 이온 격자에 비해 훨씬 더 낮은 값이다. 그 이유를 설명하시오.

17.46 염소 분자의 결합 에너지는 240 kJ · mol^{-1}이고, 염소 원자의 첫 번째 이온화 에너지는 1250 kJ · mol^{-1}이며, 염소 분자의 첫 번째 이온화 에너지는 1085 kJ · mol^{-1}이다. 염소 분자 이온, Cl_2^+의 생성 엔탈피를 계산하시오. 중성 분자와 분자 이온 간의 결합 세기를 비교하시오.

17.47 대략적인 분자 오비탈 도표를 통하여 모노플루오린화 염소에서의 결합을 설명하시오.

17.48 형식 전하를 이용하여 인산 이온과 과염소산 이온에서의 평균 결합 차수를 결정하시오. 이 두 가지 결과를 활용하여 황산 이온의 평균 결합 차수를 예측하시오.

17.49 산화 이염소와 칠산화 이염소 중에서 더 산성인 산화물은 어느 것인가? 그 이유를 설명하시오.

17.50 칠산화 이염소, Cl_2O_7은 무색의 오일성 액체이다.

(a) 이 화합물에서 염소의 산화 상태를 계산하시오.

(b) 이 화합물의 가능한 구조를 그리시오.

(c) 이 화합물과 물의 반응에 대한 화학 반응식의 균형을 맞추시오.

(d) 금속 원소로 된 유사한 화합물의 화학식을 쓰고 그 이유를 설명하시오.

(e) 두 가지의 가능한 등전자적 및 등구조적 이온의 화학식을 쓰시오.

17.51 삼산화 이염소 분자의 가능한 구조를 그리시오. 선형인가 아니면 굽은형인가? 굽은형이라면 대략적인 결합각을 제시하시오.

17.52 유사 할로젠과 할로젠의 화학적 성질은 매우 비슷하다. 이와 같은 가정하에서 다음 반응에 대한 화학 반응식의 균형을 맞추시오

(a) 사이아노젠, $(CN)_2$와 차가운 수산화 소듐 용액 간의 반응

(b) 싸이오사이안산 이온, NCS^-와 산성화된 과망가니즈산 용액 간의 반응

17.53 과염소산 암모늄은 매우 해롭지만 과염소산 소듐은 훨씬 덜 해로운 이유는 무엇인가? 화학 반응식의 균형을 맞추고, 그 이유를 설명하고 산화 상태가 변하는 원소들을 알아보시오.

17.54 아이오딘 분자는 과량의 염소 분자와 반응하여 화학식이 ICl_x인 화합물을 형성한다. 1몰의 ICl_x는 과량의 아이오딘화 이온과 반응하여 염소 기체와 2몰의 아이오딘 분자를 만든다. ICl_x의 실험식은 무엇인가?

17.55 플루오린, 염소, 산소는 일련의 다원자 이온 $(F_2ClO_2)^-$, $(F_4ClO)^-$, $(F_2ClO)^+$, $(F_2ClO_2)^+$를 형성한다. 이들 이온 각각의 구조를 예측하시오.

17.56 플루오린은 한 가지 산화물, F_2O만 형성한다. 이 화합물의 전자점 도표를 그리고, 플루오린과 산소의 산화수를 결정하시오. 산소의 산화수가 비정상적인 이유를 설명하시오. 다른 산화물이 존재하지 않는 이유를 설명하시오. 이 결과를 이용하여 Cl_2O와 Cl_2O_7를 비교하시오.

17.57 탈륨은 아이오딘화물, TlI_3를 형성한다. 다음 정보를 사용하여 실질적인 화학식을 제시하시오.

$$Tl^{3+}(aq) + 2\,e^- \rightarrow Tl^+(aq) \qquad E^\ominus = +1.25\ V$$

$$I_3^-(aq) + 2\,e^- \rightarrow 3\,I_2(aq) \qquad E^\ominus = +0.55\ V$$

제시한 화학식으로 예상하는 이유는 무엇인가?

17.58 일산화 염소에 관한 17.8절을 참조하여 오존 파괴 과정에 대한 반응 단계를 정리하고, 전체 반응식을 쓰시오. 촉매와 중간체 화학종을 밝히시오.

17.59 $[I(N_3)_2]^-$ 이온이 알려졌다.

(a) 이 이온의 존재가 예상되어야 하는 이유는 무엇인가?

(b) 아자이드 단위의 전기 음성도는 아이오딘보다 더 높은가, 낮은가?

(c) 아이오딘 원자 주위의 아자이드화 단위의 기하 구조를 예측하시오.

(d) 이 이온이 어떻게 안정화되는지를 설명하시오.

17.60 기체 일염화 아이오딘의 표준 생성 엔탈피는 +18 kJ · mol^{-1}이다.

(a) 이 반응에 대한 화학 반응식의 균형을 맞추시오.

(b) Cl－Cl과 I－I 결합 에너지 자료(부록 3)와 아이오딘 분자의 승화 엔탈피(62 kJ · mol^{-1})를 사용하여 I－Cl의 결합 에너지를 계산하시오.

(c) 표준 자유 에너지가 $-5\ \mathrm{kJ \cdot mol^{-1}}$일 때, 이 반응의 엔트로피 변화를 계산하시오. 이 값이 가질 부호에 대한 두 가지 이유를 제시하시오.

17.61 (a) 트라이플루오린화 염소는 트라이플루오린화 붕소와 반응하여 염소가 다원자 양이온에 있는 이온성 생성물을 만든다. 이 반응에 대한 화학 반응식을 쓰시오.

(b) 트라이플루오린화 염소는 플루오린화 포타슘과 반응하여 염소가 다원자 양이온에 있는 이온성 생성물을 만든다. 이 반응에 대한 화학 반응식을 쓰시오.

(c) 이 반응들의 차이점을 쓰시오.

18족 원소: 비활성 기체

18장

비활성 기체(noble gas)는 주기율표상에서 반응성이 가장 약한 원소들이다. 제논은 유일하게 다양한 화합물을 형성하고 높은 전기 음성도를 갖는 비활성 기체이다. 헬륨이나 네온이 안정한 화합물에 포함될 수 있을지는 아직 명확하지 않다.

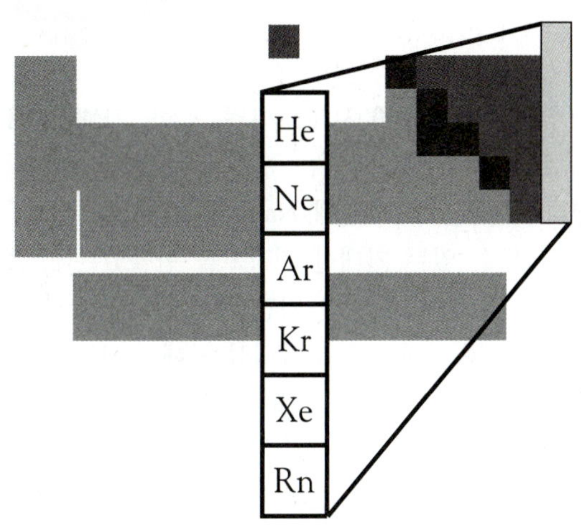

컨텍스트: 헬륨–증가하는 희귀 기체

우리가 낭비하고 있는 것은 금속 원소들뿐만이 아니다. '내일이 오지 않을 것처럼'이란 문구가 어울릴 정도로 헬륨의 사용이 증가되고 있다. 헬륨은 모든 비활성 기체 중에서 가장 광범위하게 사용된다. 헬륨으로 채워진 파티 풍선은 우리들이 일상적으로 접할 수 있는 예이다. 이 장에서 다루게 되겠지만, 헬륨은 끓는점이 매우 낮기 때문에, 액체 헬륨은 핵 반응로와 자기 공명 영상(MRI) 장치에 사용되는 초전도 자석을 냉각시키는 데 사용된다. 액체 헬륨의 최대 사용처 중의 하나는 스위스의 유럽입자물리학연구소(CERN)에 있는 대형 강입자 가속기(Large Hadron Collider, LHC)이다. 이 LHC는 아원자 입자를 생성시키고 연구하기 위해 초전도 자석을 사용하고 있는데, LHC 초전도 자석을 냉각시키기 위해 96톤의 액체 헬륨을 사용하고 있다(5장 '컨텍스트' 참조).

지금은 헬륨에 대한 수요가 공급을 능가하고 있고, 헬륨은 20 ~ 30년 내에 고갈될 것으로 예측되고 있다. 헬륨은 천연 가스의 지하 매장층에 축적된다. 실제로, 1920년대에 매장층이 발견되었을 때 헬륨 가스의 가격은 리터당 88달러(1915년)에서 0.05달러

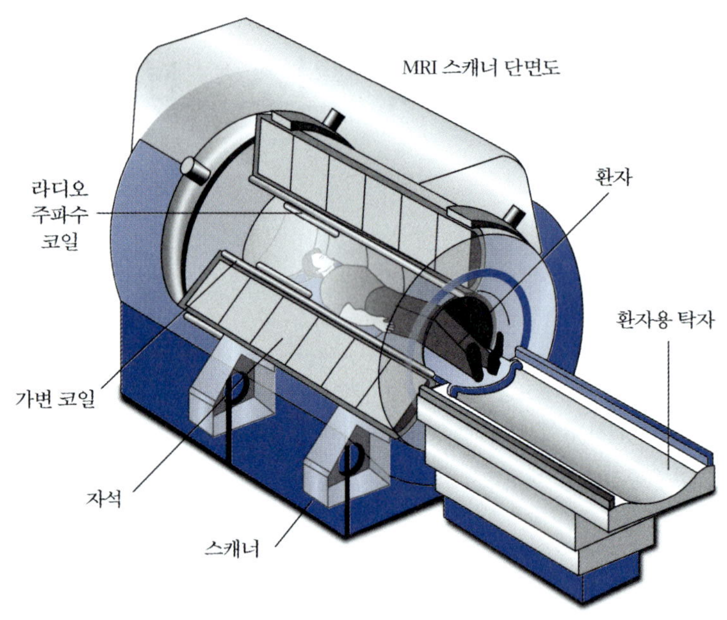

MRI는 액체 헬륨으로 냉각시키는 거대한 초전도 자석을 사용한다.

(1926년)로 폭락하였다. 미국은 1925년에 National Helium Reserve를 설립하여 10억 m^3 이상의 헬륨을 저장할 수 있는 거대한 저장고를 만들었는데, 초기에는 비행선에 사용하였고, 이어서 우주 경쟁 시대와 냉전 기간 동안 냉각제로 사용하였다. 1996년, 이 기관이 적자기업이 되어 헬륨 저장고가 고갈되었을 때를 대비한 연방 법률이 통과되었다. 저장고의 헬륨이 시장에 공급되자 재활용이 비경제적일 정도로 가격이 다시 하락하였다.

헬륨은 방출되기만 하면 대기를 통하여 확산된다. 원자량이 작기 때문에 기체의 평균 원자 속도가 시간을 압도하여 헬륨은 지구의 중력으로부터 쉽게 벗어날 수 있다. 나중에 언급하겠지만, 대기 중의 헬륨 농도는 매우 낮다. 따라서 대기로부터 크게 공급받는 것은 어려운 상황이다. 따라서 이제 전 세계의 헬륨 매장량이 고갈될 수도 있어 매우 위험하다고 볼 수 있다. 저렴한 헬륨이 부족하게 되면 MRI 영상, 우주 기술, 그리고 파티 풍선을 포함하는 다른 많은 활용 분야에 부정적인 영향을 주게 될 것이다.

18.1 족의 경향성

모든 18족 원소들은 색깔과 향이 없으며, 실온에서는 단원자인 기체이다. 이들은 연소를 일으키지도 않으며, 주기율표에서 가장 반응성이 낮은 족을 구성한다. 비활성 기체의 매우 낮은 녹는점과 끓는점은 고체상과 액체상에서 원자들 간의 분산력이 아주 약함을 의미한다. 녹는점과 끓는점에 대한 경향성은 표 18.1에 나타내었는데, 전자의 수가 증가할수록 편극성이 증가하여 녹는점과 끓는점이 높아진다.

표 18.1 비활성 기체의 녹는점과 끓는점

비활성 기체	녹는점(°C)	끓는점(°C)	전자수
He	–	−269	2
Ne	−249	−245	10
Ar	−189	−186	18
Kr	−157	−152	36
Xe	−112	−109	54
Rn	−71	−62	86

비활성 기체의 밀도

비활성 기체는 모두 단원자 기체이기 때문에 같은 온도와 압력에서의 밀도는 뚜렷한 경향성을 나타낸다. 이 경향성은 단순히 몰질량의 증가와 관련이 있다(표 18.2). 공기의 밀도는 약 1.3 $g \cdot L^{-1}$인데, 헬륨은 이 값에 비해 매우 낮은 밀도를 갖는다. 반대로 라돈은 표준 온도와 압력에서 비활성 기체들 중에서 가장 큰 밀도를 갖는다.

단열 유리창의 유리 사이에는 비활성 기체, 특히 아르곤을 진한 농도로 채운다. 이는 비활성 기체의 낮은 열전도성을 이용한 것이다. 예를 들면, 아르곤의 열전도성은 0°C에서 0.017 $J \cdot s^{-1} \cdot m^{-1} \cdot K^{-1}$이다. 같은 온도에서 건조한 공기의 열전도성은 0.024 $J \cdot s^{-1} \cdot m^{-1} \cdot K^{-1}$이다.

비활성 기체 클라쓰랜드 착물

10.7절에서 논의한 것처럼, 1962년까지 유일하게 알려진 비활성 기체를 포함하는 화학종은 클라쓰랜드 착물이었는데, 이 화학종에서 비활성 기체는 얼음 안에 포획되어 있다. 최근 들어 클라쓰랜드 착물이 다시 관심을 끌고 있는데, 토성의 달인 Titan이 생성될 때부터 대기 중에 존재했어야 할 크립톤과 제논이 존재하지 않는 이유를 설명하기 위해서이다. 우주 화학자들은 태양계가 생성되었을 때부터 이 달의 표면은 냉각된 상태였기 때문에 이들 기체가 Titan 표면의 얼음 클라쓰랜드 착물 내에 포획되어 있을 것이라고 생각한다.

대기 중 비활성 기체의 농도

안정한 비활성 기체 모두는 대기 중에서 발견되는데, 이들 중 아르곤이 가장 높은 비율로 존재한다(표 18.3). 대기 중에는 아르곤이 풍부하게 존재하는데, 이는 자연적으로 생

표 18.2 표준 온도와 압력에서 비활성 기체의 밀도

비활성 기체	밀도($g \cdot L^{-1}$)	몰질량($g \cdot mol^{-1}$)
He	0.2	4
Ne	1.0	20
Ar	1.9	39
Kr	4.1	84
Xe	6.4	131
Rn	10.6	222

표 18.3 대기 중의 비활성 기체 농도

비활성 기체	농도(부피 %)
He	0.000 52
Ne	0.001 5
Ar	0.93
Kr	0.000 11
Xe	0.000 008 7
Rn	극소량

성되는 포타슘의 방사성 동위원소인 포타슘-40의 방사성 붕괴로 인한 것이다. 11.6절에서 언급한 것처럼, 이 동위원소는 두 가지 붕괴 계열을 갖는데, 그 중의 한 가지는 아르곤-40을 형성하는 중심 전자를 포획하는 과정을 포함한다.

$$^{40}_{19}K + {}^{0}_{-1}e \rightarrow {}^{40}_{18}Ar$$

다른 비활성 기체들은 모두 공기로부터 산소 기체를 만드는 과정에서 부산물로 얻어진다. 아르곤은 암모니아의 공업적 생산 과정에서 얻을 수도 있는데, 이 아르곤은 사용되지 않는 공기를 재활용하는 과정에서 축적된다. 아르곤은 연간 10^6톤 정도의 많은 양이 생산된다. 아르곤의 주요 용도는 고온의 야금 과정에서 안정한 대기 환경을 만들기 위해 사용된다. 아르곤과 헬륨 모두는 용접 과정에서 안정한 대기를 만들기 위해 사용되며, 네온, 아르곤, 크립톤, 제논은 네온등의 여러 가지 색을 내는 데 사용된다.

18.2 헬륨

헬륨은 절대 영도에 가까울 정도로 냉각을 시켜도 액체 상태를 유지한다. 헬륨을 고체로 만들기 위해서는 1.0 K에서도 약 2.5 MPa의 압력이 필요하다. 그러나 액체 헬륨은 신비스러운 물질이다. 액체 헬륨은 4.2 K에서 응축되어 **헬륨** I로 알려진 정상적인 액체가 된다. 그러나 2.2 K 이하에서 냉각될 때 이 액체의 성질은 놀랄 만큼 달라지는데, 이 액체를 **헬륨** II라고 한다. 예를 들면, 헬륨 II는 믿을 수 없을 정도로 좋은 열전도체인데, 열전도성이 헬륨 I보다 10^6배나 더 크고, 실온에서 가장 열전도성이 큰 금속인 은보다도 열을 훨씬 더 잘 전도한다. 그러므로 헬륨은 기화 엔탈피와 높은 열 전도도의 측면 모두에서 초전도 자석의 냉각 상태를 유지시키는 데 이상적이다. 그러므로 MRI와 다른 과학 장비의 자석을 냉각시키는 데 필수적으로 사용되고 있다.

헬륨은 수소 기체 다음으로 밀도가 낮은 기체이기 때문에 공중을 나는 열기구를 채우는 기체로 사용된다. 수소 기체는 부력이 더 좋지만 연소성이 강하므로 위험하다. 오늘날 비행선은 거의 광고용으로 사용된다. 그러나 미국 해양 경비대는 마약 밀수선을 적발하기 위한 이동용 레이더 기지로 비행선을 사용하고 있다. 또한 아마존강 유역의 밀림의 상층부를 조사하기 위해서는 별다른 방법이 없었기 때문에 비행선이 사용되었다. 현대적 기술을 사용하여 환경 관광과 무거운 물질을 들어 올리는 등의 다양한 용도로 사용할 수 있는 새로운 디자인의 비행선이 만들어지고 있다.

심해 잠수용 기체 혼합물에서 질소를 대체하는 기체로 헬륨이 사용된다. 공기보다 밀도가 낮은 헬륨에서 소리의 속도는 훨씬 더 빠르다. 헬륨을 들이킨 후 소리를 내면 미키

마우스(Mickey Mouse) 소리가 난다. 그러나 재미로 헬륨을 마시고 이런 소리를 내다보면 목청에 손상을 주기 때문에 주의해야 한다.

18.3 헬륨, 아르곤, 크립톤의 화합물

하이드라이도헬륨(1+)

헬륨, 네온이나 아르곤의 화합물이 존재하지 않는 이유는 무엇인가? 실제로 이런 표현은 다소 정확하지 않다. 1925년 기체상 이온 HeH^+가 처음으로 합성되었지만 매우 짧은 시간 동안만 존재한다. 하이드라이도헬륨(1+)은 빅뱅 이후 우주에서 생성된 첫 번째 화합물이라고 간주된다.

이 이온은 수소 분자의 방사선 붕괴 과정에서 자발적으로 생성되는데, 수소 분자 중 한 원자는 2개의 중성자를 갖는 수소의 동위원소인 삼중수소이다. 10.1절에서 언급한 것처럼 삼중수소는 헬륨-3으로 붕괴된다. 그러므로 이 붕괴 과정에서 하이드라이도헬륨(1+) 이온이 생성된다.

$$HT(g) \rightarrow [HHe]^+(g) + e^-$$

플루오라이도수소화 아르곤

이 책을 쓸 당시에 한 가지 아르곤 화합물 HArF가 합성되어 상당히 규명되었다. 이 화합물은 −255°C에서 아르곤과 플루오린화 수소의 혼합물에 빛을 쪼여주어 생성시켰다. H−Ar과 Ar−F 공유 결합이 생성되었음을 적외선 분광학으로 입증하였으며, 그 구조는 원자가 전자쌍 반발(VSEPR) 이론으로 예측한 것처럼 선형이다(그림 18.1). 불행스럽게도 이 화합물은 −245°C 이상에서 분해된다. 그렇지만 아주 저온에서는 몇 가지의 아르곤 화합물이 존재함을 입증하였다. 이런 화학종들은 태양계의 아주 추운 외행성에 존재할 수 있을 것이다.

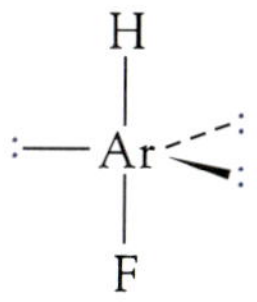

H
:—Ar
F

그림 18.1 하이드로플루오린화 아르곤의 구조

크립톤 화합물

유일하게 알려진 크립톤의 이성분 화합물은 다이플루오린화 크립톤이다. 이 화합물은 −196°C의 자외선하에서 크립톤과 플루오린을 반응시키면 얻어지며, 약 −20°C에서 분해된다. 다이플루오린화 크립톤은 매우 강력한 산화제이다. 예를 들면, 이것은 금속 금을 산화 및 플루오린화시켜 $(KrF)^+[AuF_6]^-$를 만든다. 플루오라이도크립톤 양이온은 꽤 안정하며, Lewis 산으로서의 반응을 일으킨다.

18.4 제논의 플루오린화물

세 가지 플루오린화 제논 모두는 흰색의 고체이고, 실온에서는 분해되지 않는 안정한 화합물이다. 즉, 이들 화합물은 25°C에서 음의 생성 자유 에너지를 갖는다. 앞에서 언급한 바와 같이, 이들의 결합을 설명하기 위해서는 고전적인 개념을 도입할 필요가 없다. 즉, 세 가지 화합물은 잘 밝혀져 있는 폴리플루오린화 아이오딘 음이온과 등전자 화학종이

표 18.4 등전자 할로젠화 제논과 폴리플루오린화 아이오딘 음이온

전자쌍 수	할로젠화 제논	폴리플루오린화 아이오딘
5	XeF_2	IF_2^-
6	XeF_4	IF_4^-
7	XeF_6	IF_6^-

다. 표 18.4는 화합물의 화학식과 중심 원자 주위의 전자쌍의 수를 나타낸 것이다.

다이플루오린화 제논

다이플루오린화 제논은 높은 증기압을 갖는 무색의 기체인데, 메스꺼운 냄새가 난다. 이것은 제논과 플루오린을 1:2의 몰비로 반응시켜 만든다.

$$Xe(g) + F_2(g) \rightarrow XeF_2(s)$$

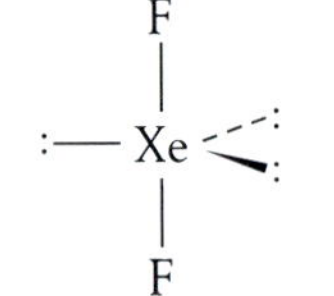

그림 18.2 다이플루오린화 제논의 구조

다이플루오린화 제논의 선형 구조는 세 개의 고립 전자쌍을 갖는 분자에 대한 VSEPR 이론으로 예측한 것과 일치한다(그림 18.2).

다이플루오린화 제논은 물과 반응한다.

$$2\ XeF_2(s) + 2\ H_2O(l) \rightarrow 2\ Xe(g) + O_2(g) + 4\ HF(l)$$

이 플루오린화물은 강력한 플루오린화 시약이다. 예를 들면, 다이플루오린화 제논은 유기 화합물의 이중 결합을 플루오린화시키는 데 사용될 수 있다. 비활성인 제논 기체는 생성물로부터 쉽게 분리시킬 수 있기 때문에 다이플루오린화 제논은 매우 효율적인 플루오린화 시약이다.

$$XeF_2(s) + CH_2 = CH_2(g) \rightarrow CH_2F - CH_2F(g) + Xe(g)$$

테트라플루오린화 제논

테트라플루오린화 제논을 합성하려면, 제논과 플루오린을 약 1:3의 몰비로 반응시킨다.

$$Xe(g) + 2\ F_2(g) \rightarrow XeF_4(s)$$

그림 18.3 테트라플루오린화 제논의 구조

이 분자는 사각 평면 구조를 가지며, 이 구조도 역시 6개의 전자쌍에 대해 VSEPR 예측과 일치한다. 따라서 2개의 고립 전자쌍은 중심의 제논 원자 주위에 놓인다(그림 18.3).

제논의 플루오린화물을 생성시키는 원동력은 무엇일까? 테트라플루오린화 제논을 예로 들어 알아보자. 원소로부터 이 화합물이 생성되는 반응식을 살펴보면, 3몰의 기체로부터 1몰의 고체가 생기므로 엔트로피 변화는 음의 값임을 알 수 있다. 그러므로 음의 자유 에너지는 발열 반응에 대한 음의 엔탈피 변화의 기여로 인한 것이어야 한다. 그림 18.4는 원소들로부터 이 화합물이 생성되는 과정의 엔탈피 순환을 보여 준다. 이 순환 과정에서 2몰의 플루오린 기체(F_2)가 플루오린 원자로 해리되어 4몰의 제논-플루오린 결합을 만들고 생성물인 고체로 된다. 그러므로 이 화합물의 안정도는 비교적 높은 Xe−F 결합 에너지와 플루오린 분자의 낮은 해리 에너지에 의해 영향을 받는 것이 분명하다.

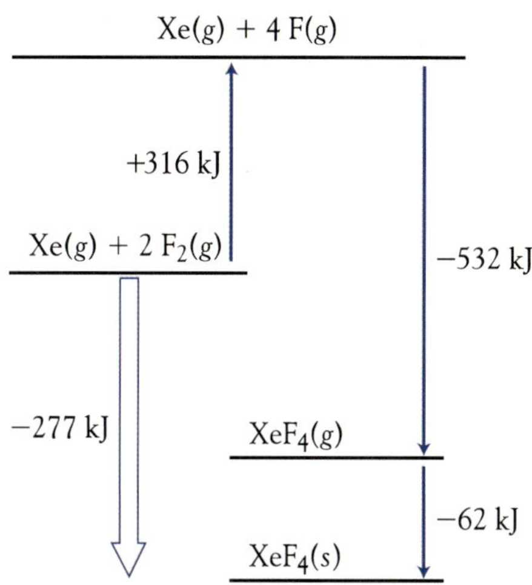

그림 18.4 테트라플루오린화 제논의 생성에 대한 엔탈피 순환

헥사플루오린화 제논

헥사플루오린화 제논은 무색의 고체인데, 진한 노란색 기체로 승화되고, 고압과 고온, 또는 120°C에서 촉매 존재하에서 제조될 수 있다.

$$Xe(g) + 3\ F_2(g) \rightarrow XeF_6(s)$$

제논 원자 주위에는 6개의 결합 전자쌍과 1개의 고립 전자쌍을 가질 것이기 때문에 7개의 결합 방향이 예측된다(1개는 고립 전자쌍이다). 3.4절에서 논의한 것처럼, 세 가지 배열, 오각 쌍뿔, 모자쓴 삼각 프리즘, 모자쓴 팔면체가 가능하다. 실제로, 기체상에서 헥사플루오린화 제논의 구조는 유동적인 고립 전자쌍을 갖는 일그러진 팔면체 배열을 하고 있을 것으로 예측된다(그림 18.5).

그림 18.5 기체상에서 헥사플루오린화 제논의 예측 구조

물을 가하면 헥사플루오린화 제논은 먼저 옥사이도테트라플루오린화 제논, $XeOF_4$(그림 18.6)로 가수분해되고, 이어서 다이옥사이도다이플루오린화 제논으로 가수분해된 다음 최종적으로 삼산화 제논이 된다.

$$XeF_6(s) + H_2O(l) \rightarrow XeOF_4(aq) + 2\ HF(g)$$
$$XeOF_4(aq) + H_2O(l) \rightarrow XeO_2F_2(aq) + 2\ HF(g)$$
$$XeO_2F_2(aq) + H_2O(l) \rightarrow XeO_3(aq) + 2\ HF(g)$$

옥사이도테트라플루오린화 제논은 사각뿔 구조를 갖는데, 짧은 Xe−O 결합은 다중성과 일치한다. VSEPR 개념을 사용하면 구조를 이해할 수 있는데, 1개의 고립 전자쌍은 팔면체의 여섯 번째 결합 방향을 차지할 것으로 예상할 수 있다(그림 18.6).

그림 18.6 옥사이도테트라플루오린화 제논에서의 결합에 대한 가능한 표현

헥사플루오린화 제논으로부터 옥타플루오라이도제논산(VI)을 합성할 수 있다. 예를 들면, 헥사플루오린화 제논과 플루오린화 나이트로실, NOF를 반응시키면 나이트로소늄 양이온, NO^+(N_2 분자와 등전자인)를 포함하는 화합물이 생성된다.

$$XeF_6(s) + 2\ NOF(g) \rightarrow (NO)_2X_2F_8(s)$$

예제 18.1

분자 오비탈 도표를 이용하여 HeH^+가 등전자인 수소 분자처럼 단일 결합을 가질 것임을 규명하시오. He — H 결합의 결합 에너지는 178 kJ · mol^{-1}이고 H — H 결합은 436 kJ · mol^{-1}이다.

해답

분자 오비탈 도표는 아래 그림과 같다(원자 오비탈들에는 각 원자에 대해 1개의 전자가 배정되었다). 헬륨 핵은 2개의 양성자를 갖기 때문에 1s 전자에 대한 인력이 훨씬 더 강하고, 헬륨에 대한 1s 준위는 훨씬 더 낮게 표현되어야 한다. 결합 차수는 수소 분자에서처럼 1이다.

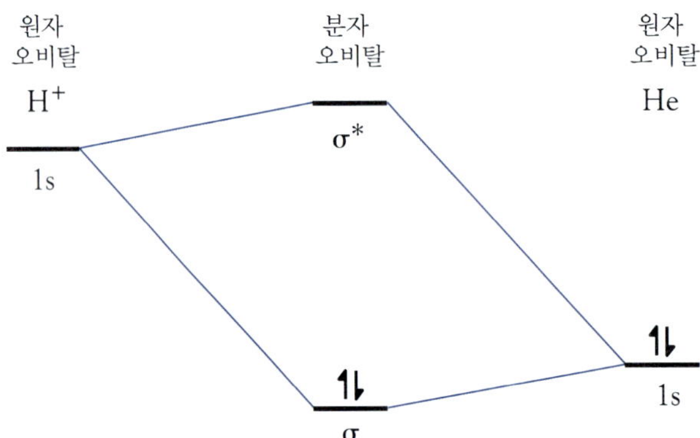

He — H의 결합이 약한 것은 수소와 헬륨 원자 오비탈 간의 에너지 차이가 크기 때문인 것으로 설명할 수 있다. 그래서 생성된 분자 오비탈의 전자쌍은 수소 원자와 어느 정도 공유되기보다는 필연적으로 헬륨 원자에 속해야 한다. 따라서 훨씬 약한 공유 결합이 될 것이다.

예제 18.2

주어진 결합 에너지 자료를 활용하여 다음 반응에 대한 반응 엔탈피를 계산하시오.

$$XeF_4(s) + 2\ SF_4(g) \rightarrow 2\ SF_6(g) + Xe(g)$$

Xe—F	159 kJ · mol^{-1}
SF_4에서의 S—F	340 kJ · mol^{-1}
SF_6에서의 S—F	329 kJ · mol^{-1}

해답

생성 엔탈피를 계산하기 위해 식 $\Delta H^{\ominus} = \Sigma$(결합 파괴) − Σ(결합 생성)을 사용할 수 있다. 4개의 Xe — F 결합과 8개의 S—F(SF_4) 결합이 끊어지고 12개의 S — F(SF_6) 결합이 생성된다. 그러므로 반응 엔탈피는 다음과 같다.

$$[(4 \times 159) + (8 \times 340) - (12 \times 329)]\ kJ \cdot mol^{-1} = -592\ kJ \cdot mol^{-1}$$

18.5 제논의 산화물

제논은 두 가지 산화물, 즉 삼산화 제논과 사산화 제논을 형성한다. 16.5절에서 언급한 바와 같이, 플루오린과 결합한 원소보다는 산소와 결합한 원소가 더 높은 산화 상태에 존재하게 된다. 제논도 마찬가지인데, 가장 높은 산화수를 갖는 플루오린 화합물, XeF_6에서 제논은 +6의 산화수를 갖지만, 가장 높은 산화물, XeO_4에서 제논은 +8의 산화 상태를 갖는다.

이산화 제논

이산화 제논은 오렌지색의 고체인데 쉽게 불균등화 반응을 일으켜 제논과 삼산화 제논이 된다. 이 화합물은 4-배위 제논과 2-배위 산소 원자를 갖는 중합체 구조를 갖는다. 이산화 제논은 지구의 깊숙한 곳에 존재한다. 수십 년 동안 지구 화학자들과 대기 화학자들은 대기 중의 제논 농도가 낮은 이유를 설명하기 위해 노력해왔다. 제논의 일부는 지구 내에서 방사선 붕괴를 통해 생성되는데, 표면으로 확산되는 것이 아니라 지각 내에서 극도의 온도와 압력하에서 사면체 구조로 결합된 규산염 구조의 규소를 치환하는 것으로 추정되고 있다. 극한 조건의 실험을 통해 규산염 및 이산화 규소와 제논의 반응은 실제로 일어날 수 있음이 입증되었다.

삼산화 제논

삼산화 제논은 무색의 조해성 고체이며, 폭발성이 크다. 이 산화물은 반응 속도가 느리기는 하지만, 매우 강력한 산화제이다. VSEPR 이론에 따라 예측하면, 삼산화 제논은 고립 전자쌍 때문에 삼각뿔 구조를 갖는다(그림 18.7). 규소, 인, 황을 다룰 때 언급한 바와 같이, 결합 길이는 어느 정도의 다중 결합 성질이 있음을 나타낸다.

삼산화 제논은 묽은 염기와 반응하여 제논산 수소 이온, $HXeO_4^-$를 만든다. 그러나 이 이온은 안정하지 못하므로, 탈수소화 반응을 일으켜 과제논산 이온, XeO_6^{4-}가 생긴다.

그림 18.7 삼산화 제논 분자에서 나타낼 수 있는 결합

$$XeO_3(s) + OH^-(aq) \rightarrow HXeO_4^-(aq)$$
$$2\,HXeO_4^-(aq) + 2\,OH^-(aq) \rightarrow XeO_6^{4-}(aq) + Xe(g) + O_2(g) + 2\,H_2O(l)$$

사산화 제논

사산화 제논은 노란색의 고체이며 −36°C 이하에서만 안정하다. 이 화합물은 고체 과제논산 바륨에 진한 황산을 가하여 만든다.

$$Ba_2XeO_6(s) + 2\,H_2SO_4(aq) \rightarrow 2\,BaSO_4(s) + XeO_4(g) + 2\,H_2O(l)$$

제논의 산화 상태가 과제논산처럼 +8인 이 산화물도 폭발성을 갖는 기체이며, 사면체 구조임이 규명되었다(그림 18.8). 이 기하 구조는 VSEPR 이론으로 예측된 것이다. 삼산화 제논과 마찬가지로 Xe—O 결합에서 어느 정도의 다중 결합 성질이 존재한다. 9.4절에서는 18족의 사산화 제논과 8족의 산화 오스뮴(VIII)의 유사성을 알아보았다.

그림 18.8 사산화 제논 분자에서 나타낼 수 있는 결합

18.6 제논의 다른 화합물

플루오린과 산소 이외의 원소와 결합한 비활성 기체 화합물을 찾는 것은 화학자들에게는 강박관념처럼 되어 버렸다. 다음은 이들 중의 두 가지, 펜타플루오로페닐제논플루오라이드(pentafluorophenylxenonfluoride)와 테트라제논금(tetraxenongold)(II) 이온에 대한 설명이다.

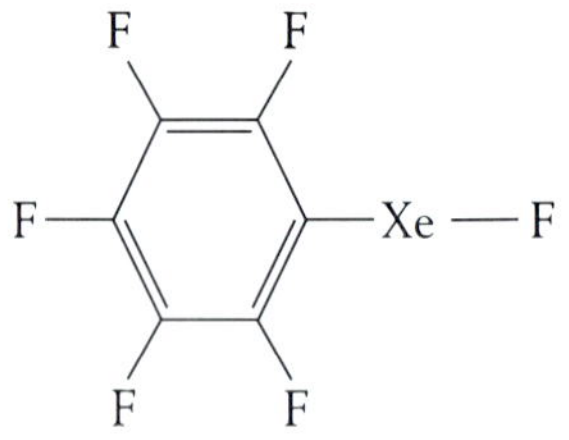

F F F Xe — F F F

그림 18.9 C_6F_5XeF 분자의 구조

펜타플루오로페닐제논플루오라이드

제논-탄소 결합을 포함하는 제논 화합물 중에서 가장 안정한 화합물은 펜타플루오로페닐제논플루오라이드이다(그림 18.9). 이 화합물은 다른 유기제논 화합물을 만들 때 출발 물질로 사용된다.

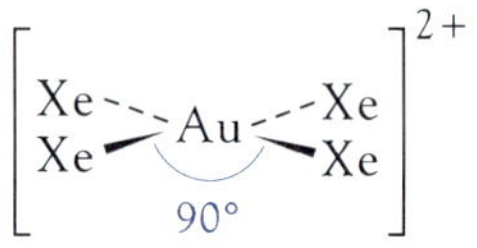

Xe Xe Au Xe Xe 90° 2+

그림 18.10 $[AuXe_4]^{2+}$ 이온의 구조

테트라제논금(II) 이온

가장 경이로운 제논 함유 화합물은 짙은 붉은색 이온인 $[AuXe_4]^{2+}$이다(그림 18.10). 사각 평면 구조를 갖는 이 양이온은 $[Sb_2F_{11}]^{2-}$와 같은 매우 큰 플루오린 함유 음이온에 의해 안정화된다.

18.7 생물학적 특성

생물학적 역할이 양성인 비활성 기체는 없다. 그러나 라돈은 건물 내부에 축적되기 때문에 최근 들어 관심의 대상이 되었다. 라돈은 붕괴 과정에서 방사선을 내며, 이 방사선은 건강에 상당한 해를 끼친다. 라돈의 동위원소는 우라늄과 토륨의 붕괴 과정에서 생긴다. 그중에서 반감기가 3.8일로 충분히 긴 라돈-222만이 중대한 문제를 일으키는데, 이 방사성 동위원소는 우라늄-238의 붕괴 과정에서 생긴다. 이 과정은 바위와 토양에서 항상 일어나고 있으며, 생성된 라돈은 대기 중으로 확산된다.

그러나 주택의 지하에서 생성된 라돈은 콘크리트 층의 균열과 지하실 벽으로 스며들게 되며, 이 과정은 집 내부의 압력이 외부 압력보다 낮을 때 더 잘 일어난다. 이러한 압력의 차이는 환풍기, 세탁물 건조기, 다른 기기 장치가 공기를 집 밖으로 배출시킬 때 생긴다. 또한 요즘은 보온과 냉방 때문에 공기를 잘 차단하게끔 집을 짓고 있기 때문에 집 내부의 라돈과 집 밖의 신선한 공기 간의 교환이 잘 이루어지지 않는다. 기존 가정의 경우 두 가지 해결 방법이 사용된다. 첫째, 지하실을 계속해서 환기시켜준다. 둘째, 지하실 바닥 아래에 배수 타일을 설치하고, 이것을 외부의 환기 팬에 연결시킨다. 후자의 설계는 집의 '밀폐된' 공간을 외부와 통풍시키는 것이기 때문에 에너지 효율이 더 높아진다.

실제로 문제가 되는 것은 라돈이 아니라 라돈의 붕괴로 생기는 폴로늄-218과 같은 고체 방사성 동위원소들이다. 이들 고체 입자들은 폐에 부착되어 α와 β 입자를 방출하므로, 세포를 파괴하여 폐암을 일으킬 수도 있다.

18.8 원소 반응 경로도

경로도는 비활성 기체 중에서 유일하게 화학 반응을 하는 제논에 대해 나타내었다.

$$XeF_4 \xleftarrow{2F_2} Xe \xrightarrow{Xs\ F_2} XeF_6 \xrightarrow{H_2O} XeOF_4 \xrightarrow{H_2O} XeO_3 \xrightarrow{OH^-} HXeO_4^- \xrightarrow{OH^-} XeO_6^{4-} \xrightarrow{Ba^{2+}} Ba_2XeO_6 \xrightarrow{H_2SO_4} XeO_4$$

$$Xe \underset{H_2O}{\overset{F_2}{\rightleftharpoons}} XeF_2$$

핵심개념

- 헬륨이나 네온의 안정한 화합물은 아직까지 합성되지 않았다.
- 제논의 세 가지 플루오린화물은 강력한 플루오린화 시약이다.
- 제논의 두 가지 산화물은 강력한 산화제이다.

연습문제

18.1 다음 화학 반응에 대한 반응식의 균형을 맞추시오.
(a) 제논과 플루오린 분자(F_2)(몰비 1:2)
(b) 테트라플루오린화 제논과 트라이플루오린화 인

18.2 다음 화학 반응에 대한 반응식의 균형을 맞추시오.
(a) 다이플루오린화 제논과 물
(b) 고체 과제논산 바륨과 황산

18.3 비활성 기체의 물리적 성질에서 나타나는 경향성을 설명하시오.

18.4 유리창의 단열층으로 제논(0°C에서 열전도도 $0.005\ J \cdot s^{-1} \cdot m^{-1} \cdot K^{-1}$)보다 아르곤(0°C에서 열전도도 $0.017\ J \cdot s^{-1} \cdot m^{-1} \cdot K^{-1}$)이 더 많이 사용되는 이유는 무엇인가?

18.5 헬륨의 특이한 성질은 무엇인가?

18.6 비활성 기체 화합물이 존재할 것으로 예상되는 이유는 무엇인가?

18.7 밝은 녹색 이온, Xe_2^+가 규명되었다. 이 이온에 대한 결합 차수를 밝히고, 결합이 존재하는 이유를 설명하시오.

18.8 XeF^+ 이온이 알려졌다. 이 이온에 대한 전자점 구조식을 그리시오. 할로젠 간 화합물과 비교하였을 때, 이 이온은 존재할 수 있는가?

18.9 제논-플루오린 화합물의 생성 과정에서 중요한 열역학적 요인은 무엇인가?

18.10 테트라플루오린화 제논의 생성에 대한 $\Delta_f G^\ominus = -121.3\ kJ \cdot mol^{-1}$이고, $\Delta_f H^\ominus = -261.5\ kJ \cdot mol^{-1}$이다. 이 화합물의 표준 생성 엔트로피 값을 계산하시오. 엔트로피 변화의 부호가 음이 되는 이유를 설명하시오.

18.11 다음 자료를 이용하여 사염화 제논의 생성에 대한 엔탈피를 추측하시오. 결합 에너지(Xe−Cl) = $86\ kJ \cdot mol^{-1}$, 고체 사염화 제논의 승화 엔탈피 = $60\ kJ \cdot mol^{-1}$. 더 필요한 자료는 부록의 다른 자료 표를 이용하시오.

18.12 크립톤의 몇 가지 알려진 화합물 중의 하나는 다이플루오린화 크립톤, KrF_2이다. 부록의 자료를 이용하여 이 화합물의 생성 엔탈피를 계산하시오(Kr−F의 결합 에너지는 $50\ kJ \cdot mol^{-1}$이다).

18.13 Xe−O 결합이 (a) 단일 결합, (b) 이중 결합인 경우에 대하여 $XeOF_4$의 전자점 구조를 그리시오. 형식 전하를 근거로 어느 것이 더 안정한 구조인지 예측하시오.

18.14 다음 이온의 구조를 결정하시오.
(a) XeF_3^+ (b) XeF_5^+ (c) XeO_6^{4-}

18.15 연습문제 18.14 화합물 각각에서의 제논의 산화수를 밝히시오.

18.16 다음 특성에 맞는 비활성 기체를 쓰시오.
(a) 가장 낮은 온도의 액체 냉각제
(b) 가장 저렴한 대기 비활성제
(c) 전구에 사용되는 이온화 에너지가 가장 낮은 기체

18.17 화학식이 $MXeF_7$인 일련의 화합물을 만들 수 있다. 여기서 M은 알칼리 금속 이온이다. 가장 안정한 화합물을 만들기 위해서는 어떤 알칼리 금속 이온이 사용되어야 하는가?

18.18 제논은 +8의 산화 상태에서는 산소와 화합물을 만들지만, 플루오린과 화합물을 만들 때의 산화 상태는 +6까지만 존재하는 이유를 설명하시오.

18.19 다이플루오린화 크립톤과 금이 반응하여 $(KrF)^+(AuF_6)^-$가 생성되는 반응에 대한 화학 반응식의 균형을 맞추시오.

18.20 라돈이 건강에 해로운 이유를 간단히 설명하시오.

18.21 18.8절의 원소 반응 경로도의 각 반응에 대한 화학 반응식의 균형을 맞추시오.

응용문제

18.22 $XeCl_2$가 XeF_2보다 훨씬 덜 안정한 이유는 무엇인가?

18.23 다이플루오린화 제논은 펜타플루오린화 안티모니, SbF_5와 반응하여 전기 전도성 용액이 된다. 이 반응에 대한 화학 반응식을 쓰시오.

18.24 $H_4XeO_6(aq)/XeO_3(aq)$의 환원 반쪽 반응에 대한 환원 전위는 +2.3 V인 데 비하여, $XeO_3(aq)/Xe(g)$의 환원 반쪽 반응에 대한 값은 +1.8 V이다. 다음 반쪽 반응에 대한 반쪽 전지 전위를 계산하시오.

$$8\,H^+(aq) + H_4XeO_6(aq) + 8\,e^- \rightarrow Xe(g) + 6\,H_2O(l)$$

18.25 끈질긴 노력에도 불구하고 다이플루오린화 아르곤이 합성되지 않았다는 사실은 아르곤-플루오린 결합이 매우 약하다는 것을 의미한다. 이론적인 엔탈피 순환을 사용하여 Ar−F 결합이 가질 수 있는 대략적인 최대 결합 에너지를 계산하시오. 다이플루오린화 아르곤의 생성은 엔트로피 요인을 선호하기 때문에 일어나는가 아니면 엔탈피 요인을 선호하기 때문에 일어나는가? 그 이유를 설명하시오.

전이 금속 착물

19장

전이 금속의 뚜렷한 특징은 엄청나게 다양한 화합물이 존재한다는 것이다. 이 장에서는 전이 금속이 다양한 화합물을 만들 수 있는 방법을 알아보고, 이들 화합물의 명명법을 소개하며, 이러한 다양성을 설명하기 위해 사용되는 결합 이론을 고찰한다. 또한 굳은-무른 산-염기 개념을 전이 금속 화합물의 측면에서 알아볼 것이다.

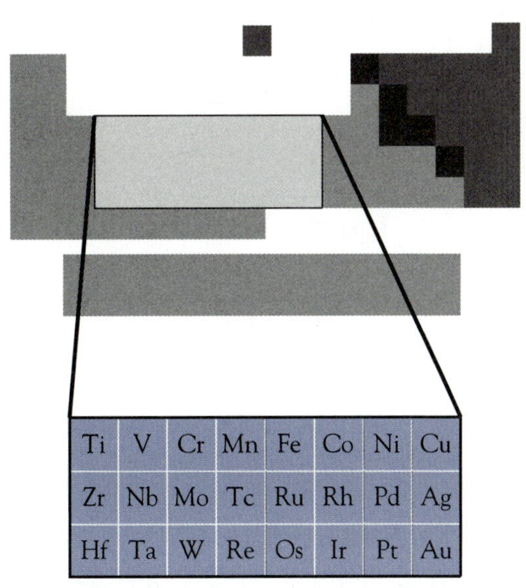

컨텍스트: 백금 착물과 암의 치료

기술을 적용하는 것과 동일한 방식으로 과학적 연구가 진행된다는 것으로 잘못 인식하고 있는 경우가 허다하다. 기술은 목표가 정해져 있고, 올바른 해법들이 알려진 것이다. 그러나 과학에서는 아직 밝혀지지 않은 대상으로부터 기대하지 않았던 현상을 관찰하게 된다. 1965년 미시간 주립대학의 Barnett Rogenberg는 전기장이 박테리아의 성장 속도에 미치는 영향을 연구하고 있었다. Barnett와 그의 공동 연구자들은 전기장 내에서 박테리아가 분할을 하지 않고도 성장한다는 놀라운 사실을 알게 되었다. 그래서 이 연구진은 박테리아가 분할을 하지 않고도 성장할 수 있는 조건을 찾기 위해 pH와 온도 등을 변화시켜 가며 많은 관찰을 하였다. 전하를 발생시키기 위해 사용한 전극도 관찰 대상에서 제외시킬 수는 없었다. 이 전극은 반응성이 전혀 없는 것으로 알려져 있는 백금으로 만든 것이었다.

그러나 관찰 결과는 백금 금속의 일부가 산화되어 박테리아의 기형적인 성장을 일으키는 산화 반응 생성물은 다이암민다이클로로백금(II), $[PtCl_2(NH_3)_2]$ 분자로 되었음을 나타내었다. 또한 *cis* 기하 이성질체만 이 현상에 대한 활성을 나타내었다(19.4절 참조). 이와 같은 백금 화합물의 생물학적인 활성은 전혀 예상 밖의 일이었다. 이 화합물들은 세포의 분할을 방해하였기 때문에 항암제로서의 활성을 시험하였는데, *cis*-$[PtCl_2(NH_3)_2]$ 화합물이 우수한 효과를 나타내는 것으로 나타났다. 현재, 이 화합물은 **시스플라틴**(*cisplatin*)이라는 이름으로 암치료에 사용되고 있다. 화합물의 효능은 *cis*-$(H_3N)_2Pt$ 단위가 DNA 단위에 결합하여, 더 이상의 DNA 합성을 방해하기 때문에 나타나는 것으로 알려져 있다. 다음 그림은 $(H_3N)_2Pt$의 교차 결합이 각 줄기에 있는 질소 원자에 결합되어 있는 것을 보여 준다.

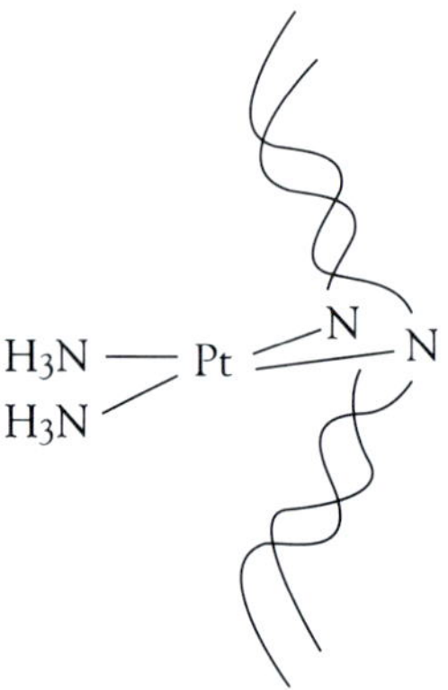

DNA 가닥에 결합된 시스플라틴의 교차 결합

시스플라틴은 종양의 성장을 방해하는 새로운 방법을 찾는 데 돌파구가 되었지만, 때로는 심각한 부작용이 나타났고, 반복해서 복용했을 경우 효과가 감소하였다. 그래서 화학자들은 백금에 첨가될 수 있으면서, 더 낮은 독성을 갖거나 다른 개선된 결과를 낼 수 있는 다른 화합물(**리간드**라고 함, 19.2절 참조)을 찾게 되었다. 원했던 대로, 다른 화학종에 대해 염화 리간드를 교체했을 때 새로운 가능성이 열렸다. 독성이 덜한 새로운 화합물 중의 하나인 카보플라틴의 구조는 아래 그림과 같다.

항암제, 카보플라틴의 구조

19.1 전이 금속

d-구역 원소(*d-block element*)와 **전이 금속**(*transition metal*)을 같은 의미로 사용하는 경우가 많지만, 엄밀히 말하자면 올바른 것이 아니다. 무기 화학자들은 전이 금속이란 용어를 외곽의 d 오비탈이 완전히 채워지지 않는 간단한 이온을 최소한 1개 가지는 원소에 국한하여 사용한다. 예를 들면, 크로뮴은 두 가지 산화 상태(드물기는 하지만 다른 여러 가지 산화 상태도 갖는다)를 갖는다. +3인 산화 상태는 부분적으로 채워진 d 오비탈을 가지며, +6인 산화 상태는 완전히 비어 있는 d 오비탈을 갖는다. 따라서 크로뮴은 전이 금속이다. 3d 전자보다 4s 전자가 먼저 떨어져 나감을 잘 기억해야 한다.

원자	전자 배치	이온	전자 배치
Cr	$[Ar]4s^1 3d^5$	Cr^{3+}	$[Ar]3d^3$
		Cr^{6+}	[Ar]

3족의 배제

스칸듐의 공통 산화 상태는 +3뿐이다. 이 상태는 완전히 비어 있는 d 오비탈을 갖기 때문에 스칸듐(그리고 다른 3족 원소)은 전이 금속에서 배제된다. 9.4절에서 설명한 것처럼 실제로 스칸듐은 주족 알루미늄과 성질이 매우 비슷하다. 3족 원소는 화학적 성질이 4f-구역 원소와도 비슷하기 때문에 24장에서 함께 다룰 것이다.

원자	전자 배치	이온	전자 배치
Sc	$[Ar]4s^2 3d^1$	Sc^{3+}	[Ar]

12족의 배제

d 구역의 끝에 있는 원소들은 주어진 산화 상태에서 d 오비탈이 완전히 채워진다. 12족 원소(아연, 카드뮴, 수은)가 이 범주에 속한다. 이들의 공통 산화수는 +2이다. 그러므로 이들 원소는 전이 금속이 아니다. 그러므로 12족 원소들은 22장에서 다룰 것이다.

원자	전자 배치	이온	전자 배치
Zn	$[Ar]4s^2 3d^{10}$	Zn^{2+}	$[Ar]3d^{10}$

7주기 전이 원소

러더포듐(104번 원소)에서 뢴트게늄(111번 원소)까지의 원소들도 전이 금속이다. 하지만 이들은 모두 수명이 짧은 방사성 원소들이기 때문에 악티늄족 금속과 함께 다룰 것이다 (24장 참조). 전이 금속에 해당되는 원소들은 그림 19.1에 나타내었다.

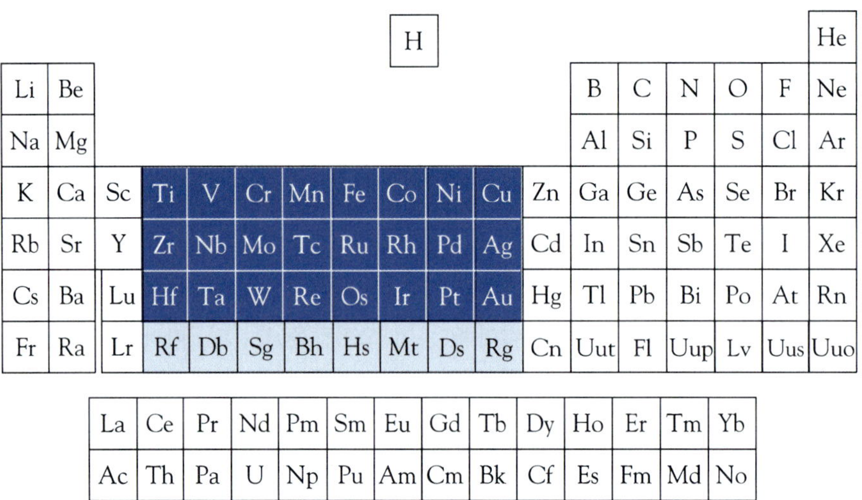

그림 19.1 주기율표. 진한 푸른색 영역은 전이 금속을 나타내고, 연한 푸른색 영역은 후악티늄족 금속을 나타낸다.

예제 19.1

Fe^{3+} 이온의 전자 배치를 예측하시오.

해답

Fe의 전자 배치는 $[Ar]4s^2 3d^6$이다.

3개의 전자를 제거하면 Fe^{3+}가 생성되고 전자 배치는 $[Ar]3d^5$가 된다.

19.2 전이 금속 착물

전이 금속 이온은 다른 이온이나 분자와 쉽게 공유 결합을 만들기 때문에, 전이 금속 이온 그 자체로만 존재하는 경우는 드물다. 전이 금속 이온이 다른 화학종과 공유 결합을 이룬 상태를 **착물**(*complex*)이라고 한다. 전이 금속은 다양한 금속 착물을 다룬다.

전이 금속은 결합할 수 있는 특정한 수의 분자나 이온을 갖는다. 이 수를 금속 이온의 **배위수**(*coordination number*)라고 하며, 보통 4 또는 6의 값을 갖는다. 중심 금속 이온과 공유 결합을 형성하는 분자나 이온을 **리간드**(*ligand*)라고 한다.

백금(II)과 암모니아, 염화 이온 및 포타슘 이온으로 이루어진 일련의 화합물들은 이 개념을 이해하기에 가장 좋은 예 중의 하나이다. 표 19.1은 이들 화합물을 나타낸 것이다. 이 화합물들의 용액에 대해 전기 전도도를 측정하거나 질산 은 용액을 사용하여 중

표 19.1 백금(II) 착물들의 화학식과 구조

조성	이온수	현대 화학식
$PtCl_2 \cdot 4NH_3$	3	$[Pt(NH_3)_4]Cl_2$
$PtCl_2 \cdot 3NH_3$	2	$[PtCl(NH_3)_3]Cl$
$PtCl_2 \cdot 2NH_3$	0	$[PtCl_2(NH_3)_2]$(두 가지 형태)
$KPtCl_3 \cdot NH_3$	2	$K[PtCl_3(NH_3)]$
K_2PtCl_4	3	$K_2[PtCl_4]$

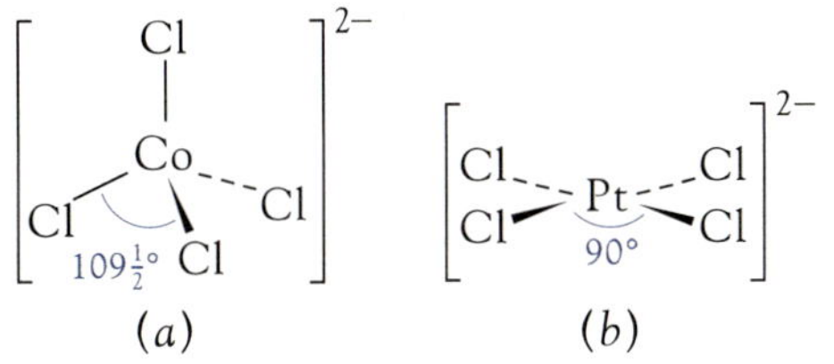

그림 19.2 (a) 테트라클로로코발트(II)산 이온의 사면체 구조, (b) 테트라클로로백금(II)산 이온의 사각 평면 구조.

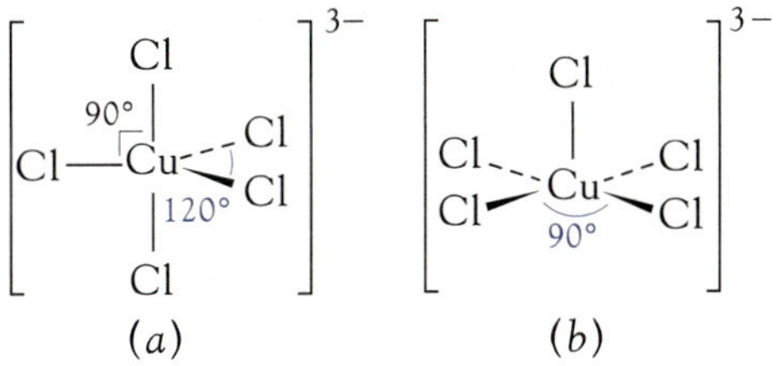

그림 19.3 펜타클로로구리(II)산 이온의 두 가지 입체화학적 배열; (a) 삼각 쌍뿔, (b) 사각뿔.

량 분석을 하면 화합물의 다중성을 잘 이해할 수 있다. 그러므로 첫 번째 화합물에서 용액에 3개의 이온이 존재한다는 것과 2몰의 염화 은 침전이 생긴다는 것은, 두 염화 이온이 백금과 공유 결합을 형성하지 않는 경우에만 설명이 가능하다. 두 번째 착물에서 2개의 이온이 존재하고 염화 은으로 침전될 수 있는 자유 염화 이온이 1몰밖에 없다는 것은, 오직 1개의 염화 이온만 이온 결합성이고 다른 화학종들은 백금의 배위권에 속해 있음을 의미한다. 다른 화합물도 마찬가지 방법으로 설명할 수 있다.

19.3 입체화학

전이 금속 착물은 여러 가지 모양을 가진다. 4개의 리간드가 결합한 경우에는 사면체나 사각 평면 구조를 나타낸다. 4주기 전이 금속 착물은 주로 사면체 구조를 가지지만, 5주기와 6주기 전이 금속 계열에서는 사각 평면 구조가 더 많이 나타난다. 그림 19.2*a*는 테트라클로로코발트(II)산[tetrachloridocobaltate(II)] 이온, $[CoCl_4]^{2-}$의 사면체 기하 구조를 보인 것이고, 그림 19.2*b*는 테트라클로로백금(II)산[tetrachloridoplatinate(II)] 이온, $[PtCl_4]^{2-}$의 사각 평면 구조를 나타낸 것이다.

5개의 리간드가 결합된 간단한 착물은 몇 가지밖에 없다. 그러나 4개의 리간드가 결합된 경우와 같이 이들 착물은 두 가지 기하 구조, 즉 삼각 쌍뿔과 사각뿔 구조를 취할 수 있다(그림 19.3). 펜타클로로구리(II)산[pentachloridocuprate(II)] 이온, $[CuCl_5]^{3-}$은 고체 상에서 두 가지 구조 모두를 가질 수 있기 때문에 이 두 가지 배열 간의 에너지 차이는 매우 작아야 하며, 어떤 구조를 취할지는 양이온의 성질에 따라 결정된다.

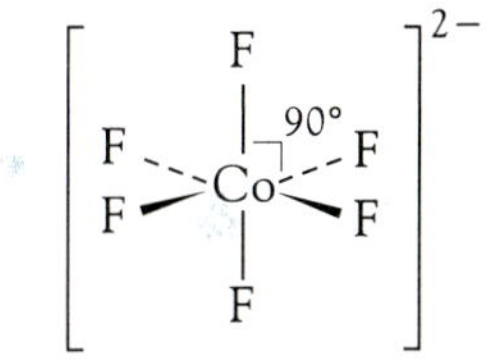

가장 흔한 배위수는 6이며, 이 경우 착물은 거의 모두가 팔면체 배열을 갖는다. 헥사플루오로코발트(IV)산[hexafluoridocobaltate(IV)] 이온, $[CoF_6]^{2-}$에 대한 팔면체 배열을 그림 19.4에 나타내었다. 코발트 화합물에서 코발트의 산화수는 대개 +2와 +3이다. 17.2절에서 설명한 것처럼 비정상적으로 높은 산화수인 +4를 갖게 만들려면 플루오린화 이온을 사용하여야 한다.

그림 19.4 팔면체 헥사플루오로코발트(IV)산 이온

리간드

앞에서 언급한 것처럼, 금속 이온과 결합한 원자, 분자, 이온을 리간드라고 한다. 대부분의 리간드는 물이나 염화 이온처럼 각각이 1개의 배위 자리를 차지한다. 이들 화학종을 **한자리**(*monodentate*) 리간드라고 한다(그리스어로 '하나의 이'를 뜻함).

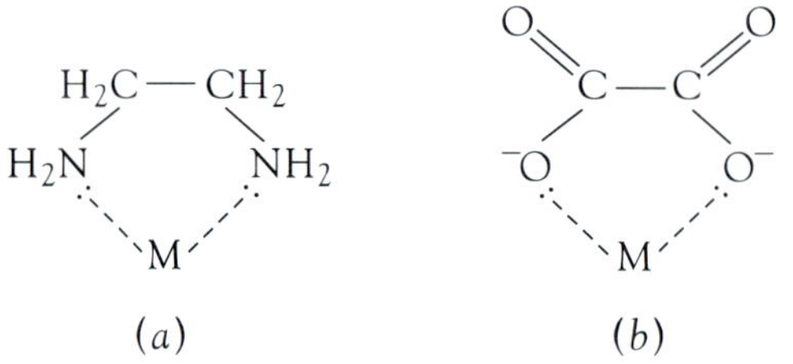

그림 19.5 (a) 1,2-다이아미노에테인 분자 $H_2NCH_2CH_2NH_2$와 (b) 옥살산 이온 $^-O_2CCO_2^-$. 금속에 배위되는 원자들은 금속 M과의 점선으로 나타내어 결합이 어떻게 일어나는지 보여 준다.

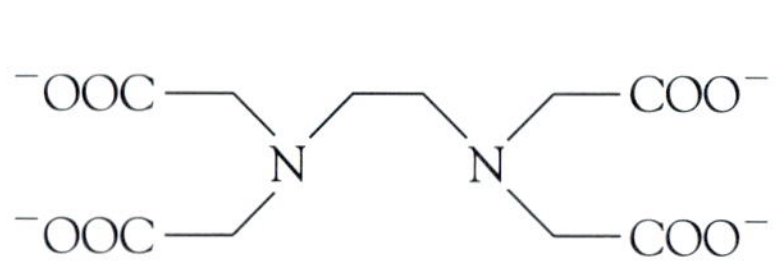

그림 19.6 에틸렌다이아민테트라아세테이트 이온의 구조

1,2-다이아미노에테인, $H_2NCH_2CH_2NH_2$(**에틸렌다이아민**이라고 하며 'en'으로 줄여 표기한다)과 옥살산 이온, $^-O_2CCO_2^-$처럼 두 결합 자리를 차지하는 분자나 이온도 더러 있다. 이들은 **두자리**(*bidentate*) 리간드라고 한다(그림 19.5).

더 복잡한 리간드도 합성될 수 있으며, 셋, 넷, 다섯, 여섯 개의 배위 자리를 차지할 수도 있을 것이다. 이들 화학종은 각각 **세자리**(*tridentate*), **네자리**(*tetradentate*), **다섯자리**(*pentadentate*), **여섯자리**(*hexadentate*) 리간드라고 한다. 가장 잘 알려진 여섯자리 리간드는 약자로 $(edta)^{4-}$로 표기되는 에틸렌다이아민테트라아세테이트(ethylenediaminetetraacetate) 이온, $^{-2}(OOC)_2NCH_2CH_2N(COO)^{2-}$이다(그림 19.6). 금속 이온과 두자리 이상의 결합을 형성하는 리간드는 **킬레이트**(*chelating*) 리간드라고 한다(그리스어로 *chelos*는 '집게발 같은'이란 뜻이다).

리간드와 전이 금속의 산화 상태

전이 금속의 또 다른 공통적인 특징은 여러 가지 산화 상태를 갖는 것이다. 전이 금속의 산화 상태는 리간드의 성질과 밀접한 관련이 있다. 즉, 다양한 형태의 리간드는 낮은 산화 상태, 정상적인 산화 상태, 또는 높은 산화 상태를 안정화시킨다.

1. **낮은 산화 상태를 안정화시키는 리간드.** 특별히 금속의 낮은 산화 상태를 안정화시키는 대표적인 두 가지 리간드는 일산화 탄소 분자와 이 분자와 등전자 화학종인 사이안화 이온이다. 예를 들면, $[Fe(CO)_5]$에서 철의 산화수는 0이다.
2. **정상적인 산화 상태를 안정화시키는 리간드.** 대부분의 리간드, 즉 물, 암모니아, 할로젠화 이온이 이 범주에 속한다. 예를 들면, $[Fe(H_2O)_6]^{2+}$와 $[Fe(H_2O)_6]^{3+}$에서 철은 +2와 +3의 공통 산화 상태를 나타낸다. 정상적인 산화 상태를 갖는 사이안화 착물도 많이 있다. 사이안화 이온은 유사 할로젠화 이온이기 때문에(17.12절에서 논의한 것처럼) 할로젠화 이온처럼 행동하는 것이 당연하다.
3. **높은 산화 상태를 안정화시키는 리간드.** 비금속과 마찬가지로 전이 금속은 플루오린화 이온 및 산화 이온과 착물을 형성할 때에는 높은 산화 상태만을 갖는다. 헥사플루오라이도코발트(IV)산 이온, $[CoF_6]^{2-}$은 한 가지 예이다. 테트라옥사이도철(VI)산 이온, $[FeO_4]^{2-}$에서 산화 이온은 철의 비정상적인 산화 상태인 +6의 산화 상태를 안정화시킨다.

19.4 전이 금속 착물의 이성질화

배위 화학 역사의 초기에는 같은 화학식을 갖지만, 성질이 다른 화합물의 쌍이 존재한다는 사실 때문에 무기 화학자들은 매우 당혹스러웠다. Werner는 성질이 다르면 구조적 배열도 달라진다는 사실(이성질체)을 처음으로 알았다. 이성질체는 구조 이성질체와 입체 이성질체로 분류할 수 있다. **입체 이성질체**(*stereoisomer*)의 경우 금속 이온과의 결합들은 동일하지만 **구조 이성질체**(*structural isomer*)에서의 결합은 다르다. 이러한 범주는 그림 19.7에 나타낸 것처럼 더 세분화된다.

구조 이성질 현상

구조 이성질 현상은 **결합 이성질 현상**, **이온화 이성질 현상**, **수화 이성질 현상**, **배위 이성질 현상**의 네 가지 형태가 있다. 이온화와 수화 이성질 현상은 두 가지 경우에서 차이를 만드는 것이 모두 리간드의 동일성 여부이므로, 때로는 **배위권 이성질 현상**(*coordination sphere isomerison*)으로 분류되기도 한다.

1. **결합 이성질 현상**(*linkage isomerism*). 어떤 리간드들은 한 가지 이상의 원자를 통하여 결합을 형성할 수 있다. 예를 들어 싸이오사이안산 이온, NCS^-는 질소나 황을 통해 결합을 형성할 수 있다. 이 특별한 양쪽자리 리간드는 중간 영역 염기이기 때문에 (7.7절 참조) 리간드의 결합 자리는 금속 이온의 굳은-무른 산 특성에 따라 달라진다. 결합 이성질 현상의 전형적인 예는 아질산 이온인데, 이 이온은 질소 원자, $-NO_2$[**나이트로**(*nitro*)로 나타냄]나 산소 원자, $-ONO$[**나이트리토**(*nitrito*)로 나타냄]를 통해 결합을 형성할 수 있다. 펜타암민코발트(III) 착물, $Co(NH_3)_5Cl_2(NO_2)$는 두 이성질체가 서로 다른 색을 갖기 때문에 이 이성질 현상을 잘 나타낸다. 이들 중 한 가지는 붉은색을 띠는데, 아질산 이온의 산소 원자 중의 하나가 코발트(III) 이온에 결합된 $[Co(ONO)(NH_3)_5]^{2+}$를 포함한다(그림 19.8*a*). 다른 이성질체는 노란색을 띠는데, 질소 원자가 코발트(III) 이온에 결합된 $[Co(NO_2)(NH_3)_5]^{2+}$를 포함한다(그림 19.8*b*).
2. **이온화 이성질 현상**(*ionization isomerism*). 이온화 이성질체는 용액에 용해되었을 때 다른 이온을 생성한다. 전형적인 예는 $Co(NH_3)_5Br(SO_4)$이다. 바륨 이온이 적자색의 용액에 가해지면 황산 바륨의 흰색 침전이 생긴다. 은 이온이 가해지면 아무런 변화도

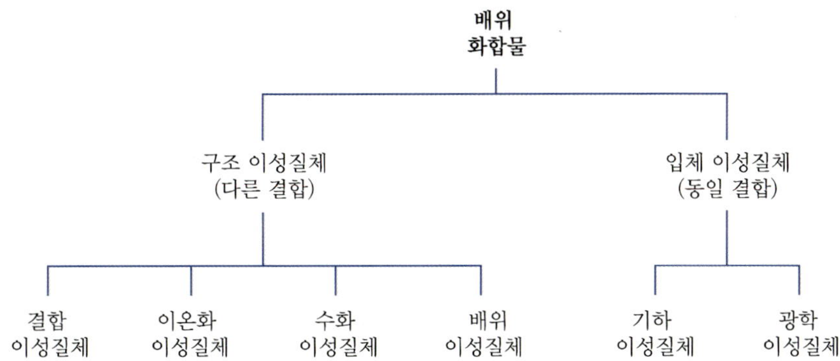

그림 19.7 이성질체의 분류

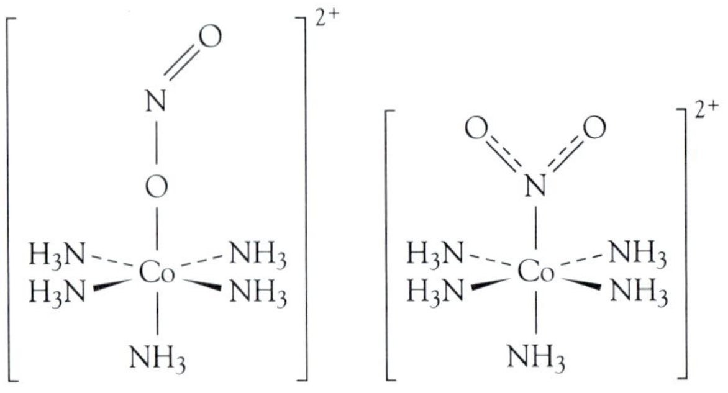

그림 19.8 아질산화 펜타암민코발트(III) 착물에 대한 결합 이성질체. (a) 나이트리토 형태, (b) 나이트로 형태.

이루어지지 않는다. 그러므로 착이온은 이온 결합성 황산 이온을 갖는 $[CoBr(NH_3)_5]^{2+}$의 화학식을 가져야 한다. 그러나 붉은색의 용액에서는 바륨 이온의 침전이 생기지 않으며, 대신 은 이온을 가할 때 크림색의 침전이 생긴다. 그러므로 이 착이온은 이온 결합성 브로민화 이온을 갖는 $[CoSO_4(NH_3)_5]^+$의 화학식을 가져야 한다.

3. **수화 이성질 현상**(*hydration isomerism*). 수화 이성질 현상은 두 이성질체에 대해 리간드의 동일성이 다르다는 점에서 이온화 이성질 현상과 매우 비슷하다. 그러나 이 경우에는 이온의 형태가 다르다는 것이 아니라 배위된 물 분자의 비율이 이성질체에 따라 달라진다. 가장 좋은 예는 $CrCl_3 \cdot 6H_2O$인데, 세 가지 구조 이성질체가 존재한다. 자주색은 6개의 물 분자가 배위된 것이고, 정확히 $[Cr(OH_2)_6]^{3+}(Cl^-)_3$의 식으로 나타낼 수 있다. 이 착물에 대한 증거는 용액에서 3개의 염화 이온이 은 이온에 의해 침전으로 떨어진다는 것이다. 연한 초록색 형태에서 염화 이온 중의 하나는 은 이온에 의해 침전으로 떨어지지 않으며, $[CrCl(OH_2)_5]Cl_2 \cdot H_2O$로 나타난다. 마지막 화학종은 은 이온에 의해 오직 1개의 염화 이온만 침전되는 짙은 초록색 형태이며, 구조는 $[CrCl_2(OH_2)_4]Cl \cdot 2H_2O$이다.
4. **배위 이성질 현상**(*coordination isomerism*). 배위 이성질 현상은 양이온과 음이온 모두가 착이온일 경우 나타난다. 리간드들은 양이온과 음이온 사이에서 교환이 가능하기 때문에 배위되는 리간드가 달라지게 된다. 예를 들면, $[Cr(NH_3)_6]^{3+}[Co(CN)_6]^{3-}$와 $[Co(NH_3)_6]^{3+}[Cr(CN)_6]^{3-}$는 배위 이성질체이다.

입체 이성질 현상

무기 입체 이성질체의 두 가지 형태인 **기하 이성질체**(*geometric isomer*) 및 **광학 이성질체**(*optical isomer*)는 유기 화학에서 접하게 되는 입체 이성질체와 같은 개념이다. 그러나 유기 탄소 화합물의 광학 이성질체는 사면체 환경에서 주로 나타나지만, 무기 화학에서는 팔면체 구조를 갖는 금속 이온에서 흔히 나타난다.

1. **기하 이성질 현상**(*geometric isomerism*). 무기 기하 이성질체(geometric isomer)는 탄소-탄소 이중 결합을 갖는 유기 기하 이성질체와 비슷하다. 기하 이성질체는 같은 금속 M과 결합한 다른 종류의 리간드 A와 B를 가져야 한다. 사각 평면 화합물에서는 $[PtCl_2(NH_3)_2]$와 같은 MA_2B_2 형태의 화합물에서 기하 이성질 현상이 나타난다. *cis*란 용어는 같은 종류의 리간드가 이웃한 이성질체에 사용되고, *trans*란 용어는 같은 종류

의 리간드가 서로 반대편에 자리한 이성질체를 말한다(그림 19.9). 기하 이성질체는 MA_2BC 형태의 사각 평면 착물에서도 존재할 수 있는데, 리간드 A가 서로 이웃하고 있으면 *cis*가 되고, *trans* 이성질체는 리간드 A가 서로 반대쪽에 위치할 경우이다.

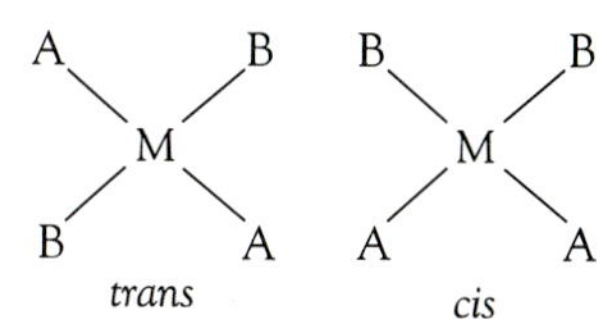

그림 19.9 사각 평면 구조의 MA_2B_2 배열에 대한 기하 이성질체

기하 이성질체가 가능한 두 가지 종류의 리간드만을 갖는 팔면체 화합물의 화학식은 두 가지가 있다. 식 MA_4B_2를 갖는 화합물은 두 리간드 B가 서로 반대편에 있거나 이웃할 수 있다. 그러므로 이들에 대해서는 *cis*와 *trans* 이성질체가 알려져 있다(그림 19.10).

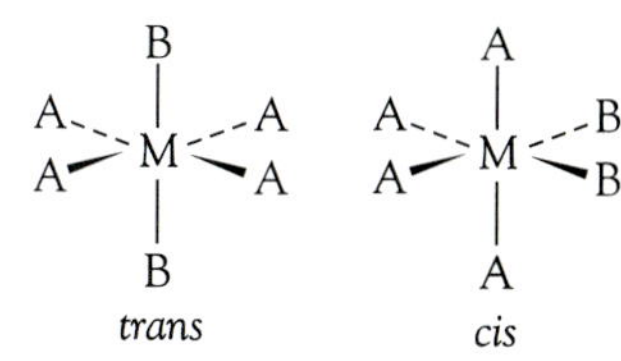

그림 19.10 팔면체 MA_4B_2 배열에 대한 기하 이성질체

식이 MA_3B_3인 팔면체 화합물도 기하 이성질체를 가질 수 있다(그림 19.11). 같은 종류의 세 리간드(예를 들어, 리간드 A)가 팔면체의 한쪽 삼각면을 이루는 세 모서리를 차지하면서 서로 90°가 되게 떨어져 있고, 다른 종류의 리간드(B)는 반대쪽의 삼각면을 차지하면 *fac*-(*facial*)이라는 접두사를 사용한다. 그러나 세 리간드 A가 수평면을 차지하고, B는 수직면을 차지하면 *mer*-(*meridional*)라고 한다.

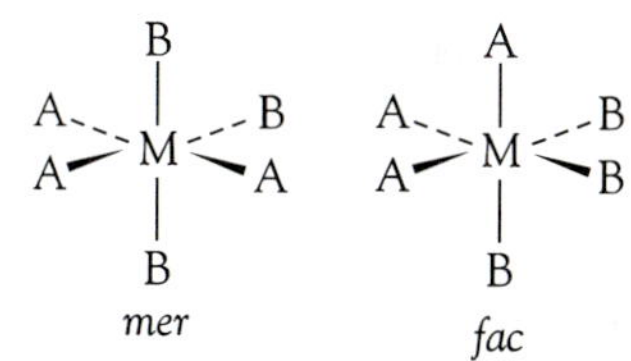

그림 19.11 팔면체 MA_3B_3 배열에 대한 기하 이성질체

2. **광학 이성질 현상**(*optical isomerism*). 무기 광학 이성질 현상은 유기 화학에서의 광학 이성질 현상과 유사하다. 광학 이성질체는 거울상이 서로 포개지지 않는 이성질체의 쌍이다. 광학 이성질체의 특징 중 하나는 평면 편광을 회전시키는 것이다. 한 이성질체가 평면 편광을 어떤 한 방향으로 회전시킨다면, 나머지 다른 이성질체는 반대 방향으로 회전시킨다. 광학 이성질체로서 존재하는 화합물을 **카이랄성 화합물**(*chiral compound*)이라고 한다.

   이러한 형태의 이성질 현상은 금속에 1,2-다이아미노에테인 $H_2NCH_2CH_2NH_2$와 같은 두자리 리간드 3개가 배위될 때 흔히 나타난다. 이 리간드는 흔히 관용명인 ethylendiamine으로부터 유래된 en이라는 약자로 나타낸다. 그러므로 착이온은 $[M(en)_3]^{n+}$로 나타낼 수 있는데, 여기서 $n+$는 전이 금속 이온의 전하를 나타낸다. 이 착이온에 대한 두 가지 광학 이성질체를 그림 19.12에 나타내었다. 이 그림에서 1,2-다이아미노에테인 분자는 두 질소 원자를 통해 금속과 결합한 것으로 간주하였다.

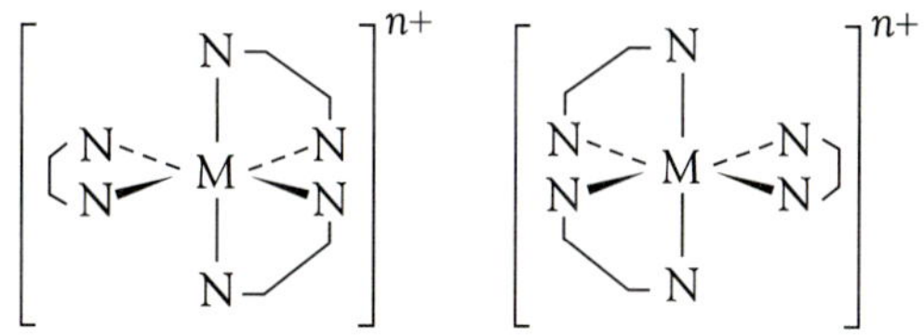

그림 19.12 $[M(en)_3]^{n+}$ 이온의 두 가지 광학 이성질체. 결합된 질소 원자들은 1,2-다이아미노에테인 두자리 리간드를 나타낸다.

예제 19.2

$Co(NH_3)_4Br_2Cl$의 가능한 이성질체를 모두 확인하시오.

해답

코발트(III)의 정상적인 최대 배위수는 6이다. 암모니아는 할로젠화 이온보다 훨씬 더 강한 리간드이기 때문에, 이들은 리간드 자리 중의 네 자리를 차지할 것이다. 두 가지 가능한 경우가 생긴다. 즉, 2개의 자리는 브로민화 이온이 차지하고 염화 이온은 자유 음이온으로 남거나, 1개의 염화 이온과 1개의 브로민화 이온이 리간드가 되고 남은 1개의 브로민화 이온이 자유 음이온이 되는 것이다. 그러므로 두 가지의 이온화 이성질체, $[CoBr_2(NH_3)_4]Cl$과 $[CoBrCl(NH_3)_4]Br$이 가능하다. 이들 각각의 이성질체의 경우, 두 가지 기하 이성질체가 존재한다. 즉, 할로젠화 리간드들은 *cis*나 *trans* 위치로 배열될 수 있다.

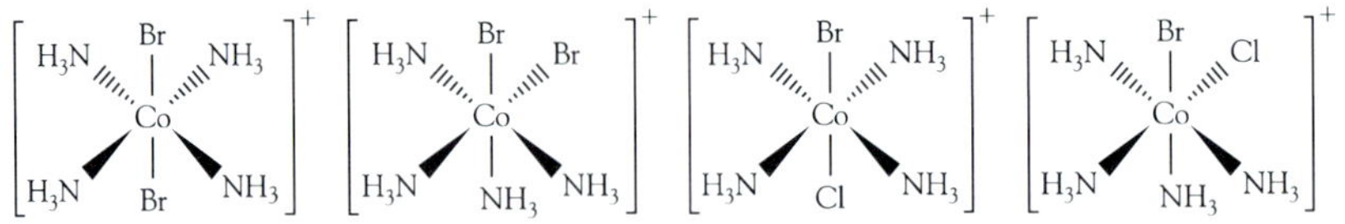

19.5 전이 금속 착물의 명명

전이 금속 착물들은 매우 복잡하므로 무기 화합물 명명법의 단순한 체계는 적용할 수가 없다. 그래서 전이 금속 착물의 명명을 위한 특별한 규칙들이 고안되었다.

1. 비이온성 화학종들은 한 단어로 나타내고, 이온 결합성 화학종들은 두 단어로 나타내며, 양이온을 먼저 쓴다(역자 주: 우리나라식 명명법은 음이온을 먼저 쓴다).
2. 리간드들은 항상 알파벳 순서로 놓여진다(화학식에서 리간드는 항상 알파벳 순서로 나열된다. 그러나 이 순서는 명명법에서의 순서와는 다름을 유념해야 한다).
3. 리간드는 금속 이름 앞에 접두사로 나타낸다. 중성 리간드는 원래 분자의 이름을 그대로 쓰고, 음성 리간드는 끝의 *-e* 대신에 *-o*를 붙여 나타낸다. 그러므로 sulfate는 sulfato(설파토)가 되고 nitrite도 nitrito(나이트리토)가 된다. 끝이 *-ide*로 끝나는 음이온도 *-e*를 *-o*로 치환한다. 그러므로 chloride는 chlorido(클로라이도), iodide는 iodido(아이오다이도), cyanide는 cyanido(사이아나이도), 그리고 hydroxide는 hydroxido(하이드록사이도)가 된다. 관용명을 쓰는 리간드도 세 가지가 있다. 배위된 물은 aqua(아쿠아), 암모니아는 *ammine*(암민), 일산화 탄소는 *carbonyl*(카보닐)로 나타낸다.
4. 중심 금속 원자는 이름을 적고 그 뒤의 괄호 속에 로마숫자로 산화수를 나타낸다. 예를 들면, +4 상태는 (IV)로, −2 상태는 (−II)로 나타낸다. 착물이 음이온이면 금속 이름 뒤에 접미사 *-ate*를 붙이거나 *-ium*, *-en*, *-ese*로 끝나는 이름의 끝에 이 글자 대신 *-ate*를 붙인다(역자 주: 우리나라식 명명법은 금속 이름 끝에 -산을 붙인다). 예를 들면, cobaltate(cobalt, 코발트산)와 nickelate(nickel, 니켈산), chromate(크로뮴산)와 tungstate(텅스텐산)를 들 수 있다(chromiumate, tungstenate가 아니다). 몇 가지 금속에 대한 음이온 이름은 원소의 옛 라틴명으로부터 유래된다, 예를 들면, ferrate(iron, 철산), argentate(silver, 은산), cuprate(copper, 구리산), aurate(gold, 금산) 등이 있다.
5. 같은 리간드가 여러 개 배위될 경우 접두사 *di*-(다이-, 2), *tri*-(트라이-, 3), *tetra*-(테트라-, 4), *penta*-(펜타-, 5), *hexa*-(헥사-, 6)를 사용한다.
6. 수를 나타내는 접두사를 포함하는 리간드명(예: 1,2-다이아미노에테인)을 갖는 리간드가 여러 개 배위되었을 경우에는, 수를 나타내는 접두사로 *bis*-(비스-, 2), *tris*-(트리스-, 3) 및 *tetrakis*-(테트라키스-, 4)를 사용한다. 이 규칙은 엄격하게 적용되지는 않는다. 리간드의 이름이 긴 경우에 이들 접두사가 사용되기도 한다.

예제 19.3

$[Pt(NH_3)_4]Cl_2$에 대한 체계명을 쓰시오.

해답

이 화합물은 분리되는 이온들을 갖고 있으므로, 이름은 두 단어로 구성된다(규칙 1). 2개의 염화 음이온이 착물의 바깥에 존재하므로, 착물 자체는 $[Pt(NH_3)_4]^{2+}$로 나타낼 수 있다. 암모니아는 중성이므로 백금의 산화 상태는 +2이다. 그러므로 중심 금속의 이름은 platinum(II)(백금(II))으로 나타낼 수 있다(규칙 4). 리간드는 암모니아이므로 ammine(암민)이다(규칙 3). 4개의 암모니아 리간드가 있으므로 접두어를 붙여 tetraammine(테트라암민)이 된다(규칙 5). 마지막으로 염화 음이온이 반드시 포함되어야 한다. 이들 이온은 배위되지 않은 자유 이온이기 때문에, chlorido(클로라이도)가 아니라 chloride(염화)라고 한다. 염화 이온의 수는 산화수로부터 추정이 가능하므로 별도로 정해주지 않는다. 따라서 전체 이름은 tetraammineplatinum(II) chloride(염화 테트라암민백금(II))이다.

예제 19.4

$[PtCl_2(NH_3)_2]$에 대한 체계명을 쓰시오.

해답

이 화합물은 비이온 결합성이므로 한 단어로 된 이름을 가질 것이다(규칙 1). 두 염화 이온과 전하의 균형을 유지하려면 백금의 산화수는 +2가 되어야 하므로 platinum(II)(백금(II))로 시작한다(규칙 4). 암모니아 리간드에 대한 이름은 ammine(암민)이고, 염화 이온에 대한 이름은 chlorido(클로라이도)이다(규칙 3). 알파벳 순서는 ammin(암민)이 우선이므로(규칙 2) 수 접두사를 붙여 쓰면 diamminedichlorido(다이암민다이클로라이도)가 된다(규칙 5). 앞에서 설명한 바와 같이 이 특별한 화합물은 사각 평면 구조이며, 두 가지 기하 이성질체로 존재한다. 이들 이성질체는 *cis*-diamminedichloridoplatinum(II)(*cis*-다이암민다이클로라이도백금(II))와 *trans*-diamminedichloridoplatinum(II)(*trans*-다이암민다이클로라이도백금(II))이다.

예제 19.5

$K_2[PtCl_4]$에 대한 체계명을 쓰시오.

해답

두 단어로 된 이름을 갖는다(규칙 1). 그러나 이 경우에는 백금이 음이온, $[PtCl_4]^{2-}$ 중에 있다. 금속은 +2의 산화 상태이므로 음이온 이름은 platinate(II)(백금(II)산)가 된다(규칙 4). 4개의 염화 리간드가 존재하므로 tetrachlorido(테트라클로라이도)이다(규칙 3 및 5). 양이온은 potassium(포타슘)이며, 완전한 이름은 potassium tetrachloridoplatinate(II)(테트라클로라이도백금(II)산 포타슘)이다.

예제 19.6

$[Co(en)_3]Cl_3$에 대한 체계명을 쓰시오.

해답

착이온은 $[Co(en)_3]^{3+}$이다. (en), $H_2NCH_2CH_2NH_2$는 중성 리간드이므로 cobalt의 산화수는 +3이다. 따라서 금속은 cobalt(III)(코발트(III))이다. 리간드의 완전한 이름은 1,2-diaminoethane(1,2-다이아미노에테인)이고, 수 접두사가 이미 포함되어 있다. 그래서 다른 종류의 수 접두사 체계를 사용하여 tris(1,2-diaminoethane)[트리스(1,2-다이아미노에테인)]이 된다(규칙 6). 괄호는 착물 이름 중에서 다른 부분에서 온 리간드 이름을 분리하기 위해 사용된다. 마지막으로 염화 음이온을 더하면 완전한 이름은 tris(1,2-diaminoethane)cobalt(III) chloride[염화 트리스(1,2-다이아미노에테인)코발트(III)]가 된다.

19.6 전이 금속 화합물에 대한 결합 이론 개관

수십 년 동안 화학자와 물리학자들은 다양한 전이 금속 화합물을 설명할 수 있는 이론을 놓고 논쟁을 계속하였다. 이러한 이론들은 화합물들 중에서 관찰되는 다양한 색과 광범위한 입체화학 및 많은 화합물의 상자기성을 설명할 수 있어야 했다.

이론들의 비교

초기의 접근 방식 중 한 가지는 결합을 Lewis 산(금속 이온)과 Lewis 염기(리간드) 간의 결합으로 간주한 것이었다. 이 모형은 18-전자 규칙 또는 유효 원자 번호(effective atomic number, EAN) 규칙을 탄생시켰다. 이 모형은 낮은 상태의 금속을 포함하는 몇 가지 금속 화합물에 적용할 수 있다. 그러나 대부분의 화합물의 대해서는 적용할 수 없으며, 전이 금속 화합물의 색이나 상자기성은 설명하지 못한다. 이 모형은 유기금속 화합물에도 유용하기 때문에 23.2절에서 다룰 것이다.

이 모형에 이어서 미국의 화학자 Linus Pauling은 원자가 결합 이론을 제안하였는데(이후 참조), 이 이론에서는 전이 금속의 결합이 전형적인 주족 원소의 결합과 비슷할 것으로 가정하고, 화합물의 알려진 기하 구조와 연관된 금속 이온의 서로 다른 혼성화 방식을 규정하였다. 이 이론은 서로 다른 입체화학과 화학식의 차이는 설명하였지만, 색과 홀전자를 설명하지는 못하였다. 이 이론은 널리 사용되지는 않지만 이어지는 부속 절에서 다룰 것이다.

물리학자인 Hans Bethe와 Johannes Van Vleck은 이 문제에 대해 전혀 다른 방향으로부터 접근하였다. 이들은 금속 이온과 리간드 간의 상호작용은 완전히 정전기적인 것이라고 가정하였다. **결정장 이론**(*crystal field theory*, CFT)으로 알려진 이 이론(19.7절 참조)은 전이 금속 착물들의 성질을 설명하는 데 상당한 성공을 거두었다. 이 장과 다음 장에서, 전이 금속 착물의 행동에 대한 대부분의 설명은 CFT에 바탕을 둘 것이다. 그렇지만 리간드와 금속 사이에는 공유 결합 성분이 존재하는 것도 명확하다. 결합에 공유 결합성의 기여를 포함시키기 위해 결정장 이론은 수정되었고, 이 이론을 **리간드장 이론**

(*ligand field theory*, LFT)이라고 한다(19.10절 참조).

더 복잡한 접근법은 **분자 오비탈**(*molecular orbital*, MO) 이론이다. MO 이론에서, 결합은 근본적으로 공유 결합성인 것으로 간주되기 때문에, 전자도 전체를 통해 공유되는 것으로 본다. 가장 복잡한 이 이론은 통상적인 전이 금속 착물을 설명하는 데 필요하지 않다.

전이 금속 착물에 대한 원자가 결합 이론

3.5절에서 주족 원소들에 대한 원자가 결합 이론(VBT)을 오비탈의 혼성화와 함께 알아보았다. 원자가 결합 이론과 오비탈의 혼성화는 전이 금속 착물의 결합에 대한 몇 가지 특징을 설명하기 위해서도 사용될 수 있다. 원자가 결합 이론을 사용할 때, 금속 이온과 리간드 간의 상호작용은 Lewis 산과 Lewis 염기 간의 상호작용으로 간주하게 되지만, 리간드의 전자쌍은 단순히 금속 이온의 비어 있는 오비탈에 채워진다. 그림 19.13은 사면체 구조의 테트라클로로라이오도니켈(II)산 이온, $[NiCl_4]^{2-}$에 대한 전자 배치를 나타낸 것이다. 자유 니켈(II) 이온은 $[Ar]3d^8$의 전자 배치와 2개의 홀전자를 갖는다. 원자가 결합 이론에 따르면 니켈의 4s와 4p 오비탈들은 혼성화되어 4개의 sp^3 혼성 오비탈을 형성하고, 이들 혼성 오비탈은 각 염화 이온(Lewis 염기)의 전자쌍에 의해 채워진다.

이러한 표현은 착이온에서 2개의 홀전자가 존재하는 것과 sp^3 혼성화를 갖는 경우에 예상되는 사면체 구조를 설명한다. 그러나 결정 구조와 이온의 자기성 측정, 그리고 실제로 존재하는 홀전자의 수를 알아야 VBT 오비탈 도표를 구성할 수 있다. 화학자들은 이 성질들도 이론을 통하여 예측할 수 있어야 한다고 생각하는데, 원자가 결합 이론은 그렇지 못하다. 예를 들어 헥사아쿠아철(II) 이온, $[Fe(OH_2)_6]^{2+}$는 4개의 홀전자를 갖지만, 헥사사이아나이도철(II)산 이온, $[Fe(CN)_6]^{4-}$는 홀전자를 갖지 않는다. 원자가 결합 이론은 이를 예측하거나 설명할 수 없다.

또한 이 이론은 개념적인 결함을 갖고 있다. 특히 전자쌍들이 3d 오비탈이 비어 있을 때에도 보다 높은 에너지의 오비탈을 점유하는 이유를 설명하지 못한다. 즉, 몇 가지 4주기 전이 금속 착물들은 3d 오비탈이 비어 있음에도 불구하고, 리간드의 전자쌍들은 4s와 4p 오비탈뿐만 아니라 4d 오비탈을 먼저 채운다. 또한 이 이론은 전이 금속 착물들의 색을 설명하지 못한다. 이러한 이유로 원자가 결합 이론은 역사적인 의미에 비해 덜 중요하게 되었다.

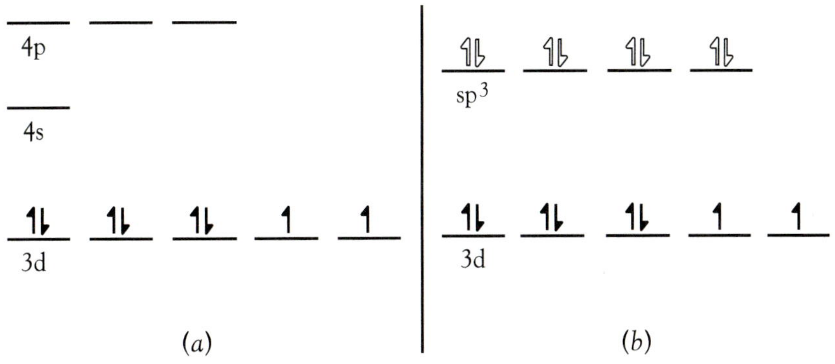

그림 19.13 (a) 자유 니켈(II) 이온의 전자 분포. (b) VBT에 따른, 염소 리간드의 전자쌍에 의한 높은 에너지 오비탈의 혼성화와 채워짐.

19.7 결정장 이론

결정장 이론은 전이 금속 이온이 자유롭고 기체 상태에 있다고 가정한다. 즉, 리간드는 점 전하처럼 행동하므로 금속의 오비탈과 리간드의 d 오비탈 간에는 상호작용이 없다고 가정한다. 이 이론은 d 오비탈의 확률 모형에도 의존한다. 즉, 2개의 d 오비탈은 귓불(lobe)이 직교축을 따라 배향된 $d_{x^2-y^2}$과 d_{z^2}(그림 19.14)이고, 3개의 d 오비탈은 귓불이 직교축 사이에 놓이는 d_{xy}, d_{xz}, d_{yz}이다(그림 19.15).

착물 형성은 다음과 같은 일련의 과정으로 일어난다고 간주할 수 있다.

1. 리간드 전자들의 초기 접근은 금속 이온 주위에 구형의 껍질을 형성한다. 리간드 전자들과 금속 이온의 전자들 간의 반발은 금속 이온의 d 오비탈들의 에너지를 증가시킬 것이다.
2. 리간드 전자들은 실제 결합되는 방향(팔면체나 사면체)으로 짝을 지어 분포되게끔 재배열될 것이다. d 오비탈의 평균 에너지는 변화가 없게끔 유지되겠지만, 결합 방향을 따라 배향된 오비탈들은 에너지가 증가할 것이고, 결합 방향들 사이에 배향된 오비탈들은 에너지가 감소할 것이다. 이 과정은 d 오비탈의 축퇴도를 감소시키는 것으로 결정장 이론에서 가장 중요한 부분이다.
3. 지금까지는 리간드 전자와 금속 전자 간의 반발(1단계) 때문에, 에너지가 증가하게 되므로 착물 형성은 일어나지 않는다. 또한 자유 화학종의 수가 감소하므로 착물 형

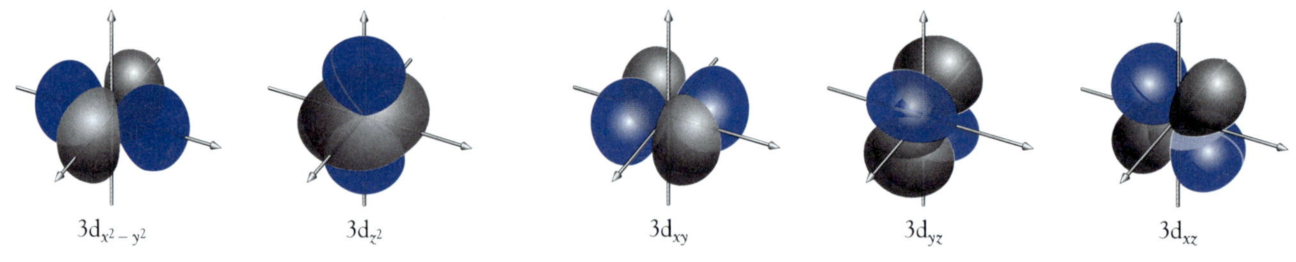

그림 19.14 $3d_{x^2-y^2}$과 $3d_{z^2}$ 오비탈의 모양

그림 19.15 $3d_{xy}$, $3d_{xz}$, 3_{yz} 오비탈의 모양

그림 19.16 CFT에 따른 착이온 형성의 가상적인 단계

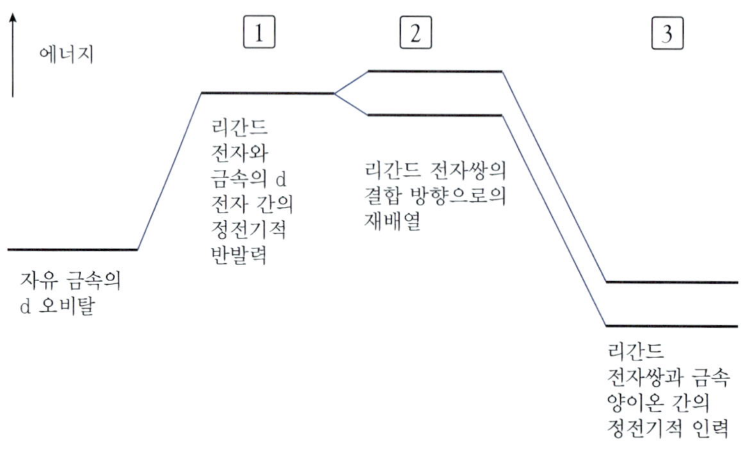

성은 일반적으로 엔트로피의 감소를 수반하게 된다. 그러나 리간드 전자와 양으로 하전된 금속 이온 간의 인력이 작용할 것이므로, 에너지의 순수한 감소가 나타나게 될 것이다. 착물 형성을 일으키는 원동력은 바로 이 세 번째 단계이다.

이와 같은 가상적 단계를 그림 19.16에 요약하였다.

팔면체 착물

착물 형성에 필요한 에너지를 제공하는 것은 세 번째 단계이지만, d 오비탈들의 축퇴도를 감소시키는 것은 두 번째 단계이며, 이 단계는 전이 금속 착물들의 색과 자기적 성질을 설명하는 데 매우 중요하다. 먼저 팔면체 상황을 살펴보면, 6개의 리간드는 직교축을 따라 위치한다(그림 19.17).

직교축을 따라 놓인 이들 음전하 때문에, 축을 따라 배향된 $d_{x^2-y^2}$과 d_{z^2} 오비탈의 에너지는 d_{xy}, d_{xz}, d_{yz} 오비탈의 에너지보다 더 높아질 것이다. 이러한 갈라짐은 그림 19.18에 나타내었다. 팔면체 장에서 두 벌의 d 오비탈들 간의 에너지 차이는 기호 Δ_{oct}로 표시한다. 오비탈 에너지들의 합은 **축퇴 에너지**(*degenerate energy*)와 같다. 그러므로 높은 에너지의 두 오비탈 $d_{x^2-y^2}$과 d_{z^2}가 갖는 에너지는 $+\frac{3}{5}\Delta_{oct}$이고, 낮은 에너지의 세 오비탈 d_{xy}, d_{xz}, d_{yz}는 평균 에너지보다 $-\frac{2}{5}\Delta_{oct}$만큼 낮다.

이들 오비탈에 대한 에너지 도표를 구성하면 d^1, d^2, d^3 배치에 대해서 전자들은 모두 낮은 에너지의 오비탈을 채우게 된다(그림 19.19). 이 알짜 에너지 감소를 **결정장 안정화**

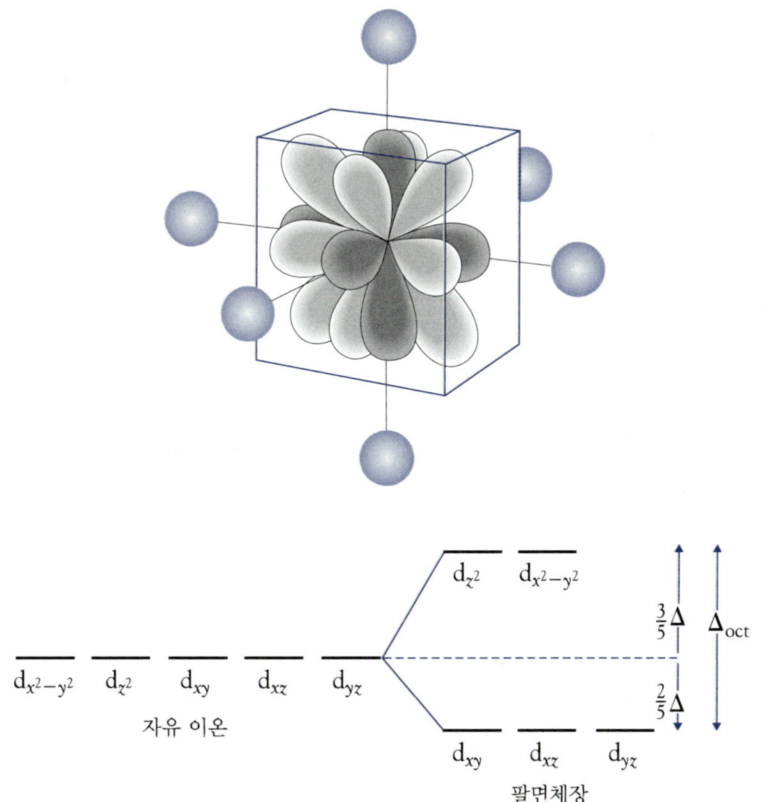

그림 19.17 금속 d 오비탈에 대한 6개의 리간드의 배향.
[J. E. Huheey, E.A. Keiter, and R.L. Keiter, *Inorganic Chemistry*, 4th ed. (New York: Harper Collins, 1993), p. 397.]

그림 19.18 금속 이온이 팔면체의 리간드에 의해 둘러싸일 때 일어나는 d 오비탈 에너지들의 갈라짐

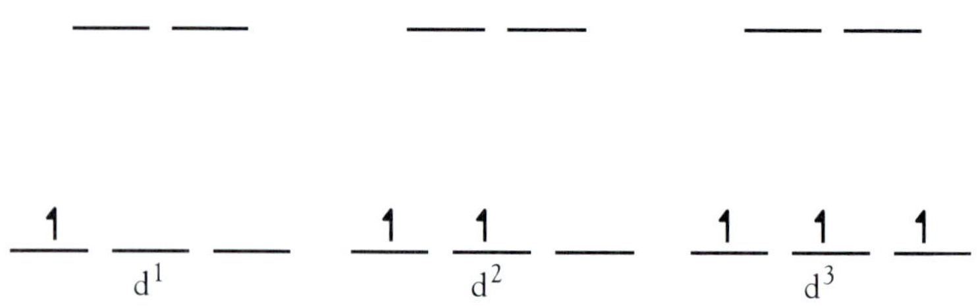

그림 19.19 d^1, d^2, d^3 배치에 대한 d 오비탈의 채워짐

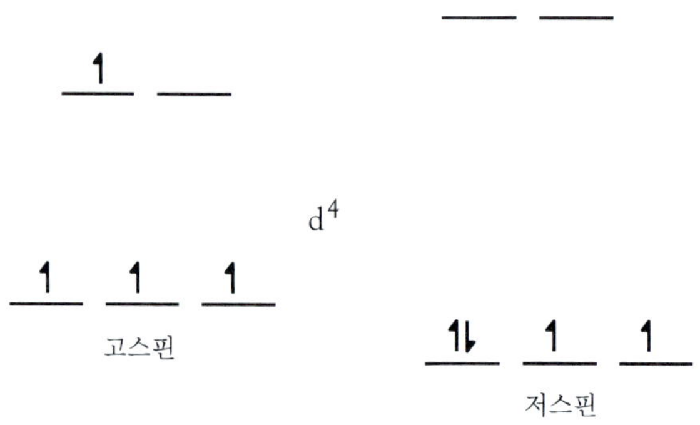

그림 19.20 d^4 배치에 대한 두 가지의 스핀 상황

에너지(*crystal field stabilization energy*), 또는 CFSE라고 한다. d^3 배치에 대한 CFSE는 $3(-2/5\Delta_{oct})$, 또는 $-1.2\Delta_{oct}$이다.

d^4 전자 배치에 대해서는 두 가지 방법이 있다. 네 번째 d 전자는 낮은 에너지 준위의 전자와 쌍을 이룰 수도 있고, 높은 에너지 준위에 채워질 수도 있다. 어떤 상황이 일어날지는 에너지적으로 어느 경로가 더 유리한지에 의해 결정된다. 즉, 팔면체 결정장 갈라짐, Δ_{oct}가 짝지음 에너지보다 더 작으면, 네 번째 전자는 더 높은 오비탈을 차지할 것이다. 짝지음 에너지가 결정장 갈라짐보다 더 작으면 네 번째 전자가 낮은 오비탈을 차지하는 것이 에너지적으로 더 유리하다. 이 두 가지 상황은 그림 19.20에 나타내었다. 더 많은 홀전자를 갖게 되는 결과를 **고스핀**(*high spin*), 또는 약한장 상황이라고 하고, 더 작은 수의 홀전자를 갖게 되는 상황을 **저스핀**(*low spin*), 또는 센장 상황이라고 한다.

팔면체 환경에서 d^4, d^5, d^6, d^7 전자 배치는 각각 두 가지의 가능한 스핀 조건이 존재한다. 각각의 d 전자 배치에 대한 가능한 홀전자의 수는 표 19.2에 나타내었다. 이 표에서 h.s.와 l.s.는 각각 고스핀과 저스핀을 나타낸다.

표 19.2 팔면체 입체 화학에 대한 d 전자 배치와 각각의 홀전자 수

배치	홀전자의 수	예시
d^1	1	Ti^{3+}
d^2	2	V^{3+}
d^3	3	Cr^{3+}
d^4	4 (h.s.), 2 (l.s.)	Mn^{3+}
d^5	5 (h.s.), 1 (l.s.)	Mn^{2+}, Fe^{3+}
d^6	4 (h.s.), 0 (l.s.)	Fe^{2+}, Co^{3+}
d^7	3 (h.s.), 2 (l.s.)	Co^{2+}
d^8	2	Ni^{2+}
d^9	1	Cu^{2+}

예제 19.7

그림 19.20에 나타낸 두 가지 배치에 대한 CFSE를 계산하시오.

해답

고스핀 d^4 배치에 대한 CFSE는 $3(-2/5\,\Delta_{oct}) + (3/5\,\Delta_{oct}) = -3/5\,\Delta_{oct}$ 또는 $-0.6\,\Delta_{oct}$.
저스핀 d^4 배치에 대한 CFSE는 $4(-2/5\,\Delta_{oct}) = -8/5\,\Delta_{oct}$ 또는 $-1.6\,\Delta_{oct}$.

결정장 갈라짐에 영향을 미치는 요인

에너지 준위의 갈라짐은 다음 네 가지 요인과 관련이 있다.

1. **금속의 성질** 결정장 갈라짐, Δ는 둘째 계열 전이 금속이 첫째 계열보다 50% 정도 더 크고, 셋째 계열은 둘째 계열보다 25% 정도 더 크다. 각 계열에서는 원자 번호가 증가함에 따라 결정장 갈라짐은 약간 더 증가한다.
2. **금속의 산화 상태** 일반적으로 금속의 산화 상태가 높을수록 결정장 갈라짐, Δ는 더 커진다. 따라서 대부분의 코발트(II) 착물은 작은 결정장 갈라짐 때문에 고스핀을 가지며 거의 모든 코발트(III) 착물은 3+ 이온에 의한 훨씬 더 큰 갈라짐의 결과로 저스핀을 갖는다.
3. **리간드의 수** 결정장 갈라짐은 리간드의 수가 증가할수록 더 커진다. 예를 들면, 팔면체 환경에서 여섯 개의 리간드에 대한 갈라짐, Δ_{oct}는 사면체 환경에서 네 개의 리간드에 대한 갈라짐, Δ_{tet}보다 훨씬 더 크다.
4. **리간드의 성질** 일반적인 리간드들은 결정장 갈라짐에 대한 효과에 근거한 일련의 순서를 가질 수 있다. 이 순서를 나열한 것을 **분광화학적 계열**(*spectrochemical series*)이라고 한다. 일반적 기준에 따른 리간드 순서는 할로젠화 이온 < 산소 주개 < 질소 주개 < 탄소 주개이다. 보통의 리간드들 중에서 갈라짐이 가장 큰 것은 카보닐과 사이안화 이온이고, 가장 작은 것은 아이오딘화 이온이다. 대부분의 금속에 대한 리간드 순서는 다음과 같다.

$$I^- < Br^- < Cl^- < F^- < OH^- < OH_2 < NH_3 < en < CN^- < CO$$

따라서 특정한 금속 이온에 대해서 결정장 갈라짐의 값을 결정하는 것은 리간드이다. d^6 철(II) 이온을 살펴보자. 결정장 이론에 따르면 두 가지 스핀 상태가 가능하다. 고스핀(약한장)은 4개의 홀전자를 가지며, 저스핀(센장)은 모두 짝진 전자만 존재한다. d^6 헥사아쿠아철(II) 이온, $[Fe(OH_2)_6]^{2+}$는 4개의 홀전자를 갖는다. 리간드인 물은 분광화학적 계열에서 낮은 순서를 차지하므로 작은 Δ_{oct}를 만든다. 따라서 전자들은 고스핀 배치를 취한다. 반대로 헥사사이아나이도철(II)산 이온, $[Fe(CN)_6]^{4-}$는 홀전자가 없으므로 반자기성이다. 사이안화 이온은 분광화학적 계열에서 높은 순서를 차지하며 큰 Δ_{oct}를 만든다. 따라서 전자들은 저스핀 배치를 취한다.

예제 19.8

착물의 다음 각 쌍에서 더 큰 Δ_{oct}를 갖는 것을 확인하시오.

(a) $[Fe(OH_2)_6]^{2+}$ 또는 $[Fe(OH_2)_6]^{3+}$

(b) $[Cr(OH_2)_6]^{3+}$ 또는 $[Cr(NH_3)_6]^{3+}$

해답

(a) 각 착물에서 리간드가 같기 때문에 Fe(II)와 Fe(III)의 산화 상태를 비교하여야 한다. 후자가 더 높은 산화 상태를 갖기 때문에 더 큰 Δ_{oct}를 갖게 될 것이다.

(b) 두 착물은 서로 다른 리간드를 갖는 Cr(III) 화학종이다. 분광화학적 계열에서 NH_3가 더 오른쪽에 있다. 따라서 $[Cr(NH_3)_6]^{3+}$가 더 큰 Δ_{oct}를 가질 것이다.

사면체 착물

두 번째로 가장 흔한 입체화학은 사면체 구조이다. 그림 19.21은 금속 이온 주위의 4개의 리간드에 대한 사면체 배열을 보여 준다.

이 경우 리간드가 접근하는 방향은 $d_{x^2-y^2}$과 d_{z^2} 오비탈 쪽이 아니라 d_{xy}, d_{xz}, d_{yz} 오비탈 쪽이다. 그 결과 $d_{x^2-y^2}$과 d_{z^2} 오비탈은 에너지가 낮아지고, 사면체 에너지 도표는 팔면체 도표에 대해 역전된 상태가 된다(그림 19.22).

6개의 리간드 대신에 4개의 리간드만 존재할 경우, 이 리간드들은 세 d 오비탈들을 향해 완전히 효과적으로 배향된 상태가 아니기 때문에 결정장 갈라짐은 팔면체 Δ_{oct}의 4/9 정도로 훨씬 더 작다. 이와 같이 오비탈 갈라짐이 줄어들기 때문에 사면체 착물들은 거의 모두가 고스핀이다. 사면체 기하 구조는 테트라클로로라이도코발트(II)산[tetrachloridocobaltate(II)]

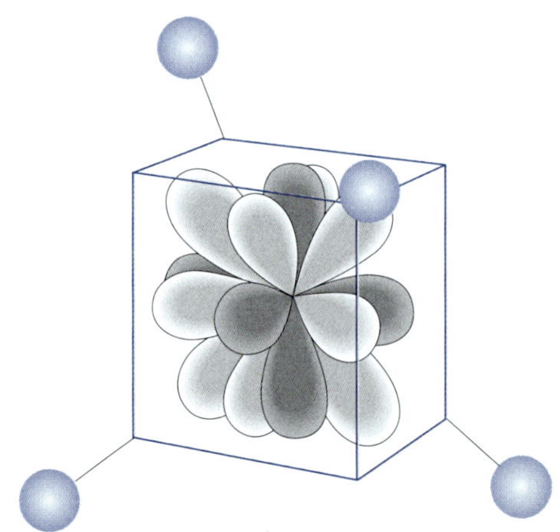

그림 19.21 금속 d 오비탈들에 대한 네 리간드의 배향.[J E. Huheey, E.A. Keiter, and R.L. Keiter, *Inorganic Chemistry*, 4th ed. (New York: HarperCollins, 1993), p. 402.]

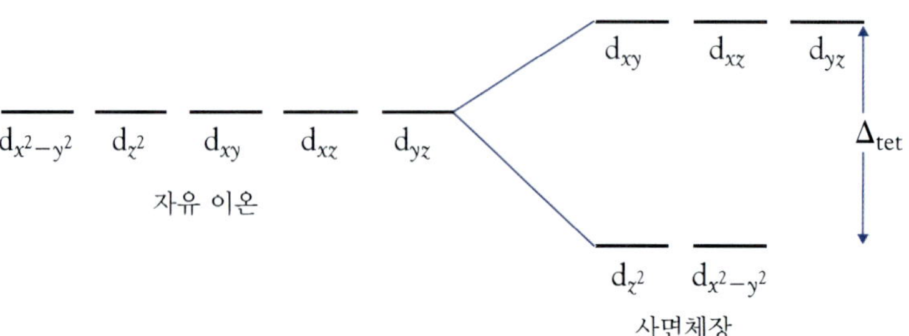

그림 19.22 금속 이온이 리간드의 사면체 배열로 둘러싸였을 때 일어나는 d 오비탈 에너지의 갈라짐

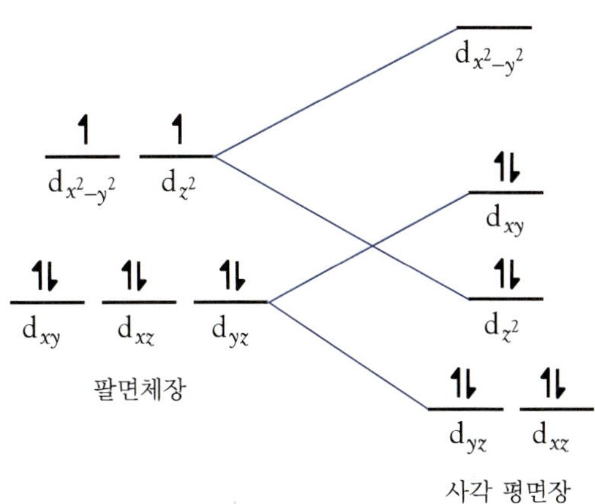

그림 19.23 팔면체 도표로부터 유도된 사각 평면 환경에 대한 d^8 오비탈 에너지 도표

이온, $[CoCl_4]^{2-}$와 같은 할로젠 착물들과 테트라옥사이도몰리브데넘(VI)산[tetraoxidomolybdate(VI)](관용명: *molybdate*) 이온, $[MoO_4]^{2-}$와 같은 산소산 음이온 착물에서 주로 나타난다.

사각 평면 착물

4주기 전이 금속 중에서 니켈만이 테트라사이아나이도니켈(II)산[tetracyanidonickelate(II)] 이온, $[Ni(CN)_4]^{2-}$와 같은 사각 평면 착물을 형성하는 경향을 갖는다. 이들 착물은 반자기성이다. d^8 전자 배치에 대해 팔면체와 사면체 기하 구조는 2개의 홀전자를 갖지만, 사각 평면에서는 홀전자가 없는 이유를 알아보기 위해서는 결정장 도표를 살펴보아야 한다.

팔면체장에서 리간드를 z축 방향으로 잡아당기면 d_{z^2} 오비탈은 축상의 리간드들과의 정전기적 반발력을 더 이상 느끼지 못하게 되므로 에너지가 감소한다. z축 성분을 포함하는 다른 두 오비탈들(d_{xz}와 d_{yz})도 에너지가 감소할 것이다. 반대로 축상 리간드를 잡아당기면, 면에 놓인 리간드와의 정전기적 인력은 더 커질 것이고, 금속 이온과의 거리도 더 가깝게 될 것이다. 그 결과 $d_{x^2-y^2}$과 d_{z^2} 오비탈은 에너지가 증가하게 될 것이다(그림 19.23). 사이안화 이온의 니켈(II) 착물은 반자기성이기 때문에 $d_{x^2-y^2}$과 d_{z^2} 오비탈의 갈라짐은 이 조합의 짝지음 에너지보다 더 커야 한다.

19.8 결정장 이론의 성공

좋은 화학 이론은 물리적 및 화학적 행동의 여러 가지 현상을 설명할 수 있어야 한다. 이러한 기준으로 볼 때 결정장 이론은 전이 금속 이온에 공통적인 대부분의 성질들을 설명하기 위하여 사용될 수 있기 때문에 매우 성공적이라고 할 수 있다. 여기서는 이들 중의 몇 가지를 알아보기로 한다.

자기적 성질

전이 금속 이온에 관한 이론은 이들의 많은 화합물이 갖는 상자기성을 설명할 수 있어야 한다. 상자기성의 정도는 금속과 그 금속의 산화 상태, 입체화학 및 리간드의 성질에 관련된다. 결정장 이론은 적어도 4주기 전이 금속에 대해서는 상자기성을 d 오비탈 에너지의 갈라짐으로 아주 잘 설명한다. 예를 들면, 사면체나 팔면체 기하 구조를 갖는 니켈(II)

이온의 상자기성과 대비되는, 사각 평면 니켈(II) 이온의 반자기성이 결정장 이론으로 잘 설명됨을 이미 살펴보았다. 이론적인 상자기성 정도는 화합물의 **자기 모멘트**(*magnetic moment*)로 주어진다. 이것은 간단한 식, $\mu = \sqrt{n(n+2)}$를 사용하여 계산할 수 있는데, 여기서 n은 홀전자 수이다. 자기 모멘트의 단위는 Bohr 마그네톤, μ_{BM}이다. 따라서 $[Ti(OH_2)_6]^{3+}$는 1개의 홀전자와 1.73 μ_{BM}의 자기 모멘트를 갖는다.

예제 19.9

착물 $[Mn(NCS)_6]^{4-}$의 측정된 자기 모멘트는 6.06 μ_{BM}이다. 이 착물이 저스핀인지 고스핀인지를 결정하시오.

해답

이 착물은 Mn(II)를 포함하고 있기 때문에 5개의 d 전자를 갖는다. 저스핀 배치는 1개의 홀전자를 가질 것이므로 $\mu = \sqrt{n(n+2)}$에 따라 자기 모멘트는 1.73 μ_{BM}이 될 것이다. 고스핀 배치는 5개의 홀전자와 5.91 μ_{BM}의 자기 모멘트를 가질 것이다. 그러므로 이 착물은 고스핀이 되어야 한다.

전이 금속 착물의 색

전이 금속 착물들의 가장 뚜렷한 특징은 이들이 나타내는 색의 영역이다. 이들 색은 전자기 스펙트럼의 가시광선 영역에서 흡수를 일으킨 결과이다. 예를 들면, 그림 19.24는 자주색의 헥사아쿠아타이타늄(III) 이온, $[Ti(OH_2)_6]^{3+}$의 가시광선 흡수 스펙트럼이다. 이 이온은 스펙트럼의 녹색 부분에서 빛을 흡수하고, 푸른색과 붉은색 빛을 통과시키므로 자주색을 나타내게 된다.

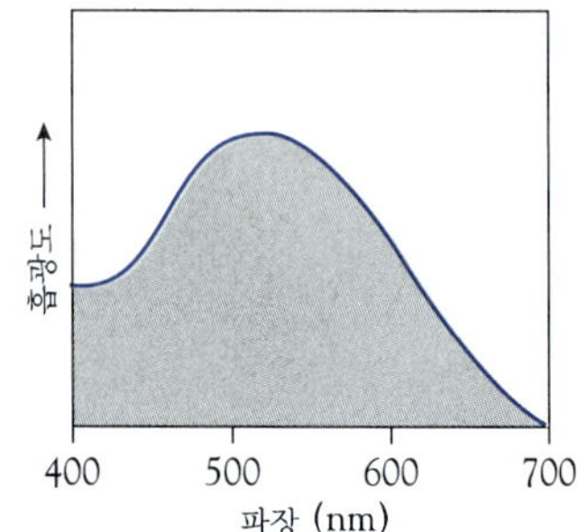

그림 19.24 헥사아쿠아타이타늄(III) 이온의 가시광선 흡수 스펙트럼

타이타늄(III) 이온은 d^1 전자 배치를 가지며, 6개의 물 분자를 리간드로 가지므로, 이 이온은 팔면체장에 놓여있다고 간주할 수 있다. 이 오비탈의 갈라짐은 그림 19.25의 왼쪽과 같다. 전자기 에너지의 흡수는 그림 19.25의 오른쪽에 나타낸 바와 같이 전자를 보다 높은 에너지의 d 오비탈 군으로 옮아가게 한다. 이 전자는 결국에는 바닥 상태로 되돌아오는데, 이때 에너지는 전자기 복사선의 열적 운동으로 방출된다. 최대 흡수는 약 520 nm인데, 이 값은 높은 에너지 상태와 낮은 에너지 상태의 d 오비탈들 간의 에너지 차이를 나타낸다. 약 230 kJ · mol^{-1}에 해당되는 이 에너지 차이가 결정장 갈라짐 Δ값이다.

그림 19.24에서 볼 수 있는 것처럼 흡수띠는 매우 넓게 퍼져 있다. 이들 흡수띠는 전자 전이 시간이 분자 내에서 일어나는 진동들보다 훨씬 더 짧기 때문에 넓게 퍼진다. 금

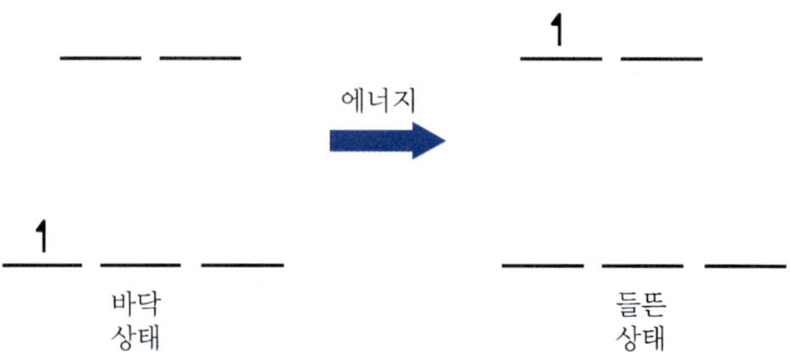

그림 19.25 타이타늄(III) 이온의 가시광선 흡수에 상응하는 전자 전이

속으로부터 리간드들이 평균 결합 길이보다 더 멀리 떨어지면 장은 더 약해져서 갈라짐이 줄어든다. 따라서 전이 에너지는 정상값보다 더 작아진다. 역으로 리간드들이 금속에 더 가까워지면 장은 더 강해지고, 갈라짐은 더 증가하므로 전이 에너지는 정상값보다 더 커지게 된다. 이 같은 사실은 이 착물을 냉각시켜 절대 영도에 가깝게 분자 진동을 감소시키면 확인할 수 있다. 온도가 절대 영도에 가깝게 되면 기대한 바와 같이, 가시광선 흡수 스펙트럼은 훨씬 더 좁아지게 된다.

헥사클로라이도타이타늄(III)산[hexachloridotitanate(III)] 이온, $[TiCl_6]^{3-}$는 770 nm에서 흡수를 일으키며 오렌지색을 나타낸다. 이 값은 160 kJ · mol^{-1}의 결정장 갈라짐에 해당한다. 낮은 값은 물 분자에 비해 염화 이온이 리간드로서는 더 약하게 작용함을 반영한다. 즉, 염화 이온은 물보다 분광화학적 계열에서 더 낮은 위치에 있다.

화학의 대부분의 영역에서는 에너지 차이를 kJ/mol 단위로 측정한다. 그러나 전이 금속 화학자들은 결정장 갈라짐을 **파수**(*wave number*)라고 하는 주파수 단위로 보고한다. 이것은 단순히 cm 단위로 나타낸 파장의 역수(cm^{-1}, *reciprocal centimeters*라고 함)이다. 예를 들면, 헥사아쿠아타이타늄(III) 이온의 결정장 갈라짐은 보통 230 kJ · mol^{-1}이 아니라 19,200 cm^{-1}로 나타낸다. 다른 전자 배치의 가시광선 흡수는 나중에 다루도록 하겠다.

수화 엔탈피

결정장 이론으로 설명할 수 있는 다른 파라미터는 전이 금속 이온의 수화 엔탈피이다. 수화 엔탈피는 기체 상태의 이온이 수화될 때 방출되는 에너지인데, 6.4절에서 논의하였다.

$$Mn^{n+}(g) + 6\,H_2O(l) \rightarrow [M(OH_2)_6]^{n+}(aq)$$

주기를 따라 금속 이온의 유효 핵전하가 증가하게 되면, 물 분자와 금속 이온 간의 정전기적 상호작용도 전이 금속 계열을 따라서 주기적으로 증가하게 될 것으로 예상한다. 그러나 실제로는 선형 관계에서 벗어나는 것을 발견하게 된다(그림 19.26).

이러한 현상을 설명하기 위해서 증가된 수화 엔탈피는 결정장 갈라짐 항으로부터 계산되는 결정장 안정화 에너지의 결과라고 가정한다. 팔면체장에서 d_{xy}, d_{xz}, d_{yz}는 $2/5\,\Delta_{oct}$만큼 에너지가 낮아지고, $d_{x^2-y^2}$ 및 d_{z^2} 오비탈은 $3/5\,\Delta_{oct}$만큼 에너지가 높아진다. 그러므로 특정한 전자 배치에 대해 수화 엔탈피에 대한 결정장의 알짜 기여를 계산할 수

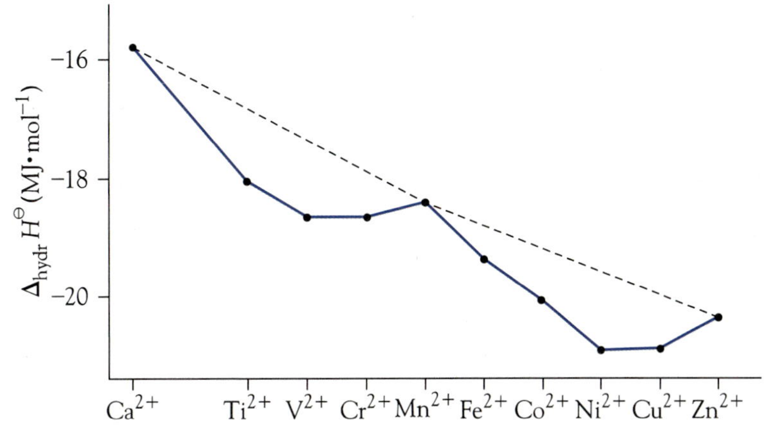

그림 19.26 4주기 전이 금속의 +2가 양이온에 대한 수화 엔탈피

표 19.3 4주기 금속의 +2가 고스핀 이온에 대한 결정장 안정화 에너지(CFSE)

이온	배치	CFSE
Ca^{2+}	d^0	$-0.0\ \Delta_{oct}$
—	d^1	$-0.4\ \Delta_{oct}$
Ti^{2+}	d^2	$-0.8\ \Delta_{oct}$
V^{2+}	d^3	$-1.2\ \Delta_{oct}$
Cr^{2+}	d^4	$-0.6\ \Delta_{oct}$
Mn^{2+}	d^5	$-0.0\ \Delta_{oct}$
Fe^{2+}	d^6	$-0.4\ \Delta_{oct}$
Co^{2+}	d^7	$-0.8\ \Delta_{oct}$
Ni^{2+}	d^8	$-1.2\ \Delta_{oct}$
Cu^{2+}	d^9	$-0.6\ \Delta_{oct}$
Zn^{2+}	d^{10}	$-0.0\ \Delta_{oct}$

있다. 그림 19.27은 d^4 고스핀 이온에 대한 상황을 보여 준다. 이 이온의 알짜 안정화 에너지는

$$-[3(\tfrac{2}{5}\Delta_{oct})] + [1(\tfrac{3}{5}\Delta_{oct})] = -0.6\Delta_{oct}$$

이다. 전체에 대한 결정장 안정화 에너지는 표 19.3에 나타내었다.

이 값들은 수화 엔탈피의 정상적인 경향성으로부터의 벗어남과 잘 일치하고 있다. d^0, d^5(고스핀), d^{10} 이온은 거의 직선인 위치에 놓여 있는데, 이들은 CFSE가 모두 0이다.

1 $+\frac{3}{5}\Delta$

1 $-\frac{2}{5}\Delta$ 1 $-\frac{2}{5}\Delta$ 1 $-\frac{2}{5}\Delta$

그림 19.27 d^4 고스핀 전자 배치에 대한 결정장 안정화 에너지

스피넬 구조

결정장 이론의 또 다른 성공은 5.7절에서 다루었던 스피넬 구조에서 전이 금속 이온의 배열을 설명할 수 있다는 것이다. 스피넬 구조는 $(M^{2+})(M^{3+})_2(O^{2-})_4$의 화학식을 가지면서 금속 이온은 팔면체와 사면체 자리를 점유하고 있는 혼합 산화물이다. 정상적인 스피

지구와 결정의 구조

우리가 살고 있는 지구의 구조에 대해서는 아직도 조사할 것이 굉장히 많이 남아 있다. 그러나 지구가 세 영역, 즉 지각, 맨틀, 핵으로 구성되어 있다는 것은 잘 알려져 있다. 지각은 대륙의 경우 표면의 30 ~ 70 km 깊이를 차지하고 해양 지각의 경우 5 ~ 15 km 깊이를 차지한다. 그런 다음 맨틀이 약 2900 km의 깊이까지 이어져서 핵과 이어지게 된다. 핵은 주로 용융 철로 이루어진 층이 약 5100 km 깊이까지 차지하고, 이어서 중심은 고체로 이루어져 있다.

맨틀에서는 몇 가지 흥미로운 결정상 화학이 일어나고 있다. 100 ~ 400 km 깊이에서는 맨틀이 광물 감람석, $(Mg,Fe)_2SiO_4$로 이루어져 있는데, 두 금속 이온이 간단한 규소산에서 같은 격자를 점유할 수 있기 때문에(9.6절 참조) 이 광물의 조성은 변한다. 감람석 층 아래에는 스피넬 구조가 존재하는데, 주로 $MgFe_2O_4$이며, 하층 맨틀까지 아래로 뻗어 있다. 가장 하부의 맨틀은 약 670 km 깊이에서 시작된다. 이 층은 밀도가 높은 페로브스카이트 구조(16.6절 참조), $(Mg,Fe)SiO_3$로 이루어져 있다.

과학자들은 지구 내부의 화학과 지진과 같은 현상에 대하여 점차 더 많은 관심을 가지게 되었다. 깊은 곳의 지진은 밀도가 높은 스피넬이 감람석의 아래로 내려가는 줄기 가장자리 주위에 형성될 때 발생한다. 얕은 곳의 지진은 더 복잡한 것 같은데, 일부는 탈수화 반응 때문에 생긴다. 지표의 암석, 사문석은 수화된 감람석이다. 사문석 층은 해구 경계에서 지구 내부로 뻗어 내리기 때문에, 열은 사문석을 탈수시켜 감람석이 되게 만든다. 고압의 물은 균열을 발생시킬 수도 있기 때문에 윤활제 역할을 한다. 현재로서 이 설명은 가정에 불과하다. 지구에 대해 더 상세한 지식을 얻기 위해서는 스피넬과 페로브스카이트의 성질과 광물의 탈수에 대한 연구가 이루어져야 한다.

넬 구조에서 모든 2+ 이온은 사면체 자리, 3+ 이온은 팔면체 자리를 차지한다. 그러나 역스피넬 구조에서는 2+ 이온이 팔면체 자리를 차지하고, 3+ 이온은 사면체 자리와 남아 있는 팔면체 자리를 채운다.

혼합 전이 금속 산화물이 정상 스피넬 구조를 취할 것인지 아니면 역스피넬 구조를 취할 것인지는, (항상 그런 것은 아니지만) 더 큰 결정장 안정화 에너지를 주는 조건에 의해 결정된다. 이것은 두 가지의 서로 다른 산화 상태에 있는 한 가지 금속의 이온들을 포함하는 한 쌍의 산화물, 즉 Fe^{2+}와 Fe^{3+}를 포함하는 Fe_3O_4와 Mn^{2+}와 Mn^{3+}를 포함하는 Mn_3O_4를 이용하여 설명할 수 있다. Fe_3O_4는 역스피넬 구조 $(Fe^{3+})_t(Fe^{2+},Fe^{3+})_o(O^{2-})_4$를 갖는다. 이들 이온들은 모두 고스핀이므로 Fe^{3+} 이온(d^5)은 CFSE가 0이다. 그러나 Fe^{2+} 이온(d^6)의 CFSE는 0이 아니다. 사면체 기하 구조에 대한 결정장 갈라짐은 팔면체 환경에 대한 결정장 갈라짐의 4/9이기 때문에, 팔면체로 배위된 이온의 CFSE는 사면체로 배위된 이온보다 더 클 것이다. 이 에너지 차이는 Fe^{2+} 이온의 팔면체 자리 선호를 설명한다.

혼합 철 산화물과는 달리 혼합 망가니즈 산화물은 정상 스피넬 구조 $(Mn^{2+})_t(2\,Mn^{3+})_o(O^{2-})_4$를 갖는다. 이 경우 Mn^{2+} 이온은 CFSE가 0이고, Mn^{3+} 이온(d^4)의 CFSE는 0이 아니다. 따라서 팔면체 자리를 더 우선적으로 점유하는 이온은 Mn^{3+} 이온이 된다.

19.9 전자 스펙트럼의 상세한 고찰

앞 절에서 타이타늄(III) 이온은 가시광선 영역에서 1개의 흡수를 나타내며, 이는 결정장 내의 낮은 에너지의 오비탈로부터 높은 에너지의 오비탈로 1개의 d 전자가 전이를 일으켜서 나타남을 알았다. d^1, d^4(고스핀), d^6(저스핀), d^9의 가시광선 스펙트럼(그림 19.28)은 모두 단일 전이의 항으로 해석될 수 있음을 알게 된다. 여기서는 다른 전자 배치의 전이에 대해 알아보고 d^1 배치에 대해 다시 한 번 더 자세히 살펴보기로 한다.

d^2, d^3, d^7, d^8 이온의 스펙트럼

d^2 이온에 대해서는 1개나 2개 전자 모두의 들뜸에 해당되는 2개의 흡수 신호가 기대된다. 그러나 실제로는 비교적 강한 3개의 흡수가 관찰된다. 이를 설명하기 위해서는 전자간 반발력을 고려하여야 한다. 예를 들면, 헥사아쿠아바나듐(III) 이온과 같은 d^2 이온은 바닥 상태에서 낮은 에너지를 갖는 세 오비탈 d_{xy}, d_{xz}, d_{yz} 중 두 오비탈에 같은 스핀을 갖는 두 전자를 갖는다. 한 전자가 들뜰 때 나타나는 조합은, 두 전자가 겹침 오비탈을 점유하느냐 아니냐에 따라 반발력의 차이에 따른 서로 다른 에너지를 가질 수 있다. 예

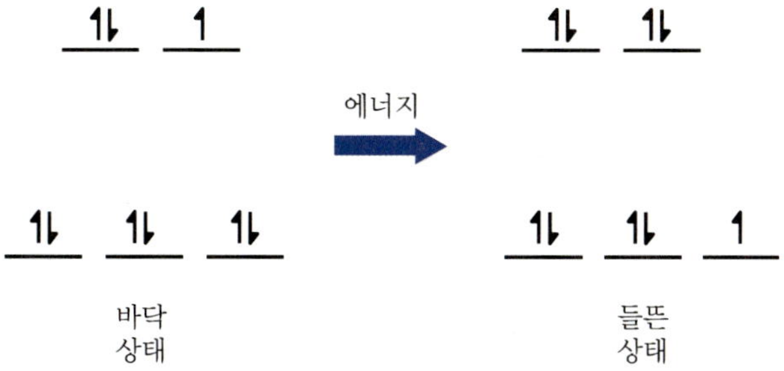

그림 19.28 d^9 전자 배치에 대한 전자 전이

를 들어 들뜬 상태의 전자 배치가 $(d_{xy})^1(d_{z^2})^1$이면, 두 전자는 공간상으로 아주 다른 부피를 점유하기 때문에 낮은 에너지 상태에 있게 되겠지만, $(d_{xy})^1(d_{x^2-y^2})^1$ 배치는 두 전자가 모두 x와 y 평면에 있는 공간을 점유하게 되므로 더 높은 에너지 상태에 놓이게 된다.

계산에 의하면 $(d_{xy})^1(d_{z^2})^1$, $(d_{xz})^1(d_{x^2-y^2})^1$, $(d_{yz})^1(d_{x^2-y^2})^1$ 조합은 모두 낮은 에너지를 가지며, $(d_{xy})^1(d_{x^2-y^2})^1$, $(d_{xz})^1(d_{z^2})^1$, $(d_{yz})^1(d_{z^2})^1$은 모두 높은 에너지를 갖는다. 이와 같은 현상은 가능한 세 가지 전이 중 두 가지 전이를 설명하고 있고, 세 번째 전이는 두 전자 모두가 높은 준위로 들떠서 $(d_{x^2-y^2})^1(d_{z^2})^1$의 전자 배치를 갖는 경우에 해당된다. d^2, d^3, d^7(고스핀) 및 d^8 전자 배치의 스펙트럼들은 모두 세 가지 전이로 해석할 수 있다. d^2 전자 배치에 대해 가능한 세 가지 전이를 그림 19.29에 나타내었다.

전자 스펙트럼의 세기

팔면체 배위 전이 금속 이온의 흡수 스펙트럼은 세기가 상당히 약하다. 즉, 화합물들은 대개 연한 색을 띤다. 색이 옅은 이유는 d → d 전자 전이는 Laporte **선택 규칙**(*Laporte selection rule*)에 의해 금지된 전이라는 사실로 설명할 수 있다. 이 규칙은 분자가 반전 중심을 가질 때에는 전이가 일어나지 않는다고 주장한다(3.13절 참조). 팔면체 착물에서 분자 진동은 이 대칭의 일부를 제거하기 때문에 넓은 전이와 옅은 색깔이 나타나게 된다. 사면체 착물은 대칭 중심을 갖지 않기 때문에 색깔이 더 강하다.

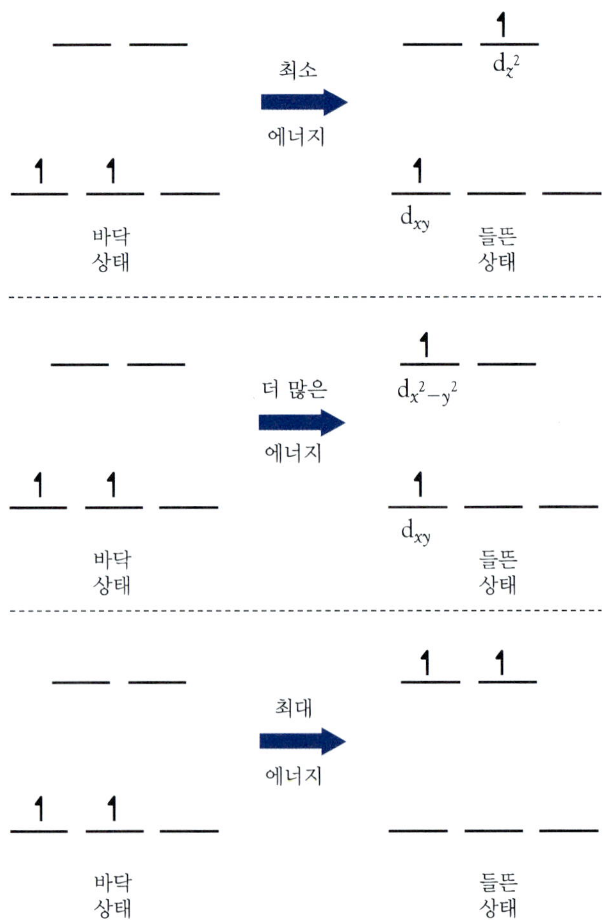

그림 19.29 d^2 전자 배치에 대해 가능한 세 가지 전자 전이

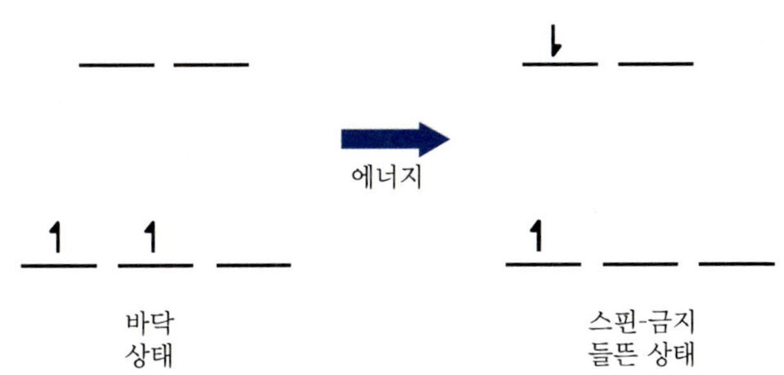

그림 19.30 d^2 전자 배치에 대해 가능한 스핀-금지 전이

표 19.4 전자 전이의 상대적인 세기

전이 형태	예	상대적인 세기
스핀 금지 Laporte 금지	$[Mn(OH_2)_6]^{2+}$	1
스핀 허용 (대칭 중심 있음) Laporte 금지	$[Co(OH_2)_6]^{2+}$	10^1
스핀 허용 (대칭 중심 없음) Laporte 허용	$[CoCl_4]^{2-}$	5×10^2
스핀 허용 Laporte 허용 (전하 이동)	$[MnO_4]^-$	10^4

때로는 가시광선 스펙트럼에서 아주 약한 흡수가 나타날 수도 있다. 이 신호는 그림 19.30에서 보인 것처럼 전자의 스핀이 역으로 되는 전이에 해당된다. 스핀 상태의 변화를 포함하는 이러한 전이[**스핀-금지 전이**(*spin-forbidden transition*)]는 일어날 확률이 낮기 때문에 스펙트럼에서 매우 낮은 세기를 갖는다.

자주색의 테트라옥사이도망가니즈(VII)산[tetraoxidomanganate(VII)], $[MnO_4]^-$(과망가니즈산)과 노란색의 테트라옥사이도크로뮴(VI)산[tetraoxidochromate(VI)], $[CrO_4]^{2-}$(크로뮴산)처럼 매우 진한 색을 띠는 전이 금속 착물도 있다. 이들 두 착물은 d^0 배치를 가지므로 색깔은 d-d 전이 때문에 나타날 수 없다. 실제로 이들 착물의 진한 색깔은 산소에 있는 p 전자가 금속의 비어 있는 d 오비탈로 전이되기 때문에 나타나는 것이다. 이러한 전이를 **전하 이동 전이**(*charge transfer transition*)라고 한다. 전자 전이의 상대적인 세기는 표 19.4에 나타내었다. 전이 금속 이온 스펙트럼에 대한 더 상세한 공부는 이론적 무기 화학의 영역이다.

d^5 고스핀 이온의 스펙트럼

남은 고스핀인 경우인 d^5는 독특한데, 각 오비탈은 같은 방향의 스핀을 갖는 단일 전자를 포함하고 있다(그림 19.31). 그 결과, 유일하게 가능한 전이가 스핀 금지이다. d^5 착물의 예는 헥사아쿠아망가니즈(II) 이온과 헥사아쿠아철(III) 이온인데, 두 이온은 모두 아주 옅은 색을 띤다(20.5절과 20.6절 참조).

고스핀

그림 19.31 고스핀 d^5 배치는 1개의 스핀-금지 전이를 갖는다.

Jahn-Teller 일그러짐

그림 19.24에서 d^1Ti^{3+} 이온에 대한 가시광선 흡수 스펙트럼을 알아보았다. 앞 절에서 언급한 것처럼, 이런 스펙트럼은 항상 폭이 넓다. 특히 d^1, d^4(고스핀), d^7(저스핀), d^9에 대한 신호는 폭이 넓다. 그러나 시료를 액체 질소 온도까지 냉각시켜 열적 진동을 감소시키면 전혀 단일 피크가 아닌 신호를 볼 수 있게 된다. 즉, 한 가지 이상의 전이가 존재하며, 따라서 두 가지 이상의 에너지 준위가 존재함을 의미한다.

이와 같은 다중 신호는 Jahn-Teller 일그러짐으로 설명할 수 있다. 이 효과는 오비탈 세트 중의 하나가 비대칭적으로 채워질 때에만 나타난다. 이러한 배치는 그림 19.32에 나타내었다.

오비탈들이 비대칭적으로 채워져 있을 경우, 6개의 리간드가 *x*, *y*, *z*-축을 따라 양이온에 접근함에 따라 느끼는 전자-전자 반발의 정도는 배열되어 있는 축에 따라 달라진다. *z*-축을 따른 추가적인 반발은 수평자리 리간드보다 축상 리간드가 금속 이온으로부터 더 멀리 떨어져 있게 만든다(그림 19.33*a*). 반대로 *x*와 *y*-축을 따른 추가적인 반발은 축상 리간드보다 수평자리 리간드를 금속 이온으로부터 더 멀리 떨어져 있게 만든다(그림 19.33*b*).

그림 19.34에 나타낸 것처럼, e_g와 t_{2g} 세트는 더 이상 축퇴되어 있지 않기 때문에 에너지 준위는 갈라질 것이다. 갈라짐의 방향은 길어진 결합이 축상에 있느냐 수평자리에 있느냐에 따라 달라진다.

그림 19.32 Jahn-Teller 일그러짐을 일으키는 전자의 배열

d^1 d^4 d^7 d^9

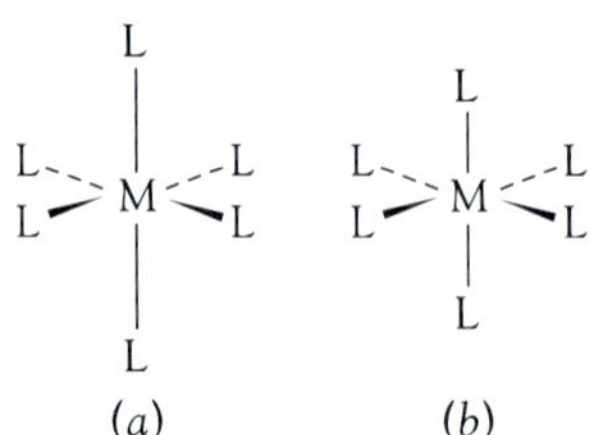

그림 19.33 (a) 축상 및 (b) 수평자리 방향에서의 Jahn-Teller 일그러짐

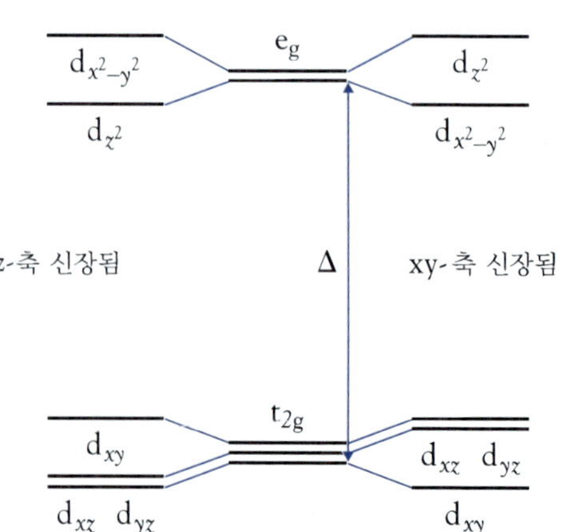

그림 19.34 (a) 축과 (b) 수평자리 방향에서의 Jahn–Teller 일그러짐에 대응하는 e_g와 t_{2g} 에너지 준위의 갈라짐

예제 19.10

$[Cr(OH_2)_6]^{2+}$가 Jahn-Teller 일그러짐을 나타낼지를 예측하시오.

해답

Cr(II)는 d^4 배치를 갖고, H_2O는 분광화학적 계열에서 낮은 쪽에 위치하기 때문에 고스핀 착물이 될 것이다. 따라서 이 착물은 일그러짐을 나타내어야 한다.

19.10 리간드장 이론

결정장 이론의 한 가지 단점은 분광화학적 계열을 설명하지 못한다는 것이다. CFT는 리간드를 점 전하로 취급하고, 리간드의 오비탈과 금속의 오비탈 간의 겹침을 무시하기 때문에 개념적으로 단순화된 모형이다. 리간드장 이론은 리간드와 금속 간의 상호작용이 고려된 착물의 분자 오비탈 취급을 사용한다. 그런 다음 CFT와 같은 방법으로 중심 금속 원자에 있는 오비탈들에 초점을 맞춘다.

첫째, 팔면체 착물에서 리간드와 금속 간에 σ 결합을 형성할 때 관여하는 오비탈, 즉 각 리간드에서 1개씩과 금속에 있는 5개의 d, 3개의 p, 1개의 s 오비탈을 고려해야 한다. 이들 오비탈들이 겹쳐지면 15개의 분자 오비탈이 생성된다. 이 분자 오비탈 도표는 그림 19.35에 나타내었다. 이들 분자 오비탈에 명칭을 붙일 필요는 없지만 도표의 중심에서 t_{2g}와 e_g로 명명된 오비탈들은 기억해야 한다. 즉, CFT에서 사용했던 것과 같은 이름이다. 리간드가 내어 놓은 12개의 전자는 에너지가 낮은 6개의 분자 오비탈에 채워진다. 이것은 CFT에서와 마찬가지로 금속이 제공한 전자들은 t_{2g}와 e_g 오비탈을 채움을 의미한다. t_{2g}와 e_g 오비탈들은 에너지 Δ_{oct}만큼 분리된다.

리간드장 이론의 성공은 리간드들과 금속 사이의 π 결합이 Δ_{oct}의 크기에 어떻게 영향을 미치는지를 고려할 수 있게 해 준다는 것이다. 몇 가지 리간드는 π 결합을 통해 전자들을 주거나 받는다. 이 상호작용은 리간드에 있는 π 대칭을 갖는 오비탈과 금속에 있는

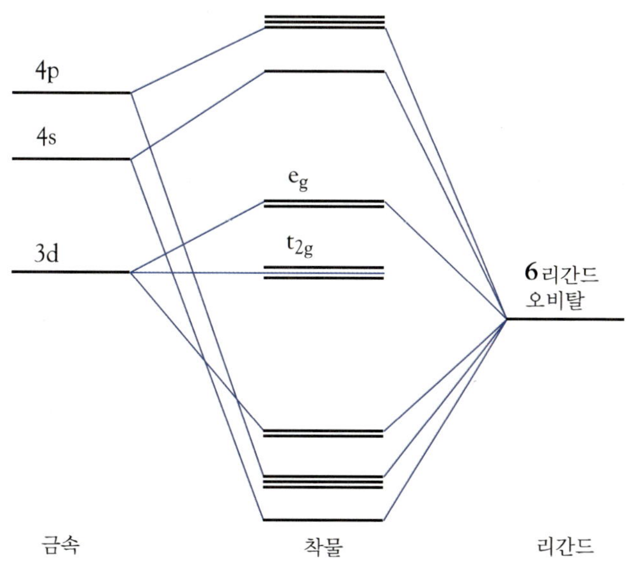

그림 19.35 전형적인 팔면체 착물의 분자 오비탈 에너지 준위 도표

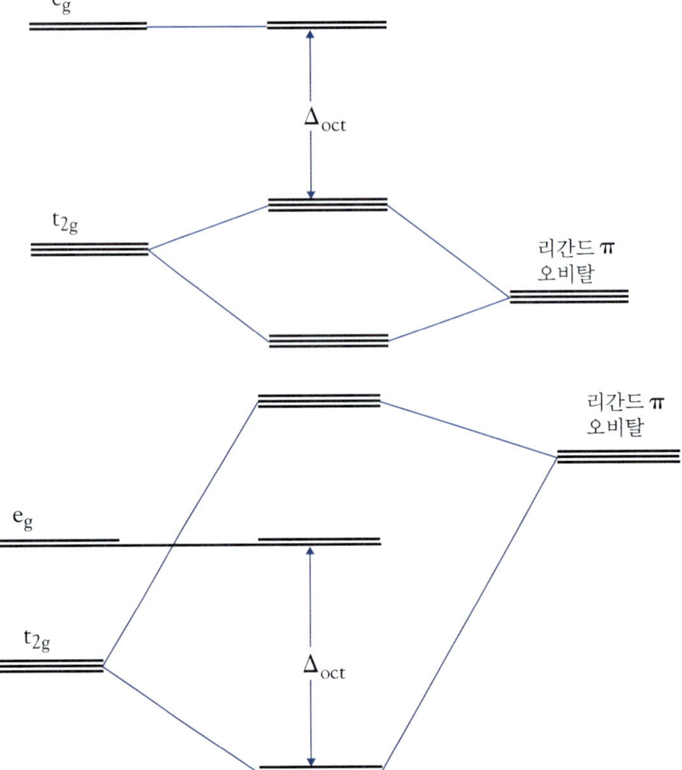

그림 19.36 Δ_{oct}에 대한 π-주개 리간드의 효과

그림 19.37 Δ_{oct}에 대한 π-받개 리간드의 효과

t_{2g} 오비탈 사이에서 일어난다. 리간드가 금속에 전자 밀도를 내어 주는 것이 가능하려면, 리간드는 차 있는 오비탈을 가져야 하기 때문에, 금속의 t_{2g} 오비탈보다 더 낮은 에너지를 가질 것이다. 리간드 오비탈이 t_{2g} 오비탈과 상호작용을 일으키면 그림 19.36에 나타낸 것처럼 Δ_{oct} 값은 감소하게 된다. Δ_{oct} 값의 감소는 고스핀 착물을 형성하려는 경향으로 나타나게 된다. 실제로, 할로젠과 같은 π-주개 리간드들은 고스핀 착물을 형성한다.

π 결합을 통해 전자를 받아들일 수 있는 리간드들은 비어 있는 오비탈들을 가져야 하고, 이들은 금속의 오비탈들보다 더 높은 에너지를 가질 것이다. 그래서 리간드와 금속 오비탈들 간의 상호작용은 그림 19.37에 나타낸 것처럼 Δ_{oct} 값을 증가하게 만들기 때문에 저스핀 착물을 형성하려는 경향이 나타나게 된다. 카보닐 리간드와 같은 π-받개 리간드들은 큰 Δ_{oct} 값으로부터 예측할 수 있는 것처럼 저스핀 착물을 형성한다.

19.11 열역학 대 반응 속도론적 요인

반응이 진행되기 위해서는 자유 에너지의 감소가 있어야 한다. 그러나 반응 속도론적인 요인도 항상 고려하여야 한다. 대부분의 전이 금속 이온 용액의 반응은 빠른 속도로 일어난다. 예를 들면, 분홍색의 헥사아쿠아코발트(II) 이온, $[Co(OH_2)_6]^{2+}$에 과량의 염화 이온을 가하면, 즉각 신한 푸른색의 테트라클로라이도코발트(II)산[tetrachloridocobaltate(II)], 이온, $[CoCl_4]^{2-}$이 생성된다.

$$[Co(OH_2)_6]^{2+}(aq) + 4\,Cl^-(aq) \rightarrow [CoCl_4]^{2-}(aq) + 6\,H_2O(l)$$

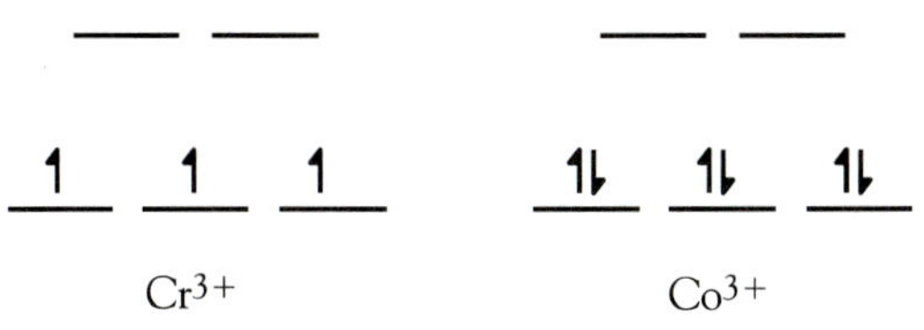

Cr^{3+} Co^{3+}

그림 19.38 난치환성 착물은 d^3 및 저스핀 d^6 전자 배치를 갖는 금속 이온에 의해 생성된다.

이 반응은 열역학적으로도 잘 일어나며, 낮은 활성화 에너지를 갖는다. 앞에서 설명한 바와 같이 반응이 1분 이내에 일어나는 착물을 **치환성**(*labile*)이라고 한다. 일반적인 4주기의 +2가 전이 금속은 치환성 착물을 형성한다. 치환성 착물은 이성질체를 물리적으로 분리하는 것이 불가능하다.

난치환성(*inert*) 착물을 형성하는 두 가지 대표적인 4주기 금속 이온은 크로뮴(III)과 코발트(III)이다. 크로뮴(III)은 d^3 전자 배치를 갖고, 코발트(III)는 저스핀의 d^6 배치를 갖는다(그림 19.38). 다른 낮은 에너지 경로의 반응을 막는 것은 절반 및 완전히 채워진 낮은 에너지의 d 오비탈들이 갖는 안정성이다.

난치환성 착물의 반응에 대한 예를 들면, 헥사암민코발트(III) 이온에 진한 산을 가하면 자유 에너지 계산에 따른 리간드의 치환이 일어나야 한다. 그러나 이 반응은 너무 느리게 일어나기 때문에 색의 변화가 나타나려면 며칠이 걸린다.

$$[Co(NH_3)_6]^{3+}(aq) + 6\ H_3O^+(aq) \rightarrow [Co(OH_2)_6]^{3+}(aq) + 6\ NH_4^+(aq)$$

이러한 이유 때문에 특정한 코발트(III)나 크로뮴(III) 착물을 합성하기 위해서는, 먼저 치환성인 2+ 이온의 착물을 합성하고, 이를 난치환성 3+ 착물로 산화시키는 과정을 포함하는 경로를 찾아야 한다. 광학 이성질체를 비롯한 난치환성 착물의 이성질체들은 결정으로 분리될 수 있다.

19.12 배위 화합물의 합성

배위 화합물을 합성하는 경로는 많이 있는데, 그중에서 리간드 치환법과 산화-환원법이 가장 일반적으로 사용된다.

리간드 치환 반응

많은 전이 금속 착물은 수용액에서 물 리간드를 치환시켜서 만들어진다. 예를 들면, 헥사암민니켈(II) 이온은 헥사아쿠아니켈(II) 이온의 용액에 과량의 수용성 암모니아를 첨가시켜서 만들 수 있다.

$$[Ni(OH_2)_6]^{2+}(aq) + 6\ NH_3(aq) \rightarrow [Ni(NH_3)_6]^{2+}(aq) + 6\ H_2O(l)$$

암모니아는 분광화학적 계열이 물보다 더 높기 때문에 쉽게 물 리간드를 치환한다. 즉, 니켈-암모니아 결합은 니켈-물 결합보다 더 강하며, 이 과정은 발열이다. 반응물과 생성물 쪽에는 모두 7개의 이온과 분자가 있기 때문에 반응의 엔트로피 변화는 아주 작아야 한다. 그러므로 이 반응은 엔탈피에 의해 진행된다.

킬레이트 리간드의 경우 엔트로피 요인도 작용하게 되므로 평형은 강하게 오른쪽으로 치우치게 된다. 이 상황은 헥사아쿠아니켈(II) 이온으로부터 트리스(1,2-다이아미노에테인)니켈(II) 이온의 생성에 의해 설명될 수 있다.

$$[Ni(OH_2)_6]^{2+}(aq) + 3\ en(aq) \rightarrow [Ni(en)_3]^{2+}(aq) + 6\ H_2O(l)$$

이 경우에도 엔탈피는 비슷하게 증가하지만, 전체 이온과 분자의 수가 4에서 7로 증가하기 때문에 주요한 엔트로피 증가도 존재하게 된다. 킬레이트 리간드에 의해 생성되는 이처럼 강한 착물의 형성은 엔트로피 요인 때문이며, 이 같은 현상을 **킬레이트 효과**(*chelate effect*)라고 한다.

산화-환원 반응

산화-환원 반응은 '비정상적인' 산화 상태에 있는 화합물을 합성하는 수단이기 때문에 특히 중요하다. 높은 산화 상태에 있는 플루오린화물은 간단한 결합 반응에 의해 합성할 수 있다. 예를 들면,

$$Os(s) + 3\ F_2(g) \rightarrow OsF_6(s)$$

다른 높은 산화 상태의 화합물과 다원자 이온은 산화제를 사용하여 만들 수 있다. 예를 들면, 적자색의 철(VI)산 이온, FeO_4^{2-}는 염기성 용액에서 하이포아염소산 이온을 사용하여 만들 수 있다.

$$Fe^{3+}(aq) + 8\ OH^-(aq) \rightarrow [FeO_4]^{2-}(aq) + 4\ H_2O(l) + 3\ e^-$$
$$2\ ClO^-(aq) + 2\ H_2O(l) + 4\ e^- \rightarrow 2\ Cl^-(aq) + 4\ OH^-(aq)$$

그런 다음 이 이온은 바륨염으로 침전시킬 수 있다.

$$[FeO_4]^{2-}(aq) + Ba^{2+}(aq) \rightarrow BaFeO_4(s)$$

앞 절에서 설명한 것처럼 코발트(III) 착물은 열역학적으로 안정하기 때문에, 코발트(III) 착물에 대한 치환 반응은 잘 일어나지 않는다. 코발트(II)는 우세한 산화 상태이고, 헥사아쿠아 이온은 코발트(III) 착물을 만들기 위한 시약으로 사용될 수 있다. 예를 들면, 헥사암민코발트(II) 착물을 공기 중에서 산화시키면 헥사암민코발트(III) 이온을 만들 수 있다(20.9절에서 다루겠지만, 리간드로서의 물에 대한 암모니아의 치환은 필요한 산화-환원 전위를 본질적으로 변화시킨다).

$$[Co(OH_2)_6]^{2+}(aq) + 6\ NH_3(aq) \rightarrow [Co(NH_3)_6]^{2+}(aq) + 6\ H_2O(l)$$
$$[Co(NH_3)_6]^{2+}(aq) \rightarrow [Co(NH_3)_6]^{3+}(aq) + e^-$$
$$O_2(g) + 4\ H^+(aq) + 4\ e^- \rightarrow 2\ H_2O(l)$$

크로뮴(III) 착물을 만드는 한 가지 방법은 다이크로뮴산 이온을 환원시키는 것이다. 다음의 예에서 옥살산-옥살산 이온(oxalic acid-oxalate ion) 혼합물은 환원제와 리간드로 모두 사용된다.

$$Cr_2O_7^{2-}(aq) + 14\,H^+(aq) + 5\,H_2O(l) + 6\,e^- \rightarrow 2\,[Cr(OH_2)_6]^{3+}(aq)$$
$$C_2O_4^{2-}(aq) \rightarrow 2\,CO_2(g) + 2\,e^-$$
$$[Cr(OH_2)_6]^{3+}(aq) + 3\,C_2O_4^{2-}(aq) \rightarrow [Cr(C_2O_4)_3]^{3-}(aq) + 6\,H_2O(l)$$

이 커다란 음이온은 포타슘염, $K_3[Cr(C_2O_4)_3] \cdot 3\,H_2O$으로 결정화된다.

부분적인 분해 반응

천천히 가열하여 더 휘발성인 리간드를 증발시키면 배위 리간드가 변하는 경우도 있다. 코발트(III) 화학을 예로 들 수 있다.

$$[Co(NH_3)_5(OH_2)]Cl_3(s) \xrightarrow{\Delta} [Co(NH_3)_5Cl]Cl_2(s) + H_2O(g)$$

그리고 크로뮴(III)의 화학에 대한 예는 다음과 같다.

$$[Cr(en)_3]Cl_3(s) \xrightarrow{\Delta} [Cr(en)_2Cl_2]Cl(s) + en(g)$$

19.13 반응 메커니즘

이 절에서는 전이 금속 착물들에 대한 두 가지 형태의 반응, 즉 치환 반응과 산화-환원 과정의 메커니즘을 살펴보기로 한다.

치환 반응

치환 반응에서는 배위된 리간드가 배위되지 않은 리간드에 의해 치환된다. 팔면체 착물에 대한 일반적인 반응은 다음과 같다.

$$[MX_6] + Y \rightarrow [MX_5Y] + X$$

이 반응은 여러 가지 가능한 메커니즘을 통해 일어날 수 있다. 리간드 Y가 중심 금속 원자에 결합되기 전에 M — X 결합이 끊어지는 반응은 **해리**(*dissociative*), D라고 한다. **전이 상태**(*transition state*)에서 배위수는 6에서 5로 감소한다.

$$[MX_6] + Y \rightarrow [MX_5] + X + Y \rightarrow [MX_5Y] + X$$

해리 반응의 속도는 M — X 결합의 세기에 따라 영향을 받지만 새로 배위되는 리간드인 Y의 성질은 아무런 상관이 없다. 큰 리간드들은 덜 붐비는 5-배위 중간체를 선호하기 때문에 반응 속도는 리간드의 구조적 크기에 따라서도 영향을 받는다.

회합(*associative*) 메커니즘, A에서 새로 배위되는 리간드는 M — X 결합의 약화가 일어나기 전에 M과 결합한다. 전이 상태에서 M의 배위수는 1이 증가한다.

$$[MX_6] + Y \rightarrow [MX_6Y] \rightarrow [MX_5Y] + X$$

교환(*interchange*) 메커니즘, I는 M — X 결합의 약화와 Y의 결합이 동시에 일어나기 때문에 앞의 두 메커니즘의 중간에 속하게 된다. 전이 상태에 대해 M — X 결합의 약화가 더 많이 기여하면 이 메커니즘은 I_d라고 한다. M — Y 결합의 형성이 더 많이 기여하면 I_a라고 나타낸다. 두 가지 기여가 동일할 경우는 I로 표기한다.

사면체 착물의 경우, 면 위의 공간을 활용할 수 있기 때문에 반응은 무조건 회합 메커니즘을 통해 일어난다. 이 반응은 다음과 같이 규정된다.

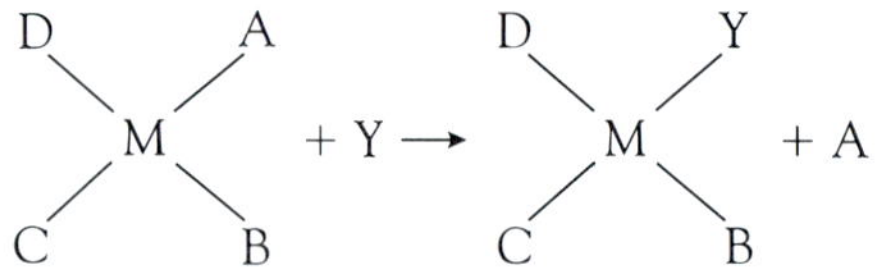

D A / M / C B + Y → D Y / M / C B + A

반응물에서 리간드 C와 A가 *cis* 관계일 경우 생성물에서도 C와 Y는 *cis* 위치로 놓인다. 반응물에서 C와 A가 *trans* 관계이면 생성물에서도 C와 Y는 *trans* 위치이다. 이 반응 메커니즘은 그림 19.39에 나타낸 것과 같이 일어난다고 예상되고 있다.

사각 평면 착물에서 어떤 리간드가 치환될지는 *trans* 효과에 따라 결정된다. *trans* 효과는 한 리간드가 자신과 *trans* 위치에 있는 리간드의 치환 속도에 미치는 효과로 정의된다. 자신과 *trans* 위치에 있는 리간드를 활성화시키는 리간드의 능력은 다음과 같은 순서로 배열할 수 있다.

$$CN^- > CO, C_2H_4 > PR_3, H^- > CH_3^-, SC(NH_2)_2 >> C_6H_5^-, NO_2^-, I^-, SCN^- > Br^- > Cl^- > py > NH_3 > H_2O >> OH^-$$

이 계열에서 더 높은 위치에 있는 리간드들은 H^-처럼 좋은 σ-주개이거나 CO처럼 π-받개이다.

trans 효과 계열은 합성 과정의 고안에 아주 유용하다. 예를 들면, 화학요법제인 *cis*-$PtCl_2(NH_3)_2$의 입체특이성 합성은 출발 물질로 $[PtCl_4]^{2-}$를 사용하면 제조할 수 있다. 암모니아가 첨가되면 Cl^- 리간드 중의 하나가 치환된다.

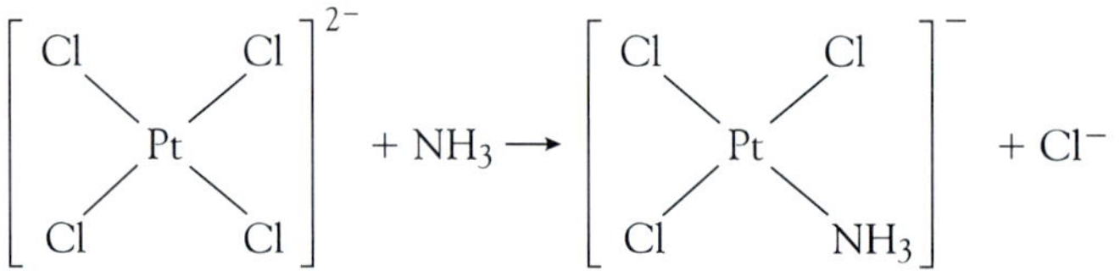

$$[PtCl_4]^{2-} + NH_3 \rightarrow [PtCl_3(NH_3)]^- + Cl^-$$

Cl^-는 NH_3보다 *trans* 효과 계열에서 더 높은 위치에 있기 때문에, 두 번째 암모니아가

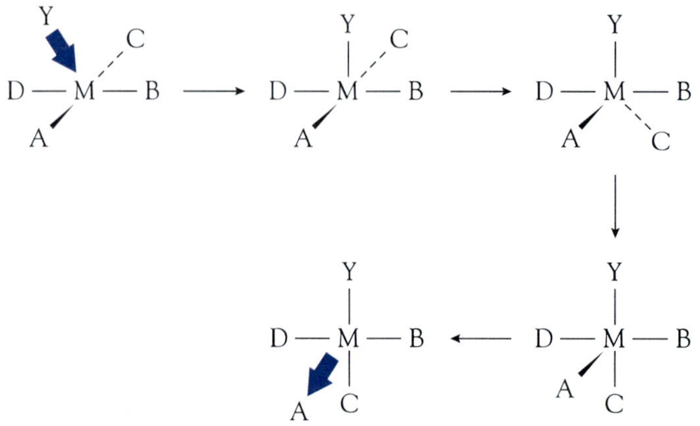

그림 19.39 사각 평면 착물의 치환 반응에 대해 제안된 메커니즘

치환될 수 있는 양을 가해주면, NH_3와 *trans* 위치에 있는 Cl^-보다 Cl^-와 *trans* 위치에 있는 Cl^-가 더 빠른 속도로 치환된다.

$$[PtCl_3(NH_3)]^- + NH_3 \rightarrow cis\text{-}[PtCl_2(NH_3)_2] + Cl^-$$

trans 이성질체를 만들려면 출발 물질로 $[Pt(NH_3)]^{2+}$를 사용한다. Cl^-를 첨가하면 암모니아가 치환된다.

$$[Pt(NH_3)_4]^{2+} + Cl^- \rightarrow [PtCl(NH_3)_3]^+ + NH_3$$

두 번째 Cl^-가 치환될 수 있는 양을 가해주면, *trans* 효과 계열에 따라 NH_3와 *trans* 위치에 있는 암모니아가 아니라 염화 이온과 *trans* 위치에 있는 암모니아가 치환된다.

$$[PtCl(NH_3)_3]^+ + Cl^- \rightarrow trans\text{-}[PtCl_2(NH_3)_2] + NH_3$$

산화-환원 반응

산화-환원 반응은 무기 화학과 생무기 화학에서 매우 중요하다. 전이 금속 양이온들 간에 전자가 이동하는 것은, 중요한 생물학적 과정이 다양하게 일어날 수 있게 만드는 핵심이다. 전이 금속 착물을 포함하는 산화-환원 반응은 일반적으로 매우 빠르게 일어난다. 그래서 반응의 결과를 예측할 때 열역학(E^0를 사용하는)이 매우 유용하다.

산화-환원 과정은 두 가지 메커니즘에 의해 진행된다. **외부권**(*outer sphere*) 반응은 다음과 같다.

$$\underset{\substack{\text{Fe(II)}\\ \text{환원제}}}{[Fe(OH_2)_6]^{2+}(aq)} + \underset{\substack{\text{Fe(III)}\\ \text{산화제}}}{[Fe(OH_2)_6]^{3+}(aq)} \rightarrow \underset{\text{Fe(III)}}{[Fe(OH_2)_6]^{3+}(aq)} + \underset{\text{Fe(II)}}{[Fe(OH_2)_6]^{2+}(aq)}$$

이 두 가지 착물은 용액에서 함께 퍼져나가 외부권 착물을 생성하는데, 전자가 환원제로부터 산화제로 이동된 다음 착물은 별도로 퍼지게 된다. 금속에 배위된 리간드들은 반응을 통해 그대로 유지되지만, 전자의 이동은 매우 빠르게 일어난다. 그래서 기하 구조의 일그러짐이 일어나는 경우를 제외하고, 금속의 새로운 산화 상태에 대해 너무 길거나, 너무 짧은 결합 길이를 갖는 생성물이 형성된다. 즉, 산화제와 환원제 모두에서 $Fe-OH_2$ 결합이 일그러져서 동일한 결합 길이를 갖는 활성화 단계를 거친 다음, 전자가 전이되고 난 후 원료의 결합 길이로 돌아간다. 이들 외부권 반응의 속도는 두 산화 상태 간의 결합 길이 차이가 작을수록 더 빨라진다.

예제 19.11

다음 두 가지 외부권 반응 중에서 더 빠른 반응 속도를 갖는 것은 어느 것인가? 이온 반지름은 다음과 같다. rFe^{2+} = 92 pm, rFe^{3+} = 78 pm, rCo^{2+} = 88 pm, rCo^{3+} = 68 pm.

$$[Fe(OH_2)_6]^{2+}(aq) + [Fe(OH_2)_6]^{3+}(aq) \rightarrow [Fe(OH_2)_6]^{3+}(aq) + [Fe(OH_2)_6]^{2+}(aq)$$

$$[Co(NH_3)_6]^{2+}(aq) + [Co(NH_3)_6]^{3+}(aq) \rightarrow [Co(NH_3)_6]^{3+}(aq) + [Co(NH_3)_6]^{2+}(aq)$$

해답

철 반응에 대한 결합 길이 차이는 (92 − 78) pm = 14 pm이고, 코발트 반응에 대한 결합 길이 차이는 (88 − 68) pm = 20 pm이다. 따라서 철 반응이 더 빠른 반응 속도를 가질 것으로 예측된다.

내부권(*inner sphere*) 메커니즘에서는 전자 전이가 일어나기 전에 산화제와 환원제 사이에 다리 착물이 형성된다.

$$[Cr(OH_2)_6]^{2+}(aq) + [Co(OH_2)_5Cl]^{2+}(aq) \rightleftharpoons [(H_2O)_5Cr-Cl-Co(OH_2)_5]^{4+}(aq) + H_2O(l)$$

Cr(II)	Co(III)	Cr(II) — Cl — Co(III)
환원제	산화제	내부권 착물

이 반응은 Cr(II)에 대한 물의 리간드 치환 반응이다. 그런 다음 전자는 다리 작용기를 통해 환원제로부터 산화제로 이동한다.

$$[(H_2O)_5Cr-Cl-Co(OH_2)_5]^{4+}(aq) \rightleftharpoons [(H_2O)_5Cr-Cl-Co(OH_2)_5]^{4+}(aq)$$

Cr(II) — Cl — Co(III)	Cr(III) — Cl — Co(II)
내부권 착물	내부권 착물

그런 다음 다리 착물은 끊어져서 분리된다.

$$[(H_2O)_5Cr-Cl-Co(OH_2)_5]^{4+}(aq) + H_2O(l) \rightarrow [(H_2O)_5CrCl]^{2+}(aq) + [Co(OH_2)_6]^{2+}(aq)$$

내부권 착물의 생성에 대해서는 여러 가지 조건이 있다.

1. 반응물 중의 하나는 치환성이어야 하기 때문에 치환이 빠르다(위의 예에서 Cr^{2+}는 치환성 이온이다).
2. 산화제는 다리를 만들 수 있는 리간드를 포함하고 있어야 한다(즉, 위의 Cl^-처럼 자유 고립 전자쌍을 가져야 한다).
3. 반응물은 내부권 착물이 기하 구조적으로 너무 붐비지 않을 정도의 크기를 가져야 한다.

19.14 배위 착물과 HSAB 개념

7.7절에서 설명한 HSAB 개념으로 주족 원소들의 반응을 예측할 수 있었듯이, HSAB 개념을 통해 다양한 산화 상태를 갖는 전이 금속의 리간드에 대한 선호도를 예측할 수 있다. 표 19.5는 몇 가지 첫째 계열 전이 금속에 대한 굳은/경계/무른 산의 정성적인 구분을 나타낸 것이다.

리간드 원자들도 굳은/경계/무른으로 분류할 수 있다. 이들 리간드-원자 범주는 리간드의 다른 원자들에 상관없이 일반적으로 적용되는 것이다. 예를 들면, NR_3 형태의 모든 질소 주개 리간드는 굳은 산이며, 여기서 R은 메틸이나 수소 등의 알킬기이다. 반대로 일산화 탄소나 사이안화 이온과 같은 모든 탄소 주개 리간드는 무른 염기이다(그림 19.40). 염화 이온은 플루오린화 이온이나 산소 주개 리간드만큼 단단하지는 않지만, 굳은 염기로 간주한다. 그래서 그림 19.40에서 절반은 푸른색으로, 남은 절반은 흰색으로 표시하였다.

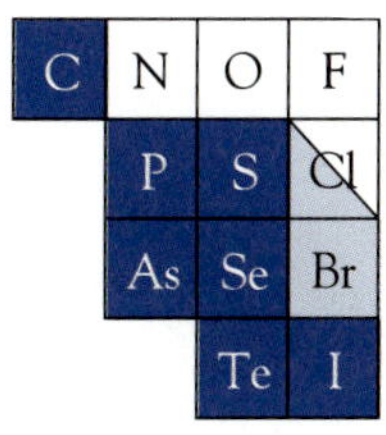

그림 19.40 HSAB 리간드 원자 분류; 굳은(흰색), 경계(연한 푸른색), 무른(진한 푸른색).

HSAB 개념을 이용하면 높은 산화 상태의 금속(굳은 산)은 플루오린화 이온이나 산화 리간드(굳은 염기)와 결합한 경우가 많은 이유를 설명할 수 있다. 탄소를 통해 결합된 카보닐(무른 염기)과 같은 리간드를 안정화시키는 것은 낮은 산화 상태의 금속(무른 산)이다. 예를 들면, 플루오린화 구리(II)는 존재하지만 플루오린화 구리(I)는 존재하지 않으며, 반대로 아이오딘화 구리(I)는 존재하지만 아이오딘화 구리(II)는 존재하지 않는다. 그러므로 HSAB 개념은 금속 이온이 비정상적인 산화 상태를 가질 경우의 전이 금속 화합물을 합성할 때 사용할 수 있는 유용한 개념이다. 예를 들면, 철은 대개 +2와 +3의 산화 상태를 갖는다. 굳은 산인 철(VI)의 화합물은 굳은 염기인 산화 이온을 사용하여 테트라옥사이도철(VI)산[tetraoxidoferrate(VI)] 이온, $[FeO_4]^{2-}$를 만들 수 있다. 또한 무른 산인 철(0)의 화합물은 무른 염기인 카보닐 분자를 사용하여 펜타카보닐철(0), $Fe(CO)_5$를 만들 수 있다.

화학적 공생

HSAB 개념은 전이 금속 착물의 반응과도 관련이 있다. 특히 착이온은 같은 형태의 리간드 원자를 더 선호하는 경향이 있다. 그러므로 굳은 염기인 리간드를 갖는 착물은 다른 굳은 염기 리간드가 첨가되는 것을 더 선호할 것이다. 마찬가지로, 무른 염기를 리간드로 갖는 착물은 다른 무른 염기 리간드가 첨가되는 것을 더 선호할 것이다. 이와 같이 같은 HSAB 형태의 리간드에 대한 선호도를 **화학적 공생**(*chemical symbiosis*)이라고 한다.

코발트(III)의 화학적 성질은 공생을 설명하기에 매우 유용하다. 예를 들면, 수용액에서

표 19.5 HSAB 개념에 따른 첫째 계열 전이 금속 이온의 분류

굳은	경계	무른
Ti^{4+}, V^{4+}, Cr^{3+}, Cr^{6+} Mn^{2+}, Mn^{4+}, Mn^{7+}, Fe^{3+}, Co^{3+}	Fe^{2+}, Co^{2+}, Ni^{2+}, Cu^{2+}	Cu^{+} 0 또는 음의 산화 상태를 갖는 모든 금속

착물 $[Co(NH_3)_5F]^{2+}$는 $[Co(NH_3)_5I]^{2+}$보다 더 안정하다. HSAB 개념을 이용하면 이 현상을 설명할 수 있다. 즉, Co(III) 이온은 5개의 굳은 염기 암모니아 리간드가 결합하여 더 단단해진다. 따라서 무른 염기인 아이오딘화 이온은 굳은 염기인 물에 의해 상대적으로 더 쉽게 제거되어 $[Co(NH_3)_5(OH_2)]^{3+}$를 생성시킨다. 한편 수용액에서 $[Co(CN)_5I]^{3-}$는 $[Co(CN)_5F]^{3-}$보다 더 안정하다. 무른 염기인 5개의 사이안화 이온이 결합하여 Co(III) 착물은 더 물러지게 되므로, 여섯 번째 배위 자리에는 굳은 염기인 물 분자보다 무른 염기인 아이오딘화 이온에 대한 선호도가 더 커지게 된다.

결합 이성질 현상과 HSAB 개념

결합 이성질 현상을 갖는 전이 금속 착물에 HSAB 개념을 적용하는 것도 흥미롭다. 싸이오사이안산 이온, NCS^-는 경계 염기로 작용할 때에는 질소 원자를 통해 결합하지만, 무른 염기로 작용할 때에는 황 원자를 통해 결합한다. 펜타암민싸이오사이아나토코발트(III) 이온, $[Co(NH_3)_5(NCS)]^{2+}$에서는 다른 리간드가 굳은 염기이기 때문에 질소를 통해 결합하지만 펜타사이아나이도싸이오사이아나토코발트(III) 이온, $[Co(CN)_5(SCN)]^{3-}$에서는 다른 리간드인 사이안화 이온이 무른 염기이기 때문에 황을 통해 배위된다.

19.15 생물학적 특성

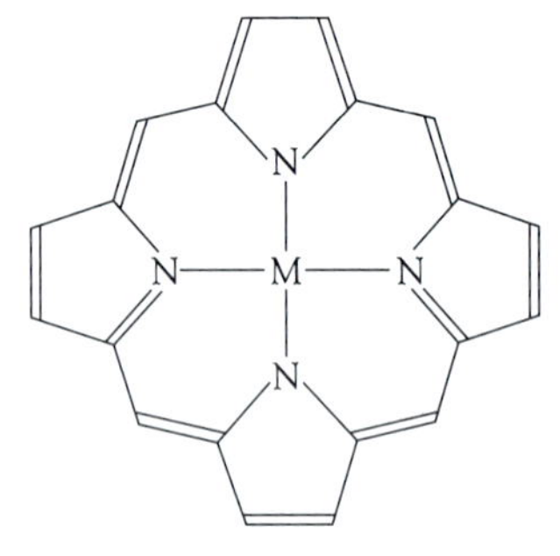

그림 19.41 금속 포피린의 착물의 핵심부

생물학적 착물들에서 킬레이트 효과는 중요하다. 생물학적 계에서 특히 중요한 것은 포피린 고리를 포함하는 네자리 리간드이다. 이 착물의 기본 구조를 그림 19.41에 나타내었다. 유기 분자는 이중 결합을 교대로 갖고 있어서 단단한 평면이 유지되고, 4개의 질소 원자들은 중심을 향하고 있다. 중심의 공간은 여러 금속 이온의 크기와 잘 일치한다.

생물학적 계에서 포피린 고리는 분자의 가장자리로는 각기 다른 물질을 운반하지만, 금속 이온이 4개의 질소 원자로 둘러싸여 있는 핵심부는 모든 생물학적 세계에서 동일하다. 식물은 마그네슘-포피린 단위를 포함하는 클로로필을 이용하여 광합성을 한다. 동물은 헤모글로빈 등의 몇 가지 금속-포피린 계를 통해 생명 유지 활동을 하고 있는데, 헤모글로빈은 4개의 철-포피린 단위를 포함하고 있으며, 산소를 운반하는 데 사용된다. 그러므로 포피린 금속 착물은 생명의 세계에서는 가장 중요한 화합물이다.

핵심개념

- 넓은 영역의 산화 상태는 단일(때로는 두 가지) 산화 상태로만 존재하는 주족 금속 이온과 비교되는 전이 금속 이온의 특성이다.
- 전이 금속 착물은 다양한 기하학적 모양을 갖는다.
- 전이 금속 착물은 여러 가지 형태의 이성질 현상을 나타낸다.
- 전이 금속 착물에 대한 결합 이론 중에서 결정장 이론이 가장 유용하다.
- 결정장 이론은 전이 금속 착물의 많은 성질을 설명하는 데 사용될 수 있다.
- HSAB 개념은 전이 금속 착물의 화학식과 반응 형태에 적용될 수 있다.

연습문제

19.1 다음 용어를 정의하시오.
(a) 전이 금속 (b)리간드 (c) 결정장 갈라짐

19.2 다음 용어를 정의하시오.
(a) 배위수 (b) 킬레이트 (c) 킬레이트 효과

19.3 니켈은 두 가지 테트라사이아나이도(tetracyanido) 착물 $[Ni(CN)_4]^{2-}$와 $[Ni(CN)_4]^{4-}$를 형성한다. 니켈이 +2와 낮은 산화 상태(0) 모두에서 착물을 형성할 수 있는 이유를 설명하시오.

19.4 산화 상태가 가장 높은 크로뮴의 플루오린화물은 CrF_6이지만, 염화물은 $CrCl_4$라고 가정할 수 있는 이유를 설명하시오.

19.5 $[Pt(NH_3)_2Cl_2]$의 두 가지 기하 이성질체 외에 세 번째 이성질체가 있다. 이 이성질체는 실험식이 같고 사각 평면 구조를 갖지만, 용액에서 전기를 전도한다. 이 화합물의 구조를 그리시오.

19.6 다음 착물에서 가능한 이성질체를 밝히시오.
(a) $Co(en)_3Cl_3$ (b) $Cr(NH_3)_3Cl_3$

19.7 $[Co(en)_2Cl_2]^+$ 이온에 대하여 기하 이성질체와 광학 이성질체를 그리시오.

19.8 다음 화합물의 체계명을 쓰시오.
(a) $[Fe(CO)_5]$ (b) $K_3[CoF_6]$
(c) $[Fe(OH_2)_6]Cl_2$ (d) $[CoCl(NH_3)_5]SO_4$

19.9 다음 화합물의 체계명을 쓰시오.
(a) $(NH_4)_2[CuCl_4]$ (b) $[Co(NH_3)_5(OH_2)]Br_3$
(c) $K_3[Cr(CO)_4]$ (d) $K_2[NiF_6]$
(e) $[Cu(NH_3)_4](ClO_4)_2$

19.10 다음 전이 금속 착물들의 화학식을 쓰시오.
(a) hexaamminechromium(III) bromide
(b) aquabis(1,2-diaminoethane)thiocyanatocobalt(III) nitrate
(c) potassium tetracyanidonickelate(II)
(d) tris(1,2-diaminoethane)cobalt(III) iodide

19.11 다음 전이 금속 착물들의 화학식을 쓰시오.
(a) hexaaquamanganese(II) nitrate
(b) palladium(II) hexafluoridopalladate(IV)
(c) tetraaquadichloridochromium(III) chloride dihydrate
(d) potassium octacyanidomolybdate(V)

19.12 다음 기하 이성질체의 이름을 쓰시오.

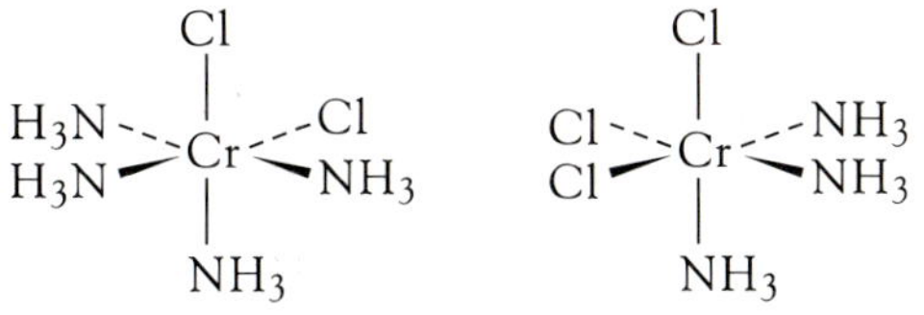

(a) Cl, H_3N, Cl, H_3N, Cr, NH_3, NH_3

(b) Cl, Cl, NH_3, Cl, Cr, NH_3, NH_3

19.13 (a) 팔면체장과 (b) 사면체장에 대해 d^6 전자 배치의 저스핀과 고스핀 모두에 대한 에너지 준위 도표를 그리시오.

19.14 헥사사이아나이도철(III)산 이온과 테트라클로라이도철(III)산 이온 중에서 고스핀과 저스핀 착물을 지적하고 그 이유를 설명하시오.

19.15 코발트의 세 가지 암민 착물에 대한 결정장 갈라짐 Δ는 다음과 같다. 이 값들의 차이를 설명하시오.

착물	$\Delta(cm^{-1})$
$[Co(NH_3)_6]^{3+}$	22,900
$[Co(NH_3)_6]^{2+}$	10,200
$[Co(NH_3)_4]^{2+}$	5,900

19.16 네 가지 크로뮴(III) 착물에 대한 결정장 갈라짐 Δ는 다음과 같다. 이 값들의 차이를 설명하시오.

착물	$\Delta(cm^{-1})$
$[CrF_6]^{3-}$	15,000
$[Cr(OH_2)_6]^{3+}$	17,400
$[CrF_6]^{2-}$	22,000
$[Cr(CN)_6]^{3-}$	26,600

19.17 다음 착이온 쌍들 중에서 Δ_{oct}가 더 큰 것은 어느 것인가? 그 이유를 설명하시오.
(a) $[MnF_6]^{2-}$와 $[ReF_6]^{2-}$
(b) $[Fe(CN)_6]^{4-}$와 $[Fe(CN)_6]^{3-}$

19.18 사면체 입체화학에 대해 d 전자 배치와 홀전자의 수를 나타내는 표를 만드시오(표 19.2와 유사한).

19.19 4주기 전이 금속의 2가 고스핀 이온에 대해 사면체장에서의 결정장 안정화 에너지를 Δ_{tet} 항으로 나타낸 표를 만드시오(표 19.3과 유사한).

19.20 (a) $[Fe(OH_2)]^{2+}$와 (b) $[Co(CN)_6]^{4-}$ 중에서 Jahn-Teller 일그러짐을 갖는 것을 예측하시오.

19.21 $NiFe_2O_4$가 스피넬 구조와 역스피넬 구조 중 어느 구조를 가질 것인지를 예측하고, 그 이유를 설명하시오.

19.22 $NiCr_2O_4$가 스피넬 구조와 역스피넬 구조 중 어느 구조를 가질 것인지를 예측하고, 그 이유를 설명하시오.

19.23 o-phenanthroline, $C_8H_6N_2$는 두자리 리간드, 그리고 phen이라는 약자로 표기된다. $[Fe(phen)_3]^{2+}$는 반자기성이지만, $Fe[(phen)_2(OH_2)_2]^{2+}$는 상자기성인 이유를 설명하시오.

19.24 *det*로 알려진 $H_2NCH_2CH_2NHCH_2CH_2NH_2$ 리간드는 세자리 리간드이고, 금속 이온은 3개의 질소 원자 모두를 통해 배위된다. 이 리간드와 헥사아쿠아니켈(II) 이온 간의 반응에 대한 화학 반응식의 균형을 맞추고, 이 착물의 생성이 아주 잘 진행되는 이유를 설명하시오.

응용문제

19.25 구리(II)는 세슘 등의 양이온을 갖는 화학식이 $[CuCl_4]^{2-}$인 음이온 착물을 형성한다. 그러나 양이온 $[Co(NH_3)_6]^{3+}$는 화학식이 $[CuCl_5]^{3-}$인 음이온을 침전시키는 데 사용될 수 있다. $[Co(NH_3)_6]^{3+}$ 양이온이 $[CuCl_5]^{3-}$ 음이온의 생성을 안정화시키는 두 가지 이유를 제시하시오. 이때 생성된 완전한 화합물에 대한 정확한 이름을 쓰시오.

19.26 염화 철(III)은 트라이페닐포스핀, PPh_3와 반응하여 착물 $[FeCl_3(PPh_3)_2]$를 만든다. 그러나 리간드 트라이사이클로헥실포스핀, PCh_3와 반응하면 $[FeCl_3(PCh_3)]$가 생긴다. 이러한 차이에 대한 이유를 설명하시오.

19.27 니켈의 착물인 $[Ni(PPh_3)_2Cl_2]$는 상자기성이지만, 팔라듐의 유사체, $[Pd(PPh_3)_2Cl_2]$는 반자기성이다. 각 화합물에 대해 가능한 이성질체를 예측하고, 그 이유를 설명하시오.

19.28 20장에서 알게 되겠지만 Latimer, Frost, Pourbaix 도표는 전이 금속의 화학을 공부할 때 매우 중요하다. 어떤 전이 금속의 Latimer 도표는 다음과 같다.

$$MO_3(aq) \xrightarrow{+0.50\text{ V}} MO_2(aq) \xrightarrow{+0.40\text{ V}} M^{3+}(aq) \xrightarrow{-0.20\text{ V}} M^{2+}(aq) \xrightarrow{+0.05\text{ V}} M(s)$$

(a) 불균등화 반응을 일으키는 화학종을 확인하고 그 화학 반응식을 쓰시오.

(b) $[H^+(aq)]$를 제외한 다른 농도는 표준 상태라고 가정하고, 다음 반응이 자발적으로 일어나게 되는 pH를 계산하시오.

$$2\,M^{2+}(aq) + 2\,H^+(aq) \rightarrow 2\,M^{3+}(aq) + H_2(g)$$

19.29 $[AuF_2]^-$와 $[AuI_2]^-$ 중에서 더 안정한 화학종을 고르고 그 이유를 설명하시오.

19.30 니켈은 사각 평면 착물인 음이온 $[NiSe_4]^{2-}$를 형성하지만, 유사체인 아연 음이온 $[ZnSe_4]^{2-}$는 사면체 착물이다. 이 두 착물의 구조가 다른 이유를 설명하시오.

19.31 마요네즈, 샐러드 드레싱, 강낭콩과 같은 통조림이나 병입 제품에는 약어로 $edta^{4-}$로 표기되는 여섯자리 리간드인 $^{-2}(OOC)_2NCH_2CH_2N(COO)_2^{2-}$나 그 유사체가 들어 있다. 그 이유를 설명하시오.

19.32 염화 크로뮴(III)은 세 가지 수화물이 알려져 있다. A는 육수화물이고, B는 오수화물이며, C는 사수화물 형태이다. 각 수화물 형태의 1몰 용액에 과량의 은 이온 용액을 첨가하면 각각 다음 양의 염화 은이 침전된다. A 형태-3몰; B 형태-2몰; C 형태-1몰. 각 수화물의 실제 구조를 예측하고 그 이름을 쓰시오.

19.33 은이 공통 산화 상태가 +1임에도 전이 금속으로 분류되어야 하는 이유를 설명하시오.

19.34 착물 $[Co(NH_3)_6]Cl_3$는 노란 오렌지색이지만, $[Co(OH_2)_3F_3]$는 푸른색이다. 이러한 색깔의 차이가 나타나는 이유를 설명하시오.

19.35 PPh_3, NH_3, $[PtCl_4]^{2-}$를 사용하여 *cis* 및 *trans*-$[PtCl_2(NH_3)(PPh_3)]$를 합성하는 경로를 제시하시오.

19.36 몇 가지 첫째 계열 전이 금속에 대한 +3에서 +2로의 환원 전위는 다음과 같다.

$$Cr^{3+}(aq) + e^- \rightarrow Cr^{2+}(aq) \quad E^\ominus = -0.42\text{ V}$$
$$Mn^{3+}(aq) + e^- \rightarrow Mn^{2+}(aq) \quad E^\ominus = +1.56\text{ V}$$
$$Fe^{3+}(aq) + e^- \rightarrow Fe^{2+}(aq) \quad E^\ominus = +0.77\text{ V}$$
$$Co^{3+}(aq) + e^- \rightarrow Co^{2+}(aq) \quad E^\ominus = +1.92\text{ V}$$

망가니즈의 환원 전위는 예상보다 높지만, 철의 환원 전위는 예상보다 낮은 이유를 설명하시오.

19.37 몇 가지 금속 이온들에 대한 수화 엔탈피와 Δ_{oct}는 다음 표와 같다.

이온	$\Delta_{수화}H^\ominus$/kJ·mol^{-1}	Δ_{oct}/cm^{-1}
Ca^{2+}	2478	0
V^{2+}	2789	12,600
Cr^{2+}	2806	13,900
Mn^{2+}	2747	7800
Fe^{2+}	2856	10,400
Co^{2+}	2927	9300
Ni^{2+}	3007	8300
Cu^{2+}	3011	1260
Zn^{2+}	2969	0

각 금속 이온에 대한 d 전자수를 계산하고 d 전자수에 대한 수화 엔탈피를 도시하시오. 고스핀 결정장 안정화 에너지를 cm^{-1}로 계산하고 이들 값을 kJ·mol^{-1}로 환산하시오. 이 값들을 사용하여 결정장 효과에 대한 수화 엔탈피를 보정하시오. 결정장 효과가 없을 때의 수화 엔탈피를 도시하시오.

3d 전이 금속

20장

3d 전이 금속들은 그들 자체의 계열을 형성하고 화학적 성질은 4d와 5d 계열의 전이 금속과는 상당히 다르다. 특히, 3d 금속 이온의 많은 착물은 고스핀인 데 비해, 무거운 전이 금속들의 착물은 거의 항상 저스핀이다. 또한 3d 금속들은 철이나 구리처럼 일상 생활 중에 자주 접하게 되는 전이 금속들이다. 따라서 이 절에서는 3d 계열의 방식, 경향성 및 관심의 대상이 되는 화합물을 다룰 것이다. 성질과 반응은 19장에서 소개한 전이 금속 화학의 원리들과 연관될 것이다.

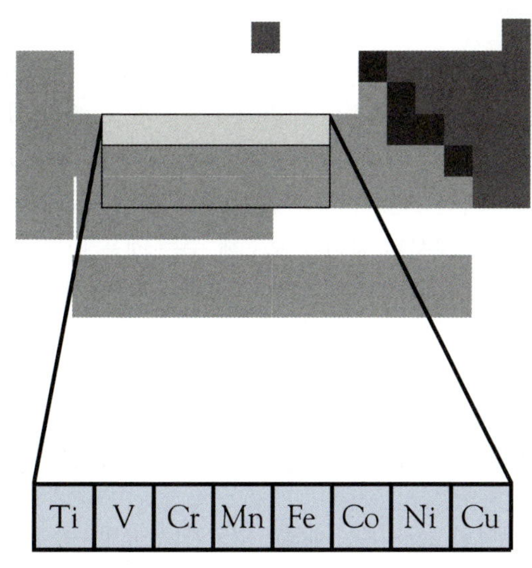

컨텍스트: 철은 모든 것의 핵심부에 존재한다

우리는 철로 이루어진 거대한 구체에서 살고 있다. 지구 행성의 핵심부는 대부분 이 한 가지 원소로 구성되어 있는데, 이 원소는 핵 융합에 의해 생성되는 원소들 중에서 가장 원자 번호가 높은 원소이다(2.2절 참조). 약 20%의 니켈과 적은 비율의 금, 백금 및 다른 금속들이 핵 융합에 의해 함께 생성된다. 지구가 처음 생길 때에는 금속들과 규산염의 혼합물로 존재했었다고 추정되고 있다. 충돌과 방사선 붕괴에 따른 열 때문에 온도는 1500 K까지 증가하게 되었고, 철-니켈 합금인 성분과 다른 규산염 광물이 생성되었다. 철은 밀도가 높은 금속이기 때문에, 금속 구체는 용융 상태인 행성의 중심을 향해 가라앉았고, 규산염은 그 위에 떠 있게 되었다. 핵심부는 두 가지 성분을 갖고 있는데(그림 참조), 내핵(6)과 외핵(5)이다.

지구 내부의 도식적 그림: (1) 대륙 지각, (2) 해양 지각, (3) 상부 맨틀, (4) 하부 맨틀, (5) 외핵, (6) 내핵.

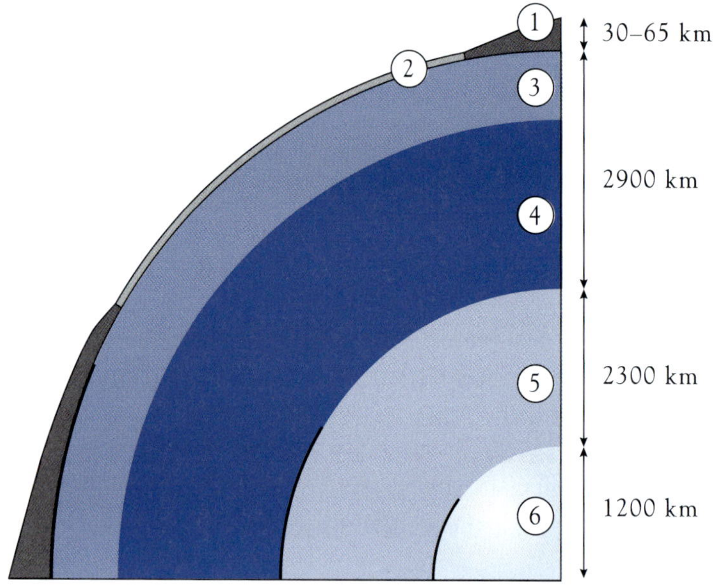

내핵은 반경이 약 1200 km인 고체 영역이고, 평균 온도는 약 5400°C이다. 내핵을 고체 상태로 유지시켜 주는 것은 극한적인 압력이다. 외핵은 두께가 약 2300 km이고, 액체 상태이며, 온도는 약간 더 높고 압력은 약간 더 낮다. 철과 니켈은 모두 강자기성 금속이다(20.7절 참조). 외핵의 와전류는 지구의 자기장을 생성시킨다. 태양으로부터 오는 입자들의 강력한 충격(태양풍)으로부터 우리를 보호해 주는 것은 바로 이 자기장이다. 자기장의 보호가 없다면 생명체는 존재할 수 없으며, 실제로 오래 전에 대부분의 지구 대기에서 태양풍은 사라져버렸다.

20.1 3d 전이 금속에 대한 개관

모든 전이 금속들은 단단하고(구리는 제외), 밀도가 높으며, 높은 녹는점을 갖는다. 3d 전이 금속들의 산화 상태는 일정한 양상을 띠고 있는데, 일반적인 산화물의 화학식을 통해 볼 수 있다(표 20.1).

이 주기의 처음 네 원소의 산화 상태는 족의 번호까지 증가한다. 철에서부터 구리까지

표 20.1 3d 전이 금속들의 산화물

산화수	타이타늄	바나듐	크로뮴	망가니즈	철	코발트	니켈	구리
+1								Cu_2O
+2	TiO	VO		MnO	FeO	CoO	NiO	CuO
+2 & 3				Mn_3O_4	Fe_3O_4	Co_3O_4		
+3	Ti_2O_3	V_2O_3	Cr_2O_3	Mn_2O_3	Fe_2O_3			
+4	TiO_2	VO_2	CrO_2	MnO_2			NiO_2	
+5		V_2O_5						
+6			CrO_3					
+7				Mn_2O_7				

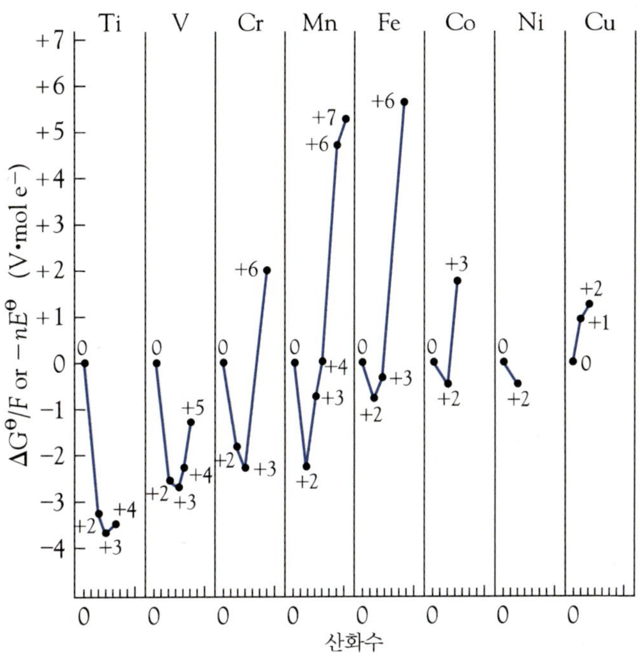

그림 20.1 산 조건에서 3d 전이 금속에 대한 Frost 도표

는 안정한 산화 상태는 산화수가 훨씬 더 낮고 감소한다. 망가니즈, 철 및 코발트는 각각 1/3은 +2의 산화 상태에 있고, 2/3은 +3의 산화 상태에 있는 산화물을 형성한다. 그러므로 이들의 보다 더 정확한 화학식은 $(M^{2+})(M^{3+})_2(O^{2-})_4$로 적어야 한다. 주족 금속들과는 달리, 전이 금속은 거의 모든 가능한 산화수를 나타낸다. 예를 들면, 망가니즈는 +7부터 -1까지의 모든 산화수를 갖는 다양한 화합물이 존재한다.

그림 20.1은 이들 원소에 대한 Frost 도표를 요약한 것이다. 산화 상태가 0인 금속 타이타늄은 강하게 환원되어 있는 상태이지만, 주기율표의 오른쪽으로 이동함에 따라 원소들은 덜 환원되어 있게 된다. 구리는 금속 자체가 열역학적으로 가장 안정한 산화 상태이다. 주기를 따라 오른쪽으로 갈수록 가장 높은 산화 상태에 대한 선호도는 점차 줄어들게 되어, 크로뮴은 강하게 산화되어 있게 된다. 대부분의 원소들은 +2의 산화 상태를 선호하지만, 타이타늄과 바나듐, 크로뮴에 대해서는 열역학적으로 가장 안정한 산화수가 +3이다. 구리는 +1의 산화수를 가질 수 있는 유일한 금속이며, 그림 20.1에서 볼 수 있는 것처럼 +2와 0의 산화 상태로 불균등화 반응을 일으킨다.

20.2 4족: 타이타늄

단단하고, 은빛을 띠는 흰색 금속인 타이타늄은 밀도가 4.5 g · cm^{-3}로 전이 금속 중에서 가장 낮다. 밀도가 낮으면서도 높은 강도를 지니는 성질 때문에 타이타늄은 가격보다도 성능이 중요시되는 전투기와 핵잠수함을 만드는 데 사용된다. 이 금속은 고성능 자전거 틀과 골프 클럽에도 활용되고 있다.

타이타늄의 추출

타이타늄은 지각에 9번째로 많이 존재하는 원소이지만 가장 흔한 타이타늄 광석인 금홍석, TiO_2로부터 순수한 금속 타이타늄을 얻기는 어렵다. 산화 타이타늄(IV), TiO_2를 탄소와 함께 환원시키면 금속 타이타늄 대신에 금속 카바이드가 만들어진다. 유일한 실용 공정인 **Kroll 공정**(*Kroll process*)은 먼저 산화 타이타늄(IV)을 탄소 및 염소 기체와 함께 가열하여 염화 타이타늄(IV), $TiCl_4$를 만든다.

$$TiO_2(s) + 2\,C(s) + 2\,Cl_2(g) \xrightarrow{\Delta} TiCl_4(g) + 2\,CO(g)$$

염화 타이타늄(IV)은 반응성이 더 큰 금속에 의해 더 환원된다. 값이 저렴할 뿐만 아니라 다른 금속 염화물과 과량의 금속 반응물로부터, 타이타늄 금속을 쉽게 분리할 수 있게 만들어 주는 마그네슘이 주로 사용된다.

$$TiCl_4(g) + 2\,Mg(l) \xrightarrow{\Delta} Ti(s) + 2\,MgCl_2(l)$$

타이타늄은 다공성이고, 묽은 산을 사용하면 염화 마그네슘과 여분의 마그네슘 금속을 녹여낼 수 있다. 그런 다음 타이타늄 금속 가루는 원하는 모양으로 가공된다.

산화 타이타늄(IV)

타이타늄 금속의 생산은 방위 산업에 매우 중요하지만, 매년 채광된 타이타늄 광석 중 엄청난 양이 비군사적 용도인 페인트 안료로 사용된다. 매년 생산되는 타이타늄 광석 500만 톤 중 약 1/3은 캐나다에서 생산되고, 1/4은 호주에서 생산된다. 타이타늄은 금홍석이라고 부르는 광석에 이산화물 형태로 존재하지만, 불순물이 너무 많아서 그냥 사용할 수는 없다.

산화 타이타늄(IV)의 정제 과정은 금속 합성과 마찬가지로 금홍석을 염화물로 변환시키는 과정을 포함한다.

$$TiO_2(s) + 2\,C(s) + 2\,Cl_2(g) \xrightarrow{\Delta} TiCl_4(g) + 2\,CO(g)$$

그런 다음 약 1200°C에서 염화 타이타늄(IV)을 산소와 반응시켜 흰색의 순수한 산화 타이타늄(IV)을 만든다. 이 과정에서 생성된 염소 기체는 재활용된다.

$$TiCl_4(g) + O_2(g) \xrightarrow{\Delta} TiO_2(s) + 2\,Cl_2(g)$$

산화 타이타늄(IV)을 페인트에 사용하기 전에는 백납, $Pb_3(CO_3)_2(OH)_2$가 흰색 안료로 사용되었다. 백납은 독성뿐만 아니라 대도시의 오염된 공기에 의해 검은색의 황화 납(II)을 생성시키므로 변색된다. 산화 타이타늄(IV)은 오염된 대기에서도 변색되지 않기 때문에 오늘날에는 백납 대신에 사용된다. 산화 타이타늄(IV)은 독성이 거의 없을 뿐만 아니라, 흰색이나 무색을 띠는 어떤 무기 물질보다도(심지어는 다이아몬드보다도) 굴절률이 더 높다. 이와 같이 빛을 산란시키는 능력이 뛰어나기 때문에, 산화 타이타늄(IV) 안료의 페인트는 먼저 칠해진 페인트 층 위에 더욱 더 효과적으로 칠해질 수 있다. 산화 타이타늄(IV)은 흰색 페인트에 사용될 뿐만 아니라, 유색 페인트의 색을 엷게 하거나 이전의 색을 덧칠하는 데에도 사용된다.

20.3 바나듐-크로뮴-망가니즈 삼원소

타이타늄의 화학은 매우 불용성인 산화 타이타늄(IV)이 주류를 이루고 있지만, 이어지는 3d 전이 금속인 바나듐, 크로뮴, 망가니즈의 화학은 아주 다르다. 이 세 가지 전이 금속(V-Cr-Mn **삼원소**)은 뚜렷한 구분을 지을 수 있다. 예를 들어 이들은 바나듐산, VO_4^{3-}; 크로뮴산, CrO_4^{2-}; 과망가니즈산, MnO_4^{-}와 같은 산소산 음이온을 형성한다. 이들 화학종은 용액과 이온 결합성 고체 화합물 모두에 존재하는 사면체 이온이다. 높게 산화된 조건 하에서 우세한 화학종의 도표는 표 20.2에 나타내었다.

가장 높은 산화 상태가 주족과 가장 유사하게 나타나는 것은 이들 세 가지 금속이다. 9.4절에서 논의한 것처럼, (*n*)족 원소와 (*n* + 10)족 원소들 간에는 상당한 유사성이 존재한다. 예를 들어 인산, H_3PO_4의 경우와 비슷하게, 바나듐산 이온은 매우 약한 산인 H_3VO_3의 짝염기로 행동한다. 그리고 두 가지의 중간 단계 산 음이온, $[HVO_4]^{2-}$와 $[H_2VO_4]^{-}$가 알려져 있다. 바나듐은 $[PO_3]^{-}$와 유사한 고체 상태 산소산 음이온 $[VO_3]^{-}$도 형성하는데, 이 이온은 VO_4 사면체의 긴 사슬로 이루어지며, 모서리의 두 산소 원자는 이웃 사면체와 공유된다.

크로뮴은 황과 대응되는데, 황산처럼 크로뮴산 이온은 센산인 크로뮴산의 짝염기이다. 그러므로 크로뮴산 이온을 물에 녹이더라도 가수분해는 거의 일어나지 않는다. 마찬가지로 매우 강하게 산화되어 있는 산의 짝염기로 존재하는 망가니즈와 염소 간의 화학, 과망가니즈산과 과염소산 간의 화학에도 대비되는 현상이 많이 존재한다.

물론 이들의 화학에서 우리가 원하는 만큼 분명하게 정의될 수 있는 방식이 존재하는 것은 아니다. 그러므로 열역학적으로 가장 안정한 산화 상태가 +2인 3d 계열의 이어지는 구성 원소(그림 20.1 참조)들과 망가니즈 간에도 유사성이 존재한다. 표 20.1에서 볼 수 있는 것처럼, 망가니즈는 철과 코발트처럼 혼합 산화 상태를 갖는 안정한 산화물, Mn_3O_4를 형성한다.

20.4 5족: 바나듐

바나듐은 바나듐강에 사용되는데, 바나듐강은 특별히 강한 합금이어서 칼날과 여러 가지 작업 공구에 사용된다. 바나듐은 d^0, d^1, d^2, d^3 전자 배치에 해당되는 +5, +4, +3, +2의 네 가지 산화 상태가 모두 안정한 상태로 존재하기 때문에, 무기 화학자들은 바나듐의

표 20.2 높게 산화된 조건하에서 바나듐, 크로뮴, 망가니즈 화학종들의 pH 의존성

	매우 산성	산성	염기성	매우 염기성
바나듐	$VO_2^{+}(aq)$	$H_2VO_4^{-}(aq)$	$HVO_4^{2-}(aq)$	$VO_4^{3-}(aq)$
크로뮴	$H_2CrO_4(aq)$	$HCrO_4^{-}(aq)$	$CrO_4^{2-}(aq)$	
망가니즈	$MnO_4^{-}(aq)$			

산화-환원 화학에 많은 관심을 갖는다. +5의 산화수를 갖는 바나듐을 포함하는 무색의 바나듐산 이온, $[VO_4]^{3-}$는 강한 염기성 용액에서 존재하며, 중성 조건에서는 연한 노란색을 띠는 짝산인 바나듐산 이수소 이온, $[H_2VO_4]^-$가 생성된다.

아연 금속과 같은 환원제로 산성 용액에서 바나듐(V)을 환원시키면 독특한 색을 띠는 낮은 산화 상태의 바나듐 이온들을 만들 수 있다.

$$Zn(s) \rightarrow Zn^{2+}(aq) + 2\,e^-$$

아연 금속이나 약한 환원제인 이산화 황으로 산성 용액에서 바나듐산 이수소 이온을 환원시키면, 처음에는 짙은 푸른색의 바나딜 이온, VO^{2+}(바나듐의 산화수가 +4)가 생성된다. 간단하게 나타내기 위하여 이 이온을 VO^{2+}로 표기하였지만, 다른 배위 자리를 5개의 물 분자가 차지하고 있기 때문에 이 이온의 실제 화학식은 $[V(OH_2)_5]^{2+}$이다.

$$[H_2VO_4]^-(aq) + 4\,H^+(aq) + e^- \rightarrow VO^{2+}(aq) + 3\,H_2O(l)$$

환원 반응을 계속 진행시키면 푸른색의 바나딜 이온은 녹색의 헥사아쿠아바나듐(III)[hexaaquavanadium(III)] 이온, $[V(OH_2)_6]^{3+}$(단순히 $V^{3+}(aq)$라고도 표기된다)으로 대치된다.

$$VO^{2+}(aq) + 2\,H^+(aq) + e^- \rightarrow V^{3+}(aq) + H_2O(l)$$

공기를 제거시키면 환원이 더 일어나 옅은 자주색의 헥사아쿠아바나듐(II) 이온, $[V(OH_2)_6]^{2+}$가 생긴다.

$$[V(OH_2)_6]^{3+}(aq) + e^- \rightarrow [V(OH_2)_6]^{2+}(aq)$$

이 용액은 공기와 접촉하는 순간 바나듐(II) 이온은 먼저 바나듐(III) 이온으로 다시 산화된 다음 최종적으로는 바나딜 이온이 된다.

20.5 6족: 크로뮴

크로뮴은 철과 강철 표면의 광택성 보호막을 입히는 데 사용된다. 크로뮴 금속 자체는 반응성이 없는 것이 아니다. 다만 산화물은 얇고 강한 보호막을 제공한다. 이 원소는 주로 크로뮴철광, $FeCr_2O_4$로 존재하는데, 전 세계 매장량의 96%는 남부 아프리카에서 발견된다. 크로뮴철광이라고 부르기는 하지만, 이 구조는 더 정확하게 산화 철(II) 크로뮴(III), $(Fe^{2+})(Cr^{3+})_2(O^{2-})_4$라고 불러야 한다. 홍연석, $PbCrO_4$, 크로뮴산 납(II)도 크로뮴의 공급원이다.

그림 20.1에서 볼 수 있는 것처럼, 크로뮴(III)은 열역학적으로 가장 안정한 산화 상태이고, 크로뮴(IV)은 높게 산화되어 있는 상태이다. $1\ mmol \cdot L^{-1}$의 크로뮴에 대한 Pourbaix 도표는 그림 20.2에 나타내었다. 이 그림을 보면 산화되는 조건하에서 크로뮴산과 크로뮴산 수소 이온만이 열역학적으로 선호됨을 알 수 있다. 매우 염기성인 조건하에서는 짙은 녹색의 크로뮴산(V) 이온, $[CrO_4]^{3-}$가 생성될 수 있다. 이 산화 상태는 염기성 조건과 박테리아에 의해 크로뮴(VI)이 크로뮴(III)으로 환원되는 과정에 포함된다.

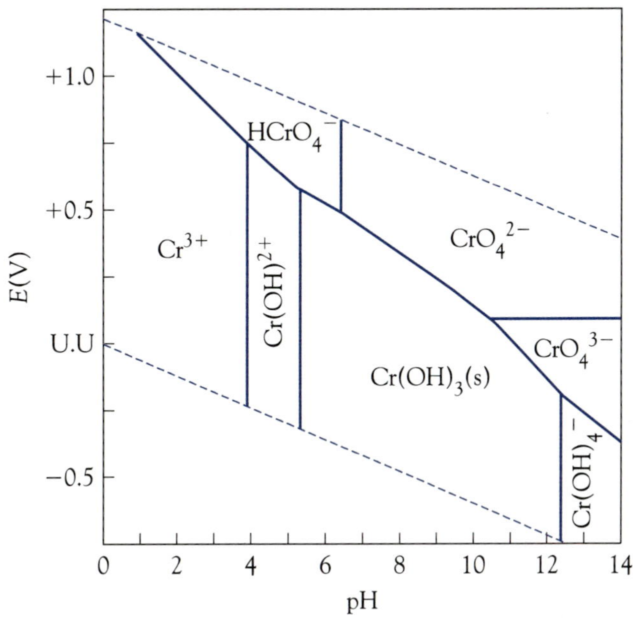

그림 20.2 pH와 E의 의존성을 보여 주는 1 mmol·L^{-1} 크로뮴 화학종에 대한 Pourbaix 도표

크로뮴의 산화물

타이타늄의 경우 산화 타이타늄(IV), TiO_2만이 중요하고 바나듐은 산화 바나듐(V), V_2O_5가 중요한데, 이 두 가지는 모두 녹는점이 높은 이온성 고체이다. 크로뮴의 중요한 산화물은 두 가지가 있는데, 산화 크로뮴(VI), CrO_3와 산화 크로뮴(III), Cr_2O_3이다.

산화 크로뮴(VI)은 붉은색의 결정성 고체이다. 녹는점이 낮고, 물에 잘 녹기 때문에 결합은 작은 공유 결합성 분자로서 잘 설명된다. 금속이 매우 높은 산화수를 갖는 대부분의 금속 산화물과 마찬가지로 이 산화물도 산성이며, 물에 녹으면 '크로뮴산'이 되는데, 이 산은 실제로는 혼합물이다. 이 산의 용액은 강력한 산화력을 가지므로 실험실에서 유리 기구를 세척하는 최종 수단으로 사용된다. 그러나 이 용액 자체는 해로우며(발암 물질이고 매우 산성이다), 유리를 부식시키는 발열 산화-환원 반응을 일으키므로 매우 위험하기 때문에 가능한 한 사용을 억제해야 한다.

이 산화물은 진한 다이크로뮴산 포타슘의 차가운 용액에 진한 황산을 가하여 만든다. 이 합성에서 처음에는 크로뮴산이 만들어지고, 이어서 산성 산화물과 물로 분해된다.

$$K_2Cr_2O_7(aq) + H_2SO_4(aq) + H_2O(l) \rightarrow K_2SO_4(aq) + 2\text{ “}H_2CrO_4(aq)\text{”}$$
$$\text{“}H_2CrO_4(aq)\text{”} \rightarrow CrO_3(s) + H_2O(l)$$

초록색 분말인 산화 크로뮴(III), Cr_2O_3는 더 낮은 산화수를 갖는 금속에서 예상할 수 있는 것처럼 녹는점이 높고 물에 불용성인 양쪽성 산화물이다. 이 두 산화물의 성질은 표 20.3에서 비교하였다.

표 20.3 산화 크로뮴(VI)과 산화 크로뮴(III)의 성질 비교

산화물	모양	녹는점(°C)	수용성	산-염기 성질	결합의 분류
CrO_3	붉은색 결정	190	수용성	산성	작은 분자 공유 결합
Cr_2O_3	초록색 분말	2450	불용성	양쪽성	이온성

크로뮴산 납(II)(크로뮴 노랑)이 중요한 노란색 안료인 것처럼, 산화 크로뮴(III)은 초록색 안료로 많이 사용된다. 이 안료는 유기 염료가 아니라 무기물이며, 퇴색되지도 않고 산, 염기 또는 산화제나 환원제의 영향을 받지 않기 때문에 산화 크로뮴(III)은 1862년부터 미국 화폐의 초록색 안료로 사용되고 있다.

크로뮴산과 다이크로뮴산

크로뮴(VI) 이온은 반응 속도론적으로 천천히 분해되기 때문에 Pourbaix 도표에 나타낸 경계의 바깥쪽 조건하에서도 존재할 수 있다. 이들 중에서 가장 중요한 화합물은 크로뮴산과 다이크로뮴산이다. 평형 때문에 노란색의 크로뮴산 이온, $[CrO_4]^{2-}$는 염기성 조건에서만 존재할 수 있고, 오렌지색의 다이크로뮴산 이온, $[Cr_2O_7]^{2-}$는 산성 조건에서만 존재할 수 있다.

$$2\,[CrO_4]^{2-}(aq) + 2\,H^+(aq) \rightleftharpoons [Cr_2O_7]^{2-}(aq) + H_2O(l)$$

그림 20.3에 나타낸 것처럼, 묽은 산성 용액에서 다이크로뮴산 이온은 가수분해되어 크로뮴산 수소 이온, $[HCrO_4]^-$를 형성한다.

$$[Cr_2O_7]^{2-}(aq) + H_2O(l) \rightleftharpoons 2\,[HCrO_4]^-(aq)$$

1족 크로뮴산 염은 가용성이지만 2족 크로뮴산 염은 불용성이다. 실제로 2족 크로뮴산 염의 용해도곱은 2족 황산염의 용해도곱과 거의 비슷하다[(n)과 $(n+10)$족 관계의 증거]. 그러나 전이 금속의 크로뮴산 염[크로뮴산 구리(II)와 같은]은 불용성인 데 반해 황산염[황산 구리(II)와 같은]은 가용성이다. 크로뮴산 납(II), $PbCrO_4$처럼 양이온이 무색이면 화합물은 대개 노란색을 띤다. 크로뮴산 납(II)은 불용성이며, 굴절률이 높아 불투명하기 때문에 고속도로의 노란색 표지판에 사용된다.

크로뮴산과 다이크로뮴산 이온에서 크로뮴은 +6의 산화 상태를 가지므로, 금속은 d^0 전자 배치를 갖는다. d^0 전자 배치는 d 전자가 없기 때문에 금속은 무색이어야 한다. 그러나 크로뮴의 경우에는 색을 띤다. 이 색은 리간드로부터 금속으로 전자가 전이되는 **전하 이동**(*charge transfer*)이라는 현상 때문에 나타난다(19.9절 참조). 즉, 전자는 차 있는 리간드의 p 오비탈로부터 비어 있는 금속의 d 오비탈로 들뜨게 된다. 이 과정은 다음과 같이 간단하게 나타낼 수 있다.

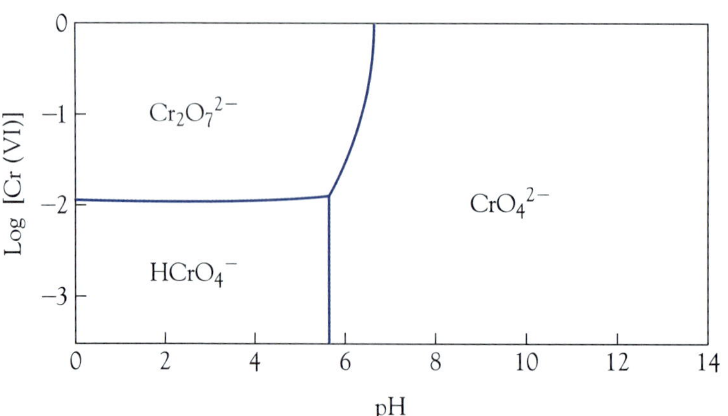

그림 20.3 pH와 크로뮴 농도에 따른 크로뮴(VI) 화학종의 분포도

$$Cr^{6+}—O^{2-} \rightarrow Cr^{5+}—O^{-}$$

이와 같은 전이가 일어나려면 상당히 많은 에너지가 필요하기 때문에, 흡수는 대개 가시광선 영역의 끝부분인 스펙트럼의 자외선 영역에서 나타난다. 전하 이동은 크로뮴산과 다이크로뮴산처럼 금속이 높은 산화 상태에 있을 때 잘 일어난다.

크로뮴산 은(I), Ag_2CrO_4은 탈륨(I)을 제외한 다른 금속 이온과는 달리 붉은 벽돌색을 갖는다(9.6절 참조). 크로뮴산의 이 색은 이 화합물을 은 이온의 분석에 유용한 화합물로 만든다. Mohr **법**(*Mohr method*)이라고 하는 침전 적정에서 은 이온은 염화 이온과 반응하여 흰색의 염화 은 침전을 만든다.

$$Ag^{+}(aq) + Cl^{-}(aq) \rightarrow AgCl(s)$$

약 0.01 $mol \cdot L^{-1}$의 크로뮴산 이온이 존재하면, 염화 이온이 완전히 소모된 직후에 용해도가 약간 더 큰 붉은 벽돌색의 크로뮴산이 생기게 될 것이므로, 이 색의 변화로부터 당량점을 알 수 있다.

$$2\,Ag^{+}(aq) + [CrO_4]^{2-}(aq) \rightarrow Ag_2CrO_4(s)$$

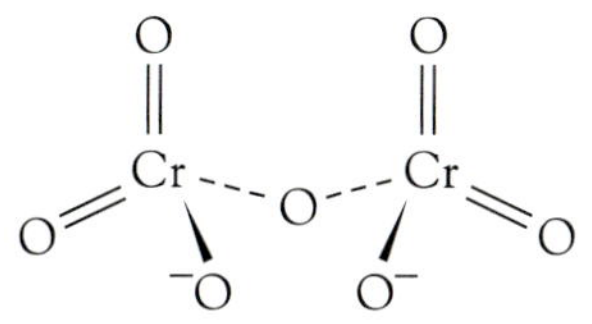

다이크로뮴산 이온은 다리 결합된 산소 원자를 포함하는 구조를 갖는다(그림 20.4). 이 이온은 강한 산화제이다. 크로뮴(VI) 이온은 발암성이고, 특히 분말 상태의 고체는 폐에 흡수될 수 있기 때문에 주의해서 취급하여야 한다. 오렌지색의 다이크로뮴산 이온은 좋은 산화제이며, 산화-환원 반응에서 초록색의 헥사아쿠아크로뮴(III) 이온, $[Cr(OH_2)_6]^{3+}$으로 환원된다.

그림 20.4 다이크로뮴산 이온, $[Cr_2O_7]^{2-}$

$$[Cr_2O_7]^{2-}(aq) + 14\,H^{+}(aq) + 6\,e^{-} \rightarrow 2\,Cr^{3+}(aq) + 7\,H_2O(l) \qquad E^{\ominus} = +1.33\ V$$

크로뮴(VI)의 독성은 영화 에린 브로코비치(*Erin Brockovich*)의 주제이다.

유기 화합물을 다이크로뮴산 이온으로 산화시키는 것은 유기 화학에서 많이 사용하는 반응이다. 다이크로뮴산 소듐은 다이크로뮴산 포타슘보다 용해도가 더 높기 때문에 자주 사용된다. 이 반응은 호흡을 통해 알코올 섭취량을 분석하는 데 사용된다. 다이크로뮴산염의 산성 용액을 통해 호흡을 하여 기포를 발생시키면, 에탄올에 의한 색깔의 변화를 정량적으로 검출할 수 있다. 이 반응에서 에탄올은 아세트산으로 산화된다.

$$CH_3CH_2OH(aq) + H_2O(l) \rightarrow CH_3CO_2H(aq) + 4\,H^{+}(aq) + 4\,e^{-}$$

정량 분석에서 다이크로뮴산 소듐은 조해성이 있기 때문에 1차 표준 물질로 사용될 수 없다. 그러나 다이크로뮴산 포타슘은 수화되지 않고 재결정에 의해 순수한 물질을 얻을 수 있기 때문에, 이상적인 1차 표준 물질이다. 다이크로뮴산 포타슘의 물에 대한 용해도는 온도가 증가하면 크게 증가된다. 다이크로뮴산 포타슘은 산성 용액에서 철(II) 이온의 농도를 결정하는 데 사용된다. 이 적정에서 다이크로뮴산 이온은 크로뮴(III) 이온으로 환원되고, 철(II) 이온은 철(III) 이온으로 산화된다.

$$Fe^{2+}(aq) \rightarrow Fe^{3+}(aq) + e^{-}$$

다이크로뮴산이 크로뮴(III) 이온으로 환원될 때 나타나는 오렌지색에서 초록색으로의 변색은, 그다지 민감하지 않기 때문에 지시약으로 다이페닐아민설폰산 바륨

(barium diphenylamine sulfonate)을 사용하여야 한다. 이 지시약은 철(II) 이온보다 산화되기가 어렵기 때문에, 철(II) 이온이 모두 철(III) 상태로 바뀌고 난 다음에 산화되어 푸른색을 낸다. 자유 철(III) 이온은 지시약에 영향을 미쳐 종말점을 부정확하게 만들기 때문에, 적정을 시작하기 전에 약간의 인산을 가해 주어야 한다. 인산은 안정한 인산 철(III) 착물을 만든다.

다이크로뮴산 암모늄, $(NH_4)_2Cr_2O_7$은 '화산 실험'이라고 하는 독특한 반응에 사용된다. 붉은색을 띨 정도로 뜨겁게 가열된 철사를 다이크로뮴산 암모늄 더미에 갖다대면, 발열 과정의 분해가 시작되고, 불꽃과 수증기가 발생되는 것을 뚜렷하게 볼 수 있다. 그러나 이 실험은 발암성 크로뮴(VI) 화합물을 포함하는 먼지를 발생시키기 때문에 안전한 실험이 아니다. 이 반응은 산화 크로뮴(III), 수증기, 질소 기체, 소량의 암모니아 기체를 생성시키는 비화학량론적 반응이다.

$$(NH_4)_2Cr_2O_7(s) \rightarrow Cr_2O_3(s) + N_2(g) + 4\,H_2O(g)$$

다이크로뮴산염의 공업적 제조는 흥미로운 화학을 제공한다. 출발 물질은 크로뮴산 철광, $FeCr_2O_4$이다. 이 광석의 가루를 공기 중에서 탄산 소듐과 함께 약 1000°C로 가열하면 크로뮴(III)은 크로뮴(VI)으로 산화된다.

$$4\,FeCr_2O_4(s) + 8\,Na_2CO_3(l) + 7\,O_2(g) \xrightarrow{\Delta} 8\,Na_2CrO_4(s) + 2\,Fe_2O_3(s) + 8\,CO_2(g)$$

물을 가하여 크로뮴산 소듐을 녹이는 과정을 **침출**(*leaching*)이라고 하는데, 이 과정에서 불용성 산화 철(III)이 남게 된다. 다이크로뮴산 소듐을 얻기 위해서는 Le Châtelier 원리를 적용한다. 다음의 평형은 정상 조건에서는 왼쪽에 놓여 있지만, 앞의 반응에서 얻어진 이산화 탄소의 농도가 높아지면, 다이크로뮴산 소듐의 수득률이 높아진다.

$$2\,Na_2CrO_4(aq) + 2\,CO_2(aq) + H_2O(l) \rightleftharpoons Na_2Cr_2O_7(aq) + 2\,NaHCO_3(s)$$

크로뮴산-다이크로뮴산 평형에서 수용성 이산화 탄소는 다이크로뮴산 이온의 생성을 위해 pH를 감소시키는 값싼 수단이 된다. 앞 단계에서 생성된 이산화 탄소 대 크로뮴산의 몰비는 이 반응에서 적용된 몰비와 정확하게 같다. 용해도가 낮은 탄산 수소 소듐은 평형이 왼쪽으로 이동되는 것을 막기 위해 압력을 가해 걸러주어야 한다. 그런 다음 탄산 수소 소듐은 같은 몰수의 수산화 소듐과 반응시켜 탄산 소듐으로 만들고, 이 탄산 소듐을 첫 번째 단계에서 다시 사용한다. 따라서 이 공정에서 필요한 화학 약품은 아크로뮴산 철광석과 수산화 소듐뿐이다.

다이크로뮴산에 대한 일반적인 시험법은 과산화 수소를 첨가하는 것이다. 퍼옥소(peroxo) 화학종을 에톡시에테인(다이에틸 에터)로 추출하면 특성적인 짙은 푸른색을 내게 된다. 이 색깔은 CrO_5 분자 때문에 나타나는 것인데, 이 화합물은 1개의 이중 결합된 산소 원자와 2개의 킬레이트 퍼옥소 단위 $CrO(O_2)_2$를 포함하는 산화 과산화 크로뮴(VI)이다(그림 20.5).

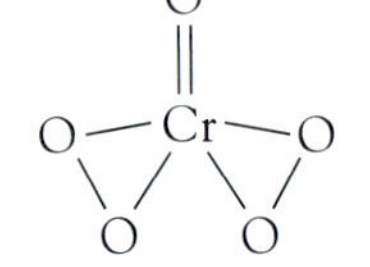

그림 20.5 CrO_5 분자의 구조

$$Cr_2O_7^{2-}(aq) + 3\,H_2O(l) \rightarrow 2\,CrO(O_2)_2(\text{에터}) + 6\,H^+(aq) + 8\,e^-$$
$$H_2O_2(aq) + 2\,H^+(aq) + 2\,e^- \rightarrow 2\,H_2O(l)$$

염화 크로밀

화학식이 CrO_2Cl_2인 붉은색의 오일성 액체인 염화 크로밀은 중심의 크로뮴 원자 주위에 사면체 배열을 가지며, Cr—O 결합은 상당히 이중 결합성이다(그림 20.6). 이 화합물이 관심을 끄는 유일한 이유는 할로젠화 이온이 존재하는 것으로 밝혀진 상황에서 염화 이온을 확인하는 명확한 방법이기 때문이다. 오렌지색의 고체 다이크로뮴산 포타슘과 흰색의 염화 소듐과 같은 이온성 염화물의 혼합물에 진한 황산을 가해주면, 염화 크로밀이 생성되기 때문에 이 혼합물은 짙은 색으로 변한다.

$$K_2Cr_2O_7(s) + 4\ NaCl(s) + 6\ H_2SO_4(l) \rightarrow 2\ CrO_2Cl_2(l) + 2\ KHSO_4(s) + 4\ NaHSO_4 + 3\ H_2O(l)$$

이 혼합물을 서서히 그리고 주의 깊게 가열하면, 짙은 붉은색의 유독성 증기가 발생된다. 이 기체를 모아 응축시키면 짙은 붉은색의 공유성 액체인 염화 크로밀을 얻을 수 있다. 이 액체를 염기성 용액에 가하면 즉시 가수분해되어 노란색의 크로뮴산 이온으로 변한다.

$$CrO_2Cl_2(l) + 4\ OH^-(aq) \rightarrow CrO_4^{2-}(aq) + 2\ Cl^-(aq) + 2\ H_2O(l)$$

브로민화 이온과 아이오딘화 이온은 유사한 크로밀 화합물을 만들지 않기 때문에, 이 시험은 염화 이온에만 적용될 수 있다.

O
||
Cr --- Cl
O=
Cl

그림 20.6 염화 크로밀 분자, CrO_2Cl_2

염화 크로뮴(III)

염화 크로뮴(III)은 산화 크로뮴(III)과 염산을 반응시키면 만들 수 있는데, 용액을 짙은 녹색의 $[Cr(OH_2)_4Cl_2]^+(Cl)^- \cdot 2H_2O$가 결정으로 생길 때까지 증발시킨다.

$$Cr_2O_3(s) + 6\ HCl(aq) \rightarrow 2\ Cr^{3+}(aq) + 6\ Cl^-(aq) + 3\ H_2O(l)$$

염화 크로뮴(III) 무수물, $CrCl_3$는 적자주색을 띠는 고체이며, 강하게 가열된 크로뮴 금속 위로 염소 기체를 통과시키면 얻어진다.

$$2\ Cr(s) + 3\ Cl_2(g) \xrightarrow{\Delta} 2\ CrCl_3(s)$$

예제 20.1

$CrCl_3 \cdot 6H_2O$는 세 가지 수화 이성질체가 존재한다. 짙은 녹색의 $[Cr(OH_2)_4Cl_2]Cl \cdot 2H_2O$, 연한 녹색의 $[Cr(OH_2)_5Cl]Cl_2 \cdot H_2O$, 그리고 자주색의 $[Cr(OH_2)_6]Cl_3$. 이 세 가지 이성질체를 어떻게 구별할 수 있는가?

해답

이 세 가지 이성질체들은 물에 녹이면 다양하게 자유 염화 이온을 방출하게 될 것이다. 질산 은 용액을 가해주면, 이들의 용액은 각각 1몰, 2몰, 3몰 당량의 염화 은 침전을 생성하게 된다. $[Cr(OH_2)_4Cl_2]Cl \cdot 2H_2O$와 $[Cr(OH_2)_5Cl]Cl_2 \cdot H_2O$를 천천히 가열하면 이들은 각각 2몰과 1몰 당량의 물을 잃게 될 것이므로 질량의 변화를 통해서도 구별할 수 있다.

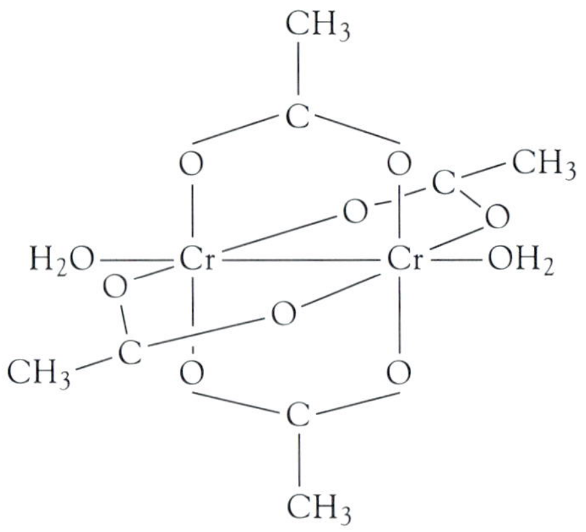

그림 20.7 아세트산 크로뮴(II) 이합체 착물

아세트산 크로뮴(II)

크로뮴(II)은 비정상적으로 낮은 산화 상태이지만, 한 가지 화합물, 아세트산 크로뮴(II)은 쉽게 합성할 수 있다. 이 불용성 붉은색 화합물은 크로뮴(III) 이온을 아연 금속으로 환원시키면 만들 수 있다.

$$2\ Cr^{3+}(aq)\ +\ Zn(s)\ \rightarrow\ 2\ Cr^{2+}(aq)\ +\ Zn^{2+}(aq)$$

이어서 아세트산 이온을 가해 주면,

$$2\ Cr^{2+}(aq)\ +\ 4\ CH_3COO^-(aq)\ +\ 2\ H_2O(l)\ \rightarrow\ Cr_2(CH_3COO)_4(OH_2)_2(s)$$

아세트산염은 일반적으로 가용성이다. 즉, 이들은 질산염 다음으로 잘 녹는 화합물들이다. 따라서 이 화합물의 불용성은 생성물이 간단한 화합물이 아님을 의미하며, 실제로도 그렇다. 이 착물은 두 크로뮴(II) 이온 사이를 $-O-C-O-$ 다리 결합으로 연결한 4개의 아세트산 리간드와 직접 결합된 크로뮴-크로뮴 결합을 갖는 이합체이다. 2개의 물 분자는 이 분자의 말단에 있는 여섯 번째 배위 자리를 점유한다(그림 20.7).

20.6 7족: 망가니즈

망가니즈는 철과 타이타늄에 이어서 세 번째로 풍부한 전이 금속이다. 크로뮴과는 달리, 망가니즈는 망가니즈(II)와 망가니즈(III) 모두를 포함하는 규산염 광물인 브라운광, Mn_7SiO_{12}에 주로 존재한다. 구조는 광물학적 형태인 $3Mn_2O_3 \cdot MnSiO_3$로 표기하면 가장 잘 이해할 수 있다. 망가니즈는 특정한 형태의 강철에 중요한 첨가제로 사용된다.

망가니즈의 산화 상태

망가니즈는 다른 어떤 금속보다도 더 넓은 영역에 걸친 산화 상태를 갖는 화합물을 쉽게 형성한다. 그림 20.8은 산성 용액에서 망가니즈의 산화 상태에 대한 상대적인 안정도를 나타낸 것이다.

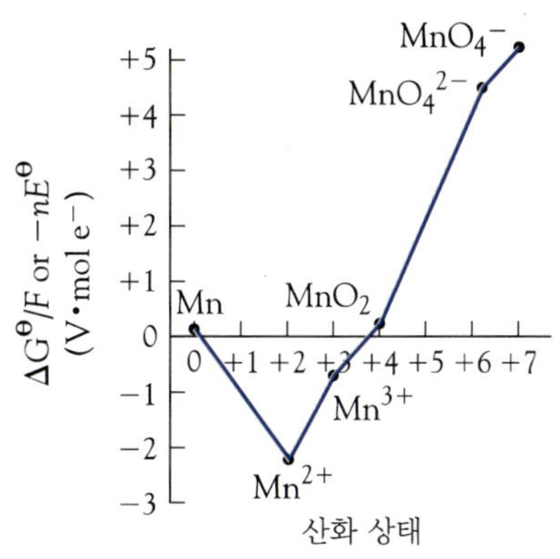

그림 20.8 산성 용액에서 망가니즈의 산화 상태에 대한 Frost 도표

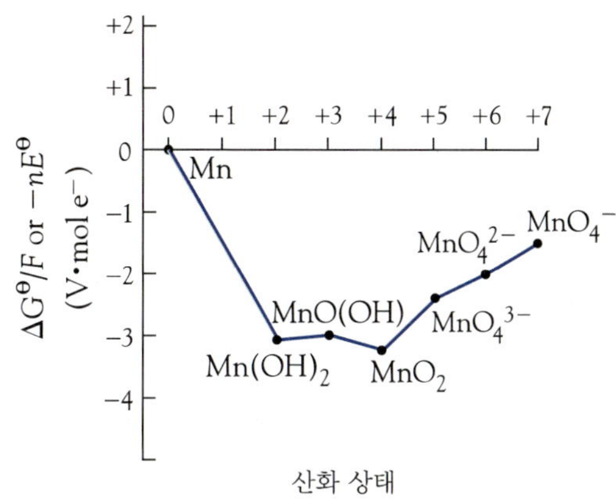

그림 20.9 염기성 용액에서 망가니즈의 산화 상태에 대한 Frost 도표

이 그림을 보면 **테트라옥사이도망가니즈**(VII)산[*tetraoxidomanganate* (*VII*)]이라고 알려진 과망가니즈산 이온, $[MnO_4]^-$은 산성 용액에서 매우 강하게 산화되어 있음을 알 수 있다. **테트라옥사이도망가니즈**(VI)**산**[*tetraoxidomanganate*(*VI*)]이라고 알려진 짙은 초록색의 망가니즈산 이온, $[MnO_4]^{2-}$은 강하게 산화되어 있지만, 과망가니즈산 이온과 산화 망가니즈(IV)로 쉽게 불균등화 반응을 일으키기 때문에 중요성이 덜하다. 산화 망가니즈(IV)는 가장 안정한 망가니즈 화학종인 망가니즈(II) 이온에 비해서는 더 산화되어 있다. 산성 용액에서 망가니즈(III) 이온은 불균등화 반응을 일으키기 때문에 역시 관심을 끌지 못한다. 마지막으로 망가니즈 금속 자체는 환원되어 있다. 그러나 염기성 용액에서는 그림 20.9에서 볼 수 있는 것처럼 전혀 다른 상황이 전개된다.

산성과 염기성 조건에서의 차이는 다음과 같이 요약할 수 있다.

1. 특정한 산화 상태에서 많은 화합물들이 독특한 행동을 보인다. 대부분의 금속과 마찬가지로 망가니즈는 높은 pH에서는 금속이 낮은 산화 상태를 갖는 불용성 수산화물과 산화 수산화물을 형성한다.
2. 높은 산화 상태는 산성 용액에서처럼 강하게 산화되어 있지 않다. 이러한 차이는 수소 이온 농도를 포함하는 환원으로 간단하게 설명할 수 있다. 즉, 이 환원 반응도 pH에 매우 민감하게 의존한다. 산성 용액에 대한 Frost 도표에서 수소 이온의 농도는 $1\ mol \cdot L^{-1}$이었지만, 염기성 용액에서는 $10^{-14}\ mol \cdot L^{-1}$이기 때문에 수산화 이온의 농도는 $1\ mol \cdot L^{-1}$이다. Nernst 식을 이용하면 이와 같은 이온 농도의 변화는 표준 환원 전위에 큰 영향을 미침을 알 수 있다.
3. 산성 용액에서는 매우 불안정한 산화 상태가 염기성 용액에서 존재할 수 있고, 염기성 용액에서 불안정한 산화 상태가 산성 용액에서 존재할 수 있다. 따라서 짙은 녹색의 망가니즈산 이온, $[MnO_4]^{2-}$(좀 더 정확하게 테트라옥사이도망가니즈(VI)산 이온)과 밝은 청색의 아망가니즈산 이온, $[MnO_4]^{3-}$(좀 더 정확하게 테트라옥사이도망가니즈(V)산 이온)는 염기성 용액에서는 생성될 수 있다.
4. 염기성 용액에서 열역학적으로 가장 안정한 화학종은 산화 망가니즈(IV)이고, 산화 수산화 망가니즈(III), MnO(OH)와 수산화 망가니즈(II)도 모두 비교적 안정하다. 즉, pH가 14 이상에서 산화 수산화 망가니즈(III)는 열역학적으로 수산화 망가니즈(II)보다 더 안정하다.

망가니즈의 산화물

모든 3d 전이 금속 중에서 가장 광범위한 산화물을 형성한다. 망가니즈의 산화물에는 Mn_2O_7, MnO_2, Mn_2O_3, Mn_3O_4, MnO 등이 있다. 이들의 성질은 산성인 산화 망가니즈(VII), Mn_2O_7에서부터 염기성인 산화 망가니즈, MnO에 걸쳐 있다. 특별히 흥미로운 세 가지는 산화 망가니즈(VII), Mn_2O_7; 산화 망가니즈(IV), MnO_2; 산화 망가니즈(II) 망가니즈(III), Mn_3O_4이다.

실온에서 산화 망가니즈(VII)는 녹갈색 액체이다. 산화 크로뮴(VI)처럼 이 산화물은 강하게 산화되어 있으며, 결합은 작은 공유 결합성 분자로 가장 잘 설명된다. 이 산화물은 더 안정한 산화 망가니즈(IV)로 격렬하게 분해된다.

$$2\,Mn_2O_7(l) \rightarrow 4\,MnO_2(s) + 3\,O_2(g)$$

산화 망가니즈(IV)는 암갈색 불용성 고체이고, 이온성 구조를 갖는다. 이 화합물은 +4 산화 상태에 있는 망가니즈의 화합물 중에서 유일하게 자주 접하게 된다(9.5절에서는 산화 망가니즈(IV)와 이산화 염소 간의 유사성에 대해 알아보았다). 이 화합물은 강력한 산화제이며, 진한 염산으로부터 염소 기체를 방출하면서 염화 망가니즈(II)로 환원된다.

$$MnO_2(s) + 4\,HCl(aq) \rightarrow MnCl_2(aq) + Cl_2(g) + 2\,H_2O(l)$$

이 산화물은 일반적인 알칼리 배터리의 핵심 성분이다. 이 전지는 음극으로 중심 막대를 갖는 아연 상자(양극)로 구성되어 있다. 막대는 흑연(좋은 전기 전도체)과 산화 망가니즈(IV)의 압착된 혼합물로 이루어져 있다. 전해질은 수산화 포타슘 용액이다. 전지 반응에서 산화 망가니즈(IV)는 산화 수산화 망가니즈(III) MnO(OH)로 환원되고, 아연은 수산화 아연으로 산화된다.

$$2\,MnO_2(s) + 2\,H_2O(l) + 2\,e^- \rightarrow 2\,MnO(OH)(s) + 2\,OH^-(aq)$$
$$Zn(s) + 2\,OH^-(aq) \rightarrow Zn(OH)_2(s) + 2\,e^-$$

전체 반응에서 2몰의 수산화 이온이 양극에서 소모되고, 2몰의 수산화 이온이 음극에서 생성된다. 수산화 이온의 농도가 유지되기 때문에 이 전지의 전위는 일정하게 되고, 구식 '건전지'가 사용 도중에 전위가 감소하는 것에 비해 장점을 가지게 된다.

산화 망가니즈(II) 망가니즈(III), Mn_3O_4는 화학식 때문에 흥미로운 적갈색 고체이다. 결정에서는 Mn^{2+}와 Mn^{3+} 이온이 모두 존재하기 때문에 구조는 $(Mn^{2+})(Mn^{3+})_2(O^{2-})_4$로 나타낼 수 있다. 철과 망가니즈만이 혼합 산화 상태를 포함하는 산화물을 쉽게 형성한다. 두 가지 산화물 Mn_3O_4와 Fe_3O_4에 대해서는 스피넬 구조를 다룰 때(5.7절 참조) 설명하였다. 망가니즈 화합물은 스피넬 구조를 갖지만, 철 화합물은 역스피넬 구조를 갖는 현상을 설명하기 위해 결정장 이론을 사용할 수 있다.

과망가니즈산염

검은색 고체인 과망가니즈산 포타슘, $KMnO_4$는 산화수가 +7인 망가니즈를 함유하는 화합물 중에서 가장 잘 알려져 있다. 크로뮴(VI) 화합물처럼 이 d^0 이온의 색은 전하 이동 전자 전이 때문에 나타난다. 과망가니즈산 포타슘은 물에 녹으면 짙은 자주색 용액이 된다.

과망가니즈산 이온은 매우 강력한 산화제이며, 산성 조건에서 무색의 망가니즈(II) 이온으로 환원된다. 예를 들어 과산화 수소와의 두 반쪽 반응은 다음과 같다.

$$[MnO_4]^-(aq) + 8\,H^+(aq) + 5\,e^- \rightarrow Mn^{2+}(aq) + 4\,H_2O(l)$$
$$H_2O_2(aq) \rightarrow O_2(g) + 2\,H^+(aq) + 2\,e^-$$

염기성에서는 갈색 고체인 산화 망가니즈(IV)이 생성된다(유기 화학에서는 산화를 위해 염기성 용액에서 과망가니즈산을 사용한다).

$$[MnO_4]^-(aq) + 2\,H_2O(l) + 3\,e^- \rightarrow MnO_2(s) + 4\,OH^-(aq)$$
$$HO_2^-(aq) + OH^-(aq) \rightarrow O_2(g) + H_2O(l) + 2\,e^-$$

과망가니즈산 포타슘은 산화-환원 적정에 사용되는 중요한 시약이다. 다이크로뮴산 포타슘과는 달리, 과망가니즈산 포타슘은 불순물을 포함하기 때문에 1차 표준 물질로는 적합하지 않다. 산화 망가니즈(IV)를 포함하는 수용액을 방치하면 갈색의 산화 망가니즈(IV) 침전이 느린 속도로 생성된다. 과망가니즈산 용액의 정확한 농도는 옥살산 표준 용액으로 적정하여 결정된다. 뷰렛으로부터 과망가니즈산 포타슘 용액을 옥살산 용액에 가하면 무색의 망가니즈(II) 이온과 이산화 탄소가 생성되면서 자주색이 사라진다. 과망가니즈산 이온 자신은 지시약 역할을 한다. 여분의 과망가니즈산이 조금이라도 존재하게 되면 용액은 분홍색을 나타낸다.

$$[MnO_4]^-(aq) + 8\,H^+(aq) + 5\,e^- \rightarrow Mn^{2+}(aq) + 4\,H_2O(l)$$
$$[C_2O_4]^{2-}(aq) \rightarrow 2\,CO_2(g) + 2\,e^-$$

이 반응은 높은 활성화 에너지를 갖기 때문에 반응 속도를 빠르게 만들기 위하여 처음에는 옥살산 용액을 가열해 준다. 그러나 일단 망가니즈(II) 이온이 생성되고 나면 이 이온이 촉매로 작용하기 때문에, 반응 속도는 적정 속도보다 더 빨라진다.

표준화된 과망가니즈산 포타슘 용액은 철광석이나 식료품 중의 철을 정량 분석하는 데 사용된다. 철은 철(II) 이온으로 변환된 후 표준화된 과망가니즈산 이온 용액으로 적정된다. 이때 과망가니즈산 이온은 산화제와 지시약으로 사용된다.

$$[MnO_4]^-(aq) + 8\,H^+(aq) + 5\,e^- \rightarrow Mn^{2+}(aq) + 4\,H_2O(l)$$
$$Fe^{2+}(aq) \rightarrow Fe^{3+}(aq) + e^-$$

망가니즈산 이온

아황산 이온과 같은 약한 환원제를 사용하면, 염기성 용액에서의 환원은 초록색의 망가니즈산[테트라옥사이도망가니즈(VI)산] 이온이 생성될 때까지만 일어난다.

$$[MnO_4]^-(aq) + e^- \rightarrow [MnO_4]^{2-}(aq)$$
$$SO_3^{2-}(aq) + 2\,OH^-(aq) \rightarrow SO_4^{2-}(aq) + H_2O(l) + 2\,e^-$$

등전자인 테트라옥사이도크로뮴(V)산 이온, $[CrO_4]^{3-}$(20.5절 참조)처럼, 테트라옥사이도망가니즈(VI)산 이온은 고체상과 염기성이 매우 높은 조건에서만 안정하다. 예를 들면,

망가니즈산 포타슘을 물에 녹일 때에는 Frost 도표에서 예측되는 것처럼 불균등화 반응을 일으킨다.

$$3\,[MnO_4]^{2-}(aq) + 2\,H_2O(l) \rightarrow 2\,[MnO_4]^{-}(aq) + MnO_2(s) + 4\,OH^{-}(aq)$$

망가니즈(II) 화합물

산성 조건에서 열역학적으로 가장 안정한 망가니즈의 산화 상태는 +2이다. 이 산화 상태에서 망가니즈는 질산염, 염화물, 황산염과 같이 흔히 접하는 망가니즈의 모든 염에 존재하는 화학종인 매우 옅은 분홍색의 $[Mn(OH_2)_6]^{2+}$ 이온으로 존재한다. 이 이온의 매우 옅은 색은 대부분의 다른 전이 금속 이온의 강렬한 색과 대비된다. 19.9절에서 고스핀 d^5 배치에 대해 논의했던 것처럼, 확률이 낮은 스핀-금지 전이만 가능하기 때문에 흰색에 가까운 고체와 무색에 가까운 용액이 된다.

망가니즈(II) 이온을 포함하는 용액에 염기를 가하면 흰색의 수산화 망가니즈(II)가 생긴다.

$$Mn^{2+}(aq) + 2\,OH^{-}(aq) \rightarrow Mn(OH)_2(s)$$

그러나 염기성 조건에서는 망가니즈(III) 상태가 더 안정하기 때문에, 공기 중에서 수산화 망가니즈(II)는 갈색의 수산화 산화 망가니즈(III), MnO(OH)로 산화된다.

$$Mn(OH)_2(s) + OH^{-}(aq) \rightarrow MnO(OH)(s) + H_2O(l) + e^{-}$$
$$O_2(g) + 2\,H_2O(l) + 4\,e^{-} \rightarrow 4\,OH^{-}(aq)$$

과망가니즈산보다 더 강력한 몇 가지 산화제 중의 하나는 비스무트산 이온, $[BiO_3]^{-}$이다. 망가니즈(II) 이온의 존재에 대한 시험 방법은 비스무트산 소듐을 산성 조건의 차가

해저 탄광

광물질이 대부분 지표로부터 시추된 탄광에서 얻어지는 것으로 생각하지만, 해저 퇴적물로부터 얻을 수 있는 광석에 대한 관심도 점차 증가하고 있다. 1873년 *Challenger* 탐험대는 처음으로 태평양의 바다 밑바닥에서 광물질을 포함하는 단괴를 퍼올렸다. 오늘날에는 이 단괴들이 해저에 광범위하게 분포하고 있음이 잘 알려져 있다. 일반적으로 이 광석에는 각각 15~20%의 망가니즈와 철이 함유되어 있고, 이보다는 적은 양이지만 타이타늄, 니켈, 구리, 코발트도 존재한다. 그러나 이 조성은 지역에 따라 달라지며, 어떤 단괴층은 망가니즈를 35%나 포함하는 것도 있다.

이들 단괴가 형성된 과정은 오랫동안 화학자들을 혼동에 빠뜨렸다. 대양을 화학 반응이 일어나는 거대한 용기로 고려해야 함을 주장한 사람은 스웨덴 화학자인 I. G. Sillén이었다. 육지로부터 흘러들거나 해저의 화산 활동으로 인해 금속 이온이 축적되면서 바닷물에 존재하는 음이온과 화학 반응을 일으켜서, 생성물이 용해도곱을 초과하게 되었다. 그런 다음 이 화합물들은 수천 년에서 수백만 년에 걸쳐 아주 느린 속도로 결정화되기 시작하여 이들 단괴를 형성하였다.

이 단괴들은 원광 함유량이 아주 높기 때문에, 이 속에 포함된 금속을 활용하는 것에 관심이 고조되었다. 특히 많은 양의 망가니즈, 코발트, 니켈을 수입해야 하는 미국은 이들 단괴를 활용하는 데 많은 관심을 갖고 있다. 시간당 200톤의 단괴를 채굴할 수 있는 여러 가지 채광 기술이 개발되고 있는 중이다. 그러나 여기에는 두 가지 중요하게 고려해야 될 사항이 있다. 첫 번째는 해저 생태계와 관련된 사항이다. 즉, 이와 같은 대규모의 굴착은 해저 생태계에 커다란 영향을 미칠 수 있다. 더욱이, 소유권이 불분명하다. 단괴가 처음 채굴하기 시작한 기업이나 국가의 재산이어야 하는지, 아니면 물은 범세계적인 것이므로 세계의 공동 재산이어야 하는지가 분명하지 않다. 이들 두 가지 문제를 빠른 시일 내에 검토하여 해결해야 할 필요가 있다.

표 20.4 철, 코발트, 니켈, 구리에 대한 +2 산화 상태 화학종의 pH 의존성

	매우 산성	산성	염기성	매우 염기성
철	$Fe^{2+}(aq)$		$Fe(OH)_2(s)$	
코발트	$Co^{2+}(aq)$		$Co(OH)_2(s)$	$Co(OH)_4^{2-}(aq)$
니켈	$Ni^{2+}(aq)$		$Ni(OH)_2(s)$	
구리	$Cu^{2+}(aq)$		$Cu(OH)_2(s)$	$Cu(OH)_4^{2-}(aq)$

운 시료에 가하는 것이다. 자주색의 과망가니즈산 이온이 생성되기 때문에 망가니즈의 존재를 확인할 수 있다.

$$Mn^{2+}(aq) + 4\,H_2O(l) \rightarrow [MnO_4]^-(aq) + 8\,H^+(aq) + 5\,e^-$$
$$[BiO_3]^-(aq) + 6\,H^+(aq) + 2\,e^- \rightarrow Bi^{3+}(aq) + 3\,H_2O(l)$$

예제 20.2

Frost 도표를 이용하여 (a) 산성 용액과 (b) 염기성 용액에서 어떤 망가니즈 화학종이 불균등화 반응을 일으킬지를 예측하시오.

해답

두 인접한 화학종들을 이어주는 선에 놓인 화학봉이 해당 화학종으로 불균등화 반응을 일으킬 것이다.

(a) 산성 용액에서, MnO_4^{2-}는 MnO_4^-와 MnO_2로 불균등화 반응을 일으키고, Mn^{3+}는 MnO_2와 Mn^{2+}로 불균등화 반응을 일으킨다.
(b) 염기성 용액에서, MnO_4^{3-}는 MnO_4^{2-}와 MnO_2로 불균등화 반응을 일으키고, MnO(OH)는 MnO_2와 $Mn(OH)_2$로 불균등화 반응을 일으킨다.

20.7 철-코발트-니켈-구리 사원소

바나듐, 크로뮴, 망가니즈는 d^0 배치를 갖는 안정한 산소산 음이온을 갖지만, 이어지는 네 가지 3d 전이 금속, Fe-Co-Ni-Cu **사원소**의 수용액 화학은 +2 산화 상태에 있을 때의 화학적 성질에 따라 달라진다. 사원소의 처음 세 가지 원소들은 화학적 성질이 매우 비슷하다. 예를 들면, 금속은 모두 강자기성이다. +2 사원소 금속 이온 각각은 헥사아쿠아 이온, $[M(OH_2)_6]^{2+}$를 형성하는데, 염기성 용액에서는 젤라틴 형태의 수산화물이 되어 침전된다(표 20.4). 매우 염기성인 조건에서 코발트(II)와 구리(II) 이온은 테트라하이드록사이도-착물을 형성한다.

철의 경우, +2 산화 상태뿐만 아니라 +3 산화 상태도 흔하게 존재하지만, 코발트의 경우는 약간 드물고, 니켈과 구리의 경우에는 아주 드물다.

20.8 8족: 철

철은 우리 생활에서 가장 중요한 물질이다. 그러나 철은 많은 다른 금속들보다 쉽게 부식되기 때문에 가장 좋은 금속은 아니다. 철이 우리 생활에서 중요하게 쓰이는 이유는 여러 가지가 있다.

1. 철은 지각에 두 번째로 풍부하게 존재하는 금속이고, 철광석은 많은 지역에 분포하기 때문에 채광하기가 쉽다.
2. 철광석은 금속을 얻기 위해 열역학적으로 쉽고 값싸게 처리할 수 있다.
3. 많은 금속이 상대적으로 부서지기 쉬운데 비해 철은 연성과 전성이 크다.
4. 녹는점(1535°C)이 낮아서 액체상을 큰 어려움 없이 다룰 수 있다.
5. 소량의 다른 원소를 첨가하면 특수 용도를 위해 요구되는 강도, 경도, 전성을 갖는 합금을 만들 수 있다.

자동차, 교량, 다른 철 및 철강 구조물, 설비, 공구 및 장난감의 부식을 고려하면, 철은 쉽게 산화된다는 것이 중요한 단점이다. 그러나 이러한 단점은 폐기된 철 제품이 영구적으로 남아 환경을 황폐화시키는 것이 아니라 부식되어 녹가루로 바뀌게 됨을 의미하기도 한다.

철의 산화물

흔히 접할 수 있는 철의 산화물은 산화 철(II), FeO; 산화 철(III), Fe_2O_3; 산화 철(II) 철(III), Fe_3O_4의 세 가지가 있다. 검은색의 산화 철(II)은 실제로는 비화학량론적 화합물로서, 5.8절에서 논의한 것처럼 항상 철(II) 이온이 약간 모자라는 상태로 존재한다.

적철광인 산화 철(III)은 지하 퇴적물에 많이 존재한다. 가장 오래된 산화 철(III)의 퇴적물은 20억 년이나 된 것도 있다. 산화 철(III)은 산화성 대기에서만 존재할 수 있으므로, 현재와 같이 산소가 풍부한 대기는 20억 년 전부터 존재했음이 분명하다. 또한 산소의 출현은 광합성이 20억 년 전부터 진행되게 되었음을 의미한다. 산화 철(III)은 실험실에서 철(III) 이온에 수산화 이온을 가하면 생기는 산화 수산화 철(III)을 가열하면 얻을 수 있다. 이러한 방법으로 얻은 생성물인 α-Fe_2O_3는 육방 최조밀 쌓임 배열을 갖는 산화 이온과 팔면체 구멍의 2/3를 차지하는 철(III) 이온으로 구성되어 있다. 이와는 다른 구조를 갖는 γ-Fe_2O_3는 산화 철(II) 철(III)을 산화시켜 만든다. 이 화합물에서 산화 철(III)은 입방 최조밀 쌓임 배열의 산화 이온과 사면체 구멍과 팔면체 구멍을 불규칙적으로 차지하는 철(III) 이온을 갖는다.

세 번째의 일상적인 철 산화물은 산화 상태가 +2와 +3인 두 가지의 철을 포함하는데, 이 화합물 $(Fe^{2+})(Fe^{3+})_2(O^{2-})_4$는 19.8절에서 정상 스피넬과 역스피넬 구조를 설명할 때 다루었다. 이 화합물은 자철광이나 천연 자석으로 자연계에 존재하며, 이 자기성 화합물의 조각은 원시적인 나침반의 지시바늘로 사용되기도 하였다. 자연에 대한 발견은 우리를 놀라게 하는 경우가 많다. 지구의 자기장을 활용하여 이 화합물들을 항해에 사용할 수 있게 만들기 위해, **주자성**(*magnetotactic*) 세균은 자철광 결정이나 황이 풍부한 환경에서 상응하는 광물인 그레자이트(greigite), Fe_3S_4를 포함한다.

철의 산화물들은 페인트의 안료로 많이 사용된다. 역사적으로 노란 오커색, Persian 빨강 및 암갈색과 같은 색은 특정한 입자 크기를 갖는 산화 철을 포함하는 철광석으로부터 얻었으며, 일정한 양의 불순물을 포함시키기도 하였다. 대부분의 노란색, 빨간색, 검은색 페인트는 아직도 철의 산화물을 이용하여 만들지만, 일정한 색을 내도록 만들기 위하여 정밀한 조성과 입자 크기를 갖도록 공업적으로 합성된다.

철의 제조

철의 주요 원천은 두 가지 산화물, 즉 산화 철(III), Fe_2O_3와 산화 철(II) 철(III), Fe_3O_4와 수화된 산화 수산화 철(II), $Fe_2O_3 \cdot 1\frac{1}{2}H_2O$이다. 이들의 광석 이름은 각각 적철광, 자철광, 갈철광이다. 철은 높이가 25 ~ 60 m이고, 직경이 14 m에 달하는 **용광로**(*blast furance*)에서 추출된다(그림 20.10).

용광로 자체는 철강으로 만들어지며, 내열성과 내부식성이 있는 내장재가 설치되어 있다. 과거에 이 내장재로는 벽돌이 사용되었지만, 요즘은 특수 세라믹 물질이 사용된다. 즉, 오늘날 사용되는 고온 세라믹의 절반은 철과 철강 제조용 용광로의 내장재로 사용하기 위해 제조된다. 내장재로 사용되는 주된 세라믹 재료는 **강옥**(*corundum*)이라고 하는 산화 알루미늄이지만, 용광로의 하단부의 내장재는 화학식이 $Al_xCr_{(2-x)}O_3$인 산화 세라믹으로 이루어져 있다. 이들 산화물에서 크로뮴(III) 이온은 알루미늄 이온 자리를 차지한다. 이 혼합 금속 산화물의 세라믹은 순수한 산화 세라믹보다 내부식성과 내열성이 더 크다.

정확한 비율로 혼합된 철광석, 석회석, 코크스를 기체의 방출을 막기 위해 원추형 깔때기 모양으로 제작된 용광로의 꼭대기에 투입한다. 배출된 기체를 연소시켜 600°C로 가열된 공기를 용광로의 하단부를 통해 불어넣는다. 투입된 고체 혼합물이 아래로 녹아 내려

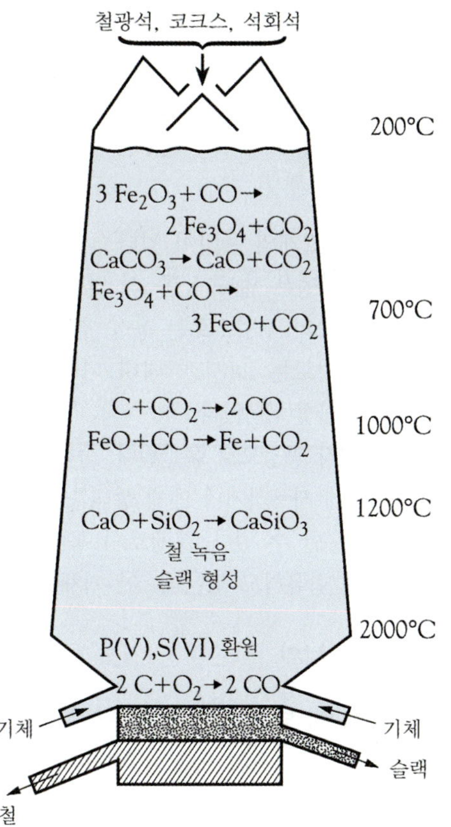

그림 20.10 용광로. [D. Shriver and P. Atkins, Inorganic Chemistry, 3rd ed. (New York: W. H. Freeman and Co., 1998), p.182.)]

와서 생성물이 바닥으로부터 배출되는 동안, 이 공기는 용광로의 꼭대기로 이동한다. 공기 중의 산소와 코크스의 탄소가 반응하여 열이 발생된다.

$$2\ C(s) + O_2(g) \rightarrow 2\ CO(g)$$

철광석의 환원제는 약 2000°C로 가열된 뜨거운 일산화 탄소이다.

용광로의 꼭대기 온도는 산화 철(III)을 산화 철(II) 철(III), Fe_3O_4로 환원시키기에 충분한 온도인 200 ~ 700°C이다.

$$3\ Fe_2O_3(s) + CO(g) \rightarrow 2\ Fe_3O_4(s) + CO_2(g)$$

약 850°C인 용광로의 더 아래 부분에서 산화 철(II) 철(III)은 산화 철(II)로 환원된다. 그리고 이 온도는 탄산 칼슘(석회석)을 산화 칼슘과 이산화 탄소로 분해시키기에 충분한 온도이다.

$$Fe_3O_4(s) + CO(g) \rightarrow 3\ FeO(s) + CO_2(g)$$
$$CaCO_3(s) \rightarrow CaO(s) + CO_2(g)$$

혼합물이 850°C에서 1200°C의 더 뜨거운 영역으로 내려감에 따라 산화 철(II)은 철 금속으로 환원되고, 생성된 이산화 탄소는 코크스에 의해 일산화 탄소로 다시 환원된다.

$$FeO(s) + CO(g) \rightarrow Fe(s) + CO_2(g)$$
$$C(s) + CO_2(g) \rightarrow 2\ CO(g)$$

온도가 1200°C에서 1500°C인 더 아래 부분에서는 철이 녹아서 용광로의 바닥으로 흘러내리고, 산화 칼슘은 철광석에 포함된 불순물인 이산화 규소와 반응하여 **슬랙**(*slag*)이라고 하는 규소산 칼슘을 만든다. 이 과정은 염기성 금속 산화물, CaO와 산성 비금속 산화물, SiO_2 간에 일어나는 고온의 산-염기 반응이다.

$$CaO(s) + SiO_2(s) \rightarrow CaSiO_3(l)$$

용광로에는 진흙으로 막아 놓은 2개의 구멍이 있다. 더 낮은 쪽의 구멍은 밀도가 높은 철 금속을 위한 것이고, 위쪽의 구멍은 밀도가 좀 더 낮은 슬랙을 위한 것이다. 이들 마개는 주기적으로 제거되어 낮은 쪽의 구멍으로는 용융 철을 뽑아내고, 높은 쪽의 구멍으로는 액체 슬랙을 뽑아낸다. 용광로는 24시간 내내 가동되고, 크기에 따라 1000에서 10,000톤의 철을 24시간마다 생산할 수 있다.

용융 철은 대개 액체 상태로 철강 공장으로 운반된다. 슬랙은 냉각시켜 고체 상태로 만들고, 이를 분쇄하여 콘크리트 제조에 사용하거나 액체 상태를 공기와 혼합한 후, 솜털 모양의 물질로 냉각시켜 단열 재료로 사용할 수 있다. 용광로의 꼭대기로부터 주입되는 뜨거운 기체는 상당한 양의 일산화 탄소를 함유하고 있는데, 이 기체는 연소되어 공기를 가열한다.

$$2\ CO(g) + O_2(g) \rightarrow 2\ CO_2(g)$$

이렇게 생산된 철은 규소, 황, 인, 탄소, 산소 등의 다양한 불순물을 포함하고 있다. 최대 4.5%까지 함유될 수 있는 탄소는 철의 메짐성(brittleness)을 좌우한다. 철은 순수한 물질로 사용되는 경우는 거의 없기 때문에, 원하는 성질을 만들기 위해서는 불순물의 함

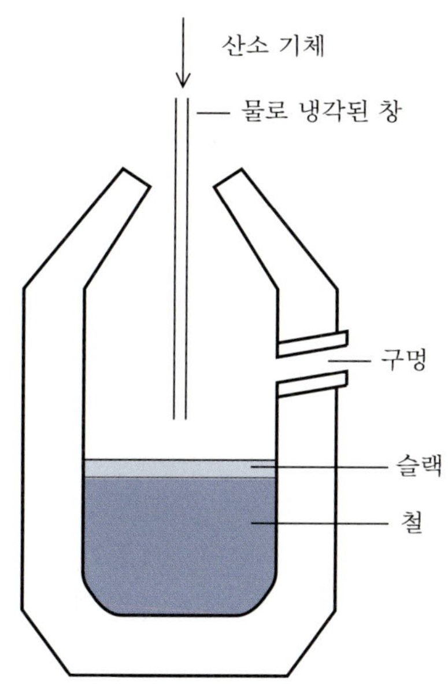

그림 20.11 염기성 산소 공정에 사용되는 로

량을 정확하고 주의 깊게 조절해야 한다. 불순물의 함량을 조절하는 방법 중의 한 가지는 **염기성 산소 공정**(*basic oxygen process*)이다. 이 공정에 사용되는 전형적인 로의 계통도는 그림 20.11과 같다.

용광로와는 달리 이 공정은 연속적이지 못하다. 이 변환기는 약 60톤의 용융 철로 채워져 있다. 이산화 탄소로 희석된 산소를 변환기에 불어 넣어준다. 공기 중의 질소는 이 온도에서 철과 반응하여 부서지기 쉬운 질화 금속을 만들기 때문에 공기 대신에 산소가 사용된다. 산소는 불순물과 반응하여 로의 온도를 약 1900°C까지 증가시키고, 희석된 이산화 탄소는 온도가 더 이상 상승되는 것을 막아준다. 또 온도를 감소시키기 위하여 차가운 금속 조각들을 넣어 준다.

염기성 산소 공정에서 탄소는 일산화 탄소로 산화되고, 변환기의 꼭대기에서 연소하여 이산화 탄소가 된다. 불순물인 규소는 이산화 규소로 산화되어, 다른 원소들의 산화물과 반응하여 슬랙을 만든다. 이 로에는 석회석(탄산 칼슘)도 들어 있는데, 석회석은 산성의 인 함유 불순물과 반응한다. 몇 분이 지나면 변환기 꼭대기의 불꽃이 가라앉게 되는데, 이는 모든 탄소가 제거되었음을 의미한다. 슬랙을 쏟아내고 필요한 미량 원소를 용융 철에 가해 준다.

정상적인 철은 대개 0.1~1.5%의 탄소를 함유하고 있다. 탄소는 철과 반응하여 **시멘타이트**(cementite)라고 하는 탄화 철, Fe_3C를 만든다. 이 화합물은 철의 결정 가운데 분리된 작은 결정을 형성한다. 이 불순물이 존재하면 철의 연성은 감소하고 경도는 증가한다. 철에 포획된 산소를 제거하려면 액체 금속에 아르곤을 불어 넣어준다. 철 1톤당 약 3 m^3의 아르곤이 사용된다. 철의 성질은 첨가되는 다른 원소의 비율을 조절하여 원하는 성질로 바꾸어줄 수 있다. 표 20.5에 여러 가지 철의 합금을 나열하였다.

표 20.5 중요한 철의 합금

이름	대략적 조성	성질 및 용도
스테인리스 강	73% Fe, 18% Cr, 8% Ni	내부식성(식탁용, 주방용 식기)
텅스텐 강	94% Fe, 5% W	단단함(고속 절단 공구)
망가니즈 강	86% Fe, 13% Mn	거침(착암기 날)
퍼말로이	78% Ni, 21% Fe	자기성(전자석)

철의 직접 환원(DRI)

고체상 광석으로부터 직접 환원을 통하여 철을 생산하는 비율이 늘고 있다. 이 방법에는 순도가 높은 철광석이 사용되어야 한다. 환원제인 일산화 탄소와 수소를 가열된 철광석 위로 통과시킨다. 산화 철(II) 철(III)이 단계적으로 환원된다.

$$Fe_3O_4(s) + CO(g) \rightarrow 3\,FeO(s) + CO_2(g)$$
$$Fe_3O_4(s) + H_2(g) \rightarrow 3\,FeO(s) + H_2O(g)$$
$$FeO(s) + CO(g) \rightarrow Fe(s) + CO_2(g)$$
$$FeO(s) + H_2(g) \rightarrow Fe(s) + H_2O(g)$$

환원 기체는 개질 메테인과 이산화 탄소 및 수증기에 의해 얻어진다. 따라서 이 과정의 경제성은 저렴한 천연 가스에 의존한다. 즉, 이 과정은 저질의 메테인을 사용할 수 있고, 메테인은 비가연성 기체를 높은 비율로 포함하고 있다. 이 불순물들은 대부분의 다른 상업적 용도에는 부적당한 것이다.

$$CH_4(g) + CO_2(g) \rightarrow 2\,CO(g) + 2\,H_2(g)$$
$$CH_4(g) + H_2O(g) \rightarrow CO(g) + 3\,H_2(g)$$

DRI의 장점은 엄청나게 비싼 제련 과정 없이 철을 생산할 수 있다는 것이다. 제련 과정의 1차적인 단점은 생성물이 천연 광석에 존재하는 대부분의 불순물 원소를 포함한다는 것이다. 선진국에서 DRI의 주요 용도는 철 재활용의 '감미료'나 희석제로 사용하는 것이다. 고철은 구리, 니켈, 크로뮴, 몰리브데넘 등의 금속을 허용 수치 이상으로 포함하기도 한다. DRI는 이들 금속의 농도를 낮추어 주기 때문에 DRI 생산 비율을 혼합하면, 전기 아크 강 생산에서 허용되는 성분을 얻을 수 있다. 선진국에서는 고철이 부족하고, 선적 비용이 높기 때문에 고철 수입은 비경제적이다. DRI는 철의 경제적인 공급원을 제공한다.

철의 화학

철에 대한 Pourbaix 도표는 그림 20.12에 나타내었다. 수용액 내의 양이온을 단순히 $Fe^{3+}(aq)$와 $Fe^{2+}(aq)$로 간단히 나타내었지만, pH에 따라 서로 다르게 수화된 철(III) 이온의 전체 영역이 포함되어 있다. 철(III) 이온은 산화 조건(큰 양의 *E*)과 낮은 pH하에서만

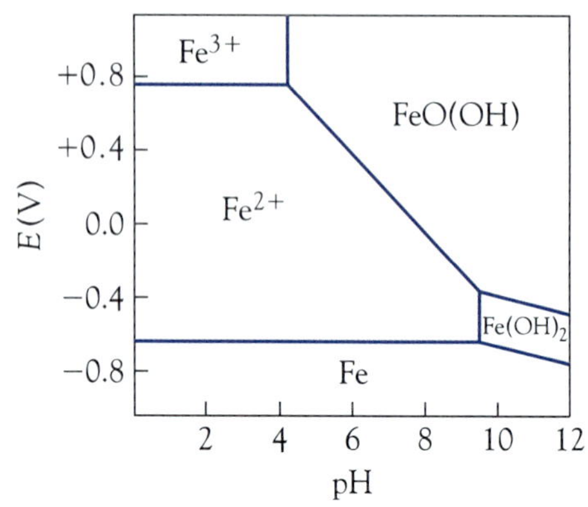

그림 20.12 철 화학종에 대한 단순화된 Pourbaix 도표

열역학적으로 안정하다. 그러나 산화 수산화 철(III)은 염기성 영역의 대부분에 걸쳐 존재할 수 있다. 철(II) 이온은 산성 조건하에서 대부분의 E 영역에 걸쳐 존재하는 반면, 수산화 철(II) $Fe(OH)_2$는 높은 pH와 강한 환원 조건(음의 E)에서만 안정하다.

철(II)이 철(III)로 산화될 때의 실제 산화 전위는 리간드에 따라 크게 달라진다. 예를 들면, 헥사사이아나이도철(II)산[hexacyanidoferrate(II)] 이온, $[Fe(CN)_6]^{4-}$는 헥사아쿠아철(II)[hexaaquairon(II)] 이온, $[Fe(OH_2)_6]^{2+}$보다 훨씬 더 쉽게 산화된다.

$$[Fe(OH_2)_6]^{2+}(aq) \rightarrow [Fe(OH_2)_6]^{3+}(aq) + e^- \qquad E^\ominus = -0.77\ V$$
$$[Fe(CN)_6]^{4-}(aq) \rightarrow [Fe(CN)_6]^{3-}(aq) + e^- \qquad E^\ominus = -0.36\ V$$

π-받개 리간드인 사이안화 이온이 높은 산화 상태보다 낮은 산화 상태를 안정화시킨다는 사실과 실제로 철-탄소 결합은 철(III) 이온에서보다 철(II) 이온에서 더 강하다는 사실을 고려하면, 이와 같은 현상은 다소 예상 밖이다. 그러나 여기에는 사이안화 이온의 평형에 대한 열역학적 측면이 작용한다. 즉, 수용액에서 $[Fe(CN)_6]^{4-}$는 높은 전하 밀도를 가지므로, 주위에 물 분자가 강하게 결합될 수 있다. 이러한 이온은 매우 큰 음의 수화 엔트로피를 가지지만, 산화는 전하 밀도를 감소시키므로 수화권의 결합을 감소시키고 엔트로피를 증가시킨다. 결국 엔트로피 증가로 인한 산화가 일어나게 된다.

철(VI) 화합물

망가니즈 이후의 3d 전이 금속들은 d^0 전자 배치를 갖는 화합물을 만들지 않는다. 즉, 금속의 산화 상태가 +3 이상인 화합물은 만들기가 매우 어렵고, 이러한 화합물은 고체 상태에서만 안정하다. d^2 철의 산화수가 +6인 테트라옥사이도철(IV)산 이온, $[FeO_4]^{2-}$는 이처럼 드문 화합물 중의 하나이다. 이 이온은 자주색의 사면체 구조를 갖는데, 붉은 자주색 고체인 테트라옥사이도철(IV)산 바륨, $BaFeO_4$와 같은 불용성 이온 결합성 화합물로 만들어 안정화시킬 수 있다(이 합성 방법은 19.11절에서 설명하였다).

철(III) 화합물

철(III) 이온 자체는 크기가 작고 무수 화합물은 공유성을 나타낼 정도로 충분히 편극화되어 있다. 예를 들면, 염화 철(III)은 그물구조형 공유성 구조를 갖는 암적색의 공유 결합성 고체이다. 이 화합물을 가열하여 기체로 만들면 그림 20.13에 나타낸 이합체, Fe_2Cl_6가 된다. 염화 철(III)은 염소 기체의 존재하에서 철을 가열하면 만들 수 있다.

Cl Cl Cl Fe Fe Cl Cl Cl

그림 20.13 육염화 이철, Fe_2Cl_6 분자

$$2\ Fe(s) + 3\ Cl_2(g) \rightarrow 2\ FeCl_3(s)$$

브로민화물은 염화물과 비슷하지만, 아이오딘화물은 아이오딘화 이온이 철(III)을 철(II)로 환원시키기 때문에 분리해 낼 수 없다.

$$2\ Fe^{3+}(aq) + 2\ I^-(aq) \rightarrow 2\ Fe^{2+}(aq) + I_2(aq)$$

무수 염화 철(III)은 물과 발열 반응을 일으켜 염화 수소 기체를 발생시킨다.

$$FeCl_3(s) + 3\ H_2O(l) \rightarrow Fe(OH)_3(s) + 3\ HCl(g)$$

이 반응은 황금빛을 띠는 이온 결합성 수화물 $FeCl_3 \cdot 6H_2O$가 단순히 물에 녹아 용액에서 육수화물 이온을 만드는 반응과는 대조적이다. 성질은 염화 알루미늄과 비슷한데, 다음에서 설명하는 것처럼 알루미늄과 철(III)의 염화물은 유사한 점이 많이 있다.

헥사아쿠아철(III) 이온, $[Fe(OH_2)_6]^{3+}$는 고체 질산 철(III) 구수화물의 색과 비슷한 매우 옅은 자주색이다. 망가니즈(II) 이온처럼 철(III) 이온도 d^5의 고스핀 화학종이다. 스핀 허용 전자 전이가 일어나기 어렵기 때문에 다른 전이 금속 이온에 비해 색이 매우 옅다. 염화물의 노란색은 전하 이동 전이가 일어날 수 있는 $[Fe(OH_2)_5Cl]^{2+}$와 같은 이온들이 존재하기 때문에 나타난다.

$$Fe^{3+}-Cl^{-} \rightarrow Fe^{2+}-Cl^{0}$$

모든 철(III)염은 물에 녹아 산성 용액과 높은 전하 밀도를 갖는 수화된 양이온을 만든다. 이와 같은 환경에서 배위된 물 분자는 충분히 편극화되고, 나머지 물 분자는 염기로 작용하여 양성자를 끌어당긴다. 철(III) 이온은 다음과 같이 행동한다.

$$[Fe(OH_2)_6]^{3+}(aq) + H_2O(l) \rightleftharpoons H_3O^{+}(aq) + [Fe(OH_2)_5(OH)]^{2+}(aq)$$
$$[Fe(OH_2)_5(OH)]^{2+}(aq) + H_2O(l) \rightleftharpoons H_3O^{+}(aq) + [Fe(OH_2)_4(OH)_2]^{+}(aq)$$

이 평형은 pH에 의존하기 때문에 하이드로늄 이온을 가해주면 거의 무색인 헥사아쿠아철(III) 이온이 생성된다. 역으로 수산화 이온을 가해주면 노란색이 짙어지다가 녹의 색을 띠는 젤라틴 형태의 산화 수산화 철(III) 침전이 생긴다.

$$Fe^{3+}(aq) + 3\,OH^{-}(aq) \rightarrow FeO(OH)(s) + H_2O(l)$$

철(III) 화학종은 대개 팔면체 구조를 갖지만, 노란색의 테트라클로로라이도철(III)산 이온, $[FeCl_4]^{-}$는 사면체 구조이다. 이 이온은 헥사아쿠아철(III) 이온의 용액에 염산을 가하면 쉽게 만들어진다.

$$[Fe(OH_2)_6]^{3+}(aq) + 4\,Cl^{-}(aq) \rightleftharpoons [FeCl_4]^{-}(aq) + 6\,H_2O(l)$$

철(III) 이온의 존재 유무를 확인하는 시험 방법은 헥사사이아나이도철(II)산 이온, $[Fe(CN)_6]^{4-}$의 용액을 가하여, 헥사사이아나이도철(II)산 철(III), $Fe_4[Fe(CN)_6]_3$의 암청색 침전을 만드는 것이다.

$$4\,Fe^{3+}(aq) + 3\,[Fe(CN)_6]^{4-}(aq) \rightarrow Fe_4[Fe(CN)_6]_3(s)$$

Prussian 파랑(*Prussian blue*)이라고 하는 이 화합물에서 결정 격자는 철(III)과 철(II) 이온이 교대로 반복되는 구조를 갖는다. 이 화합물은 짙은 푸른색을 갖기 때문에 건축 설계와 공학 설계용의 청사진의 푸른색 염료로 사용될 뿐만 아니라 푸른색 잉크와 페인트에도 사용되고 있다.

철(III) 이온에 대한 가장 감도가 좋은 시험 방법은 싸이오사이안산 포타슘 용액을 가하는 것이다. 펜타아쿠아싸이오사이아나이도철(III)[pentaaquathiocyanidoiron(III)] 이온, $[Fe(SCN)(OH_2)_5]^{2+}$의 진한 붉은색이 나타나면 철(III) 이온이 존재함을 의미한다.

$$[Fe(OH_2)_6]^{3+}(aq) + SCN^{-}(aq) \rightarrow [Fe(SCN)(OH_2)_5]^{2+}(aq) + H_2O(l)$$

철(II) 이온의 용액도 같은 색을 내기에 충분한 양의 철(III) 불순물을 포함하고 있기 때문에, 이 시험 방법을 사용할 때에는 주의가 필요하다.

철(III) 이온의 독특한 반응은 얼음물에서 싸이오설폰산 용액과의 반응이다. 거의 무색인 두 용액을 섞으면 어두운 보라색의 비스(싸이오설파토)철(III)산[bis(thiosulfato)ferrate(III)] 이온이 생긴다.

$$Fe^{3+}(aq) + 2\,S_2O_3^{2-}(aq) \rightarrow [Fe(S_2O_3)_2]^-(aq)$$

이 용액을 실온까지 가열하면 철(III) 이온은 철(II) 이온으로 환원되고, 싸이오설폰산 이온은 테트라싸이온산 이온, $[S_4O_6]^{2-}$로 산화된다.

$$[Fe(S_2O_3)_2]^-(aq) + Fe^{3+}(aq) \rightarrow 2\,Fe^{2+}(aq) + [S_4O_6]^{2-}(aq)$$

철(III)과 알루미늄: (n + 5)와 (n + 10) 화학종 간의 유사성

9.4절에서 알루미늄은 13족 원소들보다는 3족의 스칸듐과 여러 면에서 더 유사함을 알아보았다. 알루미늄도 철(III) 이온과 몇 가지 유사한 화학적 성질을 갖는다. 철(III)과 알루미늄 이온은 동일한 전하와 비슷한 크기(그러므로 비슷한 전하 밀도)를 갖기 때문에 여러 면에서 유사성을 나타낸다. 예를 들면, 증기상에서 이들 두 이온은 모두 M_2Cl_6 형태의 공유 결합성 염화물을 형성한다. 이들 (무수) 염화물들은 유기 화학에서 Friedel-Crafts 촉매로 사용될 수 있는데, 이 경우 이들은 $[MCl_4]^-$ 이온을 생성하여 작용한다. 또한 두 금속의 $[M(OH_2)_6]^{3+}$ 이온은 높은 전하 밀도 때문에 매우 산성을 띤다.

그러나 몇 가지 중요한 차이도 있다. 예를 들어 산화물들은 다른 성질을 갖는다. 즉, 산화 알루미늄, Al_2O_3는 양쪽성 산화물이지만, 산화 철(III), Fe_2O_3는 염기성 산화물이다. 알루미늄의 제조에서, 철을 함유하는 보크사이트 광석으로부터 순수한 산화 알루미늄을 분리할 때 이러한 성질의 차이가 활용된다(13.6절 참조). 양쪽성 산화 알루미늄은 수산화 이온과 반응하여 가용성 테트라하이드록사이도알루미늄산 이온, $[Al(OH)_4]^-$을 생성하지만, 염기성 산화 철(III)은 반응하지 않고 고체상으로 남는다.

$$Al_2O_3(s) + 2\,OH^-(aq) + 3\,H_2O(l) \rightarrow 2\,[Al(OH)_4]^-(aq)$$

아철산염

산화 철 외에도 자기성을 갖는 중요한 물질들이 있다. 여러 가지 혼합 금속 산화물 중에서 금속 중의 한 가지가 철인 경우에는 가치 있는 성질을 갖는다. 이들 자기성 세라믹 물질을 **아철산염**(*ferrite*, 또는 페라이트)이라고 한다. 아철산염은 '무른' 아철산염과 '굳은' 아철산염의 두 가지 종류가 있다. 이와 같은 용어는 이들의 물리적인 단단함을 의미하기보다는 자기적 성질을 나타내는 것이다.

무른 아철산염은 전자석을 사용하여 빠르고 효율적으로 자기화시킬 수 있지만, 전류를 차단시키면 곧바로 자기성을 잃는다. 이러한 성질은 비디오테이프와 오디오시스템의 헤드와 컴퓨터 드라이브의 헤드에서 필수적으로 요구되는 성질이다. 이 화합물의 화학식은 MFe_2O_4이다. 여기서 M은 Mn^{2+}, Ni^{2+}, Co^{2+}, Mg^{2+}와 같은 2가의 금속이며, 철은 Fe^{3+}의 형태이다. 이들 화합물도 스피넬 구조를 갖는다(5.7절 참조).

굳은 아철산염은 자기적 성질을 일정하게 유지한다. 즉, 이들은 영구 자석이다. 이들 물질은 DC 모터, 교류발전기, 다른 전기 기구에 사용된다. 이들 화합물의 화학식은 $MFe_{12}O_{19}$이고, 철은 Fe^{3+} 형태이며, 2가 금속은 대개 Ba^{2+}와 Sr^{2+}이다. 굳은 아철산염은 무른 아철산염보다 더 복잡한 구조를 갖는다. 두 가지 아철산염의 수요는 양적으로 그다지 많지 않지만, 가치로 보면 연간 수십억 달러의 시장 규모를 형성하고 있다.

철(II) 화합물

무수 염화 철(II), $FeCl_2$는 가열된 금속 위로 건조한 염화 수소 증기를 통과시켜 만든다. 이 반응에서 생성된 수소는 환원제로 작용하기 때문에 염화 철(III)이 생기는 것을 막아 준다.

$$Fe(s) + 2\,HCl(g) \rightarrow FeCl_2(s) + H_2(g)$$

옅은 초록색의 염화 헥사아쿠아철(II), $Fe(OH_2)_6Cl_2$는 철 금속과 염산을 반응시켜 만든다. 염화 철(II)의 무수물과 수화물 모두는 이온 결합성 화합물이다.

흔한 철(II) 염의 모든 수화물들은 옅은 초록색의 $[Fe(OH_2)_6]^{2+}$ 이온을 포함하고 있고, 일부가 산화되어 노란색이나 갈색의 철(III) 화합물도 포함하는 경우가 많다. 더욱이 황산 철(II) 칠수화물, $FeSO_4 \cdot 7H_2O$처럼 간단한 염의 결정은 풍화로 알려진 물 분자의 일부를 잃어버리려는 경향성을 나타낸다. 황색 고체상에서 겹염인 황산 암모늄 철(II) 육수화물, $(NH_4)_2Fe(SO_4)_2 \cdot 6H_2O$(더 정확하게는 황산 암모늄 헥사아쿠아철(II), $(NH_4^+)_2[Fe(OH_2)_6^{2+}](SO_4^{2-})_2$)은 가장 큰 격자 안정성을 나타낸다. **Mohr 염**(*Mohr salt*)으로 알려진 이 염은 대기에 노출되어도 풍화되거나 산화되지 않는다. 이러한 이유로 이 염은 산화-환원 적정, 특히 과망가니즈산 포타슘 용액을 표정하는 1차 표준 물질로 사용된다. 황산 트리스(1,2-다이아미노에테인)철(II), $[Fe(en)_3]SO_4$도 산화-환원 표준 물질로 사용된다.

일산화 질소가 존재하면 헥사아쿠아철(II) 이온에서 1몰의 물이 치환되어 펜타아쿠아나이트로실철(II)[pentaaquanitrosyliron(II)] 이온, $[Fe(NO)(OH_2)_5]^{2+}$가 생성된다.

$$NO(aq) + [Fe(OH_2)_6]^{2+}(aq) \rightarrow [Fe(NO)(OH_2)_5]^{2+}(aq) + H_2O(l)$$

이 착물은 암갈색이며, 위의 반응은 이온 결합성 질산화물(질산 이온은 환원제에 의해 일산화 질소로 환원된다)의 '갈색 고리' 시험의 기본이 된다.

철(II)에 수산화 이온을 가해 주면 처음에는 초록색 젤라틴 형태의 수산화 철(II)이 생긴다.

$$Fe^{2+}(aq) + 2\,OH^-(aq) \rightarrow Fe(OH)_2(s)$$

식탁용 소금에는 습기찬 기후에도 가루가 굳지 않게 하기 위해 0.01%의 헥사사이아나이도철(II)산 소듐, $Na_4[Fe(CN)_6]$를 포함하는 경우도 있다.

그러나 그림 20.12에서 보는 바와 같이 강한 환원 조건이나 공기가 없는 조건을 제외하고는, 대부분의 *E* 영역에 걸친 염기성 용액에서 열역학적으로 안정한 것은 수화된 산화 철(III)이다. 따라서 산화가 진행됨에 따라 초록색은 수화된 산화 철(III)의 황갈색으로 변한다.

$$Fe(OH)_2(s) + OH^-(aq) \rightarrow FeO(OH)(s) + H_2O(l) + e^-$$

철(III) 이온을 헥사사이아나이도철(II)산 이온, $[Fe(CN)_6]^{4-}$으로 검출할 수 있는 것처럼, 철(II) 이온도 헥사사이아나이도철(III)산 이온, $[Fe(CN)_6]^{3-}$로 검출할 수 있으며, 똑같은 생성물인 Prussian 파랑을 생성시킨다(이전에는 다른 생성물로 생각하여 Turnbull's **파랑**이라고 불렀다).

$$3\,Fe^{2+}(aq) + 4\,[Fe(CN)_6]^{3-}(aq) \rightarrow Fe_4[Fe(CN)_6]_3(s) + 6\,CN^-(aq)$$

부식 반응

철의 산화(**녹**, *rusting*)를 위해서는 산소 기체와 물이 필요하다는 사실은 잘 알려져 있다. 지시약을 사용하면 부식이 일어날 때 철 표면의 pH가 증가함을 알 수 있다. 이와 같은 관찰로부터 부식 반응의 전기 화학을 결정할 수 있다. 부식 반응은 용해된 산소의 농도에 의존하므로, Nernst 식으로 설명할 수 있다. 산소의 농도가 높은 철 표면에서 산소는 수산화 이온으로 환원된다.

$$O_2(g) + 2\,H_2O(l) + 4\,e^- \rightarrow 4\,OH^-(aq)$$

철은 전지에 연결된 전선과 같은 역할을 하여, 표면에서 산소의 농도가 낮은 쪽으로부터 철 금속이 철(II) 이온으로 산화되는 지점으로 전자를 운반한다.

$$Fe(s) \rightarrow Fe^{2+}(aq) + 2\,e^-$$

이들 두 이온은 용액을 통해 확산되고, 이들이 서로 만나면 불용성인 수산화 철(II)이 생긴다.

$$Fe^{2+}(aq) + 2\,OH^-(aq) \rightarrow Fe(OH)_2(s)$$

수화된 산화 망가니즈(III)처럼, 염기성 조건에서는 산화 수산화 철(III)(녹)이 수산화 철(II)보다 열역학적으로 더 안정하다.

$$Fe(OH)_2(s) + OH^-(aq) \rightarrow FeO(OH)(s) + H_2O(l) + e^-$$
$$O_2(g) + 2\,H_2O(l) + 4\,e^- \rightarrow 4\,OH^-(aq)$$

20.9 9족: 코발트

코발트는 철처럼 자기성(강자기성)을 띠며, 푸른색이 약간 감도는 흰색의 물질이다. 이 원소는 화학적으로 반응성이 거의 없다. 코발트의 가장 흔한 산화수는 +2와 +3인데, 전자는 간단한 코발트 화합물의 정상적인 상태이고, +3의 산화 상태는 철의 +3의 상태보다는 더 산화된 상태이다.

코발트(III) 화합물

모든 코발트(III) 착물은 팔면체 구조를 갖는다. 크로뮴(III) 착물과 마찬가지로 이들 착물은 반응 속도론적으로 치환이 매우 어렵기 때문에 광학 이성질체가 존재하면 분리해 낼 수 있다. 코발트(III) 착물의 대표적인 예는 헥사암민코발트(III) 이온, $[Co(NH_3)_6]^{3+}$와 헥사사이아나이도코발트(III)산 이온, $[Co(CN)_6]^{3-}$이다.

드문 착이온인 헥사나이트리토코발트(III)산[hexanitritocobaltate(III)] 이온, $[Co(NO_2)_6]^{3-}$는 대개 소듐염, $Na_3[Co(NO_2)_6]$으로 합성된다. 대부분의 알칼리 금속염과 마찬가지로 이 화합물도 물에 녹는다. 그러나 포타슘, 루비듐, 세슘, 암모늄염은 물에 거의 녹지 않으며, 이는 이온의 상대적인 크기와 관련이 있다. 포타슘 이온은 크기에 있어서는 다원자 음이온에 훨씬 더 가깝기 때문에, 높은 격자 에너지와 낮은 용해도를 갖는다. 따라서 이 화합물은 포타슘 이온을 침전시키기 위해 사용된다. 이 반응은 암모늄 이온과 무거운 알칼리 금속 이온 간의 유사성을 다룰 때 설명하였다(11.12절 참조).

$$3\,K^+(aq) + [Co(NO_2)_6]^{3-}(aq) \rightarrow K_3[Co(NO_2)_6](s)$$

철 이온에서 알아본 것처럼, 리간드를 바꾸어 주면 $E^\ominus$값이 크게 변하게 되어 여러 가지 산화 상태에 대한 안정도에 영향을 주게 된다. 예를 들면, 헥사암민코발트(II) 이온의 산화는 헥사아쿠아코발트(II) 이온의 산화보다 열역학적으로 더 쉽게 일어난다.

$$[Co(OH_2)_6]^{2+}(aq) \rightarrow [Co(OH_2)_6]^{3+}(aq) + e^- \qquad E^\ominus = -1.92\ V$$
$$[Co(NH_3)_6]^{2+}(aq) \rightarrow [Co(NH_3)_6]^{3+}(aq) + e^- \qquad E^\ominus = -0.10\ V$$

산소 기체의 환원과 연결시키면

$$O_2(g) + 4\,H^+(aq) + 4\,e^- \rightarrow 2\,H_2O(l) \qquad E^\ominus = +1.23\ V$$

수용액에서 $[Co(NH_3)_6]^{2+}$를 $[Co(NH_3)_6]^{3+}$로 산화시킬 수 있다. 예를 들면, 활성탄을 촉매로 사용하면 아래와 같은 총괄 반응 과정이 일어난다.

$$[Co(OH_2)_6]^{2+}(aq) + 6\,NH_3(aq) \rightarrow [Co(NH_3)_6]^{2+}(aq) + 6\,H_2O(l)$$
$$[Co(NH_3)_6]^{2+}(aq) \xrightarrow{\text{활성탄}} [Co(NH_3)_6]^{3+}(aq) + e^-$$

이 반응은 일련의 단계를 거쳐 진행되어야 한다. 왜냐하면, 반응에서 갈색의 중간체인 $[(H_3N)_5Co-O-O-Co(NH_3)_5]^{4+}$ 이온을 포함하는 화합물을 분리하기 위해 촉매 없이 진행시키는 것이 가능하기 때문이다. 이 화합물은 두 단계 과정에서 생성되는 것으로 여겨진다. 즉, 1개의 코발트(II) 이온에 두자리 결합 방식으로 산소 분자가 결합되고, 이어서 퍼옥소 단위, O_2^{2-}로 환원되는 과정에서 각 코발트(II)를 코발트(III)로 산화시켜 2개의 코발트(II) 착물과 결합되는 것처럼 보인다.

$$[Co(NH_3)_6]^{2+}(aq) + O_2(g) \rightarrow [Co(NH_3)_4O_2]^{2+}(aq) + 2\,NH_3(aq)$$
$$[Co(NH_3)_4O_2]^{2+}(aq) + [Co(NH_3)_6]^{2+}(aq) \rightarrow [(H_3N)_5Co-O-O-Co(NH_3)_5]^{4+}(aq)$$

각 단계가 더 진행되면, 퍼옥소 단위는 사용된 각 산소 분자당 2몰의 수산화 이온으로 환원되어, 총 4몰의 코발트(II) 착물이 헥사암민코발트(III) 이온으로 산화된다.

이 산화 생성물은 정밀한 조건에 따라 매우 민감하다. 예를 들어 산화제로서의 과산화수소는 다음과 같다.

$$H_2O_2(aq) + 2\,e^- \rightarrow 2\,OH^-(aq)$$

펜타암민아쿠아코발트(III) 이온을 형성할 수 있고, 이어서 진한 염산을 사용하여 리간드 치환을 일으키면 펜타암민클로로라이도코발트(III) 이온이 생성된다.

$$[Co(OH_2)_6]^{2+}(aq) + 5\,NH_3(aq) \rightarrow [Co(NH_3)_5(OH_2)]^{2+}(aq) + 5\,H_2O(l)$$
$$[Co(NH_3)_5(OH_2)]^{2+}(aq) \rightarrow [Co(NH_3)_5(OH_2)]^{3+}(aq) + e^-$$
$$[Co(NH_3)_5(OH_2)]^{3+}(aq) + Cl^- \xrightarrow{H^+} [Co(NH_3)_5Cl]^{2+}(aq) + H_2O(l)$$

이 모노클로라이도 화학종은 다른 모노-치환 코발트(III) 착물을 합성하는 데 유용한 시약이다. 특히 19.4절에서 설명한 나이트리토-와 나이트로-결합 이성질체를 합성하는 데 사용할 수 있다.

$$[Co(NH_3)_5Cl]^{2+}(aq) + H_2O(l) \xrightarrow{OH^-} [Co(NH_3)_5(OH_2)]^{3+}(aq) + Cl^-(aq)$$
$$[Co(NH_3)_5(OH_2)]^{3+}(aq) + NO_2^-(aq) \rightarrow [Co(NH_3)_5(ONO)]^{2+}(aq) + H_2O(l)$$
$$[Co(NH_3)_5(ONO)]^{2+}(aq) \xrightarrow{\Delta} [Co(NH_3)_5(NO_2)]^{2+}(aq)$$

적당한 합성 조건을 사용하면 암모니아와 염화 이온 리간드와 코발트(III)의 여러 가지 치환체를 합성할 수 있다(표 20.6). 이들 화합물의 화학식을 결정하는 것은 매우 쉽다. 전도도 측정을 통하여 이온의 수를 확인할 수 있고, 자유 염화 이온은 은 이온을 사용하면 정량적으로 침전시킬 수 있다.

리간드로 1,2-다이아미노에테인을 사용하면 코발트(II)는 트리스(1,2-다이아미노에테인)코발트(III) 이온으로 산화시켜서 염화물, $[Co(en)_3]Cl_3$로 결정화시킬 수 있다. 19.4절에서 설명한 것처럼 이 화합물은 두 가지의 광학 이성질체로 분리할 수 있다. 리간드-금속 비율을 감소시키면 염화 *trans*-다이클로라이도비스(1,2-다이아미노에테인) 코발트(III), $[Co(en)_2Cl_2]Cl$을 합성할 수 있다. 물에 녹여 용액을 증발시키면 이 화합물을 *cis* 형태로 이성질화시키게 된다.

팔면체장에서의 전자 배치를 비교하면, 큰 결정장 갈라짐을 일으키는 리간드가 코발트(II)를 쉽게 산화시킬 수 있는 이유를 알 수 있다. 거의 모든 코발트(II) 착물은 고스핀이지만, 코발트(III) 착물은 높은 전하 때문에 거의가 저스핀 착물이다. 그러므로 산화는 훨

표 20.6 염화 코발트(III)와 암모니아 간의 반응으로부터 형성되는 착물

화학식	색
$[Co(NH_3)_6]^{3+}(Cl^-)_3$	주황색-노란색
$[Co(NH_3)_5Cl]^{2+}(Cl^-)_2$	자주색
$[Co(NH_3)_4Cl_2]^+(Cl^-)(cis)$	보라색
$[Co(NH_3)_4Cl_2]^+(Cl^-)(trans)$	녹색

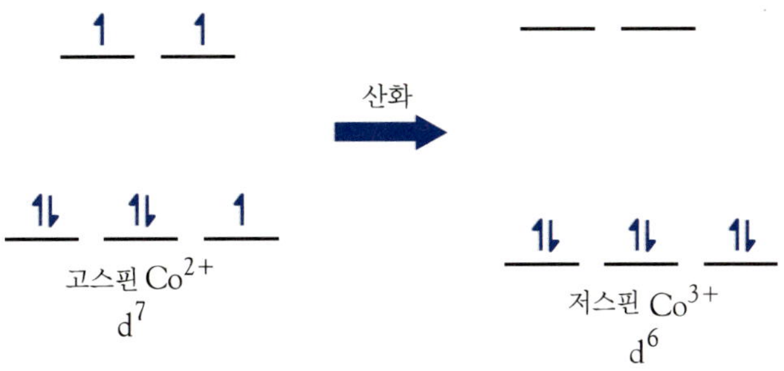

산화

고스핀 Co^{2+}
d^7

저스핀 Co^{3+}
d^6

그림 20.14 코발트(II)와 코발트(III)의 결정장 안정화 에너지 비교

씬 더 큰 결정장 안정화 에너지를 필요로 하게 된다(그림 20.14). 분광화학적 계열에서 더 높은 자리를 차지하는 리간드일수록 더 큰 Δ_{oct}값을 가지며, 산화에 의해 더 큰 CFSE 증가를 얻을 수 있다.

코발트(II) 화합물

용액에서 코발트(II)염은 분홍색을 띠며, 이 색은 헥사아쿠아코발트(II) 이온, $[Co(OH_2)_6]^{2+}$ 때문에 나타나게 된다. 코발트(II)염 용액을 진한 염산으로 처리하면 용액의 색이 짙은 푸른색으로 바뀐다. 이 색은 사면체 구조의 테트라클로라이도코발트(II)산 이온, $[CoCl_4]^{2-}$가 생기기 때문에 나타나는 것이다.

$$\underset{\text{분홍색}}{[Co(OH_2)_6]^{2+}(aq)} + 4\,Cl^-(aq) \rightleftharpoons \underset{\text{푸른색}}{[CoCl_4]^{2-}(aq)} + 6\,H_2O(l)$$

분홍색의 고체 염화 헥사아쿠아코발트(II)가 탈수되면 분홍색에서 푸른색으로의 전이도 나타난다. 푸른색을 띤 임신 시험지에 물을 가하면 분홍색으로 바뀌기 때문에 물에 대한 좋은 시험법이다. 건조제인 실리카 젤과 황산 칼슘은 염화 코발트(II)를 사용하여 착색시키기도 한다. 입자가 푸른색을 유지하면 이들은 효과적인 건조제이지만, 분홍색이 나타나면 이 건조제는 물로 포화되었음을 의미하므로, 흡수된 수분을 제거하기 위하여 가열해 주어야 한다.

코발트(II)의 수용액에 수산화 이온을 가하면 수산화 코발트(II)가 생기는데, 이 침전물은 처음에는 푸른색이지만 방치하면 분홍색으로 바뀐다.

$$Co^{2+}(aq) + 2\,OH^-(aq) \rightarrow Co(OH)_2(s)$$

수산화 코발트(II)는 공기 중에서 산소와 반응하여 서서히 산화 수산화 코발트(III), CoO(OH)로 산화된다.

$$Co(OH)_2(s) + OH^-(aq) \rightarrow CoO(OH)(s) + H_2O(l) + e^-$$
$$O_2(g) + 2\,H_2O(l) + 4\,e^- \rightarrow 4\,OH^-(aq)$$

수산화 코발트(II)는 양쪽성이다. 진한 수산화 이온을 수산화 코발트(II)에 가하면, 짙은 푸른색의 테트라하이드록사이도코발트(II)산 이온, $[Co(OH)_4]^{2-}$가 생긴다.

$$Co(OH)_2(s) + 2\,OH^-(aq) \rightarrow [Co(OH)_4]^{2-}(aq)$$

20.10 10족: 니켈

니켈은 은빛이 감도는 흰색 금속이며, 반응성이 전혀 없다. 따라서 때로는 철을 보호하기 위해 니켈 도금이 사용된다. 니켈은 +2의 산화 상태만을 나타낸다. 대부분의 니켈 착물은 팔면체 구조를 갖지만, 몇 가지의 사면체와 사각 평면 착물도 알려져 있다. 3d 전이 금속의 화합물이 사각 평면 기하 구조를 갖는 경우는 매우 드물다.

니켈의 추출

니켈의 화합물로부터 니켈을 추출하는 것은 복잡하지만, 순수한 니켈 금속의 분리는 특별히 흥미로운 부분이다. 코발트나 철과 같은 다른 금속으로부터 니켈을 추출하는 데는 두 가지 방법이 사용되고 있다. 그 중 한 가지는 황산 니켈과 염화 니켈을 전해질로 포함하는 용액에서 불순한 니켈을 산화 전극으로 하여 전기 분해하는 것인데, 99.9%의 순수한 니켈을 환원 전극에서 얻을 수 있다. 다른 방법은 Mond **과정**(*Mond process*)이라고 하는 가역 화학 반응을 이용하는 것이다. 이 반응에서 니켈은 약 60°C에서 일산화 탄소와 반응하여 무색의 기체인 테트라카보닐니켈(0), $[Ni(CO)_4]$(b.p. 43°C)을 만든다.

$$Ni(s) + 4\ CO(g) \xrightarrow{60°C} [Ni(CO)_4](g)$$

휘발성 카보닐 화합물을 쉽게 형성하는 것은 금속뿐이기 때문에 독성이 강한 이 화합물을 배관을 통해 뽑아낼 수 있다. 이 기체를 200°C로 가열하면 평형이 역반응으로 이동되어 99.95%의 순수한 니켈을 얻을 수 있다.

$$[Ni(CO)_4](g) \xrightarrow{200°C} Ni(s) + 4\ CO(g)$$

여기서 얻어지는 일산화 탄소는 다시 사용할 수 있다.

니켈(II) 화합물

헥사아쿠아니켈(II) 이온은 옅은 초록색이며, 암모니아를 가해 주면 푸른색의 헥사암민니켈(II) 이온이 생긴다.

$$[Ni(OH_2)_6]^{2+}(aq) + 6\ NH_3(aq) \rightarrow [Ni(NH_3)_6]^{2+}(aq) + 6\ H_2O(l)$$

니켈(II)염의 용액에 수산화 소듐 용액을 가하면, 수산화 니켈(II)이 초록색의 젤라틴 형태의 침전으로 떨어진다.

$$Ni^{2+}(aq) + 2\ OH^-(aq) \rightarrow Ni(OH)_2(s)$$

코발트(II)와 마찬가지로 사면체 기하 구조를 갖는 유일한 착물은 푸른색의 테트라클로라이도니켈(II)산과 같은 할로젠화물이다. 이 착물은 니켈(II) 이온 수용액에 진한 염산을 가하면 생긴다.

$$[Ni(OH_2)_6]^{2+}(aq) + 4\ Cl^-(aq) \rightleftharpoons [NiCl_4]^{2-}(aq) + 6\ H_2O(l)$$

니켈은 팔면체와 사면체 착물 이외에 몇 가지 사각 평면 착물도 만든다. 예를 들어 노란색 테트라사이아나이도니켈(II)산 이온, $[Ni(CN)_4]^{2-}$와, 암모니아를 가하여 염기성 조건으로 만든 니켈염 용액에 다이메틸글리옥심(dimethylglyoxime)을 가했을 때 빨간색 침전으로 얻는 비스(다이메틸글리옥시마토)니켈(II)[bis(dimethylglyoximato)nickel(II)], $[Ni(C_4N_2O_2H_7)_2]$는 사각 평면 착물이다. 이 붉은색의 독특한 착물(그림 20.15)의 생성은 니켈(II) 이온의 존재를 확인하는 방법으로 사용된다. 두자리 리간드인 다이메틸글리옥심($C_4N_2O_2H_8$)은 DMGH로 줄여서 나타낸다.

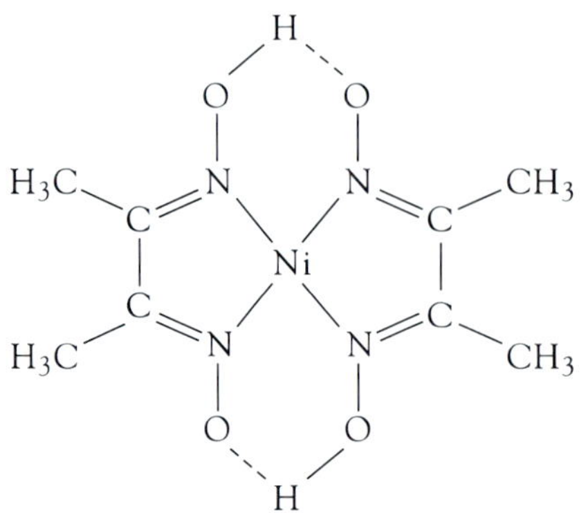

그림 20.15 니켈(II)-다이메틸글리옥심 착물의 구조

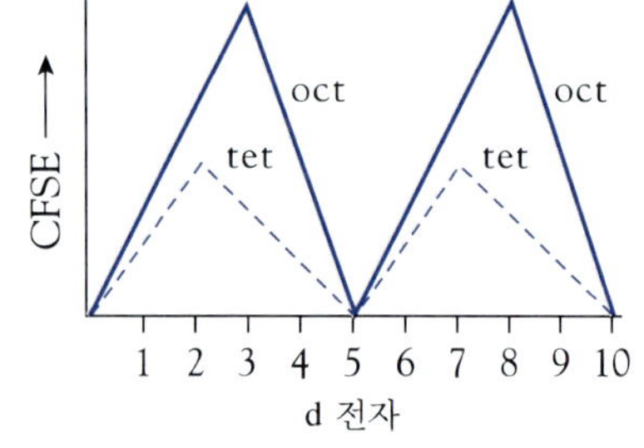

그림 20.16 M^{2+} 이온에 대한 팔면체와 사면체 고스핀 착물의 d 전자 배치에 따른 CFSE 변화

$$Ni^{2+}(aq) + 2\,DMGH(aq) + 2\,OH^-(aq) \rightarrow Ni(DMGH)_2(s) + 2\,H_2O(l)$$

팔면체 대 사면체 입체 화학

코발트(II)는 사면체 착물을 쉽게 형성하지만, 니켈(II) 착물은 대개 팔면체이다. 그러나 사각 평면 착물도 몇 가지가 있으며, 드물기는 하지만 사면체 착물도 형성한다. 이러한 입체 화학에 영향을 미치는 요인은 여러 가지가 있으며, 결정장 안정화 에너지(CFSE)도 그 중의 하나이다. 각 전자 배치에 대한 결정장 안정화 에너지를 계산할 수 있고, d 오비탈 수의 함수로 그 값을 도시할 수 있다. Δ_{tet}는 Δ_{oct}의 4/9이기 때문에 사면체 환경의 CFSE는 같은 전자 배치의 팔면체 착물보다 항상 더 작은 값을 나타낸다. 고스핀 전자 배치에 따른 CFSE값을 그림 20.16에 도시하였다. 사면체 착물과 팔면체 착물의 CFSE 값은 d^3와 d^8에서 가장 큰 차이를 나타내며, 이들 전자 배치를 갖는 사면체 착물을 발견하는 경우가 가장 드물다.

그러나 니켈은 사면체 니켈(II) 착물이 존재한다. 이 경우 리간드는 크기가 크고 음으로 하전되어 있으며, 분광화학적 계열의 낮은 자리를 차지하는 약한 장 리간드이다. 리간드가 크고 음으로 하전되어 있으면 이웃한 리간드와의 정전기적 반발력이 클 것이므로, 6배위보다는 4배위 배열을 더 선호하게 될 것이다. 따라서 테트라할라이도니켈(II)산[tetrahalidonickelate(II)] 이온, $[NiX_4]^{2-}$는 가장 보편적인 예이며, 여기서 X는 염화 이온, 브로민화 이온 또는 아이오딘화 이온이다. 사면체 이온을 형성하기 위해서는 양이온도 크기가 큰 것이어야 한다. 이와 같은 조건을 만족하지 못하면 니켈 이온은 팔면체 조건을 유지하기 위하여 물 등의 다른 리간드와 결합을 이룰 것이다.

예제 20.3

니켈 착물, $[NiX_4]^{2-}$의 자기 모멘트는 2.96 μ_{BM}으로 측정되었다. 이 착물은 사면체일지 사각 평면일지를 예측하시오.

해답

니켈(II) 이온은 8개의 d 전자를 가지며, 다음의 사면체와 사각 평면 오비탈 에너지

도표를 사용하여 배열시킬 수 있다(19.7절 참조).

사면체

사각 평면

사각 평면 배열은 홀전자를 갖지 않기 때문에 반자기성이다(19.8절). 따라서 이 착물은 사면체여야 한다. 2개의 홀전자가 존재하기 때문에 이론적인 자기 모멘트는 2.83 μ_{BM}이 되는데, 이 값은 측정값과 비슷하다.

20.11 11족: 구리

구리와 금은 노란색을 띠는 금속이며, 산화 구리(I), Cu_2O로 얇게 흡착을 시키면 구리는 붉은색을 띠게 된다. 구리의 이 붉은색은 금속의 차 있는 d-띠의 에너지가 s-p 띠보다 약 220 kJ · mol^{-1}이 더 낮기 때문에 나타난다. 그래서 전자들은 해당 에너지 영역(스펙트럼의 푸른색과 초록색 영역)의 광자에 의해 더 높은 에너지를 갖는 띠로 들뜰 수 있다. 따라서 구리는 노란색과 붉은색을 반사한다.

구리의 화학

순수한 구리의 열전도성은 모든 금속 중에서 가장 높다. 따라서 구리는 용기의 벽을 통해 열이 빨리 전도되어야 하는 고급 주방 용기의 재료로 사용된다. 주방 용기를 제조하는 또 다른 방법은 다른 물질로 만들어진 주방 용기를 구리로 도금하는 것이다. 구리는 은 다음으로 전기 전도성이 좋다. 따라서 전선의 제조는 구리의 주된 용도가 된다. 구리는 보통의 금속보다 가격이 비교적 비싼 금속이다. 구리로 페니 주화를 만들면 제조 단가가 1센트 이상이 되기 때문에, 요즘은 구리보다 값이 싼 아연에 구리를 도금시켜 제조하고 있다.

구리는 대개 반응성이 없는 금속으로 간주되지만, 습기 많은 공기 중에 방치하면 오랜 기간에 걸쳐 서서히 산화되어 초록색의 **녹**(*verdigris*)으로 코팅된다. 이 녹은 **염기성 탄산 구리**(II)로 부르기도 하는 수산화 탄산 구리(II), $Cu_2(CO_3)(OH)_2$이다. 특성적인 이 초록

표 20.7 구리의 중요한 합금

합금	대략적 조성	성질
황동	Cu 77%, Zn 23%	구리보다 단단하다.
청동	Cu 80%, Sn 10%, Zn 10%	황동보다 단단하다.
니켈 주화	Ni 75%, Cu 25%	내부식성
순은	Ag 92.5%, Cu 7.5%	순수한 은보다 내구성이 크다.

색은 캐나다 Ottawa의 의회 건물과 북유럽의 건물에서 볼 수 있다.

구리는 무른 금속이기 때문에 황동이나 청동과 같은 합금의 제조에 사용된다. 구리는 니켈이나 은의 합금에 미량 성분으로 사용되기도 한다. 몇 가지 흔히 접하는 합금의 조성을 표 20.7에 나타내었다.

구리의 추출

구리는 자연에 풍부하게 존재하지는 않지만 구리를 포함하는 여러 가지 광석이 알려져 있다. 가장 흔한 광석은 황화 구리(I) 철(III), $CuFeS_2$인데, 이 광석은 **황동광**(*chalcopyrites*)과 **구리 황철광**(*copper pyrites*)이란 두 가지 광물학적 이름을 갖는 금속처럼 보이는 고체이다. 희귀한 광석인 $CuAl_6(PO_4)_4(OH)_8 \cdot 4H_2O$는 푸른색의 비싼 보석인 터키옥의 원석이다.

황화물로부터 구리를 추출하기 위해서는 열로 처리하는 **건식야금법**(*pyrometallurgy*)이나 수용액으로 처리하는 **습식야금법**(*hydrometallurgy*)을 사용한다. 건식야금 공정에서는 농축된 광석을 공기의 공급을 제한하면서 가열한다. 이 과정을 **로스팅**(*roasting*)이라고 한다. 이 반응은 혼합 황화물을 분해시켜 산화 철(III)과 황화 구리(I)를 만든다.

$$4\,CuFeS_2(s) + 9\,O_2(g) \xrightarrow{\Delta} 2\,Cu_2S(l) + 6\,SO_2(g) + 2\,Fe_2O_3(s)$$

용융된 혼합물에 모래를 가하면 산화 철(III)은 규산 철(III)의 슬랙으로 변한다.

$$Fe_2O_3(s) + 3\,SiO_2(s) \rightarrow Fe_2(SiO_3)_3(l)$$

이 액체는 표면으로 떠오르기 때문에 따라낼 수 있다. 공기를 다시 공급해 주면 황화 구리(I)는 산화 구리(I)로 변한다.

$$2\,Cu_2S(l) + 3\,O_2(g) \rightarrow 2\,Cu_2O(s) + 2\,SO_2(g)$$

황화 구리(I)의 2/3가 산화 구리(I)로 변하면 공기의 공급을 중단시킨다. 그러면 산화 구리(I)와 황화 구리(I) 혼합물은 독특한 산화-환원 반응을 일으켜 불순한 구리 금속을 만든다.

$$Cu_2S(l) + 2\,Cu_2O(s) \rightarrow 6\,Cu(l) + SO_2(g)$$

건식야금 공정은 많은 장점이 있다. 즉, 이 공정에 관련된 화학과 기술이 잘 밝혀져 있어, 이 방법을 사용하는 구리 제련소가 많이 있으며 제조 공정이 빠르다. 이 공정은 단점도 갖고 있다. 광석이 상당한 정도로 농축되어 있어야 하므로 용해 과정에 많은 에너지가 필요하고, 이산화 황이 많이 배출된다.

대부분의 금속은 높은 온도와 일산화 탄소와 같은 환원제를 사용하여 건식야금법으로 추출된다. 그러나 건식야금법은 고온을 필요로 하고, 폐기물은 대기와 대지의 주된 공해 물질이 되기도 한다.

용액 처리 과정을 사용하는 습식야금법은 수세기 전에 알려져 있었지만, 20세기에 와서야 은이나 금과 같은 특정한 금속의 추출에 사용되기 시작하였다. 이 방법은 많은 장점이 있다. 이 공정의 부산물은 굴뚝을 통해 배출되는 기체나 용해로의 슬랙보다 환경오염을 덜 야기시킨다. 습식야금법을 사용하는 공장은 먼저 작은 규모로 세워져서 그 규모를 확장시켜 나가지만, 건식야금법을 사용하는 제련소는 경제적 측면을 고려해야 하기 때문에 큰 규모로 세워져야 한다. 습식야금법에서는 고온이 필요 없기 때문에 에너지 소비가 적다. 또한 건식야금법보다 금속 함량이 낮은 광석도 처리할 수 있다.

일반적으로 습식야금법은 여과, 농축, 회수의 세 단계로 구성되어 있다. 여과는 광석을 분쇄하고 쌓아올린 다음, 묽은 산(구리 추출)이나 사이안화 이온(은과 금의 추출)과 같은 화학 약품을 뿌려 준다. 때로는 화학 약품 대신 **철 산화 유황세균**(*thiobacillus ferrooxidans*)의 세균 용액을 사용하기도 하는데, 이 공정을 **생습식야금법**(*biohydrometal lurgy*)이라고 한다. 이 세균은 불용성 금속 황화물의 황화 이온을 산화시켜 가용성 황산염으로 만든다. 그런 다음 묽은 금속 용액을 다양한 방법으로 농축시킨다. 마지막으로 단일 치환 반응이나 전기화학적 방법으로 침전을 만들면 금속을 얻게 된다.

구리의 습식야금 공정에서는 산 현탁액 속의 황동광을 공기로 산화시켜 황산 구리(II) 용액을 만든다.

$$2\,CuFeS_2(s) + H_2SO_4(aq) + 4\,O_2(g) \rightarrow 2\,CuSO_4(aq) + 3\,S(s) + Fe_2O_3(s) + H_2O(l)$$

따라서 이 공정에서 황은 건식야금법에서처럼 이산화 황이 얻어지기보다는, 황산 이온 용액이나 고체의 원소 황으로 얻어지게 된다. 그런 다음 전기 분해로 구리 금속과 산소 기체를 얻게 되는데, 이 산소는 첫 번째 반응에 다시 사용할 수 있다.

$$2\,H_2O(l) \rightarrow O_2(g) + 4\,H^+(aq) + 4\,e^-$$
$$Cu^{2+}(aq) + 2\,e^- \rightarrow Cu(s)$$

전기 분해로 제련된 구리의 순도는 99.95%이다. 제련 과정의 환원 전극에서 얻어진 이 불순한 구리를 정제하기 위하여, 순수한 구리 막대를 환원 전극으로 갖고, 전해질이 황산 구리(II) 용액인 또 다른 전해 전지의 산화 전극으로 사용하게 된다. 전기 분해가 일어나는 동안 구리는 산화 전극에서 환원 전극으로 옮아가게 되고, 은과 금을 포함하는 산화 전극의 찌꺼기가 남게 되므로 이 공정의 경제성이 해결된다.

$$Cu(s) \rightarrow Cu^{2+}(aq) + 2\,e^-$$
$$Cu^{2+}(aq) + 2\,e^- \rightarrow Cu(s)$$

이 정제 과정에서 알짜 전기 화학 반응은 일어나지 않기 때문에, 요구되는 전압은 약 0.2 V 정도로 매우 낮고, 동력 소비도 매우 적다. 사용하고 버린 구리를 재활용하는 것이 환경 보호 측면에서 더욱 중요한 것은 물론이다.

구리(II) 화합물

구리는 산화 상태가 +1과 +2인 화합물을 모두 형성할 수 있지만, 수용액에서는 +2의 산화 상태를 갖는 화합물이 더 안정하다. 수용액에서 거의 모든 구리(II) 염은 헥사아쿠아구리(II) 이온, $[Cu(OH_2)_6]^{2+}$를 생성시키기 때문에 푸른색을 띤다.

염화 구리(II)는 흔히 접할 수 있는 예외이다. 염화 구리(II)의 진한 수용액에서는 거의 평면 구조를 갖는 테트라클로로라이도구리(II)산 이온, $[CuCl_4]^{2-}$과 같은 착이온이 존재하기 때문에 초록색을 띠게 된다. 이 수용액을 묽히면 용액의 색은 푸른색으로 변한다. 이와 같은 수용액의 색깔 변화는 착물에서 염화 이온이 물 분자에 의해 연속적으로 치환되기 때문에 일어나며, 최종 색깔은 헥사아쿠아구리(II) 이온의 색이다. 전체 반응은 다음과 같이 나타낼 수 있다.

$$[CuCl_4]^{2-}(aq) + 6\,H_2O(l) \rightleftharpoons [Cu(OH_2)_6]^{2+}(aq) + 4\,Cl^-(aq)$$

구리(II) 용액에 암모니아 용액을 가하면 푸른색의 헥사아쿠아구리(II) 이온은 사각 평면 구조를 갖는 짙은 푸른색의 테트라암민구리(II) 이온, $[Cu(NH_3)_4]^{2+}$로 변하게 된다.

$$[Cu(OH_2)_6]^{2+}(aq) + 4\,NH_3(aq) \rightarrow [Cu(NH_3)_4]^{2+}(aq) + 6\,H_2O(l)$$

이 반응을 흔히 단일 반응으로 설명하지만 암모니아로 물을 치환하는 과정은 단계적으로 일어난다. 그림 20.17은 암모니아의 농도에 따른 화학종의 분포를 나타낸 것이다. 이 도표는 log 척도, pNH_3(pH와 같은)로 나타내었기 때문에 왼쪽으로 갈수록 암모니아의 농도는 증가한다. 단순화시키기 위하여 배위된 물 분자는 제외시켰다. 암모니아의 농도가 증가함에 따라 $[Cu(NH_3)n]^{2+}$ 착물이 차례로 생성됨을 볼 수 있다.

구리(II) 이온 용액에 수산화 이온을 가하면, 청록색 젤라틴 형태의 수산화 구리(II) 침전이 생긴다.

$$Cu^{2+}(aq) + 2\,OH^-(aq) \rightarrow Cu(OH)_2(s)$$

그러나 이 용액을 가열하면 수산화물은 검은색 산화 구리(II)와 물로 분해된다.

$$Cu(OH)_2(s) \xrightarrow{\text{warm}} CuO(s) + H_2O(l)$$

수산화 구리(II)는 묽은 염기에는 녹지 않지만, 진한 수산화물 용액에는 녹아서 짙은 푸른색의 테트라하이드록사이도구리(II)산 이온, $[Cu(OH)_4]^{2-}$를 만든다.

$$Cu(OH)_2(s) + 2\,OH^-(aq) \rightarrow [Cu(OH)_4]^{2-}(aq)$$

수산화 구리(II)는 암모니아 수용액에도 녹아서 테트라암민구리(II) 이온을 만든다.

$$Cu(OH)_2(s) + 4\,NH_3(aq) \rightleftharpoons [Cu(NH_3)_4]^{2+}(aq) + 2\,OH^-(aq)$$

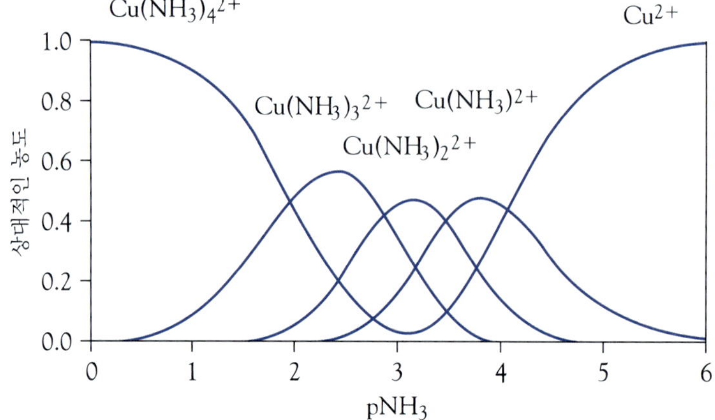

그림 20.17 pNH_3의 증가(왼쪽)에 따른 구리(II) 화학종의 상대적인 농도. [A. Rojas-Hernández, et al. *J. Chem. Educ.* 72. 1100 (1995).]

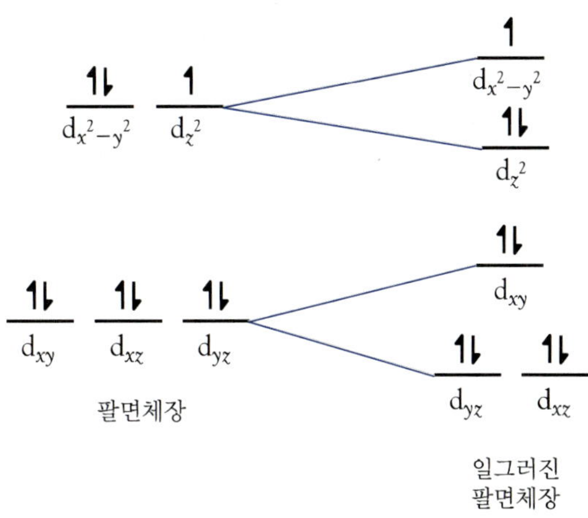

그림 20.18 Jahn-Teller 효과로 인한 d^9 오비탈 에너지의 가장 일반적인 갈라짐

대부분의 리간드에 대해 구리(II)의 산화 상태가 열역학적으로 더 안정하지만, 아이오딘화 이온과 같은 환원성 리간드는 구리(II) 이온을 구리(I) 상태로 환원시킨다.

$$2\,Cu^{2+}(aq) + 4\,I^{-}(aq) \rightarrow 2\,CuI(s) + I_2(aq)$$

구리(II) 착물의 일그러짐

19.9절에서 Jahn-Teller 효과를 소개하였다. 이 효과는 다른 전자 배치에서도 일어날 수 있지만, 대부분 구리(II) 화합물에 대해 연구가 되어 왔다. Jahn-Teller 효과로 인해 6-배위 구리(II) 화합물은 2개의 축상 리간드가 수평 자리 리간드보다 금속으로부터 더 멀리 떨어져 있다. 여기에 대한 결정장 도표는 그림 20.18에 나타내었다. 어떤 리간드의 경우, Jahn-Teller 갈라짐이 매우 강해서 축상 위치에 리간드가 없는 사각 평면 착물을 형성하기도 한다(19.7절 참조).

구리(I) 화합물

수용액에서 수화된 구리(I) 이온은 불안정하고, 그림 20.1의 Frost 도표로부터 예측할 수 있는 것처럼, 구리(II) 이온과 구리 금속으로 불균등화 반응을 일으킨다.

$$2\,Cu^{+}(aq) \rightleftharpoons Cu^{2+}(aq) + Cu(s)$$

구리(I) 이온은 고체상에서 낮은 전하를 갖는 음이온에 의해 안정화된다. 예를 들면, 염화, 브로민화, 아이오딘화, 사이안화 구리(I)를 합성할 수 있다. 일반적으로 구리(I) 화합물은 이 이온이 d^{10} 전자 배치를 갖기 때문에 무색이거나 흰색이다. 즉, d 오비탈이 완전히 채워지면 가시광선 흡수를 일으킬 수 있는 d 전자 전이가 일어날 수 없다.

코발트(II)와 코발트(III)의 경우처럼 적당한 리간드를 선택하면 산화 상태 간의 선호도를 변화시킬 수 있다. 그림 20.19*a*의 Pourbaix 도표는 여러 가지 구리 화학종이 안정하게 존재하는 영역을 나타낸 것이다. 수용액에서는 구리(II) 이온만 안정하다. 그러나 사이안화 이온을 가해주면 안정화 영역이 급격하게 달라진다. 그림 20.19*b*는 사이안화물이 가능한 pH와 *E*의 전체 영역에 걸쳐 안정함을 보여 준다. 따라서 구리(I) 착물인 테트라사이아나이도구리(I)산 이온은 더 높은 *E* 값 영역을 선호한다. 19.7절에서 논의한 바와

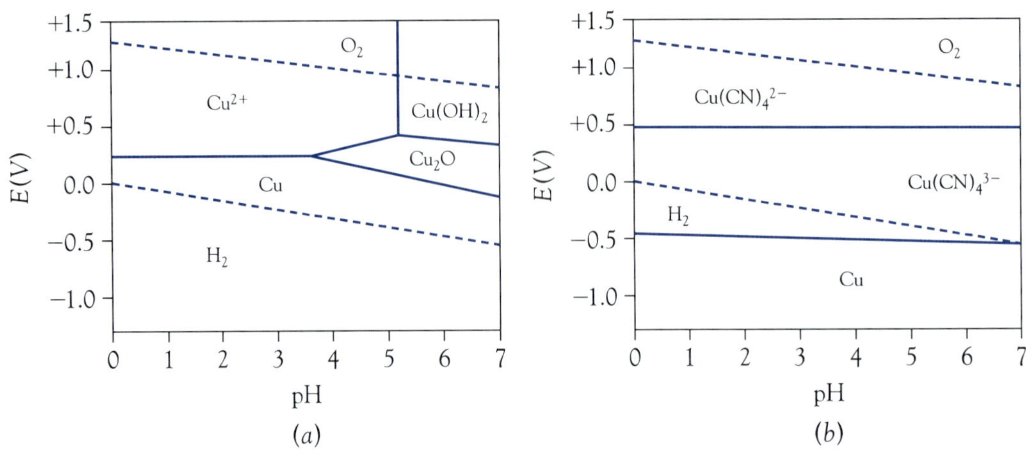

그림 20.19 구리에 대한 Pourbaix 도표 비교:(a) 정상 Pourbaix 도표, (b) 사이안화 이온이 존재할 때의 Pourbaix 도표.(A. Napoli and L. Pogliani, *Educ. Chem*, 34, 51(1997).)

같이 사이안화물은 낮은 산화 상태를 안정화시키기 때문에 이는 놀라운 일이 아니다.

구리(I) 화합물의 생성에 관한 이들 두 가지 접근법은 구리 금속과 끓는 염산 간의 반응으로 나타낼 수 있다. 염산은 질산처럼 강한 산화제가 아니기 때문에 이와 같은 반응이 일어난다는 것은 놀라운 사실이다. 이 산화 반응에서 생성된 구리(I) 이온은 염화 이온과 빠르게 반응하여 무색의 다이클로라이도구리(I)산 이온, $[CuCl_2]^-$ 착물을 생성한다. 이 두 번째 평형이 첫 번째 평형을 정반응 쪽으로 치우치게 만든다.

$$2\,Cu(s) + 2\,H^+(aq) \rightleftharpoons 2\,Cu^+(aq) + H_2(g)$$
$$Cu^+(aq) + 2\,Cl^-(aq) \rightleftharpoons [CuCl_2]^-(aq)$$

이 용액에 공기를 제거한 증류수를 부어주면, 흰색의 염화 구리(I) 침전이 생긴다.

$$[CuCl_2]^-(aq) \rightarrow CuCl(s) + Cl^-(aq)$$

이 화합물은 공기와 수분을 만나면 구리(II) 화합물로 산화되기 때문에, 재빨리 씻어주고 말린 다음 공기를 차단시켜 밀봉해야 한다.

유기 화학에서 다이클로라이도구리산 이온은 염화 벤젠 다이아조늄을 클로로벤젠으로 변환시키는 데 사용된다(*Sandmeyer* **반응**).

$$[C_6H_5N_2]^+(Cl^-)(aq) \xrightarrow{[CuCl_2]^-} C_6H_5Cl(l) + N_2(g)$$

20.12 생물학적 특성

바나듐

바나듐은 자연계에서 널리 사용되지는 않지만, 멍게와 같은 원시적인 수중 생물 군에 있어서는 필수 원소 중 하나이다. 이들 생물은 무척추 동물과 척추 동물의 중간에 속한다. 멍게류 중의 한 과에 속하는 생물은 산소의 운반을 위해 혈장 속에 들어 있는 높은 농도의 바나듐을 이용한다. 멍게류가 생화학적 경로에 이 원소를 이용하는 이유는 분명하지 않다. 바나듐은 전혀 다른 생물인 다공성 버섯 *Amanita muscaria*에서도 사용되고 있다. 여기서도 역시 바나듐이 사용되는 이유는 규명되지 않고 있다.

21.5절에서는 콩과 식물(알파파, 콩, 클로버, 렌즈콩, 메스키트, 땅콩 및 완두콩을 포함하는)의 뿌리에 부착된 박테리아에서 몰리브데넘이 중요한 역할을 하고 있음을 알아볼 것이다. 이들 박테리아는 대기 중의 질소 기체를 흡수와 활용이 가능한 암모니아로 변환시킨다. 몰리브데넘 결핍 토양에서는 이 박테리아가 몰리브데넘 대신 바나듐을 활용한다.

크로뮴

크로뮴(VI)을 섭취하거나 피부를 통해 흡수하면 암을 유발하지만 크로뮴(III)은 식품을 통해 소량을 섭취해야만 한다. 인슐린과 크로뮴(III) 이온은 혈액의 글루코스 양을 조절한다. 크로뮴(III)이 부족하거나 크로뮴 이온을 활용하는 능력이 없어지면 당뇨병에 걸리게 된다.

망가니즈

망가니즈는 많은 식물과 동물의 효소에 필수적인 원소이다. 포유류에서 망가니즈는 노폐물에 함유된 질소를 배설 가능한 화합물인 요소로 변환시키는 간 효소인 아르지네이스(arginase)에서 사용된다. 식물의 인 전달 효소에도 망가니즈가 들어 있다. 대부분의 전이금속처럼 망가니즈의 생물학적 역할도 +2와 +4 사이의 산화 상태를 순환하는 산화-환원제로서의 작용인 것처럼 보인다.

철

철의 생물학적 역할은 너무 많아서 이 한 가지 주제만으로도 여러 권의 책을 쓸 수 있을 정도이다. 표 20.8은 성인의 몇 가지 철 함유 단백질을 요약한 것이다.

여기서는 세 가지의 특별한 철을 포함하는 거대 분자, 즉 헤모글로빈(hemoglobin), 페리틴(ferritin), 페레독신(ferredoxin)에 대해서만 알아보기로 한다. 헤모글로빈에서 철은 +2의 산화 상태를 갖는다(이 화합물은 16.21절에서 산소의 흡수를 다룰 때 설명하였다). 각 헤모글로빈 분자에는 4개의 철 이온이 존재하며, 각각의 철 이온은 포피린 단위로 둘러싸여 있다(그림 20.20). 각 헤모글로빈 분자는 4개의 산소 분자와 반응하여 옥시헤모글

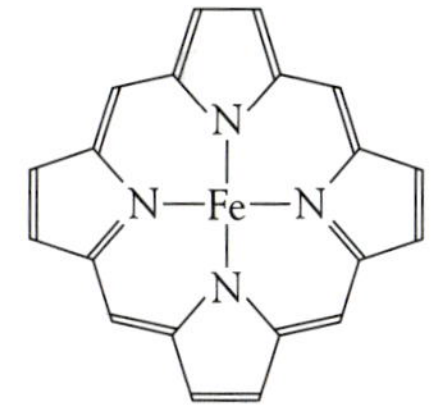

그림 20.20 철-포피린 착물의 단순화시킨 구조

표 20.8 성인의 주요 철-함유 단백질

이름	분자당 철 원자	작용
헤모글로빈	4	혈액의 O_2 운반
마이오글로빈	1	근육의 O_2 저장
트랜스페린	2	철 운반
페리틴	4500까지	세포 내의 철 저장
헤모시데린	10^3~10^4	철 저장
카탈레이스	4	H_2O_2의 대사
사이토크롬 *c*	1	전자 전이
철-황 단백질	2~8	전자 전이

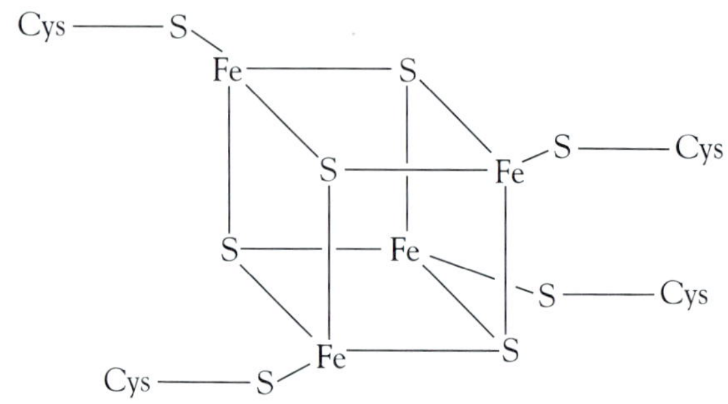

그림 20.21 몇 가지 페레독신의 4Fe-4S 원자 중심: 입방체는 시스테인 아미노산 단위에 공유 결합을 하고 있다.

로빈을 형성한다. 산소 분자와의 결합은 그다지 강하지 않아서 근육과 같이 산소를 활용하는 자리에 도달했을 때, 산소를 쉽게 내어놓을 수 있다. 카보닐 리간드는 헤모글로빈의 철과 매우 강한 결합을 형성하여, 산소 분자의 운반을 방해하기 때문에 일산화 탄소는 포유류에게는 매우 강한 독성 물질이다.

옥시헤모글로빈에서 철(II)은 반자기성의 저스핀 상태이며, 반지름은 포피린 고리의 평면에 꼭 들어맞는 75 pm이다. 일단, 산소 분자를 잃고 나면 철은 반지름이 92 pm으로 증가하고, 상자기성의 고스핀 철(II) 이온으로 되기 때문에, 데옥시헤모글로빈 분자에서 포피린 고리의 면보다 아래로 이동되어 배위 자리로부터 멀어지게 된다. 철은 이 순환 과정 내내 고스핀과 저스핀 상태만을 반복하며, 철(II) 상태로 존재한다. 공기에 노출되면 붉은색의 철(II)-함유 헤모글로빈은 갈색의 철(III) 화학종으로 산화되며, 이 반응은 비가역 반응이다.

식물과 동물은 모두 나중에 사용하기 위한 철을 저장하여야 한다. 이를 위해서 사용되는 단백질이 페리틴이다. 이들 단백질은 중심의 옥소하이드록사이도인산 철(III)을 둘러싸는 아미노산(펩타이드)으로 연결된 껍질로 구성되어 있다. 이 중심은, 평균 실험식이 $[FeO(OH)]_8[FeO(OPO_3H_2)]$인, 철(III) 이온, 산화 이온, 수산화 이온 및 인산 이온의 뭉치이다. 이 분자는 매우 크고 4500개까지의 철 이온을 포함할 수 있다. 껍질이 친수성이기 때문에 이 집합체는 물에 녹으며, 지라, 간, 뼈의 골수에서 농축된다.

식물과 박테리아는 산화-환원 단백질의 중심으로 철(III)-황 구조를 갖는 무리인 페레독신을 이용한다. 이들 단백질은 공유 결합성을 띠는 철과 황을 포함하며, 이들은 우수한 전자 전이 시약으로 작용한다. 그림 20.21은 몇 가지 페레독신의 4Fe-4S 원자 중심을 나타낸 것이다.

코발트

코발트는 필수 원소이다. 특히 비타민 B_{12}는 분자의 중심에 코발트(III)를 포함하며, 이 중심은 포피린 고리와 유사한 고리 구조로 둘러싸여 있다. 비타민 B_{12}는 악성 빈혈증의 치료에 사용된다. 어떤 혐기성 박테리아는 메테인을 생성하는 과정에서 메틸코발아민(methylcobalamin)을 사용한다. 불행스럽게도 이 생화학적 과정에서 수은으로 오염된 물에 있는 원소 상태의 수은과 불용성 무기 수은을, 독성이 강한 메틸 수은(II), $[HgCH_3]^+$과 다이메틸 수은(II), $Hg(CH_3)_2$로 변환시킨다.

코발트는 몇 가지 효소 작용도 한다. 플로리다, 호주, 영국, 뉴질랜드의 양(sheep)에서 발견된 결핍증은 토양에 코발트가 부족하기 때문에 생긴 것으로 밝혀졌다. 이 병을 치료

표 20.9 철과 구리 단백질 간의 유사성

작용	철 단백질	구리 단백질
산소 운반	헤모글로빈	헤모시아닌
산소화 반응	사이토크롬 P-450	티로시네이스
전자 전이	사이토크롬	청동 단백질
항산화 작용	과산화효소	활성 산소 제거 효소
아질산 환원	헴 함유 아질산 환원 효소	아질산 환원 효소

하기 위하여 양의 사료에 코발트 금속의 작은 덩어리를 섞어서 이 중의 일부가 소화 기관에 남아있게 만든다.

니켈

니켈의 생화학은 3d 전이 원소들 중에서 규명이 가장 미진한 분야이다. 니켈 이온은 포피린형 착물의 형태로 몇 가지 효소계에 존재한다. 이산화 탄소를 메테인으로 환원시키는 박테리아를 비롯한, 하나의 박테리아는 니켈을 필요로 한다. 니켈을 필요로 하는 이유는 이들의 대부분이 철-황 뭉치와 함께 니켈을 포함하는 **수소화 효소**(*hydrogenase*) 형태로 발견되는 것으로 설명된다. 정상적인 화학에서 니켈이 +3의 산화 상태를 갖는 경우는 드물지만, 효소의 산화-환원 순환에는 니켈(III)이 관여한다. 실제로 어떤 열대 나무(nickel hyperaccumulator)는 건조물 질량의 약 15%에 이르는 양을 포함한다.

구리

구리는 철과 아연 다음으로 생물학적으로 중요한 전이 금속이다. 하루에 약 5 mg 정도를 섭취해야 하며, 이 원소가 부족하면 우리 몸은 간에 저장된 철을 사용하기가 불가능해진다. 생물계에는 많은 구리 단백질이 있지만, 가장 흥미로운 것은 헤모시아닌류(hemocyanin)이다. 이들 분자는 무척추 동물의 산소 운반체이다. 게, 바닷가재, 낙지, 전갈, 달팽이는 밝은 푸른색의 혈액을 갖는다. 실제로 많은 생물학적 작용에 대해 비슷한 성질을 갖는 은과 구리 화합물(아주 다른 구조를 갖는)들이 존재한다(표 20.9). 구리계를 포함하는 것은 무척추 동물이기 때문에 초기 생명체는 작용 금속으로서 구리를 사용하였고, 나중에야 철계를 사용하게끔 진화되었다고 여겨진다.

구리를 과도하게 섭취하는 것은 좋지 않으며, 특히 어류의 경우에는 매우 유독하다. 그러므로 어류가 사는 연못에 행운을 비는 구리 동전을 던져서는 안 된다. 인간은 대개 여분의 구리를 배설하지만, 간, 콩팥, 뇌에 구리가 축적되면 생화학적(유전자) 결함이 나타나게 된다. Wilson 병이라고 하는 이 병은 구리 이온과 착물을 형성하여 아무런 해가 없이 배설이 가능하게끔 만들어 주는 킬레이트 시약을 투여하여 치료할 수 있다.

20.13 원소 반응 경로도

경로도는 타이타늄, 바나듐, 크로뮴, 망가니즈, 철, 니켈, 코발트, 구리에 대해 나타내었다.

$$TiO_2 \underset{O_2}{\overset{\Delta/C/Cl_2}{\rightleftarrows}} TiCl_4 \xrightarrow{Mg} Ti$$

$$[H_2VO_4]^- \xrightarrow{Zn} VO^{2+} \xrightarrow{Zn} V^{3+} \xrightarrow{Zn} V^{2+}$$

$$[CrO_4]^{2-} \underset{OH^-}{\overset{H_2O}{\rightleftarrows}} HCrO_4^-$$
$$[CrO_4]^{2-} \xrightarrow{Ag^+} [CrO_4]$$
$$[CrO_4]^{2-} \underset{H^+}{\overset{OH^-}{\rightleftarrows}} [Cr_2O_7]^{2-}$$
$$CrO_2Cl_2 \xrightarrow{OH^-} [CrO_4]^{2-}$$
$$[Cr_2O_7]^{2-} \xrightarrow{NH_4^+} (NH_4)_2Cr_2O_7 \xrightarrow{\Delta} Cr_2O_3$$
$$[Cr_2O_7]^{2-} \xrightarrow{+e^-} [Cr(OH_2)_6]^{3+} \xrightarrow{Zn \mid CH_3COO^-} Cr_2(CH_3COO)_4$$
$$[Cr_2O_7]^{2-} \xrightarrow{K^+} K_2[Cr_2O_7] \xrightarrow[NaCl]{H_2SO_4} CrO_2Cl_2$$
$$K_2[Cr_2O_7] \xrightarrow{H_2SO_4} CrO_3$$

$$[MnO_4]^- \xrightarrow{+e^-} [Mn(OH_2)_6]^{2+} \xrightarrow{OH^-} Mn(OH)_2 \xrightarrow{-e^-} MnO(OH)$$
$$[MnO_4]^- \xrightarrow[OH^-]{+e^-} MnO_2$$
$$[MnO_4]^- \xrightarrow{+e^-} [MnO_4]^{2-} \xrightarrow{+e^-} MnO_2$$

$$[Fe(OH_2)_6]^{3+} \xrightarrow{Cl^-} [FeCl_4]^-$$
$$[Fe(OH_2)_6]^{3+} \xrightarrow{SCN^-} [Fe(SCN)(OH_2)_5]^{2+}$$
$$[Fe(OH_2)_6]^{3+} \xrightarrow{S_2O_3^{2-}} Fe(S_2O_3)_2^- \longrightarrow [Fe(OH_2)_6]^{2+}$$
$$[Fe(OH_2)_6]^{3+} \underset{+e^-}{\overset{-e^-}{\rightleftarrows}} [Fe(OH_2)_6]^{2+} \underset{+e^-}{\overset{-e^-}{\rightleftarrows}} Fe$$
$$[Fe(OH_2)_6]^{2+} \xrightarrow{NO} [Fe(NO)(OH_2)_5]^{2+}$$
$$Fe \xrightarrow{Cl_2} FeCl_3 \qquad Fe \xrightarrow{HCl} FeCl_2$$
$$[Fe(OH_2)_6]^{3+} \xrightarrow{OH^-} FeO(OH)$$
$$[Fe(OH_2)_6]^{2+} \xrightarrow{OH^-} Fe(OH)_2 \xrightarrow[OH^-]{-e^-} FeO(OH)$$

$$[Co(OH_2)_6]^{3+} \underset{+e^-}{\overset{-e^-}{\rightleftarrows}} [Co(OH_2)_6]^{2+} \underset{OH^-}{\overset{H^+}{\rightleftarrows}} Co(OH)_2$$
$$[Co(OH_2)_6]^{2+} \xrightarrow{Cl^-} [CoCl_4]^{2-}$$
$$Co(OH)_2 \xrightarrow{OH^-} [Co(OH)_4]^{2-} \qquad Co(OH)_2 \xrightarrow{O_2} CoO(OH)$$
$$[Co(OH_2)_6]^{2+} \xrightarrow{NH_3} [Co(NH_3)_6]^{3+} \xrightarrow{O_2} [Co(NH_3)_6]^{3+}$$

$$[Ni(CO)_4] \underset{\Delta}{\overset{CO}{\rightleftarrows}} Ni \xleftarrow{+e^-} [Ni(OH_2)_6]^{2+} \underset{OH^-}{\overset{H^+}{\rightleftarrows}} Ni(OH)_2$$
$$[Ni(OH_2)_6]^{2+} \xrightarrow{Cl^-} [NiCl_4]^{2-} \qquad [Ni(OH_2)_6]^{2+} \xrightarrow{NH_3} [Ni(NH_3)_6]^{2+}$$

$$Cu \xrightarrow{HCl} CuCl_2^-$$
$$Cu \underset{-e^-}{\overset{Zn}{\rightleftarrows}} [Cu(OH_2)_6]^{2+} \underset{OH^-}{\overset{H^+}{\rightleftarrows}} Cu(OH)_2 \underset{OH^-}{\overset{H^+}{\rightleftarrows}} [Cu(OH)_4]^{2-}$$
$$[Cu(OH_2)_6]^{2+} \xrightarrow{Cl^-} [CuCl_4]^{2-} \qquad [Cu(OH_2)_6]^{2+} \xrightarrow{NH_3} [Cu(NH_3)_6]^{2+}$$
$$Cu(OH)_2 \xrightarrow{\Delta} CuO \xrightarrow{H^+} [Cu(OH_2)_6]^{2+}$$

핵심개념

- 앞 전이 금속은 뒤 전이 금속보다 더 높은 산화 상태를 나타낸다.
- 타이타늄의 가장 중요한 화합물은 산화 타이타늄(IV)이다.
- 바나듐은 바나듐(V)으로부터 바나듐(II)으로 쉽게 환원시킬 수 있다.
- 크로뮴산과 다이크로뮴산 이온은 크로뮴 화학의 주종을 이루고 있다.
- 망가니즈는 +2에서 +7까지의 공통 산화 상태를 나타내는데, 이들의 상대적인 안정성은 환경의 pH에 의존한다.
- 철 화합물은 +2와 +3의 산화 상태로 존재한다.
- 코발트(II) 착물은 리간드에 따라서 팔면체나 사면체 환경을 가질 수 있다.
- 코발트(III)는 리간드와 산화제를 적절하게 선택하여 산화시키면 생성될 수 있다.
- 니켈(II)은 팔면체와 사면체 착물 형성뿐만 아니라 몇 가지 사각 평면 착물도 형성한다.
- 구리 화합물은 거의 모두 +2의 산화 상태로 존재한다.

연습문제

20.1 다음 반응식의 균형을 맞추시오.
(a) 염화 타이타늄(IV)과 산소 기체의 반응
(b) 고온에서 다이크로뮴산 소듐과 황의 반응
(c) 수산화 구리(II)의 가열

20.2 다음 반응식의 균형을 맞추시오.
(a) 산성 용액에서 바나딜 이온과 아연 금속의 반응(두 가지 반응식)
(b) 철산 이온에 의한 크로뮴(III) 이온의 다이크로뮴산 이온으로의 산화. 이 반응에서 철산은 산성 용액에서 철(III) 이온으로 환원된다(두 반쪽 반응을 사용하여 전체 반응을 완성할 것).
(c) 수산화 구리(II)에 과량의 수산화 이온 첨가
(d) 구리(II) 이온과 아이오딘화 이온의 반응

20.3 3d 전이 금속에 대한 산화 상태의 안정도가 주기를 따라 어떻게 변하는지를 간단히 설명하시오.

20.4 다음 화합물의 용도를 밝히시오.
(a) 산화 타이타늄(IV)
(b) 산화 크로뮴(III)
(c) 질산 은

20.5 염화 타이타늄(IV)이 공유 결합 화합물임을 의미하는 증거를 제시하시오.

20.6 공업적으로 타이타늄을 추출하는 첫 번째 단계는 다음과 같다.

$$TiO_2(s) + 2\,C(s) + 2\,Cl_2(g) \rightarrow TiCl_4(g) + 2\,CO(g)$$

이 반응에서 산화되는 원소와 환원되는 원소를 밝히시오.

20.7 (a) 산성 용액과 (b) 염기성 용액에서 과망가니즈산 이온의 환원에 대한 반쪽 반응을 쓰시오.

20.8 지구 표면에서 가장 풍부한 원소는 알루미늄이지만, 세계 경제에서 가장 중요한 금속은 알루미늄이 아니라 철인 이유를 설명하시오.

20.9 염화 철(II)과 염화 철(III)의 제조 과정을 비교하시오.

20.10 니켈 금속의 정제 과정에서, 낮은 온도에서는 니켈로부터 테트라카보닐니켈(0)이 생성되지만, 고온에서는 이 화합물이 분해된다. 이 평형을 엔탈피와 엔트로피의 항을 이용하여 정성적으로 설명하시오.

20.11 다음의 시험법으로부터 각 금속을 확인하고 각 반응의 반응식의 균형을 맞추시오.
(a) 분홍색을 띠는 양이온의 수용액에 염화 이온을 가하면 진한 푸른색 용액이 된다.
(b) 진한 염산은 이 금속과 반응하여 무색의 용액을 만든다. 이 용액을 묽히면 흰색 침전이 생긴다.
(c) 노란색 음이온에 산을 가하면 오렌지색 용액이 된다.

20.12 다음의 시험법으로부터 각 금속을 확인하고 각 반응의 반응식의 균형을 맞추시오.
(a) 옅은 보라색을 띠는 양이온의 용액에 과량의 염화 이온을 가하면 노란색 용액이 된다.
(b) 옅은 푸른색의 양이온 용액에 암모니아를 가하면 진한 푸른색 용액이 된다.
(c) 거의 무색인 양이온 용액에 싸이오사이안산 용액을 가하면 진한 붉은색으로 변한다.

20.13 옅은 노란색을 띠는 차가운 양이온 용액에 무색의 음이온 용액을 가하였다. 용액의 색은 보라색으로 변하였지만, 실온으로 데워주었더니 무색이 되었다. 이 이온을 확인하고 반응식의 균형을 맞추시오.

20.14 바나듐(II)의 사면체 착물을 합성하기 위해 가장 좋은 리간드를 선택하고 그 이유(두 가지)를 설명하시오.

20.15 간단한 화합물에서 니켈의 가장 높은 산화수는 헥사플루오라이도니켈(IV)산 이온, $[NiF_6]^{2-}$에서 나타난다.
(a) 플루오린이 리간드인 이유를 설명하시오.
(b) 이 착물이 고스핀 또는 저스핀 착물인지를 예측하고, 그 이유를 설명하시오.

20.16 철(III)염을 물에 녹이면 황갈색이 관찰된다. 묽은 질산을 몇 방울 가해주면 헥사아쿠아철(III) 이온의 아주 옅은 보라색이 나타난다. 이 과정을 설명하시오.

20.17 철(VI)산 이온, $[FeO_4]^{2-}$ 이온은 강한 산화제이기 때문에 수용액에서 암모니아를 질소 기체로 산화시키고, 자신은 철(III) 이온으로 환원된다. 이 반응에 대한 화학 반응식의 균형을 맞추시오.

20.18 철(III) 이온이 다이메틸설폭사이드(dimethylsulfoxide), $(CH_3)_2SO$와 착물을 형성할 때, 주개 원자는 황과 산소 중 어느 것이 될지를 쓰고, 그 이유를 설명하시오.

20.19 크로뮴의 두 가지 일반적인 산화물, 산화 크로뮴(VI)과 산화 크로뮴(III) 중에서 녹는점이 더 낮은 것은 어느 것인가? 그 이유를 설명하시오.

20.20 크로뮴의 두 가지 일반적인 산화물, 산화 크로뮴(VI)과 산화 크로뮴(III) 중에서 어느 것이 더 산성이어야 하는가? 그 이유를 설명하시오.

20.21 질산 크로뮴(III)이 물에 녹으면 산성 용액이 되는 이유를 설명하시오.

20.22 고스핀의 단순한 코발트(III) 음이온은 한 가지가 있다. 리간드가 어떤 화학종일지를 예측하고, 이 팔면체 이온의 화학식을 쓰시오.

20.23 염화 구리(I)가 물에 녹지 않는 이유를 설명하시오.

20.24 팔면체 구리(II) 이온이 나타낼 수 있는 d 전자 전이의 수를 Jahn-Teller 효과를 이용하여 설명하시오.

20.25 그림 8.6과 그림 20.12의 Pourbaix 도표를 이용하여 다음 환경에서 존재하는 철의 형태를 제시하시오.

(a) 산소 공급이 원활한 호수

(b) 산성비로 오염된 호수

(c) 습지

20.26 다음 각 경우의 이온을 확인하고 각 반응에 대한 알짜 이온 반응식을 쓰시오.

(a) 옅은 분홍색의 이 양이온은 염화 이온과 만나면 짙은 푸른색이 되며, 수산화 이온과는 푸른색의 고체를 만든다.

(b) 노란색의 이 음이온은 바륨 이온과 노란색 침전을 만든다. 이 음이온에 산을 가하면 색깔이 오렌지색으로 변한다. 이 오렌지색의 음이온은 이산화 황에 의해 환원되어 초록색의 양이온을 만드는데, 이때 다른 생성물로 바륨과 흰색 침전을 만드는 무색의 음이온도 만들어진다.

(c) 옅은 푸른색의 이 양이온은 아연 금속과 반응하여 적갈색 고체가 된다. 이 옅은 푸른색의 양이온에 과량의 암모니아를 가하면 짙은 푸른색이 된다.

20.27 알루미늄과 철(III)의 화학에서 유사성과 차이점은 무엇인가?

20.28 다음 각각의 생화학적 분자에 함유된 전이 금속(들)을 확인하시오.

(a) 헤모시아닌 (b) 페레독신 (c) 비타민 B_{12}

20.29 타이타늄, 바나듐, 크로뮴, 망가니즈, 철, 코발트, 니켈, 구리에 대한 원소 반응 경로도에서 각 변환에 대한 화학 반응식의 균형을 맞추시오.

응용문제

20.30 다음 열역학적 자료를 참고하여 물음에 답하시오.

(a) 표준 상태에서 니켈과 일산화 탄소로부터 테트라카보닐니켈(0)이 생성되는 반응에 대한 평형 상수, K를 계산하시오.

(b) 착물 형성이 선호되는, 즉 K가 1.00 이상이 되는 온도를 계산하시오.

	$\Delta_f H^\ominus(\text{kJ}\cdot\text{mol}^{-1})$	$S^\ominus(\text{J}\cdot\text{mol}^{-1}\cdot K^{-1})$
$Ni(s)$	0.0	29.9
$CO(g)$	−110.5	197.7
$[Ni(CO)_4](g)$	−602.9	410.6

이들 계산과 니켈 금속의 정제 간의 관계를 설명하시오. ΔH와 S는 온도에 의존하지 않는다고 가정한다.

20.31 코발트(II)는 다음과 같은 평형이 존재한다.

$$Co(OH_2)_6^{2+}(aq) + 4\,Cl^-(aq) \rightleftharpoons [CoCl_4]^{2-}(aq) + 6\,H_2O(l)$$

분홍색 푸른색

이 혼합물에 무수 칼슘 이온을 첨가하면 평형은 오른쪽으로 이동하고, 무수 아연 이온을 첨가하면 평형은 왼쪽으로 이동하는 이유를 설명하시오.

20.32 플루오린화 구리(I)는 섬아연광 구조로 결정화되고, 플루오린화 구리(II)는 금홍석 구조를 갖는다. 이들 각 화합물의 생성 엔탈피를 계산하시오. Born-Haber 순환에서 각 물질의 안정도에 기여하는 가장 중요한 항목은 무엇인가? 이 반응들의 진행 가능성에 생성 엔트로피가 미치는 영향을 정성적으로 설명하시오.

20.33 납(II) 이온을 다이크로뮴산 이온의 용액에 첨가하면 크로뮴산 납(II)이 침전된다. 화학 반응식을 이용하여 이 침전이 생기는 이유를 설명하시오.

20.34 과염소산 코발트(II)는 DMSO로 줄여서 표기하는 다이메틸설폭사이드, $(CH_3)_2SO$와 반응하여 DMSO 용액에서 1:2(양이온 1: 음이온 2)의 전해질인 분홍색 화합물을 형성한다. 염화 코발트(II)가 DMSO와 반응하면 1:1 전해질이 생긴다. 이 두 경우에서 양이온은 같지만, 후자의 화합물에서 음이온은 코발트의 착이온도 포함한다. 이 두 가지 화합물이 무엇일지 예측하시오.

20.35 (a) 사이안화 포타슘을 수용성 니켈(II) 이온에 가하면 처음에는 초록색 침전이 형성된다. 이 생성물은 무엇인가? (b) 사이안화 이온을 더 가해주면 침전이 녹아 노란색 용액이 된다. 노란색 용액으로부터 염이 분리될 수 있다. 이 생성물은 무엇인가? 이 착이온의 기하 구조는 무엇인가? (c) 사이안화 포타슘을 과량으로 가해주면 붉은색 용액이 된다. 분리된 생성물은 3:1 전해질이다. 이 화합물은 무엇인가?

20.36 다음 균형이 맞추어지지 않은 반응식에 대하여

$$VO^{2+}(aq) + Cr^{2+}(aq) \rightarrow V^{2+}(aq) + Cr^{3+}(aq)$$

산화-환원 반응식의 균형을 맞추고 적당한 자료를 사용하여 평형 상수를 계산하시오. 그리고 이 과정에 대해 적절한 두 단계 메커니즘을 제시하시오.

20.37 다음 각각의 이유를 설명하시오.

(a) 과염소산 철(III)은 물에 녹지만, 인산 철(III)은 물에 녹지 않는다.

(b) NH_3와 H_2O를 리간드로 갖는 착물은 많지만, PH_3와 H_2S를 리간드로 갖는 착물은 드물다.

(c) 브로민화 철(III)은 염화 철(III)보다 색이 더 진하다.

20.38 텅스텐은 실험식이 WI_2와 WI_3인 아이오딘화물을 만든다. 텅스텐 금속과 플루오린 기체 간의 반응에서 얻어질 수 있는 생성물을 예측하고, 그 이유를 설명하시오.

20.39 니켈은 화학식이 NiS_2인 화합물을 형성한다. 이 화합물에서 니켈과 황의 산화수는 얼마인가?

20.40 수산화 철(III)의 침전은 매우 효과적으로 오염물을 제거할 수 있기 때문에 물의 정화에 사용된다. 몇 가지 하이드록사이도철(III) 이온의 생성을 무시하면 화학 평형식을 다음과 같이 단순화시켜 적을 수 있다.

$$Fe^{3+}(aq) + 3\,H_2O(l) \rightleftharpoons Fe(OH)_3(s) + 3\,H^+(aq)$$

(a) 25°C에서 이 이온의 생성 상수는 1.0×10^{-14}이고, 수산화 철(III)의 용해도곱 상수는 2.0×10^{-39}이다. $[Fe^{3+}]$와 $[H^+]$ 간의 관계를 계산하시오.

(b) 수산화 철(III)은 수돗물의 정화에 사용된다. 정화시킬 물의 pH가 6.00일 때 첨가시켜야 할 자유 철(III) 이온의 농도는 얼마인가?

(c) 1×10^6 L의 물이 흐르는 동안 녹여주어야 할 수산화 철(III)의 질량은 얼마인가?

20.41 금속처럼 보이는 화합물 (A)에 묽은 염산을 가해주었더니 독특한 냄새를 갖는 기체 (B)와 양이온 (C)의 연한 초록색 용액이 생겼다.

이 기체 (B)는 공기 중에서 격렬하게 반응하게 또 다른 무색의 기체 (D)를 만들고, 이 기체 (D)를 노란색의 다이크로뮴산 종이로 시험하였더니 초록색으로 변하였다. (B)와 (D)를 섞어주면 노란색 고체인 원소 (E)가 생긴다. 몰비를 조절하면 (E)는 염소 기체와 반응하여 두 가지 염화물, (F)와 (G)를 만든다.

(C)의 연한 초록색 용액에 암모니아를 가하면 옅은 푸른색의 착이온 (H)가 생긴다. (C)의 용액에 수산화 이온을 첨가하면 초록색의 젤라틴 침전 (I)가 생긴다. (C)의 용액에 아연 금속을 첨가하면 금속 (J)가 생기는데, 이 금속을 말려 일산화 탄소와 반응시키면, 낮은 끓는점을 갖는 화합물 (K)가 생긴다.

각 화학종이 무엇인지를 쓰고, 각 반응에 대한 화학 반응식의 균형을 맞추시오.

20.42 매우 연한 분홍색의 염 (A)를 강하게 가열하면 흑갈색의 고체 (B)와 짙은 갈색의 기체 (C)가 생긴다. (B)에 진한 염산을 가하면 염 (D)의 무색 용액과 연한 초록색의 기체 (E) 및 물이 생긴다. 이 연한 초록색의 기체 (E)를 브로민화 소듐 용액에 기포 형태로 가해주면 용액은 갈색으로 변한다. 이 황갈색 물질 (F)는 다이클로로메테인이나 다른 극성이 낮은 유기 용매로 추출할 수 있다.

갈색의 고체 (B)는 음이온 (G)의 짙은 자주색 용액을 과산화 수소와 같은 환원제를 포함하는 염기성 용액과 반응시켜 만들 수도 있다. 이때 또 다른 생성물로 기체 (H)가 생기는데, 이 기체에 꺼져가는 성냥개비를 가져다 대면 다시 불꽃이 일어난다. 화합물 (A)의 음이온은 어떠한 불용성염도 만들지 않지만, 기체 (C)는 무색의 기체 (I)와 평형을 이루며, 낮은 온도일수록 기체 (I)가 더 많이 존재하게 된다.

(A)에서 (I)까지의 화학종이 무엇인지를 밝히고, 각 반응에 대한 화학 반응식의 균형을 맞추시오.

20.43 공기가 없는 상태에서 전이 금속 M은 묽은 염산과 반응하여 $M^{3+}(aq)$가 된다. 이 용액이 공기 중에 노출되면 이온 $MO^{2+}(aq)$가 생긴다. 금속 M이 무엇인지를 밝히시오.

20.44 순수한 크로뮴과 산소로부터 산화 크로뮴(II)를 합성할 때, 실제 화학량론은 $Cr_{0.92}O_{1.00}$이 된다. 그러나 결정은 전기적으로 중성이다. 그 이유를 설명하시오.

20.45 모든 크로뮴 원자 중에서 84%가 크로뮴-52 동위원소인 이유를 설명하시오.

20.46 아이오딘화 철(III)은 공기와 수분이 없는 조건에서 합성된다. 공기와 수분이 존재할 경우 아이오딘화 철(III)의 분해에 대한 메커니즘을 제시하시오.

20.47 크로뮴은 푸른색의 $[(H_3N)_5Cr-O-Cr(NH_3)_5]^{4+}$ 이온과 같은 다양한 이합체를 만든다. 각 크로뮴 원자의 형식 산화 상태는 무엇인가? 그 이온은 선형 Cr－O－Cr 배열을 갖는다. 여기에 대한 이유를 설명하시오. 크로뮴 대신 코발트로 치환된 이온이 존재한다면 선형인가 굽은 구조인가? 그 이유를 설명하시오.

20.48 특정 철(II) 이온을 철(III) 이온으로 화학량론적 산화를 시키려면 20 mL의 산성화된 과망가니즈산 용액이 필요하다. 그러나 아주 과량의 플루오린화 이온이 존재하면 25 mL의 과망가니즈산 용액이 필요하다. 그 이유를 설명하시오.

20.49 몇 방울의 묽은 염산으로 산성화시킨 용액에서 이산화 황은 철(III) 이온을 철(II) 이온으로 환원시킨다. 그러나 진한 염산 용액에서는 환원이 거의 일어나지 않는다. 그 이유를 설명하시오.

20.50 사이안화 구리(I)는 물에 녹지 않지만 사이안화 포타슘 수용액에는 녹는다. 용액에서 일어나는 이와 같은 과정을 설명하는 알짜 이온 반응식을 쓰시오.

20.51 할로젠화 은의 색은 전하 이동 과정 때문에 나타난다. 색이 다음의 순서로 진해지는 이유를 설명하시오.

$$Cl < Br < I$$

20.52 혼합 산화물, 산화 니켈-코발트, $NiCo_2O_4$는 알려졌지만 $CoNi_2O_4$는 존재하지 않는다. 그 이유를 설명하시오.

20.53 광물인 브라운광은 이상적인 조성, $3Mn_2O_3 \cdot MnSiO_3$를 갖는다. 그러나 이 광물은 대개 알루미늄, 칼슘, 철, 타이타늄도 적은 비율로 함유한다. 각각의 치환된 원소 자리에는 어떤 원소나 이온이 차지하게 될지 설명하시오.

20.54 망가니즈는 다섯 가지의 일반적인 산화물, MnO, Mn_3O_4, Mn_2O_3, MnO_2, Mn_2O_7을 형성한다. (a) 각 산화물에서 망가니즈의 산화수를 계산하시오. (b) Mn_3O_4에서 망가니즈의 산화수 결정에 대한 이유를 설명하시오. 다른 전이 금속 중에서 이와 같은 화학량론을 갖는 산화물을 형성하는 것은 무엇인가? (c) 어느 산화물이 염기성이 되어야 하는가? 그 이유를 설명하시오. (d) 주족 유사체인 염소의 일반적인 산화물과 원소-산소 비율이 같은 산화물은 어느 것인가?

20.55 니켈-다이메틸글리옥심 착물은 평면 구조이다. 구조로부터(그림 20.16), 평면 구조가 선호되는 이유를 설명하시오.

20.56 직접 환원 철의 생산에 사용되는 두 가지 메테인 형성 반응에 대한 엔탈피 변화를 계산하시오.

$$CH_4(g) + CO_2(g) \rightarrow 2\,CO(g) + 2\,H_2(g)$$

$$CH_4(g) + H_2O(g) \rightarrow CO(g) + 3\,H_2(g)$$

20.57 DRI 과정에 의해 생산된 철은 저밀도의 다공성 덩어리이다. 넓은 표면적 때문에 대량 생산된 철보다 반응성이 더 크다. DRI는 대개 공기 중에 노출된 덩어리 형태로 저장된다. (a) 공기에 노출된 층의 표면에서 일어나게 되는 반응식을 쓰시오. (b) 규소산 소듐 용액을 표면에 뿌려주면 산화를 최소화시킬 수 있다. 이러한 처리가 효과적인 이유를 설명하시오. (c) 1996년에는 화물수송기로 운반하던 DRI에 화재가 일어나 폭발하는 사고가 있었다. DRI가 발열 반응을 일으키며 빠른 속도로 산화되었다. 승무원들은 냉각시키기 위하여 DRI 위에 소금물을 뿌렸다. 바닷물이 뜨거운 철과 반응한 이유는 무엇인가? 무엇 때문에 폭발이 일어났는가?

20.58 지구의 중심부에 니켈이 많이 존재하는 이유를 설명하시오. 해답을 제시하기 위해 2.3절을 활용하시오.

4d와 5d 전이 금속

21장

무거운 전이 금속들(4d와 5d 주기 원소들)은 전이 금속들에 대한 공부에서 간과되기 쉽다. 그러나 이 원소들도 여러 측면에서 중요한 화학이 많이 존재하기 때문에 이들을 소홀하게 다루는 것은 바람직하지 않다. 주족 원소들은 족의 아래로 내려가면서 뚜렷한 경향성이 나타나지만 전이 금속들의 경우는 경향성을 찾기가 모호하다. 4d-5d 쌍의 화학적 성질은 대부분 이어지는 주족 원소보다 훨씬 더 비슷하지만, 동시에 같은 족의 3d 원소와는 상당히 다르다.

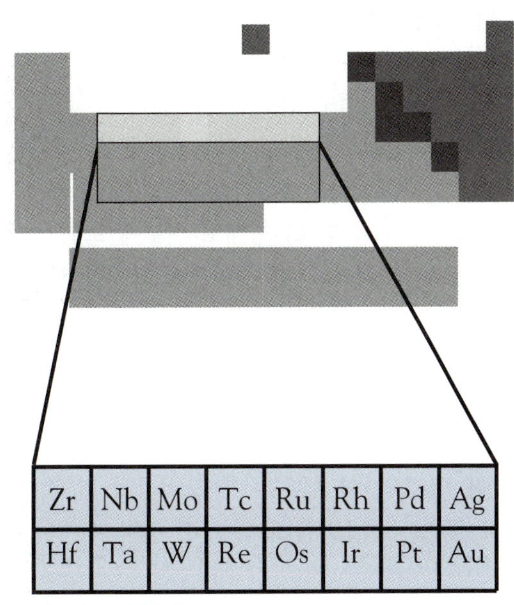

컨텍스트: 박테리아와 바이러스를 죽이는 은

은의 화학(21.11절 참조)은 4d-5d 전이 금속의 두 가지 중요한 측면을 반영한다. 즉, 넓은 범위의 산화 상태(은의 경우 +1, +2, +3)와 뭉치 화합물을 형성하는 능력이다. 은의 화합물들은 학문적인 관심뿐만 아니라 의학에서도 살균제로 사용된다. 고대 그리스 시대부터 은의 항박테리아 성질은 잘 알려져 있었고, 은 동전은 물을 '정화'시키는 데 사용되었다. 제1차 세계대전 중에는 질산 은을 도포한 붕대로 상처를 감쌌는데, 이것은 항균제를 대체하는 항생물질의 출현을 의미하는 것이었다. 더 최근에는 신생아의 세균성 안구 감염을 예방하기 위하여 질산 은 용액이 사용되었다.

그리고 지금은 진공 청소기와 세탁기에서부터 붕대와 의료용 기구에 이르기까지 세균

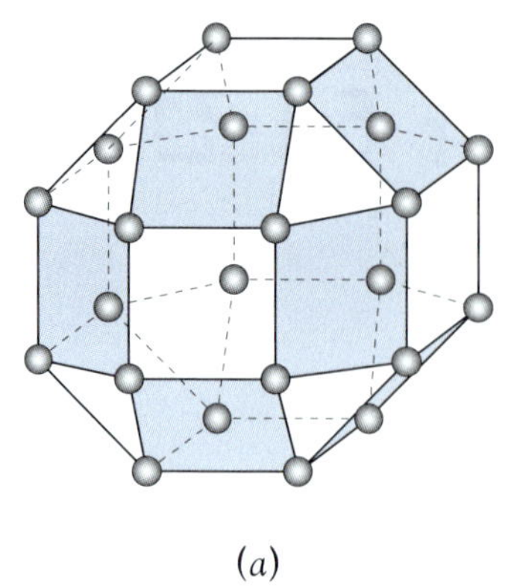

(a)

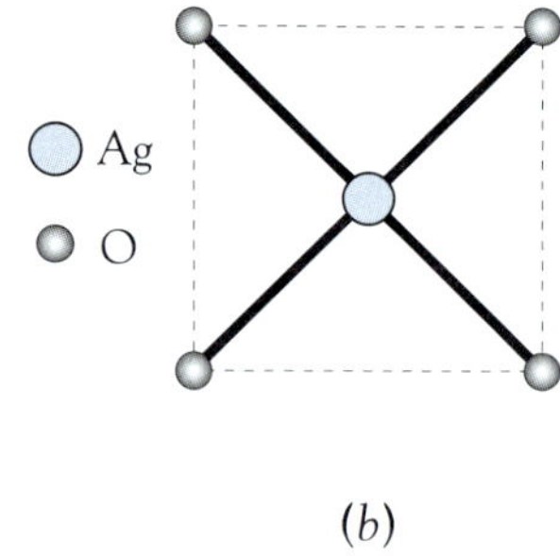

(b)

(a) Ag_6O_8 뭉치에서 산화 이온들의 26면체 배열 구조. 질산 이온은 각 다면체 내에 포획되어 있다.

(b) 26면체의 각 사각형 모서리에 있는 4개의 산화 이온은 중심의 은 이온에 사각 평면 구조로 배위되어 있다.

과 바이러스를 억제하기 위하여 크기가 1 ~ 50 nm인 은 나노입자를 삽입하는 방법이 인기를 끌고 있다. 이런 나노물질들은 항균성 주방기구, 양말과 다른 섬유, 세제와 공기 필터, 칫솔과 치약, 그리고 유아용 고무젖꼭지와 다른 유아용품 등의 피복제로 널리 사용되고 있다. 몇몇 국가에서는 기차역, 철도 선로, 차량 내부, 쇼핑 몰 등에서 사람들의 손이 닿는 표면에 산화 타이타늄(IV)이 코팅된 은 나노입자를 활용하고 있다.

상처 치료 제품의 경우 은 나노입자보다 더 효과적인 것은 $Ag_7O_8NO_3$이다. 이 특이한 화학량론은 클라쓰랜드 착물(10.6절 참조) 형태로 내부에 포획된 질산 이온을 포함하는 Ag_6O_8 뭉치로 이루어져 있다. 그러므로 더 정확하게 표기하면 $Ag^+[(Ag_6O_8)NO_3]^-$이다. 21.2절에서 설명하는 것처럼, 뭉치 화합물은 무거운 전이 금속들의 경우에는 매우 자주 나타난다. 뭉치 화합물에서 은 원자들은 5개는 Ag^{3+}일 것이고, 여섯 번째는 Ag^+ 이온이다. 실제로 모든 은 원자들은 동등하다. 그러므로 전하는 뭉치 전체에 걸쳐 동등하게 분포하는 것처럼 보인다. 뭉치는 26면체로 서로 맞물려 연결되는데(위 그림 참조), 은 이온은 각각의 사각형 중심에 있고, 산화 이온은 각 모서리에 위치한다. 19.7절에서 알아본 것처럼, 사각 평면 기하 구조는 은(III)을 포함한 d^8 전자 배치의 특성이다.

21.1 전이 금속들의 비교

무거운 전이 금속들은 더 단단하고 상당히 더 높은 녹는점을 갖는다는 점에서 3d 전이 금속과는 구별된다. 실제로, 4d-5d 금속들 중에서 10가지는 2000°C 이상의 녹는점을 가지며, 세 가지(탄탈럼, 텅스텐, 레늄)는 녹는점이 3000°C 이상인데, 이것은 구조 내에 강한 금속 결합이 존재함을 의미한다. 밀도는 3d < 4d < 5d 순으로 증가하는데, 오스뮴과 이리듐에서 최댓값($23\ g \cdot cm^{-3}$)을 나타낸다. 후반부의 금처럼 금속 자체는 화학적으로 반응성이 별로 없는데, 특히 백금은 화학적인 반응성이 없다.

이리듐이나 오스뮴으로 만든 풋볼공의 질량은 320 kg이다.

각 전이 금속 족에서 발견되는 한 가지 일관된 현상은 4주기에서 6주기 원소로 갈수록 결정장 갈라짐 Δ가 증가하는 것이다. 예를 들면, $[Co(NH_3)_6]^{3+}$, $[Rh(NH_3)_6]^{3+}$, $[Ir(NH_3)_6]^{3+}$에서 Δ_{oct} 값은 각각 23,000 cm^{-1}, 34,000 cm^{-1}, 41,000 cm^{-1}이다. 4d와 5d 금속은 결정장 갈라짐이 크기 때문에 이들 원소의 화합물은 거의 모두가 저스핀이다.

이온 반지름

주족 원소들은 족의 아래로 내려감에 따라 명확한 경향성을 나타낸다. 전이 금속의 경우에는 4d와 5d 원소들은 같은 족 내에서는 화학적으로 매우 유사한 성질을 보인다. 이러한 유사성의 상당한 부분은 두 주기 사이에 놓인 4f 오비탈이 차 있기 때문에 나타나게 된다. 4f 오비탈의 전자들은 바깥의 6s와 5d 오비탈을 효과적으로 차폐시키지 못한다. 유효 핵전하가 증가하면 6주기 전이 원소의 원자, 공유 및 이온 반지름은 5주기 원소와 거의 같은 정도로 감소된다. 이와 같은 현상은 **란타넘족 수축**(*lanthanoid contraction*)이라고 알려져 있다. 표 21.1은 2족과 5족 금속의 이온 반지름을 비교하여 이러한 효과를 설명한 것이다. 2족 금속의 반지름은 족의 아래로 내려갈수록 증가하지만, 나이오븀과 탄탈럼 이온은 같은 반지름을 갖는다. 이 족의 4d와 5d 원소들 간의 성질을 매우 비슷하게 만드는 것은 바로 반지름(따라서 전하 밀도)이 비슷하기 때문이다.

화학식의 경향성

4d 및 5d 전이 금속과 3d 원소의 화학 간에는 몇 가지 피상적인 유사성이 있다. 예를 들어 크로뮴, 몰리브데넘, 텅스텐은 모두 +6의 산화수를 갖는 산화물을 형성한다.

그러나 대응하는 화학식 때문에 화학적 성질이 비슷할 것이라고 판단해서는 안 된다. 예를 들어 망가니즈는 플루오린화 망가니즈(III), MnF_3를 형성하고, 레늄은 외형적으로는 이 화합물과 유사한 염화물, $ReCl_3$를 형성한다. 그렇지만 후자의 실제 구조는 Re_3Cl_9이며, 3개의 레늄 원자가 이중 결합으로 연결된 구조를 갖는다(그림 21.1). 이와 같이 금속이 직접 연결된 구조를 **금속 뭉치 화합물**(*metal cluster compound*)이라고 한다(21.2절 참조).

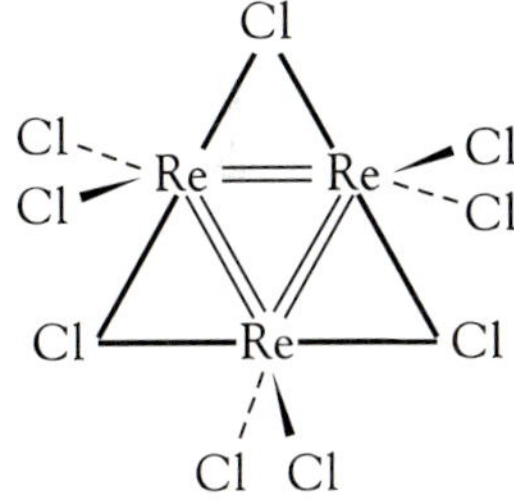

그림 21.1 Re_3Cl_9의 구조

산화 상태의 경향성

20.1절에서 3d 전이 금속의 산화수는 같은 주기의 전반부에 속한 원소가 후반부 원소보다 더 높다는 점을 알아보았다. 표 21.2는 3d-4d-5d 전이 금속 계열에 대한 공통 산화수

표 21.1 2족과 5족 금속의 금속 반지름 비교

2족	반지름(pm)	5족	반지름(pm)
칼슘	194	바나듐	171
스트론튬	219	나이오븀	198
바륨	253	탄탈럼	200

표 21.2 3d-4d-5d 전이 금속의 공통 산화수

4족	5족	6족	7족	8족	9족	10족	11족
Ti	V	Cr	Mn	Fe	Co	Ni	Cu
+2, +3, +4	+2, +3, +4, +5	+3, +4, +6	+2, +3, +4, +7	+2, +3	+2, +3	+2	+1, +2
Zr	Nb	Mo	Tc	Ru	Rh	Pd	Ag
+4	+2, +4, +5	+2, +4, +6	+4, +7	+4	+3, +4	+2, +3	+1
Hf	Ta	W	Re	Os	Ir	Pt	Au
+4	+2, +4, +5	+4, +6	+3, +4, +6, +7	+4, +8	+3, +4	+2, +4, +6	+3

를 나타낸 것이다. 4족에서 7족까지의 경우, 선호되는 산화 상태는 별로 달라지지 않는데, 이것은 이들의 상대적인 안정성 때문이다(이후 참조). 후반부 전이 원소들의 경우, 족의 아래로 가려갈수록 더 높은 산화 상태가 존재한다. 한 가지 예를 들면, 8족의 오스뮴은 산화 오스뮴(VIII), OsO_4과 같은 화합물에서는 +8인 산화 상태를 갖는다(21.8절 참조).

21.2 무거운 전이 금속들의 특성

앞에서 언급한 것처럼, 같은 족에 있는 3d와 4d 원소들 간의 화학적 행동은 갑작스럽게 달라지는데, 4d와 5d 원소들 간에는 란타넘족 수축 때문에 매우 비슷한 화학적 성질을 나타낸다. 다음에서는 이러한 행동들에 대한 몇 가지 예를 알아본다.

산화 상태의 상대적인 안정도

3d 전이 금속들에 대한 높은 상화 상태는 강하게 산화되어 있는 상태이지만, 4d와 5d 금속들에 대한 높은 산화 상태는 더 안정한 산화 상태이다. 예를 들어 산화 크로뮴(VI), CrO_3는 강력한 산화제이지만, 산화 몰리브데넘(VI), MoO_3와 산화 텅스텐(VI), WO_3는 이들 금속의 '정상적인' 산화 상태이다. 또한 대부분의 3d 금속들에 대해서는 +2 상태가 가장 안정하지만 전반부의 4d와 5d 금속들은 +2 상태가 안정한 경우가 별로 없다.

배위수

20장에서 논의한 것처럼, 3d 전이 금속들에 대해서는 4-배위와 6-배위가 가장 일반적이었다. 후반부의 무거운 전이 금속들의 경우, 6-배위가 일반적이기는 하다. 입체 화학과 전하는 주기적 경향성에 걸친 이온들의 존재와 안정도에 산화 상태가 미치는 영향을 결정하는 요인처럼 보일 때도 있다. 예를 들면, 탄탈럼에서 금에 이르기까지 모든 5d 전이 원소들은 -1가 팔면체 플루오라이도 착물을 형성하는데, 금속은 +5의 산화 상태를 갖는다(표 21.3).

크기가 큰 원자를 갖는 4d와 5d 금속 착물에서는 배위수가 6보다 큰 경우가 나타난다. 예를 들면, 이들은 모두 가장 높은 산화 상태인 금속을 포함하는 옥토플루오라이도(octofluorido) 음이온을 형성한다(표 21.4).

표 21.3 +5 산화 상태를 갖는 무거운 전이 금속들의 헥사플루오로 음이온

5족	6족	7족	8족	9족	10족	11족
$[NbF_6]^-$	$[MoF_6]^-$	$[TcF_6]^-$	$[RuF_6]^-$	$[RhF_6]^-$		
$[TaF_6]^-$	$[WF_6]^-$	$[ReF_6]^-$	$[OsF_6]^-$	$[IrF_6]^-$	$[PtF_6]^-$	$[AuF_6]^-$

표 21.4 가장 높은 산화 상태를 갖는 전반부 무거운 전이 금속들의 옥토플루오로 음이온

4족	5족	6족	7족
$[ZrF_8]^{4-}$	$[NbF_8]^{3-}$	$[MoF_8]^{2-}$	
$[HfF_8]^{4-}$	$[TaF_8]^{3-}$	$[WF_8]^{2-}$	$[ReF_8]^-$

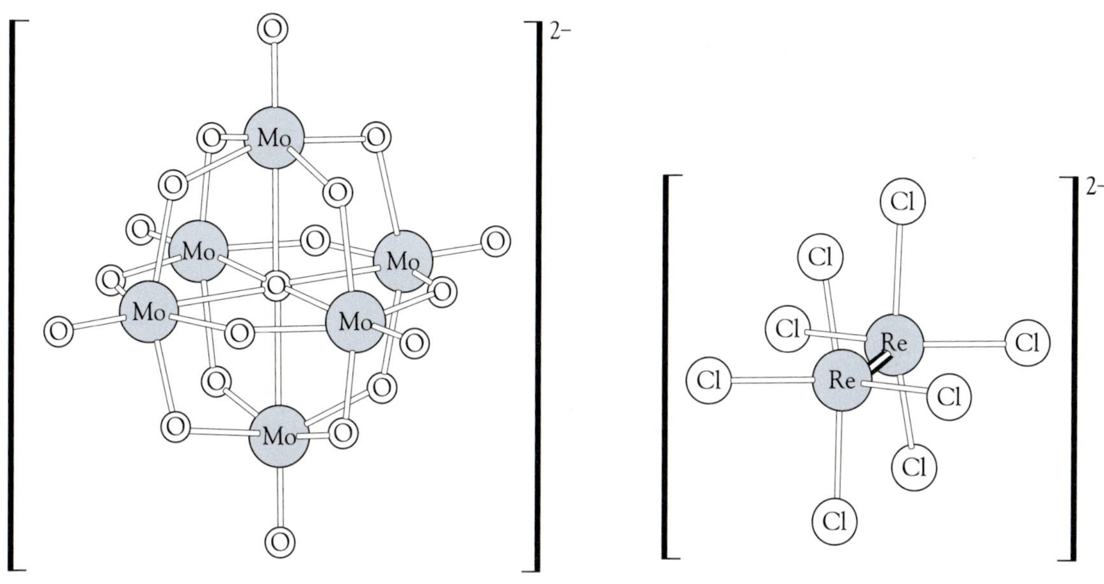

그림 21.2 $[Mo_6O_{19}]^{2-}$ 이온의 구조

그림 21.3 $[Re_2Cl_8]^{2-}$ 이온의 구조

금속 뭉치 화합물

3d 금속의 경우, 가장 일반적인 착물은 한 개의 금속 이온이나 원자가 리간드에 둘러싸인 단일체이다. 전반부 4d와 5d 금속들의 경우에는 뭉치 화합물이 아주 흔하게 존재한다. 그림 21.2는 $[Mo_6O_{19}]^{2-}$를 나타낸 것인데, 몰리브데넘 중심 원자에 산소 원자가 팔면체로 배위되어 있고, 이 6개의 몰리브데넘 중심을 산소 원자들이 연결하고 있다.

4중 결합

중반부 4d와 5d 금속의 특징은 4중 금속-금속 결합을 형성하는 것이다. 첫 번째로 확인된 4중 결합 착이온은 $[Re_2Cl_8]^{2-}$이다(그림 21.3). 그런 다음 등전자인 $[W_2Cl_8]^{4-}$와 $[Mo_2Cl_8]^{4-}$가 합성되었고, 지금은 4중 결합을 포함하는 몰리브데넘과 텅스텐 화합물이 많이 알려져 있다. 결정 구조는, 염소 원자들이 수평 자리에 고정되어 있고, 4중 결합 주

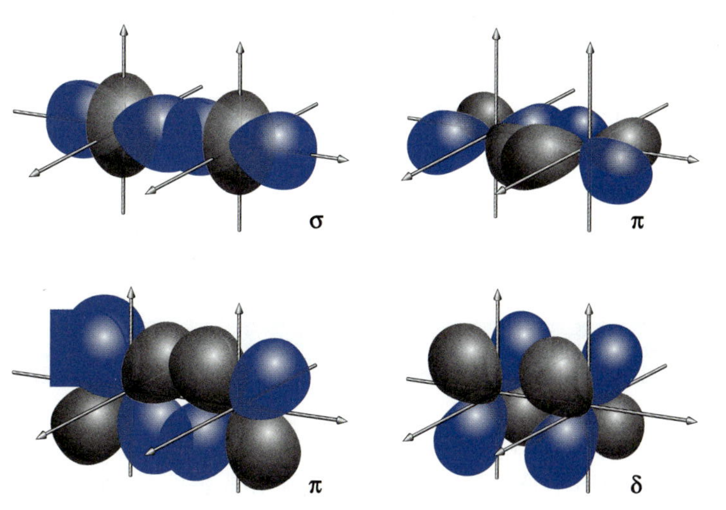

그림 21.4 4중 결합의 생성에 관여하는 오비탈들[Andrzej Okuniewski의 컴퓨터 그림].

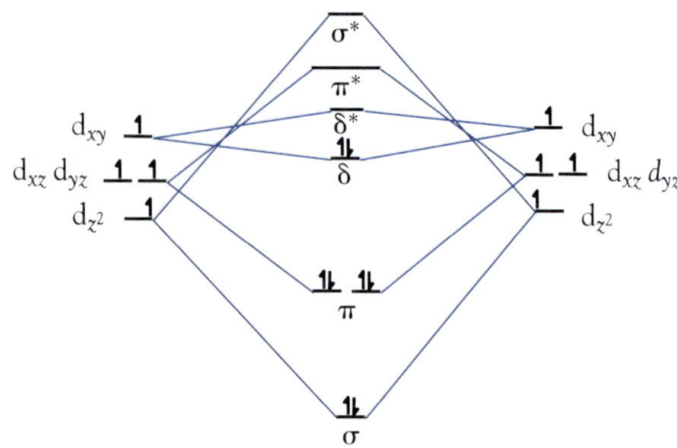

그림 21.5 4중 결합의 형성에 관여하는 오비탈 에너지 준위

위의 회전은 없다고 밝혀졌다.

이 결합은 d-오비탈만의 겹침으로 구성된다고 간주된다. d_{z^2} 오비탈간의 꼬리와 꼬리 겹침에 의해 σ 결합이 생성될 수 있고, d_{xz} 또는 d_{yz} 쌍의 대각선 겹침에 의해 π 결합이 생성될 수 있으며, d_{xy} 오비탈 쌍이 옆면으로 겹쳐 δ 결합이 생성될 수 있다(그림 21.4).

4중 금속-금속 결합에 관여하는 d 오비탈들에 대한 분자 오비탈 도표를 구성할 수 있다. 그러면 원자 오비탈을 점유하고 있는 각 금속에 있는 4개의 전자를 삽입시킬 수 있게 된다. 그림 21.5에 나타낸 것처럼, 전자는 4개의 가장 낮은 에너지 준위를 차지하게 될 것인데, 이들 각각은 결합 분자 오비탈이고, 1개는 σ-결합, 2개는 π-결합, 그리고 나머지 1개는 δ-결합이다.

2개의 전자를 더 갖는 등구조 $[Os_2Cl_8]^{2-}$ 이온의 경우, 결합 길이는 더 길고(삼중 결합) 염소 원자들은 수평 자리에 고정되어 있다. 그림 21.5에서 볼 수 있는 것처럼, 추가적인 전자쌍은 $δ^*$(반결합) 오비탈을 차지할 것이기 때문에 결합 차수를 4에서 3으로 감소시키게 될 것이다. δ 결합이 없는 d 오비탈을 갖게 되면 Os—Os 결합 주위의 회전이 일어날 수 있다.

예제 21.1

104번 원소 러더포듐은 원자 상태로 합성되었고, 알려진 동위원소들은 모두 반감기가 매우 짧다. 그럼에도 이 원소의 화학적 행동에 대한 몇 가지 예측은 가능하다.

(a) 화합물에서 러더포듐이 가질 수 있는 산화 상태는 얼마인가?

(b) 플루오로 음이온을 포함하는 화합물의 화학식은 무엇인가?

해답

러더포듐은 4족이기 때문에 화학적 성질이 지르코늄이나 하프늄과 유사해야 한다.

(a) +4

(b) $[RfF_8]^{4-}$

21.3 4족: 지르코늄과 하프늄

지르코늄은 지구에서 네 번째로 많이 존재하는 전이 금속이다(철, 타이타늄, 망가니즈만이 더 풍부하다). 지르코늄과 하프늄은 대개 광석에 함께 존재하는데, 하프늄은 함유량이 대개 2% 정도여서 지르코늄보다 덜 존재한다. 그러나 흔치 않은 광석인 알바이트, (Hf, Zr)$SiO_4 \cdot xH_2O$는 지르코늄보다 하프늄을 더 많이 포함할 때도 있다.

지르코늄과 하프늄의 유사성

4d와 5d 전이 금속 쌍들 중에서 거의 동일한 이온 반지름을 갖는 지르코늄과 하프늄 쌍은 아주 비슷하다. 화학자들이 지르코늄과 그 화합물에 다른 원소가 잠복해 있음을 알게 된 것은 1923년이었다. 지르코늄과 하프늄은 모두 매우 높은 녹는점과 끓는점을 갖는 광택성 금속이다. 중요한 차이는 밀도뿐인데, 다른 4d-5d 쌍처럼, 하프늄(13.3 $g \cdot cm^{-3}$)이 지르코늄(6.5 $g \cdot cm^{-3}$)보다 더 무겁다. 두 금속은 화학적 반응성이 매우 높은데, 지르코늄은 산화물이 매우 단단한 피복(알루미늄과 유사한; 13.6절 참조)을 형성하기 때문에 스테인리스강의 대체제로 사용되고 있다.

지르코늄은 횡단면에서 중성자를 거의 포획하지 않기 때문에 핵 연료 저장 용기를 만드는 데 사용된다. 즉, 지르코늄은 핵 분열 과정에서 생성되는 중성자를 흡수하지 않는다. 그러나 하프늄은 횡단면에서 중성자를 쉽게 포획한다. 따라서 핵 분열 반응에 사용되는 우라늄을 저장하는 용기에는 하프늄 함유량이 가장 낮은 지르코늄 금속을 사용해야 한다.

지르코늄과 하프늄의 화학

지르코늄과 하프늄은 화학적 성질이 비슷할 뿐만 아니라, 4d-5d의 같은 족에 속하기 때문에 4족의 3d 원소인 타이타늄과도 성질이 비슷하다. 이들 4족 금속은 모두 공통 산화상태가 +4이고, 대부분의 pH 영역에 걸쳐 존재하며, 주로 고체 산화물 형태로 발견된다(표 21.5). 산화 지르코늄(IV)은 두 가지 결정 형태로 존재하는데, 베델레이석(baddleyite)에서는 지르코늄 이온이 7-배위이고, 입방 지르코니아에서는 지르코늄 이온이 8-배위의 형석 구조를 취한다(5.8절 참조). 입방 지르코니아는 다이아몬드 대용품으로 사용되며 14.5절에서 설명하였다.

예제 21.2

MO_2 산화물로 존재할 수 있는 두 가지 다른 안정한 금속 원소를 제시하고 그 이유를 설명하시오.

해답

4족 계열에서 상응하는 악티늄족 원소인 토륨이 강한 유사성을 나타낼 것이고, 가장 안정한 산화물로는 ThO_2를 형성하여야 한다(9.7절 참조).

란타넘족 중에서는(9.8절 참조) 세륨만 +4의 공통 산화수를 가질 수 있고, CeO_2를 형성한다.

표 21.5 타이타늄(IV), 지르코늄(IV), 하프늄(IV) 화학종의 비교

	매우 산성	산성	염기성	매우 염기성
타이타늄	$TiO^{2+}(aq)$	$TiO_2(s)$		
지르코늄	$ZrO^{2+}(aq)$	$ZrO_2(s)$		
하프늄	$HfO^{2+}(aq)$	$HfO_2(s)$		

21.4 5족: 나이오븀과 탄탈럼

지르코늄과 하프늄이 광석에 함께 존재하는 것처럼, 나이오븀과 탄탈럼도 동일한 광물에 함께 존재한다. 이 광물, $(Fe^{2+}, Mn^{2+})(Nb^{5+}, Ta^{5+})_2(O^{2-})_6$은 나이오븀이 더 많이 존재하면 **컬럼바이트**(*columbite*)라고 하고, 탄탈럼이 더 많이 존재하면 **탄탈라이트**(*tantalite*)라고 한다.

41번 원소의 명명

두 금속의 강한 유사성 때문에 나이오븀의 확실한 발견이 지연되었다. 1801년에 새로운 원소, 콜럼븀이 발견되었지만, 이 원소는 나이오븀과 탄탈럼의 혼합물이었다. 이 원소가 명백하게 확인되고, 그리스 신화에 나오는 Tantalus의 딸 Niobe의 이름을 따서 명명된 것은 1860년대였다. 미국에서 41번 원소의 이름은 **콜럼븀**(*columbium*)이 유지되었지만 유럽에서는 **나이오븀**(*niobium*)이 채택되었다. 1950년 IUPAC(International Union of Pure and Applied Chemistry)는 **나이오븀**을 공식 명칭으로 채택하였다. 이것은 국가 간 타협의 한 부분이었는데, IUPAC은 74번 원소에 대해 유럽이 선호하는 이름 wolfram 대신 미국이 선호하는 이름인 텅스텐을 채택하였다. 즉, 두 원소에 대해 선호하는 이름 한 가지씩을 채택한 것이었다. 그럼에도 불구하고 미국에서는, 특히 광산과 광물 목록에서는 **콜럼븀**이라는 이름과 Cb라는 기호가 아직도 사용되고 있다.

나이오븀과 탄탈럼의 화학

4족의 4d-5d 화학이 +4 산화 상태가 우세한 것처럼, 무거운 5족 원소들은 +5 산화 상태가 우세하다. +5 산화 상태는 20.4절에서 알아본 것처럼 바나듐에서 발견된다. 그러나 바나듐의 경우 +5 산화 상태는 더 강하게 산화된 상태이고, 화합물에서는 더 낮은 산화 상태가 더 일반적이다. 나이오븀과 탄탈럼의 경우, +5 산화 상태는 우세한 산화 상태이다.

이들 두 원소의 화학적 성질은 다르다. 나이오븀의 경우, 염기성 용액에서는 수용성 음이온 화학종, $[Nb_6O_{19}]^{8-}$가 존재하지만, 탄탈럼은 대부분의 pH 영역에서 불용성 산화물로만 존재한다. 이 족에 대해 흥미로운 사실은 (n)과 $(n + 10)$ 관계가 5족과 15족의 더 아래에 있는 원소들에 대해 몇 가지 가치를 갖는다는 점이다. 특히, 나이오븀(V)의 화학은 안티모니(V)의 화학과 몇 가지 중요한 유사성을 갖는다. 예를 들면, 안티모니(V)도 용액에서 중합체형 산소산 음이온을 형성하며 두 이온 모두, 뭉치(cluster)는 공유된 $[MO_6]$ 팔면체를 포함한다. 표 21.6은 나이오븀(V)과 안티모니(V)의 유사성을 요약한 것인데, 특히 이들 두 이온의 양쪽성 행동을 볼 수 있다.

나이오븀(V)과 안티모니(V)의 화학이 비슷한 것처럼, 탄탈럼(V)와 비스무트(V)의 화

표 21.6 나이오븀(V)과 안티모니(V) 화학종의 비교

	매우 산성	산성	염기성	매우 염기성
나이오븀	$Nb_2O_5(s)$			아이소폴리나이오븀산(*aq*)
안티모니	$Sb_2O_5(s)$	아이소폴리안티모니산(*aq*)		

표 21.7 산화 조건하에서 탄탈럼과 비스무트 화학종의 비교

	매우 산성	산성	염기성	매우 염기성
탄탈럼	$Ta_2O_5(s)$			
비스무트	$Bi_2O_5(s)$			

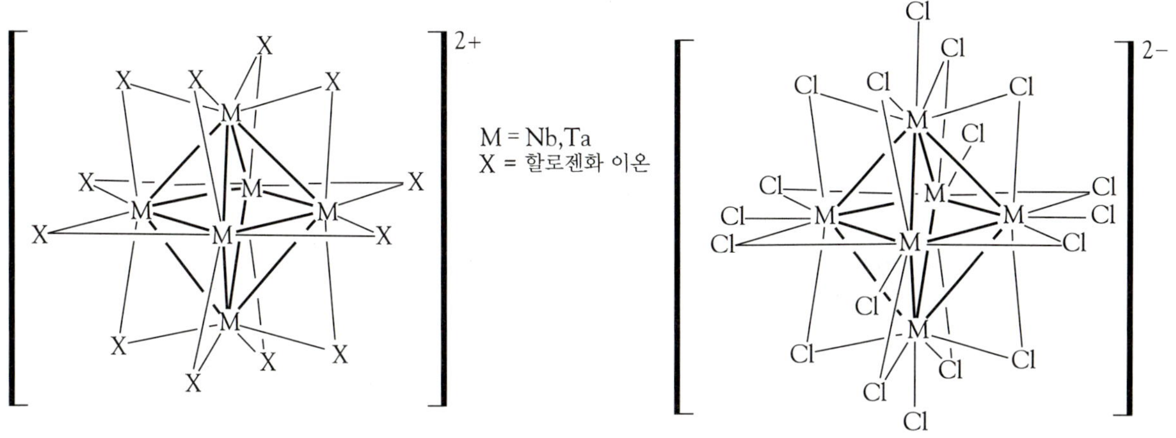

그림 21.6 $[M_6X_{12}]^{2+}$ 이온의 구조. 여기서 M = Nb 또는 Ta, X = 할로젠화 이온

그림 21.7 $[M_6X_{18}]^{2-}$ 이온의 구조. 여기서 M = Nb 또는 Ta, X = 할로젠화 이온

학에서도 유사성이 존재한다. 이들 두 이온의 경우, 전체 pH 영역에 걸쳐 불용성 산화물이 우세한 화학종으로 존재하는 '금속성'이 훨씬 더 많이 나타난다(표 21.7).

금속 뭉치 화합물

이들 두 금속의 가장 흥미로운 특징은 금속 뭉치 할로젠 화합물을 형성한다는 것이다. 일반적인 화학식이 M_6X_{14}인 계열을 예로 들 수 있는데, 여기서 M은 나이오븀이나 탄탈럼이고 X는 할로젠화 이온이다. 이 화합물의 정확한 화학식은 $[M_6X_{12}]^{2+} \cdot 2X^-$이다. $[M_6X_{12}]^{2+}$ 뭉치는 각 금속 원자의 쌍을 연결하는 할로젠 원자를 갖는 팔면체 금속 원자들로 구성된다(그림 21.6). 이 뭉치는 상당히 안정하고 산화성 첨가 반응을 일으켜 $[M_6X_{18}]^{2-}$ 뭉치를 생성할 수 있는데, 이 생성물에서는 각 금속 원자의 말단 위치에 할로젠 원자가 결합된다(그림 21.7).

예제 21.3

이 절에서 탄탈럼(V)과 비스무트(V)의 유사성을 언급하였다. Ta^{5+}와 Bi^{5+} 이온의 상대적인 비활성 기체 중심 전자 배치를 쓰시오.

해답

탄탈럼의 비활성 기체 중심 전자 배치는 $[Xe]6s^2 4f^{14} 5d^3$일 것으로 예측된다. 따라서 Ta^{5+}는 외부의 6s와 5d 전자를 잃고 $[Xe]4f^{14}$가 될 것이다.

비스무트의 비활성 기체 중심 전자 배치는 $[Xe]6s^2 4f^{14} 5d^{10} 6p^3$일 것으로 예측된다. 따라서 Bi^{5+}는 외부의 6s와 6p 전자를 잃고 $[Xe]4f^{14}5d^{10}$이 될 것이다.

21.5 6족: 몰리브데넘과 텅스텐

다른 4d-5d 무거운 금속 쌍과는 달리, 몰리브데넘과 텅스텐은 광석에 함께 존재하지 않는다. 몰리브데넘은 대개 몰리브덴광(molybdenite), MoS_2에 존재하고, 텅스텐은 회중석(scheelite), $CaWO_4$와 볼프람 철광(wolframite), $(Fe,Mn)WO_4$에 텅스텐산 음이온으로 존재한다. 굳은-무른 산-염기(HSAB) 개념을 적용하면 몰리브데넘은 황화물을 형성하기 때문에 텅스텐보다 더 무른 금속이라고 볼 수 있다. 이들 두 금속은 모두 열역학적으로 +6 산화 상태를 선호하는데, 더 낮은 산화 상태를 갖는 화합물도 존재한다.

텅스텐은 모든 금속들 중에서 가장 높은 녹는점(3422°C)을 갖는다.

몰리브데넘과 텅스텐 화학

20.5절에서 크로뮴산 이온, $[CrO_4]^{2-}$와 같은 화학종에서 크로뮴이 갖는 +6의 산화 상태는 강하게 산화된 것임을 알았다. 몰리브데넘산 이온, $[MoO_4]^{2-}$와 텅스텐산 이온, $[WO_4]^{2-}$는 수용액에서 매우 안정하다(그림 21.8).

염기성 용액에서는 단순한 산소산 음이온만 존재한다. pH가 감소하면 이 음이온들은 중합체로 된다. 예를 들면, 몰리브데넘의 경우 pH가 6 이하로 감소하면 $[Mo_7O_{24}]^{6-}$ 이온이 생성된다. pH를 더 감소시키면 고체 산화물로 침전된다. 강한 산성 조건에서는 산화 몰리브데넘(VI)은 녹아서 다이옥소몰리브데넘(VI) 이온, MoO_2^{2+}를 생성한다. 이 이온은 다이옥소우라늄(VI) 이온, UO_2^{2+}와 비슷한데, 몰리브데넘과 우라늄 화학의 관련성은 9.7절에서 논의한 바 있다. 강하게 산화된 화학종들의 pH 의존성은 표 21.8에 요약하였다.

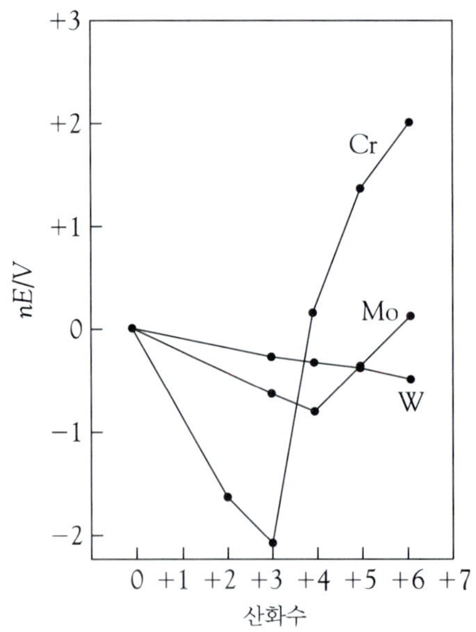

그림 21.8 산성 용액에서 크로뮴, 몰리브데넘, 텅스텐에 대한 일반적인 Frost 도표

표 21.8 산화 조건에서 몰리브데넘과 텅스텐 화학종의 비교

	매우 산성		산성	염기성	매우 염기성
몰리브데넘	$MoO_2^{2+}(aq)$	$MoO_3(s)$	아이소폴리몰리브데넘산(aq)	$[MoO_4]^{2-}(aq)$	
텅스텐	$WO_3(s)$		아이소폴리텅스텐산(aq)	$[WO_4]^{2-}(aq)$	

황화 몰리브데넘(IV)

이황화 몰리브데넘(*molybdenum disulfide*)이라고 하는 황화 몰리브데넘(IV)은 몰리브데넘 화합물 중에서 유일하게 공업적으로 중요한 화합물이다. 황화 몰리브데넘(IV)은 가장 흔한 몰리브데넘 광석의 성분이며, 전 세계 공급량의 절반이 미국에서 생산되는데, 주로 콜로라도 주와 뉴멕시코 주에서 생산된다. 정제된 검은색의 황화 몰리브데넘(IV), MoS_2는 흑연과 비슷한 판상 구조를 갖는다. 이러한 성질 때문에 황화 몰리브데넘 자체와 탄화수소 기름과 섞은 슬러리 형태는 윤활제로 사용된다.

텅스텐 청동

5.6절에서 페로브스카이트 단위 세포에 대해 설명하였다. 이 구조는 화학식이 $MM'O_3$인 산화물에서 많이 나타나는데, 여기서 M은 크고 낮은 전하를 갖는 양이온이고, M′는 작고 더 높은 전하를 갖는 양이온이다. 페로브스카이트 구조를 갖는 텅스텐산 소듐, $NaWO_3$는 성질이 매우 독특하다. 이 화합물은 소듐 이온을 화학량론보다 더 낮은 비율을 갖게끔 만들 수 있다. 즉, Na_xWO_3에서 $x < 1$이다. 화학량론적 텅스텐산염은 흰색이지만, 소듐의 몰비율이 0.9로 떨어지면 금속성 황금빛의 노란색이 된다. 이 비율이 0.9로부터 0.3으로 감소함에 따라 색깔은 금속성 오렌지색에서 붉은색을 거쳐 흑청색이 얻어진다. 소듐의 비율을 달리한 이 재료들은 **텅스텐 청동**(*tungsten blonze*)이라고 하는데, 금속성 페인트에 사용된다.

이 화합물은 금속성처럼 보이기도 하지만, 전기 전도성을 살펴보면 금속이다. 결정에서 큰 알칼리 금속이 차지하는 세포 중심의 비율을 증가시킬수록 중심은 비어 있게 된다. 그래서 화학량론적 화합물에서는 차 있는 전도띠가 부분적으로 비어 있게 된다. 이러한 환경에서, 텅스텐 이온의 d 오비탈과 산화 이온의 p 오비탈을 사용한 세포의 모서리를 따라 존재하는 π 계를 통해 전자가 이동할 수 있다. 색깔과 전기 전도성이 나타나게 만드는 것은 바로 이 전자의 이동이다.

헤테로폴리몰리브데넘산과 헤테로폴리텅스텐산

규산염이 SiO_4의 뭉치를 형성할 수 있기 때문에 사면체의 폴리규산염이 되는 것처럼 (14.15절 참조) 몰리브데넘산염, $[MoO_4]^{2-}$와 텅스텐산염, $[WO_4]^{2-}$도 팔면체 MO_6 단위를 갖는 뭉치를 형성할 수 있다. 이 부류의 뭉치가 특히 흥미로운 것은 뭉치 내에 인산염, PO_4^{3-} 및 규산염, SiO_4^{4-}와 같은 헤테로 이온을 포함할 수 있다는 사실이다. 예를 들면, 몰리브데넘산과 인산 이온을 혼합하여 산성화시키면, 포스포몰리브데넘산 (phosphomolybdate) 이온, $[PMo_{12}O_{40}]^{3-}$가 생긴다.

$$PO_4^{3-}(aq) + 12\,[MoO_4]^{2-}(aq) + 24\,H^+(aq) \rightarrow [PMo_{12}O_{40}]^{3-}(aq) + 12\,H_2O(l)$$

포스포몰리브데넘산 이온의 구조는 그림 21.9에 나타내었다. 인(V)은 이 뭉치의 중심에 있는 4개의 산소 원자에 둘러싸인 사면체 구멍을 차지한다. 이 헤테로폴리 이온은 이 화합물의 구조를 처음으로 규명한 J.F.Keggin의 이름을 따서 Keggin **뭉치**(*Keggin cluster*)라고도 한다. 1:12 뭉치는 몰리브데넘과 텅스텐에 의해 생성될 수 있지만, 헤테로 이온은 사면체 구멍과 크기가 잘 맞을 수 있는 작은 이온에 의해 생성될 수 있다.

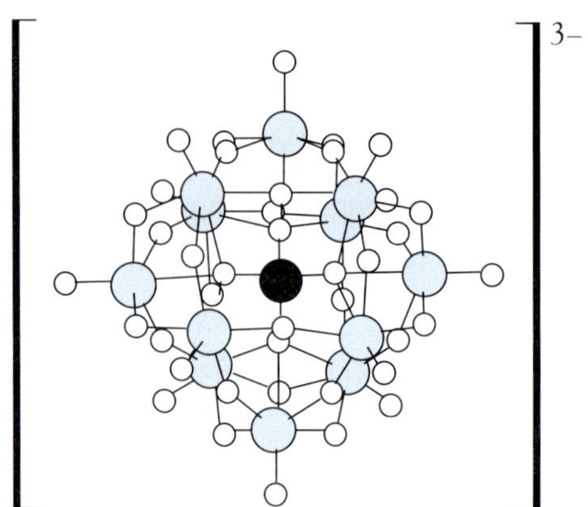

그림 21.9 $[PMo_{12}O_{40}]^{3-}$ 이온의 구조

포스포몰리브데넘산 염은 섬유의 좋은 내연제이다.

포스포몰리브데넘산의 형성은 인산 이온의 정성 및 정량 분석에 유용한 시험 방법이다. 노란색의 진하기는 착이온의 농도를 나타낸다. 또한 환원제를 가해 주면 몇 가지 몰리브데넘(VI) 이온은 몰리브데넘(V)으로 환원된다. 이러한 전하 결핍 때문에 이 이온은 매우 진한 푸른색(**헤테로폴리–푸른색**)이 되는데, 인산에 대한 매우 감도 높은 시험 방법이다.

작은 양이온의 염과 어미 산은 물에 매우 잘 녹지만, 세슘과 바륨처럼 더 큰 양이온의 염은 불용성이다. 3-나 4- 이온 전하는 거대한 뭉치 전체에 걸쳐 비편재화되어 있기 때문에, 전하 밀도가 낮아서 산도는 매우 강하고 짝염기는 중성이 된다. 헤테로폴리산 자체는 매우 낮은 pH에서 합성될 수 있다. 12-텅스토규소산(12-tungstosilicic acid) 화합물은 합성이 가장 간단한 것 중 하나이다.

$$SiO_4^{4-}(aq) + 12\,[WO_4]^{2-}(aq) + 28\,H^+(aq) \rightarrow H_4SiW_{12}O_{40}\cdot 7\,H_2O(s) + 5\,H_2O(l)$$

이 산은 전형적인 센산처럼 수산화 소듐으로 적정할 수 있다.

$$H_4SiW_{12}O_{40}(aq) + 4\,OH^-(aq) \rightarrow [SiW_{12}O_{40}]^{4-}(aq) + 4\,H_2O(l)$$

21.6 7족: 테크네튬과 레늄

2.3절에서 언급한 것처럼, 테크네튬은 안정한 동위원소들이 존재하지 않는 유일한 전이 원소이다. 인공적으로 합성한 동위원소인 테크네튬-99는 2×10^5년의 수명을 갖는다. 상당한 양이 합성되었고, 반감기가 길기 때문에 방사능이 충분히 낮아서 일반적인 실험실에서도 이 동위원소의 화학을 연구할 수 있었다. 테크네튬은 의학에서 방사선 치료와 영상 촬영에 사용된다.

레늄은 안정한 동위원소들이 존재하는 원소들 중에서 가장 최근에 발견된 원소인데, 몰리브덴광, MoS_2에 0.2% 정도까지 존재한다. 4d 전이 금속과 5d 금속의 이어지는 족 사이의 '대각선 관계'(9.5절 참조)는 비슷한 원자 반지름 때문에 나타날 수도 있다(몰리브데넘; 190 pm, 레늄; 188 pm). 황화 몰리브데넘(IV) 내에 레늄(IV)이 포함되어 있다는 점도, 망가니즈처럼, 레늄도 쉽게 +4 산화 상태(+6과 +7 상태도 함께)를 형성한다는 사실을 반영하는 것이다.

레늄-레늄 결합

21.2절에서 레늄은 4중 결합을 하고 있는 푸른색의 $[Re_2Cl_8]^{2-}$ 화학종을 형성함을 알아 보았다. 더 낮은 산화 상태에 있는 레늄 화학에서는 레늄-레늄 결합을 포함하는 화합물이 많이 존재한다. 예를 들면, $[Re_2Cl_8]^{2-}$에 염소를 첨가시키면 전혀 다른 구조를 갖는 $[Re_2Cl_9]^-$가 되는데, 이 화합물은 Re — Re 단일 결합과 두 레늄 원자에 다리 결합된 3개의 염소 원자를 갖는다(그림 21.10).

이붕화 레늄

새로운 초고강도 재료에 관한 연구는 더 가벼운 원소들의 붕화물(boride), 탄화물(carbide), 질화물(nitride)에 초점을 맞추고 수행되어 왔다. 이러한 추세는 2007년 이붕화 레늄(rhenium diboride), ReB_2이 합성되면서 바뀌었다. 이 화합물은 다이아몬드만큼 단단할 뿐만 아니라 초고압과 초고온 조건 없이도 상당히 쉽게 합성할 수 있다. 예를 들면, 이 화합물은 고온에서 이중-치환 반응으로 합성할 수 있는데, 염화 마그네슘은 물로 씻어 제거한다.

$$2\,ReCl_3(l) + 2\,Mg_3B_2(s) \xrightarrow{\Delta} 2\,ReB_2(s) + 3\,MgCl_2(s)$$

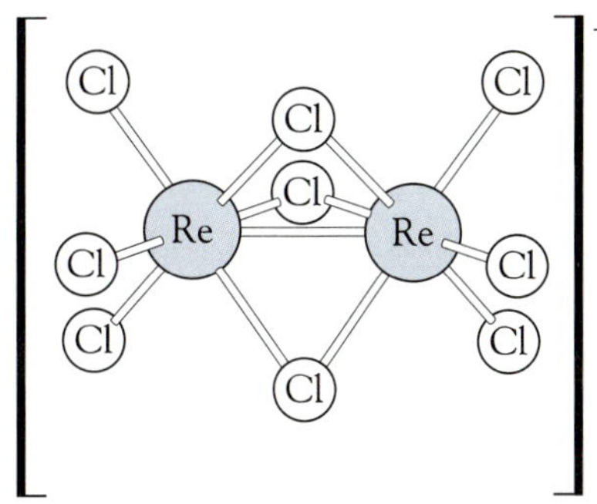

그림 21.10 $[Re_2Cl_9]^-$ 이온의 구조

테크네튬: 가장 중요한 방사성 의약품

인체 내부는 핵자기 공명 영상(MRI)을 비롯한 여러 가지 방법으로 영상화시킬 수 있다. MRI는 기관이나 종양 등의 특정한 위치를 알아내는 데 특히 유용하다. 금속 화합물은 특정 기관이나 종양에 축적될 수 있기 때문에 중요한 역할을 할 수 있다. 이들이 종양에 축적되는 이유는 잘 알려져 있지 않지만, 물질 대사가 증가되어 종양 세포의 화학을 변화시킬 것으로 추측되고 있다.

진단 영상을 위한 효율적인 동위원소가 되려면, 핵은 붕괴가 많이 일어나기 전에 환자의 몸에 주입되어, 이 동위원소가 생성될 수 있을 만큼 어느 정도의 긴 반감기를 가진 감마 방출체여야 한다. 그러나 반감기 자체는 방출 세기를 매우 낮은 농도에서도 측정할 수 있을 정도로 충분히 짧아야 한다. 짧은 반감기는 환자가 짧은 시간 동안에만 방사선에 노출됨을 의미하기도 한다. 반감기는 8일 이하인 것이 선호된다. 테크네튬-99m은 이 역할에 매우 적합하며, 모든 방사선 진단의 80% 이상에 사용된다.

테크네튬은 몰리브데넘산 이온, $[MoO_4]^{2-}$를 방사성 붕괴시켜 과테크네튬산 이온, $[TcO_4]^{2-}$로 얻게 된다. 이 합성은 다음과 같다. 비방사성인 몰리브데넘-98을 중성자원에 놓아주면, 방사성 몰리브데넘-99가 생긴다.

$$^{98}_{42}Mo + {}^{1}_{0}n \rightarrow {}^{99}_{42}Mo$$

66시간의 반감기를 갖는 몰리브데넘-99는 테크네튬-99m으로 붕괴되는데, 'm'은 테크네튬-99가 핵 들뜸 상태에 있음을 의미한다. 즉, 전자가 들뜬 상태에 존재할 수 있고, 바닥 상태로 떨어질 때 가시광선, 자외선 또는 적외선 전자기 복사선을 내어놓을 수 있는 것처럼, 핵붕괴에서 생성된 양성자도 들뜬 상태에 존재할 수 있고 핵 바닥 상태로 떨어질 때 감마선을 방출한다. 방사선 진단 과정에서 기록되는 것은 바로 이 감마선의 방출이다.

$$^{99}_{42}\text{Mo} \rightarrow {}^{99\text{m}}_{43}\text{Tc} + {}^{0}_{-1}\text{e} \qquad t_{\frac{1}{2}} = 66\text{시간}$$

$$^{99\text{m}}_{43}\text{Tc} \rightarrow {}^{99}_{43}\text{Tc} + {}^{0}_{0}\gamma \qquad t_{\frac{1}{2}} = 6\text{시간}$$

이 바닥 상태 테크네튬-99는 방사선 준위가 해를 끼치지 않을 정도로 낮은 긴 반감기를 갖는다.

$$^{99}_{43}\text{Tc} \rightarrow {}^{99}_{44}\text{Ru} + {}^{0}_{-1}\text{e} \qquad t_{\frac{1}{2}} = 2.1\times 10^{5}\text{년}$$

핵화학이 진단 영상에서는 매우 중요하기는 하지만 수용액 화학도 중요하다. 테크네튬은 신체액에 녹을 수 있는 형태여야 한다. 이 신체액은 약간 산화되기는 하였지만 거의 중성이다. 그림 21.11에서 볼 수 있는 것처럼, Pourbaix 도표는 과테크네튬산 이온이 생리학적으로 의미 있는 범위보다 훨씬 더 긴 기간 동안 안정하다. 주기율표에서 더 위에 있는 원소, 망가니즈와는 다른 것이다. 망가니즈의 경우 대부분의 생리학적 범위가 불용성 산화물과 수산화물에 의해 점유되어 있고, 과망가니즈산 이온만이 고도로 산화된 조건 아래에서 안정하다.

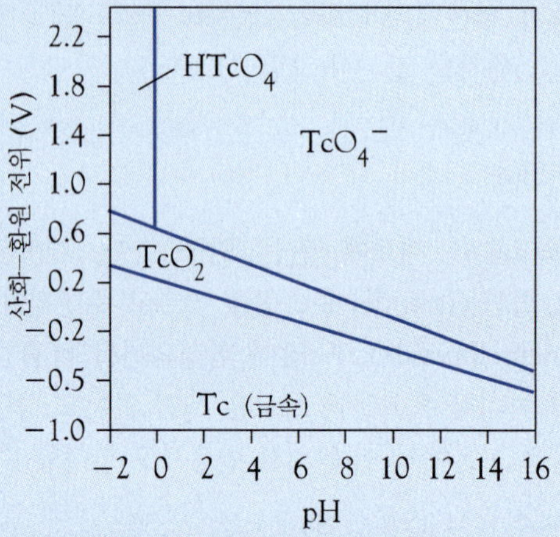

그림 21.11 테크네튬에 대한 Pourbaix 도표. [W.Kaim and B. Schwederski, *Bioinorganic Chemistry: Inorganic Elements in the Chemistry of Life* (New York: Wiley-VCH, 1994), chap. 18, p. 360.]

이붕화 레늄은 밀도가 레늄과 비슷할 정도로 높은 금속처럼 보이는 재료이다. 이처럼 높은 밀도는 붕소 원자들이 레늄 원자들의 틈새에 꼭 들어맞게 위치하기 때문이다. 이러한 경도는 매우 강한 공유 결합 때문에 생기는데, 레늄과 붕소는 비슷한 전기 음성도를 갖기 때문에 거의 비극성 공유 결합이 된다.

예제 21.4

$[Re_2Cl_8]^{2-}$와 $[Re_2Cl_9]^-$에서 레늄의 이론적인 산화 상태를 계산하시오.

해답

$[Re_2Cl_8]^{2-}$에 대해

$$2[N_{ox}(\text{Re})] + 8[N_{ox}(\text{Cl})] = -2$$

염소가 더 전기 음성인 원소이기 때문에 -1의 산화 상태를 가질 것이다.

$$2[N_{ox}(\text{Re})] + 8[-1] = -2$$
$$[N_{ox}(\text{Re})] = +3$$

$[Re_2Cl_9]^-$에 대해

$$2[N_{ox}(\text{Re})] + 9[N_{ox}(\text{Cl})] = -1$$
$$2[N_{ox}(\text{Re})] + 9[-1] = -1$$
$$[N_{ox}(\text{Re})] = +4$$

21.7 백금족 금속

옛 명명법 체계에서, 8족, 9족, 10족은 합쳐서 VIII족이라고 불렀다. 화학적 의미에서는 이 이름도 의미가 있는데, 루테늄, 오스뮴, 로듐, 이리듐, 팔라듐, 백금은 화학적 성질이 비슷한 점이 많아서 총칭하여 **백금족 금속**(*platinum metal*)이라고도 한다. 백금족 금속은 매우 반응성이 없지만 진한 염산과 질산의 혼합물인 **왕수**(*aqua regia*)와 같은 극단적인 시약과는 반응한다. 백금족 금속들은 반응성이 없기 때문에 비활성 기체라고 하는 것처럼 **비활성 금속**(*noble metal*)이라고도 한다.

이들 모든 금속의 공급원 중의 한 곳은 캐나다의 온타리오 주 Sudbury에 있는 니켈 광산이다. 이 광산은 18억 5천만 년 전에 발생한 10 km 운석 충돌로 생겨났다. 지금은 백금족 금속들은 매우 소량 매장되어 있지만 많은 양의 니켈이 채굴되고 있어서 상당한 양의 백금족 금속이 추출되고 있다. '무른' 금속들은 대개 황화물이나 스페리라이트(sperryite), $PtAs_2$와 같은 비소 화합물 형태로 존재한다(7.7절 참조). 연간 총 생산량은 약 300톤이다.

이들 원소들은 모두 비반응성이고, 은색을 띠며, 광택이 있는 금속인데, 몇 가지는 보석과 금화 제조에 사용되지만, 대부분은 다양한 반응에서 촉매로 사용된다(23.17절 참조). 이들 금속의 밀도는 강한 수평적 관계를 보여 준다. 즉, 4d 백금족 금속들은 약 12 $g \cdot cm^{-3}$의 밀도를 갖지만 5d 금속들의 밀도는 약 21 $g \cdot cm^{-3}$이다. 백금족 금속들은 녹는점도 높은데, 1500 ~ 3000°C 영역의 값을 갖는다.

백금족 금속들의 유사성 중의 한 가지는 일반적인 실험식이 MF_5인 플루오린 화합물이다. 실제로 이들 플루오린 화합물은 모두 등구조(등전자는 아님) 사합체, M_4F_{20}인데, 여기서 M은 루테늄, 오스뮴, 로듐, 이리듐 또는 백금이다. 이들 화합물의 구조는 그림 21.12에 나타내었는데, 고리는 8개의 원소로 구성되어 있고, 플루오린이 다리 결합을 하고 있다.

21.8 8족: 루테늄과 오스뮴

모든 백금족 금속들은 많은 유사성을 갖는데, 그 중에서도 루테늄과 오스뮴의 화합물들은 전반부 전이 금속의 연장선과 더 비슷하게 행동한다. 즉 d^0 전자 배치의 가장 높은 산화 상태인 +8을 갖는다. 오스뮴의 중요한 화합물은 산화 오스뮴(VIII), OsO_4뿐이다.

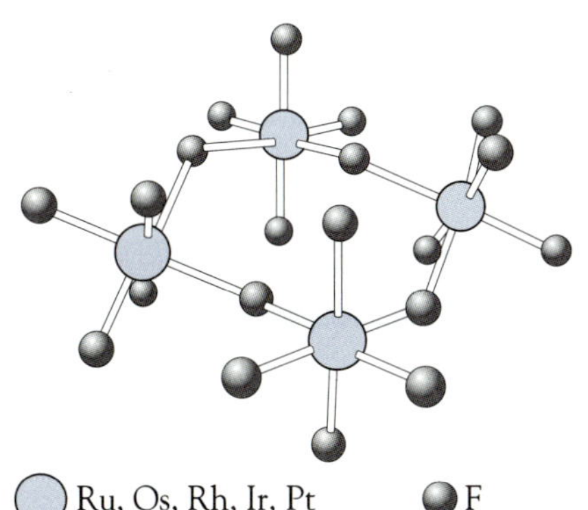

그림 21.12 M_4F_{20}의 구조. M = Ru, Os, Rh, Ir 또는 Pt

산화 오스뮴(VIII)

그림 21.13 OsO_4의 구조

대개 **사산화 오스뮴**(*osmium tetraoxide*)이라고 하는 산화 오스뮴(VIII)은 사산화 제논과 많은 유사성을 갖는다[(n)족과 (n + 10)족의 유사성에 대한 또 다른 예이다; 9.4절 참조]. 제논 유사체처럼, OsO_4 분자는 오스뮴-산소 이중 결합을 갖는 사면체 구조이다(그림 21.13).

이 화합물은 옅은 노란색이고 40°C에서 녹고 130°C에서 끓는다. 상온에서 높은 증기압을 갖기 때문에 오존과 비슷한 냄새가 난다. 이 증기는 낮은 준위에 노출되더라도 독성이 강한데, 감지될 수 있을 정도만 흡입하여도 폐 수종을 일으켜 죽음에 이르게 된다. 매우 낮은 준위의 산화 오스뮴(VIII)에 장기간 노출되면 비정상적인 시각이 나타나게 되는데, 특히 이 화합물과 각막이 반응한 결과로 인해 광원 주위에 '후광'을 보게 된다.

산소 기체 속에서 오스뮴 금속을 가열하는 간단한 방법을 통해 산화 오스뮴(VIII)을 합성할 수 있는데, 증기를 모아 냉각시키면 순수한 고체 화합물을 얻게 된다.

$$Os(s) + 2\,O_2(g) \xrightarrow{\Delta} OsO_4(g)$$

산화 오스뮴(VIII)은 유기 합성에 널리 사용되고 있는데, 특히 알켄을 다이올로 산화시킬 때, 동일한 쪽에 2개의 하이드록실기를 첨가(*syn* 첨가)하기 위해 사용된다. 이 화합물은 투과 전자 현미경(TEM)의 착색제로도 사용되는데, 선명한 영상을 제공한다. 지질도 착색시키기 때문에 주사 전자 현미경(SEM)에도 사용된다.

예제 21.5

다음 데이터를 이용하여 Os—O 결합 에너지를 계산하고 그 값에 대해 논하시오.

$\Delta_{승화}H(Os(s)) = 782\ kJ \cdot mol^{-1}$; O=O 결합 에너지 = $496\ kJ \cdot mol^{-1}$;
$\Delta_f H^{\ominus}(OsO_4(g)) = -337\ kJ \cdot mol^{-1}$

해답

$$Os(s) + 2\,O_2(g) \rightarrow OsO_4(g)$$

$\Delta_f H^{\ominus}(OsO_4(g))$ = [$\Delta_{승화}H(Os(s))$] + 2[결합 에너지(O=O)] − 4[결합 에너지(Os=O)]

4[결합 에너지(Os=O)] = [$782\ kJ \cdot mol^{-1}$] + [$992\ kJ \cdot mol^{-1}$] − [$-337\ kJ \cdot mol^{-1}$]
= $528\ kJ \cdot mol^{-1}$

이 값은 매우 높은 결합 에너지이고 Os—O 결합은 그 세기가 이중 결합에 가깝다는 사실을 반영한다.

21.9 9족: 로듐과 이리듐

백금족 금속들 중에서 로듐, 이리듐, 팔라듐, 백금의 화학적 성질은 루테늄과 오스뮴보다는 서로 간에 더 비슷하다. 예를 들면, 9족과 10족 백금족 금속의 가장 높은 산화 상태는 족의 수가 아니라 +6이고, 더 낮은 산화 상태가 '정상' 산화 상태이다.

로듐과 이리듐은 모두 코발트와 마찬가지로 +3의 산화 상태에서 쉽게 착물을 형성하며, 이 착물들은 반응 속도론적으로 안정하다. 이 족의 3d 원소가 매우 유사한 것처럼, 로듐과 이리듐도 간단한 수용성 이온 $[M(OH_2)_6]^{3+}$를 형성하는데, M = Rh 또는 Ir이다. 그러나 4d와 5d 원소들 간의 가장 명백한 차이를 발견할 수 있는 것은 이들 후반부 원소들이다. 예를 들면, 이리듐의 경우 +4 산화 상태로 존재하는 경우가 제법 많지만 로듐의 경우는 드물다.

21.10 10족: 팔라듐과 백금

팔라듐과 백금의 가장 일반적인 산화 상태는 +2와 +4이다(로듐과 이리듐의 +1과 +3 상태와 등전자적이다). +2 상태에서, 착물은 사각 평면이기 때문에 수용액에서의 이온은 $[M(OH_2)_4]^{2+}$이고, 여기서 M = Pd 또는 Pt이다. 21.1절에서 언급한 것처럼, 4d와 5d 전이 금속의 화학식은 항상 외형적으로 보이는 것과는 다른데, 팔라듐은 실험식이 PdF_3인 플루오린 화합물을 형성하지만, 실제로는 헥사플루오라이도팔라듐(IV)산 팔라듐(II), $(Pd^{2+})[PdF_6]^{2-}$이다.

팔라듐의 수소 화합물

팔라듐은 수소 기체를 흡수하는 특이한 성질을 갖고 있다. 실제로 팔라듐은 수소 자체 부피의 900배를 가역적으로 흡수할 수 있다. 결정에서, 팔라듐은 면심 입방 격자를 취한다. 수소 분자가 흡수되면, 이들은 원자들로 해리되고 구조를 통해 빠르게 확산되는데, 각 수소 원자는 팔라듐 격자에서 팔면체 구멍을 차지한다. 대략 $PdH_{0.5}$가 되어 물질이 반도체가 될 때까지는 수소 흡수가 증가함에 따라 금속성 전도도는 천천히 감소한다. 수소의 최대 흡수는 실험식이 대략 $PdH_{0.7}$에 해당된다. 지금은 전통적인 팔라듐 수소 전극보다 팔라듐-수소 표준 기준 전극이 더 선호되는데, 이 기준 전극은 내부에 흡수된 수소를 포함하고 있어서 전극 표면에 수소 기체 거품을 연속적으로 일으키지 않아도 되기 때문이다.

플루오린화 백금(VI)

서두의 '컨텍스트'에서는 첫 번째 비활성 기체 화합물의 발견에서 플루오린화 백금(VI)을 다루었다(18.4절 참조). 이 화합물은 암적색 고체인데, 61°C에서 녹고 69°C에서 끓어서 짙은 붉은색 기체가 된다. 이 화합물은 백금 금속과 플루오린 기체를 반응시키면 쉽게 형성된다.

$$Pt(s) + 3\,F_2(g) \xrightarrow{\Delta} PtF_6(g)$$

플루오린화 백금(VI)은 가장 강력한 산화제 중의 하나로 알려져 있는데, 산소 분자조차 옥시제닐(oxygenyl) 이온으로 산화시키고, 자신은 더 안정한 헥사플루오라이도백금(V)산 이온으로 환원된다.

$$PtF_6(s) + O_2(g) \rightarrow (O_2)^+[PtF_6]^-(s)$$

플루오린화 백금(VI)은, 산소 분자로부터 전자를 제거시킬 수 있다는 사실은 제논의 이온화 에너지가 산소 분자의 이온화와 거의 같은 값을 가질 것이라는 추측을 이끌어내었다. 플루오린화 백금(VI)과 제논 기체와의 반응이 성공함으로써 비활성 기체의 첫 번째 화합물로 입증된 합성을 이끌어내었다(증발시켰을 때, 제논과의 반응은 산소 분자와의 반응만큼 단순한 것이 아니었고, $[XeF]^+[PtF_5]^-$를 포함하는 화합물들의 혼합물이 생성된다).

21.11 11족: 은과 금

구리, 은, 금은 역사적으로 동전을 만드는 데 사용되었기 때문에, 때로는 **주화 금속**(*coinage metal*)이라고도 한다. 이들 금속이 동전 제조에 사용되는 데는 네 가지 이유가 있다. 이들 금속은 금속 상태로 쉽게 얻을 수 있고, 성형이 용이하여 금속판에 도안을 찍을 수 있다. 또한 이들은 화학적으로 반응성이 거의 없으며, 은이나 금의 경우 이 금속의 희귀성 때문에 이들 금속으로 만든 주화는 금속 자체의 고유한 가치를 갖는다.

20.11절에서 구리의 노란색은 d-띠로부터 s-p띠로 가시광선 영역 전자 흡수가 일어나기 때문에 구리가 노란색을 띤다고 설명하였다. 은에서의 이 띠 분리는 더 커서, 흡수가 스펙트럼의 자외선 영역에서 일어난다. 금의 경우 상대성 효과(2.5절 참조)는 s-p띠의 에너지를 더 낮추기 때문에, 흡수를 가시광선 영역의 푸른색 부분으로 다시 옮겨오고, 따라서 특성적인 노란색을 띠게 된다.

은

은의 화학은 d^{10} Ag^+ 이온이 주종을 이룬다. 그래서 은은 주족 금속처럼 행동하기도 하는데, 화학적 성질은 탈륨과 많은 유사성을 갖는다(9.8절 참조). 예를 들면, 표 21.9는 약하게 산화된 조건에서 은(I)과 탈륨(I) 화학종의 pH 의존도가 비슷함을 보여 준다.

은의 추출

은은 대부분 자유 원소와 황화 은(I), Ag_2S로 발견된다. 또한 상당한 양의 은은 광석으로부터 납을 추출하는 과정과 구리의 전기 제련 과정에서 얻어진다. 은을 추출하는 한 가지 방법은 분쇄된 황화 은(I)을 공기를 포함하는 사이안화 소듐 용액으로 처리하여, 은을 다이사이아나이도은(I)산 이온, $[Ag(CN)_2]^-$로 만들어 추출하는 것이다.

$$2\,Ag_2S(s) + 8\,CN^-(aq) + O_2(g) + 2\,H_2O(l) \rightarrow 4\,[Ag(CN)_2]^-(aq) + 2\,S(s) + 4\,OH^-(aq)$$

아연 금속을 가해주면 단일 치환 반응이 일어나 매우 안정한 테트라사이아나이도아연산

표 21.9 은(I)과 탈륨(I) 화학종의 pH 의존도의 유사성

	매우 산성	산성	염기성	매우 염기성
은	$Ag^+(aq)$		$Ag_2O(s)$	$AgO^-(aq)$
탈륨	$Tl^+(aq)$			$TlO^-(aq)$

이온, $[Zn(CN)_4]^{2-}$이 생긴다.

$$2\,[Ag(CN)_2]^-(aq) + Zn(s) \rightarrow 2\,Ag(s) + [Zn(CN)_4]^{2-}(aq)$$

산성의 질산 은 용액에서 불순한 은을 산화 전극으로 하고, 순수한 은 막대를 환원 전극으로 사용하여 전기 분해를 시키면 순수한 은을 얻을 수 있다.

$$Ag(s) \rightarrow Ag^+(aq) + e^- \qquad \text{(산화 전극)}$$
$$Ag^+(aq) + e^- \rightarrow Ag(s) \qquad \text{(환원 전극)}$$

이 장의 서두 컨텍스트에서 논의한 것처럼, 은 금속은 살균 성질 때문에 용도가 증가하고 있다. 문제는 나노물질, 특히 나노은의 사용을 규제하는 법이 부족하다는 것이다. 기존의 규제 시스템은 나노물질을 새로운 화학 물질로 취급하지 못하고 나노물질의 위험이 대량 형태의 동일한 물질로부터 예측될 수 있다는 잘못된 가정에 기반을 두고 있다. 그래서 나노독성학자들을 선도하는 거대 집단은 나노재료에 대해 임계 투여 특성으로 질량뿐만 아니라 입자 수와 표면적도 고려하여야 한다고 요구해오고 있다. 이러한 요구가 관철될 때까지 나노은은 환경으로 침투하여 부정적인 효과를 나타낼 것이다. 예를 들면, 쓰레기를 분해하는 데 필수적으로 필요한 혐기성 세균을 죽이게 될 것이다.

은의 할로젠 화합물

은은 간단한 은 화합물 거의 모두에서 +1의 산화수를 갖는다. 그리고 Ag^+ 이온은 은 화학종 중에서 유일하게 물에 녹는 화학종이다. 따라서 '은' 대신에 '은(I)'이라고 적은 경우가 흔하다. 염화 은, 브로민화 은, 아이오딘화 은의 불용성은 5.3절에서 공유 결합 성질 때문이라고 설명하였다. 플루오린화 은, AgF는 흰색의 수용성 고체이고, 고체와 수용액에서 상당한 정도의 이온 결합성을 띤다. 염화 은, 브로민화 은, 아이오딘화 은은 빛에 민감하기 때문에 은 이온은 쉽게 환원되어 고체가 더 어두운 색을 띠게 만든다(그래서 은 화합물과 화합물의 용액은 갈색병에 보관하여야 한다).

$$Ag^+(s) + e^- \rightarrow Ag(s)$$

실험실에서 질산 은 표준 용액은 염화 이온, 브로민화 이온, 아이오딘화 이온의 존재를 확인하는 데 사용된다. 정성 분석에서 할로젠화 이온은 색에 의해 구분된다.

$$Ag^+(aq) + Cl^-(aq) \rightarrow AgCl(s)\text{(흰색)} \qquad K_{sp} = 2 \times 10^{-10}$$
$$Ag^+(aq) + Br^-(aq) \rightarrow AgBr(s)\text{(크림색)} \qquad K_{sp} = 5 \times 10^{-13}$$
$$Ag^+(aq) + I^-(aq) \rightarrow AgI(s)\text{(노란색)} \qquad K_{sp} = 8 \times 10^{-17}$$

색의 세기는 입자 크기에 따라 달라지기 때문에 염화 이온, 브로민화 이온, 아이오딘화 이온을 구별하기가 어렵다. 따라서 여기에 대한 두 번째 시험 방법이 있다. 이 시험 방법에서는 묽은 암모니아 용액을 첨가한다. 염화 은은 묽은 암모니아 용액과 반응하여 다이암민은(I) 이온을 만든다.

$$AgCl(s) + 2\,NH_3(aq)[\text{dil.}] \rightarrow [Ag(NH_3)_2]^+(aq) + Cl^-(aq)$$

브로민화 은은 약간만 녹고, 아이오딘화 은은 묽은 암모니아 용액에도 녹지 않는다. 그러나 브로민화 은은 진한 암모니아와는 반응을 한다.

$$AgBr(s) + 2\,NH_3(aq)[conc.] \rightarrow [Ag(NH_3)_2]^+(aq) + Br^-(aq)$$

이와 같은 차이를 이해하기 위해서는 침전 반응에 대한 반응식과 착물 형성 반응에 대한 반응식을 비교해 보아야 한다.

$$Ag^+(aq) + X^-(aq) \rightleftharpoons AgX(s)$$
$$Ag^+(aq) + 2NH_3(aq) \rightleftharpoons [Ag(NH_3)_2]^+(aq) \qquad K_{stab} = 2 \times 10^7$$

은 이온의 경우 두 가지 경쟁되는 평형이 존재한다. 정성적인 면으로 따져보면 더 큰 평형 상수를 갖는 평형이 더 우세하게 나타나게 된다. 따라서 극히 불용성인 아이오딘화 은의 경우에는 침전 평형이 우세할 것이다. 반대로 염화 은은 용해도가 높기 때문에, 착물 형성 반응을 일으키기에 충분한 은 이온을 공급할 수 있다.

금

금은 환원 전위가 매우 높기 때문에 이 원소는 자연계에서 항상 자유 금속으로 발견된다. 금은 아주 무른 산이기 때문에 칼라베라스석(calaverite), $AuTe_2$나 실바니아광(sylvanite), $AuAgTe_4$ 등의 금의 원광석에는 아주 무른 염기인 텔루륨이 함유되어 있다. 광석에서 금을 추출하기 위해서는 은을 추출할 때와 같은 사이안화 반응을 사용한다.

금은 다양한 착물을 형성하지만, 무기 화합물은 별로 없다. 산화 금(I), Au_2O은 금속의 산화 상태가 +1인 몇 가지 안 되는 안정한 금 화합물 중의 하나이다. 구리와 마찬가지로 +1의 산화 상태는 고체 화합물의 경우에만 안정하다. 용액에서 모든 금(I) 염은 금 금속과 금(III) 이온으로 불균등화 반응을 일으킨다.

$$3\,Au^+(aq) \rightarrow 2\,Au(s) + Au^{3+}(aq)$$

염화 금(III)

여름철 에어컨 사용량을 줄이기 위하여 고층 건물의 유리는 10^{-11} m 두께의 반사층을 금으로 코팅시키기도 한다.

가장 흔한 금 화합물은 염화 금(III), Au_2Cl_6인데, 염화 알루미늄(13.7절 참조)처럼 염소-다리 결합 구조를 가지며, 금 원자 주위의 기하 구조는 사각 평면이다. 염화 금(III)은 두 원소를 함께 반응시키면 간단하게 얻을 수 있다.

$$2\,Au(s) + 3\,Cl_2(g) \rightarrow 2\,Au_2Cl_6(s)$$

염화 금(III)을 진한 염산에 용해시키면 테트라클로로라이도금(III)산 이온, $[AuCl_4]^-$가 생기는데, 이 이온은 용액에서 금 화학종의 혼합물이 쌓여 있는 금 금속 필름을 가열했을 때 생기는 '액체 금'의 성분 중 하나이다.

헥사플루오라이도금(V)산 이온

금의 화학적 성질은 11족의 다른 원소들보다는 백금과 더 유사하다. 예를 들면, 백금(그리고 다른 5d 전이 금속들; 21.2절 참조)처럼 금도 헥사플루오라이도금(V)산 이온을 형성한다. $(O_2)^+[PtF_6]^-$와 유사한 다이옥시제닐 염, $(O_2)^+[AuF_6]^-$가 분리될 수 있다.

$$Au(s) + O_2(g) + 3\,F_2(g) \xrightarrow{\Delta} (O_2)^+[AuF_6]^-(s)$$

플루오라이도크립톤(fluoridokrypton) 화합물도 제조될 수 있다.

$$2\,Au(s) + 7\,KrF_2(g) \rightarrow [KrF]^+[AuF_6]^-(s) + 5\,Kr(g)$$

예제 21.6

은(I) 이온은 퍼옥소다이설페이트 이온에 의해 은(II) 이온으로 산화시킬 수 있다(대개 착물을 형성하는 리간드 존재하에서 반응이 일어나지만 여기서는 무시하기로 한다). 이 반응에 대한 균형 맞춘 이온 반응식을 쓰시오.

해답

산화 단계는 다음과 같다.

$$Ag^+(aq) \rightarrow Ag^{2+}(aq) + e^-$$

퍼옥소다이설페이트 이온(강력한 산화제)은 황산 이온으로 환원된다(16.19절 참조).

$$S_2O_8^{2-}(aq) + 2\,e^- \rightarrow 2\,SO_4^{2-}(aq)$$

알짜 이온 반응식은 다음과 같다.

$$2\,Ag^+(aq) + S_2O_8^{2-}(aq) \rightarrow 2\,Ag^{2+}(aq) + 2\,SO_4^{2-}(aq)$$

예제 21.7

앞부분의 절에서 금(III) 이온은 알루미늄(III)과 유사한 화학적 성질을 갖는다고 설명하였다. 금 화학종들의 다른 유사성은 중간 pH 영역에 걸쳐 있는 높게 산화된 조건과 매우 염기성인 조건하에서 우세하게 나타난다. 알루미늄(III)과 비교하여 이들 두 화학종은 어떤 것일지를 밝히시오.

해답

알루미늄은 중앙의 pH 영역에 걸쳐서 Al_2O_3로 존재하고 매우 염기성인 조건에서는 $[Al(OH)_4^-]$로 존재한다(13.6절 참조). 그러므로 금은 대부분의 pH 영역에 걸쳐 있는 높게 산화된 조건하에서는 Au_2O_3로 존재하여야 하고, 매우 염기성인 조건에서는 $[Al(OH)_4^-]$로 존재하여야 한다.

21.12 생물학적 특성

몰리브데넘

몰리브데넘은 6족의 원소 중에서 생물학적으로 가장 중요한 원소이다. 몰리브데넘은 생명체에서 광범위한 영역에 걸친 기능을 갖는 가장 무거운 원소이다. 현재 많은 효소가 몰리브데넘 산 이온, $[MoO_4]^{2-}$ 형태로 흡수된 몰리브데넘과 관련되어 있음이 알려졌다.

표 21.10 프테린 함유 몰리브데넘 효소

이름	분자당 금속 원자	출처
아황산 환원 효소	2 Mo	포유동물의 간
질산 환원 효소	2 Mo, 2 Fe	식물, 균류, 조류, 박테리아
트라이메틸아민 *N*-산화물 환원 효소	2 Mo, 1 Fe, $1\frac{1}{2}$ Zn	대장균
잔틴 환원 효소	2 Mo, 4 Fe_2S_2	우유, 포유동물의 간, 신장
폼산 탈수소화 효소	Mo, Se, Fe_nS_n	균류, 효모, 박테리아, 식물
일산화 탄소 탈수소화 효소	2 Mo, 4 Fe_2S_2, 2 Se	박테리아

가장 중요한 몰리브데넘 효소(철도 포함한다)는 질소 고정 효소(nitrogenase)이다. 이 효소는 반응성이 거의 없는 대기 중의 질소를 암모늄 이온으로 환원시키기 때문에, 식물이 단백질을 합성하는 데 이용하는 박테리아에 존재한다. 이들 박테리아는 콩과 식물의 뿌리에 뿌리혹을 만들어 공생 관계를 갖는다. 이들 박테리아는 지구의 토양에서 연간 약 2×10^8톤의 질소를 만들어 낸다. 질소 고정 효소의 Fe_7MoS_9 핵심은 8장의 '컨텍스트'에서 논의하였다.

질소 고정 효소 외에 몰리브데넘과, **프테린계**(*pterin system*)로 알려진 유기 고리와 MoS_2 기를 포함하는 핵심을 갖는 몰리브데넘 포함 효소들도 존재한다. 이 효소들은 다른 금속, 특히 철-황계를 포함하기도 하며, 유기체에서 독성 물질의 산화와 환원에 매우 중요한 역할을 한다. 예를 들면, 아황산 산화 효소는 아황산 이온을 황산 이온으로 산화시키고, 일산화 탄소 탈수소 효소는 일산화 탄소를 이산화 탄소로 산화시키며, 질산 환원 효소는 질산 이온을 아질산 이온으로 환원시킨다. 몇 가지 일반적인 프테린 함유 몰리브데넘 효소를 표 21.10에 나타내었다.

희귀 금속인 몰리브데넘이 생물학적으로 이처럼 중요한 이유는 무엇인가? 여기에는 여러 가지 이유가 있다. 몰리브데넘 이온은 거의 중성인 pH에서도 물에 잘 녹기 때문에, 생물의 유체에 의해 쉽게 이동될 수 있다. 또한 이 이온은 음의 전하를 가지므로, 3d 전이 금속의 양이온들보다 여러 가지 환경에 더 적합하다. 즉, 몰리브데넘산 이온은 6족과 16족의 유사한 이온의 다른 예(9.4절 참조)인 황산 이온, SO_4^{2-}와 같은 메커니즘에 의해 이동된다고 알려져 있다. 이 원소는 산화-환원 전위가 생물계와 겹치는 넓은 영역의 산화 상태(+4, +5, +6)를 가진다. 몰리브데넘(VI)은 무른 Lewis 산이기 때문에 무른 Lewis 염기인 황화 이온이나 효소의 다른 주요 성분과 강한 결합을 이룬다. 마지막으로 몰리브데넘은 바닷물에 18번째로 풍부하게 존재하는 금속이기 때문에, 바다에서 사는 생물들의 생화학적 대사에 많이 작용한다.

텅스텐

텅스텐 함유 효소도 알려져 있는데, 이 효소들은 초고온 **고세균**(*Archaea*)과 같은 몇 가지 극한 환경에서도 서식하고 있는 몇 가지 박테리아에서 발견된다. 텅스텐 중심은 전자의 저장고와 원천으로 작용하는데, 텅스텐의 산화 상태는 +4, +5, +6까지 가질 수 있다. 이들 박테리아는 아주 고온에서도 존재할 수 있고, 어떤 경우에는 110°C에서도 존재하기도 한다. 몰리브데넘보다는 텅스텐의 금속-리간드 결합이 더 강하기 때문에 효소가 활용하는 것은 몰리브데넘이 아니라 텅스텐이며, 이 텅스텐이 고온에서도 분해되지 않고 효소의 작용을 가능하게 만든다. 결합 세기를 고려해 보면, 110°C에서 텅스텐 효소의 반응 속도는 37°C에서 몰리브데넘 효소와 비슷하다.

의학에서의 금

의학 분야에서 금 화합물을 활용하기 시작한 것은 1935년이었고, **금요법**(*chrysotherapy* 또는 *aurotherapy*)이라고 알려져 있다. 금 화합물은 특히 염증을 완화시켜서 류마티스성 관절염을 치료하는 데 효능이 있지만 작용 메커니즘은 아직도 완전히 밝혀지지 않고 있다. 몇 가지 금 화합물이 이러한 목적에 사용되고 있는데, 가장 많이 사용되고 있는 화합물의 약품명은 *auranofin*, $(C_{14}H_{19}O_9)-S-Au=P(C_2H_5)_3$이다.

핵심개념

- 각 족 내에서 4d와 5d 전이 원소들은 밀접한 유사성을 나타낸다.
- 초반부 4d-5d 전이 금속들은 후반부 원소들보다 더 높은 산화 상태를 나타낸다.
- 초반부 4d-5d 전이 금속들에서는 금속 뭉치 화합물이 흔하다.
- 초반부 4d-5d 전이 금속들 중의 몇 가지에는 4중 결합이 존재한다.
- 후반부 4d-5d 전이 금속들은 백금족이라는 총칭으로 알려질 정도로 비슷한 화학적 성질을 갖는다.

연습문제

21.1 (a) 다이사이아노금산 이온과 아연 금속 간의 반응, (b) 금과 염소 분자 간의 반응에 대한 균형 맞춘 반응식을 쓰시오.

21.2 (a) 산소 존재하에서 오스뮴의 가열, (b) 염화 지르코늄(IV)과 마그네슘 간의 반응에 대한 균형 맞춘 반응식을 쓰시오.

21.3 4d-5d 전이 금속들의 산화 상태 안정도가 주기를 따라 어떻게 변하는지를 플루오린 화합물을 예로 들어 간단하게 설명하시오.

21.4 4d-5d 전이 금속들의 산화 상태 안정도가 3d 전이 금속들과는 어떻게 다른지를 플루오린 화합물을 예로 들어 간단하게 설명하시오.

21.5 (a) 황화 몰리브데넘(IV), (b) 질산 은의 용도를 밝히시오.

21.6 (a) 산화 오스뮴(VIII), (b) 산화 지르코늄(IV)의 용도를 밝히시오.

21.7 산화 오스뮴(VIII)이 공유 결합성 화합물인 증거는 무엇인가? 이러한 예측에 대한 이유를 설명하시오.

21.8 주화 금속이라고 부르는 원소들을 밝히시오.

21.9 비활성 금속이라고 부르는 원소들을 밝히시오.

21.10 은과 할로젠화 이온들은 모두 무색임에도 불구하고 브로민화 은과 아이오딘화 은은 색깔을 띠는 이유를 설명하시오.

21.11 가장 높은 산화 상태를 갖는 망가니즈의 플루오린 화합물은 MnF_4인데, 테크네튬과 루테늄은 각각 TcF_6와 ReF_7인 이유 두 가지를 설명하시오.

21.12 은(I) 이온의 일반적인 배위수는 얼마인가? 이 족의 다른 이온도 동일한 배위수를 갖는가?

21.13 팔라듐과 백금의 공통 산화 상태는 무엇인가? 이들 산화 상태에서 공통 입체 화학은 무엇인가?

21.14 (a) Keggin 뭉치와 (b) 헤테로폴리 푸른색이 의미하는 것은 무엇인가?

21.15 4중 결합이 원자 오비탈들의 조합으로 어떻게 설명될 수 있는지를 간단히 설명하시오.

21.16 플루오린화 백금(IV)의 녹는점은 약 600°C이지만 플루오린화 백금(VI)의 녹는점은 61°C이고 끓는점은 69°C이다. 이것을 설명하시오.

21.17 드문 니켈(III) 산화 상태는 플루오린 화합물, NiF_3에서 존재한다. 따라서 PdF_3의 존재는 이 족의 경향성을 설명하기 위해 사용되었다. 이러한 연관성이 모순되는 이유를 설명하시오.

21.18 몰리브데넘이 많은 생물학적 계에서 활용되는 이유를 제시하시오.

응용문제

21.19 다음의 데이터를 활용하여 금(I) 이온과 사이안화 이온 간의 착물 형성에 대한 평형 상수(안정도 상수)를 계산하시오.

$$Au^{+}(aq) + e^{-} \rightarrow Au(s) \qquad E^{\ominus} = +1.68\ V$$

$$[Au(CN)_2]^{-}(aq) + e^{-} \rightarrow Au(s) + 2\,CN^{-}(aq) \qquad E^{\ominus} = -0.60\ V$$

21.20 텅스텐은 실험식이 WI_2와 WI_3인 아이오딘 화합물을 형성한다. 텅스텐 금속과 플루오린 기체 간의 반응에서 예상되는 생성물을 제시하고 그 이유를 설명하시오.

21.21 루테늄은 특이한 화합물 $K_2[ReH_9]$을 형성한다. 이 화합물에서 루테늄의 산화 상태는 얼마인가? 이것은 루테늄의 예상된 산화 상태인가? 이 산화 상태는 리간드가 수소일 경우에도 이 산화 상태가 예상되는가?

21.22 은의 할로젠 화합물과 칼슘의 할로젠 화합물의 용해도를 비교하고 차이가 나는 이유를 설명하시오.

21.23 화학적 성질에 근거한다면 은은 전이 금속으로 간주되어야 하는지를 설명하시오. 주족 원소 중에서 은과 가장 유사한 원소는 무엇인가?

21.24 4족 4d-5d 광석, 알바이트(alvite)의 화학식은 (Hf,Th,Zr) $SiO_4 \cdot xH_2O$이다. 이 광물 구조에서 하프늄과 지르코늄에 대해 토륨이 등구조 치환체인 이유를 설명하시오.

21.25 나이오븀의 가장 흔한 광석은 $NaCaNb_2O_6F$이다. 이 화합물에서 나이오븀의 산화 상태는 얼마인가?

21.26 아래 그림에 나타낸 착물 양이온에서 팔면체 나이오븀 핵심 또한 아이오딘 화합물을 형성한다. 이 뭉치가 21.4절에서 설명한 뭉치 화합물과 다른 점은 무엇인가? 이 아이오딘 화합물의 실험식은 무엇인가?

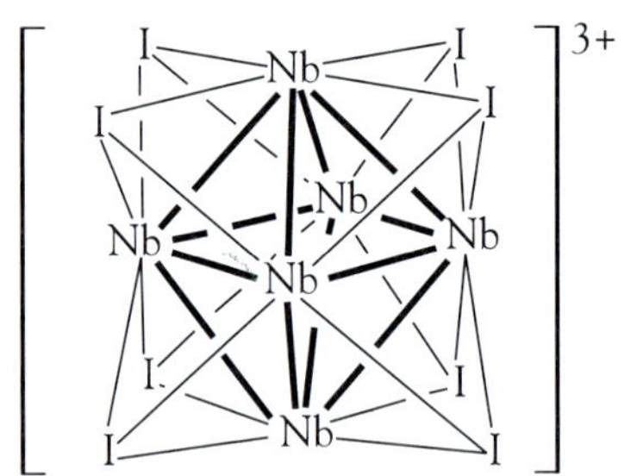

21.27 $[Nb_6Br_{18}]^{4-}$ 이온과 아자이드(azide) 이온이 반응하면 $[Nb_6Br_{12}(N_3)_6]^{4-}$가 생긴다. 6개의 브로민화 이온만 치환되는 이유를 설명하시오. 아자이드 이온의 역할은 무엇인가?

21.28 Re_3Cl_9 화합물(그림 21.1)로부터 $[Re_3Cl_{12}]^{3-}$ 이온을 합성할 수 있다. 첨가되는 염화 이온의 결합이 생기는 곳은 어디인가? 이러한 예측에 대한 이유를 설명하시오.

12족 원소

22장

12족 원소는 전이 원소 계열의 맨 끝에 위치하지만, 주족 원소와 비슷한 행동을 한다. 아연은 12족 원소들 중에서 화학이나 생화학적으로 가장 자주 접하게 되는 원소이다.

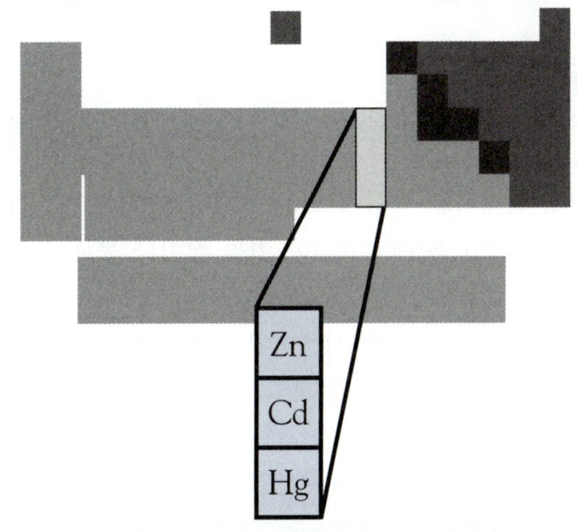

컨텍스트: 태양광 차단을 위한 금속 산화물

최근 들어 자외선이 피부에 상당히 해로운 영향을 끼친다는 것이 알려짐에 따라 일광욕용 침대에 누워 일광욕을 즐기며 피부를 태우는 풍경은 점차 사라지고 있다. 그러나 UV 복사에 대해 잘못 알려진 사실이 많다. 첫째 모든 UV 복사가 동일한 성질을 갖는 것은 아니다. 과학자들은 스펙트럼의 UV 영역을 세 부분으로 세분한다. 가시광선 영역의 가장자리로부터 시작하여 UVA(약 400 ~ 315 nm), UVB(약 315 ~ 280 nm), UVC(약 280 ~ 100 nm)이다. 다음 그림은 지구의 오존층에 의해 차단되는 것은 UVC뿐이고, 가장 깊이 침투하여 세포를 파괴하는 것은 UVA임을 보여 준다.

유기 화합물을 포함하는 대부분의 태양광 차단 제품들은 UVB만 차단한다. 많은 사람들은 UVB만 차단하면 충분한 것으로 생각하지만 잘못된 생각이다. UVB 차단은 피부 홍조 현상은 막아주지만 UVA는 피부 깊숙한 곳까지 계속 침투되어 오랫동안 해를 입힌다. UVA와 UVB를 모두 막아주는 것은 3d 계열의 양쪽 끝에 있는 두 원소의 산화물인 산화 아연, ZnO(22.2절 참조)와 산화 타이타늄(IV), TiO_2이다(20.2절 참조). 이들 산화물

피부에 대한 UVA, UVB, UVC의 상대적인 침투 능력

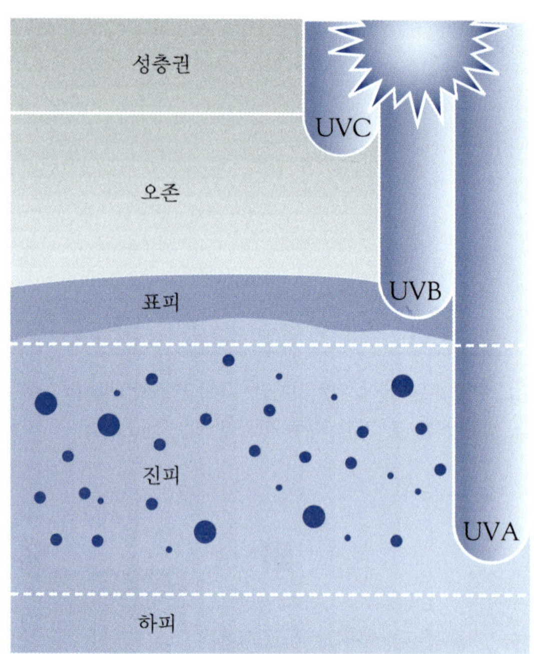

은 모두 밝은 흰색이며, 안정하고 독성이 없는 고체인데, 자외선을 매우 효과적으로 산란시키고(굴절률이 높기 때문에) 흡수한다(전하 이동 전이를 통해). 산화 아연은 UVB보다는 UVA 영역에 더 효과적이다(아래 그림 참조). 따라서 두 산화물을 함께 사용하는 것이 더 바람직하다. 과거에는 큰 결정을 사용하였기 때문에 바르고 나면 하얗게 보였지만 지금은 나노 크기의 입자를 활용할 수 있게 됨에 따라 무색의 서스펜션이 형성된다.

22.1 족의 경향성

이 족의 금속들은 겉보기에는 전이 금속에 속하지만, 화학적 성질은 전이 금속과는 다르다. 예를 들면, 아연과 카드뮴의 녹는점은 각각 419°C와 321°C로 대부분의 전이 금속의 녹는점인 1000°C보다 훨씬 더 낮다. 실온에서 수은이 액체인 이유는 상대론적 전자 효

파장에 따른 산화 아연과 산화 타이타늄(IV)의 흡광도 비교

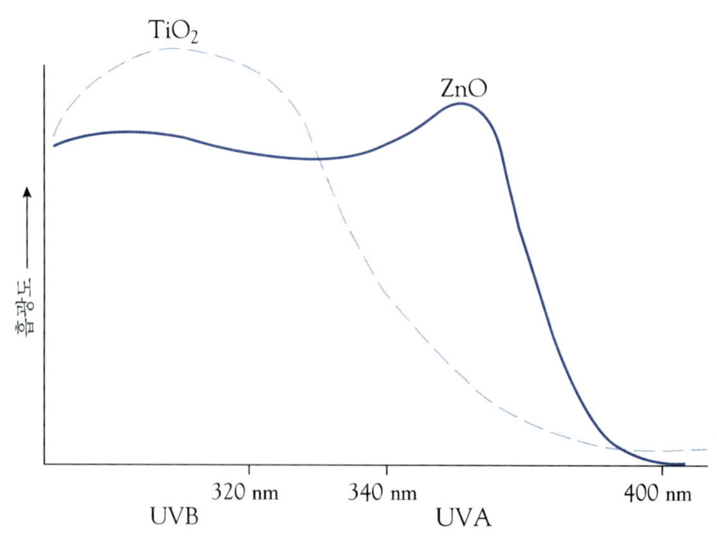

과로 설명할 수 있다. 즉, 바깥쪽 오비탈의 수축은 수은을 액체처럼 행동하게 만든다.

12족 원소들은 모든 화합물에서 차 있는 d 오비탈을 가지기 때문에, 주족 금속으로 간주하는 것이 더 편리하다. 이러한 성격 규정은 음이온이 색을 띠는 경우를 제외하고는 대부분의 12족 금속 화합물이 흰색이라는 사실과 잘 일치한다. 아연과 카드뮴은 화학적 행동이 매우 비슷하고, 간단한 화합물에서는 모두 +2의 산화수를 갖는다. 수은은 +1과 +2의 산화수를 가질 수 있다. 그러나 Hg^+는 존재하지 않고, 대신 Hg_2^{2+}가 생긴다. 12족 원소와 전이 금속 간의 유사성은 오직 암모니아, 사이안화 이온 및 할로젠화 이온과 같은 특정한 리간드와의 착물 형성에서만 나타난다. 모든 12족 금속, 특히 수은은 이온 결합성 화합물보다는 공유 결합성 화합물을 형성한다.

9.4절에서 설명한 것처럼, 망가니즈와 아연(n과 $n + 10$ 관련성)의 화학 간에는 강한 유사성이 있다. 또한 Zn(II)와 Sn(II), 그리고 Cd(II)와 Pb(II) 간에는 체스의 '기사의 이동' 관계가 있음을 9.6절에서 설명하였다.

예제 22.1

이 장의 서두 '컨텍스트'에서, 산화 아연은 전하 이동 흡수 때문에 UV 차단제로 작용함을 언급하였다. 이 과정에 대한 반응식을 쓰시오.

해답

20.5절(또는 다른 부분)에서, 산화 이온으로부터 금속 이온으로의 전자 이동에 의해 에너지가 흡수될 수 있음을 설명하였다. 따라서 산화 아연 결정에서 이 과정은 아래와 같아야 한다.

$$Zn^{2+} — O^{2-} + \text{uv-}h\nu \rightarrow Zn^{+} — O^{-}$$

(그런 다음 에너지는 열 진동에 의해 사라지게 될 것이다).

예제 22.2

나중에 논의하게 될 것처럼, 모든 12족 금속들은 금속의 황화물로 자연계에 존재한다. 오직 한 가지 원소만이 금속의 탄산염, MCO_3로도 존재할 수 있다. 이 금속 M을 규정하시오.

해답

7.6절에서 논의한 것처럼, 황화물은 매우 무른 굳은-무른 산-염기(HSAB)인데, 탄산 이온은 더 굳은 염기이다. 수은은 무른 HSAB 산이기 때문에 보통의 탄산염으로 존재할 가능성이 가장 낮다. 역으로 아연은 HSAB 산 성질이 가장 경계에 있게 될 것이기 때문에 탄산염 광물을 형성할 가능성이 가장 높다. 그러므로 M은 아연이 되어야 한다(실제로 그렇다).

22.2 아연과 카드뮴

이들 두 무른 금속은 화학적인 반응성이 뛰어나다. 예를 들면, 아연은 묽은 산과 반응하여 아연 이온을 만든다.

$$Zn(s) + 2\,H^{+}(aq) \rightarrow Zn^{2+}(aq) + H_2(g)$$

아연은 염소 기체하에서 조금만 가열하면 격렬히 반응한다.

$$Zn(s) + Cl_2(g) \rightarrow ZnCl_2(g)$$

아연의 추출

아연의 주요 출처는 황화 아연, ZnS인데, 이 광석은 섬아연광(sphalerite 또는 zinc blende)이라고 하며, 전형적인 사면체 이온성 격자 구조를 갖는다(5.3절 참조). 섬아연광은 호주, 캐나다와 미국에서 채광된다.

아연 추출의 첫 번째 단계는 대기 중에서 황화 아연을 약 800°C로 **가열**(*roasting*)하여 산화 아연으로 변환시키는 것이다.

$$2\,ZnS(s) + 3\,O_2(g) \xrightarrow{\Delta} 2\,ZnO(s) + 2\,SO_2(g)$$

그런 다음 코크스를 사용하여 산화 금속을 금속으로 환원시킨다.

$$ZnO(s) + C(s) \xrightarrow{\Delta} Zn(s) + CO(g)$$

뜨거운 기체 상태의 아연 금속은 용융 납을 뿌려줌으로써 빠르게 냉각된다. 그런 다음 이 두 금속은 액체 금속이 섞이지 않기 때문에 쉽게 분리된다. 아연(밀도 $7\ g \cdot cm^{-3}$)은 납(밀도 $11\ g \cdot cm^{-3}$) 위에 떠 있게 되고, 납은 재활용된다.

아연은 철에 코팅시켜 부식을 방지하는 데 주로 사용된다. 이 과정을 **도금**(*galvanizing*)이라고 하는데, 이 용어로부터 이 과정의 전기 화학적 성질을 짐작할 수 있다. 실제로 아연은 예상하는 것만큼 반응성이 크지 않다. 이는 습기가 많은 대기에서 아연이 보호막을 형성하기 때문이다. 이 막은 원래는 산화물이지만, 시간이 지나면 염기성 탄산염, $Zn_2(OH)_2CO_3$가 생성된다. 아연 도금의 장점은 철이 부분적으로 대기 중에 노출되더라도 아연이 철보다 먼저 산화된다는 것이다. 이것은 아연의 환원 전위가 철보다 더 음의 값을 가지기 때문에 나타나는 현상이며, 아연은 소모성 산화 전극으로 작용한다.

$$Zn(s) \rightarrow Zn^{2+}(aq) + 2\,e^{-} \qquad E^{\ominus} = +0.76\ V$$

$$Fe^{2+}(aq) + 2\,e^{-} \rightarrow Fe(s) \qquad E^{\ominus} = -0.44\ V$$

아연 이온의 반응

대부분의 아연염은 물에 녹아 무색의 헥사아쿠아아연(II) 이온, $[Zn(OH_2)_6]^{2+}$를 만든다. 고체 염은 결정수를 포함하는 경우가 많다. 예를 들면, 마그네슘과 코발트(II)의 염처럼 질산염은 육수화물이고, 황산염은 칠수화물이다. 황산염 칠수화물의 구조는 $[Zn(OH_2)_6]^{2+}[SO_4 \cdot H_2O]^{2-}$

이다.

아연 이온은 d^{10} 전자 배치를 가지므로 결정장 안정화 에너지가 없다. 따라서 아연 이온이 팔면체 구조를 가질 것인지 사면체 구조를 취할 것인지는 음이온의 크기와 전하에 의해 결정된다. 아연염의 용액은 알루미늄이나 철(III)처럼 여러 단계의 가수분해 반응을 일으키기 때문에 산성이다.

$$[Zn(OH_2)_6]^{2+}(aq) \rightleftharpoons H_3O^+(aq) + [Zn(OH)(OH_2)_3]^+(aq) + H_2O(l)$$

수산화 이온을 첨가하면 흰색의 젤라틴 형태의 침전인 수산화 아연, $Zn(OH)_2$가 생긴다.

$$Zn^{2+}(aq) + 2\,OH^-(aq) \rightarrow Zn(OH)_2(s)$$

과량의 수산화 이온을 가하면 가용성인 테트라하이드록사이도아연(II)산[tetrahydroxidozincate(II)] 이온, $[Zn(OH)_4]^{2-}$가 생긴다.

$$Zn(OH)_2(s) + 2\,OH^-(aq) \rightarrow [Zn(OH)_4]^{2-}(aq)$$

수산화 아연은 암모니아와 반응하여 테트라암민아연(II) 이온, $[Zn(NH_3)_4]^{2+}$를 만든다.

$$Zn(OH)_2(s) + 4\,NH_3(aq) \rightarrow [Zn(NH_3)_4]^{2+}(aq) + 2\,OH^-(aq)$$

염화 아연

염화 아연은 가장 널리 사용되는 아연 화합물이다. 염화 아연은 이수화물 형태의 $Zn(OH_2)_2Cl_2$와 무수 염화 아연의 형태로 얻을 수 있다. 무수 염화 아연은 조해성이 강하며, 물에 매우 잘 녹는다. 또한 에탄올이나 아세톤 등의 유기 용매에도 녹는데, 이 성질은 염화 아연의 결합이 공유 결합성임을 의미하는 것이다.

염화 아연은 땜납의 융제와 목재의 방부제로 사용된다. 두 가지 용도 모두 화합물의 Lewis 산으로서의 기능에 의존한다. 납땜을 할 때에는 표면에 생긴 산화막을 제거하여야 한다. 그렇지 않으면 땜납은 표면에 붙지 않는다. 275°C 이상에서 염화 아연은 녹는데, 이때 염화 아연은 산화 이온과의 공유 결합을 통한 착물을 형성하므로 표면의 산화막이 제거된다. 따라서 땜납은 깨끗한 금속의 표면에 부착되게 된다. 목재에서 염화 아연은 셀룰로스 분자의 산소 원자와 공유 결합을 형성한다. 그 결과 목재는 유기체에 대해 독성을 갖는 염화 아연층으로 코팅된다.

산화 아연

아연을 공기 중에서 태우거나 탄산염을 열분해시키면 산화 아연을 얻을 수 있다.

$$2\,Zn(s) + O_2(g) \xrightarrow{\Delta} 2\,ZnO(s)$$

$$ZnCO_3(s) \xrightarrow{\Delta} ZnO(s) + CO_2(g)$$

결정에서 각 아연 원자는 4개의 산소 원자에 의해 사면체 형태로 둘러싸여 있고, 각 산소 원자는 4개의 아연 원자와 사면체 구조를 유지하고 있다. 다른 흰색의 금속 산화물과는 달리 산화 아연을 가열하면 노란색을 띤다. 온도에 따른 가역적인 색깔 변화를 **열변색성**(*thermochromism*)이라고 한다. 산화 아연의 색깔 변화는 결정 격자로부터 산소 원자의 일부가 빠져 나와서 결정이 여분의 음전하를 띠기 때문에 생긴다. 이 여분의 음전하(전자들)는 전위차를 걸어주면 격자를 통해 움직일 수 있다. 따라서 산화 아연 격자는 반도체이다. 산화 아연을 냉각시키면 가열하는 동안 빠져나갔던 산소가 결정으로 돌아오기 때문에 다시 흰색이 된다.

산화 아연은 가장 중요한 아연 화합물이다. 산화 아연은 흰색 안료, 고무의 충전재 및 여러 가지 유약, 에나멜, 항생 연고의 성분으로 사용된다. 산화 크로뮴(III)과 섞어서 합성 기체로부터 메탄올을 제조할 때의 촉매로 사용되기도 한다.

예제 22.3

아연과 마그네슘은 (n)과 ($n + 10$) 관계로 연관된다. 그러나 아연 이온과는 달리, 마그네슘 이온은 그다지 많은 분리될 수 있는 착물을 형성하지 않는다. 그 이유를 설명하시오.

해답

두 이온 간의 근본적인 차이는 마그네슘 이온이 비활성 기체 전자 배치를 갖는 것에 비해 아연 이온은 d^{10} 배치가 추가된다는 것이다. Fajans의 세 번째 규칙에 따르면, d 오비탈에 있는 전자는 더 많이 편극될 수 있기 때문에 결합에서 공유성을 훨씬 더 선호하게 된다. 따라서 착물이 형성된다.

황화 카드뮴

카드뮴 화합물 중에서 상업적인 측면에서 유일하게 중요한 화합물은 황화 카드뮴, CdS 이다. 황화 아연은 12족 화합물의 전형적인 흰색을 띠지만, 황화 카드뮴은 짙은 노란색을 띠기 때문에 안료로 사용된다. 황화 카드뮴은 실험실에서나 공업적으로나 모두 같은 방법으로 제조되며, 황화 이온을 카드뮴 이온에 가해 준다.

$$Cd^{2+}(aq) + S^{2-}(aq) \rightarrow CdS(s)$$

카드뮴 화합물은 독성이 높지만, 황화 카드뮴은 불용성이기 때문에 해가 거의 없다.

NiCad 전지

카드뮴의 가장 중요한 용도는 재충전용 NiCad 전지이다. 이 전지를 사용하는 동안 카드뮴은 수산화 카드뮴으로 산화되고, 니켈은 수산화 산화 니켈(III), NiO(OH)의 +3의 특별한 산화 상태로부터 보통의 산화 상태인 수산화 니켈(II)의 +2로 환원된다. 전해질은 수산화 이온이다.

$$Cd(s) + 2\,OH^-(aq) \rightarrow Cd(OH)_2(s) + 2\,e^-$$
$$2\,NiO(OH)(s) + 2\,H_2O(l) + 2\,e^- \rightarrow 2\,Ni(OH)_2(s) + 2\,OH^-(aq)$$

충전 과정에서는 이 반응들의 역반응이 일어난다. 이들 반응 물질을 사용하는 데에는 두 가지 주된 이유가 있다. 즉, 니켈(III)은 염기성에서만 안정하고 수산화물은 불용성이기 때문에, 니켈(III) 이온은 금속 표면에서 그다지 멀리 이동할 수 없어서 금속 표면에서 역반응이 쉽게 일어나게 할 수 있다. 이 전지의 중요한 문제점은 독성을 가진 카드뮴의 폐기인데, 재활용을 위해 반드시 수거되는 것이 중요하다.

22.3 수은

모든 금속 결합 중 가장 약한 결합을 갖는 수은은 20°C에서도 액체인 금속이다. 이 약한 결합 때문에 수은은 실온에서도 높은 증기압을 갖는다. 독성을 갖는 수은 증기는 폐를 통해 흡수되기 때문에, 깨진 수은 온도계로부터 흘러나온 수은 방울은 오래된 실험실에 존재하는 가장 해로운 물질 중 하나이다. 수은은 밀도($13.5\ g \cdot cm^{-3}$)가 높은 액체이며, −39°C에서 얼고 357°C에서 끓는다.

수은의 추출

유일한 수은 원광석은 진사 광석(mineral cinnabar)인 황화 수은(II), HgS이다(자유 액체 금속으로 발견되는 경우도 있음). 스페인과 이탈리아의 탄광에서 전 세계 수은의 3/4을 공급한다. 대부분의 수은 원광석은 1% 이하의 황화 수은을 함유하고 있기 때문에 수은은 비싼 금속이다. 황화 수은 광석을 공기 중에서 가열하면 쉽게 수은을 추출할 수 있다. 수은 증기를 모아 액체 금속으로 응축시킨다.

$$HgS(s) + O_2(g) \xrightarrow{\Delta} Hg(l) + SO_2(g)$$

수은은 온도계, 기압계, 전기 스위치, 수은 아크등에 사용된다. 수은에 다른 금속을 녹인 용액을 **아말감**(*amalgam*)이라고 한다. 소듐 아말감과 아연 아말감은 실험실에서 환원제로 사용된다. 그리고 아말감 중에서 가장 널리 사용되는 아말감은 은, 주석, 구리 등의 한 가지 이상의 금속을 수은과 섞어 놓은 치과 아말감인데, 손상된 치아의 구멍을 채우는 데 사용된다. 이 아말감은 여러 가지 이유로 치과 치료에 적합하다. 즉, 치과 아말감은 아말감의 형태로 약간 확장되기 때문에 구멍에 채워진 후 주위의 물질에 잘 고정시킬 수 있으며, 이빨로 음식을 씹을 때의 압력으로는 쉽게 부서지지 않는다. 또한 열에 의해 거의 확장되지 않기 때문에 뜨거운 음식에 닿더라도 늘어나지 않아서 주위의 치아를 균열시키지 않는다. 전체 소비량에 비추어 볼 때 수은 화합물은 주로 농업과 원예업 분야에 사용된다. 예를 들어 유기수은 화합물은 살충제와 목재의 방부제로 사용된다.

수은(II) 화합물

근본적으로 모든 수은 화합물은 공유 결합을 형성한다. 질산 수은(II)은 Hg^{2+} 이온을 함유한다고 믿어지는 몇 안 되는 화합물 중 하나이다. 또한 물에 녹는 몇 안 되는 수은 화합물 중의 하나이다.

염화 수은(II)은 수은과 염소 기체를 섞어주면 생긴다.

$$Hg(l) + Cl_2(g) \rightarrow HgCl_2(s)$$

이 화합물은 따뜻한 물에 녹지만, 용액에서 이온이 아닌 $HgCl_2$ 분자로 존재하기 때문에 비전기 전도성 행동을 나타낸다. 염화 수은(II) 용액에 염화 주석(II) 용액을 가하면 흰색의 불용성인 염화 수은(I)으로 쉽게 환원되며, 이어서 검은색의 수은 금속으로 환원된다. 이 과정은 수은(II) 이온의 존재를 시험하는 편리한 방법이다.

$$2\,HgCl_2(aq) + SnCl_2(aq) \rightarrow SnCl_4(aq) + Hg_2Cl_2(s)$$
$$Hg_2Cl_2(s) + SnCl_2(aq) \rightarrow SnCl_4(aq) + 2\,Hg(l)$$

산화 수은(II)은 열적으로 불안정하여 강하게 가열하면 수은과 산소 기체로 분해된다.

$$2\,HgO(s) \xrightarrow{\Delta} 2\,Hg(l) + O_2(g)$$

이 분해가 일어나면 붉은색 가루인 산화 수은(II)이 사라지고 용기의 냉각된 부분에서 은색의 금속 수은 방울이 생기는 흥미로운 장면이 연출된다. 그러나 이 반응은 상당한 양의 금속 수은 증기를 발생시키기 때문에 매우 유독한 반응이다. 이 실험은 Joseph Priestley가 순수한 산소 기체를 처음으로 만들었을 때 사용했던 반응이므로 역사적인 의미가 있다.

수은(I) 화합물

수은의 재미난 특징은 두 수은 원자가 단일 공유 결합에 의해 $[Hg-Hg]^{2+}$ 이온을 형성한다는 것이다. 즉, 수은(I) 이온을 포함하는 화합물은 알려진 것이 없다.

염화 수은(I), Hg_2Cl_2와 질산 수은(I), $Hg_2(NO_3)_2$는 알려져 있지만, 황화물 등의 일상적인 다른 음이온의 화합물은 아직까지 합성된 바가 없다. 여기에 대한 이유를 이해하기 위해서는 불균등화 평형을 살펴보아야 한다.

$$Hg_2^{2+}(aq) \rightleftharpoons Hg(l) + Hg^{2+}(aq)$$

이 평형의 평형 상수 K_{dis}는 25°C에서 약 6×10^{-3}이다. 낮은 평형 상수값은 보통의 조건에서 수은(I)이 수은(II)과 금속 수은으로 되는 불균등화 반응이 일어나기는 어렵다는 것을 의미한다. 그러나 황화 이온 등의 음이온은 수은(II) 이온과 불용성 화합물을 형성한다.

$$Hg^{2+}(aq) + S^{2-}(aq) \rightarrow HgS(s)$$

이 침전 때문에 불균등 평형은 오른쪽으로 이동된다. 그 결과, 수은(I) 이온과 황화 이온 간의 전체 반응은 다음과 같이 된다.

$$Hg_2^{2+}(aq) + S^{2-}(aq) \rightarrow Hg(l) + HgS(s)$$

보청기와 같이 소형 전지가 필요한 경우에는 수은 전지가 사용된다. 이 전지에서도 아연이 산화 전극이고, 전기 전도성 흑연과 혼합된 산화 수은(II)은 환원 전극이다. 아연은 수산화 아연으로 산화되고, 산화 수은(II)은 수은 금속으로 환원된다.

$$Zn(s) + 2\,OH^-(aq) \rightarrow Zn(OH)_2(s) + 2\,e^-$$

$$HgO(s) + H_2O(l) + 2\,e^- \rightarrow Hg(l) + 2\,OH^-(aq)$$

전해질의 농도는 일정하게 유지되므로 안정된 전지 전위를 제공할 수 있다.

플루오린화 수은(IV)

3장에서 매우 낮은 온도에서만 합성될 수 있는 분자와 약간만 데워도 분해하는 분자들을 포함하는 일시적인 화학종을 다루었다. 이러한 화합물 중의 한 가지가 플루오린화 수은(IV), HgF_4이다. 이 화합물은 4 K에서 소량이 합성되었다고 주장되고 있다. 이 특별한 화합물에서 수은(IV)은 불완전한 d 전자 세트를 갖는 전이 금속처럼 행동하는데, 전자 배치는 이리듐(I), 백금(II), 금(III)과 등전자인 $[Xe]4f^{14}5d^8$이다. HgF_4 화합물은 사각 평면이고 금(III) 이온, $[AuF_4]^-$와 등전자(및 등구조)이다. 극한적인 조건하에서 이러한 화합물이 존재한다는 것은 전이 금속 경계를 옮겨야 할 정도로 심각한 것은 아니다. 현실적인 조건하에서 모든 수은의 화학을 고려해 보면 이 원소는 여전히 주족 금속처럼 행동한다.

22.4 생물학적 특성

12족 원소는 한 가지 필수 원소와 두 가지의 독성이 매우 강한 원소를 포함한다.

아연의 필수성

미량 필수 원소들 중에서 아연은 철 다음의 두 번째로 중요한 원소이다. 전 세계적으로 아연의 부족은 가장 흔하게 나타나는 토양 결핍 현상이다. 콩, 감귤류, 커피, 쌀은 가장 아연 결핍이 나타나기 쉬운 농산물이다.

아연은 동물의 필수 원소이다. 생명체에서 200개 이상의 아연 효소가 규명되었고, 이들의 역할도 밝혀졌다. 아연 효소는 모든 가능한 형태의 효소 작용을 거의 다 하고 있지만, 그 중에서 대표적인 효소 작용은 가수분해이다. 아연을 함유하는 가수분해 효소는 P−O−P, P−O−C, C−O−C 결합의 가수분해 반응에 대해 촉매 작용을 한다. 이와 같은 아연 효소의 기능을 통해 짐작해 보면, 아연은 일상적인 식생활에 가장 중요한 역할을 하는 원소 중의 하나임을 이해할 수 있다. 서양 인구 중 약 $\frac{1}{3}$이 아연 결핍 때문에 고통을 받고 있다고 추정되고 있다. 아연 결핍은 생명에 위협을 주는 정도는 아니지만 피로, 무기력증 등을 유발하며, 질병에 대한 저항력을 약화시킨다.

아연이 산화-환원 작용을 할 수 없음에도 불구하고 이처럼 유용한 이온이 되는 이유는 다음과 같이 여러 가지가 있다.

1. 아연은 환경에 폭넓게 활용된다.
2. 아연 이온은 센 Lewis 산이기 때문에 아연은 효소에서 Lewis 산으로 작용한다.
3. 다른 금속과는 달리, 아연은 대부분의 아연 효소에서 사면체 기하 구조를 선호한다. 5- 또는 6-배위체도 가능하므로, 이들 배위수를 갖는 전이 상태의 형성이 가능하다.
4. 아연 이온은 d^{10} 전자 배치를 갖기 때문에 다른 전이 금속처럼 기하 구조와 관련된 결정장 안정화 에너지가 없다. 따라서 아연 주위의 환경은 정확한 사면체 구조로부터 일그러질 수 있기 때문에, 그 기능을 위해 필요한 정밀한 결합각을 에너지 손실 없이

만들 수 있다.

5. 생물학적 전위에서 아연 이온은 산화-환원 변화를 전혀 일으키지 않는다. 따라서 아연 이온의 역할이 유기체의 산화-환원 전위의 변화에 따라 영향을 받을 수 없다.
6. 아연 이온은 리간드 교환 속도가 빠르기 때문에 효소에서 작용하기 쉽다.

카드뮴의 독성

카드뮴은 식품에 존재하고 허용치에 근접하는 수준으로 일상적으로 섭취하는 독성 원소이다. 카드뮴에 가장 민감한 신체 기관은 콩팥이며, 약 200 ppm의 농도에 이르면 손상을 입는다. 흡연자들은 담배를 피울 때 상당한 양의 카드뮴을 흡입하게 된다.

공산품에서 배출되는 카드뮴의 양도 상당하다. 특히 니켈-카드뮴 전지는 폐기물 처리가 중요한 문제로 대두되고 있다. 많은 전지 생산 회사는 카드뮴 금속을 안전하게 재활용할 수 있게 하기 위하여, 사용한 NiCad 전지를 다시 회수하고 있다. 일본에서는 카드뮴으로 오염된 물 때문에 카드뮴 중독 사건이 발생하였다. 그 결과로 뼈의 퇴화가 일어나는 고통스런 이 질병을 **이타이-이타이**(*itai-itai*, 아프다-아프다) 병이라 부른다.

수은의 여러 가지 독성

앞에서 언급한 것처럼 수은은 증기압이 높기 때문에 유독하다. 수은 증기는 폐에 흡수되어 피에 녹아 들어간 후 뇌로 운반되어 중추 신경계에 치명적인 해를 미치게 된다. 수은은 금속 결합이 아주 약하기 때문에 물에 소량이 녹을 수 있다. 북미에서는 강 근처에 위치한 염소-알칼리 전해 공장에서 흘러나온 수은이 강으로 흘러 들어가기 때문에 심각한 환경오염을 일으키고 있다.

수은의 무기 화합물은 용해도가 높지 않기 때문에 심각한 문제가 되지 않는다. 한때, 수은 이온 용액은 모자 제조에 쓰이는 동물 털의 처리에 사용되기도 했었다. 공장 근로자들이 수은 중독에 걸릴 가능성이 높은 이 병의 증상은 Mad Hatter가 쓴 책인 **이상한 나라의** Alice(*Alice in Wonderland*)의 소재가 되었다. 23장에서 알게 되겠지만, 가장 해로운 화합물은 비극성이고 공유 결합을 하고 있는 유기금속 화합물, $Hg(CH_3)_2$이다.

22.5 원소 반응 경로도

반응 경로도는 아연에 관한 것만 나타내었다. 구리의 반응 경로도와 유사함을 알 수 있다(20.10절 참조).

$$Zn \underset{H^+}{\overset{+e^-}{\rightleftarrows}} [Zn(OH_2)_6]^{2+} \underset{OH^-}{\overset{H^+}{\rightleftarrows}} Zn(OH)_2 \underset{OH^-}{\overset{H^+}{\rightleftarrows}} [Zn(OH)_4]^{2-}$$

$$[Zn(OH_2)_6]^{2+} \xrightarrow{NH_3} [Zn(NH_3)_4]^{2+}$$

$$ZnO \xrightarrow{H^+} [Zn(OH_2)_6]^{2+}$$

$$Zn(OH)_2 \xrightarrow{\Delta} ZnO$$

$$ZnCO_3 \xrightarrow{\Delta} ZnO$$

핵심개념

- 아연과 카드뮴의 화학적 성질은 비슷하지만, 수은은 전혀 다르다.
- 모든 아연 화합물은 +2의 산화 상태로 존재한다.
- 수은은 +2와 +1(Hg_2^{2+}) 산화 상태로 존재한다.
- 아연은 필수 원소이고, 카드뮴과 수은은 모두 독성이 강하다.

연습문제

22.1 다음 화학 반응식의 균형을 맞추시오.
(a) 아연 금속과 액체 브로민의 반응
(b) 고체 탄산 아연의 가열

22.2 다음 화학 반응식의 균형을 맞추시오.
(a) 수용액에서 아연 이온과 암모니아의 반응
(b) 공기 중에서 황화 수은(II)의 가열

22.3 아연 금속으로부터 탄산 아연을 제조하는 두 단계 반응 과정을 제시하시오.

22.4 12족 원소를 전이 금속과 분리하는 이유를 간단히 설명하시오.

22.5 다음 금속들의 성질을 비교하여 설명하시오.
(a) 아연과 마그네슘 (b) 아연과 알루미늄

22.6 같은 족에 속한 금속들은 대개 매우 비슷한 화학적 성질을 갖는다. 이러한 기준으로 아연과 수은을 비교하여 설명하시오.

22.7 NiCad 전지의 충전 과정에 대한 두 반쪽 반응을 쓰시오.

22.8 황화 카드뮴은 황화 아연(섬유아연석과 섬아연광) 구조를 취하지만 산화 카드뮴은 염화 소듐 구조를 갖는다. 이 차이를 설명하시오.

22.9 예전에는 카드뮴으로 코팅된 종이 클립을 많이 사용하였다. 이 카드뮴 클립이 사용되었던 이유와 그 사용이 중지된 이유를 설명하시오.

22.10 칼슘(2족)과 카드뮴(12족)의 화학적 성질을 비교하시오.

22.11 원소 반응 경로도의 각 반응에 대해 균형 맞춘 화학 반응식을 쓰시오(22.5절 참조).

응용문제

22.12 카드뮴 이온, Cd^{2+}와 황화 이온, S^{2-} 모두는 색을 띠지 않는다. 황화 카드뮴이 색을 띠는 이유를 설명하시오.

22.13 셀레늄화 수은(I)이 존재하지 않는 이유를 설명하시오.

22.14 아이오딘화 수은(II)은 물에 녹지 않지만 아이오딘화 포타슘 용액에는 녹아서 2가 음이온 화학종을 만든다. 이 음이온의 화학식을 쓰시오.

22.15 공업적으로 아연을 추출할 때 아연 증기를 냉각시켜 액화시키는 과정에 용융 납이 사용된다. 용융 아연과 용융 납은 섞이지 않기 때문에 쉽게 분리할 수 있다. 두 금속이 서로 섞이지 않는 이유를 설명하시오.

22.16 '카드뮴 노랑'의 페인트 희석제를 만들려고 한다. 이를 위해 '백납(white lead)', $Pb_3(CO_3)_2(OH)_2$를 사용하는 것은 좋지 않은 방법이다. 그 이유를 설명하시오.

22.17 수은(II)이 다이메틸설폭사이드(dimethylsulfoxide), $(CH_3)_2SO$와 착물을 형성할 때 주개 원자는 황과 산소 중 어느 것이 될지를 지적하고, 그 이유를 설명하시오.

22.18 수은의 광석은 황화 수은(II)밖에 없지만, 아연은 황화물과 탄산염 형태로 발견된다. 그 이유를 설명하시오.

22.19 액체 암모니아의 산-염기 반응은 수용액의 산-염기 반응과 비슷하다. 이것을 근거로 다음에 대한 균형 맞춘 화학 반응식을 쓰시오.
(a) 액체 암모니아에서 아마이드화 아연, $Zn(NH_2)_2$와 암모늄 이온과의 반응
(b) 액체 암모니아에서 아마이드화 아연과 아마이드 이온, NH_2^-와의 반응

22.20 화합물 (A)의 +2가 금속 이온은 물에 녹아 무색의 용액이 된다. 이 용액에 수산화 이온을 가하면 처음에는 젤라틴 형태의 흰색 침전 (B)가 생기지만, 수산화 이온을 과량으로 가하면 이 침전은 다시 녹아 착이온 (C)의 무색 용액으로 된다. 침전 (B)에 진한 암모니아 용액을 가하면 착이온 (D)의 무색 용액이 된다. 화합물 (A)의 용액에 황화 이온을 가하면 용해도가 매우 낮은 흰색 침전 (E)가 생긴다. 화합물 (A)의 용액에 은 이온을 가하면 노란색 침전 (F)가 생긴다. (A)의 용액에 브로민 수용액을 가하면 검정색 고체 (G)가 생기고, 이 (G)를 유기 용매로 추출하면 자주색 용액이 된다. 고체 (G)는 싸이오황산 이온과 반응하여 이온 (H)와 (I)를 포함하는 무색 용액이 되며, (I)는 산소산 음이온이다.

(A)에서 (I)까지의 화학종을 밝히고 각 반응에 대한 균형을 맞춘 화학 반응식을 쓰시오.

22.21 산화 아연과 염화 아연 중에서 녹는점이 더 높은 화학종을 고르고, 그 이유를 설명하시오.

22.22 약 400°C 이상에서 다음 반응의 자유 에너지, ΔG는 음의 값에서 양의 값으로 바뀐다. 이 현상이 일어나는 이유를 설명하시오.

$$Hg(l) + \frac{1}{2} O_2(g) \rightarrow HgO(s)$$

22.23 아연 이온의 중성 용액에 황화 수소를 기포 형태로 첨가하면 황화 아연이 침전된다. 그러나 산성 용액에서는 침전이 생기지 않는다. 그 이유를 설명하시오.

22.24 $Hg(l)$, $Hg(CH_3)_2(l)$, $HgCl_2(aq)$, $HgS(s)$는 건강에 대한 유해도가 각기 다르다. 다음은 이들 중 어느 형태를 섭취한 경우인가?

(a) 소화되기 위해서는 물질이 반드시 수용성이나 지용성이 되어야 하기 때문에 소화기 계통을 아무런 변화 없이 통과할 것이다.

(b) 신장에서 가장 쉽게 제거될 것이다.

(c) 피부를 통해 흡수되어 가장 큰 해를 입힐 것이다.

(d) 혈액으로부터 비극성인 뇌 조직으로 가장 쉽게 통과할 것이다.

(e) 호흡에 의해 폐에 흡수될 것이다.

유기금속 화학

23장

화학 분야에서 세계적으로 이루어지는 연구발표의 대략 절반은 유기금속 화합물에 관한 것이다. 무기 화학과 유기 화학을 연결해 주는 이 분야는 21세기를 통해 중요성이 계속 증가될 것이다. 유기금속학은 경제적으로도 중요한 역할을 담당하고 있는데, 상위 30위 내의 세계적인 화학 약품 중 약 10개 정도가 유기금속 촉매를 사용하여 제조되고 있다.

컨텍스트: 다이메틸수은의 치명적인 독성

많은 유기금속 화합물은 독성이 높다. 예를 들면, 테트라카보닐니켈(0)[tetracarbonylnickel(0)]은 '액체 사신(死神)'이라고 한다. 따라서 유기금속 화학자들은 안전에 각별히 유의하고 있지만, 이들조차도 유기금속 화합물의 위해성을 과소평가하는 경우가 많다. 다이메틸수은은 독성이 매우 강한 물질로 알려져 있으며, 이 화합물을 처음으로 합성한 두 영국 화학자들 모두 수은 중독으로 사망하였다. 그런데도 이 화합물의 극단적인 독성을 깨달은 사람은 아무도 없었다.

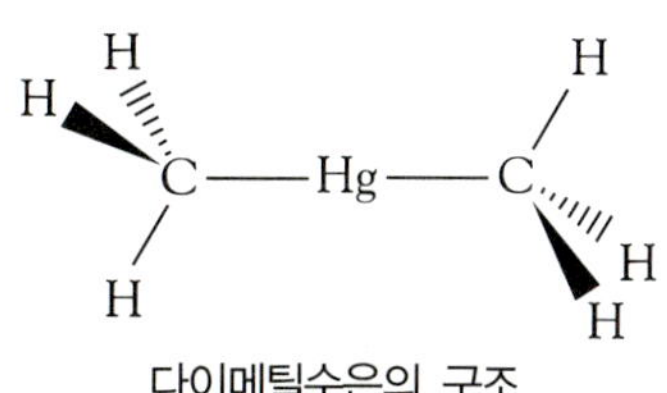

다이메틸수은의 구조

1996년 8월 14일, 뉴햄프셔 주의 Dartmouth College 화학과 교수인 Karen Wetterhahn에게는 평범한 날이었다. Wetterhahn은 생물학적 계에서의 중금속 효과에 관한 연구로 금속 독성학의 최고 전문가 중 한 사람이었다. 그날도 그녀는 NMR의 표준 시약으로 다이메틸수은, $(CH_3)_2Hg$을 사용하고 있었다. 그녀는 실험복과 보안경을 착용하고, 라텍스 장갑을 끼는 등 필요한 주의를 기울였다. 높은 증기압 때문에 이 화합물은 항상 퓸 후드에서 다루었다. 그녀가 이 화합물을 NMR 튜브에 옮길 때 한두 방울의 액체가 피펫으로부터 그녀의 왼쪽 장갑에 떨어졌다. 작업을 마치고 그녀는 장갑을 벗고 손을 완벽하게 씻었다.

다섯 달이 지나자, Wetterhahn은 걷기와 말하기에 장애를 느꼈다. 그녀는 병원에 입원하였고, 그녀의 증상은 심각한 수은 독성으로 판명되었다. 그녀가 기억하는 유일한 수은 사고는 그날 수은 방울이 장갑 위에 떨어진 것뿐이었다. 그녀는 이 화합물의 엄청난 독성을 널리 알려달라고 그녀의 동료에게 부탁하였다. 킬레이트제 치료를 사용하였지만 효과가 없었다. 3주 후, 그녀는 혼수 상태에 빠졌고 1997년 6월 8일 사망하였다.

모든 물질안전자료목록(material safety data sheet, MSDS)에서는 다이메틸수은을 다룰 때 장갑을 착용하도록 하고 있지만, 어떤 형태의 장갑이라고는 명기되어 있지 않았다. 다이메틸수은에 대한 물질의 침투성에 관한 연구도 이루어진 것이 없었다. 그녀의 동료들이 라텍스 장갑으로 실험한 결과는 끔찍한 것이었다. 다이메틸수은이 이 장갑을 뚫는 데 걸리는 시간은 15초도 걸리지 않았다. 다른 형태의 장갑도 마찬가지였다. 오직 은으로 박을 입힌 장갑만이 이 액체의 통과를 상당히 지연시킬 뿐이었다. 화합물의 안정성에 대한 척도로 1부터 10까지를 제시해 놓고, 10을 가장 독성이 강한 것으로 평가한다면, 다이메틸수은의 독성은 '15'에 해당됨을 지금에 와서야 알게 되었다.

화학 실험실은 마치 고속도로를 무단횡단하는 것과 같은 어느 정도의 위험이 항상 도사리고 있다. 화학자들에게 있어서 MSDS는 특정한 화합물과 화합물 부류에 대한 위험성을 일깨워준다. 따라서 실험 화학자들은 이러한 안전 정보를 반드시 읽어보아야 한다. Wetterhahn의 경우에는 불행스럽게도 이 특별한 휘발성 화합물의 극단적인 위험을 미리 알지 못했던 것이다.

23.1 유기금속 화합물에 대한 소개

유기금속 화합물은 무기 화학과 유기 화학 모두에 다리를 걸치고 있다. 이러한 범주에 들려면 적어도 하나의 금속-탄소 공유 결합을 가지고 있어야 한다. 금속은 전이 금속, 주족 금속, 또는 f-구역 금속일 수도 있으며, '금속'이라는 용어는 붕소, 규소, 저마늄, 비소, 안티모니, 셀레늄, 텔루륨을 포함하는 것으로 확대 해석되는 경우가 많다. 탄소를 포함하는 그룹은 카보닐, 알킬, 알켄, 알카인, 방향족, 고리, 또는 헤테로고리 화합물 등이다. 무기 화합물과는 달리, 많은 유기금속 화합물은 **발화성**(*pyrophoric*, 자발적으로 연소될 수 있는)이고 열역학적으로 불안정하다.

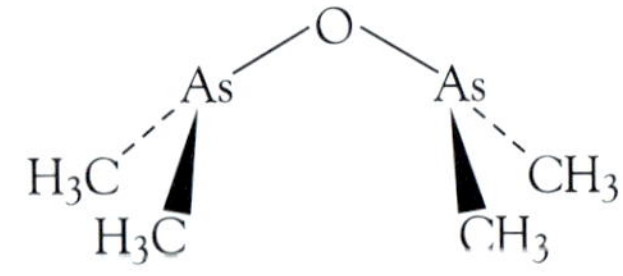

그림 23.1 산화 카코딜, $As_2(CH_3)_4O$의 구조

유기금속 화학은 상대적으로 새로운 연구 분야로 인식되기도 하는데, 1760년에 첫 번째 합성이 이루어졌다. 그 해에 프랑스의 화학자, L. C. Cadet de Gassicourt는 아세트산 포타슘과 삼산화 이비소를 혼합하여 'Cadet의 역겨운 액체(Cadet's fuming liquid)'를 얻었다. 오늘날, 독성이 강하고 마늘 냄새가 나는 붉은색의 이 액체는 주로 산화 카코딜, $As_2(CH_3)_4O$임을 알게 되었다(그림 23.1). 전통적인 이름인 **카코딜**(*cacodyl*)은 그리스어 *kakodes*에서 나온 것인데, '악마의 향기'라는 뜻이다. 산화 카코딜 생성에 대한 반응은 다음과 같다.

$$4\ CH_3COOK + As_2O_3 \rightarrow As_2(CH_3)_4O + 2\ K_2CO_3 + 2\ CO_2$$

다양하고 풍부한 구조와 결합 형태를 제공하는 것은 전이 금속의 유기금속 화합물이다. 이러한 풍부함은 전이 금속이 결합에 s, p, d 오비탈을 사용할 수 있다는 사실에 기인한다. 각 오비탈의 형태는 전자 밀도를 줄 수도 있고 받을 수도 있으며, 금속에 있는 d 오비탈은 배위 화합물의 결합과 유사한 방법으로 유기 화학종에 있는 s와 p 오비탈과 상호작용하기에 적합하다(19.10절 참조). 전통적인 전이 금속 착물들과는 달리, 유기금속 화합물에 있는 중심 금속 원자는 매우 낮은 산화 상태로 존재한다. 이로 인해 결합에서의 유연성과 전자 밀도를 이동시킬 수 있는 능력을 갖기 때문에 전이 금속의 유기금속 화합물은 산업에서 중요한 촉매로 사용된다.

이 책의 다른 장과는 달리, 이 장에서는 고체, 기체, 또는 액체상이나 용액을 나타내는 기호를 화학식에 표기하지 않는다. 이것은 유기금속 화학에서의 일반적인 규약인데, 모든 반응은 유기 용매에서 일어난다고 가정해야 한다.

23.2 유기금속 화합물의 명명

간단한 무기 화합물이나 전이 금속 착물을 명명하는 데에 사용되는 일반적인 규칙에 덧붙여 유기금속 분자 내 결합의 성질에 관한 정보를 주는 몇 가지 부가적인 규칙이 있다. 첫 번째로 유기금속 화학에서 리간드로 작용하는 많은 유기 화학종 중에서 대표적인 것을 알아둘 필요가 있다(표 23.1).

유기 화학종 내에서 금속과 직접 상호작용하는 탄소 원자의 수를 접두사 η(그리스 문자 eta)로 나타낸다. 이것을 **합토수**(*haptiticy*)라고 하며, 대부분의 리간드는 오로지 하나의 원자를 통해 결합하므로 monohapto로 표현한다. 일부 리간드, 특히 다중의 π 결합을 갖는 리간드는 한 가지 이상의 방법으로 결합할 수 있다. 예를 들어 벤젠은 금속 중심에 1개, 2개 또는 3개의 π 결합을 통하여 결합한다. 결과적으로 벤젠은 이-, 사-, 육-합토로 묘사할 수 있으며, 각각 η^2, η^4, η^6의 기호로 나타내고, 이들은 각각 2-, 4-, 6-리간드 원자로 간주한다(그림 23.2). 2개의 금속 중심에 다리 결합하는 화학종은 접두사 μ(그리스 문자 mu)로 표시한다. 카보닐 리간드, 할로젠 음이온, 또는 카벤 화학종이 이에 해당된다(그림 23.3).

표 23.1 유기금속 화학에서의 대표적인 리간드

화학식	이름	약자
CO	카보닐	
CH_3	메틸	Me
$CH_3CH_2CH_2CH_2$	*n*-뷰틸	^{n}Bu
$(CH_3)_3C$	*t*-뷰틸	^{t}Bu
$[C_5H_5]^-$	사이클로펜타다이에닐	Cp
C_6H_5	페닐	Ph
C_6H_6	벤젠	
$(C_6H_6)_3P$	트라이페닐포스파인	PPh_3

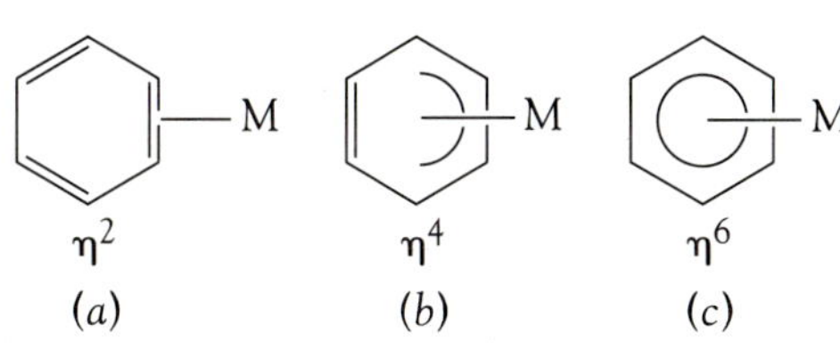

그림 23.2 (a) 2개의 탄소 원자, (b) 4개의 탄소 원자, (c) 6개의 탄소 원자를 통해 금속에 결합된 벤젠 분자.

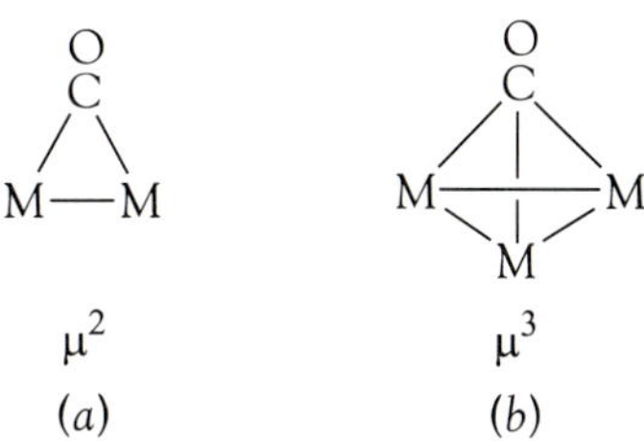

그림 23.3 (a) 2개의 금속 중심과 (b) 3개의 금속 중심에 다리 걸치는 카보닐 리간드.

주족의 화학에서 공유 결합성 s-구역 화합물은 메틸리튬, $Li_4(CH_3)_4$에서처럼 유기 화학에서 사용되는 치환기 이름에 따라 명명된다. p-구역 화합물은 트라이메틸붕소, $B(CH_3)_3$처럼 간단한 유기 화학종으로 명명한다. 다른 방법으로는 트라이메틸보레인처럼 수소화물의 유도체로 명명될 수 있다. 이온 결합 화합물은 sodium naphthalide, $Na^+[C_{10}H_8]^-$처럼 염으로 명명한다. d-와 f-구역 화학종에서는 배위 화합물을 명명하는 일반적인 규칙을 따르며, η와 μ를 추가적으로 사용한다. 예를 들면 $[(\eta^5\text{-}C_5H_5)Mn(CO)_3]$는 pentahaptocyclopentadienyltricarbonylmanganese(I)로 명명한다.

예제 23.1

$[(\eta^6\text{-}C_6H_6)W(CO)_3]$의 체계명을 쓰시오.

해답

리간드는 헥사합토벤젠(hexahaptobenzene)과 카보닐이고 알파벳 순서에 따라 명명한다. 텅스텐의 산화 상태는 0이다. 이 분자는 전체적으로 중성이기 때문에 hexahaptobenzenetricarbonyltungsten(0)으로 명명된다.

23.3 전자수의 계산

금속성 화학종의 형식 산화수(8장 참조)는 유기금속 화합물의 구조뿐만 아니라 반응에서 전자들을 추적하는 데에 유용하다. 유기금속학에서 전자수 계산은 화합물의 안정도를 예측하는 데에 도움이 된다.

몇 가지 유기 리간드에 대한 전자수와 전하를 계산하는 데에는 두 가지 규칙이 사용된다. 예를 들면, 사이클로펜타다이엔일 리간드는 음이온 화학종, $C_5H_5^-$로 간주할 수 있는데, C_5H_6:에서 양성자를 제거하면 형성된다.

$$C_5H_6 \rightarrow C_5H_5^- + H^+$$

이것은 **이온 결합성 규칙**(*ionic convention*)으로 알려져 있다. 또 다른 방법은 사이클로펜타다이엔일 리간드를 중성의 라디칼인 C_5H_5로 간주할 수 있는데, 점(·)은 단일 홀전자를 나타낸다.

$$C_5H_6 \rightarrow C_5H_5^{\cdot} + H^{\cdot}$$

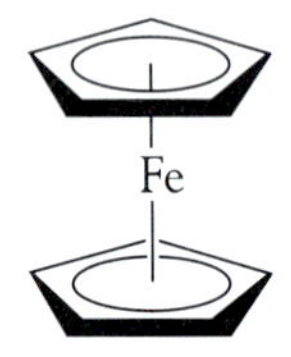

그림 23.4 $[(\eta^5\text{-}C_5H_5)_2Fe]$, 페로센

이것은 **공유 결합성 규칙**(*covalent convention*) 또는 **라디칼 규칙**(*radical convention*)이라고 한다. 선택의 차이는 금속 중심에 할당되는 형식 전하에 영향을 주는데, 이것은 낮고 높은 산화 상태의 상대적인 안정도를 고려하는 데에 중요한 요점이기도 하다. 여기서는 **페로센**(*ferrocene*)이라고 하는 $[(\eta^5-C_5H_5)_2Fe]$에 대해 이 두 가지 규칙을 나타내었다(그림 23.4).

이온 결합성 규칙		공유 결합성 또는 라디칼 규칙	
$C_5H_5^-$	$6e^-$	$C_5H_5\cdot$	$5e^-$
$C_5H_5^-$	$6e^-$	$C_5H_5\cdot$	$5e^-$
Fe^{2+}	d^6	Fe	d^8
전체 전자수	$18e^-$	전체 전자수	$18e^-$

표 23.2 유기금속 화합물의 일부 대표적인 리간드에 대한 설명

리간드	형식 전하	주개 전자수
H	−1	2
F, Cl, Br, I	−1	2
CN	−1	2
μ-F, Cl, 등	−1	4
CO	0	2
μ-CO	0	2
PR_3, PX_3	0	2
CH_3, C_2H_5, 등	−1	2
μ-CH_3	−1	2
NO	0	2
η^5-$[C_5H_5]^-$	−1	6
η^6-C_6H_6	0	6

선택된 규칙에 따라 전체 전자수가 달라지지 않음을 알 수 있다. 실제로 이 두 가지 규칙 체계가 모두 널리 사용되고 있으며, 일관성이 있어서 어떤 것을 채택하더라도 문제가 되지 않는다. 이 장에서 사용된 접근법은 이온 결합성 규칙이다. 몇 가지 자주 접하게 되는 리간드들에 대한 전자수와 전하는 표 23.2에 나타내었다.

예제 23.2

착물 $[(\eta^6\text{-}C_6H_6)W(CO)_3]$에 대한 전자수를 계산하시오.

해답

η^6-C_6H_6와 CO의 전하는 모두 0이므로 텅스텐의 산화 상태는 0이다.

텅스텐(0)의 전자수	=	6
일산화 탄소의 전자수	= 3 × 2 =	6
C_6H_6	=	6
전체	=	18

23.4 유기금속 화학의 용매

전이 금속 배위 화합물들의 합성과 반응은 흔히 수용액이나 또는 에탄올과 아세톤과 같은 중간 정도의 극성 용매에서 수행한다. 그러나 대부분의 유기금속 화합물들은 수용액

표 23.3 유기금속 화학에서 사용되는 전형적인 용매

이름	화학식	관용명/약자
다이클로로메테인	CH_2Cl_2	DCM
2-프로판올	$CH_3CH(OH)CH_3$	아이소프로판올
2-프로판온	CH_3COCH_3	아세톤
다이에틸에터	$CH_3CH_2OCH_2CH_3$	에터
옥사사이클로펜테인	$(CH_2CH_2)_2O$	테트라하이드로퓨란, THF

에서는 분해되기 때문에, 대부분의 반응은 낮은 극성을 갖는 유기 용매에서 일어난다(7.1절 참조). 유기금속 화학에서 흔히 사용되는 용매를 표 23.3에 나타내었다. 많은 유기금속 화합물들은 산소와도 반응하기 때문에 질소나 아르곤 같은 비활성 환경하에서 제조되어야 한다.

23.5 주족의 유기금속 화합물

주족 원소의 유기금속 화합물은 구조적으로 그리고 화학적으로 상응하는 수소 화합물과 비슷하다. 이것은 수소와 탄소의 전기 음성도가 비슷하기 때문이다. 따라서 M−C와 M−H 결합은 비슷한 극성을 갖는다.

알칼리 금속의 유기금속 화합물

1족의 모든 유기금속 화합물은 불안정하고 발화성이다. 쉽게 양성자를 잃는 유기화학종은 1족의 금속과 이온 결합 화합물을 형성한다. 예를 들어, 사이클로펜타다이엔은 소듐 금속과 반응한다.

$$Na + C_5H_6 \rightarrow Na^+[C_5H_5]^- + \frac{1}{2}H_2$$

소듐과 포타슘은 방향족 화학종과 진한 색깔을 띤 화합물을 형성한다. 금속의 산화로 방향족 시스템에 전자가 이동하여 라디칼 음이온이 만들어진다. 예를 들어 진한 푸른색의 sodium naphthalide에서의 naphthalide 음이온처럼 라디칼 음이온은 홀전자를 가진다.

$$Na + C_{10}H_8 \text{ (naphthalene)} \rightarrow Na^+[C_{10}H_8]^-$$

무색의 알킬 소듐과 포타슘은 유기 용매에 녹지 않는 고체이며, 충분히 안정한 것은 꽤 높은 녹는점을 갖는다. 이들은 **금속 교환 반응**(*transmetallation reaction*)에 의해 만들어진다. 금속 교환은 주족의 유기금속 화합물을 합성하는 보편적인 방법이다. 이 과정에서 금속-탄소 결합이 끊어지고 다른 금속과 금속-탄소 결합이 형성된다. 이러한 반응들에서 알킬수은 화합물이 편리한 출발 물질로 사용된다. 예를 들어, 소듐 금속과 다이메틸수은을 반응시켜 메틸소듐을 합성할 수 있다.

$$Hg(CH_3)_2 + 2\,Na \rightarrow 2\,NaCH_3 + Hg$$

알킬과 아릴 리튬은 1족의 유기금속들 중에서 가장 중요하다. 이들은 액체이거나 녹는

점이 낮은 고체이며, 다른 1족의 유기금속 화합물보다 열적으로 훨씬 안정하고, 유기 용매와 비극성 용매에 녹는다. 이들은 할로젠화 알킬과 리튬 금속으로부터 합성하거나, 흔히 줄여서 ^{n}BuLi이라고 하는 *n*-뷰틸리튬, $Li(C_4H_9)$과 유기 화학종을 반응시켜 얻는다.

$$^{n}BuCl + 2\,Li \rightarrow {}^{n}BuLi + LiCl$$
$$^{n}BuLi + C_6H_6 \rightarrow Li(C_6H_5) + C_4H_{10}$$

많은 주족의 유기금속 화합물의 특징은 다리결합하는 알킬기가 있다는 것이다. 에터가 용매일 때 메틸리튬은 $Li_4(CH_3)_4$로 존재하는데, 리튬 원자와 다리결합 메틸기가 사면체를 이루며, 각 탄소 원자는 육배위(메틸의 3개의 수소와 3개의 리튬, 그림 23.5)를 하고 있다. 탄화수소 용매에서는 $Li_6(CH_3)_6$로 존재하며, 리튬 원자의 팔면체 배열을 기초로 한 구조로 되어 있다. 다른 알킬 리튬은 알킬기가 매우 크지 않으면 비슷한 구조를 채택하지만, *t*-뷰틸, $(CH_3)_3C-$처럼 큰 경우에는 형성할 수 있는 가장 큰 화학종은 사합체(tetramers)이다.

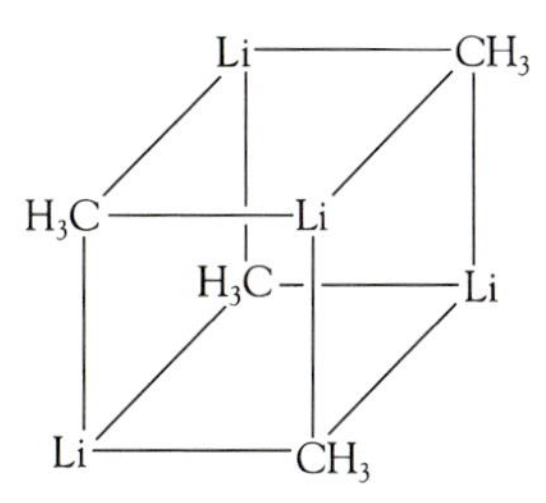

그림 23.5 메틸리튬, $Li_4(CH_3)_4$의 구조

유기리튬 화합물은 유기 합성에서 매우 중요하다. Grignard 시약과 비슷하게 작용하지만 반응성은 훨씬 크다. 이 화합물은 많은 용도로 사용되지만 p-구역의 할로젠화물을 유기 화합물로 전환시키는 데에도 사용된다. 예를 들면, 삼염화 붕소는 *n*-뷰틸리튬과 반응하여 유기붕소 화합물이 된다.

$$BCl_3 + 3\,{}^{n}BuLi \rightarrow B({}^{n}Bu)_3 + 3\,LiCl$$

이 반응과 유기금속 화합물의 또 다른 많은 반응들의 추진력을 통해 더 전기 양성인 금속의 할로젠화 화합물이 생성된다. 이러한 점이 유기금속 화학에서 자주 접하게 되는 특징이다.

알킬 리튬은 합성 고무를 만드는 알켄의 입체선택적인 고분자화에서처럼 산업적으로 중요하다. *n*-뷰틸리튬은 광범위한 탄성 중합체나 고분자를 만드는 용액 중합 반응의 개시제로 사용된다. 고분자의 조성과 분자량을 조심스럽게 조절하여 신발이나 양말, 호스와 관, 접착제, 밀폐제, 수지와 같은 폭넓은 용도의 다양한 제품을 만들 수 있다. 유기리튬 화합물은 비타민 A와 D, 진통제, 항히스타민제, 항우울제, 항응고제를 포함하는 다양한 의약품의 합성에도 사용된다.

알칼리 토금속의 유기금속 화합물

칼슘, 스트론튬, 바륨의 유기금속 화합물은 일반적으로 이온 결합성이며 매우 불안정하다. 그러나 베릴륨과 마그네슘의 유기금속 화합물은 공유 결합성이며 더 안정하다. 베릴륨의 유기금속 화합물은 발화성이며 쉽게 가수분해된다. 베릴륨과 마그네슘의 유기금속 화합물이 가장 중요하며 더 자세하게 다룰 것이다.

메틸베릴륨은 메틸수은으로부터의 금속 교환에 의해 얻을 수 있다.

$$Hg(CH_3)_2 + Be \rightarrow Be(CH_3)_2 + Hg$$

또 다른 합성 경로는 할로젠화 금속을 다른 금속의 유기금속 화합물과 반응시키는 **할로젠 교환**(halogen exchange) 또는 **상호 교환**(*metathesis*) **반응**에 의한 것이다. 생성물은

그림 23.6 고체 상태의 메틸 베릴륨의 구조

두 번째 금속의 할로젠화물과 첫 번째 금속의 유기 유도체이다. 이러한 방법으로 두 금속 사이에서 할로젠 음이온과 유기 치환기가 효율적으로 교환된다. 다시 한 번 언급하지만 더 전기 양성인 금속의 할로젠화물이 생성된다. 다음의 두 가지 예를 나타내었다.

$$2\,{}^{n}BuLi + BeCl_2 \rightarrow Be({}^{n}Bu)_2 + 2\,LiCl$$
$$2\,Na(C_2H_5) + BeCl_2 \rightarrow Be(C_2H_5)_2 + 2\,NaCl$$

메틸베릴륨, $Be(CH_3)_2$는 기체 상태에서는 단위체이지만, 고체 상태에서는 중합체이다(그림 23.6). 전자가 불충분하기 때문에 중합체는 3-중심, 2-전자의 다리 결합으로 연결되어 있다. 이러한 결합 형태는 13.4절의 다이보레인에 관한 내용에서 설명하였다. 알킬기가 커질수록 중합도는 낮아지며, *t*-뷰틸베릴륨은 단위체이다.

알킬과 아릴 마그네슘의 할로젠화물은 Grignard 시약으로 잘 알려져 있으며, 합성 유기 화학에서 널리 사용된다. 그들은 마그네슘 금속과 유기 할로젠화물로부터 만들어진다. 반응은 에터에서 수행이 되며, 흔적량의 아이오딘에 의해 개시가 된다. 일반적인 반응을 아래에 나타내었으며, 여기서 R은 알킬기에 대한 일반적인 기호로 사용되는 것이다.

$$Mg + RBr \rightarrow RMgBr$$

위와 같은 방법으로 얻은 화합물은 순수하지 않고, 흔히 R_2Mg와 같은 다른 화학종을 포함한다. 순수한 화합물을 합성하려면 수은 화합물을 사용하는 금속 교환을 이용한다.

$$Mg + RHgBr \rightarrow RMgBr + Hg$$

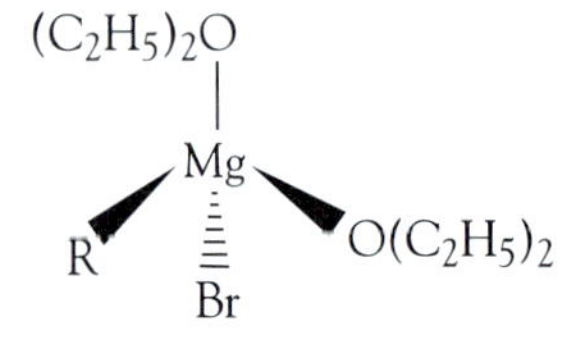

그림 23.7 Grignard 시약인 $RMgBr[O(C_2H_5)_2]_2$의 용매화된 분자

이러한 화합물의 구조는 간단하지 않다. 용액 중이거나 알킬기의 크기가 클 때만 2의 배위수를 갖는다. 그렇지 않은 경우에는 사면체의 마그네슘 원자로 용매화된다(그림 23.7).

Grignard 시약은 에터 용매에서 제조되어야 하고, 시약은 절대적으로 건조한 조건에서 보관하여야 한다. 이 시약은 결코 분리해서 사용해서는 안 되고 반드시 있는 상태 그대로 사용해야 한다. 근본적으로 모든 할로젠화 알킬 화합물은 Grignard 화합물을 형성할 것이다. Grignard 시약의 반응은 일반적으로 두 가지 형태로 분류한다. 즉, O, N 또는 S에 결합된 수소를 공격하거나, C ═ O, C ═ S 또는 N ═ O와 같은 다중 결합을 포함하는 화합물에 첨가된다.

연구 결과 수용액에서 사용할 수 있는 Grignard 형태의 시약도 확인되었다. 이들 시약은 할로젠화 알킬과 주석, 아연 또는 인듐 사이에 형성된다. 주석과의 경우, 알루미늄 분말을 가해주거나 반응 혼합물을 가열하면 수율이 향상된다. 아연과의 반응에서는 촉매로 미량의 산과, 추가적인 용매로 테트라하이드로퓨란(THF)이 필요하다. 그러나 인듐과의 반응에서는 100% 물에서도 아무런 촉매가 필요하지 않으며, 매우 온화한 조건하에서도 반응이 진행된다.

Grignard 시약

1871년 프랑스의 Cherbourg에서 태어난 Victor Grignard는 University of Lyons에서 수학을 전공하면서 학문의 길에 들어섰지만 이후 화학으로 전공을 바꾸었다. Grignard 시약은 실제로는 1899년 Phillipe Barbier가 발견하였다. Barbier는 유기 화합물에 메틸기를 삽입시키는 반응에서 아연 대신 사용될 수 있는 금속을 조사하고 있었다. 아연을 사용할 때의 단점은 아연 화합물이 공기와 접촉되면 불이 붙는다는 것이었다. Barbier는 마그네슘이 훌륭한 대체물임을 발견하였다(9.4절의 (n)과 ($n+10$) 관계를 기초로 하더라도 알 수 있는 사실이다).

Barbier는 하급 연구자인 Grignard에게 이 반응을 좀 더 상세하게 연구할 것을 부탁하였다. 1901년에 발표된 Grignard의 박사 학위 논문을 기초로 하여 반응과 광범위한 영역의 합성에 활용하기 위한 포괄적인 연구가 이루어졌다. 처음에는 이 반응을 Barbier-Grignard 반응이라고 불렀지만, Barbier는 핵심 화학종인 아이오딘화 메틸 마그네슘, $(CH_3)MgI$을 처음으로 합성했음에도 불구하고, 겸손하게도 모든 공을 Grignard에게로 돌려야 한다고 주장하였다. 1912년 Grignard는 노벨 화학상을 수상하였지만 최근까지도 Barbier의 공로는 잊혀지고 있었다. 지금은 **Barbier 반응**(*Barbier reaction*)이라고 알려진 반응이 있는데, 환경 화학 분야에 관한 반응 중의 일부분이다. 이 반응에서는 다른 반응물처럼 Grignard 형태의 시약이 동일한 용기에서 생성되며, 수용액에서 진행되기도 한다. 이에 따라 Barbier란 이름이 다시 유기금속 역사의 한 부분을 장식하게 되었다.

13족 원소의 유기금속 화합물

13족에서 붕소와 알루미늄의 유기금속 화합물이 가장 중요하며, 여기서는 주로 이들을 중심으로 고찰한다.

BR_3 형태의 유기보레인은 알켄과 다이보레인의 반응으로 얻을 수 있다. 이것이 **수소화 붕소 첨가반응**(*hydroboration*)의 한 예이며, 붕소-수소 결합 사이에 알케닐기가 삽입된다.

$$B_2H_6 + 6\,CH_2{=}CH_2 \rightarrow 2\,B(CH_2CH_3)_3$$

또 다른 방법은 Grignard 시약으로부터 얻는 것이다(X는 할로젠).

$$(C_2H_5)_2O : BF_3 + 3\,RMgX \rightarrow BR_3 + 3\,MgXF + (C_2H_5)_2O$$

알킬보레인은 모두 물에 안정하지만 발화성이 있다. 반면 아릴 화학종은 산화에 더 안정하다. 그들은 모두 단위체이며 평면 구조이다. 트라이플루오린화 붕소처럼(13.5절 참조) 유기붕소 화학종도 전자가 부족한 상태이기 때문에 Lewis 산으로 작용하며 쉽게 첨가물을 형성한다(그림 23.8).

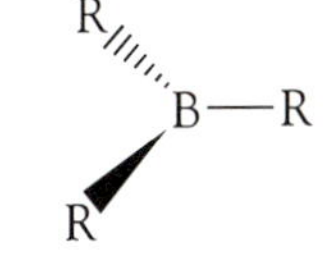

그림 23.8 알킬 보레인, BR_3 분자

테트라하이드라이도붕소산 이온, $[BH_4]^-$와 유사체인 테트라페닐붕소산 이온, $[B(C_6H_5)_4]^-$는 중요한 음이온이며, 흔히 $[BPh_4]^-$로 표기한다(13.4절 참조). 간단한 첨가 반응에 의해서 소듐염을 얻을 수 있다.

$$BPh_3 + NaPh \rightarrow Na^+[BPh_4]^-$$

소듐염은 물에 녹지만 대부분의 무거운 일가 양이온은 녹지 않는다. 결과적으로 음이온은 침전제로 유용하며, 무게분석법에 사용될 수 있다.

알킬 알루미늄 화합물은 수은 화합물의 금속 교환에 의해 실험실 규모로 합성될 수 있다. 예를 들어 트라이메틸알루미늄 이합체는 다음과 같이 합성될 수 있다.

$$2\,Al + 3\,Hg(CH_3)_2 \rightarrow Al_2(CH_3)_6 + 3\,Hg$$

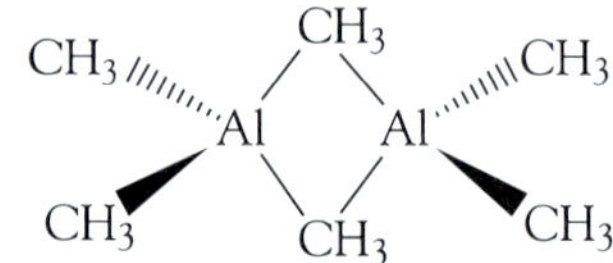

그림 23.9 트라이메틸 알루미늄, Al_2Me_6의 표현

트라이메틸알루미늄(그림 23.9)은 상업적으로는 알루미늄 금속과 클로로메테인을 반응시켜 얻는 $Al_2Cl_2(CH_3)_4$로부터 얻는다. 이 화합물은 소듐과 반응하여 $Al_2(CH_3)_6$로 된다. 이렇게 얻은 이합체는 할로젠화물의 이합체(13.7절 참조)와 구조적으로 유사하지만 결합은 다르다. 할로젠화물에서 다리 결합하는 Al−Cl−Al 결합은 3-중심, 2-전자 결합이다. 즉, 각 Al−Cl 결합은 전자쌍을 포함한다. 알킬화물에서 Al−C−Al 결합은 말단의 Al−C 결합보다 긴데, 이것은 Al−C−Al에 걸쳐 하나의 결합쌍만 있는 3-중심, 2-전자 결합임을 의미하며, 다이보레인 B_2H_6(13.4절 참조)의 결합과 다소 유사한 것이다.

트라이에틸알루미늄과 더 큰 알킬기의 화합물은 온도와 압력을 높인 상태에서 금속과 알켄, 그리고 수소 기체로부터 얻는다.

$$2\,Al + 3\,H_2 + 6\,CH_2 = CH_2 \xrightarrow{60°\text{–}110°C,\ 10\text{–}20\ MPa} Al_2(CH_2CH_3)_6$$

이러한 합성 방법은 비용적인 측면에서 상대적으로 유리하기 때문에 다양한 상업적인 응용 분야에서 알킬 알루미늄이 사용된다. 흔히 단위체로 표시되는 트라이에틸알루미늄, $Al(C_2H_5)_3$은 23.18절에서 알게 되겠지만, 산업적으로 아주 중요한 알루미늄의 유기금속 착물이다.

알킬 알루미늄의 구조에 입체적인 요인이 큰 영향을 준다. 이합체를 선호하지만 길고 약한 다리 결합은 쉽게 끊어지며, 이러한 경향은 리간드의 크기가 커짐에 따라 커진다. 예를 들어 트라이페닐알루미늄은 이합체이지만, 2,4,6-$(CH_3)_3C_6H_2$−인 메시틸(mesityl)의 화합물은 단위체이다.

14족 원소의 유기금속 화합물

일부 14족의 유기금속 화합물은 상업적으로 매우 중요하다. 규소는 매우 중요한 실리콘, 오일, 젤, 고무를 이룬다(14.17절 참조). 유기주석 화합물은 PVC(polyvinyl chloride)의 안정화, 배의 오염방지제로, 그리고 나무 보존제와 농약으로 사용된다. 테트라에틸납은 유연 연료의 노킹방지제로 광범위하게 사용되어 왔다. 일반적으로 14족의 유기금속 화합물은 사가이며, 낮은 극성의 결합을 이룬다. 그들의 안정도는 규소에서 납으로 가면서 감소한다.

모든 테트라알킬과 테트라아릴 규소는 사면체의 규소 중심을 갖는 단위체이며, 탄소 유사체와 비슷하다. 탄소-규소 결합은 강하며, 따라서 모든 화합물이 꽤 안정하다. 그들은 가령 다음과 같은 반응처럼 여러 가지 방법으로 합성될 수 있다.

$$SiCl_4 + 4\,RLi \rightarrow SiR_4 + 4\,LiCl$$
$$SiCl_4 + RLi \rightarrow RSiCl_3 + LiCl$$

Rochow 공정(*Rochow process*)은 중요한 출발 물질인 메틸클로로실레인(methylchlorosilane)을 만드는 산업적으로 경제적인 방법이다.

$$n\,MeCl + Si/Cu \rightarrow Me_nSiCl_{(4-n)}$$

$n = 1-3$인 메틸클로로실레인, $Me_nSiCl_{(4-n)}$은 가수분해되어 실리콘과 실록세인으로 된다.

$$(CH_3)_3SiCl + H_2O \rightarrow (CH_3)_3SiOH + HCl$$
$$2\,(CH_3)_3SiOH \rightarrow (CH_3)_3SiOSi(CH_3)_3 + H_2O$$

그림 23.10 일부 실리콘의 구조: (a) 이합체, (b) 사슬, (c) 고리 구조.

이 반응으로 사면체 규소 그룹과 Si−O−Si 다리를 형성하는 산소 원자를 포함한 소중합체가 만들어진다. 이합체는 축합되어 사슬 또는 고리를 형성할 수 있다(그림 23.10). $MeSiCl_3$는 가수분해되어 가교 결합을 하는 고분자로 된다. 실리콘 고분자는 다양한 구조와 용도를 갖는다. 그들의 특성은 고분자화도와 가교 결합의 정도에 의해 좌우된다. 이러한 점들이 반응물의 선택과 혼합, 그리고 황산과 같은 탈수제의 사용, 온도를 올릴지의 여부 등에 영향을 미친다.

실리콘 생성물은 상업적으로 많은 용도를 가지고 있다. 광범위한 용도 중의 일부는 샴푸, 첨가제, 면도용 거품, 헤어 젤, 치약과 같은 개인용 제품에 필수적이다. 그러한 제품의 부드러운 느낌을 주는 것이 바로 실리콘 첨가제이다. 또 다른 용도로는 실리콘 그리스, 오일, 밀폐제로 사용되는 수지, 윤활유, 광택제, 방수제, 합성 고무, 그리고 물속에서 경화되는 액체 등이 있다.

유기주석 화합물은 규소와 저마늄 화합물과는 몇 가지 점에서 다르다. +2의 산화 상태가 훨씬 자주 발견되며, 더 넓은 범위의 배위수를 가지며, 할로젠 음이온의 다리 결합이 흔히 존재한다. 대부분의 유기주석 화합물은 공기와 물에 대해 안정한 무색의 액체이거나 고체이다. R_4Sn 화합물의 구조는 모두 비슷하며, 사면체의 주석 원자를 가지고 있다(그림 23.11).

할로젠 음이온 유도체인 R_3SnX는 흔히 Sn−X−Sn 다리 결합을 포함하며 사슬 구조를 가진다. 크기가 큰 R 치환기는 모양에 영향을 줄 수 있다. 예를 들어, $(CH_3)_3SnF$에서 Sn−F−Sn 골격은 지그재그 배열이지만(그림 23.12), Ph_3SnF에서는 사슬이 직선형이며, $(Me_3SiCH_2)Ph_2SnF$는 단위체이다. 할로알킬(haloalkyl)은 테트라알킬보다 반응성이 더 크므로, 테트라알킬 유도체를 합성하는 데에 유용하다.

알킬 주석 화합물은 여러 가지 방법으로 합성할 수 있으며, Grignard 시약을 통한 상

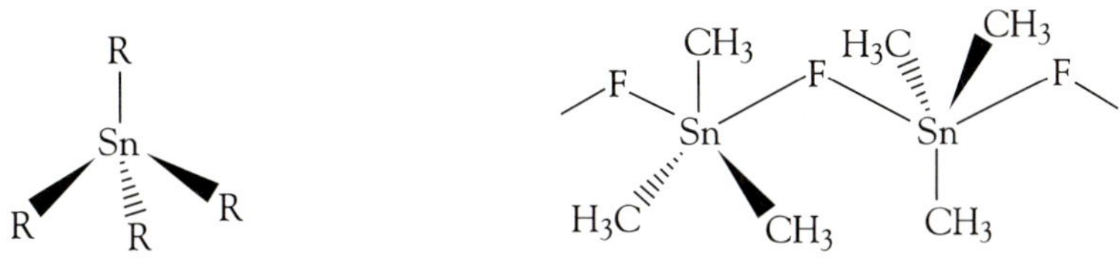

그림 23.11 테트라알킬 주석 분자

그림 23.12 $(CH_3)_3SnF$에 있는 지그재그 골격

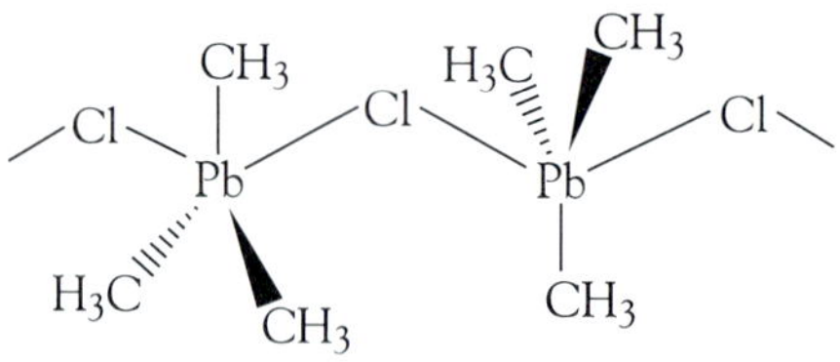

그림 23.13 $Pb(CH_3)_3Cl$의 사슬 구조

호교환에 의한 방법도 이에 포함된다.

$$SnCl_4 + 4\,RMgBr \rightarrow SnR_4 + 4\,MgBrCl$$
$$3\,SnCl_4 + 2\,Al_2R_6 \rightarrow 3\,SnR_4 + 2\,Al_2Cl_6$$

유기주석 화합물은 모든 주족 유기금속 화합물 중에서 가장 넓은 용도를 가지고 있으며, 전 세계적으로 유기주석 착물의 산업적인 생산량이 이제는 아마도 50,000톤 수준을 넘어서고 있을 것이다. 주석의 유기금속 화합물의 주된 용도는 PVC 플라스틱의 안정화이다. 첨가제를 넣지 않으면 할로젠화된 고분자는 열, 빛, 또는 대기 중의 산소에 의해 쉽게 분해되어, 변색되고 잘 부서지는 제품이 된다.

유기주석(IV) 화합물은 생명 파괴성 효과와 관련된 광범위한 응용성을 가지고 있는데 살균제, 살조제, 나무 보존제, 오염방지용 도료로 사용된다. 그러나 이러한 광범위한 사용으로 인해 환경적으로 우려되는 부분이 있다. 배에 고착물이나 어패류 등이 부착되는 것을 방지하기 위해 유기주석 화합물 처리를 하기 때문에 항구 부근에서는 유기주석 화합물이 높은 농도로 발견이 되고 있다. 높은 농도의 유기주석 화합물이 해양 생명체의 일부 종들을 죽이고, 일부 다른 종의 성장과 재생산에 영향을 준다는 증거가 있다. 이제는 많은 나라들에서 25 m 이상의 선박에만 유기주석 화합물을 사용하도록 규제하고 있다.

R_4Pb 화합물은 Grignard 시약 또는 유기리튬 화합물을 사용하여 실험실에서 제조할 수 있다.

$$2\,PbCl_2 + 4\,RLi \rightarrow R_4Pb + 4\,LiCl + Pb$$
$$2\,PbCl_2 + 4\,RMgBr \rightarrow R_4Pb + Pb + 4\,MgBrCl$$

이들은 모두 사면체의 납 중심을 지니는 단위체의 분자들이다. 그러나 할로젠화 유도체는 다리 결합하는 할로젠 음이온을 포함하여 사슬 구조를 이룰 수 있다. 유기 치환기의 크기가 클수록 단위체가 더 우세하다. 예를 들어, $Pb(CH_3)_3Cl$(그림 23.13)은 염소 원자가 다리 결합하는 사슬 구조로 존재하지만 메시틸 유도체인 $Pb(Me_3C_6H_2)_3Cl$은 단위체이다.

15족 원소의 유기금속 화합물

비소(III), 안티모니(III), 비스무트(III)의 유기금속 화합물은 Grignard 또는 유기리튬 화합물 혹은 원소와 유기할로젠을 사용하여 얻을 수 있다. 이 세 가지 방법을 다음에 나타내었다.

$$AsCl_3 + 3\,RMgCl \rightarrow AsR_3 + 3\,MgCl_2$$
$$2\,As + 3\,RBr \xrightarrow{Cu/\Delta} AsRBr_2 + AsR_2Br$$
$$AsR_2Br + R'Li \rightarrow AsR_2R' + LiBr$$

이 화합물들은 쉽게 산화가 되지만, 물에는 안정하다. 알킬보다는 아릴 화합물이 더 안정하다. 이들은 모두 삼각뿔 구조이며, 같은 R 치환기일 때 M−C 결합의 세기는 As > Sb > Bi의 순이다.

비소, 안티모니, 비스무트의 M = C 이중 결합에 첨가되면 M − C 단일 결합이 형성된다. **아르사벤젠**(*arsabenzene*)이라고 하는 아르세나인(arsenine), C_5H_5As(그림 23.14)는 200°C까지 안정하고, 스티바벤젠(stibabenzene), C_5H_5Sb는 분리될 수 있지만 쉽게 중합체가 되며, 비스마벤젠(bismabenzene), C_5H_5Bi는 매우 불안정하다. 이들 화합물은 전형적인 방향족 성질을 나타내는데, 아르사벤젠은 벤젠보다 1000배나 더 반응성이 높다. 연관되는 화합물의 그룹은 5개의 원소로 구성된 고리의 일부로 15족 원소를 갖는데, C_4H_4MH로 표기되며, **아르솔**(*arsole*)이라고 하는 아르세놀(arsenole, 그림 23.15), 스티볼(stibole), 비스무톨(bismuthole)이다.

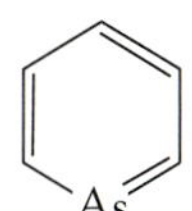

그림 23.14 아르사벤젠의 구조

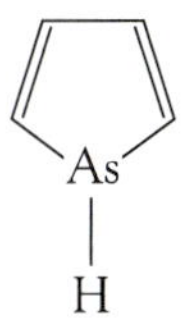

그림 23.15 아르세놀의 구조

MR_5 화합물은 $BiMe_5$와 $AsPh_5$(그림 23.16*a*)의 예에서처럼 보통 삼각 쌍뿔의 형태를 갖는다. 그러나 $SbPh_5$(그림 23.16*b*)는 사각뿔이다. 그들은 모두 열적으로 불안정하고 족의 아래로 가면서 안정도가 감소한다.

12족 원소의 유기금속 화합물

아연, 카드뮴, 수은의 유기금속 화학은 전이 금속보다는 2족 원소의 화학과 훨씬 더 유사하다.

알킬 화합물은 선형이며, 2-중심, 2-전자 결합을 하는 단위체의 화학종이다. 2족의 유사체와는 달리 알킬 다리 결합을 통한 중합체 사슬을 형성하지 않는다. 그들은 알킬 알루미늄의 상호 교환에 의해 얻을 수 있다. 예를 들어 1849년에 Edward Frankland에 의해 최초로 합성된 다이메틸아연(dimethylzinc)은 다음과 같이 얻을 수 있다.

$ZnCl_2$ + [$Al_2(CH_3)_6$] ⟶ $Zn(CH_3)_2$ + [$Al_2Cl_2(CH_3)_4$]

알킬 아연 화합물은 발화성이며, 공기 중에서 쉽게 가수분해된다. 반면에 알킬 카드뮴 화합물은 반응성이 더 적다. 알킬 수은 화합물은 할로젠화 수은(II)과 Grignard 또는 유기리튬 화합물 사이의 상호 교환 반응에 의해 얻는다.

$$2\,CH_3MgCl + HgCl_2 \rightarrow Hg(CH_3)_2 + MgCl_2$$

다이메틸수은은 공기 중에서 산화되지 않는다. 이미 언급하였지만 알킬 수은 화합물은 더 전기 양성인 금속의 유기금속 화합물을 합성할 때에 매우 유용한 출발 물질이다.

(*a*) (*b*)

그림 23.16 (a) $AsPh_5$와 (b) $SbPh_5$의 구조

23.6 전이 금속의 유기금속 화합물

많은 전이 금속의 유기금속 화합물의 화학식을 보면 물리적, 그리고 화학적 특성이 많은 배위 화합물의 그것과 매우 유사할 것이라고 생각할지 모른다. 실제로는 유기금속들의 성질은 다음 표에서 보는 것처럼 훨씬 더 유기적인 성질을 지닌다.

전형적인 배위 화합물의 성질	전형적인 유기금속 화합물의 성질
수용성	탄화수소에 용해
공기에 안정	공기에 민감
높은 녹는점의 고체(>250°C)	녹는점이 낮은 고체 또는 액체

전이 금속 착물과 금속-탄소 결합을 갖는 전이 금속 화합물의 이러한 차이는 결합으로 설명할 수 있으며 다음 절에서 논의한다.

18-전자 규칙

앞에서 살펴본 바와 같이 주족의 유기금속 화합물은 일반적으로 팔전자계 규칙을 따르며, 그들의 원자가 전자(valence electron)를 유기 치환기와 σ 결합을 만들기 위해 공유한다. 예를 들어, 주석은 안정한 테트라메틸주석, $Sn(CH_3)_4$를 형성한다.

전이 금속의 유기금속 화합물에 대한 **18-전자 규칙**(*18-electron rule*)은 위와 비슷한 개념에 근거한 것으로, 중심의 전이 금속 이온은 d, s, p 오비탈에 있는 전자를 최대 18개까지 수용할 수 있다. 따라서 금속은 외각의 전자 오비탈에 있는 전자수에 Lewis 염기로부터 오는 전자쌍을 전체가 18개가 될 때까지 더할 수 있다. 이러한 규칙은 고전적인 전이 금속 착물에는 만족스럽게 적용되지 않으며, 19장에서 살펴본 것처럼 배위 화학(특히 3d 금속의)은 불안전하게 채워진 d 오비탈에 의해 좌우된다. 그러나 전이 금속의 유기금속 착물은 상당한 정도로 18-전자 규칙을 따른다.

고전적인 예가 리간드가 일산화 탄소인 착물이다. 20.10절에서 니켈 금속의 정제에 사용되는 화합물인 테트라카보닐니켈(0), $[Ni(CO)_4]$에 대해 언급하였다. 이 화합물에서 니켈은 0의 산화 상태에 있다. 예를 들어 $Ni = [Ar]4s^23d^8$처럼 기체 상태의 원자에서는 3d 이전에 4s 준위가 채워지지만 화학적인 환경에서는 4s는 항상 높은 에너지 상태에 있다는 것, 즉 $Ni^0 = [Ar]3d^{10}$이라는 사실에 유의해야 한다.

23.3절에서 살펴본 것처럼 각 일산화 탄소 분자는 2-전자 주개로 본다. 따라서 4개의 일산화 탄소 분자의 결합은 8개의 추가적인 전자를 제공하여 결과적으로 18개가 된다.

니켈(0) 전자($3d^{10}$) = 10
일산화 탄소 전자 = 4 × 2 = 8
전체 = 18

이와 유사하게 펜타카보닐철(0), $[Fe(CO)_5]$에서는 철의 산화 상태가 0이므로 8개의 d 전자를 가지고 있고, 5개의 CO로부터 10개의 전자를 준다. 전체 전자수는 다시 한 번 총 18개이고 이 화합물 역시 안정하다.

예제 23.3

헥사카보닐크로뮴(0), $[Cr(CO)_6]$가 18-전자 규칙을 따를 것인지를 예측하시오.

해답

산화 상태가 0일 때 크로뮴의 전자 배치는 $[Ar]3d_6$이다. 각 카보닐은 2-전자 주개이다. 따라서 계산은 다음과 같다.

$$\begin{aligned} \text{크로뮴(0) } 3d^6 & = 6 \\ 6 \times CO = 6 \times 2 & = \underline{12} \\ \text{전체} & = 18 \end{aligned}$$

따라서 이 분자는 18-전자 규칙을 따른다.

예제 23.4

$[CoH(PMe_3)_4]$가 18-전자 규칙을 따를 것인지를 예측하시오.

해답

이 하이드라이도 리간드는 −1의 전하를 가지며 PMe_3는 중성이다. 따라서 코발트의 산화 상태는 +1이고 $[Ar]3d^8$ 전자 배치를 갖는다. 원자가 전자수를 계산하면 다음과 같다.

$$\begin{aligned} \text{코발트(I) } 3d^8 & = 8 \\ 4 \times PMe_3 = 4 \times 2 & = 8 \\ H & = \underline{2} \\ \text{전체} & = 18 \end{aligned}$$

따라서 분자는 18-전자 규칙을 따른다.

16-전자 규칙

대부분의 안정한 유기금속 화합물은 18-전자 규칙을 따른다. 그러나 18 이외의 전자수를 갖는 안정한 착물도 존재하는데, 결정장 안정화 에너지와 같은 요인과 금속과 리간드 사이의 결합의 성질이 화합물의 안정도에 영향을 미치기 때문이다.

규칙에 대해 가장 흔히 접하는 예외는 d 구역의 오른쪽, 특히 9와 10족의 전이 금속의 16-전자 착물이다. 이 16-전자의 사각 평면 착물은 흔히 d^8 전자 배치를 가지고 있으며, 예를 들면 Rh(I), Ir(I), Pt(II), Pd(II)가 있다. 그러한 착물의 예로는 **Zeise의 염**, $K^+[Pt(C_2H_4)Cl_3]^-$의 음이온과 Vaska **화합물**(*Vaska compound*)인 이리듐 착물, $[IrCl(CO)(PPh_3)_2]$ 등이 있다. 결정장 안정화 에너지는 큰 값의 Δ에 대해서는 저스핀의 사각 평면 d^8 배치를 선호한다. 5와 6주기에서는 Δ값이 크다. 결과적으로 로듐, 이리듐, 팔라듐, 백금의 사각 평면 착물이 많이 존재한다. 이러한 사각 평면 착물은 모두 저스핀이다(19.7절 참조). d_{xy}, d_{xz}, d_{yz}, d_{z^2} 오비탈은 모두 2개의 전자를 가지고 있고, 높은 에너지의 $d_{x^2-y^2}$ 오비탈은 비어 있다. 결정장 갈라짐이 클수록 착물은 더 안정하다.

홀전자 화학종

홀전자 착물은 전자를 받아들여 안정하게 될 수 있다. 예를 들어 $[V(CO)_6]$는 17-전자 화학종이다. 이 화합물은 환원제로부터 쉽게 전자를 받아서 18-전자 배치로 된다.

$$\underset{17\ e^-}{[V(CO)_6]} + Na \rightarrow Na^+ + \underset{18\ e^-}{[V(CO)_6]^-}$$

또 다른 홀전자 화학종은 다른 분자와 이합체를 형성하여 전자를 얻을 수 있다. 예를 들어 $[Mn(CO)_5]$는 17 전자를 가지고 있다. 두 분자가 그들의 홀전자를 공유하여 Mn－Mn 결합을 만든다(그림 23.17). 결과적으로 각 Mn은 18-전자 화학종이 된다.

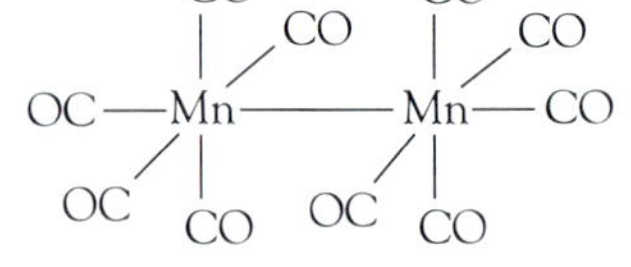

그림 23.17 $Mn_2(CO)_{10}$의 구조

$$\underset{17\ e^-}{2[Mn(CO)_5]} \rightarrow \underset{18\ e^-}{[Mn_2(CO)_{10}]}$$

금속-금속 결합과 18-전자 규칙

18-전자 규칙은 복수의 금속 원자가 포함된 유기금속 화합물에서 금속-금속 결합의 수를 예측하는 데에 유용하게 사용될 수 있다. 각 금속 원자의 주위에 있는 전자의 수가 18인 분자는 가장 안정하다. 앞의 예에서 살펴본 것처럼 금속은 다른 금속 원자에 공유 결합을 형성하면서 추가로 전자를 얻는다. 예를 들어 $[(\eta^5\text{-}C_5H_5)_2Mo(CO)_2]_2$를 살펴보면 각 몰리브데넘 중심에는 몰리브데넘(I)으로부터의 5개의 4d 전자, 사이클로펜타다이엔일(cyclopentadienyl) 리간드로부터의 6개 전자, 카보닐 리간드로부터의 4개 전자가 있음을 알 수 있다. 각 몰리브데넘당 15개의 전자에 해당되므로 18에서 3이 부족하다. 이러한 부족은 다른 몰리브데넘에 3개의 결합을 만들어 해결할 수 있으며, 그림 23.18에 결과적인 구조를 나타내었다.

그림 23.18 $[(\eta^5\text{-}C_5H_5)_2Mo(CO)_2]_2$의 구조

몰리브데넘(I) 전자($4d^5$)		= 5
사이클로펜타다이엔일 전자		= 6
일산화 탄소 전자	= 2 × 2	= 4
Mo－Mo 공유 전자		= 3
	전체	= 18

예제 23.5

$[Mn(\mu\text{-}Br)(CO)_4]_2$에서 금속-금속 결합의 수를 예측하고 구조를 제시하시오.

해답

각 브로민 리간드는 -1의 전하를 갖는다. 따라서 각 망가니즈 원자의 산화 상태는 +1이고 전자 배치는 $[Ar]3d^6$이다. 각 망가니즈 원자에 대한 원자가 전자수를 계산하면 다음과 같다.

Mn(I) 전자($3d^6$)		= 6
CO 전자	= 4 × 2	= 8
2 × μ-Br 전자		= 4
	전체	= 18

μ-Br은 각각의 망가니즈 원자에 두 개의 전자를 주고 있다. 이 분자는 이미 18개의 전자를 갖고 있기 때문에 Mn — Mn 결합을 할 필요가 없다. 이 이합체는 2개의 다리결합 Br 리간드에 의해 묶여 있다.

$$(OC)_4Mn(\mu\text{-}Br)_2Mn(CO)_4$$

23.7 전이 금속 카보닐

전이 금속 카보닐은 전이 금속의 유기금속 화합물의 가장 중요한 분야이다. 고전적인 σ-결합 리간드는 주족과 전이 금속 모두와 착물을 형성하지만, 일산화 탄소가 리간드일 때는 그렇지 않다. 보레인 카보닐, H_3BCO와 포타슘 카보닐, $K_6(CO)_6$의 예외를 제외하고, 알려진 카보닐은 전이 금속의 것뿐이다. 전이 금속 카보닐에서 σ 결합은 추가적인 π 결합에 의해 강화되므로, 착물이 안정화되고 금속의 매우 낮은 산화 상태도 역시 안정화된다. 다수의 카보닐 화합물에는 0의 산화 상태에 있는 금속이 꽤 많이 존재하는데, 예를 들면 헥사카보닐크로뮴(0), $[Cr(CO)_6]$가 있다. 이러한 매우 낮은 산화 상태는 물과 암모니아와 같은 σ-결합만 할 수 있는 리간드에서는 발견되지 않는다.

카보닐 화합물은 휘발성이며, 독성이 있다. 그들의 독성은 적혈구의 헤모글로빈과의 상호작용 때문에 생긴다. 헤모글로빈에서 철은 +2의 산화 상태를 갖는다. 각 헤모글로빈 분자에는 4개의 철 이온이 있으며, 각 철이온은 포피린 단위로 둘러싸여 있다(20.6절 참조). 각 헤모글로빈 분자는 4개의 산소 분자와 반응하여 옥시헤모글로빈이 된다. 산소 분자에 대한 결합은 약하여 산소는 상당히 쉽게 방출될 수 있다. 그러나 철과 일산화 탄소 사이의 결합의 성질은 σ와 π의 기여가 모두 작용하기 때문에 카보닐 리간드는 거의 헤모글로빈의 철에 비가역적으로 결합하여 산소의 운반을 방해한다.

카보닐 화합물에서의 결합

앞에서 설명한 바와 같이 일산화 탄소와 전이 금속 사이의 결합의 성질은 일산화 탄소를 치명적인 것으로 만든다. 왜 많은 전이 금속 카보닐 화합물이 존재하는지, 그들은 왜 그렇게 안정한지 왜 낮은 산화 상태로 존재할 수 있는지, 그리고 왜 주족 카보닐은 희귀한지에 대한 이유가 이러한 결합에 있다. 따라서 전이 금속과 일산화 탄소 사이의 결합을 어느 정도 자세히 살펴볼 필요가 있다.

3.5절에서 이핵 이원자 분자의 결합을 분자 오비탈 도표로 나타낼 수 있음을 배웠다. 구성 원자 사이의 유효 핵전하가 다르면 큰 유효 핵전하를 갖는 원자에 대한 오비탈의 에너지가 낮아진다. 그림 23.19는 일산화 탄소 분자에 대한 대략적인 분자 오비탈을 나타낸 것이다(더 자세한 도표에서는 결합에 2s 성분이 일부 혼합된다. 3.9절 참조).

일산화 탄소 분자에서 최고 점유 분자 오비탈(HOMO)은 근본적으로 탄소와 산소의 높은 에너지에 있는 2p에서 유도된 σ_{2p} 오비탈이다. 이 오비탈이 탄소 원자에 있는 고립

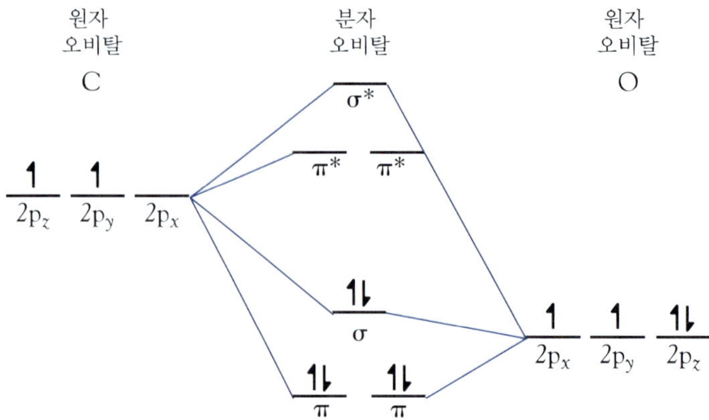

그림 23.19 일산화 탄소에 대한 일부 대략적인 분자 오비탈 에너지 준위 도표

전자쌍과 유사하다고 가정한다. 최저 비점유 분자 오비탈(LUMO)은 π_{2p}*의 반결합 오비탈이다. 다시 한 번 언급하면 탄소의 2p 오비탈로부터의 기여가 우세하므로 산소 원자보다는 탄소 주위에 초점이 맞춰진다. 이러한 오비탈의 대략적인 모양을 그림 23.20에 나타내었다.

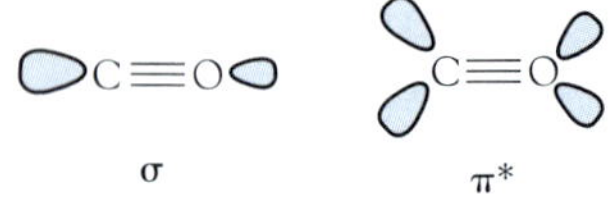

그림 23.20 일산화 탄소에 대한 최고 점유 분자 오비탈(σ)와 최저 비점유 분자 오비탈(π*)

일산화 탄소의 σ HOMO의 끝과 금속의 비어 있는 d 오비탈과의 겹침을 그릴 수 있다(그림 23.21). 즉, 일산화 탄소는 Lewis 염기로 작용하고, Lewis 산인 금속에 전자쌍을 준다.

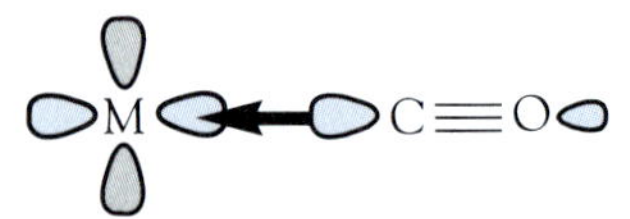

그림 23.21 카보닐 리간드로부터 금속으로의 σ 기여

이렇게 해서 금속에 전자 밀도가 높아진다. 이미 전자가 풍부하게 있는 낮은 산화 상태의 금속 중심에 6개의 리간드가 동시에 전자를 제공한다고 생각해 보라. 이와 동시에 채워져 있는 금속의 d 오비탈과 일산화 탄소의 π* LUMO와 겹침이 일어난다(그림 23.22). 이 두 오비탈은 겹침이 일어나기 적당한 대칭을 가지고 있어서 전자 밀도가 금속 중심으로부터 카보닐 리간드 쪽으로 어느 정도 제거된다.

이러한 추가적인 결합은 π 결합이다. 그래서 일산화 탄소는 σ 주개와 π 받개로 부르고, 금속은 σ 받개와 π 주개라고 한다. 따라서 일산화 탄소에서 금속으로 σ 결합을 통해 전자의 흐름이 있고, π 결합을 통해 반대 방향으로 전자의 흐름이 생긴다. 이러한 상호작용을 **역결합**(*back bonding*) 또는 **상승 결합**(*synergistic effect*)이라고 한다. 이 상승 효과에 의해 금속과 탄소 원자 사이에 강하고 짧은 거의 이중의 공유 결합이 생성된다.

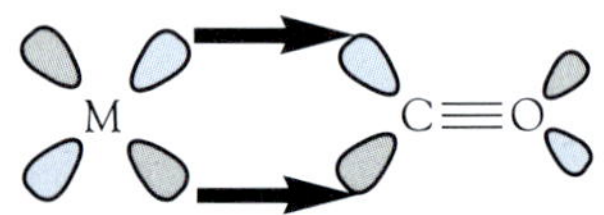

그림 23.22 금속에서 카보닐 리간드로의 π 역결합

전이 금속의 낮은 산화 상태에 대한 안정화를 잘 설명해줄 수 있는 것이 카보닐 리간드에 의한 금속으로부터의 전자 밀도의 제거이다. 낮거나 0의 산화 상태에 있는 금속은 카보닐 리간드의 결합 이전에도 이미 완전히 또는 거의 채워져 있는 상태이다. 배위에 의해 훨씬 높아진 전자 밀도는 상승 효과에 의해 효율적으로 분산된다.

결합에 대한 이러한 표현에 따르면 전자는 일산화 탄소의 π 반결합 오비탈로 펌프된다. 반결합 오비탈에 증가된 점유율로 인해 결합 차수가 자유 일산화 탄소 분자의 값인 3보다 줄어들게 된다. 실험에 의하면 일산화 탄소 자체에서보다 카보닐 화합물에서의 탄소-산소 결합이 실제로 길어지고 약해짐을 알 수 있다. 이러한 사실은 분자 오비탈의 결합 모형이 유용함을 알려주는 좋은 증거가 된다. 안정한 중성 금속 카보닐 화합물의 거의 전부는 6족에서 9족까지의 전이 금속들에서 나타나는데, 이 영역에서 금속은 카보닐의 π 계에 제공될 수 있는 d 전자는 가지고 있지만, 다른 d 오비탈은 비어 있고 카보닐 리간드로부터 전자쌍을 받아들이기에 충분하지 못하다는 사실을 추가적인 증거로 제시할 수 있다.

전이 금속에 다른 리간드도 이런 방식으로 결합할 수 있으며, 알켄과 포스파인 등의 예가 있지만, 일산화 탄소만큼 좋은 π 받개는 아니다.

상승 결합의 증거

카보닐 화합물의 구조를 조사하는 데에 적외선 분광법이 유용한 도구가 된다. C≡O 결합은 기체 상태에서 2143 cm^{-1} 부근에서 진동한다. 카보닐 화합물에서의 진동 주파수는 2150 ~ 1850 cm^{-1}의 영역에 있으며 구조와 다른 리간드의 성질에 좌우된다.

상승 결합 모형이 맞다면 C−O 결합의 길이와 세기는 π^* 오비탈로 옮겨가는 전자에 의해 영향을 받을 것이다. 결합이 약해지고 길어짐에 따라 더 낮은 주파수에서 진동할 것이다(팽팽한 고무줄의 '팅'하고 울리는 소리에 관해 생각해 보자. 이것은 강한 결합에 해당되고 높은 주파수로 진동한다. 덜 팽팽한 고무줄을 울릴 때와 비교해 보자. 이 경우는 '약한' 결합을 의미하고 더 낮은 주파수로 진동할 것이다). 카보닐 화합물에서의 C≡O 결합이 기체 상태의 일산화 탄소보다 더 낮은 주파수로 진동한다는 사실이 위의 모형이 올바름을 실제로 증명해 준다.

C−O 신축 진동수는 금속 주위에서의 전자 환경에 아주 민감하다. 예를 들어 금속의 전자 밀도가 높을수록 역결합의 정도가 증가하여 더 많은 전자 밀도가 제거된다. 이렇게 되면 π* 오비탈에 전자 밀도가 증가하여 결합은 길어지고 C−O 신축 진동수는 감소한다. 이 효과는 등전자 계열에서 잘 볼 수 있다.

$[Fe(CO)_4]^{2-}$	1790 cm^{-1}
$[Co(CO)_4]^{-}$	1890 cm^{-1}
$[Ni(CO)_4]$	2060 cm^{-1}

위의 화학종은 모두 8개의 d 전자를 가지고 있다. 그러나 유효 핵전하는 Fe에서 Ni로 가면서 증가한다(2.5절 참조). 이것은 니켈보다 철에서 금속의 **남아있는**(*residual*) 음전하가 더 크다는 것을 의미한다. 착물의 음전하가 증가할수록 금속이 분산시켜야 할 전자 밀도가 더 크고 따라서 역결합이 증가한다. 결과적으로 π*에 있는 전자 밀도는 증가할 것이고, 탄소와 산소 사이의 결합은 약해져서 더 낮은 주파수에서 진동한다.

치환된 카보닐에서 역결합의 정도는 CO 진동수를 조사하여 관찰할 수 있다.

$[Ni(CO)_3(PMe_3)]$	2064 cm^{-1}
$[Ni(CO)_3(PPh_3)]$	2069 cm^{-1}
$[Ni(CO)_3(PF_3)]$	2111 cm^{-1}

PMe_3에 있는 메틸기는 유발 효과를 보인다. **유발 효과**(*inductive effect*)는 근처에 있는 원자의 전기 음성도에 반응하여 결합에서의 전자를 이동시킨다. 다르게 표현하자면, 전기 음성도가 큰 원자는 자기 쪽으로 전자를 끌어당기고 전기 양성인 치환기는 전자를 준다. 이 경우에 전자 밀도는 금속 쪽으로 이동한다. 이렇게 되면 역결합의 정도가 증가하여 M−C 결합은 강해지고, C−O 상호작용은 약해져서 적외선 신축 진동수는 더 낮아진다. 이와는 대조적으로 PF_3에 있는 플루오린은 전자를 끌어당기며 금속으로부터 전자 밀도를 제거한다. 이렇게 되면 역결합의 정도가 줄어들고, C−O 결합은 강하고 짧아서 높은 신축 진동수를 나타낸다.

예제 23.6

$[Cr(CO)_5(PEt_3)]$와 $[Cr(CO)_5(PPh_3)]$ 중에서 더 낮은 CO 신축 진동수를 갖는 화학종을 예측하시오. 어느 것이 더 짧은 Cr — C 결합을 갖는가?

해답

PEt_3에 있는 에틸기는 PPh_3에 있는 페닐기보다 유발 효과가 더 크다. 따라서 $[Cr(CO)_5(PEt_3)]$에 있는 코발트에 더 높은 전자 밀도가 존재하고, 역결합의 정도도 더 크기 때문에, Cr — C 결합은 더 짧고 더 강하게 되고, C — O 결합은 더 길고 더 약하게 된다. 따라서 더 낮은 C — O 적외선 신축 진동을 갖는다.

카보닐 화합물에서의 대칭

앞에서 살펴본 것처럼 적외선 분광법은 카보닐 리간드의 전자적 환경에 관한 정보를 제공한다. 적외선 분광법은 전이 금속 카보닐 화합물의 구조를 조사하는 데에도 역시 사용될 수 있다. 신축 방식이 쌍극자의 변화를 수반하면 그 분자는 적외선 활성이다(3.14절 참조). 팔면체의 카보닐 착물인 $[M(CO)_6]$를 고려해 볼 때, 각 C−O 결합의 대칭 신축은 전체적인 쌍극자 변화가 없어 이 화합물의 적외선 스펙트럼은 나타나지 않는다.

그러나 다른 가능한 신축 방식을 모두 고려해야 한다. 분자의 대칭과 군론을 이용하여 예상되는 분자의 적외선(그리고 라만) 활성인 신축 방식을 계산할 수 있다. 그러나 이것은 이 책의 범위를 벗어나는 것이므로 군에 대한 이론적인 접근의 결과를 이용하는 지름길을 택할 것이다. 카보닐 화합물의 적외선 스펙트럼의 C−O 피크의 수를 예측하기 위해 M−CO 부분의 모양만 고려하여 표 23.4에 인용하였다.

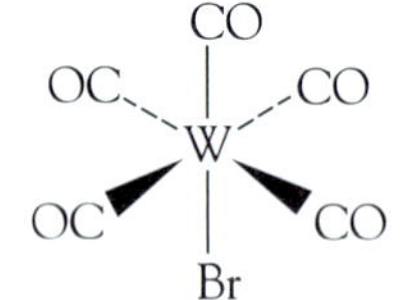

그림 23.23 $[WBr(CO)_5]$의 구조

예를 들어, $[W(CO)_6]$는 점군이 O_h인 팔면체이다. 표 23.4를 보면 하나의 신축 방식만이 적외선 활성이므로, 실제로 $[W(CO)_6]$의 적외선 스펙트럼에서는 하나의 피크만 관찰된다. 만일 CO 하나를 할로젠으로 치환하면(그림 23.23) 전체 분자는 아직 팔면체이지만, M−CO에 의해 만들어진 모양은 C_{4v} 점군의 사각뿔이다. 표 23.4에서 보면 2개의 적외선 신축 방식이 있으며 적외선 스펙트럼에서 2개의 피크가 나타난다. 적외선 분광법은 이성질체를 구별하는 데에도 사용될 수 있다. 예를 들어 사각 평면의 $[PtCl_2(CO)_2]$의 *cis*와 *trans* 이성질체를 생각해 보자(그림 23.24). *cis* 이성질체는 M−CO 결합이 굽은 배열을 이루고, 있어 2개의 적외선 활성 산축 방식과 2개의 피크를 나타낸다. *trans* 이성질

표 23.4 적외선 스펙트럼에서의 C−O 신축 띠의 수

잔류 구조	점군	결합 수
선형	$D_{\infty h}$	1
굽은형	C_{2v}	2
삼각 평면	D_{3h}	2
삼각뿔	C_{3v}	2
사면체	T_d	1
사각 평면	D_{4h}	1
삼각 쌍뿔	D_{3h}	2
사각뿔	C_{4v}	2
팔면체	O_h	1

그림 23.24 (a) *cis*와 (b) *trans*의 $[PtCl_2(CO)_2]$의 구조

그림 23.25 $[Mo(CO)_6]$의 구조

체는 M−CO 결합이 선형 배열이므로, 하나의 적외선 활성 신축 방식과 적외선 스펙트럼에서 하나의 피크만을 나타낸다.

카보닐 리간드의 종류

23.2절에서 설명한 바와 같이 카보닐 리간드는 전이 금속 중심에 여러 가지 방법으로 결합할 수 있다. $[Mo(CO)_6]$(그림 23.25)와 같은 단순한 착물에서와 같이 말단 리간드로 결합할 수 있으며 2-전자 주개로 작용한다. 이러한 형태에서 카보닐의 적외선 신축 진동수는 보통 2010 ~ 1850 cm^{-1}의 범위에 있다.

카보닐 리간드가 둘 이상의 금속 중심에 다리 결합할 수도 있다(그림 23.3 참조). 이 경우에 카보닐의 적외선 신축 진동수는 1850 ~ 1750 cm^{-1}의 영역에 있다. 두 금속 원자에 다리 결합하는 카보닐은 접두사 μ로 또는 더 정확하게는 μ^2로 표시하며 각 금속 화학종에 하나의 전자를 제공한다. 다리 결합하는 카보닐 착물의 한 예가 $[Co_2(CO)_8]$이다(그림 23.26).

그림 23.26 $[Co_2(CO)_8]$의 구조

카보닐 리간드가 3개의 금속 중심에 다리결합할 때 카보닐의 적외선 신축 진동수는 1675 ~ 1600 cm^{-1} 범위에서 나타난다. 이러한 경우는 대부분 클러스터 화합물에서 나타나고, 접두사 μ^3를 붙이는데 $[Rh_6(CO)_{16}]$가 그 예이다(그림 23.27).

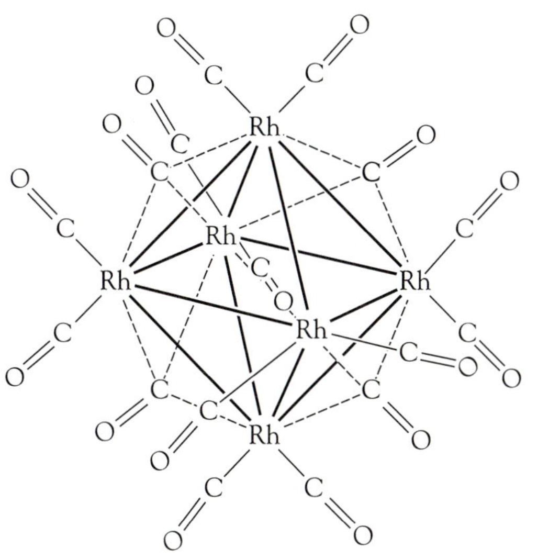

그림 23.27 $[Rh_6(CO)_{16}]$의 구조

23.8 단순한 금속 카보닐의 합성과 성질

4족 원소의 카보닐

타이타늄은 d^4의 전자 배치를 한다. 18-전자 규칙에 따르면 안정한 카보닐은 $[Ti(CO)_7]$이 될 것이지만, 이러한 화합물을 형성하기에는 타이타늄은 불충분한 전자 밀도를 가지고 있다. 그러나 치환된 카보닐은 알려져 있다. 예를 들어, $[(\eta^5\text{-}C_5H_5)_2Ti(CO)_2]$는 붉은색의 18-전자 화합물이며, 염화 타이타늄(IV)으로부터 합성된다.

$$TiCl_4 + 2\,LiC_5H_5 \longrightarrow (C_5H_5)_2TiCl_2 \xrightarrow{Mg/CO/THF} (C_5H_5)_2Ti(CO)_2$$

5족 원소의 카보닐

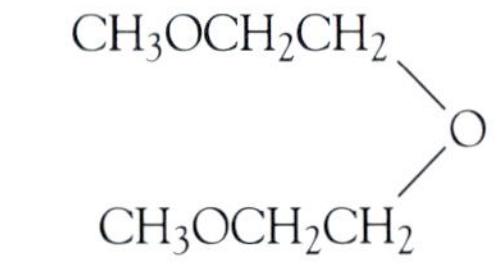

그림 23.28 Diglyme의 구조

헥사카보닐바나듐(0), $[V(CO)_6]$는 어두운 초록색의 상자기성 고체이다. 17-전자 화학종이며 70°C에서 분해된다. 이 화합물은 염화 바나듐(III)으로부터 18-전자의 음이온성 중간체를 거쳐 약어로 *diglyme*(*diethyleneglycol dimethyl ether*의 관용명)으로 표기하는 2-메톡시에틸 에터를 용매로 사용하여 합성된다(그림 23.28).

$$VCl_3 + 4\,Na + CO \xrightarrow{\text{diglyme}} [Na(\text{diglyme})_2]^+[V(CO)_6]^- \xrightarrow{H^+} [V(CO)_6]$$

6족 원소의 카보닐

헥사카보닐크로뮴(0), $[Cr(CO)_6]$는 안정한 18-전자의 팔면체 분자이다. $[V(CO)_6]$와 같은 방법으로 합성된다. 6족의 세 가지 헥사카보닐인 $[Cr(CO)_6]$, $[Mo(CO)_6]$, $[W(CO)_6]$는 흰색의 결정성 고체이며, 진공 중에서 승화된다. 그들은 가열하지 않으면 반응하지 않는 가장 안정한 이성분 카보닐 화합물이다.

7족 원소의 카보닐

망가니즈는 17-전자의 펜타카보닐망가니즈(0), $[Mn(CO)_5]$를 형성한다. 이 화합물은 23.6절에서 언급한 것처럼 쉽게 18-전자의 노란색 결정인 $[Mn_2(CO)_{10}]$의 이합체로 된다. Mn−Mn 결합은 길고 약해서 쉽게 깨진다. 예를 들어, 소듐 아말감과 반응시키면 Mn−Mn 결합이 깨지면서 망가니즈가 망가니즈(−I)로 환원된다.

$$[Mn_2(CO)_{10}] + 2\,Na \rightarrow 2\,Na[Mn(CO)_5]$$

할로젠과의 반응으로 결합이 끊어지면 망가니즈가 망가니즈(I)로 산화된다.

$$[Mn_2(CO)_{10}] + Br_2 \rightarrow 2\,[Mn(CO)_5Br]$$

족의 아래쪽에 상응하는 카보닐인 $[Tc_2(CO)_{10}]$과 $[Re_2(CO)_{10}]$은 둘 다 흰색의 결정성 고체이다.

8족 원소의 카보닐

펜타카보닐철(0), $[Fe(CO)_5]$는 노란색의 유독성 액체이며 자석과 철 필름을 만드는 데 사용된다. 일산화 탄소 환경에서 미세한 철의 가루를 가열하여 얻을 수 있다. $[Fe(CO)_5]$는 광화학적으로 반응하여 노란색의 이합체인 $[Fe_2(CO)_9]$이 된다. 가열하면 어두운 초록색 고체인 $[Fe_3(CO)_{12}]$가 생성된다.

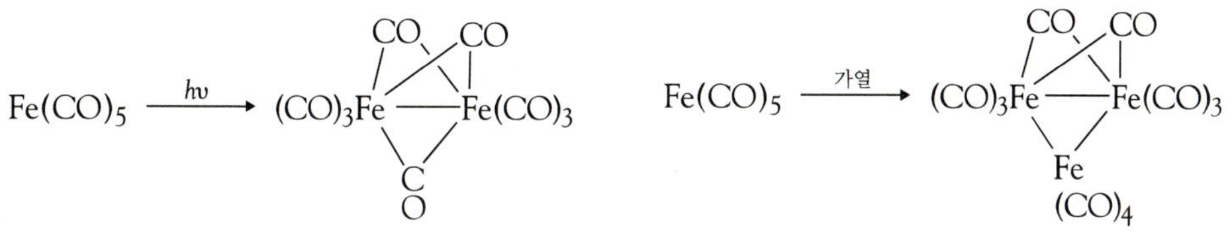

$$Fe(CO)_5 \xrightarrow{h\nu} (CO)_3Fe(\mu\text{-}CO)_3Fe(CO)_3 \qquad Fe(CO)_5 \xrightarrow{\text{가열}} [Fe_3(CO)_{12}]$$

루테늄과 오스뮴은 $[Ru(CO)_5]$와 $[Os(CO)_5]$를 형성하며, 둘 다 무색의 액체이다. 이들도 역시 $[Ru_3(CO)_{12}]$와 $[Os_3(CO)_{12}]$의 클러스터 화합물을 형성하지만, 구조는 $[Fe_3(CO)_{12}]$의 것과 다르다. $[Os_3(CO)_{12}]$의 구조를 그림 23.29에 나타내었다.

9족 원소의 카보닐

코발트는 홀수의 전자를 가지고 있어서 카보닐 화합물인 $[Co(CO)_4]$는 17 전자를 가지며, 오렌지색의 녹는점이 낮은 고체인 $[Co_2(CO)_8]$의 이합체로 된다. 고체는 금속-금속 결합과 다리 결합의 카보닐 치환기를 가지고 있다(23.7절 참조). 고체를 헥세인에 녹이면 적외선 스펙트럼에서 다리 결합의 카보닐띠가 사라지고 엇갈린 구조로 된다. 이 두 형태 사이의 에너지 차이는 불과 5 kJ · mol^{-1} 정도이므로 내부 변환이 쉽게 일어난다. 그러한 내부 변환과 분자 내 자리옮김은 유기금속 화학에서 흔히 일어난다.

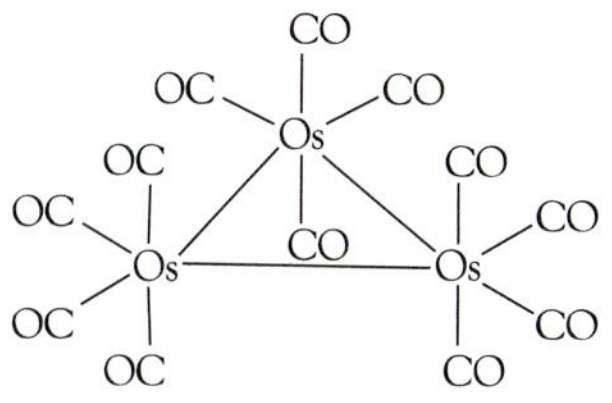

그림 23.29 $[Os_3(CO)_{12}]$의 표현

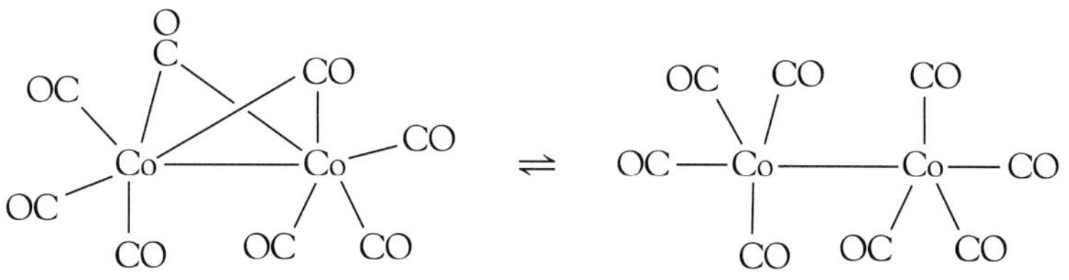

$$(OC)_3Co(\mu\text{-}CO)_2Co(CO)_3 \rightleftharpoons (OC)_4Co\text{—}Co(CO)_4$$

코발트도 역시 $[Co_4(CO)_{12}]$와 $[Co_6(CO)_{16}]$의 클러스터 화합물을 형성하며, 둘 다 검은색의 고체이다. 로듐과 이리듐도 같은 화학식의 클러스터 화합물을 형성한다. 구조는 코발트 화합물의 것과 유사하다. $[Rh_6(CO)]_6$의 구조는 23.7절에서 다루었다.

10족 원소의 카보닐

테트라카보닐니켈(0), $[Ni(CO)_4]$는 유독성의 무색 액체이며, 미세한 금속 가루와 일산화탄소를 직접 반응시켜 얻는다. 이 반응은 실온보다 약간 높은 온도와 대기압에서 일어난다. 이 반응은 니켈의 추출과 정제에 사용되는 Mond 공정의 기초가 된다(20.10절 참조).

$$Ni + 4\,CO \rightleftharpoons [Ni(CO)_4]$$

11족 원소의 카보닐

구리는 매우 높은 전자 밀도를 가지며 비어 있는 d 오비탈이 없다. 소수의 치환된 카보닐 화합물이 알려져 있지만 모두 매우 불안정하다.

23.9 전이 금속 카보닐의 반응

금속 카보닐의 가장 중요한 반응은 치환 반응이다. 카보닐 리간드는 포스파인과 불포화 탄화수소와 같은 다른 리간드에 의해 치환될 수 있다. 치환은 열과 빛에 의해 활성화될 수 있으며, 생성물은 보통 18-전자 규칙을 따른다. 예를 들어, $[Co(CO)_6]$와 같은 팔면체 착물에서 다른 리간드와 반응하면 3개가 치환된 카보닐이 된다.

$$[M(CO)_6] \xrightarrow[\text{가열}]{L} [M(CO)_5L] \xrightarrow[\text{가열}]{L} cis\text{-}[M(CO)_4L_2] \xrightarrow[\text{가열}]{L} fac\text{-}[M(CO)_3L_3]$$

반응하는 리간드에 의한 계속적인 치환은 항상 처음의 리간드에 대해 *cis* 위치로 일어난다. 이것은 카보닐보다 더 좋은 σ 주개이지만 더 약한 π 받개인 리간드가 치환될 때, 들어오는 리간드에 대해 *trans* 위치에 있는 카보닐과 금속 사이의 역결합을 증가시키기 때문이다. 치환 반응이 $[M(CO)_3L_3]$보다 더 진행되는 경우는 드문데, 금속에 있는 전자 밀도가 너무 커지기 때문이다.

18-전자 착물의 이러한 치환 반응은 **해리성 메커니즘**(*dissociative mechanism*)을 따르며, 이는 불포화된 배위를 하는 화학종이 반응 중간 물질로 생성된다는 것을 의미한다. 회합성 메커니즘에 따르면 18 전자를 초과하는 착물인 7-배위의 중간체가 생성된다.

$$\underset{18e^-}{[M(CO)_6]} \rightarrow \underset{16e^-}{[M(CO)_5]} \rightarrow \underset{18e^-}{[M(CO)_5L]}$$

4d 전이 금속의 착물은 5d 금속 착물보다 훨씬 빠르게 반응한다. 이 장의 후반에서 보게 되겠지만, 이러한 사실 때문에 루테늄, 로듐, 팔라듐은 오스뮴, 이리듐, 백금보다 더 광범위하게 촉매로 사용된다. 몇 가지 전형적인 치환 반응을 다음에 나타내었다.

$$[Cr(CO)_6] + 3\,MeCN \rightarrow [Cr(CO)_3(NCMe)_3] + 3\,CO$$
$$[Ni(CO)_4] + 2\,PF_3 \rightarrow [Ni(CO)_2(PF_3)_2] + 2\,CO$$
$$[Mo(CO)_6] + C_6H_6 \rightarrow [Mo(CO)_3(\eta^6\text{-}C_6H_6)] + 3\,CO$$
$$[Mo(CO)_6] + CH_2{=}CH{-}CH{=}CH_2 \rightarrow (CO)_4Mo(\eta^4\text{-}C_4H_6) + 2\,CO$$

또 다른 중요한 형태의 반응은 환원제나 알칼리와 반응하여 카보닐 음이온을 형성하는 것이다. 가장 쉽게 음이온을 형성하는 화학종은 홀전자의 화학종, 특히 17-전자 화학종과 이합체이다. 만들어지는 화학종은 18-전자 착물이다. 예를 들면 다음과 같다.

$$[Fe(CO)_5] + 3\,NaOH \rightarrow Na[HFe(CO)_4] + Na_2CO_3 + H_2O$$
$$[Co_2(CO)_8] + 2\,Na/Hg \xrightarrow{THF} 2\,Na[Co(CO)_4]$$

이합체가 관련된 반응은 할로젠과 반응하여 금속-금속 결합이 깨져서 할로젠화물이 생성되는 것이다.

$$[Mn_2(CO)_{10}] + Br_2 \rightarrow 2\,[Mn(CO)_5Br]$$

23.10 다른 카보닐 화합물

금속 카보닐의 음이온

이미 살펴본 바와 같이 금속 카보닐을 환원시키면 매우 반응성이 큰 음이온성 화학종이 만들어진다. 이러한 화합물은 흔히 카보닐 화합물을 알칼리 금속이나 수소화붕소산 소듐과 반응시켜 얻는다.

$$[Cr(CO)_6] \xrightarrow{NaBH_4} Na_2[Cr_2(CO)_{10}]$$
$$[Mn_2(CO)_{10}] \xrightarrow{Li} Li[Mn(CO)_5]$$

이러한 화합물 중의 일부는 산성화시키면 $[HMn(CO)_5]$와 같은 수소화물을 형성한다. 망가니즈, 철, 코발트의 카보닐 수소화물은 무색이거나 노란색의 액체이다. 연구에 의하면 수소는 직접 금속에 결합되어 있다. $[HMn(CO)_5]$와 $[H_2Fe(CO)_4]$ 화합물은 수용액에서 상당히 산성이다. 코발트 화합물인 $[HCo(CO)_4]$는 물에 녹지 않지만, 메테인올에서 강한 산성을 띤다.

금속 카보닐의 수소화물

금속 카보닐의 수소화물은 반응성이 크며 대부분의 반응은 M−H 결합에 다른 화학종이 삽입되는 것을 포함한다. 금속 수소화물의 일부 전형적인 반응은 다음과 같다.

$$[(CO)_5MnH] + CH_2 = CH_2 \rightarrow [(CO)_5MnCH_2CH_3]$$
$$[(CO)_5MnH] + CO_2 \rightarrow [(CO)_5MnCO_2H]$$
$$[(CO)_5MnH] + CH_2N_2 \rightarrow [(CO)_5MnCH_3] + N_2$$

금속 카보닐의 할로젠화물

안정한 카보닐을 만드는 대부분의 금속은 카보닐 할로젠화물도 역시 생성한다. 그들의 구조는 단위체 화학종에서는 카보닐과 유사하다. 이합체에서는 항상 카보닐보다는 할로젠 음이온을 통해 다리 결합한다. 그들은 보통 흰색 또는 노란색의 고체이며, 고온 및 고압에서 금속 카보닐을 할로젠과 반응시켜 얻는다. 예를 들면 다음과 같다.

$$[Fe(CO)_5] + I_2 \rightarrow [Fe(CO)_4I_2] + CO$$

이들은 유기 용매에는 녹지만 물에서는 분해된다. 대부분의 카보닐 할로젠화물은 18-전자 규칙을 만족시킨다. 가장 두드러진 예외는 Vaska 화합물인 *trans*-$[IrCl(CO)(PPh_3)_2]$이다. 이 화합물은 금속 원자의 원자가 껍질에 18 전자가 될 때까지 광범위한 첨가 반응을 한다. 이러한 반응 동안에 사각 평면 화합물이 팔면체로 전환이 되고, 이리듐은 전하가 2 단위만큼 산화된다. 이러한 형태의 반응을 **산화성 첨가 반응**(*oxidative addition*)이라고 한다. Vaska 착물에 수소가 산화성 첨가되는 도표를 다음에 나타내었다. 금속과 H_2 사이에 3-중심 중간체가 형성되는 것에 유의하라.

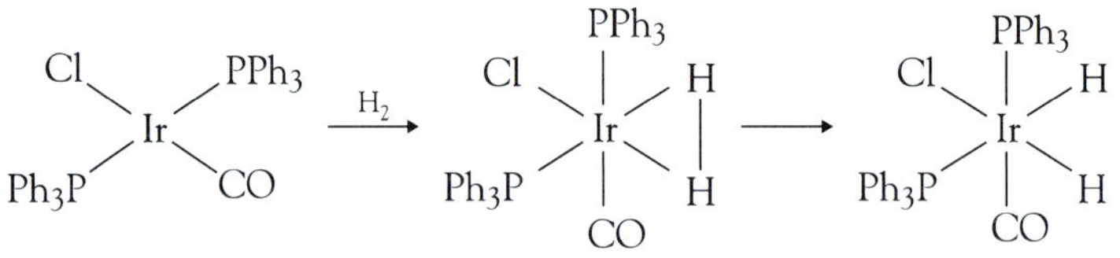

산화성 첨가는 유기금속 화합물의 흔한 반응이며 많은 촉매 반응의 관건이 되는 반응이다. 산화성 첨가 반응이 일어나려면 들어오는 리간드가 배위할 2개의 여분의 자리가 있어야 하고, 금속은 2 단위만큼의 차이가 나는 안정한 산화 상태로 존재할 수 있어야 한다. 반응 동안에 두 리간드가 금속에 결합되면 금속은 그와 동시에 2 단위만큼 산화된다. 이 반응의 역반응을 **환원성 제거**(*reductive elimination*)라고 하는 것은 놀라운 일이 아니다.

23.11 포스파인 리간드 착물

금속 카보닐 착물은 트라이페닐 포스파인(triphenyl phosphine)과 삼염화 인과 같은 리간드와 반응할 수 있음을 알았다. 포스파인은 이 절 전체에 걸쳐 논의될 중요한 리간드들이다.

포스파인은 P−C(반결합) σ* 오비탈을 통한 역결합을 통해 전자 밀도를 받아들일 수 있다. 이 역결합의 영역은 리간드의 성질에 의존한다. 예를 들면, $P(CH_3)_3$ 등의 알킬 포스파인은 알킬기의 유발 효과 때문에 강한 전자 주개이고, 상당히 약한 전자 받개이다. 역으로, 포스파인의 할로젠 화합물은 할로젠 원자가 전자를 끌어당기는 성질을 갖기 때문에, 약한 주개이고 강한 전자 받개이다. **π-산도**(*acidity*)는 π-형태 오비탈의 겹침을 통해 전자 밀도를 받아들일 수 있는 화학종의 능력을 나타내기 위해 사용되는 용어이다. π 산도가 증가하는 순서는 다음과 같다.

$$P(^tBu)_3 < P(Me)_3 < P(OMe)_3 < PCl_3 < CO$$

그래서 포스파인 함유 화학종의 안정도는 포스파인의 전자적 특성에 의해 영향을 받는다. 포스파인 함유 리간드의 안정도와 구조를 결정하는 더 중요한 요인은, 리간드의 모양과 크기, 입체 팽화이다. 이 리간드의 '팽화도(bulkiness)'는 리간드의 **Tolman 원뿔각**(*Tolman cone angle*)에 의해 정의된다. 원뿔각은 그림 23.30에 나타내었다. 작고 촘촘한 치환 리간드는 작은 Tolman 원뿔각이 나타나게 하고, 크고 벌크한 치환 리간드는 큰 원뿔각이 나타나게 만든다. 몇 가지 예를 표 23.5에 나타내었다.

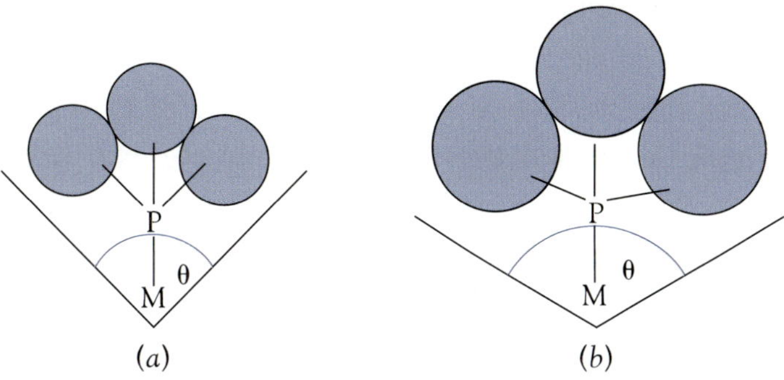

그림 23.30 포스파인 리간드의 크기에 따른 Tolman 원뿔각

표 23.5 포스파인 리간드에 대한 Tolman 원뿔각

리간드	Θ/deg
PH_3	87
PF_3	104
PMe_3	118
PMe_2Ph	123
$PMePh_2$	136
PPh_3	145
P^tBu_3	183

벌크 리간드가 많이 존재하면 리간드끼리 반발하게 될 수도 있다. 예를 들면, 테트라키스(트라이페닐포스파인)백금(0), $[Pt(PPh_3)_4]$는 리간드를 쉽게 잃고, 트리스(트라이페닐포스파인)백금(0), $[Pt(PPh_3)_3]$를 형성한다. 금속의 전자 밀도와 리간드의 팽화도는 착물의 반응성과 배위수를 결정하는 두 가지 요인이다.

23.12 알킬, 알켄, 알카인 리간드 착물

M−C 결합의 생성과 파괴는 유기금속 화학에서 중요한 역할을 하며, 촉매로의 활용에 있어서 중심이 된다. 알케인, 알켄, 알카인이 생성되고 고분자화되거나 작용기화 될 때마다 금속 알킬 화합물의 중간체가 포함된다. 화학 산업에서 생산되는 모든 생성물의 약 75%는 어떤 단계에서 유기금속 촉매를 포함하는 촉매 순환을 거치게 된다.

전이 금속은 간단한 알킬 화합물을 생성하지만 아연과 수은의 화합물은 불안정하기 때문에 예외이다. 대부분의 안정한 유기금속 화합물은 알켄, 알카인 및 불포화 고리계로 생

그림 23.31 Zeise 염 음이온, $[Pt(C_2H_4)Cl_3]^-$의 구조

성된다. 최초의 진정한 유기금속 화합물은 1830년 처음으로 합성된 노란색의 결정성 Zeise염, $K[Pt(C_2H_4)Cl_3]$이다(그림 23.31).

금속-알킬 결합을 갖는 전이 금속 유기금속 화합물은 σ와 π 상호작용을 모두 갖는 것으로 알려졌다. 일반적으로 대부분의 화합물은 18-전자 규칙을 따르는데, 금속과의 σ 결합만이 존재하는 알킬기를 갖는 경우는 예외이다. 앞에서 다룬 Zeise 염과 같은 몇 가지는 16개의 전자만 갖는다. 이들은 사각 평면이며 **배위 불포화**(*coordinatively unsaturated*)되었다고 불리는데, 이것은 최대 6-배위가 되기 위해 다른 리간드를 받아들일 수 있음을 의미한다. 이러한 배위 불포화는 전이 금속 균일 촉매의 매우 중요한 특징이다. 간단한 σ-결합 알킬 화합물은 금속 할로젠화물과 수소화물과 유사한 것으로 이해될 수 있다. 그래서 메틸 리간드는 −1의 형식 전하를 가지며, 금속에 두 개의 전자를 주는 것으로 간주할 것이다.

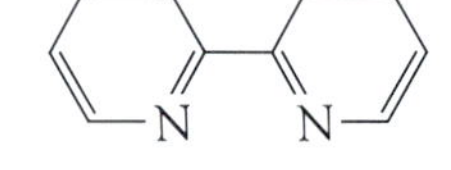

그림 23.32 바이피리딘

다른 작용기를 포함하지 않는 알킬 화합물은 매우 불안정하다. 예를 들면, $[Ti(CH_3)_4]$는 −50°C에서 분해되지만, $[Ti(bipy)(CH_3)_4]$(*bipy*는 그림 23.32의 바이피리딘에 대한 약자이다)는 30°C까지 가열할 수 있다. 알킬 화합물은 바이피리딘, 카보닐, 트라이페닐포스파인 등의 π-결합 리간드가 존재하면 안정화되는데, 이것은 π-결합이 금속으로부터 전자 밀도를 제거시킬 수 있기 때문에 안정도가 증가하기 때문이다.

전이 금속 알킬 화합물의 합성

전이 금속의 알킬 화합물을 제조하기 위해 가장 널리 사용되는 방법은 Grignard 시약이나 알킬 리튬을 사용하기도 하는 **알킬화**(*alkylation*) 반응이다.

$$[(C_5H_5)_2MoCl_2] + 2\,CH_3Li \longrightarrow [(C_5H_5)_2Mo(CH_3)_2] + 2\,LiCl$$

$$[(R_3P)_2PtCl_2] + LiCH_2CH_2CH_2CH_2Li \longrightarrow (R_3P)_2Pt(CH_2)_4 + 2\,LiCl$$

저-원자가 착물, 특히 포스파인에 의해 안정화되는 Ir^{I}, Ni^{0}, Pd^{0}, Pt^{0} 착물은 알킬 할라이드의 산화성 첨가에 의해 합성될 수 있다. 이 경우 배위 불포화된 사각 평면 착물을 얻게 되는데, 이 착물은 동시에 산화되고 6까지 확장된 배위수를 갖는 치환성 리간드를 포함한다. 최종 생성물은 용매에 따라 *cis*가 될 수도 있고, *trans*가 될 수도 있다. 예를 들면, Vaska 화합물의 경우에는 *cis*-첨가가 일어난다.

$$IrCl(CO)(PPh_3)_2 + MeI \longrightarrow IrCl(I)(Me)(CO)(PPh_3)_2$$

알켄, 알카인, 다콘쥬게이션 계의 착물은 다른 리간드, 대개 카보닐 리간드가 치환될 때 만들어진다. 각 π 결합은 다른 리간드에 의해 제공되는 고립 전자쌍을 치환시킬 수 있기 때문에, 생성물의 화학식을 예측하기 위해 18-전자 규칙을 사용할 수 있다.

$$[W(CO)_6] + Na(C_5H_5) \longrightarrow [(\eta^5\text{-}C_5H_5)W(CO)_3]^-$$

$$[PdCl_4]^{2+} + C_8H_{12} \longrightarrow Cl_2Pd(C_8H_{12}) + 2\,Cl^-$$

많이 사용되는 다른 합성법은 M−H 결합에 분자를 삽입시키는 것이다. 예를 들면, 다음과 같다.

$$[PtClH(PPh_3)_2] + C_2H_4 \rightarrow [PtCl(C_2H_5)(PPh_3)_2]$$

그리고

$$[(CO)_4CoH] + CH_2{=}CHCH_2CH_2CH_3 \longrightarrow (CO)_4Co\text{-}CH_2CH_2CH_2CH_2CH_3 + (CO)_4Co\text{-}CH(CH_3)CH_2CH_2CH_3$$

극성, 불포화 리간드(예를 들면, 카보닐)는 친핵성 공격을 할 수 있다. **친핵체**(*nucleophile*)는 '핵을 좋아하는' 시약이며 전자가 부족한 자리에 전자쌍을 제공하여 결합을 형성할 수 있는 전자가 풍부한 자리를 갖는다. 친핵체는 항상은 아니지만 음으로 하전되기도 한다. 반대의 경우는 **친전자체**(*electrophile*)인데, 전자쌍을 받아들일 수 있는 전자 부족 화학종이며, 양으로 하전되기도 한다. 이들 두 쌍의 정의는 친숙하게 들린다(7.5절 참조). Lewis 염기는 전자 주개이며 대개 친핵체로 작용하며, Lewis 산은 전자 받개이고 대개 친전자체로 작용한다. **친핵체**와 **친전자체** 용어의 주된 차이는 대개 탄소와의 결합 환경에서 사용된다. 다음 반응에서 에틸 음이온, $C_2H_5^-$는 친핵체이고, 카보닐의 탄소는 친전자체이다.

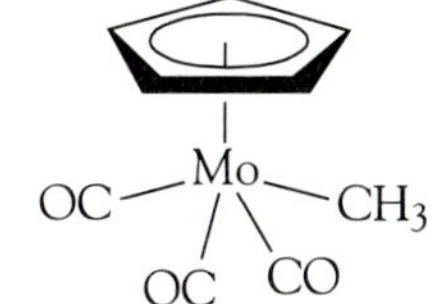

그림 23.33 18-전자 화합물, $(\eta^5\text{-}C_5H_5)Mo(CH_3)(CO)_3$의 구조

$$[Fe(CO)_5] + LiC_2H_5 \longrightarrow Li^+[(CO)_4Fe\overset{O}{\overset{\|}{C}}C_2H_5]^-$$

카보닐 착물처럼 대부분의 전이 금속 알킬 화합물은 18-전자 규칙을 따르거나(그림 23.33) 사각 평면 d^8 계에 대한 16 전자를 갖는다. 한편, 안정도는 18-전자 규칙을 기초로 해서 설명될 수 없기 때문에 많은 착물이 존재한다. 이들 화학종은 전자수가 매우 작을 수도 있는데, 이들의 안정성은 벌크 리간드의 입체적 필요성에 의해 제공되는 반응 속도론적 안정성에 기인한다. 이 리간드들은 너무 벌크해서 금속이 더 많은 전자를 얻기 위해 주개 리간드와 결합하는 것을 허용하지 않을 뿐만 아니라, 진입 리간드로부터 금속을 가려주는 효과적인 '우산'을 제공한다. 여기에 대한 예는 주로 앞 전이 금속들 중에서 발견된다(그림 23.34).

그림 23.34 8-전자 화합물 $Ti(CH_2SiMe_3)_4$의 구조

금속-탄소 결합의 반응

금속 알킬, 알켄, 알카인 화합물은 반응성이 매우 높다. 일반적으로 결합은 M−C 결합의 분열과 삽입 반응을 포함한다. 할로젠과 수소 등의 간단한 이원자 분자는 결합 분열 반

응을 촉진시켜 할로젠화물과 수소화물이 생성되게 만든다. 예를 들면 다음과 같다.

$$[PtCl_3C_2H_5]^{2-} + Cl_2 \rightarrow [PtCl_4]^{2-} + C_2H_5Cl$$

다른 평범한 반응은 금속 아실 유도체를 만들기 위하여 금속-탄소 결합에 일산화 탄소를 삽입시키는 것이다.

$$[(CH_3)Mn(CO)_5] + CO \rightarrow [CH_3COMn(CO)_5]$$

이 반응의 메커니즘은 한 눈에 알 수 있을 만큼 간단하지 않다. 삽입된 카보닐기는 실제로는 원래 금속 중심에 배위된 것 중의 하나이다. 이 반응에서는 분자 내 친핵성 공격에 이어 알킬기의 이동이 일어난다.

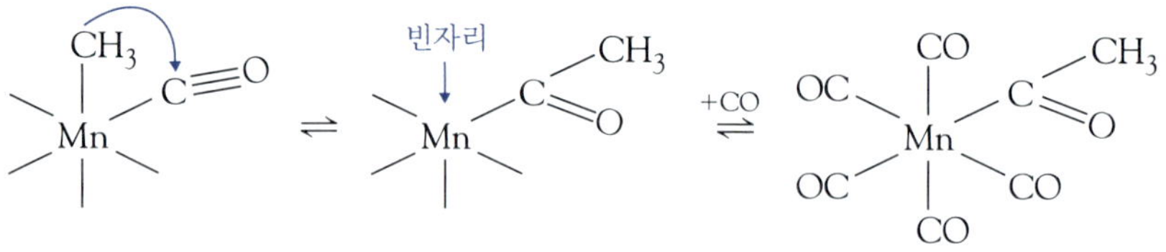

빈자리

+CO

알켄과 알카인도 금속-탄소 결합에 삽입시킬 수 있다.

$$[(C_5H_5)(CH_2CH_2)NiR] \xrightarrow[50\ bar]{CH_2=CH_2} [(C_5H_5)(CH_2CH_2)NiCH_2CH_2R]$$

공업적으로 엄청나게 중요한 예는 알켄의 고분자화에 사용되는 Ziegler-Natta 촉매이다 (23.18절 참조).

23.13 알릴 및 1,3-뷰타다이엔 리간드 착물

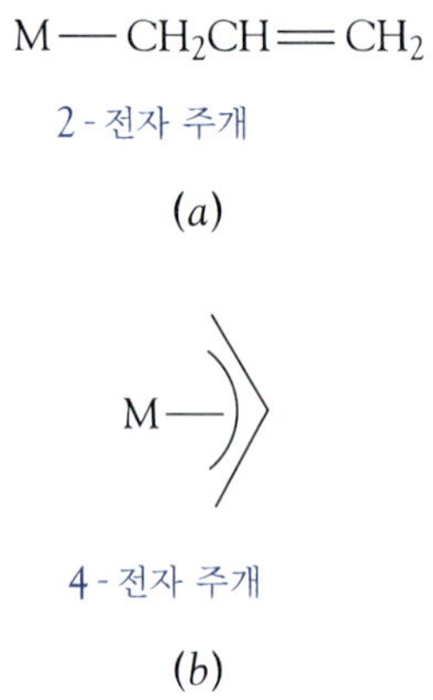

$M—CH_2CH=CH_2$

2-전자 주개

(a)

4-전자 주개

(b)

그림 23.35 (a) 말단 탄소 원자와 (b) 비편재화된 알릴 계를 통해 결합한 프로페닐 화학종

프로페닐 화학종은 말단의 탄소 원자(그림 23.35*a*)나, 더 흔하게는 비편재화된 알릴계를 통해(그림 23.35*b*) 전이 금속과 결합하여 η^3 착물을 형성할 수 있다.

η^3-알릴 함유 분자는 σ-결합된 η^1-중간체를 통해 형성될 수 있으며, 이어서 다른 리간드, 대개 일산화 탄소를 몰아내게 된다. 예를 들면,

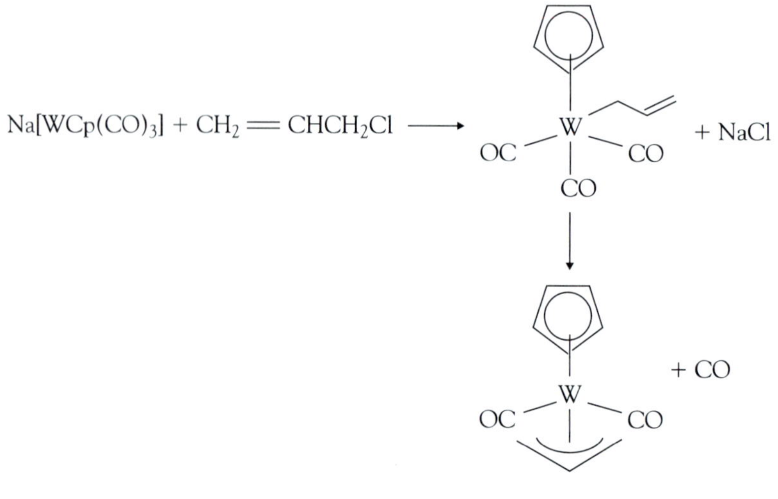

$$Na[WCp(CO)_3] + CH_2=CHCH_2Cl \longrightarrow [WCp(CO)_3(\eta^1\text{-}CH_2CH=CH_2)] + NaCl$$

$$\downarrow$$

$$[WCp(CO)_2(\eta^3\text{-}C_3H_5)] + CO$$

이 η^3 착물은 다양한 방법으로 제조할 수 있는데, 팔라듐에 대해 배위된 프로펜 리간드의 탈양성자화 반응에 의한 방법은 다음과 같다.

$$[PdCl_4]^{2-} + CH_3CH{=}CH_2 \longrightarrow$$

Me Cl Pd Cl Pd Cl Cl Me

Cl Pd Cl Pd

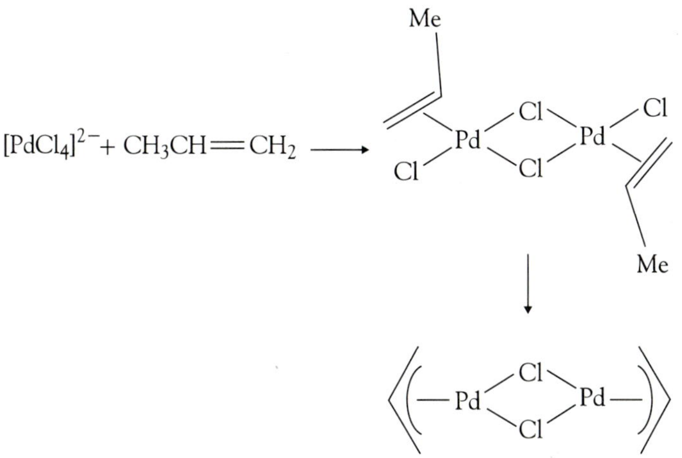

철에 대해 배위된 1,3-뷰타다이엔 리간드의 양성자화에 의한 방법은 다음과 같다.

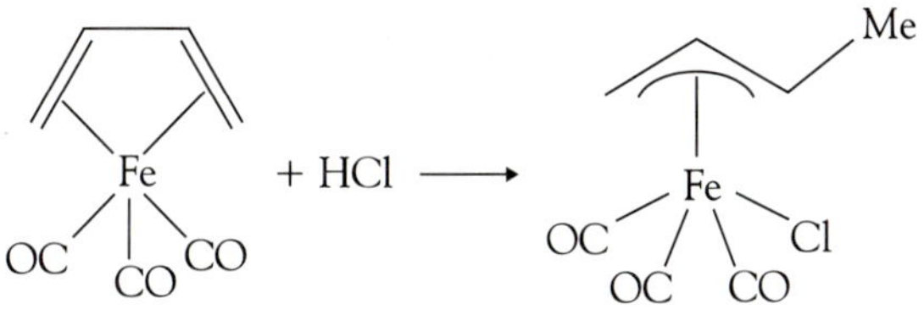

Fe OC CO CO + HCl ⟶ Me Fe OC Cl OC CO

1,3-뷰타다이엔 리간드는 한 개 또는 두 π 결합을 통해 전이 금속과 결합할 수 있기 때문에 두 개 또는 네 개의 전자를 주게 된다. 다른 배위 리간드의 수는 점차 감소하게 된다. 이 화합물들 중에서 가장 중요한 것은 철의 카보닐 유도체이다(그림 23.36).

트라이카보닐-1,3-다이엔 철 유도체들은 유기 합성에서 중요하다. 배위된 다이엔은 수소화시키기가 어렵고 1,3-다이엔의 전형적인 반응인 고전적인 유기 Diels-Alder **반응**(*Diels-Alder reaction*)을 일으키지도 않는다. $Fe(CO)_3$기는 다이엔에 대한 보호기로 작용하며, 이중 결합에 첨가를 방해함으로써 반응이 분자의 다른 자리에서 진행되게끔 만든다. 아래의 예에서 나타낸 것처럼, 트라이카보닐 철은 두 C=C 결합의 수소화 반응을 막기 위해 사용되었기 때문에, 수소화 반응은 세 번째 C=C 결합에서 쉽게 일어나게 된다.

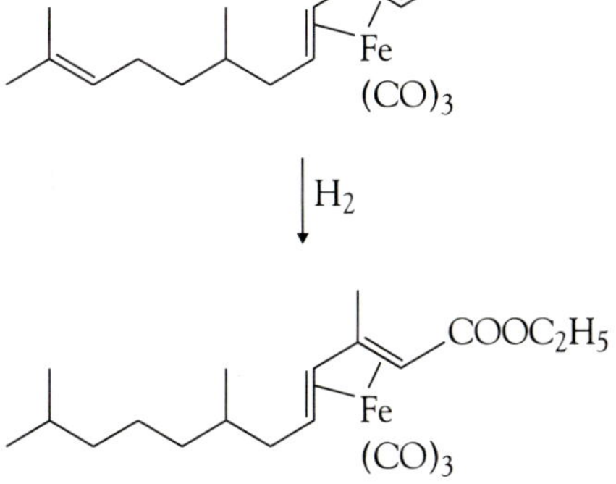

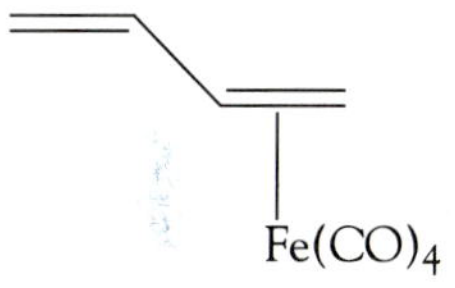

$COOC_2H_5$ Fe $(CO)_3$

$\downarrow H_2$

$COOC_2H_5$ Fe $(CO)_3$

$Fe(CO)_4$

(*a*)

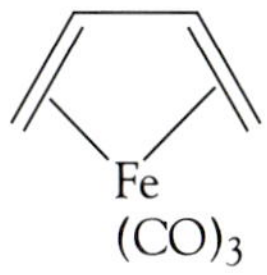

Fe $(CO)_3$

(*b*)

그림 23.36 (a) $Fe(CO)_4(\eta^2\text{-}CH_2CHCHCH_2)$와 (b) $Fe(CO)_3(\eta^4\text{-}CH_2CHCHCH_2)$의 구조

23.14 메탈로센

메탈로센(metallocene)은 금속 중심이 두 π-결합된 η^5-사이클로펜타다이엔일(η^5-cyclopentadienyl) 고리 사이에 자리한 샌드위치 화합물이다. 지금까지는 이들 중에서 가장 중요한 화합물은 페로센 $[(\eta^5\text{-}C_5H_5)_2Fe]$인데, 이 화합물의 구조는 그림 23.4에 나타내었다. 페로센은 1951년 Duquesne University의 Peter Pauson과 Tom Kealy 그리고 이와 별개로 British Oxygen Company의 Samuel Miller가 합성하였는데, 이것은 20세기의 가장 위대한 화학적 발견 중의 한 가지이며, 유기금속 화학에 대한 커다란 관심을 불러일으킨 자극제였다.

페로센

페로센(ferrocene)은 상자기성이며 녹는점이 174°C인 오렌지색 고체이다. 이것은 매우 안정한 화합물이어서 400°C까지 가열하여도 분해되지 않는다. 기체상에서 두 사이클로펜타다이엔일 고리는 가려지지만, 고체상에서는 고리의 회전이 일어나기 때문에 모든 수소 원자는 동등한 것으로 나타난다. 사이클로펜타다이엔일 고리는 방향성이고 여러 가지 방법으로 유도체화시킬 수 있다(즉, 고리 자체에 치환 반응을 일으킬 수 있다). 몇 가지 반응을 아래에 나타내었다.

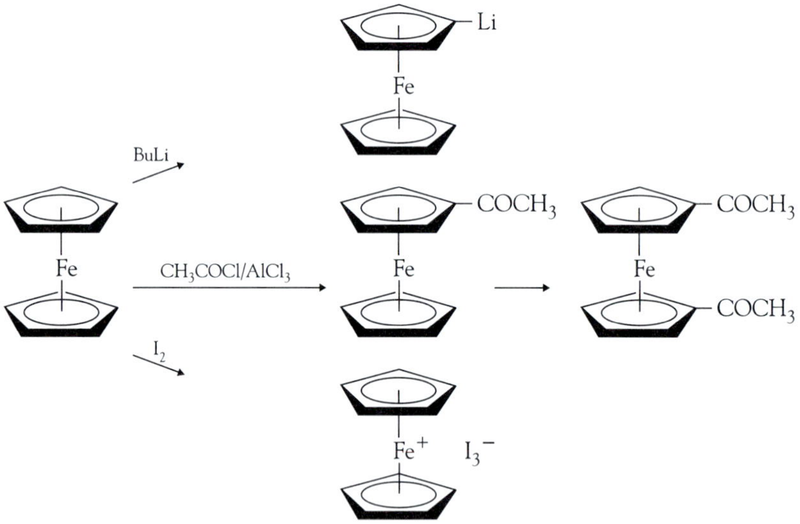

페로센의 용도

페로센과 그 유도체는 액체 탄화수소 연료 첨가제로서도 사용될 수 있다. 디젤과 같은 여러 가지 연료에 페로센을 첨가하면 매연은 감소하고 연소 효율은 증가한다. 페로센은 고급 무연 연료의 생성에도 사용되기 때문에 노킹방지제인 테트라에틸납을 대체할 수 있는 화합물 중의 하나이다. 연료에 첨가하면 연료의 효율이 개선되는 이유는 페로센이 연소하여 철 이온을 생성하고, 이 철 이온이 산소와 반응하여 산화 철이 생겨서 탄화수소의 연소 반응을 촉진시키기 때문이다.

페로센 화합물은 특정한 자기성 및 전도성을 갖는 화합물의 생성에 전자 이동 촉매로 사용하기 위해 개발되고 있다. 이러한 응용을 가능하게 만드는 것은 페로센의 산화-환원 성질이다. 산화-환원 성질 때문에 생기는 또 다른 용도는 분자 스위치(molecular switch)로서 페로센 유도체들을 사용하는 것이다.

페로센 유도체는 바이오센서로도 사용된다. 예를 들면, 바이닐 페로센을 아크릴아마이드 단위체와 교차 결합시키면 전도성 중합체 젤을 형성하는데, 이것은 용액에서 효소의 양을 결정하는 센서로 사용된다.

다른 메탈로센

첫째 계열 전이 금속인 바나듐(II), 크로뮴(II), 망가니즈(II), 코발트(II), 니켈(II)에 대한 메탈로센이 알려졌다. 출발 화합물이 염화 바나듐(III)인 바나듐을 제외하고, 이들 모두는 다음 반응에 의해 만들 수 있다.

$$MCl_2 + 2\,Na[C_5H_5] \rightarrow [(\eta^5-C_5H_5)_2M] + 2\,NaCl$$

페로센과는 달리, 대부분의 메탈로센은 18-전자계가 아니기 때문에 공기-민감성이거나 발화성이다.

$[(\eta^5\text{-}C_5H_5)_2V]$는 공기-민감성 보라색 고체이다.

$[(\eta^5\text{-}C_5H_5)_2Cr]$은 공기-민감성 붉은색 고체이다.

$[(\eta^5\text{-}C_5H_5)_2Mn]$은 발화성 갈색 고체이다. 망가노센은 실온에서는 중합체이지만, 온도가 높아지면 구조는 페로센의 구조와 연관된다.

$[(\eta^5\text{-}C_5H_5)_2Co]$는 공기-민감성 검은색 고체인데, 19개의 전자를 가지며 쉽게 $[(\eta^5\text{-}C_5H_5)_2Co]^+$로 산화된다.

$[(\eta^5\text{-}C_5H_5)_2Ni]$는 20개의 전자를 갖는 초록색 고체이다. 니켈로센의 반응은 18-전자 화학종을 생성시킨다.

23.15 η^6-아렌 리간드 착물

벤젠이나 톨루엔 등의 화합물은 6-전자 주개로 작용할 수 있다. 이들 리간드를 포함하는 착물은 카보닐이나 치환된 카보닐로부터 만들 수 있다. 예를 들면,

$$[Cr(CO)_6] + C_6H_6 \rightarrow [(\eta^6\text{-}C_6H_6)Cr(CO)_3] + 3\,CO$$

오직 한 개의 고리계를 갖는 이 형태의 화합물은 **반쪽 샌드위치 화합물**(*half-sandwich compound*)이라고도 한다. 카보닐기의 전자-끌어당김 성질은 아렌 고리가 정상적인 경우보다 훨씬 더 반응적임을 의미한다. 이들 화합물에서 아렌 고리는 **리튬 첨가 반응**(*lithiation*)(즉, 수소 원자에 대한 리튬 원자의 치환)을 일으킬 수 있기 때문에 많은 반응에서 사용된다(다음 그림 참조).

카보닐 리간드도 포스파인과 같은 다른 리간드에 의해 치환될 수 있다.

$$[(\eta^6\text{-}C_6H_6)Cr(CO)_3] + PPh_3 \rightarrow [(\eta^6\text{-}C_6H_6)Cr(CO)_2PPh_3] + CO$$

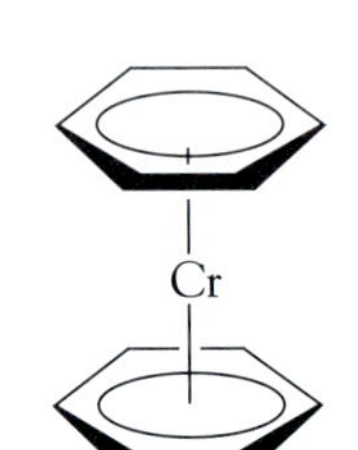

그림 23.37 샌드위치 화합물, 다이벤젠크로뮴(0), $(\eta^6\text{-}C_6H_6)_2Cr$

샌드위치 화합물도 존재할 수 있다. 예를 들어 크로뮴, 몰리브데넘, 텅스텐은 공기-민감성 18-전자 착물을 형성한다. 고체상에서 두 개의 벤젠 고리는 가려지고, C－C 결합 길이는 벤젠에서보다 약간 더 길어진다(그림 23.37). 이들 화합물은 크로뮴에 대해 아래에 나타낸 반응식처럼, 금속과 아렌 증기를 함께 응축시키면 만들 수 있다.

$$Cr + 2\,C_6H_6 \rightarrow [(\eta^6\text{-}C_6H_6)_2Cr]$$

23.16 사이클로헵타트라이엔과 사이클로옥타테트라엔 리간드 착물

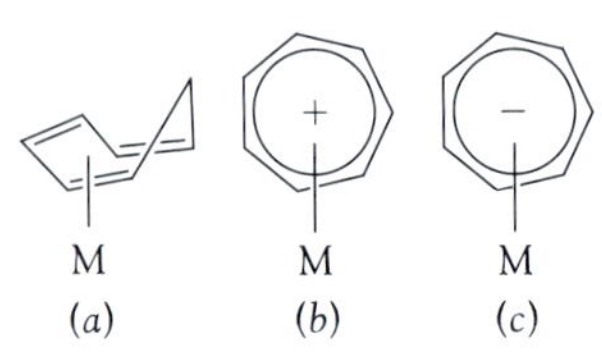

그림 23.38 (a) η^6-사이클로헵타트라이엔, C_7H_7, (b) η^7-사이클로헵타트라이에닐륨, $C_7H_7^+$, (c) η^7-사이클로헵타트라이엔일, $C_7H_7^-$ 리간드.

사이클로헵타트라이엔(cycloheptatriene, C_7H_8)이 헥사카보닐크로뮴(0), $[Cr(CO)_6]$와 반응하면, 3개의 카보닐 리간드가 치환되고, 3개의 π 결합을 통하여 6-전자 주개로 작용하여 금속과 결합할 것이다. 이것은 고전적인 η^6-트라이엔으로서 금속으로부터 먼쪽으로 향한 CH_2기와 겹쳐진 분자와 결합한다(그림 23.38*a*). 어떤 조건에서 사이클로헵타트라이엔은 트로필륨이나 사이클로헵타트라이에닐륨 양이온, $C_7H_7^+$를 생성하기도 하는데, 이것은 방향성이며 7개의 탄소 원자 모두를 통해 결합한다(그림 23.38*b*). 이 경우 리간드는 평면이고, 사이클로헵타트라이엔처럼 6-전자 주개이지만 η^7으로서 결합한다. 사이클로헵타트라이엔과는 달리 이 상황에서 모든 C－C 결합 길이는 같다. 다른 조건에서는 사이클로헵타트라이엔으로부터 양성자가 제거되어 사이클로헵타트라이엔일 음이온, $C_7H_7^-$가 생기기도 하는데, 이 화학종은 8-전자 주개로 작용한다(그림 23.38*c*).

사이클로옥타테트라엔(cyclooctatetraene)(그림 23.39)은 η^2, η^4, η^6, η^8 화학종으로 결합될 수 있는 커다란 리간드이다. η^2, η^4, η^6의 경우 고리는 구겨진다. η^8 화학종에서, 고리는 평면이고 $C_8H_8^{2-}$로 존재하는 것으로 간주하는 것이 가장 합리적이다. 사이클로옥타테트라엔 착물은 카보닐 화합물의 광화학 반응을 통해 만들 수 있다.

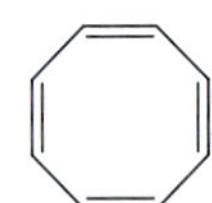

그림 23.39 사이클로옥타테트라엔, C_8H_8.

$$[Fe(CO)_5] + C_8H_8 \rightarrow [(\eta^8\text{-}C_8H_8)Fe(CO)_3] + 2\,CO$$

23.17 유동성

많은 고리형 폴리엔 리간드 착물의 뚜렷한 특징 중의 하나는 구조적 비경직성이다. 예를 들면, 페로센의 두 고리는 서로에 대해 빠르게 회전한다. **유동성**(*fluxionality*)의 이 형태를 **내부 회전**(*internal rotation*)이라고 한다.

더 흥미로운 것은 폴리엔 리간드가 탄소 원자 모두가 아닌 일부에 의해 금속과 결합했을 때 나타나는 유동성이다. 이 경우 금속-탄소 상호작용은 고리 주위에서 널뛰기를 한다. 이것은 **고리 회전**(*ring whizzing*)이라 알려져 있다. ^{1}H NMR 분광학은 이 과정에 대한 증거를 제공한다. 예를 들면, 실온에서 $[(\eta^4\text{-}C_8H_8)Ru(CO)_3]$의 NMR 스펙트럼은 예리한 단일선으로 이루어져 있는데, 이것은 리간드가 8개의 탄소 모두에 의해 결합되어 있음을 의미한다. 그러나 온도를 감소시키면 이 단일선은 4개의 신호로 갈라지는데, 이것은 η^4-결합된 리간드에서 네 가지의 서로 다른 수소 환경이 존재함을 예측할 수 있게 해 준다. 실온에서는 고리 회전이 너무 빨리 일어나 NMR 실험을 통해 개별적인 환경을 관찰할 수가 없기 때문에, 평균화된 신호가 기록된다. 그러나 낮은 온도에서는 고리 운동이 느려져서 NMR 실험이 각각의 수소 원자 환경을 관찰할 수 있게 된다.

23.18 산업 촉매로서의 유기금속 화합물

촉매는 반응이 진행되는 동안 자신은 소모되지 않으면서 반응 속도를 증가시키고, 때로는 반응의 선택성을 증가시키기도 한다. 촉매는 유기 화학과 석유 화학 제품의 생산에 중요한 역할을 하고 있으며, 청정 기술에 사용되기도 한다. 경제적 및 환경적인 측면의 중요한 역할 이외에도 촉매화된 반응은 정확한 반응 경로가 명확하지 않기 때문에 흥미로우며, 아직도 많은 연구가 필요한 분야이다. 유기금속 화합물은 많은 촉매 반응에서 매우 중요한 역할을 한다. 이들 중에서 몇 가지를 여기에서 설명할 것이다.

아세트산 합성: Monsanto와 Cativa 공정

아세트산을 만드는 오래된 방법은 식초를 생성하는 에탄올의 발효이다. 그러나 이 공정은 산업적으로 적용하여 농축된 아세트산을 만들기에는 너무나 비효율적이다. Monsanto 사는 촉매를 사용하여 메탄올의 카보닐화 반응을 통해 아세트산을 제조하는 방법을 개발하였다. 이 방법은 로듐 착물을 사용하는데, 매우 성공적이었기 때문에 전 세계에서 사용하고 있다. **Monsanto 공정**(*Monsanto process*)을 사용하여 매년 1백만 톤 이상의 아세트산이 생산되고 있다. 이 반응은 매우 선택적이며, 수득률이 높고, 아주 빠르게 일어난다.

$$CH_3OH + CO \xrightarrow{\text{Rh 촉매}} CH_3COOH$$

Monsanto 공정에 대한 촉매 순환은 그림 23.40에 나타내었다.

촉매는 4-배위 *cis*-$[RhI_2(CO)_2]^-$이다. 이것은 16-전자 화학종이며 배위 불포화 상태이다. 반응에서 첫째 단계는 18-전자, 6-배위 화학종을 생성시키는 아이오도메테인의 산화성 첨가이다. 배위 불포화 화학종에 대한 이 산화성 첨가는 아주 흔한 촉매 순환

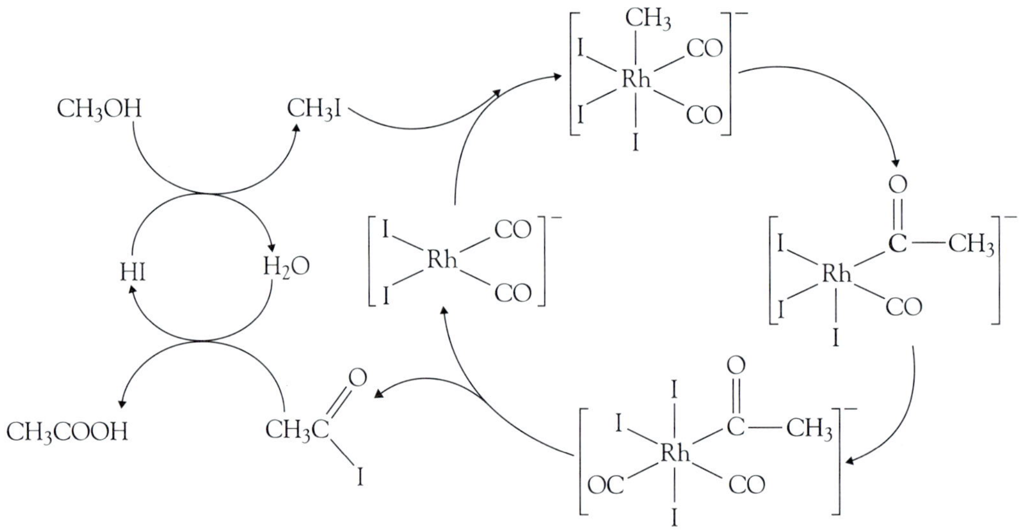

그림 23.40 Monsanto 공정에 대한 촉매 순환

이다.

이어지는 단계에서는 메틸기가 카보닐기로 이동하여 또 다른 16-전자 화학종이 만들어지는데, 이 화학종은 카보닐 리간드를 얻어서 18-전자 화학종을 형성할 수 있다. 그런 다음 이 화학종은 촉매 순환의 흔한 순환 중의 다른 예인 환원성 제거 반응을 통하여 아이오딘화 아세틸, CH_3COI를 잃게 된다. 이 마지막 단계에서 촉매는 재생성되고, 아이오딘화 아세틸 가수분해를 통하여 아세트산이 생성된다.

$$CH_3COI + H_2O \rightarrow CH_3COOH + HI$$

Monsanto 공정에는 두 가지 문제가 있다. 첫째 로듐은 비싼 촉매이다. 둘째는 아이오딘은 싸지만 부식성이 강하다. 다른 할로젠이나 할로젠 대체물은 효율적으로 작용하지 못한다.

1996년, BP는 아세트산 제조에 대한 새로운 방법인 **Cativa 공정**(*Cativa process*)을 발표하였다. 이 새로운 공정은 이리듐 촉매를 사용하는데, 더 낮은 물 농도에서 작동하며 부산물도 덜 생성된다. 따라서 Monsanto 공정보다 더 저렴하게 고순도의 아세트산을 합성할 수 있다. 촉매는 4-배위 *cis*-$[Ir(CO)_2I_2]^-$인데, 촉매 공정의 메커니즘은 Monsanto 공정과 동일하다(그림 23.41). Cativa 공정에서 속도 결정 단계는 Monsanto 공정에서처럼 산화성 첨가 단계가 아니라 이동성 삽입 반응이다. 이것은 아이오딘화 메틸의 농도가 높지 않더라도 반응이 빨리 일어남을 의미하기 때문에 부산물인 프로피온산염(propionate)의 양을 감소시킨다.

알켄의 중합체화: Ziegler-Natta 촉매

알켄의 중합체화를 통하여 폴리에틸렌이 생성되는 과정은 상업적으로 매우 중요하다. 가장 유용한 폴리에틸렌은 입체특이성 중합체화를 통해 생산되는 딱딱하고 밀도가 높은 것이다. 이들 중합체는 모든 가지 작용기들이 중합체 사슬의 같은 면에 놓이기 때문에 **동**

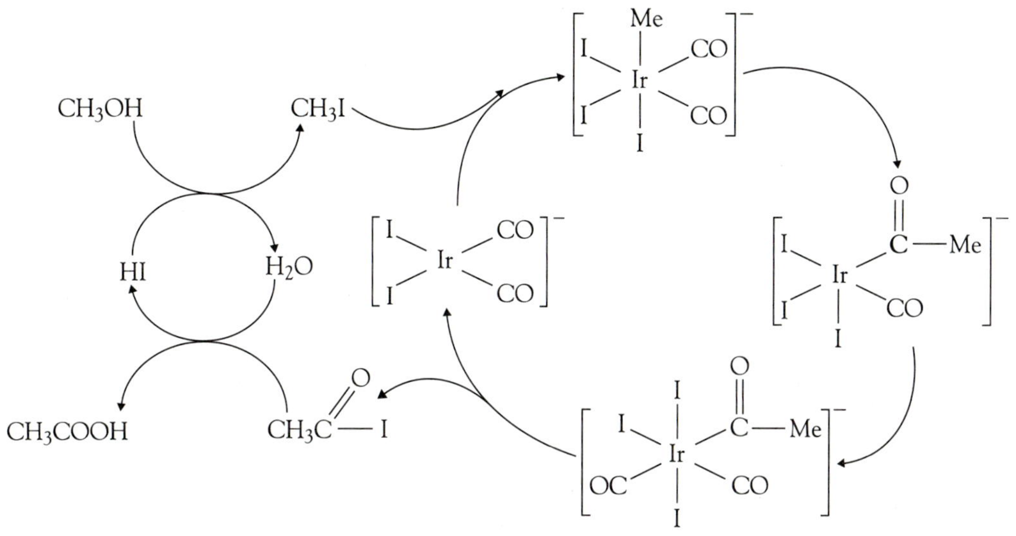

그림 23.41 Cativa 공정에 대한 촉매 순환

일배열(*isotactic*)이라고 한다. 이러한 배열은 효율적인 쌓임과 질서를 갖춘 결정성 중합체가 되게 만든다.

독일의 화학자 Karl Ziegler는 탄화수소 용매에서 트라이에틸암모늄과 염화 타이타늄(IV)를 혼합하면 실온와 실압에서 **에텐**[*ethene*, 옛 이름 에틸렌(ethylene)]을 중합시켜 폴리텐(폴리에틸렌)을 생성시키는 갈색의 현탁액이 생김을 발견하였다. 생성된 고밀도 중합체는 그때까지 폴리에틸렌을 합성하는 데 사용되었던 고온과 고압에서 생산된 저밀도 중합체와는 다른 용도가 있었다. Ziegler와 프로펜의 입체특이성 중합체화에 이 촉매를 활용한 이탈리아 화학자 Giulio Natta는 그들의 유기알루미늄 촉매[**Ziegler-Natta 촉매**(*Ziegler-Natta catalyst*)] 개발에 대한 공로로 1963년 노벨상을 받았다. 이 촉매는 지금도 매년 5×10^7톤의 폴리알켄의 생산에 사용되고 있다.

이 촉매는 고체 물질을 생성하기 때문에 불균일 촉매이다. 반응은 배위 불포화된 타이타늄 중심에서 일어난다. 정확한 메커니즘은 아직도 완전히 밝혀지지 않았지만, 그림 23.42에 나타낸 **Cosee-Arlmann 메커니즘**(*Cosee-Arlmann mechanism*)이 가장 합리적인 것으로 인정받고 있다.

트라이에틸알루미늄, $Al(CH_2CH_3)_3$는 진입 알켄 분자가 타이타늄의 이웃한 비어있는 자리에 배위되기 전에 타이타늄 화학종을 알킬화시킨다. 이어서 알켄은 Ti−C 결합 사이로 끼어들고, 다른 자리는 다른 알켄 분자의 배위를 위해 비어 있는 채로 남겨 둔다. 이 삽입 과정이 반복되어 중합체 사슬이 생성된다. 이 중합체는 β-수소 제거에 의해 촉매로부터 완전히 분리시킬 수 있다. β-수소 제거는 β-수소 원자를 알킬기로부터 금속으로 이동시키는 것이다.

알켄의 수소화: Wilkinson 촉매

촉매 과정에 의한 알켄의 수소화는 산업적으로 매우 중요하다. 이것은 마가린, 의약품, 석유화학 제품 등의 다양한 생성물의 제조에 사용된다. 이들 수소화 반응에 대해 가장 많이 연구된 촉매계는 발견자인 Geoffrey Wilkinson경의 이름을 딴 **Wilkinson 촉매**

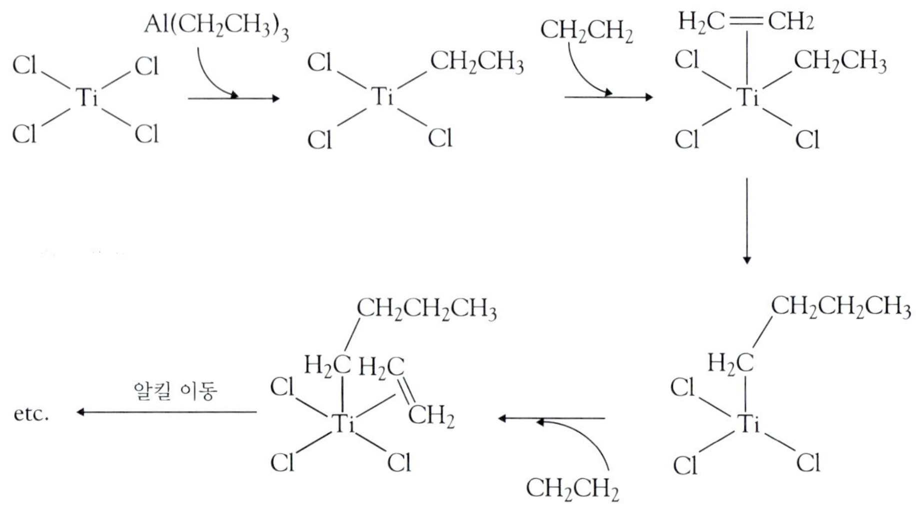

그림 23.42 에테인의 Ziegler-Natta 중합체화의 촉매 순환에 대한 메커니즘

(*Wilkinson catalyst*), $[RhCl(PPh_3)_3]$이다. Wilkinson은 1973년 노벨 화학상을 받았다.

이 촉매는 대기압이나 더 낮은 압력에서 광범위한 영역의 알켄을 수소화시킨다. 촉매 순환에서는 16-전자 로듐(I) 화학종에 수소가 산화성 첨가되어 18-전자 로듐(III) 화학종이 된다. 이어서 포스파인 리간드가 떨어져 나가 알켄과 상호작용할 수 있는 배위 불포화 분자가 된다. 로듐으로부터 알켄으로 수소가 이동되고 이어서 알케인의 환원성 제거가 일어난다(그림 23.43).

이들 촉매는 **거울상선택성 반응**(*enantioselective reaction*)에 사용될 수 있다. 거울상선택성 반응은 카이랄인 생성물을 만든다. 유기 화학에서 카이랄 화합물은 분자 내에서 한

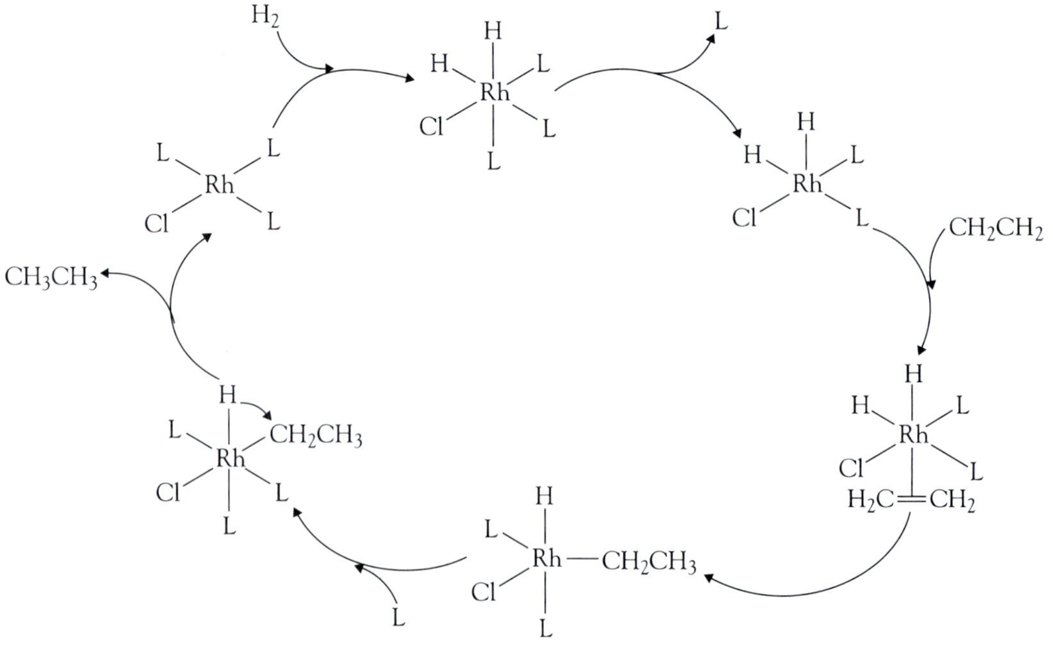

그림 23.43 Wilkinson 촉매를 사용한 에텐의 수소화 반응에 대한 촉매 순환, 여기서 $L=PPh_3$이다.

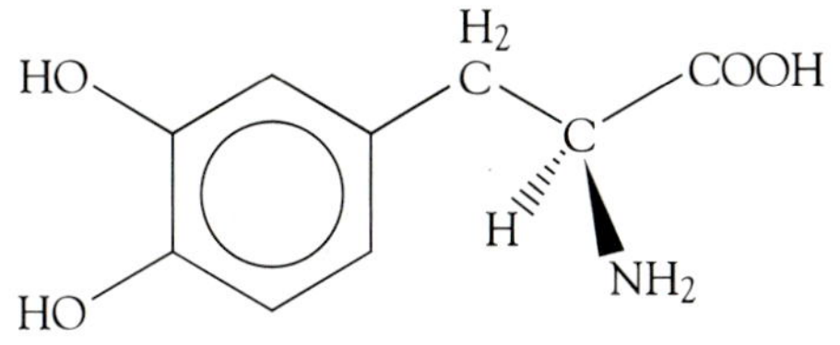

그림 23.44 L-Dopa

탄소 원자에 결합된 네 개의 작용기가 모두 다른 화합물이다. 카이랄 화합물은 **광학적으로 활성**인데, 이것은 빛의 편광면을 회전함을 의미한다. 카이랄 화합물은 거울상체라고 부르는 두 가지 이성질체로 존재한다(19.4절에서 관련된 배위 이성질체를 설명하였다). 생화학에서는 한 이성질체가 장점이 있으면 다른 이성질체는 비활성이거나 해롭기 때문에 어떤 거울상체가 사용되었는지를 아는 것이 매우 중요하다. 중요한 예는 Monsanto사에서 했던 L-Dopa의 거울상선택성 합성이다. L-Dopa(그림 23.44)는 Parkinson 병의 치료에 사용된다.

수소 폼일 첨가 반응

수소 폼일 첨가 반응(*hydroformylation reaction*)에서 알켄은 일산화 탄소와 반응하고 로듐이나 코발트 촉매 위의 수소는 원래의 알켄보다 한 개 이상의 탄소 원자를 더 포함하는 알데하이드를 형성한다.

$$RCH{=}CH_2 + CO + H_2 \xrightarrow{\text{촉매}} RCH_2CH_2CHO$$

생성된 알데하이드는 대개 알코올로 변환되는데, 알코올은 용매, 가소제 및 세척제 등의

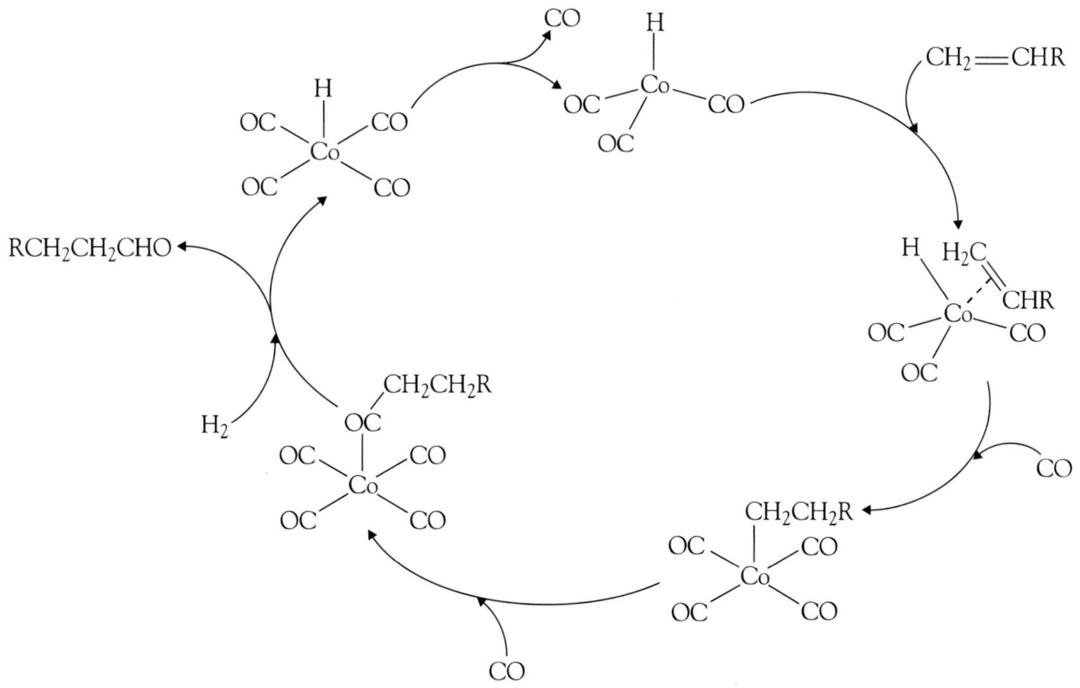

그림 23.45 수소 폼일 첨가 반응에 대한 촉매 순환

광범위한 제품에 사용된다. 이 반응으로 매년 수백만 톤의 생성물이 생산된다.

수소 폼일 첨가 반응에 대한 촉매 순환은 1961년 Richard F. Heck와 David S. Breslow가 처음으로 제안하였다. 그림 23.45에 나타낸 이 순환은 오늘날까지 사용되고 있지만, 많은 다른 촉매 과정처럼 실험적으로 증명하기는 어려운 것으로 판명되었다.

사용된 촉매는 $[Co_2(CO)_8]$ 형태인데, 이것은 Co−Co 결합을 끊기 위해 수소와 반응하여 다음과 같이 수소화 착물을 형성한다.

$$[Co_2(CO)_8] + H_2 \rightarrow 2\,[HCo(CO)_4]$$

그런 다음 이 생성물은 일산화 탄소를 잃고 알켄에 배위될 수 있는 $[HCo(CO)_3]$를 생성한다. 코발트에 결합된 수소는 알켄에 삽입되어 배위 알킬을 만든다. 일산화 탄소의 압력이 높으면 카보닐이 금속-알킬 결합으로 삽입된다. 최종적으로 수소의 공격에 의해 알데하이드가 생성되고, 촉매도 재생성된다.

23.19 생물학적 특성

비타민 B_{12}: 자연적으로 생성되는 유기금속 화합물

비타민 B_{12} 섭취가 부족하면 악성 빈혈에 걸릴 수 있는데, 이 질병은 피로, 현기증, 울렁증, 두통 등을 포함하는 증상을 나타낸다. 비타민 B_{12}는 육류에 들어 있는데, 특히 간에 많이 포함되어 있으며, 식물에서 생성되지 않는 유일한 비타민이다. 이 화합물은 악성 빈혈 치료에 간을 많이 먹는 것이 효과적임을 알게 되었을 때 발견되었다. 매우 엄격한 채식주의자들은 비타민 B_{12} 결핍에 걸릴 수 있기 때문에 비타민 주사를 맞아 치료해야 한다.

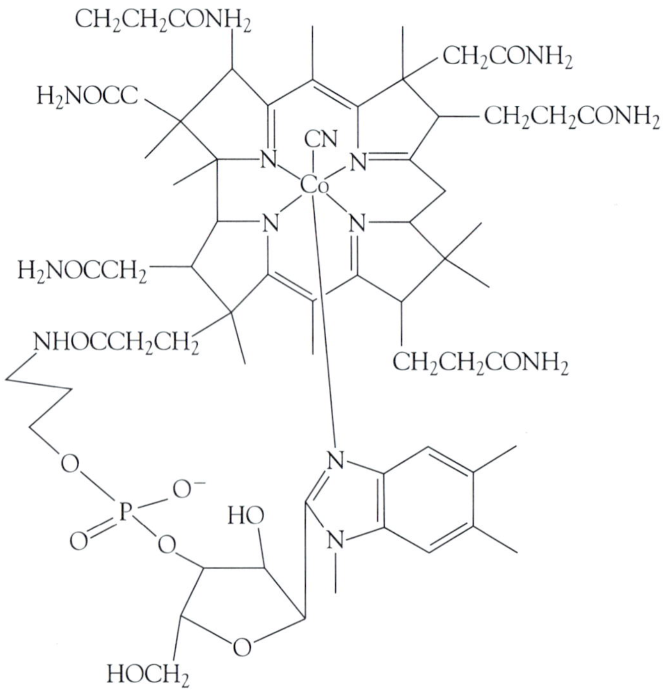

그림 23.46 비타민 B_{12}의 구조

비타민 B_{12}는 자연적으로 생겨나는 유기금속 화합물에 대한 드문 예 중의 하나이다. 이 화합물은 사이아노코발아민(cyanocobalamin)으로도 알려져 있는데, 사각 평면 코린 고리의 중심에 팔면체 Co(III) 이온을 포함한다. 다섯 번째와 여섯 번째 배위 자리는 알킬기와 사이아노기가 차지하고 있다(그림 23.46). 사이아노기는 비타민이 분리될 때 도입된다. 인체 내에서는 수산화 이온, 물 또는 메틸코발아민(methylcobalamin)에 있는 메틸기와 같은 유기 작용기에 의해 치환된다.

메틸코발아민은 메테인-생성 박테리아의 대사에 중요하다. 이들 박테리아는, 수은을 포함하는 몇 가지 금속들에 메틸기를 전이시킬 수 있기 때문에, 생태학적인 문제를 일으킬 수 있다. 따라서 호수와 강에서 원소 수은과 수은 화합물들은 이들 박테리아에 의해 독성이 매우 높은 다이메틸수은으로 변환될 수 있다.

수은: 무기 대 유기금속 독성

수은과 수은 화합물들은 모두 생명체에 매우 유독하다. 환경에 수은을 배출하는 근원은 몇 가지가 있다. 환경에 문제를 일으키는 대부분의 수은은 화산 폭발에 의해 생겨난다. 다른 근원은 오일, 기체 및 석탄 발전소, 하수 슬러지를 태운 재 그리고 화장 등을 포함한다. 염화 수은(II) 형태인 무기 수은은 칼로멜 표준 전극에 사용되며, 일부 지역에서는 피부 표백 크림에도 사용된다. 수은 광물인 진사, HgS는 중국 약품에 사용되며, 원소 수은은 온도계와 치과 충진제로 사용되는데, 이러한 용도는 수은등이 감소하는 것처럼 점차 줄어들고 있다. 이들 무기 수은 화합물들도 유독하지만, 유기 수은 화합물들은 더 유독하다. 메틸 수은 화합물, CH_3HgX(X는 할로젠화 이온)는 물에 녹을 수 있고 무기 화학종보다 세포막을 훨씬 더 쉽게 통과한다.

환경으로 방류되는 수은의 대부분은 무기 화합물이지만, 그렇다고 해서 이들의 영향이 최소화되지는 않는다. 물, 토양, 퇴적물 그리고 인간의 위장관에 서식하고 있는 박테리아는 효소 반응에 의해 무기 수은 화합물들을 메틸 수은 화합물로 변환시키는데, 이 과정은 메테인의 혐기성 변화도 포함된다. 메틸 수은 화합물들은 무기 화합물보다 더 쉽게 세포벽을 통과하기 때문에, 이들 반응은 세포가 수은을 배설하는 방법으로 진화하게 된다. 메틸 수은 화합물에 대한 또 다른 문제는 먹이 사슬을 통해 생체 내에 축적된다는 것이다. 이 사실은 먹이 사슬에서 참치와 황새치와 같은 생선과 생선과 조개를 많이 먹는 사람들에서 높은 수준의 수은이 관찰되면서 확인되었다. 메틸 수은은 지방에 녹아서 내장과 근육에 축적된다. 세포들은 수은을 제거하기보다는 축적하기 때문에 생체 내에서 농도는 증가하게 된다. 생체가 수은을 섭취하면 생체 내에 축적되어 섭취한 화학종에서보다 수은의 준위는 10배나 더 높아질 수 있다.

지난 세기에 일본의 미나마타 지역에서는 광범위한 수은 독성으로 인한 생체 내 축적 효과 때문에 지역이 황폐화되었다. 미나마타만 주위의 지역 주민들에게서 근육 약화와 조절 장애, 손발 마비, 시각 및 청각 상실, 정신 이상, 마비 및 사망 등을 포함하는 증상이 관찰되었고, **미나마타병**(*Minamata disease*)으로 알려지게 되었다. 1932년부터 1968년까지 화학 공장인 Chisso Corporation으로부터 메틸 수은이 포함된 폐수가 미나마타만으로 방류되었고 조개류에 축적되어 지역 주민들이 먹게 되었다. 많은 주민들이 30년에 걸쳐 심각한 증상을 보고하였지만 아무 조치도 취해지지 않았다. Chisso Corporation은 성공한 기업이었고, 지역 경제에 크게 기여하고 있었으며, 희생자들 중에 다수는 이 회사의 간부이거나 근로자였다. 최종적으로 2000명 이상의 희생자가 확인되었지만 이들이 모두 죽고 난 뒤에야 뒤늦은 조치가 이루어졌다. 지금까지 10,000명 이상이 보상을 받았고, 2010년까지 Chisso Corporation은 8600만 달러를 지급하였다. 미나마타만으로 방류된 슬러지에는 톤당 2 kg의 수은을 함유하고 있었는데, Chisso Corporation은 강의 퇴적물에서 수은을 추출하기 위해 자회사를 세우기까지 하였다.

핵심개념

- 유기금속 화학종의 전자수를 통해 안정도를 예측할 수 있다.
- 몇 가지 주족 유기금속 화합물의 구조는 수소 화합물의 구조와 유사하다.
- 대부분의 안정한 전이 금속 유기금속 화합물은 18-전자 화학종이다.
- 전이 금속 카보닐에서의 결합은 π 역결합을 포함한다.
- 적외선 분광학은 카보닐 화합물의 구조를 입증하는 데 유용한 수단이다.
- 메탈로센은 두 개의 사이클로펜타다이엔 고리 사이에 금속이 자리하는 샌드위치 화합물이다.
- 유기금속 화합물은 많은 산업적 과정에서 중요한 촉매이다.

연습문제

23.1 다음 화합물 중에서 유기금속 화합물인 것을 고르시오.

(a) $B(CH_3)_3$ (e) CH_3COONa
(b) $B(OCH_3)_3$ (f) $Si(CH_3)_4$
(c) $Na_4(CH_3)_4$ (g) $SiH(C_2H_5)_3$
(d) $N(CH_3)_3$

23.2 연습문제 23.1의 각 화합물을 명명하시오.

23.3 다음 각 화학종에 대한 화학식을 쓰시오. 여기에서는 수소 화합물에 기초한 적절한 대체명을 표기하였다.

(a) 메틸비스무트(methylbismuth)
(b) 테트라페닐규소(tetraphenylsilicon)
(c) 포타슘 테트라페닐붕소(potassium tetraphenylboron)
(d) 메틸리튬(methyllithium)
(e) 에틸마그네슘 클로라이드(ethylmagnesium chloride)

23.4 다음 화합물들의 구조를 그리시오.

(a) $Li_4(CH_3)_4$ (d) $(CH_3)_3SnF$
(b) $Be(CH_3)_2$ (e) $(CH_3)_3PbCl$
(c) $B(C_2H_5)_3$

23.5 두 가지 Grignard 화합물, C_2H_5MgBr과 $[2,4,6\text{-}(CH_3)_3C_6H_2]MgBr$의 구조 사이에 나타나는 차이점을 설명하시오.

23.6 알킬기의 입체적 특징이 주족 유기금속 화합물의 구조에 미치는 영향을 설명하시오.

23.7 금속 교환 반응의 예를 제시하시오.

23.8 할로젠 교환 반응의 예를 제시하시오.

23.9 다음 반응의 생성물을 예측하시오.

(a) $CH_3Br + 2\,Li \rightarrow$
(b) $MgCl_2 + LiC_2H_5 \rightarrow$
(c) $Mg + (C_2H_5)_2Hg \rightarrow$
(d) $C_2H_5Li + C_6H_6 \rightarrow$
(e) $Mg + C_2H_5HgCl \rightarrow$
(f) $B_2H_6 + CH_3CH = CH_2 \rightarrow$
(g) $SnCl_4 + C_2H_5MgCl \rightarrow$

23.10 알루미늄 화합물 Al_2Cl_6, $Al_2(CH_3)_6$ 및 $Al_2(CH_3)_4(\mu\text{-}Cl)_2$에서의 결합의 성질을 비교하시오.

23.11 다음 각 화학종을 명명하시오.

(a) $[Cr(CO)_6]$
(b) $[(\eta^5\text{-}C_5H_5)_2Fe]$
(c) $[(\eta^6\text{-}C_6H_6)Mo(CO)_3]$
(d) $[(\eta^5\text{-}C_5H_5)W(CO)_3]^-$
(e) $[MnBr(CO)_5]$

23.12 다음 화합물 각각에 대하여 전이 금속의 형식 산화 상태와 상응하는 d 전자수를 결정하시오. 각각의 화합물을 확인할 수 있을 정도로 충분히 안정할지도 설명하시오.

(a) $[Re(CO)_5]$ (f) $[IrCl(PPh_3)_3]$
(b) $[HFe(CO)_4]^-$ (g) $[Mo(CO)_3(PPh_3)_3]$
(c) $[(\eta^5\text{-}C_5H_5)_2Fe]$ (h) $[Fe(C_2H_4)(CO)_4]$
(d) $[(\eta^6\text{-}C_6H_6)_2Cr]$ (i) $[WCl(CO)_5]^-$
(e) $[(\eta^5\text{-}C_5H_5)ZrCl(OCH_3)]$ (j) $[Ni(CO)_4]$

23.13 크로뮴, 철, 니켈의 가장 간단한 카보닐 화합물의 화학식을 예측하시오. 이러한 예측을 한 계산을 제시하시오.

23.14 크로뮴은 두 가지 일상적인 음이온성 카보닐 화합물 $[Cr(CO)_5]^{n-}$와 $[Cr(CO)_4]^{m-}$를 형성한다. 이들 이온의 전하 m과 n을 예측하시오.

23.15 $[V(CO)_6]$가 쉽게 $[V(CO)_6]^-$로 환원되는 이유를 제시하시오.

23.16 18-전자 규칙을 이용하여 다음 각 착물에서 카보닐 리간드의 수, n을 예측하시오.

(a) $[Cr(CO)_n]$ (c) $[Mo(CO)_n(PMe_3)_3]$

(b) $[Fe(CO)_n(PPh_3)_2]$ (d) $[W(CO)_n(\eta^6\text{-}C_6H_6)]$

23.17 다음 각 화학종은 18-전자 규칙을 따른다고 가정하고, 각 착물에서 금속-금속 결합의 수를 결정하시오. 각각의 가능한 구조를 그리시오.

(a) $[Mn_2(CO)_{10}]$

(b) $[(\eta^5\text{-}C_5H_5)Mn(CO)_2]_2$

(c) $\mu\text{-CO-}[(\eta^4\text{-}C_4H_4)Fe(CO)_2]_2$

(d) $(\mu\text{-Br})_2\text{-}[Mn(CO)_4]_2$

23.18 다음 각 카보닐 착물 쌍에 대하여 적외선 CO 신축 주파수가 더 낮은 것을 결정하고, 그 이유를 설명하시오.

(a) $[Fe(CO)_5]$와 $[FeCl(CO)_4]$

(b) $[Mo(CO)_6]$와 $[Mo(CO)_4(PPh_3)_2]$

(c) $[Mo(CO)_4(PPh_3)_2]$와 $[Mo(CO)_4(PMe_3)_2]$

23.19 다음 각 반응의 생성물을 예측하시오.

(a) $[Cr(CO)_6] + 3\ CH_3CN \rightarrow$

(b) $[Mn_2(CO)_{10}] + H_2 \rightarrow$

(c) $[Mo(CO)_6] + (CH_3)_2PCH_2CH_2P(Ph)CH_2CH_2P(CH_3)_2 \rightarrow$

(d) $[Fe(CO)_5]$ + 1,3-사이클로헥사다이엔 →

(e) $Na[Mn(CO)_5] + CH_2{=}CHCH_2Cl \rightarrow$

(f) $[Cr(CO)_6] + C_6H_6 \rightarrow$

(g) $[PtCl_2(PMe_3)_2] + LiCH_2CH_2CH_2CH_2Li \rightarrow$

(h) $[Ni(CO)_4] + PF_3 \rightarrow$

(i) $[Mn_2(CO)_{10}] + Br_2 \rightarrow$

(j) $[HMn(CO)_5] + CO_2 \rightarrow$

23.20 Vaska 화합물, $[IrCl(CO)(PPh_3)_2]$는 산화성 첨가 과정의 연구에 사용된다. 이 화합물에서 이리듐의 형식 산화수는 얼마인가?

23.21 이리듐은 화합물, $[Ir(C_5H_5)(H_3)(PPh_3)]^+$를 형성한다. 두 가지의 가능한 구조가 제안되었는데, 한 가지는 3개의 분리된 수소화 이온을 포함하고, 다른 것은 비정상적인 삼수소 리간드, H_3를 포함한다.

(a) 화합물이 3개의 수소화 이온을 포함할 때 이리듐의 산화 상태는 얼마인가?

(b) 화합물이 단일 H_3 리간드를 포함하고 이리듐이 Vaska 화합물(연습문제 23.20)에서와 같은 산화 상태를 갖는다면, H_3 단위의 전하는 얼마가 되겠는가? 다이보레인과 비교하여 이 삼수소 이온이 실제로 존재할 수 있는 이유를 제시하시오.

23.22 다음의 산화성 첨가 반응에 대한 생성물을 예측하시오.

(a) 이수소

(b) 이질소

(c) 염화 수소

(d) 이산소

Vaska 화합물, *trans*-$[IrCl(CO)(PPh_3)_2]$

응용문제

23.23 벤젠에서 니켈로센(nickelocene), $[(\eta^5\text{-}C_5H_5)_2Ni]$와 테트라카보닐니켈(0), $[Ni(CO)_4]$를 1:1의 몰비로 섞어 환류시키면 붉은 자주색의 결정성 고체가 생긴다. 이 화합물의 실험식은 C_6H_5ONi이고, 분자량은 302이다. 이 화합물의 가능한 구조를 제시하시오.

23.24 헥사카보닐몰리브데넘이 과량의 아세토나이트릴, CH_3CN과 반응하면 옅은 노란색 생성물 A가 생성된다.
화합물 A를 벤젠에서 환류시키면 옅은 노란색의 생성물 B가 생기는데, 이 화합물의 분자식은 $C_9H_6O_3Mo$이고, ^1H NMR 스펙트럼에서는 5.5 ppm에서 예리한 단일선이 나타난다.

헥세인에서 화합물 A를 1,3,5,7-사이클로옥타테트라엔과 환류시키면 화합물 C가 생성되는데, 이 화합물의 분자식은 $C_{11}H_8O_3Mo$이다.

이 정보를 통해 화합물 A, B, C를 확인하고 각각을 명명하시오.

23.25 소듐 트라이카보닐(펜타합토사이클로펜타다이엔일)텅스텐(0)는 3-클로로프로펜과 반응하여 고체 A를 만드는데, 이 화합물의 분자식은 $(C_3H_5)(C_5H_5)(CO)_3W$이다. 이 화합물을 빛에 노출시키면 일산화 탄소를 잃고 분자식이 $(C_3H_5)(C_5H_5)(CO)_2W$인 화합물 B로 된다. 화합물 A를 염화 수소로 처리한 다음 헥사플루오로인산 포타슘, $K^+[PF_6]^-$로 처리하면 염 C가 생긴다. 화합물 C의 분자식은 $[(C_3H_6)(C_5H_5)(CO)_3W][PF_6]$이다. 이 화합물을 얼마동안 방치하면 탄화수소가 생성된다.

이 정보와 18-전자 규칙을 사용하여 화합물 A, B, C를 확인하시오. 각 경우에서 탄화수소가 금속과 어떻게 상호작용을 하는지 설명하시오. 각 화합물을 명명하고 생성된 탄화수소를 확인하시오.

23.26 프로펜의 Ziegler-Natta 중합체화에 대한 촉매 순환을 그리시오. 생성되는 중합체에 대하여 주목할 점은 무엇인가?

23.27 이황화 탄소가 Ziegler-Natta 타이타늄 화학종과 상호작용하였을 때의 생성물을 예측하시오.(힌트: 이황화 탄소의 구조, $S{=}C{=}S$를 고려하시오.)

23.28 Wilkinson 촉매에 의한 어떤 알켄의 수소화 속도에서의 경향성은 다음과 같다.

사이클로헥센 > 헥센 > *cis*-4-메틸-2-펜텐 > 1-메틸사이클로헥센

이 경향성을 설명하고 촉매 순환에서 영향을 가장 크게 미치는 단계를 확인하시오.

23.29 염소 기체와 $[Mn_2(CO)_{10}]$이 반응하면 화합물 A가 생성된다. 화합물 A가 NaC_2H_5와 반응하면 생성물 B가 얻어진다. A는 사이클로옥타테트라엔(cyclooctatetraene)과도 반응하여 화합물 C를 생성한다. 각 화합물 A, B, C의 구조를 그리고, 이들 화합물이 18-전자 규칙을 따르고 있음을 설명하시오.

무기 화합물의 열역학적 성질

열역학적 자료는 실험값이기 때문에 책에 따라 약간씩 다를 수 있다. 이 책에서는 일관성을 유지하기 위하여 G. Aylward and T. Findlay, SI Chemical Data, 3rd ed. (New York: Wiley, 1994)의 값을 사용하였다.

화합물명	화학식	$\Delta H^\ominus$ ($kJ \cdot mol^{-1}$)	$S^\ominus$ ($J \cdot mol^{-1} \cdot K^{-1}$)	$\Delta G^\ominus$ ($kJ \cdot mol^{-1}$)
Aluminum	$Al(s)$	0	+28	0
	$Al(g)$	+330	+165	+290
	$Al^{3+}(aq)$	−538	−325	−492
aluminate ion	$Al(OH)_4^-(aq)$	−1502	+103	−1305
bromide	$AlBr_3(s)$	−511	+180	−489
carbide	$Al_4C_3(s)$	−209	+89	−196
chloride	$AlCl_3(s)$	−704	+111	−629
chloride hexahydrate	$AlCl_3 \cdot 6H_2O(s)$	−2692	+318	−2261
fluoride	$AlF_3(s)$	−1510	+66	−1431
iodide	$AlI_3(s)$	−314	+159	−301
nitride	$AlN(s)$	−318	+20	−287
oxide	$Al_2O_3(s)$	−1676	+51	−1582
phosphate	$AlPO_4(s)$	−1734	+91	−1618
sulfate	$Al_2(SO_4)_3(s)$	−3441	+239	−3100
Ammonium	$NH_4^+(aq)$	−133	+111	−79
bromide	$NH_4Br(s)$	−271	+113	−175
chloride	$NH_4Cl(s)$	−314	+95	−203
fluoride	$NH_4F(s)$	−464	+72	−349
iodide	$NH_4I(s)$	−201	+117	−113
nitrate	$NH_4NO_3(s)$	−366	+151	−184
sulfate	$(NH_4)_2SO_4(s)$	−1181	+220	−902
vanadate	$NH_4VO_3(s)$	−1053	+141	−888
Antimony	$Sb(s)$	0	+46	0
	$Sb(g)$	+262	+180	+222
pentachloride	$SbCl_5(l)$	−440	+301	−350
pentaoxide	$Sb_2O_5(s)$	−972	+125	−829
tribromide	$SbBr_3(s)$	−259	+207	−239
trichloride	$SbCl_3(s)$	−382	+184	−324
trihydride	$SbH_3(g)$	+145	+233	+148
triiodide	$SbI_3(s)$	−100	+215	−99
trioxide	$Sb_2O_3(s)$	−720	+110	−634
trisulfide	$Sb_2S_3(s)$	−175	+182	−174
Arsenic	$As(s)$ (gray)	0	+35	0
	$As(g)$	+302	+174	+261
pentafluoride	$AsF_5(g)$	−1237	+317	−1170

화합물명	화학식	ΔH^{Θ} ($kJ \cdot mol^{-1}$)	S^{Θ} ($J \cdot mol^{-1} \cdot K^{-1}$)	ΔG^{Θ} ($kJ \cdot mol^{-1}$)
pentoxide	$As_2O_5(s)$	−925	+105	−782
tribromide	$AsBr_3(s)$	−130	+364	−159
trichloride	$AsCl_3(l)$	−305	+216	−259
trifluoride	$AsF_3(l)$	−786	+289	−771
trihydride (arsine)	$AsH_3(g)$	+66	+223	+69
triiodide	$AsI_3(s)$	−58	+213	−59
trioxide	$As_2O_3(s)$	−657	+107	−576
trisulfide	$As_2S_3(s)$	−169	+164	−169
Barium	$Ba(s)$	0	+63	0
	$Ba(g)$	+180	+170	+146
	$Ba^{2+}(aq)$	−538	+10	−561
bromide	$BaBr_2(s)$	−757	+146	−737
carbonate	$BaCO_3(s)$	−1216	+112	−1138
chloride	$BaCl_2(s)$	−859	+124	−810
chloride dihydrate	$BaCl_2 \cdot 2H_2O(s)$	−1460	+203	−1296
fluoride	$BaF_2(s)$	−1207	+96	−1157
hydroxide	$Ba(OH)_2(s)$	−945	+101	−856
hydroxide octahydrate	$Ba(OH)_2 \cdot 8H_2O(s)$	−3342	+427	−2793
iodide	$BaI_2(s)$	−605	+165	−601
nitrate	$Ba(NO_3)_2(s)$	−992	+214	−797
nitride	$Ba_3N_2(s)$	−363	+152	−292
oxide	$BaO(s)$	−554	+70	−525
peroxide	$BaO_2(s)$	−634		
sulfate	$BaSO_4(s)$	−1473	+132	−1362
sulfide	$BaS(s)$	−460	+78	−456
Beryllium	$Be(s)$	0	+9	0
	$Be(g)$	+324	+136	+287
	$Be^{2+}(aq)$	−383	−130	−380
bromide	$BeBr_2(s)$	−356	+100	−337
chloride	$BeCl_2(s)$	−490	+83	−445
fluoride	$BeF_2(s)$	−1027	+53	−979
hydroxide	$Be(OH)_2(s)$	−903	+52	−815
iodide	$BeI_2(s)$	−189	+120	−187
oxide	$BeO(s)$	−609	+14	−580
Bismuth	$Bi(s)$	0	+57	0
chloride	$BiCl_3(s)$	−379	+177	−315
oxide	$Bi_2O_3(s)$	−574	+151	−494
oxide chloride	$BiOCl(s)$	−367	+120	−322
sulfide	$Bi_2S_3(s)$	−143	+200	−141
Boron	$B(s)$	0	0	6
	$B(g)$	+565	+153	+521
boric acid	$H_3BO_3(s)$	−1095	+90	−970
carbide	$B_4C(s)$	−71	+27	−71
decaborane(14)	$B_{10}H_{14}(g)$	+32	+353	+216
diborane	$B_2H_6(g)$	+36	+232	+87
nitride	$BN(s)$	−254	+15	−228
pentaborane(9)	$B_5H_9(l)$	+43	+184	+172
tribromide	$BBr_3(l)$	−240	+230	−238
trichloride	$BCl_3(g)$	−404	+290	−389

화합물명	화학식	$\Delta H^\ominus$ ($kJ \cdot mol^{-1}$)	$S^\ominus$ ($J \cdot mol^{-1} \cdot K^{-1}$)	$\Delta G^\ominus$ ($kJ \cdot mol^{-1}$)
trifluoride	$BF_3(g)$	−1136	+254	−1119
trioxide (di–)	$B_2O_3(s)$	−1273	+54	−1194
trisulfide (di–)	$B_2S_3(s)$	−252	+92	−248
Bromine	$Br_2(l)$	0	+152	0
	$Br_2(g)$	+31	+245	+3
	$Br(g)$	+112	+175	+82
	$Br^-(aq)$	−121	+83	−104
bromate ion	$BrO_3^-(aq)$	−67	+162	+19
hypobromite ion	$BrO^-(aq)$	−94	+42	−33
monochloride	$BrCl(g)$	+15	+240	−1
monofluoride	$BrF(g)$	−94	+229	−109
pentafluoride	$BrF_5(g)$	−429	+320	−351
trifluoride	$BrF_3(g)$	−256	+293	−229
Cadmium	$Cd(s)$	0	+52	0
	$Cd(g)$	+112	+168	+77
	$Cd^{2+}(aq)$	−76	−73	−78
bromide	$CdBr_2(s)$	−316	+137	−296
carbonate	$CdCO_3(s)$	−751	+92	−669
chloride	$CdCl_2(s)$	−391	+115	−344
fluoride	$CdF_2(s)$	−700	+77	−648
hydroxide	$Cd(OH)_2(s)$	−561	+96	−474
iodide	$CdI_2(s)$	−203	+161	−201
nitrate	$Cd(NO_3)_2(s)$	−456		
oxide	$CdO(s)$	−258	+55	−228
sulfate	$CdSO_4(s)$	−933	+123	−823
sulfide	$CdS(s)$	−162	+65	−156
Calcium	$Ca(s)$	0	+42	0
	$Ca(g)$	+178	+155	+144
	$Ca^{2+}(aq)$	−543	−56	−553
bromide	$CaBr_2(s)$	−683	+130	−664
carbide	$CaC_2(s)$	−60	+70	−65
carbonate	$CaCO_3(s)$ (calcite)	−1207	+93	−1129
chloride	$CaCl_2(s)$	−796	+105	−748
fluoride	$CaF_2(s)$	−1220	+69	−1167
hydride	$CaH_2(s)$	−186	+42	−147
hydroxide	$Ca(OH)_2(s)$	−986	+83	−898
iodide	$CaI_2(s)$	−533	+142	−529
nitrate	$Ca(NO_3)_2(s)$	−938	+193	−743
oxide	$CaO(s)$	−635	+38	−603
phosphate	$Ca_3(PO_4)_2(s)$	−4121	+236	−3885
silicate	$CaSiO_3(s)$	−1567	+82	−1499
sulfate	$CaSO_4(s)$	−1434	+107	−1332
sulfate hemihydrate	$CaSO_4 \cdot \frac{1}{2}H_2O(s)$	−1577	+131	−1437
sulfate dihydrate	$CaSO_4 \cdot 2H_2O(s)$	−2023	+194	−1797
sulfide	$CaS(s)$	−482	+56	−477
Carbon	$C(s)$ (graphite)	0	+6	0
	$C(s)$ (diamond)	+2	+2	+3
	$C(g)$	+717	+158	+671
carbonate ion	$CO_3^{2-}(aq)$	−675	−50	−528

화합물명	화학식	ΔH^Θ (kJ·mol^{-1})	S^Θ (J·mol^{-1}·K^{-1})	ΔG^Θ (kJ·mol^{-1})
chloride (–yl) (phosgene)	$COCl_2(g)$	−219	+284	−205
cyanide ion	$CN^-(aq)$	+151	+94	+172
dioxide	$CO_2(g)$	−394	+214	−394
dioxide	$CO_2(aq)$	−413	+119	−386
disulfide	$CS_2(l)$	+90	+151	+65
ethane	$C_2H_6(g)$	−85	+230	−33
hydrogen carbonate ion	$HCO_3^-(aq)$	−690	+98	−587
methane	$CH_4(g)$	−75	+186	−51
monoxide	$CO(g)$	−111	+198	−137
tetrabromide	$CBr_4(s)$	+19	+213	+48
tetrachloride	$CCl_4(l)$	−135	+216	−65
tetrafluoride	$CF_4(g)$	−933	+262	−888
thiocyanate ion	$NCS^-(aq)$	+76	+144	+93
Cesium	$Cs(s)$	0	+85	0
	$Cs(g)$	+76	+176	+49
	$Cs^+(aq)$	−258	+132	−291
bromide	$CsBr(s)$	−406	+113	−391
carbonate	$Cs_2CO_3(s)$	−1140	+204	−1054
chloride	$CsCl(s)$	−443	+101	−415
fluoride	$CsF(s)$	−554	+93	−526
iodide	$CsI(s)$	−347	+123	−341
nitrate	$CsNO_3(s)$	−506	+155	−407
sulfate	$Cs_2SO_4(s)$	−1443	+212	−1324
Chlorine	$Cl_2(g)$	0	+223	0
	$Cl_2(aq)$	−23	+121	+7
	$Cl(g)$	+121	+165	+105
	$Cl^-(aq)$	−167	+57	−131
chlorate ion	$ClO_3^-(aq)$	−104	+162	−8
dioxide	$ClO_2(g)$	+102	+257	+120
hypochlorite ion	$ClO^-(aq)$	−107	+42	−37
monofluoride	$ClF(g)$	−54	+218	−56
oxide (di-)	$Cl_2O(g)$	+80	+266	+98
perchlorate ion	$ClO_4^-(aq)$	−128	+184	−8
trifluoride	$ClF_3(g)$	−163	+282	−123
Chromium	$Cr(s)$	0	+24	0
	$Cr(g)$	+397	+175	+352
	$Cr^{2+}(aq)$	−139		−165
	$Cr^{3+}(aq)$	−256		−205
(II) chloride	$CrCl_2(s)$	−395	+115	−356
(III) chloride	$CrCl_3(s)$	−556	+123	−486
chromate ion	$CrO_4^-(aq)$	−881	+50	−728
dichromate ion	$Cr_2O_7^{2-}(aq)$	−1490	+262	−1301
(III) oxide	$Cr_2O_3(s)$	−1140	+81	−1058
(VI) oxide	$CrO_3(s)$	−580	+72	−513
(III) sulfate	$Cr_2(SO_4)_3(s)$	−2911	+259	−2578
Cobalt	$Co(s)$	0	+30	0
	$Co(g)$	+425	+180	+380

화합물명	화학식	$\Delta H^\ominus$ ($kJ \cdot mol^{-1}$)	$S^\ominus$ ($J \cdot mol^{-1} \cdot K^{-1}$)	$\Delta G^\ominus$ ($kJ \cdot mol^{-1}$)
	$Co^{2+}(aq)$	−58	−113	−54
	$Co^{3+}(aq)$	+92	−305	+134
(II) carbonate	$CoCO_3(s)$	−713	+89	−637
(II) chloride	$CoCl_2(s)$	−313	+109	−270
(II) chloride hexahydrate	$CoCl_2 \cdot 6H_2O(s)$	−2115	+343	−1725
(II) hydroxide	$Co(OH)_2(s)$ (pink)	−540	+79	−454
(II) oxide	$CoO(s)$	−238	+53	−214
(II) sulfate	$CoSO_4(s)$	−888	+118	−782
(II) sulfate heptahydrate	$CoSO_4 \cdot 7H_2O(s)$	−2980	+406	−2474
Copper	$Cu(s)$	0	+33	0
	$Cu(g)$	+337	+166	+298
	$Cu^{+}(aq)$	+72	+41	+50
	$Cu^{2+}(aq)$	+65	−98	+65
(I) chloride	$CuCl(s)$	−137	+86	−120
(II) chloride	$CuCl_2(s)$	−220	+108	−176
(II) chloride dihydrate	$CuCl_2 \cdot 2H_2O(s)$	−821	+167	−656
(II) hydroxide	$Cu(OH)_2(s)$	−450	+108	−373
(I) oxide	$Cu_2O(s)$	−169	+93	−146
(II) oxide	$CuO(s)$	−157	+43	−130
(II) sulfate	$CuSO_4(s)$	−771	+109	−662
(II) sulfate pentahydrate	$CuSO_4 \cdot 5H_2O(s)$	−2280	+300	−1880
(I) sulfide	$Cu_2S(s)$	−80	+121	−86
(II) sulfide	$CuS(s)$	−53	+67	−54
Fluorine	$F_2(g)$	0	+203	0
	$F(g)$	+79	+159	+62
	$F^{-}(aq)$	−335	−14	−281
Gallium	$Ga(s)$	0	+41	0
	$Ga(g)$	+277	+169	+239
	$Ga^{3+}(aq)$	−212	−331	−159
bromide	$GaBr_3(s)$	−387	+180	−360
chloride	$GaCl_3(s)$	−525	+142	−455
fluoride	$GaF_3(s)$	−1163	+84	−1085
iodide	$GaI_3(s)$	−239	+204	−236
oxide	$Ga_2O_3(s)$	−1089	+85	−998
Germanium	$Ge(s)$	0	+31	0
	$Ge(g)$	+372	+168	+331
dioxide	$GeO(s)$	−262	+50	−237
tetrachloride	$GeCl_4(g)$	−496	+348	−457
tetroxide	$GeO_2(s)$	−580	+40	−521
Hydrogen	$H_2(g)$	0	+131	0
	$H(g)$	+218	+115	+203
	$H^{+}(aq)$	0	0	0
bromide	$HBr(g)$	−36	+199	−53
chloride	$HCl(g)$	−92	+187	−95
fluoride	$HF(g)$	−273	+174	−275

화합물명	화학식	$\Delta H^{\ominus}$ (kJ·mol^{-1})	$S^{\ominus}$ (J·mol^{-1}·K^{-1})	$\Delta G^{\ominus}$ (kJ·mol^{-1})
hydrobromic acid	$HBr(aq)$	−122	+82	−104
hydrochloric acid	$HCl(aq)$	−167	+56	−131
hydrofluoric acid	$HF(aq)$	−333	−14	−279
hydroiodic acid	$HI(aq)$	−55	+111	−52
iodide	$HI(g)$	+26	+207	+2
oxide (water)	$H_2O(l)$	−286	+70	−237
	$H_2O(g)$	−242	+189	−229
hydroxide ion	$OH^-(aq)$	−230	−11	−157
peroxide	$H_2O_2(l)$	−188	+110	−120
selenide	$H_2Se(g)$	+30	+219	+16
sulfide	$H_2S(g)$	−21	+206	−34
telluride	$H_2Te(g)$	+100	+229	+85
Indium	$In(s)$	0	+58	0
	$In(g)$	+243	+174	+209
	$In^{3+}(aq)$	−105	−151	−98
(I) chloride	$InCl(s)$	−186	+95	−164
(III) chloride	$InCl_3(s)$	−537	+141	−462
oxide	$In_2O_3(s)$	−926	+104	−831
Iodine	$I_2(s)$	0	+116	0
	$I_2(g)$	+62	+261	+19
	$I(g)$	+107	+181	+70
	$I^-(aq)$	−55	+106	−52
iodate ion	$IO_3^-(aq)$	−221	+118	−128
heptafluoride	$IF_7(g)$	−944	+346	−818
monochloride	$ICl(g)$	+18	+248	−5
triiodide ion	$I_3^-(aq)$	−51	+239	−51
Iron	$Fe(s)$	0	+27	0
	$Fe(g)$	+416	+180	+371
	$Fe^{2+}(aq)$	−89	−138	−79
	$Fe^{3+}(aq)$	−49	−316	−5
(II) carbonate	$FeCO_3(s)$	−741	+93	−667
(II) chloride	$FeCl_2(s)$	−342	+118	−302
(III) chloride	$FeCl_3(s)$	−399	+142	−334
(II) disulfide	$FeS_2(s)$ (pyrite)	−178	+53	−167
(II) hydroxide	$Fe(OH)_2(s)$	−569	+88	−487
(III) hydroxide	$Fe(OH)_3(s)$	−823	+107	−697
(II) oxide	$FeO(s)$	−272	+61	−251
(II)(III) oxide	$Fe_3O_4(s)$	−1118	+146	−1015
(III) oxide	$Fe_2O_3(s)$	−824	+87	−742
(II) sulfate	$FeSO_4(s)$	−928	+108	−821
(II) sulfate heptahydrate	$FeSO_4{\cdot}7H_2O(s)$	−3015	+409	−2510
(III) sulfate	$Fe_2(SO_4)_3(s)$	−2582	+308	−2262
(II) sulfide	$FeS(s)$	−100	+60	−100
Lead	$Pb(s)$	0	+65	0
	$Pb(g)$	+196		
	$Pb^{2+}(aq)$	+1	+18	−24
(II) carbonate	$PbCO_3(s)$	−699	+131	−626
(II) chloride	$PbCl_2(s)$	−359	+136	−314

화합물명	화학식	$\Delta H^\ominus$ (kJ·mol^{-1})	$S^\ominus$ (J·mol^{-1}·K^{-1})	$\Delta G^\ominus$ (kJ·mol^{-1})
(IV) chloride	$PbCl_4(g)$	−552	+382	−492
(II) oxide	$PbO(s)$	−217	+69	−188
(IV) oxide	$PbO_2(s)$	−277	+69	+217
(II) sulfate	$PbSO_4(s)$	−920	+149	−813
(II) sulfide	$PbS(s)$	−100	+91	−99
Lithium	$Li(s)$	0	+29	0
	$Li(g)$	+159	+139	+127
	$Li^+(aq)$	−278	+12	−293
bromide	$LiBr(s)$	−351	+74	−342
carbonate	$Li_2CO_3(s)$	−1216	+90	−1132
chloride	$LiCl(s)$	−409	+59	−384
fluoride	$LiF(s)$	−616	+36	−588
hydride	$LiH(s)$	−91	+20	−68
hydroxide	$LiOH(s)$	−479	+43	−439
iodide	$LiI(s)$	−270	+87	−270
nitrate	$LiNO_3(s)$	−483	+90	−381
nitride	$Li_3N(s)$	−164	+63	−128
oxide	$Li_2O(s)$	−598	+38	−561
sulfate	$Li_2SO_4(s)$	−1436	+115	−1322
sulfide	$Li_2S(s)$	−441	+61	−433
tetrahydridoaluminate	$LiAlH_4(s)$	−116	+79	−45
Magnesium	$Mg(s)$	0	+33	0
	$Mg(g)$	+147	+149	+112
	$Mg^{2+}(aq)$	−467	−137	−455
bromide	$MgBr_2(s)$	−524	+117	−504
carbonate	$MgCO_3(s)$	−1096	+66	−1012
chloride	$MgCl_2(s)$	−641	+90	−592
chloride hexahydrate	$MgCl_2{\cdot}6H_2O(s)$	−2499	+366	−2115
fluoride	$MgF_2(s)$	−1124	+57	−1071
hydride	$MgH_2(s)$	−75	+31	−36
hydroxide	$Mg(OH)_2(s)$	−925	+63	−834
iodide	$MgI_2(s)$	−364	+130	−358
nitrate	$Mg(NO_3)_2(s)$	−791	+164	−589
nitrate hexahydrate	$Mg(NO_3)_2{\cdot}6H_2O(s)$	−2613	+452	−2080
nitride	$Mg_3N_2(s)$	−461	+88	−401
oxide	$MgO(s)$	−602	+27	−569
sulfate	$MgSO_4(s)$	−1285	+92	−1171
sulfate heptahydrate	$MgSO_4{\cdot}7H_2O(s)$	−3389	+372	−2872
sulfide	$MgS(s)$	−346	+50	−342
Manganese	$Mn(s)$	0	+32	0
	$Mn(g)$	+281	+174	+238
	$Mn^{2+}(aq)$	−221	−74	−228
(II) carbonate	$MnCO_3(s)$	−894	+86	−817
(II) chloride	$MnCl_2(s)$	−481	+118	−441
(II) fluoride	$MnF_2(s)$	−803	+92	−761
(III) fluoride	$MnF_3(s)$	−1004	+105	−935
(II) hydroxide	$Mn(OH)_2(s)$	−695	+99	−615
(II) oxide	$MnO(s)$	−385	+60	−363
(III) oxide	$Mn_2O_3(s)$	−959	+110	−881
(IV) oxide	$MnO_2(s)$	−520	+53	−465

화합물명	화학식	$\Delta H^\ominus$ ($kJ \cdot mol^{-1}$)	$S^\ominus$ ($J \cdot mol^{-1} \cdot K^{-1}$)	$\Delta G^\ominus$ ($kJ \cdot mol^{-1}$)
permanganate ion	$MnO_4^-(aq)$	−541	+191	−447
(II) sulfate	$MnSO_4(s)$	−1065	+112	−957
(II) sulfide	$MnS(s)$	−214	+78	−218
Mercury	$Hg(l)$	0	+76	0
	$Hg(g)$	+61	+175	+32
	$Hg_2^{2+}(aq)$	+167	+66	+154
	$Hg^{2+}(aq)$	+170	−36	+165
(I) chloride	$Hg_2Cl_2(s)$	−265	+192	−211
(II) chloride	$HgCl_2(s)$	−224	+146	−179
(II) oxide	$HgO(s)$	−91	+70	−59
(I) sulfate	$Hg_2SO_4(s)$	−743	+201	−626
(II) sulfate	$HgSO_4(s)$	−708	+140	−595
Nickel	$Ni(s)$	0	+30	0
	$Ni(g)$	+430	+182	+385
	$Ni^{2+}(aq)$	−54	−129	−46
(II) bromide	$NiBr_2(s)$	−212	+136	−198
(II) carbonate	$NiCO_3(s)$	−681	+118	−613
(II) chloride	$NiCl_2(s)$	−305	+98	−259
(II) chloride hexahydrate	$NiCl_2 \cdot 6H_2O(s)$	−2103	+344	−1714
(II) fluoride	$NiF_2(s)$	−651	+74	−604
(II) hydroxide	$Ni(OH)_2(s)$	−530	+88	−447
(II) iodide	$NiI_2(s)$	−78	+154	−81
(II) oxide	$NiO(s)$	−240	+38	−212
(II) sulfate	$NiSO_4(s)$	−873	+92	−760
(II) sulfate heptahydrate	$NiSO_4 \cdot 7H_2O(s)$	−2976	+379	−2462
(II) sulfide	$NiS(s)$	−82	+53	−80
tetracarbonyl(0)	$Ni(CO)_4(l)$	−633	+313	−588
Nitrogen	$N_2(g)$	0	+192	0
	$N(g)$	+473	+153	+456
ammonia	$NH_3(g)$	−46	+193	−16
azide ion	$N_3^-(aq)$	+275	+108	+348
dinitrogen oxide	$N_2O(g)$	+82	+220	+104
dinitrogen pentoxide	$N_2O_5(g)$	+11	+356	+115
dinitrogen tetroxide	$N_2O_4(g)$	+9	+304	+98
dinitrogen trioxide	$N_2O_3(g)$	+84	+312	+139
hydrazine	$N_2H_4(l)$	+51	+121	+149
hydrogen azide	$HN_3(l)$	+264	+141	+327
hydrogen nitrate	$HNO_3(l)$	−174	+156	−81
nitrate ion	$NO_3^-(aq)$	−207	+147	−111
nitrite ion	$NO_2^-(aq)$	−105	+123	−32
nitrogen dioxide	$NO_2(g)$	+33	+240	+51
nitrogen monoxide	$NO(g)$	+90	+211	+87
Oxygen	$O_2(g)$	0	+205	0
	$O_3(g)$	+143	+239	+163
	$O(g)$	+249	+161	+232
	$O^-(g)$	+102	+158	+92
difluoride	$OF_2(g)$	+25	+247	+42

화합물명	화학식	$\Delta H^\ominus$ (kJ·mol^{-1})	$S^\ominus$ (J·mol^{-1}·K^{-1})	$\Delta G^\ominus$ (kJ·mol^{-1})
Phosphorus	$P_4(s)$ (white)	0	+41	0
	$P(s)$ (red)	−18	+23	−12
	$P_4(g)$	+59	+280	+24
	$P(g)$	+317	+163	+278
hydrogen phosphate	$H_3PO_4(s)$	−1279	+110	−1119
pentachloride	$PCl_5(g)$	−375	+365	−305
pentafluoride	$PF_5(g)$	−1594	+301	−1521
phosphate ion	$PO_4^{3-}(aq)$	−1277	−220	−1019
phosphoryl chloride	$POCl_3(l)$	−597	+222	−521
tetraphosphorus decaoxide	$P_4O_{10}(s)$	−2984	+229	−2700
trichloride	$PCl_3(l)$	−320	+217	−272
trifluoride	$PF_3(g)$	−919	+273	−898
trihydride (phosphine)	$PH_3(g)$	+5	+210	+13
Potassium	$K(s)$	0	+65	0
	$K(g)$	+89	+160	+61
	$K^+(aq)$	−252	+101	−284
bromide	$KBr(s)$	−394	+96	−381
carbonate	$K_2CO_3(s)$	−1151	+156	−1064
chlorate	$KClO_3(s)$	−398	+143	−296
chloride	$KCl(s)$	−437	+83	−409
chromate	$K_2CrO_4(s)$	−1404	+200	−1296
cyanide	$KCN(s)$	−113	+128	−102
dichromate	$K_2Cr_2O_7(s)$	−2062	+291	−1882
dioxide(2–) (peroxide)	$K_2O_2(s)$	−494	+102	−425
dioxide(1–) (superoxide)	$KO_2(s)$	−285	+117	−239
fluoride	$KF(s)$	−567	+67	−538
hydride	$KH(s)$	−58	+50	−53
hydrogen carbonate	$KHCO_3(s)$	−963	+116	−864
hydrogen sulfate	$KHSO_4(s)$	−1161	+138	−1031
hydroxide	$KOH(s)$	−425	+79	−379
iodide	$KI(s)$	−328	+106	−325
nitrate	$KNO_3(s)$	−495	+133	−395
nitrite	$KNO_2(s)$	−370	+152	−307
oxide	$K_2O(s)$	−363	+94	−322
perchlorate	$KClO_4(s)$	−433	+151	−303
permanganate	$KMnO_4(s)$	−837	+172	−738
peroxodisulfate	$K_2S_2O_8(s)$	−1916	+279	−1697
pyrosulfate	$K_2S_2O_7(s)$	−1987	+225	−1792
sulfate	$K_2SO_4(s)$	−1438	+176	−1321
sulfide	$K_2S(s)$	−376	+115	−363
tetrafluoroborate	$KBF_4(s)$	−1882	+152	−1786
Rubidium	$Rb(s)$	0	+77	0
	$Rb(g)$	+81	+170	+53
	$Rb^+(aq)$	−251	+122	−284
bromide	$RbBr(s)$	−395	+110	−382
carbonate	$Rb_2CO_3(s)$	−1179	+186	−1096
chloride	$RbCl(s)$	−435	+96	−408
fluoride	$RbF(s)$	−558	+75	−521
iodide	$RbI(s)$	−334	+118	−329

화합물명	화학식	$\Delta H^\ominus$ (kJ·mol^{-1})	$S^\ominus$ (J·mol^{-1}·K^{-1})	$\Delta G^\ominus$ (kJ·mol^{-1})
nitrate	$RbNO_3(s)$	−495	+147	−396
sulfate	$Rb_2SO_4(s)$	−1436	+197	−1317
Selenium	$Se(s)$ (gray)	0	+42	0
	$Se(g)$	+227	+177	+187
hexafluoride	$SeF_6(g)$	−1117	+314	−1017
selenate ion	$SeO_4^{2-}(aq)$	−599	+54	−441
tetrachloride	$SeCl_4(s)$	−183	+195	−95
Silicon	$Si(s)$	0	+19	0
	$Si(g)$	+450	+168	+406
carbide	$SiC(s)$	−65	+17	−63
dioxide (quartz)	$SiO_2(s)$	−911	+41	−856
tetrachloride	$SiCl_4(l)$	−687	+240	−620
tetrafluoride	$SiF_4(g)$	−1615	+283	−1573
tetrahydride (silane)	$SiH_4(g)$	+34	+205	+57
Silver	$Ag(s)$	0	+43	0
	$Ag(g)$	+285	+173	+246
	$Ag^+(aq)$	+106	+73	+77
bromide	$AgBr(s)$	−100	+107	−97
carbonate	$Ag_2CO_3(s)$	−506	+167	−437
chloride	$AgCl(s)$	−127	+96	−110
chromate	$Ag_2CrO_4(s)$	−732	+218	−642
cyanide	$AgCN(s)$	+146	+107	+157
fluoride	$AgF(s)$	−205	+84	−187
iodide	$AgI(s)$	−62	+115	−66
nitrate	$AgNO_3(s)$	−124	+141	−33
oxide	$Ag_2O(s)$	−31	+121	−11
sulfate	$Ag_2SO_4(s)$	−716	+200	−618
sulfide	$Ag_2S(s)$	−33	+144	−41
Sodium	$Na(s)$	0	+51	0
	$Na(g)$	+107	+154	+77
	$Na^+(aq)$	−240	+58	−262
azide	$NaN_3(s)$	+22	+97	+94
bromide	$NaBr(s)$	−361	+87	−349
carbonate	$Na_2CO_3(s)$	−1131	+135	−1044
carbonate monohydrate	$Na_2CO_3 \cdot H_2O(s)$	−1431	+168	−1285
carbonate decahydrate	$Na_2CO_3 \cdot 10H_2O(s)$	−4081	+563	−3428
chlorate	$NaClO_3(s)$	−366	+123	−262
chloride	$NaCl(s)$	−411	+72	−384
cyanide	$NaCN(s)$	−87	+116	−76
dihydrogen phosphate	$NaH_2PO_4(s)$	−1537	+127	−1386
dioxide(2−) (peroxide)	$Na_2O_2(s)$	−511	+95	−448
fluoride	$NaF(s)$	−574	+51	−544
hydride	$NaH(s)$	−56	+40	−33
hydrogen carbonate	$NaHCO_3(s)$	−951	+102	−851
hydrogen phosphate	$Na_2HPO_4(s)$	−1748	+150	−1608
hydrogen sulfate	$NaHSO_4(s)$	−1126	+113	−993
hydroxide	$NaOH(s)$	−425	+64	−379
iodide	$NaI(s)$	−288	+99	−286

화합물명	화학식	$\Delta H^{\ominus}$ ($kJ \cdot mol^{-1}$)	$S^{\ominus}$ ($J \cdot mol^{-1} \cdot K^{-1}$)	$\Delta G^{\ominus}$ ($kJ \cdot mol^{-1}$)
nitrate	$NaNO_3(s)$	−468	+117	−367
nitrite	$NaNO_2(s)$	−359	+104	−285
oxide	$Na_2O(s)$	−414	+75	−375
perchlorate	$NaClO_4(s)$	−383	+142	−255
phosphate	$Na_3PO_4(s)$	−1917	+174	−1789
silicate	$Na_2SiO_3(s)$	−1555	+114	−1463
sulfate	$Na_2SO_4(s)$	−1387	+150	−1270
sulfide	$Na_2S(s)$	−365	+84	−350
sulfite	$Na_2SO_3(s)$	−1101	+146	−1012
tetrahydroborate	$NaBH_4(s)$	−189	+101	−124
thiosulfate	$Na_2S_2O_3(s)$	−1123	+155	−1028
thiosulfate pentahydrate	$Na_2S_2O_3 \cdot 5H_2O(s)$	−2608	+372	−2230
Strontium	$Sr(s)$	0	+52	0
	$Sr(g)$	+164	+165	+131
	$Sr^{2+}(aq)$	−546	−33	−559
carbonate	$SrCO_3(s)$	−1220	+97	−1140
chloride	$SrCl_2(s)$	−829	+115	−781
oxide	$SrO(s)$	−592	+54	−562
sulfate	$SrSO_4(s)$	−1453	+117	−1341
Sulfur	$S_8(s)$ (rhombic)	0	+32	0
	$S_8(s)$ (monoclinic)	+0.3	+33	+0.1
	$S_8(g)$	+102	+431	+50
	$S(g)$	+227	+168	+236
dichloride	$SCl_2(l)$	−50	+184	−28
dichloride (disulfur)	$S_2Cl_2(l)$	−58	+224	−39
dioxide	$SO_2(g)$	−297	+248	−300
hexafluoride	$SF_6(g)$	−1209	+292	−1105
hydrogen sulfate	$H_2SO_4(l)$	−814	+157	−690
hydrogen sulfide ion	$HS^-(aq)$	−16	+67	+12
peroxodisulfate ion	$S_2O_8^{2-}(aq)$	−1345	+244	−1115
sulfate ion	$SO_4^{2-}(aq)$	−909	+19	−744
sulfide ion	$S^{2-}(aq)$	+33	−15	+86
sulfite ion	$SO_3^{2-}(aq)$	−635	−29	−487
thiosulfate ion	$S_2O_3^{2-}(aq)$	−652	+67	−522
trioxide	$SO_3(g)$	−396	+257	−371
Thallium	$Tl(s)$	0	+64	0
	$Tl(g)$	+182	+181	+147
	$Tl^+(aq)$	+5	+125	−32
	$Tl^{3+}(aq)$	+197	−192	+215
(I) chloride	$TlCl(s)$	−204	+111	−185
(III) chloride	$TlCl_3(s)$	−315	+152	−242
Tin	$Sn(s)$ (white)	0	+51	0
	$Sn(s)$ (gray)	−2	+44	+0.1
	$Sn(g)$	+301	+168	+266
(II) chloride	$SnCl_2(s)$	−331	+132	−289
(IV) chloride	$SnCl_4(l)$	−551	+259	−440
hydride	$SnH_4(g)$	+163	+228	+188
(II) hydroxide	$Sn(OH)_2(s)$	−561	+155	−492

화합물명	화학식	$\Delta H^{\ominus}$ ($kJ \cdot mol^{-1}$)	$S^{\ominus}$ ($J \cdot mol^{-1} \cdot K^{-1}$)	$\Delta G^{\ominus}$ ($kJ \cdot mol^{-1}$)
(II) oxide	$SnO(s)$	−281	+57	−252
(IV) oxide	$SnO_2(s)$	−578	+49	−516
(II) sulfide	$SnS(s)$	−100	+77	−98
(IV) sulfide	$SnS_2(s)$	−154	+87	−145
Titanium	$Ti(s)$	0	+31	0
	$Ti(g)$	+473	+180	+428
(II) chloride	$TiCl_2(s)$	−514	+87	−464
(III) chloride	$TiCl_3(s)$	−721	+140	−654
(IV) chloride	$TiCl_4(l)$	−804	+252	−737
(IV) oxide	$TiO_2(s)$ (rutile)	−944	+51	−890
Vanadium	$V(s)$	0	+29	0
	$V(g)$	+514	+182	+469
(II) chloride	$VCl_2(s)$	−452	+97	−406
(III) chloride	$VCl_3(s)$	−581	+131	−511
(IV) chloride	$VCl_4(l)$	−569	+255	−504
(II) oxide	$VO(s)$	−432	+39	−404
(III) oxide	$V_2O_3(s)$	−1219	+98	−1139
(IV) oxide	$VO_2(s)$	−713	+51	−659
(V) oxide	$V_2O_5(s)$	−1551	+131	−1420
Xenon	$Xe(g)$	0	+170	0
difluoride	$XeF_2(g)$	−130	+260	−96
tetrafluoride	$XeF_4(g)$	−215	+316	−138
trioxide	$XeO_3(g)$	+502	+287	+561
Zinc	$Zn(s)$	0	+42	0
	$Zn(g)$	+130	+161	+94
	$Zn^{2+}(aq)$	−153	−110	−147
carbonate	$ZnCO_3(s)$	−813	+82	−732
chloride	$ZnCl_2(s)$	−415	+111	−369
hydroxide	$Zn(OH)_2(s)$	−642	+81	−554
nitride	$Zn_3N_2(s)$	−23	+140	+30
oxide	$ZnO(s)$	−350	+44	−320
sulfate	$ZnSO_4(s)$	−983	+110	−872
sulfate heptahydrate	$ZnSO_4 \cdot 7H_2O(s)$	−3078	+389	−2563
sulfide	$ZnS(s)$ (wurtzite)	−193	+68	−191
sulfide	$ZnS(s)$ (sphalerite)	−206	+58	−201

이온들의 전하 밀도

전하 밀도($C \cdot mm^{-3}$)는 다음 식에 의해 계산된다.

$$\frac{ne}{(4/3)\pi r^2}$$

여기서 이온 반지름 r은 mm 단위로 나타낸 Shannon-Prewitt 값이고(*Acta Cryst.*, 1976, A32, 751), e는 전자의 전하(1.60×10^{-19} C), 그리고 n은 이온의 전하를 나타낸다. 이온 반지름은 (T)가 표시된 4배위 사면체 이온을 제외하고는 모두 6배위 이온에 대한 값을 사용하였다. (HS)와 (LS)는 전이 금속 이온에 대한 고스핀과 저스핀 반지름을 표시한다.

양이온	전하 밀도	양이온	전하 밀도	양이온	전하 밀도
Ac^{3+}	57	B^{3+}	1663	Cl^{7+}	3880
Ag^{+}	15	Ba^{2+}	23	Cm^{3+}	84
Ag^{2+}	60	Be^{2+}	1108 (T)	Co^{2+}	155 (LS)
Ag^{3+}	163	Bi^{3+}	72	Co^{2+}	108 (HS)
Al^{3+}	770 (T)	Bi^{5+}	262	Co^{3+}	349 (LS)
Al^{3+}	364	Bk^{3+}	86	Co^{3+}	272 (HS)
Am^{3+}	82	Br^{7+}	1796	Co^{4+}	508 (HS)
As^{3+}	307	C^{4+}	6265 (T)	Cr^{2+}	116 (LS)
As^{5+}	884	Ca^{2+}	52	Cr^{2+}	92 (HS)
At^{7+}	609	Cd^{2+}	59	Cr^{3+}	261
Au^{+}	11	Ce^{3+}	75	Cr^{4+}	465
Au^{3+}	118	Ce^{4+}	148	Cr^{5+}	764
B^{3+}	7334 (T)	Cf^{3+}	88	Cr^{6+}	1175
Cs^{+}	6	Mn^{4+}	508	Sb^{3+}	157
Cu^{+}	51	Mn^{7+}	1238	Sb^{5+}	471
Cu^{2+}	116	Mo^{3+}	200	Sc^{3+}	163
Dy^{2+}	43	Mo^{6+}	589	Se^{4+}	583
Dy^{3+}	99	NH_4^{+}	11	Se^{6+}	1305
Er^{3+}	105	Na^{+}	24	Si^{4+}	970
Eu^{2+}	34	Nb^{3+}	180	Sm^{3+}	86
Eu^{3+}	88	Nb^{5+}	402	Sn^{2+}	54

HS, 고스핀; LS, 저스핀; T, 4배위 사면체 이온

양이온	전하 밀도	양이온	전하 밀도	양이온	전하 밀도
F^{7+}	25 110	Nd^{3+}	82	Sn^{4+}	267
Fe^{2+}	181 (LS)	Ni^{2+}	134	Sr^{2+}	33
Fe^{2+}	98 (HS)	No^{2+}	40	Ta^{3+}	180
Fe^{3+}	349 (LS)	Np^{5+}	271	Ta^{5+}	402
Fe^{3+}	232 (HS)	Os^{4+}	335	Tb^{3+}	96
Fe^{6+}	3864	Os^{6+}	698	Tc^{4+}	310
Fr^{+}	5	Os^{8+}	2053	Tc^{7+}	780
Ga^{3+}	261	P^{3+}	587	Te^{4+}	112
Gd^{3+}	91	P^{5+}	1358	Te^{6+}	668
Ge^{2+}	116	Pa^{5+}	245	Th^{4+}	121
Ge^{4+}	508	Pb^{2+}	32	Ti^{2+}	76
Hf^{4+}	409	Pb^{4+}	196	Ti^{3+}	216
Hg^{+}	16	Pd^{2+}	76	Ti^{4+}	362
Hg^{2+}	49	Pd^{4+}	348	Ti^{+}	9
Ho^{3+}	102	Pm^{3+}	84	Tl^{3+}	105
I^{7+}	889	Po^{4+}	121	Tm^{2+}	48
In^{3+}	138	Po^{6+}	431	Tm^{3+}	108
Ir^{3+}	208	Pr^{3+}	79	U^{4+}	140
Ir^{5+}	534	Pr^{4+}	157	U^{6+}	348
K^{+}	11	Pt^{2+}	92	V^{2+}	95
La^{3+}	72	Pt^{4+}	335	V^{3+}	241
Li^{+}	98 (T)	Pu^{4+}	153	V^{4+}	409
Li^{+}	52	Ra^{2+}	18	V^{5+}	607
Lu^{3+}	115	Rb^{+}	8	W^{4+}	298
Mg^{2+}	120	Re^{7+}	889	W^{6+}	566
Mn^{2+}	114 (LS)	Rh^{3+}	224	Y^{3+}	102
Mn^{2+}	84 (HS)	Ru^{3+}	208	Yb^{3+}	111
MN^{3+}	307 (LS)	S^{4+}	1152	Zn^{2+}	112
Mn^{3+}	232 (HS)	S^{6+}	2883	Zr^{4+}	240

음이온	전하 밀도	음이온	전하 밀도	음이온	전하 밀도
As^{3-}	12	I^{-}	4	O_2^{2-}	19
Br^{-}	6	MnO_4^{-}	4	OH^{-}	23
CN^{-}	7	N^{3-}	50	P^{3-}	14
CO_3^{2-}	17	N_3^{-}	6	S^{2-}	16
Cl^{-}	8	NO_3^{-}	9	SO_4^{2-}	5
ClO_4^{-}	3	O^{2-}	40	Se^{2-}	12
F^{-}	24	O_2^{-}	13	Te^{2-}	9

결합 에너지

부록3

수소 분자와 같은 동핵 이원자 분자에 대해서는 정밀하게 측정된 결합 에너지를 나타내었지만, 이종 핵간 결합에 대한 값은 평균값을 적었기 때문에 문헌에 따라 다소 다를 수 있다. 모든 값의 단위는 $kJ \cdot mol^{-1}$이다.

Hydrogen

H—H	432	H—S	363
H—B	389	H—F	565
H—C	411	H—Cl	428
H—N	386	H—Br	362
H—O	459	H—I	295

Group 13

Boron

B—C	372	B—F	613
B—O	536	B—Cl	456
B═O	636	B—Br	377

Group 14

Carbon

C—C	346	C—O	358
C═C	602	C═O	799
C≡C	835	C≡O	1072
C—N	305	C—F	485
C═N	615	C—Cl	327
C≡N	887	C—Br	310
C—P	264	C—I	213

Silicon

Si—Si	222	Si—F	565
Si—O	452	Si—Cl	381
Si═O	642	Si—Br	310
		Si—I	234

Group 15

Nitrogen

N—N	247	N—O	201
N═N	418	N═O	607
N≡N	942	N—F	278
		N—Cl	192

Phosphorus

P—P	200	P—F	490
P≡P	481	P—Cl	326
P—O	335	P—Br	264
		P—I	184

Group 16			
Oxygen			
O—O	142	O—F	190
O═O	494	O—Cl	218
O═S	523	O—Br	201
O—Xe	84	O—I	201
Sulfur			
S—S	268	S—F	327
S═S	425	S—Cl	271
Group 17			
Fluorine			
F—F	155	F—Cl	249
F—Kr	50	F—Br	250
F—Xe	133	F—I	278
Chlorine			
Cl—Cl	240	Cl—Br	216
		Cl—I	208
Bromine			
Br—Br	190	Br—I	175
Iodine			
I—I	149		

금속의 이온화 에너지

이온화 에너지의 단위는 $MJ \cdot mol^{-1}$이며, 최외각 전자들에 관한 이온화 에너지만 나타내었다.

1차 이온화 에너지는 다음 과정에 필요한 에너지이다.

$$M(g) \rightarrow M^{+}(g) + e^{-}$$

그리고 2차 이온화 에너지는 다음 과정에 관여하는 에너지이고,

$$M^{+}(g) \rightarrow M^{2+}(g) + e^{-}$$

이어지는 이온화 에너지는 전자가 하나씩 차례로 떨어져 나가는 과정에 대한 에너지이다.

자료 출처: G. Aylward and T. Findlay, *SI Chemical Data*, 3rd ed., New York; Wiley, 1994.

	이온화 에너지				
원소	**1차**	**2차**	**3차**	**4차**	**5차**
Lithium	0.526				
Beryllium	0.906	1.763			
Sodium	0.502				
Magnesium	0.744	1.457			
Aluminum	0.584	1.823	2.751		
Potassium	0.425				
Calcium	0.596	1.152			
Scandium	0.637	1.241	2.395		
Titanium	0.664	1.316	2.659	4.181	
Vanadium	0.656	1.420	2.834	4.513	6.300
Chromium	0.659	1.598	2.993		
Manganese	0.724	1.515	3.255		

	이온화 에너지				
원소	**1차**	**2차**	**3차**	**4차**	**5차**
Iron	0.766	1.567	2.964		
Cobalt	0.765	1.652	3.238		
Nickel	0.743	1.759			
Copper	0.752	1.964			
Zinc	0.913	1.740			
Lead	0.722	1.457			

비금속의 전자 친화도

전자 친화도의 단위는 $kJ \cdot mol^{-1}$이다. 1차 전자 친화도는 다음 과정에 필요한 에너지이다.

$$X(g) + e^- \rightarrow X^-(g)$$

2차 전자 친화도는 다음 과정에 대한 것이다.

$$X^-(g) + e^- \rightarrow X^{2-}(g)$$

그리고 3차 전자 친화도는 다음 과정에 대한 것이다.

$$X^{2-}(g) + e^- \rightarrow X^{3-}(g)$$

자료 출처: J. E. Huuhey et al., *Inorganic Chemistry*, 4th ed., New York; HarperCollins, 1993.

	전자 친화도		
원소	**1차**	**2차**	**3차**
Nitrogen	−7	+673	+1070
Oxygen	−141	+744	
Fluorine	−328		
Phosphorus	−72	+468	+886
Sulfur	−200	+456	
Chlorine	−349		
Hydrogen	−79		
Bromine	−331		
Iodine	−301		

격자 에너지

격자 에너지의 단위는 kJ · mol^{-1}이며, Born-Haber 순환을 사용하여 계산된 값이다.

자료 출처: G. Aylward and T. Findlay, *SI Chemical Data*, 3rd ed., New York; Wiley, 1994.

이온	Fluoride	Chloride	Bromide	Iodide	Oxide	Sulfide
Lithium	1047	862	818	759	2806	2471
Sodium	928	788	751	700	2488	2199
Potassium	826	718	689	645	2245	1986
Rubidium	793	693	666	627	2170	1936
Cesium	756	668	645	608	—	1899
Magnesium	2961	2523	2434	2318	3800	3323
Calcium	2634	2255	2170	2065	3419	3043
Strontium	2496	2153	2070	1955	3222	2879
Barium	2357	2053	1980	1869	3034	2716

수화 엔탈피

수화 엔탈피의 단위는 kJ · mol^{-1}이다.

자료 출처: J. G. Stark and H. G. Wallace, *Chemistry Data Book*, London; John Murrary, 1990.

원소	$\Delta_f H^\ominus$ (kJ·mol^{-1})
Lithium	−519
Sodium	−406
Potassium	−322
Rubidium	−301
Cesium	−276
Magnesium	−1920
Calcium	−1650
Strontium	−1480

원소	$\Delta_f H^\ominus$ (kJ·mol^{-1})
Barium	−1360
Aluminum	−4690
Silver	−464
Fluorine	−506
Chlorine	−364
Bromine	−335
Iodine	−293

이온 반지름

여기서 이온 반지름은 r은 pm 단위로 나타낸 Shannon-Prewitt 값이고(*Acta Cryst.*, 1976, A32, 751), (T)가 표시된 4배위 사면체 이온을 제외하고는 모두 6배위 이온에 대한 값을 사용하였다. (HS)와 (LS)는 전이 금속 이온에 대한 고스핀과 저스핀 반지름을 표시한다. 다원자 이온에 대한 값의 출처는 Jenkins and Thakur, *J. Chem. Educ.*, 1979, 56, 576이다.

이온	이온 반지름
Li^{+} (T)	73
Na^{+}	116
K^{+}	152
Rb^{+}	166
Cs^{+}	181
Mg^{2+}	86
Ca^{2+}	114
Sr^{2+}	132
Ba^{2+}	149
Al^{3+}	68
Fe^{2+}	92
Fe^{3+} (HS)	78
Fe^{3+} (LS)	69
Co^{2+} (HS)	88
Co^{3+} (LS)	68
Ni^{2+}	83

이온	이온 반지름
Cu^{+}	91
Cu^{2+}	87
Zn^{2+}	88
F^{-} (T)	117
Cl^{-}	167
Br^{-}	182
I^{-}	206
NH_4^{+}	151
CO_3^{2-}	164
NO_3^{-}	165
OH^{-}	119
SO_4^{2-}	244
O^{2-}	126
S^{2-}	170

사진 출처

p. xi: Bettmann/Corbis

p. xii: Science Source

p. 80: Carmen Höschen/IPP

p. 87: Paul C. Canfield/From Fisher, I. R.; Cheon, K. O.; Panchula, A. F.; Canfield, P. C.; Chernikov, M.; Ott, H. R.; Dennis, K. Magnetic and transport properties of single-grain R — Mg — Zn icosahedral quasicrystals [R = Y, (Y1 — xGdx), (Y1 — xTbx), Tb, Dy, Ho, and Er]. Physical Review B: Condensed Matter and Materials Physics (1999), 59(1), 308-321.

p. 270: Sergio Bertazzo

p. 398: Cordelia Molloy/Science Source

찾아보기

실용무기화학 제6판

|저　　자　Geoff Rayner-Canham · Tina Overton
|역　　자　김시중 · 김인회 · 김재상 · 김　정
김진호 · 방효춘 · 안태호 · 최규성
|발 행 인　주정희
|발 행 처　자유아카데미
|주　　소　경기도 파주시 회동길 37-42
파주출판도시
|전　　화　031-955-1321
|팩　　스　031-955-1322
|전자우편　main@freeaca.com(대표)
editor@freeaca.com(편집)
crm@freeaca.com(영업)
|홈페이지　www.freeaca.com
|등　　록　제406-2003-017호, 1980. 7. 12
|제6판1쇄　2017년 2월 25일 발행
|정　　가　45,000원

역자와의
협의하에
인지생략

Printed in Korea
ISBN 979-11-5808-132-4 93430

THE ELEMENTS

Element	Symbol	Atomic number	Average molar mass ($g \cdot mol^{-1}$)*
Actinium	Ac	89	—
Aluminum	Al	13	26.98
Americium	Am	95	—
Antimony	Sb	51	121.76
Argon	Ar	18	39.95
Arsenic	As	33	74.92
Astatine	At	85	—
Barium	Ba	56	137.33
Berkelium	Bk	97	—
Beryllium	Be	4	9.01
Bismuth	Bi	83	208.98
Bohrium	Bh	107	—
Boron	B	5	10.81
Bromine	Br	35	79.90
Cadmium	Cd	48	112.41
Calcium	Ca	20	40.08
Californium	Cf	98	—
Carbon	C	6	12.01
Cerium	Ce	58	140.12
Cesium	Cs	55	132.91
Chlorine	Cl	17	35.45
Chromium	Cr	24	52.00
Cobalt	Co	27	58.93
Copernicium	Cn	112	—
Copper	Cu	29	63.54
Curium	Cm	96	—
Darmstadtium	Da	110	—
Dubnium	Db	105	—
Dysprosium	Dy	66	162.50
Einsteinium	Es	99	—
Erbium	Er	68	167.26
Europium	Eu	63	151.96
Fermium	Fm	100	—
Flerovium	Fl	114	—
Fluorine	F	9	19.00
Francium	Fr	87	—
Gadolinium	Gd	64	157.25
Gallium	Ga	31	69.72
Germanium	Ge	32	72.61
Gold	Au	79	196.97
Hafnium	Hf	72	178.49
Hassium	Hs	108	—
Helium	He	2	4.00
Holmium	Ho	67	164.93
Hydrogen	H	1	1.008
Indium	In	49	114.82
Iodine	I	53	126.90
Iridium	Ir	77	192.22
Iron	Fe	26	55.85
Krypton	Kr	36	83.80
Lanthanum	La	57	138.91
Lawrencium	Lr	103	—
Lead	Pb	82	207.2
Lithium	Li	3	6.94
Livermorium	Lv	116	—
Lutetium	Lu	71	174.97
Magnesium	Mg	12	24.30
Manganese	Mn	25	54.94
Meitnerium	Mt	109	—
Mendelevium	Md	101	—
Mercury	Hg	80	200.59
Molybdenum	Mo	42	95.94
Neodymium	Nd	60	144.24
Neon	Ne	10	20.18
Neptunium	Np	93	—
Nickel	Ni	28	58.69
Niobium	Nb	41	92.91
Nitrogen	N	7	14.01
Nobelium	No	102	—
Osmium	Os	76	190.23
Oxygen	O	8	16.00
Palladium	Pd	46	106.42
Phosphorus	P	15	30.97
Platinum	Pt	78	195.08
Plutonium	Pu	94	239.05
Polonium	Po	84	—
Potassium	K	19	39.10
Praseodymium	Pr	59	140.91
Promethium	Pm	61	—
Protactinium	Pa	91	—
Radium	Ra	88	—
Radon	Rn	86	—
Rhenium	Re	75	186.21
Rhodium	Rh	45	102.91
Roentgenium	Rg	111	—
Rubidium	Rb	37	85.47
Ruthenium	Ru	44	101.07
Rutherfordium	Rf	104	—
Samarium	Sm	62	150.36
Scandium	Sc	21	44.96
Seaborgium	Sg	106	—
Selenium	Se	34	78.96
Silicon	Si	14	28.09
Silver	Ag	47	107.87
Sodium	Na	11	22.99
Strontium	Sr	38	87.62
Sulfur	S	16	32.07
Tantalum	Ta	73	180.95
Technetium	Tc	43	—
Tellurium	Te	52	127.60
Terbium	Tb	65	158.93
Thallium	Tl	81	204.38
Thorium	Th	90	232.04
Thulium	Tm	69	168.93
Tin	Sn	50	118.71
Titanium	Ti	22	47.87
Tungsten	W	74	183.85
Ununoctium	Uuo	118	—
Ununpentium	Uup	115	—
Ununseptium	Uus	117	—
Ununtrium	Uut	113	—
Uranium	U	92	238.03
Vanadium	V	23	50.94
Xenon	Xe	54	131.29
Ytterbium	Yb	70	173.04
Yttrium	Y	39	88.91
Zinc	Zn	30	65.39
Zirconium	Zr	40	91.22

*Average molar masses can be provided for only naturally occurring elements.